AF348289

OEUVRES

COMPLÈTES

DE BUFFON

TOME IX

IMPRIMERIE
JULES CLAYE ET Cie
Rue Saint-Benoît, 7.

ŒUVRES

COMPLÈTES

DE BUFFON

AVEC LA NOMENCLATURE LINNÉENNE ET LA CLASSIFICATION DE CUVIER

Revues sur l'édition in-4° de l'Imprimerie Royale

ET ANNOTÉES

PAR

M. FLOURENS

SECRÉTAIRE PERPÉTUEL DE L'ACADÉMIE DES SCIENCES, MEMBRE DE L'ACADÉMIE FRANÇAISE
PROFESSEUR AU MUSÉUM D'HISTOIRE NATURELLE, ETC.

TOME NEUVIÈME

INTRODUCTION AUX MINÉRAUX. — ÉPOQUES DE LA NATURE.

PARIS

GARNIER FRÈRES, LIBRAIRES

6, RUE DES SAINTS-PÈRES

—

MDCCCLIV

HISTOIRE NATURELLE

INTRODUCTION A L'HISTOIRE DES MINÉRAUX[1]

DES ÉLÉMENTS[2]

PREMIÈRE PARTIE.

DE LA LUMIÈRE, DE LA CHALEUR ET DU FEU.

Les puissances de la nature, autant qu'elles nous sont connues[3], peuvent se réduire à deux forces primitives, celle qui cause la pesanteur et celle qui produit la chaleur[4]. La force d'impulsion leur est subordonnée; elle dépend de la première pour ses effets particuliers, et tient à la seconde pour l'effet général : comme l'impulsion ne peut s'exercer qu'au moyen du ressort, et que le ressort n'agit qu'en vertu de la force qui rapproche les parties éloi-

---

1. L'*Introduction à l'histoire des minéraux* forme le premier volume des *Suppléments* (édition in-4° de l'Imprimerie royale), volume publié en 1774, pendant que s'imprimait encore l'*Histoire des oiseaux*, dont le IXe et dernier volume est de 1783.

2. *Des éléments :* nous sommes tout à fait ici dans le langage de la vieille chimie. Des quatre *éléments* de la vieille chimie, l'*air*, l'*eau*, la *terre* et le *feu*, le premier a été décomposé en *oxygène* et *azote*, le second en *oxygène* et *hydrogène*, le troisième en diverses *terres*, ou, plus exactement, en divers *métaux :* le quatrième seul, ou le *feu*, reste encore impénétrable dans sa nature.

Lorsque Buffon écrivait ces pages, la *physique* et la *chimie* n'étaient pas encore assez avancées, c'est-à-dire n'avaient pas encore assez d'expériences, assez de faits (la *chimie* n'avait pas même encore sa méthode), pour s'élever à des théories générales. Aussi les théories *physiques* et *chimiques* de Buffon ne sont-elles que des théories purement idéales; mais où l'on ne peut s'empêcher d'admirer des vues toujours supérieures, une pénétration souvent prodigieuse, et partout les traces brillantes d'un génie dominant et d'une grande autorité doctrinale.

3. *Autant qu'elles nous sont connues :* réserve très-nécessaire.

4. L'*attraction* et la *chaleur* sont deux *forces primitives*, mais sont-elles les deux seules *puissances de la nature?* — Voyez la note de la page 424 du IIIe volume.

gnées, il est clair que l'impulsion a besoin, pour opérer, du concours de l'attraction [1] ; car si la matière cessait de s'attirer, si les corps perdaient leur cohérence, tout ressort ne serait-il pas détruit, toute communication de mouvement interceptée, toute impulsion nulle, puisque, dans le fait [a], le mouvement ne se communique et ne peut se transmettre d'un corps à un autre que par l'élasticité, qu'enfin on peut démontrer qu'un corps parfaitement dur, c'est-à-dire absolument inflexible, serait en même temps absolument immobile et tout à fait incapable de recevoir l'action d'un autre corps [b]? L'attraction étant un effet général, constant et permanent, l'impulsion qui, dans la plupart des corps est particulière, et n'est ni constante ni permanente, en dépend donc comme un effet particulier dépend d'un effet

a. Pour une plus grande intelligence, je prie mes lecteurs de revoir la seconde partie de l'article de cet ouvrage qui a pour titre : *De la Nature, seconde vue.*

b. La communication du mouvement a toujours été regardée comme une vérité d'expérience : les plus grands mathématiciens se sont contentés d'en calculer les résultats dans les différentes circonstances, et nous ont donné sur cela des règles et des formules où ils ont employé beaucoup d'art ; mais personne, ce me semble, n'a jusqu'ici considéré la nature intime du mouvement, et n'a tâché de se représenter et de présenter aux autres la manière physique dont le mouvement se transmet et passe d'un corps à un autre corps. On a prétendu que les corps durs pouvaient le recevoir comme les corps à ressort, et, sur cette hypothèse dénuée de preuves, on a fondé des propositions et des calculs dont on a tiré une infinité de fausses conséquences ; car les corps supposés durs et parfaitement inflexibles ne pourraient recevoir le mouvement. Pour le prouver, soit un globe parfaitement dur, c'est-à-dire inflexible dans toutes ses parties, chacune de ces parties ne pourra par conséquent être rapprochée ou éloignée de la partie voisine, sans quoi cela serait contre la supposition ; donc, dans un globe parfaitement dur, les parties ne peuvent recevoir aucun déplacement, aucun changement, aucune action, car si elles recevaient une action, elles auraient une réaction, les corps ne pouvant réagir qu'en agissant. Puis donc que toutes les parties prises séparément ne peuvent recevoir aucune action, elles ne peuvent en communiquer ; la partie postérieure, qui est frappée la première, ne pourra pas communiquer le mouvement à la partie antérieure, puisque cette partie postérieure qui a été supposée inflexible ne peut pas changer, eu égard aux autres parties ; donc il serait impossible de communiquer aucun mouvement à un corps inflexible. Mais l'expérience nous apprend qu'on communique le mouvement à tous les corps ; donc tous les corps sont à ressort, donc il n'y a point de corps parfaitement durs et inflexibles dans la nature. Un de mes amis (**M. Gueneau de Montbeillard**), homme d'un excellent esprit, m'a écrit à ce sujet dans les termes suivants : « De la supposition de l'immobilité absolue des corps absolument durs, il suit qu'il ne faudrait « peut-être qu'un pied cube de cette matière pour arrêter tout le mouvement de l'univers « connu ; et si cette immobilité absolue était prouvée, il semble que ce n'est point assez de « dire qu'il n'existe point de ces corps dans la nature, et qu'on peut les traiter d'impossibles, « et dire que la supposition de leur existence est absurde ; car le mouvement provenant du « ressort leur ayant été refusé, ils ne peuvent dès lors être capables du mouvement provenant « de l'attraction, qui est par l'hypothèse la cause du ressort. »

1. Buffon veut ici tirer l'*impulsion* de l'*attraction*. Longtemps on avait voulu le contraire. « Si « Newton paraît indécis, en quelques endroits de ses ouvrages, sur la nature de la force *attrac-* « *tive* ; s'il avoue même qu'elle peut venir d'une *impulsion*, il y a lieu de croire que c'était une « espèce de tribut qu'il voulait bien payer au préjugé, ou, si l'on veut, à l'opinion générale de « son siècle..... » (D'Alembert.) — Il faut, en effet, le concours simultané des deux *forces*. La force d'*attraction*, si elle existait seule, ne tendrait qu'à réunir en une seule masse tous les globes de la nature ; le sage Newton a donc supposé que les corps célestes ont reçu primitivement une *impulsion* en ligne directe : de la combinaison de ces deux forces naît le *mouvement curviligne.*

général ; car au contraire, si toute impulsion était détruite, l'attraction subsisterait et n'en agirait pas moins, tandis que celle-ci venant à cesser, l'autre serait non-seulement sans exercice, mais même sans existence ; c'est donc cette différence essentielle qui subordonne l'impulsion à l'attraction dans toute matière brute et purement passive.

Mais cette impulsion qui ne peut ni s'exercer ni se transmettre dans les corps bruts qu'au moyen du ressort, c'est-à-dire du secours de la force d'attraction, dépend encore plus immédiatement, plus généralement de la force qui produit la chaleur, car c'est principalement par le moyen de la chaleur que l'impulsion pénètre dans les corps organisés, c'est par la chaleur qu'ils se forment, croissent et se développent. On peut rapporter à l'attraction seule tous les effets de la matière brute, et à cette même force d'attraction, jointe à celle de la chaleur, tous les phénomènes de la matière vive [1].

J'entends par matière vive, non-seulement tous les êtres qui vivent ou végètent, mais encore toutes les molécules organiques vivantes, dispersées et répandues dans les détriments ou résidus des corps organisés ; je comprends encore dans la matière vive celle de la lumière, du feu, de la chaleur, en un mot toute matière qui nous paraît être active par elle-même. Or cette matière vive tend toujours du centre à la circonférence, au lieu que la matière brute tend au contraire de la circonférence au centre ; c'est une force expansive qui anime la matière vive, et c'est une force attractive à laquelle obéit la matière brute : quoique les directions de ces deux forces soient diamétralement opposées, l'action de chacune ne s'en exerce pas moins ; elles se balancent sans jamais se détruire, et de la combinaison de ces deux forces également actives résultent tous les phénomènes de l'univers.

Mais, dira-t-on, vous réduisez toutes les puissances de la nature à deux forces, l'une attractive et l'autre expansive, sans donner la cause ni de l'une ni de l'autre, et vous subordonnez à toutes deux l'impulsion qui est la seule force dont la cause nous soit connue et démontrée par le rapport de nos sens : n'est-ce pas abandonner une idée claire [2], et y substituer deux hypothèses obscures ?

A cela je réponds, que, ne connaissant rien que par comparaison, nous n'aurons jamais d'idée de ce qui produit un effet général, parce que cet effet appartenant à tout, on ne peut dès lors le comparer à rien. Demander quelle est la cause de la force attractive, c'est exiger qu'on nous dise la raison pourquoi toute la matière s'attire. Or ne nous suffit-il pas de savoir

1. Voyez la note de la page 424 du IIIe volume.
2. *Une idée claire.* « C'est une erreur de croire que l'idée de l'*impulsion* ne renferme aucune « obscurité, et de vouloir, à l'exclusion de tout autre principe, regarder cette force comme la « seule qui produise tous les effets de la nature..... » (D'Alembert.)

que réellement toute la matière s'attire, et n'est-il pas aisé de concevoir que cet effet étant général, nous n'avons nul moyen de le comparer, et par conséquent nulle espérance d'en connaître jamais la cause ou la raison. Si l'effet, au contraire, était particulier comme celui de l'attraction de l'aimant et du fer, on doit espérer d'en trouver la cause, parce qu'on peut le comparer à d'autres effets particuliers, ou le ramener à l'effet général. Ceux qui exigent qu'on leur donne la raison d'un effet général ne connaissent ni l'étendue de la nature, ni les limites de l'esprit humain : demander pourquoi la matière est étendue, pesante, impénétrable, sont moins des questions que des propos mal conçus, et auxquels on ne doit aucune réponse. Il en est de même de toute propriété particulière lorsqu'elle est essentielle à la chose : demander, par exemple, pourquoi le rouge est rouge serait une interrogation puérile à laquelle on ne doit pas répondre. Le philosophe est tout près de l'enfant lorsqu'il fait de semblables demandes, et autant on peut les pardonner à la curiosité non réfléchie du dernier, autant le premier doit les rejeter et les exclure de ses idées.

Puis donc que la force d'attraction et la force d'expansion sont deux effets généraux, on ne doit pas nous en demander les causes; il suffit qu'ils soient généraux et tous deux réels, tous deux bien constatés, pour que nous devions les prendre eux-mêmes pour causes des effets particuliers; et l'impulsion est un de ces effets qu'on ne doit pas regarder comme une cause générale connue ou démontrée par le rapport de nos sens, puisque nous avons prouvé que cette force d'impulsion ne peut exister ni agir qu'au moyen de l'attraction, qui ne tombe point sous nos sens. Rien n'est plus évident, disent certains philosophes, que la communication du mouvement par l'impulsion [1], il suffit qu'un corps en choque un autre pour que cet effet suive ; mais dans ce sens même la cause de l'attraction n'est-elle pas encore plus évidente et bien plus générale, puisqu'il suffit d'abandonner un corps pour qu'il tombe et prenne du mouvement sans choc? Le mouvement appartient donc, dans tous les cas, encore plus à l'attraction [2] qu'à l'impulsion.

Cette première réduction étant faite, il serait peut-être possible d'en faire une seconde et de ramener la puissance même de l'expansion à celle de

1. « Personne ne doute qu'un corps qui en rencontre un autre ne lui communique du mou-
« vement; mais avons-nous une idée de la vertu par laquelle se fait cette communication?... Le
« peuple ne s'étonne point de voir une pierre tomber, parce qu'il l'a toujours vu; de même les
« philosophes, parce qu'ils ont vu dès l'enfance les effets de l'impulsion, n'ont aucune inquié-
« tude sur la cause qui les produit. Cependant si tous les corps qui en rencontrent un autre s'ar-
« rêtaient sans lui communiquer du mouvement, un philosophe, qui verrait pour la première
« fois un corps en pousser un autre, serait aussi surpris qu'un homme qui verrait un corps
« pesant se soutenir en l'air sans retomber. » (D'Alembert.)

2. « Le système du monde est en droit de nous faire soupçonner que les mouvements des
« corps n'ont peut-être pas l'*impulsion* seule pour cause : que ce soupçon nous rende sages, et
« ne nous pressons pas de conclure que l'*attraction* soit un principe *universel*... » (D'Alembert.)

l'attraction, en sorte que toutes les forces de la matière dépendraient d'une seule force primitive : du moins cette idée me paraîtrait bien digne de la sublime simplicité du plan sur lequel opère la nature. Or ne pouvons-nous pas concevoir que cette attraction se change en répulsion toutes les fois que les corps s'approchent d'assez près pour éprouver un frottement ou un choc des uns contre les autres? L'impénétrabilité qu'on ne doit pas regarder comme une force, mais comme une résistance essentielle à la matière, ne permettant pas que deux corps puissent occuper le même espace, que doit-il arriver lorsque deux molécules, qui s'attirent d'autant plus puissamment qu'elles s'approchent de plus près, viennent tout à coup à se heurter? Cette résistance invincible de l'impénétrabilité ne devient-elle pas alors une force active ou plutôt réactive, qui, dans le contact, repousse les corps avec autant de vitesse qu'ils en avaient acquis au moment de se toucher? et dès lors la force expansive ne sera point une force particulière opposée à la force attractive, mais un effet qui en dérive et qui se manifeste toutes les fois que les corps se choquent ou frottent les uns contre les autres.

J'avoue qu'il faut supposer dans chaque molécule de matière, dans chaque atome quelconque, un ressort parfait pour concevoir clairement comment s'opère ce changement de l'attraction en répulsion; mais cela même nous est assez indiqué par les faits : plus la matière s'atténue et plus elle prend du ressort; la terre et l'eau, qui en sont les agrégats les plus grossiers, ont moins de ressort que l'air; et le feu, qui est le plus subtil des éléments, est aussi celui qui a le plus de force expansive : les plus petites molécules de la matière, les plus petits atomes que nous connaissions sont ceux de la lumière [1], et l'on sait qu'ils sont parfaitement élastiques, puisque l'angle sous lequel la lumière se réfléchit est toujours égal à celui sous lequel elle arrive : nous pouvons donc en inférer que toutes les parties constitutives de la matière en général sont à ressort parfait, et que ce ressort produit tous les effets de la force expansive toutes les fois que les corps se heurtent ou se frottent en se rencontrant dans des directions opposées.

L'expérience me paraît parfaitement d'accord avec ces idées : nous ne connaissons d'autres moyens de produire du feu que par le choc ou le frottement des corps; car le feu que nous produisons par la réunion des rayons de la lumière ou par l'application du feu déjà produit à des matières combustibles, n'a-t-il pas néanmoins la même origine, à laquelle il faudra toujours remonter [2], puisqu'en supposant l'homme sans miroirs ardents et

1. On doute beaucoup aujourd'hui que la *lumière* soit un composé d'*atomes,* soit une *matière.* Pour les partisans de la théorie des *interférences,* la *lumière* n'est que l'effet des vibrations de l'*éther,* comme le *son* n'est que l'effet des vibrations de l'*air.*

2. Les sources de la chaleur sont *mécaniques, physiques* ou *chimiques.* — Les sources *mécaniques* sont le *frottement,* la *percussion* et la *pression;* les sources *physiques,* la *radiation solaire,* la *chaleur terrestre,* les *actions moléculaires,* les *changements d'état* des corps et l'*électricité;* les sources *chimiques,* les *combinaisons chimiques* et surtout la *combustion.*

sans feu actuel, il n'aura d'autres moyens de produire le feu qu'en frottant ou choquant des corps solides les uns contre les autres [a]?

La force expansive pourrait donc bien n'être dans le réel que la réaction de la force attractive, réaction qui s'opère toutes les fois que les molécules primitives de la matière, toujours attirées les unes par les autres, arrivent à se toucher immédiatement; car dès lors il est nécessaire qu'elles soient repoussées avec autant de vitesse qu'elles en avaient acquis en direction contraire au moment du contact [b]; et lorsque ces molécules sont absolument libres de toute cohérence, et qu'elles n'obéissent qu'au seul mouvement produit par leur attraction, cette vitesse acquise est immense dans le point du contact. La chaleur, la lumière, le feu, qui sont les grands effets de la force expansive, seront produits toutes les fois qu'artificiellement ou naturellement les corps seront divisés en parties très-petites, et qu'ils se rencontreront dans des directions opposées; et la chaleur sera d'autant plus sensible, la lumière d'autant plus vive, le feu d'autant plus violent, que les molécules se seront précipitées les unes contre les autres avec plus de vitesse par leur force d'attraction mutuelle.

a. Le feu que produit quelquefois la fermentation des herbes entassées, celui qui se manifeste dans les effervescences, ne sont pas une exception qu'on puisse m'opposer, puisque cette production du feu par la fermentation et par l'effervescence dépend, comme toute autre, de l'action ou du choc des parties de la matière les unes contre les autres.

b. Il est certain, me dira-t-on, que les molécules rejailliront après le contact, parce que leur vitesse à ce point, et qui leur est rendue par le ressort, est la somme des vitesses acquises dans tous les moments précédents par l'effet continuel de l'attraction, et par conséquent doit l'emporter sur l'effort instantané de l'attraction dans le seul moment du contact. Mais ne sera-t-elle pas continuellement retardée, et enfin détruite, lorsqu'il y aura équilibré entre la somme des efforts de l'attraction avant le contact et la somme des efforts de l'attraction après le contact? Comme cette question pourrait faire naître des doutes ou laisser quelques nuages sur cet objet, qui par lui-même est difficile à saisir, je vais tâcher d'y satisfaire en m'expliquant encore plus clairement. Je suppose deux molécules, ou, pour rendre l'image plus sensible, deux grosses masses de matière, telles que la lune et la terre, toutes deux douées d'un ressort parfait dans toutes les parties de leur intérieur : qu'arriverait-il à ces deux masses isolées de **toute** autre matière, si tout leur mouvement progressif était tout à coup arrêté, et qu'il ne restât à chacune d'elles que leur force d'attraction réciproque? Il est clair que, dans cette supposition, la Lune et la Terre se précipiteraient l'une vers l'autre, avec une vitesse qui augmenterait à chaque moment, dans la même raison que diminuerait le carré de leur distance. Les vitesses acquises seront donc immenses au point de contact, ou, si l'on veut, au moment de leur choc, et dès lors ces deux corps que nous avons supposés à ressort parfait et libres de tous autres empêchements, c'est-à-dire entièrement isolés, rejailliront chacun, et s'éloigneront l'un de l'autre dans la direction opposée, et avec la même vitesse qu'ils avaient acquise au point du contact : vitesse qui, quoique diminuée continuellement par leur attraction réciproque, ne laisserait pas de les porter d'abord au même lieu d'où ils sont partis, mais encore infiniment plus loin, parce que la retardation du mouvement est ici en ordre inverse de celui de l'accélération, et que la vitesse acquise au point du choc étant immense, les efforts de l'attraction ne pourront la réduire à zéro qu'à une distance dont le carré serait également immense; en sorte que, si le contact était absolu et que la distance des deux corps qui se choquent fût absolument nulle, ils s'éloigneraient l'un de l'autre jusqu'à une distance infinie; et c'est à peu près ce que nous voyons arriver à la lumière et au feu, dans le moment de l'inflammation des matières combustibles; car dans l'instant même elles lancent leur lumière à une très-grande distance, quoique les particules qui se sont converties en lumière fussent auparavant très-voisines les unes des autres.

De là on doit conclure que toute matière peut devenir lumière, chaleur, feu; qu'il suffit que les molécules d'une substance quelconque se trouvent dans une situation de liberté, c'est-à-dire dans un état de division assez grande et de séparation telle qu'elles puissent obéir sans obstacle à toute la force qui les attire les unes vers les autres; car dès qu'elles se rencontreront elles réagiront les unes contre les autres, et se fuiront en s'éloignant avec autant de vitesse qu'elles en avaient acquis au moment du contact, qu'on doit regarder comme un vrai choc, puisque deux molécules qui s'attirent mutuellement ne peuvent se rencontrer qu'en direction contraire. Ainsi la lumière, la chaleur et le feu ne sont pas des matières particulières, des matières différentes de toute autre matière; ce n'est toujours que la même matière qui n'a subi d'autre altération, d'autre modification qu'une grande division de parties, et une direction de mouvement en sens contraire par l'effet du choc et de la réaction.

Ce qui prouve assez évidemment que cette matière du feu et de la lumière n'est pas une substance différente de toute autre matière, c'est qu'elle conserve toutes les qualités essentielles, et même la plupart des attributs de la matière commune : 1° la lumière, quoique composée de particules presque infiniment petites, est néanmoins encore divisible, puisque avec le prisme on sépare les uns des autres les rayons, ou, pour parler plus clairement, les atomes différemment colorés; 2° la lumière, quoique douée en apparence d'une qualité tout opposée à celle de la pesanteur, c'est-à-dire d'une volatilité qu'on croirait lui être essentielle, est néanmoins pesante[1] comme toute autre matière, puisqu'elle fléchit toutes les fois qu'elle passe auprès des autres corps, et qu'elle se trouve à portée de leur sphère d'attraction; je dois même dire qu'elle est fort pesante, relativement à son volume qui est d'une petitesse extrême, puisque la vitesse immense avec laquelle la lumière se meut en ligne directe ne l'empêche pas d'éprouver assez d'attraction près des autres corps pour que sa direction s'incline et change d'une manière très-sensible à nos yeux; 3° la substance de la lumière n'est pas plus simple que celle de toute autre matière, puisqu'elle est composée de parties d'inégale pesanteur[2], que le rayon rouge est beaucoup plus pesant que le rayon violet, et qu'entre ces deux extrêmes elle contient une infinité de rayons intermédiaires qui approchent plus ou moins de la pesanteur du rayon rouge ou de la légèreté du rayon violet : toutes ces conséquences dérivent nécessairement des phénomènes de l'inflexion

1. *Pesante* : c'est précisément ce qu'on ne sait pas; et comment pourrait-on le savoir? On ne sait pas encore si elle est simple *phénomène* ou *matière.* — Voyez la note 1 de la page 5. Dans les expériences les plus précises, la *lumière* n'ajoute rien au poids des corps : elle se montre toujours *impondérable.*

2. Sans être d'*inégale pesanteur*, et même sans avoir aucune *pesanteur* (voyez la note précédente). Les divers rayons de *lumière* ont, à des degrés différents, les propriétés suivantes :

Le pouvoir éclairant. Herschel a reconnu que le maximum de lumière se trouve dans les

de la lumière et de sa réfraction [a], qui, dans le réel, n'est qu'une inflexion qui s'opère lorsque la lumière passe à travers les corps transparents; 4° on peut démontrer que la lumière est massive, et qu'elle agit, dans quelques cas, comme agissent tous les autres corps; car, indépendamment de son effet ordinaire qui est de briller à nos yeux, et de son action propre toujours accompagnée d'éclat et souvent de chaleur, elle agit par sa masse lorsqu'on la condense en la réunissant; et elle agit au point de mettre en mouvement des corps assez pesants placés au foyer d'un bon miroir ardent; elle fait tourner une aiguille sur un pivot placé à son foyer; elle pousse, déplace et chasse les feuilles d'or ou d'argent qu'on lui présente avant de les fondre, et même avant de les échauffer sensiblement. Cette action produite par sa masse est la première, et précède celle de la chaleur; elle s'opère entre la lumière condensée et les feuilles de métal, de la même façon qu'elle s'opère entre deux autres corps qui deviennent

---

a. L'attraction universelle agit sur la lumière; il ne faut, pour s'en convaincre, qu'examiner les cas extrêmes de la réfraction : lorsqu'un rayon de lumière passe à travers un cristal, sous un certain angle d'obliquité, la direction change tout à coup, et, au lieu de continuer sa route, il rentre dans le cristal et se réfléchit. Si la lumière passe du verre dans le vide, toute la force de cette puissance s'exerce, et le rayon est contraint de rentrer, et rentre dans le verre par un effet de son attraction que rien ne balance; si la lumière passe du cristal dans l'air, l'attraction du cristal, plus forte que celle de l'air, la ramène encore, mais avec moins de force, parce que cette attraction du verre est en partie détruite par celle de l'air qui agit en sens contraire snr le rayon de lumière; si ce rayon passe du cristal dans l'eau, l'effet est bien moins sensible, le rayon rentre à peine, parce que l'attraction du cristal est presque toute détruite par celle de l'eau, qui s'oppose à son action; enfin, si la lumière passe du cristal dans le cristal, comme les deux attractions sont égales, l'effet s'évanouit et le rayon continue sa route. D'autres expériences démontrent que cette puissance attractive, ou cette force réfringente, est toujours à très-peu près proportionnelle à la densité des matières transparentes, à l'exception des corps onctueux et sulfureux, dont la force réfringente est plus grande, parce que la lumière a plus d'analogie, plus de rapport de nature avec les matières inflammables qu'avec les autres matières. — Mais s'il restait quelque doute sur cette attraction de la lumière vers les corps, qu'on jette les yeux sur les inflexions que souffre un rayon, lorsqu'il passe fort près de la surface d'un corps : un trait de lumière ne peut entrer par un très-petit trou, dans une chambre obscure, sans être puissamment attiré vers les bords du trou; ce petit faisceau de rayons se divise, chaque rayon voisin de la circonférence du trou se plie vers cette circonférence, et cette inflexion produit des franges colorées, des apparences constantes, qui sont l'effet de l'attraction de la lumière vers les corps voisins; il en est de même des rayons qui passent entre deux lames de couteaux : les uns se plient vers la lame supérieure, les autres vers la lame inférieure; il n'y a que ceux du milieu qui, souffrant une égale attraction des deux côtés, ne sont pas détournés, et suivent leur direction.

---

rayons jaunes et verts, et qu'il diminue jusqu'au rouge et au violet où se trouve le minimum;

Le *pouvoir calorifique.* Il va en augmentant du violet jusqu'au rouge où se trouve le maximum;

Le *pouvoir chimique.* Il est au maximum dans les rayons violets, et va en diminuant jusqu'aux rouges;

La *réfrangibilité.* Elle croît dans l'ordre suivant : du rouge, à l'orangé, au jaune, au vert, au bleu, à l'indigo et au violet; le rayon violet est le plus réfrangible.

Enfin, M. Biot a constaté que les diverses couleurs du spectre éprouvent dans leurs plans de polarisation des *rotations,* d'autant plus grandes qu'elles sont plus réfrangibles.

contigus, et par conséquent la lumière a encore cette propriété commune avec toute autre matière; 5° enfin, on sera forcé de convenir que la lumière est un mixte, c'est-à-dire une matière composée comme la matière commune, non-seulement de parties plus grosses et plus petites, plus ou moins pesantes, plus ou moins mobiles, mais encore différemment figurées; quiconque aura réfléchi sur les phénomènes que Newton appelle *les accès de facile réflexion et de facile transmission de la lumière*, et sur les effets de la double réfraction du cristal de roche, et du spath appelé cristal d'Islande, ne pourra s'empêcher de reconnaître que les atomes de la lumière ont plusieurs côtés, plusieurs faces différentes, qui, selon qu'elles se présentent, produisent constamment des effets différents [a].

En voilà plus qu'il n'en faut pour démontrer que la lumière n'est pas une matière particulière ni différente de la matière commune, que son essence est la même, ses propriétés essentielles les mêmes; qu'enfin elle n'en diffère que parce qu'elle a subi dans le point du contact la répulsion d'où provient sa volatilité. Et de la même manière que l'effet de la force d'attraction s'étend à l'infini, toujours en décroissant comme l'espace augmente, les effets de la répulsion s'étendent et décroissent de même, mais en ordre inverse; en sorte que l'on peut appliquer à la force expansive tout ce que l'on sait de la force attractive : ce sont pour la nature deux instruments de même espèce, ou plutôt ce n'est que le même instrument qu'elle manie dans deux sens opposés.

Toute matière deviendra lumière dès que, toute cohérence étant détruite, elle se trouvera divisée en molécules suffisamment petites, et que ces molécules étant en liberté seront déterminées par leur attraction mutuelle à se précipiter les unes contre les autres : dans l'instant du choc la force répulsive s'exercera, les molécules se fuiront en tout sens avec une vitesse presque infinie, laquelle néanmoins n'est qu'égale à leur vitesse acquise au moment du contact; car la loi de l'attraction étant d'augmenter comme l'espace diminue, il est évident qu'au contact l'espace, toujours proportionnel au carré de la distance, devient nul, et que par conséquent la vitesse acquise en vertu de l'attraction doit à ce point devenir presque infinie; cette vitesse serait même infinie si le contact était immédiat, et par conséquent la distance entre les deux corps absolument nulle; mais, comme nous l'avons souvent répété, il n'y a rien d'absolu, rien de parfait dans la nature, et de même rien d'absolument grand, rien d'absolument petit, rien d'entièrement nul, rien de vraiment infini, et tout ce que j'ai dit de la

---

[a]. Chaque rayon de lumière a deux côtés opposés, doués originairement d'une propriété d'où dépend la réfraction extraordinaire du cristal, et deux autres côtés opposés qui n'ont pas cette propriété. *Optique* de Newton, question xxvi, traduction de Coste. — *Nota*. Cette propriété dont parle ici Newton ne peut dépendre que de l'étendue ou de la figure de chacun des côtés des rayons, c'est-à-dire des atomes de lumière. Voyez cet article en entier dans Newton.

petitesse *infinie* des atomes qui constituent la lumière, de leur ressort *parfait*, de la distance *nulle* dans le moment du contact, ne doit s'entendre qu'avec restriction. Si l'on pouvait douter de cette vérité métaphysique, il serait possible d'en donner une démonstration physique sans même nous écarter de notre sujet. Tout le monde sait que la lumière emploie environ sept minutes et demie de temps à venir du soleil jusqu'à nous[1] ; supposant donc le soleil à trente-six millions de lieues[2], la lumière parcourt cette énorme distance en sept minutes et demie, ou ce qui revient au même (supposant son mouvement uniforme), quatre-vingt mille lieues en une seconde ; cette vitesse, quoique prodigieuse, est néanmoins bien éloignée d'être infinie, puisqu'elle est déterminable par les nombres ; elle cessera même de paraître prodigieuse lorsqu'on réfléchira que la nature semble marcher en grand presque aussi vite qu'en petit ; il ne faut pour cela que supputer la célérité du mouvement des comètes à leur périhélie, ou même celle des planètes qui se meuvent le plus rapidement, et l'on verra que la vitesse de ces masses immenses, quoique moindre, se peut néanmoins comparer d'assez près avec celle de nos atomes de lumière.

Et de même que toute matière peut se convertir en lumière par la division et la répulsion de ses parties excessivement divisées lorsqu'elles éprouvent un choc des unes contre les autres, la lumière peut aussi se convertir en toute autre matière par l'addition de ses propres parties, accumulées par l'attraction des autres corps. Nous verrons dans la suite que tous les éléments sont convertibles ; et si l'on a douté que la lumière, qui paraît être l'élément le plus simple, pût se convertir en substance solide, c'est que d'une part, on n'a pas fait assez d'attention à tous les phénomènes, et que d'autre part on était dans le préjugé, qu'étant essentiellement volatile, elle ne pouvait jamais devenir fixe. Mais n'avons-nous pas prouvé que la fixité et la volatilité dépendent de la même force, attractive dans le premier cas, devenue répulsive dans le second ? Et dès lors ne sommes-nous pas fondés à croire que ce changement de la matière fixe en lumière, et de la lumière en matière fixe, est une des plus fréquentes opérations de la nature ?

Après avoir montré que l'impulsion dépend de l'attraction, que la force expansive est la même que la force attractive devenue négative, que la lumière, et à plus forte raison la chaleur et le feu ne sont que des manières d'être de la matière commune ; qu'il n'existe, en un mot, qu'une seule force et une seule matière toujours prête à s'attirer ou à se repousser suivant les circonstances, recherchons comment, avec ce seul ressort et ce seul sujet, la nature peut varier ses œuvres à l'infini. Nous mettrons de la méthode

1. Voyez la note de la page 66 du Ier volume.
2. Voyez la note de la page 66 du Ier volume.

dans cette recherche, et nous en présenterons les résultats avec plus de
clarté, en nous abstenant de comparer d'abord les objets les plus éloignés,
les plus opposés, comme le feu et l'eau , l'air et la terre, et en nous conduisant au contraire par les mêmes degrés, par les mêmes nuances douces
que suit la nature dans toutes ses démarches. Comparons donc les choses
les plus voisines, et tâchons d'en saisir les différences, c'est-à-dire les par-
ticularités , et de les présenter avec encore plus d'évidence que leurs géné-
ralités. Dans le point de vue général, la lumière, la chaleur et le feu ne font
qu'un seul objet, mais dans le point de vue particulier, ce sont trois objets
distincts , trois choses qui , quoique se ressemblant par un grand nombre
de propriétés , diffèrent néanmoins par un petit nombre d'autres propriétés
assez essentielles pour qu'on puisse les regarder comme trois choses différentes , et qu'on doive les comparer une à une.

Quelles sont d'abord les propriétes communes de la lumière et du feu ,
quelles sont aussi leurs propriétés différentes? La lumière , dit-on , et le feu
élémentaire ne sont qu'une même chose, une seule substance : cela peut
être, mais comme nous n'avons pas encore d'idée nette du feu élémentaire,
abstenons-nous de prononcer sur ce premier point. La lumière et le feu ,
tels que nous les connaissons, ne sont-ils pas au contraire deux choses différentes , deux substances distinctes et composées différemment? Le feu est à
la vérité très-souvent lumineux, mais quelquefois aussi le feu existe sans
aucune apparence de lumière; le feu , soit lumineux , soit obscur, n'existe
jamais sans une grande chaleur, tandis que la lumière brille souvent avec
éclat sans la moindre chaleur sensible. La lumière paraît être l'ouvrage de
la nature, le feu n'est que le produit de l'industrie de l'homme; la lumière
subsiste, pour ainsi dire , par elle-même, et se trouve répandue dans les
espaces immenses de l'univers entier ; le feu ne peut subsister qu'avec des
aliments , et ne se trouve qu'en quelques points de l'espace où l'homme le
conserve , et dans quelques endroits de la profondeur de la terre, où il se
trouve également entretenu par des aliments convenables. La lumière, à la
vérité lorsqu'elle est condensée, réunie par l'art de l'homme, peut produire
du feu; mais ce n'est qu'autant qu'elle tombe sur des matières combustibles.
La lumière n'est donc tout au plus, et dans ce seul cas, que le principe du
feu, et non pas le feu ; ce principe même n'est pas immédiat, il en suppose
un intermédiaire, et c'est celui de la chaleur qui paraît tenir encore de plus
près que la lumière à l'essence du feu. Or, la chaleur existe tout aussi souvent sans lumière que la lumière existe sans chaleur; ces deux principes ne
paraissent donc pas nécessairement liés ensemble; leurs effets ne sont ni
simultanés ni contemporains, puisque dans de certaines circonstances on
sent de la chaleur longtemps avant que la lumière paraisse , et que dans
d'autres circonstances on voit de la lumière longtemps avant de sentir de
la chaleur, et même sans en sentir aucune.

Dès lors la chaleur n'est-elle pas une autre manière d'être, une modification de la matière qui diffère, à la vérité, moins que toute autre de celle de la lumière, mais qu'on peut néanmoins considérer à part, et qu'on devrait concevoir encore plus aisément? Car la facilité plus ou moins grande que nous avons à concevoir les opérations différentes de la nature dépend de celle que nous avons d'y appliquer nos sens : lorsqu'un effet de la nature tombe sous deux de nos sens, la vue et le toucher, nous croyons en avoir une pleine connaissance ; un effet qui n'affecte que l'un ou l'autre de ces deux sens, nous paraît plus difficile à connaître, et, dans ce cas, la facilité ou la difficulté d'en juger dépend du degré de supériorité qui se trouve entre nos sens ; la lumière que nous n'apercevons que par le sens de la vue (sens le plus fautif et le plus incomplet), ne devrait pas nous être aussi bien connue que la chaleur qui frappe le toucher, et affecte par conséquent le plus sûr de nos sens. Cependant il faut avouer qu'avec cet avantage on a fait beaucoup moins de découvertes sur la nature de la chaleur que sur celle de la lumière, soit que l'homme saisisse mieux ce qu'il voit que ce qu'il sent, soit que la lumière se présentant ordinairement comme une substance distincte et différente de toutes les autres, elle ait paru digne d'une considération particulière, au lieu que la chaleur dont l'effet est plus obscur, se présentant comme un objet moins isolé, moins simple, n'a pas été regardée comme une substance distincte, mais comme un attribut de la lumière et du feu.

Quand même cette opinion qui fait de la chaleur un pur attribut, une simple qualité, se trouverait fondée, il serait toujours utile de considérer la chaleur en elle-même et par les effets qu'elle produit toute seule, c'est-à-dire lorsqu'elle nous paraît indépendante de la lumière et du feu. La première chose qui me frappe et qui me paraît bien digne de remarque, c'est que le siége de la chaleur est tout différent de celui de la lumière ; celle-ci occupe et parcourt les espaces vides de l'univers ; la chaleur, au contraire, se trouve généralement répandue dans toute la matière solide. Le globe de la terre et toutes les matières dont il est composé ont un degré de chaleur bien plus considérable qu'on ne pourrait l'imaginer. L'eau a son degré de chaleur qu'elle ne perd qu'en changeant son état, c'est-à-dire en perdant sa fluidité ; l'air a aussi sa chaleur, que nous appelons sa température, qui varie beaucoup, mais qu'il ne perd jamais en entier, puisque son ressort subsiste même dans le plus grand froid ; le feu a aussi ses différents degrés de chaleur, qui paraissent moins dépendre de sa nature propre que de celle des aliments qui le nourrissent. Ainsi toute la matière connue est chaude, et dès lors la chaleur est une affection bien plus générale que celle de la lumière.

La chaleur pénètre tous les corps qui lui sont exposés, et cela sans aucune exception, tandis qu'il n'y a que les corps transparents qui laissent passer la lumière, et qu'elle est arrêtée et en partie repoussée par tous les corps opaques. La chaleur semble donc agir d'une manière bien plus générale et plus palpable que n'agit la lumière, et quoique les molécules de la chaleur soient excessivement petites, puisqu'elles pénètrent les corps les plus compactes, il me semble néanmoins que l'on peut démontrer qu'elles sont bien plus grosses que celles de la lumière; car on fait de la chaleur avec la lumière en la réunissant en grande quantité [1]; d'ailleurs la chaleur agissant sur le sens du toucher, il est nécessaire que son action soit proportionnée à la grossièreté de ce sens, comme la délicatesse des organes de la vue paraît l'être à l'extrême finesse des parties de la lumière : celles-ci se meuvent avec la plus grande vitesse, agissent dans l'instant à des distances immenses, tandis que celles de la chaleur n'ont qu'un mouvement progressif assez lent qui ne paraît s'étendre qu'à de petits intervalles du corps dont elles émanent.

Le principe de toute chaleur paraît être l'attrition des corps; tout frottement, c'est-à-dire tout mouvement en sens contraire entre des matières solides, produit de la chaleur, et si ce même effet n'arrive pas dans les fluides, c'est parce que leurs parties ne se touchent pas d'assez près pour pouvoir être frottées les unes contre les autres, et qu'ayant peu d'adhérence entre elles, leur résistance au choc des autres corps est trop faible pour que la chaleur puisse naître ou se manifester à un degré sensible; mais dans ce cas, on voit souvent de la lumière produite par ce frottement d'un fluide sans sentir de la chaleur. Tous les corps, soit en petit ou en grand volume, s'échauffent dès qu'ils se rencontrent en sens contraire : la chaleur est donc produite par le mouvement de toute matière palpable et d'un volume quelconque, au lieu que la production de la lumière qui se fait aussi par le mouvement en sens contraire, suppose de plus la division de la matière en parties très-petites; et comme cette opération de la nature est la même pour la production de la chaleur et celle de la lumière, que c'est le mouvement en sens contraire, la rencontre des corps qui produisent l'un et l'autre, on doit en conclure que les atomes de la lumière sont solides par eux-mêmes, et qu'ils sont chauds au moment de leur naissance; mais on ne peut pas également assurer qu'ils conservent leur chaleur au même degré que leur lumière, ni qu'ils ne cessent pas d'être chauds avant de cesser d'être lumineux. Des expériences familières paraissent indiquer que la chaleur de la lumière du soleil augmente en passant à travers une glace plane, quoique la quantité de la lumière soit diminuée considérablement par la réflexion qui se fait à la surface extérieure de la glace, et que la

---

1. On ne fait pas *de la chaleur avec la lumière, en la réunissant en grande quantité.* On ne fait ainsi que concentrer et rendre plus sensible la *chaleur* qui *préexistait* et accompagnait la *lumière.*

matière même du verre en retienne une certaine quantité. D'autres expériences plus recherchées [a] semblent prouver que la lumière augmente de chaleur à mesure qu'elle traverse une plus grande épaisseur de notre atmosphère.

On sait de tout temps que la chaleur devient d'autant moindre ou le froid d'autant plus grand, qu'on s'élève plus haut dans les montagnes [1]. Il est vrai que la chaleur qui provient du globe entier de la terre doit être moins sensible sur ces pointes avancées qu'elle ne l'est dans les plaines, mais cette cause n'est point du tout proportionnelle à l'effet ; l'action de la chaleur qui émane du globe terrestre [2] ne pouvant diminuer qu'en raison du carré

a. Un habile physicien (M. de Saussure, citoyen de Genève) a bien voulu me communiquer le résultat des expériences qu'il a faites dans les montagnes sur la différente chaleur des rayons du soleil, et je vais rapporter ici ses propres expressions. — « J'ai fait faire, en mars 1767, « sept caisses rectangulaires de verre blanc de Bohème, chacune desquelles est la moitié d'un « cube coupé parallèlement à sa base : la première a un pied de largeur en tout sens, sur six « pouces de hauteur ; la seconde dix pouces sur cinq, et ainsi de suite jusqu'à la cinquième, « qui a deux pouces sur un. Toutes ces caisses sont ouvertes par le bas, et s'emboîtent les unes « dans les autres, sur une table fort épaisse de bois de poirier noirci, à laquelle elles sont « fixées. J'emploie sept thermomètres à cette expérience : l'un suspendu en l'air et parfaite- « ment isolé à côté des boîtes et à la même distance du sol ; un autre posé sur la caisse extérieure « en dehors de cette caisse, et à peu près au milieu ; le suivant posé de même sur la seconde « caisse, et ainsi des autres jusqu'au dernier, qui est sous la cinquième caisse, et à demi noyé « dans le bois de la table.

« Il faut observer que tous ces thermomètres sont de mercure, et que tous, excepté le der- « nier, ont la boule nue, et ne sont pas engagés, comme les thermomètres ordinaires, dans une « planche ou dans une boîte, dont le plus ou le moins d'aptitude à prendre et à conserver la « chaleur fait entièrement varier le résultat des expériences.

« Tout cet appareil exposé au soleil, dans un lieu découvert, par exemple sur le mur de « clôture d'une grande terrasse, je trouve que le thermomètre suspendu à l'air libre monte le « moins haut de tous ; que celui qui est sur la caisse extérieure monte un peu plus haut ; ensuite « celui qui est sur la seconde caisse, et ainsi des autres ; en observant cependant que le thermo- « mètre qui est posé sur la cinquième caisse monte plus haut que celui qui est sous elle et à « demi noyé dans le bois de la table : j'ai vu celui-là monter à 70 degrés de Réaumur (en pla- « çant le 0 à la congélation, et le 80me degré à l'eau bouillante). Les fruits exposés à cette « chaleur s'y cuisent et y rendent leur jus.

« Quand cet appareil est exposé au soleil dès le matin, on observe communément la plus « grande chaleur vers les deux heures et demie après midi, et lorsqu'on le retire des rayons du « soleil, il emploie plusieurs heures à son entier refroidissement.

« J'ai fait porter ce même appareil sur une montagne élevée d'environ cinq cents toises « au-dessus du lieu où se faisaient ordinairement les expériences, et j'ai trouvé que le refroi-

1. La *chaleur devient d'autant moindre... qu'on s'élève plus haut*, parce que la *chaleur rayonnante* de la terre va toujours en diminuant, à mesure qu'on s'éloigne de la terre.

2. La chaleur, *qui émane du globe terrestre*, ne vient pas, comme le suppose Buffon, de la *chaleur propre* de la terre. — La *chaleur propre* ou *centrale* du globe est presque insensible aujourd'hui à la *surface* du globe. — La chaleur, *qui émane de la terre*, est la *chaleur* qui lui vient du soleil. Cette chaleur, *venue* du soleil, et *rayonnant* ensuite de la terre vers l'atmosphère, diminue rapidement à mesure que l'on s'élève. Gay-Lussac, dans sa fameuse ascension, a trouvé qu'elle diminuait d'un degré pour 170 mètres. M. de Humboldt, par des observations faites jusqu'à 6,000 mètres dans les Andes, a trouvé un degré d'abaissement de température pour 187 mètres, et M. Boussingault un degré pour 175 mètres. (*Cosmos,* t. I, p. 393.)

de la distance, il ne paraît pas qu'à la hauteur d'une demi-lieue, qui n'est que de la trois-millième partie du demi-diamètre du globe, dont le centre doit être pris pour le foyer de la chaleur; il ne paraît pas, dis-je, que cette différence, qui dans cette supposition n'est que d'une unité sur neuf millions, puisse produire une diminution de chaleur aussi considérable, à beaucoup près, que celle qu'on éprouve en s'élevant à cette hauteur; car le thermomètre y baisse dans tous les temps de l'année, jusqu'au point de la congélation de l'eau ; la neige ou la glace subsistent aussi sur ces grandes montagnes à peu près à cette hauteur dans toutes les saisons : il n'est donc pas probable que cette grande différence de chaleur provienne uniquement de la différence de la chaleur de la terre; l'on en sera pleinement convaincu si l'on fait attention qu'au haut des volcans, où la terre est plus chaude qu'en aucun autre endroit de la surface du globe, le froid de l'air est à très-peu près le même que dans les autres montagnes à la même hauteur.

On pourrait donc penser que les atomes de la lumière, quoique très-chauds au moment de leur naissance et au sortir du soleil, se refroidissent beaucoup pendant les sept minutes et demie de temps que dure leur traversée du soleil à la terre [1], d'autant que la durée de la chaleur, ou, ce qui revient au même, le temps du refroidissement des corps étant en raison de leur diamètre, il semblerait qu'il ne faut qu'un très-petit moment pour le refroidissement des atomes presque infiniment petits de la lumière ; et cela serait en effet s'ils étaient isolés, mais comme ils se succèdent presque immédiatement, et qu'ils se propagent en faisceaux d'autant plus serrés qu'ils sont plus près du lieu de leur origine, la chaleur que chaque atome perd tombe sur les atomes voisins ; et cette communication réciproque de la chaleur qui s'évapore de chaque atome entretient plus longtemps la chaleur générale de la lumière ; et comme sa direction constante est toujours en rayons divergents, que leur éloignement l'un de l'autre augmente comme l'espace qu'ils ont parcouru, et qu'en même temps la chaleur qui part de chaque atome, comme centre, diminue aussi dans la même raison, il s'ensuit que l'action de la lumière des rayons solaires décroissant en raison inverse du carré de la distance, celle de leur chaleur décroît en raison inverse du carré-carré de cette même distance [2].

« dissement causé par l'élévation agissait beaucoup plus sur les thermomètres suspendus à l'air
« libre que sur ceux qui étaient enfermés dans les caisses de verre, quoique j'eusse eu soin de
« remplir les caisses de l'air même de la montagne, par égard pour la fausse hypothèse de ceux
« qui croient que le froid des montagnes tient de la pureté de l'air qu'on y respire. »
Il serait à désirer que M. de Saussure, de la sagacité duquel nous devons attendre d'excellentes choses, suivît encore plus loin ces expériences, et voulût en publier les résultats.

1. Voyez les notes 1 et 2 de la page 10.

2. Les rayons *lumineux* et les rayons *calorifiques* sont soumis aux mêmes lois, dans leur marche. Ils se propagent également en *ligne droite*, et leur *intensité* diminue également comme le *carré de la distance* augmente.

Prenant donc pour unité le demi-diamètre du soleil, et supposant l'action de la lumière comme 1000 à la distance d'un demi-diamètre de la surface de cet astre, elle ne sera plus que comme $\frac{1000}{4}$ à la distance de deux demi-diamètres, que comme $\frac{1000}{9}$ à celle de trois demi-diamètres, comme $\frac{1000}{16}$ à la distance de quatre demi-diamètres; et enfin, en arrivant à nous, qui sommes éloignés du soleil de trente-six millions de lieues, c'est-à-dire d'environ deux cent vingt-quatre de ses demi-diamètres, l'action de la lumière ne sera plus que comme $\frac{1000}{50625}$, c'est-à-dire, plus de cinquante mille fois plus faible qu'au sortir du soleil, et la chaleur de chaque atome de lumière étant aussi supposée 1000 au sortir du soleil, ne sera plus que comme $\frac{1000}{16}$, $\frac{1000}{81}$, $\frac{1000}{256}$ à la distance successive de 1, 2, 3 demi-diamètres, et en arrivant à nous, comme $\frac{1000}{2562890625}$, c'est-à-dire, plus de deux mille cinq cents millions de fois plus faible qu'au sortir du soleil.

Quand même on ne voudrait pas admettre cette diminution de la chaleur de la lumière en raison du carré-carré de la distance au soleil, quoique cette estimation me paraisse fondée sur un raisonnement assez clair, il sera toujours vrai que la chaleur, dans sa propagation, diminue beaucoup plus que la lumière, au moins quant à l'impression qu'elles font l'une et l'autre sur nos sens. Qu'on excite une très-forte chaleur, qu'on allume un grand feu dans un point de l'espace, on ne le sentira qu'à une distance médiocre, au lieu qu'on en voit la lumière à de très-grandes distances; qu'on approche peu à peu la main d'un corps excessivement chaud, on s'apercevra par la seule sensation que la chaleur augmente beaucoup plus que l'espace ne diminue; car on se chauffe souvent avec plaisir à une distance qui ne diffère que de quelques pouces de celle où l'on se brûlerait. Tout paraît donc nous indiquer que la chaleur diminue en plus grande raison que la lumière, à mesure que toutes deux s'éloignent du foyer dont elles partent [1].

Ainsi l'on peut croire que les atomes de la lumière sont fort refroidis lorsqu'ils arrivent à la surface de notre atmosphère, mais qu'en traversant la grande épaisseur de cette masse transparente, ils y reprennent par le frottement une nouvelle chaleur. La vitesse infinie avec laquelle les particules de la lumière frôlent celles de l'air doit produire une chaleur d'autant plus grande, que le frottement est plus multiplié; et c'est probablement par cette raison que la chaleur des rayons solaires se trouve, par l'expérience, beaucoup plus grande dans les couches inférieures de l'atmosphère, et que le froid de l'air paraît augmenter si considérablement à mesure qu'on s'élève [2]. Peut-être aussi que comme la lumière ne prend de la chaleur

1. C'est que la *chaleur* est absorbée et retenue par les corps qu'elle traverse, et que par conséquent il s'en perd. La *lumière* n'est point absorbée : elle n'éprouve d'autre *extinction* que celle qui résulte de ce que l'air n'est pas parfaitement transparent.

2. Voyez les notes 1 et 2 de la page 14.

qu'en se réunissant, il faut un grand nombre d'atomes de lumière pour constituer un seul atome de chaleur, et que c'est par cette raison que la lumière faible de la lune, quoique frôlée dans l'atmosphère comme celle du soleil, ne prend aucun degré de chaleur sensible. Si, comme le dit M. Bouguer [a], l'intensité de la lumière du soleil à la surface de la terre est trois cent mille fois plus grande que celle de la lumière de la lune, celle-ci ne peut qu'être presque absolument insensible, même en la réunissant au foyer des plus puissants miroirs ardents, qui ne peuvent la condenser qu'environ deux mille fois, dont, ôtant la moitié pour la perte par la réflexion ou la réfraction, il ne reste qu'une trois-centième partie d'intensité au foyer du miroir. Or, y a-t-il des thermomètres assez sensibles pour indiquer le degré de chaleur contenu dans une lumière trois cents fois plus faible que celle du soleil, et pourra-t-on faire des miroirs assez puissants pour la condenser davantage ?

Ainsi l'on ne doit pas inférer de tout ce que j'ai dit que la lumière puisse exister sans aucune chaleur, mais seulement que les degrés de cette chaleur sont très-différents, selon les différentes circonstances, et toujours insensibles lorsque la lumière est très-faible [b]. La chaleur au contraire paraît exister habituellement, et même se faire sentir vivement sans lumière ; ce n'est ordinairement que quand elle devient excessive que la lumière l'accompagne. Mais ce qui mettrait encore une différence bien essentielle entre ces deux modifications de la matière, c'est que la chaleur qui pénètre tous les corps ne paraît se fixer dans aucun et ne s'y arrêter que peu de temps, au lieu que la lumière s'incorpore, s'amortit et s'éteint [1] dans tous ceux qui ne la réfléchissent pas, ou qui ne la laissent pas passer librement. Faites chauffer à tous degrés des corps de toute sorte, tous perdront en assez peu de temps la chaleur acquise, tous reviendront au degré de la température

a. Essai d'Optique sur la gradation de la lumière.

b. On pourrait même présumer que la lumière en elle-même est composée de parties plus ou moins chaudes [2] : le rayon rouge, dont les atomes sont bien plus massifs et probablement plus gros que ceux du rayon violet, doit en toute circonstance conserver beaucoup plus de chaleur, et cette présomption me paraît assez fondée pour qu'on doive chercher à la constater par l'expérience ; il ne faut pour cela que recevoir, au sortir du prisme, une *égale* quantité de rayons rouges et de rayons violets, sur deux petits miroirs concaves ou deux lentilles réfringentes, et voir au thermomètre le résultat de la chaleur des uns et des autres. — Je me rappelle une autre expérience qui semble démontrer que les atomes bleus de la lumière sont plus petits que ceux des autres couleurs ; c'est qu'en recevant sur une feuille très-mince d'or battu la lumière du soleil, elle se réfléchit toute, à l'exception des rayons bleus qui passent à travers la feuille d'or, et peignent d'un beau bleu le papier blanc qu'on met à quelque distance derrière la feuille d'or. Ces atomes bleus sont donc plus petits que les autres, puisqu'ils passent où les autres ne peuvent passer ; mais je n'insiste pas sur les conséquences qu'on doit tirer de cette expérience, parce que cette couleur bleue, produite en apparence par la feuille d'or, peut tenir au phénomène des ombres bleues, dont je parlerai dans un des Mémoires suivants.

1. La lumière s'*amortit*, s'*éteint*, ne *traverse* pas ; mais elle n'est pas *absorbée*, elle ne s'*incorpore* pas. — Voyez la note 1 de la page précédente.

2 (b). Voyez la note 2 de la page 7.

générale, et n'auront par conséquent que la même chaleur qu'ils avaient
auparavant. Recevez de même la lumière en plus ou moins grande quantité sur des corps noirs ou blancs, bruts ou polis, vous reconnaîtrez aisément que les uns l'admettent, les autres la repoussent, et qu'au lieu d'être
affectés d'une manière uniforme comme ils le sont par la chaleur, ils ne le
sont que d'une manière relative à leur nature, à leur couleur, à leur poli;
les noirs absorberont plus la lumière que les blancs, les bruts que les polis.
Cette lumière une fois absorbée reste fixe et demeure dans les corps qui l'ont
admise, elle ne reparaît plus, elle n'en sort pas comme le fait la chaleur :
d'où l'on devrait conclure que les atomes de la lumière peuvent devenir
parties constituantes des corps en s'unissant à la matière qui les compose;
au lieu que la chaleur, ne se fixant pas, semble empêcher au contraire l'union
de toutes les parties de la matière, et n'agir que pour les tenir séparées.

Cependant il y a des cas où la chaleur se fixe à demeure dans les corps,
et d'autres cas où la lumière qu'ils ont absorbée reparaît et en sort comme
la chaleur. Les diamants, les autres pierres transparentes qui s'imbibent de
la lumière du soleil; les pierres opaques, comme celle de Bologne, qui, par
la calcination, reçoivent les particules d'un feu brillant; tous les phos-
phores naturels rendent la lumière qu'ils ont absorbée, et cette restitution
ou déperdition de lumière se fait successivement, et avec le temps, à peu
près comme se fait celle de la chaleur. Et peut-être la même chose arrive
dans les corps opaques en tout ou en partie. Quoi qu'il en soit, il paraît
d'après tout ce qui vient d'être dit que l'on doit reconnaître deux sortes de
chaleur, l'une lumineuse, dont le soleil est le foyer immense, et l'autre
obscure, dont le grand réservoir est le globe terrestre[1]. Notre corps,
comme faisant partie du globe, participe à cette chaleur obscure; et c'est
par cette raison qu'étant obscure par elle-même, c'est-à-dire sans lumière,
elle est encore obscure pour nous, parce que nous ne nous en apercevons
par aucun de nos sens. Il en est de cette chaleur du globe comme de son
mouvement, nous y sommes soumis, nous y participons sans le sentir et
sans nous en douter. De là il est arrivé que les physiciens ont porté d'abord
toutes leurs vues, toutes leurs recherches sur la chaleur du soleil, sans
soupçonner qu'elle ne faisait qu'une très-petite partie de celle que nous
éprouvons réellement; mais ayant fait des instruments pour reconnaître la
différence de chaleur immédiate des rayons du soleil en été à celle de ces
mêmes rayons en hiver, ils ont trouvé avec étonnement que cette chaleur
solaire est, en été, soixante-six fois plus grande qu'en hiver dans notre climat, et que néanmoins la plus grande chaleur de notre été ne différait que
d'un septième du plus grand froid de notre hiver : d'où ils ont conclu avec
grande raison qu'indépendamment de la chaleur que nous recevons du

1. Voyez la note 2 de la page 14.

soleil, il en émane une autre du globe même de la terre, bien plus considérable, et dont celle du soleil n'est que le complément; en sorte qu'il est aujourd'hui démontré que cette chaleur qui s'échappe de l'intérieur de la terre [a] est, dans notre climat, au moins vingt-neuf fois en été et quatre cents fois en hiver, plus grande que la chaleur qui nous vient du soleil [1]; je dis au moins, car quelque exactitude que les physiciens, et en particulier M. de Mairan, aient apportée dans ces recherches, quelque précision qu'ils aient pu mettre dans leurs observations et dans leur calcul, j'ai vu en les examinant que le résultat pouvait en être porté plus haut [b].

[a]. Voyez l'*Histoire de l'Académie des Sciences*, année 1702, page 7; et le *Mémoire* de M. Amontons, page 155. — Les *Mémoires* de M. de Mairan, année 1710, page 104; année 1721, page 8; année 1765, page 143.

[b]. Les physiciens ont pris pour le degré du froid absolu mille degrés au-dessous de la congélation; il fallait plutôt le supposer de dix mille que de mille : car, quoique je sois très-persuadé qu'il n'existe rien d'absolu dans la nature, et que peut-être un froid de dix mille degrés n'existe que dans les espaces les plus éloignés de tout soleil, cependant, comme il s'agit ici de prendre pour unité le plus grand froid possible, je l'aurais au moins supposé plus grand que celui dont nous pouvons produire la moitié ou les trois cinquièmes; car on a produit artificiellement cinq cent quatre-vingt-douze degrés de froid à Pétersbourg, le 6 janvier 1760, le froid naturel étant de trente et un degrés au-dessous de la congélation; et si l'on eût fait la même expérience en Sibérie, où le froid naturel est quelquefois de soixante-dix degrés, on eût produit un froid de plus de mille degrés; car on a observé que le froid artificiel suivait la même proportion que le froid naturel. Or, $31 : 592 :: 70 : 1336\frac{24}{31}$; il serait donc possible de produire en Sibérie un froid de treize cent trente-six degrés au-dessous de la congélation; donc le plus grand degré de froid possible doit être supposé bien au delà de mille ou même de treize cent trente-six pour en faire l'unité à laquelle on rapporte les degrés de la chaleur, tant solaire que terrestre, ce qui ne laissera pas d'en rendre la différence encore plus grande. — Une autre remarque que j'ai faite, en examinant la construction de la table dans laquelle M. de Mairan donne les rapports de la chaleur des émanations du globe terrestre à ceux de la chaleur solaire pour tous les climats de la terre, c'est qu'il n'a pas pensé ou qu'il a négligé d'y faire entrer la considération de l'épaisseur du globe, plus grande sous l'équateur que sous les pôles. Cela néanmoins devrait être mis en compte, et aurait un peu changé les rapports qu'il donne pour chaque latitude. — Enfin une troisième remarque, et qui tient à la première, c'est qu'il dit (page 160) qu'ayant fait construire une machine qui était comme un extrait de mes miroirs brûlants, et ayant fait tomber la lumière réfléchie du soleil sur des thermomètres, il avait toujours trouvé que, si un miroir plan avait fait monter la liqueur, par exemple, de trois degrés, deux miroirs dont on réunissait la lumière la faisaient monter de six degrés, et trois miroirs de neuf degrés. Or, il est aisé de sentir que ceci ne peut pas être généralement vrai, car la grandeur des degrés du thermomètre n'est fondée que sur la division en mille parties, et sur la supposition que mille degrés au-dessous de la congélation font le froid absolu; et comme il s'en faut bien que ce terme soit celui du plus grand froid possible, il est nécessaire qu'une augmentation de chaleur, double ou triple par la réunion de deux ou trois miroirs, élève la liqueur à des hauteurs différentes de celle des degrés du thermomètre, selon que l'expérience sera faite dans un temps plus ou moins chaud, que celui où ces hauteurs s'accorderont le mieux ou différeront le moins sera celui des jours chauds de l'été, et que, les expériences ayant été faites sur la fin de mai, ce n'est que par hasard qu'elles ont donné le résultat des augmentations de chaleur par les miroirs, proportionnelles aux degrés de l'échelle du thermomètre. Mais j'abrége cette critique, en renvoyant à ce que j'ai dit, près de vingt ans avant ce Mémoire de M. de Mairan, sur la construc-

[1]. Erreur complète. La chaleur que nous éprouvons à la surface de la terre vient toute, ou presque toute, du soleil. M. Fourier a *démontré* que la chaleur *centrale* du globe ne concourt à la chaleur de la *surface* que pour une part tout à fait insensible, que pour $\frac{1}{30}$ *de degré.*

Cette grande chaleur qui réside dans l'intérieur du globe, qui sans cesse en émane à l'extérieur, doit entrer comme élément dans la combinaison de tous les autres éléments. Si le soleil est le père de la nature, cette chaleur de la terre en est la mère[1], et toutes deux se réunissent pour produire, entretenir, animer les êtres organisés, et pour travailler, assimiler, composer les substances inanimées. Cette chaleur intérieure du globe, qui tend toujours du centre à la circonférence, et qui s'éloigne perpendiculairement de la surface de la terre est, à mon avis, un grand agent dans la nature ; l'on ne peut guère douter qu'elle n'ait la principale influence sur la perpendicularité de la tige des plantes, sur les phénomènes de l'électricité, dont la principale cause est le frottement ou mouvement en sens contraire, sur les effets du magnétisme, etc. Mais comme je ne prétends pas faire ici un traité de physique, je me bornerai aux effets de cette chaleur sur les autres éléments. Elle suffit seule, elle est même bien plus grande qu'il ne faut pour maintenir la raréfaction de l'air au degré que nous respirons ; elle est plus que suffisante pour entretenir l'eau dans son état de liquidité, car on a descendu des thermomètres jusqu'à 120 brasses de profondeur[a] [2], et les retirant promptement, on a vu que la température de l'eau y était à très-peu près la même que dans l'intérieur de la terre à pareille profondeur, c'est-à-dire, de 10 degrés $\frac{2}{3}$. Et comme l'eau la plus chaude monte toujours à la surface et que le sel l'empêche de geler, on ne doit pas être surpris de ce qu'en général la mer ne gèle pas, et que les eaux douces ne gèlent que d'une certaine épaisseur, l'eau du fond restant toujours liquide, lors même qu'il fait le plus grand froid et que les couches supérieures sont en glace de dix pieds d'épaisseur.

Mais la terre est celui de tous les éléments sur lequel cette chaleur intérieure a dû produire et produit encore les plus grands effets. On ne peut pas douter[3], après les preuves que j'en ai données[b], que cette chaleur n'ait été originairement bien plus grande qu'elle ne l'est aujourd'hui ; ainsi on doit lui rapporter, comme à la cause première, toutes les sublimations, pré-

tion d'un thermomètre réel, et sa graduation par le moyen de mes miroirs brûlants. Voyez les *Mémoires de l'Académie des Sciences*, année 1747.

a. Histoire physique de la mer, par M. le comte Marsigli, page 16.

b. Voyez dans cet ouvrage l'article de la formation des planètes, et ci-après les articles des époques de la nature.

1. Non, il y a longtemps qu'elle n'en est plus la *mère*. Le soleil seul est, aujourd'hui, *père de la nature*. La *vie* sur le globe tient à la chaleur ; et toute la chaleur de la surface du globe vient du *soleil*. (Voyez la note de la page précédente.)

2. « Dumont-d'Urville a trouvé dans son voyage autour du monde, à 520 brasses de profon-« deur, près du 37ᵉ degré de latitude australe, 5°4, la température de la surface étant 12°. » (*Dict. univ. d'hist. nat.* : art. MER.)

3. Non sans doute. Le premier qui ait *dit* nettement que ce globe a commencé par être *incandescent*, par être tout en feu, est Leibnitz ; mais le premier qui ait forcé les autres hommes à le *redire* est Buffon.

cipitations, agrégations, séparations, en un mot, tous les mouvements qui se sont faits et se font chaque jour dans l'intérieur du globe , et surtout dans la couche extérieure où nous avons pénétré, et dont la matière a été remuée par les agents de la nature, ou par les mains de l'homme; car à une ou peut-être deux lieues de profondeur on ne peut guère présumer qu'il y ait eu des conversions de matière, ni qu'il s'y fasse encore des changements réels : toute la masse du globe ayant été fondue, liquéfiée par le feu, l'intérieur n'est qu'un verre ou concret ou discret, dont la substance simple ne peut recevoir aucune altération par la chaleur seule; il n'y a donc que la couche supérieure et superficielle qui, étant exposée à l'action des causes extérieures, aura subi toutes les modifications que ces causes, réunies à celle de la chaleur intérieure, auront pu produire par leur action combinée, c'est-à-dire toutes les modifications, toutes les différences, toutes les formes , en un mot, des substances minérales.

Le feu qui ne paraît être, à la première vue, qu'un composé de chaleur et de lumière, ne serait-il pas encore une modification de la matière qu'on doive considérer à part, quoiqu'elle ne diffère pas essentiellement de l'une ou de l'autre, et encore moins des deux prises ensemble? Le feu n'existe jamais sans chaleur, mais il peut exister sans lumière. On verra, par mes expériences, que la chaleur seule, et dénuée de toute apparence de lumière, peut produire les mêmes effets que le feu le plus violent : on voit aussi que la lumière seule, lorsqu'elle est réunie, produit les mêmes effets; elle semble porter en elle-même une substance qui n'a pas besoin d'aliment; le feu ne peut subsister au contraire qu'en absorbant de l'air, et il devient d'autant plus violent qu'il en absorbe davantage, tandis que la lumière concentrée et reçue dans un vase purgé d'air agit comme le feu dans l'air, et que la chaleur resserrée, retenue dans un espace clos, subsiste et même augmente avec une très-petite quantité d'aliments. La différence la plus générale entre le feu, la chaleur et la lumière me paraît donc consister dans la quantité, et peut-être dans la qualité de leurs aliments.

L'air [1] est le premier aliment du feu, les matières combustibles ne sont que le second; j'entends par premier aliment celui qui est toujours nécessaire, et sans lequel le feu ne pourrait faire aucun usage des autres. Des expériences connues de tous les physiciens, nous démontrent qu'un petit point de feu, tel que celui d'une bougie placée dans un vase bien fermé, absorbe en peu de temps une grande quantité d'air, et qu'elle s'éteint aussitôt que la quantité ou la qualité de cet aliment lui manque. D'autres expériences bien connues des chimistes prouvent que les matières les plus combustibles, telles que les charbons, ne se consument pas dans des vaisseaux bien clos, quoique exposés à l'action du plus grand feu. L'air est donc le

1. L'*air*, ou plus exactement l'*oxygène* de l'air, comme chacun le sait aujourd'hui.

premier, le véritable aliment du feu , et les matières combustibles ne peuvent lui en fournir que par le secours et la médiation de cet élément , dont il est nécessaire, avant d'aller plus loin, que nous considérions ici quelques propriétés.

Nous avons dit que toute fluidité avait la chaleur pour cause , et en comparant quelques fluides ensemble nous voyons qu'il faut beaucoup plus de chaleur pour tenir le fer en fusion que l'or, beaucoup plus pour y tenir l'or que l'étain , beaucoup moins pour y tenir la cire, beaucoup moins pour y tenir l'eau , encore beaucoup moins pour y tenir l'esprit-de-vin , et enfin excessivement moins pour y tenir le mercure , puisqu'il ne perd sa fluidité qu'au cent quatre-vingt-septième degré au-dessous de celui où l'eau perd la sienne [1]. Cette matière , le mercure, serait donc le plus fluide des corps si l'air ne l'était encore plus. Or, que nous indique cette fluidité plus grande dans l'air que dans aucune matière ? Il me semble qu'elle suppose le moindre degré possible d'adhérence entre ses parties constituantes ; ce qu'on peut concevoir en les supposant de figure à ne pouvoir se toucher qu'en un point. On pourrait croire aussi qu'étant douées de si peu d'énergie apparente, et de si peu d'attraction mutuelle des unes vers les autres, elles sont par cette raison moins massives et plus légères que celles de tous les autres corps. Mais cela me paraît démenti par la comparaison du mercure, le plus fluide des corps après l'air, et dont néanmoins les parties constituantes paraissent être plus massives et plus pesantes que celles de toutes les autres matières à l'exception de l'or. La plus ou moins grande fluidité n'indique donc pas que les parties du fluide soient plus ou moins pesantes, mais seulement que leur adhérence est d'autant moindre , leur union d'autant moins intime , et leur séparation d'autant plus aisée. S'il faut mille degrés de chaleur pour entretenir la fluidité de l'eau, il n'en faudra peut-être qu'un pour maintenir celle de l'air.

L'air est donc de toutes les matières connues, celle que la chaleur divise le plus facilement, celle dont les parties lui obéissent avec le moins de résistance, celle qu'elle met le plus aisément en mouvement expansif, et contraire à celui de la force attractive. Ainsi l'air est tout près de la nature du feu, dont la principale propriété consiste dans ce mouvement expansif ; et quoique l'air ne l'ait pas par lui-même, la plus petite particule de chaleur ou de feu suffisant pour le lui communiquer, on doit cesser d'être étonné de ce que l'air augmente si fort l'activité du feu, et de ce qu'il est si nécessaire à sa subsistance. Car étant de toutes les substances celle qui prend le plus aisément le mouvement expansif, ce sera celle aussi que le feu entraînera, enlèvera de préférence à toute autre, ce sera celle qu'il s'appropriera le plus intimement comme étant de la nature la plus voisine de

____

1. Le *mercure* se solidifie à 40° centigrades au-dessous de zéro.

la sienne, et par conséquent l'air doit être du feu l'adminicule le plus puissant, l'aliment le plus convenable, l'*ami* le plus intime et le plus nécessaire [1].

Les matières combustibles que l'on regarde vulgairement comme les vrais aliments du feu, ne lui servent néanmoins, ne lui profitent en rien dès qu'elles sont privées du secours de l'air, le feu le plus violent ne les consume pas, et même ne leur cause aucune altération sensible, au lieu qu'avec de l'air une seule étincelle de feu les embrase, et qu'à mesure qu'on fournit de l'air en plus ou moins grande quantité, le feu devient dans la même proportion plus vif, plus étendu, plus dévorant. De sorte qu'on peut mesurer la célérité ou la lenteur avec laquelle le feu consume les matières combustibles, par la quantité plus ou moins grande de l'air qu'on lui fournit. Ces matières ne sont donc, pour le feu, que des aliments secondaires qu'il ne peut s'approprier par lui-même, et dont il ne peut faire usage qu'autant que l'air s'y mêlant, les rapproche de la nature du feu en les modifiant, et leur sert d'intermède pour les y réunir.

On pourra (ce me semble) concevoir clairement cette opération de la nature, en considérant que le feu ne réside pas dans les corps d'une manière fixe, qu'il n'y fait ordinairement qu'un séjour instantané, qu'étant toujours en mouvement expansif, il ne peut subsister dans cet état qu'avec les matières susceptibles de ce même mouvement; que l'air s'y prêtant avec toute facilité, la somme de ce mouvement devient plus grande, l'action du feu plus vive, et que dès lors les parties les plus volatiles des matières combustibles, telles que les molécules aériennes, huileuses, etc., obéissant sans effort à ce mouvement expansif qui leur est communiqué, elles s'élèvent en vapeurs; que ces vapeurs se convertissent en flamme par le même secours de l'air extérieur; et qu'enfin, tant qu'il subsiste dans les corps combustibles quelques parties capables de recevoir par le secours de l'air ce mouvement d'expansion, elles ne cessent de s'en séparer pour suivre l'air et le feu dans leur route, et par conséquent se consumer en s'évaporant avec eux.

Il y a de certaines matières, telles que le phosphore artificiel, le pyrophore, la poudre à canon, qui paraissent à la première vue faire une exception à ce que je viens de dire, car elles n'ont pas besoin, pour s'enflammer et se consumer en entier, du secours d'un air renouvelé; leur combustion peut s'opérer dans les vaisseaux les mieux fermés; mais c'est par la raison que ces matières, qu'on doit regarder comme les plus combustibles de toutes, contiennent dans leur substance tout l'air nécessaire à

---

1. Buffon cherche, et ne trouve pas le vrai mécanisme de la *combustion*, qui n'a été trouvé que par Lavoisier. Le *feu* est le résultat de la combinaison de l'*oxygène* de l'air avec un *corps combustible*. Ceci est la *combustion* proprement dite, la *combustion* vue par Lavoisier. On sait, de plus, aujourd'hui que l'*oxygène* n'est pas l'unique corps *comburant*, que toute *combinaison chimique* est une sorte de *combustion*, et qu'il se dégage dans toutes de la *chaleur*.

leur combustion [1]. Leur feu produit d'abord cet air et le consume à l'instant, et comme il est en très-grande quantité dans ces matières, il suffit à leur pleine combustion, qui dès lors n'a pas besoin, comme toutes les autres, du secours d'un air étranger.

Cela semble nous indiquer que la différence la plus essentielle qu'il y ait entre les matières combustibles et celles qui ne le sont pas, c'est que celles-ci ne contiennent que peu ou point de ces matières légères, aériennes, huileuses, susceptibles du mouvement expansif, ou que, si elles en contiennent, elles s'y trouvent fixées et retenues; en sorte que, quoique volatiles en elles-mêmes, elles ne peuvent exercer leur volatilité toutes les fois que la force du feu n'est pas assez grande pour surmonter la force d'adhésion qui les retient unies aux parties fixes de la matière. On peut même dire que cette induction, qui se tire immédiatement de mes principes, se trouve confirmée par un grand nombre d'observations bien connues des chimistes et des physiciens; mais ce qui paraît l'être moins, et qui cependant en est une conséquence nécessaire, c'est que toute matière pourra devenir volatile dès que l'homme pourra augmenter assez la force expansive du feu, pour la rendre supérieure à la force attractive qui tient unies les parties de la matière que nous appelons fixes; car, d'une part, il s'en faut bien que nous ayons un feu aussi fort que nous pourrions l'avoir par des miroirs mieux conçus que ceux dont on s'est servi jusqu'à ce jour; et, d'autre côté, nous sommes assurés que la fixité n'est qu'une qualité relative, et qu'aucune matière n'est d'une fixité absolue ou invincible, puisque la chaleur dilate les corps les plus fixes. Or, cette dilatation n'est-elle pas l'indice d'un commencement de séparation qu'on augmente avec le degré de chaleur jusqu'à la fusion, et qu'avec une chaleur encore plus grande on augmenterait jusqu'à la volatilisation?

La combustion suppose quelque chose de plus que la volatilisation; il suffit pour celle-ci que les parties de la matière soient assez divisées, assez séparées les unes des autres, pour pouvoir être enlevées par celles de la chaleur; au lieu que pour la combustion, il faut encore qu'elles soient d'une nature analogue à celle du feu; sans cela le mercure, qui est le plus fluide après l'air, serait aussi le plus combustible, tandis que l'expérience nous démontre que, quoique très-volatil, il est incombustible [2]. Or, quelle est donc

---

1. L'air est aussi nécessaire à la combustion du *phosphore* et des *pyrophores* qu'il l'est à celle du *charbon*. Si le *phosphore* et les *pyrophores* brûlent plus facilement, cela tient, pour le *phosphore*, à ce qu'il est plus fusible, et, pour les *pyrophores*, à ce qu'ils ont la propriété de condenser, à la manière des corps poreux, une grande quantité d'air. Le *phosphore*, pas plus que les *pyrophores*, ne brûle dans des vases complétement privés d'air. Quant à la *poudre*, elle contient en elle-même assez d'*oxygène* pour sa *combustion*, si la température est suffisamment élevée.

2. Le *mercure* peut se combiner avec l'*oxygène* de l'air et former un *oxyde rouge*, pourvu que la température ne soit pas très-élevée. C'est de cette expérience, si simple et à jamais célèbre, que date le renouvellement de la chimie. C'est cette expérience qui donna à **Lavoisier** la clef de la *composition de l'air*.

l'analogie ou plutôt le rapport de nature que peuvent avoir les matières combustibles avec le feu? La matière en général est composée de quatre substances principales, qu'on appelle *éléments;* la terre, l'eau, l'air et le feu [1] entrent tous quatre en plus ou moins grande quantité dans la composition de toutes les matières particulières; celles où la terre et l'eau dominent seront fixes, et ne pourront devenir que volatiles par l'action de la chaleur; celles au contraire qui contiennent beaucoup d'air et de feu seront les seules vraiment combustibles. La grande difficulté qu'il y ait ici, c'est de concevoir nettement comment l'air et le feu, tous deux si volatils, peuvent se fixer et devenir parties constituantes de tous les corps; je dis de tous les corps, car nous prouverons que, quoiqu'il y ait une plus grande quantité d'air et de feu fixes dans les matières combustibles, et qu'ils y soient combinés d'une manière différente que dans les autres matières, toutes néanmoins contiennent une quantité considérable de ces deux éléments; et que les matières les plus fixes et les moins combustibles sont celles qui retiennent ces éléments fugitifs avec le plus de force. Le fameux phlogistique des chimistes (être de leur méthode plutôt que de la nature [2]) n'est pas un principe simple et identique, comme ils nous le présentent; c'est un composé, un produit de l'alliage, un résultat de la combinaison des deux éléments, de l'air et du feu fixés dans les corps [3]. Sans nous arrêter donc sur les idées obscures et incomplètes que pourrait nous fournir la considération de cet être précaire, tenons-nous-en à celle de nos quatre éléments réels, auxquels les chimistes, avec tous leurs nouveaux principes, seront toujours forcés de revenir ultérieurement [4].

Nous voyons clairement que le feu, en absorbant de l'air, en détruit le ressort. Or, il n'y a que deux manières de détruire un ressort, la première en le comprimant assez pour le rompre, la seconde en l'étendant assez pour qu'il soit sans effet. Ce n'est pas de la première manière que le feu peut détruire le ressort de l'air, puisque le moindre degré de chaleur le raréfie, que cette raréfaction augmente avec elle, et que l'expérience nous apprend qu'à une très-forte chaleur, la raréfaction de l'air est si grande, qu'il occupe alors un espace treize fois plus étendu que celui de son volume ordinaire [5]; le ressort dès lors en est d'autant plus faible, et c'est dans cet état qu'il peut devenir fixe et s'unir sans résistance sous cette nouvelle forme avec

1. Voyez la note 2 de la page 1.

2. *Être de leur méthode plutôt que de la nature :* définition très-juste du prétendu *phlogistique.*

3. Mais si le *phlogistique* est un être de *méthode plutôt que de nature,* ce n'est pas plus un *composé* qu'un *principe simple et identique;* ce n'est point une *combinaison de l'air et du feu :* le *phlogistique* n'est rien du tout.

4. Ils n'y sont pourtant pas revenus. (Voyez la note 2 de la page 1.)

5. *Treize fois plus étendu.* Par cela même que l'air est un composé de *gaz,* sa capacité de *dilatation* est *illimitée.* Les *gaz* ont ce caractère particulier, que leur *dilatation* n'a pas de limites, ou, si l'on aime mieux, n'est assujettie qu'à l'espace qui les contient.

les autres corps. On entend bien que cet air, transformé et fixé, n'est point du tout le même que celui qui se trouve dispersé, disséminé dans la plupart des matières, et qui conserve dans leurs pores sa nature entière ; celui-ci ne leur est que mélangé et non pas uni ; il ne leur tient que par une très-faible adhérence, au lieu que l'autre leur est si étroitement attaché, si intimement incorporé, que souvent on ne peut l'en séparer.

Nous voyons de même que la lumière, en tombant sur les corps, n'est pas, à beaucoup près, entièrement réfléchie, qu'il en reste en grande quantité dans la petite épaisseur de la surface qu'elle frappe ; que par conséquent elle y perd son mouvement, s'y éteint, s'y fixe, et devient dès lors partie constituante de tout ce qu'elle pénètre. Ajoutez à cet air, à cette lumière, transformés et fixés dans les corps, et qui peuvent être en quantité variable ; ajoutez-y, dis-je, la quantité constante du feu que toutes les matières, de quelque espèce que ce soit, possèdent également ; cette quantité constante de feu ou de chaleur actuelle du globe de la terre, dont la somme est bien plus grande que celle de la chaleur qui nous vient du soleil [1], me paraît être non-seulement un des grands ressorts du mécanisme de la nature, mais en même temps un élément dont toute la matière du globe est pénétrée ; c'est le feu élémentaire qui, quoique toujours en mouvement expansif, doit, par sa longue résidence dans la matière et par son choc contre ses parties fixes, s'unir, s'incorporer avec elles, et s'éteindre par parties comme le fait la lumière [a].

Si nous considérons plus particulièrement la nature des matières combustibles, nous verrons que toutes proviennent originairement des végétaux, des animaux, des êtres en un mot qui sont placés à la surface du globe que le soleil éclaire, échauffe et vivifie ; les bois, les charbons, les tourbes, les bitumes, les résines, les huiles, les graisses, les suifs, qui sont les vraies matières combustibles, puisque toutes les autres ne le sont qu'autant qu'elles en contiennent, ne proviennent-ils pas tous des corps organisés ou de leurs détriments ? Le bois et même le charbon ordinaire, les graisses, les huiles par expression, la cire et le suif, ne sont que des substances extraites immédiatement des végétaux et des animaux ; les tourbes, les charbons fossiles, les succins, les bitumes liquides ou concrets, sont des produits de leur mélange et de leur décomposition, dont les détriments ultérieurs forment les soufres et les parties combustibles du fer, du zinc, des pyrites et de tous les minéraux que l'on peut enflammer. Je sens que cette dernière assertion ne sera pas admise, et pourra même être rejetée, sur-

a. Ceci même pourrait se prouver par une expérience qui mériterait d'être poussée plus loin. J'ai recueilli sur un miroir ardent par réflexion une assez forte chaleur sans aucune lumière, au moyen d'une plaque de tôle mise entre le brasier et le miroir ; une partie de la chaleur s'est réfléchie au foyer du miroir, tandis que tout le reste de la chaleur l'a pénétré ; mais je n'ai pu m'assurer si l'augmentation de chaleur dans la matière du miroir n'était pas aussi grande que s'il n'en eût pas réfléchi.

1. Voyez la note de la page 19.

tout par ceux qui n'ont étudié la nature que par la voie de la chimie ; mais je les prie de considérer que leur méthode n'est pas celle de la nature, qu'elle ne pourra le devenir ou même s'en approcher qu'autant qu'elle s'accordera avec la saine physique, autant qu'on en bannira, non-seulement les expressions obscures et techniques, mais surtout les principes précaires, les êtres fictifs [1] auxquels on fait jouer le plus grand rôle, sans néanmoins les connaître. Le soufre, *en chimie*, n'est que le composé de l'acide vitriolique et du phlogistique [2]; quelle apparence y a-t-il donc qu'il puisse, comme les autres matières combustibles, tirer son origine du détriment des végétaux ou des animaux? A cela je réponds, même en admettant cette définition chimique, que l'acide vitriolique, et en général tous les acides, tous les alcalis, sont moins des substances de la nature que des produits de l'art. La nature forme des sels et du soufre, elle emploie à leur composition, comme à celle de toutes les autres substances, les quatre éléments; beaucoup de terre et d'eau, un peu d'air et de feu entrent en quantité variable dans chaque différente substance saline; moins de terre et d'eau, et beaucoup plus d'air et de feu, semblent entrer dans la composition du soufre. Les sels et les soufres doivent donc être regardés comme des êtres de la nature dont on extrait, par le secours de l'art de la chimie et par le moyen du feu, les différents acides qu'ils contiennent; et puisque nous avons employé le feu, et par conséquent de l'air et des matières combustibles pour extraire ces acides, pouvons-nous douter qu'ils n'aient retenu et qu'ils ne contiennent réellement des parties de matière combustible qui y seront entrées pendant l'extraction [3]?

Le phlogistique [4] est encore bien moins que l'acide un être naturel; ce ne serait même qu'un être de raison si on ne le regardait pas comme un composé d'air et de feu devenu fixe et inhérent aux autres corps. Le soufre peut en effet contenir beaucoup de ce phlogistique, beaucoup aussi d'acide

1. *Autant qu'on en bannira les expressions obscures,... les principes précaires, les êtres fictifs...* : c'est ce qu'a fait la nouvelle chimie.

2. Le *phlogistique* (être *précaire*, être *fictif*, être *de raison*, comme l'appelle, et l'appelle très-bien, Buffon), le *phlogistique* supprimé, le *soufre* reste le *soufre*. L'acide *vitriolique* est tout simplement l'*acide sulfurique*, combinaison de l'*oxygène* et du *soufre*. La nouvelle chimie a singulièrement réduit les mystères de l'ancienne.

3. La chimie nouvelle a porté le jour dans toutes ces questions, alors si obscures. C'est en lisant ces pages de BUFFON que l'on sent bien tout ce que la science actuelle doit à LAVOISIER.

4. Le *phlogistique*. — Les alchimistes avaient posé le *soufre* comme le *principe de l'inflammabilité*. Beccher s'étant aperçu que le *soufre* proprement dit n'existait pas dans les substances végétales et animales, quoiqu'elles fussent inflammables, en conclut que le *soufre* n'était donc pas le *principe de l'inflammabilité*. Il imagina une substance commune au *soufre*, aux *végétaux*, aux *animaux*, etc.; cette substance fut le principe de l'inflammabilité, et il l'appela *phlogistique*.

La théorie du *phlogistique* devint bientôt la théorie dominante entre les mains du fameux Stahl. Tous les chimistes expliquèrent la *combustion* par le dégagement du *phlogistique*.

Enfin, est venu Lavoisier, qui a substitué, à une vaine hypothèse, un fait admirablement vu : là où la vieille théorie supposait le dégagement imaginaire d'un corps fictif, le *phlogistique*, il a démontré la combinaison, l'addition effective d'un corps réel, l'*oxygène*.

vitriolique ; mais il a , comme toute autre matière, et sa terre et son eau ;
d'ailleurs son origine indique qu'il faut une grande consommation de
matières combustibles pour sa production ; il se trouve dans les volcans, et
il semble que la nature ne le produise que par effort et par le moyen du
plus grand feu ; tout concourt donc à nous prouver qu'il est de la même
nature que les autres matières combustibles, et que par conséquent il tire,
comme elles, sa première origine du détriment des êtres organisés.

Mais je vais plus loin : les acides eux-mêmes viennent en grande partie
de la décomposition des substances animales ou végétales , et contiennent
en conséquence des principes de la combustion. Prenons pour exemple le
salpêtre : ne doit-il pas son origine à ces matières? n'est-il pas formé par la
putréfaction des végétaux, ainsi que des urines et des excréments des animaux? Il me semble que l'expérience le démontre, puisqu'on ne cherche,
on ne trouve le salpêtre que dans les habitations où l'homme et les animaux
ont longtemps résidé; et puisqu'il est immédiatement formé du détriment
des substances animales et végétales, ne doit-il pas contenir une prodigieuse quantité d'air et de feu fixes? aussi en contient-il beaucoup, et même
beaucoup plus que le soufre, le charbon, l'huile, etc. Toutes ces matières
combustibles ont besoin, comme nous l'avons dit, du secours de l'air pour
brûler, et se consument d'autant plus vite, qu'elles en reçoivent en plus
grande quantité; le salpêtre n'en a pas besoin dès qu'il est mêlé avec quelques-unes de ces matières combustibles; il semble porter en lui-même le
réservoir de tout l'air nécessaire à sa combustion : en le faisant détonner
lentement, on le voit souffler son propre feu, comme le ferait un soufflet
étranger; en le renfermant le plus étroitement, son feu, loin de s'éteindre,
n'en prend que plus de force, et produit les explosions terribles sur lesquelles sont fondés nos arts meurtriers. Cette combustion si prompte est en
même temps si complète, qu'il ne reste presque rien après l'inflammation , tandis que toutes les autres matières enflammées laissent des cendres
ou d'autres résidus qui démontrent que leur combustion n'est pas entière,
ou, ce qui revient au même, qu'elles contiennent un assez grand nombre
de parties fixes qui ne peuvent ni se brûler ni même se volatiliser. On peut
de même démontrer que l'acide vitriolique contient aussi beaucoup d'air et
de feu fixes, quoique en moindre quantité que l'acide nitreux ; et dès lors
il tire, comme celui-ci, son origine de la même source, et le soufre, dans
la composition duquel cet acide entre si abondamment , tire des animaux et
des végétaux tous les principes de sa combustibilité.

Le phosphore artificiel, qui est le premier dans l'ordre des matières combustibles, et dont l'acide est différent de l'acide nitreux et de l'acide vitriolique, ne se tire aussi que du règne animal [1], ou , si l'on veut, en partie du

---

1. Les *phosphates* (et par conséquent le *phosphore*) se trouvent dans les trois *règnes*.

règne végétal élaboré dans les animaux, c'est-à-dire des deux sources de toute matière combustible. Le phosphore s'enflamme de lui-même, c'est-à-dire sans communication de matière ignée, sans frottement, sans autre addition que celle du contact de l'air[1]; autre preuve de la nécessité de cet élément pour la combustion même d'une matière qui ne paraît être composée que de feu. Nous démontrerons dans la suite que l'air est contenu dans l'eau sous une forme moyenne, entre l'état d'élasticité et celui de fixité; le feu paraît être dans le posphore à peu près dans ce même état moyen, car, de même que l'air se dégage de l'eau dès que l'on diminue la pression de l'atmosphère, le feu se dégage du phosphore lorsqu'on fait cesser la pression de l'eau où l'on est obligé de le tenir submergé pour pouvoir le garder et empêcher son feu de s'exalter. Le phosphore semble contenir cet élément sous une forme obscure et condensée, et il paraît être pour le feu obscur ce qu'est le miroir ardent pour le feu lumineux, c'est-à-dire un moyen de condensation.

Mais sans nous soutenir plus longtemps à la hauteur de ces considérations générales, auxquelles je pourrai revenir lorsqu'il sera nécessaire, suivons d'une manière plus directe et plus particulière l'examen du feu; tâchons de saisir ses effets et de les présenter sous un point de vue plus fixe qu'on ne l'a fait jusqu'ici.

L'action du feu sur les différentes substances dépend beaucoup de la manière dont on l'applique, et le produit de son action sur une même substance paraîtra différent selon la façon dont il est administré. J'ai pensé qu'on devait considérer le feu dans trois états différents, le premier relatif à sa vitesse, le second à son volume, et le troisième à sa masse : sous chacun de ces points de vue, cet élément si simple, si uniforme en apparence, paraîtra, pour ainsi dire, un élément différent. On augmente la vitesse du feu sans en augmenter le volume apparent, toutes les fois que dans un espace donné et rempli de matières combustibles, on presse l'action et le développement du feu en augmentant la vitesse de l'air par des soufflets, des trompes, des ventilateurs, des tuyaux d'aspiration, etc., qui tous accélèrent plus ou moins la rapidité de l'air dirigé sur le feu : ce qui comprend, comme l'on voit, tous les instruments, tous les fourneaux à vent, depuis les grands fourneaux de forges jusqu'à la lampe des émailleurs.

On augmente l'action du feu par son volume toutes les fois qu'on accumule une grande quantité de matières combustibles et qu'on en fait rouler la chaleur et la flamme dans des fourneaux de réverbère : ce qui comprend, comme l'on sait, les fourneaux de nos manufactures de glaces, de cristal, de verre, de porcelaine, de poterie, et aussi ceux où l'on fond tous les métaux et les minéraux, à l'exception du fer; le feu agit ici par son volume

---

1. C'est que le *phosphore* est volatil à la température ordinaire : sa vapeur s'enflamme dans l'air.

et n'a que sa propre vitesse, puisqu'on n'en augmente pas la rapidité par des soufflets ou d'autres instruments qui portent l'air sur le feu. Il est vrai que la forme des *tisards,* c'est-à-dire des ouvertures principales par où ces fourneaux tirent l'air, contribue à l'attirer plus puissamment qu'il ne le serait en espace libre ; mais cette augmentation de vitesse est très-peu considérable en comparaison de la grande rapidité que lui donnent les soufflets : par ce dernier procédé on accélère l'action du feu qu'on aiguise par l'air autant qu'il est possible ; par l'autre procédé on l'augmente en concentrant sa flamme en grand volume.

Il y a, comme l'on voit, plusieurs moyens d'augmenter l'action du feu, soit qu'on veuille le faire agir par sa vitesse ou par son volume ; mais il n'y en a qu'un seul par lequel on puisse augmenter sa masse, c'est de le réunir au foyer d'un miroir ardent. Lorsqu'on reçoit sur un miroir réfringent ou réflexif les rayons du soleil, ou même ceux d'un feu bien allumé, on les réunit dans un espace d'autant moindre que le miroir est plus grand et le foyer plus court. Par exemple, avec un miroir de quatre pieds de diamètre et d'un pouce de foyer, il est clair que la quantité de lumière ou de feu qui tombe sur le miroir de quatre pieds se trouvant réunie dans l'espace d'un pouce, serait deux mille trois cent quatre fois plus dense qu'elle ne l'était, si toute la matière incidente arrivait sans perte à ce foyer. Nous verrons ailleurs ce qui s'en perd effectivement, mais il nous suffit ici de faire sentir que quand même cette perte serait des deux tiers ou des trois quarts, la masse du feu concentré au foyer de ce miroir sera toujours six ou sept cents fois plus dense qu'elle ne l'était à la surface du miroir. Ici, comme dans tous les autres cas, la masse accroît par la contraction du volume, et le feu dont on augmente ainsi la densité a toutes les propriétés d'une masse de matière ; car indépendamment de l'action de la chaleur par laquelle il pénètre les corps, il les pousse et les déplace comme le ferait un corps solide en mouvement qui en choquerait un autre. On pourra donc augmenter par ce moyen la densité ou la masse du feu, d'autant plus qu'on perfectionnera davantage la construction des miroirs ardents.

Or, chacune de ces trois manières d'administrer le feu et d'en augmenter ou la vitesse, ou le volume, ou la masse, produit sur les mêmes substances des effets souvent très-différents ; on calcine par l'un de ces moyens ce que l'on fond par l'autre ; on volatilise par le dernier ce qui paraît réfractaire au premier : en sorte que la même matière donne des résultats si peu semblables qu'on ne peut compter sur rien, à moins qu'on ne la travaille en même temps ou successivement par ces trois moyens ou procédés que nous venons d'indiquer, ce qui est une route plus longue, mais la seule qui puisse nous conduire à la connaissance exacte de tous les rapports que les diverses substances peuvent avoir avec l'élément du feu. Et de la même manière que je divise en trois procédés généraux l'administration de cet élément, je divise de même en trois classes toutes les matières que l'on peut soumettre à son action. Je mets à part pour un moment celles qui sont purement combustibles et qui proviennent immédiatement des animaux et des végétaux, et je divise toutes les matières minérales en trois classes relativement à l'action du feu : la première est celle des matières que cette action, longtemps continuée, rend plus légères [1], comme le fer ; la seconde, celle des matières que cette même action du feu rend plus pesantes [2], comme le plomb ; et la troisième classe est celle des matières sur lesquelles, comme sur l'or, cette action du feu ne paraît produire aucun effet sensible, puisqu'elle n'altère point leur pesanteur ; toutes les matières existantes et possibles, c'est-à-dire toutes les substances simples et composées, seront nécessairement comprises dans l'une de ces trois classes. Ces expériences par les trois procédés, qui ne sont pas difficiles à faire et qui ne demandent que de l'exactitude et du temps, pourraient nous découvrir plusieurs choses utiles et seraient très-nécessaires pour fonder sur des principes réels la théorie de la chimie : cette belle science, jusqu'à nos jours, n'a porté que sur une nomenclature précaire et sur des mots d'autant plus vagues qu'ils sont plus généraux. Le feu étant, pour ainsi dire, le seul instrument de cet art, et sa nature n'étant point connue non plus que ses rapports avec les autres corps, on ne sait ni ce qu'il y met ni ce qu'il en ôte [3] ; on travaille donc à l'aveugle, et l'on ne peut arriver qu'à des résultats obscurs que l'on rend encore plus obscurs en les érigeant en principes. Le phlogistique, le minéralisateur, l'acide, l'alcali, etc., ne sont que des termes créés par la méthode, dont les définitions sont adoptées par convention, et ne répondent à aucune idée claire et précise, ni même à aucun être réel [4]. Tant que nous ne connaîtrons pas mieux la nature du feu, tant que nous ignorerons ce qu'il ôte ou donne aux matières qu'on soumet à son action, il ne sera pas possible de prononcer sur la nature de ces mêmes matières d'après les opérations de la chimie, puisque chaque matière à laquelle le feu ôte ou donne quelque chose n'est plus la substance simple que l'on voudrait connaître, mais une matière composée et mélangée, ou dénaturée et changée par l'addition ou la soustraction d'autres matières que le feu en enlève ou y fait entrer.

Prenons pour exemple de cette addition et de cette soustraction le plomb et le marbre ; par la simple calcination l'on augmente le poids du plomb de près d'un quart, et l'on diminue celui du marbre de près de moitié ; il y a donc un quart de matière inconnue que le feu donne au premier, et une

1. *L'action du feu*, c'est-à-dire la *combustion*, ne rend aucune substance plus *légère*.
2. La *combustion* rend toute substance plus *pesante*.
3. Depuis que la chimie emploie la *balance* dans ses recherches, on ne peut plus lui faire ce reproche. Au moyen de la *balance*, elle sait ce que *le feu met et ce qu'il ôte*.
4. Tout ceci est vrai, et très-vrai, mais n'est vrai que de la vieille chimie.

moitié d'autre matière également inconnue qu'il enlève au second; tous les raisonnements de la chimie ne nous ont pas démontré jusqu'ici ce que c'est que cette matière donnée ou enlevée par le feu [1]; et il est évident que lorsqu'on travaille sur le plomb et sur le marbre après leur calcination, ce ne sont plus ces matières simples que l'on traite, mais d'autres matières dénaturées et composées par l'action du feu [2]. Ne serait-il donc pas nécessaire avant tout de procéder d'après les vues que je viens d'indiquer, de voir d'abord sous un même coup d'œil toutes les matières que le feu ne change ni n'altère, ensuite celles que le feu détruit ou diminue, et enfin celles qu'il augmente et compose en s'incorporant avec elles?

Mais examinons de plus près la nature du feu, considéré en lui-même. Puisque c'est une substance matérielle, il doit être sujet à la loi générale à laquelle toute matière est soumise, il est le moins pesant de tous les corps, mais cependant il pèse [3]; et quoique ce que nous avons dit précédemment suffise pour le prouver évidemment, nous le démontrerons encore par des expériences palpables, et que tout le monde sera en état de répéter aisément. On pourrait d'abord soupçonner par la pesanteur réciproque des astres que le feu en grande masse est pesant ainsi que toute autre matière, car les astres qui sont lumineux comme le soleil, dont toute la substance paraît être de feu, n'en exercent pas moins leur force d'attraction à l'égard des astres qui ne le sont pas; mais nous démontrerons que le feu même en très-petit volume est réellement pesant, qu'il obéit comme toute autre matière à la loi générale de la pesanteur, et que par conséquent il doit avoir de même des rapports d'affinités avec les autres corps; en avoir plus ou moins avec telle ou telle substance, et n'en avoir que peu ou point du tout avec beaucoup d'autres. Toutes celles qu'il rendra plus pesantes, comme le plomb, seront celles avec lesquelles il aura le plus d'affinité, et en le supposant appliqué au même degré et pendant un temps égal, celles de ces matières qui gagneront le plus en pesanteur seront aussi celles avec lesquelles cette affinité sera la plus grande [4]. Un des effets de cette affinité dans chaque matière est de retenir la substance même du feu et de se l'incorporer, et cette incorporation suppose que non-seulement le feu perd sa cha-

---

1. La matière, *donnée par le feu,* est l'*oxygène* : il n'y a pas de matière *enlevée par le feu;* mais il y a des matières *perdues* pendant la combustion, les *gaz,* les *cendres,* etc. — Lavoisier est le premier qui ait brûlé les corps dans des vases clos : par là, il n'a rien perdu, et il a trouvé que le poids de tout corps, qui *brûle,* augmente. Il est allé plus loin : il a prouvé que le *poids,* que les métaux acquièrent par la calcination, correspond à la *quantité* d'air, ou, plus exactement, d'*oxygène,* qu'ils absorbent.

2. Le *plomb,* calciné à l'air, s'empare de l'*oxygène,* augmente de poids, et forme un *oxyde de plomb.* Le *marbre* ou *carbonate de chaux,* calciné, se décompose en *acide carbonique* et en *chaux.*

3. Non, il ne pèse pas; il est *impondérable,* comme la *lumière.* — Voyez la note 1 de la page 7.

4. Je l'ai déjà dit : le *feu,* ou plus exactement la *chaleur,* la *chaleur* n'est pas *pesante.* Si donc le *plomb* calciné augmente de poids, cela ne tient pas à l'*incorporation du feu;* cela tient à la *combinaison du plomb avec l'oxygène* de l'air.

leur et son élasticité, mais même tout son mouvement, puisqu'il se fixe dans ces corps et en devient partie constituante. Il y a donc lieu de croire qu'il en est du feu comme de l'air, qui se trouve sous une forme fixe et concrète dans presque tous les corps, et l'on peut espérer qu'à l'exemple du docteur Hales [a][1], qui a su dégager cet air fixé dans tous les corps et en évaluer la quantité, il viendra quelque jour un physicien habile qui trouvera les moyens de distraire le feu de toutes les matières où il se trouve sous une forme fixe; mais il faut auparavant faire la table de ces matières, en établissant par l'expérience les différents rapports dans lesquels le feu se combine avec toutes les substances qui lui sont analogues, et se fixe en plus ou moins grande quantité, selon que ces substances ont plus ou moins de force pour le retenir.

Car il est évident que toutes les matières dont la pesanteur augmente par l'action du feu sont douées d'une force attractive, telle que son effet est supérieur à celui de la force expansive dont les particules du feu sont animées; puisque celle-ci s'amortit et s'éteint, que son mouvement cesse, et que d'élastiques et fugitives qu'étaient ces particules ignées, elles deviennent fixes, solides et prennent une forme concrète. Ainsi les matières qui augmentent de poids par le feu comme l'étain, le plomb, les fleurs de zinc, etc., et toutes les autres qu'on pourra découvrir, sont des substances qui, par leur affinité avec le feu, l'attirent et se l'incorporent. Toutes les matières, au contraire, qui, comme le fer, le cuivre [2], etc., deviennent plus légères à mesure qu'on les calcine, sont des substances dont la force attractive, relativement aux particules ignées, est moindre que la force expansive du feu; et c'est ce qui fait que le feu, au lieu de se fixer dans ces matières, en enlève au contraire et en chasse les parties les moins liées qui ne peuvent résister à son impulsion. Enfin celles qui, comme l'or, le platine, l'argent, le grès, etc., ne perdent ni n'acquièrent par l'application du feu, et qu'il ne fait, pour ainsi dire, que traverser sans en rien enlever et sans y rien laisser, sont des substances qui, n'ayant aucune affinité avec le feu et ne pouvant se joindre avec lui, ne peuvent par conséquent ni le retenir ni l'accompagner en se laissant enlever. Il est évident que les matières des deux premières classes ont avec le feu un certain degré d'affinité, puisque celles

---

a. Le phosphore, qui n'est, pour ainsi dire, qu'une matière ignée, une substance qui conserve et condense le feu, serait le premier objet des expériences qu'il faudrait faire pour traiter le feu comme M. Hales a traité l'air, et le premier instrument qu'il faudrait employer pour ce nouvel art.

1. Sur le point dont il s'agit ici, le particulier, le véritable mérite de Hales est d'avoir donné à la science un excellent *appareil* pour recueillir les gaz, appareil dont se devaient servir plus tard, en le modifiant, Black, Priestley, Lavoisier. — Au fond, quoique Hales ait recueilli et préparé bien des *gaz*, il n'en a précisément découvert aucun, parce qu'il les confondait tous ensemble, et ne les croyait tous que de l'air ordinaire plus ou moins modifié. (Voyez la *Statique des végétaux et l'analyse de l'air*, par Hales: traduc. de Buffon; Paris, 1735, in-4°, p. 163.)

2. Le *fer* et le *cuivre* ne deviennent pas plus légers. Voyez la note 1 de la page 32.

de la seconde classe se chargent du feu qu'elles retiennent, et que le feu se charge de celles de la première classe et qu'il les emporte, au lieu que les matières de la troisième classe auxquelles il ne donne ni n'ôte rien, n'ont aucun rapport d'affinité ou d'attraction avec lui, et sont, pour ainsi dire, indifférentes à son action, qui ne peut ni les dénaturer ni même les altérer.

Cette division de toutes les matières en trois classes relatives à l'action du feu, n'exclut pas la division plus particulière et moins absolue de toutes les matières en deux autres classes, qu'on a jusqu'ici regardées comme relatives à leur propre nature, qui, dit-on, est toujours vitrescible ou calcaire. Notre nouvelle division n'est qu'un point de vue plus élevé, sous lequel il faut les considérer pour tâcher d'en déduire la connaissance même de l'agent qu'on emploie par les différents rapports que le feu peut avoir avec toutes les substances auxquelles on l'applique : faute de comparer ou de combiner ces rapports, ainsi que les moyens qu'on emploie pour appliquer le feu, je vois qu'on tombe tous les jours dans des contradictions apparentes, et même dans des erreurs très-préjudiciables [a].

a. Je vais en donner un exemple récent. Deux habiles chimistes (MM. Pott et d'Arcet) ont soumis un grand nombre de substances à l'action du feu; le premier s'est servi d'un fourneau que je suis étonné que le second n'ait point entendu, puisque rien ne m'a paru si clair dans tout l'ouvrage de M. Pott, et qu'il ne faut qu'un coup d'œil sur la planche gravée de ce fourneau pour reconnaître que, par sa construction, il peut, quoique sans soufflets, faire à peu près autant d'effet que s'il en était garni ; car, au moyen des longs tuyaux qui sont adaptés au fourneau par le haut et par le bas, l'air y arrive et circule avec une rapidité d'autant plus grande, que les tuyaux sont mieux proportionnés : ce sont des soufflets constants, et dont on peut augmenter l'effet à volonté. Cette construction est si bonne et si simple, que je ne puis concevoir que M. d'Arcet dise *que ce fourneau est un problème pour lui... qu'il est persuadé que M. Pott a dû se servir de soufflets*, etc., tandis qu'il est évident que son fourneau équivaut par sa construction à l'action des soufflets, et que par conséquent il n'avait pas besoin d'y avoir recours; que d'ailleurs ce fourneau est encore exempt du vice que M. d'Arcet reproche aux soufflets, dont il a raison de dire que *l'action alterne, sans cesse renaissante et expirante, jette du trouble et de l'inégalité sur celle du feu*, ce qui ne peut arriver ici, puisque, par la construction du fourneau, l'on voit évidemment que le renouvellement de l'air est constant, et que son action ne renaît ni n'expire, mais est continue et toujours uniforme. Ainsi M. Pott a employé l'un des moyens dont on se doit servir pour appliquer le feu, c'est-à-dire un moyen par lequel, comme par les soufflets, on augmente la vitesse du feu, en le pressant incessamment par un air toujours renouvelé; et toutes les fusions qu'il a faites par ce moyen et dont j'ai répété quelques-unes, comme celle du grès, du quartz, etc., sont très-réelles, quoique M. d'Arcet les nie; car pourquoi les nie-t-il? c'est que de son côté, au lieu d'employer, comme M. Pott, le premier de nos procédés généraux, c'est-à-dire le feu par sa vitesse, accélérée autant qu'il est possible par le mouvement rapide de l'air, moyen par lequel il eût obtenu les mêmes résultats, il s'est servi du second procédé, et n'a employé que le feu en grand volume dans un fourneau sans soufflets ou sans équivalent, dans lequel par conséquent le feu ne devait pas produire les mêmes effets, mais devait en donner d'autres, que par la même raison le premier procédé ne pouvait pas produire; ainsi les contradictions entre les résultats de ces deux habiles chimistes ne sont qu'apparentes et fondées sur deux erreurs évidentes. La première consiste à croire que le feu le plus violent est celui qui est en plus grand volume; et la seconde, que l'on doit obtenir du feu violent les mêmes résultats, de quelque manière qu'on l'applique : cependant ces deux idées sont fausses; la considération des vérités contraires est encore une des premières pierres qu'il faudrait poser aux fondements de la chimie; car ne serait-il pas très-nécessaire avant tout, et pour éviter de pareilles contradictions à l'avenir,

On pourrait donc dire avec les naturalistes que tout est vitrescible dans la nature, à l'exception de ce qui est calcaire ; que les quartz, les cristaux, les pierres précieuses, les cailloux, les grès, les granites, porphyres, agates, ardoises, gypses, argiles, les pierres ponces, les laves, les amiantes avec tous les métaux et autres minéraux, sont vitrifiables par le feu de nos fourneaux, ou par celui des miroirs ardents ; tandis que les marbres, les albâtres, les pierres, les craies, les marnes, et les autres substances qui proviennent du détriment des coquilles et des madrépores ne peuvent se réduire en fusion par ces moyens. Cependant je suis persuadé que si l'on vient à bout d'augmenter encore la force des fourneaux, et surtout la puissance des miroirs ardents, on arrivera au point de faire fondre ces matières

que les chimistes ne perdissent pas de vue qu'il y a trois moyens généraux et très-différents l'un de l'autre d'appliquer le feu violent ? Le premier, comme je l'ai dit, par lequel on n'emploie qu'un petit volume de feu, mais que l'on agite, aiguise, exalte au plus haut degré par la vitesse de l'air, soit par des soufflets, soit par un fourneau semblable à celui de M. Pott, qui tire l'air avec rapidité : on voit, par l'effet de la lampe d'émailleur, qu'avec une quantité de feu presque infiniment petite, on fait de plus grands effets en petit que le fourneau de verrerie ne peut en faire en grand. Le second moyen est d'appliquer le feu, non pas en petite, mais en très-grande quantité, comme on le fait dans les fourneaux de porcelaine et de verrerie, où le feu n'est fort que par son volume, où son action est tranquille, et n'est pas exaltée par un renouvellement très-rapide de l'air. Le troisième moyen est d'appliquer le feu en très-petit volume, mais en augmentant sa masse et son intensité au point de le rendre plus fort que par le second moyen, et plus violent que par le premier ; et ce moyen de concentrer le feu et d'en augmenter la masse par les miroirs ardents est encore le plus puissant de tous.

Or, chacun de ces trois moyens doit fournir un certain nombre de résultats différents ; si par le premier moyen on fond et vitrifie telles et telles matières, il est très-possible que par le second moyen on ne puisse vitrifier ces mêmes matières, et qu'au contraire on en puisse fondre d'autres, qui n'ont pu l'être par le premier moyen, et enfin il est tout aussi possible que par le troisième moyen on obtienne encore plusieurs résultats semblables ou différents de ceux qu'ont fournis les deux premiers moyens. Dès lors un chimiste qui, comme M. Pott, n'emploie que le premier moyen, doit se borner à donner les résultats fournis par ce moyen, faire, comme il l'a fait, l'énumération des matières qu'il a fondues, mais ne pas prononcer sur la non-fusibilité des autres, parce qu'elles peuvent l'être par le second ou le troisième moyen ; enfin ne pas dire affirmativement et exclusivement, en parlant de son fourneau, *qu'en une heure de temps, ou deux au plus, il met en fonte tout ce qui est fusible dans la nature.* Et par la même raison, un autre chimiste qui, comme M. d'Arcet, ne s'est servi que du second moyen, tombe dans l'erreur, s'il se croit en contradiction avec celui qui ne s'est servi que du premier moyen, et cela parce qu'il n'a pu fondre plusieurs matières que l'autre a fait couler, et qu'au contraire il a mis en fusion d'autres matières que le premier n'avait pu fondre ; car si l'un ou l'autre se fût avisé d'employer successivement les deux moyens, il aurait bien senti qu'il n'était point en contradiction avec lui-même, et que la différence des résultats ne provenait que de la différence des moyens employés. Que résulte-t-il donc de réel de tout ceci, sinon qu'il faut ajouter à la liste des matières fondues par M. Pott, celles de M. d'Arcet, et se souvenir seulement que pour fondre les premières il faut le premier moyen, et le second pour fondre les autres ? Il n'y a par conséquent aucune contradiction entre les expériences de M. Pott et celles de M. d'Arcet, que je crois également bonnes ; mais tous deux après cette conciliation, auraient encore tort de conclure qu'ils ont fondu par ces deux moyens tout ce qui est fusible dans la nature, puisque l'on peut démontrer que par le troisième moyen, c'est-à-dire, par les miroirs ardents, on fond et vitrifie, on volatilise et même on brûle quelques matières qui leur ont également paru fixes et réfractaires au feu de leurs fourneaux. Je ne m'arrêterai pas sur plusieurs choses de détail, qui cependant mériteraient animadversion, parce qu'il est toujours utile de ne pas laisser

calcaires qui paraissent être d'une nature différente de celle des autres[1]; puisqu'il y a mille et mille raisons de croire qu'au fond leur substance est la même, et que le verre est la base commune de toutes les matières terrestres.

Par les expériences que j'ai pu faire moi-même pour comparer la force du feu selon qu'on emploie, ou sa vitesse ou son volume ou sa masse, j'ai trouvé que le feu des plus grands et des plus puissants fourneaux de verrerie, n'est qu'un feu faible en comparaison de celui des fourneaux à soufflets, et que le feu produit au foyer d'un bon miroir ardent est encore plus fort que celui des plus grands fourneaux de forge. J'ai tenu pendant trente-six heures dans l'endroit le plus chaud du fourneau de Rouelle en Bourgogne, où l'on fait des glaces aussi grandes et aussi belles qu'à Saint-Gobain en Picardie, et où le feu est aussi violent; j'ai tenu, dis-je, pendant trente-six heures à ce feu, de la mine de fer, sans qu'elle se soit fondue, ni agglutinée, ni même altérée en aucune manière; tandis qu'en moins de douze heures cette mine coule en fonte dans les fourneaux de ma forge : ainsi ce dernier feu est bien supérieur à l'autre. De même j'ai fondu ou volatilisé au miroir ardent plusieurs matières que, ni le feu des fourneaux de réverbère, ni celui des plus puissants soufflets n'avait pu faire fondre, et je me suis convaincu que ce dernier moyen est le plus puissant de tous[2]; mais je renvoie à la partie expérimentale de mon ouvrage le détail de ces expériences importantes, dont je me contente d'indiquer ici le résultat général.

On croit vulgairement que la flamme est la partie la plus chaude du feu; cependant rien n'est plus mal fondé que cette opinion, car on peut démontrer le contraire par les expériences les plus aisées et les plus familières. Présentez à un feu de paille ou même à la flamme d'un fagot qu'on vient d'allumer, un linge pour le sécher ou le chauffer, il vous faudra le double et le triple du temps pour lui donner le degré de sécheresse ou de chaleur que vous lui donnerez en l'exposant à un brasier sans flamme, ou même à un

germer des idées erronées ou des faits mal vus, et dont on peut tirer de fausses conséquences. M. d'Arcet dit qu'il a remarqué constamment que la flamme fait plus d'effet que le feu de charbon : oui sans doute, si ce feu n'est pas excité par le vent, mais toutes les fois que le charbon ardent sera vivifié par un air rapide, il y aura de la flamme qui sera plus active, et produira de bien plus grands effets que la flamme tranquille. De même lorsqu'il dit que les fourneaux donnent de la chaleur en raison de leur épaisseur, cela ne peut être vrai que dans le seul cas où les fourneaux étant supposés égaux, le feu qu'ils contiennent serait en même temps animé par deux courants d'air, égaux en volume et en rapidité; la violence du feu dépend presque en entier de cette rapidité du courant de l'air qui l'anime, je puis le démontrer par ma propre expérience : j'ai vu le grès que M. d'Arcet croit infusible, couler et se couvrir d'émail par le moyen de deux bons soufflets, mais sans le secours d'aucun fourneau et à feu ouvert. L'effet des fourneaux épais n'est pas d'augmenter la chaleur, mais de la conserver, et ils la conservent d'autant plus longtemps qu'ils sont plus épais.

1. Au fond, toutes les matières sont *fusibles*. — Voyez la note 4 de la page 137 du Ier volume.

2. La source la plus *puissante* de chaleur est la pile. — Voyez la note 4 de la page 137 du Ier volume et les expériences de M. Despretz.

poêle bien chaud. La flamme a été très-bien caractérisée par Newton, lorsqu'il l'a définie une fumée brûlante (*flamma est fumus candens*), et cette fumée ou vapeur qui brûle n'a jamais la même quantité, la même intensité de chaleur que le corps combustible duquel elle s'échappe; seulement en s'élevant et s'étendant au loin elle a la propriété de communiquer le feu, et de le porter plus loin que ne s'étend la chaleur du brasier, qui seule ne suffirait pas pour le communiquer même de près.

Cette communication du feu mérite une attention particulière. J'ai vu, après y avoir réfléchi, que pour la bien entendre il fallait s'aider, non-seulement des faits qui paraissent y avoir rapport, mais encore de quelques expériences nouvelles dont le succès ne me paraît laisser aucun doute sur la manière dont se fait cette opération de la nature. Qu'on reçoive dans un moule deux ou trois milliers de fer au sortir du fourneau, ce métal perd en peu de temps son incandescence, et cesse d'être rouge après une heure ou deux, suivant l'épaisseur plus ou moins grande du lingot. Si dans ce moment qu'il cesse de nous paraître rouge on le tire du moule, les parties inférieures seront encore rouges, mais perdront cette couleur en peu de temps. Or, tant que le rouge subsiste on pourra enflammer, allumer les matières combustibles qu'on appliquera sur ce lingot; mais dès qu'il a perdu cet état d'incandescence, il y a des matières en grand nombre qu'il ne peut plus enflammer; et cependant la chaleur qu'il répand est peut-être cent fois plus grande que celle d'un feu de paille qui néanmoins communiquerait l'inflammation à toutes ces matières; cela m'a fait penser que la flamme étant nécessaire à la communication du feu, il y avait de la flamme dans toute incandescence : la couleur rouge semble en effet nous l'indiquer; mais par l'habitude où l'on est de ne regarder comme flamme que cette matière légère qu'agite et qu'emporte l'air, on n'a pas pensé qu'il pouvait y avoir de la flamme assez dense pour ne pas obéir comme la flamme commune à l'impulsion de l'air; et c'est ce que j'ai voulu vérifier par quelques expériences, en approchant, par degrés de ligne et de demi-ligne, des matières combustibles près de la surface du métal en incandescence et dans l'état qui suit l'incandescence [a].

Je suis donc convaincu que les matières incombustibles et même les plus fixes, telles que l'or et l'argent, sont, dans l'état d'incandescence, environnées d'une flamme dense qui ne s'étend qu'à une très-petite distance[1], et qui, pour ainsi dire, est attachée à leur surface, et je conçois aisément que, quand la flamme devient dense à un certain degré elle cesse d'obéir à la

---

a. Voyez le détail de ces expériences dans la partie expérimentale de cet ouvrage.

1. La *flamme* est un gaz en combustion; et ni l'*or*, ni l'*argent* ne se volatilisent à un feu ordinaire. Mais, quand même la volatilisation pourrait avoir lieu, il n'y aurait pas de *flamme* produite, parce que ces métaux ne sont pas susceptibles de se combiner directement avec l'oxygène de l'air.

fluctuation de l'air. Cette couleur blanche ou rouge, qui sort de tous les corps en incandescence et vient frapper nos yeux, est l'évaporation de cette flamme dense qui environne le corps en se renouvelant incessamment à sa surface; et la lumière du soleil même n'est-elle pas l'évaporation de cette flamme dense dont brille sa surface avec si grand éclat? cette lumière ne produit-elle pas, lorsqu'on la condense, les mêmes effets que la flamme la plus vive? ne communique-t-elle pas le feu avec autant de promptitude et d'énergie? ne résiste-t-elle pas comme notre flamme dense à l'impulsion de l'air? ne suit-elle pas toujours une route directe que le mouvement de l'air ne peut ni contrarier ni changer, puisqu'en soufflant, comme je l'ai éprouvé, avec un fort soufflet sur le cône lumineux d'un miroir ardent, on ne diminue point du tout l'action de la lumière dont il est composé, et qu'on doit la regarder comme une vraie flamme plus pure et plus dense que toutes les flammes de nos matières combustibles ?

C'est donc par la lumière que le feu se communique, et la chalenr seule ne peut produire le même effet que quand elle devient assez forte pour être lumineuse. Les métaux, les cailloux, les grès, les briques, les pierres calcaires, quel que puisse être leur degré différent de chaleur, ne pourront enflammer d'autres corps que quand ils seront devenus lumineux. L'eau elle-même, cet élément destructeur du feu, et par lequel seul nous pouvons en empêcher la communication, le communique néanmoins lorsque dans un vaisseau bien fermé, tel que celui de la marmite de *Papin* [a], on la pénètre d'une assez grande quantité de feu pour la rendre lumineuse, et capable de fondre le plomb et l'étain, tandis que quand elle n'est que bouillante, loin de propager et de communiquer le feu, elle l'éteint sur-le-champ. Il est vrai que la chaleur seule suffit pour préparer et disposer les corps combustibles à l'inflammation, et les autres à l'incandescence; la chaleur chasse des corps toutes les parties humides, c'est-à-dire l'eau qui de toutes les matières est celle qui s'oppose le plus à l'action du feu; et ce qui est remarquable, c'est que cette même chaleur qui dilate tous les corps ne laisse pas de les durcir en les séchant; je l'ai reconnu cent fois, en examinant les pierres de mes grands fourneaux, surtout les pierres calcaires, elles prennent une augmentation de dureté proportionnée au temps qu'elles ont éprouvé la chaleur; celles, par exemple, des parois extérieures du fourneau, et qui ont reçu sans interruption, pendant cinq ou six mois de suite, quatre-vingts ou quatre-vingt-cinq degrés de chaleur constante, deviennent si dures qu'on a de la peine à les entamer avec les instruments ordinaires du tailleur de pierre; on dirait qu'elles ont changé de qualité, quoique néanmoins elles la conservent à tous autres égards, car ces mêmes

---

a. Dans le *Digesteur* de Papin, la chaleur de l'eau est portée au point de foudre le plomb et l'étain qu'on y a suspendus avec du fil de fer ou de laiton. Musschenbroeck, *Essai de physique*, p. 434, cité par M. de Mairan, *Dissertation sur la glace*, p. 192.

pierres n'en font pas moins de la chaux comme les autres lorsqu'on leur applique le degré de feu nécessaire à cette opération.

Ces pierres devenues dures par la longue chaleur qu'elles ont éprouvée, deviennent en même temps spécifiquement plus pesantes [a][1] ; de là, j'ai cru devoir tirer une induction qui prouve et même confirme pleinement que la chaleur, quoiqu'en apparence toujours fugitive, et jamais stable dans les corps qu'elle pénètre, et dont elle semble constamment s'efforcer de sortir, y dépose néanmoins d'une manière très-stable beaucoup de parties qui s'y fixent et remplacent en quantité, même plus grande, les parties aqueuses et autres qu'elle en a chassées. Mais ce qui paraît contraire ou du moins très-difficile à concilier ici, c'est que cette même pierre calcaire qui devient spécifiquement plus pesante par l'action d'une chaleur modérée, longtemps continuée, devient tout à coup plus légère[2] de près d'une moitié de son poids dès qu'on la soumet au grand feu nécessaire à sa calcination, et qu'elle perd en même temps, non-seulement toute la dureté qu'elle avait acquise par l'action de la simple chaleur, mais même sa dureté naturelle, c'est-à-dire la cohérence de ses parties constituantes ; effet singulier dont je renvoie l'explication à l'article suivant où je traiterai de l'air, de l'eau et de la terre ; parce qu'il me paraît tenir encore plus à la nature de ces trois éléments qu'à celle de l'élément du feu.

Mais c'est ici le lieu de parler de la calcination prise généralement, elle est pour les corps fixes et incombustibles ce qu'est la combustion pour les matières volatiles et inflammables[3] ; la calcination a besoin, comme la combustion, du secours de l'air ; elle s'opère d'autant plus vite qu'on lui fournit une plus grande quantité d'air, sans cela le feu le plus violent ne peut rien calciner, rien enflammer que les matières qui contiennent en elles-mêmes, et qui fournissent à mesure qu'elles brûlent ou se calcinent tout l'air nécessaire à la combustion ou à la calcination des substances avec lesquelles on les mêle. Cette nécessité du concours de l'air dans la calcination comme dans la combustion, indique qu'il y a plus de choses communes entre elles[4] qu'on ne l'a soupçonné. L'application du feu est le principe de toutes deux, celle de l'air en est la cause seconde et presque aussi nécessaire que la première ; mais ces deux causes se combinent inégalement,

a. Voyez sur cela les expériences dont je rends compte dans la partie expérimentale de cet ouvrage.

1. Ces matières deviennent plus *pesantes*, *plus dures*, parce que, étant ramollies par le feu, l'union de leurs molécules est plus parfaite.

2. C'est que la *pierre calcaire*, le *carbonate de chaux*, se décompose en *gaz acide carbonique* et en *chaux*, et perd son *gaz*, que Buffon ne songe pas à recueillir dans un vase clos, comme eût fait Lavoisier. — Voyez la note 1 de la page 32.

3. La *calcination* est, en effet, une *combustion*.

4. Remarque très-juste : la *calcination* et la *combustion* sont le même fait, une véritable *oxydation*, c'est-à-dire une *combinaison du corps combustible* avec l'oxygène.

selon qu'elles agissent en plus ou moins de temps, avec plus ou moins de force sur des substances différentes; il faut pour en raisonner juste se rappeler les effets de la calcination, et les comparer entre eux et avec ceux de la combustion.

La combustion s'opère promptement et quelquefois se fait en un instant; la calcination est toujours plus lente, et quelquefois si longue qu'on la croit impossible : à mesure que les matières sont plus inflammables et qu'on leur fournit plus d'air, la combustion s'en fait avec plus de rapidité; et par la raison inverse, à mesure que les matières sont plus incombustibles la calcination s'en fait avec plus de lenteur. Et lorsque les parties constituantes d'une substance telle que l'or, sont non-seulement incombustibles, mais paraissent si fixes qu'on ne peut les volatiliser, la calcination ne produit aucun effet, quelque violente qu'elle puisse être. On doit donc considérer la calcination et la combustion comme des effets du même ordre [1], dont les deux extrêmes nous sont désignés par le phosphore qui est le plus inflammable de tous les corps, et par l'or qui de tous est le plus fixe et le moins combustible; toutes les substances comprises entre ces deux extrêmes seront plus ou moins sujettes aux effets de la combustion ou de la calcination, selon qu'elles s'approcheront plus ou moins de ces deux extrêmes; de sorte que dans les points milieux, il se trouvera des substances qui éprouveront au feu combustion et calcination en degré presque égal; d'où nous pouvons conclure, sans craindre de nous tromper, que toute calcination est toujours accompagnée d'un peu de combustion, et que de même toute combustion est accompagnée d'un peu de calcination. Les cendres et les autres résidus des matières les plus combustibles ne démontrent-ils pas que le feu a calciné toutes les parties qu'il n'a pas brûlées, et que par conséquent un peu de calcination se trouve ici avec beaucoup de combustion? La petite flamme qui s'élève de la plupart des matières qu'on calcine, ne démontre-t-elle pas de même qu'il s'y fait un peu de combustion? Ainsi nous ne devons pas séparer ces deux effets si nous voulons bien saisir les résultats de l'action du feu sur les différentes substances auxquelles on l'applique.

Mais, dira-t-on, la combustion détruit les corps ou du moins en diminue toujours le volume ou la masse en raison de la quantité de matière qu'elle enlève ou consume; la calcination fait souvent le contraire, et augmente la pesanteur d'un grand nombre de matières; doit-on dès lors considérer ces deux effets dont les résultats sont si contraires, comme des effets du même ordre [2]? L'objection paraît fondée et mérite réponse, d'au-

1. Voyez la note précédente.

2. La *combustion* et la *calcination* n'étant, au fond, qu'un seul et même phénomène, une *oxydation*, il y a toujours augmentation de poids : seulement, quand on calcine du *plomb*, par exemple, cette augmentation est plus visible, parce que l'*oxyde de plomb* reste, qu'on peut peser,

tant que c'est ici le point le plus difficile de la question. Je crois néanmoins pouvoir y satisfaire pleinement. Considérons pour cela une matière dans laquelle nous supposerons moitié de parties fixes, et moitié de parties volatiles ou combustibles; il arrivera, par l'application du feu, que toutes ces parties volatiles ou combustibles seront enlevées ou brûlées, et par conséquent séparées de la masse totale; dès lors cette masse ou quantité de matière se trouvera diminuée de moitié, comme nous le voyons dans les pierres calcaires qui perdent au feu près de la moitié de leur poids. Mais si l'on continue à appliquer le feu pendant un très-long temps à cette moitié toute composée de parties fixes, n'est-il pas facile de concevoir que toute combustion, toute volatilisation étant cessées, cette matière, au lieu de continuer à perdre de sa masse, doit au contraire en acquérir aux dépens de l'air et du feu dont on ne cesse de la pénétrer; et celles qui, comme le plomb, ne perdent rien, mais gagnent par l'application du feu, sont des matières déjà calcinées, préparées par la nature au degré où la combustion a cessé, et susceptibles par conséquent d'augmenter de pesanteur dès les premiers instants de l'application du feu? Nous avons vu que la lumière s'amortit et s'éteint à la surface de tous les corps qui ne la réfléchissent pas; nous avons vu que la chaleur, par sa longue résidence, se fixe en partie dans les matières qu'elle pénètre; nous savons que l'air presque aussi nécessaire à la calcination qu'à la combustion, et toujours d'autant plus nécessaire à la calcination que les matières ont plus de fixité, se fixe lui-même dans l'intérieur des corps et en devient partie constituante; dès lors n'est-il pas très-naturel de penser que cette augmentation de pesanteur ne vient que de l'addition des particules de lumière, de chaleur et d'air[1] qui se sont enfin fixées et unies à une matière, contre laquelle elles ont fait tant d'efforts sans pouvoir ni l'enlever ni la brûler? Cela est si vrai, que, quand on leur présente ensuite une substance combustible avec

---

tandis que, quand on brûle du *bois*, il ne reste que les *cendres*, et qu'on ne tient compte ni de l'*acide carbonique* ni de l'*eau*, formés dans la *combustion*; mais, encore une fois, en recueillant tous les *produits*, on acquiert la pleine certitude de l'augmentation de poids. — Voyez la note 4 de la page 30.

1. L'*augmentation de poids* ne peut venir ni de la *chaleur* ni de la *lumière*, qui sont impondérables; elle ne vient pas même de l'*air* tout entier; elle ne vient que de l'*oxygène*, qui se combine avec les *métaux*.

J'ai déjà cité (p. 24, note 2) la célèbre expérience de Lavoisier sur la combinaison de l'*oxygène* avec le *mercure*. C'est cette expérience de la combinaison de l'*oxygène* avec un *métal*, faite en *vaisseaux clos*, où rien ne se perdit et tout fut pesé, qui lui donna, comme je l'ai déjà dit aussi, la composition de l'*air*.

Tout, dans cette admirable expérience, est à méditer.

Lavoisier opère la *calcination du mercure* dans un *vase clos*. Il *pèse* la quantité de *mercure pur*; il *mesure* le volume d'*air*; il chauffe, pendant douze jours, à une température voisine du degré de l'*ébullition*. La *calcination* terminée, que s'est-il passé? Le volume d'*air* a été réduit d'un *sixième*; et il s'est formé 45 grains de *matière rouge* ou de *mercure calciné*.

« L'air qui restait après cette opération..... n'était plus propre à la respiration ni à la com-

laquelle elles ont bien plus d'analogie ou plutôt de conformité de nature, elles s'en saisissent avidement, quittent la matière fixe à laquelle elles n'étaient, pour ainsi dire, attachées que par force, reprennent par conséquent leur mouvement naturel, leur élasticité, leur volatilité, et partent toutes avec la matière combustible à laquelle elles viennent de se joindre. Dès lors le métal ou la matière calcinée, à laquelle vous avez rendu ces parties volatiles qu'elle avait perdues par sa combustion, reprend sa première forme, et sa pesanteur se trouve diminuée de toute la quantité des particules de feu et d'air qui s'étaient fixées, et qui viennent d'être enlevées par cette nouvelle combustion. Tout cela s'opère par la seule loi des affinités; et après ce qui vient d'être dit, il me semble qu'il n'y a pas plus de difficulté à concevoir comment la chaux d'un métal se réduit, que d'entendre comment il se précipite en dissolution : la cause est la même et les effets sont pareils. Un métal, dissous par un acide, se précipite lorsqu'on présente à cet acide une autre substance avec laquelle il a plus d'affinité qu'avec le métal, l'acide le quitte alors et le laisse tomber; de même ce métal calciné, c'est-à-dire chargé de parties d'air, de chaleur et de feu qui s'étant fixées le tiennent sous la forme d'une chaux se précipitera, ou si l'on veut se réduira lorsqu'on présentera à ce feu et à cet air fixés des matières combustibles avec lesquelles ils ont bien plus d'affinité qu'avec le métal qui reprendra sa première forme dès qu'il sera débarrassé de cet air et de ce feu superflus, et qu'il aura repris, aux dépens des matières combustibles qu'on lui présente, les parties volatiles qu'il avait perdues.

Cette explication me paraît si simple et si claire, que je ne vois pas ce qu'on peut y opposer. L'obscurité de la chimie vient en grande partie de ce qu'on en a peu généralisé les principes, et qu'on ne les a pas réunis à ceux de la haute physique. Les chimistes ont adopté les affinités sans les comprendre, c'est-à-dire sans entendre le rapport de la cause à l'effet, qui néanmoins n'est autre que celui de l'attraction universelle; ils ont créé leur phlogistique sans savoir ce que c'est, et cependant c'est de l'air et du feu fixes; ils ont formé, à mesure qu'ils en ont eu besoin, des êtres idéaux, des *minéralisateurs*, des *terres mercurielles*, des noms, des termes d'autant

« bustion; car les animaux qu'on y introduisait y périssaient en peu d'instants, et les lumières « s'y éteignaient sur-le-champ, comme si on les eût plongées dans de l'eau. »

Voilà l'*azote* obtenu, c'est-à-dire séparé de l'*oxygène*, dont s'est emparé le *mercure*. Voyons comment Lavoisier va obtenir l'*oxygène*.

« J'ai pris les 45 grains de matière rouge qui s'était formée pendant l'opération; je les ai « introduits dans une très-petite cornue de verre..... Lorsque la cornue a approché de l'incan- « descence, la matière rouge a commencé à perdre peu à peu de son volume, et en quelques « minutes elle a entièrement disparu; en même temps il s'est condensé dans le petit récipient « 41 grains et ½ de mercure coulant, et il a passé sous la cloche 7 à 8 pouces cubiques d'un « fluide élastique, beaucoup plus propre que l'air de l'atmosphère à entretenir la combustion et « la respiration. »

L'*azote* et l'*oxygène*, séparément obtenus, Lavoisier les *mélange* de nouveau ensemble, et *reforme* l'air. (*Traité de chimie*, t. 1, p. 35 et suiv., 1789.)

plus vagues, que l'acception en est plus générale[1]. J'ose dire que M. Macquer[a] et M. de Morveau[b] sont les premiers de nos chimistes qui aient commencé à parler français[c]. Cette science va donc naître[2], puisqu'on commence à la parler[3]; et on la parlera d'autant mieux, on l'entendra d'autant plus aisément, qu'on en bannira le plus de mots techniques, qu'on renoncera de meilleure foi à tous ces petits principes secondaires tirés de la méthode, qu'on s'occupera davantage de les déduire des principes généraux de la mécanique rationnelle, qu'on cherchera avec plus de soin à les ramener aux lois de la nature, et qu'on sacrifiera plus volontiers la commodité d'expliquer d'une manière précaire et selon l'art les phénomènes de la composition ou de la décomposition des substances à la difficulté de les présenter pour tels qu'ils sont, c'est-à-dire pour des effets particuliers dépendants d'effets plus généraux qui sont les seules vraies causes, les seuls principes réels auxquels on doive s'attacher si l'on veut avancer la science de la philosophie naturelle.

Je crois avoir démontré[d] que toutes les petites lois des affinités chimiques, qui paraissent si variables, si différentes entre elles, ne sont cependant pas autres que la loi générale de l'attraction commune à toute la matière; que cette grande loi, toujours constante, toujours la même, ne paraît varier que par son expression, qui ne peut pas être la même lorsque la figure des corps entre comme élément dans leur distance[4]. Avec cette nouvelle clef, on pourra scruter les secrets les plus profonds de la nature, on pourra parvenir à connaître la figure des parties primitives des différentes substances, assigner les lois et les degrés de leurs affinités, déter-

---

a. Dictionnaire de chimie. Paris, 1766.

b. Digressions académiques. Dijon, 1772.

c. Dans le moment même qu'on imprime ces feuilles, paraît l'ouvrage de M. Baumé, qui a pour titre, *Chimie expérimentale et raisonnée.* L'auteur, non-seulement y parle une langue intelligible, mais il s'y montre partout aussi bon physicien que grand chimiste, et j'ai eu la satisfaction de voir que quelques-unes de ses idées générales s'accordent avec les miennes.

d. Voyez dans cet ouvrage, l'article qui a pour titre, *de la nature, seconde vue.*

1. Tout cela est du sens philosophique le plus élevé. La première règle philosophique est d'exclure de nos sciences les *êtres idéaux;* la seconde est de *généraliser les principes.*

1° Il faut *généraliser les principes,* mais d'une manière utile. Les *affinités* ne sont, on peut le croire, qu'un cas particulier de l'*attraction universelle.* Mais de cette vue, très-juste, à une application utile, qu'il y a loin! Comment tirer de l'*attraction universelle* la raison précise des phénomènes *chimiques?* et c'est pourtant là qu'il faudrait en venir. Comment soumettre au calcul les attractions à petites distances qui déterminent les affinités diverses des molécules?

2° Il faut bannir les *êtres idéaux;* ce n'est pas tout; il ne faut pas finir par croire les avoir trouvés dans des *combinaisons imaginaires.* — Les chimistes ont créé leur *phlogistique sans savoir ce que c'est;* mais ce n'est pas *de l'air et du feu fixes.*

2. Combien le génie est clairvoyant sur tout ce qui touche à la marche nécessaire de l'esprit humain! Voilà Lavoisier prédit.

3. *Puisqu'on commence à la parler...* Comme Buffon comprenait bien ce que c'est que la vraie science!

4. Voyez ci-dessus la note 1.

miner les formes qu'elles prendront en se réunissant, etc. Je crois de même avoir fait entendre comment l'impulsion dépend de l'attraction, et que, quoiqu'on puisse la considérer comme une force différente, elle n'est néanmoins qu'un effet particulier de cette force unique et générale. J'ai présenté la communication du mouvement comme impossible autrement que par le ressort; d'où j'ai conclu que tous les corps de la nature sont plus ou moins élastiques, et qu'il n'y en a aucun qui soit parfaitement dur, c'est-à-dire entièrement privé de ressort, puisque tous sont susceptibles de recevoir du mouvement. J'ai tâché de faire connaître comment cette force unique pouvait changer de direction, et d'attractive devenir tout à coup répulsive. Et de ces grands principes, qui tous sont fondés sur la mécanique rationnelle, j'ai essayé de déduire les principales opérations de la nature, telle que la production de la lumière, de la chaleur, du feu et de leur action sur les différentes substances : ce dernier objet, qui nous intéresse le plus, est un champ vaste, dont le défrichement suppose plus d'un siècle, et dont je n'ai pu cultiver qu'un espace médiocre, en remettant à des mains plus habiles ou plus laborieuses les instruments dont je me suis servi. Ces instruments sont les trois moyens d'employer le feu par sa vitesse, par son volume et par sa masse, en l'appliquant concurremment aux trois classes des substances, qui toutes, ou perdent, ou gagnent, ou ne perdent ni ne gagnent par l'application du feu. Les expériences que j'ai faites sur le refroidissement des corps, sur la pesanteur réelle du feu, sur la nature de la flamme, sur le progrès de la chaleur, sur sa communication, sa déperdition, sa concentration, sur sa violente action sans flamme, etc., sont encore autant d'instruments qui épargneront beaucoup de travail à ceux qui voudront s'en servir, et produiront une très-ample moisson de connaissances utiles [1].

1. Nous venons de voir les idées de Buffon sur la *chaleur*, sur la *lumière*, sur l'*air*, sur le *phlogistique*, sur la *calcination*, sur la *combustion*, sur les *affinités*, sur l'*attraction*, etc. Toujours dominé par ses grandes vues de *simplicité* et d'*unité*, il veut ramener tous les *éléments* à une seule matière, toutes les forces à une seule force; il veut expliquer sans la *chimie*, qui n'était pas encore, tous les phénomènes que la *chimie* seule, *venue enfin*, pouvait expliquer.

« Buffon, dit finement Rivarol, Buffon, qui demandait encore moins d'expressions que d'idées « à son imagination, s'est moqué tour à tour des faiseurs d'expériences et des affinités de la « chimie..... Aussi les nouvelles observations ont déjà fait échec à sa gloire, et les chimistes, « avec leurs affinités, ébranlent de jour en jour sa statue. » Je ne vais pas aussi loin que Rivarol; Dieu m'en garde! la statue de Buffon est inébranlable, car elle repose sur des bases bien autrement solides que quelques explications *chimiques* plus ou moins aventurées.

« Nous avons déjà assez de faits, disait Buffon, pour méditer toute la vie. » La vieille chimie avait, en effet, déjà beaucoup de faits; mais il fallait trouver le vrai jour sous lequel ces faits devaient être vus; et ce jour n'a été trouvé que par Lavoisier.

DES ÉLÉMENTS

SECONDE PARTIE

DE L'AIR, DE L'EAU ET DE LA TERRE.

Nous avons vu que l'air est l'adminicule nécessaire et le premier aliment du feu, qui ne peut ni subsister, ni se propager, ni s'augmenter, qu'autant qu'il se l'assimile, le consomme ou l'emporte ; tandis que de toutes les substances matérielles, l'air est au contraire celle qui paraît exister le plus indépendamment et subsister le plus aisément, le plus constamment, sans le secours ou la présence du feu ; car, quoiqu'il ait habituellement la même chaleur à peu près que les autres matières à la surface de la terre, il pourrait s'en passer, et il lui en faut infiniment moins qu'à toute autre pour entretenir sa fluidité, puisque les froids les plus excessifs, soit naturels, soit artificiels, ne lui font rien perdre de sa nature ; que les condensations les plus fortes ne sont pas capables de rompre son ressort ; que le feu actif, ou plutôt actuellement en exercice sur les matières combustibles, est le seul agent qui puisse altérer sa nature en le raréfiant, c'est-à-dire en affaiblissant, en étendant son ressort jusqu'au point de le rendre sans effet et de détruire ainsi son élasticité. Dans cet état de trop grande expansion et d'affaiblissement extrême de son ressort, et dans toutes les nuances qui précèdent cet état, l'air est capable de reprendre son élasticité, à mesure que les vapeurs des matières combustibles qui l'avaient affaiblie s'évaporeront et s'en sépareront. Mais si le ressort a été totalement affaibli et si prodigieusement étendu qu'il ne puisse plus se resserrer ni se restituer, ayant perdu toute sa puissance élastique, l'air, de volatil qu'il était auparavant, devient une substance fixe [1] qui s'incorpore avec les autres substances, et fait dès lors partie constituante de toutes celles auxquelles il s'unit par le contact ou dans lesquelles il pénètre à l'aide de la chaleur. Sous cette nouvelle forme, il ne peut plus abandonner le feu que pour s'unir comme matière fixe à d'autres matières fixes ; et, s'il en reste quelques parties inséparables du feu, elles font dès lors portion de cet élément, elles lui servent de base et se déposent avec lui dans les substances qu'ils échauffent et pénètrent ensemble. Cet effet, qui se manifeste dans toutes les calcina-

---

1. L'air, ce mélange gazeux d'*azote*, d'*oxygène* et d'*acide carbonique*, ne devient jamais une *substance fixe*. Dans la *calcination*, un de ses principes, l'*oxygène*, se combine avec le corps *calciné* et en augmente le poids.

tions, est d'autant plus sûr et d'autant plus sensible, que la chaleur est appliquée plus longtemps ; la combustion ne demande que peu de temps pour se faire même complétement, au lieu que toute calcination suppose beaucoup de temps ; il faut pour l'accélérer amener à la surface, c'est-à-dire présenter successivement à l'air les matières que l'on veut calciner, il faut les fondre ou les diviser en parties impalpables pour qu'elles offrent à cet air plus de superficie ; il faut même se servir de soufflets, moins pour augmenter l'ardeur du feu que pour établir un courant d'air sur la surface des matières si l'on veut presser leur calcination ; et pour la compléter avec tous ces moyens, il faut souvent beaucoup de temps [a], d'où l'on doit conclure qu'il faut aussi une assez longue résidence de l'air devenu fixe dans les substances terrestres pour qu'il s'établisse à demeure sous cette nouvelle forme.

Mais il n'est pas nécessaire que le feu soit violent pour faire perdre à l'air son élasticité ; le plus petit feu et même une chaleur très-médiocre, dès qu'elle est immédiatement et constamment appliquée sur une petite quantité d'air, suffisent pour en détruire le ressort ; et pour que cet air sans ressort se fixe ensuite dans les corps il ne faut qu'un peu plus ou un peu moins de temps, selon le plus ou moins d'affinité qu'il peut avoir sous cette nouvelle forme avec les matières auxquelles il s'unit. La chaleur du corps des animaux [1] et même des végétaux est encore assez puissante pour produire cet effet : les degrés de chaleur sont différents dans les différents genres d'animaux, et à commencer par les oiseaux, qui sont les plus chauds de tous, on passe successivement aux quadrupèdes, à l'homme, aux cétacés, qui le sont moins, aux reptiles, aux poissons, aux insectes, qui le sont beaucoup moins ; et enfin aux végétaux, dont la chaleur est si petite, qu'elle a paru nulle aux observateurs [b] ; quoiqu'elle soit très-réelle et qu'elle surpasse en hiver celle de l'atmosphère, j'ai observé sur un grand nombre de

a. Je ne sais si l'on ne calcinerait pas l'or, non pas en le tenant comme Boyle ou Kunkel, pendant un très-long temps dans un fourneau de verrerie, où la vitesse de l'air n'est pas grande, mais en le mettant près de la tuyère d'un bon fourneau à vent, et le tenant en fusion dans un vaisseau ouvert, où l'on plongerait une petite spatule, qu'on ajusterait de manière qu'elle tournerait incessamment et remuerait continuellement l'or en fusion ; car il n'y a pas de comparaison entre la force de ces feux , parce que l'air est ici bien plus accéléré que dans les fourneaux de verrerie.

b. « Dans toutes les expériences que j'ai tentées (dit le docteur Martine), je n'ai pu découvrir qu'aucun des végétaux acquît en vertu du principe de vie un degré de chaleur supérieur « à celui du milieu environnant, et qui pût être distingué ; au contraire , tous les animaux, « quelque peu que leur vie soit animée, ont un degré de chaleur plus considérable que celui « de l'air ou de l'eau où ils vivent. » *Essais sur les thermomètres* , art. 87, édition in-12. Paris, 1751. — « On ne découvre au toucher aucun degré de chaleur dans les plantes, soit dans « leurs larmes, soit dans le cœur de leur tige. » Bacon, *Nov. Organ.* 11 , 12.

1. *La chaleur des animaux...* Buffon est un des premiers qui aient saisi cette grande analogie, et mis dans la même catégorie : la *calcination*, la *combustion* et la *chaleur animale*, en faisant intervenir, dans tous ces phénomènes, l'*air* comme cause commune et nécessaire.

gros arbres coupés dans un temps froid que leur intérieur était très-sensiblement chaud, et que cette chaleur durait pendant plusieurs minutes après leur abatage : ce n'est pas le mouvement violent de la cognée ou le frottement brusque et réitéré de la scie qui produisent seuls cette chaleur ; car en fendant ensuite ce bois avec des coins, j'ai vu qu'il était chaud à deux ou trois pieds de distance de l'endroit où l'on avait placé les coins, et que par conséquent il avait un degré de chaleur assez sensible dans tout son intérieur [1]. Cette chaleur n'est que très-médiocre tant que l'arbre est jeune et qu'il se porte bien ; mais dès qu'il commence à vieillir, le cœur s'échauffe par la fermentation de la sève, qui n'y circule plus avec la même liberté ; cette partie du centre prend en s'échauffant une teinte rouge qui est le premier indice du dépérissement de l'arbre et de la désorganisation du bois ; j'en ai manié des morceaux dans cet état qui étaient aussi chauds que si on les eût fait chauffer au feu. Si les observateurs n'ont pas trouvé qu'il y eût aucune différence entre la température de l'air et la chaleur des végétaux, c'est qu'ils ont fait leurs observations en mauvaise saison, et qu'ils n'ont pas fait attention qu'en été la chaleur de l'air est aussi grande et plus grande que celle de l'intérieur d'un arbre, tandis qu'en hiver c'est tout le contraire : ils ne se sont pas souvenus que les racines ont constamment au moins le degré de chaleur de la terre qui les environne, et que cette chaleur de l'intérieur de la terre est pendant tout l'hiver considérablement plus grande que celle de l'air et de la surface de la terre refroidie par l'air ; ils ne se sont pas rappelé que les rayons du soleil tombant trop vivement sur les feuilles et sur les autres parties délicates des végétaux, non-seulement les échauffent, mais les brûlent, qu'ils échauffent de même à un très-grand degré l'écorce et le bois dont ils pénètrent la surface, dans laquelle ils s'amortissent et se fixent ; ils n'ont pas pensé que le mouvement seul de la sève, déjà chaude, est une cause nécessaire de chaleur, et que ce mouvement venant à augmenter par l'action du soleil ou d'une autre chaleur extérieure, celle des végétaux doit être d'autant plus grande que le mouvement de leur sève est plus accéléré, etc. Je n'insiste si longtemps sur ce point qu'à cause de son importance, l'uniformité du plan de la nature serait violée si ayant accordé à tous les animaux un degré de

---

1. « La température de l'intérieur d'un tronc d'arbre est plus élevée que celle de l'atmosphère « en été, et plus basse en hiver : la différence est ordinairement d'un degré environ, mais elle va « quelquefois bien au delà..... Gœppert a trouvé que pendant la germination des graines et des « tubercules, il se développe une chaleur qui dépasse quelquefois la température extérieure « d'environ quinze degrés R..... » (Burdach : *Trait. de physiolog.*, t. IX, p. 619.) — D'après d'autres observateurs, le spadice de l'*arum cordifolium* acquiert, au moment de la floraison, jusqu'à 44 degrés de chaleur. — Au reste, c'est bien à la *respiration* des plantes que tient leur *température propre*, car cette *température* croît et décroît selon que la *respiration* augmente ou diminue : les plantes atteignent leur maximum de température aux heures de la journée où la chaleur et la lumière ont le plus d'intensité ; pendant la nuit, elles ont la même température que l'air.

chaleur supérieur à celui des matières brutes, elle l'avait refusé aux végétaux qui, comme les animaux, ont leur espèce de vie.

Mais ici l'air[1] contribue encore à la chaleur animale et vitale[2], comme nous avons vu plus haut qu'il contribuait à l'action du feu dans la combustion et la calcination des matières combustibles et calcinables. Les animaux qui ont des poumons, et qui par conséquent respirent l'air, ont toujours plus de chaleur que ceux qui en sont privés; et plus la surface intérieure des poumons est étendue et ramifiée en un plus grand nombre de cellules ou de bronches, plus en un mot elle présente de superficie à l'air que l'animal tire par l'inspiration, plus aussi son sang devient chaud et plus il communique de chaleur à toutes les parties du corps qu'il abreuve ou nourrit, et cette proportion a lieu dans tous les animaux connus. Les oiseaux ont, relativement au volume de leur corps, les poumons considérablement plus étendus que l'homme ou les quadrupèdes; les reptiles, même ceux qui ont de la voix, comme les grenouilles, n'ont au lieu de poumons qu'une simple vessie; les insectes qui n'ont que peu ou point de sang ne pompent l'air que par quelques trachées, etc. Aussi en prenant le degré de la température de la terre pour terme de comparaison, j'ai vu que cette chaleur étant supposée de 10 degrés, celle des oiseaux était de près de 33 degrés, celle de quelques·quadrupèdes de plus de 31 $\frac{1}{4}$ degrés, celle de l'homme de 30 $\frac{1}{2}$ ou 31 [a], tandis que celle des grenouilles n'est que de 15 ou 16, celle

a. « A mon thermomètre (dit le docteur Martine) où le terme de la congélation est marqué 32, « j'ai trouvé que ma peau, partout où elle était bien couverte, élevait le mercure au degré 96 « ou 97..... que l'urine, nouvellement rendue et reçue dans un vase de la même température « qu'elle, est à peine d'un degré plus chaude que la peau, et nous pouvons supposer qu'elle est « à peu près au degré des viscères voisins... Dans les quadrupèdes ordinaires, tels que les « chiens, les chats, les brebis, les bœufs, les cochons, etc., la chaleur de la peau élève le « thermomètre 4 ou 5 degrés plus haut que dans l'homme, et le porte aux degrés 100, 101, « 102; et dans quelques-uns au degré 103, ou même un peu plus haut... La chaleur des céta- « cés est égale à celle des quadrupèdes... J'ai trouvé que la chaleur de la peau du veau marin « était proche du degré 102, et celle de la cavité de l'abdomen environ un degré plus haut... « Les oiseaux sont les plus chauds de tous les animaux, et surpassent de 3 ou 4 degrés les « quadrupèdes, suivant l'expérience que j'en ai faite moi-même sur les canards, les oies, les « poules, les pigeons, les perdrix, les hirondelles; la boule du thermomètre placée entre leurs « cuisses, le mercure s'élevait aux degrés 103, 104, 105, 106, 107. » Le même observateur a reconnu que les chenilles n'avaient que très-peu de chaleur, environ 2 ou 3 degrés au-dessus de l'air dans lequel elles vivent. « Ainsi, dit-il, la classe des animaux froids est formée par « toute la famille des insectes, hormis les abeilles qui font une exception singulière... — (*Nota.*

1. Voici tout un passage auquel la science actuelle aurait peu à ajouter. Il étonne par la pénétration d'esprit qui s'y fait sentir.

2. Vue d'une pénétration admirable, et aujourd'hui complétement démontrée. La *respiration* est la principale source de la *chaleur animale*. Depuis Galien jusqu'à Haller, et Haller compris, presque tous les physiologistes ne voyaient à la *respiration* d'autre objet que de *rafraîchir* le *sang*.

Je dis *presque tous*, car il faut excepter Duverney.

Duverney avait dit, avant Buffon : « La principale fonction du poumon est d'imprégner le sang « d'air, et de le rendre par là capable de porter partout l'aliment, la vie et la chaleur. » (Voyez mon *Histoire de la découverte de la circulation du sang*, p. 65 et suiv.)

des poissons et des insectes de 11 à 12, c'est-à-dire la moindre de toutes, et à très-peu près la même que celle des végétaux[1]. Ainsi le degré de chaleur dans l'homme et dans les animaux dépend de la force et de l'étendue des poumons[2] : ce sont les soufflets de la machine animale, ils en entretiennent et augmentent le feu selon qu'ils sont plus ou moins puissants, et que leur mouvement est plus ou moins prompt. La seule difficulté est de concevoir comment ces espèces de soufflets (dont la construction est aussi supérieure à celle de nos soufflets d'usage que la nature est au-dessus de nos arts), peuvent porter l'air sur le feu qui nous anime : feu dont le foyer paraît assez indéterminé, feu qu'on n'a pas même voulu qualifier de ce nom parce qu'il est sans flamme, sans fumée apparente, et que sa chaleur n'est que très-médiocre et assez uniforme. Cependant si l'on considère que la chaleur et le feu sont des effets et même des éléments du même ordre ;

Je ne sais pas s'il faut faire ici une exception pour les abeilles, comme l'ont fait la plupart de nos observateurs, qui prétendent que ces mouches ont autant de chaleur que les animaux qui respirent, parce que leur ruche est aussi chaude que le corps de ces animaux : il me semble que cette chaleur de l'intérieur de la ruche n'est point du tout la chaleur de chaque abeille ; mais la somme totale de la chaleur qui s'évapore des corps de neuf ou dix mille individus réunis dans cet espace où leur mouvement continuel doit l'augmenter encore, et en divisant cette somme générale de chaleur par la quantité particulière de chaleur qui s'évapore de chaque individu, on trouverait peut-être que l'abeille n'a pas plus de chaleur qu'une autre mouche.) — « J'ai trouvé par des expériences fréquentes, que la chaleur d'un essaim d'abeilles élevait le « thermomètre qui en était entouré, au degré 97, chaleur qui ne le cède point à la nôtre. La « chaleur des autres animaux d'une vie faible excède peu la chaleur du milieu environnant ; à « peine distingue-t-on quelques différences dans les moules et dans les huîtres, très-peu dans « les carrelets, les merlans, les merlus et autres poissons à ouïes, qui m'ont tous paru avoir « à peine un degré de plus que l'eau de mer dans laquelle ils vivaient, et qui était lors de « mon observation au degré 41. Enfin, il n'y en a guère plus dans les poissons de rivière, et « quelques truites que j'ai examinées, étaient au degré 62, pendant que l'eau de la rivière était « au degré 61..... Suivant le résultat de plusieurs expériences, j'ai trouvé que les limaçons « étaient de 2 degrés plus chauds que l'air. Les grenouilles et les tortues de terre m'ont paru « avoir quelque chose de plus, et environ 5 degrés de plus que l'air qu'elles respiraient... J'ai « aussi examiné la chaleur d'une carpe et celle d'une anguille, et j'ai trouvé qu'elles excé- « daient à peine la chaleur de l'eau où ces poissons vivaient, et qui était au degré 54. » *Essai sur les thermomètres*, art. 38, 39, 40, 41, 44, 45, 46 et 47.

1. « La chaleur propre des oiseaux est de 30 à 35° R.; elle est de 28 à 32° R. dans les mam- « mifères ; et, dans l'homme, terme moyen, de 29 à 29° 1/2. » (Burdach, *Trait. de physiolog.*, t. IX, p. 622.) — Voyez la note 3 de la page 7 du V⁰ volume. — « J. Davy a observé que la tem- « pérature était supérieure à celle de l'eau, de 0,2 C dans un poisson volant, de 1,1 dans une « truite, de 1,3 entre les muscles de la queue d'un squale. Suivant Becquerel et Breschet, une « carpe avait un demi-degré centigrade de chaleur de plus que l'eau... J. Davy a trouvé la cha- « leur des lézards supérieure à la chaleur du dehors, de 1,2 C, celle des serpents de 1,1-3 ; à « 15° C la température des grenouilles est plus élevée d'un degré et demi à deux... » (*Ibid.*, p. *id.*)

2. Remarque capitale de physiologie générale et comparative. La *chaleur animale* est toujours en raison directe de la *quantité de respiration.* — Voyez la note de la page 19 du V⁰ volume. — « C'est d'après cette considération (celle de la *quantité de respiration*) que l'on peut « estimer, et, pour ainsi dire, calculer la nature de chaque animal ; car la respiration commu- « niquant au sang toute sa chaleur et toute son énergie, et par lui aux parties toute leur exci- « tabilité, c'est en raison de sa quantité que les animaux ont plus ou moins de vigueur dans « toutes leurs fonctions. » (Cuvier.)

si l'on se rappelle que la chaleur raréfie l'air, et qu'en étendant son ressort elle peut l'affaiblir au point de le rendre sans effet, on pourra penser que cet air tiré par nos poumons s'y raréfiant beaucoup doit perdre son ressort dans les bronches et dans les petites vésicules, où il ne peut pénétrer qu'en très-petit volume, et en bulles dont le ressort, déjà très-étendu, sera bientôt détruit par la chaleur du sang artériel et veineux : car ces vaisseaux du sang ne sont séparés des vésicules pulmonaires qui reçoivent l'air que par des cloisons si minces, qu'elles laissent aisément passer cet air dans le sang, où il ne peut manquer de produire le même effet que sur le feu commun, parce que le degré de chaleur de ce sang est plus que suffisant pour détruire en entier l'élasticité des particules d'air, les fixer et les entraîner sous cette nouvelle forme dans toutes les voies de la circulation. Le feu du corps animal ne diffère du feu commun que du moins au plus, le degré de chaleur est moindre : dès lors il n'y a point de flamme, parce que les vapeurs qui s'élèvent et qui représentent la fumée de ce feu n'ont pas assez de chaleur pour s'enflammer ou devenir ardentes, et qu'étant d'ailleurs mêlées de beaucoup de parties humides qu'elles enlèvent avec elles, ces vapeurs ou cette fumée ne peuvent ni s'allumer ni brûler[a] : tous

a. J'ai fait une grande expérience au sujet de l'inflammation de la fumée. J'ai rempli de charbon sec et conservé à couvert depuis plus de six mois, deux de mes fourneaux, qui ont également 14 pieds de hauteur, et qui ne diffèrent dans leur construction que par les proportions des dimensions en largeur, le premier contenant juste un tiers de plus que le second. J'ai rempli l'un avec 1200 livres de ce charbon, et l'autre avec 800 livres, et j'ai adapté au plus grand un tuyau d'aspiration, construit avec un châssis de fer, garni de tôle, qui avait 13 pouces en quarré sur 10 pieds de hauteur; je lui avais donné 13 pouces sur les quatre côtés, pour qu'il remplît exactement l'ouverture supérieure du fourneau, qui était quarrée, et qui avait 13 pouces $\frac{1}{2}$ de toutes faces; avant de remplir ces fourneaux, on avait préparé dans le bas une petite cavité en forme de voûte, soutenue par des bois secs, sous lesquels on mit le feu au moment qu'on commença de charger de charbon; ce feu qui d'abord était vif, se ralentit à mesure qu'on chargeait, cependant il subsista toujours sans s'éteindre, et lorsque les fourneaux furent remplis en entier, j'en examinai le progrès et le produit, sans le remuer et sans y rien ajouter; pendant les six premières heures, la fumée qui avait commencé de s'élever au moment qu'on avait commencé de charger, était très-humide, ce que je reconnaissais aisément par les gouttes d'eau qui paraissaient sur les parties extérieures du tuyau d'aspiration, et ce tuyau n'était encore au bout de six heures que médiocrement chaud, car je pouvais le toucher aisément. On laissa le feu, le tuyau et les fourneaux pendant toute la nuit dans cet état; la fumée, continuant toujours, devint si abondante, si épaisse et si noire, que le lendemain en arrivant à mes forges, je crus qu'il y avait un incendie. L'air était calme, et comme le vent ne dissipait pas la fumée, elle enveloppait les bâtiments et les dérobait à ma vue; elle durait déjà depuis vingt-six heures. J'allai à mes fourneaux, je trouvai que le feu qui n'était allumé qu'à la partie du bas, n'avait pas augmenté, qu'il se soutenait au même degré, mais la fumée qui avait donné de l'humidité dans les six premières heures, était devenue plus sèche, et paraissait néanmoins tout aussi noire. Le tuyau d'aspiration ne pompait pas davantage, il était seulement un peu plus chaud, et la fumée ne formait plus de gouttes sur sa surface extérieure; la cavité des fourneaux, qui avait 14 pieds de hauteur, se trouva vide au bout des vingt-six heures, d'environ 3 pieds; je les fis remplir, l'un avec 50, et l'autre avec 75 livres de charbon, et je fis remettre tout de suite le tuyau d'aspiration qu'on avait été obligé d'enlever pour charger. Cette augmentation d'aliment n'augmenta pas le feu ni même la fumée, elle ne changea rien à l'état précédent; j'observai le tout pendant huit heures de suite, m'attendant à

les autres effets sont absolument les mêmes; la respiration d'un petit animal absorbe autant d'air que la lumière d'une chandelle; dans des vaisseaux fermés, de capacités égales, l'animal meurt en même temps que la chandelle s'éteint; rien ne peut démontrer plus évidemment que le feu de l'animal et celui de la chandelle ou de toute autre matière combustible allumée, sont des feux non-seulement du même ordre, mais d'une seule et même nature, auxquels le secours de l'air est également nécessaire, et qui tous deux se l'approprient de la même manière, l'absorbent comme aliment, l'entraînent dans leur route ou le déposent sous une forme fixe dans les substances qu'ils pénètrent[1].

Les végétaux et la plupart des insectes n'ont, au lieu de poumons, que des tuyaux aspiratoires, des espèces de trachées par lesquelles ils ne lais-

tout instant à voir paraître la flamme, e ne concevant pas pourquoi cette fumée d'un charbon si sec, et si sèche elle-même qu'elle ne déposait pas la moindre humidité, ne s'enflammait pas d'elle-même, après trente-quatre heures de feu toujours subsistant au bas des fourneaux. Je les abandonnai donc une seconde fois dans cet état, et donnai ordre de n'y pas toucher. Le jour suivant, douze heures après les trente-quatre, je trouvai le même brouillard épais, la même fumée noire couvrant mes bâtiments; et ayant visité mes fourneaux, je vis que le feu d'en bas était toujours le même, la fumée la même et sans aucune humidité, et que la cavité des fourneaux était vide de 3 pieds 2 pouces dans le plus petit, et de 2 pieds 9 pouces seulement dans le plus grand, auquel était adapté le tuyau d'aspiration ; je le remplis avec 66 livres de charbon, et l'autre avec 54, et je résolus d'attendre aussi longtemps qu'il serait nécessaire pour savoir si cette fumée ne viendrait pas enfin à s'enflammer; je passai neuf heures à l'examiner de temps à autre; elle était très-sèche, très-suffocante, très-sensiblement chaude, mais toujours noire et sans flamme au bout de cinquante-cinq heures. Dans cet état, je la laissai pour la troisième fois. Le jour suivant, treize heures après les cinquante-cinq, je la retrouvai encore de même, le charbon de mes fourneaux baissé de même; et comme je réfléchissais sur cette consommation de charbon sans flamme, qui était d'environ moitié de la consommation qui s'en fait dans le même temps et dans les mêmes fourneaux, lorsqu'il y a de la flamme, je commençai à croire que je pourrais bien user beaucoup de charbon, sans avoir de flamme, puisque depuis trois jours on avait chargé trois fois les fourneaux (car j'oubliais de dire que ce jour même on venait de remplir la cavité vide du grand fourneau, avec 80 livres de charbon, et celle du petit avec 60 livres); je les laissai néanmoins fumer encore plus de cinq heures. Après avoir perdu l'espérance de voir cette fumée s'enflammer d'elle-même, je la vis tout d'un coup prendre feu, et faire une espèce d'explosion dans l'instant même qu'on lui présenta la flamme légère d'une poignée de paille; le tourbillon entier de la fumée s'enflamma jusqu'à 8 à 10 pieds de distance et autant de hauteur; la flamme pénétra la masse du charbon, et descendit dans le même moment jusqu'au bas du fourneau, et continua de brûler à la manière ordinaire; le charbon se consommait une fois plus vite, quoique le feu d'en bas ne parût guère plus animé; mais je suis convaincu que mes fourneaux auraient éternellement fumé, si l'on n'eût pas allumé la fumée; et rien ne me prouva mieux que la flamme n'est que de la fumée qui brûle, et que la communication du feu ne peut se faire que par la flamme.

1. La *respiration* est une sorte de *combustion :* analogie admirablement saisie par Buffon, et démontrée par Lavoisier. Ni l'une ni l'autre ne peut s'effectuer sans *air* ; l'une et l'autre se font, non au moyen de tous les éléments de l'*air*, mais au moyen d'un seul, de l'*oxygène;* une fois cet élément consommé, ni l'une ni l'autre ne se fait plus; l'une et l'autre produisent du gaz acide carbonique, etc. — « La respiration est une combustion fort lente, à la vérité, mais d'ail- « leurs parfaitement semblable à celle du charbon; elle se fait dans l'intérieur des poumons, « et de là se répand dans tout le système animal : ainsi l'air que nous respirons sert à deux « objets également nécessaires à notre conservation; il tire du sang la base de l'air fixe (car-

sent pas de pomper tout l'air qui leur est nécessaire ; on le voit passer en bulles très-sensibles dans la sève de la vigne ; il est non-seulement pompé par les racines, mais souvent même par les feuilles ; il fait partie, et partie très-essentielle, de la nourriture du végétal qui dès lors se l'assimile, le fixe et le conserve. Le petit degré de la chaleur végétale, joint à celui de la chaleur du soleil, suffit pour détruire le ressort de l'air contenu dans la sève, surtout lorsque cet air qui n'a pu être admis dans le corps de la plante et arriver à la sève qu'après avoir passé par des tuyaux très-serrés, se trouve divisé en particules presque infiniment petites que le moindre degré de chaleur suffit pour rendre fixes. L'expérience confirme pleinement tout ce que je viens d'avancer : les matières animales et végétales contiennent toutes une très-grande quantité de cet air fixe, et c'est en quoi consiste l'un des principes de leur inflammabilité ; toutes les matières combustibles contiennent beaucoup d'air, tous les animaux et les végétaux, toutes leurs parties, tous leurs détriments, toutes les matières qui en proviennent, toutes les substances où ces détriments se trouvent mélangés, contiennent plus ou moins d'air fixe, et la plupart renferment aussi une certaine quantité d'air élastique. On ne peut douter de ces faits, dont la certitude est acquise par les belles expériences du docteur Hales, et dont les chimistes ne me paraissent pas avoir senti toute la valeur, car ils auraient reconnu depuis longtemps que l'air fixe doit jouer en grande partie le rôle de leur phlogistique [1], ils n'auraient pas adopté ce terme nouveau qui ne répond à aucune idée précise, et ils n'en auraient pas fait la base de toutes leurs explications des phénomènes chimiques, ils ne l'auraient pas donné pour un être identique et toujours le même, puisqu'il est composé d'air et de feu, tantôt dans un état fixe et tantôt dans celui de la plus grande volatilité. Et ceux d'entre eux qui ont regardé le phlogistique comme le produit du feu élémentaire ou de la lumière se sont moins éloignés de la vérité, parce que le feu ou la lumière produisent, par le secours de l'air, tous les effets du phlogistique.

Les minéraux qui, comme les soufres et les pyrites, contiennent dans leur substance une quantité plus ou moins grande des détriments ultérieurs des animaux et des végétaux, renferment dès lors des parties com-

« bone) dont la surabondance serait très-nuisible, et la chaleur que cette combinaison produit « répare la perte continuelle de la chaleur que nous éprouvons de l'atmosphère et des corps « environnants. » (Lavoisier.)

Voilà ce qu'écrivait Lavoisier. De nos jours, les expériences de M. Dulong et celles de M. Despretz nous ont appris que, sur 100 parties de chaleur produite par l'animal, 80 ou 90 seulement étaient représentées par la quantité d'acide carbonique produit.

A parler rigoureusement, la *respiration* n'est donc que la *principale* cause de la *chaleur animale*; elle n'en est pas la cause *unique*.

1. .....*Doit jouer le rôle*..... Non, mais un rôle inverse : partout où le prétendu *phlogistique* était censé se dégager, l'*air fixe* de Buffon, l'*oxygène* s'unit réellement, et là où le *phlogistique* était censé s'unir, l'oxygène se dégage.

bustibles qui, comme toutes les autres, contiennent plus ou moins d'air fixe, mais toujours beaucoup moins que les substances purement animales ou végétales : on peut également leur enlever cet air fixe par la combustion ; on peut aussi le dégager par le moyen de l'effervescence, et dans les matières animales et végétales on le dégage par la simple fermentation, qui, comme la combustion, a toujours besoin d'air pour s'opérer. Ceci s'accorde si parfaitement avec l'expérience, que je ne crois pas devoir insister sur la preuve des faits. Je me contenterai d'observer que les soufres et les pyrites ne sont pas les seuls minéraux qu'on doive regarder comme combustibles, qu'il y en a beaucoup d'autres dont je ne ferai point ici l'énumération, parce qu'il suffit de dire que leur degré de combustibilité dépend ordinairement de la quantité de soufre qu'ils contiennent. Tous les minéraux combustibles tirent donc originairement cette propriété ou du mélange des parties animales et végétales qui sont incorporées avec eux, ou des particules de lumière, de chaleur et d'air qui, par le laps de temps, se sont fixées dans leur intérieur. Rien, selon moi, n'est combustible que ce qui a été formé par une chaleur douce, c'est-à-dire par ces mêmes éléments combinés dans toutes les substances que le soleil[a] éclaire et vivifie, ou dans celles que la chaleur intérieure de la terre fomente et réunit.

C'est cette chaleur intérieure du globe de la terre que l'on doit regarder comme le vrai feu élémentaire, et il faut le distinguer de celui du soleil qui ne nous parvient qu'avec la lumière ; tandis que l'autre, quoique bien plus considérable, n'est ordinairement que sous la forme d'une chaleur obscure, et que ce n'est que dans quelques circonstances, comme celles de l'électri-

[a]. Voici une observation qui semble démontrer que la lumière a plus d'affinité avec les substances combustibles qu'avec toutes les autres matières. On sait que la puissance réfractive des corps transparents est proportionnelle à leur densité ; le verre, plus dense que l'eau, a proportionnellement une plus grande force réfringente, et en augmentant la densité du verre et de l'eau, l'on augmente à mesure leur force de réfraction. Cette proportion s'observe dans toutes les matières transparentes, et qui sont en même temps incombustibles. Mais les matières inflammables, telles que l'esprit-de-vin, les huiles transparentes, l'ambre, etc., ont une puissance réfringente plus grande que les autres ; en sorte que l'attraction que ces matières exercent sur la lumière, et qui provient de leur masse ou densité, est considérablement augmentée par l'affinité particulière qu'elles ont avec la lumière. Si cela n'était pas, leur force réfringente serait, comme celle de toutes les autres matières, proportionnelle à leur densité ; mais les matières inflammables attirent plus puissamment la lumière, et ce n'est que par cette raison qu'elles ont plus de puissance réfractive que les autres. Le diamant même ne fait pas une exception à cette loi ; on doit le mettre au nombre des matières combustibles[1], on le brûle au miroir ardent ; il a avec la lumière autant d'affinité que les matières inflammables, car sa puissance réfringente est plus grande qu'elle ne devrait l'être à proportion de sa densité. Il a en même temps la propriété de s'imbiber de la lumière et de la conserver assez longtemps ; les phénomènes de sa réfraction doivent tenir en partie à ces propriétés.

[1] (a)... « On doit le mettre (le diamant) au nombre des matières combustibles... » — Cette vue appartient à Newton. Mesurant la force réfringente du diamant, il trouva qu'elle était beaucoup plus grande que sa densité ne le comportait, et dès lors il annonça, ce que la nouvelle chimie a pleinement confirmé, que le diamant devait appartenir à la classe des corps combustibles. (Voyez l'*Optique* de Newton : traduc. de Coste ; t. II, pages 377-378.)

cité, qu'il prend de la lumière. Nous avons déjà dit que la somme de cette chaleur, prise pendant l'année entière et pendant grand nombre d'années de suite, est trois cents ou quatre cents fois plus grande que la somme de la chaleur qui nous vient du soleil pendant le même temps[1] : c'est une vérité qui peut paraître singulière, mais qui n'en est pas moins évidemment démontrée[a]. Comme nous en avons parlé disertement, nous nous contenterons de remarquer ici que cette chaleur constante, et toujours subsistante, entre comme élément dans toutes les combinaisons des autres éléments, et qu'elle est plus que suffisante pour produire sur l'air les mêmes effets que le feu actuel ou la chaleur animale ; que par conséquent cette chaleur intérieure de la terre détruira l'élasticité de l'air, et le fixera toutes les fois qu'étant divisé en parties très-petites, il se trouvera saisi par cette chaleur dans le sein de la terre ; que sous cette nouvelle forme il entrera comme partie fixe dans un grand nombre de substances, lesquelles contiendront dès lors des particules d'air fixe et de chaleur fixe qui sont les premiers principes de la combustibilité. Mais ils se trouveront en plus ou moins grande quantité dans les différentes substances, selon le degré d'affinité qu'ils auront avec elles ; et ce degré dépendra beaucoup de la quantité que ces substances contiendront de parties animales et végétales qui paraissent être la base de toute matière combustible : si elles y sont abondamment répandues ou faiblement incorporées, on pourra toujours les dégager de ces substances par le moyen de la combustion. La plupart des minéraux métalliques et même des métaux contiennent une assez grande quantité de parties combustibles ; le zinc, l'antimoine[2], le fer, le cuivre, etc., brûlent et produisent une flamme évidente et très-vive tant que dure la combustion de ces parties inflammables qu'ils contiennent. Après quoi, si on continue le feu, la combustion finie, commence la calcination, pendant laquelle il rentre dans ces matières de nouvelles parties d'air et de chaleur qui s'y fixent, et qu'on ne peut en dégager qu'en leur présentant quelque matière combustible avec laquelle ces parties d'air et de chaleur fixes ont plus d'affinité qu'avec celles du minéral, auxquelles en effet elles ne sont unies que par force, c'est-à-dire par l'effort de la calcination. Il me semble que la conversion des substances métalliques en chaux et leur réduction pourront maintenant être très-clairement entendues sans qu'il soit besoin de recourir à des principes secondaires ou à des hypothèses arbitraires pour leur explication. La réduction, comme je l'ai déjà insinué, n'est dans le réel qu'une

a. Voyez le Mémoire de M. de Mairan, dans ceux de l'*Académie royale des Sciences*, année 1765, page 143.

1. Voyez la note de la page 19.

2. Le *zinc* et l'*antimoine*, étant très-volatils, peuvent produire de la flamme ; le *fer* et le *cuivre* n'en produisent pas, parce qu'ils ne sont pas volatils. La *flamme* n'est qu'un gaz en combustion. — Voyez la note de la page 37.

seconde combustion par laquelle on dégage les parties d'air et de chaleur fixes que la calcination avait forcées d'entrer dans le métal et de s'unir à sa substance fixe, à laquelle on rend en même temps les parties volatiles et combustibles que la première action du feu lui avait enlevées.

Après d'avoir présenté le grand rôle que l'air fixe joue dans les opérations les plus secrètes de la nature, considérons-le pendant quelques instants lorsque, sous la forme élastique, il réside dans les corps : ses effets sont alors aussi variables que les degrés de son élasticité ; son action, quoique toujours la même, semble donner des produits différents dans les substances différentes. Pour en ramener la considération à un point de vue général, nous le comparerons avec l'eau et la terre, comme nous l'avons déjà comparé avec le feu ; les résultats de cette comparaison entre les quatre éléments s'appliqueront ensuite aisément à toutes les substances de quelque nature qu'elles puissent être, puisque toutes ne sont composées que de ces quatre principes réels.

Le plus grand froid connu ne peut détruire le ressort de l'air, et la moindre chaleur suffit pour cet effet, surtout lorsque ce fluide est divisé en parties très-petites. Mais il faut observer qu'entre son état de fixité et celui de sa pleine élasticité, il y a toutes les nuances des états moyens, et que c'est presque toujours dans quelques-uns de ces états moyens qu'il réside dans la terre et dans l'eau, ainsi que dans toutes les substances qui en sont composées : par exemple, on ne pourra pas douter que l'eau, qui nous paraît une substance si simple, ne contienne une certaine quantité d'air [1] qui n'est ni fixe ni élastique, mais entre la fixité et l'élasticité, si l'on fait attention aux différents phénomènes qu'elle nous présente dans sa congélation, dans son ébullition, dans sa résistance à toute compression, etc., car la physique expérimentale nous démontre que l'eau est incompressible [2] : au lieu de s'affaisser et de rentrer en elle-même lorsqu'on la force par la presse, elle passe à travers les vaisseaux les plus solides et les plus épais [3]. Or, si l'air qu'elle contient en assez grande quantité y était dans son état de pleine élasticité, l'eau serait compressible en raison de cette quantité d'air élastique qu'elle contient et qui se comprimerait : donc l'air contenu dans l'eau n'y est pas simplement mêlé et n'y conserve pas sa forme élastique, mais y est plus intimement uni dans un état où son ressort ne s'exerce plus d'une manière sensible ; et néanmoins ce ressort n'y est pas entière-

1. L'*eau* est un composé d'*hydrogène* et d'*oxygène*. Elle renferme donc un des *éléments* de l'*air*. Quant à l'*air* même contenu dans l'*eau*, il y est contenu à l'état de *dissolution*. C'est cet air *dissous* qui se dégage dans la *congélation*, dans l'*ébullition*, etc.

2. L'*eau* est poreuse comme tous les corps, c'est-à-dire que ses molécules ne se touchent pas complétement ; elle peut donc, à la rigueur, diminuer de volume, soit par la compression, soit par un refroidissement qui n'atteint pas sa congélation.

3. Cela prouve seulement que ces vaisseaux, *les plus solides et les plus épais,* sont poreux. — (Voyez les expériences de l'Académie *del Cimento.*)

ment détruit, car, si l'on expose l'eau à la congélation, on voit cet air sortir de son intérieur et se réunir à sa surface en bulles élastiques. Ceci seul suffirait pour prouver que l'air n'est pas contenu dans l'eau sous sa forme ordinaire, puisque, étant spécifiquement huit cent cinquante fois plus léger, il serait forcé d'en sortir par la seule nécessité de la prépondérance de l'eau ; il est donc évident que l'air contenu dans l'eau n'y est pas dans son état ordinaire, c'est-à-dire de pleine élasticité, et en même temps il est démontré que cet état dans lequel il réside dans l'eau n'est pas celui de sa plus grande fixité, où son ressort absolument détruit ne peut se rétablir que par la combustion, puisque la chaleur ou le froid peuvent également le rétablir ; il suffit de faire chauffer ou geler de l'eau pour que l'air qu'elle contient reprenne son élasticité et s'élève en bulles sensibles à sa surface, il s'en dégage de même lorsque l'eau cesse d'être pressée par le poids de l'atmosphère sous le récipient de la machine pneumatique ; il n'est donc pas contenu dans l'eau sous une forme fixe, mais seulement dans un état moyen où il peut aisément reprendre son ressort ; il n'est pas simplement mêlé dans l'eau, puisqu'il ne peut y résider sous sa forme élastique, mais aussi il ne lui est pas intimement uni sous sa forme fixe, puisqu'il s'en sépare plus aisément que de toute autre matière.

On pourra m'objecter avec raison que le froid et le chaud n'ont jamais opéré de la même façon ; que si l'une de ces causes rend à l'air son élasticité, l'autre doit la détruire, et j'avoue que pour l'ordinaire le froid et le chaud produisent des effets différents ; mais, dans la substance particulière que nous considérons, ces deux causes, quoique opposées, donnent le même effet : on pourra le concevoir aisément en faisant attention à la chose même et au rapport de ses circonstances. L'on sait que l'eau, soit gelée, soit bouillie, reprend l'air qu'elle avait perdu dès qu'elle se liquéfie ou qu'elle se refroidit ; le degré d'affinité de l'air avec l'eau dépend donc en grande partie de celui de sa température, ce degré dans son état de liquidité est à peu près le même que celui de la chaleur générale à la surface de la terre ; l'air avec lequel elle a beaucoup d'affinité la pénètre aussitôt qu'il est divisé en parties très-ténues, et le degré de la chaleur élémentaire et générale suffit pour affaiblir le ressort de ces petites parties, au point de le rendre sans effet tant que l'eau conserve cette température ; mais si le froid vient à la pénétrer, ou, pour parler plus précisément, si ce degré de chaleur nécessaire à cet état de l'air vient à diminuer, alors son ressort, qui n'est pas entièrement détruit, se rétablira par le froid, et l'on verra les bulles élastiques s'élever à la surface de l'eau prête à se congeler. Si, au contraire, l'on augmente le degré de la température de l'eau par une chaleur extérieure, on en divise trop les parties intégrantes, on les rend volatiles, et l'air qui ne leur était que faiblement uni s'élève et s'échappe avec elles ; car il faut se rappeler que, quoique l'eau prise en masse soit incom-

pressible et sans aucun ressort, elle est très-élastique dès qu'elle est divisée
ou réduite en petites parties; et en ceci elle parait être d'une nature contraire à celle de l'air, qui n'est compressible qu'en masse et qui perd son
ressort dès qu'il est trop divisé. Néanmoins l'air et l'eau ont beaucoup plus
de rapports entre eux que de propriétés opposées, et comme je suis très-
persuadé que toute la matière est convertible, et que les quatre éléments
peuvent se transformer, je serais porté à croire que l'eau peut se changer
en air lorsqu'elle est assez raréfiée pour s'élever en vapeurs, car le ressort
de la vapeur de l'eau est aussi et même plus puissant que le ressort de
l'air; on voit le prodigieux effet de cette puissance dans les pompes à feu,
on voit la terrible explosion qu'elle produit lorsqu'on laisse tomber du
métal fondu sur quelques gouttes d'eau; et si l'on ne veut pas convenir avec
moi que l'eau puisse dans cet état de vapeurs se transformer en air, on ne
pourra du moins nier qu'elle n'en ait alors les principales propriétés.

L'expérience m'a même appris que la vapeur de l'eau peut entretenir et
augmenter le feu, comme le fait l'air ordinaire; et cet air, que nous pourrions regarder comme pur, est toujours mêlé avec une très-grande quantité
d'eau : mais il faut remarquer comme chose importante que la proportion
du mélange n'est pas à beaucoup près la même dans ces deux éléments.
L'on peut dire en général qu'il y a beaucoup moins d'air dans l'eau que
d'eau dans l'air; seulement il faut considérer qu'il y a deux unités très-
différentes, auxquelles on pourrait rapporter les termes de cette proportion :
ces deux unités sont le volume et la masse. Si on estime la quantité d'air
contenue dans l'eau par le volume, elle paraîtra nulle, puisque le volume
de l'eau n'en est point du tout augmenté; et de même l'air plus ou moins
humide ne nous paraît pas changer de volume, cela n'arrive que quand il
est plus ou moins chaud : ainsi, ce n'est point au volume qu'il faut rapporter cette proportion, c'est à la masse seule, c'est-à-dire à la quantité
réelle de matière dans l'un et l'autre de ces deux éléments, qu'on doit comparer celle de leur mélange, et l'on verra que l'air est beaucoup plus *aqueux*
que l'eau n'est *aérienne* peut-être dans la proportion de la masse, c'est-à-
dire huit cent cinquante fois davantage. Quoi qu'il en soit de cette estimation,
qui est peut-être ou trop forte ou trop faible, nous pouvons en tirer l'induction que l'eau doit se changer plus aisément en air que l'air ne peut se
transformer en eau. Les parties de l'air, quoique susceptibles d'être extrêmement divisées, paraissent être plus grosses que celles de l'eau, puisque
celle-ci passe à travers plusieurs filtres que l'air ne peut pénétrer; puisque,
quand elle est raréfiée par la chaleur, son volume, quoique fort augmenté,
n'est qu'égal ou un peu plus grand que celui des parties de l'air à la surface
de la terre, car les vapeurs de l'eau ne s'élèvent dans l'air qu'à une certaine hauteur; enfin, puisque l'air semble s'imbiber d'eau comme une
éponge, la contenir en grande quantité, et que le contenant est nécessaire-

ment plus grand que le contenu. Au reste, l'air, qui s'imbibe si volontiers de l'eau, semble la rendre de même lorsqu'on lui présente des sels ou d'autres substances avec lesquelles l'eau a encore plus d'affinité qu'avec lui. L'effet que les chimistes appellent *défaillance* [1], et même celui des *efflorescences*, démontrent non-seulement qu'il y a une très-grande quantité d'eau contenue dans l'air, mais encore que cette eau n'y est attachée que par une simple affinité qui cède aisément à une affinité plus grande, et qui même cesse d'agir sans être combattue ou balancée par aucune autre affinité, mais par la seule raréfaction de l'air, puisqu'il se dégage de l'eau dès qu'elle cesse d'être pressée par le poids de l'atmosphère, sous le récipient de la machine pneumatique.

Dans l'ordre de la conversion des éléments il me semble que l'eau est pour l'air ce que l'air est pour le feu, et que toutes les transformations de la nature dépendent de celles-ci. L'air, comme aliment du feu, s'assimile avec lui, et se transforme en ce premier élément; l'eau raréfiée par la chaleur se transforme en une espèce d'air capable d'alimenter le feu comme l'air ordinaire; ainsi le feu a un double fonds de subsistance assurée; s'il consomme beaucoup d'air, il peut aussi en produire beaucoup par la raréfaction de l'eau, et réparer ainsi dans la masse de l'atmosphère toute la quantité qu'il en détruit, tandis qu'ultérieurement il se convertit lui-même avec l'air en matière fixe dans les substances terrestres qu'il pénètre par sa chaleur ou par sa lumière.

Et de même que d'une part l'eau se convertit en air ou en vapeurs aussi volatils que l'air par sa raréfaction, elle se convertit en une substance solide par une espèce de condensation différente des condensations ordinaires. Tout fluide se raréfie par la chaleur et se condense par le froid; l'eau suit elle-même cette loi commune, et se condense à mesure qu'elle refroidit; qu'on en remplisse un tube de verre jusqu'aux trois quarts, on la verra descendre à mesure que le froid augmente, et se condenser comme font tous les autres fluides; mais quelque temps avant l'instant de la congélation on la verra remonter au-dessus du point des trois quarts de la hauteur du tube, et s'y renfler encore considérablement en se convertissant en glace [2]. Mais si le tube est bien bouché et parfaitement en repos, l'eau continuera de baisser et ne se gèlera pas, quoique le degré de froid soit de 6, 8 ou 10 degrés au-dessous du terme de la glace, et l'eau ne gèlera que quand on ouvrira le tube ou qu'on le remuera. Il semble donc que la congélation nous présente d'une manière inverse les mêmes phénomènes que l'inflammation. Quelque intense, quelque grande que soit une chaleur renfermée dans un vaisseau bien clos, elle ne produira l'inflammation que

---

1. *Défaillance*, c'est-à-dire *déliquescence*.

2. L'*eau* diminue de volume jusqu'à 4° au-dessus de zéro; et, à partir de là, elle augmente de volume.

quand elle touchera quelque matière enflammee; et de même à quelque
degré qu'un fluide soit refroidi, il ne gèlera pas sans toucher quelque substance déjà gelée; et c'est ce qui arrive lorsqu'on remue ou débouche le
tube, les particules de l'eau qui sont gelées dans l'air extérieur ou dans
l'air contenu dans le tube, viennent, lorsqu'on le débouche ou le remue,
frapper la surface de l'eau et lui communiquent leur glace. Dans l'inflammation, l'air, d'abord très-raréfié par la chaleur, perd son volume et se fixe
tout à coup; dans la congélation l'eau d'abord condensée par le froid,
reprend plus de volume et se fixe de même. Car la glace est une substance
solide, plus légère que l'eau et qui conserverait sa solidité, si le froid était
toujours le même. Et je suis porté à croire qu'on viendrait à bout de fixer
le mercure à un moindre degré de froid en le sublimant en vapeurs dans
un air très-froid. Je suis de même très-porté à croire que l'eau qui ne doit
sa liquidité qu'à la chaleur et qui la perd avec elle, deviendrait une substance d'autant plus solide et d'autant moins fusible, qu'elle éprouverait
plus fort et plus longtemps la rigueur du froid. On n'a pas fait assez d'expériences sur ce sujet important.

Mais sans nous arrêter à cette idée, c'est-à-dire sans admettre ni sans
exclure la possibilité de la conversion de la glace en matière infusible ou
terre fixe et solide, passons à des vues plus étendues sur les moyens que
la nature emploie pour la transformation de l'eau. Le plus puissant de tous
et le plus évident est le filtre animal; le corps des animaux à coquille en
se nourrissant des particules de l'eau en travaille en même temps la substance au point de la dénaturer; la coquille est certainement une substance
terrestre, une vraie pierre, dont toutes les pierres que les chimistes appellent *calcaires* et plusieurs autres matières tirent leur origine; cette coquille
paraît à la vérité faire partie constitutive de l'animal qu'elle couvre, puisqu'elle se perpétue par la génération, et qu'on la voit dans les petits coquillages qui viennent de naître, comme dans ceux qui ont pris tout leur
accroissement; mais ce n'en est pas moins une substance terrestre, formée par la sécrétion ou l'exsudation du corps de l'animal; on la voit s'agrandir, s'épaissir par anneaux et par couches à mesure qu'il prend de la crois-
sance; et souvent cette matière pierreuse excède cinquante ou soixante fois
la masse ou matière réelle du corps de l'animal qui la produit. Qu'on se
représente pour un instant le nombre des espèces de ces animaux à coquille,
ou, pour les tous comprendre, de ces animaux à transsudation pierreuse,
elles sont peut-être en plus grand nombre dans la mer, que ne l'est sur la
terre le nombre des espèces d'insectes; qu'on se représente ensuite leur
prompt accroisement, leur prodigieuse multiplication, le peu de durée de
leur vie, dont nous supposerons néanmoins le terme moyen à dix ans [a],

a. La plus longue vie des escargots ou gros limaçons terrestres s'étend jusqu'à quatorze ans;
on peut présumer que les gros coquillages de mer vivent plus longtemps, mais aussi les petits

qu'ensuite on considère qu'il faut multiplier par cinquante ou soixante le nombre presque immense de tous les individus de ce genre pour se faire une idée de toute la matière pierreuse produite en dix ans; qu'enfin on considère que ce bloc déjà si gros de matière pierreuse doit être augmenté d'autant de pareils blocs qu'il y a de fois dix dans tous les siècles qui se sont écoulés depuis le commencement du monde, et l'on se familiarisera avec cette idée ou plutôt cette vérité, d'abord repoussante, que toutes nos collines, tous nos rochers de pierre calcaire, de marbre, de craie, etc., ne viennent originairement que de la dépouille de ces petits animaux. On n'en pourra douter à l'inspection des matières même, qui toutes contiennent encore des coquilles ou des détriments de coquilles très-aisément reconnaissables.

Les pierres calcaires ne sont donc en très-grande partie que de l'eau et de l'air contenus dans l'eau transformés par le filtre animal[1]; les sels, les bitumes, les huiles, les graisses de la mer n'entrent que pour peu ou pour rien dans la composition de la coquille; aussi la pierre calcaire ne contient-elle aucune de ces matières; cette pierre n'est que de l'eau transformée, jointe à quelque petite portion de terre vitrifiable et à une très-grande quantité d'air fixe qui s'en dégage par la calcination. Cette opération produit les mêmes effets sur les coquilles qu'on prend dans la mer que sur les pierres qu'on tire des carrières, elles forment également de la chaux, dans laquelle on ne remarque d'autre différence que celle d'un peu plus ou d'un peu moins de qualité; la chaux faite avec des écailles d'huître ou d'autres coquilles, est plus faible que la chaux faite avec du marbre ou de la pierre dure; mais le procédé de la nature est le même, les résultats de son opération les mêmes; les coquilles et les pierres perdent également près de moitié de leur poids par l'action du feu dans la calcination; l'eau qui a conservé sa nature en sort la première, après quoi l'air fixe se dégage et ensuite l'eau fixe dont ces substances pierreuses sont composées reprend sa première nature et s'élève en vapeurs poussées et raréfiées par le feu, et il ne reste que les parties les plus fixes de cet air et de cette eau qui peut-être sont si fort unies entre elles, et à la petite quantité de terre fixe de la pierre que le feu ne peut les séparer. La masse se trouve donc réduite de près de moitié, et se réduirait peut-être encore plus si l'on donnait un feu plus violent. Et ce qui me semble prouver évidemment que cette matière chassée hors de la pierre par le feu, n'est autre chose que de l'air et de l'eau, c'est la rapidité, l'avidité avec laquelle cette pierre calcinée reprend l'eau qu'on lui donne, et la force avec laquelle elle la tire de l'atmosphère

---

et les très-petits, tels que ceux qui forment le corail, et tous les madrépores, vivent beaucoup moins de temps; et c'est par cette raison que j'ai pris le terme moyen à dix ans.

1. Les *mollusques* tirent de l'eau, qu'ils avalent, les *sels calcaires* dont ils forment leurs *coquilles* par *sécrétion* ou *exsudation*.

lorsqu'on la lui refuse. La chaux, par son extinction ou dans l'air ou dans l'eau, reprend en grande partie la masse qu'elle avait perdue par la calcination; l'eau avec l'air qu'elle contient vient remplacer l'eau et l'air qu'elle contenait précédemment, la pierre reprend dès lors sa première nature; car en mêlant sa chaux avec des détriments d'autres pierres, on fait un mortier qui se durcit et devient avec le temps une substance solide et pierreuse comme celles dont on l'a composé.

Après cette exposition, je ne crois pas qu'on puisse douter de la transformation de l'eau en terre ou en pierre[1] par l'intermède des coquilles. Voilà donc d'une part toutes les matières calcaires dont on doit rapporter l'origine aux animaux, et d'autre part toutes les matières combustibles qui ne proviennent que des substances animales ou végétales; elles occupent ensemble un assez grand espace à la surface de la terre, et l'on peut juger par leur volume immense combien la nature vivante a travaillé pour la nature morte, car ici le brut n'est que le mort.

Mais les matières calcaires et les substances combustibles, quelque grand qu'en soit le nombre, quelque immense que nous en paraisse le volume, ne font qu'une très-petite portion du globe de la terre, dont le fond principal et la majeure et très-majeure quantité consiste en une matière de la nature du verre, matière qu'on doit regarder comme l'élément terrestre[2], à l'exclusion de toutes les autres substances auxquelles elle sert de base comme terre, lorsqu'elles se forment par le moyen ou par le détriment des animaux, des végétaux, et par la transformation des autres éléments. Nonseulement cette matière première, qui est la vraie terre élémentaire, sert de base à toutes les autres substances, et en constitue les parties fixes, mais elle est en même temps le terme ultérieur auquel on peut les ramener et les réduire toutes[3]. Avant de présenter les moyens que la nature et l'art peuvent employer pour opérer cette espèce de réduction de toute substance en verre, c'est-à-dire en terre élémentaire, il est bon de rechercher si les moyens que nous avons indiqués sont les seuls par lesquels l'eau puisse se transformer en substance solide; il me semble que le filtre animal la convertissant en pierre, le filtre végétal peut également la transformer lorsque toutes les circonstances se trouvent être les mêmes; la chaleur propre des animaux à coquille étant un peu plus grande que celle des végétaux, et les organes de la vie plus puissants que ceux de la végétation, le végétal ne pourra produire qu'une petite quantité de pierres qu'on trouve assez souvent dans son fruit; mais il peut convertir, et convertit réellement en sa substance une grande quantité d'air et une quantité encore plus grande d'eau; la terre fixe qu'il s'approprie, et qui sert de base à ces deux élé-

---

1. L'*eau* ne peut se transformer en *terre* ou en *pierre*. Ai-je besoin de le dire?
2. Voyez la note 2 de la page 1.
3. Voyez la note 3 de la page 138 du 1er volume.

ments, est en si petite quantité, qu'on peut assurer, sans craindre de se
tromper, qu'elle ne fait pas la centième partie de sa masse : dès lors le
végétal n'est presque entièrement composé que d'air et d'eau transformés
en bois[1], substance solide qui se réduit ensuite en terre par la combustion
ou la putréfaction. On doit dire la même chose des animaux : ils fixent et
transforment non-seulement l'air et l'eau, mais le feu en plus grande quantité que les végétaux; il me paraît donc que les fonctions des corps organisés sont l'un des plus puissants moyens que la nature emploie pour la
conversion des éléments. On peut regarder chaque animal ou chaque végétal comme un petit centre particulier de chaleur ou de feu qui s'approprie
l'air et l'eau qui l'environnent, se les assimile pour végéter ou pour se
nourrir et vivre des productions de la terre, qui ne sont elles-mêmes que
de l'air et de l'eau précédemment fixés; il s'approprie en même temps une
petite quantité de terre, et recevant les impressions de la lumière et celles
de la chaleur du soleil et du globe terrestre, il tourne en sa substance tous
ces différents éléments, les travaille, les combine, les réunit, les oppose,
jusqu'à ce qu'ils aient subi la forme nécessaire à son développement, c'est-
à-dire à l'entretien de la vie et de l'accroissement de l'organisation, dont le
moule, une fois donné, modèle toute la matière qu'il admet, et de brute
qu'elle était, la rend organisée.

L'eau qui s'unit si volontiers avec l'air, et qui entre avec lui en si grande
quantité dans les corps organisés, s'unit aussi de préférence avec quelques
matières solides, telles que les sels, et c'est souvent par leur moyen qu'elle
entre dans la composition des minéraux. Le sel[2], au premier coup d'œil, ne

1. Les *végétaux* ont la propriété de décomposer l'acide carbonique de l'air pour en prendre
le carbone, en en dégageant l'oxygène. C'est à cette décomposition que les *animaux* doivent
l'avantage de respirer un air pur, et toujours également pourvu d'oxygène : à leur tour, ils
fournissent aux *végétaux* l'acide carbonique, sans lequel ceux-ci ne pourraient vivre. La vie des
végétaux s'entretient par celle des *animaux*, et celle des *animaux* par celle des *végétaux* : les
animaux doivent aux *végétaux* leur oxygène, et les *végétaux* doivent aux *animaux* leur carbone.

Les *végétaux* s'assimilent encore l'*eau*, qui sert à la fois de véhicule aux substances qui
composent la sève, et aux composés organiques qu'ils produisent.

Quant au rôle de l'*azote* dans la végétation, il n'est pas encore bien connu. Les uns veulent
que les *végétaux* le tirent directement de l'air; les autres pensent que les végétaux ne peuvent
s'en nourrir qu'autant qu'il est absorbé sous la forme des *sels ammoniacaux* ou des *composés
nitriques*.

Les *végétaux* renferment enfin des substances minérales qui restent après la combustion du
bois, et qui constituent les cendres. — Ces *sels minéraux* proviennent uniquement du sol, du
terrain.

2. On a commencé par donner le nom de *sel* à presque toutes les matières sapides et solubles
dans l'eau. Ainsi beaucoup d'*acides* et le *sucre* même ont été appelés des *sels*. A la réforme
de la *nomenclature chimique*, on a réservé le nom de *sel* pour les combinaisons d'un *acide* avec
une *base salifiable* : « Nous avons donné un nom commun à tous les *sels* dans la combinaison
« desquels entre le même *acide*, et nous les avons différenciés ensuite par le nom de la *base*
« *salifiable*. » (Lavoisier : *Traité de chimie*, t. I, p. 184; 1789.) — Il a fallu beaucoup étendre,
de nos jours, la définition des *sels*. — Voyez Berzélius : *Traité de chimie*, t. III, p. 3; Regnault :
Premiers éléments de chimie, p. 259; etc.

paraît être qu'une terre dissoluble dans l'eau et d'une saveur piquante ;
mais les chimistes, en recherchant sa nature, ont très-bien reconnu qu'elle
consiste principalement dans la réunion de ce qu'ils nomment le *principe
terreux* et le *principe aqueux ;* l'expérience de l'acide nitreux, qui ne laisse
après sa combustion qu'un peu de terre et d'eau, leur a même fait penser
que ce sel et peut-être tous les autres sels n'étaient absolument composés
que de ces deux éléments : néanmoins, il me paraît qu'on peut démontrer
aisément que l'air et le feu entrent dans leur composition, puisque le nitre
produit une grande quantité d'air dans la combustion, et que cet air fixe
suppose du feu fixe qui s'en dégage en même temps ; que d'ailleurs toutes
les explications qu'on donne de la dissolution ne peuvent se soutenir à
moins qu'elles n'admettent deux forces opposées, l'une attractive et l'autre
expansive, et par conséquent la présence des éléments de l'air et du feu,
qui sont seuls doués de cette seconde force ; qu'enfin ce serait contre toute
analogie que le sel ne se trouverait composé que des deux éléments de la
terre et de l'eau, tandis que toutes les autres substances sont composées
des quatre éléments. Ainsi l'on ne doit pas prendre à la rigueur ce que les
grands chimistes, MM. Stahl et Macquer, ont dit à ce sujet; les expériences
de M. Hales démontrent que le vitriol et le sel marin contiennent beaucoup
d'air fixe, que le nitre en contient encore beaucoup plus et jusqu'à con-
currrence du huitième de son poids, et le sel de tartre encore plus. On peut
donc assurer que l'air entre comme principe dans la composition de tous
les sels, et que comme il ne peut se fixer dans aucune substance qu'à l'aide
de la chaleur ou du feu qui se fixent en même temps, ils doivent être comptés au nombre de leurs parties constitutives. Mais cela n'empêche pas que
le sel ne doive aussi être regardé comme la substance moyenne entre la
terre et l'eau : ces deux éléments entrent en proportion différente dans les
différents sels ou substances salines dont la variété et le nombre sont si
grands qu'on ne peut en faire l'énumération, mais qui, présentées généralc-
ment sous les dénominations d'acides et d'alcalis, nous montrent qu'en
général il y a plus de terre et moins d'eau dans ces derniers sels, et au
contraire plus d'eau et moins de terre dans les premiers.

Néanmoins l'eau, quoique intimement mêlée dans les sels, n'y est ni
fixée ni réunie par une force assez grande pour la transformer en matière
solide comme dans la pierre calcaire ; elle réside dans le sel ou dans son
acide sous sa forme primitive, et l'acide le mieux concentré, le plus dépouillé
d'eau, qu'on pourrait regarder ici comme de la terre liquide, ne doit cette
liquidité qu'à la quantité de l'air et du feu qu'il contient ; toute liquidité et
même toute fluidité suppose la présence d'une certaine quantité de feu ; et
quand on attribuerait celle des acides à un reste d'eau qu'on ne peut en
séparer, quand même on pourrait les réduire tous sous une forme concrète,
il n'en serait pas moins vrai que leurs saveurs, ainsi que les odeurs et les

couleurs, ont toutes également pour principe celui de la force expansive, c'est-à-dire la lumière et les émanations de la chaleur et du feu, car il n'y a que ces principes actifs qui puissent agir sur nos sens et les affecter d'une manière différente et diversifiée selon les vapeurs ou particules des différentes substances qu'ils nous apportent et nous présentent : c'est donc à ces principes qu'on doit rapporter non-seulement la liquidité des acides, mais aussi leur saveur. Une expérience que j'ai eu occasion de faire un grand nombre de fois m'a pleinement convaincu que l'alcali est produit par le feu ; la chaux faite à la manière ordinaire et mise sur la langue, même avant d'être éteinte par l'air ou par l'eau, a une saveur qui indique déjà la présence d'une certaine quantité d'alcali. Si l'on continue le feu, cette chaux, qui a subi une plus longue calcination, devient plus piquante sur la langue, et celle que l'on tire des fourneaux de forges où la calcination dure cinq ou six mois de suite, l'est encore davantage. Or ce sel n'était pas contenu dans la pierre avant sa calcination ; il augmente en force ou en quantité à mesure que le feu est appliqué plus violemment et plus longtemps à la pierre, il est donc le produit immédiat du feu et de l'air qui se sont incorporés dans sa substance pendant la calcination[1], et qui par ce moyen sont devenus parties fixes de cette pierre de laquelle ils ont chassé la plus grande partie des molécules d'eau, liquides et solides, qu'elle contenait auparavant. Cela seul me paraît suffisant pour prononcer que le feu est le principe de la formation de l'alcali minéral, et l'on doit en conclure, par analogie, que les autres alcalis doivent également leur formation à la chaleur constante de l'animal et du végétal dont on les tire.

A l'égard des acides, la démonstration de leur formation par le feu et l'air fixes[2], quoique moins immédiate que celle des alcalis, ne m'en paraît pas moins certaine : nous avons prouvé que le nitre et le phosphore[3] tirent leur origine des matières végétales et animales, que le vitriol tire la sienne des pyrites, des soufres et des autres matières combustibles ; on sait d'ailleurs que ces acides, soit vitrioliques, ou nitreux, ou phosphoriques, contiennent toujours une certaine quantité d'alcali : on doit donc rapporter leur formation et leur saveur au même principe, et, réduisant tous les acides à un seul acide et tous les alcalis à un seul alcali, ramener tous les sels à une origine commune, et ne regarder leurs différentes saveurs et leurs pro-

---

1. Point du tout. La *chaux*, *faite à la manière ordinaire*, le *carbonate de chaux*, soumis à l'action de la chaleur, se décompose en *acide carbonique* et en *chaux*. Il est donc tout simple que la quantité de *chaux* produite, c'est-à-dire dégagée d'acide carbonique, soit proportionnelle à l'intensité de la chaleur et à sa durée.

2. Pour Lavoisier, l'*oxygénation* n'était qu'une sorte de *combustion*. « Nous nommons *oxy-* « *génation* la combinaison d'un corps combustible quelconque avec l'oxygène. » (*Traité de chimie*, t. I, p. 66.) — La définition des *acides* est aujourd'hui beaucoup plus compliquée, parce que l'*oxygène* s'est trouvé n'être pas le seul principe *acidifiant*.

3. Le *phosphore* se trouve aussi dans les *minéraux*. — Voyez la note de la page 28.

priétés particulières et diverses que comme le produit varié des différentes
quantités de terre, d'eau, et surtout d'air et de feu fixes qui sont entrées
dans leur composition [1]. Ceux qui contiendront le plus de ces principes actifs
d'air et de feu seront ceux qui auront le plus de puissance et le plus de
saveur. J'entends par puissance la force dont les sels nous paraissent animés
pour dissoudre les autres substances : on sait que la dissolution suppose la
fluidité, qu'elle ne s'opère jamais entre deux matières sèches ou solides, et
que par conséquent elle suppose aussi dans le dissolvant le principe de la
fluidité, c'est-à-dire le feu ; la puissance du dissolvant sera donc d'autant
plus grande, que d'une part il contiendra ce principe actif en plus grande
quantité, et que d'autre part ses parties aqueuses et terreuses auront plus
d'affinité avec les parties de même espèce contenues dans les substances à
dissoudre : et comme les degrés d'affinité dépendent absolument de la figure
des parties intégrantes des corps, ils doivent, comme ces figures, varier à
l'infini ; on ne doit donc pas être surpris de l'action plus ou moins grande
ou nulle de certains sels sur certaines substances, ni des effets contraires
d'autres sels sur d'autres substances. Leur principe actif est le même, leur
puissance pour dissoudre la même, mais elle demeure sans exercice lorsque
la substance qu'on lui présente repousse celle du dissolvant, ou n'a aucun
degré d'affinité avec lui, tandis qu'au contraire elle le saisit avidement
toutes les fois qu'il se trouve assez de force d'affinité pour vaincre celle de
la cohérence, c'est-à-dire, toutes les fois que les principes actifs contenus
dans le dissolvant sous la forme de l'air et du feu, se trouvent plus puissamment attirés par la substance à dissoudre qu'ils ne le sont par la terre
et l'eau qu'il contient ; car dès lors ces principes actifs s'en séparent, se
développent et pénètrent la substance, qu'ils divisent et décomposent au
point de la rendre susceptible, par cette division, d'obéir en liberté à toutes
les forces attractives de la terre et de l'eau contenues dans le dissolvant, et
de s'unir avec elles assez intimement pour ne pouvoir en être séparées
que par d'autres substances qui auraient avec ce même dissolvant un degré
encore plus grand d'affinité. Newton est le premier qui ait donné les affinités [2] pour causes des précipitations chimiques ; Stahl, adoptant cette idée,
l'a transmise à tous les chimistes, et il me paraît qu'elle est aujourd'hui
universellement reçue comme une vérité dont on ne peut douter. Mais ni
Newton ni Stahl ne se sont élevés au point de voir que toutes ces affinités,
en apparence si différentes entre elles, ne sont au fond que les effets par-

1. *Un seul alcali*, *un seul acide*, *des sels* composés de *terre*, d'*eau*, d'*air et de feu
fixes*, etc... Voilà toute une *chimie* bien chimérique.

2. Voyez la note 1 de la p. 42. — Il y a (du moins à l'application) une différence profonde
entre l'*attraction universelle*, qui s'exerce à des distances immenses, sur des masses énormes,
et dont par conséquent les effets peuvent être mesurés, et l'*affinité chimique*, qui s'exerce seulement au contact, à des distances *incalculables* par conséquent, et sur des masses si petites
qu'on ne peut en évaluer que le poids réuni, en un mot, entre des *atomes*.

ticuliers de la force générale de l'attraction uiverselle ; et, faute de cette vue, leur théorie ne pouvait être ni lumineuse ni complète, parce qu'ils étaient forcés de supposer autant de petites lois d'affinités différentes qu'il y avait de phénomènes différents, au lieu qu'il n'y a réellement qu'une seule loi d'affinité, loi qui est exactement la même que celle de l'attraction univer- selle, et que par conséquent l'explication de tous les phénomènes doit être déduite de cette seule et même cause.

Les sels concourent donc à plusieurs opérations de la nature par la puis- sance qu'ils ont de dissoudre les autres substances ; car, quoiqu'on dise vulgairement que l'eau dissout le sel, il est aisé de sentir que c'est une erreur d'expression fondée sur ce qu'on appelle communément le liquide, le *dissolvant ;* et le solide, le *corps à dissoudre ;* mais dans le réel lorsqu'il y a dissolution, les deux corps sont actifs et peuvent être également appe- lés *dissolvants :* seulement regardant le sel comme le dissolvant, le corps dissous peut être indifféremment ou liquide ou solide[1] ; et pourvu que les parties du sel soient assez divisées pour toucher immédiatement celles des autres substances, elles agiront et produiront tous les effets de la dissolu- tion. On voit par là combien l'action propre des sels et l'action de l'élément de l'eau qui les contient doivent influer sur la composition des matières minérales. La nature peut produire par ce moyen tout ce que nos arts pro- duisent par le moyen du feu ; il ne faut que du temps pour que les sels et l'eau opèrent sur les substances les plus compactes et les plus dures la divi- sion la plus complète et l'atténuation la plus grande de leurs parties, ce qui les rend alors susceptibles de toutes les combinaisons possibles, et capables de s'unir avec toutes les substances analogues et de se séparer de toutes les autres. Mais ce temps, qui n'est rien pour la nature et qui ne lui manque pas, est de toutes les choses nécessaires celle qui nous manque le plus ; c'est faute de temps que nous ne pouvons imiter ses procédés ni suivre sa marche ; le plus grand de nos arts serait donc l'art d'abréger le temps, c'est-à-dire de faire en un jour ce qu'elle fait en un siècle : quelque vaine que paraisse cette prétention, il ne faut pas y renoncer ; nous n'avons à la vérité ni les grandes forces ni le temps encore plus grand de la nature, mais nous avons au-dessus d'elle la liberté de les employer comme il nous plaît ; notre volonté est une force qui commande à toutes les autres forces lorsque nous la dirigeons avec intelligence[2]. Ne sommes-nous pas venus à bout de créer à notre usage l'élément du feu, qu'elle nous avait caché ? Ne l'avons-nous pas tiré des rayons qu'elle ne nous envoyait que pour nous éclairer ? N'avons-nous pas, par ce même élément, trouvé le moyen d'abré-

1. L'idée de *dissolution* implique la *séparation* effective des molécules d'un corps solide par un liquide, et non, comme le suppose Buffon, la simple *pénétration mutuelle* des molécules de deux corps mêlés.

2. Belle pensée ! Buffon parle ici par expérience : il savait tout ce que peut une *volonté* éner- gique, dirigée par une sublime *intelligence*

ger le temps en divisant les corps par une fusion aussi prompte que leur division serait lente par tout autre moyen? etc.

Mais cela ne doit pas nous faire perdre de vue que la nature ne puisse faire et ne fasse réellement, par le moyen de l'eau, tout ce que nous faisons par celui du feu. Pour le voir clairement, il faut considérer que la décomposition de toute substance ne pouvant se faire que par la division, plus cette division sera grande, et plus la décomposition sera complète; le feu semble diviser autant qu'il est possible les matières qu'il met en fusion; cependant on peut douter si celles que l'eau et les acides tiennent en dissolution ne sont pas encore plus divisées, et les vapeurs que la chaleur élève ne contiennent-elles pas des matières encore plus atténuées? Il se fait donc dans l'intérieur de la terre, au moyen de la chaleur qu'elle renferme et de l'eau qui s'y insinue, une infinité de sublimations, de distillations, de cristallisations, d'agrégations, de disjonctions de toute espèce. Toutes les substances peuvent être avec le temps composées et décomposées par ces moyens; l'eau peut les diviser et en atténuer les parties autant et plus que le feu lorsqu'il les fond, et ces parties atténuées, divisées à ce point, se joindront, se réuniront de la même manière que celles du métal fondu se réunissent en se refroidissant. Pour nous faire mieux entendre, arrêtons-nous un instant sur la cristallisation : cet effet, dont les sels nous ont donné l'idée, ne s'opère jamais que quand une substance, étant dégagée de toute autre substance, se trouve très-divisée et soutenue par un fluide qui, n'ayant avec elle que peu ou point d'affinité, lui permet de se réunir et de former, en vertu de sa force d'attraction, des masses d'une figure à peu près semblable à la figure de ses parties primitives; cette opération, qui suppose toutes les circonstances que je viens d'énoncer, peut se faire par l'intermède du feu aussi bien que par celui de l'eau, et se fait très-souvent par le concours des deux, parce que tout cela ne suppose ou n'exige qu'une division assez grande de la matière, pour que ses parties primitives puissent, pour ainsi dire, se trier et former, en se réunissant, des corps figurés comme elles : or, le feu peut tout aussi bien, et mieux qu'aucun autre dissolvant, amener plusieurs substances à cet état, et l'observation nous le démontre dans les régules, dans les amiantes, les basaltes, et autres productions du feu dont les figures sont régulières, et qui toutes doivent être regardées comme de vraies cristallisations.

Et ce degré de grande division, nécessaire à la cristallisation, n'est pas encore celui de la plus grande division possible ni réelle, puisque dans cet état les petites parties de la matière sont encore assez grosses pour constituer une masse qui, comme toutes les autres masses, n'obéit qu'à la seule force attractive, et dont les volumes, ne se touchant que par des points, ne peuvent acquérir la force répulsive, qu'une beaucoup plus grande division ne manquerait pas d'opérer par un contact plus immédiat, et c'est aussi ce que l'on voit arriver dans les effervescences, où tout d'un coup la chaleur et la lumière sont produites par le mélange de deux liqueurs froides [1]. Ce degré de division de la matière est ici fort au-dessus du degré nécessaire à la cristallisation, et l'opération s'en fait aussi rapidement que l'autre s'exécute avec lenteur.

La lumière, la chaleur, le feu, l'air, l'eau, les sels, sont les degrés par lesquels nous venons de descendre du haut de l'échelle de la nature à sa base, qui est la terre fixe; et ce sont en même temps les seuls principes que l'on doive admettre et combiner pour l'explication de tous les phénomènes. Ces principes sont réels, indépendants de toute hypothèse et de toute méthode; leur conversion, leur transformation est tout aussi réelle, puisqu'elle est démontrée par l'expérience. Il en est de même de l'élément de la terre : il peut se convertir en se volatilisant, et prendre la forme des autres éléments, comme ceux-ci prennent la sienne en se fixant. Mais de la même manière que les parties primitives du feu, de l'air ou de l'eau ne formeront jamais seules des corps ou des masses qu'on puisse regarder comme du feu, de l'air ou de l'eau purs, de même il me paraît très-inutile de chercher dans les matières terrestres une substance de terre pure : la fixité, l'homogénéité, l'éclat transparent du diamant a ébloui les yeux de nos chimistes lorsqu'ils ont donné cette pierre pour la terre élémentaire et pure; on pourrait dire avec autant et aussi peu de fondement que c'est au contraire de l'eau pure, dont toutes les parties se sont fixées pour composer une substance solide diaphane comme elle. Ces idées n'auraient pas été mises en avant, si l'on eût pensé que l'élément terreux n'a pas plus le privilége de la simplicité absolue que les autres éléments; que même, comme il est le plus fixe de tous, et par conséquent le plus constamment passif, il reçoit comme base toutes les impressions des autres; il les attire, les admet dans son sein, s'unit, s'incorpore avec eux, les suit, et se laisse entraîner par leur mouvement, et par conséquent il n'est ni plus simple ni moins convertible que les autres. Ce ne sont jamais que les grandes masses qu'il faut considérer lorsqu'on veut définir la nature : les quatre éléments ont été bien saisis par les philosophes, même les plus anciens; le soleil, l'atmosphère, la mer et la terre sont les grandes masses sur lesquelles ils les ont établis; s'il existait un astre de phlogistique, une atmosphère d'alcali, un océan d'acide et des montagnes de diamant, on pourrait alors les regarder comme les principes généraux et réels de tous les corps, mais ce ne sont, au contraire, que des substances particulières, produites, comme toutes les autres, par la combinaison des véritables éléments.

Dans la grande masse de matière solide qui nous représente l'élément de la terre, la couche superficielle est la terre la moins pure; toutes les matières déposées par la mer en forme de sédiments, toutes les pierres produites

1. Cet effet tient à l'énergie de la *réaction chimique* des deux liqueurs mêlées.

par les animaux à coquille, toutes les substances composées par la combinaison des détriments du règne animal et végétal; toutes celles qui ont été altérées par le feu des volcans ou sublimées par la chaleur intérieure du globe, sont des substances mixtes et transformées; et, quoiqu'elles composent de très-grandes masses, elles ne nous représentent pas assez purement l'élément de la terre : ce sont les matières vitrifiables, dont la masse est mille et cent mille fois plus considérable que celles de toutes ces autres substances, qui doivent être regardées comme le vrai fonds de cet élément; ce sont en même temps celles qui sont composées de la terre la plus fixe, celles qui sont les plus anciennes, et cependant les moins altérées; c'est de ce fonds commun dont toutes les autres substances ont tiré la base de leur solidité; car toute matière fixe, décomposée autant qu'elle peut l'être, se réduit ultérieurement en verre par la seule action du feu; elle reprend sa première nature lorsqu'on la dégage des matières fluides ou volatiles qui s'y étaient unies, et ce verre ou matière vitrée [1] qui compose la masse de notre globe représente d'autant mieux l'élément de la terre, qu'il n'a ni couleur, ni odeur, ni saveur, ni liquidité, ni fluidité, qualités qui toutes proviennent des autres éléments ou leur appartiennent.

Si le verre n'est pas précisément l'élément de la terre, il en est au moins la substance la plus ancienne; les métaux sont plus récents et moins nobles; la plupart des autres minéraux se forment sous nos yeux; la nature ne produit plus de verre que dans les foyers particuliers de ses volcans, tandis que tous les jours elle forme d'autres substances par la combinaison du verre avec les autres éléments. Si nous voulons nous former une idée juste de ses procédés dans la formation des minéraux, il faut d'abord remonter à l'origine de la formation du globe, qui nous démontre qu'il a été fondu, liquéfié par le feu [2]; considérer ensuite que de ce degré immense de chaleur il a passé successivement au degré de sa chaleur actuelle; que, dans les premiers moments où sa surface a commencé de prendre de la consistance, il a dû s'y former des inégalités, telles que nous en voyons sur la surface des matières fondues et refroidies; que les plus hautes montagnes [3], toutes composées de matières vitrifiables, existent et datent de ce moment, qui est aussi celui de la séparation des grandes masses de l'air, de l'eau et de la terre; qu'ensuite, pendant le long espace de temps que suppose le refroidissement ou, si l'on veut, la diminution de la chaleur du globe au point de la température actuelle, il s'est fait dans ces mêmes montagnes, qui étaient les parties les plus exposées à l'action des causes exté-

---

1... Hinc facile intelligas *vitrum* esse velut *terræ basin*, et naturam ejus sub cæterorum plerumque corporum larvis latere... Leibnitz : *Protogœa*, p. 5.

2... Et quæ nunc opaca et sicca cernimus, arsisse initio, mox aquis hausta fuisse, tandemque secretis elementis in præsentem vultum emersisse... *Ibid.*, p. 3... Cùm globus noster adhuc arderet... *Ibid.*, p. 6.

3. Voyez la note 3 de la page 41 du 1er volume.

rieures, une infinité de fusions, de sublimations, d'agrégations et de transformations de toute espèce par le feu de la terre, combiné avec la chaleur
du soleil, et toutes les autres causes que cette grande chaleur rendait plus
actives qu'elles ne le sont aujourd'hui ; que, par conséquent, on doit rapporter à cette date la formation des métaux et des minéraux que nous trouvons en grandes masses et en filons épais et continus. Le feu violent de la
terre embrasée, après avoir élevé et réduit en vapeurs tout ce qui était
volatil, après avoir chassé de son intérieur les matières qui composent
l'atmosphère et les mers, a dû sublimer en même temps toutes les parties
les moins fixes de la terre, les élever et les déposer dans tous les espaces
vides, dans toutes les fentes qui se formaient à la surface à mesure qu'elle
se refroidissait. Voilà l'origine et la gradation du gisement et de la formation des matières vitrifiables, qui toutes forment le noyau des plus grandes
montagnes et renferment dans leurs fentes toutes les mines des métaux et
des autres matières que le feu a pu diviser, fondre et sublimer. Après ce
premier établissement encore subsistant des matières vitrifiables et des
minéraux en grande masse qu'on ne peut attribuer qu'à l'action du feu,
l'eau, qui jusqu'alors ne formait avec l'air qu'un vaste volume de vapeurs,
commença de prendre son état actuel dès que la superficie du globe fut assez
refroidie pour ne la plus repousser et dissiper en vapeurs; elle se rassembla
donc et couvrit la plus grande partie de la surface terrestre, sur laquelle se
trouvant agitée par un mouvement continuel de flux et de reflux, par
l'action des vents, par celle de la chaleur, elle commença d'agir sur les
ouvrages du feu, elle altéra peu à peu la superficie des matières vitrifiables,
elle en transporta les débris, les déposa en forme de sédiments; elle put
nourrir les animaux à coquilles, elle ramassa leurs dépouilles, produisit
les pierres calcaires, en forma des collines et des montagnes, qui, se dessé-
chant ensuite, reçurent dans leurs fentes toutes les matières minérales
qu'elle pouvait dissoudre ou charrier.

Pour établir une théorie générale sur la formation des minéraux, il faut
donc commencer par distinguer avec la plus grande attention, 1° ceux qui
ont été produits par le feu primitif de la terre, lorsqu'elle était encore brûlante de chaleur; 2° ceux qui ont été formés du détriment des premiers par
le moyen de l'eau, et 3° ceux qui, dans les volcans ou dans d'autres incendies postérieurs au feu primitif, ont une seconde fois subi l'épreuve d'une
violente chaleur [1]. Ces trois objets sont très-distincts et comprennent tout le
règne minéral ; en ne les perdant pas de vue et y rapportant chaque substance minérale, on ne pourra guère se tromper sur son origine et même
sur les degrés de sa formation. Toutes les mines que l'on trouve en masses

---

1. Classification lumineuse, et, au fond, très-vraie. Nous distinguons aujourd'hui les *matières
ignées;* les *matières aqueuses,* « formées du détriment des premières par le moyen de l'eau ; »
et les matières *métamorphiques,* qui ont subi une seconde fois l'action du feu.

ou gros filons dans nos hautes montagnes doivent se rapporter à la sublimation du feu primitif; toutes celles., au contraire, que l'on trouve en petites ramifications, en filets, en végétations, n'ont été formées que du détriment des premières, entraîné par la stillation des eaux. On le voit évidemment en comparant, par exemple, la matière des mines de fer de Suède avec celle de nos mines de fer en grains; celles-ci sont l'ouvrage immédiat de l'eau, et nous les voyons se'former sous nos yeux, elles ne sont point attirables par l'aimant, elles ne contiennent point de soufre, et ne se trouvent que dispersées dans les terres; les autres sont toutes plus ou moins sulfureuses, toutes attirables par l'aimant, ce qui seul suppose qu'elles ont subi l'action du feu; elles sont disposées en grandes masses dures et solides, leur substance est mêlée d'une grande quantité d'asbeste, autre indice de l'action du feu. Il en est de même des autres métaux; leur ancien fonds vient du feu, et toutes leurs grandes masses ont été réunies par son action; mais toutes leurs cristallisations, végétations, granulations, etc., sont dues à des causes secondaires où l'eau a la plus grande part. Je borne ici mes réflexions sur la conversion des éléments, parce que ce serait anticiper sur celles qu'exige en particulier chaque substance minérale, et qu'elles seront mieux placées dans les articles de l'histoire naturelle des minéraux.

RÉFLEXIONS SUR LA LOI DE L'ATTRACTION. [1]

Le mouvement des planètes dans leurs orbites est un mouvement composé de deux forces : la première est une force de projection, dont l'effet s'exercerait dans la tangente de l'orbite, si l'effet continu de la seconde

1. Ces *réflexions sur la loi de l'attraction* nous montrent Buffon *maniant* les mathématiques à sa façon, et soumettant le calcul même à une métaphysique transcendante. Le débat qu'elles soulevèrent est resté comme l'un des plus mémorables de la science, et par la hauteur du sujet discuté et par le nom des deux adversaires. Heureusement ce grand débat a eu un grand juge : Láplace.

« Les mouvements des nœuds et du périgée de la lune sont les principaux effets des pertur-
« bations que ce satellite éprouve. Une première approximation n'avait donné d'abord aux
« géomètres que la moitié du second de ces mouvements. Clairaut en conclut que la loi de l'at-
« traction n'est pas aussi simple qu'on l'avait cru jusqu'alors, et qu'elle est composée de deux
« parties dont la première, réciproque au carré des distances, est seule sensible aux grandes
« distances des planètes au soleil, et dont la seconde, croissant dans un plus grand rapport quand
« la distance diminue, devient sensible à la distance de la lune à la terre. Cette conséquence
« fut vivement attaquée par Buffon : il se fondait sur ce que les lois primordiales de la nature,
« devant être les plus simples, elles ne peuvent dépendre que d'un seul module, et leur expres-
« sion ne peut renfermer qu'un seul terme. Cette considération doit nous porter sans doute à ne
« compliquer la loi de l'attraction que dans un besoin extrême; mais l'ignorance où nous
« sommes de la nature de cette force ne permet pas de prononcer avec assurance sur la sim-
« plicité de son expression. Quoi qu'il en soit, le métaphysicien eut raison, cette fois, vis-à-vis
« du géomètre, qui reconnut lui-même son erreur, et fit l'importante remarque, qu'en pous-

cessait un instant ; cette seconde force tend vers le soleil, et par son effet précipiterait les planètes vers le soleil , si la première force venait à son tour à cesser un seul instant.

La première de ces forces peut être regardée comme une impulsion , dont l'effet est uniforme et constant, et qui a été communiquée aux planètes dès la formation du système planétaire ; la seconde peut être considérée comme une attraction vers le soleil, et se doit mesurer comme toutes les qualités qui partent d'un centre, par la raison inverse du carré de la distance, comme en effet on mesure les quantités de lumière, d'odeur, etc., et toutes les autres quantités ou qualités qui se propagent en ligne droite et se rapportent à un centre. Or, il est certain que l'attraction se propage en ligne droite, puisqu'il n'y a rien de plus droit qu'un fil à plomb, et que, tombant perpendiculairement à la surface de la terre, il tend directement au centre de la force, et ne s'éloigne que très-peu de la direction du rayon au centre. Donc on peut dire que la loi de l'attraction doit être la raison inverse du carré de la distance, uniquement parce qu'elle part d'un centre ou qu'elle y tend, ce qui revient au même.

Mais comme ce raisonnement préliminaire, quelque bien fondé que je le croie, pourrait être contredit par les gens qui font peu de cas de la force des analogies, et qui ne sont accoutumés à se rendre qu'à des démonstrations mathématiques, Newton a cru qu'il valait beaucoup mieux établir la loi de l'attraction par les phénomènes mêmes que par toute autre voie, et il a en effet démontré géométriquement que, si plusieurs corps se meuvent dans des cercles concentriques, et que les carrés des temps de leurs révolutions soient comme les cubes de leurs distances à leur centre commun, les forces centripètes de ces corps sont réciproquement comme les carrés des distances ; et que si les corps se meuvent dans des orbites peu différentes d'un cercle, ces forces sont aussi réciproquement comme les carrés des distances, pourvu que les apsides de ces orbites soient immobiles. Ainsi, les forces par lesquelles les planètes tendent aux centres ou aux foyers de leurs orbites suivent en effet la loi du carré de la distance ; et la gravitation étant générale et universelle, la loi de cette gravitation est constamment celle de la raison inverse du carré de la distance, et je ne crois pas que personne doute de la loi de Képler, et qu'on puisse nier que cela ne soit ainsi pour Mercure, pour Vénus, pour la terre, pour Mars, pour Jupiter et pour Saturne, surtout en les considérant à part et comme ne pouvant se troubler les uns les autres, et en ne faisant attention qu'à leur mouvement autour du soleil.

« sant plus loin l'approximation , la loi de la pesanteur donne le mouvement du périgée « lunaire , exactement conforme aux observations , ce qui a été confirmé depuis par tous ceux « qui se sont occupés de cet objet. Le mouvement, que j'ai conclu de ma théorie , ne diffère « pas du véritable, de sa quatre-cent-quarantième partie : la différence n'est pas d'un trois- « cent-cinquantième à l'égard du mouvement des nœuds. » Laplace : *Expos. du syst. du monde*, t. II, p. 67, 5e édit.

Toutes les fois donc qu'on ne considérera qu'une planète ou qu'un satellite se mouvant dans son orbite autour du soleil ou d'une autre planète, ou qu'on n'aura que deux corps tous deux en mouvement, ou dont l'un est en repos et l'autre en mouvement, on pourra assurer que la loi de l'attraction suit exactement la raison inverse du carré de la distance, puisque par toutes les observations la loi de Képler se trouve vraie, tant pour les planètes principales que pour les satellites de Jupiter et de Saturne. Cependant on pourrait dès ici faire une objection tirée des mouvements de la lune, qui sont irréguliers au point que M. Halley l'appelle *sidus contumax* [1], et principalement du mouvement de ses apsides, qui ne sont pas immobiles comme le demande la supposition géométrique, sur laquelle est fondé le résultat qu'on a trouvé de la raison inverse du quarré de la distance pour la mesure de la force d'attraction dans les planètes.

A cela il y a plusieurs manières de répondre : d'abord on pourrait dire que la loi s'observant généralement dans toutes les autres planètes avec exactitude, un seul phénomène où cette même exactitude ne se trouve pas ne doit pas détruire cette loi; on peut le regarder comme une exception dont on doit chercher la raison particulière. En second lieu, on pourrait répondre, comme l'a fait M. Cotes, que, quand même on accorderait que la loi d'attraction n'est pas exactement, dans ce cas, en raison inverse du quarré de la distance, et que cette raison est un peu plus grande, cette différence peut s'estimer par le calcul, et qu'on trouvera qu'elle est presque insensible, puisque la raison de la force centripète de la lune, qui de toutes est celle qui doit être la plus troublée, approche soixante fois plus près de la raison du quarré que de la raison du cube de la distance : « Responderi « potest, etiamsi concedamus hunc motum tardissimum exinde profectum « quòd vis centripetæ proportio aberret aliquantulùm a duplicatâ, aberra- « tionem illam per computum mathematicum inveniri posse, et planè « insensibilem esse; ista enim ratio vis centripetæ lunaris, quæ omnium « maximè turbari debet, paululùm quidem duplicatam superabit; ad hanc « verò sexaginta ferè vicibus propiùs accedet quàm ad triplicatam. Sed « verior erit responsio, etc. » *Editoris præf. in edit. 2. Newton.* Auctore Roger Cotes.

Et, en troisième lieu, on doit répondre plus positivement que ce mouvement des apsides ne vient point de ce que la loi d'attraction est un peu plus grande que dans la raison inverse du carré de la distance, mais de ce qu'en

---

1. Cette expression, singulière et belle, de *sidus contumax*, appliquée à la lune, rappelle une phrase, belle et singulière aussi, d'un grand écrivain de nos jours:

« Il y avait encore, il n'y a pas trente ans, des scandales dans le ciel; il y avait des pla- « nètes réfractaires aux tables des astronomes... M. de Laplace est venu, et l'astronomie, « réduite à un problème de mécanique, ne découvre plus dans les cieux soumis que l'accom- « plissement mathématique de lois invariables. Jupiter et ses satellites, Saturne, la lune sont « domptés dans tous leurs écarts... » Royer-Collard : *Disc. de récept. à l'Acad. franç.*

effet le soleil agit sur la lune par une force d'attraction qui doit troubler son mouvement et produire celui des apsides, et que par conséquent cela seul pourrait bien être la cause qui empêche la lune de suivre exactement la règle de Képler. Newton a calculé dans cette vue les effets de cette force perturbatrice, et il a tiré de sa théorie les équations et les autres mouvements de la lune avec une telle précision, qu'ils répondent très-exactement et à quelques secondes près aux observations faites par les meilleurs astronomes; mais, pour ne parler que du mouvement des apsides, il fait sentir dès la XLVᵉ proposition du premier livre que la progression de l'apogée de la lune vient de l'action du soleil; en sorte que jusqu'ici tout s'accorde, et sa théorie se trouve aussi vraie et aussi exacte dans tous les cas les plus compliqués comme dans ceux qui le sont le moins.

Cependant un de nos grands géomètres a prétendu *a* que la quantité absolue du mouvement de l'apogée ne pouvait pas se tirer de la théorie de la gravitation, telle qu'elle est établie par Newton, parce qu'en employant les lois de cette théorie, on trouve que ce mouvement ne devrait s'achever qu'en dix-huit ans, au lieu qu'il s'achève en neuf ans. Malgré l'autorité de cet habile mathématicien et les raisons qu'il a données pour soutenir son opinion, j'ai toujours été convaincu, comme je le suis encore aujourd'hui, que la théorie de Newton s'accorde avec les observations; je n'entreprendrai pas ici de faire l'examen qui serait nécessaire pour prouver qu'il n'est pas tombé dans l'erreur qu'on lui reproche, je trouve qu'il est plus court d'assurer la loi de l'attraction telle qu'elle est, et de faire voir que la loi que M. Clairaut a voulu substituer à celle de Newton n'est qu'une supposition qui implique contradiction.

Car admettons pour un instant ce que M. Clairaut prétend avoir démontré, que, par la théorie de l'attraction mutuelle, le mouvement des apsides devrait se faire en dix-huit ans, au lieu de se faire en neuf ans, et souvenons-nous en même temps qu'à l'exception de ce phénomène, tous les autres, quelque compliqués qu'ils soient, s'accordent dans cette même théorie très-exactement avec les observations : à en juger d'abord par les probabilités, cette théorie doit subsister puisqu'il y a un nombre très-considérable de choses où elle s'accorde parfaitement avec la nature, qu'il n'y a qu'un seul cas où elle en diffère, et qu'il est fort aisé de se tromper dans l'énumération des causes d'un seul phénomène particulier. Il me paraît donc que la première idée qui doit se présenter est qu'il faut chercher la raison particulière de ce phénomène singulier, et il me semble qu'on pourrait en imaginer quelqu'une; par exemple, si la force magnétique de la terre pouvait, comme le dit Newton, entrer dans le calcul, on trouverait peutêtre qu'elle influe sur le mouvement de la lune, et qu'elle pourrait produire cette accélération dans le mouvement de l'apogée, et c'est dans ce

---

a. M. Clairaut. Voyez les *Mémoires de l'Académie des Sciences*, année 1745.

cas où en effet il faudrait employer deux termes pour exprimer la mesure
des forces qui produisent le mouvement de la lune. Le premier terme de
l'expression serait toujours celui de la loi de l'attraction universelle, c'est-
à-dire la raison inverse et exacte du quarré de la distance, et le second
terme représenterait la mesure de la force magnétique.

Cette supposition est sans doute mieux fondée que celle de M. Clairaut,
qui me paraît beaucoup plus hypothétique, et sujette d'ailleurs à des difficultés invincibles : exprimer la loi d'attraction par deux ou plusieurs termes, ajouter à la raison inverse du quarré de la distance une fraction du
quarré-quarré, au lieu de $\frac{1}{xx}$ mettre $\frac{1}{xx} + \frac{1}{mx^4}$ me paraît n'être autre
chose que d'ajuster une expression de telle façon qu'elle corresponde à tous
les cas ; ce n'est plus une loi physique que cette expression représente, car
en se permettant une fois de mettre un second, un troisième, un quatrième
terme, etc., on pourrait trouver une expression qui, dans toutes les lois
d'attraction, représenterait les cas dont il s'agit, en l'ajustant en même
temps aux mouvements de l'apogée de la lune et aux autres phénomènes ;
et par conséquent cette supposition, si elle était admise, non-seulement
anéantirait la loi de l'attraction en raison inverse du quarré de la distance,
mais même donnerait entrée à toutes les lois possibles et imaginables :
une loi en physique n'est loi que parce que sa mesure est simple, et que
l'échelle qui la représente est non-seulement toujours la même, mais encore
qu'elle est unique, et qu'elle ne peut être représentée par une autre
échelle ; or, toutes les fois que l'échelle d'une loi ne sera pas représentée
par un seul terme, cette simplicité et cette unité d'échelle, qui fait l'essence de la loi, ne subsiste plus, et par conséquent il n'y a plus aucune
loi physique.

Comme ce dernier raisonnement pourrait paraître n'être que de la métaphysique [1], et qu'il y a peu de gens qui la sachent apprécier, je vais tâcher
de le rendre sensible en m'expliquant davantage. Je dis donc que toutes
les fois qu'on voudra établir une loi sur l'augmentation ou la diminution
d'une qualité ou d'une quantité physique, on est strictement assujetti à
n'employer qu'un terme pour exprimer cette loi : ce terme est la représentation de la mesure qui doit varier, comme en effet la quantité à mesurer
varie ; en sorte que si la quantité, n'étant d'abord qu'un pouce, devient
ensuite un pied, une aune, une toise, une lieue, etc., le terme qui l'exprime devient successivement toutes ces choses, ou plutôt les représente
dans le même ordre de grandeur, et il en est de même de toutes les autres
raisons dans lesquelles une quantité peut varier.

1. A la bonne heure ; mais de la métaphysique supérieure, et qui nous dévoile le grand
caractère de toute *loi physique* : l'unité. « Une loi en physique, dit admirablement Buffon,
« n'est loi que parce que sa mesure est simple, et que l'échelle qui la représente est non-seu-
« lement toujours la même, mais encore qu'elle est unique. »

De quelque façon que nous puissions donc supposer qu'une qualité physique puisse varier, comme cette qualité est une, sa variation sera simple et toujours exprimable par un seul terme qui en sera la mesure ; et dès qu'on voudra employer deux termes, on détruira l'unité de la qualité physique, parce que ces deux termes représenteront deux variations différentes dans la même qualité, c'est-à-dire deux qualités au lieu d'une : deux termes sont en effet deux mesures, toutes deux variables et inégalement variables, et dès lors elles ne peuvent être appliquées à un sujet simple, à une seule qualité ; et si on admet deux termes pour représenter l'effet de la force centrale d'un astre, il est nécessaire d'avouer qu'au lieu d'une force il y en a deux, dont l'une sera relative au premier terme, et l'autre relative au second terme, d'où l'on voit évidemment qu'il faut, dans le cas présent, que M. Clairaut admette nécessairement une autre force différente de l'attraction, s'il emploie deux termes pour représenter l'effet total de la force centrale d'une planète.

Je ne sais pas comment on peut imaginer qu'une loi physique, telle qu'est celle de l'attraction, puisse être exprimée par deux termes par rapport aux distances, car s'il y avait, par exemple, une masse M dont la vertu attractive fût exprimée par $\frac{aa}{xx} + \frac{b}{x^4}$, n'en résulterait-il pas le même effet que si cette masse était composée de deux matières différentes, comme, par exemple, de $\frac{1}{2} M$, dont la loi d'attraction fût exprimée par $\frac{2aa}{xx}$ et de $\frac{1}{2} M$, dont l'attraction fût $\frac{2b}{x^4}$? cela me paraît absurde.

Mais indépendamment de ces impossibilités qu'implique la supposition de M. Clairaut, qui détruit aussi l'unité de loi sur laquelle est fondée la vérité et la belle simplicité du système du monde, cette supposition souffre bien d'autres difficultés que M. Clairaut devait, ce me semble, se proposer avant que de l'admettre, et commencer au moins par examiner d'abord toutes les causes particulières qui pourraient produire le même effet. Je sens que si j'eusse résolu, comme M. Clairaut, le problème des trois corps, et que j'eusse trouvé que la théorie de la gravitation ne donne en effet que la moitié du mouvement de l'apogée, je n'en aurais pas tiré la conclusion qu'il en tire contre la loi de l'attraction ; aussi est-ce cette conclusion que je contredis, et à laquelle je ne crois pas qu'on soit obligé de souscrire, quand même M. Clairaut aurait pu démontrer l'insuffisance de toutes les autres causes particulières.

Newton dit, page 547, tome III : « In his computationibus attractionem « magneticam terræ non consideravi, cujus itaque quantitas perparva est « et ignoratur ; si quandò verò hæc attractio investigari poterit, et men- « sura graduum in meridiano, ac longitudines pendulorum isochronorum « in diversis parallelis, legesque motuum maris et parallaxis lunæ cum « diametris apparentibus solis et lunæ ex phænomenis accuratiùs determi-

« natæ fuerint, licebit calculum hunc omnem accuratiùs repetere. » Ce passage ne prouve-t-il pas bien clairement que Newton n'a pas prétendu avoir fait l'énumération de toutes les causes particulières, et n'indique-t-il pas en effet que si on trouve quelques différences avec sa théorie et les observations, cela peut venir de la force magnétique de la terre ou de quelque autre cause secondaire, et par conséquent si le mouvement des apsides ne s'accorde pas aussi exactement avec sa théorie que le reste, faudra-t-il pour cela ruiner sa théorie par le fondement, en changeant la loi générale de la gravitation? ou plutôt ne faudra-t-il pas attribuer à d'autres causes cette différence qui ne se trouve que dans ce seul phénomène? M. Clairaut a proposé une difficulté contre le système de Newton, mais ce n'est tout au plus qu'une difficulté qui ne doit ni ne peut devenir un principe [1], il faut chercher à la résoudre et non pas en faire une théorie dont toutes les conséquences ne sont appuyées que sur un calcul; car, comme je l'ai dit, on peut tout représenter avec un calcul, et on ne réalise rien; et si on se permet de mettre un ou plusieurs termes à la suite de l'expression d'une loi physique, comme l'est celle de l'attraction, on ne nous donne plus que de l'arbitraire au lieu de nous représenter la réalité.

Au reste, il me suffit d'avoir établi les raisons qui me font rejeter la supposition de M. Clairaut; celles que j'ai de croire que, bien loin qu'il ait pu donner atteinte à la loi de l'attraction et renverser l'astronomie physique, elle me paraît au contraire demeurer dans toute sa vigueur et avoir des forces pour aller encore bien loin, et cela sans que je prétende avoir dit, à beaucoup près, tout ce qu'on peut dire sur cette matière, à laquelle je désirerais qu'on donnât sans prévention toute l'attention qu'il faut pour la bien juger.

ADDITION.

Je me suis borné à démontrer que la loi de l'attraction, par rapport à la distance, ne peut être exprimée que par un terme, et non pas deux ou plusieurs termes; que par conséquent l'expression que M. Clairaut a voulu substituer à la loi du quarré des distances n'est qu'une supposition qui renferme une contradiction, c'est là le seul point auquel je me suis attaché; mais comme il paraît par sa réponse qu'il ne m'a pas assez entendu [a], je vais tâcher de rendre mes raisons plus intelligibles en la traduisant en calcul : ce sera la seule réplique que je ferai à sa réponse.

a. Voyez les *Mémoires de l'Académie des Sciences*, année 1745, pages 493, 529, 551, 577 et 580.

1. Une *difficulté* ne doit pas devenir un *principe :* réflexion profonde, et ici bien justifiée ; Laplace a soumis la *difficulté* au *principe.*

LA LOI DE L'ATTRACTION, PAR RAPPORT A LA DISTANCE, NE PEUT PAS ÊTRE EXPRIMÉE PAR DEUX TERMES.

Première démonstration.

Supposons que $\frac{1}{x^2} \pm \frac{1}{x^n}$ représente l'effet de cette force par rapport à la distance x, ou, ce qui revient au même, supposons que $\frac{1}{x^2} \pm \frac{1}{x^n}$, qui représente la force accélératrice, soit égale à une quantité donnée A pour une certaine distance; en résolvant cette équation, la racine x sera ou imaginaire, ou bien elle aura deux valeurs différentes : donc, à différentes distances, l'attraction serait la même, ce qui est absurde : donc la loi de l'attraction, par rapport à la distance, ne peut pas être exprimée par deux termes. *Ce qu'il fallait démontrer.*

Deuxième démonstration.

La même expression $\frac{1}{x^2} \pm \frac{1}{x^n}$, si x devient très-grand, pourra se réduire à $\frac{1}{x^2}$; et si x devient très-petit, elle se réduira à $\pm \frac{1}{x^n}$, de sorte que si $\frac{1}{x^2} \pm \frac{1}{x^n} = \frac{1}{x^2}$, l'exposant n doit être un nombre compris entre 2 et 4; cependant ce même exposant n doit nécessairement renfermer x, puisque la quantité d'attraction doit, de façon ou d'autre, être mesurée par la distance; cette expression prendra donc alors une forme comme $\frac{1}{x^n} \pm \frac{1}{x^4} = \frac{1}{xx}$, ou $= \frac{1}{x + r}$; donc, une quantité qui doit être nécessairement un nombre compris entre 2 et 4 pourrait cependant devenir infinie, ce qui est absurde : donc, l'attraction ne peut pas être exprimée par deux termes. *Ce qu'il fallait démontrer.*

On voit que les démonstrations seraient les mêmes contre toutes les expressions possibles qui seraient composées de plusieurs termes : donc, la loi d'attraction ne peut être exprimée que par un seul terme.

SECONDE ADDITION.

Je ne voulais rien ajouter à ce que j'ai dit au sujet de la loi de l'attraction, ni faire aucune réponse au nouvel écrit de M. Clairaut[a]; mais comme je crois qu'il est utile pour les sciences d'établir d'une manière certaine la proposition que j'ai avancée, savoir que la loi de l'attraction, et même toute autre loi physique, ne peut jamais être exprimée que par un seul terme, et qu'une nouvelle vérité de cette espèce peut prévenir un

a. Voyez les *Mémoires de l'Académie des Sciences*, année 1745, pages 577 et 578.

grand nombre d'erreurs et de fausses applications dans les sciences physico-mathématiques, j'ai cherché plusieurs moyens de la démontrer.

On a vu dans mon Mémoire les raisons métaphysiques par lesquelles j'établis que la mesure d'une qualité physique et générale dans la nature est toujours simple ; que la loi qui représente cette mesure ne peut donc jamais être composée ; qu'elle n'est réellement que l'expression de l'effet simple d'une qualité simple ; que l'on ne peut donc exprimer cette loi par deux termes, parce qu'une qualité qui est une ne peut jamais avoir deux mesures. Ensuite, dans l'*Addition à ce Mémoire*, j'ai prouvé démonstrativement cette même vérité par la réduction à l'absurde et par le calcul ; ma démonstration est vraie, car il est certain en général que si l'on exprime la loi de l'attraction par une fonction de la distance, et que cette fonction soit composée de deux ou plusieurs termes, comme $\frac{1}{x^m} \pm \frac{1}{x^n} \pm \frac{1}{x^r}$, etc., et que l'on égale cette fonction à une quantité constante A pour une certaine distance, il est certain, dis-je, qu'en résolvant cette équation la racine x aura des valeurs imaginaires dans tous les cas, et aussi des valeurs réelles différentes dans presque tous les cas, et que ce n'est que dans quelques cas, comme dans celui de $\frac{1}{x^2} + \frac{1}{x^4} = A$, où il y aura deux racines réelles égales, dont l'une sera positive et l'autre négative ; cette exception particulière ne détruit donc pas la vérité de ma démonstration, qui est pour une fonction quelconque ; car si en général l'expression de la loi d'attraction est $\frac{1}{xx} + mx^n$, l'exposant n ne peut pas être négatif et plus grand que 2, puisque alors la pesanteur deviendrait infinie dans le point de contact ; l'exposant n est donc nécessairement positif, et le coefficient m doit être négatif pour faire avancer l'apogée de la lune : par conséquent, le cas particulier $\frac{1}{xx} + \frac{1}{x^4}$ ne peut jamais représenter la loi de la pesanteur ; et si on se permet une fois d'exprimer cette loi par une fonction de deux termes, pourquoi le second de ces termes serait-il nécessairement positif? Il y a, comme l'on voit, beaucoup de raisons pour que cela ne soit pas, et aucune raison pour que cela soit.

Dès le temps que M. Clairaut proposa pour la première fois de changer la loi de l'attraction et d'y ajouter un terme, j'avais senti l'absurdité qui résultait de cette supposition, et j'avais fait mes efforts pour la faire sentir aux autres ; mais j'ai depuis trouvé une nouvelle manière de la démontrer qui ne laissera, à ce que j'espère, aucun doute sur ce sujet important. Voici mon raisonnement, que j'ai abrégé autant qu'il m'a été possible :

Si la loi de l'attraction, ou telle autre loi physique que l'on voudra, pouvait être exprimée par deux ou plusieurs termes, le premier terme étant, par exemple, $\frac{1}{xx}$, il serait nécessaire que le second terme eût un coefficient indéterminé, et qu'il fût, par exemple, $\frac{1}{mx}$; et de même, si cette loi était exprimée par trois termes, il y aurait deux coefficients indéterminés, l'un au second et l'autre au troisième terme, etc.; dès lors cette loi d'attraction qui serait exprimée par deux termes, $\frac{1}{xx} + \frac{1}{mx^3}$, renfermerait donc une quantité m, qui entrerait nécessairement dans la mesure de la force.

Or je demande ce que c'est que ce coefficient m : il est clair qu'il ne dépend ni de la masse ni de la distance ; que ni l'une ni l'autre ne peuvent jamais donner sa valeur : comment peut-on donc supposer qu'il y ait en effet une telle quantité physique? Existe-t-il dans là nature un coefficient comme un 4, un 5, un 6, etc., et n'y a-t-il pas de l'absurdité à supposer qu'un nombre puisse exister réellement ou qu'un coefficient puisse être une qualité essentielle à la matière? il faudrait pour cela qu'il y eût dans la nature des phénomènes purement numériques et du même genre que ce coefficient m ; sans cela il est impossible d'en déterminer la valeur, puisqu'une quantité quelconque ne peut jamais être mesurée que par une autre quantité du même genre ; il faut donc que M. Clairaut commence par nous prouver que les nombres sont des êtres réels actuellement existants dans la nature, ou que les coefficients sont des qualités physiques, s'il veut que nous convenions avec lui que la loi d'attraction ou toute autre loi physique puisse être exprimée par deux ou plusieurs termes.

Si l'on veut une démonstration plus particulière, je crois qu'on peut en donner une qui sera à la portée de tout le monde, c'est que la loi de la raison inverse du quarré de la distance convient également à une sphère et à toutes les particules de matière dont cette sphère est composée. Le globe de la terre exerce son attraction dans la raison inverse du quarré de la distance, et toutes les particules de matière dont ce globe est composé exercent aussi leur attraction dans cette même raison, comme Newton l'a démontré ; mais si l'on exprime cette loi de l'attraction d'une sphère par deux termes, la loi de l'attraction des particules qui composent cette sphère ne sera point la même que celle de la sphère : par conséquent cette loi, composée de deux termes, ne sera pas générale, ou plutôt ne sera jamais la loi de la nature.

Les raisons métaphysiques, mathématiques et physiques, s'accordent donc toutes à prouver que la loi de l'attraction ne peut être exprimée que par un seul terme, et jamais par deux ou plusieurs termes : c'est la proposition que j'ai avancée et que j'avais à démontrer.

INTRODUCTION

A L'HISTOIRE DES MINÉRAUX

PARTIE EXPÉRIMENTALE.

Depuis vingt-cinq ans que j'ai jeté sur le papier mes idées sur la théorie de la terre et sur la nature des matières minérales dont le globe est principalement composé, j'ai eu la satisfaction de voir cette théorie confirmée par le témoignage unanime des navigateurs, et par de nouvelles observations que j'ai eu soin de recueillir ; il m'est aussi venu dans ce long espace de temps quelques pensées neuves dont j'ai cherché à constater la valeur et la réalité par des expériences ; de nouveaux faits acquis par ces expériences, des rapports plus ou moins éloignés, tirés de ces mêmes faits, des réflexions en conséquence, le tout lié à mon système général, et dirigé par une vue constante vers les grands objets de la nature[1], voilà ce que je crois devoir présenter aujourd'hui à mes lecteurs, surtout à ceux qui, m'ayant honoré de leur suffrage, aiment assez l'histoire naturelle pour chercher avec moi les moyens de l'étendre et de l'approfondir[2].

Je commencerai par la partie expérimentale de mon travail, parce que c'est sur les résultats de mes expériences que j'ai fondé tous mes raisonnements[3], et que les idées même les plus conjecturales et qui pourraient paraître trop hasardées, ne laissent pas d'y tenir par des rapports qui seront plus ou moins sensibles à des yeux plus ou moins attentifs, plus ou moins exercés, mais qui n'échapperont pas à l'esprit de ceux qui savent évaluer la force des inductions et apprécier la valeur des analogies.

Et comme il s'est écoulé bien des années depuis que j'ai commencé de publier mon ouvrage sur l'histoire naturelle, et que le nombre des volumes s'est beaucoup augmenté, j'ai cru que, pour ne pas rendre mon livre trop à charge au public, je devais m'interdire la liberté d'en donner une nou-

---

1. « Une vue constante dirigée vers les grands objets de la nature : » telle a été la vie de Buffon.

2... *Aiment assez l'histoire naturelle pour chercher avec moi...* Paroles très-nobles, et pleines d'adresse, en même temps que de vérité. Buffon s'empare si fortement de son lecteur qu'il en fait son collaborateur ; et je ne parle pas seulement des lecteurs qui furent ses contemporains ; je parle de tous ses lecteurs. Nous venons tous les uns après les autres *pour chercher avec lui*, et inspirés par lui, *les moyens d'étendre et d'approfondir* cette *histoire naturelle*, qu'il a tant aimée et tant agrandie.

3. Voyez la note de la page suivante.

velle édition corrigée et augmentée : aussi dans le grand nombre de réimpressions qui se sont faites de cet ouvrage il n'y a pas eu un seul mot de changé. Pour ne pas rendre aujourd'hui toutes ces éditions superflues, j'ai pris le parti de mettre en deux ou trois volumes de supplément les corrections, additions, développements et explications que j'ai jugées nécessaires à l'intelligence des sujets que j'ai traités. Ces suppléments contiendront beaucoup de choses nouvelles et d'autres plus anciennes dont quelques-unes ont été imprimées soit dans les Mémoires de l'Académie des Sciences, soit ailleurs; je les ai divisés par parties relatives aux différents objets de l'histoire de la nature, et j'en ai formé plusieurs Mémoires qui peuvent être lus indépendamment les uns des autres, mais que j'ai seulement rapprochés selon l'ordre des matières.

PREMIER MÉMOIRE.

EXPÉRIENCES SUR LE PROGRÈS DE LA CHALEUR DANS LES CORPS [1].

J'ai fait faire dix boulets de fer forgé et battu :

	Pouces.
Le premier d'un demi-pouce de diamètre.....	$\frac{1}{2}$
Le second d'un pouce......................	1
Le troisième d'un pouce et demi............	1 $\frac{1}{2}$
Le quatrième de deux pouces...............	2
Le cinquième de deux pouces et demi........	2 $\frac{1}{2}$
Le sixième de trois pouces.................	3
Le septième de trois pouces et demi.........	3 $\frac{1}{2}$
Le huitième de quatre pouces..............	4
Le neuvième de quatre pouces et demi.......	4 $\frac{1}{2}$
Le dixième de cinq pouces.................	5

Ce fer venait de la forge de Chameçon près Châtillon-sur-Seine, et comme tous les boulets ont été faits du fer de cette même forge, leurs poids se sont trouvés à très-peu près proportionnels aux volumes.

1. Dans cette suite d'expériences sur le *progrès de la chaleur dans les corps* et sur le temps qu'ils mettent à se *refroidir*, Buffon cherche à se donner des termes de comparaison qui lui permettent d'évaluer la *durée* du *refroidissement* du *globe terrestre* : c'est là son grand objet et son but final. — « Maintenant, si l'on voulait chercher combien il faudrait de temps à « un globe gros comme la terre pour se refroidir, on trouverait d'après les expériences précé- « dentes... » (Voyez, ci-après, p. 89). — On peut appliquer à ce genre d'*évaluation* le jugement que M. de Humboldt a porté sur un travail hardi d'un grand géomètre de nos jours. « Dans « l'ignorance complète où nous sommes sur la nature des matériaux dont l'intérieur de la terre « est formé, sur les degrés divers de capacité pour la chaleur et de conductibilité des couches « superposées, enfin sur les transformations chimiques que les matières solides ou liquides « doivent subir sous l'influence d'une pression énorme, nous ne pouvons appliquer, sans réserve, « à notre planète, les lois de la propagation de la chaleur qu'un profond géomètre (M. Poisson) « a découvertes pour un sphéroïde en métal, à l'aide d'une analyse qu'il avait créée lui-même. » (*Cosmos*, t. I, p. 194.)

Le boulet d'un demi-pouce pesait 190 grains, ou 2 gros 46 grains.
Le boulet d'un pouce pesait 1522 grains, ou 2 onces 5 gros 10 grains.
Le boulet d'un pouce et demi pesait 3136 grains, ou 8 onces 7 gros 24 grains.
Le boulet de deux pouces pesait 12173 grains, ou 1 livre 5 onces 1 gros 5 grains.
Le boulet de deux pouces et demi pesait 23781 grains, ou 2 livres 9 onces 2 gros 21 grains.
Le boulet de trois pouces pesait 41085 grains, ou 4 livres 7 onces 2 gros 45 grains.
Le boulet de trois pouces et demi pesait 65254 grains, ou 7 livres 1 once 2 gros 22 grains.
Le boulet de quatre pouces pesait 97388 grains, ou 10 livres 9 onces 44 grains.
Le boulet de quatre pouces et demi pesait 138179 grains, ou 14 livres 15 onces 7 gros 11 grains.
Le boulet de cinq pouces pesait 190211 grains, ou 20 livres 10 onces 1 gros 59 grains.

Tous ces poids ont été pris juste avec de très-bonnes balances, en faisant limer peu à peu ceux des boulets qui se sont trouvés un peu trop forts.

Avant de rapporter les expériences, j'observerai :

1° Que pendant tout le temps qu'on les a faites le thermomètre exposé à l'air libre était à la congélation ou à quelques degrés au-dessous [a], mais qu'on a laissé refroidir les boulets dans une cave où le thermomètre était à peu près à dix degrés au-dessus de la congélation, c'est-à-dire au degré de la température des caves de l'Observatoire; et c'est ce degré que je prends ici pour celui de la température actuelle de la terre.

2° J'ai cherché à saisir deux instants dans le refroidissement : le premier où les boulets cessaient de brûler, c'est-à-dire le moment où on pouvait les toucher et les tenir avec la main, pendant une seconde, sans se brûler; le second temps de ce refroidissement était celui où les boulets se sont trouvés refroidis jusqu'au point de la température actuelle, c'est-à-dire à dix degrés au-dessus de la congélation. Et, pour connaître le moment de ce refroidissement jusqu'à la température actuelle, on s'est servi d'autres boulets de comparaison de même matière et de mêmes diamètres qui n'avaient pas été chauffés, et que l'on touchait en même temps que ceux qui avaient été chauffés. Par cet attouchement immédiat et simultané de la main ou des deux mains sur les deux boulets, on pouvait juger assez bien du moment où ces boulets étaient également froids; cette manière simple est non-seulement plus aisée que le thermomètre qu'il eût été difficile d'appliquer ici, mais elle est encore plus précise, parce qu'il ne s'agit que de juger de l'égalité et non pas de la proportion de la chaleur, et que nos sens sont meilleurs juges que les instruments de tout ce qui est absolument égal ou parfaitement semblable. Au reste, il est plus aisé de reconnaître l'instant où les boulets cessent de brûler que celui où ils se sont refroidis à la température actuelle, parce qu'une sensation vive est toujours plus précise qu'une sensation tempérée, attendu que la première nous affecte d'une manière plus forte.

3° Comme le plus ou le moins de poli ou de brut sur le même corps fait beaucoup à la sensation du toucher, et qu'un corps poli semble être plus

<hr>

a. Division de Réaumur.

froid s'il est froid, et plus chaud s'il est chaud, qu'un corps brut de même matière, quoiqu'ils le soient tous deux également, j'ai eu soin que les boulets froids fussent bruts et semblables à ceux qui avaient été chauffés, dont la surface était semée de petites éminences produites par l'action du feu.

EXPÉRIENCES.

I. — Le boulet d'un demi-pouce a été chauffé à blanc en 2 minutes.
Il s'est refroidi au point de le tenir dans la main en 12 minutes.
Refroidi au point de la température actuelle en 39 minutes.

II. — Le boulet d'un pouce a été chauffé à blanc en 5 minutes $\frac{1}{2}$.
Il s'est refroidi au point de le tenir dans la main en 35 minutes $\frac{1}{2}$.
Refroidi au point de la température actuelle en 1 heure 33 minutes.

III. — Le boulet d'un pouce et demi a été chauffé à blanc en 9 minutes.
Il s'est refroidi au point de le tenir dans la main en 58 minutes.
Refroidi au point de la température actuelle en 2 heures 25 minutes.

IV. — Le boulet de 2 pouces a été chauffé à blanc en 13 minutes.
Il s'est refroidi au point de le tenir dans la main en 1 heure 20 minutes.
Refroidi au point de la température actuelle en 3 heures 16 minutes.

V. — Le boulet de 2 pouces et demi a été chauffé à blanc en 16 minutes.
Il s'est refroidi au point de le tenir dans la main en 1 heure 42 minutes.
Refroidi au point de la température actuelle en 4 heures 30 minutes.

VI. — Le boulet de 3 pouces a été chauffé à blanc en 19 minutes $\frac{1}{2}$.
Il s'est refroidi au point de le tenir dans la main en 2 heures 7 minutes.
Refroidi au point de la température actuelle en 5 heures 8 minutes.

VII. — Le boulet de 3 pouces et demi a été chauffé à blanc en 23 minutes $\frac{1}{2}$.
Il s'est refroidi au point de le tenir dans la main en 2 heures 36 minutes.
Refroidi au point de la température actuelle en 5 heures 56 minutes.

VIII. — Le boulet de 4 pouces a été chauffé à blanc en 27 minutes $\frac{1}{2}$.
Il s'est refroidi au point de le tenir dans la main en 3 heures 2 minutes.
Refroidi au point de la température actuelle en 6 heures 55 minutes.

IX. — Le boulet de 4 pouces et demi a été chauffé à blanc en 31 minutes.
Il s'est refroidi au point de le tenir dans la main en 3 heures 25 minutes.
Refroidi au point de la température actuelle en 7 heures 46 minutes.

X. — Le boulet de 5 pouces a été chauffé à blanc en 34 minutes.
Il s'est refroidi au point de le tenir dans la main en 3 heures 52 minutes.
Refroidi au point de la température actuelle en 8 heures 42 minutes.

La différence la plus constante que l'on puisse prendre entre chacun des termes qui expriment le temps du refroidissement, depuis l'instant où l'on tire les boulets du feu jusqu'à celui où on peut les toucher sans se brûler, se trouve être de vingt-quatre minutes; car, en supposant chaque terme augmenté de vingt-quatre, on aura

$$12', 36', 60', 84', 108', 132', 156', 180', 204', 228',$$

et la suite des temps réels de ces refroidissements trouvés par les expériences précédentes, est

$$12', 35' \tfrac{1}{2}, 58', 80', 102', 127', 156', 182', 205', 232',$$

ce qui approche de la première autant que l'expérience peut approcher du calcul.

De même la différence la plus constante que l'on puisse prendre entre chacun des termes du refroidissement jusqu'à la température actuelle, se trouve être de cinquante-quatre minutes; car, en supposant chaque terme augmenté de cinquante-quatre, on aura

$$39', 93', 147', 201', 255', 309', 363', 417', 471', 525',$$

et la suite des temps réels de ce refroidissement, trouvés par les expériences précédentes, est

$$39', 93', 145', 196', 248', 308', 356', 415', 466', 522',$$

ce qui approche aussi beaucoup de la première suite supposée.

J'ai fait une seconde et une troisième fois les mêmes expériences sur les mêmes boulets; mais j'ai vu que je ne pouvais compter que sur les premières, parce que je me suis aperçu qu'à chaque fois qu'on chauffait les boulets, ils perdaient considérablement de leur poids; car

Le boulet d'un demi-pouce après avoir été chauffé trois fois, avait perdu environ la dix-huitième partie de son poids.

Le boulet d'un pouce après avoir été chauffé trois fois, avait perdu environ la seizième partie de son poids.

Le boulet d'un pouce et demi après avoir été chauffé trois fois, avait perdu la quinzième partie de son poids.

Le boulet de deux pouces après avoir été chauffé trois fois, avait perdu à peu près la quatorzième partie de son poids.

Le boulet de deux pouces et demi après avoir été chauffé trois fois, avait perdu à peu près la treizième partie de son poids.

Le boulet de trois pouces après avoir été chauffé trois fois, avait perdu à peu près la treizième partie de son poids.

Le boulet de trois pouces et demi après avoir été chauffé trois fois, avait perdu encore un peu plus de la treizième partie de son poids.

Le boulet de quatre pouces après avoir été chauffé trois fois, avait perdu la douzième partie et demie de son poids.

Le boulet de quatre pouces et demi après avoir été chauffé trois fois, avait perdu un peu plus de la douzième partie et demie de son poids.

Le boulet de cinq pouces après avoir été chauffé trois fois, avait perdu à très-peu près la douzième partie de son poids, car il pesait avant d'avoir été chauffé, vingt livres dix onces un gros 59 grains [a].

[a]. Je n'ai pas eu occasion de faire les mêmes expériences sur des boulets de fonte de fer, mais M. de Montbeillard, lieutenant-colonel du régiment Royal-Artillerie, m'a communiqué la note suivante qui y supplée parfaitement. On a pesé plusieurs boulets avant de les chauffer, qui se sont trouvés du poids de vingt-sept livres et plus. Après l'opération ils ont été réduits à

On voit que cette perte sur chacun des boulets est extrêmement considérable, et qu'elle paraît aller en augmentant à mesure que les boulets
sont plus gros, ce qui vient, à ce que je présume, de ce que l'on est
obligé d'appliquer le feu violent d'autant plus longtemps que les corps
sont plus grands; mais en tout cette perte de poids, non-seulement est
occasionnée par le détachement des parties de la surface qui se réduisent
en scories, et qui tombent dans le feu, mais encore par une espèce de
desséchement ou de calcination intérieure qui diminue la pesanteur des
parties constituantes du fer; en sorte qu'il paraît que le feu violent rend
le fer spécifiquement plus léger à chaque fois qu'on le chauffe. Au reste,
j'ai trouvé par des expériences ultérieures que cette diminution de pesanteur varie beaucoup selon la différente qualité du fer.

Ayant donc fait faire six nouveaux boulets depuis un demi-pouce jusqu'à
trois pouces de diamètre, et du même poids que les premiers, j'ai trouvé
les mêmes progressions tant pour l'entrée que pour la sortie de la chaleur,
et je me suis assuré que le fer s'échauffe et se refroidit en effet comme je
viens de l'exposer.

Un passage de Newton [a] a donné naissance à ces expériences.

« Globus ferri candentis, digitum unum latus, calorem suum omnem
« spatio horæ unius in aere consistens vix amitteret. Globus autem major
« calorem diutiùs conservaret in ratione diametri, proptereà quòd super-
« ficies (ad cujus mensuram per contactum aeris ambientis refrigeratur)
« in illâ ratione minor est pro quantitate materiæ suæ calidæ inclusæ.
« Ideòque globus ferri candentis huic terræ æqualis, id est, pedes plus
« minus 40000000 latus, diebus totidem et idcircò annis 50000, vix refri-
« gesceret. Suspicor tamen quòd duratio caloris ob causas latentes augea-
« tur in minori ratione quàm eâ diametri; et optarîm rationem veram per
« experimenta investigari. »

Newton désirait donc qu'on fît les expériences que je viens d'exposer, et
je me suis déterminé à les tenter non-seulement parce que j'en avais besoin
pour des vues semblables aux siennes, mais encore parce j'ai cru m'apercevoir que ce grand homme pouvait s'être trompé en disant que la durée
de la chaleur devait n'augmenter, par l'effet des causes cachées, qu'en
moindre raison que celle du diamètre; il m'a paru au contraire en y réfléchissant que ces causes cachées ne pouvaient que rendre cette raison plus
grande au lieu de la faire plus petite.

Il est certain, comme le dit Newton, qu'un globe plus grand conserve-

vingt-quatre livres et un quart et vingt-quatre livres et demie. On a vérifié, sur une grande
quantité de boulets, que plus on les a chauffés et plus ils ont augmenté de volume et diminué
de poids; enfin sur quarante mille boulets chauffés et râpés pour les réduire au calibre des
canons, on a perdu dix mille, c'est-à-dire, un quart, en sorte qu'à tous égards cette pratique
est mauvaise.

a. *Princip. mathém.* Londres, 1726, p. 509.

rait sa chaleur plus longtemps qu'un plus petit en raison du diamètre, si on supposait ces globes composés d'une matière parfaitement perméable à la chaleur, en sorte que la sortie de la chaleur fût absolument libre, et que les particules ignées ne trouvassent aucun obstacle qui pût les arrêter ni changer le cours de leur direction : ce n'est que dans cette supposition mathématique que la durée de la chaleur serait en effet en raison du diamètre; mais les causes cachées dont parle Newton, et dont les principales sont les obstacles qui résultent de la perméabilité non absolue, imparfaite et inégale de toute matière solide, au lieu de diminuer le temps de la durée de la chaleur, doivent au contraire l'augmenter; cela m'a paru si clair, même avant d'avoir tenté mes expériences, que je serais porté à croire que Newton qui voyait clair aussi [1] jusque dans les choses même qu'il ne faisait que soupçonner, n'est pas tombé dans cette erreur, et que le mot *minori ratione* au lieu de *majori*, n'est qu'une faute de sa main ou de celle d'un copiste qui s'est glissée dans toutes les éditions de son ouvrage, du moins dans toutes celles que j'ai pu consulter : ma conjecture est d'autant mieux fondée que Newton paraît dire ailleurs précisément le contraire de ce qu'il dit ici; c'est dans la onzième question de son Traité d'optique [a]; « les corps d'un grand volume, dit-il, ne conservent-ils pas plus long- « temps (Nota. *Ce mot* PLUS LONGTEMPS *ne peut signifier ici qu'en raison* « *plus grande que celle du diamètre*) leur chaleur parce que leurs parties « s'échauffent réciproquement? et un corps vaste, dense et fixe, étant une « fois échauffé au delà d'un certain degré, ne peut-il pas jeter de la lumière « en telle abondance que par l'émission et la réaction de sa lumière, par « les réflexions et les réfractions de ses rayons au dedans de ses pores, il « devienne toujours plus chaud jusqu'à ce qu'il parvienne à un certain « degré de chaleur qui égale la chaleur du soleil? et le soleil et les étoiles « fixes ne sont-ce pas de vastes terres violemment échauffées dont la cha- « leur se conserve par la grosseur de ces corps, et par l'action et la réac- « tion réciproques entre eux et la lumière qu'ils jettent, leurs parties étant « d'ailleurs empêchées de s'évaporer en fumée, non-seulement par leur « fixité, mais encore par le vaste poids et la grande densité des atmo- « sphères qui, pesant de tous côtés, les compriment très-fortement et con- « densent les vapeurs et les exhalaisons qui s'élèvent de ces corps-là ? »

Par ce passage on voit que Newton, non-seulement est ici de mon avis sur la durée de la chaleur, qu'il suppose en raison plus grande que celle du diamètre, mais encore qu'il renchérit beaucoup sur cette augmentation en disant qu'un grand corps, par cela même qu'il est grand, peut augmenter sa chaleur.

a. Traduction de Coste.

1. *Aussi* est curieux; mais *voir clair* jusque dans les choses qu'ils ne *font* même *que soupçonner*, est le privilége des génies heureux, soit Newton, soit Buffon.

Quoi qu'il en soit, l'expérience a pleinement confirmé ma pensée. La durée de la chaleur, ou, si l'on veut, le temps employé au refroidissement du fer n'est point en plus *petite*, mais en plus *grande* raison que celle du diamètre; il n'y a pour s'en assurer qu'à comparer les progressions suivantes :

Diamètres :

1, 2, 3, 4, 5, 6, 7, 8, 9, 10 demi-pouces.

Temps du premier refroidissement, supposés en raison du diamètre :
12′, 24′, 36′, 48′, 60′, 72′, 84′, 96′ 108′, 120 minutes.

Temps réels de ce refroidissement, trouvés par l'expérience :
12′, 35′ $\frac{1}{2}$, 58′, 80′, 102′, 127′, 156′, 182′, 205′, 232′.

Temps du second refroidissement, supposés en raison du diamètre :
39′, 78′, 117′, 156′, 195′, 234′, 273′, 312′, 351′, 390′.

Temps réels de ce second refroidissement, trouvés par l'expérience :
39′, 93′, 145′, 196′, 248′, 308′, 356′, 415′, 466′, 522′.

On voit, en comparant ces progressions terme à terme, que dans tous les cas la durée de la chaleur, non-seulement n'est pas en raison plus petite que celle du diamètre (comme il est écrit dans Newton), mais qu'au contraire cette durée est en raison considérablement plus grande.

Le docteur Martine, qui a fait un bon ouvrage sur les thermomètres, rapporte ce passage de Newton, et il dit qu'il avait commencé de faire quelques expériences qu'il se proposait de pousser plus loin; qu'il croit que l'opinion de Newton est conforme à la vérité, et que les corps semblables conservent en effet la chaleur dans la proportion de leurs diamètres; mais que quant au doute que Newton forme, si dans les grands corps cette proportion n'est pas *moindre* que celle des diamètres, il ne le croit pas suffisamment fondé. Le docteur Martine avait raison à cet égard, mais en même temps il avait tort de croire, d'après Newton, que tous les corps semblables, solides ou fluides, conservent leur chaleur en raison de leurs diamètres; il rapporte à la vérité des expériences faites avec de l'eau dans des vases de porcelaine, par lesquelles il trouve que les temps du refroidissement de l'eau sont presque proportionnels aux diamètres des vases qui la contiennent; mais nous venons de voir que c'est par cette raison même que dans les corps solides la chose se passe différemment, car l'eau doit être regardée comme une matière presque entièrement perméable à la chaleur, puisque c'est un fluide homogène et qu'aucunes de ses parties ne peuvent faire obstacle à la circulation de la chaleur : ainsi, quoique les expériences du docteur Martine donnent à peu près la raison du diamètre pour le refroidissement de l'eau, on ne doit en rien conclure pour le refroidissement des corps solides.

Maintenant, si l'on voulait chercher, avec Newton, combien il faudrait de temps à un globe gros comme la terre pour se refroidir, on trouverait, d'après les expériences précédentes [1], qu'au lieu de cinquante mille ans qu'il assigne pour le temps du refroidissement de la terre jusqu'à la température actuelle, il faudrait déjà quarante-deux mille neuf cent soixante-quatre ans et deux cent vingt-un jours pour la refroidir seulement jusqu'au point où elle cesserait de brûler, et quatre-vingt-seize mille six cent soixante-dix ans, et cent trente-deux jours pour la refroidir à la température actuelle.

Car la suite des diamètres des globes étant

1, 2, 3, 4, 5......... N demi-pouces, celle des temps du refroidissement jusqu'à pouvoir toucher les globes sans se brûler, sera :

12, 36, 60, 84, 108....... $24 N - 12$ minutes ; et le diamètre de la terre étant de 2865 lieues de 25 au degré, ou de. .   6537930 toises de 6 pieds.

En faisant la lieue de.	2282 toises,
ou de	39227580 pieds,
ou de	941461920 demi-pouces,
nous avons $N =$.	941461920 demi-pouces.

Et $24 N - 12 = 22595086068$ minutes, c'est-à-dire quarante-deux mille neuf cent soixante-quatre ans et deux cent vingt-un jours pour le temps nécessaire au refroidissement d'un globe gros comme la terre, seulement jusqu'au point de pouvoir le toucher sans se brûler.

Et de même, la suite des temps du refroidissement jusqu'à la température actuelle sera :

$$39', 93', 147', 201', 255'............ 54 N - 15'.$$

Et comme N est toujours $= 941461920$ demi-pouces, nous aurons $54 N - 15 = 50838943662$ minutes, c'est-à-dire quatre-vingt-seize mille six cent soixante-dix ans et cent trente-deux jours pour le temps nécessaire au refroidissement d'un globe gros comme la terre au point de la température actuelle.

Seulement on pourrait croire que celui du refroidissement de la terre devrait encore être considérablement augmenté, parce que l'on imagine que le refroidissement ne s'opère que par le contact de l'air, et qu'il y a une grande différence entre le temps du refroidissement dans l'air et le temps du refroidissement dans le vide ; et comme l'on doit supposer que la terre et l'air se seraient en même temps refroidis dans le vide, on dira qu'il faut faire état de ce surplus de temps ; mais il est aisé de faire voir que

1. Voyez la note de la page 82.

cette différence est très-peu considérable ; car quoique la densité du milieu dans lequel un corps se refroidit fasse quelque chose sur la durée du refroidissement, cet effet est bien moindre qu'on ne pourrait l'imaginer, puisque dans le mercure, qui est onze mille fois plus dense que l'air, il ne faut pour refroidir les corps qu'on y plonge qu'environ neuf fois autant de temps qu'il en faut pour produire le même refroidissement dans l'air.

La principale cause du refroidissement n'est donc pas le contact du milieu ambiant, mais la force expansive qui anime les parties de la chaleur et du feu, qui les chasse hors des corps où elles résident, et les pousse directement du centre à la circonférence.

En comparant, dans les expériences précédentes, les temps employés à chauffer les globes de fer avec les temps nécessaires pour les refroidir, on verra qu'il faut environ la sixième partie et demie du temps pour les chauffer à blanc de ce qu'il en faut pour les refroidir au point de pouvoir les tenir à la main, et environ la quinzième partie et demie du temps qu'il faut pour les refroidir au point de la température actuelle[a] : en sorte qu'il y a encore une très-grande correction à faire dans le texte de Newton sur l'estime qu'il fait de la chaleur que le soleil a communiquée à la comète de 1680 ; car cette comète n'ayant été exposée à la violente chaleur du soleil que pendant un petit temps, elle n'a pu la recevoir qu'en proportion de ce temps, et non pas en entier comme Newton paraît le supposer dans le passage que je vais rapporter :

« Est calor solis ut radiorum densitas, hoc est reciprocè ut quadratum
« distantiæ locorum a sole. Ideòque cùm distantia cometæ a centro solis
« decemb. 8, ubi in perihelio versabatur, esset ad distantiam terræ a cen-
« tro solis ut 6 ad 1000 circiter, calor solis apud cometam eo tempore erat
« ad calorem solis æstivi apud nos ut 1000000 ad 36, seu 28000 ad 1. Sed
« calor aquæ ebullientis est quasi triplo major quàm calor quem terra arida
« concipit ad æstivum solem ut expertus sum, etc. Calor ferri candentis
« (si rectè conjector) quasi triplò vel quadruplò major quàm calor aquæ
« ebullientis ; ideòque calor quem terra arida apud cometam in perihelio
« versantem ex radiis solaribus concipere posset, quasi 2000 vicibus major
« quàm calor ferri candentis. Tanto autem calore vapores et exhalationes,
« omnisque materia volatilis statim consumi ac dissipari debuissent.

« Cometa igitur in perihelio suo calorem immensum ad solem concepit,
« et calorem illum diutissimè conservare potest. »

Je remarquerai d'abord que Newton fait ici la chaleur du fer rougi beaucoup moindre qu'elle n'est en effet, et qu'il le dit lui-même dans un

---

a. Le boulet d'un pouce et celui d'un demi-pouce surtout ont été chauffés en bien moins de temps, et ne suivent point cette proportion de quinze et demi à un, et c'est par la raison qu'étant très-petits et placés dans un grand feu, la chaleur les pénétrait, pour ainsi dire, tout à coup ; mais à commencer par les boulets d'un pouce et demi de diamètre, la proportion que j'établis ici se trouve assez exacte pour qu'on puisse y compter.

Mémoire qui a pour titre *Échelle de la chaleur*, et qu'il a publié dans les *Transactions philosophiques* de 1701, c'est-à-dire plusieurs années après la publication de son *Livre des Principes*. On voit dans ce Mémoire, qui est excellent et qui renferme le germe de toutes les idées sur lesquelles on a depuis construit les thermomètres, on y voit, dis-je, que Newton, après des expériences très-exactes, fait la chaleur de l'eau bouillante trois fois plus grande que celle du soleil d'été, celle de l'étain fondant six fois plus grande, celle du plomb fondant huit fois plus grande, celle du régule fondant douze fois plus grande, et celle d'un feu de cheminée ordinaire, seize ou dix-sept fois plus grande que celle du soleil d'été : et de là on ne peut s'empêcher de conclure que la chaleur du fer rougi à blanc ne soit encore bien plus grande, puisqu'il faut un feu constamment animé par le soufflet pour chauffer le fer à ce point. Newton paraît lui-même le sentir et donner à entendre que cette chaleur du fer rougi paraît être sept ou huit fois plus grande que celle de l'eau bouillante; ainsi il faut, suivant Newton lui-même, changer trois mots au passage précédent et lire : « Calor ferri can-« dentis est quasi triplò (septuplò) vel quadruplò (octuplò) major quàm « calor aquæ ebullientis; ideòquê calor apud cometam in perihelio versan-« tem quasi 2000 (1000) vicibus major quàm calor ferri candentis. » Cela diminue de moitié la chaleur de cette comète, comparée à celle du fer rougi à blanc.

Mais cette diminution, qui n'est que relative, n'est rien en elle-même ni rien en comparaison de la diminution réelle et très-grande qui résulte de notre première considération : il faudrait, pour que la comète eût reçu cette chaleur mille fois plus grande que celle du fer rougi, qu'elle eût séjourné pendant un temps très-long dans le voisinage du soleil, au lieu qu'elle n'a fait que passer très-rapidement, surtout à la plus petite distance, sur laquelle seule, néanmoins, Newton établit son calcul de comparaison. Elle était le 8 décembre 1680 à $\frac{6}{1000}$ de la distance de la terre au centre du soleil; mais la veille ou le lendemain, c'est-à-dire vingt-quatre heures avant et vingt-quatre heures après, elle était déjà à une distance six fois plus grande, et où la chaleur était par conséquent trente-six fois moindre.

Si l'on voulait donc connaître la quantité de cette chaleur communiquée à la comète par le soleil, voici comment on pourrait faire cette estimation assez juste et en faire en même temps la comparaison avec celle du fer ardent, au moyen de mes expériences.

Nous supposerons comme un fait que cette comète a employé six cent soixante-six heures à descendre du point où elle était encore éloignée du soleil d'une distance égale à celle de la terre à cet astre, auquel point la comète recevait par conséquent une chaleur égale à celle que la terre reçoit du soleil, et que je prends ici pour l'unité; nous supposerons de même que la comète a employé six cent soixante-six autres heures à remonter du point le plus bas de son périhélie à cette même distance; et supposant aussi son mouvement uniforme, on verra que la comète étant au point le plus bas de son périhélie, c'est-à-dire à $\frac{6}{1000}$ de distance de la terre au soleil, la chaleur qu'elle a reçue dans ce moment était vingt-sept mille sept cent soixante-seize fois plus grande que celle que reçoit la terre : en donnant à ce moment une durée de 80 minutes, savoir, 40 minutes en descendant et 40 minutes en montant, on aura :

A 6 de distance, 27776 de chaleur pendant 80 minutes.

A 7 de distance, 20408 de chaleur aussi pendant 80 minutes.

A 8 de distance, 15625 de chaleur toujours pendant 80′, et ainsi de suite jusqu'à la distance 1000, où la chaleur est 1. En sommant toutes les chaleurs à chaque distance, on trouvera 363410 pour le total de la chaleur que la comète a reçue du soleil tant en descendant qu'en remontant, qu'il faut multiplier par le temps, c'est-à-dire par $\frac{4}{3}$ d'heure ; on aura donc 484547, qu'on divisera par 2000, qui représente la chaleur totale que la terre a reçue dans ce même temps de 1332 heures, puisque la distance est toujours 1000, et la chaleur toujours $= 1$; ainsi l'on aura 242 $\frac{547}{2000}$ pour la chaleur que la comète a reçue de plus que la terre pendant tout le temps de son périhélie, au lieu de 28000 comme Newton le suppose, parce qu'il ne prend que le point extrême, et ne fait nulle attention à la très-petite durée du temps.

Et encore faudrait-il diminuer cette chaleur 242 $\frac{547}{2000}$, parce que la comète parcourait par son accélération d'autant plus de chemin dans le même temps, qu'elle était plus près du soleil.

Mais en négligeant cette diminution et en admettant que la comète a en effet reçu une chaleur à peu près deux cent quarante-deux fois plus grande que celle de notre soleil d'été, et par conséquent 17 $\frac{2}{7}$ fois plus grande que celle du fer ardent, suivant l'estime de Newton, ou seulement dix fois plus grande suivant la correction qu'il faut faire à cette estime; on doit supposer que pour donner une chaleur dix fois plus grande que celle du fer rougi, il faudrait dix fois plus de temps, c'est-à-dire 13320 heures au lieu de 1332. Par conséquent on peut comparer à la comète un globe de fer qu'on aurait chauffé à un feu de forge pendant 13320 heures pour pouvoir le rougir à blanc.

Or, on voit, par mes expériences, que la suite des temps nécessaires pour chauffer des globes dont les diamètres croissent, comme :

$$1, 2, 3, 4, 5\ldots\ldots\ldots n \text{ demi-pouces,}$$

est à très-peu près

$$2', 5'\tfrac{1}{2}, 9', 12'\tfrac{1}{2}, 16'\ldots\ldots\ldots \frac{7n-3}{2} \text{ minutes.}$$

On aura donc $\frac{7n-3}{2} = 769200$ minutes.

D'où l'on tirera $\qquad n = 228342$ demi-pouces.

Ainsi avec le feu de forge on ne pourrait chauffer à blanc, en 799200 minutes, ou 13320 heures, qu'un globe dont le diamètre serait de 228342 demi-pouces, et par conséquent il faudrait, pour que toute la masse de la comète soit échauffée au point du fer rougi à blanc pendant le peu de temps qu'elle a été exposée aux ardeurs du soleil, qu'elle n'eût eu que 228342 demi-pouces de diamètre, et supposer encore qu'elle eût été frappée de tous côtés et en même temps par la lumière du soleil. D'où il résulte que si on la suppose plus grande, il faut nécessairement supposer plus de temps dans la même raison de n à $\frac{7\,n - 3}{2}$; en sorte, par exemple, que si l'on veut supposer la comète égale à la terre, on aura $n = 941461920$ demi-pouces, et $\frac{7\,n - 3}{2} = 3295116718$ minutes, c'est-à-dire qu'au lieu de 13320 heures, il en faudrait 54918612, ou si l'on veut, au lieu de un an 190 jours, il faudrait 6269 ans pour chauffer à blanc un globe gros comme la terre ; et par la même raison il faudrait que la comète, au lieu de n'avoir séjourné que 1332 heures ou 55 jours 12 heures dans tout son périhélie, y eût demeuré pendant 392 ans. Ainsi les comètes, lorsqu'elles approchent du soleil, ne reçoivent pas une chaleur immense, ni très-long-temps durable, comme le dit Newton, et comme on serait porté à le croire à la première vue ; leur séjour est si court dans le voisinage de cet astre, que leur masse n'a pas le temps de s'échauffer, et qu'il n'y a guère que la partie de la surface exposée au soleil qui soit brûlée par ces instants de chaleur extrême, laquelle, en calcinant et volatilisant la matière de cette surface, la chasse au dehors en vapeurs et en poussière du côté opposé au soleil ; et ce qu'on appelle *la queue d'une comète* n'est autre chose que la lumière même du soleil rendue sensible, comme dans une chambre obscure, par ces atomes que la chaleur pousse d'autant plus loin qu'elle est plus violente.

Mais une autre considération bien différente de celle-ci et encore plus importante, c'est que, pour appliquer le résultat de nos expériences et de notre calcul à la comète et à la terre, il faut les supposer composées de matières qui demanderaient autant de temps que le fer pour se refroidir ; tandis que, dans le réel, les matières principales dont le globe terrestre est composé, telles que les glaises, les grès, les pierres, etc., doivent se refroidir en bien moins de temps que le fer.

Pour me satisfaire sur cet objet, j'ai fait faire des globes de glaise et de grès, et, les ayant fait chauffer à la même forge jusqu'à les faire rougir à blanc, j'ai trouvé que les boulets de glaise de deux pouces se sont refroidis au point de pouvoir les tenir dans la main en trente-huit minutes, ceux de deux pouces et demic en quarante-huit minutes, et ceux de trois pouces en soixante minutes ; ce qui, étant comparé avec le temps du refroidissement des boulets de fer de ces mêmes diamètres de deux pouces, deux pouces et demi et trois pouces, donne les rapports de 38 à 80 pour deux pouces, 48 à 102 pour deux pouces et demi, et 60 à 127 pour trois pouces, ce qui fait un peu moins de 1 à 2 ; en sorte que, pour le refroidissement de la glaise, il ne faut pas la moitié du temps qu'il faut pour celui du fer.

J'ai trouvé de même que les globes de grès de deux pouces se sont refroidis au point de les tenir dans la main en quarante-cinq minutes, ceux de deux pouces et demi en cinquante-huit minutes, et ceux de trois pouces en soixante-quinze minutes ; ce qui, étant comparé avec le temps du refroidissement des boulets de fer de ces mêmes diamètres, donne les rapports de 46 à 80 pour deux pouces, de 58 à 102 pour deux pouces et demi, et de 75 à 127 pour trois pouces, ce qui fait à très-peu près la raison de 9 à 5 ; en sorte que, pour le refroidissement du grès, il faut plus de la moitié du temps qu'il faut pour celui du fer.

J'observerai, au sujet de ces expériences, que les globes de glaise chauffés à feu blanc ont perdu de leur pesanteur encore plus que les boulets de fer, et jusqu'à la neuvième ou dixième partie de leur poids ; au lieu que le grès chauffé au même feu ne perd presque rien du tout de son poids, quoique toute la surface se couvre d'émail et se réduise en verre. Comme ce petit fait m'a paru singulier, j'ai répété l'expérience plusieurs fois, en faisant même pousser le feu et le continuer plus longtemps que pour le fer ; et, quoiqu'il ne fallût guère que le tiers du temps pour rougir le grès de ce qu'il en fallait pour rougir le fer, je l'ai tenu à ce feu le double et le triple du temps, pour voir s'il perdrait davantage, et je n'ai trouvé que de très-légères diminutions ; car le globe de deux pouces, chauffé pendant huit minutes, qui pesait sept onces deux gros trente grains avant d'être mis au feu, n'a perdu que quarante et un grains, ce qui ne fait pas la centième partie de son poids ; celui de deux pouces et demi, qui pesait quatorze onces deux gros huit grains, ayant été chauffé pendant douze minutes, n'a perdu que la cent cinquante-quatrième partie de son poids ; et celui de trois pouces, qui pesait vingt-quatre onces cinq gros treize grains, ayant été chauffé pendant dix-huit minutes, c'est-à-dire à peu près autant que le fer, n'a perdu que soixante-dix-huit grains, ce qui ne fait que la cent quatre-vingt et unième partie de son poids. Ces pertes sont si petites, qu'on pourrait les regarder comme nulles, et assurer en général que le grès pur ne perd rien de sa pesanteur au feu ; car il m'a paru que ces petites diminutions que je viens de rapporter ont été occasionnées par les parties ferrugineuses qui se sont trouvées dans ces grès, et qui ont été en partie détruites par le feu.

Une chose plus générale et qui mérite bien d'être remarquée, c'est que les durées de la chaleur dans différentes matières exposées au même feu, pendant un temps égal, sont toujours dans la même proportion, soit que le degré de chaleur soit plus grand ou plus petit ; en sorte, par exemple, que si on chauffe le fer, le grès et la glaise à un feu violent, et tel qu'il faille quatre-vingts minutes pour refroidir le fer au point de pouvoir le toucher, quarante-six minutes pour refroidir le grès au même point, et trente-huit pour refroidir la glaise, et qu'à une chaleur moindre il ne faille, par exemple, que dix-huit minutes pour refroidir le fer à ce même point de pouvoir le toucher avec la main, il ne faudra proportionnellement qu'un peu plus de dix minutes pour refroidir le grès, et environ huit minutes et demie pour refroidir la glaise à ce même point.

J'ai fait de semblables expériences sur des globes de marbre, de pierre, de plomb et d'étain, à une chaleur telle seulement que l'étain commençait à fondre, et j'ai trouvé que le fer se refroidissant en dix-huit minutes au point de pouvoir le tenir à la main, le marbre se refroidit au même point en douze minutes, la pierre en onze, le plomb en neuf, et l'étain en huit minutes.

Ce n'est donc pas proportionnellement à leur densité[1], comme on le croit vulgairement[a], que les corps reçoivent et perdent plus ou moins vite la chaleur, mais dans un rapport bien différent et qui est en raison inverse de leur solidité, c'est-à-dire de leur plus ou moins grande *non-fluidité;* en sorte qu'avec la même chaleur, il faut moins de temps pour échauffer ou refroidir le fluide le plus dense qu'il n'en faut pour échauffer ou refroidir au même degré le solide le moins dense. Je donnerai dans les Mémoires suivants le développement entier de ce principe, duquel dépend toute la théorie du progrès de la chaleur; mais pour que mon assertion ne paraisse pas vaine, voici en peu de mots le fondement de cette théorie.

J'ai trouvé, par la vue de l'esprit[2], que les corps qui s'échaufferaient en raison de leurs diamètres ne pourraient être que ceux qui seraient parfaitement perméables à la chaleur, et que ce seraient en même temps ceux qui s'échaufferaient ou se refroidisaient en moins de temps. Dès lors j'ai pensé que les fluides dont toutes les parties ne se tiennent que par un faible lien approchaient plus de cette perméabilité parfaite que les so-

---

a. Voyez la *Chimie* de Boërrhave. Partie première, pages 266 et 276, et aussi 160, 264 et 267. — Musschenbroek, *Essais de physique*, pages 94 et 969, etc.

1. Les lois du *refroidissement des corps* forment aujourd'hui un des chapitres les plus étendus de l'histoire de la chaleur. On y étudie successivement la marche de ce *refroidissement* dans le vide, dans l'air, dans les gaz, etc., relativement à la température du milieu environnant, à la masse, à la conductibilité des corps, etc. — Toutes choses égales d'ailleurs, on peut dire que la *vitesse du refroidissement* est en raison inverse de la *densité.* Un corps se refroidit d'autant plus *lentement* qu'il est plus *dense.* Il y a plus. Dans le même corps, le *pouvoir émissif* varie selon que varie la *densité:* on augmente le *pouvoir émissif* d'un corps, en diminuant la *densité* de ses couches, et l'on rend ce *pouvoir* plus faible en augmentant la *densité* des couches.

2. *J'ai trouvé, par la vue de l'esprit...* « Quelquefois M. de Buffon montre dans son talent « une confiance qui est l'âme des grandes entreprises : — Voilà, dit-il, ce que j'aperçois par la « vue de l'esprit; — et il ne se trompe point, car cette vue seule lui a découvert des rapports « que d'autres n'ont trouvés qu'à force de veilles et de travaux. » (Vicq-d'Azyr : *Disc. de réception à l'Acad. franç.*)

lides dont les parties ont beaucoup plus de cohésion que celles des fluides.

En conséquence, j'ai fait des expériences par lesquelles j'ai trouvé qu'avec la même chaleur, tous les fluides, quelque denses qu'ils soient, s'échauffent et se refroidissent plus promptement qu'aucun solide, quelque léger qu'il soit ; en sorte, par exemple, que le mercure, comparé avec le bois, s'échauffe beaucoup plus promptement que le bois, quoiqu'il soit quinze ou seize fois plus dense.

Cela m'a fait reconnaître que le progrès de la chaleur dans les corps ne devait en aucun cas se faire relativement à leur densité ; et en effet j'ai trouvé, par l'expérience, que, tant dans les solides que dans les fluides, ce progrès se fait plutôt en raison de leur fluidité, ou, si l'on veut, en raison inverse de leur solidité.

Comme ce mot *solidité* a plusieurs acceptions, il faut voir nettement le sens dans lequel je l'emploie ici : *solide* et *solidité* se disent en géométrie relativement à la grandeur, et se prennent pour le volume du corps ; *solidité* se dit souvent en physique relativement à la densité, c'est-à-dire à la masse contenue sous un volume donné ; *solidité* se dit quelquefois encore relativement à la dureté, c'est-à-dire à la résistance que font les corps lorsque nous voulons les entamer. Or, ce n'est dans aucun de ces sens que j'emploie ici ce mot, mais dans une acception qui devrait être la première, parce qu'elle est la plus propre. J'entends uniquement par *solidité* la qualité opposée à la fluidité, et je dis que c'est en raison inverse de cette qualité que se fait le progrès de la chaleur dans la plupart des corps, et qu'ils s'échauffent ou se refroidissent d'autant plus vite qu'ils sont plus fluides, et d'autant plus lentement qu'ils sont plus solides, toutes les autres circonstances étant égales d'ailleurs.

Et, pour prouver que la solidité prise dans ce sens est tout à fait indépendante de la densité, j'ai trouvé par expérience que des matières plus denses ou moins denses s'échauffent et se refroidissent plus promptement que d'autres matières plus ou moins denses ; que, par exemple, l'or et le plomb, qui sont beaucoup plus denses que le fer et le cuivre, néanmoins s'échauffent et se refroidissent beaucoup plus vite, et que l'étain et le marbre, qui sont au contraire moins denses, s'échauffent et se refroidissent aussi beaucoup plus vite que le fer et le cuivre, et qu'il en est de même de plusieurs autres matières qui, quoique plus ou moins denses, s'échauffent et se refroidissent plus promptement que d'autres qui sont beaucoup moins denses ou plus denses ; en sorte que la densité n'est nullement relative à l'échelle du progrès de la chaleur dans les corps solides.

Et, pour le prouver de même dans les fluides, j'ai vu que le mercure qui est treize ou quatorze fois plus dense que l'eau, néanmoins s'échauffe et se refroidit en moins de temps que l'eau ; et que l'esprit-de-vin, qui est moins dense que l'eau, s'échauffe et se refroidit aussi plus vite que l'eau ; en sorte que généralement le progrès de la chaleur dans les corps, tant pour l'entrée que pour la sortie, n'a aucun rapport à leur densité, et se fait principalement en raison de leur fluidité, en étendant la fluidité jusqu'au solide, c'est-à-dire en regardant la solidité comme une *non-fluidité* plus ou moins grande. De là j'ai cru devoir conclure que l'on connaîtrait en effet le degré réel de fluidité dans les corps en les faisant chauffer à la même chaleur ; car leur fluidité sera dans la même raison que celle du temps pendant lequel ils recevront et perdront cette chaleur ; et il en sera de même des corps solides : ils seront d'autant plus solides, c'est-à-dire d'autant plus *non fluides*, qu'il leur faudra plus de temps pour recevoir cette même chaleur et la perdre ; et cela presque généralement, à ce que je présume, car j'ai déjà tenté ces expériences sur un grand nombre de matières différentes, et j'en ai fait une table que j'ai tâché de rendre aussi complète et aussi exacte qu'il m'a été possible, et qu'on trouvera dans le Mémoire suivant.

SECOND MÉMOIRE.

SUITE DES EXPÉRIENCES SUR LE PROGRÈS DE LA CHALEUR DANS LES DIFFÉRENTES SUBSTANCES MINÉRALES.

J'ai fait faire un grand nombre de globes, tous d'un pouce de diamètre, le plus précisément qu'il a été possible, des matières suivantes, qui peuvent représenter ici à peu près le règne minéral.

	Onces.	Gros.	Grains.
Or le plus pur, affiné par les soins de M. Tillet, de l'Académie des Sciences, qui a fait travailler ce globe à ma prière, pèse.......	6	2	17
Plomb, pèse...	3	6	28
Argent le plus pur, travaillé de même, pèse.....................	3	3	22
Bismuth, pèse	3	0	3
Cuivre rouge, pèse...	2	7	56
Fer, pèse...	2	5	10
Étain, pèse...	2	3	48
Antimoine fondu, et qui avait des petites cavités à sa surface, pèse.	2	1	34
Zinc, pèse...	2	1	2
Émeril, pèse...	1	2	24 $\frac{1}{2}$
Marbre blanc, pèse..	1	0	25
Grès pur, pèse..	0	7	24
Marbre commun de Montbard, pèse............................	0	7	20
Pierre calcaire dure et grise de Montbard, pèse.................	0	7	20
Gypse blanc, improprement appelé *albâtre*, pèse...............	0	6	36
Pierre calcaire blanche, statuaire, de la carrière d'Anières près de Dijon, pèse..	0	6	36

Cristal de roche ; il était un peu trop petit, et il y avait plusieurs défauts et quelques petites fêlures à sa surface ; je présume que,

sans cela, il aurait pesé plus d'un gros de plus; il pèse..........	0	6	22
Verre commun, pèse...	0	6	21
Terre glaise pure non cuite, mais très-sèche, pèse.	0	6	16
Ocre, pèse..	0	5	9
Porcelaine de M. le comte de Lauraguais, pèse....................	0	5	$2\frac{1}{4}$
Craie blanche, pèse..	0	4	49
Pierre-ponce avec plusieurs petites cavités à sa surface, pèse......	0	1	69
Bois de cerisier, qui, quoique plus léger que le chêne et la plupart des autres bois, est celui de tous qui s'altère le moins au feu, pèse..	0	1	55

Je dois avertir qu'il ne faut pas compter assez sur les poids rapportés dans cette table pour en conclure la pesanteur spécifique exacte de chaque matière, car, quelque précaution que j'aie prise pour rendre les globes égaux, comme il a fallu employer des ouvriers de différents métiers, les uns me les ont rendus trop gros et les autres trop petits. On a diminué ceux qui avaient plus d'un pouce de diamètre, mais quelques-uns qui étaient un tant soit peu trop petits, comme ceux de cristal de roche, de verre et de porcelaine, sont demeurés tels qu'ils étaient : j'ai seulement rejeté ceux d'agate, de jaspe, de porphyre et de jade, qui étaient sensiblement trop petits. Néanmoins ce degré de précision de grosseur, très-difficile à saisir, n'était pas absolument nécessaire, car il ne pouvait changer que très-peu le résultat de mes expériences.

Avant d'avoir commandé tous ces globes d'un pouce de diamètre, j'avais exposé à un même degré de feu une masse carrée de fer, et une autre de plomb de deux pouces dans toutes leurs dimensions, et j'avais trouvé, par des essais réitérés, que le plomb s'échauffait plus vite, et se refroidissait en beaucoup moins de temps que le fer. Je fis la même épreuve sur le cuivre rouge : il faut aussi plus de temps pour l'échauffer et pour le refroidir qu'il n'en faut pour le plomb, et moins que pour le fer. En sorte que, de ces trois matières, le fer me parut celle qui est la moins accessible à la chaleur, et en même temps celle qui la retient le plus longtemps. Ceci me fit connaître que la loi du progrès de la chaleur, c'est-à-dire de son entrée et de sa sortie dans les corps, n'était point du tout proportionnelle à leur densité, puisque le plomb, qui est plus dense que le fer et le cuivre, s'échauffe néanmoins et se refroidit en moins de temps que ces deux autres métaux. Comme cet objet me parut important, je fis faire mes petits globes pour m'assurer plus exactement, sur un grand nombre de différentes matières, du progrès de la chaleur dans chacune. J'ai toujours placé les globes à un pouce de distance les uns des autres devant le même feu ou dans le même four, deux ou trois, ou quatre, ou cinq, etc., ensemble, pendant le même temps avec un globe d'étain au milieu des autres. Dans la plupart des expériences, je les laissais exposés à la même action du feu jusqu'à ce que le globe d'étain commençait à fondre, et dans ce moment on les enlevait tous ensemble et on les posait sur une table dans de petites cases préparées pour les recevoir ; je les y laissais refroidir sans les bouger, en essayant assez souvent de les toucher, et au moment qu'ils commençaient à ne plus brûler les doigts, et que je pouvais les tenir dans ma main pendant une demi-seconde, je marquais le nombre des minutes qui s'étaient écoulées depuis qu'ils étaient retirés du feu ; ensuite je les laissais tous refroidir au point de la température actuelle, dont je tâchais de juger par le moyen d'autres petits globes de même matière qui n'avaient pas été chauffés, et que je touchais en même temps que ceux qui se refroidissaient. De toutes les matières que j'ai mises à l'épreuve, il n'y a que le soufre qui fond à un moindre degré de chaleur que l'étain ; et malgré la mauvaise odeur de sa vapeur je l'aurais pris pour terme de comparaison, mais comme c'est une matière friable et qui se diminue par le frottement, j'ai préféré l'étain, quoiqu'il exige près du double de chaleur pour se fondre, de celle qu'il faut pour fondre le soufre.

I. — Par une première expérience, le boulet de plomb et le boulet de cuivre, chauffés pendant le même temps, se sont refroidis dans l'ordre suivant :

Refroidis *à les tenir dans la main pendant une demi-seconde.* Minutes.	*Refroidis à la température actuelle.* Minutes.
Plomb, en...................... 8	En............................. 23
Cuivre, en........................ 12	En............................. 35

II. — Ayant fait chauffer ensemble, au même feu, des boulets de fer, de cuivre, de plomb, d'étain, de grès et de marbre de Montbard, ils se sont refroidis dans l'ordre suivant :

Refroidis à les tenir pendant une demi-seconde. Minutes.	*Refroidis à la température actuelle.* Minutes.
Étain, en.................... $6\frac{1}{2}$	En............................. 16
Plomb, en.................... 8	En............................. 17
Grès, en.................... 9	En............................. 19
Marbre commun, en.............. 10	En............................. 21
Cuivre, en.................... $11\frac{1}{2}$	En............................. 30
Fer, en.................... 13	En............................. 38

III. — Par une seconde expérience à un feu plus ardent et au point d'avoir fondu le boulet d'étain, les cinq autres boulets se sont refroidis dans les proportions suivantes :

Refroidis à les tenir pendant une demi-seconde. Minutes.	*Refroidis à la température.* Minutes.
Plomb, en.................... $10\frac{1}{2}$	En............................. 42
Grès, en.................... $12\frac{1}{2}$	En............................. 46
Marbre commun, en.............. $13\frac{1}{2}$	En............................. 50
Cuivre, en.................... $19\frac{1}{2}$	En............................. 51
Fer, en.................... $23\frac{1}{2}$	En............................. 54

IV. — Par une troisième expérience à un degré de feu moindre que le précédent, les mêmes boulets, avec un nouveau boulet d'étain, se sont refroidis dans l'ordre suivant :

Refroidis à les tenir pendant une demi-seconde.	Minutes.		*Refroidis à la température.*	Minutes.
Étain, en	$7\frac{1}{2}$		En	25
Plomb, en	$9\frac{1}{2}$		En	35
Grès, en	$10\frac{1}{2}$		En	37
Marbre commun, en	12		En	39
Cuivre, en	14		En	44
Fer, en	17		En	50

De ces expériences que j'ai faites avec autant de précision qu'il m'a été possible, on peut conclure :

1° Que le temps du refroidissement du fer est à celui du refroidissement du cuivre au point de les tenir : : $53\frac{1}{2}$: 45, et au point de la température : : 142 : 125 ;

2° Que le temps du refroidissement du fer est à celui du premier refroidissement du marbre commun : : $53\frac{1}{2}$: $35\frac{1}{2}$, et au point de leur refroidissement entier : : 142 : 110 ;

3° Que le temps du refroidissement du fer est à celui du refroidissement du grès au point de pouvoir les tenir : : $53\frac{1}{2}$: 32, et : : 142 : $102\frac{1}{2}$ pour leur entier refroidissement ;

4° Que le temps du refroidissement du fer est à celui du refroidissement du plomb, au point de les tenir : : $53\frac{1}{2}$: 27, et : : 142 : $94\frac{1}{2}$ pour leur entier refroidissement.

V. — Comme il n'y avait que deux expériences pour la comparaison du fer à l'étain, j'ai voulu en faire une troisième dans laquelle l'étain s'est refroidi à le tenir dans la main en 8 minutes, et en entier, c'est-à-dire à la température, en 32 minutes ; et le fer s'est refroidi à le tenir sur la main en 18 minutes, et refroidi en entier en 48 minutes ; au moyen de quoi la proportion trouvée par trois expériences est :

1° Pour le premier refroidissement du fer, comparé à celui de l'étain : : 48 : 22, et : : 136 : 73 pour leur entier refroidissement ;

2° Que les temps du refroidissement du cuivre sont à ceux du refroidissement du marbre commun : : 45 : $35\frac{1}{2}$ pour le premier refroidissement, et : : 125 : 110 pour le refroidissement à la température ;

3° Que les temps du refroidissement du cuivre sont à ceux du refroidissement du grès : : 45 : 33 pour le premier refroidissement, et : : 125 : 102 pour le refroidissement à la température actuelle ;

4° Que les temps du refroidissement du cuivre sont à ceux du refroidissement du plomb : : 45 : 27 pour le premier refroidissement, et : : 125 : $94\frac{1}{2}$ pour le refroidissement entier.

VI. — Comme il n'y avait pour la comparaison du cuivre et de l'étain que deux expériences, j'en ai fait une troisième dans laquelle le cuivre s'est refroidi à le tenir dans la main en 18 minutes, et en entier en 49 minutes; et l'étain s'est refroidi au premier point en 8 ½ minutes, et au dernier en 30 minutes; d'où l'on peut conclure :

1° Que le temps du refroidissement du cuivre est à celui du refroidissement de l'étain, au point de pouvoir les tenir : : 43 ½ : 22 ½, et : : 123 : 71 pour leur entier refroidissement ;

2° On peut de même conclure des expériences précédentes que le temps du refroidissement du marbre commun est à celui du refroidissement du grès, au point de pouvoir les tenir : : 36 ½ : 32, et : : 110 : 102 pour leur entier refroidissement;

3° Que le temps du refroidissement du marbre commun est à celui du refroidissement du plomb au point de pouvoir les tenir : : 36 ½ : 28, et : : 110 : 94 ½ pour le refroidissement entier.

VII. — Comme il n'y avait pour la comparaison du marbre commun et de l'étain que deux expériences, j'en ai fait une troisième dans laquelle l'étain s'est refroidi, à le tenir dans la main en 9 minutes, et le marbre en 11 minutes; et l'étain s'est refroidi en entier en 22 ½ minutes, et le marbre en 33 minutes. Ainsi les temps du refroidissement du marbre sont à ceux du refroidissement de l'étain comme 33 est à 24 ½ pour le premier refroidissement, et : : 93 : 64 pour le second refroidissement.

VIII. — Comme il n'y avait que deux expériences pour la comparaison du grès et du plomb avec l'étain, j'en ai fait une troisième en faisant chauffer ensemble ces trois boulets de grès, de plomb et d'étain, qui se sont refroidis dans l'ordre suivant :

Refroidis à les tenir pendant une demi-seconde.		*Refroidis à la température.*	
	Minutes.		Minutes.
Étain, en...	7 ½	En...	23
Plomb, en...	8 ½	En...	27
Grès, en...	10 ½	En...	28

Ainsi on peut en conclure :

1° Que le temps du refroidissement du plomb est à celui du refroidissement de l'étain, au point de pouvoir les tenir : : 25 ½ : 21 ½, et : : 79 ½ : 64 pour le refroidissement entier ;

2° Que le temps du refroidissement du grès est à celui du refroidissement de l'étain, au point de pouvoir les tenir : : 30 : 21 ½, et : : 84 : 64 pour leur entier refroidissement ;

3° De même, on peut conclure par les quatre expériences précédentes que le temps du refroidissement du grès est à celui du refroidissement du plomb au point de pouvoir les tenir : : $42\frac{1}{2}$: $35\frac{1}{2}$, et : : 130 : $121\frac{1}{4}$ pour leur entier refroidissement.

IX. — Dans un four chauffé au point de fondre l'étain, quoique toute la braise et les cendres en eussent été tirées, j'ai fait placer sur un support de fer-blanc, traversé de fil de fer, cinq boulets éloignés les uns des autres d'environ 9 lignes, après quoi on a fermé le four ; et les ayant retirés au bout de 15 minutes, ils se sont refroidis dans l'ordre suivant :

Refroidis à les tenir pendant une demi-seconde.	Minutes.	*Refroidis à la température.*	Minutes.
Étain fondu par sa partie d'en bas, en.	8	En	24
Argent, en	14	En	40
Or, en	15	En	46
Cuivre, en	$16\frac{1}{2}$	En	50
Fer, en	18	En	56

X. — Dans le même four, mais à un moindre degré de chaleur, les mêmes boulets, avec un autre boulet d'étain, se sont refroidis dans l'ordre suivant :

Refroidis à les tenir pendant une demi-seconde.	Minutes.	*Refroidis à la température.*	Minutes.
Étain, en	7	En	20
Argent, en	11	En	31
Or, en	$12\frac{1}{3}$	En	40
Cuivre, en	14	En	43
Fer, en	$16\frac{1}{3}$	En	47

XI. — Dans le même four, et à un degré de chaleur encore moindre, les mêmes boulets se sont refroidis dans les proportions suivantes :

Refroidis à les tenir pendant une demi-seconde.	Minutes.	*Refroidis à la température.*	Minutes.
Étain, en	6	En	17
Argent, en	9	En	26
Or, en	$9\frac{1}{4}$	En	28
Cuivre, en	10	En	31
Fer, en	11	En	35

On doit conclure de ces expériences :

1° Que le temps du refroidissement du fer est à celui du refroidissement du cuivre, au point de les tenir : : $11 + 16\frac{1}{2} + 18$: $10 + 14 + 16\frac{1}{3}$, ou : : $45\frac{1}{2}$: $40\frac{1}{3}$ par les trois expériences présentes ; et comme ce rapport a été trouvé par les expériences précédentes (art. IV) : : $53\frac{1}{2}$: 45, on aura, en ajoutant ces temps, 99 à $85\frac{1}{2}$ pour le rapport encore plus précis du premier refroidissement du fer et du cuivre ; et pour le second, c'est-à-dire pour le refroidissement entier, le rapport donné par les présentes expériences étant : : $35 + 47 + 56$: $31 + 43 + 50$, ou : : 138 : 24, et : : 142 : 125. Par les expériences précédentes (art. IV), on aura, en ajoutant ces temps, 280 à 249 pour le rapport encore plus précis du refroidissement entier du fer et du cuivre ;

2° Que le temps du refroidissement du fer est à celui du refroidissement de l'or, au point de pouvoir les tenir : : 45 $\frac{1}{2}$: 37, et au point de la température : : 138 : 114 ;

3° Que le temps du refroidissement du fer est à celui du refroidissement de l'argent, au point de pouvoir les tenir : : 45 $\frac{1}{2}$: 34, et au point de la température : : 138 : 97 ;

4° Que le temps du refroidissement du fer est à celui du refroidissement de l'étain, au point de pouvoir les tenir : : 45 $\frac{1}{2}$: 21 par les présentes expériences, et : : 24 : 11 par les expériences précédentes (art. V) ; ainsi l'on aura, en ajoutant ces temps, 69 $\frac{1}{2}$ à 32 pour le rapport encore plus précis de leur refroidissement ; et pour le second, le rapport donné par les expériences présentes étant : : 138 : 61, et par les expériences précédentes (art. V) : : 136 : 73, on aura, en ajoutant ces temps, 274 à 134 pour le rapport encore plus précis de l'entier refroidissement du fer et de l'étain ;

5° Que le temps du refroidissement du cuivre est à celui de l'or, au point de pouvoir les tenir : : 40 $\frac{1}{2}$: 37, et : : 124 : 114 pour leur entier refroidissement ;

6° Que le temps du refroidissement du cuivre est à celui du refroidissement de l'argent, au point de pouvoir les tenir : : 40 $\frac{1}{2}$: 34, et : : 124 : 97 pour leur entier refroidissement ;

7° Que le temps du refroidissement du cuivre est à celui du refroidissement de l'étain, au point de pouvoir les tenir : : 40 $\frac{1}{2}$: 21 par les présentes expériences, et : : 43 $\frac{1}{2}$: 22 $\frac{1}{2}$ par les expériences précédentes (art. VI) ; ainsi on aura, en ajoutant ces temps, 84 à 43 $\frac{1}{2}$ pour le rapport encore plus précis de leur premier refroidissement ; et pour le second, le rapport donné par les présentes expériences étant : : 124 : 61, et : : 123 : 71 par les expériences précédentes (art. VI), on aura, en ajoutant ces temps, 247 à 132 pour le rapport encore plus précis de l'entier refroidissement du cuivre et de l'étain ;

8° Que le temps du refroidissement de l'or est à celui du refroidissement de l'argent, au point de pouvoir les tenir : : 37 : 34, et : : 114 : 97 pour leur entier refroidissement ;

9° Que le temps du refroidissement de l'or est à celui du refroidissement de l'étain, au point de pouvoir les tenir : : 37 : 21, et : : 114 : 61 pour leur entier refroidissement ;

10° Que le temps du refroidissement de l'argent est à celui du refroidissement de l'étain, au point de pouvoir les tenir : : 34 : 21, et : : 97 : 61 pour leur entier refroidissement.

XII. — Ayant mis dans le même four cinq boulets, placés de même et séparés les uns des autres, leur refroidissement s'est fait dans les proportions suivantes :

Refroidis à les tenir pendant une demi-seconde.	Minutes.	*Refroidis à la température.*	Minutes.
Antimoine, en	$6\frac{1}{2}$	En	25
Bismuth, en	7	En	26
Plomb, en	8	En	27
Zinc, en	$10\frac{1}{2}$	En	30
Émeril, en	$11\frac{1}{2}$	En	28

XIII. — Ayant répété cette expérience avec un degré de chaleur plus fort, et auquel l'étain et le bismuth se sont fondus, les autres boulets se sont refroidis dans la progression suivante :

Refroidis à les tenir pendant une demi-seconde.	Minutes.	*Refroidis à la température.*	Minutes.
Antimoine, en	$7\frac{1}{2}$	En	28
Plomb, en	$9\frac{1}{2}$	En	39
Zinc, en	14	En	44
Émeril, en	16	En	50

XIV. — On a placé dans le même four et de la même manière un autre boulet de bismuth, avec six autres boulets qui se sont refroidis dans la progression suivante :

Refroidis à les tenir pendant une demi-seconde.	Minutes.	*Refroidis à la température.*	Minutes.
Antimoine, en	6	En	23
Bismuth, en	6	En	25
Plomb, en	$7\frac{1}{2}$	En	28
Argent	$9\frac{1}{2}$	En	30
Zinc, en	$10\frac{1}{2}$	En	32
Or, en	11	En	32
Émeril, en	$13\frac{1}{2}$	En	39

XV. — Ayant répété cette expérience avec les sept mêmes boulets, ils se sont refroidis dans l'ordre suivant :

Refroidis à les tenir pendant une demi-seconde.	Minutes.	*Refroidis à la température.*	Minutes.
Antimoine, en	$6\frac{1}{2}$	En	23
Bismuth, en	$7\frac{1}{2}$	En	31
Plomb, en	$7\frac{1}{2}$	En	29
Argent, en	$11\frac{1}{2}$	En	32
Zinc, en	$13\frac{1}{2}$	En	38
Or, en	14	En	41
Émeril, en	15	En	44

Toutes ces expériences ont été faites avec soin et en présence de deux ou trois personnes qui ont jugé comme moi par le tact, et en serrant dans la main pendant une demi-seconde les différents boulets ; ainsi l'on doit en conclure :

1° Que le temps du refroidissement de l'émeril est à celui du refroidissement de l'or, au point de pouvoir les tenir : : 28 $\frac{1}{2}$: 25, et : : 83 : 73 pour leur entier refroidissement ;

2° Que le temps du refroidissement de l'émeril est à celui du refroidissement du zinc, au point de pouvoir les toucher : : 56 : 48 $\frac{1}{2}$, et : : 171 : 144 pour leur entier refroidissement ;

3° Que le temps du refroidissement de l'émeril est à celui du refroidissement de l'argent, au point de pouvoir les tenir : : 28 $\frac{1}{2}$: 21, et : : 83 : 62 pour leur entier refroidissement ;

4° Que le temps du refroidissement de l'émeril est à celui du refroidissement du plomb, au point de les tenir : : 56 : 32 et $\frac{1}{2}$, et : : 171 : 123 pour leur entier refroidissement ;

5° Que le temps du refroidissement de l'émeril est à celui du refroidissement du bismuth, au point de les tenir : : 40 : 20 $\frac{1}{2}$, et : : 121 : 80 pour leur entier refroidissement ;

6° Que le temps du refroidissement de l'émeril est à celui du refroidissement de l'antimoine, au point de pouvoir les tenir : : 56 : 26 $\frac{1}{2}$, et à la température : : 171 : 99 ;

7° Que le temps du refroidissement de l'or est à celui du refroidissement du zinc, au point de les tenir : : 25 : 24, et : : 73 : 70 pour leur entier refroidissement ;

8° Que le temps du refroidissement de l'or est à celui du refroidissement de l'argent, au point de pouvoir les tenir : : 25 : 21 par les présentes expériences, et : : 37 : 34 par les expériences précédentes (art. xi) ; ainsi l'on aura, en ajoutant ces temps, 62 à 55 pour le rapport plus précis de leur premier refroidissement ; et pour le second, le rapport donné par les présentes expériences étant : : 73 : 62, et : : 114 : 97 par les expériences précédentes (art. xi) ; on aura, en ajoutant ces temps, 187 : 159 pour le rapport plus précis de leur entier refroidissement ;

9° Que le temps du refroidissement de l'or est à celui du refroidissement du plomb, au point de pouvoir les tenir : : 25 : 15, et : : 73 : 57 pour leur entier refroidissement ;

10° Que le temps du refroidissement de l'or est à celui du refroidissement du bismuth, au point de pouvoir les tenir : : 25 : 13 $\frac{1}{2}$, et : : 73 : 56 pour leur entier refroidissement ;

11° Que le temps du refroidissement de l'or est à celui du refroidissement de l'antimoine, au point de les tenir : : 25 : 12 $\frac{1}{2}$, et : : 73 : 46 pour leur entier refroidissement ;

12° Que le temps du refroidissement du zinc est à celui du refroidissement de l'argent, au point de pouvoir les tenir : : 24 : 21, et : : 70 : 62 pour leur entier refroidissement ;

13° Que le temps du refroidissement du zinc est à celui du refroidissement du plomb, au point de pouvoir les tenir : : 48 $\frac{1}{2}$: 32 $\frac{1}{2}$, et : : 144 : 123 pour leur entier refroidissement ;

14° Que le temps du refroidissement du zinc est à celui du refroidissement du bismuth, au point de pouvoir les tenir : : 34 $\frac{1}{2}$: 20 $\frac{1}{2}$, et : : 100 : 80 pour leur entier refroidissement ;

15° Que le temps du refroidissement du zinc est à celui du refroidissement de l'antimoine, au point de les tenir : : 48 $\frac{1}{2}$: 26 $\frac{1}{2}$, et à la température : : 144 : 99 ;

16° Que le temps du refroidissement de l'argent est à celui du refroidissement du bismuth, au point de pouvoir les tenir : : 21 : 13 $\frac{1}{2}$, et : : 62 : 56 pour leur entier refroidissement ;

17° Que le temps du refroidissement de l'argent est à celui du refroidissement de l'antimoine, au point de les tenir : : 21 : 12 $\frac{1}{2}$, et : : 62 : 46 pour leur entier refroidissement ;

18° Que le temps du refroidissement du plomb est à celui du refroidissement du bismuth, au point de les tenir : : 23 : 20 $\frac{1}{2}$, et : : 84 : 80 pour leur entier refroidissement ;

19° Que le temps du refroidissement du plomb est à celui du refroidissement de l'antimoine, au point de les toucher : : 32 $\frac{1}{2}$: 26 $\frac{1}{2}$, et à la température : : 123 : 99 ;

20° Que le temps du refroidissement du bismuth est à celui du refroidissement de l'antimoine, au point de pouvoir les tenir : : 20 $\frac{1}{2}$: 19, et : : 80 : 71 pour leur entier refroidissement.

Je dois observer qu'en général, dans toutes ces expériences, les premiers rapports sont bien plus justes que les derniers, parce qu'il est difficile de juger du refroidissement jusqu'à la température actuelle, et que cette température étant variable, les résultats doivent varier aussi ; au lieu que le point du premier refroidissement peut être saisi assez juste par la sensation que produit sur la même main la chaleur du boulet, lorsqu'on peut le tenir ou le toucher pendant une demi-seconde.

XVI. — Comme il n'y avait que deux expériences pour la comparaison de l'or avec l'émeril, le zinc, le plomb, le bismuth et l'antimoine, que le bismuth s'était fondu en entier, et que le plomb et l'antimoine étaient fort endommagés, je me suis servi d'autres boulets de bismuth, d'antimoine et de plomb, et j'ai fait une troisième expérience en mettant ensemble, dans le même four bien chauffé, ces six boulets ; ils se sont refroidis dans l'ordre suivant :

Refroidis à les tenir pendant une demi-seconde.		*Refroidis à la température.*	
	Minutes.		Minutes.
Antimoine, en......................	7	En......................	27
Bismuth, en	8	En......................	29
Plomb, en......................	9	En......................	33
Zinc, en......................	12	En......................	37
Or, en......................	13	En......................	42
Émeril, en......................	15 ½	En......................	48

D'où l'on doit conclure, ainsi que des expériences xiv et xv : 1° Que le temps du refroidissement de l'émeril est à celui du refroidissement de l'or, au point de pouvoir les tenir : : 44 : 38, et au point de la température : : 131 : 115 ;

2° Que le temps du refroidissement de l'émeril est à celui du refroidissement du zinc, au point de pouvoir les tenir : : 15 ½ : 12 ; mais le rapport trouvé par les expériences précédentes (art. xv) étant : : 56 : 48 ½, on aura, en ajoutant ces temps, 71 ½ à 60 ½ pour leur premier refroidissement ; et pour le second, le rapport trouvé par l'expérience présente étant : : 48 : 37, et par les expériences précédentes (art. xv) : : 171 : 144 ; ainsi , en ajoutant ces temps, on aura 239 à 181 pour le rapport encore plus précis de l'entier refroidissement de l'émeril et du zinc ;

3° Que le temps du refroidissement de l'émeril est à celui du refroidissement du plomb, au point de pouvoir les tenir : : 15 ½ : 9 ; mais le rapport trouvé par les expériences précédentes (art. xv) étant : : 56 : 32 ½ ; ainsi on aura, en ajoutant ces temps, 71 ½ à 41 ½ pour le rapport plus précis de leur premier refroidissement ; et pour le second, le rapport donné par l'expérience précédente étant : : 48 : 33, et par les expériences précédentes (art. xv) : : 171 : 123, on aura, en ajoutant ces temps, 239 à 156 pour le rapport encore plus précis de l'entier refroidissement de l'émeril et du plomb ;

4° Que le temps du refroidissement de l'émeril est, à celui du refroidissement du bismuth, au point de pouvoir les tenir : : 15 ½ : 8, et par les expériences précédentes (art. xv) : : 40 : 20 ½ ; ainsi on aura, en ajoutant ces temps, 55 ½ à 28 ½, pour le rapport plus précis de leur premier refroidissement ; et, pour le second, le rapport donné par l'expérience présente étant : : 48 : 29, et : : 121 : 80 par les expériences précédentes (art. xv), on aura, en ajoutant ces temps, 169 à 109 pour le rapport encore plus précis de l'entier refroidissement de l'émeril et du bismuth ;

5° Que le temps du refroidissement de l'émeril est à celui du refroidissement de l'antimoine, au point de pouvoir les tenir : : 15 ½ : 7 ; mais le rapport trouvé par les expériences précédentes (art. xv) étant : : 56 : 26 ½ ; on aura , en ajoutant ces temps, 71 ½ à 33 ½ pour le rapport encore plus précis de leur premier refroidissement ; et pour le second , le rapport donné par l'expérience présente, étant : : 48 : 27, et : : 171 : 99 par les expériences précédentes (art. xv); on aura, en ajoutant ces temps, 219 à 126 pour le rapport encore plus précis de l'entier refroidissement de l'émeril et de l'antimoine;

6° Que le temps du refroidissement de l'or est à celui du refroidissement du zinc, au point de pouvoir les tenir : : 38 : 36, et : : 115 : 107 pour leur entier refroidissement;

7° Que le temps du refroidissement de l'or est à celui du refroidissement du plomb, au point de les toucher : : 38 : 24, et à la température : : 115 : 90;

8° Que le temps du refroidissement de l'or est à celui du refroidissement du bismuth, au point de pouvoir les tenir : : 38 : 21 $\frac{1}{2}$, et à la température : : 115 : 85;

9° Que le temps du refroidissement de l'or est à celui du refroidissement de l'antimoine, au point de les toucher : : 38 : 19 $\frac{1}{2}$, et à la température : : 115 : 69;

10° Que le temps du refroidissement du zinc est à celui du refroidissement du plomb, au point de pouvoir les tenir : : 12 : 9. Mais le rapport trouvé par les expériences précédentes (art. xv) étant : : 48 $\frac{1}{2}$: 32 $\frac{1}{2}$, on aura, en ajoutant ces temps, 60 $\frac{1}{2}$ à 41 $\frac{1}{2}$ pour le rapport plus précis de leur premier refroidissement; et pour le second, le rapport donné par l'expérience présente étant : : 37 : 33, et par les expériences précédentes (art. xv) : : 144 : 123; on aura, en ajoutant ces temps, 181 à 156 pour le rapport encore plus précis de l'entier refroidissement du zinc et du plomb;

11° Que le temps du refroidissement du zinc est à celui du refroidissement du bismuth, au point de les toucher : : 12 : 8 par la présente expérience; mais le rapport trouvé par les expériences précédentes (art. xv) étant : : 34 $\frac{1}{2}$: 20 $\frac{1}{2}$; en ajoutant ces temps, on aura 46 $\frac{1}{2}$ à 28 $\frac{1}{2}$ pour le rapport plus précis de leur premier refroidissement; et pour le second, le rapport donné par l'expérience présente étant : : 37 : 29, et par les expériences précédentes (art. xv) : : 100 : 80; on aura, en ajoutant ces temps, 137 à 109 pour le rapport encore plus précis de l'entier refroidissement du zinc et du bismuth;

12° Que le temps du refroidissement du zinc est à celui du refroidissement de l'antimoine pour pouvoir les tenir : : 12 : 7 par la présente expérience; mais comme le rapport trouvé par les expériences précédentes (art. xv) est : : 48 $\frac{1}{2}$: 26 $\frac{1}{2}$; on aura, en ajoutant ces temps, 60 $\frac{1}{2}$ à 33 $\frac{1}{2}$ pour le rapport encore plus précis de leur premier refroidissement; et pour le second, le rapport donné par l'expérience présente étant : : 37 : 27, et : : 144 : 99 par les expériences précédentes (art. xv); on aura, en ajoutant ces temps, 181 à 126 pour le rapport plus précis de l'entier refroidissement du zinc et de l'antimoine;

13° Que le temps du refroidissement du plomb est à celui du refroidissement du bismuth, au point de pouvoir les tenir : : 9 : 8 par l'expérience présente, et : : 23 : 20 $\frac{1}{2}$ par les expériences précédentes (art. xv); ainsi on aura, en ajoutant ces temps, 32 à 28 $\frac{1}{2}$ pour le rapport plus précis de leur premier refroidissement; et pour le second, le rapport donné par la présente expérience étant : : 33 : 29 et : : 84 : 80 par les expériences précédentes (art. xv); on aura, en ajoutant ces temps, 117 à 109 pour le rapport encore plus précis de l'entier refroidissement du plomb et du bismuth ;

14° Que le temps du refroidissement du plomb est à celui du refroidissement de l'antimoine, au point de les tenir : : 9 : 7 par la présente expérience, et : : 32 $\frac{1}{2}$: 26 $\frac{1}{2}$ par les expériences précédentes (art. xv); ainsi on aura, en ajoutant ces temps, 41 $\frac{1}{2}$ à 33 $\frac{1}{2}$ pour le rapport plus précis de leur premier refroidissement; et pour le second, le rapport donné par l'expérience présente étant : : 33 : 27, et : : 123 : 99 par les expériences précédentes (art. xv) ; on aura, en ajoutant ces temps, 156 à 126 pour le rapport encore plus précis de l'entier refroidissement du plomb et de l'antimoine ;

15° Que le temps du refroidissement du bismuth est à celui du refroidissement de l'antimoine, au point de pouvoir les tenir : : 8 : 7 par l'expérience présente, et : : 20 $\frac{1}{2}$: 19 par les expériences précédentes (art. xv); ainsi on aura, en ajoutant ces temps, 28 $\frac{1}{2}$ à 26 pour le rapport plus précis de leur premier refroidissement; et pour le second, le rapport donné par l'expérience présente étant : : 29 : 27, et : : 80 : 71 par les expériences précédentes (art. xv) ; on aura, en ajoutant ces temps, 109 à 98, pour le rapport encore plus précis de l'entier refroidissement du bismuth et de l'antimoine.

XVII. — Comme il n'y avait de même que deux expériences pour la comparaison de l'argent avec l'émeril, le zinc, le plomb, le bismuth et l'antimoine, j'en ai fait une troisième en mettant dans le même four, qui s'était un peu refroidi, les six boulets ensemble, et après les en avoir tirés tous en même temps, comme on l'a toujours fait, ils se sont refroidis dans l'ordre suivant :

Refroidis à les tenir pendant une demi-seconde.	Minutes.	_Refroidis à la température._	Minutes.
Antimoine, en	6	En	29
Bismuth, en	7	En	31
Plomb, en	8 $\frac{1}{4}$	En	34
Argent, en	11 $\frac{1}{2}$	En	36
Zinc, en	12 $\frac{1}{2}$	En	39
Émeril, en	15 $\frac{1}{2}$	En	47

On doit conclure de cette expérience et de celles des articles xiv et xv :

1° Que le temps du refroidissement de l'émeril est à celui du refroidissement du zinc, au point de les tenir, par l'expérience présente : : 15 $\frac{1}{2}$: 12 $\frac{1}{2}$, et : : 71 $\frac{1}{2}$: 60 $\frac{1}{2}$ par les expériences précédentes (art. xvi); ainsi on aura, en ajoutant ces temps, 87 à 73 pour le rapport plus précis de leur premier refroidissement; et pour le second, le rapport donné par l'expérience présente étant : : 47 : 39, et par les expériences précédentes (art. xvi) : : 239 : 181; on aura, en ajoutant ces temps, 286 à 220 pour le rapport encore plus précis de l'entier refroidissement de l'émeril et du zinc;

2° Que le temps du refroidissement de l'émeril est à celui du refroidissement de l'argent : : 44 : 32 $\frac{1}{2}$ au point de les tenir, et : : 130 : 98 pour leur entier refroidissement;

3° Que le temps du refroidissement de l'émeril est à celui du refroidissement du plomb, au point de les tenir : : 15 $\frac{1}{2}$: 8 $\frac{1}{4}$ par l'expérience présente, et : : 71 $\frac{1}{2}$: 41 $\frac{1}{2}$ par les expériences précédentes (art. xvi); ainsi on aura, en ajoutant ces temps, 87 à 49 $\frac{3}{4}$ pour le rapport plus précis de leur premier refroidissement; et pour le second, le rapport donné par l'expérience présente étant : : 47 : 34, et : : 239 : 156 par les expériences précédentes (art. xvi); on aura, en ajoutant ces temps, 286 à 190 pour le rapport encore plus précis de l'entier refroidissement de l'émeril et du plomb;

4° Que le temps du refroidissement de l'émeril est à celui du refroidissement du bismuth, au point de pouvoir les tenir : : 15 $\frac{1}{2}$: 7 par l'expérience présente; et : : 55 $\frac{1}{2}$: 28 $\frac{1}{2}$ par les expériences précédentes (art. xvi); ainsi on aura, en ajoutant ces temps, 71 à 35 $\frac{1}{2}$ pour le rapport plus précis de leur premier refroidissement; et pour le second, le rapport donné par l'expérience présente étant : : 47 : 31, et : : 169 : 109 par les expériences précédentes (art. xvi); on aura, en ajoutant ces temps, 216 à 140 pour le rapport encore plus précis de l'entier refroidissement de l'émeril et du bismuth;

5° Que le temps du refroidissement de l'émeril est à celui du refroidissement de l'antimoine, au point de les tenir : : 15 $\frac{1}{2}$: 6 par l'expérience présente, et : : 71 $\frac{1}{2}$: 33 $\frac{1}{2}$ par les expériences précédentes (art. xvi); ainsi en ajoutant ces temps, on aura 87 à 39 $\frac{1}{2}$ pour le rapport plus précis de leur premier refroidissement; et pour le second, le rapport donné par l'expérience présente étant : : 47 : 29, et par les expériences précédentes (art. xvi) : : 219 : 126; on aura, en ajoutant ces temps, 266 à 155 pour le rapport encore plus précis de l'entier refroidissement de l'émeril et de l'antimoine;

6° Que le temps du refroidissement du zinc est à celui du refroidissement de l'argent, au point de pouvoir les tenir : : 36 $\frac{1}{2}$: 32 $\frac{1}{2}$; et : : 109 : 98 pour leur entier refroidissement;

7° Que le temps du refroidissement du zinc est à celui du refroidissement du plomb, au point de pouvoir les tenir : : 12 $\frac{1}{2}$: 8 $\frac{1}{4}$ par l'expérience présente, et : : 60 $\frac{1}{2}$: 41 $\frac{1}{2}$ par les expériences précédentes (art. xvi); ainsi on aura, en ajoutant ces temps, 73 à 43 $\frac{3}{4}$ pour le rapport plus précis de leur premier refroidissement; et pour le second, le rapport donné par l'expérience présente étant : : 39 : 33, et par les expériences précédentes (art. xvi) : : 181 : 156, on aura, en ajoutant ces temps, 220 à 189 pour le rapport encore plus précis de l'entier refroidissement du zinc et du plomb ;

8° Que le temps du refroidissement du zinc est à celui du refroidissement du bismuth, au point de pouvoir les tenir : : 12 $\frac{1}{2}$: 7 par la présente expérience, et : : 46 $\frac{1}{2}$: 28 $\frac{1}{2}$ par les expériences précédentes (art. xvi); ainsi on aura, en ajoutant ces temps, 59 à 35 $\frac{1}{2}$ pour le rapport plus précis de leur premier refroidissement; et pour le second, le rapport donné par l'expérience présente étant : : 39 : 31, et : : 137 : 109 par les expériences précédentes (art. xvi); on aura, en ajoutant ces temps, 176 à 140 pour le rapport encore plus précis de l'entier refroidissement du zinc et du bismuth ;

9° Que le temps du refroidissement du zinc est à celui du refroidissement de l'antimoine, au point de les tenir : : 12 $\frac{1}{2}$: 6 par la présente expérience, et : : 60 $\frac{1}{2}$: 33 $\frac{1}{2}$ par les expériences précédentes (art. xvi); ainsi on aura, en ajoutant ces temps, 73 à 39 $\frac{1}{2}$ pour le rapport plus précis de leur premier refroidissement; et pour le second, le rapport trouvé par l'expérience présente étant : : 39 : 29, et : : 181 : 126 par les expériences précédentes (art. xvi); on aura, en ajoutant ces temps, 220 à 155 pour le rapport encore plus précis de l'entier refroidissement du zinc et de l'antimoine ;

10° Que le temps du refroidissement de l'argent est à celui du refroidissement du plomb, au point de pouvoir les tenir : : 32 $\frac{1}{2}$: 23 $\frac{1}{4}$, et : : 98 : 90 pour leur entier refroidissement;

11° Que le temps du refroidissement de l'argent est à celui du refroidissement du bismuth, au point les tenir : : 32 $\frac{1}{2}$: 20 $\frac{1}{2}$, et : : 98 : 87 pour leur entier refroidissement;

12° Que le temps du refroidissement de l'argent est à celui du refroidissement de l'antimoine, au point de pouvoir les tenir : : 32 $\frac{1}{2}$: 18 $\frac{1}{2}$, et : : 98 : 75 pour leur entier refroidissement ;

13° Que le temps du refroidissement du plomb est à celui du refroidissement du bismuth, au point de les tenir : : 8 $\frac{1}{4}$: 7 par la présente expérience, et : : 32 : 28 $\frac{1}{2}$ par les expériences précédentes (art. xvi); on aura, en ajoutant ces temps 40 $\frac{1}{4}$ à 35 $\frac{1}{2}$ pour le rapport plus précis de leur premier refroidissement; et pour le second, le rapport donné par l'expérience présente étant : : 34 : 31, et : : 117 : 109 par les expériences précédentes (art. xvi); on aura, en ajoutant ces temps, 141 à 140 pour le rapport encore plus précis de l'entier refroidissement du plomb et du bismuth;

14° Que le temps du refroidissement du plomb est à celui du refroidissement de l'antimoine, au point de pouvoir les tenir : : 8 $\frac{1}{4}$: 6 par l'expérience présente, et par les expériences précédentes (art. XVI) : : 41 $\frac{1}{2}$: 33 $\frac{1}{2}$: ainsi on aura, en ajoutant ces temps, 49 $\frac{3}{4}$ à 39 $\frac{1}{2}$ pour le rapport plus précis de leur premier refroidissement; et pour le second, le rapport donné par la présente expérience étant : : 34 : 29, et : : 156 : 126 par les expériences précédentes (art. XVI); on aura, en ajoutant ces temps, 190 à 155 pour le rapport encore plus précis de l'entier refroidissement du plomb et de l'antimoine;

15° Que le temps du refroidissement du bismuth est à celui du refroidissement de l'antimoine, au point de pouvoir les tenir : : 7 : 6 par la présente expérience, et : : 28 $\frac{1}{2}$: 26 par les expériences précédentes (art. XVI); ainsi on aura, en ajoutant ces temps, 35 $\frac{1}{2}$ à 32 pour le rapport plus précis de leur premier refroidissement; et pour le second, le rapport donné par la présente expérience étant : : 31 : 29, et : : 109 : 98 par les expériences précédentes (art. XVI); on aura, en ajoutant ces temps, 140 à 127 pour le rapport encore plus précis de l'entier refroidissement du bismuth et de l'antimoine.

XVIII. — On a mis dans le même four un boulet de verre, un nouveau boulet d'étain, un de cuivre et un de fer pour en faire une première comparaison; ils se sont refroidis dans l'ordre suivant :

Refroidis à les tenir pendant une demi-seconde.		*Refroidis à la température.*	
	Minutes.		Minutes.
Étain, en.	8	En.	27
Verre, en.	8 $\frac{1}{2}$	En.	22
Cuivre, en	14	En.	42
Fer, en.	16	En.	50

XIX. — La même expérience répétée, les boulets se sont refroidis dans l'ordre suivant :

Refroidis à les tenir pendant une demi-seconde.		*Refroidis à la température.*	
	Minutes.		Minutes.
Étain, en.	7 $\frac{1}{2}$	En.	21
Verre, en.	8	En.	23
Cuivre, en.	12	En.	36
Fer, en.	15	En.	47

XX. — Par une troisième expérience, les boulets chauffés pendant un plus long temps, mais à une chaleur un peu moindre, se sont refroidis dans l'ordre suivant :

Refroidis à les tenir pendant une demi-seconde.		*Refroidis à la température.*	
	Minutes.		Minutes.
Étain, en.	8 $\frac{1}{2}$	En.	22
Verre, en.	9	En.	24
Cuivre, en.	15	En.	43
Fer, en.	17	En.	46

XXI. — Par une quatrième expérience répétée, les mêmes boulets chauffés à un feu plus ardent, se sont refroidis dans l'ordre suivant :

Refroidis à les tenir pendant une demi-seconde.		*Refroidis à la température.*	
	Minutes.		Minutes.
Étain, en.	8½	En.	25
Verre, en.	9	En.	25
Cuivre, en..	11½	En.	35
Fer, en.	14	En.	43

Il résulte de ces expériences répétées quatre fois :

1° Que le temps du refroidissement du fer est à celui du refroidissement
du cuivre, au point de les tenir : : 62 : 52 ½ par les présentes expériences,
et : : 99 : 85 ½ par les expériences précédentes (art. xi); ainsi on aura, en
ajoutant ces temps, 161 à 138 pour le rapport plus précis de leur premier
refroidissement; et pour le second, le rapport donné par les présentes expériences étant : : 186 : 156, et par les expériences précédentes (art. xi)
: : 280 : 249; on aura, en ajoutant ces temps, 466 à 405 pour le rapport
encore plus précis de l'entier refroidissement du fer et du cuivre ;

2° Que le temps du refroidissement du fer est à celui du refroidissement
du verre, au point de les tenir : : 62 : 34 ½, et : : 186 : 97 pour leur entier
refroidissement ;

3° Que le temps du refroidissement du fer est à celui du refroidissement
de l'étain, au point de pouvoir les tenir : : 62 : 32 ½ par les présentes expériences; et : : 69 ½ : 32 par les expériences précédentes (art. xi); ainsi on
aura, en ajoutant ces temps, 131 ½ à 64 ½ pour le rapport plus précis de
leur premier refroidissement; et pour le second, le rapport donné par les
expériences présentes étant : : 186 : 92, et : : 274 : 134 par les expériences précédentes (art. xi); on aura, en ajoutant ces temps, 460 à 226
pour le rapport encore plus précis de l'entier refroidissement du fer et de
l'étain;

4° Que le temps du refroidissement du cuivre est à celui du refroidissement du verre, au point de les tenir : : 51 ½ : 34 ½, et : : 157 : 97 pour leur
entier refroidissement ;

5° Que le temps du refroidissement du cuivre est à celui du refroidissement de l'étain, au point de pouvoir les tenir : : 52 ½ : 32 ½ par les expériences présentes; et : : 84 : 43 ½ par les expériences précédentes (art. xi);
ainsi on aura, en ajoutant ces temps, 136 ½ à 76 pour le rapport plus précis
de leur premier refroidissement; et pour le second, le rapport donné par
les expériences présentes étant : : 157 : 92, et par les expériences précédentes (art. xi) : : 247 : 132; on aura, en ajoutant ces temps, 304 à 224
pour le rapport encore plus précis de l'entier refroidissement du cuivre et
de l'étain ;

6° Que le temps du refroidissement du verre est à celui du refroidissement de l'étain, au point de les tenir :: 24 $\frac{1}{2}$: 32 $\frac{1}{2}$, et :: 97 : 92 pour leur entier refroidissement.

XXII. — On a fait chauffer ensemble les boulets d'or, de verre, de porcelaine, de gypse et de grès, ils se sont refroidis dans l'ordre suivant :

Refroidis à les tenir pendant une demi-seconde.		*Refroidis à la température.*	
	Minutes.		Minutes.
Gypse, en.	5	En.	14
Porcelaine, en..	8 $\frac{1}{2}$	En.	25
Verre, en.	9	En.	26
Grès, en.	10	En.	32
Or, en..	14 $\frac{1}{2}$	En.	45

XXIII. — La même expérience répétée sur les mêmes boulets, ils se sont refroidis dans l'ordre suivant :

Refroidis à les tenir pendant une demi-seconde.		*Refroidis à la température.*	
	Minutes.		Minutes.
Gypse, en.	4	En.	13
Porcelaine, en..	7	En.	22
Verre, en.	9 $\frac{1}{2}$	En.	24
Grès, en..	9 $\frac{1}{2}$	En.	33
Or, en..	13 $\frac{1}{2}$	En.	41

XXIV. — La même expérience répétée , les boulets se sont refroidis dans l'ordre suivant :

Refroidis à les tenir pendant une demi-seconde.		*Refroidis à la température.*	
	Minutes.		Minutes.
Gypse, en.	2 $\frac{1}{2}$	En.	12
Porcelaine, en..	5 $\frac{1}{2}$	En.	19
Verre, en.	8 $\frac{1}{2}$	En.	20
Grès, en..	8 $\frac{1}{2}$	En.	25
Or, en	10	En.	32

Il résulte de ces trois expériences :

1° Que le temps du refroidissement de l'or est à celui du refroidissement du grès, au point de les tenir : : 38 : 28, et : : 118 : 90 pour leur entier refroidissement ;

2° Que le temps du refroidissement de l'or est à celui du refroidissement du verre, au point de les tenir : : 38 : 27, et : : 118 : 70 pour leur entier refroidissement ;

3° Que le temps du refroidissement de l'or est à celui du refroidissement de la porcelaine, au point de les tenir : : 38 : 21, et : : 118 : 66 pour leur entier refroidissement ;

4° Que le temps du refroidissement de l'or est à celui du refroidissement du gypse, au point de les tenir : : 38 : 12 $\frac{1}{2}$, et : : 118 . 39 pour leur entier refroidissement ;

5° Que le temps du refroidissement du grès est à celui du refroidissement du verre, au point de les tenir : : 28 $\frac{1}{2}$: 27, et : : 90 : 70 pour leur entier refroidissement ;

6° Que le temps du refroidissement du grès est à celui du refroidissement de la porcelaine, au point de pouvoir les tenir : : 28 $\frac{1}{2}$: 21, et : : 90 : 66 pour leur entier refroidissement ;

7° Que le temps du refroidissement du grès est à celui du refroidissement du gypse, au point de les tenir : : 28 $\frac{1}{2}$: 12 $\frac{1}{2}$, et : : 90 : 39 pour leur entier refroidissement ;

8° Que le temps du refroidissement du verre est à celui du refroidissement de la porcelaine, au point de les tenir : : 27 : 21, et : : 70 : 66 pour leur entier refroidissement;

9° Que le temps du refroidissement du verre est à celui du refroidissement du gypse, au point de les tenir : : 27 : 12 $\frac{1}{2}$, et : : 70 : 39 pour leur entier refroidissement ;

10° Que le temps du refroidissement de la porcelaine est à celui du refroidissement du gypse, au point de les tenir : : 21 : 12 $\frac{1}{2}$, et : : 66 : 39 pour leur entier refroidissement.

XXV. — On a fait chauffer de même les boulets d'argent, de marbre commun, de pierre dure, de marbre blanc et de pierre calcaire tendre d'Anières près de Dijon.

Refroidis à les tenir pendant une demi-seconde.		*Refroidis à la température.*	
	Minutes.		Minutes.
Pierre calcaire tendre, en	8	En	25
Pierre dure, en	10	En	34
Marbre commun, en	11	En	35
Marbre blanc, en	12	En	36
Argent, en	13$\frac{1}{2}$	En	40

XXVI. — La même expérience répétée, les boulets se sont refroidis dans l'ordre suivant :

Refroidis à les tenir pendant une demi-seconde.		*Refroidis à la température.*	
	Minutes.		Minutes.
Pierre calcaire tendre, en	9	En	27
Pierre calcaire dure, en	11	En	37
Marbre commun, en	13	En	40
Marbre blanc, en	14	En	40
Argent, en	16	En	43

XXVII. — La même expérience répétée, les boulets se sont refroidis dans l'ordre suivant :

Refroidis à les tenir pendant une demi-seconde.		*Refroidis à la température.*	
	Minutes.		Minutes.
Pierre calcaire tendre, en	9	En	26
Pierre calcaire dure, en	10$\frac{1}{2}$	En	36
Marbre commun, en	12$\frac{1}{2}$	En	38
Marbre blanc, en	13$\frac{1}{2}$	En	39
Argent, en	16	En	42

Il résulte de ces trois expériences :

1° Que le temps du refroidissement de l'argent est à celui du refroidissement du marbre blanc, au point de les tenir : : 45 $\frac{1}{2}$: 39 $\frac{1}{2}$, et : : 125 : 115 pour leur entier refroidissement ;

2° Que le temps du refroidissement de l'argent est à celui du refroidissement du marbre commun, au point de les tenir : : 45 $\frac{1}{2}$: 36, et : : 125 : 113 pour leur entier refroidissement ;

3° Que le temps du refroidissement de l'argent est à celui du refroidissement de la pierre dure, au point de les tenir : : 45 $\frac{1}{2}$: 31 $\frac{1}{2}$, et : : 125 : 107 pour leur entier refroidissement ;

4° Que le temps du refroidissement de l'argent est à celui du refroidissement de la pierre tendre, au point de les tenir : : 45 $\frac{1}{2}$: 26, et : : 125 : 78 pour leur entier refroidissement ;

5° Que le temps du refroidissement du marbre blanc est à celui du refroidissement du marbre commun, au point de les tenir : : 39 $\frac{1}{2}$: 36, et : : 115 : 113 pour leur entier refroidissement ;

6° Que le temps du refroidissement du marbre blanc est à celui du refroidissement de la pierre dure, au point de les tenir : : 39 $\frac{1}{2}$: 31 $\frac{1}{2}$, et : : 115 : 107 pour leur entier refroidissement ;

7° Que le temps du refroidissement du marbre blanc est à celui du refroidissement de la pierre tendre, au point de les tenir : : 39 $\frac{1}{2}$: 26, et : : 115 : 78 pour leur entier refroidissement ;

8° Que le temps du refroidissement du marbre commun est à celui du refroidissement de la pierre dure, au point de les tenir : : 36 : 31 $\frac{1}{2}$, et : : 113 : 109 pour leur entier refroidissement ;

9° Que le temps du refroidissement du marbre commun est à celui du refroidissement de la pierre tendre, au point de les tenir : : 36 : 26, et : : 113 : 78 pour leur entier refroidissement ;

10° Que le temps du refroidissement de la pierre dure est à celui du refroidissement de la pierre tendre, au point de les tenir : : 31 $\frac{1}{2}$: 26, et : : 107 : 78 pour leur entier refroidissement ;

XXVIII. — On a mis dans le même four bien chauffé, des boulets d'or, de marbre blanc, de marbre commun, de pierre dure et de pierre tendre ; ils se sont refroidis dans l'ordre suivant :

Refroidis à les tenir pendant une demi-seconde.	Minutes.	*Refroidis à la température.*	Minutes.
Pierre calcaire tendre, en	9	En	29
Marbre commun, en	11 $\frac{1}{2}$	En	35
Pierre dure, en	11 $\frac{1}{4}$	En	35
Marbre blanc, en	13	En	35
Or, en	15 $\frac{1}{2}$	En	45

XXIX. — La même expérience répétée à une moindre chaleur, les boulets se sont refroidis dans l'ordre suivant :

Refroidis à les tenir pendant une demi-seconde.		*Refroidis à la température.*	
	Minutes.		Minutes.
Pierre calcaire tendre, en.	6	En.	19
Pierre dure, en.	8	En.	25
Marbre commun, en.	$9\frac{1}{2}$	En.	26
Marbre blanc, en.	10	Eu.	29
Or, en.	12	En.	37

XXX. — La même expérience répétée une troisième fois, les boulets chauffés à un feu plus ardent, ils se sont refroidis dans l'ordre suivant :

Refroidis à les tenir pendant une demi-seconde.		*Refroidis à la température.*	
	Minutes.		Minutes.
Pierre tendre, en.	7	En.	20
Pierre dure, en.	8	En.	24
Marbre commun, en.	$8\frac{1}{4}$	En.	20
Marbre blanc, en.	9	En.	28
Or, en.	12	En.	35

Il résulte de ces trois expériences :

1° Que le temps du refroidissement de l'or est à celui du refroidissement du marbre blanc, au point de les tenir : : $39\frac{1}{2}$: 32, et : : 117 : 92 pour leur entier refroidissement ;

2° Que le temps du refroidissement de l'or est à celui du refroidissement du marbre commun, au point de les tenir : : $39\frac{1}{2}$: $29\frac{1}{2}$, et : : 117 : 87 pour leur entier refroidissement ;

3° Que le temps du refroidissement de l'or est à celui du refroidissement de la pierre dure, au point de les tenir : : $39\frac{1}{2}$: $27\frac{1}{2}$, et : : 117 : 86 pour leur entier refroidissement ;

4° Que le temps du refroidissement de l'or est à celui du refroidissement de la pierre tendre, au point de les tenir : : $39\frac{1}{2}$: 22, et : : 117 : 68 pour leur entier refroidissement ;

5° Que le temps du refroidissement du marbre blanc est à celui du refroidissement du marbre commun, au point de les tenir : : 32 : 29, et : : 92 : 87 pour leur entier refroidissement ;

6° Que le temps du refroidissement du marbre blanc est à celui du refroidissement de la pierre dure, au point de les tenir : : 32 : $27\frac{1}{2}$, et : : 92 : 84 pour leur entier refroidissement ;

7° Que le temps du refroidissement du marbre blanc est à celui du refroidissement de la pierre tendre, au point de les tenir : : 32 : 22, et : : 92 : 68 pour leur entier refroidissement ;

8° Que le temps du refroidissement du marbre commun est à celui du refroidissement de la pierre dure, au point de les tenir : : 29 : $27\frac{1}{2}$, et : : 87 : 84 pour leur entier refroidissement ;

9° Que le temps du refroidissement du marbre commun est à celui du refroidissement de la pierre tendre, au point de les tenir : : 29 : 22, et : : 87 : 68 pour leur entier refroidissement ;

10° Que le temps du refroidissement de la pierre dure est à celui du refroidissement de la pierre tendre, au point de les tenir : : 27 $\frac{1}{2}$: 22, et : : 84 : 68 pour leur entier refroidissement.

XXXI. — On a mis dans le même four les boulets d'argent, de grès, de verre, de porcelaine et de gypse, ils se sont refroidis dans l'ordre suivant :

Refroidis à les tenir pendant une demi-seconde.	Minutes.	*Refroidis à la température.*	Minutes.
Gypse, en	3	En	14
Porcelaine, en	6 $\frac{1}{4}$	En	17
Verre, en	8 $\frac{3}{4}$	En	20
Grès, en	9	En	27
Argent, en	12 $\frac{1}{2}$	En	35

XXXII. — La même expérience répétée et les boulets chauffés à une chaleur moindre, ils se sont refroidis dans l'ordre suivant :

Refroidis à les tenir pendant une demi-seconde.	Minutes.	*Refroidis à la température.*	Minutes.
Gypse en	3	En	13
Porcelaine, en	7	En	19
Verre, en	8 $\frac{1}{3}$	En	22
Grès, en	9 $\frac{1}{2}$	En	26
Argent, en	12	En	34

XXXIII. — La même expérience répétée une troisième fois, les boulets se sont refroidis dans l'ordre suivant :

Refroidis à les tenir pendant une demi-seconde.	Minutes.	*Refroidis à la température.*	Minutes.
Gypse, en	3	En	12
Porcelaine, en	6	En	17
Verre, en	7 $\frac{1}{4}$	En	20
Grès en	8	En	27
Argent, en	11 $\frac{1}{4}$	En	34

Il résulte de ces trois expériences :

1° Que le temps du refroidissement de l'argent est à celui du refroidissement du grès, au point de les tenir : : 36 : 26 $\frac{1}{2}$, et : : 103 : 80 pour leur entier refroidissement ;

2° Que le temps du refroidissement de l'argent est à celui du refroidissement du verre, au point de les tenir : : 36 : 25, et : : 103 : 62 pour leur entier refroidissement ;

3° Que le temps du refroidissement de l'argent est à celui du refroidissement de la porcelaine, au point de les tenir : : 36 : 20, et : : 103 : 54 pour leur entier refroidissement ;

4° Que le temps du refroidissement de l'argent est à celui du refroidissement du gypse, au point de les tenir : : 36 : 9, et : : 103 : 39 pour leur entier
refroidissement ;

5° Que le temps du refroidissement du grès est à celui du refroidissement
du verre, au point de les tenir : : 26 $\frac{1}{3}$: 25 par les expériences présentes,
et : : 28 $\frac{1}{2}$: 27 par les expériences précédentes (art. XXIV); ainsi on aura,
en ajoutant ces temps, 55 à 52 pour le rapport plus précis de leur premier
refroidissement; et pour le second, le rapport donné par les présentes expériences, étant : : 80 : 62, et : : 90 : 70 par les expériences précédentes
(art. XXIV); on aura, en ajoutant ces temps, 170 à 132 pour le rapport
encore plus précis de l'entier refroidissement du grès et du verre ;

6° Que le temps du refroidissement du grès est à celui du refroidisse-
ment de la porcelaine, au point de pouvoir les tenir : : 26 $\frac{1}{2}$: 19 $\frac{1}{2}$ par les
présentes expériences, et : : 28 $\frac{1}{2}$: 21 par les expériences précédentes
(art. XXIV); ainsi on aura, en ajoutant ces temps, 55 à 40 $\frac{1}{2}$ pour le rapport
plus précis de leur premier refroidissement; et pour le second, le rapport
donné par les présentes expériences étant : : 80 : 54, et : : 90 : 66 par les
précédentes expériences (art. XXIV); on aura, en ajoutant ces temps, 170
à 120 pour le rapport encore plus précis de l'entier refroidissement du grès
et de la porcelaine ;

7° Que le temps du refroidissement du grès est à celui du refroidissement
du gypse, au point de les tenir : : 26 $\frac{1}{2}$: 9 par les expériences présentes, et
: : 28 $\frac{1}{2}$: 12 $\frac{1}{2}$ par les expériences précédentes (art. XXIV); ainsi on aura,
en ajoutant ces temps, 55 à 21 $\frac{1}{2}$ pour le rapport plus précis de leur premier
refroidissement; et pour le second, le rapport donné par la présente expérience, étant : : 80 : 39, et : : 90 : 39 par les expériences précédentes
(art. XXIV); on aura, en ajoutant ces temps, 170 à 78 pour le rapport
encore plus précis de l'entier refroidissement du grès et du gypse ;

8° Que le temps du refroidissement du verre est à celui du refroidissement
de la porcelaine, au point de les tenir : : 25 : 19 par les présentes expériences, et : : 27 : 21 par les expériences précédentes (art. XXIV); ainsi en
ajoutant ces temps, on aura 52 à 40 $\frac{1}{2}$ pour le rapport plus précis de leur
premier refroidissement; et pour le second, le rapport donné par les expériences présentes étant : : 62 : 51, et : : 70 : 66 par les expériences précédentes (art. XXIV); on aura, en ajoutant ces temps, 132 à 117 pour le
rapport encore plus précis de l'entier refroidissement du verre et de la porcelaine ;

9° Que le temps du refroidissement du verre est à celui du refroidissement du gypse, au point de les tenir : : 25 : 9 par les présentes expériences,
et : : 27 : 12 $\frac{1}{2}$ par les expériences précédentes (art. XXIV); ainsi on aura,
en ajoutant ces temps 52 à 21 $\frac{1}{2}$ pour le rapport encore plus précis de leur
premier refroidissement; et pour le second, le rapport donné par les pré-

sentes expériences, étant : : 62 : 39, et : : 70 : 39 par les expériences précédentes (art. xxiv) ; on aura, en ajoutant ces temps, 132 à 78 pour le rapport encore plus précis de l'entier refroidissement du verre et du gypse ;

10° Que le temps du refroidissement de la porcelaine est à celui du refroidissement du gypse au point de les tenir : : 19 ½ : 9 par les présentes expériences, et : : 21 : 12 ½ par les expériences précédentes (art. xxiv) ; ainsi on aura en ajoutant ces temps, 40 ½ à 21 ½ pour le rapport plus précis de leur premier refroidissement ; et pour le second, le rapport donné par l'expérience présente étant : : 54 : 39, et par les expériences précédentes (art. xxiv) : : 66 : 39 ; on aura, en ajoutant ces temps, 120 à 78 pour le rapport encore plus précis de l'entier refroidissement de la porcelaine et du gypse.

XXXIV. — On a mis dans le même four les boulets d'or, de craie blanche, d'ocre et de glaise, ils se sont refroidis dans l'ordre suivant.

Refroidis à les tenir pendant une demi-seconde.	Minutes.	*Refroidis à la température.*	Minutes.
Craie, en.	6	En.	15
Ocre, en.	6½	En.	16
Glaise, en.	7	En.	18
Or, en.	12	En	36

XXXV. — La même expérience répétée avec les mêmes boulets et un boulet de plomb, leur refroidissement s'est fait dans l'ordre suivant.

Refroidis à les tenir pendant une demi-seconde.	Minutes.	*Refroidis à la température.*	Minutes.
Craie, en..	4	En.	11
Ocre, en.	5	En.	23
Glaise, en.	5½	En.	15
Plomb, en.	7	En.	18
Or, en.	9½	En.	29

Il résulte de ces deux expériences :

1° Que le temps du refroidissement de l'or est à celui du refroidissement du plomb, au point de pouvoir les tenir : : 9 ½ : 7 par l'expérience présente, et : : 38 : 24 par les expériences précédentes (art. xvi) ; ainsi on aura, en ajoutant ces temps 47 ½ à 31 pour le rapport plus précis de leur premier refroidissement ; et pour le second, le rapport donné par l'expérience présente étant : : 29 : 18, et : : 115 : 90 par les expériences précédentes (art. xvi) ; on aura, en ajoutant ces temps, 144 à 108 pour le rapport encore plus précis de l'entier refroidissement de l'or et du plomb ;

2° Que le temps du refroidissement de l'or est à celui du refroidissement de la glaise au point de les tenir : : 21 ½ : 12 ½, et : : 65 : 33 pour leur entier refroidissement ;

3° Que le temps du refroidissement de l'or est à celui du refroidissement de l'ocre, au point de les tenir : : 21 $\frac{1}{2}$: 11 $\frac{1}{2}$, et : : 65 : 29 pour leur entier refroidissement;

4° Que le temps du refroidissement de l'or est à celui du refroidissement de la craie, au point de pouvoir les tenir : : 21 $\frac{1}{2}$: 10, et : : 65 : 26 pour leur entier refroidissement ;

5° Que le temps du refroidissement du plomb est à celui du refroidissement de la glaise, au point de pouvoir les tenir : : 7 : 5 $\frac{1}{2}$, et : : 18 : 15 pour leur entier refroidissement ;

6° Que le temps du refroidissement du plomb est à celui du refroidissement de l'ocre, au point de les tenir : : 7 : 5, et : : 18 : 13 pour leur entier refroidissement;

7° Que le temps du refroidissement du plomb est à celui du refroidissement de la craie, au point de les tenir : : 7 : 4, et : : 18 : 11 pour leur entier refroidissement ;

8° Que le temps du refroidissement de la glaise est à celui du refroidissement de l'ocre, au point de pouvoir les tenir : : 12 $\frac{1}{2}$: 11 $\frac{1}{2}$, et : : 33 : 29 pour leur entier refroidissement;

9° Que le temps du refroidissement de la glaise est à celui du refroidissement de la craie, au point de pouvoir les tenir : : 12 $\frac{1}{2}$: 10, et : : 33 : 26 pour leur entier refroidissement ;

10° Que le temps du refroidissement de l'ocre est à celui du refroidissement de la craie, au point de pouvoir les tenir : : 11 $\frac{1}{2}$: 10 , et : : 29 : 26 pour leur entier refroidissement.

XXXVI. — On a mis dans le même four les boulets de fer, d'argent, de gypse, de pierre ponce et de bois, mais à un degré de chaleur moindre, pour ne point faire brûler le bois, et ils se sont refroidis dans l'ordre suivant : .

Refroidis à les tenir pendant une demi-seconde.	Minutes.	*Refroidis à la température.*	Minutes.
Pierre ponce, en.	2	En.	5
Bois, en.	2	En.	6
Gypse, en	2 $\frac{1}{2}$	En.	11
Argent, en..	10	En.	35
Fer, en.	13	En.	40

XXXVII. — La même expérience répétée à une moindre chaleur, les boulets se sont refroidis dans l'ordre suivant :

Refroidis à les tenir pendant une demi-seconde.	Minutes.	*Refroidis à la température.*	Minutes.
Pierre ponce, en.	1 $\frac{1}{2}$	En.	4
Bois, en.	2	En.	5
Gypse, en.	2 $\frac{1}{2}$	En.	9
Argent, en..	7	En.	24
Fer, en.	8 $\frac{1}{2}$	En.	31

Il résulte de ces expériences :

1° Que le temps du refroidissement du fer est à celui du refroidissement de l'argent, au point de pouvoir les tenir : : 21 ½ : 17 par les présentes expériences, et : : 45 ½ : 34 par les expériences précédentes (art. xi); ainsi on aura, en ajoutant ces temps, 67 à 51 pour le rapport plus précis de leur premier refroidissement ; et pour le second, le rapport donné par les expériences présentes, étant : : 71 : 59, et : : 138 : 97 par les expériences précédentes (art. xi); on aura, en ajoutant ces temps, 209 à 156 pour le rapport encore plus précis de l'entier refroidissement du fer et de l'argent ;

2° Que le temps du refroidissement du fer est à celui du refroidissement du gypse, au point de pouvoir les tenir : : 21 ½ : 5, et : : 71 : 20 pour leur entier refroidissement ;

3° Que le temps du refroidissement du fer est à celui du refroidissement du bois, au point de pouvoir les tenir : : 21 ½ : 4, et : : 71 : 11 pour leur entier refroidissement ;

4° Que le temps du refroidissement du fer est à celui du refroidissement de la pierre ponce, au point de les tenir : : 21 ½ : 3 ½, et : : 71 : 9 pour leur entier refroidissement ;

5° Que le temps du refroidissement de l'argent est à celui du refroidissement du gypse, au point de les tenir : : 17 : 5, et 59 : 30 pour leur entier refroidissement ;

6° Que le temps du refroidissement de l'argent est à celui du refroidissement du bois, au point de pouvoir les tenir : : 17 : 4, et : : 59 : 11 pour leur entier refroidissement ;

7° Que le temps du refroidissement de l'argent est à celui du refroidissement de la pierre ponce, au point de pouvoir les tenir : : 17 : 3 ½, et : : 59 : 9 pour leur entier refroidissement ;

8° Que le temps du refroidissement du gypse est à celui du refroidissement du bois, au point de pouvoir les tenir : : 5 : 4, et : : 20 : 11 pour leur entier refroidissement ;

9° Que le temps du refroidissement du gypse est à celui du refroidissement de la pierre ponce, au point de pouvoir les tenir : : 5 : 3 ½, et : : 20 : 9 pour leur entier refroidissement ;

10° Que le temps du refroidissement du bois est à celui du refroidissement de la pierre ponce, au point de les tenir : : 4 : 3 ½, et : : 11 : 9 pour leur entier refroidissement.

XXXVIII. — Ayant fait chauffer ensemble les boulets d'or, d'argent, de pierre tendre et de gypse, ils se sont refroidis dans l'ordre suivant :

Refroidis à les tenir pendant une demi-seconde.		*Refroidis à la température.*	
	Minutes.		Minutes.
Gypse, en.	$4\frac{1}{2}$	En.	14
Pierre tendre, en.	12	En.	27
Argent, en..	16	En.	42
Or, en.	18	En.	47

ll résulte de cette expérience :

1° Que le temps du refroidissement de l'or est à celui du refroidissement de l'argent, au point de pouvoir les tenir : : 18 : 16 par l'expérience présente, et : : 62 : 55 par les expériences précédentes (art. xv); ainsi on aura, en ajoutant ces temps, 98 à 71 pour le rapport plus précis de leur premier refroidissement; et pour le second, le rapport donné par l'expérience présente étant : : 35 : 42, et : : 187 : 159 par les expériences précédentes (art. xv); on aura, en ajoutant ces temps, 234 à 201 pour le rapport encore plus précis de l'entier refroidissement de l'or et de l'argent;

2° Que le temps du refroidissement de l'or est à celui du refroidissement de la pierre tendre, au point de les tenir : : 18 : 12, et : : $39\frac{1}{2}$: 23 par les expériences précédentes (art. xxx); ainsi on aura, en ajoutant ces temps, $57\frac{1}{2}$ à 35 pour le rapport plus précis de leur premier refroidissement; et pour le second, le rapport donné par l'expérience présente étant : : 47 : 27, et par les expériences précédentes (art. xxx) : : 117 : 68; on aura, en ajoutant ces temps, 164 à 95 pour le rapport encore plus précis de l'entier refroidissement de l'or et de la pierre tendre;

3° Que le temps du refroidissement de l'or est à celui du refroidissement du gypse, au point de les tenir : : 18 : $4\frac{1}{2}$, et : : 38 : $12\frac{1}{2}$ par les expériences précédentes (art. xxiv); ainsi on aura, en ajoutant ces temps, 56 à 17 pour le rapport plus précis de leur premier refroidissement; et pour le second, le rapport donné par la présente expérience : : 47 : 14, et : : 118 : 39 par les expériences précédentes (art. xxiv); on aura, en ajoutant ces temps, 165 à 53 pour le rapport encore plus précis de leur entier refroidissement;

4° Que le temps du refroidissement de l'argent est à celui du refroidissement de la pierre tendre, au point de les tenir : : 16 : 12 par la présente expérience, et : : $45\frac{1}{2}$: 26 par les expériences précédentes (art. xxvii); ainsi on aura, en ajoutant ces temps, $61\frac{1}{2}$ à 38 pour le rapport plus précis de leur premier refroidissement; et pour le second, le rapport donné par la présente expérience étant : : 42 : 27, et : : 125 : 78 par les expériences précédentes (art. xxvii); on aura, en ajoutant ces temps, 167 à 105 pour le rapport encore plus précis de l'entier refroidissement de l'argent et de la pierre tendre;

5° Que le temps du refroidissement de l'argent est à celui du refroidissement du gypse, au point de les tenir : : 16 : 4 $\frac{1}{2}$ par la présente expérience, et : : 17 : 5 par les expériences précédentes (art. xxxvi); ainsi on aura, en ajoutant ces temps, 33 à 9 $\frac{1}{2}$ pour le rapport plus précis de leur premier refroidissement; et pour le second, le rapport donné par l'expérience présente étant : : 42 : 14, et : : 59 : 20 par les expériences précédentes (art. xxxvi); on aura, en ajoutant ces temps, 101 à 34 pour le rapport encore plus précis de l'entier refroidissement de l'argent et du gypse.

6° Que le temps du refroidissement de la pierre tendre est à celui du refroidissement du gypse, au point de les tenir : : 12 : 4 $\frac{1}{2}$, et : : 72 : 14 pour leur entier refroidissement.

XXXIX. — Ayant fait chauffer pendant vingt minutes, c'est-à-dire pendant un temps à peu près double de celui qu'on tenait ordinairement les boulets au feu, qui était communément de dix minutes, les boulets de fer, de cuivre, de verre, de plomb et d'étain, ils se sont refroidis dans l'ordre suivant :

Refroidis à les tenir pendant une demi-seconde.	Minutes.	*Refroidis à la température.*	Minutes.
Étain, en.	10	En.	25
Plomb, en.	11	En.	30
Verre, en.	12	En.	35
Cuivre, en.	16 $\frac{1}{2}$	En.	44
Fer, en.	20 $\frac{1}{2}$	En.	50

Il résulte de cette expérience, qui a été faite avec la plus grande précaution :

1° Que le temps du refroidissement du fer est à celui du refroidissement du cuivre, au point de les tenir : : 20 $\frac{1}{2}$: 16 $\frac{1}{2}$ par la présente expérience, et : : 161 : 138 par les expériences précédentes (art. xxi); ainsi on aura, en ajoutant ces temps, 181 $\frac{1}{2}$ à 154 $\frac{1}{2}$ pour le rapport plus précis de leur premier refroidissement; et pour le second, le rapport donné par l'expérience présente étant : : 50 : 44, et : : 466 : 405 par les expériences précédentes (art. xxi); on aura, en ajoutant ces temps, 516 à 449 pour le rapport encore plus précis de l'entier refroidissement du fer et du cuivre;

2° Que le temps du refroidissement du fer est à celui du refroidissement du verre, au point de pouvoir les tenir : : 20 $\frac{1}{2}$: 12 par l'expérience précédente, et : : 62 : 35 $\frac{1}{2}$ par les expériences précédentes (art. xxi); ainsi on aura, en ajoutant ces temps, 82 $\frac{1}{2}$ à 46 pour le rapport encore plus précis de leur premier refroidissement; et pour le second, le rapport donné par l'expérience présente étant : : 50 : 35, et : : 186 : 97 par les expériences précédentes (art. xxi), on aura, en ajoutant ces temps, 236 à 132 pour le rapport encore plus précis de l'entier refroidissement du fer et du verre;

3° Que le temps du refroidissement du fer est à celui du refroidissement

du plomb, au point de pouvoir les tenir : : 20 $\frac{1}{2}$: 11 par la présente expérience, et : : 53 $\frac{1}{2}$: 27 par les expériences précédentes (art. IV); ainsi on
aura, en ajoutant ces temps, 74 à 38 pour le rapport plus précis de leur
premier refroidissement; et pour le second, le rapport donné par la présente expérience étant : : 50 : 30, et : : 142 : 94 $\frac{1}{2}$ par les expériences
précédentes (art. IV); on aura, en ajoutant ces temps, 192 à 124 $\frac{1}{2}$ pour
le rapport encore plus précis de l'entier refroidissement du fer et du plomb;

4° Que le temps du refroidissement du fer est à celui du refroidissement
de l'étain, au point de pouvoir les tenir : : 20 $\frac{1}{2}$: 10, et : : 131 : 64 $\frac{1}{2}$ par
les expériences précédentes (art. XXI); ainsi on aura, en ajoutant ces
temps, 152 à 74 $\frac{1}{2}$ pour le rapport plus précis de leur premier refroidissement; et pour le second, le rapport donné par l'expérience présente étant
: : 50 : 25, et : : 460 : 226 par les expériences précédentes (art. XXI); on
aura, en ajoutant ces temps, 510 à 251 pour le rapport encore plus précis
de l'entier refroidissement du fer et de l'étain;

5° Que le temps du refroidissement du cuivre est à celui du refroidissement du verre, au point de pouvoir les tenir : : 16 $\frac{1}{2}$: 12 par la présente
expérience, et : : 52 $\frac{1}{2}$: 34 $\frac{1}{2}$ par les expériences précédentes (art. XXI);
ainsi on aura, en ajoutant ces temps, 69 à 46 pour le rapport plus précis
de leur premier refroidissement; et pour le second, le rapport donné par la
présente expérience étant : : 44 : 35, et : : 157 : 97 par les expériences
précédentes (art. XXI); on aura, en ajoutant ces temps, 201 à 132 pour le
rapport encore plus précis de l'entier refroidissement du cuivre et du
verre;

6° Que le temps du refroidissement du cuivre est à celui du refroidissement du plomb, au point de les tenir : : 16 $\frac{1}{2}$: 11 par la présente expérience, et : : 45 : 27 par les expériences précédentes (art. V); ainsi on
aura, en ajoutant ces temps, 61 $\frac{1}{2}$ à 38 pour le rapport plus précis de leur
premier refroidissement; et pour le second, le rapport donné par la présente expérience étant : : 44 : 30, et : : 125 : 94 $\frac{1}{2}$ par les expériences précédentes (art. V); on aura, en ajoutant ces temps, 169 à 124 $\frac{1}{2}$ pour le
rapport encore plus précis de l'entier refroidissement du cuivre et du
plomb;

7° Que le temps du refroidissement du cuivre est à celui du refroidissement de l'étain, au point de les tenir : : 16 $\frac{1}{2}$: 10 par l'expérience présente, et : : 136 $\frac{1}{2}$: 76 par les expériences précédentes (art. XXI); ainsi on
aura, en ajoutant ces temps, 153 à 86 pour le rapport plus précis de leur
premier refroidissement; et pour le second, le rapport donné par la présente expérience étant : : 44 : 25, et : : 304 : 224 par les expériences précédentes (art. XXI); on aura, en ajoutant ces temps, 348 à 249 pour le
rapport encore plus précis de l'entier refroidissement du cuivre et de
l'étain;

8° Que le temps du refroidissement du verre est à celui du refroidissement du plomb, au point de pouvoir les tenir : : 12 : 11, et : : 35 : 30 pour leur entier refroidissement;

9° Que le temps du refroidissement du verre est à celui du refroidissement de l'étain, au point de les tenir : : 12 : 10 par la présente expérience, et : : 34 $\frac{1}{2}$: 32 $\frac{1}{2}$ par les expériences précédentes (art. xxi); ainsi on aura, en ajoutant ces temps, 46 à 42 $\frac{1}{2}$ pour le rapport plus précis de leur premier refroidissement; et pour le second, le rapport donné par l'expérience présente étant : : 35 : 25, et : : 97 : 92 par les expériences précédentes (art. xxi); on aura, en ajoutant ces temps, 132 à 117 pour le rapport encore plus précis de l'entier refroidissement du verre et de l'étain;

10° Que le temps du refroidissement du plomb est à celui du refroidissemunt de l'étain, au point de les tenir : : 11 : 10 par la présente expérience, et : : 25 $\frac{1}{2}$: 21 $\frac{1}{2}$ par les expériençes précédentes (art. viii); ainsi on aura, en ajoutant ces temps, 36 $\frac{1}{2}$ à 31 $\frac{1}{2}$ pour le rapport plus précis de leur premier refroidissement; et pour le second, le rapport donné par la présente expérience étant : : 30 : 25, et : : 79 $\frac{1}{2}$: 64 par les expériences précédentes (art. viii); on aura, en ajoutant ces temps, 109 $\frac{1}{2}$ à 89 pour le rapport encore plus précis de l'entier refroidissement du plomb et de l'étain.

XL. — Ayant mis chauffer ensemble les boulets de cuivre, de zinc, de bismuth, d'étain et d'antimoine, ils se sont refroidis dans l'ordre suivant :

Refroidis à les tenir pendant une demi-seconde.	Minutes.	*Refroidis à la température.*	Minutes.
Antimoine, en.	8	En.	24
Bismuth, en.	8	En.	23
Étain, en.	8$\frac{1}{2}$	En.	25
Zinc, eu	12	En.	30
Cuivre, en.	14	En.	40

XLI. — La même expérience répétée, les boulets se sont refroidis dans l'ordre suivant :

Refroidis à les tenir pendant une demi-seconde.	Minutes.	*Refroidis à la température.*	Minutes.
Antimoine, en.	8	Eu.	23
Bismuth, en.	8	Eu.	24
Étain, en	9$\frac{1}{2}$	En.	25
Zinc, en.	12	En.	38
Cuivre, en.	11	En.	40

Il résulte de ces deux expériences :

1° Que le temps du refroidissement du cuivre est à celui du refroidissement du zinc, au point de les tenir : : 28 : 24, et 80 : 68 pour leur entier refroidissement;

2° Que le temps du refroidissement du cuivre est à celui du refroidissement de l'étain, au point de les tenir : : 28 : 18 par les présentes expériences, et : : 153 : 86 par les expériences précédentes (art. xxxix) ; ainsi on aura, en ajoutant ces temps, 181 à 104 pour le rapport plus précis de leur premier refroidissement ; et pour le second, le rapport donné par la présente expérience étant : : 80 : 47, et par les expériences précédentes (art. xxxix) : : 348 : 249 ; on aura, en ajoutant ces temps, 428 à 296 pour le rapport plus précis de l'entier refroidissement du cuivre et de l'étain ;

3° Que le temps du refroidissement du cuivre est à celui du refroidissement de l'antimoine, au point de pouvoir les tenir : : 28 : 16 , et : : 80 : 47 pour leur entier refroidissement ;

4° Que le temps du refroidissement du cuivre est à celui du refroidissement du bismuth , au point de les tenir : : 28 : 16 , et : : 80 : 47 pour leur entier refroidissement ;

5° Que le temps du refroidissement du zinc est à celui du refroidissement de l'étain , au point de les tenir : : 24 : 18 , et : : 68 : 47 pour leur entier refroidissement ;

6° Que le temps du refroidissement du zinc est à celui du refroidissement de l'antimoine, au point de les tenir : : 24 : 16 par les présentes expériences, et : : 73 : 39 $\frac{1}{2}$ par les expériences précédentes (art. xvii) ; ainsi, en ajoutant ces temps, on aura 97 à 55 $\frac{1}{2}$ pour le rapport plus précis de leur premier refroidissement ; et pour le second, le rapport donné par les expériences présentes : : 68 : 47, et : : 220 : 155 par les expériences précédentes (art. xvii) ; on aura, en ajoutant ces temps, 288 à 292 pour le rapport encore plus précis de l'entier refroidissement du zinc et de l'antimoine ;

7° Que le temps du refroidissement du zinc est à celui du refroidissement du bismuth, au point de pouvoir les tenir : : 24 : 16 , et : : 59 : 35 $\frac{1}{2}$ par les expériences précédentes (art. xvii) ; ainsi on aura , en ajoutant ces temps, 83 à 51 $\frac{1}{2}$ pour le rapport encore plus précis de leur premier refroidissement ; et pour le second , le rapport donné par la présente expérience étant : : 68 : 47, et 176 : 140 par les expériences précédentes (art. xvii) ; on aura, en ajoutant ces temps, 244 à 187 pour le rapport encore plus précis de l'entier refroidissement du zinc et du bismuth ;

8° Que le temps du refroidissement de l'étain est à celui du refroidissement de l'antimoine , au point de les tenir : : 18 : 16 , et : : 50 : 47 pour leur entier refroidissement ;

9° Que le temps du refroidissement de l'étain est à celui du refroidissement du bismuth, au point de les tenir : : 18 : 16 , et : : 50 : 47 pour leur entier refroidissement ;

10° Que le temps du refroidissement du bismuth est à celui du refroidissement de l'antimoine, au point de pouvoir les tenir : : 16 : 16 par la présente expérience , et : : 35 $\frac{1}{2}$: 32 par les expériences précédentes (art. xvii) ; ainsi on aura, en ajoutant ces temps, 51 $\frac{1}{2}$ à 48 pour le rapport plus précis de leur premier refroidissement; et pour le second, le rapport donné par l'expérience présente étant : : 47 : 47, et par les expériences précédentes (art. xvii) : : 140 : 127, on aura, en ajoutant ces temps, 187 à 174 pour le rapport encore plus précis de l'entier refroidissement du bismuth et de l'antimoine.

XLII. — Ayant fait chauffer ensemble les boulets d'or, d'argent, de fer, d'émeril et de pierre dure, ils se sont refroidis dans l'ordre suivant :

Refroidis à les tenir pendant une demi-seconde.	Minutes.	*Refroidis à la température.*	Minutes.
Pierre calcaire dure, en.	11¼	En.	32
Argent, en.	13	En.	37
Or, en.	14	En.	40
Émeril, en.	15½	En.	46
Fer, en.	17	En.	51

Il résulte de cette expérience :

1° Que le temps du refroidissement du fer est à celui du refroidissement de l'émeril, au point de pouvoir les tenir : : 17 : 15 $\frac{1}{2}$, et : : 51 : 46 pour leur entier refroidissement ;

2° Que le temps du refroidissement du fer est à celui du refroidissement de l'or, au point de pouvoir les tenir : : 17 : 14 par la présente expérience, et : : 45 $\frac{1}{2}$: 37 par les expériences précédentes (art. xi) ; ainsi on aura, en ajoutant ces temps, 62 $\frac{1}{2}$ à 51 pour le rapport plus précis de leur premier refroidissement; et pour le second, le rapport donné par la présente expérience étant : : 51 : 40, et : : 138 : 114 par les expériences précédentes (art. xi); on aura, en ajoutant ces temps, 189 à 154 pour le rapport encore plus précis de l'entier refroidissement du fer et de l'or;

3° Que le temps du refroidissement du fer est à celui du refroidissement de l'argent, au point de les tenir : : 17 : 13 par la présente expérience, et : : 67 : 51 par les expériences précédentes (art. xxxvii); ainsi on aura, en ajoutant ces temps, 84 à 64 pour le rapport plus précis de leur premier refroidissement; et pour le second, le rapport donné par la présente expérience étant : : 51 : 37, et : : 209 : 156 par les expériences précédentes (art. xxxvii); on aura, en ajoutant ces temps, 260 à 193 pour le rapport encore plus précis de l'entier refroidissement du fer et de l'argent;

4° Que le temps du refroidissement du fer est à celui du refroidissement de la pierre dure, au point de les tenir : : 17 : 11 $\frac{1}{4}$, et : : 51 : 52 pour leur entier refroidissement ;

5° Que le temps du refroidissement de l'émeril est à celui du refroidissement de l'or, au point de les : : tenir 15 ½ : 14 par la présente expérience, et : : 44 : 38 par les expériences précédentes (art. xvi) ; ainsi on aura, en ajoutant ces temps, 59 ½ à 52 pour le rapport encore plus précis de leur premier refroidissement ; et pour le second, le rapport donné par la présente expérience étant : : 46 : 40, et : : 131 : 115 par les expériences précédentes (art. xvi) ; on aura, en ajoutant ces temps, 177 à 115 pour le rapport encore plus précis de l'entier refroidissement de l'émeril et de l'or ;

6° Que le temps du refroidissement de l'émeril est à celui du refroidissement de l'argent, au point de pouvoir les tenir : : 15 ½ : 13 par la présente expérience, et : : 43 : 32 ½ par les expériences précédentes (art. xvii) ; ainsi on aura, en ajoutant ces temps, 58 ½ à 45 ½ pour le rapport plus précis du premier refroidissement de l'émeril et de l'argent ; et pour le second, le rapport donné par la présente expérience étant : : 46 : 37, et : : 125 : 98 par les expériences précédentes (art. xvii) ; on aura, en ajoutant ces temps, 171 à 135 pour le rapport encore plus précis de leur entier refroidissement ;

7° Que le temps du refroidissement de l'émeril est à celui du refroidissement de la pierre dure, au point de les tenir : : 15 ½ : 12 , et : : 46 : 32 pour leur entier refroidissement ;

8° Que le temps du refroidissement de l'or est à celui du refroidissement de l'argent, au point de les tenir : : 14 : 13 par la présente expérience , et : : 80 : 71 par les expériences précédentes (art. xxxviii) ; ainsi on aura, en ajoutant ces temps, 94 à 84 pour le rapport encore plus précis de leur premier refroidissement ; et pour le second, le rapport donné par la présente expérience étant : : 40 : 37, et : : 234 : 201 par les expériences précédentes (art. xxxviii) ; on aura, en ajoutant ces temps, 274 à 238 pour le rapport encore plus précis de l'entier refroidissement de l'or et de l'argent ;

9° Que le temps du refroidissement de l'or est à celui du refroidissement de la pierre dure, au point de les tenir : : 14 : 12 par la présente expérience, et : : 39 ½ : 27 ½ par les expériences précédentes (art. xxx) ; ainsi on aura, en ajoutant ces temps, 53 ½ à 39 ½ pour le rapport plus précis de leur premier refroidissement ; et pour le second, le rapport donné par la présente expérience étant : : 40 : 32, et : : 117 : 86 par les expériences précédentes (art. xxx) ; on aura, en ajoutant ces temps, 157 à 118 pour le rapport encore plus précis de l'entier refroidissement de l'or et de la pierre dure ;

10° Que le temps du refroidissement de l'argent est à celui du refroidissement de la pierre dure, au point de pouvoir les tenir : : 13 : 12 par la présente expérience , et : : 45 ½ : 31 ½ par les expériences précédentes (art. xxvii) ; ainsi en ajoutant ces temps , on aura 58 ½ à 43 ½ pour le rapport encore plus précis de leur premier refroidissement ; et pour le second, le rapport donné par l'expérience présente étant : : 37 : 32, et : : 125 : 107

par les expériences précédentes (art. xxviii); on aura, en ajoutant ces temps, 162 à 139 pour le rapport encore plus précis de l'entier refroidissement de l'argent et de la pierre dure.

XLIII. — Ayant fait chauffer ensemble les boulets de plomb, de fer, de marbre blanc, de grès, de pierre tendre, ils se sont refroidis dans l'ordre suivant :

Refroidis à les tenir pendant une demi-seconde.	Minutes.	*Refroidis à la température.*	Minutes.
Pierre calcaire tendre, en.	$6\frac{1}{2}$	En.	20
Plomb, en.	8	En.	29
Grès, en.	$8\frac{1}{2}$	En.	29
Marbre blanc, en.	$10\frac{1}{2}$	En.	29
Fer, en.	15	En.	43

XLIV. — La même expérience répétée, les boulets se sont refroidis dans l'ordre suivant :

Refroidis à les tenir pendant une demi-seconde.	Minutes.	*Refroidis à la température.*	Minutes.
Pierre calcaire tendre, en.	7	En.	21
Plomb, en.	8	En.	28
Grès, en.	$8\frac{1}{2}$	En.	28
Marbre blanc, en.	$10\frac{1}{2}$	En.	30
Fer, en.	16	En.	45

Il résulte de ces deux expériences :

1° Que le temps du refroidissement du fer est à celui du refroidissement du marbre blanc, au point de les tenir : : 31 : 21, et : : 88 : 59 pour leur entier refroidissement ;

2° Que le temps du refroidissement du fer est à celui du refroidissement du grès, au point de les tenir : : 31 : 17 par la présente expérience, et : : $53\frac{1}{2}$: 32 par les expériences précédentes (art. iv) ; ainsi on aura, en ajoutant ces temps, $84\frac{1}{2}$ à 49 pour le rapport plus précis de leur premier refroidissement ; et pour le second, le rapport donné par la présente expérience étant : : 88 : 57, et : : 142 : $102\frac{1}{2}$ par les expériences précédentes (art. iv) ; on aura, en ajoutant ces temps, 230 à $159\frac{1}{2}$ pour le rapport encore plus précis de l'entier refroidissement du fer et du grès ;

3° Que le temps du refroidissement du fer est à celui du refroidissement du plomb, au point de pouvoir les tenir : : 31 : 16 par les expériences présentes, et : : 74 : 38 par les expériences précédentes (art. xxxix) ; ainsi on aura, en ajoutant ces temps, 105 à 54 pour le rapport encore plus précis de leur premier refroidissement ; et pour le second, le rapport donné par les expériences présentes étant : : 88 : 57, et : : 192 : $124\frac{1}{2}$ par les expériences précédentes (art. xxxix) ; on aura, en ajoutant ces temps, 280 à $181\frac{1}{2}$ pour le rapport encore plus précis de l'entier refroidissement du fer et du plomb ;

4° Que le temps du refroidissement du fer est à celui du refroidissement de la pierre tendre, au point de pouvoir les tenir : : 31 : 13 , et : : 88 : 41 pour leur entier refroidissement;

5° Que le temps du refroidissement du marbre blanc est à celui du refroidissement du grès, au point de les tenir : : 21 : 17, et : : 59 : 57 pour leur entier refroidissement;

6° Que le temps du refroidissement du marbre blanc est à celui du refroidissement du plomb, au point de les tenir : : 21 : 16, et : : 59 : 57 pour leur entier refroidissement ;

7° Que le temps du refroidissement du marbre blanc est à celui du refroidissement de la pierre calcaire tendre, au point de les tenir : : 21 : 13 $\frac{1}{2}$ par les présentes expériences, et : : 32 : 23 par les expériences précédentes (art. xxx); ainsi en ajoutant ces temps, on aura 53 à 36 $\frac{1}{2}$ pour le rapport plus précis de leur premier refroidissement; et pour le second, le rapport donné par les expériences présentes étant : : 59 : 41, et : : 92 : 68 par les expériences précédentes (art. xxx); on aura, en ajoutant ces temps, 151 à 159 pour le rapport encore plus précis de l'entier refroidissement du marbre blanc et de la pierre calcaire tendre ;

8° Que le temps du refroidissement du grès est à celui du refroidissement du plomb, au point de les tenir : : 17 : 16 par les expériences présentes, et : : 42 $\frac{1}{2}$: 35 $\frac{1}{2}$ par les expériences précédentes (art. viii); ainsi on aura, en ajoutant ces temps, 59 $\frac{1}{2}$ à 51 $\frac{1}{2}$ pour le rapport plus précis de leur premier refroidissement, et pour le second, le rapport donné par les présentes expériences étant : : 57 : 57, et : : 130 : 121.$\frac{1}{2}$ par les expériences précédentes (art. viii); on aura, en ajoutant ces temps, 187 à 178 $\frac{1}{2}$ pour le rapport encore plus précis de l'entier refroidissement du grès et du plomb;

9° Que le temps du refroidissement du grès est à celui du refroidissement de la pierre tendre, au point de pouvoir les tenir : : 17 : 13 $\frac{1}{2}$, et : : 57 : 41 pour leur entier refroidissement;

10° Que le temps du refroidissement du plomb est à celui du refroidissement de la pierre tendre, au point de les tenir : : 16 : 13 $\frac{1}{2}$, et : : 57 : 41 pour leur entier refroidissement.

XLV.—On a fait chauffer ensemble les boulets de gypse, d'ocre, de craie, de glaise et de verre, et voici l'ordre dans lequel ils se sont refroidis :

Refroidis à les tenir pendant une demi-seconde.	Minutes.	*Refroidis à la température.*	Minutes.
Gypse, en.	3 $\frac{1}{2}$	En.	15
Ocre, en.	5 $\frac{1}{2}$	En.	16
Craie, en.	5 $\frac{1}{2}$	En.	16
Glaise, en.	7	En.	18
Verre, en.	8 $\frac{1}{2}$	En.	24

XLVI. — La même expérience répétée, les boulets se sont refroidis dans l'ordre suivant :

Refroidis à les tenir pendant une demi-seconde.	Minutes.		*Refroidis à la température.*	Minutes.
Gypse, en................	$3\frac{1}{2}$		En................	14
Ocre, en................	$5\frac{1}{2}$		En................	16
Craie, en................	$5\frac{1}{2}$		En................	16
Glaise, en................	$6\frac{1}{2}$		En................	18
Verre, en................	8		En................	22

Il résulte de ces deux expériences :

1° Que le temps du refroidissement du verre est à celui du refroidissement de la glaise, au point de les tenir : : $16\frac{1}{2}$: $13\frac{1}{2}$, et : : 46 : 36 pour leur entier refroidissement ;

2° Que le temps du refroidissement du verre est à celui du refroidissement de la craie, au point de les tenir : : $16\frac{1}{2}$: 11, et : : 46 : 32 pour leur entier refroidissement ;

3° Que le temps du refroidissement du verre est à celui du refroidissement de l'ocre, au point de les tenir : : $16\frac{1}{2}$: 11, et : : 46 : 32 pour leur entier refroidissement ;

4° Que le temps du refroidissement du verre est à celui du refroidissement du gypse, au point de pouvoir les tenir : : $16\frac{1}{2}$: 7 par la présente expérience, et : : 52 : $21\frac{1}{2}$ par les expériences précédentes (art. XXXIII); ainsi on aura, en ajoutant ces temps, $68\frac{1}{2}$ à $28\frac{1}{2}$ pour le rapport plus précis de leur premier refroidissement; et pour le second, le rapport donné par les expériences présentes étant : : 46 : 29, et : : 32 : 78 par les expériences précédentes (art. XXXIII); on aura, en ajoutant ces temps, 178 à 107 pour le rapport encore plus précis de l'entier refroidissement du verre et du gypse ;

5° Que le temps du refroidissement de la glaise est à celui du refroidissement de la craie, au point de les tenir : : $13\frac{1}{2}$: 11 par la présente expérience, et : : $12\frac{1}{2}$: : 10 par les expériences précédentes (art. XXXV); ainsi on aura, en ajoutant ces temps, 26 à 21 pour le rapport plus précis de leur premier refroidissement; et pour le second, le rapport donné par les présentes expériences étant : : 36 : 32, et : : 33 : 26 par les expériences précédentes (art. XXXV); on aura, en ajoutant ces temps, 69 à 58 pour le rapport encore plus précis de l'entier refroidissement de la glaise et de la craie ;

6° Que le temps du refroidissement de la glaise est à celui du refroidissement de l'ocre, au point de les tenir : : $13\frac{1}{2}$: 11 par les présentes expériences, et : : $12\frac{1}{2}$: $11\frac{1}{2}$ par les expériences précédentes (art. XXXV); ainsi on aura, en ajoutant ces temps, 26 à $22\frac{1}{2}$ pour le rapport plus précis de leur premier refroidissement; et pour le second, le rapport donné par les présentes expériences étant : : 36 : 32, et : : 33 : 29 par les expériences précédentes (art. XXXV); on aura, en ajoutant ces temps, 69 à 61 pour le rapport encore plus précis de l'entier refroidissement de la glaise et de l'ocre ;

7° Que le temps du refroidissement de la glaise est à celui du refroidissement du gypse, au point de les tenir : : 13 $\frac{1}{2}$: 17, et : : 36 : 29 pour leur entier refroidissement ;

8° Que le temps du refroidissement de la craie est à celui du refroidissement de l'ocre, au point de les tenir : : 11 : 11 par les présentes expériences, et : : 10 : 11 $\frac{1}{2}$ par les précédentes expériences (art. XXXV); ainsi on aura, en ajoutant ces temps, 21 à 22 $\frac{1}{2}$ pour le rapport plus précis de leur premier refroidissement; et pour le second, le rapport donné par les expériences présentes, étant : : 32 : 32, et : : 26 : 29 par les expériences précédentes (art. XXXV); on aura, en ajoutant ces temps, 58 à 61 pour le rapport encore plus précis de l'entier refroidissement de la craie et de l'ocre;

9° Que le temps du refroidissement de la craie est à celui du refroidissement du gypse, au point de les tenir : : 11 : 7, et : : 32 : 29 pour leur entier refroidissement ;

10° Que le temps du refroidissement de l'ocre est à celui du refroidissement du gypse, au point de les tenir : : 11 : 7, et : : 32 : 29 pour leur entier refroidissement.

XLVII. — Ayant fait chauffer ensemble les boulets de zinc, d'étain, d'antimoine, de grès et de marbre blanc, ils se sont refroidis dans l'ordre suivant:

Refroidis à les tenir pendant une demi-seconde.	Minutes.	*Refroidis à la température.*	Minutes.
Antimoine, en...............	6	En....................	16
Étain, en.................	6 $\frac{1}{2}$	En....................	20
Grès, en.................	8	En....................	26
Marbre blanc, en............	9 $\frac{1}{2}$	En....................	29
Zinc, en..................	11 $\frac{1}{3}$	En....................	35

XLVIII. — La même expérience répétée, les boulets se sont refroidis dans l'ordre suivant:

Refroidis à les tenir pendant une demi-seconde.	Minutes.	*Refroidis à la température.*	Minutes.
Antimoine, en...............	5	En....................	13
Étain, en.................	6	En....................	16
Grès, en.................	7	En....................	21
Marbre blanc, en............	8	En....................	24
Zinc, en..................	9 $\frac{1}{3}$	En....................	30

Il résulte de ces deux expériences :

1° Que le temps du refroidissement du zinc est à celui du refroidissement du marbre blanc, au point de les tenir : : 21 : 17 $\frac{1}{4}$, et : : 65 : 53 pour leur entier refroidissement ;

2° Que le temps du refroidissement du zinc est à celui du refroidissement du grès, au point de les tenir : : 21 : 15, et : : 65 : 47 pour leur entier refroidissement ;

3° Que le temps du refroidissement du zinc est à celui du refroidissement de l'étain, au point de les tenir : : 21 : 12 $\frac{1}{2}$ par les présentes expériences, et : : 24 : 18 par les expériences précédentes (art. XLI) ; ainsi, en ajoutant ces temps, on aura 45 à 30 $\frac{1}{2}$ pour le rapport encore plus précis de leur premier refroidissement ; et pour le second, le rapport donné par les expériences présentes étant : : 65 : 36, et par les expériences précédentes (art. XLI) : : 68 : 47 ; on aura, en ajoutant ces temps, 133 à 83 pour le rapport encore plus précis de l'entier refroidissement du zinc et de l'étain ;

4° Que le temps du refroidissement du zinc est à celui du refroidissement de l'antimoine, au point de les tenir : : 21 : 11 par les présentes expériences, et : : 73 : 39 $\frac{1}{2}$ par les expériences précédentes (art. XVII) ; ainsi en ajoutant ces temps, on aura 94 à 50 $\frac{1}{2}$ pour le rapport plus précis de leur premier refroidissement ; et pour le second, le rapport donné par les présentes expériences étant : : 65 : 29, et : : 220 : 155 par les expériences précédentes (art. XVII) ; on aura, en ajoutant ces temps, 285 à 184 pour le rapport encore plus précis de l'entier refroidissement du zinc et de l'antimoine ;

5° Que le temps du refroidissement du marbre blanc est à celui du refroidissement du grès, au point de pouvoir les tenir : : 17 $\frac{1}{4}$: 15 par les présentes expériences, et : : 21 : 17 par les expériences précédentes (art. XLIV) ; ainsi on aura, en ajoutant ces temps, 38 $\frac{1}{4}$ à 32 pour le rapport plus précis de leur premier refroidissement ; et pour le second, le rapport donné par les présentes expériences étant : : 53 : 47, et : : 59 : 57 par les expériences précédentes (art. XLIV) ; on aura, en ajoutant ces temps, 112 à 104 pour le rapport encore plus précis de l'entier refroidissement du marbre blanc et du grès ;

6° Que le temps du refroidissement du marbre blanc est à celui du refroidissement de l'étain, au point de les tenir : : 17 $\frac{1}{4}$: 12 $\frac{1}{4}$, et : : 53 : 36 pour leur entier refroidissement ;

7° Que le temps du refroidissement du marbre blanc est à celui du refroidissement de l'antimoine, au point de les tenir : : 17 $\frac{1}{4}$: 11, et : : 53 : 36 pour leur entier refroidissement ;

8° Que le temps du refroidissement du grès est à celui du refroidissement de l'étain, au point de les tenir : : 15 : 12 $\frac{1}{4}$ par les présentes expériences, et : : 30 : 21 $\frac{1}{2}$ par les expériences précédentes (art. VIII); ainsi on aura, en ajoutant ces temps, 45 à 34 pour le rapport plus précis de leur premier refroidissement; et pour le second, le rapport donné par les présentes expériences étant : : 47 : 36, et : : 84 : 64 par les expériences précédentes (art. VIII); on aura, en ajoutant ces temps, 131 à 100 pour le rapport encore plus précis de l'entier refroidissement du grès et de l'étain;

9° Que le temps du refroidissement du grès est à celui du refroidissement de l'antimoine, au point de les tenir : : 15 : 11, et : : 47 : 29 pour leur entier refroidissement;

10° Que le temps du refroidissement de l'étain est à celui du refroidissement de l'antimoine, au point de pouvoir les tenir : : 12 $\frac{1}{2}$: 11 par les présentes expériences, et : : 18 : 16 par les expériences précédentes (art. XL); ainsi on aura, en ajoutant ces temps, 30 $\frac{1}{2}$ à 27 pour le rapport plus précis de leur premier refroidissement; et pour le second, le rapport donné par les expériences présentes étant : : 36 : 29, et : : 47 : 47 par les expériences précédentes (art. XL); on aura, en ajoutant ces temps, 83 à 76 pour le rapport encore plus précis de l'entier refroidissement de l'étain et de l'antimoine.

XLIX. — On a fait chauffer ensemble les boulets de cuivre, d'émeril, de bismuth, de glaise et d'ocre, et ils se sont refroidis dans l'ordre suivant :

Refroidis à les tenir pendant une demi-seconde.	Minutes.	*Refroidis à la température.*	Minutes.
Ocre, en.	6	En.	18
Bismuth, en.	7	En.	22
Glaise, en.	7	En.	23
Cuivre, en.	13	En.	36
Émeril, en.	15 $\frac{1}{2}$	En.	43

L. — La même expérience répétée, les boulets se sont refroidis dans l'ordre suivant :

Refroidis à les tenir pendant une demi-seconde.	Minutes.	*Refroidis à la température.*	Minutes.
Ocre, en.	5 $\frac{1}{2}$	En.	13
Bismuth, en.	6	En.	18
Glaise, en.	6	En.	19
Cuivre, en.	10	En.	30
Émeril, en.	11 $\frac{1}{2}$	En.	38

Il résulte de ces deux expériences :

1° Que le temps du refroidissement de l'émeril est à celui du refroidissement du cuivre, au point de les tenir : : 27 : 23, et : : 81 : 66 pour leur entier refroidissement;

2° Que le temps du refroidissement de l'émeril est à celui du refroidissement de la glaise, au point de les tenir : : 27 : 13, et : : 81 : 42 pour leur entier refroidissement;

3° Que le temps du refroidissement de l'émeril est à celui du refroidissement du bismuth, au point de les tenir : : 27 : 13 par les présentes expériences, et : : 71 : 35 $\frac{1}{2}$ par les expériences précédentes (art. xvii); ainsi on aura, en ajoutant ces temps, 98 à 48 $\frac{1}{2}$ pour le rapport plus précis de leur premier refroidissement; et pour le second, le rapport donné par les expériences présentes étant : : 81 : 40, et par les expériences précédentes (art. xvii) : : 216 : 140; on aura, en ajoutant ces temps, 297 à 180 pour le rapport encore plus précis de l'entier refroidissement de l'émeril et du bismuth;

4° Que le temps du refroidissement de l'émeril est à celui du refroidissement de l'ocre, au point de les tenir : : 27 : 11 $\frac{1}{2}$, et : : 81 : 31 pour leur entier refroidissement;

5° Que le temps du refroidissement du cuivre est à celui du refroidissement de la glaise, au point de les tenir : : 23 : 13, et : : 66 : 42 pour leur entier refroidissement;

6° Que le temps du refroidissement du cuivre est à celui du refroidissement du bismuth, au point de pouvoir les tenir : : 23 : 13 par les présentes expériences, et : : 28 : 16 par les expériences précédentes (art. xli); ainsi on aura, en ajoutant ces temps, 51 à 39 pour le rapport plus précis de leur premier refroidissement; et pour le second, le rapport donné par les présentes expériences étant : : 66 : 40, et : : 80 : 47 par les expériences précédentes (art. xli); on aura, en ajoutant ces temps, 146 à 87 pour le rapport encore plus précis de l'entier refroidissement du cuivre et du bismuth;

7° Que le temps du refroidissement du cuivre est à celui du refroidissement de l'ocre, au point de les tenir : : 33 : 11 $\frac{1}{2}$, et : : 66 : 31 pour leur entier refroidissement;

8° Que le temps du refroidissement de la glaise est à celui du refroidissement du bismuth, au point de pouvoir les tenir : : 13 : 13, et : : 42 : 41 pour leur entier refroidissement;

9° Que le temps du refroidissement de la glaise est à celui du refroidissement de l'ocre, au point de les tenir : : 13 : 11 $\frac{1}{2}$ par les expériences présentes, et : : 26 : 22 $\frac{1}{2}$ par les expériences précédentes (art. xlvi); ainsi on aura, en ajoutant ces temps, 39 à 34 pour le rapport plus précis de leur premier refroidissement; et pour le second, le rapport donné par les expériences présentes étant : : 42 : 31, et : : 69 : 61 par les expériences précédentes (art. xlvi); on aura, en ajoutant ces temps, 111 à 92 pour le rapport encore plus précis de l'entier refroidissement de la glaise et de l'ocre;

10. Que le temps du refroidissement du bismuth est à celui du refroi-

dissement de l'ocre, pour pouvoir les tenir : : 13 : 11 $\frac{1}{2}$, et : : 42 : 31 pour leur entier refroidissement.

LI. — Ayant fait chauffer ensemble les boulets de fer, de zinc, de bismuth, de glaise et de craie, ils se sont refroidis dans l'ordre suivant :

Refroidis à les tenir pendant une demi-seconde.		*Refroidis à la température.*	
	Minutes.		Minutes.
Craie, en..	6 $\frac{1}{2}$	En.	18
Bismuth, en..	7	En.	19
Glaise, en.	8	En.	20
Zinc, en.	15	En.	25
Fer, en.	19	En.	45

LII. — La même expérience répétée, les boulets se sont refroidis dans l'ordre suivant :

Refroidis à les tenir pendant une demi-seconde.		*Refroidis à la température.*	
	Minutes.		Minutes.
Craie, en..	7	En.	20
Bismuth, en..	7 $\frac{1}{2}$	En.	21
Glaise, en.	9	En.	24
Zinc, en.	16	En.	34
Fer, en.	21 $\frac{1}{2}$	En.	53

On peut conclure de ces deux expériences :

1° Que le temps du refroidissement du fer est à celui du refroidissement du zinc, au point de les tenir : : 40 $\frac{1}{2}$: 31, et : : 98 : 59 pour leur entier refroidissement;

2° Que le temps du refroidissement du fer est à celui du refroidissement du bismuth, au point de les tenir : : 40 $\frac{1}{2}$: 14 $\frac{1}{2}$, et : : 98 : 40 pour leur entier refroidissement;

3° Que le temps du refroidissement du fer est à celui du refroidissement de la glaise, au point de les tenir : : 40 $\frac{1}{2}$: 17, et : : 98 : 44 pour leur entier refroidissement;

4° Que le temps du refroidissement du fer est à celui du refroidissement de la craie, au point de les tenir : : 40 $\frac{1}{2}$: 12 $\frac{1}{2}$, et : : 98 : 38 pour leur entier refroidissement;

5° Que le temps du refroidissement du zinc est à celui du refroidissement du bismuth, au point de les tenir : : 31 : 14 $\frac{1}{2}$ par les présentes expériences, et : : 34 $\frac{1}{2}$: 20 $\frac{1}{2}$ par les expériences précédentes (art. xv); ainsi on aura, en ajoutant ces temps, 65 $\frac{1}{2}$ à 35 pour le rapport plus précis de leur premier refroidissement; et pour le second, le rapport donné par les présentes expériences étant : : 59 : 40, et : : 100 : 80 par les expériences précédentes (art. xv); on aura, en ajoutant ces temps, 159 à 120 pour le rapport encore plus précis de l'entier refroidissement du zinc et du bismuth;

6° Que le temps du refroidissement du zinc est à celui du refroidissement de la glaise, au point de les tenir : : 31 : 17, et : : 59 : 44 pour leur entier refroidissement;

7° Que le temps du refroidissement du zinc est à celui du refroidissement de la craie, au point de les tenir : : 31 : 12 $\frac{1}{2}$, et : : 59 : 38 pour leur entier refroidissement;

8° Que le temps du refroidissement du bismuth est à celui du refroidissement de la glaise, au point de les tenir : : 14 $\frac{1}{2}$: 17 par les présentes expériences, et : : 13 : 13 par les expériences précédentes (art. L); ainsi on aura, en ajoutant ces temps, 27 $\frac{1}{2}$ à 30 pour le rapport plus précis de leur premier refroidissement; et pour le second, le rapport donné par les expériences présentes étant : : 40 : 44, et : : 41 : 42 par les expériences précédentes (art. L); on aura, en ajoutant ces temps, 81 à 86 pour le rapport encore plus précis de l'entier refroidissement du bismuth et de la glaise;

9° Que le temps du refroidissement du bismuth est à celui du refroidissement de la craie, au point de les tenir : : 14 $\frac{1}{2}$: 13 $\frac{1}{2}$, et : : 40 : 38 pour leur entier refroidissement;

10° Que le temps du refroidissement de la glaise est à celui du refroidissement de la craie, au point de les tenir : : 17 : 13 $\frac{1}{2}$ par les expériences présentes, et : : 26 : 21 par les expériences précédentes (art. XLVI); ainsi on aura, en ajoutant ces temps, 43 à 34 $\frac{1}{2}$ pour le rapport plus précis de leur premier refroidissement; et pour le second, le rapport donné par les présentes expériences étant : : 44 : 38, et : : 69 : 58 par les expériences précédentes (art. XLVI); on aura, en ajoutant ces temps, 113 à 96 pour le rapport encore plus précis de l'entier refroidissement de la glaise et de la craie.

LIII. — Ayant fait chauffer ensemble les boulets d'émeril, de verre, de pierre calcaire dure et de bois, ils se sont refroidis dans l'ordre suivant :

Refroidis à les tenir pendant une demi-seconde.		*Refroidis à la température.*	
	Minutes.		Minutes.
Bois, en.	2 $\frac{1}{2}$	En.	15
Verre, en.	9 $\frac{1}{2}$	En.	28
Grès, en.	11	Eu.	34
Pierre calcaire dure, en.	12	En.	86
Émeril, en.	15	En.	47

LIV. — La même expérience répétée, les boulets se sont refroidis dans l'ordre suivant :

Refroidis à les tenir pendant une demi-seconde.		*Refroidis à la température.*	
	Minutes.		Minutes.
Bois, en.	2	En.	13
Verre, en. . . . . ,	$7\frac{1}{2}$	En.	21
Grès en.	8	En.	24
Pierre dure, en.	$8\frac{1}{2}$	En.	26
Émeril, en.	14	En.	42

Il résulte de ces deux expériences :

1° Que le temps du refroidissement de l'émeril est à celui du refroidissement de la pierre dure, au point de les tenir : : 29 : 20 $\frac{1}{2}$ par les présentes expériences, et : : 15 $\frac{1}{2}$: 12 par les expériences précédentes (art. XLII); ainsi, en ajoutant ces temps, on aura 44 $\frac{1}{2}$ à 32 $\frac{1}{2}$ pour le rapport plus précis de leur premier refroidissement ; et pour le second, le rapport donné par les présentes expériences étant : : 89 : 62, et : : 46 : 32 par les expériences précédentes (art. XLII); on aura, en ajoutant ces temps, 135 à 94 pour le rapport encore plus précis de l'entier refroidissement de l'émeril et de la pierre dure;

2° Que le temps du refroidissement de l'émeril est à celui du refroidissement du grès, au point de les tenir : : 29 : 19, et : : 89 : 58 pour leur entier refroidissement ;

3° Que le temps du refroidissement de l'émeril est à celui du refroidissement du verre, au point de les tenir : : 29 : 17, et : : 89 : 49 pour leur entier refroidissement ;

4° Que le temps du refroidissement de l'émeril est à celui du refroidissement du bois, au point de les tenir : : 29 : 4 $\frac{1}{2}$, et : : 89 : 28 pour leur entier refroidissement;

5° Que le temps du refroidissement de la pierre dure est à celui du refroidissement du grès, au point de les tenir : : 20 $\frac{1}{2}$: 19, et : : 62 : 58 pour leur entier refroidissement;

6° Que le temps du refroidissement de la pierre dure est à celui du refroidissement du verre, au point de les tenir : : 20 $\frac{1}{2}$: 17, et : : 62 : 49 pour leur entier refroidissement;

7° Que le temps du refroidissement de la pierre dure est à celui du refroidissement du bois, au point de les tenir : : 20 $\frac{1}{2}$: 4 $\frac{1}{2}$, et : : 62 : 28 pour leur entier refroidissement;

8° Que le temps du refroidissement du grès est à celui du refroidissement du verre, au point de les tenir : : 19 : 17 par les présentes expériences, et : : 55 : 52 par les expériences précédentes (art. XXXIII); ainsi on aura, en ajoutant ces temps, 74 à 69 pour le rapport plus précis de leur premier refroidissement; et pour le second, le rapport donné par les présentes expériences étant : : 58 : 49, et : : 170 : 132 par les expériences précédentes (art. XXXIII); on aura, en ajoutant ces temps, 228 à 181 pour le rapport encore plus précis de l'entier refroidissement du grès et du verre;

9° Que le temps du refroidissement du grès est à celui du refroidissement du bois, au point de pouvoir les tenir : : 15 : 4 ½, et : : 58 : 28 pour leur entier refroidissement ;

10° Que le temps du refroidissement du verre est à celui du refroidissement du bois, au point de les tenir : : 17 : 4 ½, et 49 : 28 pour leur entier refroidissement.

LV. — Ayant fait chauffer ensemble les boulets d'or, d'étain, d'émeril, de gypse et de craie, ils se sont refroidis dans l'ordre suivant :

Refroidis à les tenir pendant une demi-seconde.		*Refroidis à la température.*	
	Minutes.		Minutes.
Gypse, en.	5	En.	15
Craie, en.	7 ½	En.	21
Étain, en.	11 ½	En.	30
Or, en.	16	En.	41
Émeril, en.	20	En.	49

LVI. — La même expérience répétée, les boulets se sont refroidis dans l'ordre suivant :

Refroidis à les tenir pendant une demi-seconde.		*Refroidis à la température.*	
	Minutes.		Minutes.
Gypse, en.	4	En.	13
Craie, en.	6 ½	En.	18
Étain, en.	10	En.	27
Or, en.	15	En.	40
Émeril, en.	18	En.	46

On peut conclure de ces expériences :

1° Que le temps du refroidissement de l'émeril est à celui du refroidissement de l'or, au point de les tenir : : 38 : 31 par les expériences présentes ; et : : 59 ½ : 52 par les expériences précédentes (art XLII) ; ainsi on aura, en ajoutant ces temps, 97 ½ à 83 pour le rapport plus précis de leur premier refroidissement ; et pour le second, le rapport donné par les présentes expériences étant : : 95 : 81, et : : 166 : 155 par les expériences précédentes (art. XLII), on aura, en ajoutant ces temps, 261 à 236 pour le rapport encore plus précis de l'entier refroidissement de l'émeril et de l'or ;

2° Que le temps du refroidissement de l'émeril est à celui du refroidissement de l'étain, au point de les tenir : : 38 : 21 ½, et : : 95 : 57 pour leur entier refroidissement ;

3° Que le temps du refroidissement de l'émeril est à celui du refroidissement de la craie, au point de les tenir : : 38 : 14, et : : 95 : 39 pour leur entier refroidissement ;

4° Que le temps du refroidissement de l'émeril est à celui du refroidissement du gypse, au point de les tenir : : 38 : 9, et : : 95 : 28 pour leur entier refroidissement ;

5° Que le temps du refroidissement de l'or est à celui du refroidissement de l'étain, au point de les tenir : : 31 : 22 par les présentes expériences, et : : 37 : 21 par les expériences précédentes (art. xi) ; ainsi on aura, en ajoutant ces temps, 68 à 43 pour le rapport plus précis de leur premier refroidissement ; et pour le second, le rapport donné par les présentes expériences étant : : 81 : 57, et : : 114 : 61 par les expériences précédentes (art. xi), on aura, en ajoutant ces temps, 195 à 118 pour le rapport encore plus précis de l'entier refroidissement de l'or et de l'étain ;

6° Que le temps du refroidissement de l'or est à celui du refroidissement de la craie, au point de les tenir : : 31 : 14 par les présentes expériences, et : : 21 $\frac{1}{2}$: 10 par les expériences précédentes (art. xxxv) ; ainsi on aura, en ajoutant ces temps, 52 $\frac{1}{2}$ à 24 pour le rapport plus précis de leur premier refroidissement ; et pour le second, le rapport donné par les présentes expériences étant : : 81 : 39, et : : 65 : 26 par les expériences précédentes (art. xxxv) ; on aura, en ajoutant ces temps, 146 à 65 pour le rapport encore plus précis de l'entier refroidissement de l'or et de la craie ;

7° Que le temps du refroidissement de l'or est à celui du refroidissement du gypse, au point de pouvoir les tenir : : 31 : 9 par les présentes expériences, et : : 56 : 17 par les expériences précédentes (art. xxxviii) ; ainsi on aura, en ajoutant ces temps, 87 à 26 pour le rapport plus précis de leur premier refroidissement ; et pour le second, le rapport donné par les présentes expériences étant : : 81 : 28, et : : 165 : 53 par les expériences précédentes (art. xxxviii), on aura, en ajoutant ces temps, 246 à 81 pour le rapport encore plus précis de l'entier refroidissement de l'or et du gypse ;

8° Que le temps du refroidissement de l'étain est à celui du refroidissement de la craie, au point de les tenir : : 22 : 14, et : : 57 : 39 pour leur entier refroidissement ;

9° Que le temps du refroidissement de l'étain est à celui du refroidissement du gypse, au point de les tenir : : 22 : 9, et : : 57 : 28 pour leur entier refroidissement ;

10° Que le temps du refroidissement de la craie est à celui du refroidissement du gypse, au point de les tenir : : 14 : 9 par les présentes expériences, et : : 11 : 7 par les expériences précédentes (art. xlvi) ; ainsi on aura, en ajoutant ces temps, 25 à 16 pour le rapport plus précis de leur premier refroidissement ; et pour le second, le rapport donné par les présentes expériences étant : : 39 : 28, et : : 32 : 29 par les expériences précédentes (art. xlvi), on aura, en ajoutant ces temps, 71 à 57 pour le rapport encore plus précis de l'entier refroidissement de la craie et du gypse.

LVII. — Ayant fait chauffer ensemble les boulets de marbre blanc, de marbre commun, de glaise, d'ocre et de bois, ils se sont refroidis dans l'ordre suivant :

Refroidis à les tenir pendant une demi-seconde.		*Refroidis à la température.*	
	Minutes.		Minutes.
Bois, en.	$2\frac{1}{2}$	En.	9
Ocre, en.	$6\frac{1}{2}$	En.	19
Glaise, en.	$7\frac{1}{2}$	En.	21
Marbre commun, en.	$10\frac{1}{2}$	En.	29
Marbre blanc, en.	12	En.	34

LVIII. — La même expérience répétée, les boulets se sont refroidis dans l'ordre suivant :

Refroidis à les tenir pendant une demi-seconde.		*Refroidis à la température.*	
	Minutes.		Minutes.
Bois, en.	3	En.	11
Ocre, en.	7	En.	20
Glaise, en.	$8\frac{1}{2}$	En.	23
Marbre commun, en.	$12\frac{1}{2}$	En.	32
Marbre blanc, en.	13	En.	36

On peut conclure de ces deux expériences :

1° Que le temps du refroidissement du marbre blanc est à celui du refroidissement du marbre commun, au point de pouvoir les tenir : : 25 : 22 par les présentes expériences, et : : $39\frac{1}{2}$: 36 par les expériences précédentes (art. xxvii); ainsi on aura, en ajoutant ces temps, $64\frac{1}{2}$ à 58 pour le rapport plus précis de leur premier refroidissement; et pour le second, le rapport donné par les présentes expériences étant : : 70 : 61, et : : 115 : 113 par les expériences précédentes (art. xxvii), on aura, en ajoutant ces temps, 185 à 174 pour le rapport encore plus précis de l'entier refroidissement du marbre blanc et du marbre commun ;

2° Que le temps du refroidissement du marbre blanc est à celui du refroidissement de la glaise, au point de pouvoir les tenir : : 25 : 16, et : : 70 : 44 pour leur entier refroidissement;

3° Que le temps du refroidissement du marbre blanc est à celui du refroidissement de l'ocre, au point de les tenir : : 25 : $13\frac{1}{2}$, et : : 70 : 39 pour leur entier refroidissement;

4° Que le temps du refroidissement du marbre blanc est à celui du refroidissement du bois, au point de les tenir : : 25 : $5\frac{1}{2}$, et : : 70 : 20 pour leur entier refroidissement;

5° Que le temps du refroidissement du marbre commun est à celui du refroidissement de la glaise, au point de les tenir : : 22 : 16, et : : 61 : 44 pour leur entier refroidissement ;

6° Que le temps du refroidissement du marbre commun est à celui du refroidissement de l'ocre, au point de les tenir : : 22 : $13\frac{1}{2}$, et : : 61 : 39 pour leur entier refroidissement ;

7° Que le temps du refroidissement du marbre commun est à celui du refroidissement du bois, au point de les tenir : : 22 : 5 $\frac{1}{2}$, et : : 61 : 20 pour leur entier refroidissement ;

8° Que le temps du refroidissement de la glaise est à celui du refroidissement de l'ocre, au point de les tenir : : 16 : 13 $\frac{1}{2}$ par les présentes expériences, et : : 12 $\frac{1}{2}$: 11 $\frac{1}{2}$ par les expériences précédentes (art. xxxv) ; ainsi on aura, en ajoutant ces temps, 28 $\frac{1}{2}$ à 20 pour le rapport plus précis de leur premier refroidissement ; et pour le second, le rapport donné par les présentes expériences étant : : 44 : 39, et : : 33 : 29 par les expériences précédentes (art. xxxv), on aura, en ajoutant ces temps, 77 à 68 pour le rapport encore plus précis de l'entier refroidissement de la glaise et de l'ocre;

9° Que le temps du refroidissement de la glaise est à celui du refroidissement du bois, au point de les tenir : : 16 : 5 $\frac{1}{2}$, et : : 44 : 20 pour leur entier refroidissement.

10° Que le temps du refroidissement de l'ocre est à celui du refroidissement du bois, au point de les tenir : : 13 $\frac{1}{2}$: 5 $\frac{1}{2}$, et : : 39 : 20 pour leur entier refroidissement.

LIX. — Ayant mis chauffer ensemble les boulets d'argent, de verre, de glaise, d'ocre et de craie, ils se sont refroidis dans l'ordre suivant :

Refroidis à les tenir pendant une demi-seconde.		*Refroidis à la température.*	
	Minutes.		Minutes.
Craie, en.	5 $\frac{1}{2}$	En.	16
Ocre, en.	6	En.	18
Glaise, en.	8	En.	22
Verre, en.	9 $\frac{1}{2}$	En.	29
Argent, en.	12 $\frac{1}{3}$	En.	35

LX. — La même expérience répétée, les boulets chauffés plus longtemps se sont refroidis dans l'ordre suivant :

Refroidis à les tenir pendant une demi-seconde.		*Refroidis à la température.*	
	Minutes.		Minutes.
Craie, en.	7	En.	22
Ocre, en.	8 $\frac{1}{2}$	En.	25
Glaise, en.	9 $\frac{1}{2}$	En.	29
Verre, en.	12 $\frac{1}{2}$	En.	38
Argent, en.	16 $\frac{1}{2}$	En.	41

On peut conclure de ces deux expériences :

1° Que le temps du refroidissement de l'argent est à celui du refroidissement du verre, au point de les tenir : : 29 : 22 par les présentes expériences, et : : 36 : 25 par les expériences précédentes (art. xxxiii) ; ainsi on aura, en ajoutant ces temps, 65 à 47 pour le rapport plus précis de leur premier refroidissement ; et pour le second, le rapport donné par les présentes expériences étant : : 76 : 67, et : : 103 : 62 par les expériences précédentes (art. xxxiii); on aura, en ajoutant ces temps, 179 à 129 pour le rapport encore plus précis de l'entier refroidissement de l'argent et du verre;

2° Que le temps du refroidissement de l'argent est à celui du refroidissement de la glaise, au point de pouvoir les tenir : : 29 : 17 $\frac{1}{2}$, et : : 76 : 51 pour leur entier refroidissement;

3° Que le temps du refroidissement de l'argent est à celui du refroidissement de l'ocre, au point de les tenir : : 29 : 14 $\frac{1}{2}$, et : : 76 : 43 pour leur entier refroidissement;

4° Que le temps du refroidissement de l'argent est à celui du refroidissement de la craie, au point de pouvoir les tenir : : 29 : 12 $\frac{1}{2}$, et : : 76 : 38 pour leur entier refroidissement;

5° Que le temps du refroidissement du verre est à celui du refroidissement de la glaise, au point de les tenir : : 22 : 17 $\frac{1}{2}$ par les expériences présentes, et : : 16 $\frac{1}{2}$: 13 $\frac{1}{2}$ par les expériences précédentes (art. xlvi); ainsi on aura, en ajoutant ces temps, 38 $\frac{1}{2}$ à 31 pour le rapport plus précis de leur premier refroidissement; et pour le second, le rapport donné par les présentes expériences étant : : 67 : 51, et : : 46 : 36 par les expériences précédentes (art. xlvi); on aura, en ajoutant ces temps, 113 à 87 pour le rapport encore plus précis de l'entier refroidissement du verre et de la glaise;

6° Que le temps du refroidissement du verre est à celui du refroidissement de l'ocre, au point de pouvoir les tenir : : 22 : 14 $\frac{1}{2}$ par les présentes expériences, et : : 16 $\frac{1}{2}$: 11 par les expériences précédentes (art. xlvi); ainsi on aura, en ajoutant ces temps, 38 $\frac{1}{2}$ à 25 $\frac{1}{2}$ pour le rapport plus précis de leur premier refroidissement; et pour le second, le rapport donné par les présentes expériences étant : : 67 : 43, et : : 46 : 32 par les expériences précédentes (art. xlvi); on aura, en ajoutant ces temps, 113 à 75 pour le rapport encore plus précis de l'entier refroidissement du verre et de l'ocre;

7° Que le temps du refroidissement du verre est à celui du refroidissement de la craie, au point de pouvoir les tenir : : 22 : 12 $\frac{1}{2}$ par les présentes expériences, et : : 16 $\frac{1}{2}$: 11 par les expériences précédentes (art. xlvi); ainsi on aura, en ajoutant ces temps, 38 $\frac{1}{2}$ à 23 $\frac{1}{2}$ pour le rapport encore plus précis de leur premier refroidissement; et pour le second, le rapport donné par les présentes expériences étant : : 67 : 38, et : : 46 : 32 par les expériences précédentes (art. xlvi); on aura, en ajoutant ces temps, 113 à 70 pour le rapport encore plus précis de l'entier refroidissement du verre et de la craie;

8° Que le temps du refroidissement de la glaise est à celui du refroidissement de l'ocre, au point de les tenir : : 17 $\frac{1}{2}$: 14 $\frac{1}{2}$ par les présentes expériences, et : : 26 : 22 $\frac{1}{2}$ par les expériences précédentes (art. xlvi); ainsi on aura, en ajoutant ces temps, 43 $\frac{1}{2}$ à 37 pour le rapport plus précis de leur premier refroidissement; et pour le second, le rapport donné par l'expérience présente étant : : 51 : 43, et : : 69 : 63 par les expériences précédentes (art. xLVI); on aura, en ajoutant ces temps, 120 à 104 pour le rapport encore plus précis de l'entier refroidissement de la glaise et de l'ocre;

9° Que le temps du refroidissement de la glaise est à celui du refroidissement de la craie, au point de pouvoir les tenir : : $17\frac{1}{2}$: $12\frac{1}{2}$ par les présentes expériences, et : : 26 : 21 par les expériences précédentes (art. xLVI); ainsi on aura, en ajoutant ces temps, $43\frac{1}{2}$ à $33\frac{1}{2}$ pour le rapport plus précis de leur premier refroidissement; et pour le second, le rapport donné par les présentes expériences étant : : 51 : 38, et : : 69 : 58 par les expé, riences précédentes (art. xLVI); on aura, en ajoutant ces temps, 120 à 96 pour le rapport encore plus précis de l'entier refroidissement de la glaise et de la craie;

10° Que le temps du refroidissement de l'ocre est à celui du refroidissement de la craie, au point de pouvoir les tenir : : $14\frac{1}{2}$: $12\frac{1}{2}$ par les présentes expériences, et : : $11\frac{1}{2}$: 10 par les expériences précédentes (art. xxxv); ainsi on aura, en ajoutant ces temps, 26 à $22\frac{1}{2}$ pour le rapport plus précis de leur premier refroidissement; et pour le second, le rapport donné par les présentes expériences étant : : 43 : 38, et : : 29 : 26 par les précédentes expériences (art. xxxv); on aura, en ajoutant ces temps, 72 à 64 pour le rapport encore plus précis de l'entier refroidissement de l'ocre et de la craie.

LXI. — Ayant mis chauffer ensemble à un grand degré de chaleur les boulets de zinc, de bismuth, de marbre blanc, de grès et de gypse, le bismuth s'est fondu tout à coup, et il n'est resté que les quatre autres, qui se sont refroidis dans l'ordre suivant :

Refroidis à les tenir pendant une demi-seconde.	Minutes.	*Refroidis à la température.*	Minutes.
Gypse, en.	11	En.	28
Grès, en.	16	En.	42
Marbre blanc, en.	19	En.	50
Zinc, en.	23	En.	57

LXII. — La même expérience répétée avec les quatre boulets ci-dessus et un boulet de plomb, à un feu moins ardent, ils se sont refroidis dans l'ordre suivant :

Refroidis à les tenir pendant une demi-seconde.	Minutes.	*Refroidis à la température.*	Minutes.
Gypse, en.	$4\frac{1}{2}$	En.	16
Plomb, en.	$9\frac{1}{2}$	En.	28
Grès, en.	10	En.	32
Marbre blanc, en.	$12\frac{1}{2}$	En.	36
Zinc, en.	15	En.	43

On peut conclure de ces deux expériences :

1° Que le temps du refroidissement du zinc est à celui du refroidisse-ment du marbre blanc, au point de pouvoir les tenir : : 38 : 31 $\frac{1}{2}$ par les présentes expériences, et : : 21 : 17 $\frac{1}{2}$ par les expériences précédentes (art. XLVIII) ; ainsi, en ajoutant ces temps, on aura 59 à 49 pour le rapport plus précis de leur premier refroidissement ; et pour le second, le rapport donné par l'expérience présente étant : : 100 : 86 , et : : 65 : 53 par les expériences précédentes (art. XLVIII) ; on aura, en ajoutant ces temps, 165 à 139 pour le rapport encore plus précis de l'entier refroidissement du zinc et du marbre blanc ;

2° Que le temps du refroidissement du zinc est à celui du refroidissement du grès, au point de les tenir : : 38 : 26 par les présentes expériences, et : : 21 : 115 par les expériences précédentes (art. XLVIII) ; ainsi on aura, en ajoutant ces temps, 59 à 41 pour le rapport plus précis de leur premier refroidissement ; et pour le second, le rapport donné par les présentes expériences étant : : 100 : 74, et : : 65 : 47 par les expériences précédentes (art. XLVIII) ; on aura, en ajoutant ces temps, 165 à 121 pour le rapport encore plus précis de l'entier refroidissement du zinc et du grès ;

3° Que le temps du refroidissement du zinc est à celui du refroidisse-ment du plomb, au point de pouvoir les tenir : : 15 : 9 $\frac{1}{2}$ par la présente expérience, et : : 73 : 43 $\frac{3}{4}$ par les expériences précédentes (art. XVII) ; ainsi on aura, en ajoutant ces temps, 89 à 53 $\frac{1}{4}$ pour le rapport plus précis de leur premier refroidissement ; et pour le second, le rapport donné par l'expérience présente étant : : 43 : 20, et : : 220 : 189 par les expériences précédentes (art. XVII) ; on aura, en ajoutant ces temps, 263 à 209 pour le rapport encore plus précis de l'entier refroidissement du zinc et du plomb ;

4° Que le temps du refroidissement du zinc est à celui du refroidissement du gypse, au point de les tenir : : 38 : 15 $\frac{1}{2}$, et : : 100 : 44 pour leur entier refroidissement ;

5° Que le temps du refroidissement du marbre blanc est à celui du refroidissement du grès, au point de les tenir : : 31 $\frac{1}{2}$: 26 par les pré-sentes expériences , et : : 38 $\frac{1}{2}$: 32 par les expériences précédentes (art. XLVIII) ; ainsi on aura, en ajoutant ces temps, 70 à 58 pour le rap-port plus précis de leur premier refroidissement ; et pour le second, le rap-port donné par les présentes expériences étant : : 86 : 74, et : : 112 : 104 par les expériences précédentes (art. XLVIII) ; on aura, en ajoutant ces temps, 198 à 178 pour le rapport encore plus précis de l'entier refroi-dissement du marbre blanc et du grès ;

6° Que le temps du refroidissement du marbre blanc est à celui du refroidissement du plomb, au point de les tenir : : 12 $\frac{1}{2}$: 9 $\frac{1}{2}$, et : : 36 : 20 pour leur entier refroidissement ;

7° Que le temps du refroidissement du marbre blanc est à celui du refroidissement du gypse, au point de pouvoir les tenir : : 31 : 15 $\frac{1}{2}$, et : : 86 : 44 pour leur entier refroidissement ;

8° Que le temps du refroidissement du grès est à celui du refroidissement du plomb, au point de pouvoir les tenir : : 10 : 9 $\frac{1}{2}$ par la présente expérience, et : : 59 : 51 $\frac{1}{2}$ par les expériences précédentes (art. XLIV); ainsi on aura, en ajoutant ces temps, 69 $\frac{1}{2}$ à 61 pour le rapport plus précis de leur premier refroidissement ; et pour le second, le rapport donné par les présentes expériences étant : : 32 : 20, et : : 187 : 178 par les expériences précédentes (art. XLIV); on aura, en ajoutant ces temps, 211 à 96 pour le rapport encore plus précis de l'entier refroidissement du grès et du plomb ;

9° Que le temps du refroidissement du grès est à celui du refroidissement du gypse, au point de pouvoir les tenir : : 26 : 15 $\frac{1}{2}$ par les présentes expériences, et : : 55 : 21 $\frac{1}{2}$ par les expériences précédentes (art. XXXIII); ainsi on aura, en ajoutant ces temps, 81 à 37 pour le rapport plus précis de leur premier refroidissement ; et pour le second, le rapport donné par les présentes expériences étant : : 74 : 44, et : : 170 : 78 par les expériences précédentes (art. XXXIII); on aura, en ajoutant ces temps, 244 à 122 pour le rapport encore plus précis de l'entier refroidissement du grès et du gypse ;

10° Que le temps du refroidissement du plomb est à celui du refroidissement du gypse, au point de pouvoir les tenir : : 9 $\frac{1}{2}$: 4 $\frac{1}{2}$, et : : 28 : 16 pour leur entier refroidissement.

LXIII. — Ayant fait chauffer ensemble les boulets de cuivre, d'antimoine, de marbre commun, de pierre calcaire tendre et de craie, ils se sont refroidis dans l'ordre suivant :

Refroidis à les tenir pendant une demi-seconde.	Minutes.	*Refroidis à la température.*	Minutes.
Craie, en.	6 $\frac{1}{2}$	En.	20
Antimoine, en..	7 $\frac{1}{2}$	En	26
Pierre tendre, en.	7 $\frac{1}{2}$	En.	26
Marbre commun, en.	11 $\frac{1}{2}$	En.	31
Cuivre, en.	16	En.	49

LXIV. — La même expérience répétée, les boulets se sont refroidis dans l'ordre suivant.

Refroidis à les tenir pendant une demi-seconde.	Minutes.	*Refroidis à la température.*	Minutes.
Craie, en.	5 $\frac{1}{2}$	En.	18
Antimoine, en..	6	En.	24
Pierre tendre, en.	8	En.	23
Marbre commun, en.	10	En.	29
Cuivre, en.	13 $\frac{1}{2}$	En.	38

On peut conclure de ces deux expériences :

1° Que le temps du refroidissement du cuivre est à celui du refroidissement du marbre commun, au point de pouvoir les tenir : : 29 $\frac{1}{2}$: 21 $\frac{1}{2}$ par les présentes expériences, et : : 45 : 35 $\frac{1}{2}$ par les expériences précédentes (art. v); ainsi on aura, en ajoutant ces temps, 74 $\frac{1}{2}$ à 57 pour le rapport plus précis de leur premier refroidissement; et pour le second, le rapport donné par les présentes expériences étant : : 87 : 60, et : : 125 : 111 par les expériences précédentes (art. v); on aura, en ajoutant ces temps, 212 à 170 pour le rapport encore plus précis de l'entier refroidissement du cuivre et du marbre commun;

2° Que le temps du refroidissement du cuivre est à celui du refroidissement de la pierre tendre, au point de pouvoir les tenir : : 29 $\frac{1}{2}$: 15 $\frac{1}{2}$, et : : 87 : 49 pour leur entier refroidissement;

3° Que le temps du refroidissement du cuivre est à celui du refroidissement de l'antimoine, au point de pouvoir les tenir : : 29 $\frac{1}{2}$: 13 $\frac{1}{2}$ par les présentes expériences, et : : 28 : 16 par les expériences précédentes (art. xli); ainsi on aura, en ajoutant ces temps, 57 $\frac{1}{2}$ à 29 $\frac{1}{2}$ pour le rapport plus précis de leur premier refroidissement; et pour le second, le rapport donné par les expériences présentes étant : : 87 : 50, et : : 80 : 47 par les expériences précédentes (art. xli); on aura, en ajoutant ces temps, 167 à 97 pour le rapport encore plus précis de l'entier refroidissement du cuivre et de l'antimoine;

4° Que le temps du refroidissement du cuivre est à celui du refroidissement de la craie, au point de pouvoir les tenir : : 29 $\frac{1}{2}$: 12, et : : 87 : 38 pour leur entier refroidissement;

5° Que le temps du refroidissement du marbre commun est à celui du refroidissement de la pierre tendre, au point de pouvoir les tenir : : 21 $\frac{1}{2}$: 14 par les expériences présentes, et : : 29 : 23 par les expériences précédentes (art. xxx); ainsi on aura, en ajoutant ces temps, 50 $\frac{1}{2}$ à 37 pour le rapport plus précis de leur premier refroidissement; et pour le second, le rapport donné par les présentes expériences étant : : 60 : 49, et : : 87 : 68 par les expériences précédentes (art. xx); on aura, en ajoutant ces temps, 147 à 117 pour le rapport encore plus précis de l'entier refroidissement du marbre commun et de la pierre tendre;

6° Que le temps du refroidissement du marbre commun est à celui du refroidissement de l'antimoine, au point de les tenir : : 21 $\frac{1}{2}$: 13 $\frac{1}{2}$, et : : 60 : 50 pour leur entier refroidissement;

7° Que le temps du refroidissement du marbre commun est à celui du refroidissement de la craie, au point de pouvoir les tenir : : 21 $\frac{1}{2}$: 12, et : : 60 : 38 pour leur entier refroidissement;

8° Que le temps du refroidissement de la pierre tendre est à celui du refroidissement de l'antimoine, au point de pouvoir les tenir : : 14 : 13 $\frac{1}{2}$, et : : 49 : 50 pour leur entier refroidissement;

9° Que le temps du refroidissement de la pierre tendre est à celui du refroidissement de la craie, au point de pouvoir les tenir : : 14 : 12, et : : 49 : 38 pour leur entier refroidissement ;

10° Que le temps du refroidissement de l'antimoine est à celui du refroidissement de la craie, au point de pouvoir les tenir : : 13 $\frac{1}{2}$: 12, et : : 50 : 38 pour leur entier refroidissement.

LXV. — Ayant fait chauffer ensemble les boulets de plomb, d'étain, de verre, de pierre calcaire dure, d'ocre et de glaise, ils se sont refroidis dans l'ordre suivant :

Refroidis à les tenir pendant une demi-seconde.		*Refroidis à la température.*	
	Minutes.		Minutes.
Ocre, en.	5	En.	16
Glaise, en	7 $\frac{1}{2}$	En.	20
Étain, en.	8 $\frac{1}{2}$	En.	21
Plomb, en..	9 $\frac{1}{2}$	En.	23
Verre, en.	10	En.	27
Pierre dure, en.	10 $\frac{1}{2}$	En.	29

Il résulte de cette expérience :

1° Que le temps du refroidissement de la pierre dure est à celui du refroidissement du verre, au point de les tenir : : 10 $\frac{1}{2}$: 10 par la présente expérience, et : : 20 $\frac{1}{2}$: 17 par les expériences précédentes (art. LIV) ; ainsi on aura, en ajoutant ces temps, 31 à 27 pour le rapport plus précis de leur premier refroidissement ; et pour le second, le rapport donné par la présente expérience étant : : 29 : 27, et : : 62 : 49 par les expériences précédentes (art. LIV) ; on aura, en ajoutant ces temps, 91 à 76 pour le rapport encore plus précis de l'entier refroidissement de la pierre dure et du verre,

2° Que le temps du refroidissement du verre est à celui du refroidissement du plomb, au point de pouvoir les tenir : : 10 : 9 $\frac{1}{2}$ par la présente expérience, et : : 12 : 11 par les expériences précédentes (art. XXXIX) ; ainsi on aura, en ajoutant ces temps, 22 à 20 $\frac{1}{2}$ pour le rapport plus précis de leur premier refroidissement ; et pour le second, le rapport donné par l'expérience présente étant : : 27 : 23, et : : 35 : 30 par les expériences précédentes (art. XXXIX) ; on aura, en ajoutant ces temps, 62 à 53 pour le rapport encore plus précis de l'entier refroidissement du verre et du plomb ;

3° Que le temps du refroidissement du verre est à celui du refroidissement de l'étain, au point de pouvoir les tenir : : 10 : 8 $\frac{1}{2}$ par la présente expérience, et : : 46 : 42 $\frac{1}{2}$ par les expériences précédentes (art. XXXIX) ; ainsi on aura, en ajoutant ces temps, 56 à 51 pour le rapport plus précis de leur premier refroidissement ; et pour le second, le rapport donné par les expériences présentes étant : : 27 : 21, et par les expériences précédentes (art. XXXIX) : : 132 : 117, on aura, en ajoutant ces temps, 159 à 138 pour le rapport encore plus précis de l'entier refroidissement du verre et de l'étain ;

4° Que le temps du refroidissement du verre est à celui du refroidissement de la glaise, au point de pouvoir les tenir : : 10 : 7 $\frac{1}{2}$, et : : 38 $\frac{1}{2}$: 31 par les expériences précédentes (art. LX) ; ainsi on aura, en ajoutant ces temps, 48 $\frac{1}{2}$ à 38 $\frac{1}{2}$ pour le rapport plus précis de leur premier refroidissement ; et pour le second, le rapport donné par la présente expérience étant : : 27 : 20, et : : 113 : 87 par les expériences précédentes (art. LX) ; on aura, en ajoutant ces temps, 140 à 107 pour le rapport encore plus précis de l'entier refroidissement du verre et de la glaise ;

5° Que le temps du refroidissement du verre est à celui du refroidissement de l'ocre, au point de pouvoir les tenir : : 10 : 5 par les présentes expériences, et : : 38 $\frac{1}{2}$: 25 $\frac{1}{2}$ par les expériences précédentes (art. LX) ; ainsi on aura, en ajoutant ces temps, 48 $\frac{1}{2}$ à 30 $\frac{1}{2}$ pour le rapport plus précis de leur premier refroidissement ; et pour le second, le rapport donné par la présente expérience étant : : 27 : 16 ; et par les expériences précédentes (art. LX) : : 113 : 75, on aura, en ajoutant ces temps, 140 à 91 pour le rapport encore plus précis de l'entier refroidissement du verre et de l'ocre ;

6° Que le temps du refroidissement de la pierre dure est à celui du refroidissement du plomb, au point de pouvoir les tenir : : 10 $\frac{1}{2}$: 9 $\frac{1}{2}$, et : : 29 : 23 pour leur entier refroidissement ;

7° Que le temps du refroidissement de la pierre dure est à celui du refroidissement de l'étain, au point de les tenir : : 10 $\frac{1}{2}$: 8 $\frac{1}{2}$, et : : 29 : 21 pour leur entier refroidissement ;

8° Que le temps du refroidissement de la pierre dure est à celui du refroidissement de la glaise, au point de les tenir : : 10 $\frac{1}{2}$: 7 $\frac{1}{2}$, et : : 29 : 20 pour leur entier refroidissement ;

9° Que le temps du refroidissement de la pierre dure est à celui du refroidissement de l'ocre, au point de les tenir : : 10 $\frac{1}{2}$: 5, et : : 29 : 16 pour leur entier refroidissement ;

10° Que le temps du refroidissement du plomb est à celui du refroidissement de l'étain, au point de les tenir : : 9 $\frac{1}{2}$: 8 $\frac{1}{2}$ par la présente expérience, et : : 36 $\frac{1}{2}$: 31 $\frac{1}{2}$ par les expériences précédentes (art. XXXIX) ; ainsi on aura, en ajoutant ces temps, 46 à 40 pour le rapport plus précis de leur premier refroidissement ; et pour le second, le rapport donné par la présente expérience étant : : 23 : 21, et : : 109 : 89 par les expériences précédentes (art. XXXIX) ; on aura, en ajoutant ces temps, 132 à 110 pour le rapport encore plus précis de l'entier refroidissement du plomb et de l'étain ;

11° Que le temps du refroidissement du plomb est à celui du refroidissement de la glaise, au point de pouvoir les tenir : : 9 $\frac{1}{2}$: 7 $\frac{1}{4}$ par la pré-

sente expérience, et : : 7 : 5 ½ par les expériences précédentes (art. xxxv);
ainsi on aura, en ajoutant ces temps, 16 ¼ à 13 pour le rapport plus précis de leur premier refroidissement ; et pour le second, le rapport donné-
par la présente expérience étant : : 23 : 20, et : : 18 : 15 par les expériences précédentes (art. xxxv) ; on aura, en ajoutant ces temps, 41 à 35
pour le rapport encore plus précis de l'entier refroidissement du plomb et
de la glaise ;

12° Que le temps du refroidissement du plomb est à celui du refroidissement de l'ocre, au point de pouvoir les tenir : : 9 ¼ : 5 par la présente
expérience, et : : 7 : 5 par les expériences précédentes (art. xxxv) ; ainsi
on aura, en ajoutant ces temps, 16 ¼ à 10 pour le rapport plus précis de
leur premier refroidissement ; et pour le second, le rapport donné par la
présente expérience étant : : 23 : 16, et : : 18 : 13 par les expériences
précédentes (art. xxxv) ; on aura, en ajoutant ces temps, 41 à 29 pour le
rapport encore plus précis de l'entier refroidissement du plomb et de
l'ocre ;

13° Que le temps du refroidissement de l'étain est à celui du refroidissement de la glaise, au point de les tenir : : 8 ¼ : 7 ½, et : : 21 : 20 pour
leur entier refroidissement ;

14° Que le temps du refroidissement de l'étain est à celui du refroidis- .
sement de l'ocre, au point de les tenir : : 8 ¼ : 5, et : : 21 : 16 pour leur
entier refroidissement ;

15° Que le temps du refroidissement de la glaise est à celui du refroidissement de l'ocre, au point de pouvoir les tenir : : 7 ¼ : 5 par la présente
expérience, et : : 43 ¼ : 37 par les expériences précédentes (art. lx) ; ainsi
on aura, en ajoutant ces temps, 50 à 42 pour le rapport plus précis de
leur premier refroidissement ; et pour le second , le rapport donné par la
présente expérience étant : : 20 : 16, et : : 120 : 104 par les expériences
précédentes (art. lx) ; on aura, en ajoutant ces temps, 140 à 120 pour
le rapport encore plus précis de l'entier refroidissement de la glaise et de
l'ocre.

LXVI. — Ayant fait chauffer ensemble les boulets de zinc, d'antimoine,
de pierre calcaire tendre, de craie et de gypse, ils se sont refroidis dans
l'ordre suivant :

Refroidis à les tenir pendant une demi-seconde.		*Refroidis à la température.*	
	Minutes.		Minutes.
Gypse, en	3 ½	En	11
Craie..	5	En	16
Antimoine, en	6	En	22
Pierre tendre, en	7 ½	En	23
Zinc, en	14 ½	En	29

LXVII. — La même expérience répétée, les boulets se sont refroidis dans l'ordre suivant :

Refroidis à les tenir pendant une demi-seconde.	Minutes.	*Refroidis à la température.*	Minutes.
Gypse, en.	$3\frac{1}{2}$	En.	12
Craie, en.	$4\frac{3}{4}$	En.	14
Antimoine, en.	6	En.	20
Pierre tendre, en.	8	En.	21
Zinc, en.	$13\frac{1}{2}$	En.	28

On peut conclure de ces deux expériences :

1° Que le temps du refroidissement du zinc est à celui du refroidissement de la pierre tendre, au point de pouvoir les tenir : : 28 : 15 $\frac{1}{2}$, et : : 57 : 44 pour leur entier refroidissement ;

2° Que le temps du refroidissement du zinc est à celui du refroidissement de l'antimoine, au point de pouvoir les tenir : : 28 : 12 par les présentes expériences, et : : 94 : 52 par les expériences précédentes (article xlviii) ; ainsi, en ajoutant ces temps, on aura 122 à 64 pour le rapport plus précis de leur premier refroidissement ; et pour le second, le rapport donné par les présentes expériences étant : : 57 : 42, et : : 285 : 184 par les expériences précédentes (art. xlviii) ; on aura, en ajoutant ces temps, 342 à 226 pour le rapport encore plus précis de l'entier refroidissement du zinc et de l'antimoine ;

3° Que le temps du refroidissement du zinc est à celui du refroidissement de la craie, au point de pouvoir les tenir : : 28 : 9 $\frac{1}{2}$ par les présentes expériences, et : : 31 : 12 $\frac{1}{2}$ par les expériences précédentes (art. lii); ainsi on aura, en ajoutant ces temps, 59 à 22 pour le rapport plus précis de leur premier refroidissement ; et pour le second, le rapport donné par les présentes expériences étant : : 57 : 30, et : : 59 : 38 par les expériences précédentes (art. lii); on aura, en ajoutant ces temps, 116 à 68 pour le rapport encore plus précis de l'entier refroidissement du zinc et de la craie ;

4° Que le temps du refroidissement du zinc est à celui du refroidissement du gypse, au point de pouvoir les tenir : : 28 : 7 par les présentes expériences, et : : 38 : 15 $\frac{1}{2}$ par les expériences précédentes (art. lxii); ainsi on aura, en ajoutant ces temps, 66 à 22 $\frac{1}{2}$ pour le rapport plus précis de leur premier refroidissement ; et pour le second, le rapport donné par les présentes expériences étant : : 57 : 23, et : : 100 : 44 par les expériences précédentes (art. lxii); on aura, en ajoutant ces temps, 157 à 67 pour le rapport encore plus précis de l'entier refroidissement du zinc et du gypse ;

5° Que le temps du refroidissement de l'antimoine est à celui du refroidissement de la pierre calcaire tendre, au point de les tenir : : 12 : 15 $\frac{1}{2}$, et : : 42 : 44 pour leur entier refroidissement ;

6° Que le temps du refroidissement de l'antimoine est à celui du refroidissement de la craie, au point de pouvoir les tenir : : 12 : 9 $\frac{1}{2}$ par les présentes expériences, et : : 13 $\frac{1}{2}$: 12 par les expériences précédentes (article LXIV); ainsi on aura, en ajoutant ces temps, 25 $\frac{1}{2}$ à 21 $\frac{1}{2}$ pour le rapport plus précis de leur premier refroidissement; et pour le second, le rapport donné par les présentes expériences étant : : 42 : 30, et : : 50 : 38 par les expériences précédentes (art. LXIV); on aura, en ajoutant ces temps, 92 à 68 pour le rapport encore plus précis de l'entier refroidissement de l'antimoine et de la craie ;

7° Que le temps du refroidissement de l'antimoine est à celui du refroidissement du gypse, au point de pouvoir les tenir : : 12 : 7, et : : 42 : 23 pour leur entier refroidissement;

8° Que le temps du refroidissement de la pierre tendre est à celui du refroidissement de la craie, au point de pouvoir les tenir : : 15 $\frac{1}{2}$: 9 $\frac{1}{2}$ par les présentes expériences, et : : 14 : 12 par les expériences précédentes (art. LXIV); ainsi on aura, en ajoutant ces temps, 29 $\frac{1}{2}$ à 21 $\frac{1}{2}$ pour le rapport plus précis de leur premier refroidissement; et pour le second, le rapport donné par les présentes expériences étant : : 44 : 30, et : : 49 : 38 par les expériences précédentes (art. LXIV); on aura, en ajoutant ces temps, 93 à 68 pour le rapport encore plus précis de l'entier refroidissement de la pierre tendre et de la craie ;

9° Que le temps du refroidissement de la pierre calcaire tendre est à celui du refroidissement du gypse, au point de les tenir : : 15 $\frac{1}{2}$: 7 par les présentes expériences , et : : 12 : 4 $\frac{1}{2}$ par les expériences précédentes (art. XXXVIII); ainsi on aura, en ajoutant ces temps , 27 $\frac{1}{2}$ à 11 $\frac{1}{2}$ pour le rapport plus précis de leur premier refroidissement; et pour le second, le rapport donné par les expériences présentes étant : : 44 : 23, et : : 27 : 14 par les expériences précédentes (art. XXXVIII) ; on aura, en ajoutant ces temps, 71 à 37 pour le rapport encore plus précis de l'entier refroidissement de la pierre tendre et du gypse ;

10° Que le temps du refroidissement de la craie est à celui du refroidissement du gypse, au point de pouvoir les tenir : : 9 $\frac{1}{2}$: 7 par les présentes expériences, et : : 25 : 16 par les expériences précédentes (art. LVI) ; ainsi on aura, en ajoutant ces temps, 34 $\frac{1}{2}$ à 23 pour le rapport plus précis de leur premier refroidissement; et pour le second, le rapport donné par les présentes expériences étant : : 30 : 23, et : : 71 : 57 par les expériences précédentes (art. LVI); on aura, en ajoutant ces temps, 101 à 80 pour le rapport encore plus précis de l'entier refroidissement de la craie et du gypse.

Je borne ici cette suite d'expériences assez longues à faire et fort ennuyeuses à lire; j'ai cru devoir les donner telles que je les ai faites à plusieurs reprises dans l'espace de six ans : si je m'étais contenté d'en additionner les résultats, j'aurais à la vérité fort abrégé ce Mémoire ; mais on n'aurait pas été en état de les répéter, et c'est cette considération qui m'a fait préférer de donner l'énumération et le détail des expériences mêmes, au lieu d'une table abrégée que j'aurais pu faire de leurs résultats accumulés. Je vais néanmoins donner par forme de récapitulation la table générale de ces rapports, tous comparés à 10,000, afin que d'un coup d'œil on puisse en saisir les différences.

TABLE

DES RAPPORTS-DU REFROIDISSEMENT DES DIFFÉRENTES SUBSTANCES MINÉRALES.

FER.

Fer et.		Premier refroidissement.	Entier refroidissement
	Émeril.	10000 à 9117	9020
	Cuivre.	10000 à 8512	8702
	Or.	10000 à 8160	8148
	Zinc.	10000 à 7654 / 6804	6020
	Argent.	10000 à 7619	7423
	Marbre blanc..	10000 à 6774	6704
	Marbre commun..	10000 à 6636	6746
	Pierre calcaire dure. .	10000 à 6617	6274
	Grès.	10000 à 5796	6926
	Verre..	10000 à 5576	5805
	Plomb.	10000 à 5143	6482
	Étain.	10000 à 4898	4921
	Pierre calcaire tendre.	10000 à 4194	4659
	Glaise.	10000 à 4198	4490
	Bismuth.	10000 à 3580	4081
	Craie.	10000 à 3086	3878
	Gypse.	10000 à 2325	2817
	Bois.	10000 à 1860	1549
	Pierre ponce.	10000 à 1627	1268

ÉMERIL.

Émeril et.			
	Cuivre.	10000 à 8519	8148
	Or.	10000 à 8513	8560
	Zinc.	10000 à 8390 / 7458	7692
	Argent.	10000 à 7778	7895
	Pierre calcaire dure. .	10000 à 7304	6963
	Grès.	10000 à 6552	6517
	Verre.,	10000 à 5862	5506
	Plomb.	10000 à 5718	6643
	Étain.	10000 à 5658	6000
	Glaise..	10000 à 5185	5185
	Bismuth.	10000 à 4949	6060
	Antimoine.	10000 à 4540	5827
	Ocre.	10000 à 4259	3827
	Craie.	10000 à 3684	4105
	Gypse	10000 à 2368	2947
	Bois.	10000 à 1552	3146

CUIVRE.

		Premier refroidissement.	Entier refroidissement.
	Or.	10000 à 9136	9194
	Zinc.	10000 à 8571 7619	9250
	Argent.	10000 à 8395	7823
	Marbre commun. . . .	10000 à 7638	8019
	Grès.	10000 à 7333	8160
	Verre.	10000 à 6667	6567
Cuivre et.	Plomb.	10000 à 6179	7367
	Étain.	10000 à 5746	6916
	Pierre calcaire tendre.	10000 à 5168	5633
	Glaise.	10000 à 5652	6363
	Bismuth.	10000 à 5686	5959
	Antimoine.	10000 à 5130	5808
	Ocre.	10000 à 5000	4697
	Craie.	10000 à 4068	4368

OR.

		Premier refroidissement.	Entier refroidissement.
	Zinc.	10000 à 9474 8422	9304
	Argent.	10000 à 8936	8686
	Marbre blanc.	10000 à 8101	7863
	Marbre commun. . . .	10000 à 7342	7435
	Pierre calcaire dure. .	10000 à 7383	7516
	Grès.	10000 à 7368	7627
	Verre.	10000 à 7103	5932
Or et.	Plomb.	10000 à 6526	7500
	Étain.	10000 à 6324	6051
	Pierre calcaire tendre.	10000 à 6087	5811
	Glaise.	10000 à 5814	5077
	Bismuth.	10000 à 5658	7043
	Porcelaine.	10000 à 5526	5593
	Antimoine.	10000 à 5395	6348
	Ocre.	10000 à 5349	4462
	Craie.	10000 à 4571	4452
	Gypse.	10000 à 2989	3293

ZINC.

		Premier refroidissement.	Entier refroidissement.
	Argent.	10000 à 8904 10015	8990
	Marbre blanc.	10000 à 8305 7194	8424
	Grès.	10000 à 6949 5838	7333
	Plomb.	10000 à 6051 4940	7947
	Étain.	10000 à 6777 5666	6240
Zinc et.	Pierre calcaire tendre.	10000 à 5536 4425	7719
	Glaise.	10000 à 5484 4373	7458
	Bismuth.	10000 à 5343 4232	7547
	Antimoine.	10000 à 5246 4135	6608
	Craie.	10000 à 3729 2618	5862
	Gypse.	10000 à 3409 2298	4268

ARGENT.

	Premier refroidissement.	Entier refroidissement.
Marbre blanc..	10000 à 8681	9200
Marbre commun.. . .	10000 à 7912	9040
Pierre calcaire dure. .	10000 à 7436	8580
Grès.	10000 à 7361	7767
Verre..	10000 à 7230	7212
Plomb.	10000 à 7154	9184
Étain..	10000 à 6176	6289
Pierre calcaire tendre.	10000 à 6178	6287
Glaise.	10000 à 6034	6710
Bismuth.	10000 à 6308	8877
Porcelaine.	10000 à 5556	5242
Antimoine.	10000 à 5692	7653
Ocre.	10000 à 5000	5658
Craie..	10000 à 4310	5000
Gypse..	10000 à 2879	3366
Bois..	10000 à 2353	1864
Pierre ponce.	10000 à 2059	1525

Argent et.

MARBRE BLANC.

	Premier refroidissement.	Entier refroidissement.
Marbre commun.. . .	10000 à 8992	9405
Pierre dure..	10000 à 8594	9130
Grès.	10000 à 8286	8990
Plomb.	10000 à 7604	5555
Étain..	10000 à 7143	6792
Pierre calcaire tendre.	10000 à 6792	7218
Glaise..	10000 à 6400	6286
Antimoine.	10000 à 6286	6792
Ocre.	10000 à 5400	5571
Gypse..	10000 à 4920	5116
Bois.	10000 à 2200	2857

Marbre blanc et. . .

MARBRE COMMUN.

	Premier refroidissement.	Entier refroidissement.
Pierre dure..	10000 à 9483	9655
Grès.	10000 à 8767	9273
Plomb.	10000 à 7671	8590
Étain..	10000 à 7424	6666
Pierre tendre..	10000 à 7327	7959
Glaise..	10000 à 7272	7213
Antimoine.	10000 à 6279	8333
Ocre.	10000 à 6136	6393
Craie..	10000 à 5581	6333
Bois..	10000 à 2500	3279

Marbre commun et.

PIERRE CALCAIRE DURE.

	Premier refroidissement.	Entier refroidissement.
Grès.	10000 à 9268	9355
Verre..	10000 à 8710	8352
Plomb.	10000 à 8571	7931
Étain..	10000 à 8095	7931
Pierre tendre..	10000 à 8000	8095
Glaise.	10000 à 6190	6897
Ocre.	10000 à 4762	5517
Bois.	10000 à 2195	4516

Pierre dure et. . . .

GRÈS.

		Premier refroidissement.	Entier refroidissement.
Grès et........	Verre	10000 à 9324	7939
	Plomb..........	10000 à 8561	8950
	Étain..........	10000 à 7667	7633
	Pierre tendre.....	10000 à 7647	7193
	Porcelaine.......	10000 à 7364	7059
	Antimoine.......	10000 à 7333	6170
	Gypse..........	10000 à 4568	5000
	Bois...........	10000 à 2368	4828

VERRE.

		Premier refroidissement.	Entier refroidissement.
Verre et.......	Plomb..........	10000 à 9318	8548
	Étain..........	10000 à 9107	8679
	Glaise..........	10000 à 7938	7643
	Porcelaine.......	10000 à 7692	8863
	Ocre...........	10000 à 6289	6500
	Craie..........	10000 à 6104	6195
	Gypse..........	10000 à 4160	6011
	Bois...........	10000 à 2647	5514

PLOMB.

		Premier refroidissement.	Entier refroidissement.
Plomb et.......	Étain..........	10000 à 8695	8333
	Pierre tendre.....	10000 à 8437	7192
	Glaise..........	10000 à 7878	8536
	Bismuth........	10000 à 8698	8750
	Antimoine.......	10000 à 8241	8201
	Ocre..........	10000 à 6060	7073
	Craie..........	10000 à 5714	6111
	Gypse..........	10000 à 4736	5714

ÉTAIN.

		Premier refroidissement.	Entier refroidissement.
Étain et.......	Glaise..........	10000 à 8823	9524
	Bismuth........	10000 à 8888	9400
	Antimoine.......	10000 à 8710	9156
	Ocre..........	10000 à 5882	7619
	Craie..........	10000 à 6364	6842
	Gypse..........	10000 à 4090	4912

PIERRE CALCAIRE TENDRE.

		Premier refroidissement.	Entier refroidissement.
Pierre tendre et...	Antimoine.......	10000 à 7742	9545
	Craie..........	10000 à 7288	7312
	Gypse..........	10000 à 4182	5211

GLAISE.

		Premier refroidissement.	Entier refroidissement.
Glaise et.......	Bismuth........	10000 à 8870	9419
	Ocre..........	10000 à 8400	8571
	Craie..........	10000 à 7701	8000
	Gypse..........	10000 à 5185	8055
	Bois...........	10000 à 3437	4545

BISMUTH.

		Premier refroidissement.	Entier refroidissement.
Bismuth et.....	Antimoine.......	10000 à 9349	9572
	Ocre..........	10000 à 8846	7380
	Craie..........	10000 à 8620	9500

PORCELAINE.

	Premier refroidissement.	Entier refroidissement.
Porcelaine et gypse.	10000 à 5308	6500

ANTIMOINE.

		Premier refroidissement.	Entier refroidissement.
Antimoine et. . . .	Craie.	10000 à 8431	7391
	Gypse..	10000 à 5833	5476

OCRE.

		Premier refroidissement.	Entier refroidissement.
Ocre et..	Craie.	10000 à 8654	8889
	Gypse.	10000 à 6364	9062
	Bois.	10000 à 4074	5128

CRAIE.

	Premier refroidissement.	Entier refroidissement.
Craie et gypse..	10000 à 6667	7920

GYPSE.

		Premier refroidissement.	Entier refroidissement.
Gypse et.	Bois..	10000 à 8000	5250
	Pierre ponce.	10000 à 7000	4500

BOIS.

	Premier refroidissement.	Entier refroidissement.
Bois et pierre ponce.	10000 à 8750	8182

Quelque attention que j'aie donnée à mes expériences, quelque soin que j'aie pris pour en rendre les rapports plus exacts, j'avoue qu'il y a encore quelques imperfections dans cette table qui les contient tous ; mais ces défauts sont légers et n'influent pas beaucoup sur les résultats généraux : par exemple, on s'apercevra aisément que le rapport du zinc au plomb, étant de 10000 à 6051, celui du zinc à l'étain devrait être moindre de 6000, tandis qu'il se trouve dans la table de 6777. Il en est de même de celui de l'argent au bismuth, qui devrait être moindre que 6308 ; et encore de celui du plomb à la glaise, qui devrait être de plus de 8000, et qui ne se trouve être dans la table que de 7878 ; mais cela provient de ce que les boulets de plomb et de bismuth n'ont pas toujours été les mêmes, ils se sont fondus aussi bien que ceux d'étain et d'antimoine, ce qui n'a pu manquer de produire des variations, dont les plus grandes sont les trois que je viens de remarquer. Il ne m'a pas été possible de faire mieux : les différents boulets de plomb, d'étain, de bismuth et d'antimoine dont je me suis successivement servi étaient faits, à la vérité, sur le même calibre, mais la matière de chacun pouvait être un peu différente, selon la quantité d'alliage du plomb et de l'étain, car je n'ai eu de l'étain pur que pour les deux premiers boulets ; d'ailleurs il reste assez souvent une petite cavité dans ces boulets fondus, et ces petites causes suffisent pour produire les petites différences qu'on pourra remarquer dans ma table.

Il en est de même du rapport de l'étain à l'ocre, qui devrait être de plus de 6000, et qui ne se trouve dans la table que de 5882, parce que l'ocre étant une matière friable qui diminue par le frottement, j'ai été obligé de changer trois ou quatre fois les boulets d'ocre. J'avoue qu'en donnant à ces expériences le double du très-long temps que j'y ai employé, j'aurais pu parvenir à un plus grand degré de précision, mais je me flatte qu'il y en a suffisamment, pour qu'on soit convaincu de la vérité des résultats que l'on peut en tirer. Il n'y a guère que les personnes accoutumées à faire des expériences qui sachent combien il est difficile de constater un seul fait de la nature par tous les moyens que l'art peut nous fournir; il faut joindre la patience au génie [1], et souvent cela ne suffit pas encore; il faut quelquefois renoncer malgré soi au degré de précision que l'on désirerait, parce que cette précision en exigerait une tout aussi grande dans toutes les mains dont on se sert, et demanderait en même temps une parfaite égalité dans toutes les matières que l'on emploie; aussi tout ce que l'on peut faire en physique expérimentale ne peut pas nous donner des résultats rigoureusement exacts, et ne peut aboutir qu'à des approximations plus ou moins grandes; et quand l'ordre général de ces approximations ne se dément que par de légères variations, on doit être satisfait.

Au reste, pour tirer de ces nombreuses expériences tout le fruit que l'on doit en attendre, il faut diviser les matières qui en font l'objet en quatre classes ou genres différents.

1° Les métaux; 2° les demi-métaux et minéraux métalliques; 3° les substances vitrées et vitrescibles; 4° les substances calcaires et calcinables; comparer ensuite les matières de chaque genre entre elles, pour tâcher de reconnaître la cause ou les causes de l'ordre que suit le progrès de la chaleur dans chacune; et enfin comparer les genres même entre eux, pour essayer d'en déduire quelques résultats généraux.

I. — L'ordre des six métaux, suivant leur densité, est étain, fer, cuivre, argent, plomb, or; tandis que l'ordre dans lequel ces métaux reçoivent et perdent la chaleur est étain, plomb, argent, or, cuivre, fer, dans lequel il n'y a que l'étain qui conserve sa place.

Le progrès et la durée de la chaleur dans les métaux ne suit donc pas l'ordre de leur densité, si ce n'est pour l'étain qui, étant le moins dense de tous, est en même temps celui qui perd le plus tôt sa chaleur; mais l'ordre des cinq autres métaux nous démontre que c'est dans le rapport de leur fusibilité que tous reçoivent et perdent la chaleur, car le fer est plus difficile à fondre que le cuivre, le cuivre l'est plus que l'or, l'or plus que l'argent, l'argent plus que le plomb, et le plomb plus que l'étain; on doit donc

----

1... *Joindre la patience au génie...* Ceci rappelle le mot, devenu célèbre, qu'Hérault de Séchelles attribue à Buffon : « Le génie n'est qu'une plus grande aptitude à la patience. »

en conclure que ce n'est qu'un hasard si la densité et la fusibilité de l'étain se trouvent ici réunies pour le placer au dernier rang.

Cependant ce serait trop s'avancer que de prétendre qu'on doit tout attribuer à la fusibilité et rien du tout à la densité[1] : la nature ne se dépouille jamais d'une de ses propriétés en faveur d'une autre d'une manière absolue, c'est-à-dire de façon que la première n'influe en rien sur la seconde; ainsi la densité peut bien entrer pour quelque chose dans le progrès de la chaleur, mais au moins nous pouvons prononcer affirmativement que dans les six métaux elle n'y fait que très-peu , au lieu que la fusibilité y fait presque le tout.

Cette première vérité n'était connue ni des chimistes ni des physiciens; on n'aurait pas même imaginé que l'or, qui est plus de deux fois et demie plus dense que le fer, perd néanmoins sa chaleur un demi-tiers plus vite. Il en est de même du plomb, de l'argent et du cuivre, qui tous sont plus denses que le fer, et qui, comme l'or, s'échauffent et se refroidissent plus promptement; car, quoiqu'il ne soit question que du refroidissement dans ce second Mémoire, les expériences du Mémoire qui précède celui-ci démontrent à n'en pouvoir douter qu'il en est de l'entrée de la chaleur dans les corps comme de sa sortie, et que ceux qui la reçoivent le plus vite sont en même temps ceux qui la perdent le plus tôt.

Si l'on réfléchit sur les principes réels de la densité et sur la cause de la fusibilité, on sentira que la densité dépend absolument de la quantité de matière que la nature place dans un espace donné, que plus elle peut y en faire entrer, plus il y a de densité, et que l'or est à cet égard la substance qui de toutes contient le plus de matière relativement à son volume. C'est pour cette raison que l'on avait cru jusqu'ici qu'il fallait plus de temps pour échauffer ou refroidir l'or que les autres métaux; il est en effet assez naturel de penser que, contenant sous le même volume le double ou le triple de matière, il faudrait le double ou le triple du temps pour la pénétrer de chaleur, et cela serait vrai , si dans toutes les substances les parties constituantes étaient de la même figure, et en conséquence toutes arrangées de même. Mais dans les unes comme dans les plus denses, les molécules de la matière sont probablement de figure assez régulière pour ne pas laisser entre elles de très-grands espaces vides; dans d'autres moins denses, leurs figures plus irrégulières laissent des vides plus nombreux et plus grands, et dans les plus légères les molécules étant en petit nombre et probablement de figure très-irrégulière, il se trouve mille et mille fois plus de vide que de plein; car on peut démontrer par d'autres expériences que le volume de la substance même la plus dense contient encore beaucoup plus d'espace vide que de matière pleine.

1. Voyez la note 1 de la page 95.

Or, la principale cause de la fusibilité est la facilité que les particules de
la chaleur trouvent à séparer les unes des autres ces molécules de la matière
pleine : que la somme des vides en soit plus ou moins grande, ce qui fait
la densité ou la légèreté, cela est indifférent à la séparation des molécules
qui constituent le plein, et la plus ou moins grande fusibilité dépend en
entier de la force de cohérence qui tient unies ces parties massives, et
s'oppose plus ou moins à leur séparation. La dilatation du volume total est
le premier degré de l'action de la chaleur, et dans les différents métaux elle
se fait dans le même ordre que la fusion de la masse qui s'opère par un
plus grand degré de chaleur ou de feu. L'étain, qui de tous se fond le plus
promptement, est aussi celui qui se dilate le plus vite, et le fer, qui est de
tous le plus difficile à fondre, est de même celui dont la dilatation est la
plus lente.

D'après ces notions générales, qui paraissent claires, précises, et fondées
sur des expériences que rien ne peut démentir, on serait porté à croire que
la ductilité doit suivre l'ordre de la fusibilité, parce que la plus ou moins
grande ductilité semble dépendre de la plus ou moins grande adhésion
des parties dans chaque métal ; cependant cet ordre de la ductilité des
métaux paraît avoir autant de rapport à l'ordre de la densité qu'à celui de
leur fusibilité. Je dirais volontiers qu'il est en raison composée des deux
autres, mais ce n'est que par estime et par une présomption qui n'est peut-
être pas assez fondée ; car il n'est pas aussi facile de déterminer au juste
les différents degrés de la fusibilité que ceux de la densité ; et comme la
ductilité participe des deux, et qu'elle varie suivant les circonstances,
nous n'avons pas encore acquis les connaissances nécessaires pour prononcer affirmativement sur ce sujet, qui est d'une assez grande importance
pour mériter des recherches particulières. Le même métal traité à froid ou
à chaud donne des résultats tout différents : la malléabilité est le premier
indice de la ductilité [1], mais elle ne nous donne néanmoins qu'une notion
assez imparfaite du point auquel la ductilité peut s'étendre. Le plomb, le
plus souple, le plus malléable des métaux, ne peut se tirer à la filière en fils
aussi fins que l'or, ou même que le fer, qui de tous est le moins malléable.
D'ailleurs il faut aider la ductilité des métaux par l'addition du feu, sans
quoi ils s'écrouissent et deviennent cassants ; le fer même, quoique le plus
robuste de tous, s'écrouit comme les autres. Ainsi, la ductilité d'un métal
et l'étendue de continuité qu'il peut supporter dépendent non-seulement de

---

1. « La *ductilité* consiste dans la propriété que possède un métal de se laisser tirer en fils
« plus ou moins fins ; la *malléabilité* dans celle de se laisser réduire au marteau en lames
« plus ou moins minces ; mais l'une de ces propriétés n'est pas toujours une conséquence de
« l'autre. L'or et l'argent occupent le premier rang pour la *ductilité* ; viennent ensuite le
« platine, le cuivre, l'étain, le fer, le plomb, le zinc, le nickel. Pour la *malléabilité*, les deux
« premiers sont encore en tête, mais l'ordre des autres est ainsi modifié : cuivre, étain, plomb,
« titane, zinc, fer, nickel. « (*Dict. univ. d'hist. nat.*, art. *Métaux.*)

sa densité et de sa fusibilité, mais encore de la manière dont on le traite, de la percussion plus lente ou plus prompte, et de l'addition de chaleur ou de feu qu'on lui donne à propos.

II. — Maintenant, si nous comparons les substances qu'on appelle *demi-métaux* et *minéraux métalliques* qui manquent de ductilité, nous verrons que l'ordre de leur densité est émeril, zinc, antimoine, bismuth, et que celui dans lequel ils reçoivent et perdent la chaleur est antimoine, bismuth, zinc, émeril, ce qui ne suit en aucune façon l'ordre de leur densité, mais plutôt celui de leur fusibilité. L'émeril, qui est un minéral ferrugineux, quoique une fois moins dense que le bismuth, conserve la chaleur une fois plus longtemps; le zinc, plus léger que l'antimoine et le bismuth, conserve aussi la chaleur beaucoup plus longtemps; l'antimoine et le bismuth la reçoivent et la gardent à peu près également. Il en est donc des demi-métaux et des minéraux métalliques comme des métaux : le rapport dans lequel ils reçoivent et perdent la chaleur est à peu près le même que celui de leur fusibilité, et ne tient que très-peu ou point du tout à celui de leur densité.

Mais en joignant ensemble les six métaux et les quatre demi-métaux ou minéraux métalliques que j'ai soumis à l'épreuve, on verra que l'ordre des densités de ces dix substances minérales est :

Émeril, zinc, antimoine, étain, fer, cuivre, bismuth, argent, plomb, or ;

Et que l'ordre dans lequel ces substances s'échauffent et se refroidissent est :

Antimoine, bismuth, étain, plomb, argent, zinc, or, cuivre, émeril, fer,

Dans lequel il y a deux choses qui ne paraissent pas bien d'accord avec l'ordre de la fusibilité :

1° L'antimoine qui devrait s'échauffer et se refroidir plus lentement que le plomb, puisqu'on a vu par les expériences de Newton, citées dans le Mémoire précédent, que l'antimoine demande pour se fondre dix degrés de la même chaleur dont il n'en faut que huit pour fondre le plomb; au lieu que, par mes expériences, il se trouve que l'antimoine s'échauffe et se refroidit plus vite que le plomb. Mais on observera que Newton s'est servi de régule d'antimoine, et que je n'ai employé dans mes expériences que de l'antimoine fondu; or, le régule d'antimoine ou l'antimoine naturel est bien plus difficile à fondre que l'antimoine qui a déjà subi une première fusion; ainsi cela ne fait point une exception à la règle. Au reste, j'ignore quel rapport il y aurait entre l'antimoine naturel ou régule d'antimoine et les autres matières que j'ai fait chauffer et refroidir; mais je présume, d'après l'expérience de Newton, qu'il s'échaufferait et se refroidirait plus lentement que le plomb.

2° L'on prétend que le zinc se fond bien plus aisément que l'argent : par conséquent il devrait se trouver avant l'argent dans l'ordre indiqué par mes expériences, si cet ordre était dans tous les cas relatif à celui de la fusibilité; et j'avoue que ce demi-métal semble, au premier coup d'œil, faire une exception à cette loi que suivent tous les autres; mais il faut observer : 1° que la différence donnée par mes expériences entre le zinc et l'argent est fort petite; 2° que le petit globe d'argent dont je me suis servi était de l'argent le plus pur, sans la moindre partie de cuivre, ni d'autre alliage, et l'argent pur doit se fondre plus aisément et s'échauffer plus vite que l'argent mêlé de cuivre; 3° quoique le petit globe de zinc m'ait été donné par un de nos habiles chimistes [a], ce n'est peut-être pas du zinc absolument pur et sans mélange de cuivre, ou de quelque autre matière encore moins fusible. Comme ce soupçon m'était resté après toutes mes expériences faites, j'ai remis le globe de zinc à M. Rouelle qui me l'avait donné, en le priant de s'assurer s'il ne contenait pas du fer ou du cuivre, ou quelque autre matière qui s'opposerait à sa fusibilité. Les épreuves en ayant été faites, M. Rouelle a trouvé dans ce zinc une quantité assez considérable de fer ou safran de mars : j'ai donc eu la satisfaction de voir que non-seulement mon soupçon était bien fondé, mais encore que mes expériences ont été faites avec assez de précision pour faire reconnaître un mélange dont il n'était pas aisé de se douter; ainsi le zinc suit aussi exactement que les autres métaux et demi-métaux dans le progrès de la chaleur l'ordre de la fusibilité, et ne fait point une exception à la règle. On peut donc dire, en général, que le progrès de la chaleur dans les métaux, demi-métaux et minéraux métalliques est en même raison, ou du moins en raison très-voisine de celle de leur fusibilité [b].

III. — Les matières vitrescibles et vitrées que j'ai mises à l'épreuve, étant rangées suivant l'ordre de leur densité, sont :

Pierre ponce, porcelaine, ocre, glaise, verre, cristal de roche et grès; car je dois observer que, quoique le cristal ne soit porté dans la table des poids de chaque matière que pour 6 gros 22 grains, il doit être supposé plus pesant d'environ 1 gros, parce qu'il était sensiblement trop petit, et c'est par cette raison que je l'ai exclu de la table générale des rapports, ayant rejeté toutes les expériences que j'ai faites avec ce globe trop petit. Néanmoins le résultat général s'accorde assez avec les autres pour que je puisse

a. M. Rouelle, démonstrateur de chimie aux écoles du Jardin du Roi.

b. Le globe de zinc sur lequel ont été faites toutes les expériences, s'étant trouvé mêlé d'une portion de fer, j'ai été obligé de substituer dans la table générale aux premiers rapports, de nouveaux rapports que j'ai placés sous les autres, par exemple, le rapport du fer au zinc de 10000 à 7654 n'est pas le vrai rapport, et c'est celui de 10000 à 6804 écrit au-dessous qu'il faut adopter; il en est de même de toutes les autres corrections que j'ai faites d'un neuvième sur chaque nombre, parce que j'ai reconnu que la portion de fer contenue dans ce zinc, avait diminué au moins d'un neuvième le progrès de la chaleur.

le présenter. Voici donc l'ordre dans lequel ces différentes substances se sont refroidies :

Pierre-ponce, ocre, porcelaine, glaise, verre, cristal et grès, qui, comme l'on voit, est le même que celui de la densité, car l'ocre ne se trouve ici avant la porcelaine que parce qu'étant une matière friable, il s'est diminué par le frottement qu'il a subi dans les expériences ; et d'ailleurs sa densité diffère si peu de la porcelaine, qu'on peut les regarder comme égales.

Ainsi la loi du progrès de la chaleur dans les matières vitrescibles et vitrées est relative à l'ordre de leur densité, et n'a que peu ou point de rapport avec leur fusibilité, par la raison qu'il faut, pour fondre toutes ces substances, un degré presque égal du feu le plus violent, et que les degrés particuliers de leur différente fusibilité sont si près les uns des autres, qu'on ne peut pas en faire un ordre composé de termes distincts. Ainsi leur fusibilité presque égale ne faisant qu'un terme, qui est l'extrême de cet ordre de fusibilité, on ne doit pas être étonné de ce que le progrès de la chaleur suit ici l'ordre de la densité, et que ces différentes substances, qui toutes sont également difficiles à fondre, s'échauffent et se refroidissent plus lentement et plus vite, à proportion de la quantité de matière qu'elles contiennent.

On pourra m'objecter que le verre se fond plus aisément que la glaise, la porcelaine, l'ocre et la pierre ponce, qui néanmoins s'échauffent et se refroidissent en moins de temps que le verre ; mais l'objection tombera lorsqu'on réfléchira qu'il faut, pour fondre le verre, un feu très-violent dont le degré est si éloigné des degrés de chaleur que reçoit le verre dans nos expériences sur le refroidissement, qu'il ne peut influer sur ceux-ci. D'ailleurs, en pulvérisant la glaise, la porcelaine, l'ocre et la pierre ponce, et leur donnant des fondants analogues, comme l'on en donne au sable pour le convertir en verre, il est plus que probable qu'on ferait fondre toutes ces matières au même degré de feu, et que par conséquent on doit regarder comme égale ou presque égale leur résistance à la fusion, et c'est par cette raison que la loi du progrès de la chaleur dans ces matières se trouve proportionnelle à l'ordre de leur densité.

IV. — Les matières calcaires rangées suivant l'ordre de leur densité, sont :

Craie, pierre tendre, pierre dure, marbre commun, marbre blanc.

L'ordre dans lequel elles s'échauffent et se refroidissent est craie, pierre tendre, pierre dure, marbre commun et marbre blanc, qui, comme l'on voit, est le même que celui de leur densité. La fusibilité n'y entre pour rien, parce qu'il faut d'abord un très-grand degré de feu pour les calciner, et que, quoique la calcination en divise les parties, on ne doit en regarder l'effet que comme un premier degré de fusion, et non pas comme une fusion complète; toute la puissance des meilleurs miroirs ardents suffit à peine pour l'opérer : j'ai fondu et réduit en une espèce de verre quelques-unes de ces matières calcaires au foyer d'un de mes miroirs, et je me suis convaincu que ces matières peuvent, comme toutes les autres, se réduire ultérieurement en verre, sans y employer aucun fondant, et seulement par la force d'un feu bien supérieur à celui de nos fourneaux. Par conséquent le terme commun de leur fusibilité est encore plus éloigné et plus extrême que celui des matières vitrées, et c'est par cette raison qu'elles suivent aussi plus exactement dans le progrès de la chaleur l'ordre de la densité.

Le gypse blanc, qu'on appelle improprement albâtre, est une matière qui se calcine comme tous les autres plâtres, à un degré de feu plus médiocre que celui qui est nécessaire pour la calcination des matières calcaires; aussi ne suit-il pas l'ordre de la densité dans le progrès de la chaleur qu'il reçoit ou qu'il perd, car, quoique beaucoup plus dense que la craie, et un peu plus dense que la pierre calcaire blanche, il s'échauffe et se refroidit néanmoins bien plus promptement que l'une et l'autre de ces matières. Ceci nous démontre que la calcination et la fusion plus ou moins facile produisent le même effet relativement au progrès de la chaleur. Les matières gypseuses ne demandent pas pour se calciner autant de feu que les matières calcaires, et c'est par cette raison que, quoique plus denses, elles s'échauffent et se refroidissent plus vite.

Ainsi on peut assurer, en général, que le *progrès de la chaleur dans toutes les substances minérales est toujours à très-peu près en raison de leur plus ou moins grande facilité à se calciner ou à se fondre;* mais que, quand leur calcination ou leur fusion sont *également difficiles, et qu'elles exigent un degré de chaleur extrême*, alors le *progrès de la chaleur se fait suivant l'ordre de leur densité.*

Au reste, j'ai déposé au Cabinet du Roi les globes d'or, d'argent et de toutes les autres substances métalliques et minérales qui ont servi aux expériences précédentes, afin de les rendre plus authentiques, en mettant à portée de les vérifier ceux qui voudraient douter de la vérité de leurs résultats et de la conséquence générale que je viens d'en tirer.

TROISIÈME MÉMOIRE.

OBSERVATIONS SUR LA NATURE DE LA PLATINE.

On vient de voir que de toutes les substances minérales que j'ai mises à l'épreuve, ce ne sont pas les plus denses, mais les moins fusibles auxquelles il faut le plus de temps pour recevoir et perdre la chaleur; le fer et l'émeril, qui sont les matières métalliques les plus difficiles à fondre, sont en même temps celles qui s'échauffent et se refroidissent le plus lentement. Il n'y a dans la nature que la platine qui pourrait être encore moins accessible à la chaleur, et qui la conserverait plus longtemps que le fer. Ce minéral, dont on ne parle que depuis peu, paraît être encore plus difficile à fondre; le feu des meilleurs fourneaux n'est pas assez violent pour produire cet effet, ni même pour en agglutiner les petits grains qui sont tous anguleux, émoussés, durs, et assez semblables pour la forme à de la grosse limaille de fer, mais d'une couleur un peu jaunâtre; et quoiqu'on puisse les faire couler sans addition de fondants, et les réduire en masse au foyer d'un bon miroir brû lant, la platine semble exiger plus de chaleur que la mine et la limaille de fer, que nous faisons aisément fondre à nos fourneaux de forge. D'ailleurs la densité de la platine étant beaucoup plus grande que celle du fer, les deux qualités de densité et de non-fusibilité se réunissent ici pour rendre cette matière la moins accessible de toutes au progrès de la chaleur. Je présume donc que la platine serait à la tête de ma table et avant le fer, si je l'avais mise en expérience; mais il ne m'a pas été possible de m'en procurer un globe d'un pouce de diamètre : on ne la trouve qu'en grains[a], et celle qui est en masse n'est pas pure, parce qu'on y a mêlé, pour la fondre, d'autres matières qui en ont altéré la nature. Un de mes amis[b], homme de beaucoup d'esprit, qui a la bonté de partager souvent mes vues, m'a mis à portée d'examiner cette substance métallique encore rare, et qu'on ne connaît pas assez. Les chimistes qui ont travaillé sur la platine l'ont regardée comme un métal nouveau, parfait, propre, particulier et différent de tous les autres métaux; ils ont assuré que sa pesanteur spécifique était à très-peu près égale à celle de l'or, que néanmoins ce huitième métal différait d'ailleurs essentiellement de l'or, n'en ayant ni la ductilité ni la fusibilité. J'avoue que je suis dans une opinion différente et même tout opposée. Une matière qui n'a ni ductilité ni fusibilité ne doit pas être mise au nombre des métaux, dont les propriétés essentielles et communes sont d'être fusibles et ductiles. Et la platine, d'après l'examen que j'en ai pu faire, ne me paraît pas être un nouveau métal différent de tous les autres, mais un mélange, un alliage de fer et d'or formé par la nature, dans lequel la quantité d'or semble dominer sur la quantité de fer; et voici les faits sur lesquels je crois pouvoir fonder cette opinion[1].

a. Un homme digne de foi m'a néanmoins assuré qu'on trouve quelquefois de la platine en masse, et qu'il en avait vu un morceau de vingt livres pesant qui n'avait point été fondu, mais tiré de la mine même.

b. M. le comte de La Billarderie d'Angivillers, de l'Académie des Sciences, intendant en *survivance* du Jardin et du Cabinet du Roi.

1. Le *platine* est un corps simple et un vrai métal. — « Le *platine* n'est jamais pur. Il se « trouve toujours associé avec de l'*iridium*, de l'*osmium*, du *palladium*, du *fer*, du *cuivre*, « et de l'*osmiure d'iridium*. Il contient, en outre, du *fer chromé*, du *fer titané*, de petites « paillettes d'*or* allié à l'*argent*, de petites *hyacinthes*, un peu de *mercure* et du *sable*. » (Pelouze et Frémy : *Cours de chim. génér.*) — Buffon n'a jamais eu du *platine pur*.

De huit onces trente-cinq grains de platine que m'a fournis M. d'Angivillers, et que j'ai présentés à une forte pierre d'aimant, il ne m'en est
resté qu'une once un gros vingt-neuf grains; tout le reste a été enlevé par
l'aimant à deux gros près, qui ont été réduits en poudre qui s'est attachée
aux feuilles de papier, et qui les a profondément noircies, comme je le
dirai tout à l'heure; cela fait donc à très-peu près six septièmes du total
qui ont été attirés par l'aimant, ce qui est une quantité si considérable,
relativement au tout, qu'il est impossible de se refuser à croire que le fer
ne soit contenu dans la substance intime de la platine, et qu'il n'y soit
même en assez grande quantité. Il y a plus : c'est que si je ne m'étais pas
lassé de ces expériences, qui ont duré plusieurs jours, j'aurais encore tiré
par l'aimant une grande partie du restant de mes huit onces de platine,
car l'aimant en attirait encore quelques grains un à un, et quelquefois
deux quand on a cessé de le présenter. Il y a donc beaucoup de fer dans la
platine; et il n'y est pas simplement mêlé comme matière étrangère, mais
intimement uni, et faisant partie de sa substance, ou, si l'on veut le nier, il
faudra supposer qu'il existe dans la nature une seconde matière qui, comme
le fer, est attirable par l'aimant; mais cette supposition gratuite tombera
par les autres faits que je vais rapporter.

Toute la platine que j'ai eu occasion d'examiner m'a paru mélangée de
deux matières différentes, l'une noire et très-attirable par l'aimant, l'autre
en plus gros grains d'un blanc livide un peu jaunâtre et beaucoup moins
magnétique que la première; entre ces deux matières, qui sont les deux
extrêmes de cette espèce de mélange, se trouvent toutes les nuances intermédiaires, soit pour le magnétisme, soit pour la couleur et la grosseur des
grains. Les plus magnétiques, qui sont en même temps les plus noirs et les
plus petits, se réduisent aisément en poudre par un frottement assez léger,
et laissent sur le papier blanc la même couleur que le plomb frotté. Sept
feuilles de papier dont on s'est servi successivement pour exposer la platine
à l'action de l'aimant ont été noircies sur toute l'étendue qu'occupait la platine, les dernières feuilles moins que les premières à mesure qu'elle se
triait, et que les grains qui restaient étaient moins noirs et moins magnétiques. Les plus gros grains, qui sont les plus colorés et les moins magnétiques, au lieu de se réduire en poussière comme les petits grains noirs,
sont au contraire très-durs et résistent à toute trituration; néanmoins ils
sont susceptibles d'extension dans un mortier d'agate[a], sous les coups réitérés d'un pilon de même matière, et j'en ai aplati et étendu plusieurs grains
au double et au triple de l'étendue de leur surface; cette partie de la platine a donc un certain degré de malléabilité et de ductilité, tandis que la
partie noire ne paraît être ni malléable ni ductile. Les grains intermé-

a. Je n'ai pas voulu les étendre sur le tas d'acier, dans la crainte de leur communiquer plus
de magnétisme qu'ils n'en ont naturellement.

diaires participent des qualités des deux extrêmes ; ils sont aigres et durs, ils se cassent ou s'étendent plus difficilement sous les coups du pilon, et donnent un peu de poudre noire, mais moins noire que la première.

Ayant recueilli cette poudre noire et les grains les plus magnétiques que l'aimant avait attirés les premiers, j'ai reconnu que le tout était du vrai fer, mais dans un état différent du fer ordinaire. Celui-ci, réduit en poudre et en limaille, se charge de l'humidité et se rouille aisément ; à mesure que la rouille le gagne, il devient moins magnétique et finit absolument par perdre cette qualité magnétique lorsqu'il est entièrement et intimement rouillé : au lieu que cette poudre de fer, ou, si l'on veut, ce sablon ferrugineux qui se trouve dans la platine, est au contraire inaccessible à la rouille, quelque long temps qu'il soit exposé à l'humidité ; il est aussi plus infusible et beaucoup moins dissoluble que le fer ordinaire, mais ce n'en est pas moins du fer, qui ne m'a paru différer du fer connu que par une plus grande pureté. Ce sablon est en effet du fer absolument dépouillé de toutes les parties combustibles, salines et terreuses qui se trouvent dans le fer ordinaire et même dans l'acier ; il paraît enduit et recouvert d'un vernis vitreux qui le défend de toute altération. Et ce qu'il y a de très-remarquable, c'est que ce sablon de fer pur n'appartient pas exclusivement à beaucoup près à la mine de platine ; j'en ai trouvé, quoique toujours en petite quantité, dans plusieurs endroits où l'on a fouillé les mines de fer qui se consomment à mes forges. Comme je suis dans l'usage de soumettre à plusieurs épreuves toutes les mines que je fais exploiter avant de me déterminer à les faire travailler en grand pour l'usage de mes fourneaux, je fus assez surpris de voir que dans quelques-unes de ces mines, qui toutes sont en grains, et dont aucune n'est attirable par l'aimant, il se trouvait néanmoins des particules de fer un peu arrondies et luisantes comme de la limaille de fer, et tout à fait semblables au sablon ferrugineux de la platine ; elles sont tout aussi magnétiques, tout aussi peu fusibles, tout aussi difficilement dissolubles. Tel fut le résultat de la comparaison que je fis du sablon de la platine, et de ce sablon trouvé dans deux de mes mines de fer à trois pieds de profondeur, dans des terrains où l'eau pénètre assez facilement : j'avais peine à concevoir d'où pouvaient provenir ces particules de fer, comment elles avaient pu se défendre de la rouille, depuis des siècles qu'elles sont exposées à l'humidité de la terre, enfin comment ce fer très-magnétique pouvait avoir été produit dans des veines de mines qui ne le sont point du tout. J'ai appelé l'expérience à mon secours, et je me suis assez éclairé sur tous ces points pour être satisfait. Je savais, par un grand nombre d'observations, qu'aucune de nos mines de fer en grains n'est attirable par l'aimant ; j'étais bien persuadé, comme je le suis encore, que toutes les mines de fer qui sont magnétiques n'ont acquis cette propriété que par l'action du feu ; que les mines du Nord, qui sont assez magnétiques pour qu'on les cherche avec la boussole, doivent leur origine à l'élément du feu, tandis que toutes nos mines en grains, qui ne sont point du tout magnétiques, n'ont jamais subi l'action du feu, et n'ont été formées que par le moyen ou l'intermède de l'eau. Je pensai donc que ce sablon ferrugineux et magnétique que je trouvais en petite quantité dans mes mines de fer devait son origine au feu, et ayant examiné le local, je me confirmai dans cette idée. Le terrain où se trouve ce sablon magnétique est en bois; de temps immémorial, on y a fait très-anciennement et on y fait tous les jours des fourneaux de charbon; il est aussi plus que probable qu'il y a eu dans ces bois des incendies considérables. Le charbon et le bois brûlé, surtout en grande quantité, produisent du mâchefer, et ce mâchefer renferme la partie la plus fixe du fer que contiennent les végétaux; c'est ce fer fixe qui forme le sablon dont il est question lorsque le mâchefer se décompose par l'action de l'air, du soleil et des pluies, car alors ces particules de fer pur, qui ne sont point sujettes à la rouille ni à aucune autre espèce d'altération, se laissent entraîner par l'eau et pénètrent dans la terre avec elle à quelques pieds de profondeur. On pourra vérifier ce que j'avance ici en faisant broyer du mâchefer bien brûlé; on y trouvera toujours une petite quantité de ce fer pur, qui, ayant résisté à l'action du feu, résiste également à celle des dissolvants, et ne donne point de prise à la rouille[a].

M'étant satisfait sur ce point, et après avoir comparé le sablon tiré de mes mines de fer et du mâchefer avec celui de la platine assez pour ne pouvoir douter de leur identité, je ne fus pas longtemps à penser, vu la pesanteur spécifique de la platine, que si ce sablon de fer pur, provenant de la décomposition du mâchefer, au lieu d'être dans une mine de fer, se trouvait dans le voisinage d'une mine d'or, il aurait, en s'unissant à ce dernier métal, formé un alliage qui serait absolument de la même nature que la platine. On sait que l'or et le fer ont un grand degré d'affinité; on sait que la plupart des mines de fer contiennent une petite quantité d'or; on sait donner à l'or la teinture, la couleur et même l'aigre du fer en les faisant fondre ensemble; on emploie cet or couleur de fer sur différents bijoux d'or, pour en varier les couleurs; et cet or mêlé de fer est plus ou moins gris et plus ou moins aigre, suivant la quantité de fer qui entre dans

a. J'ai reconnu, dans le cabinet d'Histoire Naturelle, des sablons ferrugineux de même espèce que celui de mes mines, qui m'ont été envoyés de différents endroits et qui sont également magnétiques. On en trouve à Quimper en Bretagne, en Danemark, en Sibérie, à Saint-Domingue, et les ayant tous comparés, j'ai vu que le sablon ferrugineux de Quimper était celui qui ressemblait le plus au mien, et qu'il n'en différait que par un peu plus de pesanteur spécifique. Celui de Saint-Domingue est plus léger, celui de Danemark est moins pur et plus mélangé de terre, et celui de Sibérie est en masse et en morceaux gros comme le pouce, solides, pesants, et que l'aimant soulève à peu près comme si c'était une masse de fer pur. On peut donc présumer que ces sablons magnétiques provenant du mâchefer se trouvent aussi communément que le mâchefer même, mais seulement en bien plus petite quantité. Il est rare qu'on en trouve des amas un peu considérables, et c'est par cette raison qu'ils ont échappé, pour la plupart, aux recherches des minéralogistes.

le mélange. J'en ai vu d'une teinte absolument semblable à la couleur de la
platine. Ayant demandé à un orfévre quelle était la proportion de l'or et du
fer dans ce mélange qui était de la couleur de la platine, il me dit que l'or
de 24 karats n'était plus qu'à 18 karats, et qu'il y entrait un quart de fer.
On verra que c'est à peu près la proportion qui se trouve dans la platine
naturelle, si l'on en juge par la pesanteur spécifique. Cet or mêlé de fer est
plus dur, plus aigre et spécifiquement moins pesant que l'or pur; toutes ces
convenances, toutes ces qualités communes avec la platine m'ont persuadé
que ce prétendu métal n'est dans le vrai qu'un alliage d'or et de fer, et non
pas une substance particulière, un métal nouveau, parfait et différent de
tous les autres métaux, comme les chimistes l'ont avancé.

On peut d'ailleurs se rappeler que l'alliage aigrit tous les métaux, et que
quand il y a pénétration, c'est-à-dire augmentation dans la pesanteur spécifique, l'alliage en est d'autant plus aigre que la pénétration est plus
grande, et le mélange devenu plus intime, comme on le reconnaît dans
l'alliage appelé *métal des cloches*, quoiqu'il soit composé de deux métaux
très-ductiles. Or, rien n'est plus aigre ni plus pesant que la platine; cela
seul aurait dû faire soupçonner que ce n'est qu'un alliage fait par la nature,
un mélange de fer et d'or, qui doit sa pesanteur spécifique en partie à ce
dernier métal, et peut-être aussi en grande partie à la pénétration des deux
matières dont il est composé.

Néanmoins cette pesanteur spécifique de la platine n'est pas aussi grande
que nos chimistes l'ont publié. Comme cette matière traitée seule et sans
addition de fondants est très-difficile à réduire en masse, qu'on n'en peut
obtenir au feu du miroir brûlant que de très-petites masses, et que les expériences hydrostatiques faites sur des petits volumes, sont si défectueuses
qu'on n'en peut rien conclure; il me paraît qu'on s'est trompé sur l'estimation de la pesanteur spécifique de ce minéral. J'ai mis de la poudre d'or
dans un petit tuyau de plume que j'ai pesé très-exactement, j'ai mis dans
le même tuyau un égal volume de platine, il pesait près d'un dixième de
moins, mais cette poudre d'or était beaucoup trop fine en comparaison de
la platine. M. Tillet, qui joint à une connaissance approfondie des métaux,
le talent rare de faire des expériences avec la plus grande précision, a bien
voulu répéter, à ma prière, celle de la pesanteur spécifique de la platine
comparée à l'or pur. Pour cela, il s'est servi comme moi d'un tuyau de
plume, et il a fait couper à la cisaille de l'or à 24 karats, réduit autant
qu'il était possible à la grosseur des grains de la platine, et il a trouvé,
par huit expériences, que la pesanteur de la platine différait de celle de
l'or pur d'un quinzième à très-peu près; mais nous avons observé tous
deux que les grains d'or coupés à la cisaille avaient les angles beaucoup
plus vifs que la platine; celle-ci vue à la loupe est à peu près de la forme
des galets roulés par l'eau, tous les angles sont émoussés, elle est même

douce au toucher, au lieu que les grains de cet or coupés à la cisaille avaient des angles vifs et des pointes tranchantes, en sorte qu'ils ne pouvaient pas s'ajuster ni s'entasser les uns sur les autres aussi aisément que ceux de la platine ; tandis qu'au contraire la poudre d'or dont je me suis servi était de l'or en paillettes, telles que les arpailleurs les trouvent dans le sable des rivières. Ces paillettes s'ajustent beaucoup mieux les unes contre les autres ; j'ai trouvé environ un dixième de différence entre le poids spécifique de ces paillettes et celui de la platine ; néanmoins ces paillettes ne sont pas ordinairement d'or pur, il s'en faut souvent plus de deux ou trois karats, ce qui en doit diminuer en même rapport la pesanteur spécifique ; ainsi tout bien considéré et comparé, nous avons cru qu'on pouvait maintenir le résultat de mes expériences, et assurer que la platine en grains et telle que la nature la produit, est au moins d'un onzième ou d'un douzième moins pesante que l'or. Il y a toute apparence que cette erreur de fait sur la densité de la platine, vient de ce qu'on ne l'aura pas pesée dans son état de nature, mais seulement après l'avoir réduite en masse : et comme cette fusion ne peut se faire que par l'addition d'autres matières et à un feu très-violent, ce n'est plus de la platine pure, mais un composé dans lequel sont entrées des matières fondantes, et duquel le feu a enlevé les parties les plus légères.

Ainsi la platine au lieu d'être d'une densité égale ou presque égale à celle de l'or pur, comme l'ont avancé les auteurs qui en ont écrit, n'est que d'une densité moyenne entre celle de l'or et celle du fer, et seulement plus voisine de celle de ce premier métal que de celle du dernier [1]. Supposant donc que le pied cube d'or pèse treize cent vingt-six livres, et celui du fer pur cinq cent quatre-vingts livres, celui de la platine en grains se trouvera peser environ onze cent quatre-vingt-quatorze livres, ce qui supposerait plus des trois quarts d'or sur un quart de fer dans cet alliage, s'il n'y a pas de pénétration ; mais comme on en tire six septièmes à l'aimant, on pourrait croire que le fer y est en quantité de plus d'un quart, d'autant plus qu'en s'obstinant à cette expérience, je suis persuadé qu'on viendrait à bout d'enlever avec un fort aimant toute la platine jusqu'au dernier grain. Néanmoins on n'en doit pas conclure que le fer y soit contenu en si grande quantité ; car lorsqu'on le mêle par la fonte avec l'or, la masse qui résulte de cet alliage est attirable par l'aimant, quoique le fer n'y soit qu'en petite quantité : j'ai vu, entre les mains de M. Baumé, un bouton de cet alliage pesant soixante-six grains dans lequel il n'était entré que six grains, c'est-à-dire un onzième de fer, et ce bouton se laissait enlever aisément par un bon aimant. Dès lors la platine pourrait bien ne contenir qu'un onzième de fer sur dix onzièmes d'or, et donner néanmoins tous les

---

1. La *densité du platine* varie entre 21, ou 21, 47 et 21, 53, selon qu'il a été fondu, ou plus ou moins écroui. — La *densité* de l'*or* écroui est 19, 367.

mêmes phénomènes, c'est-à-dire être attirée en entier par l'aimant; et cela s'accorderait parfaitement avec la pesanteur spécifique qui est d'un dixième ou d'un douzième moindre que celle de l'or.

Mais ce qui me fait présumer que la platine contient plus d'un onzième de fer sur dix onzièmes d'or, c'est que l'alliage qui résulte de cette proportion, est encore couleur d'or et beaucoup plus jaune que ne l'est la platine la plus colorée, et qu'il faut un quart de fer sur trois quarts d'or pour que l'alliage ait précisément la couleur naturelle de la platine. Je suis donc très-porté à croire qu'il pourrait bien y avoir cette quantité d'un quart de fer dans la platine. Nous nous sommes assurés, M. Tillet et moi, par plusieurs expériences, que le sablon de ce fer pur que contient la platine, est plus pesant que la limaille de fer ordinaire; ainsi cette cause ajoutée à l'effet de la pénétration suffit pour rendre raison de cette grande quantité de fer contenue sous le petit volume indiqué par la pesanteur spécifique de la platine.

Au reste, il est très-possible que me je trompe dans quelques-unes des conséquences que j'ai cru devoir tirer de mes observations sur cette substance métallique; je n'ai pas été à portée d'en faire un examen aussi approfondi que j'aurais voulu; ce que j'en dis n'est que ce que j'ai vu, et pourra peut-être servir à faire voir mieux.

PREMIÈRE ADDITION.

Comme j'étais sur le point de livrer ces feuilles à l'impression, le hasard fit que je parlai de mes idées sur la platine à M. le comte de Milly, qui a beaucoup de connaissances en physique et en chimie; il me répondit qu'il pensait à peu près comme moi sur la nature de ce minéral; je lui donnai le Mémoire ci-dessus pour l'examiner, et deux jours après il eut la bonté de m'envoyer les observations suivantes, que je crois aussi bonnes que les miennes, et qu'il m'a permis de publier ensemble.

« J'ai pesé exactement trente-six grains de platine; je l'ai étendue sur « une feuille de papier blanc pour pouvoir mieux l'observer avec une bonne « loupe, j'y ai aperçu ou j'ai cru y apercevoir très-distinctement trois sub-« stances différentes : la première avait le brillant métallique, elle était la « plus abondante; la seconde vitriforme, tirant sur le noir, ressemble assez « à une matière métallique ferrugineuse qui aurait subi un degré de feu « considérable, telles que des scories de fer appelées vulgairement *mâche-« fer;* la troisième, moins abondante que les deux premières, est du sable « de toutes couleurs où cependant le jaune, couleur de topaze, domine; « chaque grain de sable, considéré à part, offre à la vue des cristaux régu-« liers de différentes couleurs; j'en ai remarqué de cristallisés en aiguilles « hexagones, se terminant en pyramide comme le cristal de roche, et il

« m'a semblé que ce sable n'était qu'un *détritus* de cristaux de roche ou
« de quartz de différentes couleurs.

« Je formai le projet de séparer, le plus exactement possible , ces diffé-
« rentes substances par le moyen de l'aimant, et de mettre à part la partie
« la plus attirable à l'aimant d'avec celle qui l'était moins, et enfin de
« celle qui ne l'était pas du tout ; ensuite d'examiner chaque substance en
« particulier et de les soumettre à différentes épreuves chimiques et méca-
« niques.

« Je mis à part les parties de la platine qui furent attirées avec vivacité
« à la distance de deux ou trois lignes, c'est-à-dire sans le contact de l'ai-
« mant , et je me servis pour cette expérience d'un bon aimant factice de
« M. l'abbé. . . . ; ensuite je touchai avec ce même aimant le métal, et
« j'en enlevai tout ce qui voulut céder à l'effort magnétique, que je mis à
« part ; je pesai ce qui était resté et qui n'était presque plus attirable ; cette
« matière non attirable, et que je nommerai n° 4 , pesait vingt-trois grains ;
« n° 1ᵉʳ, qui était le plus sensible à l'aimant, pesait quatre grains ; n° 2
« pesait de même quatre grains ; et n° 3 cinq grains.

« N° 1ᵉʳ, examiné à la loupe, n'offrait à la vue qu'un mélange de parties
« métalliques, d'un blanc sale tirant sur le gris, aplaties et arrondies en
« forme de galets et de sable noir vitriforme, ressemblant à du mâchefer
« pilé, dans lequel on aperçoit des parties très-rouillées, enfin telles que
« les scories de fer en présentent lorsqu'elles ont été exposées à l'humidité.

« N° 2 présentait à peu près la même chose, à l'exception que les parties
« métalliques dominaient, et qu'il n'y en avait que très-peu de rouillées.

« N° 3 était la même chose, mais les parties métalliques étaient plus vo-
« lumineuses : elles ressemblaient à du métal fondu, et qui a été jeté dans
« l'eau pour le diviser en grenailles ; elles sont aplaties, elles affectent toutes
« sortes de figures, mais arrondies sur les bords, à la manière des galets
« qui ont été roulés et polis par les eaux.

« N° 4, qui n'avait point été enlevé par l'aimant, mais dont quelques
« parties donnaient encore des marques de sensibilité au magnétisme, lors-
« qu'on passait l'aimant sous le papier où elles étaient étendues, était un
« mélange de sable, de parties métalliques et de vrai mâchefer friable sous
« les doigts, qui noircissait à la manière du mâchefer ordinaire. Le sable
« semblait être composé de petits cristaux de topaze , de cornaline et de
« cristal de roche ; j'en écrasai quelques cristaux sur un tas d'acier, et la
« poudre qui en résulta était comme du vernis réduit en poudre ; je fis la
« même chose au mâchefer, il s'écrasa avec la plus grande facilité, et il
« m'offrit une poudre noire ferrugineuse qui noircissait le papier comme le
« mâchefer ordinaire.

« Les parties métalliques de ce dernier (n° 4) me parurent plus ductiles
« sous le marteau que celles du n° 1ᵉʳ, ce qui me fit croire qu'elles conte-

« naient moins de fer que les premières; d'où il s'ensuit que la platine
« pourrait fort bien n'être qu'un mélange de fer et d'or fait par la nature,
« ou peut-être de la main des hommes, comme je le dirai par la suite.

« Je tâcherai d'examiner, par tous les moyens qui me seront possibles,
« la nature de la platine, si je peux en avoir à ma disposition en suffisante
« quantité; en attendant, voici les expériences que j'ai faites.

« Pour m'assurer de la présence du fer dans la platine par des moyens
« chimiques, je pris les deux extrêmes, c'est-à-dire n° 1ᵉʳ qui était très-
« attirable à l'aimant, et n° 4 qui ne l'était pas; je les arrosai avec de l'esprit
« de nitre un peu fumant, j'observai avec la loupe ce qui en résulterait,
« mais je n'y aperçus aucun mouvement d'effervescence; j'y ajoutai de
« l'eau distillée, et il ne se fit encore aucun mouvement, mais les parties
« métalliques se décapèrent, et elles prirent un nouveau brillant semblable
« à celui de l'argent; j'ai laissé ce mélange tranquille pendant cinq ou
« six minutes, et ayant encore ajouté de l'eau, j'y laissai tomber quelques
« gouttes de la liqueur alcaline saturée de la matière colorante du bleu de
« Prusse, et sur-le-champ le n° 1ᵉʳ me donna un très-beau bleu de Prusse.

« Le n° 4 ayant été traité de même, et quoiqu'il se fût refusé à l'action
« de l'aimant et à celle de l'esprit de nitre, me donna, de même que le
« n° 1ᵉʳ, du très-beau bleu de Prusse.

« Il y a deux choses fort singulières à remarquer dans ces expériences :
« 1° il passe pour constant, parmi les chimistes qui ont traité de la platine,
« que l'eau-forte ou l'esprit de nitre n'a aucune action sur elle; cependant,
« comme on vient de le voir, il s'en dissout assez, quoique sans efferves-
« cence, pour donner du bleu de Prusse lorsqu'on y ajoute de la liqueur
« alcaline phlogistiquée et saturée de la matière colorante, qui, comme
« on sait, précipite le fer en bleu de Prusse.

« 2° La platine qui n'est pas sensible à l'aimant n'en contient pas moins
« du fer, puisque l'esprit de nitre en dissout assez, sans occasionner d'ef-
« fervescence, pour former du bleu de Prusse.

« D'où il s'ensuit que cette substance que les chimistes modernes, peut-
« être trop avides du merveilleux et de vouloir donner du nouveau, regar-
« dent comme un huitième métal, pourrait bien n'être, comme je l'ai dit,
« qu'un mélange d'or et de fer.

« Il reste sans doute bien des expériences à faire pour pouvoir détermi-
« ner comment ce mélange a pu avoir lieu; si c'est l'ouvrage de la nature
« et comment; ou si c'est le produit de quelque volcan, ou simplement
« le produit des travaux que les Espagnols ont faits dans le Nouveau-
« Monde pour retirer l'or des mines du Pérou; je ferai mention par la
« suite de mes conjectures là-dessus.

« Si l'on frotte de la platine naturelle sur un linge blanc, elle le noir-
« cit comme pourrait le faire le mâchefer ordinaire, ce qui m'a fait soup-

« çonner que ce sont les parties de fer réduit en mâchefer qui se trou-
« vent dans la platine qui donnent cette couleur, et qui ne sont dans cet
« état que pour avoir éprouvé l'action d'un feu violent. D'ailleurs ayant
« examiné une seconde fois de la platine avec ma loupe, j'y aperçus
« différents globules de mercure coulant, ce qui me fit imaginer que la
« platine pourrait bien être un produit de la main des hommes, et voici
« comment.

« La platine, à ce qu'on m'a dit, se tire des mines les plus anciennes
« du Pérou, que les Espagnols ont exploitées après la conquête du Nou-
« veau-Monde : dans ces temps reculés on ne connaissait guère que deux
« manières d'extraire l'or des sables qui le contenaient : 1° par l'amalgame
« du mercure; 2° par le départ à sec : on triturait le sable aurifère avec du
« mercure, et lorsqu'on jugeait qu'il s'était chargé de la plus grande
« partie de l'or, on rejetait le sable, qu'on nommait *crasse*, comme inu-
« tile et de nulle valeur.

« Le départ à sec se faisait avec aussi peu d'intelligence; pour y vaquer,
« on commençait par minéraliser les métaux aurifères par le moyen du
« soufre qui n'a point d'action sur l'or, dont la pesanteur spécifique est
« plus grande que celle des autres métaux; mais pour faciliter sa précipi-
« tation on ajoute du fer en limaille qui s'empare du soufre surabondant,
« méthode qu'on suit encore aujourd'hui [a]. La force du feu vitrifie une
« partie du fer; l'autre se combine avec une petite portion d'or et même
« d'argent qui le mêle avec les scories, d'où on ne peut le retirer que par
« plusieurs fontes, et sans être bien instruit des intermèdes convenables
« que les docimasites emploient. La chimie, qui s'est perfectionnée de nos
« jours, donne à la vérité les moyens de retirer cet or et cet argent en plus
« grande partie; mais dans le temps où les Espagnols exploitaient les mines
« du Pérou, ils ignoraient sans doute l'art de traiter les mines avec le plus
« grand profit; et d'ailleurs ils avaient de si grandes richesses à leur dispo-
« sition, qu'ils négligeaient vraisemblablement les moyens qui leur auraient
« coûté de la peine, des soins et du temps; ainsi il y a apparence qu'ils se
« contentaient d'une première fonte, et jetaient les scories comme inutiles,
« ainsi que le sable qui avait passé par le mercure, peut-être même ne fai-
« saient-ils qu'un tas de ces deux mélanges, qu'ils regardaient comme de
« nulle valeur.

« Ces scories contenaient encore de l'or, beaucoup de fer sous différents
« états, et cela en des proportions différentes qui nous sont inconnues,
« mais qui sont telles peut-être qu'elles peuvent avoir donné l'existence à
« la platine. Les globules de mercure que j'ai observés, et les paillettes
« d'or que j'ai vues distinctement, à l'aide d'une bonne loupe, dans la

a. Voyez les *Éléments docimastiques* de Cramer; l'*Art de traiter les mines*, par Schulter,
Schindeler, etc.

« platine que j'ai eue entre les mains, m'ont fait naître les idées que je
« viens d'écrire sur l'origine de ce métal; mais je ne les donne que comme
« des conjectures hasardées; il faudrait, pour en acquérir quelque certi-
« tude, savoir au juste où sont situées les mines de la platine; si elles ont
« été exploitées anciennement, si on la tire d'un terrain neuf ou si ce ne
« sont que des décombres, à quelle profondeur on la trouve, et enfin si
« la main des hommes y est exprimée ou non. Tout cela pourrait aider à
« vérifier ou à détruire les conjectures que j'ai avancées [a]. »

REMARQUES.

Ces observations de M. le comte de Milly confirment les miennes dans
presque tous les points. La nature est une, et se présente toujours la même
à ceux qui la savent observer; ainsi l'on ne doit pas être surpris que sans
aucune communication M. de Milly ait vu les mêmes choses que moi, et
qu'il en ait tiré la même conséquence, que la platine n'est point un nouveau métal, différent de tous les autres métaux, mais un mélange de fer et
d'or. Pour concilier encore de plus près ses observations avec les miennes,
et pour éclaircir en même temps les doutes qui restent en grand nombre
sur l'origine et sur la formation de la platine, j'ai cru devoir ajouter les
remarques suivantes.

1° M. le comte de Milly distingue dans la platine trois espèces de matières, savoir, deux métalliques, et la troisième non métallique, de substance et de forme quartzeuse ou cristalline; il a observé comme moi que
des deux matières métalliques, l'une est très-attirable par l'aimant, et que
l'autre l'est très-peu ou point du tout. J'ai fait mention de ces deux matières
comme lui, mais je n'ai pas parlé de la troisième qui n'est pas métallique
parce qu'il n'y en avait point ou très-peu dans la platine sur laquelle j'ai
fait mes observations. Il y a apparence que la platine dont s'est servi M. de
Milly était moins pure que la mienne que j'ai observée avec soin, et dans laquelle je n'ai vu que quelques petits globules transparents comme du verre
blanc fondu, qui étaient unis à des particules de platine ou de sablon ferrugineux, et qui se laissaient enlever ensemble par l'aimant. Ces globules
transparents étaient en très-petit nombre, et dans huit onces de platine que
j'ai bien regardée et fait regarder à d'autres avec une loupe très-forte, on
n'a point aperçu de cristaux réguliers. Il m'a paru au contraire que toutes
les particules transparentes étaient globuleuses comme du verre fondu, et
toutes attachées à des parties métalliques, comme le laitier s'attache au

<hr>

a. M. le baron de Sickingen, ministre de l'électeur Palatin, a dit à M. de Milly avoir
actuellement entre les mains deux mémoires qui lui ont été remis par M. Kellner, chimiste et
métallurgiste, attaché à M. le prince de Birckenfeld, à Manheim, qui offre à la cour d'Espagne de rendre à peu près autant d'or pesant qu'on lui livrera de platine.

fer lorsqu'on le fond. Néanmoins comme je ne doutais point du tout de la vérité de l'observation de M. de Milly, qui avait vu dans sa platine des particules quartzeuses et cristallines de forme régulière et en grand nombre, j'ai cru ne devoir pas me borner à l'examen de la seule platine dont j'ai parlé ci-devant; j'en ai trouvé au Cabinet du Roi, que j'ai examinée avec M. Daubenton de l'Académie des Sciences, et qui nous a paru à tous deux bien moins pure que la première, et nous y avons en effet remarqué un grand nombre de petits cristaux prismatiques et transparents, les uns couleur de rubis balais, d'autres couleur de topaze, et d'autres enfin parfaitement blancs : ainsi M. le comte de Milly ne s'était point trompé dans son observation; mais ceci prouve seulement qu'il y a des mines de platine bien plus pures les unes que les autres, et que dans celles qui le sont le plus, il ne se trouve point de ces corps étrangers. M. Daubenton a aussi remarqué quelques grains aplatis par dessous et renflés par dessus, comme serait une goutte de métal fondu qui se serait refroidie sur un plan. J'ai vu très-distinctement un de ces grains hémisphériques, et cela pourrait indiquer que la platine est une matière qui a été fondue par le feu; mais il est bien singulier que dans cette matière fondue par le feu, on trouve de petits cristaux, des topazes et des rubis, et je ne sais si l'on ne doit pas soupçonner de la fraude de la part de ceux qui ont fourni cette platine, et qui, pour en augmenter la quantité, auront pu la mêler avec ces sables cristallins, car, je le répète, je n'ai point trouvé de ces cristaux dans plus d'une demi-livre de platine que m'a donnée M. le comte d'Angivillers.

2° J'ai trouvé, comme M. de Milly, des paillettes d'or dans la platine; elles sont aisées à reconnaître par leur couleur, et parce qu'elles ne sont point du tout magnétiques; mais j'avoue que je n'ai pas aperçu les globules de mercure qu'a vus M. de Milly. Je ne veux pas pour cela nier leur existence; seulement il me semble que les paillettes d'or se trouvant avec ces globules de mercure dans la même matière, elles seraient bientôt amalgamées, et ne conserveraient pas la couleur jaune de l'or que j'ai remarquée dans toutes les paillettes d'or que j'ai pu trouver dans une demi-livre de platine [a]. D'ailleurs les globules transparents, dont je viens de parler, ressemblent beaucoup à des globules de mercure vif et brillant, en sorte qu'au premier coup d'œil il est aisé de s'y tromper.

3° Il y avait beaucoup moins de parties ternes et rouillées dans ma première platine que dans celle de M. de Milly, et ce n'est pas proprement de la rouille qui couvre la surface de ces particules ferrugineuses, mais une substance noire produite par le feu, et tout à fait semblable à celle qui

[a] J'ai trouvé depuis dans d'autre platine des paillettes d'or qui n'étaient pas jaunes, mais brunes et même noires comme le sablon ferrugineux de la platine, qui probablement leur avait donné cette couleur noirâtre.

couvre la surface du fer brûlé : mais ma seconde platine, c'est-à-dire celle que j'ai prise au Cabinet du Roi, avait encore de commun avec celle de M. le comte de Milly, d'être mélangée de quelques parties ferrugineuses, qui, sous le marteau, se reduisaient en poussière jaune et avaient tous les caractères de la rouille. Ainsi cette platine du Cabinet du Roi et celle de M. de Milly se ressemblant à tous égards, il est vraisemblable qu'elles sont venues du même endroit et par la même voie; je soupçonne même que toutes deux ont été sophistiquées et mélangées de près de moitié, avec des matières étrangères cristallines et ferrugineuses rouillées, qui ne se trouvent pas dans la platine naturelle.

4° La production du bleu de Prusse par la platine me paraît prouver évidemment la présence du fer dans la partie même de ce minéral qui est la moins attirable à l'aimant, et confirmer en même temps ce que j'ai avancé du mélange intime du fer dans sa substance. Le décapement de la platine par l'esprit de nitre prouve que, quoiqu'il n'y ait point d'effervescence sensible, cet acide ne laisse pas d'agir sur la platine d'une manière évidente, et que les auteurs qui ont assuré le contraire ont suivi leur routine ordinaire, qui consiste à regarder comme nulle toute action qui ne produit pas l'effervescence. Ces deux expériences de M. de Milly me paraissent très-importantes; elles seraient même décisives si elles réussissaient toujours également.

5° Il nous manque en effet beaucoup de connaissances qui seraient nécessaires pour pouvoir prononcer affirmativement sur l'origine de la platine. Nous ne savons rien de l'histoire naturelle de ce minéral, et nous ne pouvons trop exhorter ceux qui sont à portée de l'examiner sur les lieux, de nous faire part de leurs observations. En attendant, nous sommes forcés de nous borner à des conjectures, dont quelques-unes me paraissent seulement plus vraisemblables que les autres. Par exemple, je ne crois pas que la platine soit l'ouvrage des hommes : les Mexicains et les Péruviens savaient fondre et travailler l'or avant l'arrivée des Espagnols, et ils ne connaissaient pas le fer qu'il aurait néanmoins fallu employer dans le départ à sec en grande quantité. Les Espagnols eux-mêmes n'ont point établi de fourneaux à fondre les mines de fer en cette contrée, dans les premiers temps qu'ils l'ont habitée; il y a donc toute apparence qu'ils ne se sont pas servis de limaille de fer pour le départ de l'or, du moins dans les commencements de leurs travaux, qui d'ailleurs ne remontent pas à deux siècles et demi, temps beaucoup trop court pour une production aussi abondante que celle de la platine, qu'on ne laisse pas de trouver en assez grande quantité et dans plusieurs endroits.

D'ailleurs lorsqu'on mêle de l'or avec du fer en les faisant fondre ensemble, on peut toujours, par les voies chimiques, les séparer et retirer l'or en entier; au lieu que jusqu'à présent les chimistes n'ont pu faire cette séparation dans la platine, ni déterminer la quantité d'or coutenue dans ce minéral : cela semble prouver que l'or y est uni d'une manière plus intime que dans l'alliage ordinaire, et que le fer y est aussi, comme je l'ai dit, dans un état différent de celui du fer commun. La platine ne me paraît donc pas être l'ouvrage de l'homme, mais le produit de la nature, et je suis très-porté à croire qu'elle doit sa première origine au feu des volcans. Le fer brûlé, autant qu'il est possible, intimement uni avec l'or par la sublimation ou par la fusion, peut avoir produit ce minéral, qui, d'abord ayant été formé par l'action du feu le plus violent, aura ensuite éprouvé les impressions de l'eau et les frottements réitérés qui lui ont donné la forme qu'ils donnent à tous les autres corps, c'est-à-dire celle des galets et des angles émoussés. Mais il se pourrait aussi que l'eau seule eût produit la platine ; car en supposant l'or et le fer tous deux divisés autant qu'ils peuvent l'être par la voie humide, leurs molécules, en se réunissant, auront pu former les grains qui la composent, et qui depuis les plus pesants jusqu'aux plus légers, contiennent tous de l'or et du fer. La proposition du chimiste qui offre de rendre à peu près autant d'or qu'on lui fournira de platine, semblerait indiquer qu'il n'y a en effet qu'un onzième de fer sur dix onzièmes d'or dans ce minéral ou peut-être encore moins ; mais l'à peu près de ce chimiste est probablement d'un cinquième ou d'un quart, et ce serait toujours beaucoup si sa promesse pouvait se réaliser à un quart près.

SECONDE ADDITION.

M'étant trouvé à Dijon, cet été 1773, l'Académie des sciences et belles-lettres de cette ville, dont j'ai l'honneur d'être membre, me parut désirer d'entendre la lecture de mes observations sur la platine ; je m'y prêtai d'autant plus volontiers, que sur une matière aussi neuve on ne peut trop s'informer ni consulter assez, et que j'avais lieu d'espérer de tirer quelques lumières d'une compagnie qui rassemble beaucoup de personnes instruites en tous genres. M. de Morveau, avocat général au parlement de Bourgogne, aussi savant physicien que grand jurisconsulte, prit la résolution de travailler sur la platine ; je lui donnai une portion de celle que j'avais attirée par l'aimant, et une autre portion de celle qui avait paru insensible au magnétisme, en le priant d'exposer ce minéral singulier au plus grand feu qu'il lui serait possible de faire, et quelque temps après il m'a remis les expériences suivantes, qu'il a trouvé bon de joindre ici avec les miennes.

EXPÉRIENCES FAITES PAR M. DE MORVEAU EN SEPTEMBRE 1773.

« M. le comte de Buffon, dans un voyage qu'il a fait à Dijon, cet été
« 1773, m'ayant fait remarquer, dans un demi-gros de platine que M. Baumé

« m'avait remis en 1768, des grains en forme de boutons, d'autres plus
« plats, et quelques-uns noirs et écailleux ; et ayant séparé avec l'aimant
« ceux qui étaient attirables de ceux qui ne donnoient aucun signe sensible
« de magnétisme, j'ai essayé de former le bleu de Prusse avec les uns et
« les autres. J'ai versé de l'acide nitreux fumant sur les parties non-attira-
« bles qui pesaient deux grains et demi ; six heures après, j'ai étendu l'acide
« par de l'eau distillée, et j'y ai versé de la liqueur alcaline saturée de ma-
« tière colorante : il n'y a pas eu un atome de bleu, la platine avait seule-
« ment un coup d'œil plus brillant. J'ai pareillement versé de l'acide fumant
« sur les 33 grains ½ de platine restante, dont partie était attirable ; la li-
« queur étendue après le même intervalle de temps, le même alcali prus-
« sien en a précipité une fécule bleue qui couvrait le fond d'un vase assez
« large. La platine, après cette opération, était bien décapée comme la pre-
« mière ; je l'ai lavée et séchée, et j'ai vérifié qu'elle n'avait perdu qu'un
« quart de grain ou $\frac{1}{138}$; l'ayant examinée en cet état, j'y ai aperçu un grain
« d'un beau jaune qui s'est trouvé une paillette d'or.

« M. de Fourcy avait nouvellement publié que la dissolution d'or [1] était
« aussi précipitée en bleu par l'alcali prussien, et avait consigné ce fait
« dans une table d'affinités ; je fus tenté de répéter cette expérience : je
« versai en conséquence de la liqueur alcaline phlogistiquée dans de la dis-
« solution d'or de départ, mais la couleur de cette dissolution ne changea
« pas, ce qui me fait soupçonner que la dissolution d'or employée par M. de
« Fourcy pouvait bien n'être pas aussi pure.

« Et dans le même temps, M. le comte de Buffon m'ayant donné une
« assez grande quantité d'autre platine pour en faire quelques essais, j'ai
« entrepris de la séparer de tous les corps étrangers par une bonne fonte :
« voici la manière dont j'ai procédé et les résultats que j'ai eus.

PREMIÈRE EXPÉRIENCE.

« Ayant mis un gros de platine dans une petite coupelle, sous le moufle
« du fourneau donné par M. Macquer dans les *Mémoires de l'Académie des
« Sciences*, année 1758, j'ai soutenu le feu pendant deux heures ; le moufle
« s'est affaissé, les supports avaient coulé ; cependant la platine s'est
« trouvée seulement agglutinée, elle tenait à la coupelle et y avait laissé des
« taches couleur de rouille ; la platine était alors terne, même un peu noire,
« et n'avait pris qu'un quart de grain d'augmentation de poids, quantité
« bien faible en comparaison de celle que d'autres chimistes ont observée ;
« ce qui me surprit d'autant plus, que ce gros de platine ainsi que toute celle

---

1. Les dissolutions d'*or* ne précipitent pas avec le *cyanoferrure de potassium* (*prussiate jaune de potasse* ou *alcali prussien*) ; elles ne font que se colorer en vert-émeraude.

« que j'ai employée aux autres expériences avait été enlevé successivement
« par l'aimant, et faisait portion des six septièmes de 8 onces dont M. de
« Buffon a parlé dans le Mémoire ci-dessus.

DEUXIÈME EXPÉRIENCE.

« Un demi-gros de la même platine, exposé au même feu dans une cou-
« pelle, s'est aussi aggluliné ; elle était adhérente à la coupelle, sur laquelle
« elle avait laissé des taches de couleur de rouille ; l'augmentation de poids
« s'est trouvée à peu près dans la même proportion, et la surface aussi
« noire.

TROISIÈME EXPÉRIENCE.

« J'ai remis ce même demi-gros dans une nouvelle coupelle, mais au lieu
« de moufle, j'ai renversé sur le support un creuset de plomb noir de
« Passaw ; j'avais eu l'attention de n'employer pour support que des têts
« d'argile pure très-réfractaire ; par ce moyen je pouvais augmenter la vio-
« lence du feu et prolonger sa durée, sans craindre de voir couler les vais-
« seaux ni obstruer l'argile par les scories. Cet appareil ainsi placé dans le
« fourneau, j'y ai entretenu pendant quatre heures un feu de la dernière
« violence ; lorsque tout a été refroidi, j'ai trouvé le creuset bien conservé,
« soudé au support ; ayant brisé cette soudure vitreuse, j'ai reconnu que
« rien n'avait pénétré dans l'intérieur du creuset, qui paraissait seulement
« plus luisant qu'il n'était auparavant. La coupelle avait conservé sa forme
« et sa position ; elle était un peu fendillée, mais pas assez pour se laisser
« pénétrer ; aussi le bouton de platine n'y était-il pas adhérent. Ce bouton
« n'était encore qu'agglutiné, mais d'une manière bien plus serrée que la
« première fois : les grains étaient moins saillants, la couleur en était plus
« claire, le brillant plus métallique ; et ce qu'il y eut de plus remarquable,
« c'est qu'il s'était élancé de sa surface, pendant l'opération, et probable-
« ment dans les premiers instants du refroidissement, trois jets de verre,
« dont l'un plus élevé, parfaitement sphérique, était porté sur un pédicule
« d'une ligne de hauteur, de la même matière transparente et vitreuse ; ce
« pédicule avait à peine un sixième de ligne, tandis que le globule avait
« une ligne de diamètre, d'une couleur uniforme, avec une légère teinte de
« rouge qui ne dérobait rien à sa transparence ; des deux autres jets de
« verre, le plus petit avait un pédicule comme le plus gros, et le moyen
« n'avait point de pédicule, et était seulement attaché à la platine par sa
« surface extérieure.

QUATRIÈME EXPÉRIENCE.

« J'ai essayé de coupeller la platine, et pour cela j'ai mis dans une cou-
« pelle un gros des mêmes grains enlevés par l'aimant, avec deux gros de
« plomb. Après avoir donné un très-grand feu pendant deux heures, j'ai
« trouvé dans la coupelle un bouton adhérent, couvert d'une croûte jau-
« nâtre et un peu spongieuse, du poids de 2 gros 12 grains, ce qui an-
« nonçait que la platine avait retenu 1 gros 12 grains de plomb.

« J'ai remis ce bouton dans une autre coupelle au même fourneau, obser-
« vant de le retourner : il n'a perdu que 12 grains dans un feu de deux
« heures ; sa couleur et sa forme avaient très-peu changé.

« Je lui ai appliqué ensuite le vent du soufflet, après l'avoir placé dans
« une nouvelle coupelle couverte d'un creuset de Passaw, dans la partie
« inférieure d'un fourneau de fusion dont j'avais ôté la grille ; le bouton a
« pris alors un coup d'œil plus métallique, toujours un peu terne, et cette
« fois il a perdu 18 grains.

« Le même bouton ayant été remis dans le fourneau de M. Macquer,
« toujours placé dans une coupelle couverte d'un creuset de Passaw, je
« soutins le feu pendant trois heures, après lesquelles je fus obligé de l'ar-
« rêter, parce que les briques qui servaient de support avaient entièrement
« coulé ; le bouton était devenu de plus en plus métallique, il adhérait
« pourtant à la coupelle ; il avait perdu cette fois 34 grains. Je le jetai dans
« l'acide nitreux fumant pour essayer de le décaper ; il y eut un peu d'effer-
« vescence lorsque j'ajoutai de l'eau distillée ; le bouton y perdit effective-
« ment 2 grains, et j'y remarquai quelques petits trous, comme ceux que
« laisse le départ.

« Il ne restait plus que 22 grains de plomb alliés à la platine, à en juger
« par l'excédant de son poids ; je commençai à espérer de vitrifier cette
« dernière portion de plomb, et pour cela je mis ce bouton dans une cou-
« pelle neuve ; je disposai le tout comme dans la troisième expérience, je
« me servis du même fourneau, en observant de dégager continuellement
« la grille, d'entretenir au-devant, dans le courant d'air qu'il attirait, une
« évaporation continuelle par le moyen d'une capsule que je remplissais
« d'eau de temps en temps, et de laisser un moment la chape entr'ouverte
« lorsqu'on venait de remplir le fourneau de charbon ; ces précautions aug-
« mentèrent tellement l'activité du feu, qu'il fallait recharger de dix minutes
« en dix minutes : je le soutins au même degré pendant quatre heures, et je
« laissai refroidir.

« Je reconnus le lendemain que le creuset de plomb noir avait résisté,
« que les supports n'étaient que faïencés par les cendres ; je trouvai dans la
« coupelle un bouton bien rassemblé, nullement adhérent, d'une couleur

« continue et uniforme, approchant plus de la couleur de l'étain que de
« tout autre métal, seulement un peu raboteux ; en un mot pesant un gros
« très-juste, rien de plus, rien de moins. ·

« Tout annonçait donc que cette platine avait éprouvé une fusion par-
« faite, qu'elle était parfaitement pure, car, pour supposer qu'elle tenait
« encore du plomb, il faudrait supposer aussi que ce minéral avait juste-
« tement perdu de sa propre substance autant qu'il avait retenu de ma-
« tière étrangère, et une telle précision ne peut être l'effet d'un pur
« hasard.

« Je devais passer quelques jours avec M. le comte de Buffon, dont la
« société a, si je puis le dire, le même charme que son style, dont la con-
« versation est aussi pleine que ses livres ; je me fis un plaisir de lui porter
« les produits de ces essais, et je remis à les examiner ultérieurement
« avec lui.

« 1° Nous avons observé que le gros de platine agglutinée de la première
« expérience n'était pas attiré en bloc par l'aimant, que cependant le bar-
« reau magnétique avait une action marquée sur les grains que l'on en
« détachait.

« 2° Le demi-gros de la troisième expérience n'était non-seulement pas
« attirable en masse, mais les grains que l'on en séparait ne donnaient plus
« eux-mêmes aucun signe de magnétisme.

« 3° Le bouton de la quatrième expérience était aussi absolument insen-
« sible à l'approche de l'aimant, ce dont nous nous assurâmes en mettant
« le bouton en équilibre dans une balance très-sensible, et en lui présentant
« un très-fort aimant jusqu'au contact, sans que son approche ait le moin-
« drement dérangé l'équilibre.

« 4° La pesanteur spécifique de ce bouton fut déterminée par une bonne
« balance hydrostatique, et, pour plus de sûreté, comparée à l'or de mon-
« naie et au globe d'or très-pur employé par M. de Buffon à ses belles expé-
« riences sur le progrès de la chaleur ; leur densité se trouva avoir les rap-
« ports suivants avec l'eau dans laquelle ils furent plongés :

$$
\begin{aligned}
&\text{« Le globe d'or..} \ldots\ldots\ldots \quad 19\ \tfrac{1}{34}\\
&\text{« L'or de monnaie.} \ldots\ldots\ldots \quad 17\ \tfrac{1}{2}\\
&\text{« Le bouton de platine..} \ldots\ldots \quad 14\ \tfrac{2}{3}
\end{aligned}
$$

« 5° Ce bouton fut porté sur un tas d'acier pour essayer sa ductilité ; il
« soutint fort bien quelques coups de marteau ; sa surface devint plane et
« même un peu polie dans les endroits frappés, mais il se fendit bientôt
« après, et il s'en détacha une portion, faisant à peu près le sixième de la
« totalité ; la fracture présenta plusieurs cavités, dont quelques-unes d'en-
« viron une ligne de diamètre avaient la blancheur et le brillant de l'ar-
« gent ; on remarquait dans d'autres de petites pointes élancées, comme

« les cristallisations dans les géodes ; le sommet de l'une de ces pointes, vu
« à la loupe, était un globule absolument semblable, pour la forme, à celui
« de la troisième expérience et aussi de matière vitreuse transparente,
« autant que son extrême petitesse permettait d'en juger. Au reste, toutes
« les parties du bouton étaient compactes, bien liées, et le grain plus fin,
« plus serré que celui du meilleur acier après la plus forte trempe, auquel
« il ressemblait d'ailleurs par la couleur.

« 6° Quelques portions de ce bouton, ainsi réduites en parcelles a coups
« de marteau sur le tas d'acier, nous leur avons présenté l'aimant, et aucune
« n'a été attirée ; mais les ayant encore pulvérisées dans un mortier d'agate,
« nous avons remarqué que le barreau magnétique en enlevait quelques-
« unes des plus petites toutes les fois qu'on le posait immédiatement dessus.

« Cette nouvelle apparition du magnétisme était d'autant plus surpre-
« nante, que les grains détachés de la masse agglutinée de la deuxième
« expérience nous avaient paru avoir perdu eux-mêmes toute sensibilité à
« l'approche et au contact de l'aimant ; nous reprîmes en conséquence quel-
« ques-uns de ces grains, ils furent de même réduits en poussière dans le
« mortier d'agate, et nous vîmes bientôt les parties les plus petites s'atta-
« cher sensiblement au barreau aimanté ; il n'est pas possible d'attribuer
« cet effet au poli de la surface du barreau ni à aucune autre cause étran-
« gère au magnétisme : un morceau de fer aussi poli, appliqué de la même
« manière sur les parties de cette platine n'en a jamais pu enlever une
« seule.

« Par le récit exact de ces expériences et des observations auxquelles
« elles ont donné lieu, on peut juger de la difficulté de déterminer la nature
« de la platine ; il est bien certain que celle-ci contenait quelques parties
« vitrifiables, et vitrifiables même sans addition à un grand feu ; il est bien
« sûr que toute platine contient du fer et des parties attirables ; mais si l'al-
« cali prussien ne donnait jamais du bleu qu'avec les grains que l'aimant a
« enlevés, il semble qu'on en pourrait conclure que ceux qui lui résistent
« absolument sont de la platine pure, qui n'a par elle-même aucune vertu
« magnétique, et que le fer n'en fait pas partie essentielle. On devait espé-
« rer qu'une fusion aussi avancée, une coupellation aussi parfaite, décide-
« raient au moins cette question ; tout annonçait qu'en effet ces opérations
« l'avaient dépouillée de toute vertu magnétique en la séparant de tous
« corps étrangers ; mais la dernière observation prouve, d'une manière
« invincible, que cette propriété magnétique n'y était réellement qu'affai-
« blie, et peut-être masquée ou ensevelie, puisqu'elle a reparu lorsqu'on
« l'a broyée. »

REMARQUES.

De ces expériences de M. de Morveau, et des observations que nous avons ensuite faites ensemble, il résulte :

1° Qu'on peut espérer de fondre la platine sans addition dans nos meilleurs fourneaux[1], en lui appliquant le feu plusieurs fois de suite, parce que les meilleurs creusets ne pourraient résister à l'action d'un feu aussi violent, pendant tout le temps qu'exigerait l'opération complète ;

2° Qu'en la fondant avec le plomb, et la coupellant successivement et à plusieurs reprises, on vient à bout de vitrifier tout le plomb, et que cette opération pourrait à la fin la purger d'une partie des matières étrangères qu'elle contient ;

3° Qu'en la fondant sans addition, elle paraît se purger elle-même en partie des matières vitrescibles qu'elle renferme, puisqu'il s'élance à sa surface de petits jets de verre qui forment des masses assez considérables, et qu'on en peut séparer aisément après le refroidissement ;

4° Qu'en faisant l'expérience du bleu de Prusse avec les grains de platine qui paraissent les plus insensibles à l'aimant, on n'est pas toujours sûr d'obtenir de ce bleu, comme cela ne manque jamais d'arriver avec les grains qui ont plus ou moins de sensibilité au magnétisme ; mais comme M. de Morveau a fait cette expérience sur une très-petite quantité de platine, il se propose de la répéter[2] ;

5° Il paraît que ni la fusion ni la coupellation ne peuvent détruire dans la platine tout le fer dont elle est intimement pénétrée ; les boutons fondus ou coupellés paraissaient à la vérité également insensibles à l'action de l'aimant, mais les ayant brisés dans un mortier d'agate et sur un tas d'acier, nous y avons retrouvé des parties magnétiques, d'autant plus abondantes que la platine était réduite en poudre plus fine : le premier bouton, dont les grains ne s'étaient qu'agglutinés, rendit, étant broyé, beaucoup plus de parties magnétiques que le second et le troisième, dont les grains avaient subi une plus forte fusion ; mais néanmoins tous deux, étant broyés, fournirent des parties magnétiques, en sorte qu'on ne peut pas douter qu'il n'y ait encore du fer dans la platine, après qu'elle a subi les plus violents efforts du feu et l'action dévorante du plomb dans la coupelle : ceci semble

---

1. « Le *platine* est infusible dans un feu de forge, mais il fond facilement au chalumeau à
« gaz hydrogène et oxygène, ou à la chaleur produite par une pile énergique... Le *platine*
« paraît volatil, lorsqu'on le chauffe à une température très-élevée, et produit des étincelles
« brillantes quand on l'expose à la flamme du chalumeau à gaz hydrogène et oxygène. »
(Pelouze et Fremy : *Cours de chimie gén.*)

2. Les dissolutions de *bioxyde de platine* ne précipitent pas avec le *cyanoferrure de potassium* ; elles ne font que se colorer en jaune verdâtre. Lorsque le précipité de *bleu de Prusse* se produit, il faut conclure que le *platine* contenait du *fer*.

achever de démontrer que ce minéral est réellement un mélange intime d'or et de fer, que jusqu'à présent l'art n'a pu séparer ;

6° Je fis encore, avec M. de Morveau, une autre observation sur cette platine fondue et ensuite broyée, c'est qu'elle reprend, en se brisant, précisément la même forme de galets arrondis et aplatis qu'elle avait avant d'être fondue ; tous les grains de cette platine fondue et brisée sont semblables à ceux de la platine naturelle, tant pour la forme que pour la variété de grandeur, et ils ne paraissent en différer que parce qu'il n'y a que les plus petits qui se laissent enlever à l'aimant, et en quantité d'autant moindre, que la platine a subi plus de feu. Cela paraît prouver aussi que, quoique le feu ait été assez fort, non-seulement pour brûler et vitrifier, mais même pour chasser au dehors une partie du fer avec les autres matières vitrescibles qu'elle contient, la fusion néanmoins n'est pas aussi complète que celle des autres métaux parfaits, puisqu'en la brisant les grains reprennent la même figure qu'ils avaient avant la fonte.

QUATRIÈME MÉMOIRE

EXPÉRIENCES SUR LA TÉNACITÉ ET SUR LA DÉCOMPOSITION DU FER.

On a vu, dans le premier Mémoire, que le fer perd de sa pesanteur à chaque fois qu'on le chauffe à un feu violent, et que des boulets, chauffés trois fois jusqu'au blanc, ont perdu la douzième partie de leur poids ; on serait d'abord porté à croire que cette perte ne doit être attribuée qu'à la diminution du volume du boulet, par les scories qui se détachent de la surface et tombent en petites écailles; mais si l'on fait attention que les petits boulets, dont par conséquent la surface est plus grande, relativement au volume, que celle des gros, perdent moins, et que les gros boulets perdent proportionnellement plus que les petits, on sentira bien que la perte totale de poids ne doit pas être simplement attribuée à la chute des écailles qui se détachent de la surface, mais encore à une altération intérieure de toutes les parties de la masse que le feu violent diminue, et rend d'autant plus légère qu'il est appliqué plus souvent et plus longtemps [a].

Et en effet, si l'on recueille à chaque fois les écailles qui se détachent de la surface des boulets, on trouvera que sur un boulet de cinq pouces qui, par exemple, aura perdu huit onces par une première chaude, il n'y

---

[a]. Une expérience familière et qui semble prouver que le fer perd de sa masse à mesure qu'on le chauffe, même à un feu très-médiocre, c'est que les fers à friser, lorsqu'on les a souvent trempés dans l'eau pour les refroidir, ne conservent pas le même degré de chaleur au bout d'un temps. Il s'en élève aussi des écailles lorsqu'on les a souvent chauffés et trempés ; ces écailles sont du véritable fer.

aura pas une once de ces écailles détachées, et que tout le reste de la perte de poids ne peut être attribué qu'à cette altération intérieure de la substance du fer qui perd de sa densité à chaque fois qu'on le chauffe ; en sorte que si l'on réitérait souvent cette même opération, on réduirait le fer à n'être plus qu'une matière friable et légère dont on ne pourrait faire aucun usage ; car j'ai remarqué que les boulets non-seulement avaient perdu de leur poids, c'est-à-dire de leur densité, mais qu'en même temps ils avaient aussi beaucoup perdu de leur solidité, c'est-à-dire de cette qualité dont dépend la cohérence des parties ; car j'ai vu, en les faisant frapper, qu'on pouvait les casser d'autant plus aisément qu'ils avaient été chauffés plus souvent et plus longtemps.

C'est sans doute parce que l'on ignorait jusqu'à quel point va cette altération du fer, ou plutôt parce qu'on ne s'en doutait point du tout, que l'on imagina il y a quelques années, dans notre artillerie, de chauffer les boulets dont il était question de diminuer le volume [a]. On m'a assuré que le calibre des canons nouvellement fondus étant plus étroit que celui des anciens canons, il a fallu diminuer les boulets, et que pour y parvenir on a fait rougir ces boulets à blanc afin de les ratisser ensuite plus aisément en les faisant tourner ; on m'a ajouté que souvent on est obligé de les faire chauffer cinq, six et même huit et neuf fois, pour les réduire autant qu'il est nécessaire. Or il est évident, par mes expériences, que cette pratique est mauvaise, car un boulet chauffé à blanc neuf fois doit perdre au moins le quart de son poids, et peut-être les trois quarts de sa solidité. Devenu cassant et friable, il ne peut servir pour faire brèche, puisqu'il se brise contre les murs ; et, devenu léger, il a aussi pour les pièces de campagne le grand désavantage de ne pouvoir aller aussi loin que les autres.

En général, si l'on veut conserver au fer sa solidité et son nerf, c'est-à-dire sa masse et sa force, il ne faut l'exposer au feu ni plus souvent ni plus longtemps qu'il est nécessaire : il suffira, pour la plupart des usages, de le faire rougir sans pousser le feu jusqu'au blanc : ce dernier degré de chaleur ne manque jamais de le détériorer ; et dans les ouvrages où il importe de lui conserver tout son nerf, comme dans les bandes que l'on forge pour les canons de fusil, il faudrait, s'il était possible, ne les chauffer qu'une fois pour les battre, plier et souder par une seule opération ; car, quand le fer a acquis sous le marteau toute la force dont il est susceptible, le feu ne fait plus que la diminuer ; c'est aux artistes à voir jusqu'à quel point ce métal doit être malléé pour acquérir tout son nerf, et cela ne serait pas impossible à déterminer par des expériences ; j'en ai fait quelques-unes que je vais rapporter ici.

I. — Une boucle de fer de 18 lignes $\frac{2}{3}$ de grosseur, c'est-à-dire 348 lignes

<hr>

[a]. M. le marquis de Vallière ne s'occupait point alors des travaux de l'artillerie.

carrées pour chaque montant de fer, ce qui fait pour le tout 696 lignes carrées de fer, a cassé sous le poids de 28 milliers qui tirait perpendiculairement : cette boucle de fer avait environ 10 pouces de largeur, sur 13 pouces de hauteur, et elle était à très-peu près de la même grosseur partout. Cette boucle a cassé presque au milieu des branches perpendiculaires, et non pas dans les angles.

Si l'on voulait conclure du grand au petit sur la force du fer par cette expérience, il se trouverait que chaque ligne carrée de fer tirée perpendiculairement, ne pourrait porter qu'environ 40 livres.

II. — Cependant ayant mis à l'épreuve un fil de fer d'une ligne un peu forte de diamètre, ce morceau de fil de fer a porté, avant de se rompre, 482 livres. Et un pareil morceau de fil de fer n'a rompu que sous la charge de 495 livres; en sorte qu'il est à présumer qu'une verge carrée d'une ligne de ce même fer aurait porté encore davantage, puisqu'elle aurait contenu quatre segments aux quatre coins du carré inscrit au cercle, de plus que le fil de fer rond, d'une ligne de diamètre.

Or cette disproportion dans la force du fer en gros et du fer en petit, est énorme. Le gros fer, que j'avais employé, venait de la forge d'Aisy-sous-Rougemont; il était sans nerf et à gros grain, et j'ignore de quelle forge était mon fil de fer; mais la différence de la qualité du fer, quelque grande qu'on voulût la supposer, ne peut pas faire celle qui se trouve ici dans leur résistance, qui, comme l'on voit, est douze fois moindre dans le gros fer que dans le petit.

III. — J'ai fait rompre une autre boucle de fer de 18 lignes $\frac{1}{4}$ de grosseur, du même fer de la forge d'Aisy; elle ne supporta de même que 28450 livres, et rompit encore presque dans le milieu des deux montants.

IV. — J'avais fait faire en même temps une boucle du même fer que j'avais fait reforger pour le partager en deux, en sorte qu'il se trouva réduit à une barre de 9 lignes sur 18; l'ayant mise à l'épreuve, elle supporta avant de rompre, la charge de 17300 livres, tandis qu'elle n'aurait dû porter, tout au plus que 14 milliers, si elle n'eût pas été forgée une seconde fois.

V. — Une autre boucle de fer de 16 lignes $\frac{3}{4}$ de grosseur, ce qui fait pour chaque montant à peu près 280 lignes carrées, c'est-à-dire 560, a porté 24600 livres, au lieu qu'elle n'aurait dû porter que 22400 livres, si je ne l'eusse pas fait forger une seconde fois.

VI. — Un cadre de fer de la même qualité, c'est-à-dire sans nerf et à gros grains, et venant de la même forge d'Aisy, que j'avais fait établir pour empêcher l'écartement des murs du haut-fourneau de mes forges, et qui avait 26 pieds d'un côté sur 22 pieds de l'autre, ayant cassé par l'effort de la chaleur du fourneau dans les deux points milieux des deux plus longs côtés, j'ai vu que je pouvais comparer ce cadre aux boucles des expériences précédentes, parce qu'il était du même fer, et qu'il a cassé de la même manière : or ce fer avait 21 lignes de gros, ce qui fait 441 lignes carrées, et ayant rompu comme les boucles aux deux côtés opposés, cela fait 882 lignes carrées qui se sont séparées par l'effort de la chaleur. Et comme nous avons trouvé par les expériences précédentes, que 696 lignes carrées du même fer ont cassé sous le poids de 28 milliers, on doit en conclure que 882 lignes de ce même fer n'auraient rompu que sous un poids de 35480 livres, et que par conséquent l'effort de la chaleur devait être estimé comme un poids de 35480 livres. Ayant fait fabriquer pour contenir le mur intérieur de mon fourneau, dans le fondage qui se fit après la rupture de ce cadre, un cercle de 26 pieds $\frac{1}{2}$ de circonférence, avec du fer nerveux provenant de la fonte et de la fabrique de mes forges, cela m'a donné le moyen de comparer la ténacité du bon fer avec celle du fer commun. Ce cercle de 26 pieds $\frac{1}{2}$ de circonférence était de deux pièces, retenues et jointes ensemble par deux clavettes de fer passées dans des anneaux forgés au bout des deux bandes de fer; la largeur de ces bandes était de 30 lignes sur 5 d'épaisseur : cela fait 150 lignes carrées qu'on ne doit pas doubler, parce que si ce cercle eût rompu, ce n'aurait été qu'en un seul endroit, et non pas en deux endroits opposés comme les boucles ou le grand cadre carré. Mais l'expérience me démontra que pendant un fondage de quatre mois, où la chaleur était même plus grande que dans le fondage précédent, ces 150 lignes de bon fer résistèrent à son effort qui était de 35480 livres; d'où l'on doit conclure avec certitude entière, que le bon fer, c'est-à-dire le fer qui est presque tout nerf, est au moins cinq fois aussi tenace que le fer sans nerf et à gros grains.

Que l'on juge par là de l'avantage qu'on trouverait à n'employer que du bon fer nerveux dans les bâtiments et dans la construction des vaisseaux, il en faudrait les trois quarts moins, et l'on aurait encore un quart de solidité de plus.

Par de semblables expériences, et en faisant malléer une fois, deux fois, trois fois des verges de fer de différentes grosseurs, on pourrait s'assurer du *maximum* de la force du fer, combiner d'une manière certaine la légèreté des armes avec leur solidité, ménager la matière dans les autres ouvrages sans craindre la rupture, en un mot, travailler ce métal sur des principes uniformes et constants. Ces expériences sont le seul moyen de perfectionner l'art de la manipulation du fer; l'État en tirerait de très-grands avantages, car il ne faut pas croire que la qualité du fer dépende de celle de la mine, que, par exemple, le fer d'Angleterre, ou d'Allemagne, ou de Suède soit meilleur que celui de France; que le fer de Berri soit plus doux que celui de Bourgogne : la nature des mines n'y fait rien ; c'est la manière de les traiter qui fait tout, et ce que je puis assurer pour l'avoir vu par moi-même, c'est qu'en malléant beaucoup et chauffant peu, on donne au fer plus de force, et qu'on approche de ce *maximum* dont je ne puis que recommander la recherche, et auquel on peut arriver par les expériences que je viens d'indiquer.

Dans les boulets que j'ai soumis plusieurs fois à l'épreuve du plus grand feu, j'ai vu que le fer perd de son poids et de sa force d'autant plus qu'on le chauffe plus souvent et plus longtemps; sa substance se décompose, sa qualité s'altère, et enfin il dégénère en une espèce de mâchefer ou de matière poreuse, légère, qui se réduit en une sorte de chaux par la violence et la longue application du feu : le mâchefer commun est d'une autre espèce, et, quoique vulgairement on croie que le mâchefer ne provient et même ne peut provenir que du fer, j'ai la preuve du contraire. Le mâchefer est, à la vérité, une matière produite par le feu, mais, pour le former, il n'est pas nécessaire d'employer du fer ni aucun autre métal : avec du bois et du charbon brûlé et poussé à un feu violent, on obtiendra du mâchefer en assez grande quantité; et si l'on prétend que ce mâchefer ne vient que du fer contenu dans le bois (parce que tous les végétaux en contiennent plus ou moins), je demande pourquoi l'on ne peut pas en tirer du fer même une plus grande quantité qu'on en tire du bois, dont la substance est si différente de celle du fer. Dès que ce fait me fut connu par l'expérience, il me fournit l'intelligence d'un autre fait qui m'avait paru inexplicable jusqu'alors. On trouve dans les terres élevées, et surtout dans des forêts où il n'y a ni rivières ni ruisseaux, et où par conséquent il n'y a jamais eu de forges, non plus qu'aucun indice de volcans ou de feux souterrains; on trouve, dis-je, souvent de gros blocs de mâchefer que deux hommes auraient peine à enlever : j'en ai vu pour la première fois en 1745, à Montigny-l'Encoupe, dans les forêts de M. de Trudaine; j'en ai fait chercher et trouvé depuis dans nos bois de Bourgogne, qui sont encore plus éloignés de l'eau que ceux de Montigny; on en a trouvé en plusieurs endroits : les petits morceaux m'ont paru provenir de quelques fourneaux de charbon qu'on aura laissés brûler, mais les gros ne peuvent venir que d'un incendie dans la forêt lorsqu'elle était en pleine venue, et que les arbres y étaient assez grands et assez voisins pour produire un feu très-violent et très-longtemps nourri.

Le mâchefer qu'on peut regarder comme un résidu de la combustion du bois contient du fer; et l'on verra, dans un autre Mémoire, les expériences que j'ai faites pour reconnaître par ce résidu la quantité de fer qui entre dans la composition des végétaux. Et cette terre morte ou cette chaux dans laquelle le fer se réduit par la trop longue action du feu, ne m'a pas paru contenir plus de fer que le mâchefer du bois, ce qui semble prouver que le fer est comme le bois une matière combustible que le feu peut également dévorer en l'appliquant seulement plus violemment et plus longtemps. Pline dit, avec grande raison, *ferrum accensum igni, nisi duretur ictibus, corrumpitur* [a]. On en sera persuadé, si l'on observe dans une forge la première loupe que l'on tire de la gueuse : cette loupe est un morceau de fer fondu pour la seconde fois, et qui n'a pas encore été forgé, c'est-à-dire consolidé par le marteau; lorsqu'on le tire de la chaufferie où il vient de subir le feu le plus violent, il est rougi à blanc, il jette non-seulement des étincelles ardentes, mais il brûle réellement d'une flamme très-vive qui consommerait une partie de sa substance, si on tardait trop de temps à porter cette loupe sous le marteau; ce fer serait, pour ainsi dire, détruit avant que d'être formé, il subirait l'effet complet de la combustion si le coup du marteau, en rapprochant ses parties trop divisées par le feu, ne commençait à lui faire prendre le premier degré de sa ténacité. On le tire dans cet état et encore tout rouge de dessous le marteau, et on le reporte au foyer de l'affinerie où il se pénètre d'un nouveau feu; lorsqu'il est blanc on le transporte de même et le plus promptement possible au marteau, sous lequel il se consolide et s'étend beaucoup plus que la première fois; enfin on remet encore cette pièce au feu et on la reporte au marteau, sous lequel on l'achève en entier. C'est ainsi qu'on travaille tous les fers communs ; on ne leur donne que deux ou tout au plus trois volées de marteau : aussi n'ont-ils pas à beaucoup près la ténacité qu'ils pourraient acquérir si on les travaillait moins précipitamment. La force du marteau non-seulement comprime les parties du fer trop divisées par le feu, mais en les rapprochant elle chasse les matières étrangères et le purifie en le consolidant. Le déchet du fer en gueuse est ordinairement d'un tiers, dont la plus grande partie se brûle, et le reste coule en fusion et forme ce qu'on appelle *les crasses du fer* : ces crasses sont plus pesantes que le mâchefer du bois, et contiennent encore une assez grande quantité de fer, qui est, à la vérité, très-impur et très-aigre, mais dont on peut néanmoins tirer parti en mêlant ces crasses broyées et en petite quantité avec la mine que l'on jette au fourneau; j'ai l'expérience qu'en mêlant un sixième de ces crasses avec cinq sixièmes de mine épurée par mes cribles, la fonte ne change pas sensiblement de qualité, mais si l'on en met davantage elle devient plus cassante, sans néanmoins changer de couleur ni de grain. Mais si les mines sont moins épurées, ces crasses gâtent absolument la fonte, parce qu'étant déjà très-aigre et très-cassante par elle-même, elle le devient encore plus par cette addition de mauvaise matière, en sorte que cette pratique, qui

____

a. Hist. nat., lib. xxxiv, cap. xv.

peut devenir utile entre les mains d'un habile maître de l'art, produira dans d'autres mains de si mauvais effets, qu'on ne pourra se servir ni des fers ni des fontes qui en proviendront.

Il y a néanmoins des moyens, je ne dis pas de changer, mais de corriger un peu la mauvaise qualité de la fonte, et d'adoucir à la chaufferie l'aigreur du fer qui en provient. Le premier de ces moyens est de diminuer la force du vent, soit en changeant l'inclinaison de la tuyère, soit en ralentissant le mouvement des soufflets, car plus on presse le feu plus le fer devient aigre. Le second moyen, et qui est encore plus efficace, c'est de jeter sur la loupe de fer qui se sépare de la gueuse, une certaine quantité de gravier calcaire ou même de chaux toute faite; cette chaux sert de fondant aux parties vitrifiables que le fer aigre contient en trop grande quantité, et le purge de ses impuretés. Mais ce sont de petites ressources auxquelles il ne faut pas se mettre dans le cas d'avoir recours, ce qui n'arriverait jamais si l'on suivait les procédés que j'ai donnés pour faire de bonne fonte [a].

Lorsqu'on fait travailler les affineurs à leur compte et qu'on les paie au millier, ils font, comme les fondeurs, le plus de fer qu'ils peuvent dans leur semaine, ils construisent le foyer de leur chaufferie de la manière la plus avantageuse pour eux; ils pressent le feu, trouvent que les soufflets ne donnent jamais assez de vent, ils travaillent moins la loupe et font ordinairement en deux chaudes ce qui en exigerait au moins trois; on ne sera donc jamais sûr d'avoir du fer d'une bonne et même qualité qu'en payant les ouvriers au mois, et en faisant casser à la fin de chaque semaine quelques barres du fer qu'ils livrent, pour reconnaître s'ils ne se sont pas ou trop pressés ou négligés. Le fer en bandes plates est toujours plus nerveux que le fer en barreaux; s'il se trouve deux tiers de nerf sur un tiers de grain dans les bandes, on ne trouvera dans les barreaux, quoique faits de même étoffe, qu'environ un tiers de nerf sur deux tiers de grain, ce qui prouve bien clairement que la plus ou moins grande force du fer vient de la différente application du marteau; s'il frappe plus constamment, plus fréquemment sur un même plan, comme celui des bandes plates, il en rapproche et en réunit mieux les parties, que s'il frappe presque alternativement sur deux plans différents pour faire les barreaux carrés : aussi est-il plus difficile de bien souder du barreau que de la bande, et lorsqu'on veut faire du fer de *tirerie*, qui doit être en barreaux de treize lignes et d'un fer très-nerveux et assez ductile pour être converti en fil de fer, il faut le travailler plus lentement à l'affinerie, ne le tirer du feu que quand il est presque fondant et le faire suer sous le marteau le mieux qu'il est possible, afin de lui donner tout le nerf dont il est susceptible sous cette forme carrée, qui est la plus ingrate, mais qui paraît nécessaire ici, parce qu'il faut en-

---

a. On trouvera ces procédés dans mes Mémoires sur la fusion des mines de fer.

suite tirer de ces barreaux, qu'on coupe environ à quatre pieds, une verge de dix-huit ou vingt pieds par le moyen du martinet, sous lequel on l'allonge après l'avoir chauffée; c'est ce qu'on appelle de la *verge crénelée:* elle est carrée comme le barreau dont elle provient, et porte sur les quatre faces des enfoncements successifs, qui sont les empreintes profondes de chaque coup du martinet ou petit marteau sous lequel on la travaille. Ce fer doit être de la plus grande ductilité pour passer jusqu'à la plus petite filière, et en même temps il ne faut pas qu'il soit trop doux, mais assez ferme pour ne pas donner trop de déchet; ce point est assez difficile à saisir, aussi n'y a-t-il en France que deux ou trois forges dont on puisse tirer ces fers pour les fileries.

La bonne fonte est, à la vérité, la base de tout bon fer, mais il arrive souvent que par de mauvaises pratiques on gâte ce bon fer. Une de ces mauvaises pratiques, la plus généralement répandue, et qui détruit le plus le nerf et la ténacité du fer, c'est l'usage où sont les ouvriers de presque toutes les forges de tremper dans l'eau la première portion de la pièce qu'ils viennent de travailler, afin de pouvoir la manier et la reprendre plus promptement; j'ai vu, avec quelque surprise, la prodigieuse différence qu'occasionne cette trempe, surtout en hiver et lorsque l'eau est froide : non-seulement elle rend cassant le meilleur fer, mais même elle en change le grain et en détruit le nerf, au point qu'on n'imaginerait pas que c'est le même fer, si l'on n'en était pas convaincu par ses yeux en faisant casser l'autre bout du même barreau, qui, n'ayant point été trempé, conserve son nerf et son grain ordinaire. Cette trempe, en été, fait beaucoup moins de mal, mais en fait toujours un peu : et, si l'on veut avoir du fer toujours de la même bonne qualité, il faut absolument proscrire cet usage, ne jamais tremper le fer chaud dans l'eau, et attendre, pour le manier, qu'il se refroidisse à l'air.

Il faut que la fonte soit bien bonne pour produire du fer aussi nerveux, aussi tenace que celui qu'on peut tirer des vieilles ferrailles refondues, non pas en les jetant au fourneau de fusion, mais en les mettant au feu de l'affinerie; tous les ans on achète pour mes forges une assez grande quantité de ces vieilles ferrailles, dont, avec un peu de soin, l'on fait d'excellent fer. Mais il y a du choix dans ces ferrailles : celles qui proviennent des rognures de la tôle ou des morceaux cassés du fil de fer, qu'on appelle des *riblons,* sont les meilleures de toutes, parce qu'elles sont d'un fer plus pur que les autres : on les achète aussi quelque chose de plus, mais en général ces vieux fers, quoique de qualité médiocre, en produisent de très-bon lorsqu'on sait les traiter. Il ne faut jamais les mêler avec la fonte; si même il s'en trouve quelques morceaux parmi les ferrailles, il faut les séparer; il faut aussi mettre une certaine quantité de crasses dans le foyer, et le feu doit être moins poussé, moins violent, que pour le travail du fer en gueuse, sans quoi l'on brûlerait une grande partie de sa ferraille, qui, quand elle est bien traitée et de bonne qualité, ne donne qu'un cinquième de déchet, et consomme moins de charbon que le fer de la gueuse. Les crasses qui sortent de ces vieux fers sont en bien moindre quantité, et ne conservent pas à beaucoup près autant de particules de fer que les autres. Avec des riblons qu'on renvoie des fileries que fournissent mes forges, et des rognures de tôle cisaillées que je fais fabriquer, j'ai souvent fait du fer qui était tout nerf, et dont le déchet n'était presque que d'un sixième; tandis que le déchet du fer en gueuse est communément du double, c'est-à-dire d'un tiers, et souvent de plus du tiers si l'on veut obtenir du fer d'excellente qualité.

M. de Montbeillard, lieutenant-colonel au régiment royal d'artillerie, ayant été chargé pendant plusieurs années de l'inspection des manufactures d'armes à Charleville, Maubeuge et Saint-Étienne, a bien voulu me communiquer un Mémoire qu'il a présenté au ministre, et dans lequel il traite de cette fabrication du fer avec de vieilles ferrailles; il dit, avec grande raison, « que les ferrailles qui ont beaucoup de surface, et celles qui pro-« viennent des vieux fers et clous de chevaux ou fragments de petits cylin-« dres ou carrés tors, ou des anneaux et boucles, toutes pièces qui sup-« posent que le fer qu'on a employé pour les fabriquer était souple, liant « et susceptible d'être plié, étendu ou tordu, doivent être préférées et re-« cherchées pour la fabrication des canons de fusil. » On trouve, dans ce même Mémoire de M. de Montbeillard, d'excellentes réflexions sur les moyens de perfectionner les armes à feu et d'en assurer la résistance par le choix du bon fer et par la manière de le traiter : l'auteur rapporte une très-bonne expérience[a], qui prouve clairement que les vieilles ferrailles et même les écailles ou exfoliations qui se détachent de la surface du fer, et que bien des gens prennent pour des scories, se soudent ensemble de la manière la plus intime, et que par conséquent le fer qui en provient est d'aussi bonne, et peut-être de meilleure qualité qu'aucun autre. Mais en même temps il conviendra avec moi, et il observe même, dans la suite de son Mémoire, que cet excellent fer ne doit pas être employé seul, par la

---

a. Qu'on prenne une barre de fer, large de deux à trois pouces, épaisse de deux à trois lignes, qu'on la chauffe au rouge, et qu'avec la panne du marteau on y pratique dans sa longueur une cannelure ou cavité, qu'on la plie sur elle-même pour la doubler et corroyer, l'on remplira ensuite la cannelure des écailles ou pailles en question, on lui donnera une chaude douce d'abord en rabattant les bords, pour empêcher qu'elles ne s'échappent, et on battra la barre comme on le pratique pour corroyer le fer avant de la chauffer au blanc; on la chauffera ensuite blanche et fondante, et la pièce soudera à merveille; on la cassera à froid et l'on n'y verra rien qui annonce que la soudure n'ait pas été complète et parfaite, et que toutes les parties du fer ne se soient pas pénétrées réciproquement sans laisser aucun espace vide. J'ai fait cette expérience aisée à répéter, qui doit rassurer sur les pailles, soit qu'elles soient plates ou qu'elles aient la forme d'aiguilles, puisqu'elles ne sont autre chose que du fer, comme la barre avec laquelle on les incorpore, où elles ne forment plus qu'une même masse avec elle.

raison même qu'il est trop parfait ; et en effet, un fer qui, sortant de la forge, a toute sa perfection, n'est excellent que pour être employé tel qu'il est, ou pour des ouvrages qui ne demandent que des chaudes douces ; car toute chaude vive, toute chaleur à blanc le dénature ; j'en ai fait des épreuves plus que réitérées sur des morceaux de toute grosseur ; le petit fer se dénature un peu moins que le gros, mais tous deux perdent la plus grande partie de leur nerf dès la première chaude à blanc ; une seconde chaude pareille change et achève de détruire le nerf ; elle altère même la qualité du grain, qui, de fin qu'il était, devient grossier et brillant comme celui du fer le plus commun ; une troisième chaude rend ces grains encore plus gros, et laisse déjà voir entre leurs interstices des parties noires de matière brûlée ; enfin, en continuant de lui donner des chaudes, on arrive au dernier degré de sa décomposition, et on le réduit en une terre morte qui ne paraît plus contenir de substance métallique, et dont on ne peut faire aucun usage ; car cette terre morte n'a pas, comme la plupart des autres chaux métalliques, la propriété de se revivifier par l'application des matières combustibles ; elle ne contient guère plus de fer que le mâchefer commun tiré du charbon des végétaux, au lieu que les chaux des autres métaux se revivifient presque en entier ou du moins en très-grande partie, et cela achève de démontrer que le fer est une matière presque entièrement combustible.

Ce fer, que l'on tire tant de cette terre ou chaux de fer que du mâchefer provenant du charbon, m'a paru d'une singulière qualité ; il est très-magnétique et très-infusible ; j'ai trouvé du petit sable noir aussi magnétique, aussi indissoluble, et presque infusible dans quelques-unes des mines que j'ai fait exploiter : ce sablon ferrugineux et magnétique se trouve mêlé avec les grains de mine qui ne le sont point du tout, et provient certainement d'une cause toute autre ; le feu a produit ce sablon magnétique, et l'eau les grains de mine ; et lorsque par hasard ils se trouvent mélangés, c'est que le hasard a fait qu'on a brûlé de grands amas de bois, ou qu'on a fait des fourneaux de charbon sur le terrain qui renferme les mines, et que ce sablon ferrugineux, qui n'est que le détriment du mâchefer que l'eau ne peut ni rouiller ni dissoudre, a pénétré par la filtration des eaux auprès des lits de mine en grains, qui souvent ne sont qu'à deux ou trois pieds de profondeur. On a vu, dans le Mémoire précédent, que ce sablon ferrugineux, qui provient du mâchefer des végétaux, ou, si l'on veut, du fer brûlé autant qu'il peut l'être, paraît être le même à tous égards que celui qui se trouve dans la platine.

Le fer le plus parfait est celui qui n'a presque point de grain, et qui est entièrement d'un nerf de gris cendré ; le fer à nerf noir est encore très-bon, et peut-être est-il préférable au premier pour tous les usages où il faut chauffer plus d'une fois ce métal avant de l'employer ; le fer de la troisième qualité, et qui est moitié nerf et moitié grain, est le fer par excellence pour le commerce, parce qu'on peut le chauffer deux ou trois fois sans le déna-turer ; le fer sans nerf, mais à grain fin, sert aussi pour beaucoup d'usages, mais les fers sans nerf et à gros grains devraient être proscrits, et font le plus grand tort dans la société, parce que malheureusement ils y sont cent fois plus communs que les autres. Il ne faut qu'un coup d'œil à un homme exercé pour connaître la bonne ou la mauvaise qualité du fer ;mais les gens qui le font employer, soit dans leurs bâtiments, soit à leurs équipages, ne s'y connaissent ou n'y regardent pas, et paient souvent comme très-bon du fer que le fardeau fait rompre, ou que la rouille détruit en peu de temps.

Autant les chaudes vives et poussées jusqu'au blanc détériorent le fer, autant les chaudes douces, où l'on ne le rougit que couleur de cerise, sem-blent l'améliorer : c'est par cette raison que les fers destinés à passer à la fenderie ou à la batterie ne demandent pas à être fabriqués avec autant de soin que ceux qu'on appelle *fers marchands,* qui doivent avoir toute leur qualité. Le fer de tirerie fait une classe à part, il ne peut être trop pur ; s'il contenait des parties hétérogènes, il deviendrait très-cassant aux dernières filières : or, il n'y a d'autre moyen de le rendre pur que de le faire bien suer en le chauffant la première fois jusqu'au blanc, et le martelant avec autant de force que de précaution, et ensuite en le faisant encore chauffer à blanc, afin d'achever de le dépurer sous le martinet en l'allongeant pour en faire de la verge crénelée. Mais les fers destinés à être refendus pour en faire de la verge ordinaire, des fers aplatis, des languettes pour la tôle, tous les fers, en un mot, qu'on doit passer sous les cylindres n'exigent pas le même degré de perfection, parce qu'ils s'améliorent au four de la fenderie, où l'on n'emploie que du bois, et dans lequel tous ces fers ne prennent une chaleur que du second degré, d'un rouge couleur de feu, qui est suffisant pour les amollir, et leur permet de s'aplatir et de s'étendre sous les cylin-dres et de se fendre ensuite sous les taillants. Néanmoins, si l'on veut avoir de la verge bien douce, comme celle qui est nécessaire pour les clous à maréchal ; si l'on veut des fers aplatis qui aient beaucoup de nerf, comme doivent être ceux qu'on emploie pour les roues, et particulièrement les bandages qu'on fait d'une seule pièce, dans lesquels il faut au moins un tiers de nerf ; les fers qu'on livre à la fenderie doivent être de bonne qua-lité, c'est-à-dire avoir au moins un tiers de nerf, car j'ai observé que le feu doux du four et la forte compression des cylindres rendent, à la vérité, le grain du fer un peu plus fin, et donnent même du nerf à celui qui n'avait que du grain très-fin, mais ils ne convertissent jamais en nerf le gros grain des fers communs ; en sorte qu'avec du mauvais fer à gros grains on pourra faire de la verge et des fers aplatis dont le grain sera moins gros, mais qui seront toujours trop cassants pour être employés aux usages dont je viens de parler.

Il en est de même de la tôle : on ne peut pas employer de trop bonne étoffe pour la faire, et il est bien fâcheux qu'on fasse tout le contraire, car presque toutes nos tôles en France se font avec du fer commun ; elles se rompent en les pliant, et se brûlent ou pourrissent en peu de temps ; tandis que de la tôle faite comme celle de Suède ou d'Angleterre, avec du bon fer bien nerveux, se tordra cent fois sans rompre, et durera peut-être vingt fois plus que les autres. On en fait à mes forges de toute grandeur et de toute épaisseur ; on en emploie à Paris pour les casseroles et autres pièces de cuisine qu'on étame, et qu'on a raison de préférer aux casseroles de cuivre. On a fait avec cette même tôle grand nombre de poêles, de chaîneaux, de tuyaux, et j'ai depuis quatre ans l'expérience mille fois réitérée qu'elle peut durer comme je viens de le dire, soit au feu, soit à l'air, beaucoup plus que les tôles communes ; mais comme elle est un peu plus chère, le débit en est moindre, et l'on n'en demande que pour de certains usages particuliers auxquels les autres tôles ne pourraient être employées. Lorsqu'on est au fait, comme j'y suis, du commerce des fers, on dirait qu'en France on a fait un pacte général de ne se servir que de ce qu'il y a de plus mauvais en ce genre.

Avec du fer nerveux on pourra toujours faire d'excellente tôle, en faisant passer le fer des languettes sous les cylindres de la fenderie : ceux qui aplatissent ces languettes sous le martinet, après les avoir fait chauffer au charbon, sont dans un très-mauvais usage ; le feu de charbon poussé par les soufflets gâte le fer de ces languettes, celui du four de la fenderie ne fait que le perfectionner. D'ailleurs il en coûte plus de moitié moins pour faire les languettes au cylindre que pour les faire au martinet ; ici l'intérêt s'accorde avec la théorie de l'art : il n'y a donc que l'ignorance qui puisse entretenir cette pratique, qui néanmoins est la plus générale, car il y a peut-être sur toutes les tôles qui se fabriquent en France plus des trois quarts dont les languettes ont été faites au martinet. Cela ne peut pas être autrement, me dira-t-on ; toutes les batteries n'ont pas à côté d'elles une fenderie et des cylindres montés ; je l'avoue, et c'est ce dont je me plains. On a tort de permettre ces petits établissements particuliers, qui ne subsistent qu'en achetant dans les grosses forges les fers au meilleur marché, c'est-à-dire tous les plus médiocres, pour les fabriquer ensuite en tôle et en petits fers de la plus mauvaise qualité.

Un autre objet fort important sont les fers de charrue : on ne saurait croire combien la mauvaise qualité du fer dont on les fabrique fait de tort aux laboureurs. On leur livre inhumainement des fers qui cassent au moindre effort, et qu'ils sont forcés de renouveler presque aussi souvent que leurs cultures ; on leur fait payer bien cher du mauvais acier dont on arme la pointe de ces fers encore plus mauvais, et le tout est perdu pour eux au bout d'un an, et souvent en moins de temps ; tandis qu'en employant pour ces fers de charrue, comme pour la tôle, le fer le meilleur et le plus nerveux, on pourrait les garantir pour un usage de vingt ans, et même se dispenser d'en aciérer la pointe; car j'ai fait faire plusieurs centaines de ces fers de charrue, dont j'ai fait essayer quelques-uns sans acier, et ils se sont trouvés d'une étoffe assez ferme pour résister au labour. J'ai fait la même expérience sur un grand nombre de pioches : c'est la mauvaise qualité de nos fers qui a établi chez les taillandiers l'usage général de mettre de l'acier à ces instruments de campagne, qui n'en auraient pas besoin s'ils étaient de bon fer fabriqué avec des languettes passées sous les cylindres.

J'avoue qu'il y a de certains usages pour lesquels on pourrait fabriquer du fer aigre, mais encore ne faut-il pas qu'il soit à trop gros grain ni trop cassant; les clous pour les petites lattes à tuile, les broquettes et autres petits clous plient lorsqu'ils sont faits d'un fer trop doux, mais à l'exception de ce seul emploi, qu'on ne remplira toujours que trop, je ne vois pas qu'on doive se servir de fer aigre. Et si dans une bonne manufacture on en veut faire une certaine quantité, rien n'est plus aisé : il ne faut qu'augmenter d'une mesure ou d'une mesure et demie de mine au fourneau, et mettre à part les gueuses qui en proviendront, la fonte en sera moins bonne et plus blanche. On les fera forger à part en ne donnant que deux chaudes à chaque bande, et l'on aura du fer aigre qui se fendra plus aisément que l'autre, et qui donnera de la verge cassante.

Le meilleur fer, c'est-à-dire celui qui a le plus de nerf, et par conséquent le plus de ténacité, peut éprouver cent et deux cents coups de masse sans se rompre; et comme il faut néanmoins le casser pour tous les usages de la fenderie et de la batterie, et que cela demanderait beaucoup de temps, même en s'aidant du ciseau d'acier, il vaut mieux faire couper sous le marteau de la forge les barres encore chaudes à moitié de leur épaisseur, cela n'empêche pas le marteleur de les achever, et épargne beaucoup de temps au fendeur et au platineur. Tout le fer que j'ai fait casser à froid et à grands coups de masse s'échauffe d'autant plus qu'il est plus fortement et plus souvent frappé; non-seulement il s'échauffe au point de brûler très-vivement, mais il s'aimante comme s'il eût été frotté sur un très-bon aimant. M'étant assuré de la constance de cet effet par plusieurs observations successives, je voulus voir si sans percussion je pourrais de même produire dans le fer la vertu magnétique; je fis prendre pour cela une verge de trois lignes de grosseur de mon fer le plus liant, et que je connaissais pour être très-difficile à rompre, et l'ayant fait plier et replier, par les mains d'un homme fort, sept ou huit fois de suite sans pouvoir la rompre, je trouvai le fer très-chaud au point où on l'avait plié, et il avait en même temps toute la vertu d'un barreau bien aimanté. J'aurai occasion dans la suite de revenir à ce phénomène, qui tient de très-près à la théorie du magnétisme et de l'électricité, et que je ne rapporte ici que pour démontrer que plus une matière est tenace, c'est-à-dire plus il faut d'efforts pour la diviser, plus elle est près de produire de la chaleur et tous les autres effets qui peuvent en dépendre, et prouver en même temps que la simple pression, produisant le frottement des parties intérieures, équivaut à l'effet de la plus violente percussion.

On soude tous les jours le fer avec lui-même ou sur lui-même, mais il faut la plus grande précaution pour qu'il ne se trouve pas un peu plus faible aux endroits des soudures; car, pour réunir et souder les deux bouts d'une barre, on les chauffe jusqu'au blanc le plus vif : le fer dans cet état est tout prêt à fondre, il n'y arrive pas sans perdre toute sa ténacité, et par conséquent tout son nerf; il ne peut donc en reprendre, dans toute cette partie qu'on soude, que par la percussion des marteaux dont deux ou trois ouvriers font succéder les coups le plus vite qu'il leur est possible, mais cette percussion est très-faible et même lente en comparaison de celle du marteau de la forge ou même de celle du martinet : ainsi l'endroit soudé, quelque bonne que soit l'étoffe, n'aura que peu de nerf et souvent point du tout, si l'on n'a pas bien saisi l'instant où les deux morceaux sont également chauds, et si le mouvement du marteau n'a pas été assez prompt et assez fort pour les bien réunir. Aussi, quand on a des pièces importantes à souder, on fera bien de le faire sous les martinets les plus prompts. La soudure dans les canons des armes à feu est une des choses les plus importantes; M. de Montbeillard, dans le Mémoire que j'ai cité ci-dessus, donne de très-bonnes vues sur cet objet, et même des expériences décisives. Je crois avec lui que, comme il faut chauffer à blanc nombre de fois la bande ou *maquette* pour souder le canon dans toute sa longueur, il ne faut pas employer du fer qui serait au dernier degré de sa perfection, parce qu'il ne pourrait que se détériorer par ces fréquentes chaudes vives; qu'il faut au contraire choisir le fer qui, n'étant pas encore aussi épuré qu'il peut l'être, gagnera plutôt de la qualité qu'il n'en perdra par ces nouvelles chaudes ; mais cet article seul demanderait un grand travail fait et dirigé par un homme aussi éclairé que M. de Montbeillard, et l'objet en est d'une si grande importance pour la vie des hommes et pour la gloire de l'État, qu'il mérite la plus grande attention.

Le fer se décompose par l'humidité comme par le feu; il attire l'humide de l'air, s'en pénètre et se rouille, c'est-à-dire se convertit en une espèce de terre sans liaison, sans cohérence; cette conversion se fait en assez peu de temps dans les fers qui sont de mauvaise qualité ou mal fabriqués : ceux dont l'étoffe est bonne, et dont les surfaces sont bien lisses ou polies, se défendent plus longtemps, mais tous sont sujets à cette espèce de mal, qui de la superficie gagne assez promptement l'intérieur, et détruit avec le temps le corps entier du fer. Dans l'eau il se conserve beaucoup mieux qu'à l'air, et quoiqu'on s'aperçoive de son altération par la couleur noire qu'il y prend après un long séjour, il n'est point dénaturé, il peut être forgé, au lieu que celui qui a été exposé à l'air pendant quelques siècles, et que les ouvriers appellent du *fer luné*, parce qu'ils s'imaginent que la lune le mange, ne peut ni se forger ni servir à rien, à moins qu'on ne le revivifie comme les rouilles et les safrans de mars, ce qui coûte communément plus que le fer ne vaut. C'est en ceci que consiste la différence des deux décompositions du fer : dans celle qui se fait par le feu, la plus grande partie du fer se brûle et s'exhale en vapeurs comme les autres matières combustibles; il ne reste qu'un mâchefer qui contient, comme celui du bois, une petite quantité de matière très-attirable par l'aimant, qui est bien du vrai fer, mais qui m'a paru d'une nature singulière et semblable, comme je l'ai dit, au sablon ferrugineux qui se trouve en si grande quantité dans la platine. La décomposition par l'humidité ne diminue pas à beaucoup près autant que la combustion la masse du fer, mais elle en altère toutes les parties au point de leur faire perdre leur vertu magnétique, leur cohérence et leur couleur métallique ; c'est de cette rouille ou terre de fer que sont en grande partie composées les mines en grain : l'eau, après avoir atténué ces particules de rouille et les avoir réduites en molécules sensibles, les charrie et les dépose par filtration dans le sein de la terre, où elles se réunissent en grain par une sorte de cristallisation qui se fait, comme toutes les autres, par l'attraction mutuelle des molécules analogues; et comme cette rouille de fer était privée de la vertu magnétique, il n'est pas étonnant que les mines en grain qui en proviennent en soient également dépourvues. Ceci me paraît démontrer d'une manière assez claire que le magnétisme suppose l'action précédente du feu, que c'est une qualité particulière que le feu donne au fer, et que l'humidité de l'air lui enlève en le décomposant.

Si l'on met dans un vase une grande quantité de limaille de fer pure qui n'a pas encore pris de rouille, et si on la couvre d'eau, on verra, en la laissant sécher, que cette limaille se réunit par ce seul intermède, au point de faire une masse de fer assez solide pour qu'on ne puisse la casser qu'à coups de masse; ce n'est donc pas précisément l'eau qui décompose le fer et qui produit la rouille, mais plutôt les sels et les vapeurs sulfureuses de l'air, car on sait que le fer se dissout très-aisément par les acides et par le soufre. En présentant une verge de fer bien rouge à une bille de soufre, le fer coule dans l'instant, et, en le recevant dans l'eau, on obtient des grenailles qui ne sont plus du fer ni même de la fonte; car j'ai éprouvé qu'on ne pouvait pas les réunir au feu pour les forger, c'est une matière qu'on ne peut comparer qu'à la pyrite martiale, dans laquelle le fer paraît être également décomposé par le soufre; et je crois que c'est par cette raison que l'on trouve presque partout à la surface de la terre et sous les premiers lits de ses couches extérieures une assez grande quantité de ces pyrites, dont le grain ressemble à celui du mauvais fer, mais qui n'en contiennent qu'une très-petite quantité, mêlée avec beaucoup d'acide vitriolique et plus ou moins de soufre.

CINQUIÈME MÉMOIRE.

EXPÉRIENCES SUR LES EFFETS DE LA CHALEUR OBSCURE.

Pour reconnaître les effets de la chaleur obscure, c'est-à-dire de la chaleur privée de lumière, de flamme et de feu libre, autant qu'il est possible, j'ai fait quelques expériences en grand , dont les résultats m'ont paru très-intéressants.

PREMIÈRE EXPÉRIENCE.

On a commencé, sur la fin d'août 1772, à mettre des braises ardentes dans le creuset du grand fourneau qui sert à fondre la mine de fer pour la couler en gueuses ; ces braises ont achevé de sécher les mortiers qui étaient faits de glaise mêlée par égale portion avec du sable vitrescible. Le fourneau avait 23 pieds de hauteur. On a jeté par le gueulard (c'est ainsi qu'on appelle l'ouverture supérieure du fourneau) les charbons ardents que l'on tirait des petits fourneaux d'expériences ; on a mis successivement une assez grande quantité de ces braises pour remplir le bas du fourneau jusqu'à la cuve (c'est ainsi qu'on appelle l'endroit de la plus grande capacité du fourneau), ce qui dans celui-ci montait à 7 pieds 2 pouces de hauteur perpendiculaire depuis le fond du creuset. Par ce moyen, on a commencé de donner au fourneau une chaleur modérée qui ne s'est pas fait sentir dans la partie la plus élevée.

Le 10 septembre, on a vidé toutes ces braises réduites en cendres par l'ouverture du creuset, et lorsqu'il a été bien nettoyé on y a mis quelques charbons ardents et d'autres charbons par-dessus, jusqu'à la quantité de 600 livres pesant ; ensuite on a laissé prendre le feu, et le lendemain 11 septembre, on a achevé de remplir le fourneau avec 4800 livres de charbon : ainsi il contient en tout 5400 livres de charbon, qui y ont été portées en cent trente-cinq corbeilles de 40 livres chacune, tare faite.

On a laissé pendant ce temps l'entrée du creuset ouverte, et celle de la tuyère bien bouchée pour empêcher le feu de se communiquer aux soufflets. La première impression de la grande chaleur, produite par le long séjour des braises ardentes et par cette première combustion du charbon, s'est marquée par une petite fente qui s'est faite dans la pierre du fond à l'entrée du creuset, et par une autre fente qui s'est faite dans la pierre de la tympe. Le charbon néanmoins, quoique fort allumé dans le bas, ne l'était encore qu'à une très-petite hauteur, et le fourneau ne donnait au gueulard qu'assez peu de fumée, ce même jour 12 septembre à six heures du soir; car cette ouverture supérieure n'était pas bouchée, non plus que l'ouverture du creuset.

A neuf heures du soir du même jour, la flamme a percé jusqu'au-dessus du fourneau, et comme elle est devenue très-vive en peu de temps, on a bouché l'ouverture du creuset à dix heures du soir. La flamme, quoique fort ralentie par cette suppression du courant de l'air, s'est soutenue pendant la nuit et le jour suivant; en sorte que le lendemain 13 septembre, vers les quatre heures du soir, le charbon avait baissé d'un peu plus de 4 pieds. On a rempli ce vide à cette même heure avec onze corbeilles de charbon, pesant ensemble 440 livres; ainsi le fourneau a été chargé en tout de 5840 livres de charbon.

Ensuite on a bouché l'ouverture supérieure du fourneau avec un large couvercle de forte tôle, garni tout autour, avec du mortier de glaise et sable mêlé de poudre de charbon, et chargé d'un pied d'épaisseur de cette poudre de charbon mouillée; pendant que l'on bouchait, on a remarqué que la flamme ne laissait pas de retentir assez fortement dans l'intérieur du fourneau; mais en moins d'une minute la flamme a cessé de retentir, et l'on n'entendait plus aucun bruit ni murmure, en sorte qu'on aurait pu penser que l'air n'ayant point d'accès dans la cavité du fourneau, le feu y était entièrement étouffé.

On a laissé le fourneau ainsi bouché partout, tant au-dessus qu'au-dessous, depuis le 13 septembre jusqu'au 28 du même mois, c'est-à-dire pendant quinze jours. J'ai remarqué pendant ce temps, que, quoiqu'il n'y eût point de flamme dans le fourneau, ni même de feu lumineux, la chaleur ne laissait pas d'augmenter et de se communiquer autour de la cavité du fourneau.

Le 28 septembre, à dix heures du matin, on a débouché l'ouverture supérieure du fourneau avec précaution, dans la crainte d'être suffoqué par la vapeur du charbon; j'ai remarqué, avant de l'ouvrir, que la chaleur avait gagné jusqu'à 4 pieds $\frac{1}{2}$ dans l'épaisseur du massif qui forme la tour du fourneau; cette chaleur n'était pas fort grande aux environs de la *bure* (c'est ainsi qu'on appelle la partie supérieure du fourneau qui s'élève au-dessus de son terre-plein). Mais à mesure qu'on approchait de la cavité, les pierres étaient déjà si fort échauffées, qu'il n'était pas possible de les toucher un instant : les mortiers dans les joints des pierres étaient en partie brûlés, et il paraissait que la chaleur était beaucoup plus grande encore dans le bas du fourneau, car les pierres du dessus de la tympe et de la tuyère étaient excessivement chaudes dans toute leur épaisseur jusqu'à 4 ou 5 pieds.

Au moment qu'on a débouché le gueulard du fourneau, il en est sorti une vapeur suffocante, dont il a fallu s'éloigner, et qui n'a pas laissé de faire mal à la tête à la plupart des assistants. Lorsque cette vapeur a été dissipée, on a mesuré de combien le charbon enfermé et privé d'air courant pendant quinze jours avait diminué, et l'on a trouvé qu'il avait baissé de 14 pieds 5 pouces de hauteur; en sorte que le fourneau était vide dans toute sa partie supérieure jusqu'auprès de la cuve.

Ensuite j'ai observé la surface de ce charbon, et j'y ai vu une petite flamme qui venait de naître; il était absolument noir et sans flamme auparavant. En moins d'une heure cette petite flamme bleuâtre est devenue rouge dans la centre, et s'élevait alors d'environ 2 pieds au-dessus du charbon.

Une heure après avoir débouché le gueulard, j'ai fait déboucher l'entrée du creuset : la première chose qui s'est présentée à cette ouverture n'a pas été du feu comme on aurait pu le présumer, mais des scories provenant du charbon, et qui ressemblaient à du mâchefer léger; ce mâchefer était en assez grande quantité, et remplissait tout l'intérieur du creuset, depuis la tympe à la rustine; et ce qu'il y a de singulier, c'est que, quoiqu'il ne se fût formé que par une grande chaleur, il avait intercepté cette même chaleur au-dessus du creuset, en sorte que les parties de ce mâchefer qui étaient au fond, n'étaient, pour ainsi dire, que tièdes; néanmoins elles s'étaient attachées au fond et aux parois du creuset; et elles en avaient réduit en chaux quelques portions jusqu'à plus de trois ou quatre pouces de profondeur.

J'ai fait tirer ce mâchefer et l'ai fait mettre à part pour l'examiner; on a aussi tiré la chaux du creuset et des environs, qui était en assez grande quantité. Cette calcination, qui s'est faite par ce feu sans flamme, m'a paru provenir en partie de l'action de ces scories du charbon. J'ai pensé que ce feu sourd et sans flamme était trop sec, et je crois que si j'avais mêlé quelque portion de laitier ou de terre vitrescible avec le charbon, cette terre aurait servi d'aliment à la chaleur, et aurait rendu des matières fondantes qui auraient préservé de la calcination la surface de l'ouvrage du fourneau.

Quoi qu'il en soit, il résulte de cette expérience, que la chaleur seule, c'est-à-dire la chaleur obscure, renfermée, et privée d'air autant qu'il est possible, produit néanmoins avec le temps des effets semblables à ceux du feu le plus actif et le plus lumineux. On sait qu'il doit être violent pour calciner la pierre. Ici c'était de toutes les pierres calcaires la moins calcinable, c'est-à-dire la plus résistante au feu, que j'avais choisie pour faire construire l'ouvrage et la cheminée de mon fourneau : toute cette pierre d'ailleurs avait été taillée et posée avec soin; les plus petits quartiers avaient un pied d'épaisseur, un pied et demi de largeur, sur trois et quatre pieds de longueur, et dans ce gros volume la pierre est encore bien plus difficile à calciner que quand elle est réduite en moellons. Cependant cette seule chaleur a non-seulement calciné ces pierres à près d'un demi-pied de profondeur dans la partie la plus étroite et la plus froide du fourneau, mais encore a brûlé en même temps les mortiers faits de glaise et de sable sans les faire fondre, ce que j'aurais mieux aimé, parce qu'alors les joints de la bâtisse du fourneau se seraient conservés pleins, au lieu que la chaleur ayant suivi la route de ces joints, a encore calciné les pierres sur toutes les faces des joints. Mais pour faire mieux entendre les effets de cette chaleur obscure et concentrée, je dois observer : 1° que le massif du fourneau étant de 28 pieds d'épaisseur de deux faces, et de 24 pieds d'épaisseur des deux autres faces, et la cavité où était contenu le charbon n'ayant que 6 pieds dans sa plus grande largeur, les murs pleins qui environnent cette cavité avaient 9 pieds d'épaisseur de maçonnerie à chaux et sable aux parties les moins épaisses; que par conséquent on ne peut pas supposer qu'il ait passé de l'air à travers ces murs de 9 pieds; 2° que cette cavité qui contenait le charbon, ayant été bouchée en bas à l'endroit de la coulée avec un mortier de glaise mêlé de sable d'un pied d'épaisseur, et à la tuyère qui n'a que quelques pouces d'ouverture, avec ce même mortier dont on se sert pour tous les bouchages, il n'est pas à présumer qu'il ait pu entrer de l'air par ces deux ouvertures; 3° que le gueulard du fourneau ayant de même été fermé avec une plaque de forte tôle lutée, et recouverte avec le même mortier, sur environ six pouces d'épaisseur, et encore environnée et surmontée de poussière de charbon mêlée avec ce mortier, sur six autres pouces de hauteur, tout accès à l'air par cette dernière ouverture était interdit. On peut donc assurer qu'il n'y avait point d'air circulant dans toute cette cavité, dont la capacité était de 330 pieds cubes, et que l'ayant remplie de 5400 livres de charbon, le feu étouffé dans cette cavité n'a pu se nourrir que de la petite quantité d'air contenue dans les intervalles que laissaient entre eux les morceaux de charbon; et comme cette matière jetée l'une sur l'autre laisse de très-grands vides, supposons moitié ou même trois quarts, il n'y a donc eu dans cette cavité que 165 ou tout au plus 248 pieds cubes d'air. Or, le feu du fourneau, excité par les soufflets, consomme cette quantité d'air en moins d'une demi-minute; et cependant il semblerait qu'elle a suffi pour entretenir pendant quinze jours la chaleur, et l'augmenter à peu près au même point que celle du feu libre, puisqu'elle a produit la calcination des pierres à quatre pouces de profondeur dans le bas, et à plus de deux pieds de profondeur dans le milieu et dans toute l'étendue du fourneau, ainsi que nous le dirons tout à l'heure. Comme cela me paraissait assez inconcevable, j'ai d'abord pensé

, qu'il fallait ajouter à ces 248 pieds cubes d'air, contenus dans la cavité du fourneau, toute la vapeur de l'humidité des murs que la chaleur concentrée n'a pu manquer d'attirer, et de laquelle il n'est guère possible de faire une juste estimation. Ce sont là les seuls aliments, soit en air, soit en vapeurs aqueuses, que cette très-grande chaleur a consommés pendant quinze jours; car il ne se dégage que peu ou point d'air du charbon dans sa combustion, quoiqu'il s'en dégage plus d'un tiers du poids total du bois de chêne bien séché [a]; cet air fixe contenu dans le bois en est chassé par la première opération du feu qui le convertit en charbon; et, s'il en reste, ce n'est qu'en si petite quantité qu'on ne peut pas la regarder comme le supplément de l'air qui manquait ici à l'entretien du feu. Ainsi cette chaleur très-grande, et qui s'est augmentée au point de calciner profondément les pierres, n'a été entretenue que par 248 pieds cubes d'air et par les vapeurs de l'humidité des murs; et quand nous supposerions le produit successif de cette humidité cent fois plus considérable que le volume d'air contenu dans la cavité du fourneau, cela ne ferait toujours que 24800 pieds cubes de vapeurs propres à entretenir la combustion : quantité que le feu libre et animé par les soufflets consommerait en moins de 30 minutes, tandis que la chaleur sourde ne la consomme qu'en quinze jours.

Et ce qu'il est nécessaire d'observer encore, c'est que le même feu, libre et animé, aurait consumé en 11 ou 12 heures les 3,600 livres de charbon que la chaleur obscure n'a consommées qu'en quinze jours; elle n'a donc eu que la trentième partie de l'aliment du feu libre, puisqu'il y a eu trente fois autant de temps employé à la consommation de la matière combustible, et en même temps il y a eu environ sept cent vingt fois moins d'air ou de vapeurs employées à cette combustion. Néanmoins les effets de cette chaleur obscure ont été les mêmes que ceux du feu libre, car il aurait fallu quinze jours de ce feu violent et animé pour calciner les pierres au même degré qu'elles l'ont été par la chaleur seule : ce qui nous démontre, d'une part, l'immense déperdition de la chaleur lorsqu'elle s'exhale avec les vapeurs et la flamme, et d'autre part les grands effets qu'on peut attendre de sa concentration ou, pour mieux dire, de sa coercition, de sa détention; car cette chaleur retenue et concentrée ayant produit les mêmes effets que le feu libre et violent, avec trente fois moins de matière combustible, et sept cent vingt fois moins d'air, et étant supposée en raison composée de ces deux éléments, on doit en conclure que dans nos grands fourneaux à fondre les mines de fer, il se perd vingt-un mille fois plus de chaleur qu'il ne s'en applique soit à la mine, soit aux parois du fourneau, en sorte qu'on imaginerait que les fourneaux de réverbère, où la chaleur est plus

a. Hales, *Statique des végétaux*, page 152.

concentrée, devraient produire le feu le plus puissant. Cependant j'ai acquis
la preuve du contraire, nos mines de fer ne s'étant pas même agglutinées
par le feu de réverbère de la glacerie de Rouelles en Bourgogne, tandis
qu'elles fondent en moins de 12 heures au feu de mes fourneaux à soufflets. Cette différence tient au principe que j'ai donné : le feu , par sa
vitesse ou par son volume, produit des effets tout différents sur certaines
substances telles que la mine de fer, tandis que sur d'autres substances,
telles que la pierre calcaire, il peut en produire de semblables. La fusion
est en général une opération prompte qui doit avoir plus de rapport avec
la vitesse du feu que la calcination, qui est presque toujours lente, et qui
doit, dans bien des cas, avoir plus de rapport au volume du feu ou à
son long séjour qu'à sa vitesse. On verra, par l'expérience suivante, que
cette même chaleur, retenue et concentrée, n'a fait aucun effet sur la mine
de fer.

DEUXIÈME EXPÉRIENCE.

Dans ce même fourneau de 23 pieds de hauteur, après avoir fondu de la
mine de fer pendant environ quatre mois, je fis couler les dernières gueuses
en remplissant toujours avec du charbon, mais sans mine, afin d'en tirer
toute la matière fondue ; et quand je me fus assuré qu'il n'en restait plus,
je fis cesser le vent, boucher exactement l'ouverture de la tuyère et celle de
la coulée, qu'on maçonna avec de la brique et du mortier de glaise mêlé de
sable. Ensuite je fis porter sur le charbon autant de mine qu'il pouvait en
entrer dans le vide qui était au-dessus du fourneau ; il y en entra cette première fois vingt-sept mesures de 60 livres, c'est-à-dire 1,620 livres pour
affleurer le niveau du gueulard ; après quoi je fis boucher cette ouverture
avec la même plaque de forte tôle et du mortier de glaise et sable, et
encore de la poudre de charbon en grande quantité : on imagine bien
quelle immense chaleur je renfermais ainsi dans le fourneau ; tout le charbon en était allumé du haut en bas lorsque je fis cesser le vent; toutes les
pierres des parois étaient rouges du feu qui les pénétrait depuis quatre
mois. Toute cette chaleur ne pouvait s'exhaler que par deux petites fentes
qui s'étaient faites au mur du fourneau, et que je fis remplir de bon mortier afin de lui ôter encore ces issues; trois jours après je fis déboucher le
gueulard, et je vis avec quelque surprise que, malgré cette chaleur immense renfermée dans le fourneau, le charbon ardent, quoique comprimé
par la mine et chargé de 1,620 livres, n'avait baissé que de 16 pouces en
trois jours ou 72 heures. Je fis sur-le-champ remplir ces 16 pouces de vide
avec 25 mesures de mine, pesant ensemble 1,500 livres. Trois jours après
je fis déboucher cette même ouverture du gueulard, et je trouvai le même
vide de 16 pouces, et par conséquent la même diminution, ou, si l'on veut,
le même affaissement du charbon ; je fis remplir de même avec 1,500 livres

de mine : ainsi il y en avait déjà 4,620 livres sur le charbon, qui était tout embrasé lorsqu'on avait commencé de fermer le fourneau. Six jours après je fis déboucher le gueulard pour la troisième fois, et je trouvai que pendant ces six jours le charbon n'avait baissé que de 20 pouces, que l'on remplit avec 1,860 livres de mine; enfin neuf jours après on déboucha pour la quatrième fois, et je vis que pendant ces neuf derniers jours le charbon n'avait baissé que de 21 pouces, que je fis remplir de 1,920 livres de mine; ainsi il y en avait en tout 8,400 livres : on referma le gueulard avec les mêmes précautions, et le lendemain, c'est-à-dire vingt-deux jours après avoir bouché pour la première fois, je fis rompre la petite maçonnerie de briques qui bouchait l'ouverture de la coulée en laissant toujours fermée celle du gueulard, afin d'éviter le courant d'air qui aurait enflammé le charbon. La première chose que l'on tira par l'ouverture de la coulée furent des morceaux réduits en chaux dans l'ouvrage du fourneau; on y trouva aussi quelques petits morceaux de mâchefer, quelques autres d'une fonte mal digérée, et environ une livre et demie de très-bon fer qui s'était formé par coagulation. On tira près d'un tombereau de toutes ces matières, parmi lesquelles il y avait aussi quelques morceaux de mine brûlée, et presque réduite en mauvais laitier : cette mine brûlée ne provenait pas de celle que j'avais fait imposer sur les charbons après avoir fait cesser le vent, mais de celle qu'on y avait jetée sur la fin du fondage, qui s'était attachée aux parois du fourneau, et qui ensuite était tombée dans le creuset avec les parties de pierres calcinées auxquelles elle était unie.

Après avoir tiré ces matières on fit tomber le charbon; le premier qui parut était à peine rouge, mais dès qu'il eut de l'air il devint très-rouge; on ne perdit pas un instant à le tirer, et on l'éteignait en même temps en jetant de l'eau dessus. Le gueulard étant toujours bien fermé, on tira tout le charbon par l'ouverture de la coulée, et aussi toute la mine dont je l'avais fait charger. La quantité de ce charbon tiré du fourneau montait à cent quinze corbeilles : en sorte que pendant ces vingt-deux jours d'une chaleur si violente, il paraissait qu'il ne s'en était consumé que dix-sept corbeilles, car toute la capacité du fourneau n'en contient que cent trente-cinq; et comme il y avait 16 pouces $\frac{1}{2}$ de vide lorsqu'on le boucha, il faut déduire deux corbeilles qui auraient été nécessaires pour remplir ce vide.

Étonné de cette excessivement petite consommation du charbon pendant vingt-deux jours de l'action de la plus violente chaleur qu'on eût jamais enfermée, je regardai ces charbons de plus près, et je vis que quoiqu'ils eussent aussi peu perdu sur leur volume, ils avaient beaucoup perdu sur leur masse, et que, quoique l'eau avec laquelle on les avait éteints leur eût rendu du poids, ils étaient encore d'environ un tiers plus légers que quand on les avait jetés au fourneau; cependant les ayant fait transporter aux petites chaufferies des martinets et de la batterie, ils se trouvèrent encore assez bons pour chauffer, même à blanc, les petites barres de fer qu'on fait passer sous ces marteaux.

On avait tiré la mine en même temps que le charbon, et on l'avait soigneusement séparée et mise à part : la très-violente chaleur qu'elle avait essuyée pendant un si long temps ne l'avait ni fondue, ni brûlée, ni même agglutinée ; le grain en était seulement devenu plus propre et plus luisant ; le sable vitrescible et les petits cailloux dont elle était mêlée ne s'étaient point fondus, et il me parut qu'elle n'avait perdu que l'humidité qu'elle contenait auparavant, car elle n'avait guère diminué que d'un cinquième en poids et d'environ un vingtième en volume, et cette dernière quantité s'était perdue dans les charbons.

Il résulte de cette expérience : 1° que la plus violente chaleur, et la plus concentrée pendant un très-long temps, ne peut, sans le secours et le renouvellement de l'air, fondre la mine de fer, ni même le sable vitrescible, tandis qu'une chaleur de même espèce, et beaucoup moindre, peut calciner toutes les matières calcaires ; 2° que le charbon, pénétré de chaleur ou de feu, commence à diminuer de masse longtemps avant de diminuer de volume, et que ce qu'il perd le premier sont les parties les plus combustibles qu'il contient. Car en comparant cette seconde expérience avec la première, comment se pourrait-il que la même quantité de charbon se consomme plus vite avec une chaleur très-médiocre qu'à une chaleur de la dernière violence, toutes deux également privées d'air, également retenues et concentrées dans le même vaisseau clos ? Dans la première expérience, le charbon, qui, dans une cavité presque froide, n'avait éprouvé que la légère impression d'un feu qu'on avait étouffé au moment que la flamme s'était montrée, avait néanmoins diminué des deux tiers en quinze jours ; tandis que le même charbon, enflammé autant qu'il pouvait l'être par le vent des soufflets, et recevant encore la chaleur immense des pierres rouges de feu dont il était environné, n'a pas diminué d'un sixième pendant vingt-deux jours. Cela serait inexplicable si l'on ne faisait pas attention que, dans le premier cas, le charbon avait toute sa densité et contenait toutes ses parties combustibles, au lieu que dans le second cas où il était dans l'état de la plus forte incandescence, toutes ses parties les plus combustibles étaient déjà brûlées. Dans la première expérience, la chaleur, d'abord très-médiocre, allait toujours en augmentant à mesure que la combustion augmentait et se communiquait de plus en plus à la masse entière du charbon. Dans la seconde expérience, la chaleur excessive allait en diminuant à mesure que le charbon achevait de brûler, et il ne pouvait plus donner autant de chaleur, parce que sa combustion était fort avancée au moment qu'on l'avait enfermé : c'est là la vraie cause de cette différence d'effets. Le charbon, dans la première expérience, contenant toutes ses parties combustibles, brûlait mieux et se consumait plus vite que celui de la seconde

expérience, qui ne contenait presque plus de matière combustible et ne
pouvait augmenter son feu ni même l'entretenir au même degré, que par
l'emprunt de celui des murs du fourneau; c'est par cette seule raison que
la combustion allait toujours en diminuant, et qu'au total elle a été beaucoup moindre et plus lente que l'autre, qui allait toujours en augmentant
et qui s'est faite en moins de temps. Lorsque tout accès est fermé à l'air et
que les matières renfermées n'en contiennent que peu ou point dans leur
substance, elles ne se consumeront pas, quelque violente que soit la chaleur; mais s'il reste une certaine quantité d'air entre les interstices de la
matière combustible, elle se consumera d'autant plus vite et d'autant plus
qu'elle pourra fournir elle-même une plus grande quantité d'air. 3° Il
résulte encore de ces expériences que la chaleur la plus violente, dès qu'elle
n'est pas nourrie, produit moins d'effet que la plus petite chaleur qui
trouve de l'aliment : la première est, pour ainsi dire, une chaleur morte
qui ne se fait sentir que par sa déperdition ; l'autre est un feu vivant qui
s'accroît à proportion des aliments qu'il consume. Pour reconnaître ce que
cette chaleur morte, c'est-à-dire cette chaleur dénuée de tout aliment pouvait produire, j'ai fait l'expérience suivante.

TROISIÈME EXPÉRIENCE.

Après avoir tiré du fourneau, par l'ouverture de la coulée, tout le
charbon qui y était contenu et l'avoir entièrement vidé de mine et de
toute autre matière, je fis maçonner de nouveau cette ouverture et boucher
avec le plus grand soin celle du gueulard en haut, toutes les pierres des
parois du fourneau étant encore excessivement chaudes ; l'air ne pouvait
donc entrer dans le fourneau pour le rafraîchir, et la chaleur ne pouvait en
sortir qu'à travers des murs de plus de 9 pieds d'épaisseur ; d'ailleurs il
n'y avait dans sa cavité, qui était absolument vide, aucune matière combustible, ni même aucune autre matière. Observant donc ce qui arriverait,
je m'aperçus que tout l'effet de la chaleur se portait en haut, et que, quoique cette chaleur ne fût pas du feu vivant ou nourri par aucune matière
combustible, elle fit rougir en peu de temps la forte plaque de tôle qui couvrait le gueulard ; que cette incandescence donnée par la chaleur obscure
à cette large pièce de fer se communiqua par le contact à toute la masse de
poudre de charbon qui recouvrait les mortiers de cette plaque et enflamma
du bois que je fis mettre dessus. Ainsi la seule évaporation de cette chaleur
obscure et morte, qui ne pouvait sortir que des pierres du fourneau, produisit ici le même effet que le feu vif et nourri. Cette chaleur, tendant toujours en haut et se réunissant toute à l'ouverture du gueulard au-dessous
de la plaque de fer, la rendit rouge, lumineuse et capable d'enflammer des
matières combustibles. D'où l'on doit conclure qu'en augmentant la masse

14

de la chaleur obscure, on peut produire de la lumière de la même manière qu'en augmentant la masse de la lumière on produit de la chaleur; que dès lors ces deux substances sont réciproquement convertibles de l'une en l'autre, et toutes deux nécessaires à l'élément du feu.

Lorsqu'on enleva cette plaque de fer qui couvrait l'ouverture supérieure du fourneau et que la chaleur avait fait rougir, il en sortit une vapeur légère et qui parut enflammée, mais qui se dissipa dans un instant : j'observai alors les pierres des parois du fourneau; elles me parurent calcinées en très-grande partie et très-profondément; et en effet, ayant laissé refroidir le fourneau pendant dix jours, elles se sont trouvées calcinées jusqu'à deux pieds, et même deux pieds et demi de profondeur, ce qui ne pouvait provenir que de la chaleur que j'y avais renfermée pour faire mes expériences, attendu que dans les autres fondages le feu animé par les soufflets n'avait jamais calciné les mêmes pierres à plus de huit pouces d'épaisseur dans les endroits où il est le plus vif, et seulement à deux ou trois pouces dans tout le reste, au lieu que toutes les pierres, depuis le creuset jusqu'au terre-plein du fourneau, ce qui fait une hauteur de vingt pieds, étaient généralement réduites en chaux d'un pied et demi, de deux pieds, et même de deux pieds et demi d'épaisseur : comme cette chaleur renfermée n'avait pu trouver d'issue, elle avait pénétré les pierres bien plus profondément que la chaleur courante.

On pourrait tirer de cette expérience les moyens de cuire la pierre et de faire de la chaux à moindres frais, c'est-à-dire de diminuer de beaucoup la quantité de bois en se servant d'un fourneau bien fermé au lieu de fourneaux ouverts; il ne faudrait qu'une petite quantité de charbon pour convertir en chaux, dans moins de quinze jours, toutes les pierres contenues dans le fourneau, et les murs même du fourneau à plus d'un pied d'épaisseur, s'il était bien exactement fermé.

Dès que le fourneau fut assez refroidi pour permettre aux ouvriers d'y travailler, on fut obligé d'en démolir tout l'intérieur du haut en bas, sur une épaisseur circulaire de quatre pieds; on en tira 54 muids de chaux, sur laquelle je fis les observations suivantes : 1° toute cette pierre, dont la calcination s'était faite à feu lent et concentré, n'était pas devenue aussi légère que la pierre calcinée à la manière ordinaire : celle-ci, comme je l'ai dit, perd à très-peu près la moitié de son poids, et celle de mon fourneau n'en avait perdu qu'environ trois huitièmes; 2° elle ne saisit pas l'eau avec la même avidité que la chaux vive ordinaire : lorsqu'on l'y plonge, elle ne donne d'abord aucun signe de chaleur ni d'ébullition, mais peu après elle se gonfle, se divise et s'élève, en sorte qu'on n'a pas besoin de la remuer comme on remue la chaux vive ordinaire pour l'éteindre; 3° cette chaux a une saveur beaucoup plus âcre que la chaux commune, elle contient par conséquent beaucoup plus d'alcali fixe; 4° elle est infiniment meilleure, plus liante et plus forte que l'autre chaux, et tous les ouvriers n'en emploient qu'environ les deux tiers de l'autre, et assurent que le mortier est encore excellent; 5° cette chaux ne s'éteint à l'air qu'après un temps très-long, tandis qu'il ne faut qu'un jour ou deux pour réduire la chaux vive commune en poudre à l'air libre : celle-ci résiste à l'impression de l'air pendant un mois ou cinq semaines ; 6° au lieu de se réduire en farine ou en poussière sèche comme la chaux commune, elle conserve son volume, et, lorsqu'on la divise en l'écrasant, toute la masse paraît ductile et pénétrée d'une humidité grasse et liante, qui ne peut provenir que de l'humide de l'air que la pierre a puissamment attiré et absorbé pendant les cinq semaines de temps employées à son extinction. Au reste, la chaux que l'on tire communément des fourneaux de forge a toutes ces mêmes propriétés : ainsi la chaleur obscure et lente produit encore ici les mêmes effets que le feu le plus vif et le plus violent.

Il sortit de cette démolition de l'intérieur du fourneau 232 quartiers de pierre de taille, tous calcinés plus ou moins profondément ; ces quartiers avaient communément quatre pieds de longueur, la plupart étaient en chaux jusqu'à dix-huit pouces, et les autres à deux pieds, et même deux pieds et demi, et cette portion calcinée se séparait aisément du reste de la pierre qui était saine et même plus dure que quand on l'avait posée pour bâtir le fourneau. Cette observation m'engagea à faire les expériences suivantes.

QUATRIÈME EXPÉRIENCE.

Je fis peser dans l'air et dans l'eau trois morceaux de ces pierres qui, comme l'on voit, avaient subi la plus grande chaleur qu'elles pussent éprouver sans se réduire en chaux, et j'en comparai la pesanteur spécifique avec celle de trois autres morceaux à peu près du même volume, que j'avais fait prendre dans d'autres quartiers de cette même pierre qui n'avaient point été employés à la construction du fourneau, ni par conséquent chauffés, mais qui avaient été tirés de la même carrière neuf mois auparavant, et qui étaient restés à l'exposition du soleil et de l'air. Je trouvai que la pesanteur spécifique des pierres échauffées à ce grand feu pendant cinq mois avait augmenté, qu'elle était constamment plus grande que celle de la même pierre non échauffée, d'un 81° sur le premier morceau, d'un 90° sur le second et d'un 85° sur le troisième : donc la pierre chauffée au degré voisin de celui de sa calcination gagne au moins un 86° de masse, au lieu qu'elle en perd trois huitièmes par la calcination qui ne suppose qu'un degré de chaleur de plus. Cette différence ne peut venir que de ce qu'à un certain degré de violente chaleur ou de feu, tout l'air et toute l'eau transformés en matière fixe dans la pierre reprennent leur première nature, leur élasticité, leur volatilité, et que dès lors ils se dégagent de la pierre et s'élèvent en vapeurs, que le feu enlève et entraîne avec lui. Nouvelle preuve que la pierre calcaire est en très-grande partie composée d'air fixe et d'eau fixe saisis et transformés en matière solide par le filtre animal [1].

Après ces expériences, j'en fis d'autres sur cette même pierre échauffée à un moindre degré de chaleur, mais pendant un temps aussi long; je fis détacher pour cela trois morceaux des parois extérieures de la lunette de la tuyère, dans un endroit où la chaleur était à peu près de 95 degrés, parce que le soufre appliqué contre la muraille s'y ramollissait et commençait à fondre, et que ce degré de chaleur est à très-peu près celui auquel le soufre entre en fusion. Je trouvai, par trois épreuves semblables aux précédentes, que cette même pierre, chauffée à ce degré pendant cinq mois, avait augmenté en pesanteur spécifique d'un 65e, c'est-à-dire de presque un quart de plus que celle qui avait éprouvé le degré de chaleur voisin de celui de la calcination, et je conclus de cette différence que l'effet de la calcination commençait à se préparer dans la pierre qui avait subi le plus grand feu, au lieu que celle qui n'avait éprouvé qu'une moindre chaleur avait conservé toutes les parties fixes qu'elle y avait déposées.

Pour me satisfaire pleinement sur ce sujet, et reconnaître si toutes les pierres calcaires augmentent en pesanteur spécifique par une chaleur constamment et longtemps appliquée, je fis six nouvelles épreuves sur deux autres espèces de pierres. Celle dont était construit l'intérieur de mon fourneau, et qui a servi aux expériences précédentes, s'appelle dans le pays *pierre à feu*, parce qu'elle résiste plus à l'action du feu que toutes les autres pierres calcaires. Sa substance est composée de petits graviers calcaires liés ensemble par un ciment pierreux qui n'est pas fort dur, et qui laisse quelques interstices vides; sa pesanteur est néanmoins plus grande que celle des autres pierres calcaires d'environ un 20e. En ayant éprouvé plusieurs morceaux au feu de mes chaufferies, il a fallu pour les calciner plus du double du temps de celui qu'il fallait pour réduire en chaux les autres pierres : on peut donc être assuré que les expériences précédentes ont été faites sur la pierre calcaire la plus résistante au feu. Les pierres auxquelles je vais la comparer étaient aussi de très-bonnes pierres calcaires dont on fait la plus belle taille pour les bâtiments : l'une a le grain fin et presque aussi serré que celui du marbre; l'autre a le grain un peu plus gros, mais toutes deux sont compactes et pleines, toutes deux font de l'excellente chaux grise, plus liante et plus forte que la chaux commune, qui est plus blanche.

En pesant dans l'air et dans l'eau trois morceaux chauffés et trois autres non chauffés de cette première pierre dont le grain était le plus fin, j'ai

____

1. Voyez la note de la page 60.

trouvé qu'elle avait gagné un 56e en pesanteur spécifique, par l'application constante pendant cinq mois d'une chaleur d'environ 90 degrés, ce que j'ai reconnu, parce qu'elle était voisine de celle dont j'avais fait casser les morceaux dans la voûte extérieure du fourneau, et que le soufre ne fondait plus contre ses parois : en ayant donc fait enlever trois morceaux encore chauds pour les peser, et comparer avec d'autres morceaux de la même pierre qui étaient restés exposés à l'air libre, j'ai vu que l'un des morceaux avait augmenté d'un 60e, le second d'un 62e, le troisième d'un 56e. Ainsi cette pierre à grain très-fin a augmenté en pesanteur spécifique de près d'un tiers de plus que la pierre à feu chauffée au degré voisin de celui de la calcination, et aussi d'environ un 7e de plus que cette même pierre à feu chauffée à 95 degrés, c'est-à-dire à une chaleur à peu près égale.

La seconde pierre, dont le grain était moins fin, formait une assise entière de la voûte extérieure du fourneau, et je fus maître de choisir les morceaux dont j'avais besoin pour l'expérience, dans un quartier qui avait subi pendant le même temps de cinq mois le même degré 95 de chaleur que la pierre à feu : en ayant donc fait casser trois morceaux, et m'étant muni de trois autres qui n'avaient pas été chauffés, je trouvai que l'un de ces morceaux chauffés avait augmenté d'un 54e, le second d'un 63e, et le troisième d'un 66e; ce qui donne pour la mesure moyenne un 61e d'augmentation en pesanteur spécifique.

Il résulte de ces expériences : 1° que toute pierre calcaire, chauffée pendant longtemps, acquiert de la masse et devient plus pesante; cette augmentation ne peut venir que des particules de chaleur qui la pénètrent et s'y unissent par leur longue résidence, et qui dès lors en deviennent partie constituante sous une forme fixe; 2° que cette augmentation de pesanteur spécifique étant d'un 61e ou d'un 56e ou d'un 65e ne se trouve varier ici que par la nature des différentes pierres; que celles dont le grain est le plus fin, sont celles dont la chaleur augmente le plus la masse, et dans lesquelles les pores étant plus petits, elle se fixe plus aisément et en plus grande quantité; 3° que la quantité de chaleur qui se fixe dans la pierre est encore bien plus grande que ne le désigne ici l'augmentation de la masse; car la chaleur, avant de se fixer dans la pierre, a commencé par en chasser toutes les parties humides qu'elle contenait : on sait qu'en distillant la pierre calcaire dans une cornue bien fermée, on tire de l'eau pure jusqu'à concurrence d'un seizième de son poids ; mais comme une chaleur de 95 degrés, quoique appliquée pendant cinq mois, pourrait néanmoins produire à cet égard de moindres effets que le feu violent qu'on applique au vaisseau dans lequel on distille la pierre, réduisons de moitié et même des trois quarts cette quantité d'eau enlevée à la pierre par la chaleur de 95 degrés, on ne pourra pas disconvenir que la quantité de chaleur qui s'est fixée dans cette pierre, ne soit d'abord d'un 60e indiqué par l'augmentation de la pesanteur spécifique, et encore d'un 64ᵉ pour le quart de la quantité d'eau qu'elle contenait, et que cette chaleur aura fait sortir ; en sorte qu'on peut assurer, sans craindre de se tromper, que la chaleur qui pénètre dans la pierre lui étant appliquée pendant longtemps, s'y fixe en assez grande quantité pour en augmenter la masse tout au moins d'un trentième, même dans la supposition qu'elle n'ait chassé pendant ce long temps que le quart de l'eau que la pierre contenait.

CINQUIÈME EXPÉRIENCE.

Toutes les pierres calcaires dont la pesanteur spécifique augmente par la longue application de la chaleur acquièrent, par cette espèce de dessèche-ment, plus de dureté qu'elles n'en avaient auparavant. Voulant reconnaître si cette dureté serait durable, et si elles ne perdraient pas avec le temps, non-seulement cette qualité, mais celle de l'augmentation de densité qu'elles avaient acquise par la chaleur, je fis exposer aux injures de l'air plusieurs parties des trois espèces de pierres qui avaient servi aux expé-riences précédentes, et qui toutes avaient été plus ou moins chauffées pen-dant cinq mois. Au bout de quinze jours, pendant lesquels il y avait eu des pluies, je les fis sonder et frapper au marteau par le même ouvrier qui les avait trouvées très-dures quinze jours auparavant, il reconnut avec moi que la pierre à feu qui était la plus poreuse, et dont le grain était le plus gros, n'était déjà plus aussi dure et qu'elle se laissait travailler plus aisément. Mais les deux autres espèces, et surtout celle dont le grain était le plus fin, avaient conservé la même dureté ; néanmoins elles la perdirent en moins de six semaines. Et les ayant fait alors éprouver à la balance hydrostatique, je reconnus qu'elles avaient aussi perdu une assez grande quantité de la matière fixe que la chaleur y avait déposée. Néanmoins au bout de plusieurs mois elles étaient toujours spécifiquement plus pesantes d'un 150ᵉ ou d'un 160ᵉ que celles qui n'avaient point été chauffées. La diffé-rence devenant alors trop difficile à saisir entre ces morceaux et ceux qui n'avaient pas été chauffés, et qui tous étaient également exposés à l'air, je fus forcé de borner là cette expérience, mais je suis persuadé qu'avec beau-coup de temps ces pierres auraient perdu toute leur pesanteur acquise. Il en est de même de la dureté : après quelques mois d'exposition à l'air, les ouvriers les ont traitées tout aussi aisément que les autres pierres de même espèce qui n'avaient point été chauffées.

Il résulte de cette expérience, que les particules de chaleur qui se fixent dans la pierre, n'y sont, comme je l'ai dit, unies que par force ; que, quoiqu'elle les conserve après son entier refroidissement et pendant assez longtemps, si on la préserve de toute humidité, elle les perd néanmoins peu à peu par les impressions de l'air et de la pluie, sans doute parce que l'air et l'eau ont plus d'affinité avec la pierre que les parties de la chaleur qui s'y étaient logées. Cette chaleur fixe n'est plus active ; elle est pour ainsi dire morte, et entièrement passive : dès lors bien loin de pouvoir chasser l'humidité, celle-ci la chasse à son tour et reprend toutes les places qu'elle lui avait cédées. Mais dans d'autres matières qui n'ont pas avec l'eau autant d'affinité que la pierre calcaire, cette chaleur une fois fixée n'y demeure-t-elle pas constamment et à toujours? c'est ce que j'ai cherché à constater par l'expérience suivante.

SIXIÈME EXPÉRIENCE.

J'ai pris plusieurs morceaux de fonte de fer que j'ai fait casser dans les gueuses qui avaient servi plusieurs fois à soutenir les parois de la cheminée de mon fourneau, et qui par conséquent avaient été chauffées trois fois pendant quatre ou cinq mois de suite au degré de chaleur qui calcine la pierre, car ces gueuses avaient soutenu les pierres ou les briques de l'intérieur du fourneau, et n'étaient défendues de l'action immédiate du feu que par une pierre épaisse de trois ou quatre pouces qui formait le dernier rang des étalages du fourneau ; ces dernières pierres, ainsi que toutes les autres dont les étalages étaient construits, s'étaient réduites en chaux à chaque fondage, et la calcination avait toujours pénétré de près de huit pouces dans celles qui étaient exposées à la plus violente action du feu : ainsi les gueuses, qui n'étaient recouvertes que de quatre pouces par ces pierres, avaient certainement subi le même degré de feu que celui qui produit la parfaite calcination de la pierre, et l'avaient, comme je l'ai dit, subi trois fois pendant quatre ou cinq mois de suite. Les morceaux de cette fonte de fer que je fis casser ne se séparèrent du reste de la gueuse qu'à coups de masse très-réitérés, au lieu que des gueuses de cette même fonte, mais qui n'avaient pas subi l'action du feu, étaient très-cassantes et se séparaient en morceaux aux premiers coups de masse ; je reconnus dès lors que cette fonte, chauffée à un aussi grand feu et pendant si longtemps, avait acquis beaucoup plus de dureté et de ténacité qu'elle n'en avait auparavant, beaucoup plus même à proportion que n'en avaient acquis les pierres calcaires. Par ce premier indice je jugeai que je trouverais une différence encore plus grande dans la pesanteur spécifique de cette fonte si longtemps échauffée. Et en effet, le premier morceau que j'éprouvai à la balance hydrostatique pesait dans l'air 4 livres 4 onces 3 gros, ou 547 gros ; le même morceau pesait dans l'eau 3 livres 11 onces 2 gros $\frac{1}{2}$, c'est-à-dire 474 gros $\frac{1}{2}$: la différence est de 72 gros $\frac{1}{2}$; l'eau dont je me servais pour mes expériences pesait exactement 70 livres le pied cube, et le volume d'eau déplacé par celui du morceau de cette fonte pesait 72 gros $\frac{1}{2}$: ainsi 72 gros $\frac{1}{2}$, poids du volume de l'eau déplacée par le morceau de fonte, sont à 70 livres, poids du pied cube de l'eau, comme 547 gros, poids du morceau de fonte, sont à 528 livres 2 onces 1 gros 47 grains, poids du pied cube de cette fonte, et ce poids excède beaucoup celui de cette même fonte lorsqu'elle n'a pas été chauffée : c'est une fonte blanche qui communément est très-cassante, et dont le poids n'est que de 495 ou 500 livres tout au plus. Ainsi la pesanteur spécifique se trouve augmentée de 28 sur 500 par cette très-longue application de la chaleur, ce qui fait environ un dix-huitième de la masse ; je me suis assuré de cette grande différence par cinq épreuves successives pour lesquelles j'ai eu attention de prendre toujours des morceaux pesant chacun quatre livres au moins, et comparés un à un avec des morceaux de même figure et d'un volume à peu près égal : car quoiqu'il paraisse qu'ici la différence du volume, quelque grande qu'elle soit, ne devrait rien faire, et ne peut influer sur le résultat de l'opération de la balance hydrostatique, cependant ceux qui sont exercés à la manier se seront aperçus, comme moi, que les résultats sont toujours plus justes lorsque les volumes des matières qu'on compare ne sont pas bien plus grands l'un que l'autre. L'eau, quelque fluide qu'elle nous paraisse, a néanmoins un certain petit degré de ténacité qui influe plus ou moins sur des volumes plus ou moins grands. D'ailleurs il y a très-peu de matières qui soient parfaitement homogènes ou égales en pesanteur dans toutes les parties extérieures du volume qu'on soumet à l'épreuve : ainsi, pour obtenir un résultat sur lequel on puisse compter précisément, il faut toujours comparer des morceaux d'un volume approchant, et d'une figure qui ne soit pas bien différente ; car si d'une part on pesait un globe de fer de deux livres, et d'autre part une feuille de tôle du même poids, on trouverait à la balance hydrostatique leur pesanteur spécifique différente, quoiqu'elle fût réellement la même.

Je crois que quiconque réfléchira sur les expériences précédentes et sur leurs résultats, ne pourra disconvenir que la chaleur très-longtemps appliquée aux différents corps qu'elle pénètre ne dépose dans leur intérieur une très-grande quantité de particules qui deviennent parties constituantes de leur masse, et qui s'y unissent et y adhèrent d'autant plus que les matières se trouvent avoir avec elles plus d'affinité et d'autres rapports de nature. Aussi me trouvant muni de ces expériences, je n'ai pas craint d'avancer, dans mon Traité des éléments, que les molécules de la chaleur se fixaient dans tous les corps, comme s'y fixent celles de la lumière et celles de l'air dès qu'il est accompagné de chaleur ou de feu[1].

1. Voyez les notes des pages 31, 32, 39, 40 et 45.

SIXIÈME MÉMOIRE.

EXPÉRIENCES SUR LA LUMIÈRE ET SUR LA CHALEUR QU'ELLE PEUT PRODUIRE.

ARTICLE PREMIER.

Invention de miroirs pour brûler à de grandes distances.

L'histoire des miroirs ardents d'Archimède est fameuse : il les inventa pour la défense de sa patrie, et il lança, disent les anciens, le feu du soleil sur la flotte ennemie, qu'il réduisit en cendres lorsqu'elle approcha des remparts de Syracuse; mais cette histoire dont on n'a pas douté pendant quinze ou seize siècles a d'abord été contredite, et ensuite traitée de fable dans ces derniers temps. Descartes, né pour juger et même pour surpasser Archimède[1], a prononcé contre lui d'un ton de maître; il a nié la possibilité de l'invention, et son opinion a prévalu sur les témoignages et sur la croyance de toute l'antiquité : les physiciens modernes, soit par respect pour leur philosophe[2], soit par complaisance pour leurs contemporains, ont été de même avis. On n'accorde guère aux anciens que ce qu'on ne peut leur ôter : déterminés peut-être par ces motifs, dont l'amour-propre ne se sert que trop souvent sans qu'on s'en aperçoive, n'avons-nous pas naturellement trop de penchant à refuser ce que nous devons à ceux qui nous ont précédés? et si notre siècle refuse plus qu'un autre, ne serait-ce pas qu'étant plus éclairé il croit avoir plus de droits à la gloire, plus de prétentions à la supériorité? .

Quoi qu'il en soit, cette invention était dans le cas de plusieurs autres découvertes de l'antiquité qui se sont évanouies, parce qu'on a préféré la facilité de les nier à la difficulté de les retrouver ; et les miroirs ardents d'Archimède étaient si décriés, qu'il ne paraissait pas possible d'en rétablir la réputation; car, pour appeler du jugement de Descartes, il fallait quelque chose de plus fort que des raisons, et il ne restait qu'un moyen sûr et décisif, à la vérité, mais difficile et hardi, c'était d'entreprendre de trouver les miroirs, c'est-à-dire d'en faire qui pussent produire les mêmes effets : j'en avais conçu depuis longtemps l'idée, et j'avouerai volontiers que le plus difficile de la chose était de la voir possible[3], puisque dans l'exécution j'ai réussi au delà même de mes espérances.

1. Bel éloge de Descartes !

2. *Le philosophe des physiciens modernes...* C'est encore un bel éloge de Descartes, et qui lui est bien propre.

3. *La voir possible...* Buffon voyait facilement *possible*, tout ce qui était grand. « En réunis-
« sant les foyers de plusieurs miroirs en un seul, il a inventé l'art qu'employèrent Proculus et

J'ai donc cherché le moyen de faire des miroirs pour brûler à de grandes distances, comme de 100, de 200 et 300 pieds : je savais en général qu'avec les miroirs par réflexion l'on n'avait jamais brûlé qu'à 15 ou 20 pieds tout au plus, et qu'avec ceux qui sont réfringents la distance était encore plus courte, et je sentais bien qu'il était impossible dans la pratique de travailler un miroir de métal ou de verre avec assez d'exactitude pour brûler à ces grandes distances; que pour brûler, par exemple, à 200 pieds, la sphère ayant dans ce cas 800 pieds de diamètre, on ne pouvait rien espérer de la méthode ordinaire de travailler les verres; et je me persuadai bientôt que, quand même on pourrait en trouver une nouvelle pour donner à de grandes pièces de verre ou de métal une courbure aussi légère, il n'en résulterait encore qu'un avantage très-peu considérable, comme je le dirai dans la suite.

Mais, pour aller par ordre, je cherchai d'abord combien la lumière du soleil perdait par la réflexion à différentes distances, et quelles sont les matières qui la réfléchissent le plus fortement. Je trouvai premièrement que les glaces étamées, lorsqu'elles sont polies avec un peu de soin, réfléchissent plus puissamment la lumière que les métaux les mieux polis, et même mieux que le métal composé dont on se sert pour faire des miroirs de télescopes; et que, quoiqu'il y ait dans les glaces deux réflexions, l'une à la surface et l'autre à l'intérieur, elles ne laissent pas de donner une lumière plus vive et plus nette que le métal, qui produit une lumière colorée.

En second lieu, en recevant la lumière du soleil dans un endroit obscur, et en la comparant avec cette même lumière du soleil réfléchie par une glace, je trouvai qu'à de petites distances, comme de quatre ou cinq pieds, elle ne perdait qu'environ moitié par la réflexion, ce que je jugeai en faisant tomber sur la première lumière réfléchie une seconde lumière aussi réfléchie : car la vivacité de ces deux lumières réfléchies me parut égale à celle de la lumière directe.

Troisièmement, ayant reçu à de grandes distances, comme à 100, 200 et 300 pieds, cette même lumière réfléchie par de grandes glaces, je reconnus qu'elle ne perdait presque rien de sa force par l'épaisseur de l'air qu'elle avait à traverser.

Ensuite je voulus essayer les mêmes choses sur la lumière des bougies; et, pour m'assurer plus exactement de la quantité d'affaiblissement que la réflexion cause à cette lumière, je fis l'expérience suivante

Je me mis vis-à-vis une glace de miroir, avec un livre à la main, dans

« Archimède pour embraser au loin des vaisseaux. On doit surtout le louer de n'avoir pas, comme
« Descartes, refusé d'y croire. Tout ce qui était grand et beau lui paraissait devoir être tenté,
« et il n'y avait d'impossible pour lui que les petites entreprises et les travaux obscurs, qui
« sont sans gloire comme sans obstacles. » (Vicq-d'Azyr : *Disc. de récept. à l'Acad. franç.*)

une chambre où l'obscurité de la nuit était entière, et où je ne pouvais distinguer aucun objet : je fis allumer dans une chambre voisine, à 40 pieds de distance environ, une seule bougie, et je la fis approcher peu à peu, jusqu'à ce que je pusse distinguer les caractères et lire le livre que j'avais à la main ; la distance se trouva de 24 pieds du livre à la bougie : ensuite ayant retourné le livre du côté du miroir, je cherchai à lire par cette même lumière réfléchie, et je fis intercepter par un paravent la partie de la lumière directe qui ne tombait pas sur le miroir, afin de n'avoir sur mon livre que la lumière réfléchie. Il fallut approcher la bougie, ce qu'on fit peu à peu, jusqu'à ce que je pusse lire les mêmes caractères éclairés par la lumière réfléchie ; et alors la distance du livre à la bougie, y compris celle du livre au miroir, qui n'était que d'un demi-pied, se trouva être en tout de quinze pieds ; je répétai cela plusieurs fois, et j'eus toujours les mêmes résultats à très-peu près : d'où je conclus que la force ou la quantité de la lumière directe est à celle de la lumière réfléchie comme 576 à 225 : ainsi l'effet de la lumière de cinq bougies reçues par une glace plane est à peu près égal à celui de la lumière directe de deux bougies.

La lumière des bougies perd donc plus par la réflexion que la lumière du soleil ; et cette différence vient de ce que les rayons de lumière qui partent de la bougie comme d'un centre tombent plus obliquement sur le miroir que les rayons du soleil, qui viennent presque parallèlement. Cette expérience confirma donc ce que j'avais trouvé d'abord, et je tins pour sûr que la lumière du soleil ne perd qu'environ moitié par sa réflexion sur une glace de miroir.

Ces premières connaissances dont j'avais besoin étant acquises, je cherchai ensuite ce que deviennent en effet les images du soleil lorsqu'on les reçoit à de grandes distances. Pour bien entendre ce que je vais dire, il ne faut pas, comme on le fait ordinairement, considérer les rayons du soleil comme parallèles ; et il faut se souvenir que le corps du soleil occupe à nos yeux une étendue d'environ 32 minutes ; que par conséquent les rayons qui partent du bord supérieur du disque, venant à tomber sur un point d'une surface réfléchissante, les rayons qui partent du bord inférieur, venant à tomber aussi sur le même point de cette surface, ils forment entre eux un angle de 32 minutes dans l'incidence et ensuite dans la réflexion, et que par conséquent l'image doit augmenter de grandeur à mesure qu'elle s'éloigne. Il faut de plus faire attention à la figure de ces images : par exemple, une glace plane carrée d'un demi-pied, exposée aux rayons du soleil, formera une image carrée de six pouces lorsqu'on recevra cette image à une petite distance de la glace, comme de quelques pieds ; en s'éloignant peu à peu, on voit l'image augmenter, ensuite se déformer, enfin s'arrondir et demeurer ronde, toujours en s'agrandissant à mesure qu'elle s'éloigne du miroir. Cette image est composée d'autant de disques du soleil qu'il y a de points physiques dans la surface réfléchissante ; le point du milieu forme une image du disque ; les points voisins en forment de semblables et de même grandeur qui excèdent un peu le disque du milieu ; il en est de même de tous les autres points, et l'image est composée d'une infinité de disques, qui se surmontant régulièrement , et anticipant circulairement les uns sur les autres, forment l'image réfléchie dont le point du milieu de la glace est le centre.

Si l'on reçoit l'image composée de tous ces disques à une petite distance, alors l'étendue qu'ils occupent n'étant qu'un peu plus grande que celle de la glace, cette image est de la même figure et à peu près de la même étendue que la glace : si la glace est carrée, l'image est carrée ; si la glace est triangulaire, l'image est triangulaire ; mais lorsqu'on reçoit l'image à une grande distance de la glace, où l'étendue qu'occupent les disques est beaucoup plus grande que celle de la glace, l'image ne conserve plus la figure carrée ou triangulaire de la glace, elle devient nécessairement circulaire ; et, pour trouver le point de distance où l'image perd sa figure carrée, il n'y a qu'à chercher à quelle distance la glace nous paraît sous un angle égal à celui que forme le corps du soleil à nos yeux , c'est-à-dire sous un angle de 32 minutes, cette distance sera celle où l'image perdra sa figure carrée, et deviendra ronde ; car les disques ayant toujours pour diamètre une ligne égale à la corde de l'arc de cercle qui mesure un angle de 32 minutes, on trouvera par cette règle qu'une glace carrée de six pouces perd sa figure carrée à la distance d'environ 60 pieds, et qu'une glace d'un pied en carré ne la perd qu'à 120 pieds environ, et ainsi des autres.

En réfléchissant un peu sur cette théorie, on ne sera plus étonné de voir qu'à de très-grandes distances, une grande et une petite glace donnent à peu près une image de la même grandeur, et qui ne diffère que par l'intensité de la lumière ; on ne sera plus surpris qu'une glace ronde, ou carrée, ou longue, ou triangulaire, ou de telle autre figure que l'on voudra[a], donne toujours des images rondes, et on verra clairement que les images ne s'agrandissent et ne s'affaiblissent pas par la dispersion de la lumière ou par la perte qu'elle fait en traversant l'air, comme l'ont cru quelques physiciens, et que cela n'arrive au contraire que par l'augmentation des disques, qui occupent toujours un espace de 32 minutes, à quelque éloignement qu'on les porte.

De même on sera convaincu, par la simple exposition de cette théorie, que les courbes, de quelque espèce qu'elles soient, ne peuvent être employées avec avantage pour brûler de loin, parce que le diamètre du foyer de toutes les courbes ne peut jamais être plus petit que la corde de l'arc qui mesure un angle de 32 minutes, et que par conséquent le miroir con-

---

a. C'est par cette même raison que les petites images du soleil qui passent entre les feuilles des arbres élevés et touffus, qui tombent sur le sable d'une allée , sont toutes ovales ou rondes.

cave le plus parfait dont le diamètre serait égal à cette corde ne ferait jamais le double de l'effet de ce miroir plan de même surface *a*; et si le diamètre de ce miroir courbe était plus petit que cette corde, il ne ferait guère plus d'effet qu'un miroir plan de même surface.

Lorsque j'eus bien compris ce que je viens d'exposer, je me persuadai bientôt, à n'en pouvoir douter, qu'Archimède n'avait pu brûler de loin qu'avec des miroirs plans; car, indépendamment de l'impossibilité où l'on était alors et où l'on serait encore aujourd'hui d'exécuter des miroirs concaves d'un aussi long foyer, je sentis bien que les réflexions que je viens de faire ne pouvaient pas avoir échappé à ce grand mathématicien. D'ailleurs je pensai que, selon toutes les apparences, les anciens ne savaient pas faire de grandes masses de verre, qu'ils ignoraient l'art de le couler pour en faire de grandes glaces, qu'ils n'avaient tout au plus que celui de le souffler et d'en faire des bouteilles et des vases; et je me persuadai aisément que c'était avec des miroirs plans de métal poli et par la réflexion des rayons du soleil qu'Archimède avait brûlé au loin; mais comme j'avais reconnu que les miroirs de glace réfléchissent plus puissamment la lumière que les miroirs du métal le plus poli, je pensai à faire construire une machine pour faire coïncider au même point les images réfléchies par un grand nombre de ces glaces planes, bien convaincu que ce moyen était le seul par lequel il fût possible de réussir.

Cependant j'avais encore des doutes, et qui me paraissaient même très-bien fondés, car voici comment je raisonnais. Supposons que la distance à laquelle je veux brûler soit de 240 pieds, je vois clairement que le foyer de mon miroir ne peut avoir moins de deux pieds de diamètre à cette distance; dès lors quelle sera l'étendue que je serai obligé de donner à mon assemblage de miroirs plans pour produire du feu dans un aussi grand foyer? Elle pouvait être si grande que la chose eût été impraticable dans l'exécution; car en comparant le diamètre du foyer au diamètre du miroir, dans les meilleurs miroirs par réflexion que nous ayons, par exemple avec le miroir de l'Académie, j'avais observé que le diamètre de ce miroir, qui est de trois pieds, était cent huit fois plus grand que le diamètre de son foyer, qui n'a qu'environ quatre lignes, et j'en concluais que, pour brûler aussi vivement à 240 pieds, il eût été nécessaire que mon assemblage de miroirs eût eu 216 pieds de diamètre, puisque le foyer aurait deux pieds, or, un miroir de 216 pieds de diamètre était assurément une chose impossible.

A la vérité, ce miroir de trois pieds de diamètre brûle assez vivement pour fondre l'or, et je voulus voir combien j'avais à gagner en réduisant son action à n'enflammer que du bois : pour cela, j'appliquai sur le miroir

---

a. Si l'on se donne la peine de le supputer, on trouvera que le miroir courbe le plus parfait n'a d'avantage sur un miroir plan que dans la raison de 17 à 10, du moins à très-peu près.

des zones circulaires de papier pour en diminuer le diamètre, et je trouvai qu'il n'avait plus assez de force pour enflammer du bois sec lorsque son diamètre fut réduit à quatre pouces huit ou neuf lignes : prenant donc cinq pouces ou soixante lignes pour l'étendue du diamètre nécessaire pour brûler avec un foyer de quatre lignes, je ne pouvais me dispenser de conclure que, pour brûler également à 240 pieds, où le foyer aurait nécessairement deux pieds de diamètre, il me faudrait un miroir de trente pieds de diamètre ; ce qui me paraissait encore une chose impossible, ou du moins impraticable.

A des raisons si positives, et que d'autres auraient regardées comme des démonstrations de l'impossibilité du miroir, je n'avais rien à opposer qu'un soupçon, mais un soupçon ancien, et sur lequel plus j'avais réfléchi, plus je m'étais persuadé qu'il n'était pas sans fondement : c'est que les effets de la chaleur pouvaient bien n'être pas proportionnels à la quantité de lumière, ou, ce qui revient au même, qu'à égale intensité de lumière, les grands foyers devaient brûler plus vivement que les petits.

En estimant la chaleur mathématiquement, il n'est pas douteux que la force des foyers de même longueur ne soit proportionnelle à la surface des miroirs. Un miroir dont la surface est double de celle d'un autre doit avoir un foyer de la même grandeur, si la courbure est la même ; et ce foyer de même grandeur doit contenir le double de la quantité de lumière que contient le premier foyer ; et dans la supposition que les effets sont toujours proportionnels à leurs causes, on avait toujours cru que la chaleur de ce second foyer devait être double de celle du premier.

De même, et par la même estimation mathématique, on a toujours cru qu'à égale intensité de lumière un petit foyer devait brûler autant qu'un grand, et que l'effet de la chaleur devait être proportionnel à cette intensité de lumière ; *en sorte,* disait Descartes, *qu'on peut faire des verres ou des miroirs extrêmement petits qui brûleront avec autant de violence que les plus grands.* Je pensai d'abord, comme je l'ai dit ci-dessus, que cette conclusion, tirée de la théorie mathématique, pourrait bien se trouver fausse dans la pratique, parce que la chaleur étant une qualité physique de l'action et de la propagation de laquelle nous ne connaissons pas bien les lois, il me semblait qu'il y avait quelque espèce de témérité à en estimer ainsi les effets par un raisonnement de simple spéculation.

J'eus donc recours encore une fois à l'expérience : je pris des miroirs de métal de différents foyers et de différents degrés de poliment ; et en comparant l'action des différents foyers sur les mêmes matières fusibles ou combustibles, je trouvai qu'à égale intensité de lumière les grands foyers font constamment beaucoup plus d'effet que les petits, et produisent souvent l'inflammation ou la fusion, tandis que les petits ne produisent qu'une chaleur médiocre ; je trouvai la même chose avec les miroirs par réfraction.

Pour le faire mieux sentir, prenons, par exemple, un grand miroir ardent par réfraction, tel que celui du sieur Segard, qui a 32 pouces de diamètre et un foyer de 8 lignes de largeur à 6 pieds de distance, auquel foyer le cuivre se fond en moins d'une minute, et faisons dans les mêmes proportions un petit verre ardent de 32 lignes de diamètre, dont le foyer sera de $\frac{8}{12}$ ou $\frac{2}{3}$ de ligne, et la distance à 6 pouces : puisque le grand miroir fond le cuivre en une minute dans l'étendue entière de son foyer, qui est de 8 lignes, le petit verre devrait, selon la théorie, fondre dans le même temps la même matière dans l'étendue de son foyer, qui est de $\frac{2}{3}$ de ligne. Ayant fait l'expérience, j'ai trouvé, comme je m'y attendais bien ; que, loin de fondre le cuivre, ce petit verre ardent pouvait à peine donner un peu de chaleur à cette matière.

... La raison de cette différence est aisée à donner, si l'on fait attention que la chaleur se communique de proche en proche et se disperse, pour ainsi dire, lors même qu'elle est appliquée continuellement sur le même point : par exemple, si l'on fait tomber le foyer d'un verre ardent sur le centre d'un écu, et que ce foyer n'ait qu'une ligne de diamètre, la chaleur qu'il produit sur le centre de l'écu se disperse et s'étend dans le volume entier de l'écu, et il devient chaud jusqu'à la circonférence ; dès lors toute la chaleur, quoique employée d'abord contre le centre de l'écu, ne s'y arrête pas et ne peut pas produire un aussi grand effet que si elle y demeurait tout entière. Mais si, au lieu d'un foyer d'une ligne qui tombe sur le milieu de l'écu, on fait tomber sur l'écu tout entier un foyer d'égale intensité, toutes les parties de l'écu étant également échauffées dans ce dernier cas, non-seulement il n'y a pas de perte de chaleur comme dans le premier, mais même il y a du gain et de l'augmentation de chaleur, car le point du milieu profitant de la chaleur des autres points qui l'environnent, l'écu sera fondu dans ce dernier cas, tandis que dans le premier il ne sera que légèrement échauffé.

Après avoir fait ces expériences et ces réflexions, je sentis augmenter prodigieusement l'espérance que j'avais de réussir à faire des miroirs qui brûleraient au loin ; car je commençai à ne plus craindre autant que je l'avais craint d'abord la grande étendue des foyers ; je me persuadai au contraire qu'un foyer d'une largeur considérable, comme de deux pieds, et dans lequel l'intensité de la lumière ne serait pas à beaucoup près aussi grande que dans un petit foyer, comme de quatre lignes, pourrait cependant produire avec plus de force l'inflammation et l'embrasement, et que par conséquent ce miroir qui, par la théorie mathématique, devait avoir au moins 30 pieds de diamètre, se réduirait sans doute à un miroir de 8 ou 10 pieds tout au plus : ce qui est non-seulement une chose possible, mais même très-praticable.

Je pensai donc sérieusement à exécuter mon projet : d'abord j'avais dessein de brûler à 200 ou 300 pieds avec des glaces circulaires ou hexagones d'un pied carré de surface, et je voulais faire quatre châssis de fer pour les porter, avec trois vis à chacune pour les mouvoir en tout sens, et un ressort pour les assujettir ; mais la dépense trop considérable qu'exigeait cet ajustement me fit abandonner cette idée, et je me rabattis à des glaces communes de 6 pouces sur 8 pouces, et un ajustement en bois qui, à la vérité, est moins solide et moins précis, mais dont la dépense convenait mieux à une tentative. M. Passemant, dont l'habileté dans les mécaniques est connue même de l'Académie, se chargea de ce détail, et je n'en ferai pas la description, parce qu'un coup d'œil sur le miroir en fera mieux entendre la construction qu'un long discours[a].

Il suffira de dire qu'il a d'abord été composé de cent soixante-huit glaces étamées de 6 pouces sur 8 pouces chacune, éloignées les unes des autres d'environ quatre lignes; que chacune de ces glaces se peut mouvoir en tout sens, et indépendamment de toutes[1], et que les quatre lignes d'intervalle qui sont entre elles servent non-seulement à la liberté de ce mouvement, mais aussi à laisser voir à celui qui opère l'endroit où il faut conduire ses images. Au moyen de cette construction l'on peut faire tomber sur le même point les cent soixante-huit images, et par conséquent brûler à plusieurs distances, comme à 20, 30, et jusqu'à 150 pieds, et à toutes les distances intermédiaires; et en augmentant la grandeur du miroir, ou en faisant d'autres miroirs semblables au premier, on est sûr de porter le feu à de plus grandes distances encore, ou d'en augmenter autant qu'on voudra la force ou l'activité à ces premières distances.

Seulement il faut observer que le mouvement dont j'ai parlé n'est point trop aisé à exécuter, et que d'ailleurs il y a un grand choix à faire dans les glaces : elles ne sont pas toutes à beaucoup près également bonnes, quoiqu'elles paraissent telles à la première inspection; j'ai été obligé d'en prendre plus de cinq cents pour avoir les cent soixante-huit dont je me suis servi ; la manière de les essayer est de recevoir à une grande distance, par exemple à 150 pieds, l'image réfléchie du soleil comme un plan vertical ; il faut choisir celles qui donnent une image ronde et bien terminée, et rebuter toutes les autres qui sont en beaucoup plus grand nombre, et dont les épaisseurs étant inégales en différents endroits, ou la surface un peu

---

a. Voyez ci-après les planches VII, VIII et IX, avec l'explication des figures 1, 2, 3, 4, 5, 6 et 7.

1. « Pour avoir des *miroirs ardents* d'un grand volume, et en même temps diminuer la « dépense, plusieurs physiciens ont imaginé d'en composer avec de petits miroirs plans atta« chés dans un châssis concave; mais personne n'a mieux réussi à cet égard que Buffon : celui « qu'il a fait construire est de beaucoup supérieur aux autres par la grandeur des effets et par « l'ordonnance de son exécution. Une des perfections qu'on admire, avec raison, dans ce « miroir, c'est que son foyer peut se porter à différentes distances, chacune des petites glaces « dont il est composé étant mobile, et pouvant se fixer aisément à différents degrés d'inclinai« son, de sorte qu'avec les mêmes glaces on peut, à volonté, faire varier la concavité du « miroir, et par conséquent la distance de son foyer. » (Brisson : *Dict. de physiq.*, t. IV, p. 267.)

concave ou convexe au lieu d'être plane, donnent des images mal terminées, doubles, triples, oblongues, chevelues, etc., suivant les différentes défectuosités qui se trouvent dans les glaces.

Par la première expérience que j'ai faite le 23 mars 1747 à midi, j'ai mis le feu, à 66 pieds de distance, à une planche de hêtre goudronnée, avec quarante glaces seulement, c'est-à-dire avec le quart du miroir environ; mais il faut observer que, n'étant pas encore monté sur son pied, il était posé très-désavantageusement, faisant avec le soleil un angle de près de 20 degrés de déclinaison, et un autre de plus de 10 degrés d'inclinaison.

Le même jour j'ai mis le feu à une planche goudronnée et soufrée, à 126 pieds de distance, avec quatre-vingt-dix-huit glaces, le miroir étant posé encore plus désavantageusement. On sent bien que, pour brûler avec le plus d'avantage, il faut que le miroir soit directement opposé au soleil, aussi bien que les matières qu'on veut enflammer; en sorte qu'en supposant un plan perpendiculaire sur le plan du miroir, il faut qu'il passe par le soleil, et en même temps par le milieu des matières combustibles.

Le 3 avril, à quatre heures du soir, le miroir étant monté et posé sur son pied, on a produit une légère inflammation sur une planche couverte de laine hachée, à 138 pieds de distance, avec cent douze glaces, quoique le soleil fût faible et que la lumière en fût fort pâle. Il faut prendre garde à soi lorsqu'on approche de l'endroit où sont les matières combustibles, et il ne faut pas regarder le miroir, car si malheureusement les yeux se trouvaient au foyer, on serait aveuglé par l'éclat de la lumière.

Le 4 avril, à onze heures du matin, le soleil étant fort pâle et couvert de vapeurs et de nuages légers, on n'a pas laissé de produire, avec cent cinquante-quatre glaces, à 150 pieds de distance, une chaleur si considérable, qu'elle a fait en moins de deux minutes fumer une planche goudronnée qui se serait certainement enflammée, si le soleil n'avait pas disparu tout à coup.

Le lendemain 5 avril, à trois heures après midi, par un soleil encore plus faible que le jour précédent, on a enflammé à 150 pieds de distance, des copeaux de sapin soufrés et mêlés de charbon, en moins d'une minute et demie, avec cent cinquante-quatre glaces. Lorsque le soleil est vif, il ne faut que quelques secondes pour produire l'inflammation.

Le 10 avril après midi, par un soleil assez net, on a mis le feu à une planche de sapin goudronnée, à 150 pieds, avec cent vingt-huit glaces seulement : l'inflammation a été très-subite, et elle s'est faite dans toute l'étendue du foyer qui avait environ 16 pouces de diamètre à cette distance.

Le même jour à deux heures et demie, on a porté le feu sur une planche de hêtre, goudronnée en partie et couverte en quelques endroits de laine hachée ; l'inflammation s'est faite très-promptement, elle a commencé par les parties du bois qui étaient découvertes ; et le feu était si violent, qu'il a fallu tremper dans l'eau la planche pour l'éteindre : il y avait cent quarante-huit glaces, et la distance était de 150 pieds.

Le 11 avril, le foyer n'étant qu'à 20 pieds de distance du miroir, il n'a fallu que douze glaces pour enflammer de petites matières combustibles : avec vingt-une glaces on a mis le feu à une planche de hêtre qui avait déjà été brûlée en partie ; avec quarante-cinq glaces on a fondu un gros flacon d'étain qui pesait environ six livres ; et avec cent dix-sept glaces on a fondu des morceaux d'argent mince, et rougi une plaque de tôle ; et je suis persuadé qu'à 50 pieds on fondra les métaux aussi bien qu'à 20, en employant toutes les glaces du miroir ; et comme le foyer à cette distance est large de six à sept pouces, on pourra faire des épreuves en grand sur les métaux [a], ce qu'il n'était pas possible de faire avec les miroirs ordinaires, dont le foyer est ou très-faible, ou cent fois plus petit que celui de mon miroir. J'ai remarqué que les métaux, et surtout l'argent, fument beaucoup avant de se fondre : la fumée en était si sensible qu'elle faisait ombre sur le terrain ; et c'est là où je l'observai attentivement, car il n'est pas possible de regarder un instant le foyer, lorsqu'il tombe sur du métal : l'éclat en est beaucoup plus vif que celui du soleil.

Les expériences que j'ai rapportées ci-dessus, et qui ont été faites dans les premiers temps de l'invention de ces miroirs, ont été suivies d'un grand nombre d'autres expériences qui confirment les premières. J'ai enflammé du bois jusqu'à 200 et même 210 pieds avec ce même miroir, par le soleil d'été, toutes les fois que le ciel était pur, et je crois pouvoir assurer qu'avec quatre semblables miroirs on brûlerait à 400 pieds et peut-être plus loin. J'ai de même fondu tous les métaux et minéraux métalliques à 25, 30 et 40 pieds. On trouvera, dans la suite de cet article, les usages auxquels on peut appliquer ces miroirs, et les limites qu'on doit assigner à leur puissance pour la calcination, la combustion, la fusion, etc.

a. Par des expériences subséquentes, j'ai reconnu que la distance la plus avantageuse pour faire commodément avec ces miroirs des épreuves sur les métaux était à 40 ou 45 pieds. Les assiettes d'argent que j'ai fondues à cette distance avec deux cent vingt quatre glaces, étaient bien nettes, en sorte qu'il n'était pas possible d'attribuer la fumée très-abondante qui en sortait à la graisse, ou à d'autres matières dont l'argent se serait imbibé, et comme se le persuadaient les gens témoins de l'expérience. Je la répétai néanmoins sur des plaques d'argent toutes neuves et j'eus le même effet. Le métal fumait très-abondamment, quelquefois pendant plus de 8 ou 10 minutes avant de se fondre. J'avais dessein de recueillir cette fumée d'argent par le moyen d'un chapiteau et d'un ajustement semblable à celui dont on se sert dans les distillations, et j'ai toujours eu regret que mes autres occupations m'en aient empêché ; car cette manière de tirer l'eau du métal est peut-être la seule que l'on puisse employer. Et si l'on prétend que cette fumée qui m'a paru humide ne contient pas de l'eau, il serait toujours très-utile de savoir ce que c'est, car il se peut aussi que ce ne soit que du métal volatilisé. D'ailleurs je suis persuadé qu'en faisant les mêmes épreuves sur l'or, on le verra fumer comme l'argent, peut-être moins, peut-être plus.

Il faut environ une demi-heure pour monter le miroir, et pour faire coïncider toutes les images au même point; mais, lorsqu'il est une fois ajusté, on peut s'en servir à toute heure, en tirant seulement un rideau; il mettra le feu aux matières combustibles très-promptement, et on ne doit pas le déranger à moins qu'on ne veuille changer la distance : par exemple, lorsqu'il est arrangé pour brûler à 100 pieds, il faut une demi-heure pour l'ajuster à la distance de 150 pieds, et ainsi des autres.

Ce miroir brûle en haut, en bas et horizontalement, suivant la différente inclinaison qu'on lui donne; les expériences que je viens de rapporter, ont été faites publiquement au Jardin du Roi, sur un terrain horizontal, contre des planches posées verticalement : je crois qu'il n'est pas nécessaire d'avertir qu'il aurait brûlé avec plus de force en haut, et moins de force en bas; et, de même, qu'il est plus avantageux d'incliner le plan des matières combustibles parallèlement au plan du miroir : ce qui fait qu'il a cet avantage de brûler en haut, en bas et horizontalement, sur les miroirs ordinaires de réflexion qui ne brûlent qu'en haut, c'est que son foyer est fort éloigné, et qu'il a si peu de courbure qu'elle est insensible à l'œil; il est large de 7 pieds, et haut de 8 pieds, ce qui ne fait qu'environ la 150ᵉ partie de la circonférence de la sphère, lorsqu'on brûle à 150 pieds.

La raison qui m'a déterminé à préférer des glaces de 6 pouces de largeur sur 8 pouces de hauteur à des glaces carrées de 6 ou 8 pouces, c'est qu'il est beaucoup plus commode de faire les expériences sur un terrain horizontal et de niveau, que de les faire de bas en haut, et qu'avec cette figure plus haute que large, les images étaient plus rondes, au lieu qu'avec des glaces carrées, elles auraient été raccourcies surtout pour les petites distances, dans cette situation horizontale.

Cette découverte nous fournit plusieurs choses utiles pour la physique, et peut-être pour les arts. On sait que ce qui rend les miroirs ordinaires de réflexion presque inutiles pour les expériences, c'est qu'ils brûlent toujours en haut, et qu'on est fort embarrassé de trouver des moyens pour suspendre ou soutenir à leur foyer les matières qu'on veut fondre ou calciner. Au moyen de mon miroir, on fera brûler en bas les miroirs concaves, et avec un avantage si considérable, qu'on aura une chaleur de tel degré qu'on voudra : par exemple, en opposant à mon miroir un miroir concave d'un pied carré de surface, la chaleur que ce dernier miroir produira à son foyer, en employant cent cinquante-quatre glaces, sera plus de douze fois plus grande que celle qu'il produit ordinairement, et l'effet sera le même que s'il existait douze soleils au lieu d'un, ou plutôt que si le soleil avait douze fois plus de chaleur.

Secondement, on aura par le moyen de mon miroir la vraie échelle de l'augmentation de la chaleur, et on fera un thermomètre réel, dont les divisions n'auront plus rien d'arbitraire, depuis la température de l'air jusqu'à tel degré de chaleur qu'on voudra, en faisant tomber une à une successivement les images du soleil les unes sur les autres, et en graduant les intervalles, soit au moyen d'une liqueur expansive, soit au moyen d'une machine de dilatation; et de là nous saurons en effet ce que c'est qu'une augmentation, double, triple, quadruple, etc., de chaleur [a], et nous connaîtrons les matières dont l'expansion ou les autres effets seront les plus convenables pour mesurer les augmentations de chaleur.

Troisièmement, nous saurons au juste combien de fois il faut la chaleur du soleil pour brûler, fondre ou calciner différentes matières, ce qu'on ne savait estimer jusqu'ici que d'une manière vague et fort éloignée de la vérité; et nous serons en état de faire des comparaisons précises de l'activité de nos feux avec celle du soleil, et d'avoir sur cela des rapports exacts, et des mesures fixes et invariables.

Enfin, on sera convaincu lorsqu'on aura examiné la théorie que j'ai donnée, et qu'on aura vu l'effet de mon miroir, que le moyen que j'ai employé était le seul par lequel il fût possible de réussir à brûler au loin : car, indépendamment de la difficulté physique de faire de grands miroirs concaves sphériques, paraboliques, ou d'une autre courbure quelconque assez régulière pour brûler à 150 pieds, on se démontrera aisément à soi-même qu'ils ne produiraient qu'à peu près autant d'effet que le mien, parce que le foyer en serait presque aussi large; que, de plus, ces miroirs courbes, quand même il serait possible de les exécuter, auraient le désavantage très-grand de ne brûler qu'à une seule distance, au lieu que le mien brûle à toutes les distances; et par conséquent on abandonnera le projet de faire, par le moyen des courbes, des miroirs pour brûler au loin, ce qui a occupé inutilement un grand nombre de mathématiciens et d'artistes qui se trompaient toujours parce qu'ils considéraient les rayons du soleil comme parallèles, au lieu qu'il faut les considérer ici tels qu'ils sont, c'est-à-dire comme faisant des angles de toute grandeur, depuis zéro jusqu'à 32 minutes, ce qui fait qu'il est impossible, quelque courbure qu'on donne à un miroir, de rendre le diamètre du foyer plus petit que la corde de l'arc qui mesure cet angle de 32 minutes. Ainsi, quand même on pourrait faire un miroir concave pour brûler à une grande distance, par exemple, à 150 pieds, en le travaillant dans tous ses points sur une sphère de 600 pieds de diamètre, et en employant une masse énorme de verre ou de métal, il est clair qu'on aura à peu près autant d'avantage à n'employer au contraire que de petits miroirs plans.

a. Feu M. de Mairan a fait une épreuve avec trois glaces seulement, et a trouvé que les augmentations du double et du triple de chaleur étaient comme les divisions du thermomètre de Réaumur; mais on ne doit rien conclure de cette expérience, qui n'a donné lieu à ce résultat que par une espèce de hasard. Voyez, sur ce sujet, ce que j'ai dit dans mon *Traité des éléments.*

Au reste, comme tout a des limites, quoique mon miroir soit susceptible d'une plus grande perfection, tant pour l'ajustement que pour plusieurs autres choses, et que je compte bien en faire un autre dont les effets seront supérieurs, cependant il ne faut pas espérer qu'on puisse jamais brûler à dé très-grandes distances; car pour brûler, par exemple, à une demi-lieue, il faudrait un miroir deux mille fois plus grand que le mien; et tout ce qu'on pourra jamais faire, est de brûler à 8 ou 900 pieds tout au plus. Le foyer dont le mouvement correspond toujours à celui du soleil marche d'autant plus vite qu'il est plus éloigné du miroir, et à 900 pieds de distance il ferait un chemin d'environ 6 pieds par minute.

Il n'est pas nécessaire d'avertir qu'on peut faire avec de petits morceaux plats de glace ou de métal des miroirs dont les foyers seront variables, et qui brûleront à de petites distances avec une grande vivacité; et en les montant à peu près comme l'on monte les parasols, il ne faudrait qu'un seul mouvement pour en ajuster le foyer.

Maintenant que j'ai rendu compte de ma découverte et du succès de mes expériences, je dois rendre à Archimède et aux anciens la gloire qui leur est due. Il est certain qu'Archimède a pu faire avec des miroirs de métal ce que je fais avec des miroirs de verre; il est sûr qu'il avait plus de lumières qu'il n'en faut pour imaginer la théorie qui m'a guidé et la mécanique que j'ai fait exécuter, et que par conséquent on ne peut lui refuser le titre du premier inventeur de ces miroirs, que l'occasion où il sut les employer rendit sans doute plus célèbres que le mérite de la chose même [1].

Pendant le temps que je travaillais à ces miroirs, j'ignorais le détail de tout ce qu'en ont dit les anciens; mais, après avoir réussi à les faire, je fus bien aise de m'en instruire. Feu M. Melot, de l'Académie des Belles-Lettres, et l'un des gardes de la Bibliothèque du Roi, dont la grande érudition et les talents étaient connus de tous les savants, eut la bonté de me communiquer une excellente dissertation qu'il avait faite sur ce sujet, dans laquelle il rapporte les témoignages de tous les auteurs qui ont parlé des miroirs ardents d'Archimède : ceux qui en parlent le plus clairement sont Zonaras et Tzetzès, qui vivaient tous deux dans le xiie siècle. Le premier dit qu'Archimède, avec ses miroirs ardents, mit en cendres toute la flotte des Romains : « ce géomètre, dit-il, ayant reçu les rayons du soleil sur un « miroir, à l'aide de ces rayons rassemblés et réfléchis par l'épaisseur et le « poli du miroir, il embrasa l'air, et alluma une grande flamme qu'il lança « tout entière sur les vaisseaux qui mouillaient dans la sphère de son acti« vité, et qui furent tous réduits en cendres. » Le même Zonaras rapporte aussi qu'au siége de Constantinople, sous l'empire d'Anastase, l'an 514 de Jésus-Christ, Proculus brûla, avec des miroirs d'airain, la flotte de Vitalien

---

1. Le *mérite de la chose* n'était pas petit; mais il faut toujours remarquer le ton avec lequel Buffon parle de lui-même.

qui assiégeait Constantinople ; et il ajoute que ces miroirs étaient une découverte ancienne, et que l'historien Dion en donne l'honneur à Archimède qui la fit, et s'en servit contre les Romains lorsque Marcellus fit le siége de Syracuse.

Tzetzès non-seulement rapporte et assure le fait des miroirs, mais même il en explique en quelque façon la construction. « Lorsque les vaisseaux « romains, dit-il, furent à la portée du trait, Archimède fit faire une « espèce de miroir hexagone, et d'autres plus petits de vingt-quatre angles « chacun, qu'il plaça dans une distance proportionnée et qu'on pouvait « mouvoir à l'aide de leurs charnières et de certaines lames de métal ; il « plaça le miroir hexagone de façon qu'il était coupé par le milieu par le « méridien d'hiver et d'été, en sorte que les rayons du soleil reçus sur ce « miroir venant à se briser, allumèrent un grand feu qui réduisit en cen- « dres les vaisseaux romains, quoiqu'ils fussent éloignés de la portée d'un « trait. » Ce passage me paraît assez clair ; il fixe la distance à laquelle Archimède a brûlé : la portée du trait ne peut guère être que de 150 ou 200 pieds ; il donne l'idée de la construction, et fait voir que le miroir d'Archimède pouvait être, comme le mien, composé de plusieurs petits miroirs qui se mouvaient par des mouvements de charnières et de ressorts, et enfin il indique la position du miroir, en disant que le miroir hexagone, autour duquel étaient sans doute les miroirs plus petits, était coupé par le méridien, ce qui veut dire apparemment que le miroir doit être opposé directement au soleil ; d'ailleurs le miroir hexagone était probablement celui dont l'image servait de mire pour ajuster les autres, et cette figure n'est pas tout à fait indifférente, non plus que celle des vingt-quatre angles ou vingt-quatre côtés des petits miroirs. Il est aisé de sentir qu'il y a en effet de l'avantage à donner à ces miroirs une figure polygone d'un grand nombre de côtés égaux, afin que la quantité de lumière soit moins inégale- ment répartie dans l'image réfléchie, et elle sera répartie le moins inégale- ment qu'il est possible, lorsque les miroirs seront circulaires. J'ai bien vu qu'il y avait de la perte à employer des miroirs quadrangulaires, longs de 6 pouces sur 8 pouces ; mais j'ai préféré cette forme parce qu'elle est, comme je l'ai dit, plus avantageuse pour brûler horizontalement.

J'ai aussi trouvé, dans la même dissertation de M. Melot, que le P. Kircher avait écrit qu'Archimède avait pu brûler à une grande distance avec des miroirs plans, et que l'expérience lui avait appris qu'en réunissant de cette façon les images du soleil, on produisait une chaleur considérable au point de réunion.

Enfin, dans les *Mémoires de l'Académie*, année 1726, M. du Fay, dont j'honorerai toujours la mémoire et les talents [1], paraît avoir touché à cette

---

1... *Dont j'honorerai toujours la mémoire et les talents.* C'est Dufay qui avait appelé Buffon

découverte : il dit « qu'ayant reçu l'image du soleil sur un miroir plan d'un
« pied en carré, et l'ayant portée jusqu'à 600 pieds sur un miroir concave
« de 17 pouces de diamètre, elle avait encore la force de brûler des matières
« combustibles au foyer de ce dernier miroir. » Et à la fin de son Mémoire
il dit « que quelques auteurs (il veut sans douter parler du P. Kircher[1]) ont
« proposé de former un miroir d'un très-long foyer par un grand nombre
« de petits miroirs plans, que plusieurs personnes tiendraient à la main,
« et dirigeraient de façon que les images du soleil formées par chacun de
« ces miroirs concourraient en un même point, et que ce serait peut-être la
« façon de réussir la plus sûre et la moins difficile à exécuter. » Un peu de
réflexion sur l'expérience du miroir concave et sur ce projet aurait porté
M. du Fay à la découverte du miroir d'Archimède, qu'il traite cependant de
fable un peu plus haut ; car il me paraît qu'il était tout naturel de conclure
de son expérience que, puisqu'un miroir concave de 17 pouces de diamètre
sur lequel l'image du soleil ne tombait pas tout entière, à beaucoup près,
peut cependant brûler par cette seule partie de l'image du soleil réfléchie à
600 pieds, dans un foyer que je suppose large de 3 lignes, onze cent cinquante-six miroirs plans, semblables au premier miroir réfléchissant, doivent à plus forte raison brûler directement à cette distance de 600 pieds,
et que par conséquent deux cent quatre-vingt-neuf miroirs plans auraient
été plus que suffisants pour brûler à 300 pieds, en réunissant les deux
cent quatre-vingt-neuf images ; mais, en fait de découverte, le dernier pas,
quoique souvent le plus facile, est cependant celui qu'on fait le plus rarement.

Mon Mémoire, tel qu'on vient de le lire, a été imprimé dans le volume
de l'*Académie des Sciences*, année 1747, sous le titre : *Invention des miroirs
pour brûler à une grande distance.* Feu M. Bouguer, et quelques autres
membres de cette savante compagnie, m'ayant fait quelques objections,
tirées principalement de la doctrine de Descartes, dans son *Traité de Dioptrique*, je crus devoir y répondre par le Mémoire suivant, qui fut lu à
l'Académie la même année, mais que je ne fis pas imprimer par ménage-
ment pour mes adversaires en opinion. Cependant, comme il contient
plusieurs choses utiles, et qu'il pourra servir de préservatif contre les
erreurs contenues dans quelques livres d'optique, surtout dans celui de la
dioptrique de Descartes, que d'ailleurs il sert d'explication et de suite au
Mémoire précédent, j'ai jugé à propos de les joindre ici et de les publier
ensemble.

---

au Jardin du Roi. — « Il fit son testament, dit Fontenelle ;..... et le choix de M. de Buffon,
« qu'il proposait, était si bon que le Roi n'en a pas voulu faire d'autre. » (*Éloge de Dufay*)
1. « C'est le P. Kircher qui a imaginé de substituer à un miroir courbe un assemblage de
« miroirs plans, disposés de manière à déterminer la réunion des faisceaux lumineux en un
« même point. » (Despretz : *Trait. de physiq.*, 1836, p. 613.)

ARTICLE SECOND.

RÉFLEXIONS SUR LE JUGEMENT DE DESCARTES AU SUJET DES MIROIRS D'ARCHIMÈDE, AVEC LE DÉVELOPPEMENT DE LA THÉORIE DE CES MIROIRS ET L'EXPLICATION DE LEURS PRINCIPAUX USAGES.

La *Dioptrique* de Descartes, cet ouvrage qu'il a donné comme le premier et le principal essai de sa méthode de raisonner dans les sciences, doit être regardée comme un chef-d'œuvre pour son temps; mais les plus belles spéculations sont souvent démenties par l'expérience, et tous les jours les sublimes mathématiques sont obligées de se plier sous de nouveaux faits; car, dans l'application qu'on en fait aux plus petites parties de la physique, on doit se défier de toutes les circonstances, et ne pas se confier assez aux choses qu'on croit savoir pour prononcer affirmativement sur celles qui sont inconnues[1]. Ce défaut n'est cependant que trop ordinaire, et j'ai cru que je ferais quelque chose d'utile pour ceux qui veulent s'occuper d'optique que de leur exposer ce qui manquait à Descartes pour pouvoir donner une théorie de cette science qui fût susceptible d'être réduite en pratique.

Son *Traité de Dioptrique* est divisé en dix Discours. Dans le premier, notre philosophe parle de la lumière; et comme il ignorait son mouvement progressif, qui n'a été découvert que quelque temps après par Roëmer, il faut modifier tout ce qu'il dit à cet égard, et on ne doit adopter aucune des explications qu'il donne au sujet de la nature et de la propagation de la lumière, non plus que les comparaisons et les hypothèses qu'il emploie pour tâcher d'expliquer les causes et les effets de la vision. On sait actuellement que la lumière est environ 7 minutes $\frac{1}{2}$ à venir du soleil jusqu'à nous[2], que cette émission du corps lumineux se renouvelle à chaque instant, et que ce n'est pas par la pression continue et par l'action, ou plutôt l'ébranlement instantané d'une matière subtile que ses effets s'opèrent : ainsi toutes les parties de ce Traité, où l'auteur emploie cette théorie, sont plus que suspectes, et les conséquences ne peuvent être qu'erronées.

Il en est de même de l'explication que Descartes donne de la réfraction : non-seulement sa théorie est hypothétique pour la cause, mais la pratique est contraire dans tous les effets. Les mouvements d'une balle qui traverse de l'eau sont très-différents de ceux de la lumière qui traverse le même milieu; et s'il eût comparé ce qui arrive en effet à une balle, avec ce qui

---

1. Critique très-fine, mais en même temps très-juste, de la *méthode* du grand Descartes en physique : il se *confie trop* aux choses qu'il *croit savoir*, et *prononce trop affirmativement* sur celles qui lui *sont inconnues*.

2. Voyez la note de la page 66 du Ier volume.

arrive à la lumière, il en aurait tiré des conséquences tout à fait opposées à celles qu'il a tirées.

Et pour ne pas omettre une chose très-essentielle, et qui pourrait induire en erreur, il faut bien se garder, en lisant cet article, de croire avec notre philosophe, que le mouvement rectiligne peut se changer naturellement en un mouvement circulaire : cette assertion est fausse, et le contraire est démontré depuis que l'on connaît les lois du mouvement.

Comme le second Discours roule en grande partie sur cette théorie hypothétique de la réfraction, je me dispenserai de parler en détail des erreurs qui en sont les conséquences : un lecteur averti ne peut manquer de les remarquer.

Dans les troisième, quatrième et cinquième Discours, il est question de la vision, et l'explication que Descartes donne au sujet des images qui se forment au fond de l'œil est assez juste; mais ce qu'il dit sur les couleurs ne peut pas se soutenir, ni même s'entendre : car comment concevoir qu'une certaine proportion entre le mouvement rectiligne et un prétendu mouvement circulaire puisse produire des couleurs? Cette partie a été, comme l'on sait, traitée à fond et d'une manière démonstrative par Newton, et l'expérience a fait voir l'insuffisance de tous les systèmes précédents.

Je ne dirai rien du sixième Discours, où il tâche d'expliquer comment se font nos sensations : quelque ingénieuses que soient ses hypothèses, il est aisé de sentir qu'elles sont gratuites; et comme il n'y a presque rien de mathématique dans cette partie, il est inutile de nous y arrêter.

Dans le septième et le huitième Discours, Descartes donne une belle théorie géométrique sur les formes que doivent avoir les verres pour produire les effets qui peuvent servir à la perfection de la vision, et, après avoir examiné ce qui arrive aux rayons qui traversent ces verres de différentes formes, il conclut que les verres elliptiques et hyperboliques sont les meilleurs de tous pour rassembler les rayons; et il finit par donner, dans le neuvième Discours, la manière de construire les lunettes de longue vue, et, dans le dixième et dernier Discours, celle de tailler les verres.

Cette partie de l'ouvrage de Descartes, qui est proprement la seule partie mathématique de son Traité, est plus fondée et beaucoup mieux raisonnée que les précédentes; cependant on n'a point appliqué sa théorie à la pratique, on n'a pas taillé des verres elliptiques ou hyperboliques, et l'on a oublié ces fameuses ovales qui font le principal objet du second livre de sa géométrie : la différente réfrangibilité des rayons, qui était inconnue à Descartes, n'a pas été découverte que cette théorie géométrique a été abandonnée. Il est en effet démontré qu'il n'y a pas autant à gagner par le choix de ces formes qu'il y a à perdre par la différente réfrangibilité des rayons, puisque, selon leur différent degré de réfrangibilité, ils se rassemblent plus ou moins près; mais comme l'on est parvenu à faire des lunettes achromatiques, dans lesquelles on compense la différente réfrangibilité des rayons par des verres de différente densité, il serait très-utile aujourd'hui de tailler des verres hyperboliques ou elliptiques, si l'on veut donner aux lunettes achromatiques toute la perfection dont elles sont susceptibles.

Après ce que je viens d'exposer, il me semble que l'on ne devrait pas être surpris que Descartes eût mal prononcé au sujet des miroirs d'Archimède, puisqu'il ignorait un si grand nombre de choses qu'on a découvertes depuis ; mais comme c'est ici le point particulier que je veux examiner, il faut rapporter ce qu'il en a dit, afin qu'on soit plus en état d'en juger.

« Vous pouvez aussi remarquer, par occasion, que les rayons du soleil,
« ramassés par le verre elliptique, doivent brûler avec plus de force qu'é-
« tant rassemblés par l'hyperbolique, car il ne faut pas seulement prendre
« garde aux rayons qui viennent du centre du soleil, mais aussi à tous les
« autres qui, venant des autres points de la superficie, n'ont pas sensible-
« ment moins de force que ceux du centre ; en sorte que la violence de la
« chaleur qu'ils peuvent causer se doit mesurer par la grandeur du corps
« qui les assemble, comparée avec celle de l'espace où il les assemble . . . .
« sans que la grandeur du diamètre de ce corps y puisse rien ajouter, ni
« sa figure particulière, qu'environ un quart ou un tiers tout au plus ; il
« est certain que cette ligne brûlante à l'infini, que quelques-uns ont ima-
« ginée, n'est qu'une rêverie. »

Jusqu'ici il n'est question que de verres brûlants par réfraction, mais ce raisonnement doit s'appliquer de même aux miroirs par réflexion, et avant que de faire voir que l'auteur n'a pas tiré de cette théorie les conséquences qu'il devait en tirer, il est bon de lui répondre d'abord par l'expérience. Cette ligne brûlante à l'infini, qu'il regarde comme une rêverie, pourrait s'exécuter par des miroirs de réflexion semblables au mien, non pas à une distance infinie, parce qne l'homme ne peut rien faire d'infini, mais à une distance indéfinie assez considérable. Car supposons que mon miroir au lieu d'être composé de deux cent vingt-quatre petites glaces, fût composé de deux mille, ce qui est possible ; il n'en faut que vingt pour brûler à 20 pieds, et le foyer étant comme une colonne de lumière, ces vingt glaces brûlent en même temps à 17 et à 23 pieds : avec vingt-cinq autres glaces, je ferai un foyer qui brûlera depuis 23 jusqu'à 30 ; avec vingt-neuf glaces, un foyer qui brûlera depuis 30 jusqu'à 40 ; avec trente-quatre glaces, un foyer qui brûlera depuis 40 jusqu'à 52 ; avec quarante glaces, depuis 52 jusqu'à 64 ; avec cinquante glaces, depuis 64 jusqu'à 76 ; avec soixante glaces, depuis 76 jusqu'à 88 ; avec soixante-dix glaces, depuis 88 jusqu'à 100 pieds. Voilà donc déjà une ligne brûlante, depuis 17 jusqu'à 100 pieds, où je n'aurai employé que trois cent vingt-huit glaces ; et, pour la continuer, il n'y a qu'à faire d'abord un foyer de quatre-vingts glaces, il brûlera depuis 100 pieds jusqu'à 116 ; et quatre-vingt-douze glaces, depuis 116 jusqu'à 134 pieds ; et cent huit glaces, depuis 134 jusqu'à 150 ; et cent vingt-quatre glaces, depuis 150 jusqu'à 170 ; et cent cinquante-quatre glaces, depuis 170 jusqu'à 200 pieds : ainsi voilà ma ligne brûlante prolongée de 100 pieds, en sorte que depuis 17 pieds jusqu'à 200 pieds, en quelque endroit de cette distance qu'on puisse mettre un corps combustible, il sera brûlé ; et, pour cela, il ne faut en tout que huit cent quatre-vingt-six glaces de six pouces ; et en employant le reste des deux mille glaces, je prolongerai de même la ligne brûlante jusqu'à 3 et 400 pieds ; et avec un plus grand nombre de glaces, par exemple, avec quatre mille, je la prolongerai beaucoup plus loin, à une distance indéfinie. Or, tout ce qui dans la pratique est indéfini, peut être regardé comme infini dans la théorie : donc notre célèbre philosophe a eu tort de dire que cette ligne brûlante à l'infini n'était qu'une rêverie.

Maintenant, venons à la théorie. Rien n'est plus vrai que ce que dit ici Descartes au sujet de la réunion des rayons du soleil, qui ne se fait pas dans un point, mais dans un espace ou foyer dont le diamètre augmente à proportion de la distance. Mais ce grand philosophe n'a pas senti l'étendue de ce principe qu'il ne donne que comme une remarque ; car, s'il y eût fait attention, il n'aurait pas considéré dans tout le reste de son ouvrage les rayons du soleil comme parallèles, il n'aurait pas établi comme le fondement de la théorie de sa construction des lunettes, la réunion des rayons dans un point, et il se serait bien gardé de dire affirmativement (p. 131) : « Nous pourrons, par cette invention, voir des objets aussi particuliers et « aussi petits dans les astres, que ceux que nous voyons communément « sur la terre. » Cette assertion ne pouvait être vraie qu'en supposant le parallélisme des rayons et leur réunion en un seul point, et par conséquent elle est opposée à sa propre théorie, ou plutôt il n'a pas employé la théorie comme il le fallait ; et en effet, s'il n'eût pas perdu de vue cette remarque, il eût supprimé les deux derniers livres de sa *Dioptrique;* car il aurait vu que, quand même les ouvriers eussent pu tailler les verres comme il l'exigeait, ces verres n'auraient pas produit les effets qu'il leur a supposés, de nous faire distinguer les plus petits objets dans les astres ; à moins qu'il n'eût en même temps supposé dans ces objets une intensité de lumière infinie, ou, ce qui revient au même, qu'ils eussent, malgré leur éloignement, pu former un angle sensible à nos yeux.

Comme ce point d'optique n'a jamais été bien éclairci, j'entrerai dans quelque détail à cet égard. On peut démontrer que deux objets également lumineux et dont les diamètres sont différents, ou bien que deux objets dont les diamètres sont égaux et dont l'intensité de lumière est différente, doivent être observés avec des lunettes différentes ; que, pour observer avec le plus grand avantage possible, il faudrait des lunettes différentes pour chaque planète ; que, par exemple, Vénus, qui nous paraît bien plus petite que la lune, et dont je suppose pour un instant la lumière égale à celle de la lune, doit être observée avec une lunette d'un plus long foyer que la lune ; et que la perfection des lunettes, pour en tirer le plus grand avantage possible, dépend d'une combinaison qu'il faut faire, non-seulement entre les diamètres et les courbures des verres, comme Descartes l'a fait, mais encore entre ces mêmes diamètres et l'intensité de la lumière de l'objet qu'on observe. Cette intensité de la lumière de chaque objet est un élément que les auteurs qui ont écrit sur l'optique n'ont jamais employé, et cependant il fait plus que l'augmentation de l'angle sous lequel un objet doit nous paraître, en vertu de la courbure des verres. Il en est de même d'une chose qui semble être un paradoxe, c'est que les miroirs ardents, soit par réflexion, soit par réfraction, feraient un effet toujours égal, à quelque distance qu'on les mît du soleil. Par exemple, mon miroir, brûlant à 150 pieds du bois sur la terre, brûlerait de même à 150 pieds et avec autant de force du bois dans Saturne, où cependant la chaleur du soleil est environ cent fois moindre que sur la terre. Je crois que les bons esprits sentiront bien, sans autre démonstration, la vérité de ces deux propositions, quoique toutes deux nouvelles et singulières.

Mais pour ne pas m'écarter du sujet que je me suis proposé, et pour démontrer que Descartes n'ayant pas la théorie qui est nécessaire pour construire des miroirs d'Archimède, il n'était pas en état de prononcer qu'ils étaient impossibles, je vais faire sentir, autant que je le pourrai, en quoi consistait la difficulté de cette invention.

Si le soleil, au lieu d'occuper à nos yeux un espace de 32 minutes de degré, était réduit en un point, alors il est certain que ce point de lumière, réfléchie par un point d'une surface polie, produirait à toutes les distances une lumière et une chaleur égales, parce que l'interposition de l'air ne fait rien ou presque rien ici ; que par conséquent un miroir dont la surface serait égale à celle d'un autre brûlerait à dix lieues à peu près aussi bien que le premier brûlerait à 10 pieds, s'il était possible de le travailler sur une sphère de quarante lieues, comme on peut travailler l'autre sur une sphère de 40 pieds, parce que chaque point de la surface du miroir réfléchissant le point lumineux auquel nous avons réduit le disque du soleil, on aurait, en variant la courbure des miroirs, une égale chaleur ou une égale lumière à toutes les distances, sans changer leurs diamètres : ainsi, pour brûler à une grande distance, dans ce cas il faudrait en effet un miroir très-exactement travaillé sur une sphère, ou une hyperboloïde proportionnée à la distance, ou bien un miroir brisé en une infinité de points physiques plans, qu'il faudrait faire coïncider au même point ; mais le disque du soleil occupant un espace de 32 minutes de degré, il est clair que le

même miroir sphérique ou hyperbolique, ou d'une autre figure quelconque,
ne peut jamais, en vertu de cette figure, réduire l'image du soleil en un
espace plus petit que de 32 minutes ; que dès lors l'image augmentera toujours à mesure qu'on s'éloignera ; que, de plus, chaque point de la surface
nous donnera une image d'une même largeur, par exemple d'un demi-pied
à 60 pieds. Or, comme il est nécessaire, pour produire tout l'effet possible,
que toutes ces images coïncident dans cet espace d'un demi-pied , alors, au
lieu de briser le miroir en une infinité de parties, il est évident qu'il est à
peu près égal et beaucoup plus commode de ne le briser qu'en un petit
nombre de parties planes d'un demi-pied de diamètre chacune, parce que
chaque petit miroir plan d'un demi-pied donnera une image d'environ un
demi-pied , qui sera à peu près aussi lumineuse qu'une pareille surface
d'un demi-pied , prise dans le miroir sphérique ou hyperbolique.

La théorie de mon miroir ne consiste donc pas , comme on l'a dit ici , à
avoir trouvé l'art d'inscrire aisément des plans dans une surface sphérique
et le moyen de changer à volonté la courbure de cette surface sphérique ;
mais elle suppose cette remarque plus délicate et qui n'avait jamais été
faite, c'est qu'il y a presque autant d'avantage à se servir de miroirs plans
que de miroirs de toute autre figure, dès qu'on veut brûler à une certaine
distance, et que la grandeur du miroir plan est déterminée par la grandeur
de l'image à cette distance, en sorte qu'à la distance de 60 pieds, où
l'image du soleil a environ un demi-pied de diamètre, on brûlera à peu
près aussi bien avec des miroirs plans d'un demi-pied qu'avec des miroirs
hyperboliques les mieux travaillés , pourvu qu'ils n'aient que la même
grandeur. De même, avec des miroirs plans d'un pouce et demi, on brûlera à 15 pieds à peu près avec autant de force qu'avec un miroir exactement travaillé dans toutes ses parties , et, pour le dire en un mot, un
miroir à facettes plates produira à peu près autant d'effet qu'un miroir
travaillé avec la dernière exactitude dans toutes ses parties, pourvu que la
grandeur de chaque facette soit égale à la grandeur de l'image du soleil ;
et c'est par cette raison qu'il y a une certaine proportion entre la grandeur
des miroirs plans et les distances, et que, pour brûler plus loin, on peut
employer, même avec avantage, de plus grandes glaces dans mon miroir
que pour brûler plus près.

Car, si cela n'était pas, on sent bien qu'en réduisant, par exemple , mes
glaces de six pouces à trois pouces, et employant quatre fois autant de ces
glaces que des premières, ce qui revient au même pour l'étendue de la
surface du miroir, j'aurais eu quatre fois plus d'effet, et que plus les glaces
seraient petites, et plus le miroir produirait d'effet ; et c'est à ceci que se serait
réduit l'art de quelqu'un qui aurait seulement tenté d'inscrire une surface
polygone dans une sphère, et qui aurait imaginé l'ajustement dont je me
suis servi pour faire changer à volonté la courbure de cette surface : il

aurait fait les glaces les plus petites qu'il aurait été possible; mais le fond et la théorie de la chose est d'avoir reconnu qu'il n'était pas seulement question d'inscrire une surface polygone dans une sphère avec exactitude, et d'en faire varier la courbure à volonté, mais encore que chaque partie de cette surface devait avoir une certaine grandeur déterminée pour produire aisément un grand effet, ce qui fait un problème fort différent, et dont la solution m'a fait voir qu'au lieu de travailler ou de briser un miroir dans toutes ses parties pour faire coïncider les images au même endroit, il suffisait de le briser ou de le travailler à facettes planes en grandes portions égales à la grandeur de l'image, et qu'il y avait peu à gagner en le brisant en de trop petites parties, ou, ce qui est la même chose, en le travaillant exactement dans tous ses points. C'est pour cela que j'ai dit, dans mon Mémoire, que, pour brûler à de grandes distances, il fallait imaginer quelque chose de nouveau et tout à fait indépendant de ce qu'on avait pensé et pratiqué jusqu'ici; et ayant supputé géométriquement la différence, j'ai trouvé qu'un miroir parfait, de quelque courbure qu'il puisse être, n'aura jamais plus d'avantage sur le mien que de 17 à 10, et qu'en même temps l'exécution en serait impossible pour ne brûler même qu'à une petite distance, comme de 25 ou 30 pieds. Mais revenons aux assertions de Descartes.

Il dit ensuite « qu'ayant deux verres ou miroirs ardents, dont l'un soit « beaucoup plus grand que l'autre, de quelque façon qu'ils puissent être, « pourvu que leurs figures soient toutes pareilles, le plus grand doit bien « ramasser les rayons du soleil en un plus grand espace et plus loin de soi « que le plus petit, mais que ces rayons ne doivent point avoir plus de force « en chaque partie de cet espace qu'en celui où le plus petit les ramasse, en « sorte qu'on peut faire des verres ou miroirs extrèmement petits, qui brû- « leront avec autant de violence que les plus grands. »

Ceci est absolument contraire aux expériences que j'ai rapportées dans mon Mémoire, où j'ai fait voir qu'à égale intensité de lumière un grand foyer brûle beaucoup plus qu'un petit; et c'est en partie sur cette remarque, tout opposée au sentiment de Descartes, que j'ai fondé la théorie de mes miroirs; car voici ce qui suit de l'opinion de ce philosophe. Prenons un grand miroir ardent, comme celui du sieur Segard, qui a 32 pouces de diamètre et un foyer de 9 lignes de largeur à 6 pieds de distance, auquel foyer le cuivre se fond en une minute, et faisons dans les mêmes proportions un petit miroir ardent de 32 lignes de diamètre, dont le foyer sera de $\frac{9}{12}$ ou de $\frac{3}{4}$ de ligne de diamètre, et la distance de 6 pouces : puisque le grand miroir fond le cuivre en une minute dans l'étendue de son foyer, qui est de 9 lignes, le petit doit, selon Descartes, fondre dans le même temps la même matière dans l'étendue de son foyer, qui est de $\frac{3}{4}$ de ligne; or j'en appelle à l'expérience, et on verra que, bien loin de fondre le cuivre, à peine ce petit verre brûlant pourra-t-il lui donner un peu de chaleur.

Comme ceci est une remarque physique et qui n'a pas peu servi à augmenter mes espérances lorsque je doutais encore si je pourrais produire du feu à une grande distance, je crois devoir communiquer ce que j'ai pensé à ce sujet.

La première chose à laquelle je fis attention, c'est que la chaleur se communique de proche en proche et se disperse, quand même elle est appliquée continuellement sur le même point : par exemple, si on fait tomber le foyer d'un verre ardent sur le centre d'un écu, et que ce foyer n'ait qu'une ligne de diamètre, la chaleur qu'il produit sur le centre de l'écu se disperse et s'étend dans le volume entier de l'écu, et il devient chaud jusqu'à la circonférence ; dès lors toute la chaleur, quoique employée d'abord contre le centre de l'écu, ne s'y arrête pas et ne peut pas produire un aussi grand effet que si elle y demeurait tout entière. Mais si, au lieu d'un foyer d'une ligne qui tombe sur le milieu de l'écu, je fais tomber sur l'écu tout entier un foyer d'égale force au premier, toutes les parties de l'écu étant également échauffées dans ce dernier cas, il n'y a pas de perte de chaleur comme dans le premier, et le point du milieu profitant de la chaleur des autres points autant que ces points profitent de la sienne, l'écu sera fondu par la chaleur dans ce dernier cas, tandis que dans le premier il n'aura été que légèrement échauffé. De là je conclus que toutes les fois qu'on peut faire un grand foyer on est sûr de produire de plus grands effets qu'avec un petit foyer, quoique l'intensité de lumière soit la même dans tous deux ; et qu'un petit miroir ardent ne peut jamais faire autant d'effet qu'un grand ; et même qu'avec une moindre intensité de lumière, un grand miroir doit faire plus d'effet qu'un petit, la figure de ces deux miroirs étant toujours supposée semblable. Ceci, qui, comme l'on voit, est directement opposé à ce que dit Descartes, s'est trouvé confirmé par les expériences rapportées dans mon Mémoire ; mais je ne me suis pas borné à savoir d'une manière générale que les grands foyers agissaient avec plus de force que les petits : j'ai déterminé à très-peu près de combien est cette augmentation de force, et j'ai vu qu'elle était très-considérable, car j'ai trouvé que s'il faut dans un miroir cent quarante-quatre fois la surface d'un foyer de six lignes de diamètre pour brûler, il faut au moins le double, c'est-à-dire deux cent quatre-vingt-huit fois cette surface pour brûler à un foyer de deux lignes ; et qu'à un foyer de 6 pouces il ne faut pas trente fois cette même surface du foyer pour brûler, ce qui fait, comme l'on voit, une prodigieuse différence et sur laquelle j'ai compté lorsque j'ai entrepris de faire mon miroir ; sans cela il y aurait eu de la témérité à l'entreprendre, et il n'aurait pas réussi. Car supposons un instant que je n'eusse pas eu cette connaissance de l'avantage des grands foyers sur les petits, voici comme j'aurais été obligé de raisonner. Puisqu'il faut à un miroir deux cent quatre-vingt-huit fois la surface du foyer pour brûler dans un espace de deux lignes, il faudra de même deux cent quatre-vingt-huit glaces ou miroirs de 6 pouces pour brûler dans un espace de 6 pouces, et dès lors, pour brûler seulement à 100 pieds, il aurait fallu un miroir composé d'environ onze cent cinquante-deux glaces de 6 pouces, ce qui était une grandeur énorme pour un petit effet, et cela était plus que suffisant pour me faire abandonner mon projet; mais connaissant l'avantage considérable des grands foyers sur les petits, qui dans ce cas est de 288 à 30, je sentis qu'avec cent vingt glaces de 6 pouces je brûlerais très-certainement à 100 pieds, et c'est sur cela que j'entrepris avec confiance la construction de mon miroir, qui, comme l'on voit, suppose une théorie tant mathématique que physique, fort différente de ce qu'on pouvait imaginer au premier coup d'œil.

Descartes ne devait donc pas affirmer qu'un petit miroir ardent brûlait aussi violemment qu'un grand.

Il dit ensuite : « Et un miroir ardent dont le diamètre n'est pas plus « grand qu'environ la centième partie de la distance qui est entre lui et le « lieu où il doit rassembler les rayons du soleil, c'est-à-dire qui a même « proportion avec cette distance qu'a le diamètre du soleil avec celle qui « est entre lui et nous, fût-il poli par un ange, ne peut faire que les rayons « qu'il assemble échauffent plus en l'endroit où il les assemble que ceux « qui viennent directement du soleil, ce qui se doit aussi entendre des « verres brûlants à proportion : d'où vous pouvez voir que ceux qui ne « sont qu'à demi savants en l'optique se laissent persuader beaucoup de « choses qui sont impossibles, et que ces miroirs, dont on a dit qu'Archi- « mède brûlait des navires de fort loin, devaient être extrêmement grands, « ou plutôt qu'ils sont fabuleux. »

C'est ici où je bornerai mes réflexions : si notre illustre philosophe eût su que les grands foyers brûlent plus que les petits à égale intensité de lumière, il aurait jugé bien différemment, et il aurait mis une forte restriction à cette conclusion.

Mais, indépendamment de cette connaissance qui lui manquait, son raisonnement n'est point du tout exact; car un miroir ardent dont le diamètre n'est pas plus grand qu'environ la centième partie qui est entre lui et le lieu où il doit rassembler les rayons n'est plus un miroir ardent, puisque le diamètre de l'image est environ égal au diamètre du miroir dans ce cas, et par conséquent il ne peut rassembler les rayons, comme le dit Descartes, qui semble n'avoir pas vu qu'on doit réduire ce cas à celui des miroirs plans. Mais de plus, en n'employant que ce qu'il savait et ce qu'il avait prévu, il est visible que, s'il eût réfléchi sur l'effet de ce prétendu miroir qu'il suppose poli par un ange, et qui ne doit pas rassembler, mais seulement réfléchir la lumière avec autant de force qu'elle en a en venant directement du soleil; il aurait vu qu'il était possible de brûler à de grandes distances, avec un miroir de médiocre grandeur s'il eût pu lui donner la gure convenable, car il aurait trouvé que dans cette hypothèse un miroir de cinq pieds aurait brûlé à plus de deux cents pieds, parce qu'il ne faut pas six fois la chaleur du soleil pour brûler à cette distance; et de même, qu'un miroir de sept pieds aurait brûlé à près de 400 pieds, ce qui ne fait pas des miroirs assez grands pour qu'on puisse les traiter de fabuleux.

Il me reste à observer que Descartes ignorait combien il fallait de fois la lumière du soleil pour brûler; qu'il ne dit pas un mot des miroirs plans; qu'il était fort éloigné de soupçonner la mécanique par laquelle on pouvait les disposer pour brûler au loin, et que par conséquent il a prononcé sans avoir assez de connaissances sur cette matière, et même sans avoir fait assez de réflexions sur ce qu'il en savait.

Au reste, je ne suis pas le premier qui ait fait quelques reproches à Descartes sur ce sujet, quoique j'en aie acquis le droit plus qu'un autre; car, pour ne pas sortir du sein de cette Compagnie [a], je trouve que M. du Fay en a presque dit autant que moi. Voici ses paroles : « Il ne s'agit pas, dit-il, « si un tel miroir qui brûlerait à 600 pieds est possible ou non, mais si, « physiquement parlant, cela peut arriver. Cette opinion a été extrêmement « contredite, et je dois mettre Descartes à la tête de ceux qui l'ont combat- « tue. » Mais quoique M. du Fay regardât la chose comme impossible à exécuter, il n'a pas laissé de sentir que Descartes avait eu tort d'en nier la possibilité dans la théorie. J'avouerai volontiers que Descartes a entrevu ce qui arrive aux images réfléchies ou réfractées à différentes distances, et qu'à cet égard sa théorie est peut-être aussi bonne que celle de M. du Fay, que ce dernier n'a pas développée : mais les inductions qu'il en tire sont trop générales et trop vagues, et les dernières conséquences sont fausses ; car si Descartes eût bien compris toute cette matière, au lieu de traiter le miroir d'Archimède de chose impossible et fabuleuse, voici ce qu'il aurait dû conclure de sa propre théorie. Puisqu'un miroir ardent dont le dia- mètre n'est pas plus grand que la centième partie de la distance qui est entre le lieu où il doit rassembler les rayons du soleil, fût-il poli par un ange, ne peut faire que les rayons qu'il assemble échauffent plus en l'en- droit où il les assemble que ceux qui viennent directement du soleil, ce miroir ardent doit être considéré comme un miroir plan parfaitement poli, et par conséquent, pour brûler à une grande distance, il faut autant de ces miroirs plans qu'il faut de fois la lumière directe du soleil pour brû- ler; en sorte que les miroirs dont on dit qu'Archimède s'est servi pour brûler des vaisseaux de loin, devaient être composés de miroirs plans dont il fallait au moins un nombre égal au nombre de fois qu'il faut la lumière directe du soleil pour brûler : cette conclusion qui eût été la vraie, selon ses principes, est, comme l'on voit, fort différente de celle qu'il a donnée.

a. Académie royale des Sciences.

On est maintenant en état de juger si je n'ai pas traité le célèbre Descartes avec tous les égards que mérite son grand nom, lorsque j'ai dit dans mon Mémoire : « Descartes, né pour juger et même pour surpasser Archimède, « a prononcé contre lui d'un ton de maître : il a nié la possibilité de l'in- « vention, et son opinion a prévalu sur les témoignages et la croyance de « toute l'antiquité. »

Ce que je viens d'exposer suffit pour justifier ces termes que l'on m'a reprochés; et peut-être même sont-ils trop forts, car Archimède était un très-grand génie, et lorsque j'ai dit que Descartes était né pour le juger, et même pour le surpasser, j'ai senti qu'il pouvait bien y avoir un peu de compliment national dans mon expression.

J'aurais encore beaucoup de choses à dire sur cette matière, mais comme ceci est déjà bien long, quoique j'aie fait tous mes efforts pour être court, je me bornerai pour le fond du sujet à ce que je viens d'exposer; mais je ne puis me dispenser de parler encore un moment au sujet de l'historique de la chose, afin de satisfaire, par ce seul Mémoire, à toutes les objections et difficultés qu'on m'a faites.

Je ne prétends pas prononcer affirmativement qu'Archimède se soit servi de pareils miroirs au siége de Syracuse, ni même que ce soit lui qui les ait inventés, et je ne les ai appelés *les miroirs d'Archimède* que parce qu'ils étaient connus sous ce nom depuis plusieurs siècles : les auteurs con-temporains et ceux des temps qui suivent celui d'Archimède, et qui sont parvenus jusqu'à nous, ne font pas mention de ces miroirs. Tite-Live, à qui le merveilleux fait tant de plaisir à raconter, n'en parle pas; Polybe, à l'exactitude de qui les grandes inventions n'auraient pas échappé, puisqu'il entre dans le détail des plus petites, et qu'il décrit très-soigneusement les plus légères circonstances du siége de Syracuse, garde un silence profond au sujet de ces miroirs. Plutarque, ce judicieux et grave auteur, qui a rassemblé un si grand nombre de faits particuliers de la vie d'Archimède, parle aussi peu des miroirs que les deux précédents. En voilà plus qu'il n'en faut pour se croire fondé à douter de la vérité de cette histoire; ce-pendant ce ne sont ici que des témoignages négatifs, et, quoiqu'ils ne soient pas indifférents, ils ne peuvent jamais donner une probabilité équivalente à celle d'un seul témoignage positif.

Galien, qui vivait dans le second siècle, est le premier qui en ait parlé, et après avoir raconté l'histoire d'un homme qui enflamma de loin un mon-ceau de bois résineux, mêlé avec de la fiente de pigeon, il dit que c'est de cette façon qu'Archimède brûla les vaisseaux des Romains; mais comme il ne décrit pas ce moyen de brûler de loin, et que son expression peut si-gnifier aussi bien un feu qu'on aurait lancé à la main, ou par quelque ma-chine, qu'une lumière réfléchie par un miroir, son témoignage n'est pas assez clair pour qu'on puisse en rien conclure d'affirmatif : cependant on doit présumer, et même avec une grande probabilité, qu'il ne rapporte l'histoire de cet homme qui brûla au loin, que parce qu'il le fit d'une manière singulière, et que s'il n'eût brûlé qu'en lançant le feu à la main, ou en le jetant par le moyen d'une machine, il n'y aurait eu rien d'extraordinaire dans cette façon d'enflammer, rien par conséquent qui fût digne de remarque, et qui méritât d'être rapporté et comparé à ce qu'avait fait Archimède, et dès lors Galien n'en eût pas fait mention.

On a aussi des témoignages semblables de deux ou trois autres auteurs du IIIe siècle, qui disent seulement qu'Archimède brûla de loin les vaisseaux des Romains, sans expliquer les moyens dont il se servit; mais les témoignages des auteurs du XIIe siècle ne sont point équivoques, et surtout ceux de Zonaras et de Tzetzès que j'ai cités[1], c'est-à-dire ils nous font voir clairement que cette invention était connue des anciens, car la description qu'en fait ce dernier auteur, suppose nécessairement ou qu'il eût trouvé lui-même le moyen de construire ces miroirs, ou qu'il l'eût appris et cité d'après quelque auteur qui en avait fait une très-exacte description, et que l'inventeur, quel qu'il fût, entendait à fond la théorie de ces miroirs, ce qui résulte de ce que dit Tzetzès de la figure de 24 angles ou 24 côtés qu'avaient les petits miroirs, ce qui est en effet la figure la plus avantageuse : ainsi on ne peut pas douter que ces miroirs n'aient été inventés et exécutés autrefois, et le témoignage de Zonaras au sujet de Proculus n'est pas suspect : « Proculus s'en servit, dit-il, au siége de Constantinople, l'an 514, et « il brûla la flotte de Vitalien. » Et même ce que Zonaras ajoute me paraît une espèce de preuve qu'Archimède était le premier inventeur de ces miroirs; car il dit précisément que cette découverte était ancienne, et que l'historien Dion en attribue l'honneur à Archimède qui la fit et s'en servit contre les Romains au siége de Syracuse. Les livres de Dion, où il est parlé du siége de Syracuse, ne sont pas parvenus jusqu'à nous, mais il y a grande apparence qu'ils existaient encore du temps de Zonaras, et que sans cela il ne les eût pas cités comme il l'a fait. Ainsi toutes les probabilités de part et d'autre étant évaluées, il reste une forte présomption qu'Archimède avait en effet inventé ces miroirs, et qu'il s'en était servi contre les Romains. Feu M. Melot, que j'ai cité dans mon Mémoire, et qui avait fait des recherches particulières et très-exactes sur ce sujet, était de ce sentiment, et il pensait qu'Archimède avait en effet brûlé les vaisseaux à une distance médiocre, et, comme le dit Tzetzès, à la portée du trait. J'ai évalué la portée du trait à 150 pieds, d'après ce que m'en ont dit des savants très-versés dans la connaissance des usages anciens; ils m'ont assuré que toutes les

---

1. « Parmi les auteurs qui ont fait mention des miroirs d'Archimède, il faut citer Anthé- « mius, célèbre mathématicien qui vivait sous Justinien, et qui atteste non-seulement le fait, « mais encore qui a voulu donner une explication de la théorie et du mécanisme de ces « miroirs. » (*Biographie-Didot.*) — Voyez aussi la *Biographie-Michaud*, art. *Anthémius*.

fois qu'il est question, dans les auteurs, de la portée du trait, on doit entendre la distance à laquelle un homme lançait à la main un trait ou un javelot, et, si cela est, je crois avoir donné à cette distance toute l'étendue qu'elle peut comporter.

J'ajouterai qu'il n'est question, dans aucun auteur ancien, d'une plus grande distance, comme de trois stades, et j'ai déjà dit que l'auteur qu'on m'avait cité, Diodore de Sicile, n'en parle pas, non plus que du siége de Syracuse, et que ce qui nous reste de cet auteur finit à la guerre d'Ipsus et d'Antigonus, environ soixante ans avant le siége de Syracuse : ainsi on ne peut pas excuser Descartes, en supposant qu'il a cru que la distance à laquelle on a prétendu qu'Archimède avait brûlé, était très-grande, comme, par exemple, de trois stades, puisque cela n'est dit dans aucun auteur ancien, et qu'au contraire il est dit dans Tzetzès que cette distance n'était que de la portée du trait; mais je suis convaincu que c'est cette même distance que Descartes a regardée comme fort grande, et qu'il était persuadé qu'il n'était pas possible de faire des miroirs pour brûler à 150 pieds, qu'enfin c'est pour cette raison qu'il a traité ceux d'Archimède de fabuleux.

Au reste, les effets du miroir que j'ai construit ne doivent être regardés que comme des essais sur lesquels, à la vérité, on peut statuer, toutes proportions gardées, mais qu'on ne doit pas considérer comme les plus grands effets possibles, car je suis convaincu que si on voulait faire un miroir semblable, avec toutes les attentions nécessaires, il produirait plus du double de l'effet : la première attention serait de prendre des glaces de figure hexagone ou même de 24 côtés, au lieu de les prendre barlongues, comme celles que j'ai employées, et cela afin d'avoir des figures qui pussent s'ajuster ensemble sans laisser de grands intervalles, et qui approchassent en même temps de la figure circulaire; la seconde, serait de faire polir ces glaces jusqu'au dernier degré par un lunetier, au lieu de les employer telles qu'elles sortent de la manufacture, où le poliment se faisant par une portion de cercle, les glaces sont toujours un peu concaves et irrégulières; la troisième attention serait de choisir parmi un grand nombre de glaces, celles qui donneraient à une grande distance une image plus vive et mieux terminée, ce qui est extrêmement important, et au point qu'il y a dans mon miroir des glaces qui font seules trois fois plus d'effet que d'autres à une grande distance, quoiqu'à une petite distance, comme de 20 ou 25 pieds, l'effet en paraisse absolument le même. Quatrièmement, il faudrait des glaces d'un demi-pied tout au plus de surface pour brûler à 150 ou 200 pieds, et d'un pied de surface pour brûler à 3 ou 400 pieds. Cinquièmement, il faudrait les faire étamer avec plus de soin qu'on ne le fait ordinairement : j'ai remarqué qu'en général les glaces fraîchement étamées réfléchissent plus de lumière que celles qui le sont anciennement; l'étamage en se séchant, se gerce, se divise et laisse de petits intervalles qu'on aperçoit en y regardant de près avec une loupe, et ces petits intervalles donnant passage à la lumière, la glace en réfléchit d'autant moins. On pourrait trouver le moyen de faire un meilleur étamage, et je crois qu'on y parviendrait en employant de l'or et du vif-argent : la lumière serait peut-être un peu jaune par la réflexion de cet étamage ; mais bien loin que cela fît un désavantage, j'imagine au contraire qu'il y aurait à gagner, parce que les rayons jaunes sont ceux qui ébranlent le plus fortement la rétine et qui brûlent le plus violemment, comme je crois m'en être assuré en réunissant, au moyen d'un verre lenticulaire, une quantité de rayons jaunes qui m'étaient fournis par un grand prisme, et en comparant leur action avec une égale quantité de rayons de toute autre couleur réunis par le même verre lenticulaire, et fournis par le même prisme.

Sixièmement, il faudrait un châssis de fer et des vis de cuivre, et un ressort pour assujettir chacune des petites planches qui portent les glaces, tout cela conforme à un modèle que j'ai fait exécuter par le sieur Chopitel, afin que la sécheresse et l'humidité qui agissent sur le châssis et les vis en bois ne causassent pas d'inconvénient, et que le foyer, lorsqu'il est une fois formé, ne fût pas sujet à s'élargir, et à se déranger lorsqu'on fait rouler le miroir sur son pivot, ou qu'on le fait tourner autour de son axe pour suivre le soleil : il faudrait aussi y ajouter une alidade avec deux pinnules au milieu de la partie inférieure du châssis, afin de s'assurer de la position du miroir par rapport au soleil, et une autre alidade semblable, mais dans un plan vertical au plan de la première pour suivre le soleil à ses différentes hauteurs.

Au moyen de toutes ces attentions, je crois pouvoir assurer, par l'expérience que j'ai acquise en me servant de mon miroir, qu'on pourrait en réduire la grandeur à moitié, et qu'au lieu d'un miroir de sept pieds avec lequel j'ai brûlé du bois à 150 pieds, on produirait le même effet avec un miroir de cinq pieds $\frac{1}{2}$, ce qui n'est, comme l'on voit, qu'une très-médiocre grandeur pour un très-grand effet ; et de même, je crois pouvoir assurer qu'il ne faudrait alors qu'un miroir de quatre pieds $\frac{1}{2}$ pour brûler à 100 pieds, et qu'un miroir de trois pieds $\frac{1}{2}$ brûlerait à 60 pieds, ce qui est une distance bien considérable en comparaison du diamètre du miroir.

Avec un assemblage de petits miroirs plans hexagones et d'acier poli, qui auraient plus de solidité, plus de durée que les glaces étamées, et qui ne seraient point sujets aux altérations que la lumière du soleil fait subir à la longue à l'étamage, on pourrait produire des effets très-utiles, et qui dédommageraient amplement des dépenses de la construction du miroir.

1° Pour toutes les évaporations des eaux salées, où l'on est obligé de consommer du bois et du charbon, ou d'employer l'art des bâtiments de graduation qui coûtent beaucoup plus que la construction de plusieurs miroirs tels que je les propose. Il ne faudrait, pour l'évaporation des eaux salées, qu'un assemblage de douze miroirs plans d'un pied carré chacun :

la chaleur qu'ils réfléchiront à leur foyer, quoique dirigée au-dessous de leur niveau, et à 15 ou 16 pieds de distance, sera encore assez grande pour faire bouillir l'eau, et produire par conséquent une prompte évaporation, car la chaleur de l'eau bouillante n'est que triple de la chaleur du soleil d'été; et comme la réflexion d'une surface plane bien polie ne diminue la chaleur que de moitié, il ne faudrait que six miroirs pour produire au foyer une chaleur égale à celle de l'eau bouillante, mais j'en double le nombre afin que la chaleur se communique plus vite, et aussi à cause de la perte occasionnée par l'obliquité, sous laquelle le faisceau de la lumière tombe sur la surface de l'eau qu'on veut faire évaporer, et encore parce que l'eau salée s'échauffe plus lentement que l'eau douce. Ce miroir, dont l'assemblage ne formerait qu'un carré de quatre pieds de largeur sur trois de hauteur, serait aisé à manier et à transporter; et si l'on voulait en doubler ou tripler les effets dans le même temps, il vaudrait mieux faire plusieurs miroirs semblables, c'est-à-dire doubler ou tripler le nombre de ces mêmes miroirs de quatre pieds sur trois que d'en augmenter l'étendue; car l'eau ne peut recevoir qu'un certain degré de chaleur déterminée, et l'on ne gagnerait presque rien à augmenter ce degré, et par conséquent la grandeur du miroir; au lieu qu'en faisant deux foyers par deux miroirs égaux, on doublera l'effet de l'évaporation, et on le triplera par trois miroirs dont les foyers tomberont séparément les uns des autres sur la surface de l'eau qu'on veut faire évaporer. Au reste, l'on ne peut éviter la perte causée par l'obliquité, et, si l'on veut y remédier, ce ne peut être que par une autre perte encore plus grande, en recevant d'abord les rayons du soleil sur une grande glace qui les réfléchirait sur le miroir brisé, car alors il brûlerait en bas, au lieu de brûler en haut, mais il perdrait moitié de la chaleur par la première réflexion, et moitié du reste par la seconde, en sorte qu'au lieu de six petits miroirs, il en faudrait douze pour obtenir une chaleur égale à celle de l'eau bouillante.

Pour que l'évaporation se fasse avec plus de succès, il faudra diminuer l'épaisseur de l'eau autant qu'il sera possible. Une masse d'eau d'un pied d'épaisseur ne s'évaporera pas aussi vite, à beaucoup près, que la même masse réduite à six pouces d'épaisseur et augmentée du double en superficie. D'ailleurs le fond étant plus près de la surface, il s'échauffe plus promptement, et cette chaleur que reçoit le fond du vaisseau contribue encore à la célérité de l'évaporation.

2° On pourra se servir avec avantage de ces miroirs pour calciner les plâtres et même les pierres calcaires, mais il les faudrait plus grands, et placer les matières en haut, afin de ne rien perdre par l'obliquité de la lumière. On a vu, par les expériences détaillées dans le second de ces Mémoires, que le gypse s'échauffe plus d'une fois plus vite que la pierre calcaire tendre, et près de deux fois plus vite que le marbre ou la pierre calcaire dure : leur calcination respective doit être en même raison. J'ai trouvé, par une expérience répétée trois fois, qu'il faut un peu plus de chaleur pour calciner le gypse blanc qu'on appelle *albâtre* que pour fondre le plomb. Or, la chaleur nécessaire pour fondre le plomb est, suivant les expériences de Newton, huit fois plus grande que la chaleur du soleil d'été : il faudrait donc au moins seize petits miroirs pour calciner le gypse, et à cause des pertes occasionnées, tant par l'obliquité de la lumière que par l'irrégularité du foyer, qu'on n'éloignera pas au delà de quinze pieds, je présume qu'il faudrait vingt et peut-être vingt-quatre miroirs d'un pied carré chacun pour calciner le gypse en peu de temps ; par conséquent il faudrait un assemblage de quarante-huit de ces petits miroirs pour opérer la calcination sur la pierre calcaire la plus tendre, et soixante-douze des mêmes miroirs d'un pied en carré pour calciner les pierres calcaires dures. Or, un miroir de douze pieds de largeur sur six pieds de hauteur ne laisse pas d'être une grosse machine embarrassante et difficile à mouvoir, à monter et à maintenir. Cependant on viendrait à bout de ces difficultés, si le produit de la calcination était assez considérable pour équivaloir et même surpasser la dépense de la consommation du bois ; il faudrait, pour s'en assurer, commencer par calciner le plâtre avec un miroir de vingt-quatre pièces, et, si cela réussissait, faire deux autres miroirs pareils, au lieu d'en faire un grand de soixante-douze pièces ; car, en faisant coïncider les foyers de ces trois miroirs de vingt-quatre pièces, on produira une chaleur égale, et qui serait assez forte pour calciner le marbre ou la pierre dure.

Mais une chose très-essentielle reste douteuse, c'est de savoir combien il faudrait de temps pour calciner, par exemple, un pied cube de matière, surtout si ce pied cube n'était frappé de chaleur que par une face. Je vois qu'il se passerait du temps avant que la chaleur n'eût pénétré toute son épaisseur ; je vois que pendant tout ce temps il s'en perdrait une assez grande partie, qui sortirait de ce bloc de matière après y être entrée ; je crains donc beaucoup que, la pierre n'étant pas saisie par la chaleur de tous les côtés à la fois, la calcination ne fût très-lente et le produit en chaux très-petit. L'expérience seule peut ici décider ; mais il faudrait au moins la tenter sur les matières gypseuses, dont la calcination doit être une fois plus prompte que celle des pierres calcaires [a].

a. Il vient de paraître un petit ouvrage rempli de grandes vues, de M. l'abbé Scipion Bexon [1], qui a pour titre : *Système de la fertilisation.* Il propose mes miroirs comme un moyen facile pour réduire en chaux toutes les matières calcaires ; mais il leur attribue plus de puissance qu'ils n'en ont réellement, et ce n'est qu'en les multipliant qu'on pourrait obtenir les grands effets qu'il s'en promet.

1 (*a*). C'est notre abbé Bexon, le collaborateur de Buffon pour les *oiseaux.* (Voyez les notes 3 et 5 de la page 495 du VIIe volume.) — Il s'appelait Gabriel-Léopold-Charles-Amé. Par un sentiment de défiance de lui-même, que l'on retrouve dans tous ses écrits, il publia son premier ouvrage sous le nom de *Scipion Bexon.*

En concentrant cette chaleur du soleil dans un four qui n'aurait d'autre ouverture que celle qui laisserait entrer la lumière, on empêcherait en grande partie la chaleur de s'évaporer ; et en mêlant avec les pierres calcaires une petite quantité de brasque ou poudre de charbon qui, de toutes les matières combustibles est la moins chère, cette légère quantité d'aliments suffirait pour nourrir et augmenter de beaucoup la quantité de chaleur, ce qui produirait une plus ample et plus prompte calcination, et à très-peu de frais, comme on l'a vu par la seconde expérience du quatrième Mémoire.

3° Ces miroirs d'Archimède peuvent servir en effet à mettre le feu dans des voiles de vaisseaux et même dans le bois goudronné, à plus de 150 pieds de distance ; on pourrait s'en servir aussi contre ses ennemis en brûlant les blés et les autres productions de la terre ; cet effet, qui serait assez prompt, serait très-dommageable ; mais ne nous occupons pas des moyens de faire du mal, et ne pensons qu'à ceux qui peuvent procurer quelque bien à l'humanité.

4° Ces miroirs fournissent le seul et unique moyen qu'il y ait de mesurer exactement la chaleur : il est évident que deux miroirs dont les images lumineuses se réunissent produisent une chaleur double dans tous les points de la surface qu'elles occupent ; que trois, quatre, cinq, etc., miroirs donneront de même une chaleur triple, quadruple, quintuple, etc., et que par conséquent on peut par ce moyen faire un thermomètre dont les divisions ne seront point arbitraires et les échelles différentes, comme le sont celles de tous les thermomètres dont on s'est servi jusqu'à ce jour. La seule chose arbitraire qui entrerait dans la construction de ce thermomètre serait la supposition du nombre total des parties du mercure en partant du degré du froid absolu ; mais en le prenant à 10,000 au-dessous de la congélation de l'eau, au lieu de 1,000, comme dans nos thermomètres ordinaires, on approcherait beaucoup de la réalité, surtout en choisissant les jours de l'hiver les plus froids pour graduer le thermomètre ; chaque image du soleil lui donnerait un degré de chaleur au-dessus de la température que nous supposerons à celui de la glace. Le point auquel s'élèverait le mercure par la chaleur de la première image du soleil serait marqué 1. Le point où il s'élèverait par la chaleur de deux images égales et réunies sera marqué 2. Celui où trois images le feront monter sera marqué 3, et ainsi de suite jusqu'à la plus grande hauteur, qu'on pourrait étendre jusqu'au degré 36. On aurait à ce degré une augmentation de chaleur trente-six fois plus grande que celle du premier degré ; dix-huit fois plus grande que celle du second ; douze fois plus grande que celle du troisième ; neuf fois plus grande que celle du quatrième, etc. Cette augmentation 36 de chaleur au-dessus de celle de la glace serait assez grande pour fondre le plomb, et il y a toute apparence que le mercure, qui se volatilise à une bien moindre chaleur, ferait par sa vapeur casser le thermomètre. On ne pourra donc étendre la division que jusqu'à 12, et peut-être même à 9 degrés si l'on se sert du mercure pour ces thermomètres; et l'on n'aura par ce moyen que les degrés d'une augmentation de chaleur jusqu'à 9. C'est une des raisons qui avaient déterminé Newton à se servir d'huile de lin au lieu de mercure, et en effet on pourra, en se servant de cette liqueur, étendre la division non-seulement à 12 degrés, mais jusqu'au point de cette huile bouillante. Je ne propose pas de remplir ces thermomètres avec de l'esprit-de-vin coloré; il est universellement reconnu que cette liqueur se décompose au bout d'un assez petit temps[a], et que d'ailleurs elle ne peut servir aux expériences d'une chaleur un peu forte.

Lorsqu'on aura marqué sur l'échelle de ces thermomètres remplis d'huile ou de mercure les premières divisions 1, 2, 3, 4, etc., qui indiqueront le double, le triple, le quadruple, etc., des augmentations de la chaleur, il faudra chercher les parties aliquotes de chaque division, par exemple les points de $1\frac{1}{4}$, $2\frac{1}{4}$, $3\frac{1}{4}$, etc., ou de $1\frac{1}{2}$, $2\frac{1}{2}$, $3\frac{1}{2}$, etc.; et de $1\frac{3}{4}$, $2\frac{3}{4}$, $3\frac{3}{4}$, etc., ce que l'on obtiendra par un moyen facile, qui sera de couvrir la moitié, ou le quart, ou les trois quarts de la superficie d'un des petits miroirs, car alors l'image qu'il réfléchira ne contiendra que le quart, la moitié ou les trois quarts de la chaleur que contient l'image entière; et par conséquent les divisions des parties aliquotes seront aussi exactes que celles des nombres entiers.

Si l'on réussit une fois à faire ce thermomètre réel, et que j'appelle ainsi parce qu'il marquerait réellement la proportion de la chaleur, tous les autres thermomètres, dont les échelles sont arbitraires et différentes entre elles, deviendraient non-seulement superflus, mais même nuisibles, dans bien des cas, à la précision des vérités physiques qu'on cherche par leur moyen. On peut se rappeler l'exemple que j'en ai donné en parlant de l'estimation de la chaleur qui émane du globe de la terre, comparée à la chaleur qui nous vient du soleil.

5° Au moyen de ces miroirs brisés, on pourra aisément recueillir dans leur entière pureté les parties volatiles de l'or et de l'argent et des autres métaux et minéraux; car en exposant au large foyer de ces miroirs une grande plaque de métal, comme une assiette ou un plat d'argent, on en verra sortir une fumée très-abondante pendant un temps considérable, jusqu'au moment où le métal tombe en fusion; et, en ne donnant qu'une chaleur un peu moindre que celle qu'exige la fusion, on fera évaporer le métal au point d'en diminuer le poids assez considérablement. Je me suis assuré de ce premier fait, qui peut fournir des lumières sur la composition

a. Plusieurs voyageurs m'ont écrit que les thermomètres à l'esprit-de-vin, de Réaumur, leur étaient devenus tout à fait inutiles, parce que cette liqueur se décolore et se charge d'une espèce de boue en assez peu de temps.

intime des métaux : j'aurais bien désiré recueillir cette vapeur abondante que le feu pur du soleil fait sortir du métal ; mais je n'avais pas les instruments nécessaires, et je ne puis que recommander aux chimistes et aux physiciens de suivre cette expérience importante, dont les résultats seraient d'autant moins équivoques, que la vapeur métallique est ici très-pure ; au lieu que, dans toute opération semblable qu'on voudrait faire avec le feu commun, la vapeur métallique serait nécessairement mêlée d'autres vapeurs provenant des matières combustibles qui servent d'aliment à ce feu.

D'ailleurs ce moyen est peut-être le seul que nous ayons pour volatiliser les métaux fixes, tels que l'or et l'argent ; car je présume que cette vapeur que j'ai vue s'élever en si grande quantité de ces métaux échauffés au large foyer de mon miroir n'est pas de l'eau ni quelque autre liqueur, mais des parties mêmes du métal que la chaleur en détache en les volatilisant. On pourrait, en recevant ainsi les vapeurs pures des différents métaux, les mêler ensemble et faire par ce moyen des alliages plus intimes et plus purs qu'on ne l'a fait par la fusion et par la mixtion de ces mêmes métaux fondus, qui ne se marient jamais parfaitement à cause de l'inégalité de leur pesanteur spécifique et de plusieurs autres circonstances qui s'opposent à l'intimité et à l'égalité parfaite du mélange. Comme les parties constituantes de ces vapeurs métalliques sont dans un état de division bien plus grande que dans l'état de fusion, elles se joindraient et se réuniraient de bien plus près et plus facilement. Enfin on arriverait peut-être par ce moyen à la connaissance d'un fait général, et que plusieurs bonnes raisons me font soupçonner depuis longtemps, c'est qu'il y aurait pénétration dans tous les alliages faits de cette manière, et que leur pesanteur spécifique serait toujours plus grande que la somme des pesanteurs spécifiques des matières dont ils seraient composés : car la pénétration n'est qu'un degré plus grand d'intimité, et l'intimité, toutes choses égales d'ailleurs, sera d'autant plus grande que les matières seront dans un état de division plus parfaite.

En réfléchissant sur l'appareil des vaisseaux qu'il faudrait employer pour recevoir et recueillir ces vapeurs métalliques, il m'est venu une idée qui me paraît trop utile pour ne la pas publier : elle est aussi trop aisée à réaliser pour que les bons chimistes ne la saisissent pas ; je l'ai même communiquée à quelques-uns d'entre eux, qui m'en ont paru très-satisfaits. Cette idée est de geler le mercure dans ce climat-ci, et avec un degré de froid beaucoup moindre que celui des expériences de Pétersbourg ou de Sibérie : il ne faut pour cela que recevoir la vapeur du mercure, qui est le mercure même volatilisé par une très-médiocre chaleur dans une cucurbite ou dans un vase auquel on donnera un certain degré de froid artificiel : ce mercure en vapeur, c'est-à-dire extrêmement divisé, offrira à l'action de ce froid des surfaces si grandes et des masses si petites, qu'au lieu de 187 degrés de froid qu'il faut pour geler le mercure en masse, il n'en faudrait peut-être que 18 ou 20 degrés, peut-être même moins, pour le geler en vapeurs. Je recommande cette expérience importante à tous ceux qui travaillent de bonne foi à l'avancement des sciences.

Je pourrais ajouter à ces usages principaux du miroir d'Archimède plusieurs autres usages particuliers, mais j'ai cru devoir me borner à ceux qui m'ont paru les plus utiles et les moins difficiles à réduire en pratique. Néanmoins je crois devoir joindre ici quelques expériences que j'ai faites sur la transmission de la lumière à travers les corps transparents, et donner en même temps quelques idées nouvelles sur les moyens d'apercevoir de loin les objets à l'œil simple, ou par le moyen d'un miroir semblable à celui dont les anciens ont parlé, par l'effet duquel on apercevait du port d'Alexandrie les vaisseaux d'aussi loin que la courbure de la terre pouvait le permettre.

Tous les physiciens savent aujourd'hui qu'il y a trois causes qui empêchent la lumière de se réunir dans un point lorsque ses rayons ont traversé le verre objectif d'une lunette ordinaire. La première est la courbure sphérique de ce verre qui répand une partie des rayons dans un espace terminé par une courbe. La seconde est l'angle sous lequel nous paraît à l'œil simple l'objet que nous observons, car la largeur du foyer de l'objectif a toujours à très-peu près pour diamètre une ligne égale à la corde de l'arc qui mesure cet angle. La troisième est la différente réfrangibilité de la lumière, car les rayons les plus réfrangibles ne se rassemblent pas dans le même lieu où se rassemblent les rayons les moins réfrangibles.

On peut remédier à l'effet de la première cause en substituant, comme Descartes l'a proposé, des verres elliptiques ou hyperboliques aux verres sphériques. On remédie à l'effet de la seconde par le moyen d'un second verre placé au foyer de l'objectif, dont le diamètre est à peu près égal à la largeur de ce foyer, et dont la surface est travaillée sur une sphère d'un rayon fort court. On a trouvé de nos jours le moyen de remédier à la troisième en faisant des lunettes qu'on appelle *achromatiques*, et qui sont composées de deux sortes de verres qui dispersent différemment les rayons colorés, de manière que la dispersion de l'un est corrigée par la dispersion de l'autre, sans que la réfraction générale moyenne, qui constitue la lunette, soit anéantie. Une lunette de 3 pieds $\frac{1}{2}$ de longueur, faite sur ce principe, équivaut pour l'effet aux anciennes lunettes de 25 pieds de longueur.

Au reste, le remède à l'effet de la première cause est demeuré tout à fait inutile jusqu'à ce jour, parce que l'effet de la dernière, étant beaucoup plus considérable, influe si fort sur l'effet total qu'on ne pouvait rien gagner à substituer des verres hyperboliques ou elliptiques à des verres sphériques, et que cette substitution ne pouvait devenir avantageuse que dans le cas où l'on pourrait trouver le moyen de corriger l'effet de la différente réfrangibilité des rayons de la lumière : il semble donc qu'aujourd'hui l'on ferait bien de combiner les deux moyens, et de substituer, dans les lunettes achromatiques, des verres elliptiques aux sphériques.

Pour rendre ceci plus sensible, supposons que l'objet qu'on observe soit un point lumineux sans étendue, tel qu'est une étoile fixe par rapport à nous : il est certain qu'avec un objectif, par exemple, de 30 pieds de foyer, toutes les images de ce point lumineux s'étendront en forme de courbe au foyer de ce verre s'il est travaillé sur une sphère, et qu'au contraire elles se réuniront en un point si ce verre est hyperbolique; mais si l'objet qu'on observe a une certaine étendue, comme la lune qui occupe environ un demi-degré d'espace à nos yeux, alors l'image de cet objet occupera un espace d'environ trois pouces de diamètre au foyer de l'objectif de 30 pieds, et l'aberration causée par la sphéricité produisant une confusion dans un point lumineux quelconque, elle la produit de même sur tous les points lumineux du disque de la lune, et par conséquent la défigure en entier. Il y aurait donc, dans tous les cas, beaucoup d'avantage à se servir de verres elliptiques ou hyperboliques pour de longues lunettes, puisqu'on a trouvé le moyen de corriger en grande partie le mauvais effet produit par la différente réfrangibilité des rayons.

Il suit de ce que nous venons de dire, que, si l'on veut faire une lunette de 30 pieds pour observer la lune et la voir en entier, le verre oculaire doit avoir au moins 3 pouces de diamètre pour recueillir l'image entière que produit l'objectif à son foyer, et que, si on voulait observer cet astre avec une lunette de 60 pieds, l'oculaire doit avoir au moins six pouces de diamètre, parce que la corde de l'arc qui mesure l'angle sous lequel nous paraît la lune est dans ce cas de trois pouces et de six pouces à peu près : aussi les astronomes ne font jamais usage de lunettes qui renferment le disque entier de la lune, parce qu'elles grossiraient trop peu; mais si on veut observer Vénus avec une lunette de 60 pieds, comme l'angle sous lequel elle nous paraît n'est que d'environ 60 secondes, le verre oculaire pourra n'avoir que 4 lignes de diamètre, et si on se sert d'un objectif de 120 pieds, un oculaire de 8 lignes de diamètre suffirait pour réunir l'image entière que l'objectif forme à son foyer.

De là on voit que, quand même les rayons de lumière seraient également réfrangibles, on ne pourrait pas faire d'aussi fortes lunettes pour voir la lune en entier que pour voir les autres planètes, et que plus une planète est petite à nos yeux, et plus nous pouvons augmenter la longueur de la lunette avec laquelle on peut la voir en entier. Dès lors on conçoit bien que dans cette même supposition des rayons également réfrangibles, il doit y avoir une certaine longueur déterminée plus avantageuse qu'aucune autre pour telle ou telle planète, et que cette longueur de la lunette dépend non-seulement de l'angle sous lequel la planète paraît à notre œil, mais encore de la quantité de lumière dont elle est éclairée.

Dans les lunettes ordinaires, les rayons de la lumière étant différemment réfrangibles, tout ce qu'on pourrait faire dans cette vue pour les perfectionner ne serait pas fort avantageux, parce que sous quelque angle que paraisse à notre œil l'objet ou l'astre que nous voulons observer, et quelque intensité de lumière qu'il puisse avoir, les rayons ne se rassembleront jamais dans le même endroit : plus la lunette sera longue, plus il y aura d'intervalle [a] entre le foyer des rayons rouges et celui des rayons violets, et par conséquent plus sera confuse l'image de l'objet observé.

On ne peut donc perfectionner les lunettes par réfraction qu'en cherchant, comme on l'a fait, les moyens de corriger cet effet de la différente réfrangibilité, soit en composant la lunette de verres de différente densité, soit par d'autres moyens particuliers, et qui seraient différents selon les différents objets et les différentes circonstances : supposons, par exemple, une courte lunette composée de deux verres, l'un convexe et l'autre concave des deux côtés, il est certain que cette lunette peut se réduire à une autre, dont les deux verres soient plans d'un côté, et travaillés de l'autre côté sur des sphères dont le rayon serait une fois plus court que celui des sphères sur lesquelles auraient été travaillés les verres de la première lunette. Maintenant, pour éviter une grande partie de l'effet de la différente réfrangibilité des rayons, on peut faire cette seconde lunette d'une seule pièce de verre massif, comme je l'ai fait exécuter avec deux morceaux de verre blanc, l'un de deux pouces et demi de longueur, et l'autre d'un pouce et demi; mais alors la perte de la transparence est un plus grand inconvénient que celui de la différente réfrangibilité qu'on corrige par ce moyen; car ces deux petites lunettes massives de verre sont plus obscures qu'une petite lunette ordinaire du même verre et des mêmes dimensions : elles donnent à la vérité moins d'iris, mais elles n'en sont pas meilleures; et si on les faisait plus longues, toujours en verre massif, la lumière après avoir traversé cette épaisseur de verre, n'aurait plus assez de force pour peindre l'image de l'objet à notre œil. Ainsi, pour faire des lunettes de 10 ou 20 pieds, je ne vois que l'eau qui ait assez de transparence pour laisser passer la lumière sans l'éteindre en entier dans cette grande épaisseur : en employant donc de l'eau pour remplir l'intervalle entre l'objectif et l'oculaire, on diminuera en partie l'effet de la différente réfrangibilité [b], parce que celle de l'eau approche plus de celle du verre que celle de l'air, et si on pouvait, en

---

a. Cet intervalle est d'un pied sur 27 de foyer.

b. M. de Lalande, l'un de nos plus savants astronomes, après avoir lu cet article, a bien voulu me communiquer quelques remarques qui m'ont paru très-justes et dont j'ai profité. Seulement je ne suis pas d'accord avec lui sur ces lunettes remplies d'eau : il croit « qu'on « *diminuerait très-peu la différente réfrangibilité, parce que l'eau disperse les rayons colorés* « *d'une manière différente du verre, et qu'il y aurait des couleurs qui proviendraient de l'eau* « *et d'autres du verre.* » Mais en se servant du verre le moins dense, et en augmentant par les sels la densité de l'eau, on rapprocherait de très-près leur puissance réfractive.

chargeant l'eau de différents sels, lui donner le même degré de puissance réfringente qu'au verre, il n'est pas douteux qu'on ne corrigeât davantage par ce moyen l'effet de la différente réfrangibilité des rayons. Il s'agirait donc d'employer une liqueur transparente qui aurait à peu près la même puissance réfrangible que le verre; car alors il sera sûr que les deux verres, avec cette liqueur entre-deux, corrigeront en partie l'effet de la différente réfrangibilité des rayons, de la même façon qu'elle est corrigée dans la petite lunette massive dont je viens de parler.

Suivant les expériences de M. Bouguer, une ligne d'épaisseur de verre détruit $\frac{2}{7}$ de la lumière, et par conséquent la diminution s'en ferait dans la proportion suivante :

Épaisseurs. . . . . . 1, 2, 3, 4, 5, 6 lignes;

Diminutions. . . . . $\frac{2}{7}$, $\frac{10}{49}$, $\frac{50}{343}$, $\frac{250}{2401}$, $\frac{1250}{16807}$, $\frac{6250}{117649}$, en sorte que par

la somme de ces six termes on trouverait que la lumière qui passe à travers six lignes de verre, aurait déjà perdu $\frac{102024}{117649}$, c'est-à-dire environ le $\frac{10}{11}$ de sa quantité. Mais il faut considérer que M. Bouguer s'est servi de verres bien peu transparents, puisqu'il a vu qu'une ligne d'épaisseur de ces verres détruisait $\frac{2}{7}$ de la lumière. Par les expériences que j'ai faites sur différentes espèces de verre blanc, il m'a paru que la lumière diminuait beaucoup moins. Voici ces expériences, qui sont assez faciles à faire, et que tout le monde est en état de répéter.

Dans une chambre obscure dont les murs étaient noircis, qui me servait à faire des expériences d'optique, j'ai fait allumer une bougie de cinq à la livre : la chambre était fort vaste et la lumière de la bougie était la seule dont elle fût éclairée. J'ai d'abord cherché à quelle distance je pouvais lire un caractère d'impression, tel que celui de la *Gazette de Hollande*, à la lumière de cette bougie, et j'ai trouvé que je lisais assez facilement ce caractère à 24 pieds 4 pouces de distance de la bougie. Ensuite, ayant placé devant la bougie, à deux pouces de distance, un morceau de verre provenant d'une glace de Saint-Gobain, réduite à une ligne d'épaisseur, j'ai trouvé que je lisais encore tout aussi facilement à 22 pieds 9 pouces, et, en substituant à cette glace d'une ligne d'épaisseur un autre morceau de 2 lignes d'épaisseur et du même verre, j'ai lu aussi facilement à 21 pieds de distance de la bougie. Deux de ces mêmes glaces de 2 lignes d'épaisseur, jointes l'une contre l'autre et mises devant la bougie, en ont diminué la lumière au point que je n'ai pu lire avec la même facilité qu'à 17 pieds $\frac{1}{2}$ de distance de la bougie. Et enfin, avec trois glaces de 2 lignes d'épaisseur chacune, je n'ai lu qu'à la distance de 15 pieds. Or, la lumière de la bougie diminuant comme le carré de la distance augmente, sa diminution aurait été dans la progression suivante, s'il n'y avait point eu de glaces interposées :

$$\overline{24\tfrac{1}{3}}^{2}. \quad \overline{22\tfrac{3}{4}}^{2}. \quad \overline{21}^{2}. \quad \overline{17\tfrac{1}{2}}^{2}. \quad \overline{15}^{2}. \text{ ou}$$

$$592\tfrac{1}{9}. \quad 517\tfrac{9}{16}. \quad 441. \quad 306\tfrac{1}{4}. \quad 225.$$

Donc les pertes de la lumière, par l'interposition de glaces, sont dans la progression suivante : $84\tfrac{79}{144}$. 151. $285\tfrac{7}{9}$. $367\tfrac{1}{4}$.

D'où l'on doit conclure qu'une ligne d'épaisseur de ce verre ne diminue la lumière que de $\tfrac{84}{592}$ ou d'environ $\tfrac{1}{7}$; que deux lignes d'épaisseur la diminuent de $\tfrac{151}{592}$, pas tout à fait de $\tfrac{1}{4}$; et trois glaces de 2 lignes de $\tfrac{367}{592}$, c'est-à-dire moins de $\tfrac{2}{3}$.

Comme ce résultat est très-différent de celui de M. Bouguer, et que néanmoins je n'avais garde de douter de la vérité de ses expériences, je répétai les miennes en me servant de verre à vitre commun ; je choisis des morceaux d'une épaisseur égale, de $\tfrac{3}{4}$ de ligne chacun. Ayant lu de même à 24 pieds 4 pouces de distance de la bougie, l'interposition d'un de ces morceaux de verre me fit rapprocher à 21 pieds $\tfrac{1}{2}$; avec deux morceaux interposés et appliqués l'un sur l'autre, je ne pouvais plus lire qu'à 18 pieds $\tfrac{1}{4}$, et avec trois morceaux à 16 pieds ; ce qui, comme l'on voit, se rapproche de la détermination de M. Bouguer ; car la perte de la lumière, en traversant ce verre de $\tfrac{3}{4}$ de ligne, étant ici de $592\tfrac{1}{4} - 462\tfrac{1}{4} = 130$, le résultat $\tfrac{130}{592\frac{1}{4}}$ ou $\tfrac{65}{296}$, ne s'éloigne pas beaucoup de $\tfrac{3}{14}$, à quoi l'on doit réduire les $\tfrac{2}{7}$ donnés par M. Bouguer pour une ligne d'épaisseur, parce que mes verres n'avaient que $\tfrac{3}{4}$ de ligne, car $3 : 14 : : 65 : 303\tfrac{1}{3}$, terme qui ne diffère pas beaucoup de 296.

Mais avec du verre communément appelé *verre de Bohême*, j'ai trouvé, par les mêmes essais, que la lumière ne perdait qu'un huitième en traversant une épaisseur d'une ligne, et qu'elle diminuait dans la progression suivante :

$$\text{Épaisseurs.} \ldots \quad 1, \; 2, \; 3, \; 4, \; 5, \; 6 \ldots\ldots n.$$

$$\text{Diminutions.} \ldots \quad \tfrac{1}{8}. \; \tfrac{7}{64}. \; \tfrac{49}{512}. \; \tfrac{343}{4096}. \; \tfrac{2401}{32768}. \; \tfrac{16807}{262164}.$$

$$\text{ou.} \ldots\ldots \quad \tfrac{7^{0}}{8.^{1}} \; \tfrac{7^{1}}{8.^{2}} \; \tfrac{7^{2}}{8.^{3}} \; \tfrac{7^{3}}{8.^{4}} \; \tfrac{7^{4}}{8.^{5}} \; \tfrac{7^{5}}{8.^{6}} \ldots \tfrac{7^{n-1}}{8.^{n}}$$

Prenant la somme de ces termes, on aura le total de la diminution de la lumière à travers une épaisseur de verre d'un nombre donné de lignes ; par exemple, la somme des six premiers termes est $\tfrac{144495}{262164}$. Donc la lumière ne diminue que d'un peu plus de moitié en traversant une épaisseur de six lignes de verre de Bohême, et elle en perdrait encore moins, si, au lieu de trois morceaux de deux lignes appliqués l'un sur l'autre, elle n'avait à traverser qu'un seul morceau de six lignes d'épaisseur.

Avec le verre que j'ai fait fondre en masse épaisse, j'ai vu que la lumière ne perdait pas plus à travers 4 pouces $\frac{1}{2}$ d'épaisseur de ce verre qu'à travers une glace de Saint-Gobain de 2 lignes $\frac{1}{2}$ d'épaisseur : il me semble donc qu'on pourrait en conclure que la transparence de ce verre étant, à celle de cette glace, comme 4 pouces $\frac{1}{2}$ sont à 2 lignes $\frac{1}{2}$, ou 54 à 2 $\frac{1}{2}$, c'est-à-dire plus de vingt et une fois plus grande, on pourrait faire de très-bonnes petites lunettes massives de 5 ou 6 pouces de longueur avec ce verre.

Mais pour des lunettes longues, on ne peut employer que de l'eau, et encore est-il à craindre que le même inconvénient ne subsiste, car quelle sera l'opacité qui résultera de cette quantité de liqueur que je suppose remplir l'intervalle entre les deux verres? Plus les lunettes seront longues et plus on perdra de lumière; en sorte qu'il paraît au premier coup d'œil qu'on ne peut pas se servir de ce moyen, surtout pour les lunettes un peu longues; car, en suivant ce que dit M. Bouguer dans son *Essai d'Optique* sur la gradation de la lumière, 9 pieds 7 pouces d'eau de mer font diminuer la lumière dans le rapport de 14 à 5 ; ou, ce qui revient à peu près au même, supposons que dix pieds d'épaisseur d'eau diminuent la lumière dans le rapport de 3 à 1, alors vingt pieds d'épaisseur d'eau la diminueront dans le rapport de 9 à 1; trente pieds la diminueront dans celui de 27 à 1, etc. Il paraît donc qu'on ne pourrait se servir de ces longues lunettes pleines d'eau que pour observer le soleil, et que les autres astres n'auraient pas assez de lumière pour qu'il fût possible de les apercevoir à travers une épaisseur de 20 à 30 pieds de liqueur intermédiaire.

Cependant si l'on fait attention qu'en ne donnant qu'un pouce ou un pouce et demi d'ouverture à un objectif de 30 pieds, on ne laisse pas d'apercevoir très-nettement les planètes dans les lunettes ordinaires de cette longueur, on doit penser qu'en donnant un plus grand diamètre à l'objectif, on augmenterait la quantité de lumière dans la raison du carré de ce diamètre, et par conséquent si un pouce d'ouverture suffit pour voir distinctement un astre dans une lunette ordinaire, $\sqrt{3}$ pouces d'ouverture, c'est-à-dire 21 lignes environ de diamètre suffiront pour qu'on le voie aussi distinctement à travers une épaisseur de dix pieds d'eau ; et qu'avec un verre de 3 pouces de diamètre, on le verrait également à travers une épaisseur de 20 pieds d'eau ; qu'avec un verre de $\sqrt{27}$ ou 5 pouces $\frac{1}{4}$ de diamètre, on le verrait à travers une épaisseur de 30 pieds, et qu'il ne faudrait qu'un verre de 9 pouces de diamètre pour une lunette remplie de 40 pieds d'eau, et un verre de 27 pouces pour une lunette de 60 pieds.

Il semble donc qu'on pourrait, avec espérance de réussir, faire construire une lunette sur ces principes; car en augmentant le diamètre de l'objectif, on regagne en partie la lumière que l'on perd par le défaut de transparence de la liqueur.

On ne doit pas craindre que les objectifs, quelque grands qu'ils soient, fassent une trop grande partie de la sphère sur laquelle ils seront travaillés, et que par cette raison les rayons de la lumière ne puissent se réunir exactement; car en supposant même ces objectifs sept ou huit fois plus grands que je ne les ai déterminés, ils ne feraient pas encore à beaucoup près une assez grande partie de leur sphère pour ne pas réunir les rayons avec exactitude.

Mais ce qui ne me paraît pas douteux, c'est qu'une lunette construite de cette façon serait très-utile pour observer le soleil; car en la supposant même longue de cent pieds, la lumière de cet astre ne serait encore que trop forte après avoir traversé cette épaisseur d'eau, et on observerait à loisir et aisément la surface de cet astre immédiatement, sans qu'il fût nécessaire de se servir de verres enfumés ou d'en recevoir l'image sur un carton, avantage qu'aucune autre espèce de lunette ne peut avoir.

Il y aurait seulement quelque petite différence dans la construction de cette lunette solaire, si l'on veut qu'elle nous présente la face entière du soleil, car en la supposant longue de cent pieds, il faudra dans ce cas que le verre oculaire ait au moins dix pouces de diamètre, parce que le soleil occupant plus d'un demi-degré céleste, l'image formée par l'objectif à son foyer à 100 pieds, aura au moins cette longueur de dix pouces, et que, pour la réunir tout entière, il faudra un oculaire de cette largeur auquel on ne donnerait que vingt pouces de foyer pour le rendre aussi fort qu'il se pourrait. Il faudrait aussi que l'objectif, ainsi que l'oculaire, eût dix pouces de diamètre, afin que l'image de l'astre et l'image de l'ouverture de la lunette se trouvassent d'égale grandeur au foyer.

Quand même cette lunette que je propose ne servirait qu'à observer exactement le soleil, ce serait déjà beaucoup : il serait, par exemple, fort curieux de pouvoir reconnaître s'il y a dans cet astre des parties plus ou moins lumineuses que d'autres, s'il y a sur sa surface des inégalités, et de quelle espèce elles seraient, si les taches flottent sur sa surface [a], ou si elles y sont toutes constamment attachées, etc. La vivacité de sa lumière nous empêche de l'observer à l'œil simple, et la différente réfrangibilité de ses rayons rend son image confuse lorsqu'on la reçoit au foyer d'un objectif sur un carton : aussi la surface du soleil nous est-elle moins con-

---

[a]. M. de Lalande m'a fait sur ceci la remarque qui suit : « Il est constant, dit-il, qu'il n'y « a sur le soleil que des taches qui changent de forme et disparaissent entièrement, mais qui « ne changent point de place, si ce n'est par la rotation du soleil; sa surface est très-unie et « homogène. » Ce savant astronome pouvait même ajouter que ce n'est que par le moyen de ces taches, toujours supposées fixes, qu'on a déterminé le temps de la révolution du soleil sur son axe : mais ce point d'astronomie physique ne me paraît pas encore absolument démontré ; car ces taches, qui toutes changent de figure, pourraient bien aussi quelquefois changer de lieu.

nue que celle des autres planètes. Cette différente réfrangibilité des rayons
ne serait pas à beaucoup près entièrement corrigée dans cette longue lunette remplie d'eau; mais si cette liqueur pouvait, par l'addition des sels,
être rendue aussi dense que le verre, ce serait alors la même chose que
s'il n'y avait qu'un seul verre à traverser, et il me semble qu'il y aurait
plus d'avantage à se servir de ces lunettes remplies d'eau, que de lunettes ordinaires avec des verres enfumés.

Quoi qu'il en soit, il est certain qu'il faut, pour observer le soleil, une
lunette bien différente de celles dont on doit se servir pour les autres
astres, et il est encore très-certain qu'il faut pour chaque planète une
lunette particulière, et proportionnée à leur intensité de lumière, c'est-
à-dire à la quantité réelle de lumière dont elles nous paraissent éclairées.
Dans toutes les lunettes il faudrait donc l'objectif aussi grand, et l'oculaire aussi fort qu'il est possible, et en même temps proportionner la distance du foyer à l'intensité de la lumière de chaque planète. Par exemple,
Vénus et Saturne sont deux planètes dont la lumière est fort différente :
lorsqu'on les observe avec la même lunette on augmente également l'angle
sous lequel on les voit; dès lors la lumière totale de la planète paraît s'é-
tendre sur toute sa surface d'autant plus qu'on la grossit davantage. Ainsi
à mesure qu'on agrandit son image on la rend sombre, à peu près dans la
proportion du carré de son diamètre : Saturne ne peut donc, sans devenir
obscur, être observé avec une lunette aussi forte que Vénus. Si l'intensité
de lumière de celle-ci permet de la grossir cent ou deux cents fois avant de
devenir sombre, l'autre ne souffrira peut-être pas la moitié ou le tiers de
cette augmentation sans devenir tout à fait obscure. Il s'agit donc de faire
une lunette pour chaque planète proportionnée à leur intensité de lumière;
et, pour le faire avec plus d'avantage, il me semble qu'il n'y faut employer
qu'un objectif d'autant plus grand, et d'un foyer d'autant moins long que
la planète a moins de lumière. Pourquoi jusqu'à ce jour n'a-t-on pas fait
des objectifs de deux et trois pieds de diamètre? l'aberration des rayons,
causée par la sphéricité des verres, en est la seule cause; elle produit une
confusion qui est comme le carré du diamètre de l'ouverture [a], et c'est par
cette raison que les verres sphériques, qui sont très-bons avec une petite
ouverture, ne valent plus rien quand on l'augmente : on a plus de lumière,
mais moins de distinction et de netteté. Néanmoins les verres sphériques
larges sont très-bons pour faire des lunettes de nuit; les Anglais ont construit des lunettes de cette espèce, et ils s'en servent avec grand avantage
pour voir de fort loin les vaisseaux dans une nuit obscure. Mais maintenant
que l'on sait corriger en grande partie les effets de la différente réfrangibilité des rayons, il me semble qu'il faudrait s'attacher à faire des verres

_a._ Smith's _Optick._ Book II, cap. VII, art. 346.

elliptiques ou hyperboliques qui ne produiraient pas cette aberration causée par la sphéricité, et qui par conséquent pourraient être trois ou quatre fois plus larges que les verres sphériques. Il n'y a que ce moyen d'augmenter à nos yeux la quantité de lumière que nous envoient les planètes, car nous ne pouvons pas porter sur les planètes une lumière additionnelle comme nous le faisons sur les objets que nous observons au microscope ; mais il faut au moins employer le plus avantageusement qu'il est possible la quantité de lumière dont elles sont éclairées, en la recevant sur une surface aussi grande qu'il se pourra. Cette lunette hyperbolique qui ne serait composée que d'un seul grand verre objectif, et d'un oculaire proportionné, exigerait une matière de la plus grande transparence. On réunirait par ce moyen tous les avantages possibles, c'est-à-dire ceux des lunettes achromatiques à celui des lunettes elliptiques ou hyperboliques, et l'on mettrait à profit toute la quantité de lumière que chaque planète réfléchit à nos yeux. Je puis me tromper, mais ce que je propose me paraît assez fondé pour en recommander l'exécution aux personnes zélées pour l'avancement des sciences.

Me laissant aller à ces espèces de rêveries, dont quelques-unes néanmoins se réaliseront un jour, et que je ne publie que dans cette espérance, j'ai songé au miroir du port d'Alexandrie, dont quelques auteurs anciens ont parlé, et par le moyen duquel on voyait de très-loin les vaisseaux en pleine mer. Le passage le plus positif qui me soit tombé sous les yeux est celui que je vais rapporter : « Alexandria. . . . . . . in Pharo verò erat spe-« culum e ferro *sinico*, per quod a longè videbantur naves Græcorum ad-« venientes ; sed paulò postquam Islamismus invaluit, scilicet tempore « califatùs Walidi, filii Abd-el-Melek, Christiani, fraude adhibità, illud dele-« verunt. » Abul-l-feda, etc. *Descriptio Ægypti.*

J'ai pensé : 1° que ce miroir par lequel on voyait de loin les vaisseaux arriver n'était pas impossible ; 2° que même, sans miroir ni lunette, on pourrait, par de certaines dispositions, obtenir le même effet, et voir depuis le port les vaisseaux peut-être d'aussi loin que la courbure de la terre le permet. Nous avons dit que les personnes qui ont bonne vue aperçoivent les objets éclairés par le soleil à plus de trois mille quatre cents fois leur diamètre, et en même temps nous avons remarqué que la lumière intermédiaire nuisait si fort à celle des objets éloignés, qu'on apercevait la nuit un objet lumineux de dix, vingt et peut-être cent fois plus de distance qu'on ne le voit pendant le jour. Nous savons que du fond d'un puits très-profond l'on voit les étoiles en plein jour [a] : pourquoi donc ne verrait-on pas de même les vaisseaux éclairés des rayons du soleil, en se mettant au fond d'une longue galerie fort obscure et située sur le bord de la mer, de

____

[a]. Aristote est, je crois, le premier qui ait fait mention de cette observation, et j'en ai cité le passage à l'article du *Sens de la vue*, t. II, p. 111, de cette Histoire naturelle.

manière qu'elle ne recevrait aucune lumière que celle de la mer lointaine et des vaisseaux qui pourraient s'y trouver ; cette galerie n'est qu'un puits horizontal qui ferait le même effet pour la vue des vaisseaux que le puits vertical pour la vue des étoiles ; et cela me paraît si simple, que je suis étonné qu'on n'y ait pas songé. Il me semble qu'en prenant, pour faire l'observation, les heures du jour où le soleil serait derrière la galerie, c'est-à-dire le temps où les vaisseaux seraient bien éclairés, on les verrait du fond de cette galerie obscure dix fois au moins mieux qu'on ne peut les voir en pleine lumière. Or, comme nous l'avons dit, on distingue aisément un homme ou un cheval à une lieue de distance lorsqu'ils sont éclairés des rayons du soleil ; et, en supprimant la lumière intermédiaire qui nous environne et offusque nos yeux, nous les verrions au moins dix fois plus loin, c'est-à-dire à dix lieues : donc on verrait les vaisseaux, qui sont beaucoup plus gros, d'aussi loin que la courbure de la terre le permettrait [a], sans autre instrument que nos yeux.

Mais un miroir concave d'un assez grand diamètre et d'un foyer quelconque, placé au fond d'un long tuyau noirci, ferait pendant le jour à peu près le même effet que nos grands objectifs de même diamètre et de même foyer feraient pendant la nuit, et c'était probablement un de ces miroirs concaves d'acier poli (*e ferro sinico*) qu'on avait établi au port d'Alexandrie [b] pour voir de loin arriver les vaisseaux grecs. Au reste, si ce miroir d'acier ou de fer poli a réellement existé, comme il y a toute apparence, on ne peut refuser aux anciens la gloire de la première invention des télescopes, car ce miroir de métal poli ne pouvait avoir d'effet qu'autant que la lumière réfléchie par sa surface était recueillie par un autre miroir concave placé à son foyer, et c'est en cela que consiste l'essence du télescope et la facilité de sa construction. Néanmoins, cela n'ôte rien à la gloire du grand Newton [1], qui, le premier, a ressuscité cette invention entièrement oubliée. Il paraît même que ce sont ses belles découvertes sur la différente réfrangibilité des rayons de la lumière qui l'ont conduit à celle du télescope. Comme les rayons de la lumière sont par leur nature différemment réfrangibles, il était fondé à croire qu'il n'y avait nul moyen de corriger cet effet ; ou s'il a entrevu ces moyens, il les a jugés si difficiles qu'il a mieux aimé

a. La courbure de la terre pour un degré, ou 25 lieues de 2283 toises, est de 2988 pieds ; elle croît comme le carré des distances : ainsi pour 5 lieues elle est vingt-cinq fois moindre, c'est-à-dire d'environ 120 pieds. Un vaisseau, qui a plus de 120 pieds de mâture, peut donc être vu de cinq lieues étant même au niveau de la mer ; mais si l'on s'élevait de 120 pieds au-dessus du niveau de la mer, on verrait de cinq lieues le corps entier du vaisseau jusqu'à la ligne de l'eau, et, en s'élevant encore davantage, on pourrait apercevoir le haut des mâts de plus de dix lieues.

b. De temps immémorial les Chinois et surtout les Japonais savent travailler et polir l'acier en grand et en petit volume, et c'est ce qui m'a fait penser qu'on doit interpréter *e ferro sinico* par acier poli.

1. *Grand Newton.* — *Grand* n'est point une vaine épithète sous la plume du grand Buffon.

tourner ses vues d'un autre côté, et produire, par le moyen de la réflexion des rayons, les grands effets qu'il ne pouvait obtenir par leur réfraction. Il a donc fait construire son télescope, dont l'effet est réellement bien supérieur à celui des lunettes ordinaires; mais les lunettes achromatiques inventées de nos jours sont aussi supérieures au télescope qu'il l'est aux lunettes ordinaires. Le meilleur télescope est toujours sombre en comparaison de la lunette achromatique, et cette obscurité dans les télescopes ne vient pas seulement du défaut de poli ou de la couleur du métal des miroirs, mais de la nature même de la lumière, dont les rayons, différemment réfrangibles, sont aussi différemment réflexibles, quoique en degrés beaucoup moins inégaux. Il reste donc, pour perfectionner les télescopes autant qu'ils peuvent l'être, à trouver le moyen de compenser cette différente réflexibilité, comme l'on a trouvé celui de compenser la différente réfrangibilité.

Après tout ce qui vient d'être dit, je crois qu'on sentira bien que l'on peut faire une très-bonne lunette de jour sans employer ni verres ni miroirs, et simplement en supprimant la lumière environnante au moyen d'un tuyau de 150 ou 200 pieds de long, et en se plaçant dans un lieu obscur où aboutirait l'une des extrémités de ce tuyau : plus la lumière du jour serait vive, plus serait grand l'effet de cette lunette si simple et si facile à exécuter. Je suis persuadé qu'on verrait distinctement à quinze et peut-être vingt lieues les bâtiments et les arbres sur le haut des montagnes. La seule différence qu'il y ait entre ce long tuyau et la galerie obscure que j'ai proposée, c'est que le *champ*, c'est-à-dire l'espace vu, serait bien plus petit, et précisément dans la raison du carré de l'ouverture du tuyau à celle de la galerie.

ARTICLE TROISIÈME.

INVENTION D'AUTRES MIROIRS POUR BRULER A DE MOINDRES DISTANCES.

I. — *Miroirs d'une seule pièce à foyer mobile.*

J'ai remarqué que le verre fait ressort, et qu'il peut plier jusqu'à un certain point; et comme, pour brûler à des distances un peu grandes, il ne faut qu'une légère courbure, et que toute courbure régulière y est à peu près également convenable, j'ai imaginé de prendre des glaces de miroir ordinaire d'un pied et demi, de deux pieds et trois pieds de diamètre, de les faire arrondir et de les soutenir sur un cercle de fer bien égal et bien tourné, après avoir fait dans le centre de la glace un trou de deux ou trois lignes de diamètre pour y passer une vis[a] dont les pas sont très-fins, et qui

---

[a]. Voyez les planches X, XI et XII.

entre dans un petit ecrou posé de l'autre côté de la glace. En serrant cette vis, j'ai courbé assez les glaces de trois pieds pour brûler depuis 50 pieds jusqu'à 30, et les glaces de 18 pouces ont brûlé à 25 pieds; mais ayant répété plusieurs fois ces expériences, j'ai cassé les glaces de trois pieds et de deux pieds, et il ne m'en reste qu'une de 18 pouces, que j'ai gardée pour modèle de ce miroir [a].

Ce qui fait casser ces glaces si aisément, c'est le trou qui est au milieu; elles se courberaient beaucoup plus sans rompre s'il n'y avait point de solution de continuité, et qu'on pût les presser également sur toute la surface : cela m'a conduit à imaginer de les faire courber par le poids même de l'atmosphère; et pour cela il ne faut que mettre une glace circulaire sur une espèce de tambour de fer ou de cuivre, et ajouter à ce tambour une pompe pour en tirer de l'air; on fera de cette manière courber la glace plus ou moins, et par conséquent elle brûlera à de plus et moins grandes distances.

Il y aurait encore un autre moyen, ce serait d'ôter l'étamage dans le centre de la glace, de la largeur de 9 ou 10 lignes, façonner avec une molette cette partie du centre en portion de sphère, comme un verre convexe d'un pouce de foyer, mettre dans le tambour une petite mèche soufrée; il arriverait que, quand on présenterait ce miroir au soleil, les rayons, transmis à travers cette partie du centre de la glace et réunis au foyer d'un pouce, allumeraient la mèche soufrée dans le tambour; cette mèche en brûlant absorberait de l'air, et par conséquent le poids de l'atmosphère ferait plier la glace plus ou moins, selon que la mèche soufrée brûlerait plus ou moins de temps. Ce miroir serait fort singulier, parce qu'il se courberait de lui-même à l'aspect du soleil sans qu'il fût nécessaire d'y toucher; mais l'usage n'en serait pas facile, et c'est pour cette raison que je ne l'ai pas fait exécuter, la seconde manière étant préférable à tous égards.

Ces miroirs d'une seule pièce à foyer mobile peuvent servir à mesurer plus exactement que par aucun autre moyen la différence des effets de la chaleur du soleil, reçue dans des foyers plus ou moins grands. Nous avons vu que les grands foyers font toujours proportionnellement beaucoup plus d'effet que les petits, quoique l'intensité de chaleur soit égale dans les uns et les autres : on aurait ici, en contractant successivement les foyers, toujours une égale quantité de lumière ou de chaleur, mais dans des espaces successivement plus petits; et, au moyen de cette quantité constante, on pourrait déterminer, par l'expérience, le minimum de l'espace du foyer,

---

[a]. Ces glaces de 3 pieds ont mis le feu à des matières légères jusqu'à 50 pieds de distance, et alors elles n'avaient plié que d'une ligne ½; pour brûler à 40 pieds, il fallait les faire plier de 2 lignes; pour brûler à 30 pieds, de deux lignes ¼, et c'est en voulant les faire brûler à 20 pieds qu'elles se sont cassées.

c'est-à-dire l'étendue nécessaire pour qu'avec la même quantité de lumière on eût le plus grand effet ; cela nous conduirait en même temps à une estimation plus précise de la déperdition de la chaleur dans les différentes substances, sous un même volume ou dans une égale étendue.

A cet usage près, il m'a paru que ces miroirs d'une seule pièce à foyer mobile étaient plus curieux qu'utiles : celui qui agit seul et se courbe à l'aspect du soleil est assez ingénieusement conçu pour avoir place dans un cabinet de physique.

II. — *Miroirs d'une seule pièce pour brûler très-vivement à des distances médiocres et à de petites distances.*

J'ai cherché les moyens de courber régulièrement de grandes glaces ; et, après avoir fait construire deux fourneaux différents qui n'ont pas réussi, je suis parvenu à en faire un troisième [a], dans lequel j'ai courbé très-régulièrement des glaces circulaires de trois, quatre, et quatre pieds et demi de diamètre ; j'en ai même fait courber deux de 56 pouces, mais quelque précaution qu'on ait prise pour laisser refroidir lentement ces grandes glaces de 56 et 54 pouces de diamètre, et pour les manier doucement, elles se sont cassées en les appliquant sur les moules sphériques que j'avais fait construire pour leur donner la forme régulière et le poli nécessaire ; la même chose est arrivée à trois autres glaces de 48 et 50 pouces de diamètre, et je n'en ai conservé qu'une seule de 46 pouces et deux de 37 pouces. Les gens qui connaissent les arts n'en seront pas surpris ; ils savent que les grandes pièces de verre exigent des précautions infinies pour ne pas se fêler au sortir du fourneau, où on les laisse recuire et refroidir ; ils savent que plus elles sont minces et plus elles sont sujettes à se fendre, non-seulement par le premier coup de l'air, mais encore par ses impressions ultérieures. J'ai vu plusieurs de mes glaces courbées se fendre toutes seules au bout de trois, quatre et cinq mois, quoiqu'elles eussent résisté aux premières impressions de l'air et qu'on les eût placées sur des moules de plâtre bien séché, sur lesquels la surface concave de ces glaces portait également partout ; mais ce qui m'en a fait perdre un grand nombre, c'est le travail qu'il fallait faire pour leur donner une forme régulière. Ces glaces que j'ai achetées toutes polies à la manufacture du faubourg Saint-Antoine, quoique choisies parmi les plus épaisses, n'avaient que cinq lignes d'épaisseur : en les courbant, le feu leur faisait perdre en partie leur poli. Leur épaisseur, d'ailleurs, n'était pas bien égale partout ; et néanmoins il était nécessaire, pour l'objet auquel je les destinais, de rendre les deux surfaces concave et convexe parfaitement concentriques, et par conséquent de les travailler

---

a. Voyez les planches I, II, III, IV, V et VI.

avec des molettes convexes dans des moules creux, et des molettes concaves sur des moules convexes. De vingt-quatre glaces que j'avais courbées, et dont j'en avais livré quinze à feu M. Passemant pour les faire travailler par ses ouvriers, je n'en ai conservé que trois : toutes les autres, dont les moindres avaient au moins trois pieds de diamètre, se sont cassées, soit avant d'être travaillées, soit après. De ces trois glaces que j'ai sauvées, l'une a 46 pouces de diamètre, et les deux autres 37 pouces ; elles étaient bien travaillées, leurs surfaces bien concentriques, et par conséquent l'épaisseur bien égale ; il ne s'agissait plus que de les étamer sur leur surface convexe, et je fis pour cela plusieurs essais et un assez grand nombre d'expériences qui ne me réussirent point. M. de Bernières, beaucoup plus habile que moi dans cet art de l'étamage, vint à mon secours, et me rendit en effet deux de mes glaces étamées : j'eus l'honneur d'en présenter au Roi la plus grande, c'est-à-dire celle de 46 pouces, et de faire devant Sa Majesté les expériences de la force de ce miroir ardent qui fond aisément tous les métaux ; on l'a déposé au château de la Muette, dans un cabinet qui est sous la direction du Père Noël ; c'est certainement le plus fort miroir ardent qu'il y ait en Europe [a]. J'ai déposé au Jardin du Roi, dans le Cabinet d'Histoire naturelle, la glace de 37 pouces de diamètre, dont le foyer est beaucoup plus court que celui du miroir de 46 pouces. Je n'ai pas encore eu le temps d'essayer la force de ce second miroir, que je crois aussi très-bon. Je fis, dans le temps, quelques expériences au château de la Muette sur la lumière de la lune, reçue par le miroir de 46 pouces, et réfléchie sur un thermomètre très-sensible ; je crus d'abord m'apercevoir de quelque mouvement, mais cet effet ne se soutint pas, et depuis je n'ai pas eu occasion de répéter l'expérience. Je ne sais même si l'on obtiendrait un degré de chaleur sensible en réunissant les foyers de plusieurs miroirs, et les faisant tomber ensemble sur un thermomètre aplati et noirci ; car il se peut que la lune nous envoie du froid plutôt que du chaud, comme nous l'expliquerons ailleurs. Du reste, ces miroirs sont supérieurs à tous les miroirs de réflexion dont on avait connaissance : ils servent aussi à voir en grand les petits tableaux, et à en distinguer toutes les beautés et tous les défauts ; et si on en fait étamer de pareils dans leur concavité, ce qui serait bien plus aisé que sur la convexité, ils serviraient à voir les plafonds et autres peintures qui sont trop grandes et trop perpendiculaires sur la tête pour pouvoir être regardées aisément.

Mais ces miroirs ont l'inconvénient commun à tous les miroirs de ce genre, qui est de brûler en haut, ce qui fait qu'on ne peut travailler de suite à leur foyer, et qu'ils deviennent presque inutiles pour toutes les

---

a. On m'a dit que l'étamage de ce miroir, qui a été fait il y a plus de vingt ans, s'était gâté : il faudrait le remettre entre les mains de M. de Bernières, qui seul a le secret de cet étamage, pour le bien réparer.

expériences qui demandent une longue action du feu et des opérations suivies. Néanmoins, en recevant d'abord les rayons du soleil sur une glace, plane de quatre pieds et demi de hauteur et d'autant de largeur qui les réfléchit contre ces miroirs concaves, ils sont assez puissants pour que cette perte, qui est de la moitié de la chaleur, ne les empêche pas de brûler très-vivement à leur foyer, qui par ce moyen se trouve en bas comme celui des miroirs de réfraction, et auquel par conséquent on pourrait travailler de suite et avec une égale facilité. Seulement il serait nécessaire que la glace plane et le miroir concave fussent tous deux montés parallèlement sur un même support, où ils pourraient recevoir également les mêmes mouvements de direction et d'inclinaison, soit horizontalement, soit verticalement. L'effet que le miroir de 46 pouces de diamètre ferait en bas, n'étant que de moitié de celui qu'il produit en haut, c'est comme si la surface de ce miroir était réduite de moitié, c'est-à-dire comme s'il n'avait qu'un peu plus de 32 pouces de diamètre au lieu de 46; et cette dimension de 32 pouces de diamètre pour un foyer de 6 pieds ne laisse pas de donner une chaleur plus grande que celle des lentilles de Tschirnaüs ou du sieur Segard, dont je me suis autrefois servi, et qui sont les meilleures que l'on connaisse.

Enfin, par la réunion de ces deux miroirs, on aurait aux rayons du soleil une chaleur immense à leur foyer commun, surtout en le recevant en haut, qui ne serait diminuée que de moitié en le recevant en bas, et qui par conséquent serait beaucoup plus grande qu'aucune autre chaleur connue, et pourrait produire des effets dont nous n'avons aucune idée.

III. — *Lentilles ou Miroirs à l'eau.*

Au moyen des glaces courbées et travaillées régulièrement dans leur concavité et sur leur convexité, on peut faire un miroir réfringent, en joignant par opposition deux de ces glaces, et en remplissant d'eau tout l'espace qu'elles contiennent.

Dans cette vue, j'ai fait courber deux glaces de 37 pouces de diamètre, et les ai fait user de 8 ou 9 lignes sur les bords pour les bien joindre. Par ce moyen, l'on n'aura pas besoin de mastic pour empêcher l'eau de fuir.

Au zénith du miroir il faut pratiquer un petit goulot[a], par lequel on en remplira la capacité avec un entonnoir; et comme les vapeurs de l'eau échauffée par le soleil pourraient faire casser les glaces, on laissera ce goulot ouvert pour laisser échapper les vapeurs, et afin de tenir le miroir toujours absolument plein d'eau, on ajustera dans ce goulot une petite bouteille pleine d'eau, et cette bouteille finira elle-même en haut par un goulot

---

a. Voyez la planche xii.

étroit, afin que, dans les différentes inclinaisons du miroir, l'eau qu'elle contiendra ne puisse pas se répandre en trop grande quantité.

Cette lentille, composée de deux glaces de 37 pouces, chacune de deux pieds et demi de foyer, brûlerait à cinq pieds, si elle était de verre; mais l'eau ayant une moindre réfraction que le verre, le foyer sera plus éloigné; il ne laissera pás néanmoins de brûler vivement. J'ai supputé qu'à la distance de 5 pieds $\frac{1}{2}$, cette lentille à l'eau produirait au moins deux fois autant de chaleur que la lentille du Palais-Royal, qui est de verre solide, et dont le foyer est à douze pieds.

J'avais conservé une assez forte épaisseur aux glaces, afin que le poids de l'eau qu'elles devaient renfermer ne pût en altérer la courbure. On pourrait essayer de rendre l'eau plus réfringente, en y faisant fondre des sels : comme l'eau peut successivement fondre-plusieurs sels, et s'en charger en plus grande quantité qu'elle ne se chargerait d'un seul sel, il faudrait en fondre de plusieurs espèces, et on rendrait par ce moyen la réfraction de l'eau plus approchante de celle du verre.

Tel était mon projet; mais, après avoir travaillé et ajusté ces glaces de 37 pouces, celle du dessous s'est cassée dès la première expérience, et comme il ne m'en restait qu'une, j'en ai fait le miroir concave de 37 pouces dont j'ai parlé dans l'article précédent.

Ces loupes, composées de deux glaces sphériquement courbées et remplies d'eau, brûleront en bas, et produiront de plus grands effets que les loupes de verre massif, parce que l'eau laisse passer plus aisément la lumière que le verre le plus transparent; mais l'exécution ne laisse pas d'en être difficile, et demande des attentions infinies. L'expérience m'a fait connaître qu'il fallait des glaces épaisses de neuf ou huit lignes au moins, c'est-à-dire des glaces faites exprès, car on n'en coule point aux manufactures d'aussi épaisses à beaucoup près; toutes celles qui sont dans le commerce n'ont qu'environ moitié de cette épaisseur : il faut ensuite courber ces glaces dans un fourneau pareil à celui dont j'ai donné la figure, planche 1 et suivantes; avoir attention de bien sécher le fourneau, de ne pas presser le feu et d'employer au moins trente heures à l'opération. La glace se ramollira et pliera par son poids sans se dissoudre, et s'affaissera sur le moule concave qui lui donnera sa forme : on la laissera recuire et refroidir par degrés dans ce fourneau, qu'on aura soin de boucher au moment qu'on aura vu la glace bien affaissée partout également. Deux jours après, lorsque le fourneau aura perdu toute sa chaleur, on en tirera la glace, qui ne sera que légèrement dépolie, on examinera avec un grand compas courbe si son épaisseur est à peu près égale partout, et si cela n'était pas, et qu'il y eût dans de certaines parties de la glace une inégalité sensible, on commencera par l'atténuer avec une molette de même sphère que la courbure de la glace. On continuera de travailler de même les deux surfaces concave et convexe, qu'il faut rendre parfaitement concentriques, en sorte que la glace ait partout exactement la même épaisseur. Et pour parvenir à cette précision, qui est absolument nécessaire, il faudra faire courber de plus petites glaces de deux ou trois pieds de diamètre, en observant de faire ces petits moules sur un rayon de quatre ou cinq lignes plus long que ceux du foyer de la grande glace : par ce moyen on aura des glaces courbes dont on se servira, au lieu de molettes, pour travailler les deux surfaces concave et convexe, ce qui avancera beaucoup le travail ; car ces petites glaces, en frottant contre la grande, l'useront, et s'useront également ; et comme leur courbure est plus forte de 4 lignes, c'est-à-dire de moitié de l'épaisseur de la grande glace, le travail de ces petites glaces, tant au dedans qu'au dehors, rendra concentriques les deux surfaces de la grande glace aussi précisément qu'il est possible. C'est là le point le plus difficile, et j'ai souvent vu que pour l'obtenir on était obligé d'user la glace de plus d'une ligne et demie sur chaque surface, ce qui la rendait trop mince, et dès lors inutile, du moins pour notre objet. Ma glace de 37 pouces, que le poids de l'eau, joint à la chaleur du soleil, a fait casser, avait néanmoins, toute travaillée, plus de 3 lignes et demie d'épaisseur, et c'est pour cela que je recommande de les tenir encore plus épaisses.

J'ai observé que ces glaces courbées sont plus cassantes que les glaces ordinaires : la seconde fusion ou demi-fusion que le verre éprouve pour se courber est peut-être la cause de cet effet, d'autant que, pour prendre la forme sphérique, il est nécessaire qu'il s'étende inégalement dans chacune de ses parties, et que leur adhérence entre elles change dans des proportions inégales, et même différentes, pour chaque point de la courbe, relativement au plan horizontal de la glace, qui s'abaisse successivement pour prendre la courbure sphérique.

En général, le verre a du ressort et peut plier sans se casser d'environ un pouce par pied, surtout quand il est mince ; je l'ai même éprouvé sur des glaces de deux et trois lignes d'épaisseur et de cinq pieds de hauteur. On peut les faire plier de plus de 4 pouces sans les rompre, surtout en ne les comprimant qu'en un sens ; mais si on les courbe en deux sens à la fois, comme pour produire une surface sphérique, elles cassent à moins d'un demi-pouce par pied sous cette double flexion : la glace inférieure de ces lentilles à l'eau obéissant donc à la pression causée par le poids de l'eau, elle cassera ou prendra une plus forte courbure, à moins qu'elle ne soit fort épaisse ou qu'elle ne soit soutenue par une croix de fer, ce qui fait ombre au foyer et rend désagréable l'aspect de ce miroir. D'ailleurs le foyer de ces lentilles à l'eau n'est jamais franc, ni bien terminé, ni réduit à sa plus petite étendue : les différentes réfractions que souffre la lumière en passant du verre dans l'eau, et de l'eau dans le verre, causent une aberration des rayons beaucoup plus grande qu'elle ne l'est par une réfraction simple dans les loupes de verre massif. Tous ces inconvénients m'ont fait tourner mes vues sur les moyens de perfectionner les lentilles de verre, et je crois avoir enfin trouvé tout ce qu'on peut faire de mieux en ce genre, comme je l'expliquerai dans les paragraphes suivants.

Avant de quitter les lentilles à l'eau, je crois devoir encore proposer un moyen de construction nouvelle qui serait sujette à moins d'inconvénients, et dont l'exécution serait assez facile. Au lieu de courber, travailler et polir de grandes glaces de quatre ou cinq pieds de diamètre, il ne faudrait que de petits morceaux carrés de deux pouces, qui ne coûteraient presque rien, et les placer dans un châssis de fer traversé de verges minces de ce même métal, et ajustées comme les vitres en plomb; ce châssis et ces verges de fer, auxquelles on donnerait la courbure sphérique, et quatre pieds de diamètre, contiendraient chacun trois cent quarante-six de ces petits morceaux de 2 pouces, et en laissant quarante-six pour l'équivalent de l'espace que prendraient les verges de fer, il y aurait toujours trois cent disques du soleil qui coïncideraient au même foyer que je suppose à dix pieds : chaque morceau laisserait passer un disque de 2 pouces de diamètre, auquel, ajoutant la lumière des parties du carré circonscrit à ce cercle de 2 pouces de diamètre, le foyer n'aurait à dix pieds que 2 pouces $\frac{1}{2}$ ou 2 pouces $\frac{3}{4}$ si la monture de ces petites glaces était régulièrement exécutée. Or, en diminuant la perte que souffre la lumière en passant à travers l'eau et les doubles verres qui la contiennent, et qui serait ici à peu près de moitié, on aurait encore au foyer de ce miroir, tout composé de facettes planes, une chaleur cent cinquante fois plus grande que celle du soleil. Cette construction ne serait pas chère, et je n'y vois d'autre inconvénient que la fuite de l'eau qui pourrait percer par les joints des verges de fer qui soutiendraient les petits trapèzes de verre; il faudrait prévenir cet inconvénient en pratiquant de petites rainures de chaque côté dans ces verges et enduire ces rainures de mastic ordinaire des vitriers, qui est impénétrable à l'eau.

IV. — *Lentilles de verre solide.*

J'ai vu deux de ces lentilles, celle du Palais-Royal, et celle du sieur Segard : toutes deux ont été tirées d'une masse de verre d'Allemagne, qui est beaucoup plus transparente que le verre de nos glaces de miroirs. Mais personne ne sait en France fondre le verre en larges masses épaisses, et la composition d'un verre transparent comme celui de Bohème, n'est connue que depuis peu d'années.

J'ai donc d'abord cherché les moyens de fondre le verre en masses épaisses, et j'ai fait en même temps différents essais pour avoir une matière bien transparente. M. de Romilly, qui dans ce temps était l'un des .

directeurs de la manufacture de Saint-Gobain [1], m'ayant aidé de ses conseils,
nous fondîmes deux masses de verre d'environ sept pouces de diamètre
sur cinq à six pouces d'épaisseur dans des creusets à un fourneau où l'on
cuisait de la faïence au faubourg Saint-Antoine. Après avoir fait user et
polir les deux surfaces de ces morceaux de verre pour les rendre parallèles,
je trouvai qu'il n'y en avait qu'un des deux qui fût parfaitement net. Je
livrai le second morceau, qui était le moins parfait, à des ouvriers qui ne
laissèrent pas que d'en tirer d'assez bons prismes de toute grosseur, et j'ai
gardé pendant plusieurs années le premier morceau, qui avait 4 pouces $\frac{1}{2}$
d'épaisseur et dont la transparence était telle qu'en posant ce verre de
4 pouces $\frac{1}{2}$ d'épaisseur sur un livre, on pouvait lire à travers très-aisément
les caractères les plus petits et les écritures de l'encre la plus blanche [2]. Je
comparai le degré de transparence de cette matière avec celle des glaces
de Saint-Gobain, prises et réduites à différentes épaisseurs : un morceau de
la matière de ces glaces de 2 pouces $\frac{1}{2}$ d'épaisseur sur environ un pied de
longueur et de largeur, que M. de Romilly me procura, était vert comme
du marbre vert, et l'on ne pouvait lire à travers ; il fallut le diminuer de
plus d'un pouce pour commencer à distinguer les caractères à travers son
épaisseur, et enfin le réduire à 2 lignes $\frac{1}{2}$ d'épaisseur pour que sa transparence fût égale à celle de mon morceau de 4 pouces $\frac{1}{2}$ d'épaisseur ; car on
voyait aussi clairement les caractères du livre à travers ces 4 pouces $\frac{1}{2}$,
qu'à travers la glace qui n'avait que 2 lignes $\frac{1}{2}$. Voici la composition de ce
verre dont la transparence est si grande [3] :

> Sable blanc cristallin, une livre.
> Minium ou chaux de plomb, une livre.
> Potasse, une demi-livre.
> Salpêtre, une demi-once.
> Le tout mêlé et mis au feu suivant l'art.

J'ai donné à M. Cassini de Thury ce morceau de verre, dont on pouvait
espérer de faire d'excellents verres de lunette achromatique, tant à cause
de sa très-grande transparence que de sa force réfringente, qui était très-
considérable, vu la quantité de plomb qui était entrée dans sa composi-

---

1. Saint-Gobain (département de l'Aisne). — La plus célèbre manufacture de glaces du
monde. — Fondée sous Louis XIV, en 1666, elle n'a cessé, depuis, de s'agrandir et de perfectionner ses méthodes de fabrication. Pour donner une idée des proportions gigantesques
des travaux qui s'y exécutent, il suffira de dire qu'on y brûle plus de 100,000 kilogrammes de
charbon de terre *par jour*.

2. Aujourd'hui on fabrique, à Saint-Gobain, des glaces qui sont presque entièrement *inco-
lores* sous toutes les épaisseurs.

3. Buffon compare ici deux choses tout à fait différentes : le *verre* et le *cristal*. Ce verre,
« dont la transparence est si grande, » et dont Buffon nous donne la composition, est tout
simplement du *cristal*. — Au reste, on fabrique aujourd'hui du *verre* aussi transparent que
le *cristal*. (Voyez la note précédente.)

tion ; mais M. de Thury ayant confié ce beau morceau de verre à des ouvriers ignorants, ils l'ont gâté au feu où ils l'ont remis mal à propos ; je me suis repenti de ne l'avoir pas fait travailler moi-même, car il ne s'agissait que de le trancher en lames, et la matière en était encore plus transparente et plus nette que celle *flint-glass* d'Angleterre, et elle avait plus de force de réfraction.

Avec 600 livres de cette même composition, je voulais faire une lentille de 26 ou 27 pouces de diamètre et de 5 pieds de foyer. J'espérais pouvoir la fondre dans mon fourneau, dont à cet effet j'avais fait changer la disposition intérieure ; mais je reconnus bientôt que cela n'était possible que dans les plus grands fourneaux de verrerie : il me fallait une masse de 3 pouces d'épaisseur sur 27 ou 28 pouces de diamètre, ce qui fait environ un pied cube de verre ; je demandai la liberté de la faire couler à mes frais à la manufacture de Saint-Gobain, mais les administrateurs de cet établissement ne voulurent pas me le permettre, et la lentille n'a pas été faite. J'avais supputé que la chaleur de cette lentille de 27 pouces serait à celle de la lentille du Palais-Royal, comme 19 sont à 6 ; ce qui est un très-grand effet, attendu la petitesse du diamètre de cette lentille, qui aurait eu 11 pouces de moins que celle du Palais-Royal.

Cette lentille, dont l'épaisseur au point du milieu ne laisse pas d'être considérable, est néanmoins ce qu'on peut faire de mieux pour brûler à 5 pieds : on pourrait même en augmenter le diamètre ; car je suis persuadé qu'on pourrait fondre et couler également des pièces plus larges et plus épaisses dans les fourneaux où l'on fond les grandes glaces, soit à Saint-Gobain, soit à Rouelle en Bourgogne : j'observe seulement ici qu'on perdrait plus par l'augmentation de l'épaisseur qu'on ne gagnerait par celle de la surface du miroir, et que c'est pour cela que, tout compensé, je m'étais borné à 26 ou 27 pouces.

Newton a fait voir que, quand les rayons de lumière tombaient sur le verre sous un angle de plus de 47 ou 48 degrés, ils sont réfléchis au lieu d'être réfractés : on ne peut donc pas donner à un miroir réfringent un diamètre plus grand que la corde d'un arc de 47 ou de 48 degrés de la sphère sur laquelle il a été travaillé ; ainsi dans le cas présent, pour brûler à 5 pieds, la sphère ayant environ 32 pieds de circonférence, le miroir ne peut avoir qu'un peu plus de 4 pieds de diamètre ; mais, dans ce cas, il aurait le double d'épaisseur de ma lentille de 26 pouces, et d'ailleurs les rayons trop obliques ne se réunissent jamais bien.

Ces loupes de verre solide sont, de tous les miroirs que je viens de proposer, les plus commodes, les plus solides, les moins sujets à se gâter, et même les plus puissants lorsqu'ils sont bien transparents, bien travaillés, et que leur diamètre est bien proportionné à la distance de leur foyer. Si l'on veut donc se procurer une loupe de cette espèce, il faut combiner ces différents objets, et ne lui donner, comme je l'ai dit, que 27 pouces de diamètre pour brûler à 5 pieds, qui est une distance commode pour travailler de suite et fort à l'aise au foyer. Plus le verre sera transparent et pesant, plus seront grands les effets; la lumière passera en plus grande quantité en raison de la transparence, et sera d'autant moins dispersée, d'autant moins réfléchie, et par conséquent d'autant mieux saisie par le verre, et d'autant plus réfractée qu'il sera plus massif, c'est-à-dire spécifiquement plus pesant : ce sera donc un avantage que de faire entrer dans la composition de ce verre une grande quantité de plomb; et c'est par cette raison que j'en ai mis moitié, c'est-à-dire autant de minium que de sable. Mais, quelque transparent que soit le verre de ces lentilles, leur épaisseur dans le milieu est non-seulement un très-grand obstacle à la transmission de la lumière, mais encore un empêchement aux moyens qu'on pourrait trouver pour fondre des masses aussi épaisses et aussi grandes qu'il le faudrait : par exemple, pour une loupe de 4 pieds de diamètre, à laquelle on donnerait un foyer de cinq ou six pieds, qui est la distance la plus commode, et à laquelle la lumière, plongeant avec moins d'obliquité, aura plus de force qu'à de plus grandes distances, il faudrait fondre une masse de verre de quatre pieds sur six pouces et demi ou sept pouces d'épaisseur, parce qu'on est obligé de la travailler et de l'user même dans la partie la plus épaisse. Or, il serait très-difficile de fondre et couler d'un seul jet ce gros volume, qui serait, comme l'on voit, de cinq ou six pieds cubes; car les plus amples cuvettes des manufactures de glaces ne contiennent pas deux pieds cubes; les plus grandes glaces [1] de 60 pouces sur 120, en leur supposant 5 lignes d'épaisseur, ne font qu'un volume d'environ un pied cube trois quarts : l'on sera donc forcé de se réduire à ce moindre volume, et à n'employer en effet qu'un pied cube et demi, ou tout au plus un pied cube trois quarts de verre pour en former la loupe; et encore aura-t-on bien de la peine à obtenir des maîtres de ces manufactures de faire couler du verre à cette grande épaisseur, parce qu'ils craignent, avec quelque raison, que la chaleur trop grande de cette masse épaisse de verre ne fasse fendre ou boursoufler la table de cuivre sur laquelle on coule les glaces, lesquelles, n'ayant au plus que 5 lignes d'épaisseur [a], ne communiquent à la table qu'une chaleur très-médiocre en comparaison de celle que lui ferait subir une masse de six pouces d'épaisseur.

---

a. On a néanmoins coulé à Saint-Gobain, et à ma prière, des glaces de sept lignes, dont je me suis servi pour différentes expériences, il y a plus de vingt ans; j'ai remis dernièrement

1. A Saint-Gobain on fabrique des glaces qui ont jusqu'à 20 mètres de superficie; et, pour faire les coulées, on emploie des tables en fonte, au lieu des tables en cuivre dont parle Buffon.

V. — *Lentilles à échelons pour brûler avec la plus grande vivacité possible* [a].

Je viens de dire que les fortes épaisseurs qu'on est obligé de donner aux lentilles, lorsqu'elles ont un grand diamètre et un foyer court, nuisent beaucoup à leur effet : une lentille de 6 pouces d'épaisseur dans le milieu et de la matière des glaces ordinaires ne brûle, pour ainsi dire, que par les bords. Avec du verre plus transparent, l'effet sera plus grand ; mais la partie du milieu reste toujours en pure perte, la lumière ne pouvant en pénétrer et traverser la trop grande épaisseur. J'ai rapporté les expériences que j'ai faites sur la diminution de la lumière qui passe à travers différentes épaisseurs du même verre, et l'on a vu que cette diminution est très-considérable : j'ai donc cherché les moyens de parer à cet inconvénient, et j'ai trouvé une manière simple et assez aisée de diminuer réellement les épaisseurs des lentilles autant qu'il me plaît, sans pour cela diminuer sensiblement leur diamètre et sans allonger leur foyer.

Ce moyen consiste à travailler ma pièce de verre par échelons. Supposons, pour me faire mieux entendre, que je veuille diminuer de deux pouces l'épaisseur d'une lentille de verre qui a 26 pouces de diamètre, 5 pieds de foyer et 3 pouces d'épaisseur au centre ; je divise l'arc de cette lentille en trois parties, et je rapproche concentriquement chacune de ces portions d'arc, en sorte qu'il ne reste qu'un pouce d'épaisseur au centre ; et je forme de chaque côté un échelon d'un demi-pouce pour rapprocher de même les parties correspondantes : par ce moyen, en faisant un second échelon, j'arrive à l'extrémité du diamètre, et j'ai une lentille à échelons qui est à très-peu près du même foyer, et qui a le même diamètre et près de deux fois moins d'épaisseur que la première, ce qui est un très-grand avantage.

Si l'on vient à bout de fondre une pièce de verre de 4 pieds de diamètre sur 2 pouces et demi d'épaisseur et de la travailler par échelons sur un foyer de 8 pieds, j'ai supputé qu'en laissant même un pouce et demi d'épaisseur au centre de cette lentille et à la couronne intérieure des échelons, la chaleur de cette lentille sera à celle de la lentille du Palais-Royal comme 28 sont à 6, sans compter l'effet de la différence des épaisseurs, qui est très-considérable et que je ne puis estimer d'avance.

Cette dernière espèce de miroir réfringent est tout ce qu'on peut faire de plus parfait en ce genre ; et quand même nous le réduirions à 3 pieds de

une de ces glaces de 38 pouces en carré et de 7 lignes d'épaisseur à **M.** de Bernières, qui a entrepris de faire des loupes à l'eau pour l'Académie des Sciences, et j'ai vu chez lui des glaces de 10 lignes d'épaisseur qui ont été coulées de même à Saint-Gobain : cela doit faire présumer qu'on pourrait, sans aucun risque pour la table, en couler d'encore plus épaisses.

a. Voyez les planches xiv, xv et xvi.

diamètre sur 15 lignes d'épaisseur au centre et 6 pieds de foyer, ce qui en rendra l'exécution moins difficile, on aurait toujours un degré de chaleur quatre fois au moins plus grand que celui des plus fortes lentilles que l'on connaisse. J'ose dire que ce miroir à échelons serait l'un des plus utiles instruments de physique ; je l'ai imaginé il y a plus de vingt-cinq ans, et tous les savants auxquels j'en ai parlé désireraient qu'il fût exécuté. On en tirerait de grands avantages pour l'avancement des sciences ; et y adaptant un héliomètre, on pourrait faire à son foyer toutes les opérations de la chimie aussi commodément qu'on le fait au feu des fourneaux, etc.

EXPLICATION DES FIGURES

QUI REPRÉSENTENT LE FOURNEAU DANS LEQUEL J'AI FAIT COURBER DES GLACES POUR FAIRE LES MIROIRS ARDENTS DE DIFFÉRENTES ESPÈCES.

La planche I est le plan du fourneau, au rez-de-chaussée, où l'on voit HKB un vide qui sauve les inconvénients du terre-plein sous l'âtre du fourneau : ce vide est couvert d'une voûte, comme on le verra dans les figures suivantes :

ER les cendriers, disposés en sorte que l'ouverture de l'un est dans la face où se trouve le vent de l'autre.

LL deux contre-forts qui affermissent la maçonnerie du fourneau.

MM deux autres contre-forts, dont l'usage est le même que celui de ceux ci-dessus, et qui n'en diffèrent que parce qu'ils sont un peu arrondis.

$GGGG$ plans de quatre barres de fer qui affermissent le fourneau, ainsi qu'il sera expliqué ci-après.

La planche II est l'élévation d'une des faces parallèles à la ligne CD du plan précédent.

HK l'ouverture pratiquée dans l'âtre du fourneau, afin qu'il ne s'y trouve point d'humidité.

CC la bouche ou grande ouverture du fourneau.

A la petite ouverture pratiquée dans la face opposée, laquelle est toute semblable à celle que la même planche représente, à cette différence près que l'ouverture est plus petite.

Mm un des contre-forts arrondis, à côté duquel on voit le vent.

R ouverture par où l'air extérieur passe sous la grille du foyer.

E le cendrier, N le foyer, P la porte qui le ferme.

Ll un contre-fort carré.

GO, GO deux des barres de fer scellées en terre, et qui sont unies à celles qui sont posées à l'autre face par les liens de fer D, ainsi que l'on verra dans une des figures suivantes.

OO deux barres de fer qui unissent ensemble les deux barres GO, GO et retiennent la voûte de l'ouverture CC qui est bombée.

$mDBDl$ la voûte commune du fourneau et des foyers, dont la figure est ellipsoïde ; l'arrangement des briques et autres matériaux qui composent le fourneau se connaît aisément par la figure.

La planche III est la vue extérieure du fourneau par une des faces parallèles à la ligne AB du plan.

LL, MM contre-forts.

HK extrémités de l'ouverture sous l'âtre du fourneau.

A la petite ouverture, C la grande.

GOD, GOD les barres de fer dont on a parlé, qui sont unies ensemble par le lien DD.

Les liens DD couchés sur la voûte DBD sont unis ensemble par un troisième lien de fer.

P est la porte de fer qui ferme le foyer

18

Les figures précédentes font connaître l'extérieur du fourneau. L'intérieur plus intéressant est représenté dans les planches suivantes.

La planche IV est une coupe horizontale du fourneau par le milieu de la grande bouche.

X est l'âtre que l'on a rendu concave sphérique.

E E les deux grilles qui séparent le foyer du cendrier, et sur lesquelles on met le charbon ; on a supposé que la voûte était transparente, pour mieux faire voir la direction des barreaux qui composent les grilles.

A la petite ouverture, *C C* la grande.

D D les marges, *L M, L M* les contre-forts.

La planche V est la coupe verticale du fourneau suivant la ligne *C D* du plan, ou selon le grand axe de l'ellipsoïde dont la voûte a la figure.

Z le vide sous l'âtre du fourneau.

G X K cavité sphérique pratiquée dans l'âtre du fourneau, et sur laquelle la glace *G K* qui a été arrondie est posée, et dont elle doit prendre exactement la figure après qu'elle aura été ramollie par le feu.

F F les grilles ou foyers au-dessous desquelles sont les cendriers.

D D les marges qui empêchent les bords de la glace du côté des foyers d'être trop tôt atteints par le feu.

C B C la voûte, *C C* lunettes que l'on ouvre ou ferme à volonté en les couvrant d'un carreau de terre cuite, *L M* contre-forts.

La planche VI représente la coupe du fourneau par un plan vertical qui passe par la ligne *A B* du plan.

H K L le vide sous l'âtre du fourneau.

G X K cavité sphérique pratiquée dans l'âtre du fourneau, et sur laquelle la glace *X* est déjà appliquée.

D D une des marges, *P* la grande ouverture, *Q* la petite, *C C C* lunettes.

C B C la voûte coupée transversalement ou selon le petit axe de l'ellipsoïde. On jugera de la grandeur de chaque partie de ce fourneau par les échelles qui sont au bas de chaque figure, qui ont été exactement levées sur le fourneau qui était au Jardin royal des plantes, par M. Goussier.

GRAND MIROIR DE RÉFLEXION, APPELÉ MIROIR D'ARCHIMÈDE.

PLANCHE VII, FIGURE 1.

Ce miroir est composé de trois cent soixante glaces montées sur un châssis de fer *C D E F;* chaque glace est mobile pour que les images réfléchies par chacune puissent être renvoyées vers le même point, et coïncider dans le même espace.

Le châssis, qui a deux tourillons, est porté par une pièce de fer composée de deux montants *M B, L A* assemblés à tenons et mortaises dans la couche *Z O;* ils sont assujettis dans cette situation par la traverse *a b*, et par trois étais à chacun *N P, Q P, O P,* fixés en *P* dans le corps du montant *M B*, et assemblés par le bas dans une courbe *N O Q* qui leur sert d'empatement; ces courbes ont des entailles *N Q, I U* qui reçoivent des roulettes, au moyen desquelles cette machine, quoique fort pesante, peut tourner librement sur le plancher de bois *X X Y*, étant assujettie au centre de cette plate-forme par l'axe *R S* qui passe dans les deux traverses *Z O, a b;* chaque montant porte aussi à sa partie inférieure une roulette, en sorte que toute la machine est portée par dix roulettes; la plate-forme de bois est recouverte de bandes de fer dans la rouette des roulettes; sans cette attention la plate-forme ne serait pas de longue durée.

La plate-forme est portée par quatre fortes roulettes de bois, dont l'usage est de faciliter le transport de toute la machine d'un lieu à un autre.

Pour pouvoir varier à volonté les inclinaisons du miroir, et pouvoir l'assujettir dans la situation que l'on juge à propos, on a adapté la crémaillère *F G* qui est unie avec des cercles, dont le tourillon *B* est le centre; cette crémaillère est menée par un pignon en lanterne, dont la tige *b H* traverse le montant et un des étais, et est terminée par une manivelle *H K*, au moyen de laquelle on incline ou on redresse le miroir à discrétion.

Jusqu'à présent nous n'avons expliqué que la construction générale du miroir: reste à expliquer par quel artifice on parvient à faire que les images différentes, réfléchies par les différents miroirs, sont toutes renvoyées au même point, et c'est à quoi sont destinées les figures suivantes.

PLANCHE VIII, FIGURE 2.

XZ une portion des barres qui occupent le derrière du miroir; ces barres sont au nombre de vingt, et disposées horizontalement, en sorte que leur plan est parallèle au plan du miroir; chacune de ces barres a dix-huit entailles TT, et le même nombre d'éminences VV qui les séparent: ces barres sont assujetties aux côtés verticaux du châssis du miroir par des vis, et entre elles par trois ou quatre barres verticales, auxquelles elles sont assujetties par des vis; vis-à-vis de chaque entaille TT il y a des poupées TA, TD qui y sont fixées par les écrous GA qui prennent la partie taraudée de la queue de la poupée après qu'elle a traversé l'épaisseur de la barre; les parties supérieures de chaque poupée, qui sont percées, servent de collets aux tourillons de la croix dont nous allons parler; cette croix, représentée figures 3 et 5, est un morceau de cuivre ou de fer, dont la figure fait connaître la forme.

CD les tourillons qui entrent dans les trous pratiqués à chaque poupée, en sorte qu'elle se peut mouvoir librement dans ces trous.

La vis ML après avoir traversé l'éminence V, va s'appuyer en dessous contre l'extrémité inférieure B du croisillon BA, en même temps le ressort K va s'appliquer contre l'autre extrémité A du même croisillon; en sorte que, lorsque l'on fait tourner la vis en montant, le ressort en se rétablissant fait que la partie B du croisillon se trouve toujours appliquée sur la pointe de la vis: il résulte de cette construction un mouvement de ginglyme ou charnière, dont l'axe est BC, figure 2.

Ce seul mouvement ne suffisant pas, on en a pratiqué un autre, dont l'axe de mouvement croise à angle droit le premier.

Aux deux extrémités A et B du croisillon AB, on a adapté deux petites poupées BH, AK, figure 5, retenues comme les précédentes par des vis et des écrous.

Les trous HK, qui sont aux parties supérieures de ces poupées, reçoivent les tourillons DC, figure 4, d'une plaque de fer que nous avons appelée *porte-glace*, qui peut se mouvoir librement sur les poupées, et s'incliner à l'axe CD du premier mouvement par le moyen de la vis FG, pour laquelle on a réservé un bossage E dans le croisillon AB, afin de lui servir d'écrous dormants; cette vis s'applique par E contre la partie DBC du porte-glace, et force cette partie à monter lorsqu'on tourne la vis; mais lorsqu'on vient à lâcher cette vis, le ressort AL, qui s'applique contre la partie DAC du porte-glace, le force à suivre toujours la pointe de la vis: au moyen de ces deux mouvements de ginglyme, on peut donner à la glace qui est reçue par les crochets ACB du porte-glace telle direction que l'on souhaite, et par ce moyen faire coïncider l'image du soleil réfléchie par une glace, avec celle qui est réfléchie par une autre.

PLANCHE IX.

La figure 6 représente le porte-glace vu par derrière, où l'on voit la vis FEG qui s'applique en G hors de l'axe de mouvement HK, et le ressort L qui s'applique en L de l'autre côté de l'axe de mouvement.

La figure 7 représente le porte-glace vu en dessus, et garni de la glace $ACBD$; le reste est expliqué dans les autres figures.

MIROIR DE RÉFLEXION RENDU CONCAVE PAR LA PRESSION D'UNE VIS APPLIQUÉE AU CENTRE.

PLANCHE X.

La figure 1 représente le miroir monté sur son pied; BDC la fourchette qui porte le miroir: cette fourchette est mobile dans l'axe vertical, et est retenue sur le pied à trois branches FFF' par l'écrou G.

D E le régulateur des inclinaisons.

A la tête de la vis placée au centre du miroir, et rendu concave par son moyen.

La figure 2 représente le miroir vu par sa partie postérieure, *B C* les tourillons qui entrent dans les collets de la fourchette.

F G une barre de fer fixée sur l'anneau de même métal, qui entoure la glace : cette barre sert de point d'appui à la vis *D E* qui comprime la glace.

B H C K l'anneau ou cercle de fer sur lequel la glace est appliquée; ce cercle doit être exactement plan et parfaitement circulaire : on couvre la partie sur laquelle la glace s'applique avec de la peau, du cuir ou de l'étoffe, pour que le contact soit plus immédiat, et que la glace ne soit point exposée à rompre.

MIROIR DE RÉFLEXION RENDU CONCAVE PAR LA PRESSION DE L'ATMOSPHÈRE

PLANCHE XI.

Ce miroir consiste en un tambour ou cylindre, dont une des bases est la glace, et l'autre une plaque de fer.

A B, figure 1, la glace parfaitement plane, *C* une lentille taillée dans l'épaisseur même de la glace.

A E ou *B M* la hauteur du cylindre aux extrémités du diamètre horizontal *T L*, duquel sortent deux tourillons qui entrent dans les yeux de la fourchette, ainsi qu'il est expliqué en parlant du miroir de réfraction.

M O le régulateur des inclinaisons.

N le collet par lequel il passe et la vis qui sert à l'y fixer.

N R S P Q le pied qui est semblable à celui du miroir de réfraction, à cette différence près qu'il est de bois et que les pièces ont un contour moins orné; du reste sa fonction est la même.

Figure 2 est le profil du miroir coupé par un plan qui passe par l'axe du cylindre, et auquel on suppose que l'œil est perpendiculaire.

A B la glace dont on voit l'épaisseur.

C la lentille qui y est entaillée et dont le foyer tombe sur le point *c*.

E D la base du cylindre qui est une plaque de fer.

A E, B D la hauteur et la coupe de la surface cylindrique.

c m une mèche soufrée que l'on fait entrer dans la cavité du miroir après avoir ôté la vis *K*, dont l'écrou est un cube solidement attaché à la plaque de fer qui sert de fond au miroir.

G la même vis représentée séparément; *H* une rondelle de cuir que l'on met entre la tête de la vis et son écrou pour fermer entièrement le passage à l'air.

a b c la courbure que la glace prend après que l'air, que le cylindre contient, a été consommé par la flamme de la bougie *c m*, à laquelle la lentille *C* a mis le feu.

D F le régulateur des inclinaisons qui est assemblé à charnière au point *D*.

E m K, K m D règles de fer posées de champ sur la base du cylindre et qui y sont fortement assujetties; leur usage est pour fortifier la plaque et la mettre en état de résister au poids de l'atmosphère, qui la comprime aussi bien que la glace; cette construction est représentée dans une autre figure, planche XII.

AUTRE MIROIR DE RÉFLEXION.

PLANCHE XII.

Il consiste aussi en un cylindre ou tambour de fer, dont une des bases est une glace parfaitement plane : la base opposée, et qui est celle que la figure 1 présente, est une plaque de fer qui est fortifiée par les règles de fer posées de champ *E G, F H, E K*. On vide l'air que le cylindre contient par la pompe *B C*, qui est affermie sur la plaque de fer par les collets *x x*.

A l'extrémité supérieure du piston.

E un cube de cuivre solidement fixé sur la plaque; ce cube est porté en travers pour recevoir le robinet *F*, au moyen duquel on ouvre ou on ferme la communication de l'intérieur du cylindre avec la pompe.

L M, mn la fourchette sur laquelle le miroir est monté et qui est mobile dans l'arbre *M O*.

M P R Q le pied qui a seulement trois branches, ce qui fait qu'il porte toujours à plomb, même sur un plan inégal.

La figure 2 représente le miroir coupé, suivant la ligne *G H*, et duquel on suppose que l'on a pompé l'air.

X V Z la glace que la pression de l'atmosphère a rendue concave.

H G la plaque de fer qui sert de fond au cylindre.

L N les tourillons.

F E le robinet.

E G, F H les règles de champ qui maintiennent la plaque.

Les figures 3 et 4 représentent en grand la coupe du cube dans lequel passe le robinet; ce cube est supposé coupé par un plan perpendiculaire à la plaque et qui passe par la pompe.

c partie du canal coudé pratiqué dans le cube qui communique à l'intérieur du miroir.

b portion du même canal qui communique à la pompe.

a le robinet qui se trouve coupé perpendiculairement à son axe.

La figure 3 représente la situation du robinet lorsque la communication est ouverte; la portion *m* du canal se présente vis-à-vis les ouvertures *b, c*.

La figure 4 représente la situation du robinet, lorsque la communication est fermée; alors la partie *m* du canal ne se présente plus vis-à-vis les mêmes ouvertures.

LENTILLE A L'EAU.

PLANCHE XIII.

Figure 1. Le miroir entier monté sur son pied.

A B M C le miroir composé de deux glaces convexes, assujetties l'une contre l'autre par le châssis ou cadre circulaire *A B M C*.

B C extrémités de la fourchette de fer qui porte ce miroir. Les extrémités de cette fourchette sont percées d'un trou cylindrique pour recevoir les tourillons dont le châssis du miroir est garni et sur lesquels il se meut pour varier les inclinaisons.

B K C la fourchette.

K F i G H le pied qui porte le miroir; il est composé de plusieurs pièces.

K L l'arbre ou poinçon qui s'appuie par sa partie inférieure sur la croix *H I, F G*; il est fixé dans la situation verticale par les quatre étais ou jambes de force *K G, K H, K F, K I* qui sont de fer et auxquelles on a donné un contour agréable.

f g h i les roulettes.

Figure 2. Coupe ou profil du miroir dans laquelle on suppose que l'œil est placé dans le plan qui sépare les deux glaces.

X Z les deux glaces qui étant réunies forment une lentille.

o r le plan qui sépare les deux glaces.

b m coupe du châssis ou anneau qui retient les glaces unies ensemble; cet anneau est composé de deux pièces qui s'assujettissent l'une à l'autre par des vis et entre lesquelles les glaces sont mastiquées.

a une petite bouteille à deux cols, l'un desquels communique au vide que les deux glaces laissent entre elles par un canal pratiqué entre les deux glaces et qui est entaillé moitié dans l'une et moitié dans l'autre.

Figure 3. *B D C* la fourchette de fer qui porte le miroir.

D E tige de la fourchette qui entre dans un trou vertical pratiqué à l'axe ou arbre *K L* du pied, en sorte que l'on peut présenter successivement la face du miroir à tous les points de l'horizon.

D collet dans lequel passe le régulateur des inclinaisons que l'on y fixe par une vis.

LENTILLE A ÉCHELONS.

PLANCHE XIV.

A B bordure circulaire pour contenir ce miroir à échelons.

C C tourillons qui passent dans les trous percés horizontalement à la partie supérieure de la fourchette *D D ;* à sa partie inférieure, tient une tige aussi de fer, que l'on ne voit point ici, étant entrée perpendiculairement mais un peu à l'aise dans l'arbre *E* , afin de pouvoir tourner à droite et à gauche.

L'arbre *E* est attaché solidement à son pied, qui est fait en croix, dont on ne peut voir ici que trois de ses côtés indiqués *F F F.*

G G G jambages de force ou étais de fer pour la solidité.

H H H roulettes dessous les pieds pour ranger facilement ce miroir à la direction que l'on juge à propos.

La planche xv représente ce même miroir à échelons en perspective, tourné vers le soleil pour mettre le feu.

A B bordure circulaire qui contient la glace à échelons.

C C tourillons qui passent dans les trous percés à la partie supérieure de la fourchette *D D.*

A la partie inférieure de la fourchette, qui est de fer, tient une tige cylindrique de même métal qui entre dans l'arbre juste; mais non trop serrée pour qu'elle puisse avoir un jeu doux, propre à pouvoir tourner à droite ou à gauche pour la diriger comme on le désire.

E l'arbre dans lequel entre cette tige.

F F F F les quatre pieds en croix sur laquelle est attaché solidement l'arbre.

G G G G les quatre jambes de force, aussi de fer.

H le feu actif tiré du soleil par la construction de ce miroir.

I I I roulettes de dessous les pieds du porte-miroir.

La planche xvi représente les coupes de trois miroirs à échelons, dont le plus facile à exécuter serait celui de la figure 1ʳᵉ. Leur échelle est de six pouces de pied de roi pour pied de roi.

SEPTIÈME MÉMOIRE.

OBSERVATIONS SUR LES COULEURS ACCIDENTELLES
ET SUR LES OMBRES COLORÉES.

Quoiqu'on se soit beaucoup occupé, dans ces derniers temps, de la physique des couleurs, il ne paraît pas qu'on ait fait de grands progrès depuis Newton : ce n'est pas qu'il ait épuisé la matière, mais la plupart des physiciens ont plus travaillé à le combattre qu'à l'entendre, et, quoique ses principes soient clairs et ses expériences incontestables, il y a si peu de gens qui se soient donné la peine d'examiner à fond les rapports et l'ensemble de ses découvertes, que je ne crois pas devoir parler d'un nouveau genre de couleurs, sans avoir auparavant donné des idées nettes sur la production des couleurs en général.

Il y a plusieurs moyens de produire les couleurs : le premier est la réfraction. Un trait de lumière, qui passe à travers un prisme, se rompt et se divise de façon qu'il produit une image colorée, composée d'un nombre infini de couleurs; et les recherches qu'on a faites sur cette image colorée du soleil ont appris que la lumière de cet astre est l'assemblage d'une infinité de rayons de lumière différemment colorés ; que ces rayons ont autant de différents degrés de réfrangibilité que de couleurs différentes, et que la même couleur a constamment le même degré de réfrangibilité. Tous les corps diaphanes dont les surfaces ne sont pas parallèles produisent des couleurs par la réfraction ; l'ordre de ces couleurs est invariable, et leur nombre, quoique infini, a été réduit à sept dénominations principales, *violet*, *indigo*, *bleu*, *vert*, *jaune*, *orangé*, *rouge* : chacune de ces dénominations répond à un intervalle déterminé dans l'image colorée qui contient toutes les nuances de la couleur dénommée, de sorte que dans l'intervalle rouge on trouve toutes les nuances de rouge, dans l'intervalle jaune toutes les nuances de jaune, etc., et dans les confins de ces intervalles les couleurs intermédiaires qui ne sont ni jaunes ni rouges, etc. C'est par de bonnes raisons que Newton a fixé à sept le nombre des dénominations des couleurs : l'image colorée du soleil, qu'il appelle *le spectre solaire*, n'offre à la première vue que cinq couleurs, violet, bleu, vert, jaune et rouge ; ce n'est encore qu'une décomposition imparfaite de la lumière et une représentation confuse des couleurs. Comme cette image est composée d'une infinité de cercles différemment colorés qui répondent à autant de disques du soleil, et que ces cercles anticipent beaucoup les uns sur les autres, le milieu de tous ces cercles est l'endroit où le mélange des couleurs est le plus grand, et il n'y a que les côtés rectilignes de l'image où les couleurs soient pures ; mais, comme elles sont en même temps très-faibles, on a peine à les distinguer, et on se sert d'un autre moyen pour épurer les couleurs : c'est en rétrécissant l'image du disque du soleil, ce qui diminue l'anticipation des cercles colorés les uns sur les autres, et par conséquent le mélange des couleurs. Dans ce spectre de lumière épurée et homogène, on voit très-bien les sept couleurs ; on en voit même beaucoup plus de sept avec un peu d'art, car, en recevant successivement sur un fil blanc les différentes parties de ce spectre de lumière épurée, j'ai compté souvent jusqu'à dix-huit ou vingt couleurs dont la différence était sensible à mes yeux. Avec de meilleurs organes ou plus d'attention, on pourrait encore en compter davantage : cela n'empêche pas qu'on ne doive fixer le nombre de leurs dénominations à sept, ni plus ni moins ; et cela par une raison bien fondée, c'est qu'en divisant le spectre de lumière épurée en sept intervalles, et suivant la proportion donnée par Newton, chacun de ces intervalles contient des couleurs qui, quoique prises toutes ensemble, sont indécomposables par le prisme et par quelque art que ce soit ; ce qui leur a fait donner le nom de *couleurs primitives*. Si, au lieu de diviser le spectre en sept, on ne le divise qu'en six, ou cinq, ou quatre, ou trois intervalles, alors les couleurs contenues dans chacun de ces intervalles se décomposent par le prisme, et par conséquent ces couleurs ne sont pas pures, et ne doivent pas être regardées comme couleurs primitives. On ne peut donc pas réduire les couleurs primitives à moins de sept dénominations, et on ne doit pas en admettre un plus grand nombre, parce qu'alors on diviserait inutilement les intervalles en deux ou plusieurs parties, dont les couleurs seraient de la même nature, et ce serait partager mal à propos une même espèce de couleur, et donner des noms différents à des choses semblables.

Il se trouve, par un hasard singulier, que l'étendue proportionnelle de ces sept intervalles de couleurs répond assez juste à l'étendue proportionnelle des sept tons de la musique, mais ce n'est qu'un hasard dont on ne doit tirer aucune conséquence : ces deux résultats sont indépendants l'un de l'autre, et il faut se livrer bien aveuglément à l'esprit de système pour prétendre, en vertu d'un rapport fortuit, soumettre l'œil et l'oreille à des lois communes, et traiter l'un de ces organes par les règles de l'autre, en imaginant qu'il est possible de faire un concert aux yeux ou un paysage aux oreilles.

Ces sept couleurs, produites par la réfraction, sont inaltérables, et contiennent toutes les couleurs et toutes les nuances de couleurs qui sont au monde ; les couleurs du prisme, celles des diamants, celles de l'arc-en-ciel, des images des halos, dépendent toutes de la réfraction, et en suivent exactement les lois.

La réfraction n'est cependant pas le seul moyen pour produire des couleurs : la lumière a de plus que sa qualité réfrangible d'autres propriétés qui, quoique dépendantes de la même cause générale, produisent des effets différents. De la même façon que la lumière se rompt et se divise en couleurs en passant d'un milieu dans un autre milieu transparent, elle se rompt aussi en passant auprès des surfaces d'un corps opaque : cette espèce de réfraction, qui se fait dans le même milieu, s'appelle *inflexion*, et les couleurs qu'elle produit sont les mêmes que celles de la réfraction ordinaire ; les rayons violets, qui sont les plus réfrangibles, sont aussi les plus flexibles, et la frange colorée par l'inflexion de la lumière ne diffère du spectre coloré produit par la réfraction que dans la forme ; et, si l'intensité des couleurs est différente, l'ordre en est le même, les propriétés toutes semblables, le nombre égal, la qualité primitive et inaltérable commune à toutes, soit dans la réfraction, soit dans l'inflexion, qui n'est en effet qu'une espèce de réfraction.

Mais le plus puissant moyen que la nature emploie pour produire des couleurs, c'est la réflexion [a] : toutes les couleurs matérielles en dépendent ;

a. J'avoue que je ne pense pas comme Newton, au sujet de la réflexibilité des différents rayons de la lumière. Sa définition de la réflexibilité n'est pas assez générale pour être satisfaisante : il est sûr que la plus grande facilité à être réfléchi est la même chose que la plus grande réflexibilité ; il faut que cette plus grande facilité soit générale pour tous les cas : or qui sait si le rayon violet se réfléchit le plus aisément dans tous les cas, à cause que dans un cas particulier il rentre plutôt dans le verre que les autres rayons ; la réflexion de la lumière suit les mêmes

le vermillon n'est rouge que parce qu'il réfléchit abondamment les rayons rouges de la lumière, et qu'il absorbe les autres [1] ; l'outre-mer ne paraît bleu que parce qu'il réfléchit fortement les rayons bleus, et qu'il reçoit dans ses pores tous les autres rayons qui s'y perdent. Il en est de même des autres couleurs des corps opaques et transparents; la transparence dépend de l'uniformité de densité : lorsque les parties composantes d'un corps sont d'égale densité, de quelque figure que soient ces mêmes parties, le corps sera toujours transparent. Si l'on réduit un corps transparent à une fort petite épaisseur, cette plaque mince produira des couleurs dont l'ordre et les principales apparences sont fort différentes des phénomènes du spectre ou de la frange colorée : aussi ce n'est pas par la réfraction que ces couleurs sont produites, c'est par la réflexion. Les plaques minces des corps transparents, les bulles de savon, les plumes des oiseaux , etc., paraissent colorées parce qu'elles réfléchissent certains rayons et laissent

lois que le rebondissement de tous les corps à ressort; de là on doit conclure que les particules de lumière sont élastiques, et par conséquent la réflexibilité de la lumière sera toujours proportionnelle à son ressort, et dès lors les rayons les plus réflexibles seront ceux qui auront le plus de ressort, qualité difficile à mesurer dans la matière de la lumière, parce qu'on ne peut mesurer l'intensité d'un ressort que par la vitesse qu'il produit; il faudrait donc, pour qu'il fût possible de faire une expérience sur cela, que les satellites de Jupiter fussent illuminés successivement par toutes les couleurs du prisme, pour reconnaître par leurs éclipses s'il y aurait plus ou moins de vitesse dans le mouvement de la lumière violette que dans le mouvement de la lumière rouge; car ce n'est que par la comparaison de la vitesse de ces deux différents rayons qu'on peut savoir si l'un a plus de ressort que l'autre ou plus de réflexibilité. Mais on n'a jamais observé que les satellites, au moment de leur émersion, aient d'abord paru violets, et ensuite éclairés successivement de toutes les couleurs du prisme; donc il est à présumer que les rayons de lumière ont à peu près tous un ressort égal, et par conséquent autant de réflexibilité. D'ailleurs le cas particulier où le violet paraît être plus réflexible ne vient que de la réfraction, et ne paraît pas tenir à la réflexion : cela est aisé à démontrer. Newton a fait voir, à n'en pouvoir douter, que les rayons différents sont inégalement réfrangibles, que le rouge l'est le moins et le violet le plus de tous ; il n'est donc pas étonnant qu'à une certaine obliquité le rayon violet se trouvant, en sortant du prisme, plus oblique à la surface que tous les autres rayons, il soit le premier saisi par l'attraction du verre et contraint d'y rentrer, tandis que les autres rayons, dont l'obliquité est moindre, continuent leur route sans être assez attirés pour être obligés de rentrer dans le verre: ceci n'est donc pas, comme le prétend Newton, une vraie réflexion, c'est seulement une suite de la réfraction. Il me semble qu'il ne devait donc pas assurer en général que les rayons les plus réfrangibles étaient les plus réflexibles. Cela ne me paraît vrai qu'en prenant cette suite de la réfraction pour une réflexion, ce qui n'en est pas une; car il est évident qu'une lumière qui tombe sur un miroir et qui en rejaillit en formant un angle de réflexion égal à celui d'incidence est dans un cas bien différent de celui où elle se trouve au sortir d'un verre si oblique à la surface qu'elle est contrainte d'y rentrer : ces deux phénomènes n'ont rien de commun, et ne peuvent, à mon avis, s'expliquer par la même cause.

1. « Il ne faut pas croire qu'un corps rouge, qu'un corps jaune, etc., ne réfléchisse, outre la « lumière blanche, que des rayons rouges, que des rayons jaunes : chacun de ces corps réfléchit, « en outre, toutes sortes de rayons colorés; mais les rayons qui nous le font juger rouge ou jaune, « étant en plus grand nombre que les autres, produisent plus d'effet que ceux-ci ; cependant ces « derniers ont une influence incontestable pour modifier l'action des rayons rouges, des rayons « jaunes sur l'organe de la vue. C'est ce qui explique les innombrables différences de couleur « qu'on remarque entre les divers corps rouges, les divers corps jaunes, etc.» (Chevreul: *De la loi du contraste simultané des couleurs*, 1839, pag. 5.)

passer ou absorbent les autres ; ces couleurs ont leurs lois et dépendent de l'épaisseur de la plaque mince : une certaine épaisseur produit constamment une certaine couleur ; toute autre épaisseur ne peut la produire, mais en produit une autre ; et lorsque cette épaisseur est diminuée à l'infini, en sorte qu'au lieu d'une plaque mince et transparente on n'a plus qu'une surface polie sur un corps opaque, ce poli, qu'on peut regarder comme le premier degré de la transparence, produit aussi des couleurs par la réflexion, qui ont encore d'autres lois ; car lorsqu'on laisse tomber un trait de lumière sur un miroir de métal, ce trait de lumière ne se réfléchit pas tout entier sous le même angle, il s'en disperse une partie qui produit des couleurs dont les phénomènes, aussi bien que ceux des plaques minces, n'ont pas encore été assez observés.

Toutes les couleurs dont je viens de parler sont naturelles et dépendent uniquement des propriétés de la lumière ; mais il en est d'autres qui me paraissent accidentelles et qui dépendent autant de notre organe que de l'action de la lumière. Lorsque l'œil est frappé ou pressé, on voit des couleurs dans l'obscurité ; lorsque cet organe est mal disposé ou fatigué, on voit encore des couleurs : c'est ce genre de couleurs que j'ai cru devoir appeler *couleurs accidentelles*, pour les distinguer des couleurs naturelles, et parce qu'en effet elles ne paraissent jamais que lorsque l'organe est forcé ou qu'il a été trop fortement ébranlé.

Personne n'a fait, avant le Dr Jurin [a], la moindre observation sur ce genre de couleurs ; cependant elles tiennent aux couleurs naturelles par plusieurs rapports, et j'ai découvert une suite de phénomènes singuliers sur cette matière, que je vais rapporter le plus succinctement qu'il me sera possible.

Lorsqu'on regarde fixement [1] et longtemps une tache ou une figure rouge sur un fond blanc, comme un petit carré de papier rouge sur un papier blanc, on voit naître autour du petit carré rouge une espèce de couronne d'un vert faible : en cessant de regarder le carré rouge, si on porte l'œil sur le papier blanc, on voit très-distinctement un carré d'un vert tendre, tirant un peu sur le bleu ; cette apparence subsiste plus ou moins longtemps, selon que l'impression de la couleur rouge a été plus

----

a. *Essai upon distinct and indistinct vision,* pag. 115 des notes sur l'Optique de Smith, t. II, imprimé à Cambridge en 1738.

1. Dans ces derniers temps, **M.** Chevreul a fait une étude approfondie de ce phénomène.
« Si l'on regarde à la fois deux zones inégalement foncées d'une même couleur ou deux zones
« également foncées de deux couleurs différentes qui soient juxtaposées, c'est-à-dire contigües
« par un de leurs bords, l'œil apercevra, si les zones ne sont pas trop larges, des modifications
« qui porteront dans le premier cas sur l'intensité de la couleur, et dans le second sur la compo-
« sition optique des deux couleurs respectives juxtaposées. Or, comme ces modifications font
« paraître les zones, regardées en même temps, plus différentes qu'elles ne sont réellement, je
« leur donne le nom de *contraste simultané des couleurs*; et j'appelle *contraste de ton*; la mo-
« dification qui porte sur l'intensité de la couleur, et *contraste de couleur* celle qui porte sur la
« composition optique de chaque couleur juxtaposée. » (*Liv. cit.*, pag. 7.)

ou moins forte. La grandeur du carré vert imaginaire est la même que celle du carré réel rouge, et ce vert ne s'évanouit qu'après que l'œil s'est rassuré et s'est porté successivement sur plusieurs autres objets dont les images détruisent l'impression trop forte causée par le rouge.

En regardant fixement et longtemps une tache jaune sur un fond blanc, on voit naître autour de la tache une couronne d'un bleu pâle, et en cessant de regarder la tache jaune et portant son œil sur un autre endroit du fond blanc, on voit distinctement une tache bleue de la même figure et de la même grandeur que la tache jaune, et cette apparence dure au moins aussi longtemps que l'apparence du vert produit par le rouge. Il m'a même paru, après avoir fait moi-même, et après avoir fait répéter cette expérience à d'autres dont les yeux étaient meilleurs et plus forts que les miens, que cette impression du jaune était plus forte que celle du rouge, et que la couleur bleue qu'elle produit s'effaçait plus difficilement et subsistait plus longtemps que la couleur verte produite par le rouge : ce qui semble prouver ce qu'a soupçonné Newton, que le jaune est de toutes les couleurs celle qui fatigue le plus nos yeux.

Si l'on regarde fixement et longtemps une tache verte sur un fond blanc, on voit naître autour de la tache verte une couleur blanchâtre, qui est à peine colorée d'une petite teinte de pourpre; mais, en cessant de regarder la tache verte et en portant l'œil sur un autre endroit du fond blanc, on voit distinctement une tache d'un pourpre pâle, semblable à la couleur d'une améthyste pâle : cette apparence est plus faible et ne dure pas, à beaucoup près, aussi longtemps que les couleurs bleues et vertes produites par le jaune et par le rouge.

De même en regardant fixement et longtemps une tache bleue sur un fond blanc, on voit naître autour de la tache bleue une couronne blanchâtre un peu teinte de rouge, et en cessant de regarder la tache bleue et portant l'œil sur le fond blanc, on voit une tache d'un rouge pâle, toujours de la même figure et de la même grandeur que la tache bleue, et cette apparence ne dure pas plus longtemps que l'apparence pourpre produite par la tache verte.

En regardant de même avec attention une tache noire sur un fond blanc, on voit naître autour de la tache noire une couronne d'un blanc vif; et cessant de regarder la tache noire et portant l'œil sur un autre endroit du fond blanc, on voit la figure de la tache exactement dessinée et d'un blanc beaucoup plus vif que celui du fond : ce blanc n'est pas mat, c'est un blanc brillant semblable au blanc du premier ordre des anneaux colorés décrits par Newton ; et au contraire, si on regarde longtemps une tache blanche sur un fond noir, on voit la tache blanche se décolorer, et en portant l'œil sur un autre endroit du fond noir, on y voit une tache d'un noir plus vif que celui du fond.

Voilà donc une suite de couleurs accidentelles qui a des rapports avec la suite des couleurs naturelles : le rouge naturel produit le vert accidentel, le jaune produit le bleu, le vert produit le pourpre, le bleu produit le rouge, le noir produit le blanc, et le blanc produit le noir. Ces couleurs accidentelles n'existent que dans l'organe fatigué, puisqu'un autre œil ne les aperçoit pas : elles ont même une apparence qui les distingue des couleurs naturelles, c'est qu'elles sont tendres, brillantes, et qu'elles paraissent être à différentes distances, selon qu'on les rapporte à des objets voisins ou éloignés.

Toutes ces expériences ont été faites sur des couleurs mates avec des morceaux de papier ou d'étoffes colorées ; mais elles réussissent encore mieux lorsqu'on les fait sur des couleurs brillantes, comme avec de l'or brillant et poli, au lieu de papier ou d'étoffe jaune ; avec de l'argent brillant, au lieu de papier blanc ; avec du lapis, au lieu de papier bleu, etc. : l'impression de ces couleurs brillantes est plus vive et dure beaucoup plus longtemps.

Tout le monde sait qu'après avoir regardé le soleil, on porte quelquefois pendant longtemps l'image colorée de cet astre sur tous les objets ; la lumière trop vive du soleil produit en un instant ce que la lumière ordinaire des corps ne produit qu'au bout d'une minute ou deux d'application fixe de l'œil sur les couleurs. Ces images colorées du soleil, que l'œil ébloui et trop fortement ébranlé porte partout, sont des couleurs du même genre que celles que nous venons de décrire, et l'explication de leurs apparences dépend de la même théorie.

Je n'entreprendrai pas de donner ici les idées qui me sont venues sur ce sujet : quelque assuré que je sois de mes expériences, je ne suis pas assez certain des conséquences qu'on en doit tirer, pour oser rien hasarder encore sur la théorie de ces couleurs, et je me contenterai de rapporter d'autres observations qui confirment les expériences précédentes, et qui serviront sans doute à éclairer cette matière.

En regardant fixement et fort longtemps un carré d'un rouge vif sur un fond blanc, on voit d'abord naître la petite couronne de vert tendre dont j'ai parlé ; ensuite, en continuant à regarder fixement le carré rouge, on voit le milieu du carré se décolorer, et les côtés se charger de couleur et former comme un cadre d'un rouge plus fort et beaucoup plus foncé que le milieu ; ensuite, en s'éloignant un peu et continuant à regarder toujours fixement, on voit le cadre de rouge foncé se partager en deux dans les quatre côtés, et former une croix d'un rouge aussi foncé ; le carré rouge paraît alors comme une fenêtre traversée dans son milieu par une grosse croisée et quatre panneaux blancs, car le cadre de cette espèce de fenêtre est d'un rouge aussi fort que la croisée ; continuant toujours à regarder avec opiniâtreté, cette apparence change encore, et tout se réduit à un rectangle d'un rouge si foncé, si fort et si vif, qu'il offusque entièrement les yeux ; ce rectangle est de la même hauteur que le carré, mais il n'a pas la sixième partie de sa largeur : ce point est le dernier degré de fatigue que l'œil peut supporter ; et lorsque enfin on détourne l'œil de cet objet, et qu'on le porte sur un autre endroit du fond blanc, on voit, au lieu du carré rouge réel, l'image du rectangle rouge imaginaire, exactement dessinée et d'une couleur verte brillante ; cette impression subsiste fort longtemps, ne se décolore que peu à peu ; elle reste dans l'œil même après l'avoir fermé. Ce que je viens de dire du carré rouge arrive aussi lorsqu'on regarde très-longtemps un carré jaune ou noir, ou de toute autre couleur ; on voit de même le cadre jaune ou noir, la croix et le rectangle ; et l'impression qui reste est un rectangle bleu, si on a regardé du jaune ; un rectangle blanc brillant, si on a regardé un carré noir, etc.

J'ai fait faire les expériences que je viens de rapporter à plusieurs personnes : elles ont vu, comme moi, les mêmes couleurs et les mêmes apparences. Un de mes amis m'a assuré, à cette occasion, qu'ayant regardé un jour une éclipse de soleil par un petit trou, il avait porté pendant plus de trois semaines l'image colorée de cet astre sur tous les objets ; que, quand il fixait ses yeux sur du jaune brillant, comme sur une bordure dorée, il voyait une tache pourpre, et sur du bleu, comme sur un toit d'ardoises, une tache verte. J'ai moi-même souvent regardé le soleil, et j'ai vu les mêmes couleurs ; mais, comme je craignais de me faire mal aux yeux en regardant cet astre, j'ai mieux aimé continuer mes expériences sur des étoffes colorées, et j'ai trouvé qu'en effet ces couleurs accidentelles changent en se mêlant avec les couleurs naturelles, et qu'elles suivent les mêmes règles pour les apparences ; car lorsque la couleur verte accidentelle, produite par le rouge naturel, tombe sur un fond rouge brillant, cette couleur verte devient jaune ; si la couleur accidentelle bleue, produite par le jaune vif, tombe sur un fond jaune, elle devient verte ; en sorte que les couleurs qui résultent du mélange de ces couleurs accidentelles avec les couleurs naturelles suivent les mêmes règles et ont les mêmes apparences que les couleurs naturelles dans leur composition et dans leur mélange avec d'autres couleurs naturelles.

Ces observations pourront être de quelque utilité pour la connaissance des incommodités des yeux, qui viennent probablement d'un grand ébranlement causé par l'impression trop vive de la lumière : une de ces incommodités est de voir toujours devant ses yeux des taches colorées, des cercles blancs ou des points noirs comme des mouches qui voltigent. J'ai ouï bien des personnes se plaindre de cette espèce d'incommodité, et j'ai lu dans quelques auteurs de médecine que la goutte sereine est toujours précédée de ces points noirs. Je ne sais pas si leur sentiment est fondé sur l'expérience, car j'ai éprouvé moi-même cette incommodité : j'ai vu des points noirs, pendant plus de trois mois, en si grande quantité que j'en étais fort inquiet ; j'avais apparemment fatigué mes yeux en faisant et en répétant trop souvent les expériences précédentes et en regardant quelquefois le soleil, car les points noirs ont paru dans ce même temps, et je n'en avais jamais vu de ma vie ; mais enfin ils m'incommodaient tellement, surtout lorsque je regardais au grand jour des objets fortement éclairés, que j'étais contraint de détourner les yeux ; le jaune surtout m'était insupportable, et j'ai été obligé de changer des rideaux jaunes dans la chambre que j'habitais et d'en mettre de verts ; j'ai évité de regarder toutes les couleurs trop fortes et tous les objets brillants ; peu à peu le nombre des points noirs a diminué, et actuellement je n'en suis plus incommodé. Ce qui m'a convaincu que ces points noirs viennent de la trop forte impression de la lumière, c'est qu'après avoir regardé le soleil, j'ai toujours vu une image colorée que je portais plus ou moins longtemps sur tous les objets ; et, suivant avec attention les différentes nuances de cette image colorée, j'ai reconnu qu'elle se décolorait peu à peu, et qu'à la fin je ne portais plus sur les objets qu'une tache noire, d'abord assez grande, qui diminuait ensuite peu à peu, et se réduisait enfin à un point noir.

Je vais rapporter à cette occasion un fait qui est assez remarquable, c'est que je n'étais jamais plus incommodé de ces points noirs que quand le ciel était couvert de nuées blanches : ce jour me fatiguait beaucoup plus que la lumière d'un ciel serein, et cela parce qu'en effet la quantité de lumière réfléchie par un ciel couvert de nuées blanches est beaucoup plus grande que la quantité de lumière réfléchie par l'air pur, et qu'à l'exception des objets éclairés immédiatement par les rayons du soleil, tous les autres objets qui sont dans l'ombre sont beaucoup moins éclairés que ceux qui le sont par la lumière réfléchie d'un ciel couvert de nuées blanches.

Avant que de terminer ce Mémoire, je crois devoir encore annoncer un fait qui paraîtra peut-être extraordinaire, mais qui n'en est pas moins certain, et que je suis fort étonné qu'on n'ait pas observé ; c'est que les ombres des corps qui par leur essence doivent être noires, puisqu'elles ne sont que la privation de la lumière, que les ombres, dis-je, sont toujours colorées au lever et au coucher du soleil. J'ai observé, pendant l'été de l'année 1743, plus de trente aurores et autant de soleils couchants : toutes les ombres qui tombaient sur du blanc, comme sur une muraille blanche, étaient quelquefois vertes, mais le plus souvent bleues, et d'un bleu aussi vif que le plus bel azur. J'ai fait voir ce phénomène à plusieurs personnes qui ont été aussi surprises que moi : la saison n'y fait rien, car il n'y a pas huit jours (15 novembre 1743) que j'ai vu des ombres bleues, et quiconque voudra se donner la peine de regarder l'ombre de l'un de ses doigts au lever ou au coucher du soleil, sur un morceau de papier blanc, verra comme moi cette ombre bleue. Je ne sache pas qu'aucun astronome, qu'aucun physicien, que personne, en un mot, ait parlé de ce phénomène, et j'ai cru qu'en faveur de la nouveauté on me permettrait de donner le précis de cette observation.

Au mois de juillet 1743, comme j'étais occupé de mes couleurs accidentelles, et que je cherchais à voir le soleil, dont l'œil soutient mieux la lumière à son coucher qu'à toute autre heure du jour, pour reconnaître ensuite les couleurs et les changements de couleurs causés par cette impression, je remarquai que les ombres des arbres qui tombaient sur une muraille blanche étaient vertes; j'étais dans un lieu élevé et le soleil se couchait dans une gorge de montagnes, en sorte qu'il me paraissait fort abaissé au-dessous de mon horizon; le ciel était serein, à l'exception du couchant, qui, quoique exempt de nuages, était chargé d'un rideau transparent de vapeurs d'un jaune rougeâtre, le soleil lui-même était fort rouge, et sa grandeur apparente au moins quadruple de ce qu'elle est à midi; je vis donc très-distinctement les ombres des arbres qui étaient à 20 et 30 pieds de la muraille blanche, colorés d'un vert tendre tirant un peu sur le bleu; l'ombre d'un treillage qui était à 3 pieds de la muraille, était parfaitement dessinée sur cette muraille, comme si on l'avait nouvellement peinte en vert-de-gris : cette apparence dura près de 5 minutes, après quoi la couleur s'affaiblit avec la lumière du soleil, et ne disparut entièrement qu'avec les ombres. Le lendemain, au lever du soleil, j'allai regarder d'autres ombres sur une muraille blanche, mais au lieu de les trouver vertes, comme je m'y attendais, je les trouvai bleues ou plutôt de la couleur de l'indigo le plus vif; le ciel était serein, et il n'y avait qu'un petit rideau de vapeurs jaunâtres au levant, le soleil se levait sur une colline, en sorte qu'il me paraissait élevé au-dessus de mon horizon : les ombres bleues ne durèrent que 3 minutes, après quoi elles me parurent noires; le même jour je revis au coucher du soleil les ombres vertes, comme je les avais vues la veille. Six jours se passèrent ensuite sans pouvoir observer les ombres au coucher du soleil, parce qu'il était toujours couvert de nuages. Le septième jour je vis le soleil à son coucher; les ombres n'étaient plus vertes, mais d'un beau bleu d'azur : je remarquai que les vapeurs n'étaient pas fort abondantes, et que le soleil, ayant avancé pendant sept jours, se couchait derrière un rocher qui le faisait disparaître avant qu'il pût s'abaisser au-dessous de mon horizon. Depuis ce temps j'ai très-souvent observé les ombres, soit au lever, soit au coucher du soleil, et je ne les ai vues que bleues, quelquefois d'un bleu fort vif, d'autres fois d'un bleu pâle, d'un bleu foncé, mais constamment bleues.

Ce Mémoire a été imprimé dans ceux de l'Académie royale des Sciences, année 1743. Voici ce que je crois devoir y ajouter aujourd'hui (année 1773).

Des observations plus fréquentes m'ont fait reconnaitre que les ombres ne paraissent jamais vertes au lever ou au coucher du soleil, que quand l'horizon est chargé de beaucoup de vapeurs rouges : dans tout autre cas les ombres sont toujours bleues, et d'autant plus bleues que le ciel est plus serein. Cette couleur bleue des ombres n'est autre chose que la couleur même de l'air; et je ne sais pourquoi quelques physiciens ont défini l'air *un fluide invisible* [a], *inodore, insipide*, puisqu'il est certain que l'azur céleste n'est autre chose que la couleur de l'air; qu'à la vérité il faut une grande épaisseur d'air pour que notre œil s'aperçoive de la couleur de cet élément, mais que néanmoins lorsqu'on regarde de loin des objets sombres, on les voit toujours plus ou moins bleus. Cette observation, que les physiciens n'avaient pas faite sur les ombres et sur les objets sombres vus de loin, n'avait pas échappé aux habiles peintres, et elle doit en effet servir de base à la couleur des objets lointains, qui tous auront une nuance bleuâtre d'autant plus sensible qu'ils seront supposés plus éloignés du point de vue.

On pourra me demander comment cette couleur bleue, qui n'est sensible à notre œil que quand il y a une très-grande épaisseur d'air, se marque néanmoins si fortement à quelques pieds de distance au lever et au coucher du soleil; comment il est possible que cette couleur de l'air, qui est à peine sensible à dix mille toises de distance, puisse donner à l'ombre noire d'un treillage, qui n'est éloigné de la muraille blanche que de trois pieds, une couleur du plus beau bleu : c'est en effet de la solution de cette question que dépend l'explication du phénomène. Il est certain que la petite épaisseur d'air, qui n'est que de trois pieds entre le treillage et la muraille, ne peut pas donner à la couleur noire de l'ombre une nuance aussi forte de bleu : si cela était, on verrait à midi et dans tous les autres temps du jour, les ombres bleues comme on les voit au lever et au coucher du soleil. Ainsi cette apparence ne dépend pas uniquement, ni même presque point du tout, de l'épaisseur de l'air entre l'objet et l'ombre. Mais il faut considérer qu'au lever et au coucher du soleil, la lumière de cet astre étant affaiblie à la surface de la terre, autant qu'elle peut l'être par la plus grande obliquité de cet astre, les ombres sont moins denses, c'est-à-dire moins noires dans la même proportion, et qu'en même temps la terre n'étant plus éclairée que par cette faible lumière du soleil qui ne fait qu'en raser la superficie, la masse de l'air qui est plus élevée, et qui par conséquent reçoit encore la lumière du soleil bien moins obliquement, nous renvoie cette lumière, et nous éclaire alors autant et peut-être plus que le soleil. Or, cet air pur et bleu ne peut nous éclairer qu'en nous renvoyant une grande quantité de rayons de sa même couleur bleue; et lorsque ces rayons bleus, que l'air réfléchit, tomberont

---

a. *Dictionnaire de Chimie*, article *de l'Air*.

sur des objets privés de toute autre couleur comme les ombres, ils les teindront d'une plus ou moins forte nuance de bleu, selon qu'il y aura moins de lumière directe du soleil, et plus de lumière réfléchie de l'atmosphère. Je pourrais ajouter plusieurs autres choses qui viendraient à l'appui de cette explication, mais je pense que ce que je viens de dire est suffisant pour que les bons esprits l'entendent et en soient satisfaits.

Je crois devoir citer ici quelques faits observés par M. l'abbé Millot, ancien grand-vicaire de Lyon, qui a eu la bonté de me les communiquer par ses lettres des 18 août 1754 et 10 février 1755, dont voici l'extrait : « Ce n'est pas seulement au lever et au coucher du soleil que les ombres se « colorent. A midi, le ciel étant couvert de nuages, excepté en quelques « endroits, vis-à-vis d'une de ces ouvertures que laissaient entre eux les « nuages, j'ai fait tomber des ombres d'un fort beau bleu sur du papier « blanc, à quelques pas d'une fenêtre. Les nuages s'étant joints, le bleu « disparut. J'ajouterai en passant que plus d'une fois j'ai vu l'azur du ciel « se peindre, comme dans un miroir, sur une muraille où la lumière tom- « bait obliquement. Mais voici d'autres observations plus importantes à « mon avis : avant que d'en faire le détail, je suis obligé de tracer la topo- « graphie de ma chambre; elle est à un troisième étage; la fenêtre près « d'un angle au couchant, la porte presque vis-à-vis. Cette porte donne « dans une galerie, au bout de laquelle, à deux pas de distance, est une « fenêtre située au midi. Les jours des deux fenêtres se réunissent, la porte « étant ouverte, contre une des murailles; et c'est là que j'ai vu des ombres « colorées presque à toute heure, mais principalement sur les dix heures « du matin. Les rayons du soleil, que la fenêtre de la galerie reçoit encore « obliquement, ne tombent point par celle de la chambre sur la muraille « dont je viens de parler. Je place à quelques pouces de cette muraille des « chaises de bois à dossier percé. Les ombres en sont alors de couleurs « quelquefois très-vives. J'en ai vu qui, quoique projetées du même côté, « étaient l'une d'un vert foncé, l'autre d'un bel azur. Quand la lumière est « tellement ménagée que les ombres soient également sensibles de part et « d'autre, celle qui est opposée à la fenêtre de la chambre est ou bleue ou « violette; l'autre tantôt verte, tantôt jaunâtre. Celle-ci est accompagnée « d'une espèce de pénombre bien colorée, qui forme comme une double « bordure bleue d'un côté, et de l'autre verte ou rouge ou jaune, selon « l'intensité de la lumière. Que je ferme les volets de ma fenêtre, les cou- « leurs de cette pénombre n'en ont souvent que plus d'éclat; elles dispa- « raissent si je ferme la porte à moitié. Je dois ajouter que le phénomène « n'est pas, à beaucoup près, si sensible en hiver. Ma fenêtre est au cou- « chant d'été : je fis mes premières expériences dans cette saison, dans un « temps où les rayons du soleil tombaient obliquement sur la muraille qui « fait angle avec celle où les ombres se coloraient. »

IX.

On voit, par ces observations de M. l'abbé Millot, qu'il suffit que la lumière du soleil tombe très-obliquement sur une surface pour que l'azur du ciel, dont la lumière tombe toujours directement, s'y peigne et colore les ombres. Mais les autres apparences dont il fait mention ne dépendent que de la position des lieux et d'autres circonstances accessoires.

HUITIÈME MÉMOIRE.

EXPÉRIENCES SUR LA PESANTEUR DU FEU ET SUR LA DURÉE DE L'INCANDESCENCE.

Je crois devoir rappeler ici quelques-unes des choses que j'ai dites dans l'introduction qui précède ces Mémoires, afin que ceux qui ne les auraient pas bien présentes puissent néanmoins entendre ce qui fait l'objet de celui-ci. Le feu ne peut guère existor sans lumière et jamais sans chaleur, tandis que la lumière existe souvent sans chaleur sensible, comme la chaleur existe encore plus souvent sans lumière : l'on peut donc considérer la lumière et la chaleur comme deux propriétés du feu, ou plutôt comme les deux seuls effets par lesquels nous le reconnaissons; mais nous avons montré que ces deux effets ou ces deux propriétés ne sont pas toujours essentiellement liés ensemble, que souvent ils ne sont ni simultanés ni contemporains, puisque dans de certaines circonstances on sent de la chaleur longtemps avant que la lumière paraisse, et que dans d'autres ciconstances on voit de la lumière longtemps avant de sentir de la chaleur, et même souvent sans en sentir aucune, et nous avons dit que, pour raisonner juste sur la nature du feu, il fallait auparavant tâcher de reconnaître celle de la lumière et celle de la chaleur, qui sont les principes réels dont l'élément du feu nous paraît être composé.

Nous avons vu que la lumière est une matière mobile, élastique et pesante [1], c'est-à-dire susceptible d'attraction comme toutes les autres matières; on a démontré qu'elle est mobile, et même on a déterminé le degré de sa vitesse immense par le très-petit temps qu'elle emploie à venir des satellites de Jupiter jusqu'à nous. On a reconnu son élasticité, qui est presque infinie, par l'égalité de l'angle de son incidence et de celui de sa réflexion; enfin sa pesanteur ou, ce qui revient au même, son attraction [2] vers les autres matières, est aussi démontrée par l'inflexion qu'elle souffre toutes les fois qu'elle passe auprès des autres corps. On ne peut donc pas douter que la substance de la lumière ne soit une vraie matière, laquelle, indépendamment de ses qualités propres et particulières, a aussi les propriétés

1. Voyez la note 1 de la page 7.
2. Voyez la note 2 de la page 7.

générales et communes à toute autre matière. Il en est de même de la chaleur : c'est une matière qui ne diffère pas beaucoup de celle de la lumière, et ce n'est peut-être que la lumière elle-même qui, quand elle est très-forte ou réunie en grande quantité, change de forme, diminue de vitesse, et, au lieu d'agir sur le sens de la vue, affecte les organes du toucher. On peut donc dire que, relativement à nous, la chaleur n'est que le toucher de la lumière, et qu'en elle-même la chaleur n'est qu'un des effets du feu sur les corps, effet qui se modifie suivant les différentes substances, et produit dans toutes une dilatation, c'est-à-dire une séparation de leurs parties constituantes. Et lorsque, par cette dilatation ou séparation, chaque partie se trouve assez éloignée de ses voisines pour être hors de leur sphère d'attraction, les matières solides, qui n'étaient d'abord que dilatées par la chaleur, deviennent fluides et ne peuvent reprendre leur solidité qu'autant que la chaleur se dissipe et permet aux parties désunies de se rapprocher et se joindre d'aussi près qu'auparavant [a].

Ainsi toute fluidité a la chaleur pour cause, et toute dilatation dans les corps doit être regardée comme une fluidité commençante : or nous avons trouvé, par l'expérience, que les temps du progrès de la chaleur dans les corps, soit pour l'entrée, soit pour la sortie, sont toujours en raison de leur fluidité ou de leur fusibilité, et il doit s'ensuivre que leurs dilatations respectives doivent être en même raison. Je n'ai pas eu besoin de tenter de nouvelles expériences pour m'assurer de la vérité de cette conséquence générale : M. Musschenbroek en ayant fait de très-exactes sur la dilatation des différents métaux, j'ai comparé ses expériences avec les miennes, et j'ai vu, comme je m'y attendais, que les corps les plus lents à recevoir et perdre la chaleur sont aussi ceux qui se dilatent le moins promptement, et que ceux qui sont les plus prompts à s'échauffer et à se refroidir sont ceux qui se dilatent le plus vite ; en sorte qu'à commencer par le fer, qui est le moins fluide de tous les corps, et finir par le mercure, qui est le plus fluide, la dilatation dans toutes les différentes matières se fait en même raison que le progrès de la chaleur dans ces mêmes matières.

Lorsque je dis que le fer est le plus solide, c'est-à-dire le moins fluide de tous les corps, je n'avance rien que l'expérience ne m'ait jusqu'à présent démontré ; cependant il pourrait se faire que la platine, comme je l'ai

---

[a]. Je sais que quelques chimistes prétendent que les métaux, rendus fluides par le feu, ont plus de pesanteur spécifique que quand ils sont solides ; mais j'ai de la peine à le croire, car il s'ensuivrait que leur état de dilatation, où cette pesanteur spécifique est moindre, ne serait pas le premier degré de leur état de fusion, ce qui néanmoins paraît indubitable. L'expérience sur laquelle ils fondent leur opinion, c'est que le métal en fusion supporte le même métal solide, et qu'on le voit nager à la surface du métal fondu ; mais je pense que cet effet ne vient que de la répulsion causée par la chaleur, et ne doit point être attribué à la pesanteur spécifique plus grande du métal en fusion : je suis au contraire très-persuadé qu'elle est moindre que celle du métal solide.

remarqué ci-devant, étant encore moins fusible que le fer, la dilatation y serait moindre, et le progrès de la chaleur plus lent que dans le fer ; mais je n'ai pu avoir de ce minéral qu'en grenaille, et, pour faire l'expérience de la fusibilité et la comparer à celle des autres métaux, il faudrait en avoir une masse d'un pouce de diamètre, trouvée dans la mine même : toute la platine que j'ai pu trouver en masse a été fondue par l'addition d'autres matières, et n'est pas assez pure pour qu'on puisse s'en servir à des expériences qu'on ne doit faire que sur des matières pures et simples ; et celle que j'ai fait fondre moi-même sans addition était encore en trop petit volume pour pouvoir la comparer exactement.

Ce qui me confirme dans cette idée que la platine pourrait être l'extrême en *non-fluidité* de toutes les matières connues, c'est la quantité de fer pur qu'elle contient, puisqu'elle est presque toute attirable par l'aimant : ce minéral, comme je l'ai dit, pourrait donc bien n'être qu'une matière ferrugineuse [1] plus condensée et spécifiquement plus pesante que le fer ordinaire, intimement unie avec une grande quantité d'or, et par conséquent, étant moins fusible que le fer, recevoir encore plus difficilement la chaleur.

De même, lorsque je dis que le mercure est le plus fluide de tous les corps, je n'entends que les corps sur lesquels on peut faire des expériences exactes ; car je n'ignore pas, puisque tout le monde le sait, que l'air ne soit encore beaucoup plus fluide que le mercure ; et, en cela même, la loi que j'ai donnée sur le progrès de la chaleur est encore confirmée, car l'air s'échauffe et se refroidit, pour ainsi dire, en un instant ; il se condense par le froid, et se dilate par la chaleur plus qu'aucun autre corps, et néanmoins le froid le plus excessif ne le condense pas assez pour lui faire perdre sa fluidité, tandis que le mercure perd la sienne à 187 degrés de froid au-dessous de la congélation de l'eau [2], et pourrait la perdre à un degré de froid beaucoup moindre, si on le réduisait en vapeur. Il subsiste donc encore un peu de chaleur au-dessous de ce froid excessif de 187 degrés, et par conséquent le degré de la congélation de l'eau, que tous les constructeurs de thermo-mètres ont regardé comme la limite de la chaleur, et comme un terme où l'on doit la supposer égale à zéro, est au contraire un degré réel de l'échelle de la chaleur, degré où non-seulement la quantité de chaleur subsistante n'est pas nulle, mais où cette quantité de chaleur est très-considérable, puisque c'est à peu près le point milieu entre le degré de la congélation du mercure et celui de la chaleur nécessaire pour fondre le bismuth, qui est de 190 degrés, lequel ne diffère guère de 187 au-dessus du terme de la glace que comme l'autre en diffère au-dessous.

Je regarde donc la chaleur comme une matière réelle qui doit avoir son

1. Voyez la note de la page 166.
2. Voyez la note de la page 22.

poids, comme toute autre matière, et j'ai dit en conséquence que, pour reconnaître si le feu a une pesanteur sensible, il faudrait faire l'expérience sur de grandes masses pénétrées de feu, et les peser dans cet état, et qu'on trouverait peut-être une différence assez sensible pour qu'on en pût conclure la pesanteur du feu ou de la chaleur, qui m'en paraît être la substance la plus matérielle. La lumière et la chaleur sont les deux éléments matériels du feu : ces deux éléments réunis ne sont que le feu même, et ces deux matières nous affectent chacune sous leur forme propre, c'est-à-dire d'une manière différente. Or, comme il n'existe aucune forme sans matière, il est clair que, quelque subtile qu'on suppose la substance de la lumière, de la chaleur ou du feu, elle est sujette comme toute autre matière à la loi générale de l'attraction universelle ; car, comme nous l'avons dit, quoique la lumière soit douée d'un ressort presque parfait, et que par conséquent ses parties tendent, avec une force presque infinie, à s'éloigner des corps qui la produisent, nous avons démontré que cette force expansive ne détruit pas celle de la pesanteur : on le voit par l'exemple de l'air, qui est très-élastique, et dont les parties tendent avec force à s'éloigner les unes des autres, qui ne laisse pas d'être pesant. Ainsi la force par laquelle les parties de l'air ou du feu tendent à s'éloigner, et s'éloignent en effet les unes des autres, ne fait que diminuer la masse, c'est-à-dire la densité de ces matières, et leur pesanteur sera toujours proportionnelle à cette densité. Si donc l'on vient à bout de reconnaître la pesanteur du feu par l'expérience de la balance, on pourra peut-être quelque jour en déduire la densité de cet élément, et raisonner ensuite sur la pesanteur et l'élasticité du feu avec autant de fondement que sur la pesanteur et l'élasticité de l'air.

J'avoue que cette expérience, qui ne peut être faite qu'en grand, paraît d'abord assez difficile, parce qu'une forte balance, et telle qu'il la faudrait pour supporter plusieurs milliers, ne pourrait être assez sensible pour indiquer une petite différence qui ne serait que de quelques gros. Il y a ici, comme en tout, un *maximum* de précision, qui probablement ne se trouve ni dans la plus petite, ni dans la plus grande balance possible. Par exemple, je crois que si, dans une balance avec laquelle on peut peser une livre, l'on arrive à un point de précision d'un douzième de grain, il n'est pas sûr qu'on pût faire une balance pour peser dix milliers, qui pencherait aussi sensiblement pour 1 once 3 gros 41 grains, ce qui est la différence proportionnelle de 1 à 10000 ; ou qu'au contraire, si cette grosse balance indiquait clairement cette différence, la petite balance n'indiquerait pas également bien celle d'un douzième de grain, et que, par conséquent, nous ignorons quelle doit être, pour un poids donné, la balance la plus exacte.

Les personnes qui s'occupent de physique expérimentale devraient faire la recherche de ce problème, dont la solution, qu'on ne peut obtenir que par l'expérience, donnerait le *maximum* de précision de toutes les balances. L'un des plus grands moyens d'avancer les sciences, c'est d'en perfectionner les instruments. Nos balances le sont assez pour peser l'air : avec un degré de perfection de plus, on viendrait à bout de peser le feu et même la chaleur.

Les boulets rouges de quatre pouces et demi et de cinq pouces de diamètre, que j'avais laissés refroidir dans ma balance [a], avaient perdu sept, huit et dix grains chacun en se refroidissant ; mais plusieurs raisons m'ont empêché de regarder cette petite diminution comme la quantité réelle du poids de la chaleur : car 1° le fer, comme on l'a vu par le résultat de mes expériences, est une matière que le feu dévore, puisqu'il la rend spécifiquement plus légère : ainsi l'on peut attribuer cette diminution de poids à l'évaporation des parties du fer enlevées par le feu. 2° Le fer jette des étincelles en grande quantité lorsqu'il est rougi à blanc ; il en jette encore quelques-unes lorsqu'il n'est que rouge, et ces étincelles sont des parties de matières dont il faut défalquer le poids de celui de la diminution totale ; et comme il n'est pas possible de recueillir toutes ces étincelles, ni d'en connaître le poids, il n'est pas possible non plus de savoir combien cette perte diminue la pesanteur des boulets. 3° Je me suis aperçu que le fer demeure rouge et jette de petites étincelles bien plus longtemps qu'on ne l'imagine ; car, quoique au grand jour il perde sa lumière et paraisse noir au bout de quelques minutes, si on le transporte dans un lieu obscur, on le voit lumineux, et on aperçoit les petites étincelles qu'il continue de lancer pendant quelques autres minutes. 4° Enfin les expériences sur les boulets me laissaient quelque scrupule, parce que la balance dont je me servais alors, quoique bonne, ne me paraissait pas assez précise pour saisir au juste le poids réel d'une matière aussi légère que le feu. Ayant donc fait construire une balance capable de porter aisément cinquante livres de chaque côté, à l'exécution de laquelle M. Le Roy, de l'Académie des Sciences, a bien voulu, à ma prière, donner toute l'attention nécessaire, j'ai eu la satisfaction de reconnaître à peu près la pesanteur relative du feu. Cette balance, chargée de cinquante livres de chaque côté, penchait assez sensiblement par l'addition de vingt-quatre grains ; et, chargée de vingt-cinq livres, elle penchait par l'addition de huit grains seulement.

Pour rendre cette balance plus ou moins sensible, M. Le Roy a fait visser sur l'aiguille une masse de plomb, qui, s'élevant et s'abaissant, change le centre de gravité, de sorte qu'on peut augmenter de près de moitié la sensibilité de la balance. Mais, par le grand nombre d'expériences que j'ai faites de cette balance et de quelques autres, j'ai reconnu qu'en général

[a]. Voyez les expériences du premier Mémoire, page 82 et suiv.

plus une balance est sensible et moins elle est *sage :* les caprices, tant au physique qu'au moral, semblent être des attributs inséparables de la grande sensibilité. Les balances très-sensibles sont si capricieuses, qu'elles ne parlent jamais de la même façon : aujourd'hui elles vous indiquent le poids à un millième près, et demain elles ne le donnent qu'à une moitié, c'est-à-dire à un cinq-centième près, au lieu d'un millième. Une balance moins sensible est plus constante, plus fidèle ; et, tout considéré, il vaut mieux, pour l'usage froid qu'on fait d'une balance, la choisir sage que de la prendre ou la rendre trop sensible.

Pour peser exactement des masses pénétrées de feu, j'ai commencé par faire garnir de tôle les bassins de cuivre et les chaînes de la balance afin de ne les pas endommager, et, après en avoir bien établi l'équilibre à son moindre degré de sensibilité, j'ai fait porter sur l'un des bassins une masse de fer rougi à blanc, qui provenait de la seconde chaude qu'on donne à l'affinerie après avoir battu au marteau la loupe qu'on appelle *renard :* je fais cette remarque parce que mon fer, dès cette seconde chaude, ne donne presque plus de flamme et ne paraît pas se consumer comme il se consume et brûle à la première chaude, et que, quoiqu'il soit blanc de feu, il ne jette qu'un petit nombre d'étincelles avant d'être mis sous le marteau.

I. — Une masse de fer rougi à blanc s'est trouvée peser précisément 49 livres 9 onces : l'ayant enlevée doucement du bassin de la balance et posée sur une pièce d'autre fer où on la laissait refroidir sans la toucher, elle s'est trouvée, après son refroidissement, au degré de la température de l'air, qui était alors celui de la congélation, ne peser que 49 livres 7 onces juste : ainsi elle a perdu 2 onces pendant son refroidissement ; on observera qu'elle ne jetait aucune étincelle, aucune vapeur assez sensible pour ne devoir pas être regardée comme la pure émanation du feu. Ainsi l'on pourrait croire que la quantité de feu contenue dans cette masse de 49 livres 9 onces étant de 2 onces, elle formait environ $\frac{1}{396}$ ou $\frac{1}{397}$ du poids de la masse totale. On a remis ensuite cette masse refroidie au feu de l'affinerie, et l'ayant fait chauffer à blanc comme la première fois, et porter au marteau, elle s'est trouvée, après avoir été malléée et refroidie, ne peser que 47 livres 12 onces 3 gros : ainsi le déchet de cette chaude, tant au feu qu'au marteau, était de 1 livre 10 onces 5 gros; et ayant fait donner une seconde et une troisième chaude à cette pièce pour achever la barre, elle ne pesait plus que 43 livres 7 onces 7 gros; ainsi son déchet total, tant par l'évaporation du feu que par la purification du fer à l'affinerie et sous le marteau, s'est trouvé de 6 livres 1 once 1 gros, sur 49 livres 9 onces, ce qui ne va pas tout à fait au huitième.

Une seconde pièce de fer, prise de même au sortir de l'affinerie à la première chaude et pesée rouge blanc, s'est trouvée du poids de 38 livres

15 onces 5 gros 36 grains; et ensuite, pesée froide, de 38 livres 14 onces 36 grains : ainsi elle a perdu 1 once 5 gros en se refroidissant, ce qui fait environ $\frac{1}{384}$ du poids total de sa masse.

Une troisième pièce de fer, prise de même au sortir du feu de l'affineric après la première chaude, et pesée rouge blanc, s'est trouvée du poids de 45 livres 12 onces 6 gros, et, pesée froide, de 45 livres 11 onces 2 gros : ainsi elle a perdu 1 once 4 gros en se refroidissant, ce qui fait environ $\frac{1}{480}$ de son poids total.

Une quatrième pièce de fer, prise de même après la première chaude et pesée rouge blanc, s'est trouvée du poids de 48 livres 11 onces 6 gros; et, pesée après son refroidissement, de 48 livres 10 onces juste; ainsi elle a perdu en se refroidissant 14 gros, ce qui fait environ $\frac{1}{447}$ du poids de sa masse totale.

Enfin une cinquième pièce de fer, prise de même après la première chaude et pesée rouge blanc, s'est trouvée du poids de 49 livres 11 onces; et, pesée après son refroidissement, de 49 livres 9 onces 1 gros : ainsi elle a perdu en se refroidissant 15 gros, ce qui fait $\frac{1}{424}$ du poids total de sa masse.

En réunissant les résultats des cinq expériences pour en prendre la mesure commune, on peut assurer que le fer chauffé à blanc, et qui n'a reçu que deux volées de coups de marteau, perd en se refroidissant $\frac{1}{428}$ de sa masse.

II. — Une pièce de fer qui avait reçu quatre volées de coups de marteau, et par conséquent toutes les chaudes nécessaires pour être entièrement et parfaitement forgée, et qui pesait 14 livres 4 gros, ayant été chauffée à blanc, ne pesait plus que 13 livres 12 onces dans cet état d'incandescence, et 13 livres 11 onces 4 gros après son entier refroidissement. D'où l'on peut conclure que la quantité de feu dont cette pièce de fer était pénétrée faisait $\frac{1}{440}$ de son poids total.

Une seconde pièce de fer entièrement forgée, et de même qualité que la précédente, pesait, froide, 13 livres 7 onces 6 gros : chauffée à blanc, 13 livres 6 onces 7 gros, et refroidie, 13 livres 6 onces 3 gros, ce qui donne $\frac{1}{430}$ à très-peu près dont elle a diminué en se refroidissant.

Une troisième pièce de fer forgée de même que les précédentes pesait, froide, 13 livres 1 gros; et chauffée au dernier degré, en sorte qu'elle était non-seulement blanche, mais bouillonnante et pétillante de feu, s'est trouvée peser 12 livres 9 onces 7 gros dans cet état d'incandescence; et refroidie à la température actuelle, qui était de 16 degrés au-dessus de la congélation, elle ne pesait plus que 12 livres 9 onces 3 gros, ce qui donne $\frac{1}{404}$ à très-peu près pour la quantité qu'elle a perdue en se refroidissant.

Prenant le terme moyen des résultats de ces trois expériences, on peut assurer que le fer parfaitement forgé et de la meilleure qualité, chauffé à blanc, perd en se refroidissant environ $\frac{1}{125}$ de sa masse.

III. — Un morceau de fer en gueuse, pesé très-rouge environ 20 minutes après sa coulée, s'est trouvé du poids de 33 livres 10 onces, et lorsqu'il a été refroidi il ne pesait plus que 33 livres 9 onces : ainsi il a perdu 1 once, c'est-à-dire $\frac{1}{538}$ de son poids ou masse totale en se refroidissant.

Un second morceau de fonte, pris de même très-rouge, pesait 22 livres 8 onces 3 gros, et lorsqu'il a été refroidi il ne pesait plus que 22 livres 7 onces 5 gros, ce qui donne $\frac{1}{480}$ pour la quantité qu'il a perdue en se refroidissant.

Un troisième morceau de fonte qui pesait, chaud, 16 livres 6 onces 3 gros $\frac{1}{2}$, ne pesait que 16 livres 5 onces 7 gros $\frac{1}{2}$ lorsqu'il fut refroidi, ce qui donne $\frac{1}{625}$ pour la quantité qu'il a perdue en se refroidissant.

Prenant le terme moyen des résultats de ces trois expériences sur la fonte pesée chaude couleur de cerise, on peut assurer qu'elle perd en se refroidissant environ $\frac{1}{514}$ de sa masse, ce qui fait une moindre diminution que celle du fer forgé ; mais la raison en est que le fer forgé a été chauffé à blanc dans toutes nos expériences, au lieu que la fonte n'était que d'un rouge couleur de cerise lorsqu'on l'a pesée, et que par conséquent elle n'était pas pénétrée d'autant de feu que le fer, car on observera qu'on ne peut chauffer à blanc la fonte de fer sans l'enflammer et la brûler en partie ; en sorte que je me suis déterminé à la faire peser seulement rouge et au moment où elle vient de prendre sa consistance dans le moule au sortir du fourneau de fusion.

IV. — On a pris sur la dame du fourneau des morceaux du laitier le plus pur, et qui formait du très-beau verre de couleur verdâtre.

Le premier morceau pesait, chaud, 6 livres 14 onces 2 gros $\frac{1}{2}$, et refroidi il ne pesait que 6 livres 14 onces 1 gros, ce qui donne $\frac{1}{588}$ pour la quantité qu'il a perdue en se refroidissant.

Un second morceau de laitier semblable au précédent a pesé, chaud, 5 livres 8 onces 6 gros $\frac{1}{4}$, et refroidi, 5 livres 8 onces 5 gros, ce qui donne $\frac{1}{568}$ pour la quantité dont il a diminué en se refroidissant.

Un troisième morceau pris de même sur la dame du fourneau, mais un peu moins ardent que le précédent, a pesé chaud 4 livres 7 onces 4 gros $\frac{1}{2}$, et refroidi, 4 livres 7 onces 3 gros $\frac{1}{2}$, ce qui donne $\frac{1}{572}$ pour la quantité dont il a diminué en se refroidissant.

Un quatrième morceau de laitier qui était de verre solide et pur, et qui pesait froid 2 livres 14 onces 1 gros, ayant été chauffé jusqu'au rouge couleur de feu, s'est trouvé peser 2 livres 14 onces 1 gros $\frac{2}{3}$; ensuite, après son refroidissement il a pesé, comme avant d'avoir été chauffé, 2 livres 14 onces 1 gros juste, ce qui donne $\frac{1}{583\frac{1}{2}}$ pour le poids de la quantité de feu dont il était pénétré.

Prenant le terme des résultats de ces quatre expériences sur le verre, pesé chaud couleur de feu, on peut assurer qu'il perd, en se refroidissant, $\frac{1}{570}$, ce qui me paraît être le vrai poids du feu relativement au poids total des matières qui en sont pénétrées, car ce verre ou laitier ne se brûle ni ne se consume au feu ; il ne perd rien de son poids, et se trouve seulement peser $\frac{1}{570}$ de plus lorsqu'il est pénétré de feu.

V. — J'ai tenté plusieurs expériences semblables sur le grès, mais elles n'ont pas si bien réussi. La plupart des espèces de grès s'égrenant au feu, on ne peut les chauffer qu'à demi, et ceux qui sont assez durs et d'une assez bonne qualité pour supporter, sans s'égrener, un feu violent, se couvrent d'émail : il y a d'ailleurs dans presque tous des espèces de clous noirs et ferrugineux qui brûlent dans l'opération. Le seul fait certain que j'ai pu tirer de sept expériences sur différents morceaux de grès dur, c'est qu'il ne gagne rien au feu, et qu'il n'y perd que très-peu. J'avais déjà trouvé la même chose par les expériences rapportées dans le premier Mémoire.

De toutes ces expériences, je crois qu'on doit conclure :

1° Que le feu a, comme toute autre matière, une pesanteur réelle[1], dont on peut connaître le rapport à la balance dans les substances qui, comme le verre, ne peuvent être altérées par son action, et dans lesquelles il ne fait, pour ainsi dire, que passer, sans y rien laisser et sans en rien enlever ;

2° Que la quantité de feu nécessaire pour rougir une masse quelconque, et lui donner sa couleur et sa chaleur, pèse $\frac{1}{570}$, ou, si l'on veut, une six-centième partie de cette masse ; en sorte que, si elle pèse froide 600 livres, elle pèsera chaude 601 livres, lorsqu'elle sera rouge couleur de feu ;

3° Que dans les matières qui, comme le fer, sont susceptibles d'un plus grand degré de feu, et peuvent être chauffées à blanc sans se fondre, la quantité de feu dont elles sont alors pénétrées est environ d'un sixième plus grande ; en sorte que, sur 500 livres de fer, il se trouve une livre de feu : nous avons même trouvé plus par les expériences précédentes, puisque leur résultat commun donne $\frac{1}{425}$; mais il faut observer que le fer, ainsi que toutes les substances métalliques, se consume un peu en se refroidissant, et qu'il diminue toutes les fois qu'on y applique le feu. Cette différence entre $\frac{1}{500}$ et $\frac{1}{423}$ provient donc de cette diminution : le fer, qui

1. Voyez les notes 3 et 4 de la page 32.

perd une quantité très-sensible dans le feu, continue à perdre un peu tant qu'il en est pénétré, et par conséquent sa masse totale se trouve plus diminuée que celle du verre, que le feu ne peut consumer, ni brûler, ni volatiliser.

Je viens de dire qu'il en est de toutes les substances métalliques comme du fer, c'est-à-dire que toutes perdent quelque chose par la longue ou la violente action du feu [1]; et je puis le prouver par des expériences incontestables sur l'or et sur l'argent, qui, de tous les métaux, sont les plus fixes et les moins sujets à être altérés par le feu. J'ai exposé au foyer du miroir ardent des plaques d'argent pur et des morceaux d'or aussi pur ; je les ai vus fumer abondamment et pendant un très-long temps : il n'est donc pas douteux que ces métaux ne perdent quelque chose de leur substance par l'application du feu, et j'ai été informé depuis que cette matière qui s'échappe de ces métaux et s'élève en fumée n'est autre chose que le métal même volatilisé, puisqu'on peut dorer ou argenter à cette fumée métallique les corps qui la reçoivent.

Le feu, surtout appliqué longtemps, volatilise donc peu à peu ces métaux, qu'il semble ne pouvoir ni brûler, ni détruire d'aucune autre manière, et, en les volatilisant, il n'en change pas la nature, puisque cette fumée qui s'en échappe est encore du métal qui conserve toutes ses propriétés. Or, il ne faut pas un feu bien violent pour produire cette fumée métallique : elle paraît à un degré de chaleur au-dessous de celui qui est nécessaire pour la fusion de ces métaux. C'est de cette même manière que l'or et l'argent se sont sublimés dans le sein de la terre ; ils ont d'abord été fondus par la chaleur excessive du premier état du globe, où tout était en liquéfaction, et ensuite la chaleur moins forte, mais constante, de l'intérieur de la terre les a volatilisés, et a poussé ces fumées métalliques jusqu'au sommet des plus hautes montagnes, où elles se sont accumulées en grains ou attachées en vapeurs aux sables et aux autres matières dans lesquelles on les trouve aujourd'hui. Les paillettes d'or, que l'eau roule avec les sables, tirent leur origine, soit des masses d'or fondues par le feu primitif, soit des surfaces dorées par cette sublimation, desquelles l'action de l'air et de l'eau les détachent et les séparent.

Mais revenons à l'objet immédiat de nos expériences. Il me paraît qu'elles ne laissent aucun doute sur la pesanteur réelle du feu, et qu'on peut assurer, en conséquence de leurs résultats, que toute matière solide, pénétrée de cet élément autant qu'elle peut l'être par l'application que

---

[1]. Le fer, chauffé à l'abri de l'air, n'augmente ni ne diminue de poids. — Chauffé au contact de l'air, il peut se combiner avec l'*oxygène*, et alors il augmente de poids (Voyez les notes 1 et 2 de la page 32). — Enfin, lorsque le *fer* a été chauffé, et qu'on vient à le battre, il se fait une projection de sa substance, qui s'enflamme au contact de l'air, et produit ce qu'on nomme l'oxyde des *battitures*. Ce n'est que par une déperdition semblable que peut s'expliquer la diminution de poids que Buffon observe dans ses expériences.

nous savons en faire, est au moins d'une six-centième partie plus pesante que dans l'état de la température actuelle, et qu'il faut une livre de matière ignée pour donner à 600 livres de toute autre matière l'état d'incandescence jusqu'au rouge couleur de feu, et environ une livre sur 500 pour que l'incandescence soit jusqu'au blanc ou jusqu'à la fusion; en sorte que le fer chauffé à blanc ou le verre en fusion contiennent dans cet état $\frac{1}{500}$ de matière ignée dont leur propre substance est pénétrée.

Mais cette grande vérité, qui paraîtra nouvelle aux physiciens, et de laquelle on pourra tirer des conséquences utiles, ne nous apprend pas encore ce qu'il serait cependant le plus important de savoir : je veux dire le rapport de la pesanteur du feu à la pesanteur de l'air ou de la matière ignée à celle des autres matières. Cette recherche suppose de nouvelles découvertes auxquelles je ne suis pas parvenu, et dont je n'ai donné que quelques indications dans mon *Traité des Éléments;* car, quoique nous sachions, par mes expériences, qu'il faut une cinq-centième partie de matière ignée pour donner à toute autre matière l'état de la plus forte incandescence, nous ne savons pas à quel point cette matière ignée y est condensée, comprimée, ni même accumulée, parce que nous n'avons jamais pu la saisir dans un état constant pour la peser ou la mesurer; en sorte que nous n'avons point d'unité à laquelle nous puissions rapporter la mesure de l'état d'incandescence. Tout ce que j'ai donc pu faire à la suite de mes expériences, c'est de rechercher combien il fallait consommer de matière combustible pour faire entrer dans une masse de matière solide cette quantité de matière ignée, qui est la cinq-centième partie de la masse en incandescence, et j'ai trouvé, par des essais réitérés, qu'il fallait brûler 300 livres de charbon, au vent de deux soufflets de dix pieds de longueur, pour chauffer à blanc une pièce de fonte de fer de 500 livres pesant. Mais comment mesurer, ni même estimer à peu près la quantité totale de feu produite par ces 300 livres de matière combustible? comment pouvoir comparer la quantité de feu qui se perd dans les airs avec celle qui s'attache à la pièce de fer, et qui pénètre dans toutes les parties de sa substance? Il faudrait pour cela bien d'autres expériences, ou plutôt il faut un art nouveau dans lequel je n'ai pu faire que les premiers pas.

VI. — J'ai fait quelques expériences pour reconnaître combien il faut de temps aux matières qui sont en fusion pour prendre leur consistance, et passer de l'état de fluidité à celui de la solidité; combien de temps il faut pour que la surface prenne sa consistance; combien il en faut de plus pour produire cette même consistance à l'intérieur, et savoir par conséquent combien le centre d'un globe, dont la surface serait consistante et même refroidie à un certain point, pourrait néanmoins être de temps dans l'état de liquéfaction[1]. Voici ces expériences.

SUR LE FER.

N° 1. — Le 29 juillet, à 5 heures 43 minutes, moment auquel la fonte de fer a cessé de couler, on a observé que la gueuse a pris de la consistance sur sa face supérieure en 3 minutes à sa tête, c'est-à-dire à la partie la plus éloignée du fourneau, et en 5 minutes à sa queue, c'est-à-dire à la partie la plus voisine du fourneau. L'ayant alors fait soulever du moule et casser en cinq endroits, on n'a vu aucune marque de fusibilité intérieure dans les quatre premiers morceaux : seulement, dans le morceau cassé le plus près du fourneau, la matière s'est trouvée intérieurement molle, et quelques parties se sont attachées au bout d'un petit ringard, à 5 heures 55 minutes, c'est-à-dire 12 minutes après la fin de la coulée : on a conservé ce morceau numéroté, ainsi que les suivants.

N° 2. — Le lendemain 30 juillet, on a coulé une autre gueuse à 8 heures 1 minute; et à 8 heures 4 minutes, c'est-à-dire 3 minutes après, la surface de sa tête était consolidée; et, en ayant fait casser deux morceaux, il est sorti de leur intérieur une petite quantité de fonte coulante; à 8 heures 7 minutes, il y avait encore dans l'intérieur des marques évidentes de fusion, en sorte que la surface a pris consistance en 3 minutes, et l'intérieur ne l'avait pas encore prise en 6 minutes.

N° 3. — Le 31 juillet, la gueuse a cessé de couler à midi 35 minutes; sa surface dans la partie du milieu avait pris sa consistance à 39 minutes, c'est-à-dire en 4 minutes, et l'ayant cassée dans cet endroit à midi 44 minutes, il s'en est écoulé une grande quantité de fonte encore en fusion; on avait remarqué que la fonte de cette gueuse était plus liquide que celle du numéro précédent, et on a conservé un morceau cassé dans lequel l'écoulement de la matière intérieure a laissé une cavité profonde de 26 pouces dans l'intérieur de la gueuse. Ainsi la surface ayant pris en 4 minutes sa consistance solide, l'intérieur était encore en grande liquéfaction après 8 minutes $\frac{1}{2}$.

N° 4. — Le 2 août, à 4 heures 47 minutes, la gueuse qu'on a coulée s'est trouvée d'une fonte très-épaisse : aussi sa surface dans le milieu a pris

1. ..... *Combien le centre d'un globe... pourrait être de temps dans l'état de liquéfaction.* Voilà le problème général que s'est posé Buffon; mais il ne s'est posé ce problème général que pour en venir à son problème particulier : la durée de l'*état incandescent*, de l'*état de liquéfaction*, du noyau central du globe terrestre. Toutes ses expériences tendent vers ce grand objet; et, quoiqu'elles ne soient pas toutes bien précises sans doute, elles portent néanmoins toutes le cachet d'un esprit énergique et puissant que guidaient des vues supérieures. On ne peut même voir, sans en être touché, tant de persévérance et tant de sincérité dans les efforts, mises à la disposition de tant de génie.

sa consistance en 3 minutes ; et 1 minute ½ après, lorsqu'on l'a cassée, toute la fonte de l'intérieur s'est écoulée, et n'a laissé qu'un tuyau de 6 lignes d'épaisseur sous la face supérieure, et d'un pouce environ d'épaisseur aux autres faces.

N° 5. — Le 3 août, dans une gueuse de fonte très-liquide, on a cassé trois morceaux d'environ 2 pieds½ de long, à commencer du côté de la tête de la gueuse, c'est-à-dire dans la partie la plus froide du moule et la plus éloignée du fourneau, et l'on a reconnu, comme il était naturel de s'y attendre, que la partie intérieure de la gueuse était moins consistante à mesure qu'on approchait du fourneau, et que la cavité intérieure, produite par l'écoulement de la fonte encore liquide, était à peu près en raison inverse de la distance au fourneau. Deux causes évidentes concourent à produire cet effet : le moule de la gueuse, formé par les sables, est d'autant plus échauffé qu'il est plus près du fourneau, et en second lieu il reçoit d'autant plus de chaleur qu'il y passe une plus grande quantité de fonte. Or la totalité de la fonte qui constitue la gueuse passe dans la partie du moule où se forme sa queue, auprès de l'ouverture de la coulée, tandis que la tête de la gueuse n'est formée que de l'excédant qui a parcouru le moule entier et s'est déjà refroidi avant d'arriver dans cette partie la plus éloignée du fourneau, la plus froide de toutes, et qui n'est échauffée que par la seule matière qu'elle contient. Aussi des trois morceaux pris à la tête de cette gueuse, la surface du premier, c'est-à-dire du plus éloigné du fourneau, a pris sa consistance en 1 minute ½, mais tout l'intérieur a coulé au bout de 3 minutes ½. La surface du second a de même pris sa consistance en 1 minute ½, et l'intérieur coulait de même au bout de 3 minutes ½ ; enfin la surface du troisième morceau, qui était le plus loin de la tête et qui approchait du milieu de la gueuse, a pris sa consistance en 1 minute ¾, et l'intérieur coulait encore très-abondamment au bout de 4 minutes.

Je dois observer que toutes ces gueuses étaient triangulaires, et que leur face supérieure, qui était la plus grande, avait environ 6 pouces ½ de largeur. Cette face supérieure, qui est exposée à l'action de l'air, se consolide néanmoins plus lentement que les deux faces qui sont dans le sillon où la matière a coulé ; l'humidité des sables qui forment cette espèce de moule refroidit et consolide la fonte plus promptement que l'air, car dans tous les morceaux que j'ai fait casser, les cavités formées par l'écoulement de la fonte encore liquide étaient bien plus voisines de la face supérieure que des deux autres faces.

Ayant examiné tous ces morceaux après leur refroidissement, j'ai trouvé : 1° que les morceaux du n° 4 ne s'étaient consolidés que de 6 lignes d'épaisseur sous la face supérieure ; 2° que ceux du n° 5 se sont consolidés de 9 lignes d'épaisseur sous cette même face supérieure ; 3° que les morceaux du n° 2 s'étaient consolidés d'un pouce d'épaisseur sous cette même face ;

4° que les morceaux au n° 3 s'étaient consolidés d'un pouce et demi d'épaisseur sous la même face ; et enfin que les morceaux du n° 1 s'étaient consolidés jusqu'à 2 pouces 3 lignes sous cette même face supérieure.

Les épaisseurs consolidées sont donc 6, 9, 12, 18, 27 lignes, et les temps employés à cette consolidation sont $1\frac{1}{2}$, 2 ou $2\frac{1}{2}$, 3, $4\frac{1}{2}$, 7 minutes : ce qui fait à très-peu près le quart numérique des épaisseurs. Ainsi les temps nécessaires pour consolider le métal fluide sont précisément en même raison que celle de leur épaisseur : en sorte que si nous supposons un globe isolé de toutes parts, dont la surface aura pris sa consistance en un temps donné, par exemple en 3 minutes, il faudra 1 minute $\frac{1}{2}$ de plus pour le consolider à 6 lignes de profondeur, 2 minutes $\frac{1}{4}$ pour le consolider à 9 lignes, 3 minutes pour le consolider à 12 lignes, 4 minutes pour le consolider à 18 lignes, et 7 minutes pour le consolider à 27 ou 28 lignes de profondeur, et par conséquent 36 minutes pour le consolider à 10 pieds de profondeur, etc.

SUR LE VERRE.

Ayant fait couler du laitier dans des moules très-voisins du fourneau, à environ 2 pieds de l'ouverture de la coulée, j'ai reconnu, par plusieurs essais, que la surface de ces morceaux de laitier prend sa consistance en moins de temps que la fonte de fer, et que l'intérieur se consolidait aussi beaucoup plus vite, mais je n'ai pu déterminer, comme je l'ai fait sur le fer, les temps nécessaires pour consolider l'intérieur du verre à différentes épaisseurs ; je ne sais même si l'on en viendrait à bout dans un fourneau de verrerie où l'on aurait le verre en masses fort épaisses : tout ce que je puis assurer, c'est que la consolidation du verre, tant à l'extérieur qu'à l'intérieur, est à peu près une fois plus prompte que celle de la fonte du fer. Et en même temps que le premier coup de l'air condense la surface du verre liquide et lui donne une sorte de consistance solide, il la divise et la fêle en une infinité de petites parties, en sorte que le verre saisi par l'air frais ne prend pas une solidité réelle, et qu'il se brise au moindre choc ; au lieu qu'en le laissant recuire dans un four très-chaud, il acquiert peu à peu la solidité que nous lui connaissons. Il paraît donc bien difficile de déterminer par l'expérience les rapports du temps qu'il faut pour consolider le verre à différentes épaisseurs au-dessous de sa surface. Je crois seulement qu'on peut, sans se tromper, prendre le même rapport pour la consolidation que celui du refroidissement du verre au refroidissement du fer, lequel rapport est de 132 à 236 par les expériences du second Mémoire (page 124).

VII. — Ayant déterminé, par les expériences précédentes, les temps nécessaires pour la consolidation du fer en fusion, tant à sa surface qu'aux différentes profondeurs de son intérieur, j'ai cherché à reconnaître, par des observations exactes, quelle était la durée de l'incandescence dans cette même matière.

1. Un renard, c'est-à-dire une loupe détachée de la gueuse par le feu de la chaufferie et prête à être portée sous le marteau, a été mise dans un lieu dont l'obscurité était égale à celle de la nuit quand le ciel est couvert : cette loupe, qui était fort enflammée, n'a cessé de donner de la flamme qu'au bout de 24 minutes ; d'abord la flamme était blanche, ensuite rouge et bleuâtre sur la fin ; elle ne paraissait plus alors qu'à la partie inférieure de la loupe qui touchait la terre et ne se montrait que par ondulations ou par reprises, comme celles d'une chandelle qui s'éteint. Ainsi la première incandescence, accompagnée de flamme, a duré 24 minutes : ensuite la loupe, qui était encore bien rouge, a perdu cette couleur peu à peu et a cessé de paraître rouge au bout de 74 minutes, non compris les 24 premières, ce qui fait en tout 98 minutes ; mais il n'y avait que les surfaces supérieures et latérales qui avaient absolument perdu leur couleur rouge ; la surface inférieure, qui touchait à la terre, l'était encore aussi bien que l'intérieur de la loupe. Je commençai alors, c'est-à-dire au bout de 98 minutes, à laisser tomber quelques grains de poudre à tirer sur la surface supérieure; ils s'enflammèrent avec explosion. On continuait de jeter de temps en temps de la poudre sur la loupe, et ce ne fut qu'au bout de 42 minutes de plus qu'elle cessa de faire explosion : à 43, 44 et 45 minutes la poudre se fondait et fusait sans explosion, en donnant seulement une petite flamme bleue. De là je crus devoir conclure que l'incandescence à l'intérieur de la loupe n'avait fini qu'alors, c'est-à-dire 42 minutes après celle de la surface, et qu'en tout elle avait duré 140 minutes.

Cette loupe était de figure à peu près ovale et aplatie sur deux faces parallèles; son grand diamètre était de 13 pouces, et le petit de 8 pouces; elle avait aussi, à très-peu près, 8 pouces d'épaisseur partout, et elle pesait 91 livres 4 onces après avoir été refroidie.

2. Un autre renard, mais plus petit que le premier, tout aussi blanc de flamme et pétillant de feu, au lieu d'être porté sous le marteau, a été mis dans le même lieu obscur où il n'a cessé de donner de la flamme qu'au bout de 22 minutes; ensuite il n'a perdu sa couleur rouge qu'après 43 minutes, ce qui fait 65 minutes pour la durée des deux états d'incandescence à la surface, sur laquelle ayant ensuite jeté des grains de poudre, ils n'ont cessé de s'enflammer avec explosion qu'au bout de 40 minutes, ce qui fait en tout 105 minutes pour la durée de l'incandescence, tant à l'extérieur qu'à l'intérieur.

Cette loupe était à peu près circulaire, sur 9 pouces de diamètre, et elle avait environ 6 pouces d'épaisseur partout; elle s'est trouvée du poids de 54 livres après son refroidissement.

J'ai observé que la flamme et la couleur rouge suivent la même marche dans leur dégradation : elles commencent par disparaître à la surface supérieure de la loupe, tandis qu'elles durent encore aux surfaces latérales, et continuent de paraître assez longtemps autour de la surface inférieure, qui, étant constamment appliquée sur la terre, se refroidit plus lentement que les autres surfaces qui sont exposées à l'air.

3. Un troisième renard tiré du feu très-blanc, brûlant et pétillant d'étincelles et de flamme, ayant été porté dans cet état sous le marteau, n'a conservé cette incandescence enflammée que 6 minutes; les coups précipités dont il a été frappé pendant ces 6 minutes, ayant comprimé la matière, en ont en même temps réprimé la flamme qui aurait subsisté plus longtemps sans cette opération, par laquelle on en a fait une pièce de fer de 12 pouces $\frac{1}{2}$ de longueur, sur quatre pouces en carré, qui s'est trouvée peser 48 livres 4 onces après avoir été refroidie. Mais, ayant mis auparavant cette pièce encore toute rouge dans le même lieu obscur, elle n'a cessé de paraître rouge à sa surface qu'au bout de 46 minutes, y compris les 6 premières. Ayant ensuite fait l'épreuve avec la poudre à tirer qui n'a cessé de s'enflammer avec explosion que 26 minutes après les 46, il en résulte que l'incandescence intérieure et totale a duré 72 minutes.

En comparant ensemble ces trois expériences, on peut conclure que la durée de l'incandescence totale est, comme celle de la prise de consistance, proportionnelle à l'épaisseur de la matière. Car la première loupe, qui avait 8 pouces d'épaisseur, a conservé son incandescence pendant 140 minutes : la seconde, qui avait 6 pouces d'épaisseur, l'a conservée pendant 105 minutes; et la troisième, qui n'avait que 4 pouces, ne l'a conservée que pendant 72 minutes. Or, 105 : 140 : : 6 : 8, et de même 72 : 140 à peu près : : 4 : 8, en sorte qu'il paraît y avoir même rapport entre les temps qu'entre les épaisseurs.

4. Pour m'assurer encore mieux de ce fait important, j'ai cru devoir répéter l'expérience sur une loupe, prise, comme la précédente, au sortir de la chaufferie. On l'a portée tout enflammée sous le marteau; la flamme a cessé au bout de 6 minutes, et dans ce moment on a cessé de la battre; on l'a mise tout de suite dans le même lieu obscur; le rouge n'a cessé qu'au bout de 39 minutes, ce qui donne 45 minutes pour les deux états d'incandescence à la surface; ensuite la poudre n'a cessé de s'enflammer avec explosion qu'au bout de 28 minutes : ainsi l'incandescence intérieure et totale a duré 73 minutes. Or, cette pièce avait, comme la précédente, 4 pouces juste d'épaisseur, sur deux faces en carré, et 10 pouces $\frac{1}{4}$ de longueur : elle pesait 39 livres 4 onces après avoir été refroidie.

Cette dernière expérience s'accorde si parfaitement avec celle qui la précède et avec les deux autres, qu'on ne peut pas douter qu'en général la durée de l'incandescence ne soit à très-peu près proportionnelle à l'épaisseur de la masse, et que par conséquent ce grand degré de feu ne suive la même loi que celle de la chaleur médiocre; en sorte que, dans des globes de même matière, la chaleur ou le feu du plus haut degré, pendant tout le temps de l'incandescence, s'y conservent et y durent précisément en raison de leur diamètre. Cette vérité, que je voulais acquérir et démontrer par le fait, semble nous indiquer que les causes cachées (*causæ latentes*) de Newton, desquelles j'ai parlé dans le premier de ces Mémoires, ne s'opposent que très-peu à la sortie du feu, puisqu'elle se fait de la même manière que si les corps étaient entièrement et parfaitement perméables, et que rien ne s'opposât à son issue. Cependant on serait porté à croire que plus la même matière est comprimée, plus elle doit retenir de temps le feu; en sorte que la durée de l'incandescence devrait être alors en plus grande raison que celle des épaisseurs ou des diamètres. J'ai donc essayé de reconnaître cette différence par l'expérience suivante.

5. J'ai fait forger une masse cubique de fer de 5 pouces 9 lignes de toutes faces; elle a subi trois chaudes successives, et l'ayant laissée refroidir, son poids s'est trouvé de 48 livres 9 onces. Après l'avoir pesée, on l'a mise de nouveau au feu de l'affinerie, où elle n'a été chauffée que jusqu'au rouge couleur de feu, parce qu'alors elle commençait à donner un peu de flamme, et qu'en la laissant au feu plus longtemps le fer aurait brûlé. De là on l'a transportée tout de suite dans le même lieu obscur, où j'ai vu qu'elle ne donnait aucune flamme; néanmoins elle n'a cessé de paraître rouge qu'au bout de 52 minutes, et la poudre n'a cessé de s'enflammer à sa surface avec explosion que 43 minutes après : ainsi l'incandescence totale a duré 95 minutes. On a pesé cette masse une seconde fois après son entier refroidissement; elle s'est trouvée peser 48 livres 1 once : ainsi elle avait perdu au feu 8 onces de son poids, et elle en aurait perdu davantage, si on l'eût chauffée jusqu'au blanc.

En comparant cette expérience avec les autres, on voit que l'épaisseur de la masse étant de 5 pouces $\frac{3}{4}$, l'incandescence totale a duré 95 minutes dans cette pièce de fer, comprimée autant qu'il est possible, et que dans les premières masses qui n'avaient point été comprimées par le marteau, l'épaisseur étant de 6 pouces, l'incandescence a duré 105 minutes, et l'épaisseur étant de 8 pouces, elle a duré 140 minutes. Or, 140 : 8 ou 105 : 6 : : 95 : 5 $\frac{9}{21}$, au lieu que l'expérience nous donne 5 $\frac{3}{4}$. Les causes cachées, dont la principale est la compression de la matière, et les obstacles qui en résultent pour l'issue de la chaleur, semblent donc produire cette différence de 5 $\frac{3}{4}$ à 5 $\frac{9}{21}$, ce qui fait $\frac{21}{84}$ ou un peu plus d'un tiers sur $\frac{45}{3}$, c'est-à-dire environ $\frac{1}{16}$ sur le tout. En sorte que le fer bien battu, bien *sué*, bien comprimé, ne perd son incandescence qu'en 17 de temps, tandis que le même fer qui n'a point été comprimé la perd en 16 du même temps. Et ceci paraît se confirmer par les expériences 3 et 4, où les masses de fer, ayant été comprimées par une seule volée de coups de marteau, n'ont perdu leur incandescence qu'au bout de 72 et 73 minutes, au lieu de 70 qu'a duré celle des loupes non comprimées, ce qui fait $2\frac{1}{2}$ sur 70 ou $\frac{5}{140}$ ou $\frac{1}{28}$ de différence produite par cette première compression. Ainsi l'on ne doit pas être étonné que la seconde et la troisième compression qu'a subies la masse de fer de la cinquième expérience, qui été battue par trois volées de coups de marteau, aient produit $\frac{1}{16}$ au lieu de $\frac{1}{28}$ de différence dans la durée de l'incandescence. On peut donc assurer en général que la plus forte compression qu'on puisse donner à la matière, pénétrée de feu autant qu'elle peut l'être, ne diminue que d'une seizième partie la durée de son incandescence, et que dans la matière qui ne reçoit point de compression extérieure, cette durée est précisément en même raison que son épaisseur.

Maintenant, pour appliquer au globe de la terre[1] le résultat de ces expériences, nous considérerons qu'il n'a pu prendre sa forme élevée sous l'équateur, et abaissée sous les pôles, qu'en vertu de la force centrifuge, combinée avec celle de la pesanteur; que, par conséquent, il a dû tourner sur son axe pendant un petit temps avant que sa surface ait pris sa consistance, et qu'ensuite la matière intérieure s'est consolidée dans les mêmes rapports de temps indiqués par nos expériences; en sorte qu'en partant de la supposition d'un jour au moins pour le petit temps nécessaire à la prise de consistance à sa surface, et en admettant, comme nos expériences l'indiquent, un temps de 3 minutes pour en consolider la matière intérieure à un pouce de profondeur, il se trouvera 36 minutes pour un pied, 216 minutes pour une toise, 342 jours pour une lieue, et 490086 jours, ou environ 1342 ans, pour qu'un globe de fonte de fer qui aurait, comme celui de la terre, 1432 lieues $\frac{1}{4}$ de demi-diamètre, eût pris sa consistance jusqu'au centre.

La supposition que je fais ici d'un jour de rotation pour que le globe terrestre ait pu s'élever régulièrement sous l'équateur et s'abaisser sous les pôles, avant que sa surface ne fût consolidée, me paraît plutôt trop faible que trop forte; car il a peut-être fallu un grand nombre de révolutions de vingt-quatre heures chacune sur son axe, pour que la matière fluide se soit solidement établie, et l'on voit bien que, dans ce cas, le temps nécessaire pour la prise de consistance de la matière au centre se trouvera plus grand. Pour le réduire autant qu'il est possible, nous n'avons fait aucune attention à l'effet de la force centrifuge qui s'oppose à celui de la réunion des parties, c'est-à-dire à la prise de consistance de la matière en fusion. Nous avons supposé encore, dans la même vue de diminuer le temps, que

1. *Maintenant, pour appliquer au globe de la terre.....* Encore une fois, voilà le grand objet de Buffon et le but final de toutes ses expériences : la détermination du temps que pourra durer la chaleur intérieure du globe. — (Voyez la note de la page 82, et celle de la page 301.)

l'atmosphère de la terre, alors toute en feu, n'était néanmoins pas plus chaude que celle de mon fourneau, à quelques pieds de distance où se sont faites les expériences, et c'est en conséquence de ces deux suppositions trop gratuites que nous ne trouvons que 1342 ans pour le temps employé à la consolidation du globe jusqu'au centre. Mais il me paraît certain que cette estimation du temps est de beaucoup trop faible, par l'observation constante que j'ai faite sur la prise de consistance des gueuses à la tête et à la queue ; car il faut trois fois autant de temps et plus pour que la partie de la gueuse, qui est à 18 pieds du fourneau, prenne consistance, c'est-à-dire que, si la surface de la tête de la gueuse, qui est à 18 pieds du fourneau, prend consistance en 1 minute $\frac{1}{2}$, celle de la queue, qui n'est qu'à 2 pieds du fourneau, ne prend consistance qu'en 4 minutes $\frac{1}{2}$ ou 5 minutes ; en sorte que la chaleur plus grande de l'air contribue prodigieusement au maintien de la fluidité ; et l'on conviendra sans peine avec moi que, dans ce premier temps de liquéfaction du globe de la terre, la chaleur de l'atmosphère de vapeurs qui l'environnait était plus grande que celle de l'air à 2 pieds de distance du feu de mon fourneau, et que par conséquent il a fallu beaucoup plus de temps pour consolider le globe jusqu'au centre. Or, nous avons démontré, par les expériences du premier Mémoire[a], qu'un globe de fer gros comme la terre, pénétré de feu seulement jusqu'au rouge, serait plus de quatre-vingt-seize mille six cent soixante-dix ans à se refroidir, auxquels, ajoutant deux ou trois mille ans pour le temps de sa consolidation jusqu'au centre, il résulte qu'en tout il faudrait environ cent mille ans pour refroidir au point de la température actuelle un globe de fer gros comme la terre, sans compter la durée du premier état de liquéfaction, ce qui recule encore les limites du temps, qui semble fuir et s'étendre à mesure que nous cherchons à le saisir. Mais tout ceci sera plus amplement discuté et déterminé plus précisément dans les Mémoires suivants.

NEUVIÈME MÉMOIRE.

EXPÉRIENCES SUR LA FUSION DES MINES DE FER.

Je ne pourrai guère mettre d'autre liaison entre ces Mémoires, ni d'autre ordre entre mes différentes expériences, que celui du temps ou plutôt de la succession de mes idées[1]. Comme je ne me trouvais pas assez instruit dans

---

a. Voyez ci-devant, page 89.

1. J'ai trouvé, dans l'étude philosophique de la *succession des idées* de Buffon, un intérêt que j'ai voulu faire partager à mon lecteur. Découvrir cette *succession*, et la lui montrer, tel a été le but que je me suis proposé dans cette édition.

la connaissance des minéraux, que je n'étais pas satisfait de ce qu'on en dit dans les livres, que j'avais bien de la peine à entendre ceux qui traitent de la chimie [1], où je voyais d'ailleurs des principes précaires, toutes les expériences faites en petit [2] et toujours expliquées dans l'esprit d'une même méthode, j'ai voulu travailler par moi-même; et, consultant plutôt mes désirs que ma force, j'ai commencé par faire établir sous mes yeux des forges et des fourneaux en grand, que je n'ai pas cessé d'exercer continuellement depuis sept ans.

Le petit nombre d'auteurs qui ont écrit sur les mines de fer [3] ne donnent, pour ainsi dire, qu'une nomenclature assez inutile, et ne parlent point des différents traitements de chacune de ces mines. Ils comprennent dans les mines de fer : l'aimant, l'émeril, l'hématite, etc., qui sont en effet des minéraux ferrugineux en partie, mais qu'on ne doit pas regarder comme de vraies mines de fer, propres à être fondues et converties en ce métal; nous ne parlerons ici que de celles dont on doit faire usage, et on peut les réduire à deux espèces principales.

La première est la mine en roche, c'est-à-dire en masses dures, solides et compactes, qu'on ne peut tirer et séparer qu'à force de coins, de marteaux et de masses, et qu'on pourrait appeler *pierre de fer*. Ces mines ou roches de fer se trouvent en Suède, en Allemagne, dans les Alpes, dans les Pyrénées, et généralement dans la plupart des hautes montagnes de la terre, mais en bien plus grande quantité vers le nord que du côté du midi. Celles de Suède sont de couleur de fer pour la plupart, et paraissent être du fer presque à demi préparé par la nature; il y en a aussi de couleur brune, rousse ou jaunâtre; il y en a même de toutes blanches à Allevard en Dauphiné, ainsi que d'autres couleurs : ces dernières mines semblent être composées comme du spath, et on ne reconnaît qu'à leur pesanteur, plus grande que celle des autres spaths, qu'elles contiennent une grande quantité de métal. On peut aussi s'en assurer en les mettant au feu; car, de quelque couleur qu'elles soient, blanches, grises, jaunes, rousses, verdâtres, bleuâtres, violettes ou rouges, toutes deviennent noires à une légère calcination. Les mines de Suède, qui, comme je l'ai dit, semblent être de la

1. La *chimie*, au temps de Buffon, était trop peu avancée pour satisfaire un esprit tel que le sien : ce n'était pas encore la *chimie*. La vraie *chimie* ne date que de LAVOISIER, comme la *grande histoire naturelle* ne date que de BUFFON.

2. Les expériences, *faites en grand*, voilà ce qui nous manque en tout genre : en *histoire naturelle* comme en *chimie*.

3. « On donne le nom de *minerai de fer* à toute matière contenant assez de fer pour qu'on en « puisse retirer le métal industriellement. — Comme de petites quantités de phosphore, de sou- « fre ou d'arsenic ôtent au fer toute sa ténacité, on rejette les minerais dans lesquels le fer est « uni à l'un ou à l'autre de ces corps. — Les seuls minerais exploités sont : l'oxyde de fer « magnétique, le peroxyde de fer anhydre ou fer oligiste, le peroxyde de fer hydraté, le « carbonate de protoxyde de fer (fer spathique ou fer carbonaté des houillères). » (Pelouze et Frémy, *Cours de Chimie générale.*)

pierre de fer, sont attirées par l'aimant[1]; il en est de même de la plupart des autres mines en roche, et généralement de toute matière ferrugineuse qui a subi l'action du feu. Les mines de fer en grains, qui ne sont point du tout magnétiques, le deviennent lorsqu'on les fait griller au feu : ainsi les mines de fer en roche et en grandes masses étant magnétiques, doivent leur origine à l'élément du feu. Celles de Suède, qui ont été les mieux observées, sont très-étendues et très-profondes; les filons sont perpendiculaires, toujours épais de plusieurs pieds, et quelquefois de quelques toises : on les travaille comme on travaillerait de la pierre très-dure dans une carrière. On y trouve souvent de l'asbeste, ce qui prouve encore que ces mines ont été formées par le feu.

Les mines de la seconde espèce ont, au contraire, été formées par l'eau, tant du détriment des premières, que de toutes les particules de fer que les végétaux et les animaux rendent à la terre par la décomposition de leur substance : ces mines, formées par l'eau, sont le plus ordinairement en grains arrondis, plus ou moins gros, mais dont aucun n'est attirable par l'aimant avant d'avoir subi l'action du feu, ou plutôt celle de l'air par le moyen du feu; car ayant fait griller plusieurs de ces mines dans des vaisseaux ouverts, elles sont toutes devenues très-attirables à l'aimant, au lieu que dans les vaisseaux clos, quoique chauffées à un plus grand feu et pendant plus de temps, elles n'avaient point du tout acquis la vertu magnétique.

On pourrait ajouter à ces mines en grains, formées par l'eau, une seconde espèce de mine souvent plus pure, mais bien plus rare, qui se forme également par le moyen de l'eau : ce sont les mines de fer cristallisées. Mais comme je n'ai pas été à portée de traiter par moi-même les mines de fer en roche, produites par le feu, non plus que les mines de fer cristallisées par l'eau, je ne parlerai que de la fusion des mines en grains, d'autant que ces dernières mines sont celles qu'on exploite le plus communément dans nos forges de France.

La première chose que j'ai trouvée, et qui me paraît être une découverte utile, c'est qu'avec une mine qui donnait le plus mauvais fer de la province de Bourgogne, j'ai fait du fer aussi ductile, aussi nerveux, aussi ferme que les fers du Berri, qui sont réputés les meilleurs de France. Voici comment j'y suis parvenu : le chemin que j'ai tenu est bien plus long, mais personne avant moi n'ayant frayé la route, on ne sera pas étonné que j'aie fait du circuit.

---

1. L'oxyde de fer magnétique se compose de 31 pour 100 de protoxyde de fer et de 69 de peroxyde. Lorsqu'il est pur, il est non-seulement magnétique, mais encore, et même plus souvent magnéti-polaire. Tel est celui de Suède. Il existe un autre oxyde de fer magnétique, mais non magnéti-polaire, appelé *franklinite :* celui-ci est composé de peroxyde de fer, d'oxyde rouge de manganèse et d'oxyde de zinc.

J'ai pris le dernier jour d'un fondage, c'est-à-dire le jour où l'on allait faire cesser le feu d'un fourneau à fondre la mine de fer, qui durait depuis plus de quatre mois. Ce fourneau, d'environ 20 pieds de hauteur et de 5 pieds et demi de largeur à sa cuve, était bien échauffé, et n'avait été chargé que de cette mine qui avait la fausse réputation de ne pouvoir donner que des fontes très-blanches, très-cassantes, et par conséquent du fer à très-gros grain, sans nerf et sans ductilité. Comme j'étais dans l'idée que la trop grande violence du feu ne peut qu'aigrir le fer, j'employai ma méthode ordinaire, et que j'ai suivie constamment dans toutes mes recherches sur la nature, qui consiste à voir les extrêmes avant de considérer les milieux : je fis donc, non pas ralentir, mais enlever les soufflets, et ayant fait en même temps découvrir le toit de la halle, je substituai aux soufflets un ventilateur simple, qui n'était qu'un cône creux, de 24 pieds de longueur, sur 4 pieds de diamètre au gros bout, et 3 pouces seulement à sa pointe, sur laquelle on adapta une buse de fer, et qu'on plaça dans le trou de la tuyère; en même temps on continuait à charger de charbon et de mine, comme si l'on eût voulu continuer à couler; les charges descendaient bien plus lentement, parce que le feu n'était plus animé par le vent des soufflets; il l'était seulement par un courant d'air que le ventilateur tirait d'en haut, et qui, étant plus frais et plus dense que celui du voisinage de la tuyère, arrivait avec assez de vitesse pour produire un murmure constant dans l'intérieur du fourneau. Lorsque j'eus fait charger environ deux milliers de charbon, et quatre milliers de mine, je fis discontinuer pour ne pas trop embarrasser le fourneau, et, le ventilateur étant toujours à la tuyère, je laissai baisser les charbons et la mine sans remplir le vide qu'ils laissaient au-dessus. Au bout de quinze ou seize heures, il se forma de petites loupes, dont on tira quelques-unes par le trou de la tuyère, et quelques autres par l'ouverture de la coulée : le feu dura quatre jours de plus, avant que le charbon ne fût entièrement consumé, et dans cet intervalle de temps on tira des loupes plus grosses que les premières; et, après les quatre jours, on en trouva de plus grosses encore en vidant le fourneau.

Après avoir examiné ces loupes, qui me parurent être d'une très-bonne étoffe, et dont la plupart portaient à leur circonférence un grain fin, et tout semblable à celui de l'acier, je les fis mettre au feu de l'affinerie et porter sous le marteau : elles en soutinrent le coup sans se diviser, sans s'éparpiller en étincelles, sans donner une grande flamme, sans laisser couler beaucoup de laitier, choses qui toutes arrivent lorsqu'on forge du mauvais fer. On les forgea à la manière ordinaire : les barres qui en provenaient n'étaient pas toutes de la même qualité; les unes étaient de fer, les autres d'acier, et le plus grand nombre de fer par un bout ou par un côté, et d'acier par l'autre. J'en ai fait faire des poinçons et des ciseaux par des ouvriers, qui trouvèrent cet acier aussi bon que celui d'Allemagne. Les barres qui n'étaient que de fer étaient si fermes, qu'il fut impossible de les rompre avec la masse, et qu'il fallut employer le ciseau d'acier pour les entamer profondément des deux côtés avant de pouvoir les rompre; ce fer était tout nerf, et ne pouvait se séparer qu'en se déchirant par le plus grand effort. En le comparant au fer que donne cette même mine fondue en gueuses à la manière ordinaire, on ne pouvait se persuader qu'il provenait de la même mine, dont on n'avait jamais tiré que du fer à gros grain, sans nerf et très-cassant.

La quantité de mine que j'avais employée dans cette expérience aurait dû produire au moins 1200 livres de fonte, c'est-à-dire environ 800 livres de fer, si elle eût été fondue par la méthode ordinaire, et je n'avais obtenu que 280 livres, tant d'acier que de fer, de toutes les loupes que j'avais réunies ; et en supposant un déchet de moitié du mauvais fer au bon, et de trois quarts du mauvais fer à l'acier, je voyais que ce produit ne pouvait équivaloir qu'à 500 livres de mauvais fer, et que par conséquent il y avait eu plus du quart de mes quatre milliers de mine qui s'était consumé en pure perte, et en même temps près du tiers du charbon brûlé sans produit.

Ces expériences étant donc excessivement chères, et voulant néanmoins les suivre, je pris le parti de faire construire deux fourneaux plus petits, tous deux cependant de 14 pieds de hauteur, mais dont la capacité intérieure du second était d'un tiers plus petite que celle du premier. Il fallait, pour charger et remplir en entier mon grand fourneau de fusion, cent trente-cinq corbeilles de charbon de 40 livres chacune, c'est-à-dire 5,400 livres de charbon, au lieu qué dans mes petits fourneaux il ne fallait que 900 livres de charbon pour remplir le premier, et 600 livres pour remplir le second, ce qui diminuait considérablement les trop grands frais de ces expériences. Je fis adosser ces fourneaux l'un à l'autre, afin qu'ils pussent profiter de leur chaleur mutuelle : ils étaient séparés par un mur de trois pieds, et environnés d'un autre mur de 4 pieds d'épaisseur, le tout bâti en bon moellon et de la même pierre calcaire dont on se sert dans le pays pour faire les étalages des grands fourneaux. La forme de la cavité de ces petits fourneaux était pyramidale sur une base carrée, s'élevant d'abord perpendiculairement à 3 pieds de hauteur, et ensuite s'inclinant en dedans sur le reste de leur élévation, qui était de 11 pieds : de sorte que l'ouverture supérieure se trouvait réduite à 14 pouces au plus grand fourneau, et 11 pouces au plus petit. Je ne laissai dans le bas qu'une seule ouverture à chacun de mes fourneaux ; elle était surbaissée en forme de voûte ou de lunette, dont le sommet ne s'élevait qu'à 2 pieds ½ dans la partie intérieure, et à 4 pieds en dehors ; je faisais remplir cette ouverture par un petit mur de briques, dans lequel on laissait un trou de quelques pouces en bas pour écouler le laitier, et un autre trou à 1 pied ½ de hauteur pour pomper l'air :

je ne donne point ici la figure de ces fourneaux, parce qu'ils n'ont pas assez
bien réussi pour que je prétende les donner pour modèles, et que d'ailleurs
j'y ai fait et j'y fais encore des changements essentiels à mesure que l'expérience m'apprend quelque chose de nouveau. D'ailleurs, ce que je viens de
dire suffit pour en donner une idée, et aussi pour l'intelligence de ce qui suit.

Ces fourneaux étaient placés de manière que leur face antérieure, dans
laquelle étaient les ouvertures en lunette, se trouvait parallèle au courant
d'eau qui fait mouvoir les roues des soufflets de mon grand fourneau et de
mes affineries, en sorte que le grand entonnoir ou ventilateur dont j'ai
parlé pouvait être posé de manière qu'il recevait sans cesse un air frais par
le mouvement des roues; il portait cet air au fourneau auquel il aboutissait
par sa pointe, qui était une buse ou tuyau de fer de forme conique, et d'un
pouce et demi de diamètre à son extrémité. Je fis faire en même temps
deux tuyaux d'aspiration, l'un de 10 pieds de longueur sur 14 pouces de
largeur pour le plus grand de mes petits fourneaux, et l'autre de 7 pieds
de longueur et de 11 pouces de côté pour le plus petit. Je fis ces tuyaux
d'aspiration carrés, parce que les ouvertures du dessus des fourneaux
étaient carrées, et que c'était sur ces ouvertures qu'il fallait les poser; et
quoique ces tuyaux fussent faits d'une tôle assez légère, sur un châssis de
fer mince, ils ne laissaient pas d'être pesants, et même embarrassants par
leur volume, surtout quand ils étaient fort échauffés : quatre hommes
avaient assez de peine pour les déplacer et les replacer, ce qui cependant
était nécessaire toutes les fois qu'il fallait charger les fourneaux.

J'y ai fait dix-sept expériences, dont chacune durait ordinairement deux
ou trois jours et deux ou trois nuits. Je n'en donnerai pas le détail, non-
seulement parce qu'il serait fort ennuyeux, mais même assez inutile, attendu
que je n'ai pu parvenir à une méthode fixe, tant pour conduire le feu que
pour le forcer à donner toujours le même produit. Je dois donc me borner
aux simples résultats de ces expériences, qui m'ont démontré plusieurs
vérités que je crois très-utiles.

La première, c'est qu'on peut faire de l'acier[1] de la meilleure qualité sans

1. « On donne le nom d'*acier* à un carbure de fer contenant des traces de silicium et de
« phosphore, et dans lequel la proportion de carbone ne dépasse jamais un centième. L'acier
« contient plus de charbon que le fer commun et moins que la fonte... On divise les aciers
« en quatre variétés principales : *l'acier naturel*, *l'acier de cémentation*, *l'acier fondu*, *l'acier
« damassé*.

« *L'acier naturel* porte souvent aussi le nom d'*acier de forge* ou d'*acier de fonte*. On l'ob-
« tient en affinant incomplétement la fonte dans des creusets profonds, au contact de l'air, ou
« sous l'influence de l'oxyde de fer, qui la décarbonise en partie.

« *L'acier de cémentation* s'obtient en chauffant pendant longtemps le fer, mis en contact avec
« du charbon en poudre.

« *L'acier fondu* s'obtient en fondant l'acier de cémentation.

« *L'acier damassé* est une variété d'acier qui se recouvre d'une espèce de moiré lorsqu'on le
« traite par des acides étendus. On l'obtient par des procédés très-divers. » — (Voyez Pelouze
et Frémy, *liv. cit.*)

employer du fer comme on le fait communément, mais seulement en faisant fondre la mine à un feu long et gradué. De mes dix-sept expériences il y en a eu six où j'ai eu de l'acier bon et médiocre, sept où je n'ai eu que du fer, tantôt très-bon et tantôt mauvais, et quatre où j'ai eu une petite quantité de fonte et du fer environné d'excellent acier. On ne manquera pas de me dire : donnez-nous donc au moins le détail de celles qui vous ont produit du bon acier. Ma réponse est aussi simple que vraie, c'est qu'en suivant les mêmes procédés aussi exactement qu'il m'était possible, en chargeant de la même façon, mettant la même quantité de mine et de charbon, ôtant et mettant le ventilateur et les tuyaux d'aspiration pendant un temps égal, je n'en ai pas moins eu des résultats tout différents. La seconde expérience me donna de l'acier par les mêmes procédés que la première, qui ne m'avait produit que du fer d'une qualité assez médiocre ; la troisième, par les mêmes procédés, m'a donné de très-bon fer ; et quand après cela j'ai voulu varier la suite des procédés et changer quelque chose à mes fourneaux, le produit en a peut-être moins varié par ces grands changements qu'il n'avait fait par le seul caprice du feu, dont les effets et la conduite sont si difficiles à suivre qu'on ne peut les saisir ni même les deviner qu'après une infinité d'épreuves et de tentatives qui ne sont pas toujours heureuses. Je dois donc me borner à dire ce que j'ai fait, sans anticiper sur ce que des artistes plus habiles pourront faire ; car il est certain qu'on parviendra à une méthode sûre de tirer de l'acier de toute mine de fer sans la faire couler en gueuses et sans convertir la fonte en fer.

C'est ici la seconde vérité, aussi utile que la première. J'ai employé trois différentes sortes de mines dans ces expériences ; j'ai cherché, avant de les employer, le moyen d'en bien connaître la nature. Ces trois espèces de mines étaient, à la vérité, toutes les trois en grains plus ou moins fins ; je n'étais pas à portée d'en avoir d'autres, c'est-à-dire des mines en roche, en assez grande quantité pour faire mes expériences ; mais je suis bien convaincu, après avoir fait les épreuves de mes trois différentes mines en grain, et qui toutes trois m'ont donné de l'acier sans fusion précédente, que les mines en roche, et toutes les mines de fer en général, pourraient donner également de l'acier en les traitant comme j'ai traité les mines en grain. Dès lors il faut donc bannir de nos idées le préjugé si anciennement, si universellement reçu, que *la qualité du fer dépend de celle de la mine*. Rien n'est plus mal fondé que cette opinion ; c'est au contraire uniquement de la conduite du feu et de la manipulation de la mine que dépend la bonne ou la mauvaise qualité de la fonte, du fer et de l'acier. Il faut encore bannir un autre préjugé, c'est qu'*on ne peut avoir de l'acier qu'en le tirant du fer ;* tandis qu'il est très-possible, au contraire, d'en tirer immédiatement de toutes sortes de mines. On rejettera donc en conséquence les idées de

M. Yonge et de quelques autres chimistes qui ont imaginé qu'il y avait des mines qui avaient la qualité particulière de pouvoir donner de l'acier à l'exclusion de toutes les autres.

Une troisième vérité que j'ai recueillie de mes expériences, c'est que toutes nos mines de fer en grain, telles que celles de Bourgogne, de Champagne, de Franche-Comté, de Lorraine, du Nivernais, de l'Angoumois, etc., c'est-à-dire presque toutes les mines dont on fait nos fers en France, ne contiennent point de soufre comme les mines en roche de Suède ou d'Allemagne, et que par conséquent elles n'ont pas besoin d'être grillées ni traitées de la même manière : le préjugé du soufre contenu en grande quantité dans les mines de fer nous est venu des métallurgistes du Nord, qui, ne connaissant que leurs mines en roche qu'on tire de la terre à de grandes profondeurs, comme nous tirons des pierres d'une carrière, ont imaginé que toutes les mines de fer étaient de la même nature et contenaient, comme elles, une grande quantité de soufre. Et comme les expériences sur les mines de fer sont très-difficiles à faire, nos chimistes s'en sont rapportés aux métallurgistes du Nord, et ont écrit, comme eux, qu'il y avait beaucoup de soufre dans nos mines de fer, tandis que toutes les mines en grain que je viens de citer n'en contiennent point du tout, ou si peu qu'on n'en sent pas l'odeur de quelque façon qu'on les brûle. Les mines en roche ou en pierre, dont j'ai fait venir des échantillons de Suède et d'Allemagne, répandent au contraire une forte odeur de soufre lorsqu'on les fait griller, et en contiennent réellement une très-grande quantité dont il faut les dépouiller avant de les mettre au fourneau pour les fondre.

Et de là suit une quatrième vérité tout aussi intéressante que les autres, c'est que nos mines en grain valent mieux que ces mines en roche tant vantées, et que si nous ne faisons pas du fer aussi bon ou meilleur que celui de Suède, c'est purement notre faute et point du tout celle de nos mines, qui toutes nous donneraient des fers de la première qualité si nous les traitions avec le même soin que prennent les étrangers pour arriver à ce but. Il nous est même plus aisé de l'atteindre, nos mines ne demandant pas, à beaucoup près, autant de travaux que les leurs. Voyez, dans Swedenborg, le détail de ces travaux : la seule extraction de la plupart de ces mines en roche qu'il faut aller arracher du sein de la terre à trois ou quatre cents pieds de profondeur, casser à coups de marteaux, de masses et de leviers, enlever ensuite par des machines jusqu'à la hauteur de terre, doit coûter beaucoup plus que le tirage de nos mines en grain, qui se fait, pour ainsi dire, à fleur de terrain et sans autre instrument que la pioche et la pelle. Ce premier avantage n'est pas encore le plus grand, car il faut reprendre ces quartiers, ces morceaux de pierres de fer, les porter sous les maillets d'un bocard pour les concasser, les broyer et les réduire au même état de division où nos mines en grain se trouvent naturellement; et comme cette mine concassée contient une grande quantité de soufre, elle ne produirait que de très-mauvais fer si on ne prenait pas la précaution de lui enlever la plus grande partie de ce soufre surabondant avant de la jeter au fourneau. On la répand à cet effet sur des bûchers d'une vaste étendue où elle se grille pendant quelques semaines : cette consommation très-considérable de bois, jointe à la difficulté de l'extraction de la mine, rendrait la chose impraticable en France à cause de la cherté des bois. Nos mines, heureusement, n'ont pas besoin d'être grillées, et il suffit de les laver pour les séparer de la terre avec laquelle elles sont mêlées ; la plupart se trouvent à quelques pieds de profondeur : l'exploitation de nos mines se fait donc à beaucoup moins de frais, et cependant nous ne profitons pas de tous ces avantages, ou du moins nous n'en avons pas profité jusqu'ici, puisque les étrangers nous apportent leurs fers qui leur coûtent tant de peines, et que nous les achetons de préférence aux nôtres, sur la réputation qu'ils ont d'être de meilleure qualité.

Ceci tient à une cinquième vérité, qui est plus morale que physique : c'est qu'il est plus aisé, plus sûr et plus profitable de faire, surtout en ce genre, de la mauvaise marchandise que de la bonne. Il est bien plus commode de suivre la routine qu'on trouve établie dans les forges que de chercher à en perfectionner l'art. Pourquoi vouloir faire du bon fer? disent la plupart des maîtres de forges ; on ne le vendra pas une pistole au-dessus du fer commun, et il nous reviendra peut-être à trois ou quatre de plus, sans compter les risques et les frais des expériences et des essais, qui ne réussissent pas tous à beaucoup près. Malheureusement cela n'est que trop vrai : nous ne profiterons jamais de l'avantage naturel de nos mines, ni même de notre intelligence, qui vaut bien celle des étrangers, tant que le gouvernement ne donnera pas à cet objet plus d'attention, tant qu'on ne favorisera pas le petit nombre de manufactures où l'on fait du bon fer, et qu'on permettra l'entrée des fers étrangers. Il me semble que l'on peut démontrer avec la dernière évidence le tort que cela fait aux arts et à l'État ; mais je m'écarterais trop de mon sujet si j'entrais ici dans cette discussion.

Tout ce que je puis assurer comme une sixième vérité, c'est qu'avec toutes sortes de mines on peut toujours obtenir du fer de même qualité : j'ai fait brûler et fondre successivement dans mon plus grand fourneau, qui a 23 pieds de hauteur, sept espèces de mines différentes, tirées à deux, trois et quatre lieues de distance les unes des autres, dans des terrains tous différents, les unes en grains plus gros que des pois, les autres en grains gros comme des chevrotines, plomb à lièvre, et les autres plus menues que le plus petit plomb à tirer ; et de ces sept différentes espèces de mine, dont j'ai fait fondre plusieurs centaines de milliers, j'ai toujours eu le même fer : ce fer est bien connu, non-seulement dans la province de Bourgogne où sont situées mes forges, mais même à Paris, où s'en fait le principal débit, et il est regardé comme de très-bonne qualité. On serait donc fondé à croire que j'ai toujours employé la même mine, qui, toujours traitée de la même façon, m'aurait constamment donné le même produit, tandis que, dans le vrai, j'ai usé de toutes les mines que j'ai pu découvrir, et que ce n'est qu'en vertu des précautions et des soins que j'ai pris de les traiter différemment que je suis parvenu à en tirer un résultat semblable, et un produit de même qualité. Voici les observations et les expériences que j'ai faites à ce sujet : elles seront utiles et même nécessaires à tous ceux qui voudront connaître la qualité des mines qu'ils emploient.

Nos mines de fer en grain ne se trouvent jamais pures dans le sein de la terre : toutes sont mélangées d'une certaine quantité de terre qui peut se délayer dans l'eau, et d'un sable plus ou moins fin, qui, dans de certaines mines, est de nature calcaire, dans d'autres de nature vitrifiable, et quelquefois mêlé de l'une et de l'autre ; je n'ai pas vu qu'il y eût aucun autre mélange dans les sept espèces de mines que j'ai traitées et fondues avec un égal succès. Pour reconnaître la quantité de terre qui doit se délayer dans l'eau, et que l'on peut espérer de séparer de la mine au lavage, il faut en peser une petite quantité dans l'état même où elle sort de la terre, la faire ensuite sécher, et mettre en compte le poids de l'eau qui se sera dissipée par le desséchement. On mettra cette terre séchée dans un vase que l'on remplira d'eau, et on la remuera : dès que l'eau sera jaune ou bourbeuse, on la versera dans un autre vase plat pour en faire évaporer l'eau par le moyen du feu ; après l'évaporation, on mettra à part le résidu terreux. On réitérera cette même manipulation jusqu'à ce que la mine ne colore plus l'eau qu'on verse dessus, ce qui n'arrive jamais qu'après un grand nombre de lotions. Alors on réunit ensemble tous ces résidus terreux, et on les pèse pour connaître leur quantité relative à celle de la mine.

Cette première partie du mélange de la mine étant connue et son poids constaté, il restera les grains de mine et les sables que l'eau n'a pu délayer : si ces sables sont calcaires, il faudra les faire dissoudre à l'eau-forte, et on en connaîtra la quantité en les faisant précipiter après les avoir dissous ; on les pèsera, et dès lors on saura au juste combien la mine contient de terre, de sable calcaire et de fer en grains. Par exemple, la mine dont je me suis servi pour la première expérience de ce Mémoire contenait, par once, un gros et demi de terre délayée par l'eau, un gros 55 grains de sable dissous par l'eau-forte, trois gros 66 grains de mine de fer, et il y a eu 59 grains de perdus dans les lotions et dissolutions. C'est M. Daubenton, de l'Académie des Sciences, qui a bien voulu faire cette expérience à ma prière, et qui l'a faite avec toute l'exactitude qu'il apporte à tous les sujets qu'il traite.

Après cette épreuve, il faut examiner attentivement la mine dont on vient de séparer la terre et le sable calcaire, et tâcher de reconnaître, à la seule inspection, s'il ne se trouve pas encore parmi les grains de fer des particules d'autres matières que l'eau-forte n'aurait pu dissoudre, et qui par conséquent ne seraient pas calcaires. Dans celle dont je viens de parler, il n'y en avait point du tout, et dès lors j'étais assuré que, sur une quantité de 576 livres de cette mine, il y avait 282 parties de mine de fer, 127 de matière calcaire, et le reste de terre qui peut se délayer à l'eau. Cette connaissance une fois acquise, il sera aisé d'en tirer les procédés qu'il faut suivre pour faire fondre la mine avec avantage et avec certitude d'en obtenir du bon fer, comme nous le dirons dans la suite.

Dans les six autres espèces de mine que j'ai employées, il s'en est trouvé quatre dont le sable n'était point dissoluble à l'eau-forte, et dont par conséquent la nature n'était pas calcaire, mais vitrifiable; et les deux autres, qui étaient à plus gros grains de fer que les cinq premières, contenaient des graviers calcaires en assez petite quantité, et de petits cailloux arrondis qui étaient de la nature de la calcédoine, et qui ressemblaient par la forme aux chrysalides des fourmis : les ouvriers employés à l'extraction et au lavage de mes mines les appelaient *œufs de fourmis*. Chacune de ces mines exige une suite de procédés différents pour les fondre avec avantage et pour en tirer du fer de même qualité.

Ces procédés, quoique assez simples, ne laissent pas d'exiger une grande attention : comme il s'agit de travailler sur des milliers de quintaux de mine, on est forcé de chercher tous les moyens et de prendre toutes les voies qui peuvent aller à l'économie; j'ai acquis sur cela de l'expérience à mes dépens, et je ne ferai pas mention des méthodes qui, quoique plus précises et meilleures que celles dont je vais parler, seraient trop dispendieuses pour pouvoir être mises en pratique. Comme je n'ai pas eu d'autre but dans mon travail que celui de l'utilité publique, j'ai tâché de réduire ces procédés à quelque chose d'assez simple, pour pouvoir être entendu et exécuté par tous les maîtres de forges qui voudront faire du bon fer; mais néanmoins en les prévenant d'avance que ce bon fer leur coûtera plus que le fer commun qu'ils ont coutume de fabriquer, par la même raison que le pain blanc coûte plus que le pain bis; car il ne s'agit de même que de cribler, trier et séparer le bon grain de toutes les matières hétérogènes dont il se trouve mélangé.

Je parlerai ailleurs de la recherche et de la découverte des mines, mais je suppose ici les mines toutes trouvées et triées; je suppose aussi que, par des épreuves semblables à celles que je viens d'indiquer, on connaisse la nature des sables qui y sont mélangés. La première opération qu'il faut faire, c'est de les transporter aux lavoirs, qui doivent être d'une construction différente selon les différentes mines : celles qui sont en grains plus gros que les sables qu'elles contiennent, doivent être lavées dans des lavoirs foncés de fer et percés de petits trous comme ceux qu'a proposés M. Robert [a], et qui sont très-bien imaginés, car ils servent en même temps de lavoirs et de cribles ; l'eau emmène avec elle toute la terre qu'elle peut délayer, et les sablons plus menus que les grains de la mine passent en même temps par les petits trous dont le fond du lavoir est percé ; et, dans le cas où les sablons sont aussi gros, mais moins durs que le grain de la mine, le râble de fer les écrase, et ils tombent avec l'eau au-dessous du lavoir ; la mine reste nette et assez pure pour qu'on la puisse fondre avec économie. Mais ces mines, dont les grains sont plus gros et plus durs que ceux des sables ou petits cailloux qui y sont mélangés, sont assez rares. Des sept espèces de mine que j'ai eu occasion de traiter, il ne s'en est trouvé qu'une qui fût dans le cas d'être lavée à ce lavoir, que j'ai fait exécuter et qui a bien réussi : cette mine est celle qui ne contenait que du sable calcaire, qui communément est moins dur que le grain de la mine. J'ai néanmoins observé que les râbles de fer, en frottant contre le fond du lavoir qui est aussi de fer, ne laissaient pas d'écraser une assez grande quantité de grains de mine, qui dès lors passaient avec le sable et tombaient en pure perte sous le lavoir, et je crois cette perte inévitable dans les lavoirs foncés de fer. D'ailleurs la quantité de castine que M. Robert était obligé de mêler à ses mines, et qu'il dit être d'un tiers de la mine [b], prouve qu'il restait encore après le lavage une portion considérable de sablon vitrifiable ou de terre vitrescible dans ses mines ainsi lavées ; car il n'aurait eu besoin que d'un sixième ou même d'un huitième de castine, si les mines eussent été plus épurées, c'est-à-dire plus dépouillées de la terre grasse ou du sable vitrifiable qu'elles contenaient.

Au reste, il n'était pas possible de se servir de ce même lavoir pour les autres six espèces de mines que j'ai eu à traiter : de ces six, il y en avait quatre qui se sont trouvées mêlées d'un sablon vitrescible aussi dur et même plus dur, et en même temps plus gros ou aussi gros que les grains de la mine. Pour épurer ces quatre espèces de mine, je me suis servi de lavoirs ordinaires et foncés de bois plein, avec un courant d'eau plus rapide qu'à l'ordinaire ; on les passait neuf fois de suite à l'eau, et, à mesure que le courant vif de l'eau emportait la terre et le sablon le plus léger et le plus petit, on faisait passer la mine dans des cribles de fil de fer assez serrés pour retenir tous les petits cailloux plus gros que les grains de la mine. En lavant ainsi neuf fois et criblant trois fois, on parvenait à ne laisser dans ces mines qu'environ un cinquième ou un sixième de ces petits cailloux ou sablons vitrescibles, et c'était ceux qui, étant de la même grosseur que les grains de la mine, étaient aussi de la même pesanteur, en sorte qu'on

a. *Méthode pour laver les mines de fer*, in-12. Paris, 1757.
b. *Ibid.*, pages 12 et 13.

ne pouvait les séparer ni par le lavoir ni par le crible. Après cette première préparation, qui est tout ce qu'on peut faire par le moyen du lavoir et des cribles à l'eau, la mine était assez nette pour pouvoir être mise au fourneau ; et comme elle était encore mélangée d'un cinquième ou d'un sixième de matières vitrescibles, on pouvait la fondre avec un quart de castine ou matière calcaire, et en obtenir de très-bon fer en ménageant les charges, c'est-à-dire en mettant moins de mine que l'on n'en met ordinairement ; mais comme alors on ne fond pas à profit, parce qu'on use une grande quantité de charbon, il faut encore tâcher d'épurer sa mine avant de la jeter au fourneau. On ne pourra guère en venir à bout qu'en la faisant vanner et cribler à l'air, comme l'on vanne et crible le blé. J'ai séparé par ces moyens encore plus d'une moitié des matières hétérogènes qui restaient dans mes mines, et, quoique cette dernière opération soit longue et même assez difficile à exécuter en grand, j'ai reconnu, par l'épargne du charbon, qu'elle était profitable ; il en coûtait vingt sous pour vanner et cribler quinze cents pesant de mine, mais on épargnait au fourneau trente-cinq sous de charbon pour la fondre : je crois donc que, quand cette pratique sera connue, on ne manquera pas de l'adopter. La seule difficulté qu'on y trouvera, c'est de faire sécher assez les mines pour les faire passer aux cribles et les vanner avantageusement. Il y a très-peu de matières qui retiennent l'humidité aussi longtemps que les mines de fer en grains [a]. Une seule pluie les rend humides pour plus d'un mois ; il faut donc des hangars couverts pour les déposer, il faut les étendre par petites couches de trois ou quatre pouces d'épaisseur, les remuer, les exposer au soleil, en un mot les sécher autant qu'il est possible ; sans cela, le van ni le crible ne peuvent faire leur effet. Ce n'est qu'en été qu'on peut y travailler, et quand il s'agit de faire passer au crible quinze ou dix-huit cents milliers de mine que l'on brûle au fourneau dans cinq ou six mois, on sent bien que le temps doit toujours manquer, et il manque en effet ; car je n'ai pu, par chaque été, faire traiter ainsi qu'environ cinq ou six cents milliers. Cependant, en augmentant l'espace des hangars, et en doublant les machines et les hommes, on en viendrait à bout, et l'économie qu'on trouverait par la moindre consommation de charbon dédommagerait et au delà de tous ces frais.

On doit traiter de même les mines qui sont mélangées de graviers calcaires et de petits cailloux ou de sable vitrescible ; en séparer le plus que l'on pourra de cette seconde matière à laquelle la première sert de fondant,

---

a. Pour reconnaître la quantité d'humidité qui réside dans la mine de fer, j'ai fait sécher, et, pour ainsi dire, griller dans un four très-chaud trois cents livres de celle qui avait été la mieux lavée, et qui s'était déjà séchée à l'air ; et ayant pesé cette mine au sortir du four, elle ne pesait plus que deux cent cinquante-deux livres : ainsi la quantité de la matière humide ou volatile que la chaleur lui enlève est à très-peu près d'un sixième de son poids total, et je suis persuadé que si on la grillait à un feu plus violent, elle perdrait encore plus.

et que par cette raison il n'est pas nécessaire d'ôter, à moins qu'elle ne fût en trop grande quantité : j'en ai travaillé deux de cette espèce ; elles sont plus fusibles que les autres, parce qu'elles contiennent une bonne quantité de castine, et qu'il ne leur en faut ajouter que peu ou même point du tout, dans le cas où il n'y aurait que peu ou point de matières vitrescibles.

Lorsque les mines de fer ne contiennent point de matières vitrescibles et ne sont mélangées que de matières calcaires, il faut tâcher de reconnaître la proportion du fer et de la matière calcaire, en séparant les grains de mine un à un sur une petite quantité, ou en dissolvant à l'eau-forte les parties calcaires, comme je l'ai dit ci-devant. Lorsqu'on se sera assuré de cette proportion, on saura tout ce qui est nécessaire pour fondre ces mines avec succès : par exemple, la mine qui a servi à la première expérience, et qui contenait 1 gros 55 grains de sable calcaire sur 3 gros 66 grains de fer en grain, et dont il s'était perdu 59 grains dans les lotions et la dissolution, était par conséquent mélangée d'environ un tiers de castine ou de matière calcaire, sur deux tiers de fer en grain. Cette mine porte donc naturellement sa castine, et on ne peut que gâter la fonte si on ajoute encore de la matière calcaire pour la fondre. Il faut au contraire y mêler des matières vitrescibles, et choisir celles qui se fondent le plus aisément : en mettant un quinzième ou même un seizième de terre vitrescible qu'on appelle *aubue*[1], j'ai fondu cette mine avec un grand succès, et elle m'a donné d'excellent fer, tandis qu'en la fondant avec une addition de castine, comme c'était l'usage dans le pays avant moi, elle ne produisait qu'une mauvaise fonte qui cassait par son propre poids sur les rouleaux en la conduisant à l'affinerie. Ainsi, toutes les fois qu'une mine de fer se trouve naturellement surchargée d'une grande quantité de matières calcaires, il faut, au lieu de castine, employer de l'aubue pour la fondre avec avantage. On doit préférer cette terre aubue à toutes les autres matières vitrescibles, parce qu'elle fond plus aisément que le caillou, le sable cristallin et les autres matières du genre vitrifiable qui pourraient faire le même effet, mais qui exigeraient plus de charbon pour se fondre. D'ailleurs, cette terre aubue se trouve presque partout, et est la terre la plus commune dans nos campagnes. En se fondant elle saisit les sablons calcaires, les pénètre, les ramollit et les fait couler avec elle plus promptement que ne pourrait faire le petit caillou ou le sable vitrescible, auxquels il faut beaucoup plus de feu pour les fondre.

On est dans l'erreur lorsqu'on croit que la mine de fer ne peut se fondre sans castine. On peut la fondre, non-seulement sans castine, mais même sans aubue et sans aucun autre fondant lorsqu'elle est nette et pure ; mais il est vrai qu'alors il se brûle une quantité assez considérable de mine qui

1. On dit, plus généralement, *erbue* ou *herbue*.

tombe en mauvais laitier et qui diminue le produit de la fonte ; il s'agit donc, pour fondre le plus avantageusement qu'il est possible, de trouver d'abord quel est le fondant qui convient à la mine, et ensuite dans quelle proportion il faut lui donner ce fondant pour qu'elle se convertisse entièrement en fonte de fer, et qu'elle ne brûle pas avant d'entrer en fusion. Si la mine [1] est mêlée d'un tiers ou d'un quart de matières vitrescibles, et qu'il ne s'y trouve aucune matière calcaire, alors un demi-tiers ou un demi-quart de matières calcaires suffira pour la fondre ; et si, au contraire, elle se trouve naturellement mélangée d'un tiers ou d'un quart de sable ou de graviers calcaires, un quinzième ou un dix-huitième d'aubue suffira pour la faire couler et la préserver de l'action trop subite du feu qui ne manquerait pas de la brûler en partie. On pèche presque par tout par l'excès de castine qu'on met dans les fourneaux ; il y a même des maîtres de cet art assez peu instruits pour mettre de la castine et de l'aubue tout ensemble ou séparément, suivant qu'ils imaginent que leur mine est trop froide ou trop chaude, tandis que dans le réel toutes les mines de fer, du moins toutes les mines en grains, sont également fusibles, et ne diffèrent les unes des autres que par les matières dont elles sont mélangées, et point du tout par leurs qualités intrinsèques, qui sont absolument les mêmes et qui m'ont démontré que le fer, comme tout autre métal, est un dans la nature.

On reconnaîtra par les laitiers [2] si la proportion de la castine ou de l'aubue que l'on jette au fourneau pèche par excès ou par défaut : lorsque les laitiers sont trop légers, spongieux et blancs, presque semblables à la

1. « Le traitement des minerais de fer dans les hauts-fourneaux exige un fondage complet : « le fer réduit se combine avec une certaine quantité de carbone et produit de *la fonte*, qui « est plus fusible que le fer ; les différentes substances qui forment la gangue doivent elles-« mêmes entrer en fusion pour donner naissance au *laitier*.

« Lorsque la gangue d'un minerai est argileuse, on y ajoute, pour la faire entrer en fusion, « une certaine quantité de carbonate de chaux, que les ouvriers appellent *castine*, et qui « forme avec la silice un silicate d'alumine et de chaux fusible à la température élevée du « haut-fourneau.

« Si la gangue est calcaire, on mélange le minerai avec une matière siliceuse que l'on « nomme *erbue*. — Ordinairement, on se borne à mélanger, en proportions convenables, les « minerais calcaires et les minerais siliceux ou argileux. » (Voyez Pelouze et Frémy : *liv. cit.*)

« L'addition du carbonate de chaux a aussi pour but de déplacer le protoxyde de fer, qui « tend toujours à passer dans le laitier en formant un silicate de fer fusible qui est irréductible « par le charbon. » (*Ibid.*)

2. « L'expérience a démontré que le silicate d'alumine et de chaux le plus fusible est celui « dans lequel l'oxygène de l'acide est le double de celui des deux bases. Il faut, en outre, que « la chaux soit en excès par rapport à l'alumine.

« Les bons laitiers présentent la composition suivante :

« Silice. . . . . 45 à 55 ⎫
« Chaux . . . . . 25 à 35 ⎬ pour 100.»
« Alumine.. . . 15 à 20 ⎭

(Pelouze et Frémy, liv. cit.).

pierre ponce, c'est une preuve certaine qu'il y a trop de matière calcaire; en diminuant la quantité de cette matière on verra le laitier prendre plus de solidité, et former un verre ordinairement de couleur verdâtre qui file, s'étend et coule lentement au sortir du fourneau. Si au contraire le laitier est trop visqueux, s'il ne coule que très-difficilement, s'il faut l'arracher du sommet de la dame, on peut être sûr qu'il n'y a pas assez de castine, ou peut-être pas assez de charbon proportionnellement à la mine; la consistance et même la couleur du laitier, sont les indices les plus sûrs du bon ou du mauvais état du fourneau, et de la bonne ou mauvaise proportion des matières qu'on y jette; il faut que le laitier coule seul et forme un ruisseau lent sur la pente qui s'étend du sommet de la dame au terrain; il faut que sa couleur ne soit pas d'un rouge trop vif ou trop foncé, mais d'un rouge pâle et blanchâtre, et lorsqu'il est refroidi on doit trouver un verre solide, transparent et verdâtre, aussi pesant et même plus que le verre ordinaire. Rien ne prouve mieux le mauvais travail du fourneau ou la disproportion des mélanges que les laitiers trop légers, trop pesants, trop obscurs; et ceux dans lesquels on remarque plusieurs petits trous ronds, gros comme les grains de mine, ne sont pas des laitiers proprement dits, mais de la mine brûlée qui ne s'est pas fondue.

Il y a encore plusieurs attentions nécessaires, et quelques précautions à prendre pour fondre les mines de fer avec la plus grande économie. Je suis parvenu, après un grand nombre d'essais réitérés, à ne consommer qu'une livre sept onces et demie, ou tout au plus une livre huit onces de charbon pour une livre de fonte; car avec deux mille huit cent quatre-vingts livres de charbon, lorsque mon fourneau est pleinement animé, j'obtiens constamment des gueuses de dix-huit cent soixante-quinze, dix-neuf cents et dix-neuf cent cinquante livres, et je crois que c'est le plus haut point d'économie auquel on puisse arriver; car M. Robert, qui, de tous les maîtres de cet art, est peut-être celui qui, par le moyen de son lavoir, a le plus épuré ses mines, consommait néanmoins une livre dix onces de charbon pour chaque livre de fonte, et je doute que la qualité de ses fontes fût aussi parfaite que celle des miennes; mais cela dépend, comme je viens de le dire, d'un grand nombre d'observations et de précautions dont je vais indiquer les principales.

1° La cheminée du fourneau[1], depuis la cuve jusqu'au gueulard, doit être circulaire et non pas à huit pans, comme était le fourneau de M. Robert, ou carrée comme le sont les cheminées de la plupart des fourneaux en France : il est bien aisé de sentir que dans un carré la chaleur se perd dans les angles sans réagir sur la mine, et que par conséquent on brûle plus de charbon pour en fondre la même quantité.

---

1. Voyez la théorie du *Haut-Fourneau*, dans l'ouvrage de MM. Pelouze et Frémy : art. *fer*.

2° L'ouverture du gueulard ne doit être que de la moitié du diamètre de la largeur de la cuve du fourneau : j'ai fait des fondages avec de très-grands et de très-petits gueulards, par exemple, de 3 pieds ½ de diamètre, la cuve n'ayant que 5 pieds de diamètre, ce qui est à peu près la proportion des fourneaux de Suède; et j'ai vu que chaque livre de fonte consommait près de deux livres de charbon. Ensuite, ayant rétréci la cheminée du fourneau, et laissant toujours à la cuve un diamètre de 5 pieds, j'ai réduit le gueulard à 2 pieds de diamètre, et dans ce fondage j'ai consommé une livre treize onces de charbon pour chaque livre de fonte. La proportion qui m'a le mieux réussi, et à laquelle je me suis tenu, est celle de 2 pieds ½ de diamètre au gueulard, sur 5 pieds à la cuve, la cheminée formant un cône droit, portant sur des gueuses circulaires depuis la cuve au gueulard, le tout construit avec des briques capables de résister au plus grand feu. Je donnerai ailleurs la composition de ces briques, et les détails de la construction du fourneau, qui est toute différente de ce qui s'est pratiqué jusqu'ici, surtout pour la partie qu'on appelle *l'ouvrage dans le fourneau.*

3° La manière de charger le fourneau ne laisse pas d'influer beaucoup plus qu'on ne croit sur le produit de la fusion : au lieu de charger, comme c'est l'usage, toujours du côté de la rustine, et de laisser couler la mine en pente, de manière que ce côté de rustine est constamment plus chargé que les autres, il faut la placer au milieu du gueulard, l'élever en cône obtus, et ne jamais interrompre le cours de la flamme qui doit toujours envelopper le tas de mine tout autour, et donner constamment le même degré de feu. Par exemple, je fais charger communément six paniers de charbon de quarante livres chacun, sur huit mesures de mine de cinquante-cinq livres chacune, et je fais couler à douze charges; j'obtiens communément dix-neuf cent vingt-cinq livres de fonte de la meilleure qualité; on commence, comme partout ailleurs, à mettre le charbon; j'observe seulement de ne me servir au fourneau que de charbon de bois de chêne, et je laisse pour les affineries le charbon des bois plus doux. On jette d'abord cinq paniers de ce gros charbon de bois de chêne, et le dernier panier qu'on impose sur les cinq autres doit être d'un charbon plus menu que l'on entasse et brise avec un râble, pour qu'il remplisse exactement les vides que laissent entre eux les gros charbons : cette précaution est nécessaire pour que la mine, dont les grains sont très-menus, ne perce pas trop vite, et n'arrive pas trop tôt au bas du fourneau; c'est aussi par la même raison, qu'avant d'imposer la mine sur ce dernier charbon, qui doit être non pas à fleur du gueulard, mais à deux pouces au-dessous, il faut, suivant la nature de la mine, répandre une portion de la castine ou de l'aubue, nécessaire à la fusion, sur la surface du charbon : cette couche de matière soutient la mine et l'empêche de percer. Ensuite on impose

au milieu de l'ouverture une mesure de mine qui doit être mouillée, non
pas assez pour tenir à la main, mais assez pour que les grains aient entre
eux quelque adhérence, et fassent quelques petites pelotes : sur cette première mesure de mine, on en met une seconde et on relève le tout en cône,
de manière que la flamme l'enveloppe en entier, et, s'il y a quelques points
dans cette circonférence où la flamme ne perce pas, on enfonce un petit
ringard pour lui donner jour, afin d'en entretenir l'égalité tout autour de
la mine. Quelques minutes après, lorsque le cône de mine est affaissé de
moitié ou des deux tiers, on impose de la même façon une troisième et
une quatrième mesure qu'on relève de même, et ainsi de suite jusqu'à la
huitième mesure. On emploie quinze ou vingt minutes à charger successivement la mine : cette manière est meilleure et bien plus profitable que
la façon ordinaire qui est en usage, par laquelle on se presse de jeter, et
toujours du même côté, la mine tout ensemble en moins de trois ou quatre
minutes.

4° La conduite du vent contribue beaucoup à l'augmentation du produit
de la mine et de l'épargne du charbon; il faut dans le commencement du
fondage donner le moins de vent qu'il est possible, c'est-à-dire à peu près six
coups de soufflets par minute, et augmenter peu à peu le mouvement pendant
les quinze premiers jours, au bout desquels on peut aller jusqu'à onze et
même jusqu'à douze coups de soufflets par minute; mais il faut encore que
la grandeur des soufflets soit proportionnée à la capacité du fourneau, et
que l'orifice de la tuyère soit placé d'un tiers plus près de la rustine que
de la tympe, afin que le vent ne se porte pas trop du côté de l'ouverture
qui donne passage au laitier. Les buses des soufflets doivent être posées à
six ou sept pouces en dedans de la tuyère, et le milieu du creuset doit se
trouver à l'aplomb du centre du gueulard; de cette manière le vent circule
à peu près également dans toute la cavité du fourneau, et la mine descend,
pour ainsi dire, à plomb, et ne s'attache que très-rarement et en petite
quantité aux parois du fourneau : dès lors il s'en brûle très-peu, et l'on
évite les embarras qui se forment souvent par cette mine attachée, et les
bouillonnements qui arrivent dans le creuset lorsqu'elle vient à se détacher
et y tomber en masse; mais je renvoie les détails de la construction et de
la conduite des fourneaux à un autre Mémoire, parce que ce sujet exige
une très-longue discussion. Je pense que j'en ai dit assez pour que les
maîtres de forges puissent m'entendre et changer ou perfectionner leurs
méthodes d'après la mienne. J'ajouterai seulement que, par les moyens
que je viens d'indiquer et en ne pressant pas le feu, en ne cherchant point
à accélérer les coulées, en n'augmentant de mine qu'avec précaution, en se
tenant toujours au-dessous de la quantité qu'on pourrait charger, on sera
sûr d'avoir de très-bonne fonte grise dont on tirera d'excellent fer, et qui
sera toujours de même qualité, de quelque mine qu'il provienne; je puis

l'assurer de toutes les mines en grain, puisque j'ai sur cela l'expérience la plus constante et les faits les plus réitérés. Mes fers, depuis cinq ans, n'ont jamais varié pour la qualité, et néanmoins j'ai employé sept espèces de mine différentes ; mais je n'ai garde d'assurer de même que les mines de fer en roche donneraient, comme celles en grain, du fer de même qualité, car celles qui contiennent du cuivre ne peuvent guère produire que du fer aigre et cassant, de quelque manière qu'on voulût les traiter, parce qu'il est comme impossible de les purger de ce métal, dont le moindre mélange gâte beaucoup la qualité du fer ; celles qui contiennent des pyrites et beaucoup de soufre demanderaient à être traitées dans de petits fourneaux presque ouverts, ou à la manière des forges des Pyrénées ; mais comme toutes les mines en grain, du moins toutes celles que j'ai eu occasion d'examiner (et j'en ai vu beaucoup, m'en étant procuré d'un grand nombre d'endroits), ne contiennent ni cuivre ni soufre, on sera certain d'avoir du très-bon fer, et de la même qualité, en suivant les procédés que je viens d'indiquer. Et comme ces mines en grain sont, pour ainsi dire, les seules que l'on exploite en France, et qu'à l'exception des provinces du Dauphiné, de Bretagne, du Roussillon, du pays de Foix, etc., où l'on se sert de mine en roche, presque toutes nos autres provinces n'ont que des mines en grain, les procédés que je viens de donner pour le traitement de ces mines en grain seront plus généralement utiles au royaume que les manières particulières de traiter les mines en roche, dont d'ailleurs on peut s'instruire dans Swedenborg et dans quelques autres auteurs.

Ces procédés, que tous les gens qui connaissent les forges peuvent entendre aisément, se réduisent à séparer d'abord autant qu'il sera possible toutes les matières étrangères qui se trouvent mêlées avec la mine : si l'on pouvait en avoir le grain pur et sans aucun mélange, tous les fers, dans tout pays, seraient exactement de la même qualité. Je me suis assuré, par un grand nombre d'essais, que toutes les mines en grain, ou plutôt que tous les grains des différentes mines, sont à très-peu près de la même substance. Le fer est un dans la nature, comme l'or et tous les autres métaux ; et dans les mines en grain les différences qu'on y trouve ne viennent pas de la matière qui compose le grain, mais de celles qui se trouvent mêlées avec les grains et que l'on n'en sépare pas avant de les faire fondre. La seule différence que j'aie observée entre les grains des différentes mines que j'ai fait trier un à un pour faire mes essais, c'est que les plus petits sont ceux qui ont la plus grande pesanteur spécifique, et par conséquent ceux qui, sous le même volume, contiennent le plus de fer : il y a communément une petite cavité au centre de chaque grain ; plus ils sont gros, plus ce vide est grand ; il n'augmente pas comme le volume seulement, mais en bien plus grande proportion, en sorte que les plus gros grains sont à peu près comme les géodes ou pierres d'aigle, qui sont elles-mêmes de gros grains de mine de fer, dont la cavité intérieure est très-grande : ainsi les mines en grains très-menus sont ordinairement les plus riches; j'en ai tiré jusqu'à 49 et 50 par cent de fer en gueuse, et je suis persuadé que, si je les avais épurées en entier, j'aurais obtenu plus de soixante par cent; car il y restait environ un cinquième de sable vitrescible aussi gros et à peu près aussi pesant que le grain, et que je n'avais pu séparer; ce cinquième déduit sur cent, reste quatre-vingts, dont ayant tiré cinquante, on aurait par conséquent obtenu soixante-deux et demi. On demandera peut-être comment je pouvais m'assurer qu'il ne restait qu'un cinquième de matières hétérogènes dans la mine, et comment il faut faire en général pour reconnaître cette quantité : cela n'est point du tout difficile; il suffit de peser exactement une demi-livre de la mine, la livrer ensuite à une petite personne attentive, once par once, et lui en faire trier tous les grains un à un; ils sont toujours très-reconnaissables par leur luisant métallique; et lorsqu'on les a tous triés, on pèse les grains d'un côté et les sablons de l'autre pour reconnaître la proportion de leurs quantités.

Les métallurgistes qui ont parlé des mines de fer en roche disent qu'il y en a quelques-unes de si riches, qu'elles donnent 70 et même 75 et davantage de fer en gueuse par cent : cela semble prouver que ces mines en roche sont en effet plus abondantes en fer que les mines en grain. Cependant j'ai quelque peine à le croire, et ayant consulté les Mémoires de feu M. Jars, qui a fait en Suède des observations exactes sur les mines, j'ai vu que, selon lui, les plus riches ne donnent que cinquante pour cent de fonte en gueuse. J'ai fait venir des échantillons de plusieurs mines de Suède, de celles des Pyrénées et de celles d'Allevard en Dauphiné, que M. le comte de Baral a bien voulu me procurer en m'envoyant la note ci-jointe [a], et les ayant comparées à la balance hydrostatique avec nos mines en grain, elles se sont à la vérité trouvées plus pesantes; mais cette épreuve n'est pas concluante, à cause de la cavité qui se trouve dans chaque grain de nos mines, dont on ne peut pas estimer au juste, ni même à peu près, le rapport avec le volume total du grain; et l'épreuve chimique que M. Sage

[a]. « La terre d'Allevard est composée du bourg d'Allevard et de cinq paroisses, dans lesquelles « il peut y avoir près de six mille personnes toutes occupées, soit à l'exploitation des mines, « soit à convertir les bois en charbon et aux travaux des fourneaux, forges et martinets : la « hauteur des montagnes est pleine de rameaux de mines de fer, et elles y sont si abondantes « qu'elles fournissent des mines à toute la province de Dauphiné. Les qualités en sont si fines « et si pures, qu'elles ont toujours été absolument nécessaires pour la fabrique royale de « canons de Saint Gervais, d'où l'on vient les chercher à grands frais; ces mines sont toutes « répandues dans le cœur des roches, où elles forment des rameaux, et dans lesquelles elles se « renouvellent par une végétation continuelle.

« Le fourneau est situé dans le centre des bois et des mines, c'est l'eau qui souffle le feu, et « les courants d'eau sont immenses. Il n'y a par conséquent aucun soufflet, mais l'eau tombe « dans des arbres creusés dans de grands tonneaux, y attire une quantité d'air immense qui « va par un conduit souffler le fourneau; l'eau, plus pesante, s'enfuit par d'autres conduits. »

a faite, à ma prière, d'un morceau de mine de fer cubique, semblable à celui de Sibérie, que mes tireurs de mine ont trouvé dans le territoire de Montbard, semble confirmer mon opinion, M. Sage n'en ayant tiré que cinquante pour cent[a]. Cette mine est toute différente de nos mines en grain, le fer y étant contenu en masses de figure cubique, au lieu que tous nos grains sont toujours plus ou moins arrondis, et que, quand ils forment une masse, ils ne sont pour ainsi dire qu'agglutinés par un ciment terreux facile à diviser ; au lieu que dans cette mine cubique, ainsi que dans toutes les autres vraies mines en roche, le fer est intimement uni avec les autres matières qui composent leur masse. J'aurais bien désiré faire l'épreuve en grand de cette mine cubique, mais on n'en a trouvé que quelques petits morceaux dispersés çà et là dans les fouilles des autres mines, et il m'a été impossible d'en rassembler assez pour en faire l'essai dans mes fourneaux.

Les essais en grand des différentes mines de fer sont plus difficiles, et demandent plus d'attention qu'on ne l'imaginerait. Lorsqu'on veut fondre une nouvelle mine, et en comparer au juste le produit avec celui des mines dont on usait précédemment, il faut prendre le temps où le fourneau est en plein exercice, et, s'il consomme dix mesures de mine par charge, ne lui en donner que sept ou huit de la nouvelle mine : il m'est arrivé d'avoir fort embarrassé mon fourneau faute d'avoir pris cette précaution, parce qu'une mine dont on n'a point encore usé peut exiger plus de charbon qu'une autre, ou plus ou moins de vent, plus ou moins de castine, et pour ne rien risquer il faut commencer par une moindre quantité, et charger ainsi jusqu'à la première coulée. Le produit de cette première coulée est une fonte mélangée environ par moitié de la mine ancienne et de la nouvelle ; et ce n'est qu'à la seconde, et quelquefois même à la troisième coulée que l'on a sans mélange la fonte produite par la nouvelle mine : si la fusion s'en fait avec succès, c'est-à-dire sans embarrasser le fourneau, et si les charges descendent promptement, on augmentera la quantité de mine par demi-mesure, non pas de charge en charge, mais seu-

---

a. Cette mine est brune, fait feu avec le briquet, et est minéralisée par l'acide marin : on remarque dans sa fracture de petits points brillants de pyrites martiales ; dans les fentes on trouve des cubes de fer de deux lignes de diamètre, dont les surfaces sont striées ; les stries sont opposées suivant les faces. Ce caractère se remarque dans les mines de fer de Sibérie ; cette mine est absolument semblable à celles de ce pays, par la couleur, la configuration des cristaux et les minéralisations ; elle en diffère en ce qu'elle ne contient point d'or.

Par la distillation au fourneau de réverbère, j'ai retiré de six cents grains de cette mine vingt gouttes d'eau insipide et très-claire : j'avais enduit d'huile de tartre par défaillance le récipient que j'avais adapté à la cornue ; la distillation finie, je l'ai trouvé obscurci par des cristaux cubiques de sel fébrifuge de Sylvius.

Le résidu de la distillation était d'un rouge pourpre, et avait diminué de dix livres par quintal.

J'ai retiré de cette mine cinquante-deux livres de fer par quintal ; il était très-ductile.

lement de coulées en coulées, jusqu'à ce qu'on parvienne au point d'en mettre la plus grande quantité qu'on puisse employer sans gâter sa fonte. C'est ici le point essentiel, et auquel tous les gens de cet art manquent par raison d'intérêt : comme ils ne cherchent qu'à faire la plus grande quantité de fonte, sans trop se soucier de la qualité; qu'ils paient même leur fondeur au millier, et qu'ils en sont d'autant plus contents, que cet ouvrier coule plus de fonte toutes les vingt-quatre heures, ils ont coutume de faire charger le fourneau d'autant de mine qu'il peut en supporter sans s'obstruer; et par ce moyen au lieu de quatre cents milliers de bonne fonte qu'ils feraient en quatre mois, ils en font dans ce même espace de temps cinq ou six cents milliers. Cette fonte, toujours très-cassante et très-blanche, ne peut produire que du fer très-médiocre ou mauvais; mais comme le débit en est plus assuré que celui du bon fer qu'on ne peut pas donner au même prix, et qu'il y a beaucoup plus à gagner, cette mauvaise pratique s'est introduite dans presque toutes les forges, et rien n'est plus rare que les fourneaux où l'on fait de bonnes fontes. On verra dans le Mémoire suivant, où je rapporte les expériences que j'ai faites au sujet des canons de la marine, combien les bonnes fontes sont rares, puisque celles même dont on se sert pour les canons, n'est pas à beaucoup près d'une aussi bonne qualité qu'on pourrait et qu'on devrait la faire.

Il en coûte à peu près un quart de plus pour faire de la bonne fonte que pour en faire de la mauvaise : ce quart, que dans la plupart de nos provinces on peut évaluer à dix francs par millier, produit une différence de quinze francs sur chaque millier de fer; et ce bénéfice qu'on ne fait qu'en trompant le public, c'est-à-dire en lui donnant de la mauvaise marchandise, au lieu de lui en fournir de la bonne, se trouve encore augmenté de près du double par la facilité avec laquelle ces mauvaises fontes coulent à l'affinerie; elles demandent beaucoup moins de charbon et encore moins de travail pour être converties en fer; de sorte qu'entre la fabrication du bon fer et du mauvais fer, il se trouve nécessairement, et tout au moins une différence de vingt-cinq francs. Et néanmoins dans le commerce, tel qu'il est aujourd'hui et depuis plusieurs années, on ne peut espérer de vendre le bon fer que dix francs tout au plus au-dessus du mauvais : il n'y a donc que les gens qui veulent bien, pour l'honneur de leur manufacture, perdre quinze francs par millier de fer, c'est-à-dire environ deux mille écus par an, qui fassent de bon fer. Perdre, c'est-à-dire gagner moins; car avec de l'intelligence, et en se donnant beaucoup de peine, on peut encore trouver quelque bénéfice en faisant du bon fer, mais ce bénéfice est si médiocre, en comparaison du gain qu'on fait sur le fer commun, qu'on doit être étonné qu'il y ait encore quelques manufactures qui donnent du bon fer. En attendant qu'on réforme cet abus, suivons toujours notre objet : si l'on n'écoute pas ma voix aujourd'hui, quelque jour on y obéira en consultant mes écrits, et l'on sera fâché d'avoir attendu si longtemps à faire un bien qu'on pourrait faire dès demain, en proscrivant l'entrée des fers étrangers dans le royaume, ou en diminuant les droits de la marque des fers.

Si l'on veut donc avoir, je ne dis pas de la fonte parfaite et telle qu'il la faudrait pour les canons de la marine, mais seulement de la fonte assez bonne pour faire du fer liant, moitié nerf et moitié grain, du fer en un mot aussi bon et meilleur que les fers étrangers, on y parviendra très-aisément par les procédés que je viens d'indiquer. On a vu dans le quatrième Mémoire, où j'ai traité de la ténacité du fer, combien il y a de différence pour la force et pour la durée entre le bon et le mauvais fer, mais je me borne dans celui-ci à ce qui a rapport à la fusion des mines et à leur produit en fonte : pour m'assurer de leur qualité et reconnaître en même temps si elle ne varie pas, mes gardes-fourneaux ne manquent jamais de faire un petit enfoncement horizontal d'environ trois pouces de profondeur à l'extrémité antérieure du moule de la gueuse ; on casse le petit morceau lorsqu'on la sort du moule, et on l'enveloppe d'un morceau de papier portant le même numéro que celui de la gueuse ; j'ai de chacun de mes fondages deux ou trois cents de ces morceaux numérotés, par lesquels je connais non-seulement le grain et la couleur de mes fontes, mais aussi la différence de leur pesanteur spécifique, et par là je suis en état de prononcer d'avance sur la qualité du fer que chaque gueuse produira ; car quoique la mine soit la même et qu'on suive les mêmes procédés au fourneau, le changement de la température de l'air, le haussement ou le baissement des eaux, le jeu des soufflets plus ou moins soutenu, les retardements causés par les glaces ou par quelque accident aux roues, aux harnais ou à la tuyère, et au creuset du fourneau, rendent la fonte assez différente d'elle-même, pour qu'on soit forcé d'en faire un choix si l'on veut avoir du fer toujours de même qualité. En général il faut, pour qu'il soit de cette bonne qualité, que la couleur de la fonte soit d'un gris un peu brun, que le grain en soit presque aussi fin que celui de l'acier commun, que le poids spécifique soit d'environ 504 ou 505 livres par pied cube, et qu'en même temps elle soit d'une si grande résistance, qu'on ne puisse casser les gueuses avec la masse.

Tout le monde sait que, quand on commence un fondage, on ne met d'abord qu'une petite quantité de mine, un sixième, un cinquième et tout au plus un quart de la quantité qu'on mettra dans la suite, et qu'on augmente peu à peu cette première quantité pendant les premiers jours, parce qu'il en faut au moins quinze pour que le fond du fourneau soit échauffé ; on donne aussi assez peu de vent dans ces commencements, pour ne pas détruire le creuset et les étalages du fourneau en leur faisant subir une chaleur trop vive et trop subite ; il ne faut pas compter sur la qualité des fontes que l'on tire pendant ces premiers quinze ou vingt jours : comme le fourneau n'est pas encore réglé, le produit en varie suivant les différentes circonstances, mais lorsque le fourneau a acquis le degré de chaleur suffisant, il faut bien examiner la fonte et s'en tenir à la quantité de mine qui donne la meilleure; une mesure sur dix suffit souvent pour en changer la qualité. Ainsi l'on doit toujours se tenir au-dessous de ce que l'on pourrait fondre avec la même quantité de charbon, qui ne doit jamais varier si l'on conduit bien son fourneau. Mais je réserve les détails de cette conduite du fourneau et tout ce qui regarde sa forme et sa construction pour l'article où je traiterai du fer en particulier, dans l'histoire des minéraux, et je me bornerai ici aux choses les plus générales et les plus essentielles de la fusion des mines.

Le fer étant, comme je l'ai dit, toujours de même nature dans toutes les mines en grain, on sera donc sûr, en les nettoyant et en les traitant comme je viens de le dire, d'avoir toujours de la fonte d'une bonne et même qualité; on le reconnaîtra, non-seulement à la couleur, à la finesse du grain, à la pesanteur spécifique, mais encore à la ténacité de la matière : la mauvaise fonte est très-cassante, et si l'un veut en faire des plaques minces et des côtés de cheminées, le seul coup de l'air les fait fendre au moment que ces pièces commencent à se refroidir, au lieu que la bonne fonte ne casse jamais, quelque mince qu'elle soit. On peut même reconnaître au son la bonne ou la mauvaise qualité de la fonte : celle qui sonne le mieux est toujours la plus mauvaise, et lorsqu'on veut en faire des cloches, il faut, pour qu'elles résistent à la percussion du battant, leur donner plus d'épaisseur qu'aux cloches de bronze, et choisir de préférence une mauvaise fonte, car la bonne sonnerait mal.

Au reste, la fonte de fer n'est point encore un métal : ce n'est qu'une matière mêlée de fer et de verre, qui est bonne ou mauvaise, suivant la quantité dominante de l'un ou de l'autre. Dans toutes les fontes noires, brunes et grises, dont le grain est fin et serré, il y a beaucoup plus de fer que de verre ou d'autre matière hétérogène; dans toutes les fontes blanches, où l'on voit plutôt des lames et des écailles que des grains, le verre est peut-être plus abondant que le fer : c'est par cette raison qu'elles sont plus légères et très-cassantes. Le fer qui en provient conserve les mêmes qualités. On peut, à la vérité, corriger un peu cette mauvaise qualité de la fonte par la manière de la traiter à l'affinerie, mais l'art du marteleur est comme celui du fondeur, un pauvre petit métier, dont il n'y a que les maîtres de forges ignorants qui soient dupes. Jamais la mauvaise fonte ne peut produire d'aussi bon fer que la bonne; jamais le marteleur ne peut réparer pleinement ce que le fondeur a gâté.

Cette manière de fondre la mine de fer et de la faire couler en gueuses, c'est-à-dire en gros lingots de fonte, quoique la plus générale, n'est peut-être pas la meilleure ni la moins dispendieuse : on a vu, par le résultat des expériences que j'ai citées dans ce Mémoire, qu'on peut faire d'excellent fer, et même de très-bon acier, sans les faire passer par l'état de la fonte. Dans nos provinces voisines des Pyrénées, en Espagne, en Italie, en Styrie, et dans quelques autres endroits, on tire immédiatement le fer de la mine sans le faire couler en fonte. On fond ou plutôt on ramollit la mine sans fondant, c'est-à-dire sans castine, dans de petits fourneaux dont je parlerai dans la suite, et on en tire des loupes ou des masses de fer déjà pur qui n'a point passé par l'état de la fonte, qui s'est formé par une demi-fusion, par une espèce de coagulation de toutes les parties ferrugineuses de la mine. Ce fer fait par coagulation est certainement le meilleur de tous : on pourrait l'appeler *fer à 24 carats;* car, au sortir du fourneau, il est déjà presque aussi pur que celui de la fonte qu'on a purifiée par deux chaudes au feu de l'affinerie. Je crois donc cette pratique excellente, je suis même persuadé que c'est la seule manière de tirer immédiatement de l'acier de toutes les mines, comme je l'ai fait dans mes fourneaux de 14 pieds de hauteur; mais n'ayant fait exécuter que l'été dernier, 1772, les petits fourneaux des Pyrénées, d'après un Mémoire envoyé à l'Académie des Sciences, j'y ai trouvé des difficultés qui m'ont arrêté, et me forcent à renvoyer à un autre Mémoire tout ce qui a rapport à cette manière de fondre les mines de fer.

DIXIÈME MÉMOIRE.

OBSERVATIONS ET EXPÉRIENCES FAITES DANS LA VUE D'AMÉLIORER LES CANONS DE LA MARINE[1].

Les canons de la marine sont de fonte de fer, en France comme en Angleterre, en Hollande et partout ailleurs. Deux motifs ont pu donner également naissance à cet usage; le premier est celui de l'économie : un canon de fer coulé coûte beaucoup moins qu'un canon de fer battu, et encore beaucoup moins qu'un canon de bronze; et cela seul a peut-être suffi pour les faire préférer, d'autant que le second motif vient à l'appui du premier. On prétend, et je suis très-porté à le croire, que les canons de bronze, dont quelques-uns de nos vaisseaux de parade sont armés, rendent dans l'instant de l'explosion un son si violent, qu'il en résulte dans l'oreille de tous les habitants du vaisseau un tintement assourdissant, qui leur ferait perdre en peu de temps le sens de l'ouïe. On assure, d'autre côté, que les canons de fer battu sur lesquels on pourrait, par l'épargne de la matière,

---

1. Voyez, dans l'*Encyclopédie moderne* des frères Didot, l'excellent article du général Alix*
sur les *bouches à feu.*

regagner une partie des frais de la fabrication, ne doivent point être employés sur les vaisseaux, par cette raison même de leur légèreté, qui paraîtrait devoir les faire préférer : l'explosion les fait sauter dans les sabords, où l'on ne peut, dit-on, les retenir invinciblement, ni même assez pour les diriger à coup sûr. Si cet inconvénient n'est pas réel, ou si l'on pouvait y parer, nul doute que les canons de fer forgé ne dussent être préférés à ceux de fer coulé : ils auraient moitié plus de légèreté et plus du double de résistance. Le maréchal de Vauban en avait fait fabriquer de très-beaux, dont il restait encore, ces années dernières, quelques tronçons à· la manufacture de Charleville [a]. Le travail n'en serait pas plus difficile que celui

[a]. Une personne très-versée dans la connaissance de l'art des forges m'a donné la note suivante :

« Il me paraît que l'on peut faire des canons de fer battu, qui seraient beaucoup plus sûrs
« et plus légers que les canons de fer coulé, et voici les proportions sur lesquelles il faudrait
« en tenter les expériences.

« Les canons de fer battu, de quatre livres de balles, auront sept pouces et demi d'épaisseur
« à leur plus grand diamètre.

« Ceux de huit, 10 pouces.

« Ceux de douze, un pied.

« Ceux de vingt-quatre livres, 14 pouces.

« Ceux de trente-six livres, 16 pouces $\frac{1}{2}$.

« Ces proportions sont plutôt trop fortes que trop faibles : peut-être pourra-t-on les réduire
« à 6 pouces $\frac{1}{2}$ pour les canons de 4; ceux de huit livres, à 8 pouces $\frac{1}{2}$; ceux de douze livres,
« à 9 pouces $\frac{1}{2}$; ceux de vingt-quatre à 12 pouces, et ceux de trente-six, à 14 pouces.

« Les longueurs pour les canons de quatre, seront de 5 pieds $\frac{1}{2}$; ceux de huit, de 7 pieds de
« longueur; ceux de douze livres, 7 pieds 9 pouces de longueur; ceux de vingt-quatre, 8 pieds
« 9 pouces; ceux de trente-six, 9 pieds 2 pouces de longueur.

« L'on pourrait même diminuer ces proportions de longueur assez considérablement sans que
« le service en souffrît, c'est-à-dire, faire les canons de quatre, de 5 pieds de longueur seule-
« ment; ceux de huit livres, de 6 pieds 8 pouces de longueur; ceux de douze livres, à 7 pieds
« de longueur; ceux de vingt-quatre, à 7 pieds 10 pouces; et ceux de trente-six, à 8 pieds, et
« peut-être même encore au-dessous.

« Or, il ne paraît pas bien difficile : 1° de faire des canons de quatre livres qui n'auraient que
« 5 pieds de longueur, sur 6 pouces $\frac{1}{2}$ d'épaisseur dans leur plus grand diamètre; il suffirait
« pour cela de souder ensemble quatre barres de 3 pouces forts en carré, et d'en former un
« cylindre massif de 6 pouces $\frac{1}{2}$ de diamètre, sur 5 pieds de longueur; et comme cela ne serait
« pas praticable dans les chaufferies ordinaires, ou du moins que cela deviendrait très-difficile,
« il faudrait établir des fourneaux de réverbère, où l'on pourrait chauffer ces barres dans
« toute leur longueur pour les souder ensuite ensemble, sans être obligé de les remettre plu-
« sieurs fois au feu. Ce cylindre une fois formé, il sera facile de le forer et tourner, car le fer
« battu obéit bien plus aisément au foret que le fer coulé.

« Pour les canons de huit livres qui ont 6 pieds 8 pouces de longueur, sur 8 pouces $\frac{1}{2}$ d'épais-
« seur, il faudrait souder ensemble neuf barres de 3 pouces faibles en carré chacune, en les
« faisant toutes chauffer ensemble au même fourneau de réverbère, pour en faire un cylindre
« plein de 8 pouces $\frac{1}{2}$ de diamètre.

« Pour les canons de douze livres de balles qui doivent avoir 10 pouces $\frac{1}{2}$ d'épaisseur, on
« pourra les faire avec neuf barres de 3 pouces $\frac{1}{2}$ carrés, que l'on soudera toutes ensemble par
« les mêmes moyens.

« Et pour les canons de vingt-quatre, avec seize barres de 3 pouces en carré.

« Comme l'exécution de cette espèce d'ouvrage devient beaucoup plus difficile pour les gros
« canons que pour les petits, il sera juste et nécessaire de les payer à proportion plus cher.

des ancres, et une manufacture aussi bien montée pour cet objet que l'est celle [a] de M. de la Chaussade, pour les ancres, pourrait être d'une très-grande utilité.

Quoi qu'il en soit, comme ce n'est pas l'état actuel des choses [1], nos observations ne porteront que sur les canons de fer coulé. On s'est beaucoup plaint, dans ces derniers temps, de leur peu de résistance ; malgré la rigueur des épreuves, quelques-uns ont crevé sur nos vaisseaux, accident terrible, et qui n'arrive jamais sans grand dommage et perte de plusieurs hommes. Le ministère, voulant remédier à ce mal, ou plutôt le prévenir par la suite, informé que je faisais à mes forges des expériences sur la qualité de la fonte, me demanda mes conseils en 1768, et m'invita à travailler sur ce sujet important. Je m'y livrai avec zèle, et de concert avec M. le vicomte de Morogues, homme très-éclairé : je donnai, dans ce temps et dans les deux années suivantes, quelques observations au ministre, avec les expériences faites et celles qui restaient à faire pour perfectionner les canons. J'en ignore aujourd'hui le résultat et le succès : le ministre de la marine ayant changé, je n'ai plus entendu parler ni d'expériences ni de canons. Mais cela ne doit pas m'empêcher de donner, sans qu'on me le demande, les choses utiles que j'ai pu trouver en m'occupant pendant deux à trois ans de ce travail ; et c'est ce qui fera le sujet de ce Mémoire qui tient de si près à celui où j'ai traité de la fusion des mines de fer, qu'on peut l'en regarder comme une suite.

Les canons se fondent, en situation perpendiculaire, dans des moules de plusieurs pieds de profondeur, la culasse au fond et la bouche en haut : comme il faut plusieurs milliers de matière en fusion pour faire un gros canon plein et chargé de la masse qui doit le comprimer à sa partie supérieure, on était dans le préjugé qu'il fallait deux, et même trois fourneaux, pour fondre du gros canon. Comme les plus fortes gueuses que l'on coule

« Le prix du fer battu est ordinairement de deux tiers plus haut que celui du fer coulé. Si « l'on paie vingt francs le quintal les canons de fer coulé, il faudra donc payer ceux-ci « soixante livres le quintal ; mais comme ils seront beaucoup plus minces que ceux de fer « coulé, je crois qu'il serait possible de les faire fabriquer à quarante livres le quintal et peut-« être au-dessous.

« Mais quand même ils coûteraient quarante livres, il y aurait encore beaucoup à gagner : « 1° Pour la sûreté du service, car ces canons ne crèveraient pas, ou s'ils venaient à « crever, ils n'éclateraient jamais et ne feraient que se fendre, ce qui ne causerait aucun « malheur ;

« 2° Ils résisteraient beaucoup plus à la rouille, et dureraient pendant des siècles, ce qui est « un avantage très-considérable ;

« 3° Comme on les forerait aisément, la direction de l'âme en serait parfaite,

« 4° Comme la matière en est homogène partout, il n'y aurait jamais ni cavités ni chambres.

« 5° Enfin comme ils seraient beaucoup plus légers, ils chargeraient beaucoup moins, tant « sur mer que sur terre, et seraient plus aisés à manœuvrer. »

a. A Guérigny près de Nevers.

1. Voyez, dans l'ouvrage de MM. Pelouze et Frémy, l'article : *Fabrication des bouches à feu.*

dans les plus grands fourneaux ne sont que de deux mille cinq cents ou tout au plus trois mille livres, et que la matière en fusion ne séjourne jamais que douze ou quinze heures dans le creuset du fourneau, on imaginait que le double ou le triple de cette quantité de matière en fusion, qu'on serait obligé de laisser pendant trente-six ou quarante heures dans le creuset avant de la couler, non-seulement pouvait détruire le creuset, mais même le fourneau par son bouillonnement et son explosion : au moyen de quoi on avait pris le parti qui paraissait le plus prudent, et on coulait les gros canons en tirant en même temps ou successivement la fonte de deux ou trois fourneaux placés de manière que les trois ruisseaux de fonte pouvaient arriver en même temps dans le moule.

Il ne faut pas beaucoup de réflexion pour sentir que cette pratique est mauvaise : il est impossible que la fonte de chacun de ces fourneaux soit au même degré de chaleur, de pureté, de fluidité; par conséquent le canon se trouve composé de deux ou trois matières différentes, en sorte que plusieurs de ses parties, et souvent un côté tout entier, se trouve nécessairement d'une matière moins bonne et plus faible que le reste, ce qui est le plus grand de tous les inconvénients en fait de résistance, puisque l'effort de la poudre agissant également de tous côtés, ne manque jamais de se faire jour par le plus faible. Je voulus donc essayer et voir en effet s'il y avait quelque danger à tenir pendant plus de temps qu'on ne le fait ordinairement une plus grande quantité de matière en fusion : j'attendis pour cela que le creuset de mon fourneau, qui avait 18 pouces de largeur sur 4 pieds de longueur et 18 pouces de hauteur, fût encore élargi par l'action du feu, comme cela arrive toujours vers la fin du fondage; j'y laissai amasser de la fonte pendant trente-six heures; il n'y eut ni explosion ni autre bouillonnement que ceux qui arrivent quelquefois quand il tombe des matières crues dans le creuset; je fis couler après les trente-six heures, et l'on eut trois gueuses pesant ensemble quatre mille six cents livres, d'une très-bonne fonte.

Par une seconde expérience, j'ai gardé la fonte pendant quarante-huit heures sans aucun inconvénient; ce long séjour ne fait que la purifier davantage, et par conséquent en diminuer le volume en augmentant la masse : comme la fonte contient une grande quantité de parties hétérogènes dont les unes se brûlent et les autres se convertissent en verre, l'un des plus grands moyens de la dépurer est de la laisser séjourner au fourneau.

M'étant donc bien assuré que le préjugé de la nécessité de deux ou trois fourneaux était très-mal fondé, je proposai de réduire à un seul les fourneaux de Ruelle en Angoumois[a], où l'on fond nos gros canons : ce

a. Voici l'extrait de cette proposition faite au ministre.

Comme les canons de gros calibre, tels que ceux de trente-six et de vingt-quatre, supposent

conseil fut suivi et exécuté par ordre du ministre; on fondit sans inconvénient et avec tout succès, à un seul fourneau, des canons de vingt-quatre,
et je ne sais si l'on n'a pas fondu depuis des canons de trente-six, car j'ai
tout lieu de présumer qu'on réussirait également. Ce premier point une
fois obtenu, je cherchai s'il n'y avait pas encore d'autres causes qui pouvaient contribuer à la fragilité de nos canons, et j'en trouvai en effet qui y
contribuent plus encore que l'inégalité de l'étoffe dont on les composait en
les coulant à deux ou trois fourneaux.

La première de ces causes est le mauvais usage qui s'est établi depuis
plus de vingt ans de faire tourner la surface extérieure des canons, ce qui
les rend plus agréables à la vue : il en est cependant du canon comme du
soldat, il vaut mieux qu'il soit robuste qu'élégant; et ces canons tournés,
polis et guillochés, ne devaient point en imposer aux yeux des braves officiers de notre marine; car il me semble qu'on peut démontrer qu'ils sont
non-seulement beaucoup plus faibles, mais aussi d'une bien moindre durée.
Pour peu qu'on soit versé dans la connaissance de la fusion des mines de
fer, on aura remarqué en coulant des enclumes, des boulets, et à plus forte
raison des canons, que la force centrifuge de la chaleur pousse à la circonférence la partie la plus massive et la plus pure de la fonte : il ne reste au
centre que ce qu'il y a de plus mauvais, et souvent même il s'y forme une
cavité. Sur un nombre de boulets que l'on fera casser, ou en trouvera plus
de moitié qui auront une cavité dans le centre, et dans tous les autres une
matière plus poreuse que le reste du boulet : on remarquera de plus qu'il y
a plusieurs rayons qui tendent du centre à la circonférence, et que la
matière est plus compacte et de meilleure qualité à mesure qu'elle est plus
éloignée du centre. On observera encore que l'écorce du boulet, de l'en-
clume ou du canon est beaucoup plus dure que l'intérieur : cette dureté
plus grande provient de la trempe que l'humidité du moule donne à l'ex-

un grand volume de fer en fusion, on se sert ordinairement de trois, ou tout au moins de deux
fourneaux pour les couler. La mine fondue dans chacun de ces fourneaux arrive dans le moule
par autant de ruisseaux particuliers. Or, cette pratique me paraît avoir les plus grands inconvénients, car il est certain que chacun de ces fourneaux donne une fonte de différente espèce,
en sorte que leur mélange ne peut se faire d'une manière intime ni même en approcher. Pour
le voir clairement, ne supposons que deux fourneaux, et que la fonte de l'un arrive à droite,
et la fonte de l'autre arrive à gauche dans le moule du canon : il est certain que l'une de ces
deux fontes étant ou plus pesante, ou plus légère, ou plus chaude, ou plus froide, ou, etc.,
que l'autre, elles ne se mêleront pas, et que par conséquent l'un des côtés du canon sera plus
dur que l'autre; que dès lors il résistera moins d'un côté que de l'autre, et qu'ayant le défaut
d'être composé de deux matières différentes, le ressort de ces parties ainsi que leur cohérence
ne sera pas égal, et que par conséquent ils résisteront moins que ceux qui seraient faits d'une
matière homogène. Il n'est pas moins certain que si l'on veut forer ces canons, le foret trouvant plus de résistance d'un côté que de l'autre, se détournera de la perpendiculaire du côté le
plus tendre, et que la direction de l'intérieur du canon prendra de l'obliquité, etc. : il me paraît
donc qu'il faudrait tâcher de fondre les canons de fer coulé avec un seul fourneau, et je crois la
chose très-possible.

térieur de la pièce, et elle pénètre jusqu'à trois lignes d'épaisseur dans les petites pièces, et à une ligne et demie dans les grosses. C'est en quoi consiste la plus grande force du canon, car cette couche extérieure réunit les extrémités de tous les rayons divergents dont je viens de parler, qui sont les lignes par où se ferait la rupture ; elle sert de cuirasse au canon, elle en est la partie la plus pure, et par sa grande dureté elle contient toutes les parties intérieures qui sont plus molles, et céderaient sans cela plus aisément à la force de l'explosion. Or que fait-on lorsqu'on tourne les canons ? on commence par enlever au ciseau, poussé par le marteau, toute cette surface extérieure que les couteaux du tour ne pourraient entamer ; on pénètre dans l'extérieur de la pièce jusqu'au point où elle se trouve assez douce pour se laisser tourner, et on lui enlève en même temps par cette opération peut-être un quart de sa force.

Cette couche extérieure que l'on a si grand tort d'enlever est en même temps la cuirasse et la sauvegarde du canon ; non-seulement elle lui donne toute la force de résistance qu'il doit avoir, mais elle le défend encore de la rouille qui ronge en peu de temps ces canons tournés : on a beau les lustrer avec de l'huile, les peindre ou les polir ; comme la matière de la surface extérieure est aussi tendre que tout le reste, la rouille y mord avec mille fois plus d'avantage que sur ceux dont la surface est garantie par la trempe. Lorsque je fus donc convaincu, par mes propres observations, du préjudice que portait à nos canons cette mauvaise pratique, je donnai au ministre mon avis motivé pour qu'elle fût proscrite ; mais je ne crois pas qu'on ait suivi cet avis, parce qu'il s'est trouvé plusieurs personnes, très-éclairées d'ailleurs, et nommément M. de Morogues, qui ont pensé différemment. Leur opinion, si contraire à la mienne, est fondée sur ce que la trempe rend le fer plus cassant, et dès lors ils regardent la couche extérieure comme la plus faible et la moins résistante de toutes les parties de la pièce, et concluent qu'on ne lui fait pas grand tort de l'enlever ; ils ajoutent que, si l'on veut même remédier à ce tort, il n'y a qu'à donner aux canons quelques lignes d'épaisseur de plus.

J'avoue que je n'ai pu me rendre à ces raisons : il faut distinguer dans la trempe, comme dans toute autre chose, plusieurs états et même plusieurs nuances. Le fer et l'acier, chauffés à blanc et trempés subitement dans une eau très-froide, deviennent très-cassants ; trempés dans une eau moins froide ils sont beaucoup moins cassants, et dans de l'eau chaude la trempe ne leur donne aucune fragilité sensible. J'ai sur cela des expériences qui me paraissent décisives. Pendant l'été dernier, 1772, j'ai fait tremper dans l'eau de la rivière, qui était assez chaude pour s'y baigner, toutes les barres de fer qu'on forgeait à un des feux de ma forge, et comparant ce fer avec celui qui n'était pas trempé, la différence du grain n'en était pas sensible, non plus que celle de leur résistance à la masse lorsqu'on les cassait. Mais ce même fer travaillé de la même façon par les mêmes ouvriers, et trempé cet hiver dans l'eau de la même rivière, qui était presque glacée partout, est non-seulement devenu fragile, mais a perdu en même temps tout son nerf, en sorte qu'on aurait cru que ce n'était plus le même fer. Or la trempe qui se fait à la surface du canon n'est assurément pas une trempe à froid ; elle n'est produite que par la petite humidité qui sort du moule déjà bien séché ; il ne faut donc pas en raisonner comme d'une autre trempe à froid, ni en conclure qu'elle rend cette couche extérieure beaucoup plus cassante qu'elle ne le serait sans cela. Je supprime plusieurs autres raisons que je pourrais alléguer, parce que la chose me paraît assez claire.

Un autre objet, et sur lequel il n'est pas aussi aisé de prononcer affirmativement, c'est la pratique où l'on est actuellement de couler les canons pleins, pour les forer ensuite avec des machines difficiles à exécuter, et encore plus difficiles à conduire, au lieu de les couler creux comme on le faisait autrefois ; et dans ce temps nos canons crevaient moins qu'aujourd'hui. J'ai balancé les raisons pour et contre, et je vais les présenter ici. Pour couler un canon creux, il faut établir un noyau dans le moule, et le placer avec la plus grande précision, afin que le canon se trouve partout de l'épaisseur requise, et qu'un côté ne soit pas plus fort que l'autre : comme la matière en fusion tombe entre le noyau et le moule, elle a beaucoup moins de force centrifuge ; et dès lors la qualité de la matière est moins inégale dans le canon coulé creux que dans le canon coulé plein ; mais aussi cette matière, par la raison même qu'elle est moins inégale, est au total moins bonne dans le canon creux, parce que les impuretés qu'elle contient s'y trouvent mêlées partout, au lieu que dans le canon coulé plein, cette mauvaise matière reste au centre et se sépare ensuite du canon par l'opération des forets. Je penserais donc, par cette première raison, que les canons forés doivent être préférés aux canons à noyau. Si l'on pouvait cependant couler ceux-ci avec assez de précision pour n'être pas obligé de toucher à la surface intérieure ; si, lorsqu'on tire le noyau, cette surface se trouvait assez unie, assez égale dans toutes ses directions, pour n'avoir pas besoin d'être calibrée, et par conséquent en partie détruite par l'instrument d'acier, ils auraient un grand avantage sur les autres, parce que, dans ce cas, la surface intérieure se trouverait trempée comme la surface extérieure, et dès lors la résistance de la pièce se trouverait bien plus grande. Mais notre art ne va pas jusque là : on était obligé de ratisser à l'intérieur toutes les pièces coulées creux afin de les calibrer ; en les forant on ne fait que la même chose, et on a l'avantage d'ôter toute la mauvaise matière qui se trouve autour du centre de la pièce coulée plein, matière qui reste au contraire dispersée dans toute la masse de la pièce coulée creux.

D'ailleurs les canons coulés plein, sont beaucoup moins sujets aux soufflures, aux chambres, aux gerçures ou fausses soudures, etc. Pour bien couler les canons à noyau et les rendre parfaits, il faudrait des évents, au lieu que les canons pleins n'en ont aucun besoin : comme ils ne touchent à la terre ou au sable dont leur moule est composé que par la surface extérieure, qu'il est rare, si ce moule est bien préparé, bien séché, qu'il s'en détache quelque chose, que, pourvu qu'on ne fasse pas tomber la fonte trop précipitamment et qu'elle soit bien liquide, elle ne retient ni les bulles de l'air ni celles des vapeurs qui s'exhalent à mesure que le moule se remplit dans toute sa cavité ; il ne doit pas se trouver autant de ces défauts à beaucoup près dans cette matière coulée pleine, que dans celle où le noyau, rendant à l'intérieur son air et son humidité, ne peut guère manquer d'occasionner des soufflures et des chambres qui se formeront d'autant plus aisément que l'épaisseur de la matière est moindre, sa qualité moins bonne et son refroidissement plus subit. Jusqu'ici tout semble donc concourir à donner la préférence à la pratique de couler les canons pleins : néanmoins comme il faut une moindre quantité de matière pour les canons creux, qu'il est dès lors plus aisé de l'épurer au fourneau avant de la couler, que les frais des machines à forer sont immenses, en comparaison de ceux des noyaux, on ferait bien d'essayer si, par le moyen des évents que je viens de proposer, on n'arriverait pas au point de rendre les pièces coulées à noyau assez parfaites pour n'avoir pas à craindre les soufflures, et n'être pas obligé de leur enlever la trempe de leur surface intérieure : ils seraient alors d'une plus grande résistance que les autres, auxquels on peut d'ailleurs faire quelques reproches par les raisons que je vais exposer.

Plus la fonte du fer est épurée, plus elle est compacte, dure et difficile à forer : les meilleurs outils d'acier ne l'entament qu'avec peine, et l'ouvrage de la forerie va d'autant moins vite que la fonte est meilleure. Ceux qui ont introduit cette pratique ont donc, pour la commodité de leurs machines, altéré la nature de la matière [a]; ils ont changé l'usage où l'on

---

a. Sur la fin de l'année 1762, M. Maritz fit couler aux fourneaux de la Nouée en Bretagne, des gueuses avec les mines de la Ferrière et de Noyal ; il en examina la fonte, en dressa un procès-verbal, et sur les assurances qu'il donna aux entrepreneurs, que leur fer avait toutes les qualités requises pour faire de bons canons, ils se déterminèrent à établir des mouleries, fonderies, décapiteries, centreries, foreries, et les tours nécessaires pour tourner extérieurement les pièces. Les entrepreneurs, après avoir formé leur établissement, ont mis les deux fourneaux en feu le 29 janvier 1763, et le 12 février suivant on commença à couler du canon de huit. M. Maritz, s'étant rendu à la forge le 21 mars, trouva que toutes ces pièces étaient *trop dures pour souffrir le forage,* et jugea à propos de changer la matière. On coula deux pièces de douze avec un nouveau mélange, et une autre pièce de douze avec un autre mélange, et encore deux autres pièces de douze avec un troisième mélange, qui parurent *si durs sous la scie et au premier foret,* que M. Maritz jugea inutile de fondre avec ces mélanges de différentes mines, et fit un autre essai avec onze mille cinq cent cinquante livres de la mine de Noyal, trois mille trois cent quatre-vingt-dix livres de la mine de la Ferrière, et trois mille six cents livres de la mine des environs, faisant en tout dix-huit mille cinq cent quarante livres, dont on coula le 31 mars une pièce de douze, à trente charges basses. A la décapiterie, ainsi qu'en

était de faire de la fonte dure, et n'ont fait couler que des fontes tendres, qu'ils ont appelées *douces* pour qu'on en sentit moins la différence ; dès lors tous nos canons coulés plein ont été fondus de cette matière douce, c'est-à-dire d'une assez mauvaise fonte, et qui n'a pas à beaucoup près la pureté, la densité, la résistance qu'elle devrait avoir. J'en ai acquis la preuve la plus complète par les expériences que je vais rapporter.

Au commencement de l'année 1767, on m'envoya de la forge de la Nouée en Bretagne, six tronçons de gros canons coulés plein, pesant ensemble cinq mille trois cent cinquante-huit livres. L'été suivant je les fis conduire à mes forges, et en ayant cassé les tourillons, j'en trouvai la fonte d'un assez mauvais grain, ce que l'on ne pouvait pas reconnaître sur les tranches de ces morceaux, parce qu'ils avaient été sciés avec de l'émeril ou quelque autre matière qui remplissait les pores extérieurs. Ayant pesé cette fonte à la balance hydrostatique, je trouvai qu'elle était trop légère, qu'elle ne pesait que quatre cent soixante-une livres le pied cube, tandis que celle que l'on coulait alors à mon fourneau en pesait cinq cent quatre, et que, quand je la veux encore épurer, elle pèse jusqu'à cinq cent vingt livres le pied cube. Cette seule épreuve pouvait me suffire pour juger de la qualité plus que médiocre de cette fonte ; mais je ne m'en tins pas là. En 1770, sur la fin de l'été, je fis construire une chaufferie plus grande que mes

formant le support de la volée, **M.** Maritz jugea ce fer de bonne nature, mais *le forage de cette pièce fut difficile*, ce qui porta **M.** Maritz à faire une autre expérience.

Le 1er et le 3 avril, il fit couler deux pièces de douze, pour chacune desquelles on porta trente-quatre charges, composées chacune de dix-huit mille sept cents livres de mine de Noyal et de deux mille sept cent vingt livres de mine des environs, en tout vingt-un mille quatre cent vingt livres. Ceci démontra à **M.** Maritz l'impossibilité qu'il y avait de fondre avec de la mine de Noyal seule, car même avec ce mélange l'intérieur du fourneau s'embarrassa au point que le laitier ne coulait plus, et que les ouvriers avaient une peine incroyable à l'arracher du fond de l'ouvrage ; d'ailleurs les deux pièces provenues de cette expérience *se trouvèrent si dures au forage*, et si profondément chambrées à 18 et 20 pouces de la volée, que quand même la mine de Noyal pourrait se fondre sans être alliée avec une espèce plus chaude, la fonte qui en proviendrait ne serait cependant pas d'une nature *propre à couler des canons forables*.

Le 4 avril 1765, pour septième et dernière expérience, **M.** Maritz fit couler une neuvième pièce de douze en trente-six charges basses, et composées de onze mille huit cent quatre-vingts livres de mine de Noyal, de sept mille deux cents livres de mine de Phlemet, et de deux mille huit cent quatre-vingts livres de mine des environs, en tout vingt-un mille neuf cent soixante livres de mine.

Après la coulée de cette dernière pièce, les ouvrages des fourneaux se trouvèrent si embarrassés, qu'on fut obligé de mettre hors, et **M.** Maritz congédia les fondeurs et mouleurs qu'il avait fait venir des forges d'Angoumois.

Cette dernière pièce *se fora facilement*, en donnant une limaille de belle couleur ; mais lors du forage il se trouva des endroits *si tendres et si peu condensés*, qu'il parut plusieurs grelots de la grosseur d'une noisette qui ouvrirent plusieurs chambres dans l'âme de la pièce.

Je n'ai rapporté les faits contenus dans cette note que pour prouver que les auteurs de la pratique du forage des canons n'ont cherché qu'à faire couler des fontes tendres, et qu'ils ont par conséquent sacrifié la matière à la forme, en rejetant toutes les bonnes fontes que leurs forets ne pouvaient entamer aisément, tandis qu'il faut au contraire chercher la matière la plus compacte et la plus dure si l'on veut avoir des canons d'une bonne résistance.

chaufferies ordinaires, pour y faire fondre et convertir en fer ces tronçons de canon, et l'on en vint à bout à force de vent et de charbon : je les fis couler en petites gueuses, et après qu'elles furent refroidies j'en examinai la couleur et le grain en les faisant casser à la masse; j'en trouvai, comme je m'y attendais, la couleur plus grise et le grain plus fin; la matière ne pouvait manquer de s'épurer par cette seconde fusion, et en effet l'ayant portée à la balance hydrostatique, elle se trouva peser quatre cent soixante-neuf livres le pied cube; ce qui cependant n'approche pas encore de la densité requise pour une bonne fonte.

Et en effet, ayant fait convertir en fer successivement, et par mes meilleurs ouvriers, toutes les petites gueuses refondues et provenant de ces tronçons de canon, nous n'obtînmes que du fer d'une qualité très-commune, sans aucun nerf, et d'un grain assez gros, aussi différent de celui de mes forges que le fer commun l'est du bon fer.

En 1770, on m'envoya de la forge de Ruelle en Angoumois, où l'on fond actuellement la plus grande partie de nos canons, des échantillons de la fonte dont on les coule. Cette fonte a la couleur grise, le grain assez fin, et pèse quatre cent quatre-vingt-quinze livres le pied cube [a] : réduite en fer battu et forgé avec soin, j'en ai trouvé le grain semblable à celui du fer commun, et ne prenant que peu ou point de nerf, quoique travaillé en petites verges et passé sous le cylindre ; en sorte que cette fonte, quoique meilleure que celle qui m'est venue des forges de la Nouée, n'est pas encore de la bonne fonte. J'ignore si depuis ce temps l'on ne coule pas aux fourneaux de Ruelle des fontes meilleures et plus pesantes; je sais seulement que deux officiers de marine [b], très-habiles et zélés, y ont été envoyés successivement, et qu'ils sont tous deux fort en état de perfectionner l'art et de bien conduire les travaux de cette fonderie. Mais jusqu'à l'époque que je viens de citer, et qui est bien récente, je suis assuré que les fontes de nos canons coulés plein n'étaient que de médiocre qualité, qu'une pareille fonte n'a pas assez de résistance, et qu'en lui ôtant encore le lien qui la con-

---

a. Ces morceaux de fonte, envoyés du fourneau de Ruelle, étaient de forme cubique de trois pouces, faibles dans toutes leurs dimensions : le premier, marqué S, pesait dans l'air 7 livres 2 onces 4 gros $\frac{1}{2}$, c'est-à-dire, 916 gros $\frac{1}{2}$. Le même morceau pesait dans l'eau 6 livres 2 onces 2 gros $\frac{1}{2}$; donc le volume d'eau égal au volume de ce morceau de fonte pesait 130 gros. L'eau dans laquelle il a été pesé, pesait elle-même 70 livres le pied cube. Or, 130 gros : 70 livres : : 916 gros $\frac{1}{2}$: 493 $\frac{1}{13}$ livres, poids du pied cube de cette fonte. Le second morceau marqué P, pesait dans l'air 7 livres 4 onces 1 gros, c'est-à-dire, 929 gros. Le même morceau pesait dans l'eau 6 livres 3 onces 6 gros, c'est-à-dire, 798 gros; donc le volume d'eau, égal au volume de ce morceau de fonte, pesait 131 gros. Or, 131 gros : 70 livres : : 929 gros : 496 $\frac{54}{131}$ livres, poids du pied cube de cette fonte. On observera que ces morceaux qu'on avait voulu couler sur les dimensions d'un cube de 3 pouces étaient trop faibles. Ils auraient dû contenir chacun 27 pouces cubiques, et par conséquent le pied cube du premier n'aurait pesé que 458 livres 4 onces, car 27 pouces : 1728 pouces : : 916 gros $\frac{1}{2}$: 458 livres 4 onces. Et le pied cube du second n'aurait pesé que 464 livres $\frac{1}{4}$, au lieu de 493 livres $\frac{1}{13}$, et de 496 livres $\frac{54}{131}$.

b. MM. de Souville et de Vialis.

tient, c'est-à-dire en enlevant, par les couteaux du tour, la surface trempée, il y a tout à craindre du service de ces canons.

On ne manquera pas de dire que ce sont ici des frayeurs paniques et mal fondées, qu'on ne se sert jamais que des canons qui ont subi l'épreuve, et qu'une pièce, une fois éprouvée par une moitié de plus de charge, ne doit ni ne peut crever à la charge ordinaire. A ceci je réponds que non-seulement cela n'est pas certain, mais encore que le contraire est beaucoup plus probable. En général, l'épreuve des canons par la poudre est peut-être la plus mauvaise méthode que l'on pût employer pour s'assurer de leur résistance. Le canon ne peut subir le trop violent effort des épreuves qu'en y cédant autant que la cohérence de la matière le permet, sans se rompre ; et comme il s'en faut bien que cette matière de la fonte soit à ressort parfait, les parties séparées par le trop grand effort ne peuvent se rapprocher ni se rétablir comme elles étaient d'abord : cette cohésion des parties intégrantes de la fonte étant donc fort diminuée par le grand effort des épreuves, il n'est pas étonnant que le canon crève ensuite à la charge ordinaire ; c'est un effet très-simple qui dérive d'une cause tout aussi simple. Si le premier coup d'épreuve écarte les parties d'une moitié ou d'un tiers de plus que le coup ordinaire, elles se rétabliront, se réuniront moins dans la même proportion ; car, quoique leur cohérence n'ait pas été détruite, puisque la pièce a résisté, il n'en est pas moins vrai que cette cohérence n'est pas si grande qu'elle était auparavant, et qu'elle a diminué dans la même raison que diminue la force d'un ressort imparfait : dès lors un second ou un troisième coup d'épreuve fera éclater les pièces qui auront résisté au premier, et celles qui auront subi les trois épreuves sans se rompre ne sont guère plus sûres que les autres ; après avoir subi trois fois le même mal, c'est-à-dire le trop grand écartement de leurs parties intégrantes, elles en sont nécessairement devenues bien plus faibles, et pourront par conséquent céder à l'effort de la charge ordinaire.

Un moyen bien plus sûr, bien simple et mille fois moins coûteux pour s'assurer de la résistance des canons, serait d'en faire peser la fonte à la balance hydrostatique : en coulant le canon, l'on mettrait à part un morceau de la fonte ; lorsqu'il serait refroidi, on le pèserait dans l'air et dans l'eau, et, si la fonte ne pesait pas au moins cinq cent vingt livres le pied cube, on rebuterait la pièce comme non recevable : l'on épargnerait la poudre, la peine des hommes, et on bannirait la crainte très-bien fondée de voir crever les pièces souvent après l'épreuve. Étant une fois sûr de la densité de la matière, on serait également assuré de sa résistance, et si nos canons étaient faits avec de la fonte pesant cinq cent vingt livres le pied cube, et qu'on ne s'avisât pas de les tourner ni de toucher à leur surface extérieure, j'ose assurer qu'ils résisteraient et dureraient autant qu'on doit se le promettre. J'avoue que par ce moyen, peut-être trop simple pour être adopté, on ne peut pas savoir si la pièce est saine, s'il n'y a pas dans l'intérieur de la matière des défauts, des soufflures, des cavités; mais, connaissant une fois la bonté de la fonte, il suffirait, pour s'assurer du reste, de faire éprouver une seule fois, et à la charge ordinaire, les canons nouvellement fondus, et l'on serait beaucoup plus sûr de leur résistance que de celle de ceux qui ont subi des épreuves violentes.

Plusieurs personnes ont donné des projets pour faire de meilleurs canons : les uns ont proposé de les doubler de cuivre, d'autres de fer battu, d'autres de souder ce fer battu avec la fonte. Tout cela peut être bon à certains égards; et, dans un art dont l'objet est aussi important et la pratique aussi difficile, les efforts doivent être accueillis, et les moindres découvertes récompensées. Je ne ferai point ici d'observations sur les canons de M. Feutry, qui ne laissent pas de demander beaucoup d'art dans leur exécution; je ne parlerai pas non plus des autres tentatives, à l'exception de celle de M. de Souville, qui m'a paru la plus ingénieuse, et qu'il a bien voulu me communiquer par sa lettre datée d'Angoulême, le 6 avril 1771, dont je donne ici l'extrait [a]. Mais je dirai seulement que la soudure du cuivre avec le fer rend celui-ci beaucoup plus aigre; que, quand on soude de la fonte avec elle-même par le moyen du soufre, on la change de nature, et que la ligne de jonction des deux parties soudées n'est plus de la fonte de fer, mais de la pyrite très-cassante; et qu'en général le soufre est un intermède qu'on ne doit jamais employer lorsqu'on veut souder du fer sans en altérer la qualité : je ne donne ceci que pour avis à ceux qui pourraient prendre cette voie comme la plus sûre et la plus aisée pour rendre le fer fusible et en faire de grosses pièces.

a. « Les canons fabriqués avec des spirales ont opposé la plus grande résistance à la plus
« forte charge de poudre, et à la manière la plus dangereuse de les charger. Il ne manque à
« cette méthode, pour être bonne, que d'empêcher qu'il ne se forme des chambres dans ces
« bouches à feu ; cet inconvénient, il est vrai, m'obligerait à l'abandonner si je n'y parvenais;
« mais pourquoi ne pas le tenter? beaucoup de personnes ont proposé de faire des canons avec
« des doublures ou des enveloppes de fer forgé, mais ces doublures et ces enveloppés ont tou-
« jours été un assemblage de barres inflexibles que leur forme, leur position et leur raideur
« rendent inutiles. La spirale n'a pas les mêmes défauts, elle se prête à toutes les formes que
« prend la matière; elle s'affaisse avec elle dans le moule : son fer ne perd ni sa ductilité ni
« son ressort, dans la commotion du *tir* l'effort est distribué sur toute son étendue. Elle enve-
« loppe presque toute l'épaisseur du canon, et dès lors s'oppose à sa rupture avec une résistance
« de près de trente mille livres de force. Si la fonte éprouve une plus grande dilatation que le
« fer, elle résiste avec toute cette force ; si cette dilatation est moindre, la spirale ne reçoit que
« le mouvement qui lui est communiqué. Ainsi dans l'un et l'autre cas l'effet est le même.
« L'assemblage des barres, au contraire, ne résiste que par les cercles qui les contiennent.
« Lorsqu'on en a revêtu l'âme des canons, on n'a pas augmenté la résistance de la fonte, sa
« tendance à se rompre a été la même, et lorsqu'on a enveloppé son épaisseur, les cercles n'ont
« pu soutenir également l'effort qui se partage sur tout le développement de la spirale. Les
« barres d'ailleurs s'opposent aux vibrations des cercles. La spirale que j'ai mise dans un
« canon de six, foré et éprouvé au calibre de douze, ne pesait que quatre-vingt-trois livres;
« elle avait 2 pouces de largeur et 4 lignes d'épaisseur. La distance d'une hélice à l'autre était
« aussi de 2 pouces; elle était roulée à chaud sur un mandrin de fer. »

Si l'on conserve l'usage de forer les canons, et qu'on les coule de bonne fonte dure, il faudra en revenir aux machines à forer de M. le marquis de Montalembert, celles de M. Maritz n'étant bonnes que pour le bronze ou la fonte de fer tendre. M. de Montalembert est encore un des hommes de France qui entend le mieux cet art de la fonderie des canons, et j'ai toujours gémi que son zèle, éclairé de toutes les connaissances nécessaires en ce genre, n'ait abouti qu'au détriment de sa fortune : comme je vis éloigné de lui, j'écris ce Mémoire sans le lui communiquer, mais je serai plus flatté de son approbation que de celle de qui que ce soit, car je ne connais personne qui entende mieux ce dont il est ici question. Si l'on mettait en masse, dans ce royaume, les trésors de lumière que l'on jette à l'écart, ou qu'on a l'air de dédaigner, nous serions bientôt la nation la plus florissante et le peuple le plus riche. Par exemple, il est le premier qui ait conseillé de reconnaître la résistance de la fonte par sa pesanteur spécifique ; il a aussi cherché à perfectionner l'art de la moulerie en sable des canons de fonte de fer, et cet art est perdu depuis qu'on a imaginé de les tourner. Avec les moules en terre, dont on se servait auparavant, la surface des canons était toujours chargée d'aspérités et de rugosités : M. de Montalembert avait trouvé le moyen de faire des moules en sable qui donnaient à la surface du canon tout le lisse et même le luisant qu'on pouvait désirer. Ceux qui connaissent les arts en grand sentiront bien les difficultés qu'il a fallu surmonter pour en venir à bout, et les peines qu'il a fallu prendre pour former des ouvriers capables d'exécuter ces moules, auxquels ayant substitué le mauvais usage du tour, on a perdu un art excellent pour adopter une pratique funeste [a].

a. L'outil à langue de carpe perce la fonte de fer avec une vitesse presque double de celle de l'outil à cylindre. Il n'est point nécessaire, avec ce premier outil, de seringuer de l'eau dans la pièce, comme il est d'usage de le faire en employant le second qui s'échauffe beaucoup par son frottement très-considérable. L'outil à cylindre serait détrempé en peu de temps sans cette précaution : elle est même souvent insuffisante ; dès que la fonte se trouve plus compacte et plus dure, cet outil ne peut la forer. La limaille sort naturellement avec l'outil à langue de carpe, tandis qu'avec l'outil à cylindre il faut employer continuellement un crochet pour la tirer, ce qui ne peut se faire assez exactement pour qu'il n'en reste pas entre l'outil et la pièce, ce qui la gêne et augmente encore son frottement.

Il faudrait s'attacher à perfectionner la moulerie. Cette opération est difficile, mais elle n'est pas impossible à quelqu'un d'intelligent. Plusieurs choses sont absolument nécessaires pour y réussir : 1° des mouleries plus étendues, pour pouvoir y placer plus de chantiers et y faire plus de moules à la fois, afin qu'ils puissent sécher plus lentement ; 2° une grande fosse pour les recuire de bout, ainsi que cela se pratique pour les canons de cuivre, afin d'éviter que le moule ne soit arqué, et par conséquent le canon ; 3° un petit chariot à quatre roues fort basses avec des montants assez élevés pour y suspendre le moule recuit, et le transporter de la moulerie à la cuve du fourneau, comme on transporte un lustre : 4° un juste mélange d'une terre grasse et d'une terre sableuse, tel qu'il le faut pour qu'au recuit le moule ne se fende pas de mille et mille fentes qui rendent le canon défectueux, et surtout pour que cette terre, avec cette qualité de ne pas se fendre, puisse conserver l'avantage de s'*écaler* (c'est-à-dire de se détacher du canon quand on vient à le nettoyer) : plus la terre est grasse, mieux elle s'*écale*,

Une attention très-nécessaire lorsque l'on coule du canon, c'est d'empêcher les écumes qui surmontent la fonte, de tomber avec elle dans le moule. Plus la fonte est légère et plus elle fait d'écumes, et l'on pourrait juger à l'inspection même de la coulée si la fonte est de bonne qualité, car alors sa surface est lisse et ne porte point d'écume; mais dans tous ces cas il faut avoir soin de comprimer la matière coulante par plusieurs torches de paille placées dans les coulées : avec cette précaution il ne passe que peu d'écumes dans le moule, et si la fonte était dense et compacte, il n'y en aurait point du tout. La bourre de la fonte ne vient ordinairement que de ce qu'elle est trop crue et trop précipitamment fondue. D'ailleurs la matière la plus pesante sort la première du fourneau, la plus légère vient la dernière; la culasse du canon est par cette raison toujours d'une meilleure matière que les parties supérieures de la pièce ; mais il n'y aura jamais de bourre dans le canon si d'une part on arrête les écumes par les torches de paille, et qu'en même temps on lui donne une forte masselote de matière excédante, dont il est même aussi nécessaire qu'utile qu'il reste encore après la coulée trois ou quatre quintaux en fusion dans le creuset : cette fonte qui reste y entretient la chaleur; et comme elle est encore mêlée d'une assez grande quantité de laitier, elle conserve le fond du fourneau, et empêche la mine fondante de brûler en s'y attachant.

Il me paraît qu'en France on a souvent fondu les canons avec des mines en roche, qui toutes contiennent une plus ou moins grande quantité de soufre; et comme l'on n'est pas dans l'usage de les griller dans nos provinces où le bois est cher, ainsi qu'il se pratique dans les pays du Nord où le bois est commun, je présume que la qualité cassante de la fonte de nos canons de la marine pourrait aussi provenir de ce soufre qu'on n'a pas soin d'enlever à la mine avant de la jeter au fourneau de fusion. Les fonderies de Ruelle en Angoumois, de Saint-Gervais en Dauphiné et de Baigorry dans la Basse-Navarre, sont les seules dont j'aie connaissance, avec celle de la Nouée en Bretagne, dont j'ai parlé, et où je crois que le travail est cessé : dans toutes quatre, je crois qu'on ne s'est servi et qu'on ne se sert encore que de mine en roche, et je n'ai pas ouï dire qu'on les grillât ailleurs qu'à Saint-Gervais et à Baigorry; j'ai tâché de me procurer des échantillons de

et plus elle se fend; plus elle est maigre ou sableuse, moins elle se fend, mais moins elle s'*écale*. Il y a des moules de cette terre qui se tiennent si fort attachés au canon, qu'on ne peut avec le marteau et le ciseau en emporter que la plus grosse partie : ces sortes de canons restent encore plus vilains que ceux cicatrisés par les fentes innombrables des moules de terre grasse. Ce mélange de terre est donc très-difficile ; il demande beaucoup d'attention, d'expérience, et ce qu'il y a de fâcheux, c'est que les expériences dans ce genre, faites pour de petits calibres, ne concluent rien pour les gros. Il n'est jamais difficile de faire écaler de petits canons avec un mélange sableux. Mais ce même mélange ne peut plus être employé dès que les calibres passent celui de douze; pour ceux de trente-six surtout, il est très-difficile d'attraper le point du mélange.

chacune de ces mines, et, au défaut d'une assez grande quantité de ces échantillons, tous les renseignements que j'ai pu obtenir par la voie de quelques amis intelligents. Voici ce que m'a écrit M. de Morogues au sujet des mines qu'on emploie à Ruelle.

« La première est dure, compacte, pesante, faisant feu avec l'acier, de « couleur rouge-brun, formée par deux couches d'inégale épaisseur, dont « l'une est spongieuse, parsemée de trous ou cavités, d'un velouté violet « foncé, et quelquefois d'un bleu indigo à sa cassure, ayant des mamelons, « teignant en rouge de sanguine ; caractères qui peuvent la faire ranger « dans la septième classe de l'art des forges, comme une espèce de pierre « hématite, mais elle est riche et douce.

« La seconde ressemble assez à la précédente pour la pesanteur, la « dureté et la couleur, mais elle est un peu *salardée* (on appelle *salard* ou « mine salardée, celle qui a des grains de sable clair, et qui est mêlée de « sable gris-blanc, de caillou et de fer) ; elle est riche en métal, employée « avec de la mine très-douce, elle se fond très-facilement. Son tissu à sa « cassure est strié et parsemé quelquefois de cavités d'un brun noir. Elle « paraît de la sixième espèce de la mine rougeâtre dans l'art des forges.

« La troisième, qu'on nomme dans le pays *glacieuse* parce qu'elle a ordi- « nairement quelques-unes de ses faces lisses et douces au toucher, n'est « ni fort pesante ni fort riche ; elle a communément quelques petits points « noirs et luisants, d'un grain semblable au maroquin : sa couleur est « variée ; elle a du rouge assez vif, du brun, du jaune, un peu de vert et « quelques cavités ; elle paraît, à cause de ses faces unies et luisantes, avoir « quelque rapport à la mine spéculaire de la huitième espèce.

« La quatrième, qui fournit d'excellent fer, mais en petite quantité, est « légère, spongieuse, assez tendre, d'une couleur brune presque noire, « ayant quelques mamelons et sablonneuse ; elle paraît être une sorte de « mine limoneuse de la onzième espèce.

« La cinquième est une mine salardée faisant beaucoup de feu avec « l'acier, dure, compacte, pesante, parsemée à la cassure de petits points « brillants qui ne sont que du sable de couleur de lie-de-vin. Cette mine « est difficile à fondre ; la qualité de son fer passe pour n'être pas mauvaise, « mais elle en produit peu ; les ouvriers prétendent qu'il n'y a pas moyen de « la fondre seule, et que l'abondance des crasses qui s'en séparent l'agglu- « tine à l'ouvrage du fourneau. Cette mine ne paraît pas avoir de ressem- « blance bien caractérisée avec celle dont Swedenborg a parlé.

« On emploie encore un grand nombre d'autres espèces de mine, mais « elles ne diffèrent des précédentes que par moins de qualité, à l'exception « d'une espèce d'ocre martiale qui peut fournir ici une sixième classe. « Cette mine est assez abondante dans les minières ; elle est aisée à tirer, « on l'enlève comme la terre, elle est jaune et quelquefois mêlée de petites

« grenailles, elle fournit peu de fer, elle est très-douce, on peut la ranger
« dans la douzième espèce de l'art des forges.

« La gangue de toutes les mines du pays est une terre vitrifiable rare-
« ment argileuse. Toutes ces espèces de mines sont mêlées, et le terrain
« dont on les tire est presque tout sableux.

« On appelle *schiffre* en Angoumois un caillou assez semblable aux
« pierres à feu, et qui en donne beaucoup quand on le frappe avec l'acier.
« Il est d'un jaune clair, fort dur ; il tient quelquefois à des matières qui
« peuvent avoir du fer, mais ce n'est point le schiste.

« La castine est une vraie pierre calcaire assez pure, si l'on en peut
« juger par l'uniformité de sa cassure et de sa couleur qui est gris blanc ;
« elle est pesante, assez dure, et prend un poli fort doux au toucher. »

Par ce récit de M. de Morogues, il me semble qu'il n'y a que la sixième
espèce qui ne demande pas à être grillée, mais seulement bien lavée avant
de la jeter au fourneau.

Au reste, quoique généralement parlant, et comme je l'ai dit, les mines
en roche, et qui se trouvent en grandes masses solides, doivent leur origine à l'élément du feu, néanmoins il se trouve aussi plusieurs mines de
fer en assez grosses masses qui se sont formées par le mouvement et l'intermède de l'eau. On distinguera, par l'épreuve de l'aimant, celles qui ont
subi l'action du feu, car elles seront toujours magnétiques, au lieu que
celles qui ont été produites par la stillation des eaux ne le sont point du
tout et ne le deviendront qu'après avoir été bien grillées et presque liquéfiées. Ces mines en roche, qui ne sont point attirables par l'aimant, ne contiennent pas plus de soufre que nos mines en grain : l'opération de les
griller, qui est très-coûteuse, doit dès lors être supprimée, à moins qu'elle
ne soit nécessaire pour attendrir ces pierres de fer assez pour qu'on puisse
les concasser sous les pilons du bocard.

J'ai tâché de présenter, dans ce Mémoire, tout ce que j'ai cru qui pourrait être utile à l'amélioration des canons de notre marine ; je sens en
même temps qu'il reste beaucoup de choses à faire, surtout pour se procurer dans chaque fonderie une fonte pure et assez compacte pour avoir
une résistance supérieure à toute explosion ; cependant je ne crois point
du tout que cela soit impossible, et je pense qu'en purifiant la fonte de fer,
autant qu'elle peut l'être, on arriverait au point que la pièce ne ferait que
se fendre au lieu d'éclater par une trop forte charge : si l'on obtenait une
fois ce but, il ne nous resterait plus rien à craindre ni rien à désirer à
cet égard [1].

1. Je l'ai déjà dit (p. 301) : On ne peut voir, sans en être touché, toute cette suite d'expériences,
si grandement conçues, si énergiquement poursuivies, si loyalement exposées. On y sent
l'homme de bien, qui porte sa vue sur tous les objets d'utilité publique, depuis les canons de
notre marine jusqu'au soc de nos charrues (voyez la p. 197) : « Si l'on mettait, en masse,

SUPPLÉMENT

A LA THÉORIE DE LA TERRE

PARTIE HYPOTHÉTIQUE. [1]

PREMIER MÉMOIRE.

RECHERCHES SUR LE REFROIDISSEMENT DE LA TERRE ET DES PLANÈTES. [2]

En supposant, comme tous les phénomènes paraissent l'indiquer, que la terre ait autrefois été dans un état de liquéfaction causée par le feu [3], il est démontré, par nos expériences, que si le globe était entièrement composé de fer ou de matière ferrugineuse [a], il ne se serait consolidé jusqu'au centre qu'en 4026 ans, refroidi au point de pouvoir le toucher sans se brûler en 46991 ans ; et qu'il ne se serait refroidi au point de la température actuelle qu'en 100696 ans ; mais comme la terre, dans tout ce qui nous est connu, nous paraît être composée de matières vitrescibles et calcaires qui se refroidissent en moins de temps que les matières ferrugineuses, il faut pour approcher de la vérité autant qu'il est possible, prendre les temps respectifs du refroidissement de ces différentes matières tels que nous les avons trouvés

a. Premier et huitième Mémoires.

« dans ce royaume, les trésors de lumière que l'on jette à l'écart, ou qn'on a l'air de dédai-
« gner, nous serions bientôt la nation la plus florissante, et le peuple le plus riche (voyez la
« page 344) ; » et, tout à côté de ce noble orgueil du pays, perce la petite vanité du *maître de
forges* de Montbard, qui se sait fort habile dans son art, et qui ne manque pas, à l'occasion,
de s'en vanter : « Il ne faut qu'un coup d'œil à un homme exercé pour connaître la bonne ou
« la mauvaise qualité du fer (p. 196) ;..... lorsqu'on est au fait, *comme j'y suis*, du com-
« merce des fers... (p. 197), » etc.

1. Buffon s'explique toujours nettement : après la *partie expérimentale*, la *partie hypothétique ;* après les expériences, les conjectures, les conjectures hardies, téméraires, les hypothèses même. Le lecteur ne court aucun risque de s'y méprendre, il est averti : Ceci est la
partie hypothétique.

2. Voyez les notes des pages 301 et 307.

3. J'ai déjà donné plusieurs notes sur cet *état de liquéfaction causée par le feu,* fait capital
sur lequel repose toute la *géologie actuelle.* J'y reviendrai, un peu plus loin, quand nous en
serons aux *Époques de la nature.*

par les expériences du second Mémoire, et en établir le rapport avec celui
du refroidissement du fer. En n'employant dans cette somme que le verre,
le grès, la pierre calcaire dure, les marbres et les matières ferrugineuses, on
trouvera que le globe terrestre s'est consolidé jusqu'au centre en 2905 ans
environ, qu'il s'est refroidi au point de pouvoir le toucher en 33911 ans
environ, et à la température actuelle en 74047 ans environ [1].

J'ai cru ne devoir pas faire entrer dans cette somme des rapports du
refroidissement des matières qui composent le globe, ceux de l'or, de l'argent, du plomb, de l'étain, du zinc, de l'antimoine et du bismuth, parce
que ces matières ne font, pour ainsi dire, qu'une partie infiniment petite
du globe.

De même je n'ai point fait entrer les rapports du refroidissement des
glaises, des ocres, des craies et des gypses, parce que ces matières n'ayant
que peu ou point de dureté, et n'étant que des détriments des premières,
ne doivent pas être mises au rang de celles dont le globe est principalement
composé, qui, prises généralement, sont concrètes, dures et très-solides,
et que j'ai cru devoir réduire aux matières vitrescibles, calcaires et ferrugineuses, dont le refroidissement, mis en somme d'après la table que j'en
ai donnée [a], est à celui du fer : : 50516 : 70000 pour pouvoir les toucher,
et : : 51475 : 70000 pour le point de la température actuelle. Ainsi, en
partant de l'état de la liquéfaction, il a dû s'écouler 2905 ans avant que le
globe de la terre fût consolidé jusqu'au centre ; de même il s'est écoulé
33911 ans avant que sa surface fût assez refroidie pour pouvoir la toucher,
et 74047 ans avant que sa chaleur propre ait diminué au point de la température actuelle ; et comme la diminution du feu ou de la très-grande
chaleur se fait toujours à très-peu près en raison de l'épaisseur des corps
ou du diamètre des globes de même densité, il s'ensuit que la lune, dont
le diamètre [2] n'est que de $\frac{3}{11}$ de celui de la terre, aurait dû se consolider jusqu'au centre en 792 ans $\frac{3}{11}$ environ, se refroidir au point de pouvoir la
toucher en 9248 ans $\frac{5}{11}$ environ, et perdre assez de sa chaleur propre pour
arriver au point de la température actuelle en 20194 ans environ, en supposant que la lune est composée des mêmes matières que le globe terrestre :
néanmoins, comme la densité de la terre est à celle de la lune [3] : : 1000
: 702, et qu'à l'exception des métaux toutes les autres matières vitrescibles
ou calcaires suivent dans leur refroidissement le rapport de la densité assez
exactement, nous diminuerons les temps du refroidissement de la lune dans

a. Second Mémoire.

1. Voyez la note de la page 82.

2. « Le diamètre de la *lune* est de 0,27, celui de la terre étant pris pour unité. » (Faye :
Leçons de cosmographie, p. 333.)

3. « La densité moyenne de la *lune*, rapportée à celle de la terre, est de 0,62, et, rapportée
« à celle de l'eau, de 3,4. » (*Ibid.*, p. *id.*)

ce même rapport de 1000 à 702, en sorte qu'au lieu de s'être consolidée jusqu'au centre en 792 ans, on doit dire 556 ans environ pour le temps réel de sa consolidation jusqu'au centre, et 6492 ans pour son refroidissement, au point de pouvoir la toucher, et enfin 14176 ans pour son refroidissement à la température actuelle de la terre : en sorte qu'il y a 59871 ans entre le temps de son refroidissement et celui du refroidissement de la terre, abstraction faite de la compensation qu'a dû produire sur l'une et sur l'autre la chaleur du soleil, et la chaleur réciproque qu'elles se sont envoyée.

De même, le globe de Mercure, dont le diamètre n'est que $\frac{1}{3}$ de celui de notre globe[1], aurait dû se consolider jusqu'au centre en 968 ans $\frac{1}{3}$; se refroidir au point de pouvoir le toucher en 11301 ans environ, et arriver à celui de la température actuelle de la terre en 24682 ans environ, s'il était composé d'une matière semblable à celle de la terre ; mais sa densité[2] étant à celle de la terre : : 2040 : 1000, il faut prolonger dans la même raison les temps de son refroidissement. Ainsi Mercure s'est consolidé jusqu'au centre en 1976 ans $\frac{3}{10}$, refroidi au point de pouvoir le toucher en 23054 ans, et enfin à la température actuelle de la terre en 50351 ans; en sorte qu'il y a 23696 ans entre le temps de son refroidissement et celui du refroidissement de la terre, abstraction faite de même de la compensation qu'a dû faire à la perte de sa chaleur propre la chaleur du soleil, duquel il est plus voisin qu'aucune autre planète.

De même le diamètre du globe de Mars n'étant que $\frac{18}{25}$ de celui de la terre[3], il aurait dû se consolider jusqu'au centre en 1510 ans $\frac{3}{5}$ environ, se refroidir au point de pouvoir le toucher en 17634 ans environ, et arriver à celui de la température actuelle de la terre en 38504 ans environ, s'il était composé d'une matière semblable à celle de la terre; mais sa densité[4] étant à celle du globe terrestre : : 730 : 1000, il faut diminuer dans la même raison les temps de son refroidissement. Ainsi Mars se sera consolidé jusqu'au centre en 1102 ans $\frac{18}{23}$ environ, refroidi au point de pouvoir le toucher en 12873 ans, et enfin, à la température actuelle de la terre, en 28108 ans; en sorte qu'il y a 45839 ans entre les temps de son refroidissement et celui de la terre, abstraction faite de la différence qu'a dû produire la chaleur du soleil sur ces deux planètes.

De même, le diamètre du globe de Vénus étant $\frac{17}{18}$ du diamètre de notre globe[5], il aurait dû se consolider jusqu'au centre en 2744 ans environ, se

---

1. « Le diamètre de *Mercure* est de 0,39, celui de la *terre* pris pour unité. » (Faye : *Ibid.*)

2. « La densité de *Mercure* est de 1,23, rapportée à celle de la *terre*, est de 6,8, rapportée à « celle de l'*eau*. » (*Ibid.*)

3. « Le diamètre de *Mars* est de 0,52, celui de la *terre* pris pour unité. » (*Ibid.*)

4. « La densité de *Mars* est de 0,97, rapportée à celle de la *terre*, et de 5,4, rapportée à « celle de l'*eau*. » (*Ibid.*)

5. « Le diamètre de *Vénus* est de 0,99, celui de la *terre* pris pour unité. » (*Ibid.*)

refroidir au point de pouvoir le toucher en 32027 ans environ, et arriver à celui de la température actuelle de la terre en 69933 ans, s'il était composé d'une matière semblable à celle de la terre ; mais sa densité [1] étant à celle du globe terrestre : : 1270 : 1000, il faut augmenter dans la même raison les temps de son refroidissement. Ainsi Vénus ne se sera consolidée jusqu'au centre qu'en 3484 ans $\frac{22}{23}$ environ, refroidie au point de pouvoir la toucher en 40674 ans, et enfin, à la température actuelle de la terre, en 88815 ans environ, en sorte que ce ne sera que dans 14768 ans que Vénus sera au même point de température qu'est actuellement la terre, toujours abstraction faite de la différente compensation qu'a dû faire la chaleur du soleil sur l'une et sur l'autre.

Le diamètre du globe de Saturne [2] étant à celui de la terre : : $9\frac{1}{2}$: 1, il s'ensuit que malgré son grand éloignement du soleil il est encore bien plus chaud que la terre, car abstraction faite de cette légère différence, causée par la moindre chaleur qu'il reçoit du soleil, il se trouve qu'il aurait dû se consolider jusqu'au centre en 27597 ans $\frac{1}{2}$, se refroidir au point de pouvoir le toucher en 322154 ans $\frac{1}{2}$, et arriver à celui de la température actuelle en 703446 $\frac{1}{2}$, s'il était composé d'une matière semblable à celle du globe terrestre ; mais sa densité [3] n'étant à celle de la terre que : : 184 : 1000, il faut diminuer dans la même raison les temps de son refroidissement. Ainsi Saturne se sera consolidé jusqu'au centre en 5078 ans environ, refroidi au point de pouvoir le toucher en 59276 ans environ, et enfin, à la température actuelle, en 129434 ans ; en sorte que ce ne sera que dans 55387 ans que Saturne sera refroidi au même point de température qu'est actuellement la terre, abstraction faite non-seulement de la chaleur du soleil, mais encore de celle qu'il a dû recevoir de ses satellites et de son anneau.

De même, le diamètre de Jupiter [4] étant onze fois plus grand que celui de la terre, il s'ensuit qu'il est encore bien plus chaud que Saturne, parce que d'une part il est plus gros, et que d'autre part il est moins éloigné du soleil ; mais en ne considérant que sa chaleur propre, on voit qu'il n'aurait dû se consolider jusqu'au centre qu'en 31955 ans, ne se refroidir au point de pouvoir le toucher qu'en 373021 ans, et n'arriver à celui de la température de la terre qu'en 814514 ans, s'il était composé d'une matière semblable à celle du globe terrestre ; mais sa densité [5] n'étant à celle de la terre que

---

1. « La densité de *Vénus*, rapportée à celle de la terre, est de 0,91, et, rapportée à celle de l'*eau*, de 5,1. » (Faye : *Ibid.*)

2. « Le diamètre de *Saturne* est de 9,02, celui de la *terre* pris pour unité. » (*Ibid.*)

3. « La densité de *Saturne*, rapportée à celle de la *terre*, est de 0,13, et rapportée à celle de « l'*eau*, de 0,7. » (*Ibid.*)

4. Le diamètre de *Jupiter* est de 11,64, celui de la *terre* pris pour unité. » (*Ibid.*)

5. « La densité de *Jupiter*, rapportée à celle de la *terre*, est de 0,23, et, rapportée à celle « de l'*eau*, de 1, 3. » (*Ibid.*)

: : 292 : 1000, il faut diminuer dans la même raison les temps de son refroidissement. Ainsi Jupiter se sera consolidé jusqu'au centre en 9331 ans $\frac{1}{2}$ environ, refroidi au point de pouvoir le toucher en 108922 ans, et enfin, à la température actuelle, en 237838 ans ; en sorte que ce ne sera que dans 163791 ans que Jupiter sera refroidi au même point de température qu'est actuellement la terre, abstraction faite de la compensation, tant par la chaleur du soleil, que par la chaleur de ses satellites.

Ces deux planètes, Jupiter et Saturne, quoique les plus éloignées du soleil, doivent donc être beaucoup plus chaudes que la terre, qui néanmoins, à l'exception de Vénus, est de toutes les autres planètes celle qui est actuellement la moins froide[1]. Mais les satellites de ces deux grosses planètes auront, comme la lune, perdu leur chaleur propre en beaucoup moins de temps, et dans la proportion de leur diamètre et de leur densité: il y a seulement une double compensation à faire sur cette perte de la chaleur intérieure des satellites, d'abord par celle du soleil, et ensuite par la chaleur de la planète principale, qui a dû, surtout dans le commencement et encore aujourd'hui, se porter sur ces satellites, et les réchauffer à l'extérieur beaucoup plus que celle du soleil.

Dans la supposition[2] que toutes les planètes aient été formées de la matière du soleil, et projetées hors de cet astre dans le même temps, on peut prononcer sur l'époque de leur formation par le temps qui s'est écoulé pour leur refroidissement. Ainsi la terre existe, comme les autres planètes, sous

---

1. L'intensité de la *chaleur solaire*, étant de 1 à la surface de la *terre*, sera de 0,04 à la surface de *Jupiter*, et de 1,01 à la surface de *Saturne*. (Faye : *Ibid.*)

2. Voici le grand jugement de Laplace sur cette *supposition des planètes* détachées du *soleil* par le choc d'une *comète*, supposition que le talent de Buffon a rendue si fameuse.

« On a, pour remonter à la cause des mouvements primitifs du système planétaire, les cinq
« phénomènes suivants : les mouvements des planètes dans le même sens, et à peu près dans
« un même plan ; les mouvements des satellites dans le même sens que ceux des planètes ; les
« mouvements de rotation de ces différents corps et du soleil dans le même sens que leurs
« mouvements de projection, et dans des plans peu différents ; le peu d'excentricité des orbes
« des planètes et des satellites ; enfin la grande excentricité des orbes des comètes, quoique leurs
« inclinaisons aient été abandonnées au hasard.

« Buffon est le seul que je connaisse, qui, depuis la découverte du vrai système du monde,
« ait essayé de remonter à l'origine des planètes et des satellites. Il suppose qu'une comète, en
« tombant sur le soleil, en a chassé un torrent de matière qui s'est réunie au loin, en divers
« globes plus ou moins grands et plus ou moins éloignés de cet astre : ces globes, devenus par
« le refroidissement opaques et solides, sont les planètes et leurs satellites.

« Cette hypothèse satisfait au premier des cinq phénomènes précédents ; car il est clair que
« tous les corps, ainsi formés, doivent se mouvoir à peu près dans le plan qui passait par le
« centre du soleil, et par la direction du torrent de matière qui les a produits : les quatre
« autres phénomènes me paraissent inexplicables par son moyen. A la vérité, le mouvement
« absolu des molécules d'une planète doit être alors dirigé dans le sens du mouvement de son
« centre de gravité ; mais il ne s'ensuit point que le mouvement de rotation de la planète soit
« dirigé dans le même sens : ainsi la terre pourrait tourner d'orient en occident, et cependant
« le mouvement absolu de chacune de ses molécules serait dirigé d'occident en orient, ce qui
« doit s'appliquer au mouvement de révolution des satellites, dont la direction, dans l'hypo-

une forme solide et consistante à la surface, au moins depuis 74047 ans, puisque nous avons démontré qu'il faut ce même temps pour refroidir, au point de la température actuelle, un globe en incandescence qui serait de la même grosseur que le globe terrestre *a*, et composé des mêmes matières. Et comme la déperdition de la chaleur, de quelque degré qu'elle soit, se fait en même raison que l'écoulement du temps, on ne peut guère douter que cette chaleur de la terre ne fût double, il y a 37023 ans ½, de ce qu'elle est aujourd'hui, et qu'elle n'ait été triple, quadruple, centuple, etc., dans des temps plus reculés, à mesure qu'on se rapproche de la date de l'état primitif de l'incandescence générale. Sur les 74047 ans, il s'est, comme nous l'avons dit, écoulé 2905 ans avant que la masse entière de notre globe fût consolidée jusqu'au centre ; l'état d'incandescence d'abord avec flamme, et ensuite avec lumière rouge à la surface, a duré tout ce temps, après lequel la chaleur, quoique obscure, ne laissait pas d'être assez forte pour enflammer les matières combustibles, pour rejeter l'eau et la dissiper en vapeurs, pour sublimer les substances volatiles, etc. Cet état de grande chaleur sans incandescence a duré 33911 ans, car nous avons démontré, par les expériences du premier Mémoire, qu'il faudrait 42964 ans à un globe de fer gros comme la terre et chauffé jusqu'au rouge, pour se refroidir au point de pouvoir le toucher sans se brûler ; et, par les expériences du second Mémoire, on peut conclure que le rapport du refroidissement à ce point des principales matières qui composent le globe terrestre est à celui du refroidissement du fer : : 50516 : 70000 : or, 70000 : 50516 : : 42964 : 33911 à très-peu près. Ainsi le globe terrestre, très-opaque aujourd'hui, a d'abord été brillant de sa propre lumière pendant 2905 ans, et ensuite sa

a. Voyez le huitième Mémoire de la Partie expérimentale.

« thèse dont il s'agit, n'est pas nécessairement la même que celle du mouvement de projection « des planètes.

« Un phénomène, non-seulement très-difficile à expliquer dans cette hypothèse, mais qui lui « est contraire, est le peu d'excentricité des orbes planétaires. On sait, par la théorie des forces « centrales, que si un corps, mû dans un orbe rentrant autour du soleil, rase la surface de « cet astre, il y reviendra constamment à chacune de ses révolutions; d'où il suit que si les « planètes avaient été primitivement détachées du soleil, elles le toucheraient à chaque « retour vers cet astre, et leurs orbes, loin d'être circulaires, seraient fort excentriques. Il est « vrai qu'un torrent de matière, chassé du soleil, ne peut pas être exactement comparé à un « globe qui rase sa surface : l'impulsion que les parties de ce torrent reçoivent les unes des « autres, et l'attraction réciproque qu'elles exercent entre elles, peuvent, en changeant la « direction de leurs mouvements, éloigner leurs périhélies du soleil. Mais leurs orbes « devraient toujours être fort excentriques, ou du moins ils n'auraient pu avoir tous de « petites excentricités que par le hasard le plus extraordinaire. Enfin on ne voit point, dans « l'hypothèse de Buffon, pourquoi les orbes de plus de cent comètes, déjà observées, sont « tous fort allongées : cette hypothèse est donc très-éloignée de satisfaire aux phénomènes pré-« cédents. » (*Exposition du système du monde*, t. II, p. 450 et suiv.)

Après cet examen supérieur de l'*hypothèse* de Buffon, Laplace expose la sienne, car il ne craint, pas plus que Buffon, de l'appeler, de son nom : une *hypothèse*. — J'exposerai cette belle et simple hypothèse dans mes notes sur les *Époques de la nature*.

surface n'a cessé d'être assez chaude pour brûler qu'au bout de 33911 autres années. Déduisant donc ce temps sur 74047 ans qu'a duré le refroidissement de la terre au point de la température actuelle, il reste 40136 ans; c'est de quelques siècles après cette époque que l'on peut, dans cette hypothèse, dater la naissance de la nature organisée sur le globe de la terre, car il est évident qu'aucun être vivant ou organisé n'a pu exister, et encore moins subsister dans un monde où la chaleur était encore si grande, qu'on ne pouvait sans se brûler en toucher la surface, et que par conséquent ce n'a été qu'après la dissipation de cette chaleur trop forte que la terre a pu nourrir des animaux et des plantes.

La lune, qui n'a que $\frac{3}{11}$ du diamètre de notre globe, et que nous supposons composée d'une matière dont la densité n'est à celle de la terre que :: 702 : 1000, a dû parvenir à ce premier moment de chaleur bénigne et productive bien plus tôt que la terre, c'est-à-dire quelque temps après les 6492 ans qui se sont écoulés avant son refroidissement, au point de pouvoir sans se brûler en toucher la surface.

Le globe terrestre se serait donc refroidi, du point d'incandescence au point de la température actuelle, en 74047 ans, supposé que rien n'eût compensé la perte de sa chaleur propre; mais, d'une part, le soleil envoyant constamment à la terre une certaine quantité de chaleur, l'accession ou le gain de cette chaleur extérieure a dû compenser en partie la perte de sa chaleur intérieure; et d'autre part, la lune, dont la surface, à cause de sa proximité, nous paraît aussi grande que celle du soleil, étant aussi chaude que cet astre dans le temps de l'incandescence générale envoyait en ce moment à la terre autant de chaleur que le soleil même, ce qui fait une seconde compensation qu'on doit ajouter à la première, sans compter la chaleur envoyée dans le même temps par les cinq autres planètes, qui semble devoir ajouter encore quelque chose à cette quantité de chaleur extérieure que reçoit et qu'a reçue la terre dans les temps précédents : abstraction faite de toute compensation par la chaleur extérieure à la perte de la chaleur propre de chaque planète, elles se seraient donc refroidies dans l'ordre suivant :

A POUVOIR EN TOUCHER LA SURFACE sans se brûler.		A LA TEMPÉRATURE actuelle de la Terre.	
Le Globe terrestre	en 33911 ans.	En	74047 ans.
La Lune	en 6492 ans.	En	44176 ans.
Mercure	en 23054 ans.	En	50351 ans.
Vénus	en 40674 ans.	En	88815 ans.
Mars	en 12873 ans.	En	28108 ans.
Jupiter	en 118922 ans.	En	237838 ans.
Saturne	en 59276 ans.	En	129434 ans.

Mais on verra que ces rapports varieront par la compensation que la chaleur du soleil a faite à la perte de la chaleur propre de toutes les planètes.

Pour estimer la compensation que fait l'accession de cette chaleur extérieure envoyée par le soleil et les planètes à la perte de la chaleur intérieure de chaque planète en particulier, il faut commencer par évaluer la compensation que la chaleur du soleil seul a faite à la perte de la chaleur propre du globe terrestre. On a fait une estimation assez précise de la chaleur qui émane actuellement de la terre et de celle qui lui vient du soleil : on a trouvé, par des observations très-exactes et suivies pendant plusieurs années, que cette chaleur qui émane du globe terrestre est en tout temps et en toutes saisons bien plus grande que celle qu'il reçoit du soleil [1]. Dans nos climats, et particulièrement sous le parallèle de Paris, elle paraît être en été vingt-neuf fois, et en hiver quatre cent quatre-vingt-onze fois plus grande que la chaleur qui nous vient du soleil [a]. Mais on tomberait dans l'erreur si l'on voulait tirer de l'un ou de l'autre de ces rapports, ou même des deux pris ensemble, le rapport réel de la chaleur propre du globe terrestre à celle qui lui vient du soleil, parce que ces rapports ne donnent que les points de la plus grande chaleur de l'été et de la plus petite chaleur, ou ce qui est la même chose, du plus grand froid en hiver, et qu'on ignore tous les rapports intermédiaires des autres saisons de l'année. Néanmoins ce ne serait que de la somme de tous ces rapports, soigneusement observés chaque jour, et ensuite réunis, qu'on pourrait tirer la proportion réelle de la chaleur du globe terrestre à celle qui lui vient du soleil. Mais nous pouvons arriver plus aisément à ce même but en prenant le climat de l'équateur, qui n'est pas sujet aux mêmes inconvénients, parce que les étés, les hivers et toutes les saisons y étant à peu près égales, le rapport de la chaleur solaire à la chaleur terrestre y est constant, et toujours de $\frac{1}{50}$, non-seulement sous la ligne équatoriale, mais à cinq degrés des deux côtés de cette ligne [b]. On peut donc croire, d'après ces observations, qu'en général la chaleur de la terre est encore aujourd'hui cinquante fois plus grande que la chaleur qui lui vient du soleil. Cette addition ou compensation de $\frac{1}{50}$ à la perte de la chaleur propre du globe n'est pas si considérable qu'on aurait été porté à l'imaginer. Mais, à mesure que le globe se refroidira davantage, cette même chaleur du soleil fera une plus forte compensation et deviendra de plus en plus nécessaire au maintien de la nature vivante, comme elle a été de moins en moins utile à mesure qu'on remonte vers les premiers temps; car, en prenant 74047 ans pour date de la formation de la terre et

a. Voyez la table dressée par M. de Mairan, *Mémoires de l'Acad. des Sciences*, année 1765, page 143.

b. Voyez la table citée ci-dessus.

1. Voyez la note de la page 19.

des planètes, il s'est écoulé peut-être plus de 35000 ans où la chaleur du soleil était de trop pour nous, puisque la surface de notre globe était encore si chaude, au bout de 33911 ans, qu'on n'aurait pu la toucher.

Pour évaluer l'effet total de cette compensation qui est $\frac{1}{50}$ aujourd'hui, il faut chercher ce qu'elle a été précédemment, à commencer du premier moment lorsque la terre était en incandescence; ce que nous trouverons en comparant la chaleur actuelle du globe terrestre avec celle qu'il avait dans ce temps. Or nous savons par les expériences de Newton, corrigées dans notre premier Mémoire [a], que la chaleur du fer rouge, qui est à très-peu près égale à celle du verre en incandescence, et huit fois plus grande que la chaleur de l'eau bouillante, est vingt-quatre fois plus grande que celle du soleil en été. Or, cette chaleur du soleil en été, à laquelle Newton a comparé les autres chaleurs, est composée de la chaleur propre de la terre et de celle qui lui vient du soleil en été dans nos climats; et comme cette dernière chaleur n'est que $\frac{1}{29}$ de la première, il s'ensuit que de $\frac{30}{30}$ ou **1** qui représentent ici l'unité de la chaleur en été, il n'en appartient au soleil que $\frac{1}{30}$, et qu'il en appartient $\frac{29}{30}$ à la terre. Ainsi la chaleur du fer rouge, qui a été trouvée vingt-quatre fois plus grande que ces deux chaleurs prises ensemble, doit être augmentée de $\frac{1}{30}$ dans la même raison qu'elle est aussi diminuée, et cette augmentation est par conséquent de $\frac{24}{30}$ ou de $\frac{4}{5}$. Nous devons donc estimer à très-peu près 25 la chaleur du fer rouge, relativement à la chaleur propre et actuelle du globe terrestre qui nous sert d'unité. On peut donc dire que, dans le temps de l'incandescence, il était vingt-cinq fois plus chaud qu'il ne l'est aujourd'hui; car nous devons regarder la chaleur du soleil comme une quantité constante, ou qui n'a que très-peu varié depuis la formation des planètes. Ainsi la chaleur actuelle du globe étant à celle de son état d'incandescence : : 1 : 25, et la diminution de cette chaleur s'étant faite en même raison que la succession du temps, dont l'écoulement total depuis l'incandescence est de 74047 ans, nous trouverons, en divisant 74047 par 25, que tous les 2962 ans environ, cette première chaleur du globe a diminué de $\frac{1}{25}$; et qu'elle continuera de diminuer de même jusqu'à ce qu'elle soit entièrement dissipée; en sorte qu'ayant été 25 il y a 74047 ans, et se trouvant aujourd'hui $\frac{25}{25}$ ou 1, elle sera dans 74047 autres années $\frac{1}{25}$ de ce qu'elle est actuellement.

Mais cette compensation par la chaleur du soleil, étant $\frac{1}{50}$ aujourd'hui, était vingt-cinq fois plus petite dans le temps que la chaleur du globe était vingt-cinq fois plus grande : multipliant donc $\frac{1}{50}$ par $\frac{1}{25}$, la compensation dans l'état d'incandescence n'était que de $\frac{1}{1250}$. Et comme la chaleur primitive du globe a diminué de $\frac{1}{25}$ tous les 2962 ans, on doit en conclure que dans les derniers 2962 ans, la compensation étant $\frac{1}{50}$, et dans les premiers 2962 ans étant $\frac{1}{1250}$, dont la somme est $\frac{26}{1250}$, la compensation des

---

[a]. Premier Mémoire sur les progrès de la chaleur, Partie expérimentale.

temps suivants et antécédents, c'est-à-dire pendant les 2962 ans précédant les derniers, et pendant les 2962 suivant les premiers, a toujours été égale à $\frac{26}{1250}$. D'où il résulte que la compensation totale pendant les 74047 ans, est $\frac{26}{1250}$ multipliés par 12 $\frac{1}{2}$, moitié de la somme de tous les termes de 2962 ans, ce qui donne $\frac{325}{1250}$ ou $\frac{13}{50}$. C'est là toute la compensation que la chaleur du soleil a faite à la perte de la chaleur propre du globe terrestre; cette perte depuis le commencement jusqu'à la fin des 74047 ans étant 25, elle est à la compensation totale, comme le temps total de la période est au temps du prolongement du refroidissement pendant cette période de 74047 ans. On aura donc $25 : \frac{13}{50} : : 74047 : 770$ ans environ. Ainsi au lieu de 74047 ans, on doit dire qu'il y a 74817 ans que la terre a commencé de recevoir la chaleur du soleil et de perdre la sienne.

Le feu du soleil, qui nous paraît si considérable, n'ayant compensé la perte de la chaleur propre de notre globe que de $\frac{13}{50}$ sur 25, depuis le premier temps de sa formation, l'on voit évidemment que la compensation qu'a pu produire la chaleur envoyée par la lune et par les autres planètes à la terre est si petite, qu'on pourrait la négliger sans craindre de se tromper de plus de dix ans sur le prolongement des 74817 ans qui se sont écoulés pour le refroidissement de la terre à la température actuelle. Mais comme dans un sujet de cette espèce on peut désirer que tout soit démontré, nous ferons la recherche de la compensation qu'a pu produire la chaleur de la lune à la perte de la chaleur du globe de la terre.

La lune se serait refroidie au point de pouvoir en toucher la surface en 6492 ans, et au point de la température actuelle de la terre en 14176 ans, en supposant que la terre se fût elle-même refroidie à ce point en 74047 ans; mais comme elle ne s'est réellement refroidie à la température actuelle qu'en 74817 ans environ, la lune n'a pu se refroidir de même qu'en 14323 ans environ, en supposant encore que rien n'eût compensé la perte de sa chaleur propre. Ainsi sa chaleur était à la fin de cette période de 14323 ans, vingt-cinq fois plus petite que dans le temps de l'incandescence, et l'on aura en divisant 14323 par 25, 533 ans environ; en sorte que tous les 533 ans, cette première chaleur de la lune a diminué de $\frac{1}{25}$, et qu'étant d'abord 25, elle s'est trouvée $\frac{25}{25}$ ou 1 au bout de 14323 ans, et de $\frac{1}{25}$ au bout de 14323 autres années; d'où l'on peut conclure que la lune après 28646 ans, aurait été aussi refroidie que la terre le sera dans 74817 ans, si rien n'eût compensé la perte de la chaleur propre de cette planète.

Mais la lune n'a pu envoyer à la terre une chaleur un peu considérable que pendant le temps qu'a duré son incandescence et son état de chaleur jusqu'au degré de la température actuelle de la terre, et elle serait en effet arrivée à ce point de refroidissement en 14323 ans, si rien n'eût compensé la perte de sa chaleur propre; mais nous démontrerons tout à l'heure que pendant cette période de 14323 ans, la chaleur du soleil a compensé la

perte de la chaleur de la lune assez pour prolonger le temps de son refroidissement de 149 ans; et nous démontrerons de même que la chaleur
envoyée par la terre à la lune, pendant cette même période de 14323 ans,
a prolongé son refroidissement de 1937 ans. Ainsi, la période réelle du
temps du refroidissement de la lune, depuis l'incandescence jusqu'à la
température actuelle de la terre, doit être augmentée de 2086 ans, et se
trouve être de 16409 ans, au lieu de 14323 ans.

Supposant donc la chaleur qu'elle nous envoyait dans le temps de son
incandescence égale à celle qui nous vient du soleil, parce que ces deux
astres nous présentent chacun une surface à peu près égale, on verra que
cette chaleur envoyée par la lune, étant comme celle du soleil $\frac{1}{50}$ de la chaleur actuelle du globe terrestre, ne faisait compensation, dans le temps de
l'incandescence, que de $\frac{1}{1250}$ à la perte de la chaleur intérieure de notre
globe, parce qu'il était lui-même en incandescence, et qu'alors sa chaleur
propre était vingt-cinq fois plus grande qu'elle ne l'est aujourd'hui. Or, au
bout de 16409 ans la lune étant refroidie au même point de température que
l'est actuellement la terre, la chaleur que cette planète lui envoyait dans
ce temps n'aurait pu faire qu'une compensation vingt-cinq fois plus petite
que la première, c'est-à-dire de $\frac{1}{31250}$, si le globe terrestre eût conservé
son état d'incandescence; mais sa première chaleur ayant diminué de $\frac{1}{25}$
tous les 2962 ans, elle n'était plus que de 19 $\frac{1}{2}$ environ au bout de 16409
ans. Ainsi, la compensation que faisait alors la chaleur de la lune, au lieu

de n'être que de $\frac{1}{31250}$, était de $\frac{\frac{19\frac{1}{2}}{25}}{31250}$. En ajoutant ces deux termes de com-

pensation du premier et du dernier temps, c'est-à-dire $\frac{1}{1250}$ avec $\frac{\frac{10\frac{1}{2}}{25}}{31250}$, on

aura $\frac{25\frac{19\frac{1}{2}}{25}}{31250}$ pour la somme de ces deux compensations, qui, étant multi-

pliée par 12 $\frac{1}{2}$, moitié de la somme de tous les termes, donne $\frac{300\frac{3}{4}}{31250}$ pour
la compensation totale qu'a faite la chaleur envoyée par la lune à la terre
pendant les 16409 ans. Et comme la perte de la chaleur propre est à la
compensation en même raison que le temps total de la période est au pro-
longement du refroidissement, on aura 25 : $\frac{300\frac{3}{4}}{31250}$: : 16409 : 6 $\frac{62}{123}$ environ.
Ainsi, la chaleur que la lune a envoyée sur le globe terrestre pendant
16409 ans, c'est-à-dire depuis l'état de son incandescence jusqu'à celui où
elle avait une chaleur égale à la température actuelle de la terre, n'a prolongé le refroidissement de notre globe que de 6 ans $\frac{1}{2}$ environ, qui, étant
ajoutés aux 74817 ans que nous avons trouvés précédemment, font en
tout 74823 ans $\frac{1}{2}$ environ, qu'on doit encore augmenter de 8 ans, parce
que nous n'avons compté que 74047 ans, au lieu de 74817 pour le temps
du refroidissement de la terre, et que 74047 ans : 770 : : 770 : 8 ans environ, et par conséquent on peut réellement assigner 74831 $\frac{1}{2}$ ou 74832 ans

à très-peu près pour le temps précis qui s'est écoulé depuis l'incandescence de la terre jusqu'à son refroidissement à la température actuelle.

On voit, par cette évaluation de la chaleur que la lune a envoyée sur la terre, combien est encore plus petite la compensation que la chaleur des cinq autres planètes a pu faire à la perte de la chaleur intérieure de notre globe ; ces cinq planètes prises ensemble ne présentent pas à nos yeux une étendue de surface à beaucoup près aussi grande que celle de la lune seule, et quoique l'incandescence des deux grosses planètes ait duré bien plus longtemps que celle de la lune, et que leur chaleur subsiste encore aujourd'hui à un très-haut degré, leur éloignement de nous est si grand, qu'elles n'ont pu prolonger le refroidissement de notre globe que d'une si petite quantité de temps, qu'on peut la regarder comme nulle, et qu'on doit s'en tenir aux 74832 ans que nous avons déterminés pour le temps réel du refroidissement de la terre à la température actuelle.

Maintenant il faut évaluer, comme nous l'avons fait pour la terre, la compensation que la chaleur du soleil a faite à la perte de la chaleur propre de la lune, et aussi la compensation que la chaleur du globe terrestre a pu faire à la perte de cette même chaleur de la lune, et démontrer, comme nous l'avons avancé, qu'on doit ajouter 2086 à la période de 14323 ans, pendant laquelle elle aurait perdu sa chaleur propre jusqu'au point de la température actuelle de la terre, si rien n'eût compensé cette perte.

En faisant donc sur la chaleur du soleil le même raisonnement pour la lune que nous avons fait pour la terre, on verra qu'au bout de 14323 ans, la chaleur du soleil sur la lune n'était, que comme sur la terre, $\frac{1}{50}$ de la chaleur propre de cette planète, parce que sa distance au soleil et celle de la terre au même astre sont à très-peu près les mêmes : dès lors sa chaleur dans le temps de l'incandescence ayant été vingt-cinq fois plus grande, il s'ensuit que, tous les 533 ans, cette première chaleur a diminué de $\frac{1}{25}$; en sorte qu'étant d'abord 25, elle n'était au bout de 14323 ans que $\frac{25}{25}$ ou 1. Or la compensation que faisait la chaleur du soleil à la perte de la chaleur propre de la lune étant $\frac{1}{50}$ au bout de 14323 ans, et $\frac{1}{1250}$ dans le temps de son incandescence, on aura, en ajoutant ces deux termes, $\frac{26}{1050}$, lesquels, multipliés par $12\frac{1}{2}$, moitié de la somme de tous les termes, donnent $\frac{13}{50}$ pour la compensation totale pendant cette première période de 14323 ans. Et comme la perte de la chaleur propre est à la compensation en même raison que le temps de la période est au prolongement du refroidissement, on aura 25 : $\frac{13}{50}$: : 14323 : 149 ans environ. D'où l'on voit que le prolongement du temps pour le refroidissement de la lune par la chaleur du soleil a été de 149 ans pendant cette première période de 14323 ans, ce qui fait en tout 14472 ans pour le temps du refroidissement, y compris le prolongement qu'a produit la chaleur du soleil.

Mais on doit en effet prolonger encore le temps du refroidissement de cette planète, parce que l'on est assuré, même par les phénomènes actuels, que la terre lui envoie une grande quantité de lumière, et en même temps quelque chaleur. Cette couleur terne qui se voit sur la surface de la lune quand elle n'est pas éclairée du soleil, et à laquelle les astronomes ont donné le nom de *lumière cendrée*, n'est à la vérité que la réflexion de la lumière solaire que la terre lui envoie; mais il faut que la quantité en soit bien considérable pour qu'après une double réflexion elle soit encore sensible à nos yeux d'une distance aussi grande. En effet, cette lumière est près de seize fois plus grande que la quantité de lumière qui nous est envoyée par la pleine lune, puisque la surface de la terre est pour la lune près de seize fois plus étendue que la surface de cette planète ne l'est pour nous.

Pour me donner l'idée nette d'une lumière seize fois plus forte que celle de la lune, j'ai fait tomber dans un lieu obscur, au moyen des miroirs d'Archimède, trente-deux images de la pleine lune, réunies sur les mêmes objets; la lumière de ces trente-deux images était seize fois plus forte que la lumière simple de la lune; car nous avons démontré par les expériences du sixième Mémoire que la lumière, en général, ne perd qu'environ moitié par la réflexion sur une surface bien polie. Or cette lumière des trente-deux images de la lune m'a paru éclairer les objets autant et plus que celle du jour lorsque le ciel est couvert de nuages; il n'y a donc point de nuit pour la face de la lune qui nous regarde, tant que le soleil éclaire la face de la terre, qui la regarde elle-même.

Mais cette lumière n'est pas la seule émanation bénigne que la lune ait reçue et reçoive de la terre. Dans le commencement des temps, le globe terrestre était pour cette planète un second soleil plus ardent que le premier : comme sa distance à la terre n'est que de quatre-vingt-cinq mille lieues, et que la distance du soleil est d'environ trente-trois millions, la terre faisait alors sur la lune un feu bien supérieur à celui du soleil; nous ferons aisément l'estimation de cet effet, en considérant que la terre présente à la lune une surface environ seize fois plus grande que le soleil, et par conséquent le globe terrestre, dans son état d'incandescence, était pour la lune un astre seize fois plus grand que le soleil[a]. Or nous avons vu que

a. On peut encore présenter d'une autre manière, qui paraîtra peut-être plus claire, les raisonnements et les calculs ci-dessus. On sait que le diamètre du soleil est à celui de la terre :: 107 : 1, leurs surfaces :: 11449 : 1, et leurs volumes :: 1225043 : 1.

Le soleil qui est à peu près éloigné de la terre et de la lune également, leur envoie à chacune une certaine quantité de chaleur, laquelle, comme celle de tous les corps chauds, est en raison de la surface et non pas du volume. Supposant donc le soleil divisé en 1225043 petits globes, chacun gros comme la terre, la chaleur que chacun de ces petits globes enverrait à la lune, serait à celle que le soleil lui envoie, comme la surface d'un de ces petits globes est à la surface du soleil, c'est-à-dire :: 1 : 11449. Mais en mettant ce petit globe de feu à la place de la terre, il est évident que la chaleur sera augmentée dans la même raison que l'espace aura diminué. Or, la distance du soleil et celle de la terre à la lune, sont entre elles :: 7200

la compensation faite par la chaleur du soleil à la perte de la chaleur propre
de la lune pendant 14323 ans a été de $\frac{13}{50}$, et le prolongement du refroidissement de 149 ans; mais la chaleur envoyée par la terre en incandescence
étant seize fois plus grande que celle du soleil, la compensation qu'elle a
faite alors était donc $\frac{16}{1250}$, parce que la lune était elle-même en incandescence, et que sa chaleur propre était vingt-cinq fois plus grande qu'elle
n'était au bout des 14323 ans; néanmoins, la chaleur de notre globe ayant
diminué de 25 à 20 $\frac{1}{7}$ environ, depuis son incandescence jusqu'à ce même
terme de 14323 ans, il s'ensuit que la chaleur envoyée par la terre à la
lune dans ce temps n'aurait fait compensation que de $\frac{12\frac{22}{23}}{1250}$ si la lune eût
conservé son état d'incandescence; mais sa première chaleur ayant dimi-
nué pendant les 14323 ans de 25, la compensation que faisait alors la
chaleur de la terre, au lieu de n'être que de $\frac{12\frac{22}{23}}{1250}$ a été de $\frac{12\frac{22}{23}}{1250}$ multipliés
par 25, c'est-à-dire de $\frac{322}{1250}$; en ajoutant ces deux termes de compensation
du premier et du dernier temps de cette période de 14323 ans; savoir,
$\frac{16}{1250}$ et $\frac{322}{1250}$, on aura $\frac{338}{1250}$ pour la somme de ces deux termes de compensation, qui étant multipliée par 12 $\frac{1}{2}$, moitié de la somme de tous les termes,
donne $\frac{4225}{1250}$ ou 3 $\frac{10}{50}$ pour la compensation totale qu'a faite la chaleur
envoyée par la terre à la lune pendant les 14323 ans; et comme la perte
de la chaleur propre est à la compensation en même raison que le temps
de la période est à celui du prolongement du refroidissement, on aura 25
: 3 $\frac{10}{50}$: : 14323 : 1937 ans environ. Ainsi la chaleur de la terre a prolongé de 1937 ans le refroidissement de la lune pendant la première période
de 14323 ans, et la chaleur du soleil l'ayant aussi prolongé de 149 ans, la
période du temps réel qui s'est écoulé depuis l'incandescence jusqu'au
refroidissement de la lune à la température actuelle de la terre est de
16409 ans environ.

Voyons maintenant combien la chaleur du soleil et celle de la terre ont
compensé la perte de la chaleur propre de la lune dans la période suivante,
c'est-à-dire pendant les 14323 ans qui se sont écoulés depuis la fin de la
première période, où sa chaleur aurait été égale à la température actuelle
de la terre si rien n'eût compensé la perte de sa chaleur propre.

La compensation par la chaleur du soleil à la perte de la chaleur propre
de la lune, était $\frac{1}{50}$ au commencement et $\frac{25}{50}$ à la fin de cette seconde période.
La somme de ces deux termes est $\frac{26}{50}$, qui étant multipliée par 12 $\frac{1}{2}$, moitié

<hr>

: 17, dont les carrés sont : : 51840000 : 289. Donc la chaleur que le petit globe de feu placé à
quatre-vingt-cinq mille lieues de distance de la lune lui enverrait, serait à celle qu'il lui
envoyait auparavant : : 179377 : 1. Mais nous avons vu que la surface de ce petit globe n'était
à celle du soleil que : : 1 : 11449, ainsi la quantité de chaleur que sa surface enverrait vers la
lune, est onze mille quatre cent quarante-neuf fois plus petite que celle du soleil. Divisant
donc 179377 par 11449, il se trouve que cette chaleur envoyée par la terre en incandescence à
la lune était 15 $\frac{1}{3}$, c'est-à-dire environ seize fois plus forte que celle du soleil.

de la somme de tous les termes, donne $\frac{325}{50}$ ou $6\frac{1}{2}$ pour la compensation totale par la chaleur du soleil pendant la seconde période de 14323 ans. Mais la lune ayant perdu pendant ce temps 25 de sa chaleur propre, et la perte de la chaleur propre étant à la compensation en même raison que le temps de la période est au prolongement du refroidissement, on aura $25 : 6\frac{1}{2} : : 14323 : 3724$ ans. Ainsi le prolongement du temps pour le refroidissement de la lune, par la chaleur du soleil, ayant été de 149 ans dans la première période a été de 3728 ans pour la seconde période de 14323 ans.

Et à l'égard de la compensation produite par la chaleur de la terre, pendant cette même seconde période de 14323 ans, nous avons vu qu'au commencement de cette seconde période, la chaleur propre du globe terrestre étant de $20\frac{1}{7}$, la compensation qu'elle a faite alors a été de $\frac{322\frac{2}{7}}{1250}$. Or la chaleur de la terre ayant diminué pendant cette seconde période de $20\frac{1}{7}$ à $15\frac{2}{7}$, la compensation n'eût été que de $\frac{244\frac{13}{18}}{1250}$ environ, à la fin de cette période, si la lune eût conservé le degré de chaleur qu'elle avait au commencement de cette même période; mais comme sa chaleur propre a diminué de $\frac{25}{25}$ à $\frac{1}{25}$ pendant cette seconde période, la compensation produite par la chaleur de la terre, au lieu de n'être que $\frac{244\frac{13}{25}}{1250}$ a été de $\frac{6111\frac{17}{25}}{1250}$ à la fin de cette seconde période; ajoutant les deux termes de compensation du premier et du dernier temps de cette seconde période, c'est-à-dire $\frac{322\frac{2}{7}}{1250}$ et $\frac{6111\frac{17}{28}}{1250}$ on aura $\frac{6433\frac{6}{7}}{1250}$ qui étant multipliés par $12\frac{1}{2}$, moitié de la somme de tous les termes, donnent $\frac{80423}{1250}$ ou $64\frac{1}{3}$ environ, pour la compensation totale qu'a faite la chaleur envoyée par la terre à la lune dans cette seconde période. Et comme la perte de la chaleur propre est à la compensation en même raison que le temps de la période est au prolongement du refroidissement, on aura $25 : 64\frac{1}{3} : : 14323 : 38057$ ans environ. Ainsi le prolongement du refroidissement de la lune par la chaleur de la terre, qui a été de 1937 ans pendant la première période, se trouve de 38057 ans environ pour la seconde période de 14323 ans.

A l'égard du moment où la chaleur envoyée par le soleil à la lune a été égale à sa chaleur propre, il ne s'est trouvé ni dans la première ni dans la seconde période de 14323 ans, mais dans la troisième précisément, au second terme de cette troisième période, qui multiplié par $572\frac{23}{25}$, donne $1145\frac{21}{25}$, lesquels ajoutés aux 28646 années des deux périodes, font 29791 ans $\frac{21}{25}$. Ainsi c'est dans l'année 29792 de la formation des planètes que l'accession de la chaleur du soleil a commencé à égaler et ensuite surpasser la déperdition de la chaleur propre de la lune.

Le refroidissement de cette planète a donc été prolongé pendant la première période, 1° de 149 ans par la chaleur du soleil; 2° de 1937 ans par la chaleur de la terre; et, dans la seconde période, le refroidissement de la lune a été prolongé, 3° de 3724 ans par la chaleur du soleil, et 4° de 38057 ans par la chaleur de la terre. En ajoutant ces quatre termes on aura 43867 ans, qui étant joints aux 28646 ans des deux périodes, font en tout 72515 ans. D'où l'on voit que ç'a été dans l'année 72513, c'est-à-dire il y a 2318 ans que la lune, a été refroidie au point de $\frac{1}{25}$ de la température actuelle du globe de la terre.

La plus grande chaleur que nous ayons comparée à celle du soleil ou de la terre, est la chaleur du fer rouge ; et nous avons trouvé que cette chaleur extrême n'est néanmoins que vingt-cinq fois plus grande que la chaleur actuelle du globe de la terre, en sorte que notre globe, lorsqu'il était en incandescence, ayant 25 de chaleur, n'en a plus que la vingt-cinquième partie, c'est-à-dire $\frac{25}{25}$ ou 1 ; et en supposant la première période de 74047 ans, on doit conclure que dans une seconde période semblable de 74047 ans, cette chaleur ne sera plus que $\frac{1}{25}$ de ce qu'elle était à la fin de la première période, c'est-à-dire il y a 785 ans. Nous regardons le terme $\frac{1}{25}$ comme celui de la plus petite chaleur, de la même façon que nous avons pris 25 comme celui de la plus forte chaleur dont un corps solide puisse être pénétré. Cependant ceci ne doit s'entendre que relativement à notre propre nature, et à celle des êtres organisés, car cette chaleur $\frac{1}{25}$ de la température actuelle de la terre, est encore double de celle qui nous vient du soleil, ce qui fait une chaleur considérable, et qui ne peut être regardée, comme très-petite, que relativement à celle qui est nécessaire au maintien de la nature vivante ; car il est démontré même par ce que nous venons d'exposer, que si la chaleur actuelle de la terre était vingt-cinq fois plus petite qu'elle ne l'est, toutes les matières fluides du globe seraient gelées, et que ni l'eau, ni la sève, ni le sang ne pourraient circuler ; et c'est par cette raison que j'ai regardé le terme $\frac{1}{25}$ de la chaleur actuelle du globe, comme le point de la plus petite chaleur, relativement à la nature organisée, puisque de la même manière qu'elle ne peut naître dans le feu, ni exister dans la très-grande chaleur, elle ne peut de même subsister sans chaleur ou dans une trop petite chaleur. Nous tâcherons d'indiquer plus précisément les termes de froid et de chaud, où les êtres vivants cesseraient d'exister, mais il faut voir auparavant comment se fera le progrès du refroidissement du globe terrestre jusqu'à ce point $\frac{1}{25}$ de sa chaleur actuelle.

Nous avons deux périodes de temps, chacune de 74047 ans, dont la première est écoulée, et a été prolongée de 785 ans par l'accession de la chaleur du soleil et de celle de la lune. Dans cette première période, la chaleur propre de la terre s'est réduite de 25 à 1, et dans la seconde période, elle se réduira de 1 à $\frac{1}{25}$. Or, nous n'avons à considérer dans cette seconde période que la compensation de la chaleur du soleil, car on voit que la chaleur de la lune est depuis longtemps si faible, qu'elle ne peut envoyer à la terre qu'une si petite quantité, qu'on doit la regarder comme nulle. Or, la compensation par la chaleur du soleil, étant $\frac{1}{50}$ à la fin de la première période de la chaleur propre de la terre, sera par conséquent $\frac{25}{50}$ à la fin de la seconde période de 74047 ans. D'où il résulte que la compensation totale que produira la chaleur du soleil pendant cette seconde période, sera $\frac{325}{50}$ ou $6\frac{1}{2}$. Et comme la perte totale de la chaleur propre est à la compensation totale en même raison que le temps de la période est au prolongement du refroidissement, on aura $25 : 6\frac{1}{2} :: 74047 : 19252$ environ. Ainsi la chaleur du soleil qui a prolongé le refroidissement de la terre de 770 ans pour la première période, le prolongera pour la seconde de 19252 ans.

Et le moment où la chaleur du soleil sera égale à la chaleur propre de la terre, ne se trouvera pas encore dans cette seconde période, mais au second terme d'une troisième période de 74047 ans; et comme chaque terme de ces périodes est de 2962 ans, en les multipliant par 2, on a 5924 ans, lesquels ajoutés aux 148094 ans des deux premières périodes, il se trouve que ce ne sera que dans l'année 154018 de la formation des planètes que la chaleur envoyée du soleil à la terre, sera égale à sa chaleur propre.

Le refroidissement du globe terrestre a donc été prolongé de 776 ans $\frac{1}{2}$ pour la première période, tant par la chaleur du soleil que par celle de la lune; et il sera encore prolongé de 19252 ans par la chaleur du soleil pour la seconde période de 74047 ans. Ajoutant ces deux termes aux 148094 ans des deux périodes, on voit que ce ne sera que dans l'année 168123 de la formation des planètes, c'est-à-dire dans 93291 ans que la terre sera refroidie au point de $\frac{1}{25}$ de la température actuelle, tandis que la lune l'a été dans l'année 72514, c'est-à-dire il y a 2318 ans, et l'aurait été bien plus tôt si elle ne tirait, comme la terre, des secours de chaleur que du soleil, et si celle que lui a envoyée la terre n'avait pas retardé son refroidissement beaucoup plus que celle du soleil.

Recherchons maintenant quelle a été la compensation qu'a faite la chaleur du soleil à la perte de la chaleur propre des cinq autres planètes.

Nous avons vu que Mercure, dont le diamètre n'est que $\frac{1}{3}$ de celui du globe terrestre, se serait refroidi au point de notre température actuelle en 50351 ans, dans la supposition que la terre se fût refroidie à ce même point en 74047 ans; mais comme elle ne s'est réellement refroidie à ce point qu'en 74832 ans, Mercure n'a pu se refroidir de même qu'en 50884 ans $\frac{2}{7}$ environ, et cela en supposant encore que rien n'eût compensé la perte de sa chaleur propre; mais sa distance au soleil étant à celle de la terre au même astre :: 4 : 10, il s'ensuit que la chaleur qu'il reçoit du soleil, en comparaison de celle que reçoit la terre, est :: 100 : 16, ou :: $6\frac{1}{4} : 1$. Dès lors la compensation qu'a faite la chaleur du soleil lorsque cette planète était à la température actuelle de la terre, au lieu de n'être que $\frac{1}{50}$, était $\frac{6\frac{1}{4}}{50}$, et dans le temps de son incandescence, c'est-à-dire 50884 ans $\frac{5}{7}$ auparavant, cette compensation n'était que $\frac{6\frac{1}{4}}{1250}$. Ajoutant ces deux termes de compensation $\frac{6\frac{1}{4}}{50}$ et $\frac{6\frac{1}{4}}{1250}$ du premier et du dernier temps de cette période, on aura $\frac{162\frac{1}{2}}{1250}$, qui étant multipliés par $12\frac{1}{2}$, moitié de la somme de tous les termes, donnent $\frac{2031\frac{1}{4}}{1250}$ ou $1\ \frac{781\frac{1}{4}}{1250}$ pour la compensation totale qu'a faite la chaleur du soleil pendant cette première période de 50884 ans $\frac{5}{7}$. Et comme la perte de la chaleur propre est à la compensation en même raison que le temps de la période est au prolongement du refroidissement, on aura $25 : 1\ \frac{781\frac{1}{4}}{1250} :: 50884\ \frac{5}{7} : 3307$ ans $\frac{1}{2}$ environ. Ainsi le temps dont la chaleur du soleil a prolongé le refroidissement de Mercure, a été de 3307 ans $\frac{1}{2}$ pour la première période de 50884 ans $\frac{5}{7}$. D'où l'on voit que ç'a été dans l'année 54192 de la formation des planètes, c'est-à-dire il y a 20640 ans que Mercure jouissait de la même température dont jouit aujourd'hui la terre.

Mais dans la seconde période, la compensation étant au commencement $\frac{6\frac{1}{4}}{50}$, et à la fin $\frac{156\frac{1}{4}}{50}$, on aura, en ajoutant ces temps, $\frac{162\frac{1}{2}}{50}$, qui étant multipliés par $12\frac{1}{2}$, moitié de la somme de tous les termes, donnent $\frac{2031\frac{1}{4}}{50}$ ou $40\frac{5}{8}$ pour la compensation totale par la chaleur du soleil dans cette seconde période. Et comme la perte de la chaleur propre est à la compensation en même raison que le temps de la période est à celui du prolongement du refroidissement, on aura $25 : 40\frac{5}{8} :: 50884\frac{5}{7} : 82688$ ans environ. Ainsi le temps dont la chaleur du soleil a prolongé et prolongera celui du refroidissement de Mercure, ayant été de 3307 ans $\frac{1}{2}$ dans la première période, sera pour la seconde de 82688 ans.

Le moment où la chaleur du soleil s'est trouvée égale à la chaleur propre de cette planète, est au huitième terme de cette seconde période, qui multiplié par $2035\ \frac{2}{51}$ environ, nombre des années de chaque terme de cette période, donne 16283 ans environ, lesquels étant ajoutés aux 50884 ans $\frac{5}{7}$ de la période, on voit que ç'a été dans l'année 67167 de la formation des planètes que la chaleur du soleil a commencé de surpasser la chaleur propre de Mercure.

Le refroidissement de cette planète a donc été prolongé de 3307 ans $\frac{1}{2}$ pendant la première période de 50884 ans $\frac{1}{2}$, et sera prolongé de même par la chaleur du soleil de 82688 ans pour la seconde période. Ajoutant ces deux nombres d'années à celui des deux périodes, on aura 187765 ans environ. D'où l'on voit que ce ne sera que dans l'année 187765 de la formation des planètes que Mercure sera refroidi à $\frac{1}{23}$ de la température actuelle de la terre.

Vénus, dont le diamètre est $\frac{17}{18}$ de celui de la terre, se serait refroidie au point de notre température actuelle en 88815 ans, dans la supposition que la terre se fût refroidie à ce même point en 74047 ans; mais comme elle ne s'est réellement refroidie à la température actuelle qu'en 74832 ans, Vénus n'a pu se refroidir de même qu'en 89757 ans environ, en supposant encore que rien n'eût compensé la perte de sa chaleur propre. Mais sa distance au soleil étant à celle de la terre au même astre, comme 7 sont à 10 ; il s'ensuit que la chaleur que Vénus reçoit du soleil, en comparaison de celle que reçoit la terre, est : : 100 : 49. Dès lors la compensation que fera la chaleur du soleil lorsque cette planète sera à la température actuelle de la terre, au lieu de n'être que $\frac{1}{50}$, sera $\frac{2\frac{1}{50}}{50}$; et dans le temps de son incandescence, cette compensation n'a été que $\frac{2\frac{1}{50}}{1250}$. Ajoutant ces deux termes de compensation du premier et du dernier temps de cette première période de 89757 ans, on aura $\frac{62\frac{26}{50}}{1250}$, qui étant multipliés par 12 $\frac{1}{2}$, moitié de la somme de tous les termes, donnent $\frac{650\frac{1}{2}}{5250}$ pour la compensation totale qu'a faite et que fera la chaleur du soleil pendant cette première période de 89757 ans. Et comme la perte totale de la chaleur propre est à la compensation totale en même raison que le temps de la période est au prolongement du refroidissement, on aura 25 : $\frac{626\frac{1}{4}}{1250}$: : 89757 : 1885 ans $\frac{1}{2}$ environ. Ainsi le prolongement du refroidissement de cette planète, par la chaleur du soleil, sera de 1885 ans $\frac{1}{2}$ environ, pendant cette première période de 89757 ans. D'où l'on voit que ce sera dans l'année 91643 de la formation des planètes , c'est-à-dire dans 16811 ans que cette planète jouira de la même température dont jouit aujourd'hui la terre.

Dans la seconde période, la compensation étant au commencement $\frac{2\frac{1}{50}}{50}$, et à la fin $\frac{50\frac{1}{2}}{50}$, on aura, en ajoutant ces termes, $\frac{52\frac{13}{50}}{50}$, qui multipliés par 12 $\frac{1}{2}$, moitié de la somme de tous les termes, donnent $\frac{650\frac{1}{2}}{50}$ ou 13 $\frac{13}{100}$ pour la compensation totale par la chaleur du soleil pendant cette seconde période. Et comme la perte de la chaleur propre est à la compensation en même raison que le temps de la période est au prolongement du refroidissement, on aura 25 : 13 $\frac{13}{100}$: : 89757 : 47140 ans $\frac{9}{25}$ environ. Ainsi le temps dont la chaleur du soleil a prolongé le refroidissement de Vénus, étant pour la première période de 1885 ans $\frac{1}{2}$, sera pour la seconde de 47140 ans $\frac{9}{25}$ environ.

Le moment où la chaleur du soleil sera égale à la chaleur propre de cette planète, se trouve au 24 $\frac{70}{101}$, terme de l'écoulement du temps de cette seconde période, qui multiplié par 3590 $\frac{7}{25}$ environ, nombre des années de chaque terme de ces périodes de 89757 ans, donne 86167 ans $\frac{7}{23}$ environ, lesquels étant ajoutés aux 89757 ans de la période, on voit que ce ne sera que dans l'année 175924 de la formation des planètes que la chaleur du soleil sera égale à la chaleur propre de Vénus.

Le refroidissement de cette planète sera donc prolongé de 1885 ans $\frac{1}{2}$, pendant la première période de 89757 ans, et sera prolongé de même de 47140 ans $\frac{9}{25}$ dans la seconde période; en ajoutant ces deux nombres d'années à celui des deux périodes, qui est de 179514 ans, on voit que ce ne sera que dans l'année 228540 de la formation des planètes que Vénus sera refroidie à $\frac{1}{25}$ de la température actuelle de la terre.

Mars, dont le diamètre est $\frac{13}{25}$ de celui de la terre, se serait refroidi au point de notre température actuelle en 28108 ans, dans la supposition que la terre se fût refroidie à ce même point en 74047 ans; mais comme elle ne s'est réellement refroidie à ce point qu'en 74832 ans, Mars n'a pu se refroidir qu'en 28406 ans environ, en supposant encore que rien n'eût compensé la perte de sa chaleur propre. Mais sa distance au soleil étant à celle de la terre au même astre : : 15 : 10, il s'ensuit que la chaleur qu'il reçoit du soleil, en comparaison de celle que reçoit la terre, est : : 100 : 225 ou : : 4 : 9. Dès lors la compensation qu'a faite la chaleur du soleil lorsque cette planète était à la température actuelle de la terre, au lieu d'être $\frac{1}{50}$ n'était que $\frac{\frac{4}{9}}{50}$; et dans le temps de l'incandescence cette compensation n'était que $\frac{\frac{4}{9}}{1250}$. Ajoutant ces deux termes de compensation du premier et du dernier temps de cette première période de 28406 ans, on aura $\frac{\frac{104}{9}}{1250}$, qui, étant multiplié par 12 $\frac{1}{2}$, moitié de la somme de tous les termes, donne $\frac{\frac{1300}{9}}{1250}$ ou $\frac{144\frac{4}{9}}{1250}$ pour la compensation totale qu'a faite la chaleur du soleil pendant cette première période. Et comme la perte de la chaleur propre est à la compensation en même raison que le temps de la période est au prolongement du refroidissement, on aura $25 : \frac{144\frac{4}{9}}{1250} : : 28406 : 131$ ans $\frac{3}{10}$ environ. Ainsi le temps dont la chaleur du soleil a prolongé le refroidissement de Mars, a été d'environ 131 ans $\frac{3}{10}$, pour la première période de 28406 ans. D'où l'on voit que ç'a été dans l'année 28538 de la formation des planètes, c'est-à-dire il y a 46294 ans, que Mars était à la température actuelle de la terre.

Mais dans la seconde période, la compensation étant au commencement $\frac{4}{9}{50}$, et à la fin $\frac{\frac{100}{9}}{50}$, on aura en ajoutant ces termes $\frac{\frac{104}{9}}{50}$, qui multipliés par 12 $\frac{1}{2}$, moitié de la somme de tous les termes, donnent $\frac{\frac{1300}{9}}{50}$ ou $\frac{144\frac{4}{9}}{50}$ pour la compensation totale par la chaleur du soleil pendant cette seconde période. Et comme la perte de la chaleur propre est à la compensation en même raison que le temps de la période est au prolongement du refroidissement, on aura $25 : \frac{144\frac{4}{9}}{50} : : 28406 : 3382$ ans $\frac{59}{125}$ environ. Ainsi le temps dont la chaleur du soleil a prolongé le refroidissement de Mars dans la première période ayant été de 131 ans $\frac{3}{10}$, sera dans la seconde de 3382 ans $\frac{59}{125}$.

Le moment où la chaleur du soleil s'est trouvée égale à la chaleur propre de cette planète, est au $12\frac{1}{2}$, terme de l'écoulement du temps dans cette seconde période, qui multiplié par $1136\frac{6}{25}$, nombre des années de chaque terme de ces périodes, donne 14203 ans, lesquels étant ajoutés aux 28406 ans de la première période, on voit que ç'a été dans l'année 42609 de la formation des planètes que la chaleur du soleil a été égale à la chaleur propre de cette planète; et que depuis ce temps elle l'a toujours surpassée.

Le refroidissement de Mars a donc été prolongé, par la chaleur du soleil, de 131 ans $\frac{3}{10}$ pendant la première période, et l'a été dans la seconde période de 3382 ans $\frac{50}{125}$. Ajoutant ces deux termes à la somme des deux périodes, on aura 60325 ans $\frac{19}{390}$ environ. D'où l'on voit que ç'a été dans l'année 60326 de la formation des planètes, c'est-à-dire il y a 14506 ans, que Mars a été refroidi à $\frac{1}{25}$ de la chaleur actuelle de la terre.

Jupiter, dont le diamètre est onze fois plus grand que celui de la terre, et sa distance au soleil : : 52 : 10, ne se refroidira au point de la terre qu'en 237838 ans, abstraction faite de toute compensation que la chaleur du soleil et celle de ses satellites ont pu et pourront faire à la perte de sa chaleur propre, et surtout en supposant que la terre se fût refroidie au point de la température actuelle en 74047 ans; mais comme elle ne s'est réellement refroidie à ce point qu'en 74832 ans, Jupiter ne pourra se refroidir au même point qu'en 240358 ans. Et en ne considérant d'abord que la compensation faite par la chaleur du soleil sur cette grosse planète, nous verrons que la chaleur qu'elle reçoit du soleil est à celle qu'en reçoit la terre : : 100 : 2704 ou : : 25 : 676. Dès lors la compensation que fera la chaleur du soleil lorsque Jupiter sera refroidi à la température actuelle de la terre, au lieu d'être $\frac{1}{50}$, ne sera que $\dfrac{\frac{25}{676}}{50}$, et dans le temps de l'incandescence cette compensation n'a été que $\dfrac{\frac{25}{676}}{1250}$: ajoutant ces deux termes de compensation du premier et du dernier temps de cette première période de 240358 ans, on a $\dfrac{\frac{650}{676}}{1250}$, qui multipliés par $12\frac{1}{2}$, moitié de la somme de tous les termes, donnent $\dfrac{\frac{8123}{676}}{1250}$ ou $\dfrac{12\frac{13}{676}}{1250}$ pour la compensation totale que fera la chaleur du soleil pendant cette première période de 240358 ans. Et comme la perte de la chaleur propre est à la compensation en même raison que le temps de la période est au prolongement du refroidissement, on aura $25 : \dfrac{12\frac{13}{676}}{1250} : : 240358 : 93$ ans environ. Ainsi le temps dont la chaleur du soleil prolongera le refroidissement de Jupiter, ne sera que de 93 ans pour la première période de 240358 ans; d'où l'on voit que ce ne sera que dans l'année 240451 de la formation des planètes, c'est-à-dire dans 165619 ans, que le globe de Jupiter sera refroidi au point de la température actuelle du globe de la terre.

Dans la seconde période la compensation étant au commencement $\frac{25}{\frac{676}{50}}$,

sera à la fin $\frac{625}{\frac{676}{50}}$; en ajoutant ces deux termes, on aura $\frac{650}{\frac{676}{50}}$, qui multipliés

par 12 $\frac{1}{2}$, moitié de la somme de tous les termes, donnent $\frac{8125}{\frac{676}{50}}$ ou $\frac{12\frac{11}{676}}{50}$

pour la compensation totale par la chaleur du soleil pendant cette seconde
période. Et comme la perte de la chaleur propre est à la compensation en
même raison que le temps de la période est au prolongement du refroidissement, on aura 25 : $\frac{12\frac{11}{676}}{50}$: : 240358 : 2311 ans environ. Ainsi le temps
dont la chaleur du soleil prolongera le refroidissement de Jupiter, n'étant
que de 93 ans dans la première période, sera de 2311 ans pour la seconde
période de 240358 ans.

Le moment où la chaleur du soleil se trouvera égale à la chaleur propre
de cette planète est si éloigné, qu'il n'arrivera pas dans cette seconde
période, ni même dans la troisième, quoiqu'elles soient chacune de 240358
ans ; en sorte qu'au bout de 721074 ans, la chaleur propre de Jupiter sera
encore plus grande que celle qu'il reçoit du soleil.

Car dans la troisième période, la compensation étant au commence-
ment $\frac{625}{\frac{676}{50}}$, elle sera à la fin de cette même troisième période $\frac{25\frac{77}{676}}{50}$, ce
qui démontre qu'à la fin de cette troisième période où la chaleur de Jupi-
ter ne sera que $\frac{1}{625}$ de la chaleur actuelle de la terre, elle sera néanmoins
de près de moitié plus forte que celle du soleil ; en sorte que ce ne sera
que dans la quatrième période où le moment entre l'égalité de la chaleur
du soleil et celle de la chaleur propre de Jupiter, se trouvera au 2 $\frac{102}{625}$,
terme de l'écoulement du temps dans cette quatrième période, qui, multiplié par 9614 $\frac{8}{25}$, nombre des années de chaque terme de ces périodes de
240358 ans, donne 19228 ans $\frac{4}{5}$ environ, lesquels ajoutés aux 721074 ans
des trois périodes précédentes, font en tout 740302 ans $\frac{4}{5}$; d'où l'on voit
que ce ne sera que dans ce temps prodigieusement éloigné, que la chaleur
du soleil sur Jupiter se trouvera égale à sa chaleur propre.

Le refroidissement de cette grosse planète sera donc prolongé, par la
chaleur du soleil, de 93 ans pour la première période, et de 2311 ans pour
la seconde. Ajoutant ces deux nombres d'années aux 480716 des deux
premières périodes, on aura 483120 ans ; d'où il résulte que ce ne sera
que dans l'année 483121 de la formation des planètes, que Jupiter pourra
être refroidi à $\frac{1}{25}$ de la température actuelle de la terre.

Saturne, dont le diamètre est à celui du globe terrestre : : 9 $\frac{1}{2}$: 1, et
dont la distance au soleil est à celle de la terre au même astre aussi : : 9 $\frac{1}{2}$
: 1, perdrait de sa chaleur propre, au point de la température actuelle de
la terre, en 120434 ans, dans la supposition que la terre se fût refroidie à
ce même point en 171047 ans. Mais comme elle ne s'est réellement refroidie

24

à la température actuelle qu'en 74832 ans, Saturne ne se refroidira qu'en 130806 ans, en supposant encore que rien ne compenserait la perte de sa chaleur propre ; mais la chaleur du soleil, quoique très-faible à cause de son grand éloignement, la chaleur de ses satellites, celle de son anneau, et même celle de Jupiter, duquel il n'est qu'à une distance médiocre en comparaison de son éloignement du soleil, ont dû faire quelque compensation à la perte de sa chaleur propre, et par conséquent prolonger un peu le temps de son refroidissement.

Nous ne considérerons d'abord que la compensation qu'a dû faire la chaleur du soleil : cette chaleur que reçoit Saturne est à celle que reçoit la terre : : 100 : 9025, ou : : 4 : 361. Dès lors la compensation que fera la chaleur du soleil, lorsque cette planète sera refroidie à la température actuelle de la terre, au lieu d'être $\frac{1}{50}$, ne sera que $\frac{\frac{4}{361}}{50}$, et dans le temps de l'incandescence, cette compensation n'a été que $\frac{\frac{4}{361}}{1250}$; ajoutant ces deux termes, on aura $\frac{\frac{104}{361}}{1250}$, qui, multipliés par 12 $\frac{1}{2}$, moitié de la somme de tous les termes, donnent $\frac{\frac{1300}{361}}{1250}$ ou $\frac{3\frac{217}{361}}{1250}$ pour la compensation totale que fera la chaleur du soleil dans les 130806 ans de la première période. Et comme la perte de la chaleur propre est à la compensation en même raison que le temps de la période est au prolongement du refroidissement, on aura 25 : $\frac{3\frac{217}{361}}{1250}$: : 130806 : 15 ans environ. Ainsi, la chaleur du soleil ne prolongera le refroidissement de Saturne que de 15 ans pendant cette première période de 130806 ans ; d'où l'on voit que ce ne sera que dans l'année 130821 de la formation des planètes, c'est-à-dire dans 55989 ans, que cette planète pourra être refroidie au point de la température actuelle de la terre.

Dans la seconde période, la compensation par la chaleur envoyée du soleil étant, au commencement $\frac{\frac{4}{361}}{50}$, sera à la fin de cette même période $\frac{\frac{100}{361}}{50}$. Ajoutant ces deux termes de compensation du premier et du dernier temps par la chaleur du soleil dans cette seconde période, on aura $\frac{\frac{104}{361}}{50}$, qui, multiplié par 12 $\frac{1}{2}$, moitié de la somme de tous les termes, donne $\frac{\frac{1300}{361}}{50}$ ou $\frac{3\frac{217}{361}}{50}$ pour la compensation totale que fera la chaleur du soleil pendant cette seconde période. Et comme la perte totale de la chaleur propre est à la compensation totale en même raison que le temps total de la période est au prolongement du refroidissement, on aura 25 : $\frac{3\frac{217}{361}}{50}$: : 130806 : 377 ans environ. Ainsi, le temps dont la chaleur du soleil prolongera le refroidissement de Saturne, étant de 15 ans pour la première période, sera de 377 ans pour la seconde. Ajoutant ensemble les 15 ans et les 377 ans dont la chaleur du soleil prolongera le refroidissement de Saturne pendant les deux périodes de 130806 ans, on verra que ce ne sera que dans l'année 262020 de la formation des planètes, c'est-à-dire dans 187188 ans, que cette planète pourra être refroidie à $\frac{1}{25}$ de la chaleur actuelle de la terre.

Dans la troisième période, le premier terme de la compensation, par la chaleur du soleil, étant $\frac{100}{\frac{361}{50}}$ au commencement, et à la fin $\frac{2500}{\frac{361}{50}}$ ou $\frac{6\frac{134}{361}}{50}$, on voit que ce ne sera pas encore dans cette troisième période qu'arrivera le moment où la chaleur du soleil sera égale à la chaleur propre de cette planète, quoique à la fin de cette troisième période elle aura perdu de sa chaleur propre, au point d'être refroidie à $\frac{1}{625}$ de la température actuelle de la terre. Mais ce moment se trouvera au septième terme $\frac{11}{50}$ de la quatrième période, qui, multiplié par 5232 ans $\frac{6}{25}$, nombre des années de chaque terme de ces périodes de 130806 ans, donne 37776 ans $\frac{19}{23}$, lesquels étant ajoutés aux trois premières périodes, dont la somme est 392418 ans, font 430194 ans $\frac{19}{25}$. D'où l'on voit que ce ne sera que dans l'année 430195 de la formation des planètes que la chaleur du soleil se trouvera égale à la chaleur propre de Saturne.

Les périodes des temps du refroidissement de la terre et des planètes sont donc dans l'ordre suivant :

REFROIDIES à la température actuelle.	REFROIDIES A $\frac{1}{23}$ de la température actuelle.
La Terre. . . . . en 74832 ans.	En. . . . . 168123 ans.
La Lune. . . . . en 16109 ans.	En . . . . 72513 ans.
Mercure. . . . . en 54192 ans.	En. . . . . 187765 ans.
Vénus. . . . . en 94643 ans.	En. . . . . 228510 ans.
Mars. . . . . en 28538 ans.	En. . . . . 60326 ans.
Jupiter. . . . . en 240431 ans.	En . . . . 483121 ans.
Saturne. . . . . en 130821 ans.	En. . . . . 262020 ans.

On voit, en jetant un coup d'œil sur ces rapports, que, dans notre hypothèse, la lune et Mars sont actuellement les planètes les plus froides ; que Saturne, et surtout Jupiter, sont les plus chaudes ; que Vénus est encore bien plus chaude que la terre, et que Mercure, qui a commencé depuis longtemps à jouir d'une température égale à celle dont jouit aujourd'hui la terre, est encore actuellement et sera pour longtemps au degré de chaleur qui est nécessaire pour le maintien de la nature vivante, tandis que la lune et Mars sont gelés depuis longtemps, et par conséquent impropres depuis ce même temps à l'existence des êtres organisés.

Je ne peux quitter ces grands objets sans rechercher encore ce qui s'est passé et se passera dans les satellites de Jupiter et de Saturne, relativement au temps du refroidissement de chacun en particulier. Les astronomes ne sont pas absolument d'accord sur la grandeur relative de ces satellites ; et, pour ne parler d'abord que de ceux de Jupiter, Whiston a prétendu que le troisième de ses satellites était le plus grand de tous, et il l'a estimé de la même grosseur à peu près que le globe terrestre ; ensuite il dit que le premier est un peu plus gros que Mars, le second un peu plus grand que Mercure, et que le quatrième n'est guère plus grand que la lune. Mais notre plus illustre astronome (Dominique Cassini) a jugé au contraire que le quatrième satellite était le plus grand de tous [a]. Plusieurs causes concourent à cette incertitude sur la grandeur des satellites de Jupiter et de Saturne : j'en indiquerai quelques-unes dans la suite, mais je me dispenserai d'en faire ici l'énumération et la discussion, ce qui m'éloignerait trop de mon sujet ; je me contenterai de dire qu'il me paraît plus que probable que les satellites les plus éloignés de leur planète principale sont réellement les plus grands, de la même manière que les planètes les plus éloignées du soleil sont aussi les plus grosses. Or, les distances des quatre satellites de Jupiter, à commencer par le plus voisin, qu'on appelle le premier, sont à très-peu près comme $5\frac{2}{3}$, 9, $14\frac{1}{3}$, $25\frac{1}{4}$, et leur grandeur n'étant pas encore bien déterminée, nous supposerons, d'après l'analogie dont nous venons de parler, que le plus voisin ou le premier n'est que de la grandeur de la lune, le second de celle de Mercure, le troisième de la grandeur de Mars, et le quatrième de celle du globe de la terre, et nous allons rechercher combien le bénéfice de la chaleur de Jupiter a compensé la perte de leur chaleur propre.

Pour cela nous regarderons comme égale la chaleur envoyée par le soleil à Jupiter et à ses satellites, parce qu'en effet leurs distances à cet astre de feu sont à très-peu près les mêmes. Nous supposerons aussi comme chose très-plausible que la densité des satellites de Jupiter est égale à celle de Jupiter même [b].

Cela posé, nous verrons que le premier satellite grand comme la lune, c'est-à-dire qui n'a que $\frac{3}{11}$ du diamètre de la terre, se serait consolidé jusqu'au centre en 792 ans $\frac{3}{11}$, refroidi au point de pouvoir le toucher en 9248 ans $\frac{5}{11}$, et au point de la température actuelle de la terre en 20194 ans $\frac{7}{11}$, si la densité de ce satellite n'était pas différente de celle de la terre, mais comme la densité du globe terrestre est à celle de Jupiter ou de ses satellites : : 1000 : 292, il s'ensuit que le temps employé à la consolidation jusqu'au centre et au refroidissement doit être diminué dans la même raison ; en sorte que ce satellite se sera consolidé en 231 ans $\frac{43}{125}$, refroidi au point d'en pouvoir toucher la surface en 2690 ans $\frac{2}{5}$, et qu'enfin il aurait

a. Voyez l'*Astronomie* de M. de Lalande, art. 2381.

b. Quand même on se refuserait à cette supposition de l'égalité de densité dans Jupiter et de ses satellites, cela ne changerait rien à ma théorie, et les résultats du calcul seraient seulement un peu différents, mais le calcul lui-même ne serait pas plus difficile à faire.

perdu assez de sa chaleur propre pour être refroidi à la température actuelle
de la terre, en 5897 ans, si rien n'eût compensé cette perte de sa chaleur
propre. Il est vrai qu'à cause du grand éloignement du soleil, la chaleur
envoyée par cet astre sur les satellites ne pourrait faire qu'une très-légère
compensation, telle que nous l'avons vu sur Jupiter même. Mais la chaleur
que Jupiter envoyait à ses satellites était prodigieusement grande, surtout
dans les premiers temps, et il est très-nécessaire d'en faire ici l'évaluation.

Commençant par celle du soleil, nous verrons que cette chaleur envoyée
du soleil, étant en raison inverse du carré des distances, la compensation
qu'elle a faite dans le temps de l'incandescence n'était que $\frac{\frac{25}{676}}{1250}$, et qu'à la
fin de la première période de 5897 ans, cette compensation n'était que $\frac{\frac{25}{676}}{50}$.
Ajoutant ces deux termes $\frac{\frac{25}{676}}{1250}$ et $\frac{\frac{25}{676}}{50}$ du premier et du dernier temps
de cette première période de 5897 ans, on aura $\frac{\frac{630}{676}}{1250}$, qui, multipliés par
par 12 $\frac{1}{2}$, moitié de la somme de tous les termes, donnent $\frac{\frac{8125}{676}}{1250}$ ou $12\frac{\frac{11}{676}}{1250}$
pour la compensation totale qu'a faite la chaleur du soleil pendant cette
première période. Et comme la perte totale de la chaleur propre est à la
compensation totale en même raison que le temps de la période est à celui
du prolongement du refroidissement, on aura 25 : $12\frac{\frac{13}{676}}{1250}$ :: 5897 : 2 ans $\frac{4}{13}$.
Ainsi, le prolongement du refroidissement de ce satellite par la chaleur du
soleil, pendant cette première période de 5897 ans, n'a été que de deux
ans quatre-vingt-dix-sept jours.

Mais la chaleur de Jupiter, qui était 25 dans le temps de l'incandescence,
n'avait diminué, au bout de la période de 5897 ans, que de $\frac{14}{23}$ environ, et
elle était encore alors 24 $\frac{9}{23}$; et comme ce satellite n'est éloigné de sa planète principale que de 5 $\frac{2}{3}$ demi-diamètres de Jupiter, ou de 62 $\frac{1}{2}$ demi-
diamètres terrestres, c'est-à-dire de 89292 lieues, tandis que sa distance au
soleil est de 171 millions 600 mille lieues, la chaleur envoyée par Jupiter
à son premier satellite aurait été, à la chaleur envoyée par le soleil à ce
même satellite, comme le carré de 171600000 est au carré de 89292, si la
surface que Jupiter présente à ce satellite était égale à la surface que lui
présente le soleil; mais la surface de Jupiter, qui n'est dans le réel que
$\frac{121}{11449}$ de celle du soleil, paraît néanmoins à ce satellite plus grande que ne
lui paraît celle de cet astre dans le rapport inverse du carré des distances.
On aura donc $(89292)^2 : (171600000)^2 :: \frac{121}{11449} : 39032\frac{1}{2}$ environ.
Donc, la surface que présente Jupiter à ce satellite étant 39032 fois $\frac{1}{2}$ plus
grande que celle que lui présente le soleil, cette grosse planète, dans le
temps de l'incandescence, était pour son premier satellite un astre de feu
39032 fois $\frac{1}{2}$ plus grand que le soleil. Mais nous avons vu que la compensation faite par la chaleur du soleil à la perte de la chaleur propre de ce satel-

lite n'était que $\frac{\frac{25}{676}}{50}$, lorsqu'au bout de 5897 ans il se serait refroidi à la température actuelle de la terre par la déperdition de sa chaleur propre; et que, dans le temps de l'incandescence, cette compensation, par la chaleur du soleil, n'a été que de $\frac{\frac{25}{676}}{1250}$; il faut donc multiplier ces deux termes de compensation par 39032 $\frac{1}{2}$, et l'on aura $\frac{1443\frac{1}{2}}{1250}$ pour la compensation qu'a faite la chaleur de Jupiter dès le commencement de cette période dans le temps de l'incandescence, et $\frac{1443\frac{1}{2}}{50}$ pour la compensation que Jupiter aurait faite à la fin de cette même période de 5897 ans, s'il eût conservé son état d'incandescence. Mais comme sa chaleur propre a diminué de 25 à 24 $\frac{9}{23}$ pendant cette même période, la compensation à la fin de la période, au lieu d'être $\frac{1443\frac{1}{2}}{50}$, n'a été que $\frac{1408\frac{203}{575}}{50}$. Ajoutant ces deux termes $\frac{1408\frac{203}{363}}{50}$ et $\frac{1443\frac{1}{2}}{1256}$ de la compensation dans le premier et le dernier temps de la période, on a $\frac{36652\frac{3}{19}}{1250}$, lesquels, multipliés par 12 $\frac{1}{2}$, moitié de la somme de tous les termes, donnent $\frac{458153\frac{3}{4}}{1250}$ ou 366 $\frac{1}{2}$ environ, pour la compensation totale qu'a faite la chaleur de Jupiter à la perte de la chaleur propre de son premier satellite pendant cette première période de 5897 ans. Et comme la perte totale de la chaleur propre est à la compensation totale en même raison que le temps de la période est au prolongement du refroidissement, on aura 25 : 366 $\frac{1}{2}$: : 5897 : 86450 ans $\frac{1}{50}$. Ainsi, le temps dont la chaleur envoyée par Jupiter à son premier satellite a prolongé son refroidissement pendant cette première période est de 86450 ans $\frac{1}{50}$, et le temps dont la chaleur du soleil a aussi prolongé le refroidissement de ce satellite, pendant cette même période de 5897 ans, n'ayant été que de deux ans quatre-vingt-dix-sept jours, il se trouve que le temps du refroidissement de ce satellite a été prolongé d'environ 86452 ans $\frac{1}{2}$ au delà des 5897 ans de la période; d'où l'on voit que ce ne sera que dans l'année 92350 de la formation des planètes, c'est-à-dire dans 17518 ans, que le premier satellite de Jupiter pourra être refroidi au point de la température actuelle de la terre.

Le moment où la chaleur envoyée par Jupiter à ce satellite était égale à sa chaleur propre, s'est trouvé dans le temps de l'incandescence, et même auparavant, si la chose eût été possible; car cette masse énorme de feu, qui était 39032 fois $\frac{1}{2}$ plus grande que le soleil pour ce satellite, lui envoyait, dès le temps de l'incandescence de tous deux, une chaleur plus forte que la sienne propre, puisqu'elle était 1443 $\frac{1}{2}$, tandis que celle du satellite n'était que 1250. Ainsi ç'a été de tout temps que la chaleur de Jupiter, sur son premier satellite, a surpassé la perte de sa chaleur propre.

Dès lors on voit que la chaleur propre de ce satellite, ayant toujours été fort au-dessous de la chaleur envoyée par Jupiter, on doit évaluer autrement la température du satellite; en sorte que l'estimation que nous venons de faire du prolongement du refroidissement, et que nous avons trouvé être de 86152 ans $\frac{1}{2}$, doit être encore augmentée de beaucoup, car dès le temps de l'incandescence, la chaleur extérieure envoyée par Jupiter était plus grande que la chaleur propre du satellite dans la raison de 1443 $\frac{1}{2}$ à 1250, et, à la fin de la première période de 5897 ans, cette chaleur envoyée par Jupiter était plus grande que la chaleur propre du satellite, dans la raison de 1408 à 50, ou de 140 à 5 à peu près. Et de même, à la fin de la seconde période, la chaleur envoyée par Jupiter était à la chaleur propre du satel-lite : : 3433 : 5 ; ainsi, la chaleur propre du satellite, dès la fin de la pre-mière période, peut être regardée comme si petite, en comparaison de la chaleur envoyée par Jupiter, qu'on doit tirer le temps du refroidisse-ment de ce satellite presque uniquement de celui du refroidissement de Jupiter.

Or, Jupiter ayant envoyé à ce satellite, dans le temps de l'incandescence, 39032 fois $\frac{1}{2}$ plus de chaleur que le soleil, lui envoyait encore au bout de la première période de 5897 ans, une chaleur 38082 fois $\frac{3}{23}$ plus grande que celle du soleil, parce que la chaleur propre de Jupiter n'avait diminué que de 25 à 24 $\frac{9}{23}$; et au bout d'une seconde période de 5897 ans, c'est-à-dire après la déperdition de la chaleur propre du satellite, au point extrême de $\frac{1}{25}$ de la chaleur actuelle de la terre, Jupiter envoyait encore à ce satellite une chaleur 37131 fois $\frac{3}{4}$ plus grande que celle du soleil, parce que la chaleur propre de Jupiter n'avait encore diminué que de 24 $\frac{9}{23}$ à 23 $\frac{18}{23}$; ensuite après une troisième période de 5897 ans où la cha-leur propre du satellite doit être regardée comme absolument nulle, Jupi-ter lui envoyait encore une chaleur 36182 fois plus grande que celle du soleil.

En suivant la même marche, on trouvera que la chaleur de Jupiter, qui d'abord était 25, et qui décroît constamment de $\frac{14}{23}$ par chaque période de 5897 ans, diminue par conséquent sur ce satellite de 950 pendant chacune de ces périodes ; de sorte qu'après 37 $\frac{2}{3}$ périodes, cette chaleur envoyée par Jupiter au satellite, sera à très-peu près encore 1350 fois plus grande que la chaleur qu'il reçoit du soleil.

Mais comme la chaleur du soleil sur Jupiter et sur ses satellites est à peu près à celle du soleil sur la terre : : 1 : 27, et que la chaleur du globe terrestre est 50 fois plus grande que celle qu'il reçoit actuellement du soleil ; il s'ensuit qu'il faut diviser par 27 cette quantité 1350 de chaleur ci-dessus pour avoir une chaleur égale à celle que le soleil envoie sur la terre ; et cette dernière chaleur étant $\frac{1}{50}$ de la chaleur actuelle du globe terrestre, il en résulte qu'au bout de 37 $\frac{2}{3}$ périodes de 5897 ans chacune, c'est-à-dire au bout de 222120 ans $\frac{1}{3}$, la chaleur que Jupiter enverra à ce satellite sera égale à la chaleur actuelle de la terre, et que quoiqu'il ne lui restera rien alors de sa chaleur propre, il jouira néanmoins d'une température égale à celle dont jouit aujourd'hui la terre, dans cette année 222120 $\frac{1}{3}$ de la formation des planètes.

Et de la même manière que cette chaleur envoyée par Jupiter prolongera prodigieusement le refroidissement de ce satellite à la température actuelle de la terre, elle le prolongera de même pendant trente-sept autres périodes $\frac{2}{3}$, pour arriver au point extrême de $\frac{1}{25}$ de la chaleur actuelle du globe de la terre ; en sorte que ce ne sera que dans l'année 444240 de la formation des planètes que ce satellite sera refroidi à $\frac{1}{25}$ de la température actuelle de la terre.

Il en est de même de l'estimation de la chaleur du soleil, relativement à la compensation qu'elle a faite à la diminution de la température du satellite dans les différents temps. Il est certain, qu'à ne considérer que la déperdition de la chaleur propre du satellite, cette chaleur du soleil n'aurait fait compensation dans le temps de l'incandescence que de $\frac{\frac{25}{676}}{1250}$; et qu'à la fin de la première période, qui est de 5897 ans, cette même chaleur du soleil aurait fait une compensation de $\frac{\frac{25}{676}}{50}$, et que dès lors le prolongement du refroidissement par l'accession de cette chaleur du soleil, aurait en effet été de 2 ans $\frac{4}{15}$; mais la chaleur envoyée par Jupiter dès le temps de l'incandescence étant à la chaleur propre du satellite :: 1443 $\frac{1}{2}$: 1250, il s'ensuit que la compensation faite par la chaleur du soleil doit être diminuée dans la même raison ; en sorte qu'au lieu d'être $\frac{\frac{25}{676}}{1250}$, elle n'a été que $\frac{\frac{25}{676}}{2793\frac{1}{3}}$ au commencement de cette période, et que cette compensation qui aurait été $\frac{\frac{25}{676}}{50}$ à la fin de cette première période, si l'on ne considérait que la déperdition de la chaleur propre du satellite, doit être diminuée dans la raison de 1408 à 50, parce que la chaleur envoyée par Jupiter était encore plus grande que la chaleur propre du satellite dans cette même raison. Dès lors la compensation à la fin de cette première période, au lieu d'être $\frac{\frac{25}{676}}{50}$, n'a été que $\frac{\frac{25}{676}}{1458}$. En ajoutant ces deux termes de compensation $\frac{\frac{25}{676}}{2793\frac{1}{3}}$ et $\frac{\frac{25}{676}}{1458}$ du premier et du dernier temps de cette première période, on a $\frac{\frac{106085}{676}}{4038400}$ ou $\frac{156\frac{630}{676}}{4038400}$, qui multipliés par 12 $\frac{1}{2}$, moitié de la somme de tous les termes, donnent $\frac{1960\frac{432}{676}}{4038400}$ pour la compensation totale qu'a pu faire la chaleur du soleil pendant cette première période. Et comme la diminution totale de la chaleur est à la compensation totale en même raison que le temps de la période est au prolongement du refroidissement, on aura 25 : $\frac{1961\frac{2}{3}}{4038400}$ :: 5897 : $\frac{11547948\frac{1}{3}}{100960000}$ ou :: 5897 ans : 41 jours $\frac{7}{10}$. Ainsi le prolongement du refroidissement,

par la chaleur du soleil, au lieu d'avoir été de 2 ans 97 jours, n'a réellement été que de 41 jours $\frac{7}{10}$.

On trouverait de la même manière les temps du prolongement du refroidissement, par la chaleur du soleil, pendant la seconde période, et pendant les périodes suivantes; mais il est plus facile et plus court de l'évaluer
en totalité de la manière suivante.

La compensation par la chaleur du soleil dans le temps de l'incan-
descence, ayant été, comme nous venons de le dire, $\frac{\frac{25}{676}}{2703\frac{1}{2}}$, sera à
la fin de 37 $\frac{2}{3}$ périodes $\frac{\frac{25}{676}}{50}$, puisque ce n'est qu'après ces 37 $\frac{2}{3}$ périodes, que la température du satellite sera égale à la température
actuelle de la terre. Ajoutant donc ces deux termes de compensation
$\frac{\frac{25}{676}}{2793\frac{1}{2}}$ et $\frac{\frac{25}{676}}{50}$ du premier et du dernier temps de ces 37 $\frac{2}{3}$ périodes, on
a $\frac{\frac{71027}{676}}{139675}$ ou $\frac{105\frac{47}{676}}{139675}$, qui multipliés par 12 $\frac{1}{2}$, moitié de la somme de tous
les termes de la diminution de la chaleur, donnent $\frac{1313\frac{245}{676}}{139675}$ ou $\frac{13}{1396}$ environ pour la compensation totale, par la chaleur du soleil, pendant les 37 $\frac{2}{3}$
périodes de 5897 ans chacune. Et comme la diminution totale de la chaleur est à la compensation totale en même raison que le temps total est
au prolongement du refroidissement, on aura 25 : $\frac{13}{1396}$ :: 222120 $\frac{1}{3}$: 82
ans $\frac{37}{50}$ environ. Ainsi le prolongement total que fera la chaleur du soleil, ne
sera que de 82 ans $\frac{37}{50}$ qu'il faut ajouter aux 222120 ans $\frac{1}{3}$. D'où l'on voit
que ce ne sera que dans l'année 222203 de la formation des planètes que
ce satellite jouira de la même température dont jouit aujourd'hui la terre,
et qu'il faudra le double du temps, c'est-à-dire, que ce ne sera que dans
l'année 444406 de la formation des planètes qu'il pourra être refroidi à $\frac{1}{25}$
de la chaleur actuelle de la terre.

Faisant le même calcul pour le second satellite, que nous avons supposé
grand comme Mercure, nous verrons qu'il aurait dû se consolider jusqu'au
centre en 1342 ans, perdre de sa chaleur propre en 11303 ans $\frac{1}{3}$ au point
de pouvoir le toucher, et se refroidir par la même déperdition de sa chaleur propre, au point de la température actuelle de la terre en 24682 ans $\frac{1}{3}$,
si sa densité était égale à celle de la terre; mais comme la densité du globe
terrestre est à celle de Jupiter ou de ses satellites :: 1000 : 292, il s'ensuit
que ce second satellite dont le diamètre est $\frac{1}{3}$ de celui de la terre, se serait
réellement consolidé jusqu'au centre en 282 ans environ, refroidi au point
de pouvoir le toucher en 3300 ans $\frac{17}{23}$, et à la température actuelle de la
terre en 7283 ans $\frac{16}{25}$, si la perte de sa chaleur propre n'eût pas été compensée par la chaleur que le soleil, et plus encore par celle que Jupiter
ont envoyées à ce satellite. Or, l'action de la chaleur du soleil sur ce satellite étant en raison inverse du carré des distances, la compensation que

cette chaleur du soleil a faite à la perte de la chaleur propre du satellite, était dans le temps de l'incandescence $\frac{\frac{25}{676}}{1250}$ et $\frac{\frac{25}{676}}{50}$ à la fin de cette première période de 7283 ans $\frac{16}{25}$. Ajoutant ces deux termes $\frac{\frac{25}{676}}{1250}$ et $\frac{\frac{25}{676}}{50}$ de la compensation dans le premier et le dernier temps de cette période, on a $\frac{\frac{650}{676}}{1250}$, qui multipliés par 12 $\frac{1}{2}$, moitié de la somme de tous les termes, donnent $\frac{\frac{8125}{676}}{1250}$ ou $\frac{12\frac{11}{676}}{1250}$ pour la compensation totale qu'a faite la chaleur du soleil pendant cette première période de 7283 ans $\frac{16}{25}$. Et comme la perte totale de la chaleur propre est à la compensation totale en même raison que le temps de la période est au prolongement du refroidissement, on aura 25 : $\frac{12\frac{13}{676}}{25}$: : 7283 ans $\frac{16}{25}$: 2 ans 252 jours. Ainsi le prolongement du refroidissement de ce satellite, par la chaleur du soleil, pendant cette première période, n'a été que de 2 ans 252 jours.

Mais la chaleur de Jupiter, qui dans le temps de l'incandescence était 25, avait diminué, au bout de 7283 ans $\frac{16}{25}$, de $\frac{19}{23}$ environ, et elle était encore alors 24 $\frac{4}{23}$. Et comme ce satellite n'est éloigné de Jupiter que de 9 demi-diamètres de Jupiter, ou 99 demi-diamètres terrestres, c'est-à-dire de 141817 lieues $\frac{1}{2}$, et qu'il est éloigné du soleil de 171 millions 600 mille lieues, il en résulte que la chaleur envoyée par Jupiter à ce satellite aurait été : : $(171600000)^2 : (141817\frac{1}{2})^2$, si la surface que présente Jupiter à ce satellite était égale à la surface que lui présente le soleil; mais la surface de Jupiter, qui, dans le réel, n'est que $\frac{121}{11449}$ de celle du soleil, paraît néanmoins plus grande à ce satellite dans la raison inverse du carré des distances; on aura donc $(141817\frac{1}{2})^2 : (171600000)^2 : : \frac{121}{11449} : 15473\frac{1}{3}$ environ. Donc la surface que Jupiter présente à ce satellite est 15473 fois $\frac{1}{3}$ plus grande que celle que lui présente le soleil. Ainsi, Jupiter, dans le temps de l'incandescence, était pour ce satellite un astre de feu 15473 fois $\frac{1}{3}$ plus étendu que le soleil. Mais nous avons vu que la compensation faite par la chaleur du soleil, à la perte de la chaleur propre de ce satellite, n'était que $\frac{\frac{25}{676}}{50}$, lorsqu'au bout de 7283 ans $\frac{16}{25}$, il se serait refroidi à la température actuelle de la terre, et que, dans le temps de l'incandescence, cette compensation par la chaleur du soleil n'était que $\frac{\frac{25}{676}}{1250}$, on aura donc 15473 $\frac{2}{3}$, multipliés par $\frac{\frac{25}{676}}{1250}$ ou $\frac{572\frac{170}{676}}{1250}$ pour la compensation qu'a faite la chaleur de Jupiter sur ce satellite dans le commencement de cette première période, et $\frac{572\frac{170}{676}}{50}$ pour la compensation qu'elle aurait faite à la fin de cette même période de 7283 ans $\frac{16}{25}$, si Jupiter eût conservé son état d'incandescence. Mais comme sa chaleur propre a diminué pendant cette période de 25 à 24 $\frac{4}{23}$, la compensation à la fin de la période, au lieu d'être $\frac{572\frac{170}{676}}{50}$, n'a été que de $\frac{553\frac{1}{2}}{50}$ environ. Ajoutant ces deux termes $\frac{553\frac{1}{2}}{50}$ et

$\frac{572\frac{157}{676}}{1250}$ de la compensation dans le premier et dans le dernier temps de cette première période, on a $\frac{14405\frac{1}{4}}{1250}$ environ, lesquels, multipliés par $12\frac{1}{2}$, moitié de la somme de tous les termes, donnent $\frac{180068\frac{3}{4}}{1250}$ ou $144\frac{7}{25}$ environ pour la compensation totale qu'a faite la chaleur de Jupiter pendant cette première période de 7283 ans $\frac{16}{25}$. Et comme la perte totale de la chaleur propre est à la compensation totale en même raison que le temps de la période est au prolongement du refroidissement, on aura $25 : 144\frac{7}{25}$ :: $7283\frac{16}{25} : 42044\frac{18}{125}$. Ainsi, le temps dont la chaleur de Jupiter a prolongé le refroidissement de ce satellite a été de 42044 ans 52 jours, tandis que la chaleur du soleil ne l'a prolongé que de 2 ans 252 jours ; d'où l'on voit, en ajoutant ces deux temps à celui de la période de 7283 ans 233 jours, que ç'a été dans l'année 49331 de la formation des planètes, c'est-à-dire il y a 25501 ans que ce second satellite de Jupiter a pu être refroidi au point de la température actuelle de la terre.

Le moment où la chaleur envoyée par Jupiter a été égale à la chaleur propre de ce satellite s'est trouvé au $2\frac{4}{21}$ terme environ de l'écoulement du temps de cette première période de 7283 ans 233 jours, qui, multipliés par 291 ans 126 jours, nombre des années de chaque terme de cette période, donnent 638 ans 67 jours. Ainsi, ç'a été dès l'année 639 de la formation des planètes que la chaleur envoyée par Jupiter à son second satellite s'est trouvée égale à sa chaleur propre.

Dès lors on voit que la chaleur propre de ce satellite a toujours été au-dessous de celle que lui envoyait Jupiter dès l'année 639 de la formation des planètes ; on doit donc évaluer, comme nous l'avons fait pour le premier satellite, la température dont il a joui, et dont il jouira pour la suite.

Or, Jupiter ayant d'abord envoyé à ce satellite, dans le temps de l'incandescence, une chaleur 15473 fois $\frac{2}{3}$ plus grande que celle du soleil, lui envoyait encore, à la fin de la première période de 7283 ans $\frac{16}{25}$, une chaleur 14960 fois $\frac{31}{50}$ plus grande que celle du soleil, parce que la chaleur propre de Jupiter n'avait encore diminué que de 25 à $24\frac{4}{23}$. Et au bout d'une seconde période de 7283 ans $\frac{16}{25}$, c'est-à-dire après la déperdition de la chaleur propre du satellite jusqu'au point extrême de $\frac{1}{25}$ de la chaleur actuelle de la terre, Jupiter envoyait encore à ce satellite une chaleur 14447 fois plus grande que celle du soleil, parce que la chaleur propre de Jupiter n'avait encore diminué que de $24\frac{4}{23}$ à $23\frac{8}{23}$.

En suivant la même marche, on voit que la chaleur de Jupiter, qui d'abord était 25, et qui décroît constamment de $\frac{19}{23}$ par chaque période de 7283 ans $\frac{16}{25}$, diminue par conséquent sur ce satellite de 513 à peu près pendant chacune de ces périodes ; en sorte qu'après $26\frac{1}{2}$ périodes environ, cette chaleur envoyée par Jupiter au satellite sera à très-peu près encore 1350 fois plus grande que la chaleur qu'il reçoit du soleil.

Mais comme la chaleur du soleil sur Jupiter et sur ses satellites est à celle du soleil sur la terre à peu près : : 1 : 27, et que la chaleur de la terre est 50 fois plus grande que celle qu'elle reçoit actuellement du soleil, il s'ensuit qu'il faut diviser par 27 cette quantité 1350 pour avoir une chaleur égale à celle que le soleil envoie sur la terre ; et cette dernière chaleur étant $\frac{1}{50}$ de la chaleur actuelle du globe terrestre, il en résulte qu'au bout de 26 $\frac{1}{2}$ périodes de 7283 ans $\frac{16}{25}$ chacune, c'est-à-dire au bout de 193016 ans $\frac{11}{25}$, la chaleur que Jupiter enverra à ce satellite sera égale à la chaleur actuelle de la terre, et que, n'ayant plus de chaleur propre, il jouira néanmoins d'une température égale à celle dont jouit aujourd'hui la terre dans l'année 193017 de la formation des planètes.

Et de même que cette chaleur envoyée par Jupiter prolongera de beaucoup le refroidissement de ce satellite au point de la température actuelle de la terre, elle le prolongera de même pendant 26 autres périodes $\frac{1}{2}$ pour arriver au point extrême de $\frac{1}{25}$ de la chaleur actuelle du globe de la terre ; en sorte que ce ne sera que dans l'année 386034 de la formation des planètes que ce satellite sera refroidi à $\frac{1}{25}$ de la température actuelle de la terre.

Il en est de même de l'estimation de la chaleur du soleil, relativement à la compensation qu'elle a faite et fera à la diminution de la température du satellite. Il est certain qu'à ne considérer que la déperdition de la chaleur propre du satellite, cette chaleur du soleil n'aurait fait compensation, dans le temps de l'incandescence, que de $\dfrac{\frac{25}{676}}{1250}$, et qu'à la fin de la première période de 7283 ans $\frac{16}{25}$, cette même chaleur du soleil aurait fait une compensation de $\dfrac{\frac{25}{676}}{50}$, et que dès lors le prolongement du refroidissement, par l'accession de cette chaleur du soleil, aurait été de 2 ans $\frac{2}{3}$. Mais la chaleur envoyée par Jupiter, dès le temps de l'incandescence, étant à la chaleur propre du satellite : : 572 $\frac{170}{676}$: 1250, il s'ensuit que la compensation faite par la chaleur du soleil doit être diminuée dans la même raison ; en sorte qu'au lieu d'être $\dfrac{\frac{25}{676}}{1250}$, elle n'a été que $\dfrac{\frac{25}{676}}{1822\frac{170}{676}}$ au commencement de cette période. Et de même que cette compensation, qui aurait été $\dfrac{\frac{25}{676}}{50}$ à la fin de cette première période, en ne considérant que la déperdition de la chaleur propre du satellite, doit être diminuée dans la même raison de 553 $\frac{1}{3}$ à 50, parce que la chaleur envoyée par Jupiter était encore plus grande que la chaleur propre du satellite dans cette même raison. Dès lors la compensation à la fin de cette première période, au lieu d'être $\dfrac{\frac{25}{676}}{50}$, n'a été que $\dfrac{\frac{25}{676}}{603\frac{1}{3}}$. En ajoutant ces deux termes de compensation $\dfrac{\frac{25}{676}}{1822\frac{170}{676}}$

et $\frac{\frac{25}{676}}{603\frac{1}{3}}$ du premier et du dernier temps de cette première période, on a

$\frac{\frac{60639\frac{1}{2}}{676}}{1098625}$ ou $\frac{89\frac{2}{3}}{1098625}$, qui, multipliés par 12 $\frac{1}{2}$, moitié de la somme de tous

les termes, donnent $\frac{1120\frac{5}{6}}{1098625}$ pour la compensation totale qu'a pu faire
la chaleur du soleil pendant cette première période. Et comme la perte de
la chaleur est à la compensation en même raison que le temps de la

période est au prolongement du refroidissement, on aura 25 : $\frac{1120\frac{5}{6}}{1098625}$

:: 7283 $\frac{16}{25}$: $\frac{8163745\frac{29}{30}}{27465625}$ ou :: 7283 ans $\frac{16}{25}$: 108 jours $\frac{1}{2}$, au lieu de
2 ans $\frac{2}{3}$ que nous avions trouvés par la première évaluation.

Et pour évaluer en totalité la compensation qu'a faite cette chaleur du
soleil pendant toutes les périodes, on trouvera que la compensation dans

le temps de l'incandescence ayant été $\frac{\frac{25}{676}}{1822\frac{170}{676}}$, sera à la fin de 26 $\frac{1}{2}$

périodes de $\frac{\frac{25}{676}}{50}$, puisque ce n'est qu'après ces 26 $\frac{1}{2}$ périodes que la température du satellite sera égale à la température actuelle de la terre. Ajou-

tant donc ces deux termes de compensation $\frac{\frac{25}{676}}{1822\frac{170}{676}}$ et $\frac{25}{676}{50}$ du premier et du

dernier temps de ces 26 $\frac{1}{2}$ périodes, on a $\frac{\frac{46806\frac{1}{4}}{676}}{91112\frac{1}{4}}$ ou $\frac{69\frac{41}{169}}{91112\frac{1}{4}}$, qui, multipliés par 12 $\frac{1}{2}$, moitié de la somme de tous les termes de la diminution de

la chaleur, donnent $\frac{865\frac{1}{2}}{91112\frac{1}{4}}$ ou $\frac{43}{4555}$ environ pour la compensation totale,
par la chaleur du soleil, pendant les 26 périodes et $\frac{1}{2}$ de 7283 ans $\frac{16}{25}$.
Et comme la diminution totale de la chaleur est à la compensation totale
en même raison que le temps total de sa période est au prolongement du
temps du refroidissement, on aura 25 : $\frac{43}{4555}$ :: 193016 $\frac{11}{25}$: 72 $\frac{22}{25}$. Ainsi,
le prolongement total que fera la chaleur du soleil ne sera que de 72 ans $\frac{22}{25}$,
qu'il faut ajouter aux 193016 ans $\frac{11}{25}$; d'où l'on voit que ce ne sera que
dans l'année 193090 de la formation des planètes que ce satellite jouira de
la même température dont jouit aujourd'hui la terre, et qu'il faudra le
double de ce temps, c'est-à-dire que ce ne sera que dans l'année 386180
de la formation des planètes qu'il pourra être refroidi à $\frac{1}{25}$ de la température actuelle de la terre.

Faisant les mêmes raisonnements pour le troisième satellite de Jupiter,
que nous avons supposé grand comme Mars, c'est-à-dire de $\frac{13}{25}$ du diamètre
de la terre, et qui est à 14 $\frac{1}{3}$ demi-diamètres de Jupiter, ou 157 $\frac{2}{3}$ demi-
diamètres terrestres, c'est-à-dire à 225857 lieues de distance de sa planète
principale, nous verrons que ce satellite se serait consolidé jusqu'au centre
en 1490 ans $\frac{3}{5}$, refroidi au point de pouvoir le toucher en 17633 ans $\frac{18}{25}$,
et au point de la température actuelle de la terre en 38504 ans $\frac{11}{25}$, si la
densité de ce satellite était égale à celle de la terre ; mais comme la den-

sité du globe terrestre est à celle de Jupiter et de ses satellites : : 1000 : 292, il faut diminuer en même raison les temps de la consolidation et du refroidissement. Ainsi, ce troisième satellite se sera consolidé jusqu'au centre en 435 ans $\frac{51}{200}$, refroidi au point de pouvoir le toucher en 5149 ans $\frac{11}{200}$, et il aurait perdu assez de sa chaleur propre pour arriver au point de la température actuelle de la terre en 11243 ans $\frac{7}{25}$ environ, si la perte de sa chaleur propre n'eût pas été compensée par l'accession de la chaleur du soleil, et surtout par celle de la chaleur envoyée par Jupiter à ce satellite. Or, la chaleur envoyée par le soleil étant en raison inverse du carré des distances, la compensation qu'elle faisait à la perte de la chaleur propre du satellite était, dans le temps de l'incandescence, $\frac{\frac{25}{676}}{1250}$ et $\frac{\frac{25}{676}}{50}$ à la fin de cette première période de 11243 ans $\frac{7}{25}$. Ajoutant ces deux termes $\frac{\frac{25}{676}}{1250}$ et $\frac{\frac{25}{676}}{50}$ de la compensation dans le premier et dans le dernier temps de cette première période de 11243 ans $\frac{7}{25}$, on a $\frac{\frac{650}{676}}{1250}$, qui, multipliés par 12 $\frac{1}{2}$, moitié de la somme de tous les termes, donnent $\frac{\frac{85}{676}}{1250}$ ou $\frac{12\frac{13}{676}}{1250}$ pour la compensation totale qu'a faite la chaleur du soleil pendant le temps de cette première période. Et comme la perte totale de la chaleur propre est à la compensation totale en même raison que le temps de la période est au prolongement du refroidissement, on aura 25 : $\frac{12\frac{13}{676}}{1250}$: : 11243 $\frac{7}{25}$: 4 $\frac{1}{3}$ environ. Ainsi, le prolongement du refroidissement de ce satellite, par la chaleur du soleil, pendant cette première période de 11243 ans $\frac{7}{25}$, aurait été de 4 ans 116 jours.

Mais la chaleur de Jupiter, qui, dans le temps de l'incandescence, était 25, avait diminué pendant cette première période de 25 à 23 $\frac{3}{6}$ environ ; et comme ce satellite est éloigné de Jupiter de 225857 lieues, et qu'il est éloigné du soleil de 171 millions 600 mille lieues, il en résulte que la chaleur envoyée par Jupiter à ce satellite aurait été, à la chaleur envoyée par le soleil, comme le carré de 171600000 est au carré de 225857, si la surface que présente Jupiter à ce satellite était égale à la surface que lui présente le soleil ; mais la surface de Jupiter, qui dans le réel n'est que $\frac{121}{11449}$ de celle du soleil, paraît néanmoins plus grande à ce satellite dans le rapport inverse du carré des distances, on aura donc $(225857)^2$: $(171600000)^2$: : $\frac{121}{11449}$: 6101 environ. Donc, la surface que présente Jupiter à son troisième satellite étant 6101 fois plus grande que la surface que lui présente le soleil, Jupiter, dans le temps de l'incandescence, était pour ce satellite un astre de feu 6101 fois plus grand que le soleil. Mais nous avons vu que la compensation faite par la chaleur du soleil à la perte de la chaleur propre de ce satellite n'était que $\frac{\frac{25}{676}}{50}$, lorsqu'au bout de 11243 ans $\frac{7}{25}$, il se serait refroidi à la température actuelle de la terre, et que, dans le temps de l'incandescence, cette compensation par la chaleur du soleil n'a été que $\dfrac{\frac{25}{676}}{1250}$. Il faut donc multiplier par 6101 chacun de ces deux termes de compensation, et l'on aura pour le premier $\dfrac{225\frac{443}{676}}{1250}$ et pour le second $\dfrac{225\frac{443}{676}}{50}$, et cette dernière compensation de la fin de la période serait exacte, si Jupiter eût conservé son état d'incandescence pendant tout le temps de cette même période de 11243 ans $\frac{7}{25}$. Mais comme sa chaleur propre a diminué de 25 à 23 $\frac{5}{6}$ pendant cette période, la compensation à la fin de la période, au lieu d'être $\dfrac{225\frac{443}{676}}{50}$, n'a été que de $\dfrac{218\frac{13}{75}}{50}$. Ajoutant ces deux termes $\dfrac{218\frac{13}{75}}{50}$ et $\dfrac{225\frac{443}{676}}{1250}$ de la compensation du premier et du dernier temps dans cette première période, on a $\dfrac{5679\frac{21}{23}}{1250}$ environ, lesquels, étant multipliés par 12 $\frac{1}{2}$, moitié de la somme de tous les termes, donnent $\dfrac{70998}{1250}$ ou 56 $\frac{15}{19}$ environ pour la compensation totale qu'a faite la chaleur de Jupiter sur son troisième satellite pendant cette première période de 11243 ans $\frac{7}{25}$. Et comme la perte totale de la chaleur propre est à la compensation totale en même raison que le temps de la période est à celui du prolongement du refroidissement, on aura a 25 : 56 $\frac{15}{19}$: : 11243 $\frac{7}{25}$: 25340. Ainsi, le temps dont la chaleur de Jupiter a prolongé le refroidissement de ce satellite, pendant cette première période de 11243 ans $\frac{7}{25}$, a été de 25340 ans, et par conséquent, en y ajoutant le prolongement par la chaleur du soleil, qui est de 4 ans 116 jours, on a 25344 ans 116 jours pour le prolongement total du refroidissement, ce qui, étant ajouté au temps de la période, donne 36787 ans 218 jours; d'où l'on voit que ç'a été dans l'année 36588 de la formation des planètes, c'est-à-dire il y a 38244 ans que ce satellite jouissait de la même température dont jouit aujourd'hui la terre.

Le moment où la chaleur envoyée par Jupiter à ce satellite était égale à sa chaleur propre, s'est trouvé au 5 $\frac{365}{677}$ terme de l'écoulement du temps de cette première période de 11243 ans $\frac{7}{25}$, qui étant multiplié par 449 $\frac{3}{4}$, nombre des années de chaque terme de cette période, donne 2490 ans environ. Ainsi ç'a été dès l'année 2490 de la formation des planètes, que la chaleur envoyée par Jupiter à son troisième satellite s'est trouvée égale à la chaleur propre de ce satellite.

Dès lors on voit que cette chaleur propre du satellite a été au-dessous de celle que lui envoyait Jupiter, dès l'année 2490 de la formation des planètes; et en évaluant comme nous avons fait pour les deux premiers satellites, la température dont celui-ci doit jouir, on trouve que Jupiter ayant envoyé à ce satellite, dans le temps de l'incandescence, une chaleur 6101 fois plus grande que celle du soleil, il lui envoyait encore à la fin de la première période de 11243 ans $\frac{7}{25}$ une chaleur 5816 $\frac{43}{150}$ fois plus grande que celle du soleil, parce que la chaleur propre de Jupiter n'avait diminué que de 25 à 23 $\frac{5}{6}$; et au bout d'une seconde période de 11243 ans $\frac{7}{25}$, c'est-à-dire, après la déperdition de la chaleur propre du satellite, jusqu'au point extrême de $\frac{1}{25}$ de la chaleur actuelle de la terre, Jupiter envoyait encore à ce satellite une chaleur 5531 $\frac{86}{150}$ fois plus grande que celle du soleil, parce que la chaleur propre de Jupiter n'avait encore diminué que de 23 $\frac{5}{6}$ à 22 $\frac{4}{6}$.

En suivant la même marche, on voit que la chaleur de Jupiter qui d'abord était 25, et qui décroît constamment de $\frac{7}{6}$ par chaque période de 11243 ans $\frac{7}{25}$, diminue par conséquent sur ce satellite de 284 $\frac{107}{150}$ pendant chacune de ces périodes; en sorte qu'après 15 $\frac{2}{3}$ périodes environ, cette chaleur envoyée par Jupiter au satellite, sera à très-peu près encore 1350 fois plus grande que la chaleur qu'il reçoit du soleil.

Mais comme la chaleur du soleil sur Jupiter et sur ses satellites est à celle du soleil sur la terre, à peu près : : 1 : 27, et que la chaleur de la terre est 50 fois plus grande que celle qu'elle reçoit actuellement du soleil; il s'ensuit qu'il faut diviser par 27 cette quantité 1350 pour avoir une chaleur égale à celle que le soleil envoie sur la terre; et cette dernière chaleur étant $\frac{1}{50}$ de la chaleur actuelle du globe terrestre, il en résulte qu'au bout de 15 $\frac{2}{3}$ périodes, chacune de 11243 ans $\frac{7}{25}$, c'est-à-dire, au bout de 176144 $\frac{11}{15}$, la chaleur que Jupiter enverra à ce satellite, sera égale à la chaleur actuelle de la terre, et que n'ayant plus de chaleur propre, il jouira néanmoins d'une température égale à celle dont jouit aujourd'hui la terre dans l'année 176145 de la formation des planètes.

Et comme cette chaleur envoyée par Jupiter prolongera de beaucoup le refroidissement de ce satellite, au point de la température actuelle de la terre, elle le prolongera de même pendant 15 $\frac{2}{3}$ autres périodes, pour arriver au point extrême de $\frac{1}{25}$ de la chaleur actuelle du globe terrestre; en sorte que ce ne sera que dans l'année 352290 de la formation des planètes, que ce satellite sera refroidi à $\frac{1}{25}$ de la température actuelle de la terre.

Il en est de même de l'estimation de la chaleur du soleil, relativement à la compensation qu'elle a faite à la diminution de la température du satellite dans les différents temps; il est certain qu'à ne considérer que la déperdition de la chaleur propre du satellite, cette chaleur du soleil n'aurait fait compensation, dans le temps de l'incandescence, que $\frac{\frac{25}{676}}{1250}$; et qu'à la fin de la première période qui est de 11243 ans $\frac{7}{25}$, cette même chaleur du soleil aurait fait une compensation de $\frac{\frac{25}{676}}{50}$, et que dès lors le prolongement du refroidissement, par l'accession de cette chaleur du soleil, aurait en effet été de 4 ans $\frac{1}{3}$. Mais la chaleur envoyée par Jupiter, dès le temps de l'incandescence, étant à la chaleur propre du satellite : : 225 $\frac{125}{676}$: 1250, il s'ensuit que la compensation faite par la chaleur du soleil, doit être diminuée dans la même raison, en sorte qu'au lieu d'être $\frac{\frac{25}{676}}{1250}$, elle n'a été que $\frac{\frac{25}{676}}{1475\frac{2}{3}}$ au commencement de cette période, et que cette compensation qui aurait été $\frac{\frac{25}{676}}{50}$ à la fin de cette première période, si l'on ne considérait que la déperdition de la chaleur propre du satellite, doit être diminuée dans la raison de 218 $\frac{13}{75}$ à 50, parce que la chaleur envoyée par Jupiter était encore plus grande que la chaleur propre du satellite dans cette même raison. Dès lors la compensation à la fin de cette première période, au lieu d'être $\frac{\frac{25}{676}}{50}$, n'a été que $\frac{\frac{25}{676}}{268\frac{13}{75}}$. En ajoutant ces deux termes de compensation $\frac{\frac{25}{676}}{1475\frac{2}{3}}$ et $\frac{\frac{25}{676}}{268\frac{13}{75}}$ du premier et du dernier temps de cette première période, on a $\frac{\frac{43896}{676}}{395734\frac{4}{9}}$ ou $\frac{64\frac{1}{2}}{395734\frac{4}{9}}$, qui multipliés par 12 $\frac{1}{2}$, moitié de la somme de tous les termes, donnent $\frac{806\frac{1}{4}}{395734\frac{4}{9}}$ pour la compensation totale qu'a faite la chaleur du soleil pendant cette première période. Et comme la diminution totale de la chaleur est à la compensation totale en même raison que le temps de la période est au prolongement du refroidissement, on aura 25 : $\frac{806\frac{1}{4}}{395734\frac{4}{9}}$: : 11243 $\frac{7}{25}$: $\frac{9004669\frac{1}{3}}{9893361}$ ou : : 11243 ans $\frac{7}{25}$: 334 jours environ, au lieu de 4 ans $\frac{1}{3}$ que nous avions trouvés par la première évaluation.

Et pour évaluer en totalité la compensation qu'a faite cette chaleur du soleil pendant toutes les périodes, on trouvera que la compensation qu'a faite cette chaleur du soleil dans le temps de l'incandescence, ayant été $\frac{\frac{25}{676}}{1475\frac{2}{3}}$, sera à la fin de 15 $\frac{2}{3}$ périodes de $\frac{\frac{25}{676}}{50}$, puisque ce n'est qu'après ces 15 $\frac{2}{3}$ périodes, que la température du satellite sera égale à la température actuelle de la terre. Ajoutant donc ces deux termes de compensation $\frac{\frac{25}{676}}{1475\frac{2}{3}}$ et $\frac{\frac{25}{676}}{50}$ du premier et du dernier temps de ces 15 $\frac{2}{3}$ périodes, on a $\frac{\frac{38141\frac{1}{3}}{676}}{73782\frac{2}{3}}$ ou $\frac{56\frac{3}{7}}{73782\frac{2}{3}}$, qui multipliés par 12 $\frac{1}{2}$, moitié de la somme de tous les termes de la diminution de la chaleur, donnent $\frac{705\frac{17}{75}}{73782\frac{2}{3}}$ ou $\frac{35}{3089}$ environ pour la compensation totale, par la chaleur du soleil, pendant les 15 $\frac{2}{3}$ périodes de 11243 ans $\frac{7}{25}$ chacune. Et comme la diminution totale de la chaleur est à la compensation totale en même raison que le temps total de la période est au prolongement du refroidissement, on aura 25 : $\frac{35}{3089}$: : 176144 $\frac{11}{15}$: 66 $\frac{21}{25}$. Ainsi le prolongement total que fera la chaleur du soleil ne sera que de 66 ans $\frac{21}{25}$, qu'il faut ajouter aux 176144 ans $\frac{11}{15}$; d'où l'on voit que ce ne sera que dans l'année 176212 de la formation des planètes que ce satellite jouira en effet de la même température dont jouit aujourd'hui la terre, et qu'il faudra le double de ce temps, c'est-à-dire que ce ne sera que dans l'année 352424 de la formation des planètes que sa température sera 25 fois plus froide que la température actuelle de la terre.

Faisant le même calcul sur le quatrième satellite de Jupiter, que nous avons supposé grand comme la terre, nous verrons qu'il aurait dû se consolider jusqu'au centre en 2905 ans, se refroidir au point de pouvoir le toucher en 33911 ans, et perdre assez de sa chaleur propre pour arriver au point de la température actuelle. de la terre en 74047 ans, si sa densité était la même que celle du globe terrestre ; mais, comme la densité de Jupiter et de ses satellites est à celle de la terre : : 292 : 1000, les temps de la consolidation et du refroidissement par la déperdition de la chaleur propre doivent être diminués dans la même raison. Ainsi ce satellite ne s'est consolidé jusqu'au centre qu'en 848 ans $\frac{1}{4}$, refroidi au point de pouvoir le toucher en 9902 ans, et enfin il aurait perdu assez de sa chaleur propre pour arriver au point de la température actuelle de la terre en 21621 ans, si la perte de sa chaleur propre n'eût pas été compensée par la chaleur envoyée par le soleil et par Jupiter. Or, la chaleur envoyée par le soleil à ce satellite étant en raison inverse du carré des distances, la compensation produite par cette chaleur était, dans le temps de l'incandescence, $\frac{25}{\frac{676}{1250}}$ et $\frac{25}{\frac{676}{50}}$ à la fin de cette première période de 21621 ans. Ajoutant ces deux termes $\frac{25}{\frac{676}{1250}}$ et $\frac{25}{\frac{676}{50}}$ de la compensation du premier et du dernier temps de cette période, on a $\frac{650}{\frac{676}{1250}}$, qui, multipliés par $12\frac{1}{2}$, moitié de la somme de tous les termes, donnent $\frac{8125}{\frac{676}{1250}}$ ou $\frac{12\frac{13}{676}}{1250}$ pour la compensation totale qu'a faite la chaleur du soleil pendant cette première période de 21621 ans. Et comme la perte totale de la chaleur propre est à la compensation totale en même raison que le temps de la période est à celui du prolongement du refroidissement, on aura $25 : \frac{12\frac{13}{676}}{1250} : : 21621 : 8\frac{3}{10}$. Ainsi le prolongement du refroidissement de ce satellite, par la chaleur du soleil, a été de 8 ans $\frac{3}{10}$ pour cette première période.

Mais la chaleur de Jupiter, qui, dans le temps de l'incandescence, était 25 fois plus grande que la chaleur actuelle de la terre, avait diminué au bout des 21621 ans de 25 à $22\frac{3}{4}$; et comme ce satellite est éloigné de Jupiter de $277\frac{3}{4}$ demi-diamètres terrestres, ou de 397877 lieues, tandis qu'il est éloigné du soleil de 171 millions 600 mille lieues, il en résulte que la chaleur envoyée par Jupiter à ce satellite aurait été à la chaleur envoyée par le soleil comme le carré de 171600000 est au carré de 397877, si la surface que Jupiter présente à son quatrième satellite était égale à la surface que lui présente le soleil ; mais la surface de Jupiter, qui dans le réel n'est que $\frac{121}{11449}$ de celle du soleil, paraît néanmoins à ce satellite bien plus grande que celle de cet astre dans le rapport inverse du carré des distances; on aura donc $(397877)^2 : (171600000)^2 :: \frac{121}{11449} : 1909$ environ. Ainsi Jupiter, dans le temps de l'incandescence, était pour son quatrième satellite un astre de feu 1909 fois plus grand que le soleil. Mais nous avons vu que la compensation faite par la chaleur du soleil à la perte de la chaleur propre du satellite était $\frac{\frac{25}{676}}{50}$, lorsqu'au bout de 21621 ans, il se serait refroidi à la température actuelle de la terre; et que, dans le temps de l'incandescence, cette compensation, par la chaleur du soleil, n'a été que $\frac{\frac{25}{676}}{1250}$, qui, multipliés par 1909, donnent $\frac{70\frac{405}{676}}{1250}$ pour la compensation qu'a faite la chaleur de Jupiter au commencement de cette période, c'est-à-dire dans le temps de l'incandescence, et par conséquent $\frac{70\frac{405}{676}}{50}$ pour la compensation que la chaleur de Jupiter aurait faite à la fin de cette première période, s'il eût conservé son état d'incandescence; mais sa chaleur propre ayant diminué pendant cette première période de 25 à 22 $\frac{3}{4}$, la compensation, au lieu d'être $\frac{70\frac{405}{676}}{50}$, n'a été que $\frac{64}{50}$ environ. Ajoutant ces deux termes $\frac{64}{50}$ et $\frac{70\frac{405}{676}}{1250}$ de la compensation dans le premier et dans le dernier temps de cette période, on a $\frac{1671}{1250}$ environ, lesquels, multipliés par 12 $\frac{1}{2}$, moitié de la somme de tous les termes, donnent $\frac{20887\frac{1}{2}}{1250}$ ou 16 $\frac{3}{4}$ environ pour la compensation totale qu'a faite la chaleur envoyée par Jupiter à la perte de la chaleur propre de son quatrième satellite. Et comme la perte totale de la chaleur propre est à la compensation totale en même raison que le temps de la période est à celui du prolongement du refroidissement, on aura 25 : 16 $\frac{3}{4}$ :: 21621 : 14486 $\frac{7}{100}$. Ainsi le temps dont la chaleur de Jupiter a prolongé le refroidissement de ce satellite, pendant cette première période de 21621 ans, étant de 14486 ans $\frac{7}{100}$, et la chaleur du soleil l'ayant aussi prolongé de 8 ans $\frac{3}{10}$ pendant la même période, on trouve, en ajoutant ces deux nombres d'années aux 21621 ans de la période, que ç'a été dans l'année 36116 de la formation des planètes, c'est-à-dire il y a 38716 ans, que ce quatrième satellite de Jupiter jouissait de la même température dont jouit aujourd'hui la terre.

Le moment où la chaleur envoyée par Jupiter à son quatrième satellite a été égale à la chaleur propre de ce satellite, s'est trouvé au 17 $\frac{2}{3}$ terme environ de l'écoulement du temps de cette première période, qui, multiplié par 864 $\frac{21}{23}$, nombre des années de chaque terme de cette période de 21621 ans, donne 15278 $\frac{21}{23}$. Ainsi ç'a été dans l'année 15279 de la formation des planètes que la chaleur envoyée par Jupiter à son quatrième satellite s'est trouvée égale à la chaleur propre de ce même satellite.

Dès lors on voit que la chaleur propre de ce satellite a été au-dessous de celle que lui envoyait Jupiter dans l'année 15279 de la formation des planètes, et que Jupiter ayant envoyé à ce satellite, dans le temps de l'incandescence, une chaleur 1909 fois plus grande que celle du soleil, il lui envoyait encore, à la fin de la première période de 21621 ans, une chaleur 1737 $\frac{19}{100}$ fois plus grande que celle du soleil, parce que la chaleur propre de Jupiter n'a diminué pendant ce temps que de 25 à 22 $\frac{3}{4}$; et au bout d'une seconde période de 21621 ans, c'est-à-dire après la déperdition de la chaleur propre de ce satellite jusqu'au point extrême de $\frac{1}{25}$ de la chaleur actuelle de la terre, Jupiter envoyait encore à ce satellite une chaleur 1567 $\frac{19}{100}$ fois plus grande que celle du soleil, parce que la chaleur propre de Jupiter n'avait encore diminué que de 22 $\frac{3}{4}$ à 20 $\frac{1}{4}$.

En suivant la même marche, on voit que la chaleur de Jupiter, qui d'abord était 25, et qui décroît constamment de 2 $\frac{1}{4}$ par chaque période de 21621 ans, diminue par conséquent sur ce satellite de 171 $\frac{81}{100}$ pendant chacune de ces périodes ; en sorte qu'après 3 $\frac{1}{4}$ périodes environ, cette chaleur envoyée par Jupiter au satellite sera à très-peu près encore 1350 fois plus grande que la chaleur qu'il reçoit du soleil.

Mais comme la chaleur du soleil sur Jupiter et sur ses satellites est à celle du soleil sur la terre à peu près : : 1 : 27, et que la chaleur de la terre est 50 fois plus grande que celle qu'elle reçoit du soleil, il s'ensuit qu'il faut diviser par 27 cette quantité 1350 pour avoir une chaleur égale à celle que le soleil envoie sur la terre, et cette dernière chaleur étant $\frac{1}{50}$ de la chaleur actuelle du globe, il est évident qu'au bout de 3 $\frac{1}{4}$ périodes de 21621 ans chacune, c'est-à-dire au bout de 70268 $\frac{1}{4}$ ans, la chaleur que Jupiter a envoyée à ce satellite a été égale à la chaleur actuelle de la terre, et que, n'ayant plus de chaleur propre, il n'a pas laissé de jouir d'une température égale à celle dont jouit actuellement la terre dans l'année 70269 de la formation des planètes, c'est-à-dire il y a 4563 ans.

Et comme cette chaleur envoyée par Jupiter a prolongé le refroidissement de ce satellite au point de la température actuelle de la terre, elle le prolongera de même pendant 3 $\frac{1}{4}$ autres périodes pour arriver au point extrême de $\frac{1}{25}$ de la chaleur actuelle du globe de la terre; en sorte que ce ne sera que dans l'année 140538 de la formation des planètes que ce satellite sera refroidi à $\frac{1}{25}$ de la température actuelle de la terre.

Il en est de même de l'estimation de la chaleur du soleil, relativement à la compensation qu'elle a faite à la diminution de la température du satellite dans les différents temps. Il est certain qu'à ne considérer que la déperdition de la chaleur propre du satellite, cette chaleur du soleil n'aurait fait compensation, dans le temps de l'incandescence, que de $\frac{\frac{25}{676}}{1250}$, et qu'à la fin de la première période de 21621 ans, cette même chaleur du soleil aurait fait une compensation de $\frac{\frac{25}{676}}{50}$, et que dès lors le prolongement du refroidissement, par l'accession de cette chaleur du soleil, aurait en effet été de 8 ans $\frac{3}{10}$: mais la chaleur envoyée par Jupiter, dans le temps de l'incandescence, étant à la chaleur propre du satellite : : $70\,\frac{105}{676}$: 1250, il s'ensuit que la compensation faite par la chaleur du soleil doit être diminuée dans la même raison ; en sorte qu'au lieu d'être $\dfrac{\frac{25}{676}}{1250}$, elle n'a été que $\dfrac{\frac{25}{676}}{1320\frac{105}{676}}$ au commencement de cette période, et que cette compensation, qui aurait été $\dfrac{\frac{25}{676}}{50}$ à la fin de cette première période, si l'on ne considérait que la déperdition de la chaleur propre du satellite, doit être diminuée dans la même raison de 64 à 50, parce que la chaleur envoyée par Jupiter était encore plus grande que la chaleur propre de ce satellite dans cette même raison. Dès lors la compensation à la fin de cette première période, au lieu d'être $\dfrac{\frac{25}{676}}{50}$, n'a été que $\dfrac{\frac{25}{676}}{114}$. En ajoutant ces deux termes de compensation $\dfrac{\frac{25}{676}}{1320\frac{105}{676}}$ à $\dfrac{\frac{25}{676}}{114}$ du premier et du dernier temps de cette première période, on a $\dfrac{\frac{35865}{676}}{150548\frac{3}{10}}$ ou $\dfrac{53\frac{17}{676}}{150548\frac{3}{10}}$ environ, qui, multipliés par 12 $\frac{1}{2}$, moitié de la somme de tous les termes, donnent $\dfrac{763\frac{1}{6}}{150548\frac{3}{10}}$ pour la compensation totale qu'a pu faire la chaleur du soleil pendant cette première période. Et comme la diminution totale de la chaleur est à la compensation totale en même raison que le temps de la période est à celui du prolongement du refroidissement, on aura 25 : $\dfrac{763\frac{1}{6}}{150548\frac{3}{10}}$: : 21621 ans : 4 ans 140 jours. Ainsi, le prolongement du refroidissement par la chaleur du soleil, au lieu d'avoir été de 8 ans $\frac{3}{10}$, n'a été que de 4 ans 140 jours.

Et pour évaluer en totalité la compensation qu'a faite cette chaleur du soleil pendant toutes les périodes, on trouvera que la compensation, dans le temps de l'incandescence, ayant été de $\dfrac{\frac{25}{676}}{1320\frac{2}{3}}$, sera à la fin de 3 $\frac{1}{4}$ périodes de $\dfrac{\frac{25}{676}}{50}$, puisque ce n'est qu'après ces 3 $\frac{1}{4}$ périodes que la température de ce satellite sera égale à la température actuelle de la terre. Ajoutant donc ces deux termes de compensation $\dfrac{\frac{25}{676}}{1320\frac{2}{3}}$ et $\dfrac{\frac{25}{676}}{50}$ du premier et du dernier temps de ces 3 $\frac{1}{4}$ périodes, on a $\dfrac{\frac{34261}{676}}{66032}$ ou $\dfrac{50\frac{4}{6}}{66032}$, qui, multipliés par 12 $\frac{1}{2}$, moitié de la somme de tous les termes de la diminution de la chaleur, donnent $\frac{635}{66032}$ pour la compensation totale, par la chaleur du soleil, pendant les 3 $\frac{1}{4}$ périodes de 21621 ans chacune. Et comme la diminution totale de la chaleur est à la compensation totale en même raison que le temps total des périodes est à celui du prolongement du refroidissement, on aura 25 : $\frac{635}{66032}$: : 70268 $\frac{1}{4}$: 27. Ainsi le prolongement total qu'a fait la chaleur du soleil n'a été que de 27 ans, qu'il faut ajouter aux 70268 ans $\frac{1}{4}$; d'où l'on voit que ç'a été dans l'année 70296 de la formation des planètes, c'est-à-dire il y a 4536 ans, que ce quatrième satellite de Jupiter jouissait de la même température dont jouit aujourd'hui la terre ; et de même que ce ne sera que dans le double du temps, c'est-à-dire dans l'année 140592 de la formation des planètes, que sa température sera refroidie au point extrême de $\frac{1}{25}$ de la température actuelle de la terre.

Faisons maintenant les mêmes recherches sur les temps respectifs du refroidissement des satellites de Saturne, et du refroidissement de son anneau. Ces satellites sont à la vérité si difficiles à voir, que leurs grandeurs relatives ne sont pas bien constatées ; mais leurs distances à leur planète principale sont assez bien connues, et il paraît par les observations des meilleurs astronomes, que le satellite le plus voisin de Saturne est aussi le plus petit de tous ; que le second n'est guère plus gros que le premier, le troisième un peu plus grand ; que le quatrième paraît le plus grand de tous, et qu'enfin le cinquième paraît tantôt plus grand que le troisième, et tantôt plus petit ; mais cette variation de grandeur dans ce dernier satellite, n'est probablement qu'une apparence dépendante de quelques causes particulières qui ne changent pas sa grandeur réelle, qu'on peut regarder comme égale à celle du quatrième, puisqu'on l'a vu quelquefois surpasser le troisième.

Nous supposerons donc que le premier, et le plus petit de ces satellites, est gros comme la lune ; le second, grand comme Mercure ; le troisième, grand comme Mars ; le quatrième et le cinquième, grands comme la terre ; et prenant les distances respectives de ces satellites à leur planète principale, nous verrons que le premier est environ à 66 mille 900 lieues de distance de Saturne ; le second à 85 mille 450 lieues, ce qui est à peu près la distance de la lune à la terre ; le troisième à 120 mille lieues ; le quatrième à 278 mille lieues, et le cinquième à 808 mille lieues, tandis que le satellite le plus éloigné de Jupiter n'en est qu'à 398 mille lieues.

Saturne a donc une vitesse de rotation plus grande que celle de Jupiter, puisque dans l'état de liquéfaction, sa force centrifuge a projeté des parties de sa masse à plus du double de la distance à laquelle la force centrifuge de Jupiter a projeté celles qui forment son satellite le plus éloigné.

Et ce qui prouve encore que cette force centrifuge, provenant de la vitesse de rotation, est plus grande dans Saturne que dans Jupiter, c'est l'anneau dont il est environné, et qui, quoique fort mince, suppose une projection de matière encore bien plus considérable que celle des cinq satellites pris ensemble. Cet anneau concentrique à la surface de l'équateur de Saturne, n'en est éloigné que d'environ 55 mille lieues ; sa forme est celle d'une zone assez large, un peu courbée sur le plan de sa largeur, qui est d'environ un tiers du diamètre de Saturne, c'est-à-dire de plus de 9 mille lieues ; mais cette zone de 9 mille lieues de largeur, n'a peut-être pas 100 lieues d'épaisseur, car lorsque l'anneau ne nous présente exactement que sa tranche, il ne réfléchit pas assez de lumière pour qu'on puisse l'apercevoir avec les meilleures lunettes ; au lieu qu'on l'aperçoit pour peu qu'il s'incline ou se redresse, et qu'il découvre en conséquence une petite partie de sa largeur : or cette largeur vue de face, étant de 9 mille lieues, ou plus exactement de 9 mille 110 lieues, serait d'environ 4 mille 555 lieues, vue sous l'angle de 45 degrés, et par conséquent d'environ 100 lieues, vue sous un angle d'un degré d'obliquité, car on ne peut guère présumer qu'il fût possible d'apercevoir cet anneau s'il n'avait pas au moins un degré d'obliquité, c'est-à-dire s'il ne nous présentait pas une tranche au moins égale à une 90e partie de sa largeur ; d'où je conclus que son épaisseur doit être égale à cette 90e partie qui équivaut à peu près à 100 lieues.

Il est bon de supputer avant d'aller plus loin, toutes les dimensions de cet anneau, et de voir quelle est la surface et le volume de la matière qu'il contient.

Sa largeur est de 9 mille 110 lieues.
Son épaisseur supposée de 100 lieues.
Son diamètre intérieur de 191 mille 296 lieues.
Son diamètre extérieur, c'est-à-dire y compris les épaisseurs, de 191 mille 496 lieues.
Sa circonférence intérieure de 444 mille 73 lieues.
Sa circonférence extérieure de 444 mille 701 lieues.
Sa surface concave de 4 milliards 455 millions 5 mille 30 lieues carrées.
Sa surface convexe de 4 milliards 512 millions 226 mille 110 lieues carrées.
La surface de l'épaisseur en dedans, de 44 millions 407 mille 300 lieues carrées.
La surface de l'épaisseur en dehors, de 44 millions 470 mille 100 lieues carrées.
Sa surface totale de 8 milliards 185 millions 608 mille 540 lieues carrées.
Sa solidité de 404 milliards 836 millions 557 mille lieues cubiques.

Ce qui fait environ trente fois autant de volume de matière qu'en contient le globe terrestre, dont la solidité n'est que de 12 milliards 365 millions 103 mille 160 lieues cubiques. Et en comparant la surface de l'anneau à la surface de la terre, on verra que celle-ci n'étant que de 25 millions 772 mille 725 lieues carrées, celle de toutes les faces de l'anneau étant de 8 milliards 185 millions 608 mille 540 lieues ; elle est par conséquent plus de 217 fois plus grande que celle de la terre ; en sorte que cet anneau qui ne paraît être qu'un volume anomal, un assemblage de matière sous une forme bizarre, peut néanmoins être une terre, dont la surface est plus de 300 fois plus grande que celle de notre globe, et qui malgré son grand éloignement du soleil, peut cependant jouir de la même température que la terre.

Car si l'on veut rechercher l'effet de la chaleur de Saturne et de celle du soleil sur cet anneau, et reconnaître les temps de son refroidissement par la déperdition de sa chaleur propre, comme nous l'avons fait pour la lune et pour les satellites de Jupiter, on verra que n'ayant que

100 lieues d'épaisseur, il se serait consolidé jusqu'au milieu ou au centre de cette épaisseur en 101 ans $\frac{1}{2}$ environ, si sa densité était égale à celle de la terre; mais comme la densité de Saturne et celle de ses satellites et de son anneau, que nous supposons la même, n'est à la densité de la terre que : : 184 : 1000; il s'ensuit que l'anneau au lieu de s'être consolidé jusqu'au centre de son épaisseur en 101 ans $\frac{1}{2}$, s'est réellement consolidé en 18 ans $\frac{17}{25}$. Et de même on verra que cet anneau aurait dû se refroidir au point de pouvoir le toucher en 1183 ans $\frac{90}{143}$, si sa densité était égale à celle de la terre; mais comme elle n'est que 184 au lieu de 1000, le temps du refroidissement au lieu d'être de 1183 ans $\frac{90}{143}$, n'a été que de 217 ans $\frac{787}{1000}$, et celui du refroidissement à la température actuelle, au lieu d'être de 1958 ans, n'a réellement été que de 360 ans $\frac{7}{25}$, abstraction faite de toute compensation, tant par la chaleur du soleil que par celle de Saturne dont il faut faire l'évaluation.

Pour trouver la compensation par la chaleur du soleil, nous considérerons que cette chaleur du soleil sur Saturne, sur ses satellites et sur son anneau, est à très-peu près égale, parce que tous sont à très-peu près également éloignés de cet astre; or cette chaleur du soleil que reçoit Saturne est à celle que reçoit la terre : : 100 : 9025, ou : : 4 : 361. Dès lors la compensation qu'a faite la chaleur du soleil lorsque l'anneau a été refroidi à la température actuelle de la terre, au lieu d'être $\frac{1}{50}$, comme sur la terre, n'a été que $\frac{\frac{4}{361}}{50}$, et dans le temps de l'incandescence cette compensation n'était que $\frac{\frac{4}{361}}{1250}$. Ajoutant ces deux termes du premier et du dernier temps de cette période de 360 ans $\frac{7}{25}$, on aura $\frac{\frac{104}{361}}{1250}$, qui multipliés par 12 $\frac{1}{2}$, moitié de la somme de tous les termes, donnent $\frac{\frac{1300}{361}}{1250}$ ou $\frac{3\frac{217}{361}}{1250}$ pour la compensation totale qu'a faite la chaleur du soleil dans les 360 ans $\frac{7}{25}$ de la première période. Et comme la perte totale de la chaleur propre est à la compensation totale en même raison que le temps total de la période est à celui du prolongement du refroidissement, on aura 25 : $\frac{3\frac{217}{361}}{1250}$: : 360 $\frac{7}{25}$: $\frac{1}{25}\frac{19}{623}$ ans ou 15 jours environ, dont le refroidissement de l'anneau a été prolongé, par la chaleur du soleil, pendant cette première période de 360 ans $\frac{7}{25}$.

Mais la compensation, par la chaleur du soleil, n'est pour ainsi dire rien en comparaison de celle qu'a faite la chaleur de Saturne. Cette chaleur de Saturne dans le temps de l'incandescence, c'est-à-dire au commencement de la période, était 25 fois plus grande que la chaleur actuelle de la terre, et n'avait encore diminué au bout de 360 ans $\frac{7}{25}$, que de 25 à 24 $\frac{211}{215}$ environ. Or, cet anneau est à 4 demi-diamètres de Saturne, c'est-à-dire à 54 mille 656 lieues de distance de sa planète, tandis que sa distance au soleil est de 313 millions 500 mille lieues, en supposant 33 millions de lieues pour la distance de la terre au soleil. Dès lors Saturne, dans le temps de l'incandescence et même longtemps et très-longtemps après, a fait sur son anneau une compensation infiniment plus grande que la chaleur du soleil.

Pour en faire la comparaison, il faut considérer que la chaleur croissant comme le carré de la distance diminue, la chaleur envoyée par Saturne à son anneau, aurait été à la chaleur envoyée par le soleil, comme le carré de 313500000, est au carré de 54656, si la surface que Saturne présente à son anneau était égale à la surface que lui présente le soleil; mais la surface de Saturne, qui n'est dans le réel que $\frac{90\frac14}{11449}$ de celle du soleil, paraît néanmoins à son anneau bien plus grande que celle de cet astre dans la raison inverse du carré des distances, on aura donc $(54656)^2 : (313500000)^2 :: \frac{90\frac14}{11449} : 259332$ environ; donc la surface que Saturne présente à son anneau est 259332 fois plus grande que celle que lui présente le soleil; ainsi Saturne, dans le temps de l'incandescence, était pour son anneau un astre de feu 259332 fois plus étendu que le soleil; mais nous avons vu que la compensation faite par la chaleur du soleil à la perte de la chaleur propre de l'anneau n'était que $\frac{\overset{4}{301}}{50}$, lorsqu'au bout de 360 ans $\frac{7}{25}$, il se serait refroidi à la température actuelle de la terre, et que dans le temps de l'incandescence, cette compensation, par la chaleur du soleil, n'était que $\frac{\overset{4}{361}}{1250}$, on aura donc 259332, multipliés par $\frac{\overset{4}{301}}{1250}$ ou $\frac{2873\frac12}{1250}$ environ pour la compensation qu'a faite la chaleur de Saturne au commencement de cette période, dans le temps l'incandescence, et $\frac{2873\frac12}{50}$ pour la compensation que Saturne aurait faite à la fin de cette même période de 360 ans $\frac{7}{25}$, s'il eût conservé son état d'incandescence. Mais comme sa chaleur propre a diminué de 25 à 24 $\frac{211}{215}$ pendant cette période de 360 ans $\frac{7}{25}$, la compensation à la fin de cette période au lieu d'être $\frac{2873\frac12}{50}$ n'a été que $\frac{2867\frac13}{50}$. Ajoutant ces deux termes $\frac{2867\frac13}{50}$ et $\frac{2873\frac12}{1250}$ du premier et du dernier temps de cette première période de 360 ans $\frac{7}{25}$, on aura $\frac{74556\frac45}{1250}$, qui multipliés par 12 $\frac12$, moitié de la somme de tous les termes, donnent $\frac{931960\frac{5}{12}}{1250}$ ou 745 $\frac{71}{125}$, environ pour la compensation totale qu'a faite la chaleur de Saturne sur son anneau pendant cette première période de 360 ans $\frac{7}{25}$. Et comme la perte totale de la chaleur propre est à la compensation totale en même raison que le temps de la période est au prolongement du refroidissement, on aura 25 : 745 $\frac{71}{125}$ :: 360 $\frac{7}{25}$: 10752 $\frac{13}{25}$ environ. Ainsi le temps dont la chaleur de Saturne a prolongé le refroidissement de son anneau pendant cette première période, a été d'environ 10752 ans $\frac{13}{25}$, tandis que la chaleur du soleil ne l'a prolongé, pendant la même période, que de 15 jours. Ajoutant ces deux nombres aux 360 ans $\frac{7}{25}$ de la période, on voit que c'est dans l'année 11113 de la formation des planètes, c'est-à-dire il y a 63719 ans, que l'anneau de Saturne aurait pu se trouver au même degré de température dont jouit aujourd'hui la terre, si la chaleur de Saturne, surpassant toujours la chaleur propre de l'anneau, n'avait pas continué de le brûler pendant plusieurs autres périodes de temps.

Car le moment où la chaleur envoyée par Saturne à son anneau, était égale à la chaleur propre de cet anneau, s'est trouvé dès le temps de l'incandescence où cette chaleur envoyée par Saturne était plus forte que la chaleur propre de l'anneau, dans le rapport de 2873 $\frac{1}{2}$ à 1250.

Dès lors on voit que la chaleur propre de l'anneau a été au-dessous de celle que lui envoyait Saturne dès le temps de l'incandescence, et que dans ce même temps Saturne ayant envoyé à son anneau une chaleur 259332 fois plus grande que celle du soleil, il lui envoyait encore à la fin de la première période de 360 ans $\frac{7}{25}$, une chaleur 258608 $\frac{7}{25}$ fois plus grande que celle du soleil, parce que la chaleur propre de Saturne n'avait diminué que de 25 à 24 $\frac{40}{43}$; et au bout d'une seconde période de 360 ans $\frac{7}{25}$, c'est-à-dire, après la déperdition de la chaleur propre de l'anneau, jusqu'au point extrême de $\frac{1}{25}$ de la chaleur actuelle de la terre, Saturne envoyait encore à son anneau une chaleur 257984 $\frac{14}{25}$ fois plus grande que celle du soleil, parce que la chaleur propre de Saturne n'avait encore diminué que de 24 $\frac{40}{43}$ à 24 $\frac{37}{43}$.

En suivant la même marche, on voit que la chaleur de Saturne, qui d'abord était 25, et qui décroît constamment de $\frac{3}{43}$ par chaque période de 360 ans $\frac{7}{25}$, diminue par conséquent sur l'anneau, de 723 $\frac{18}{25}$ pendant chacune de ces périodes; en sorte qu'après 351 périodes environ, cette chaleur envoyée par Saturne à son anneau, sera encore à très-peu près 4500 fois plus grande que la chaleur qu'il reçoit du soleil.

Mais comme la chaleur du soleil, tant sur Saturne que sur ses satellites et sur son anneau, est à celle du soleil sur la terre à peu près :: 1 : 90, et que la chaleur de la terre est 50 fois plus grande que celle qu'elle reçoit du soleil; il s'ensuit qu'il faut diviser par 90 cette quantité 4500 pour avoir une chaleur égale à celle que le soleil envoie sur la terre; et cette dernière chaleur étant $\frac{1}{50}$ de la chaleur actuelle du globe terrestre, il est évident qu'au bout de 351 périodes de 360 ans $\frac{7}{25}$ chacune, c'est-à-dire au bout de 126458 ans, la chaleur que Saturne enverra encore à son anneau, sera égale à la chaleur actuelle de la terre, et que n'ayant plus aucune chaleur propre depuis très-longtemps, cet anneau ne laissera pas de jouir encore alors d'une température égale à celle dont jouit aujourd'hui la terrre.

Et comme cette chaleur envoyée par Saturne, aura prodigieusement prolongé le refroidissement de son anneau au point de la température actuelle de la terre, elle le prolongera de même pendant 351 autres périodes, pour arriver au point extrême de $\frac{1}{25}$ de la chaleur actuelle du globe terrestre; en sorte que ce ne sera que dans l'année 252916 de la formation des planètes, que l'anneau de Saturne sera refroidi à $\frac{1}{25}$ de la température actuelle de la terre.

Il en est de même de l'estimation de la chaleur du soleil, relativement à la compensation qu'elle a dû faire à la diminution de la température de l'anneau dans les différents temps. Il est certain qu'à ne considérer que la déperdition de la chaleur propre de l'anneau, cette chaleur du soleil n'aurait fait compensation, dans le temps de l'incandescence, que de $\frac{\frac{4}{361}}{1250}$, et qu'à la fin de la première période qui est de 360 ans $\frac{7}{25}$, cette même chaleur du soleil aurait fait une compensation de $\frac{\frac{4}{361}}{50}$; et que dès lors le prolongement du refroidissement par l'accession de cette chaleur du soleil, aurait en effet été de 15 jours; mais la chaleur envoyée par Saturne, dans le temps de l'incandescence, étant à la chaleur propre de l'anneau : : 2873 $\frac{1}{2}$: 1250; il s'ensuit que la compensation faite par la chaleur du soleil, doit être diminuée dans la même raison, en sorte qu'au lieu d'être $\frac{\frac{4}{361}}{1250}$, elle n'a été que $\frac{\frac{4}{361}}{4123\frac{1}{2}}$ au commencement de cette période; et que cette compensation qui aurait été $\frac{\frac{4}{361}}{50}$ à la fin de cette première période, si l'on ne considérait que la déperdition de la chaleur propre de l'anneau, doit être diminuée dans la raison de 2867 $\frac{1}{3}$ à 50, parce que la chaleur envoyée par Saturne était encore plus grande que la chaleur propre de l'anneau dans cette même raison. Dès lors la compensation à la fin de cette première période, au lieu d'être $\frac{\frac{4}{361}}{50}$ n'a été que $\frac{\frac{4}{361}}{2917\frac{1}{3}}$. En ajoutant ces deux termes de compensation $\frac{\frac{4}{361}}{4123\frac{1}{2}}$ et $\frac{\frac{4}{361}}{2917\frac{1}{3}}$ du premier et du dernier temps de cette première période, on a $\frac{\frac{4}{361}}{12029624}$ ou $\frac{78\frac{5}{361}}{12029624}$, qui multipliés par 12 $\frac{1}{2}$, moitié de la somme de tous les termes de la diminution de la chaleur propre pendant cette première période de 360 ans $\frac{7}{25}$, donnent $\frac{975\frac{63}{361}}{12029624}$ pour la compensation totale qu'a pu faire la chaleur du soleil pendant cette première période. Et comme la diminution totale de la chaleur est à la compensation totale en même raison que le temps de la période est au prolongement du refroidissement, on aura 25 : $\frac{975\frac{63}{361}}{12029624}$: : 360 $\frac{7}{25}$: $\frac{351336}{300740600}$, ou : : 360 ans $\frac{7}{25}$: 10 heures 14 minutes. Ainsi le prolongement du refroidissement, par la chaleur du soleil sur l'anneau de Saturne pendant la première période, au lieu d'avoir été de 15 jours, n'a réellement été que de 10 heures 14 minutes.

Et pour évaluer en totalité la compensation qu'a faite cette chaleur du soleil pendant toutes les périodes, on trouvera que la compensation, dans le temps de l'incandescence, ayant été $\frac{\frac{4}{361}}{4123\frac{1}{2}}$, sera à la fin de 351 périodes, de $\frac{\frac{4}{361}}{50}$, puisque ce n'est qu'après ces 351 périodes, que la température de l'anneau sera égale à la température actuelle de la terre : ajoutant donc ces deux termes de compensation $\frac{\frac{4}{361}}{4123\frac{1}{2}}$ et $\frac{\frac{4}{361}}{50}$ du premier et du dernier temps de ces 351 périodes, on a $\frac{\frac{16514}{351}}{206175}$ ou $\frac{45\frac{2}{3}}{206175}$, qui multipliés par 12 $\frac{1}{2}$, moitié de la somme de tous les termes de la diminution de la chaleur pendant toutes ces périodes, donnent $\frac{571}{206175}$ environ pour la compensation totale, par la chaleur du soleil, pendant les 351 périodes de 360 ans $\frac{7}{25}$ chacune. Et comme la diminution totale de la chaleur est à la compensation totale en même raison que le temps total de la période est au prolongement du refroidissement, on aura 25 : $\frac{571}{206175}$: : 126458 : 14 ans $\frac{1}{125}$. Ainsi le prolongement total qu'a fait et que fera la chaleur du soleil sur l'anneau de Saturne, n'est que de 14 ans $\frac{1}{125}$, qu'il faut ajouter aux 126458 ans. D'où l'on voit que ce ne sera que dans l'année 126473 de la formation des planètes, que cet anneau jouira de la même température dont jouit aujourd'hui la terre, et qu'il faudra le double du temps, c'est-à-dire que ce ne sera que dans l'année 252946 de la formation des planètes, que la température de l'anneau de Saturne sera refroidie à $\frac{1}{25}$ de la température actuelle de la terre.

Pour faire sur les satellites de Saturne la même évaluation que nous venons de faire sur le refroidissement de son anneau, nous supposerons, comme nous l'avons dit, que le premier de ces satellites, c'est-à-dire le plus voisin de Saturne, est de la grandeur de la lune, le second de celle de Mercure, le troisième de la grandeur de Mars, le quatrième et le cinquième de la grandeur de la terre. Cette supposition, qui ne pourrait être exacte que par un grand hasard, ne s'éloigne cependant pas assez de la vérité pour que, dans le réel, elle ne nous fournisse pas des résultats qui pourront achever de compléter nos idées sur les temps où la nature a pu naître et périr dans les différents globes qui composent l'univers solaire.

Partant donc de cette supposition, nous verrons que le premier satellite étant grand comme la lune, a dû se consolider jusqu'au centre en 145 ans $\frac{3}{4}$ environ, parce que n'étant que de $\frac{29}{77}$ du diamètre de la terre, il se serait consolidé jusqu'au centre en 792 ans $\frac{3}{4}$, s'il était de même densité ; mais la densité de la terre étant à celle de Saturne et de ses satellites : : 1000 : 184, il s'ensuit qu'on doit diminuer le temps de la consolidation et du refroidissement dans la même raison, ce qui donne 145 ans $\frac{3}{4}$ pour le temps nécessaire à la consolidation. Il en est de même du temps du

refroidissement au point de pouvoir toucher sans se brûler la surface de
ce satellite ; on trouvera par les mêmes règles de proportion qu'il aura
perdu assez de sa chaleur propre pour arriver à ce point en 1701 ans $\frac{16}{25}$,
et ensuite que, par la même déperdition de sa chaleur propre, il se serait
refroidi au point de la température actuelle de la terre en 3715 ans $\frac{87}{125}$.
Or, l'action de la chaleur du soleil étant en raison inverse du carré de la
distance, la compensation que cette chaleur envoyée par le soleil a faite au
commencement de cette première période, dans le temps de l'incandes-
cence, a été $\frac{\frac{4}{361}}{1250}$ et $\frac{\frac{4}{361}}{50}$ à la fin de cette même période de 3715 ans $\frac{87}{125}$.
Ajoutant ces deux termes $\frac{\frac{4}{361}}{1250}$ et $\frac{\frac{4}{361}}{50}$ de la compensation dans le premier et dans le dernier temps de cette période, on a $\frac{\frac{104}{361}}{1250}$, qui, multi-
pliés par 12 $\frac{1}{2}$, moitié de la somme de tous les termes, donnent $\frac{\frac{1300}{361}}{1250}$ ou $\frac{3\frac{217}{361}}{1250}$
pour la compensation totale qu'a faite la chaleur du soleil pendant cette
première période de 3715 ans $\frac{87}{125}$. Et comme la perte totale de la chaleur
propre est à la compensation totale en même raison que le temps de la pé-
riode est à celui du prolongement du refroidissement, on aura 25 : $\frac{3\frac{217}{361}}{1250}$
:: 3715 ans $\frac{87}{125}$: 156 jours. Ainsi le prolongement du refroidissement de
ce satellite, par la chaleur du soleil, n'a été que de 156 jours pendant
cette première période.

Mais la chaleur de Saturne qui, dans le temps de l'incandescence, c'est-
à-dire dans le commencement de cette première période, était 25, n'avait
encore diminué au bout de 3715 ans $\frac{87}{125}$ que de 25 à 24 $\frac{4}{13}$ environ ; et
comme ce satellite n'est éloigné de Saturne que de 66900 lieues, tandis
qu'il est éloigné du soleil de 313 millions 500 mille lieues, la chaleur
envoyée par Saturne à ce premier satellite aurait été à la chaleur envoyée
par le soleil, comme le carré de 313500000 est au carré de 66900, si la
surface que Saturne présente à ce satellite était égale à la surface que lui
présente le soleil ; mais la surface de Saturne, qui n'est dans le réel que
$\frac{90\frac{1}{4}}{11449}$ de celle du soleil, paraît néanmoins à ce satellite plus grande que
celle de cet astre dans le rapport inverse du carré des distances ; on aura
donc $(66900)^2 : (313500000)^2 :: \frac{90\frac{1}{4}}{11449} : 173102$ environ ; donc la surface que Saturne présente à son premier satellite étant 173 mille 102 fois
plus grande que celle que lui présente le soleil, Saturne dans le temps de
l'incandescence était pour ce satellite un astre de feu 173102 fois plus grand
que le soleil. Mais nous avons vu que la compensation faite par la chaleur
du soleil à la perte de la chaleur propre de ce satellite, n'était que $\frac{\frac{4}{361}}{1250}$
dans le temps de l'incandescence, et $\frac{\frac{4}{361}}{50}$ lorsqu'au bout de 3715 ans $\frac{2}{3}$ il
se serait refroidi à la température actuelle de la terre ; on aura donc

173102 multipliés par $\frac{364\frac{4}{5}}{1250}$ ou $\frac{1018\frac{1}{5}}{1250}$ environ pour la compensation qu'a faite la chaleur de Saturne au commencement de cette période, dans le temps de l'incandescence, et $\frac{1018\frac{1}{3}}{50}$ pour la compensation que Saturne aurait faite à la fin de cette même période, s'il eût conservé son état d'incandescence; mais comme la chaleur propre de Saturne a diminué de 25 à 24 $\frac{4}{13}$ environ pendant cette période de 3715 ans $\frac{2}{3}$, la compensation à la fin de cette période, au lieu d'être $\frac{1018\frac{1}{3}}{50}$, n'a été que $\frac{1868}{50}$ environ. Ajoutant ces deux termes $\frac{1868}{50}$ et $\frac{1018\frac{1}{3}}{1250}$ de la compensation du premier et du dernier temps de cette période, on aura $\frac{48543\frac{1}{3}}{1250}$, lesquels multipliés par 12 $\frac{1}{2}$, moitié de la somme de tous les termes, donnent $\frac{606790}{1250}$ ou 485 $\frac{6}{17}$ environ pour la compensation totale qu'a faite la chaleur de Saturne sur son premier satellite pendant cette première période de 3715 ans $\frac{2}{3}$. Et comme la perte totale de la chaleur propre est à la compensation totale en même raison que le temps total de la période est au prolongement du refroidissement, on aura 25 : 485 $\frac{6}{17}$ :: 3715 $\frac{2}{3}$: 72136 environ. Ainsi le temps dont la chaleur de Saturne a prolongé le refroidissement de son premier satellite pendant cette première période de 3715 $\frac{2}{3}$, a été de 72136 ans, tandis que la chaleur du soleil ne l'a prolongé pendant la même période, que de 156 jours. En ajoutant ces deux termes avec celui de la période qui est de 3715 ans environ, on voit que ce sera dans l'année 75853 de la formation des planètes, c'est-à-dire, dans 1021 ans, que ce premier satellite de Saturne pourra jouir de la même température dont jouit aujourd'hui la terre.

Le moment où la chaleur envoyée par Saturne à ce satellite, a été égale à sa chaleur propre, s'est trouvé dès le premier moment de l'incandescence, ou plutôt ne s'est jamais trouvé; car dans le temps même de l'incandescence, la chaleur envoyée par Saturne à ce satellite, était encore plus grande que la sienne propre, quoiqu'il fût lui-même en incandescence, puisque la compensation que faisait alors la chaleur de Saturne à la chaleur propre du satellite, était $\frac{1058\frac{1}{2}}{1250}$, et que pour qu'elle n'eût été qu'égale il aurait fallu que la température n'eût été que $\frac{1250}{1250}$.

Dès lors on voit que la chaleur propre de ce satellite a été au-dessous de celle que lui envoyait Saturne dès le moment de l'incandescence, et que dans ce même temps Saturne ayant envoyé à ce satellite une chaleur 173102 fois plus grande que celle du soleil, il lui envoyait encore à la fin de la première période de 3715 ans $\frac{87}{125}$, une chaleur 168308 $\frac{2}{5}$ fois plus grande que celle du soleil, parce que la chaleur propre de Saturne n'avait diminué que de 25 à 24 $\frac{4}{13}$; et au bout d'une seconde période de 3715 ans $\frac{87}{125}$, après la déperdition de la chaleur propre de ce satellite, jusqu'au point extrême de $\frac{1}{25}$ de la chaleur actuelle de la terre, Saturne envoyait encore à ce satellite une chaleur 163414 $\frac{4}{5}$ fois plus grande que celle du soleil, parce que la chaleur propre de Saturne n'avait encore diminué que de 24 $\frac{4}{13}$ à 23 $\frac{8}{13}$.

En suivant la même marche, on voit que la chaleur de Saturne, qui d'abord était 25, et qui décroît constamment de $\frac{9}{13}$ par chaque période de 3715 ans $\frac{87}{125}$, diminue par conséquent sur ce satellite de 4893 $\frac{3}{5}$ pendant chacune de ces périodes : en sorte qu'après 33 $\frac{1}{2}$ périodes environ, cette chaleur envoyée par Saturne à son premier satellite, sera encore à très-peu près 4500 fois plus grande que la chaleur qu'il reçoit du soleil.

Mais comme cette chaleur du soleil sur Saturne et sur ses satellites, est à celle du soleil sur la terre : : 1 : 90, à très-peu près, et que la chaleur de la terre est 50 fois plus grande que celle qu'elle reçoit du soleil, il s'ensuit qu'il faut diviser par 90 cette quantité 4500 pour avoir une chaleur égale à celle que le soleil envoie sur la terre ; et cette dernière chaleur étant $\frac{1}{50}$ de la chaleur actuelle du globe terrestre, il est évident qu'au bout de 33 $\frac{1}{2}$ périodes de 3715 ans $\frac{87}{125}$ chacune, c'est-à-dire au bout de 124475 ans $\frac{5}{6}$, la chaleur que Saturne enverra encore à ce satellite, sera égale à la chaleur actuelle de la terre, et que ce satellite n'ayant plus aucune chaleur propre depuis très-longtemps, ne laissera pas de jouir alors d'une température égale à celle dont jouit aujourd'hui la terre.

Et comme cette chaleur envoyée par Saturne, a prodigieusement prolongé le refroidissement de ce satellite au point de la température actuelle de la terre, il le prolongera de même pendant 33 $\frac{1}{2}$ autres périodes, pour arriver au point extrême de $\frac{1}{25}$ de la chaleur actuelle du globe de la terre ; en sorte que ce ne sera que dans l'année 248951 de la formation des planètes, que ce premier satellite de Saturne sera refroidi à $\frac{1}{25}$ de la température actuelle de la terre.

Il en est de même de l'estimation de la chaleur du soleil, relativement à la compensation qu'elle a faite à la diminution de la température de ce satellite dans les différents temps. Il est certain qu'à ne considérer que la déperdition de la chaleur propre du satellite, cette chaleur du soleil n'aurait fait compensation, dans le temps de l'incandescence, que de $\frac{\frac{4}{361}}{1250}$, et qu'à la fin de la première période, qui est de 3715 ans $\frac{87}{125}$, cette même chaleur du soleil aurait fait une compensation de $\frac{\frac{4}{361}}{50}$; et que dès lors le prolongement du refroidissement par l'accession de cette chaleur du soleil, aurait été en effet de 156 jours ; mais la chaleur envoyée par Saturne dans le temps de l'incandescence, étant à la chaleur propre du satellite : : 1918 $\frac{1}{5}$: 1250, il s'ensuit que la compensation faite par la chaleur du soleil, doit être diminuée dans la même raison ; en sorte qu'au lieu d'être $\frac{\frac{4}{361}}{1250}$, elle n'a été que $\frac{\frac{4}{361}}{3168\frac{1}{3}}$ au commencement de cette période, et que cette compensation qui aurait été $\frac{\frac{4}{361}}{50}$ à la fin de cette première période, si on ne considérait que la déperdition de la chaleur propre du satellite, doit être diminuée dans la raison de 1865 à 50, parce que la chaleur envoyée par Saturne, était encore plus grande que la chaleur propre du satellite dans cette même raison. Dès lors la compensation à la fin de cette première période, au lieu d'être $\frac{\overset{4}{361}}{50}$, n'a été que $\frac{\overset{4}{361}}{1915}$. En ajoutant ces deux termes de compensation $\frac{\overset{4}{360}}{3168\frac{1}{3}}$ et $\frac{\overset{4}{361}}{1915}$ du premier et du dernier temps de cette première période de 3715 ans $\frac{87}{125}$, on a $\frac{\frac{20332}{361}}{6067103}$ ou $\frac{56\frac{116}{361}}{6067103}$, qui multipliés par 12 $\frac{1}{2}$, moitié de la somme de tous les termes de la diminution de la chaleur du satellite pendant cette première période, donnent $\frac{704\frac{8}{47}}{6067103}$ pour la compensation totale qu'a faite la chaleur du soleil pendant cette première période. Et comme la diminution totale de la chaleur est à la compensation totale en même raison que le temps de la période est au prolongement du refroidissement, on aura 25 : $\frac{704\frac{8}{47}}{6067103}$ :: 3715 $\frac{87}{125}$: $\frac{2016310\frac{1}{3}}{1510773707}$ ou :: 3715 ans $\frac{87}{125}$: 6 jours 7 heures environ. Ainsi le prolongement du refroidissement, par la chaleur du soleil, pendant cette première période, au lieu d'avoir été de 156 jours, n'a réellement été que de 6 jours 7 heures.

Et pour évaluer en totalité la compensation qu'a faite cette chaleur du soleil pendant toutes les périodes, on trouvera que la compensation, dans le temps de l'incandescence, ayant été, comme nous venons de le dire, $\frac{\overset{4}{361}}{3168\frac{1}{3}}$, sera, à la fin de 33 $\frac{1}{2}$ périodes de 3715 ans $\frac{87}{125}$ chacune, de $\frac{\overset{4}{361}}{50}$, puisque ce n'est qu'après ces 33 $\frac{1}{2}$ périodes que la température de ce satellite sera égale à la température actuelle de la terre. Ajoutant donc ces deux termes de compensation $\frac{\overset{4}{361}}{3168\frac{1}{3}}$ et $\frac{\overset{4}{361}}{50}$ du premier et du dernier temps des 33 $\frac{1}{2}$ périodes, on a $\frac{\frac{12873}{361}}{158410}$ ou $\frac{35\frac{2}{3}}{158410}$, qui multipliés par 12 $\frac{1}{2}$, moitié de la somme de tous les termes de la diminution de la chaleur pendant toutes ces périodes, donnent $\frac{443\frac{5}{6}}{158410}$ pour la compensation totale, par la chaleur du soleil, pendant les 33 $\frac{1}{2}$ périodes de 3715 ans $\frac{87}{125}$ chacune. Et comme la diminution totale de la chaleur est à la compensation totale en même raison que le temps total des périodes est au prolongement du refroidissement, on aura 25 : $\frac{443\frac{5}{6}}{158410}$ :: 124475 ans $\frac{5}{6}$: 14 ans 4 jours environ. Ainsi le prolongement total que fera la chaleur du soleil, ne sera que de 14 ans 4 jours, qu'il faut ajouter aux 124475 ans $\frac{5}{6}$. D'où l'on voit que ce ne sera que sur la fin de l'année 124490 de la formation des planètes, que ce satellite jouira de la même température dont jouit aujourd'hui la terre, et qu'il faudra le double de ce temps, c'est-à-dire 248980 ans à dater de la formation des planètes, pour que ce premier satellite de Saturne puisse être refroidi à $\frac{1}{25}$ de la température actuelle de la terre.

Faisant le même calcul pour le second satellite de Saturne, que nous avons supposé grand comme Mercure, et qui est à 85 mille 450 lieues de distance de sa planète principale, nous verrons que ce satellite a dû se consolider jusqu'au centre en 178 ans $\frac{3}{25}$, parce que n'étant que de $\frac{1}{3}$ du diamètre de la terre, il se serait consolidé jusqu'au centre en 968 ans $\frac{1}{3}$, s'il était de même densité; mais comme la densité de la terre est à la densité de Saturne et de ses satellites :: 1000 : 184, il s'ensuit qu'on doit diminuer les temps de la consolidation et du refroidissement dans la même raison, ce qui donne 178 ans $\frac{3}{25}$ pour le temps nécessaire à la consolidation. Il en est de même du temps du refroidissement au point de toucher sans se brûler la surface du satellite; on trouvera par les mêmes règles de proportion, qu'il s'est refroidi à ce point en 2079 ans $\frac{35}{62}$, et ensuite qu'il s'est refroidi à la température actuelle de la terre en 4541 ans $\frac{1}{2}$ environ. Or l'action de la chaleur du soleil étant en raison inverse du carré des distances, la compensation était au commencement de cette première période, dans le temps de l'incandescence, $\frac{\frac{4}{361}}{1250}$ et $\frac{\frac{4}{361}}{50}$ à la fin de cette même période de 4541 ans $\frac{1}{2}$.

Ajoutant ces deux termes $\frac{\frac{4}{361}}{1250}$ et $\frac{\frac{4}{361}}{50}$ du premier et du dernier temps de cette période, on a $\frac{\frac{104}{361}}{1250}$, qui multipliés par 12 $\frac{1}{2}$, moitié de la somme de tous les termes, donnent $\frac{\frac{1300}{361}}{1250}$ ou $\frac{3\frac{217}{361}}{1250}$ pour la compensation totale qu'a faite la chaleur du soleil pendant cette première période de 4541 ans $\frac{1}{2}$. Et comme la perte totale de la chaleur propre est à la compensation totale en même raison que le temps de la période est au prolongement du refroidissement, on aura 25 : $\frac{3\frac{217}{361}}{1250}$ :: 4541 $\frac{1}{2}$: 191 jours. Ainsi le prolongement du refroidissement de ce satellite, par la chaleur du soleil, aurait été de 191 jours pendant cette première période de 4541 ans $\frac{1}{2}$.

Mais la chaleur de Saturne qui, dans le temps de l'incandescence, était 25 fois plus grande que la chaleur actuelle de la terre, n'avait diminué au bout de 4541 ans $\frac{1}{2}$, que de $\frac{57}{65}$ environ, et était encore 24 $\frac{8}{65}$ à la fin de cette même période. Et ce satellite n'étant éloigné que de 85 mille 450 lieues de sa planète principale, tandis qu'il est éloigné du soleil de 313 millions 500 mille lieues; il en résulte que la chaleur envoyée par Saturne à ce second satellite, aurait été comme le carré de 313500000 est au carré de 85450, si la surface que présente Saturne à ce satellite, était égale à la surface que lui présente le soleil; mais la surface de Saturne qui, dans le réel n'est que $\frac{90\frac{1}{4}}{11449}$ de celle du soleil, paraît néanmoins plus grande à ce satellite dans le rapport inverse du carré des distances. On aura donc $(85450)^2 : (313500000)^2 :: \frac{90\frac{1}{4}}{11449} : 106104$ environ. Ainsi la surface que présente Saturne à ce satellite, étant 106 mille 104 fois plus grande que la surface qu'il lui présente le soleil; Saturne, dans le temps de l'incandes-

26

cence, était pour son second satellite un astre de feu 106 mille 104 fois plus grand que le soleil. Mais nous avons vu que la compensation faite par la chaleur du soleil à la perte de la chaleur propre du satellite, dans le temps de l'incandescence, n'était que $\frac{361\frac{4}{}}{1250}$, et qu'à la fin de la première période de 4541 ans $\frac{1}{2}$, lorsqu'il se serait refroidi par la déperdition de sa chaleur propre au point de la température actuelle de la terre, la compensation par la chaleur du soleil a été $\frac{361\frac{4}{}}{50}$. Il faut donc multiplier ces deux termes de compensation par 106104, et l'on aura $\frac{1175\frac{2}{3}}{1250}$ environ pour la compensation qu'a faite la chaleur de Saturne sur ce satellite au commencement de cette première période, dans le temps de l'incandescence, et $\frac{1175\frac{2}{3}}{50}$ pour la compensation que la chaleur de Saturne aurait faite à la fin de cette même période, s'il eût conservé son état d'incandescence; mais comme la chaleur propre de Saturne a diminué de 25 à 24 $\frac{8}{55}$ pendant cette période de 4541 ans $\frac{1}{2}$, la compensation à la fin de la période, au lieu d'être $\frac{1175\frac{2}{3}}{50}$ n'a été que $\frac{1134\frac{17}{40}}{50}$ environ. Ajoutant ces deux termes de compensation $\frac{1175\frac{2}{3}}{1250}$ et $\frac{1134\frac{17}{40}}{50}$ du premier et du dernier temps de la période, on a $\frac{29586\frac{11}{40}}{1250}$, lesquels multipliés par 12 $\frac{1}{2}$, moitié de la somme de tous les termes, donnent $\frac{369203}{1250}$ ou 295 $\frac{2}{9}$ environ pour la compensation totale qu'a faite la chaleur envoyée par Saturne à ce satellite pendant cette première période de 4541 ans $\frac{1}{2}$. Et comme la perte totale de la chaleur propre est à la compensation totale en même raison que le temps de la période est au prolongement du refroidissement, on aura 25 : 295 $\frac{2}{9}$ :: 4541 $\frac{1}{2}$: 53630 environ. Ainsi le temps dont la chaleur de Saturne a prolongé le refroidissement de ce satellite, pour cette première période, a été de 53630 ans, tandis que la chaleur du soleil, pendant le même temps, ne l'a prolongé que de 191 jours. D'où l'on voit, en ajoutant ces temps à celui de la période, qui est de 4541 ans $\frac{1}{2}$, que ç'a été dans l'année 58173 de la formation des planètes, c'est-à-dire il y a 16659 ans, que ce second satellite de Saturne jouissait de la même température dont jouit aujourd'hui la terre.

Le moment où la chaleur envoyée par Saturne à ce satellite a été égale à sa chaleur propre, s'est trouvé presque immédiatement après l'incandescence, c'est-à-dire à $\frac{74}{1175\frac{2}{3}}$ du premier terme de l'écoulement du temps de cette première période, qui multipliés par 181 $\frac{33}{50}$, nombre des années de chaque terme de cette période de 4541 ans $\frac{1}{2}$, donnent 7 ans $\frac{5}{6}$ environ. Ainsi ç'a été dès l'année 8 de la formation des planètes, que la chaleur envoyée par Saturne à son second satellite s'est trouvée égale à la chaleur propre de ce même satellite.

Dès lors on voit que la chaleur propre de ce satellite a été au-dessous de celle que lui envoyait Saturne, dès le temps le plus voisin de l'incandescence, et que dans le premier moment de l'incandescence, Saturne ayant envoyé à ce satellite une chaleur 106 mille 104 fois plus grande que celle du soleil, il lui envoyait encore à la fin de la première période de 4541 ans $\frac{1}{2}$, une chaleur 102 mille 382 $\frac{1}{5}$ fois plus grande que celle du soleil, parce que la chaleur propre de Saturne n'avait diminué que de 25 à 24 $\frac{8}{65}$, et au bout d'une seconde période de 4541 ans $\frac{1}{2}$, après la déperdition de la chaleur propre de ce satellite, jusqu'au point extrême de $\frac{1}{25}$ de la chaleur actuelle de la terre, Saturne envoyait encore à ce satellite une chaleur 98 mille 660 $\frac{2}{5}$ fois plus grande que celle du soleil, parce que la chaleur propre de Saturne n'avait encore diminué que de 24 $\frac{8}{65}$ à 23 $\frac{16}{65}$.

En suivant la même marche, on voit que la chaleur de Saturne, qui d'abord était 25, et qui décroît constamment de $\frac{57}{65}$ par chaque période de 4541 ans $\frac{1}{2}$, diminue par conséquent sur ce satellite de 3721 $\frac{4}{5}$ pendant chacune de ces périodes; en sorte qu'après 26 $\frac{1}{3}$ périodes environ, cette chaleur envoyée par Saturne à son second satellite, sera encore à peu près 4500 fois plus grande que la chaleur qu'il reçoit du soleil.

Mais comme cette chaleur du soleil sur Saturne et sur ses satellites est à celle du soleil sur la terre :: 1 : 90 à très-peu près, et que la chaleur de la terre est 50 fois plus grande que celle qu'elle reçoit du soleil; il s'ensuit qu'il faut diviser par 90 cette quantité 4500 pour avoir une chaleur égale à celle que le Soleil envoie sur la terre; et cette dernière chaleur étant $\frac{1}{50}$ de la chaleur actuelle du globe terrestre, il est évident qu'au bout de 26 $\frac{1}{3}$ périodes de 4541 ans $\frac{1}{2}$, c'est-à-dire au bout de 119592 ans $\frac{5}{6}$, la chaleur que Saturne enverra encore à ce satellite, sera égale à la chaleur actuelle de la terre, et que ce satellite n'ayant plus aucune chaleur propre depuis très-longtemps, ne laissera pas de jouir alors d'une température égale à celle dont jouit aujourd'hui la terre.

Et comme cette chaleur envoyée par Saturne a prodigieusement prolongé le refroidissement de ce satellite au point de la température actuelle de la terre, il le prolongera de même pendant 26 $\frac{1}{3}$ autres périodes, pour arriver au point extrême de $\frac{1}{25}$ de la chaleur actuelle du globe de la terre; en sorte que ce ne sera que dans l'année 239185 de la formation des planètes que ce second satellite de Saturne sera refroidi à $\frac{1}{25}$ de la température actuelle de la terre.

Il en est de même de l'estimation de la chaleur du soleil, relativement à la compensation qu'elle a faite à la diminution de la température du satellite dans les différents temps. Il est certain, qu'à ne considérer que la déperdition de la chaleur propre du satellite, cette chaleur du soleil n'aurait fait compensation dans le temps de l'incandescence que de $\frac{\frac{4}{301}}{1250}$; et qu'à la fin de la première période, qui est de 4541 ans $\frac{1}{2}$, cette même chaleur du soleil aurait fait compensation de $\frac{\frac{4}{361}}{50}$, et que dès lors le prolongement du refroidissement par l'accession de cette chaleur du soleil, aurait en effet été de 191 jours; mais la chaleur envoyée par Saturne dans le temps de l'incandescence étant à la chaleur propre du satellite : : $1175\frac{2}{3}$: 1250, il s'ensuit que la compensation faite par la chaleur du soleil doit être diminuée dans la même raison; en sorte qu'au lieu d'être $\frac{\frac{4}{301}}{1250}$, elle n'a été que $\frac{\frac{4}{301}}{2425\frac{2}{3}}$ au commencement de cette période, et que cette compensation qui aurait été $\frac{\frac{4}{301}}{50}$ à la fin de cette première période, si l'on ne considérait que la déperdition de la chaleur propre du satellite, doit être diminuée dans la raison de $1134\frac{17}{40}$ à 50, parce que la chaleur envoyée par Saturne était encore plus grande que la chaleur propre du satellite dans cette même raison. Dès lors la compensation à la fin de cette première période au lieu d'être $\frac{\frac{4}{301}}{50}$, n'a été que $\frac{\frac{4}{301}}{1184\frac{17}{40}}$. En ajoutant ces deux termes de compensation $\frac{\frac{4}{301}}{2425\frac{2}{3}}$ et $\frac{\frac{4}{301}}{1184\frac{17}{40}}$ du premier et du dernier temps de cette première période, on a $\frac{\frac{14440\frac{11}{40}}{301}}{2873020\frac{1}{6}}$ ou $\frac{40}{2873020\frac{1}{6}}$ environ, qui multipliés par $12\frac{1}{2}$, moitié de la somme de tous les termes de la diminution de la chaleur, donnent $\frac{500}{2873020\frac{1}{6}}$ pour la compensation totale qu'a faite la chaleur du soleil pendant cette première période. Et comme la diminution totale de la chaleur est à la compensation totale en même raison que le temps de la période est au prolongement du refroidissement, on aura $25 : \frac{500}{2873020}$ :: $4541\frac{1}{2} : \frac{227075}{4300530}$ ou :: $4541\frac{1}{2}$: 19 jours environ; ainsi le prolongement du refroidissement, par la chaleur du soleil, au lieu d'être de 191 jours, n'a réellement été que de 19 jours environ.

Et pour évaluer en totalité la compensation qu'a faite cette chaleur du soleil pendant toutes les périodes, on trouve que la compensation, par la chaleur du soleil, dans le temps de l'incandescence, ayant été, comme nous venons de le dire, $\frac{\frac{4}{301}}{2425\frac{2}{3}}$, sera, à la fin de $26\frac{1}{3}$ périodes, de 4541 ans $\frac{1}{2}$ chacune, de $\frac{\frac{4}{301}}{50}$, puisque ce n'est qu'après ces $26\frac{1}{3}$ périodes que la température du satellite sera égale à la température actuelle de la terre. Ajoutant donc ces deux termes de compensation $\frac{\frac{4}{301}}{2425\frac{2}{3}}$ et $\frac{\frac{4}{301}}{50}$ du premier et du dernier temps de ces $26\frac{1}{3}$ périodes, on a $\frac{\frac{9902}{301}}{121282}$ ou $\frac{27\frac{155}{301}}{121282}$, qui multipliés par $12\frac{1}{2}$, moitié de la somme de tous les termes de la diminution de la chaleur pendant toutes ces périodes, donnent $\frac{342\frac{313}{601}}{121282}$ pour la compensation totale par la chaleur du soleil pendant les $26\frac{1}{3}$ périodes de 4541 ans $\frac{1}{2}$ chacune. Et comme la diminution totale de la chaleur est à la compensation totale en même raison que le temps de la période est à celui du prolongement du refroidissement, on aura $25 : \frac{342\frac{313}{601}}{121282}$ :: $119592\frac{5}{6} : 13\frac{13}{25}$ environ. Ainsi le prolongement total que fera la chaleur du soleil ne sera que de 13 ans $\frac{13}{25}$, qu'il faut ajouter aux 119592 ans $\frac{5}{6}$; d'où l'on voit que ce ne sera que dans l'année 119607 de la formation des planètes que ce satellite jouira de la même température dont jouit aujourd'hui la terre, et qu'il faudra le double du temps, c'est-à-dire que ce ne sera que dans l'année 239214 de la formation des planètes que sa température sera refroidie à $\frac{1}{25}$ de la température actuelle de la terre.

Faisant les mêmes raisonnements pour le troisième satellite de Saturne, que nous avons supposé grand comme Mars, et qui est éloigné de Saturne de 120 mille lieues, nous verrons que ce satellite aurait dû se consolider jusqu'au centre en 277 ans $\frac{19}{20}$, parce que n'étant que $\frac{13}{25}$ du diamètre de la terre, il se serait refroidi jusqu'au centre en 1510 ans $\frac{3}{5}$ s'il était de même densité; mais la densité de la terre étant à celle de ce satellite :: 1000 : 184, il s'ensuit qu'on doit diminuer le temps de sa consolidation dans la même raison, ce qui donne 277 ans $\frac{19}{20}$ environ. Il en est de même du temps du refroidissement au point de pouvoir, sans se brûler, toucher la surface du satellite; on trouvera par les mêmes règles de proportion, qu'il s'est refroidi à ce point en 3244 $\frac{20}{31}$, et ensuite qu'il s'est refroidi au point de la température actuelle de la terre en 7083 ans $\frac{11}{15}$ environ. Or, l'action de la chaleur du soleil étant en raison inverse du carré de la distance, la compensation était au commencement de cette première période, dans le temps de l'incandescence $\frac{\frac{4}{361}}{1250}$ et $\frac{\frac{4}{361}}{50}$ à la fin de cette même période de 7083 ans $\frac{11}{15}$. Ajoutant ces deux termes de compensation du premier et du dernier temps de cette période, on a $\frac{\frac{104}{361}}{1250}$, qui multipliés par 12 $\frac{1}{2}$, moitié de la somme de tous les termes, donnent $\frac{\frac{1300}{361}}{1250}$ ou $\frac{3\frac{217}{361}}{1250}$ pour la compensation totale qu'a faite la chaleur du soleil pendant cette première période de 7083 ans $\frac{11}{15}$. Et comme la perte totale de la chaleur propre est à la compensation totale en même raison que le temps de la période est au prolongement du refroidissement, on aura 25 : $\frac{3\frac{217}{361}}{1250}$ :: 7083 ans $\frac{11}{15}$: 296 jours. Ainsi le prolongement du refroidissement de ce satellite, par la chaleur du soleil, n'a été que de 296 jours pendant cette première période de 7083 ans $\frac{11}{15}$.

Mais la chaleur de Saturne qui, dans le temps de l'incandescence, était 25, avait diminué, au bout de la période de 7083 ans $\frac{11}{15}$, de 25 à 23 $\frac{11}{65}$; et comme ce satellite est éloigné de Saturne de 120 mille lieues, et qu'il est distant du soleil de 313 millions 500 mille lieues, il en résulte que la chaleur envoyée par Saturne à ce satellite, aurait été comme le carré de 313500000 est au carré de 120000, si la surface que présente Saturne à ce satellite était égale à la surface que lui présente le soleil; mais la surface de Saturne, n'étant dans le réel que $\frac{90\frac{1}{4}}{11449}$ de celle du soleil, paraît néanmoins à ce satellite plus grande que celle de cet astre dans le rapport inverse du carré des distances; on aura donc $(120000)^2 : (313500000)^2 : : \frac{90\frac{1}{4}}{11449}$: 53801 environ. Donc la surface que Saturne présente à ce satellite est 53801 fois plus grande que celle que lui présente le soleil ; ainsi Saturne dans le temps de l'incandescence, était pour ce satellite un astre de feu 53801 fois plus grand que le soleil. Mais nous avons vu que la compensation faite par la chaleur du soleil, à la perte de la chaleur propre de ce satellite, était $\frac{\frac{4}{361}}{50}$, lorsqu'au bout de 7083 $\frac{2}{3}$, il se serait, comme Mars, refroidi à la température actuelle de la terre, et que dans le temps de l'incandescence cette compensation, par la chaleur du soleil, n'était que de $\frac{\frac{4}{361}}{1250}$; on aura donc 53801, multipliés par $\frac{\frac{4}{361}}{1250}$ ou $\frac{506\frac{48}{361}}{1250}$ pour la compensation qu'a faite la chaleur de Saturne au commencement de cette période, dans le temps de l'incandescence, et $\frac{506\frac{48}{361}}{50}$ pour la compensation à la fin de cette même période, si Saturne eût conservé son état d'incandescence ; mais comme sa chaleur propre a diminué de 25 à 23 $\frac{41}{65}$ environ, pendant cette période de 7083 ans $\frac{2}{3}$, la compensation à la fin de cette période au lieu d'être $\frac{506\frac{48}{361}}{50}$, n'a été que de $\frac{563\frac{1}{2}}{50}$. Ajoutant ces deux termes $\frac{563\frac{1}{2}}{50}$ et $\frac{506\frac{48}{361}}{1250}$ du premier et du dernier temps de cette période, on aura $\frac{14683\frac{47}{72}}{1250}$ environ , lesquels multipliés par 12 $\frac{1}{2}$, moitié de la somme de tous les termes, donnent $\frac{183543}{1250}$ environ, ou 146 $\frac{5}{6}$ pour la compensation totale qu'a faite la chaleur de Saturne sur ce troisième satellite pendant cette première période de 7083 ans $\frac{11}{15}$. Et comme la perte totale de la chaleur propre est à la compensation totale en même raison que le temps de la période est à celui du prolongement du refroidissement, on aura 25 : 146 $\frac{5}{6}$: : 7083. $\frac{2}{3}$: 41557 $\frac{1}{2}$ environ. Ainsi le temps dont la chaleur de Saturne a prolongé le refroidissement de son troisième satellite pendant cette période de 7083 ans $\frac{2}{3}$, a été de 41557 ans $\frac{1}{2}$, tandis que la chaleur du soleil ne l'a prolongé pendant ce même temps que de 296 jours. Ajoutant ces deux temps à celui de la période de 7083 ans $\frac{2}{3}$, on voit que ce serait dans l'année 48643 de la formation des planètes, c'est-à-dire il y a 26189 ans, que ce troisième satellite de Saturne aurait joui de la même température dont jouit aujourd'hui la terre.

Le moment où la chaleur envoyée par Saturne à ce satellite a été égale à sa chaleur propre, s'est trouvé au 2 $\frac{1}{11}$ terme environ de l'écoulement du temps de cette première période, lequel multiplié par 283 $\frac{1}{3}$, nombre des années de chaque terme de la période de 7083 $\frac{2}{3}$, donne 630 ans $\frac{1}{3}$, environ; ainsi ç'a été dès l'année 631 de la formation des planètes, que la chaleur envoyée par Saturne à son troisième satellite, s'est trouvée égale à la chaleur propre de ce même satellite.

Dès lors on voit que la chaleur propre de ce satellite a été au-dessous

de celle que lui envoyait Saturne dès l'année 631 de la formation des planètes ; et que Saturne ayant envoyé à ce satellite une chaleur 53801 fois
plus grande que celle du soleil, il lui envoyait encore à la fin de la première période de 7083 ans $\frac{2}{3}$, une chaleur 50854 $\frac{9}{25}$ fois plus grande que
celle du soleil, parce que la chaleur propre de Saturne n'avait diminué
que de 25 à 23 $\frac{41}{65}$ environ. Et au bout d'une seconde période de 7083 ans $\frac{2}{3}$,
après la déperdition de la chaleur propre de ce satellite, jusqu'au point
extrême de $\frac{1}{25}$ de la chaleur actuelle de la terre, Saturne envoyait encore
à ce satellite une chaleur 47907 $\frac{19}{23}$ fois plus grande que celle du soleil,
parce que la chaleur propre de Saturne n'avait encore diminué que de
23 $\frac{41}{65}$ à 22 $\frac{17}{65}$.

En suivant la même marche, on voit que la chaleur de Saturne qui
d'abord était 25, et qui décroît constamment de 1 $\frac{24}{65}$ par chaque période
de 7083 ans $\frac{2}{3}$, diminue par conséquent sur ce satellite de 2946 $\frac{3}{5}$ pendant
chacune de ces périodes, en sorte qu'après 15 $\frac{3}{4}$ périodes environ, cette
chaleur envoyée par Saturne à son troisième satellite, sera encore 4500 fois
plus grande que la chaleur qu'il reçoit du soleil.

Mais comme cette chaleur du soleil sur Saturne et sur ses satellites est
à celle du soleil sur la terre : : 1 : 90 à très-peu près, et que la chaleur
de la terre est 50 fois plus grande que celle qu'elle reçoit du soleil, il
s'ensuit qu'il faut diviser par 90 cette quantité de chaleur 4500 pour avoir
une chaleur égale à celle que le soleil envoie sur la terre; et cette dernière
chaleur étant $\frac{1}{50}$ de la chaleur actuelle du globe terrestre, il est évident
qu'au bout de 15 $\frac{3}{4}$ périodes de 7083 ans $\frac{2}{3}$, c'est-à-dire au bout de
111567 ans, la chaleur que Saturne enverra encore à ce satellite, sera
égale à la chaleur actuelle de la terre, et que ce satellite n'ayant plus
aucune chaleur propre depuis très-longtemps, ne laissera pas de jouir alors
d'une température égale à celle dont jouit aujourd'hui la terre.

Et comme cette chaleur envoyée par Saturne a très-considérablement
prolongé le refroidissement de ce satellite au point de la température
actuelle de la terre, il le prolongera de même pendant 15 $\frac{3}{4}$ autres périodes,
pour arriver au point extrême de $\frac{1}{25}$ de la chaleur actuelle du globe de la
terre; en sorte que ce ne sera que dans l'année 223134 de la formation
des planètes que ce troisième satellite de Saturne sera refroidi à $\frac{1}{25}$ de la
température actuelle de la terre.

Il en est de même de l'estimation de la chaleur du soleil, relativement à
la compensation qu'elle a faite à la diminution de la température du satellite dans les différents temps. Il est certain qu'à ne considérer que la
déperdition de la chaleur propre du satellite, cette chaleur du soleil n'aurait fait compensation dans le temps de l'incandescence que de $\frac{361}{1250}$, et
qu'à la fin de la première période qui est de 7083 ans $\frac{2}{3}$, cette même cha-

leur du soleil aurait fait une compensation de $\frac{\frac{4}{361}}{50}$; et que dès lors le prolongement du refroidissement, par l'accession de cette chaleur du soleil, aurait en effet été de 296 jours. Mais la chaleur envoyée par Saturne dans le temps de l'incandescence étant à la chaleur propre du satellite :: $596\,\frac{48}{361}$: 1250, il s'ensuit que la compensation faite par la chaleur du soleil doit être diminuée dans la même raison ; en sorte qu'au lieu d'être $\frac{\frac{4}{361}}{1250}$, elle n'a été que que $\frac{\frac{4}{361}}{1846\,\frac{48}{361}}$ au commencement de cette période, et que cette compensation qui aurait été $\frac{\frac{4}{361}}{50}$ à la fin de cette période, si l'on ne considérait que la déperdition de la chaleur propre du satellite, doit être diminuée dans la raison de $563\,\frac{1}{2}$ à 50, parce que la chaleur envoyée par Saturne était encore plus grande que la chaleur propre de ce satellite dans cette même raison. Dès lors la compensation à la fin de cette première période au lieu d'être $\frac{\frac{4}{361}}{50}$, n'a été que $\frac{\frac{4}{361}}{613\frac{1}{2}}$. En ajoutant ces deux termes de compensation $\frac{\frac{4}{361}}{1846\,\frac{48}{361}}$ et $\frac{\frac{4}{361}}{613\frac{1}{2}}$ du premier et du dernier temps de cette première période, on a $\frac{\frac{9838}{361}}{1132602}$ ou $\frac{27\frac{1}{4}}{1132602}$, qui multipliés par $12\,\frac{1}{2}$, moitié de la somme de tous les termes, donnent $\frac{340\frac{5}{8}}{1132602}$ pour la compensation totale qu'a pu faire la chaleur du soleil pendant cette première période. Et comme la diminution totale de la chaleur est à la compensation totale en même raison que le temps de la période est au prolongement du refroidissement, on aura $25 : \frac{340\frac{5}{8}}{1132602} :: 7083\,\frac{2}{3} : \frac{2412878\frac{3}{5}}{28315050}$, ou :: $7083\,\frac{2}{3}$ ans : 31 jours environ. Ainsi le prolongement du refroidissement, par la chaleur du soleil, au lieu d'avoir été de 296 jours, n'a réellement été que de 31 jours.

Et pour évaluer en totalité la compensation qu'a faite cette chaleur du soleil pendant toutes ces périodes, on trouvera que la compensation, par la chaleur du soleil, dans le temps de l'incandescence, ayant été, comme nous venons de le dire, $\frac{\frac{4}{361}}{1846\,\frac{48}{361}}$, sera à la fin de $15\,\frac{3}{4}$ périodes de 7083 ans $\frac{2}{3}$ chacune, de $\frac{\frac{4}{361}}{50}$, puisque ce n'est qu'après ces $15\,\frac{3}{4}$ périodes, que la température du satellite sera égale à la température actuelle de la terre. Ajoutant donc ces deux termes de compensation $\frac{\frac{4}{361}}{1846\,\frac{48}{361}}$ et $\frac{\frac{4}{361}}{50}$ du premier et du dernier temps de ces $15\,\frac{3}{4}$ périodes, on a $\frac{\frac{7584\frac{5}{9}}{361}}{92306\frac{3}{5}}$ ou $\frac{21\frac{1}{324}}{92306\frac{3}{5}}$, qui multipliés par $12\,\frac{1}{2}$, moitié de la somme de tous les termes de la diminution de la chaleur pendant les $15\,\frac{3}{4}$ périodes de 7083 ans $\frac{2}{3}$ chacune, donnent $\frac{262\frac{5}{8}}{92306\frac{3}{5}}$ pour

la compensation totale qu'a faite la chaleur du soleil. Et comme la diminution totale de la chaleur est à la compensation totale en même raison que le
temps total des périodes est au prolongement du refroidissement, on aura
$25 : \dfrac{262\frac{5}{8}}{92300\frac{3}{5}}$ :: 111567 ans : 12 ans 254 jours. Ainsi le prolongement total
que fera la chaleur du soleil pendant toutes ces périodes, ne sera que de
12 ans 254 jours qu'il faut ajouter aux 111567 ans; d'où l'on voit que ce
ne sera que dans l'année 111580 de la formation des planètes que ce satellite jouira réellement de la même température dont jouit aujourd'hui la
terre, et qu'il faudra le double de ce temps, c'est-à-dire que ce ne sera
que dans l'année 223160 de la formation des planètes que sa température
pourra être refroidie à $\frac{1}{25}$ de la température actuelle de la terre.

Faisant les mêmes raisonnements pour le quatrième satellite de Saturne,
que nous avons supposé grand comme la terre, on verra qu'il aurait dû se
consolider jusqu'au centre en 534 ans $\frac{13}{25}$, parce que ce satellite étant égal
au globe terrestre, il se serait consolidé jusqu'au centre en 2905 ans, s'il
était de même densité; mais la densité de la terre étant à celle de ce satellite
:: 1000 : 184, il s'ensuit qu'on doit diminuer le temps de la consolidation
dans la même raison, ce qui donne 534 ans $\frac{13}{25}$. Il en est de même du temps
du refroidissement au point de toucher, sans se brûler, la surface du satellite; on trouvera par les mêmes règles de proportion, qu'il s'est refroidi à
ce point en 6239 ans $\frac{9}{16}$, et ensuite qu'il s'est refroidi à la température
actuelle de la terre en 13624 $\frac{2}{3}$. Or l'action de la chaleur du soleil étant en
raison inverse du carré des distances, la compensation était au commencement de cette première période, dans le temps de l'incandescence, $\dfrac{4}{\frac{361}{1250}}$
et $\dfrac{4}{\frac{361}{50}}$ à la fin de cette même période de 13624 $\frac{2}{3}$. Ajoutant ces deux
termes $\dfrac{4}{\frac{361}{1250}}$ et $\dfrac{4}{\frac{361}{50}}$ du premier et du dernier temps de cette période, on a
$\dfrac{104}{\frac{361}{1250}}$, qui multipliés par 12 $\frac{1}{2}$, moitié de la somme de tous les termes,
donnent $\dfrac{1300}{\frac{361}{1250}}$ ou $\dfrac{3\frac{217}{361}}{1250}$ pour la compensation totale qu'a faite la chaleur du
soleil pendant cette période de 13624 ans $\frac{2}{3}$. Et comme la perte totale de la
chaleur propre est à la compensation totale en même raison que le temps
de la période est au prolongement du refroidissement, on aura $25 : \dfrac{3\frac{217}{361}}{1250}$
:: 13624 $\frac{2}{3}$: 1 $\frac{14}{25}$ environ. Ainsi le prolongement du refroidissement de ce
satellite, par la chaleur du soleil, n'a été que de 1 an $\frac{14}{25}$ pendant cette première période de 13624 ans $\frac{2}{3}$.

Mais la chaleur de Saturne, qui dans le temps de l'incandescence était
vingt-cinq fois plus grande que la chaleur de la température actuelle de
la terre, n'avait encore diminué au bout de cette période de 13624 $\frac{2}{3}$ que
de 25 à 22 $\frac{19}{65}$ environ. Et comme ce satellite est à 278 mille lieues de
Saturne, et à 313 millions 500 mille lieues de distance du soleil, la cha-

leur envoyée par Saturne, dans le temps de l'incandescence, aurait été en raison du carré de 313500000 au carré de 278000, si la surface que présente Saturne à son quatrième satellite était égale à la surface que lui présente le soleil; mais la surface de Saturne, n'étant dans le réel que $\frac{90\frac{1}{4}}{11440}$ de celle du soleil, paraît néanmoins à ce satellite plus grande que celle de cet astre, dans la raison inverse du carré des distances; ainsi l'on aura $(278000)^2 : (313500000)^2 :: \frac{90\frac{1}{4}}{11440} : 10024\frac{1}{2}$ environ. Donc la surface que présente Saturne à ce satellite est $10024\frac{1}{2}$ fois plus grande que celle que lui présente le soleil. Mais nous avons vu que la compensation faite par la chaleur du soleil à la perte de la chaleur propre de ce satellite, n'était que $\frac{\frac{4}{361}}{50}$, lorsqu'au bout de 13624 ans $\frac{1}{2}$ il se serait refroidi comme la terre au point de la température actuelle, et que dans le temps de l'incandescence cette compensation, par la chaleur du soleil, n'a été que $\frac{\frac{4}{361}}{1250}$; on aura donc 10024 $\frac{1}{2}$, multipliés par $\frac{\frac{4}{361}}{1250}$ ou $\frac{114\frac{27}{361}}{1250}$ pour la compensation qu'a faite la chaleur de Saturne au commencement de cette période, dans le temps de l'incandescence, et $\frac{114\frac{27}{361}}{50}$ pour la compensation que la chaleur de Saturne aurait faite à la fin de cette même période, s'il eût conservé son état d'incandescence; mais comme la chaleur propre de Saturne a diminué de 25 à 22 $\frac{19}{68}$ environ pendant cette période de 13624 ans $\frac{2}{3}$, la compensation à la fin de cette période, au lieu d'être $\frac{114\frac{27}{361}}{1250}$, n'a été que de $\frac{90\frac{1}{23}}{50}$ environ. Ajoutant ces deux termes $\frac{90\frac{1}{23}}{50}$ et $\frac{114\frac{27}{361}}{1250}$ de la compensation du premier et du dernier temps de cette période, on aura $\frac{2587\frac{27}{361}}{1250}$ environ, lesquels multipliés par 12 $\frac{1}{2}$, moitié de la somme de tous les termes, donnent $\frac{32531}{1250}$ ou 26 $\frac{1}{50}$ environ pour la compensation totale qu'a faite la chaleur de Saturne sur son quatrième satellite, pendant cette première période de 13624 ans $\frac{2}{3}$. Et comme la perte totale de la chaleur propre est à la compensation totale en même raison que le temps de la période est au prolongement du refroidissement, on aura 25 : 26 $\frac{1}{50}$ :: 13624 $\frac{2}{3}$: 14180 $\frac{19}{50}$. Ainsi le temps dont la chaleur de Saturne a prolongé le refroidissement de ce satellite, a été de 14180 ans $\frac{19}{50}$ environ pour cette première période, tandis que le prolongement de son refroidissement, par la chaleur du soleil, n'a été que de 1 an $\frac{14}{25}$. Ajoutant à ces deux temps celui de la période, on voit que ce serait dans l'année 27807 de la formation des planètes, c'est-à-dire il y a 47025 ans, que ce quatrième satellite aurait joui de la même température dont jouit aujourd'hui la terre.

Le moment où la chaleur envoyée par Saturne à ce quatrième satellite a été égale à sa chaleur propre, s'est trouvé au 11 $\frac{1}{4}$ terme environ de cette première période, qui multiplié par 545, nombre des années de chaque terme de cette période, donne 6131 ans $\frac{1}{4}$; en sorte que ç'a été dans l'année 6132 de la formation des planètes que la chaleur envoyée par Saturne à son quatrième satellite, s'est trouvée égale à la chaleur propre de ce satellite.

Dès lors on voit que la chaleur propre de ce satellite a été au-dessous de celle que lui envoyait Saturne dans l'année 6132 de la formation des planètes, et que Saturne ayant envoyé à ce satellite une chaleur 10024 $\frac{1}{2}$ fois plus grande que celle du soleil, il lui envoyait encore à la fin de la première période de 13624 ans $\frac{2}{3}$, une chaleur 8938 $\frac{19}{25}$ fois plus grande que celle du soleil, parce que la chaleur de Saturne n'avait diminué que de 25 à 22 $\frac{39}{65}$ pendant cette première période. Et au bout d'une seconde période de 13624 ans $\frac{2}{3}$, après la déperdition de la chaleur propre de ce satellite, jusqu'au point extrême de $\frac{4}{25}$ de la température actuelle de la terre, Saturne envoyait encore à ce satellite une chaleur 7853 $\frac{1}{25}$ fois plus grande que celle du soleil, parce que la chaleur propre de Saturne n'avait encore diminué que de 22 $\frac{19}{65}$ à 20 $\frac{48}{65}$.

En suivant la même marche, on voit que la chaleur de Saturne, qui d'abord était 25, et qui décroît constamment de 2 $\frac{46}{65}$ par chaque période de 13624 ans $\frac{2}{3}$, diminue par conséquent sur son satellite de 1085 $\frac{18}{25}$ pendant chacune de ces périodes; en sorte qu'après quatre périodes environ, cette chaleur envoyée par Saturne à son quatrième satellite, sera encore 4500 fois plus grande que la chaleur qu'il reçoit du soleil.

Mais comme cette chaleur du soleil sur Saturne et sur ses satellites, est à celle du soleil sur la terre : : 1 : 90 à très-peu près, et que la chaleur de la terre est 50 fois plus grande que celle qu'elle reçoit du soleil, il s'ensuit qu'il faut diviser par 90 cette quantité de chaleur 4500 pour avoir une chaleur égale à celle que le soleil envoie sur la terre. Et cette dernière chaleur étant $\frac{1}{50}$ de la chaleur actuelle du globe terrestre, il est évident qu'au bout de quatre périodes de 13624 ans $\frac{2}{3}$ chacune, c'est-à-dire au bout de 54498 ans $\frac{2}{3}$, la chaleur que Saturne a envoyée à son quatrième satellite était égale à la chaleur actuelle de la terre; et que ce satellite n'ayant plus aucune chaleur propre depuis longtemps, n'a pas laissé de jouir alors d'une température égale à celle dont jouit aujourd'hui la terre.

Et comme cette chaleur envoyée par Saturne, a considérablement prolongé le refroidissement de ce satellite au point de la température actuelle de la terre, il le prolongera de même pendant quatre autres périodes, pour arriver au point extrême de $\frac{1}{25}$ de la chaleur actuelle du globe terrestre; en sorte que ce ne sera que dans l'année 108997 de la formation des planètes, que ce quatrième satellite de Saturne sera refroidi à $\frac{1}{25}$ de la température actuelle de la terre.

Il en est de même de l'estimation de la chaleur du soleil, relativement à la compensation qu'elle a faite à la diminution de la température du satellite

dans les différents temps; il est certain qu'à ne considérer que la déperdition de la chaleur propre du satellite, cette chaleur du soleil n'aurait fait
compensation, dans le temps de l'incandescence, que de $\frac{\frac{4}{361}}{1250}$, et qu'à la
fin de la première période, qui est de 13624 ans $\frac{2}{3}$, cette même chaleur du
soleil aurait fait une compensation de $\frac{\frac{4}{361}}{50}$; et que dès lors le prolongement
du refroidissement, par l'accession de cette chaleur du soleil, aurait en effet
été de 1 an 204 jours; mais la chaleur envoyée par Saturne, dans le temps
de l'incandescence, étant à la chaleur propre du satellite :: 111 $\frac{27}{361}$: 1250,
il s'ensuit que la compensation faite par la chaleur du soleil doit être diminuée dans la même raison, en sorte qu'au lieu d'être $\frac{\frac{4}{361}}{1250}$, elle n'a été que
$\frac{\frac{4}{361}}{1361\frac{27}{361}}$ au commencement de cette période; et que cette compensation qui
aurait été $\frac{\frac{4}{361}}{50}$ à la fin de cette première période, si l'on ne considérait que
la déperdition de la chaleur propre du satellite, doit être diminuée dans la
la raison de 99 $\frac{1}{8}$ à 50, parce que la chaleur envoyée par Saturne était
encore plus grande que la chaleur propre du satellite dans cette même
raison. Dès lors la compensation à la fin de cette première période, au lieu
d'être $\frac{\frac{4}{361}}{50}$, n'a été que $\frac{\frac{4}{361}}{149\frac{1}{3}}$. En ajoutant ces deux termes de compensation
$\frac{\frac{4}{361}}{1361\frac{27}{361}}$ et $\frac{\frac{4}{361}}{149\frac{1}{3}}$ du premier et du dernier temps de cette première période,
on a $\frac{6014\frac{1}{14}}{203072\frac{4}{11}}$ ou $\frac{16\frac{238}{361}}{203072\frac{4}{11}}$, qui multipliés par 12 $\frac{1}{2}$, moitié de la somme
de tous les termes, donnent $\frac{208\frac{7}{30}}{203072\frac{4}{11}}$ pour la compensation totale qu'a pu
faire la chaleur du soleil pendant cette première période; et comme la dimi-
nution totale de la chaleur est à la compensation totale en même raison
que le temps de la période est au prolongement du refroidissement, on aura
25 : $\frac{203072\frac{4}{11}}{208\frac{7}{30}}$ :: 13624 $\frac{2}{3}$: $\frac{2837109\frac{5}{6}}{5076809}$, ou :: 13624 ans $\frac{2}{3}$: 204 jours environ. Ainsi le prolongement du refroidissement de ce satellite, par la chaleur
du soleil, au lieu d'avoir été de 1 an 204 jours, n'a réellement été que de
204 jours.

Et pour évaluer en totalité la compensation qu'a faite la chaleur du soleil
pendant toutes ces périodes, on trouvera que la compensation, dans le
temps de l'incandescence, ayant été $\frac{\frac{4}{361}}{1361\frac{27}{361}}$, sera à la fin de quatre
périodes $\frac{\frac{4}{361}}{50}$, puisque ce n'est qu'après ces quatre périodes que la température de ce satellite sera égale à la température actuelle de la terre. Ajou-
tant ces deux termes $\frac{\frac{4}{361}}{1361\frac{27}{361}}$ et $\frac{\frac{4}{361}}{50}$ du premier et du dernier temps de
ces quatre périodes, on a $\frac{5644\frac{3}{11}}{68053\frac{4}{9}}$ ou $\frac{15\frac{229}{361}}{68053\frac{4}{9}}$, qui multipliés par 12 $\frac{1}{2}$,

moitié de la somme de tous les termes, donnent $\dfrac{195\,\frac{5}{6}}{68053\,\frac{4}{9}}$ pour la compensation totale qu'a faite la chaleur du soleil pendant les quatre périodes de 13624 ans $\frac{2}{3}$ chacune. Et comme la diminution totale de la chaleur est à la compensation en même raison que le temps total de ces périodes est à celui du prolongement du refroidissement, on aura 25 : $\dfrac{195\,\frac{5}{6}}{68053\,\frac{4}{9}}$ :: 54498 ans $\frac{2}{3}$: 6 ans 87 jours. Ainsi le prolongement total que fera la chaleur du soleil sur ce satellite, ne sera que de 6 ans·87 jours, qu'il faut ajouter aux 54498 ans $\frac{2}{3}$; d'où l'on voit que ç'a été dans l'année 54505 de la formation des planètes, que ce satellite a joui de la même température dont jouit aujourd'hui la terre, et qu'il faudra le double de ce temps, c'est-à-dire· que ce ne sera que dans l'année 109010 de la formation des planètes que sa température sera refroidie à $\frac{1}{25}$ de la température actuelle de la terre.

Enfin faisant le même raisonnement pour le cinquième satellite de Saturne, que nous supposerons encore grand comme la terre, on verra qu'il aurait dû se consolider jusqu'au centre en 534 ans $\frac{13}{25}$; se refroidir au point d'en toucher la surface, sans se brûler, en 6239 ans $\frac{9}{10}$, et au point de la température actuelle de la terre en 13624 ans $\frac{2}{3}$; et l'on trouvera de même que le prolongement du refroidissement de ce satellite, par la chaleur du soleil, n'a été que de 1 an 204 jours pour la première période de 13624 ans $\frac{2}{3}$.

Mais la chaleur de Saturne qui, dans le temps de l'incandescence, était 25 fois plus grande que la chaleur actuelle de la terre, n'avait encore diminué au bout de cette période de 13624 $\frac{2}{3}$ que de 25 à 22 $\frac{19}{65}$. Et comme ce satellite est à 808 mille lieues de Saturne, et à 313 millions 500 mille lieues de distance du soleil, la chaleur envoyée par Saturne, dans le temps de l'incandescence, à ce satellite, aurait été en raison du carré de 313500000 au carré de 808000, si la surface que présente Saturne à son cinquième satellite était égale à la surface que lui présente le soleil; mais la surface de Saturne n'étant dans le réel que $\frac{90\,\frac{1}{4}}{11440}$ de celle du soleil, paraît néanmoins plus grande à ce satellite que celle de cet astre dans la raison inverse du carré des distances. Ainsi l'on aura $(808000)^2 : (313500000)^2 :: \dfrac{90\,\frac{1}{4}}{11440}$: 1186 $\frac{2}{3}$. Donc la surface que Saturne présente à ce satellite est 1186 $\frac{2}{3}$ fois plus grande que celle que lui présente le soleil. Mais nous avons vu que la compensation faite par la chaleur du soleil à la perte de la chaleur propre de ce satellite, n'était que $\frac{361\,\frac{4}{}}{50}$, lorsqu'au bout de 13624 ans $\frac{2}{3}$ il se serait refroidi comme la terre, au point de la température actuelle, et que dans le temps de l'incandescence, la compensation, par la chaleur du soleil, n'a été que $\frac{361\,\frac{4}{}}{1250}$; on aura donc 1186 $\frac{2}{3}$, multipliés par $\frac{361\,\frac{4}{}}{1250}$ ou $\frac{13\,\frac{61}{}}{1250}$ pour la compensation dans le temps de l'incandescence, et $\frac{13\,\frac{61}{}}{50}$ pour la compensation à la fin de cette première période, si Saturne eût conservé son état d'incandescence; mais comme sa chaleur propre a diminué de 25 à 23 $\frac{19}{65}$ pendant cette période de 13624 $\frac{2}{3}$, la compensation à la fin de la période, au lieu d'être $\frac{13\frac{51}{361}}{50}$, n'a été que de $\frac{11\frac{37}{50}}{50}$ environ. Ajoutant ces deux termes $\frac{11\frac{37}{50}}{50}$ et $\frac{13\frac{53}{361}}{1250}$ du premier et du dernier temps de cette période, on aura $\frac{300\frac{417}{713}}{1250}$, lesquels étant multipliés par 12 $\frac{1}{2}$, moitié de la somme de tous les termes, donnent $\frac{3832\frac{16}{43}}{1250}$ ou 3 $\frac{82\frac{1}{2}}{1250}$ pour la compensation totale qu'a faite la chaleur de Saturne pendant cette première période. Et comme la perte de la chaleur propre est à la compensation en même raison que le temps de la période est au prolongement du refroidissement, on aura 25 : 3 $\frac{82\frac{1}{2}}{1250}$ :: 13624 $\frac{2}{3}$: 1670 $\frac{43}{50}$. Ainsi le temps dont la chaleur de Saturne a prolongé le refroidissement de ce satellite pendant cette première période de 13624 $\frac{2}{3}$, a été de 1670 ans $\frac{43}{50}$, tandis que le prolongement du refroidissement, par la chaleur du soleil, n'a été que de 1 an 204 jours. Ajoutant ces deux temps du prolongement du refroidissement au temps de la période, qui est de 13624 ans $\frac{2}{3}$, on aura 15297 ans 30 jours environ ; d'où l'on voit que ce serait dans l'année 15298 de la formation des planètes, c'est-à-dire il y a 59534 ans, que ce cinquième satellite de Saturne aurait joui de la même température dont jouit aujourd'hui la terre.

Dans le commencement de la seconde période de 13624 ans $\frac{2}{3}$, la chaleur de Saturne a fait compensation de $\frac{11\frac{37}{50}}{50}$, et aurait fait à la fin de cette même période une compensation de $\frac{293\frac{1}{2}}{50}$, si Saturne eût conservé son même état de chaleur; mais comme sa chaleur propre a diminué pendant cette seconde période de 22 $\frac{19}{65}$ à 20 $\frac{48}{65}$, cette compensation au lieu d'être $\frac{293\frac{1}{2}}{50}$, n'est que de $\frac{273\frac{3}{89}}{50}$ environ. Ajoutant ces deux termes $\frac{11\frac{47}{50}}{50}$ et $\frac{273\frac{3}{89}}{50}$ du premier et du dernier temps de cette seconde période, on aura $\frac{284\frac{3}{4}}{50}$ à très-peu près, qui multipliés par 12 $\frac{1}{2}$, moitié de la somme de tous les termes, donnent $\frac{3559}{50}$ ou 71 $\frac{9}{50}$ pour la compensation totale qu'a faite la chaleur de Saturne pendant cette seconde période. Et comme la perte totale de la chaleur propre est à la compensation totale en même raison que le temps de la période est au prolongement du refroidissement, on aura 25 : 71 $\frac{9}{50}$ :: 13624 $\frac{2}{3}$: 38792 $\frac{19}{100}$. Ainsi le prolongement du temps pour le refroidissement de ce satellite, par la chaleur de Saturne, ayant été de 1670 ans $\frac{43}{50}$ pour la première période, a été de 38792 ans $\frac{19}{100}$ pour la seconde.

Le moment où la chaleur envoyée par Saturne s'est trouvée égale à la chaleur propre de ce satellite, est au 4 $\frac{15}{58}$ terme à très-peu près de l'écoulement du temps dans cette seconde période, qui multiplié par 545, nombre des années de chaque terme de ces périodes, donnent 2320 ans 346 jours, lesquels étant ajoutés aux 13624 ans 243 jours de la première période, donnent 15945 ans 224 jours. Ainsi ç'a été dans l'année 15946 de la formation des planètes, que la chaleur envoyée par Saturne à ce satellite s'est trouvée égale à sa chaleur propre.

Dès lors on voit que la chaleur propre de ce satellite a été au-dessous de celle que lui envoyait Saturne dans l'année 15946 de la formation des planètes, et que Saturne ayant envoyé à ce satellite, dans le temps de l'incandescence, une chaleur 1186 $\frac{2}{3}$ fois plus grande que celle du soleil, il lui envoyait encore à la fin de la première période de 13624 ans $\frac{2}{3}$, une chaleur 1058 $\frac{21}{75}$ fois plus grande que celle du soleil, parce que la chaleur de Saturne n'avait diminué que de 25 à 22 $\frac{19}{65}$ pendant cette première période; et au bout d'une seconde période de 13624 ans $\frac{2}{3}$, après la déperdition de la chaleur propre de ce satellite, jusqu'à $\frac{1}{25}$ de la température actuelle de la terre, Saturne envoyait encore à ce satellite une chaleur 929 $\frac{13}{15}$ fois plus grande que celle du soleil, parce que la chaleur propre de Saturne n'avait encore diminué que de 22 $\frac{19}{65}$ à 20 $\frac{48}{65}$.

En suivant la même marche, on voit que la chaleur de Saturne, qui d'abord était 25, et qui décroît constamment de 2 $\frac{16}{65}$ par chaque période de 13624 ans $\frac{2}{3}$, diminue par conséquent sur ce satellite de 128 $\frac{29}{75}$ pendant chacune de ces périodes.

Mais comme cette chaleur du soleil sur Saturne et sur ses satellites est à celle du soleil sur la terre : : 1 : 90 à très-peu près, et que la chaleur de la terre est 50 fois plus grande que celle qu'elle reçoit du soleil, il s'ensuit que jamais Saturne n'a envoyé à ce satellite une chaleur égale à celle du globe de la terre, puisque dans le temps même de l'incandescence, cette chaleur envoyée par Saturne n'était que 1186 $\frac{2}{3}$ fois plus grande que celle du soleil sur Saturne, c'est-à-dire $\frac{1186\frac{2}{3}}{90}$ ou 13 $\frac{17}{90}$ fois plus grande que celle de la chaleur du soleil sur la terre, ce qui ne fait que $\frac{13\frac{17}{90}}{50}$ de la chaleur actuelle du globe de la terre; et c'est par cette raison qu'on doit s'en tenir à l'évaluation telle que nous l'avons faite ci-dessus dans la première et la seconde période du refroidissement de ce satellite.

Mais l'évaluation de la compensation faite par la chaleur du soleil doit être faite comme celle des autres satellites, parce qu'elle dépend encore beaucoup de celle que la chaleur de Saturne a faite sur ce même satellite dans les différents temps. Il est certain qu'à ne considérer que la déperdition de la chaleur propre du satellite, cette chaleur du soleil n'aurait fait compensation, dans le temps de l'incandescence, que de $\frac{4}{\frac{361}{1250}}$, et qu'à la fin de cette même période de 13624 ans $\frac{2}{3}$, cette même chaleur du soleil aurait fait une compensation de $\frac{4}{\frac{361}{50}}$; et que dès lors le prolongement du refroidissement, par l'accession de cette chaleur du soleil, aurait en effet été de 1 an 204 jours; mais la chaleur envoyée par Saturne dans le temps

de l'incandescence, étant à la chaleur propre du satellite : : $13\frac{53}{361}$: 1250,
il s'ensuit que la compensation faite par la chaleur du soleil doit être
diminuée dans la même raison ; en sorte qu'au lieu d'être $\frac{\frac{4}{361}}{1250}$, elle n'a
été que de $\frac{\frac{4}{361}}{1263\frac{53}{361}}$ au commencement de cette période, et que cette compensation qui aurait été $\frac{\frac{4}{361}}{50}$ à la fin de cette première période, si l'on ne
considérait que la déperdition de la chaleur propre du satellite, doit
être diminuée dans la même raison de $11\frac{37}{50}$ à 50, parce que la chaleur envoyée par Saturne était encore plus grande que la chaleur propre
du satellite dans cette même raison. Dès lors la compensation à la fin de
cette première période, au lieu d'être $\frac{\frac{4}{361}}{50}$, n'a été que $\frac{\frac{4}{361}}{61\frac{17}{50}}$; en ajoutant
ces deux termes de compensation $\frac{\frac{4}{361}}{1263\frac{53}{361}}$ et $\frac{\frac{4}{361}}{61\frac{17}{50}}$ du premier et du dernier temps de cette première période, on a $\frac{\frac{5299\frac{6}{11}}{361}}{77987}$ ou $\frac{14\frac{3}{5}}{77987}$, qui multipliés par $12\frac{1}{2}$, moitié de la somme de tous les termes, donnent $\frac{183\frac{1}{3}}{77987}$ pour
la compensation totale qu'a faite la chaleur du soleil pendant cette pre-
mière période. Et comme la diminution totale de la chaleur est à la
compensation totale en même raison que le temps de la période est au
prolongement du refroidissement, on aura $25 : \frac{183\frac{1}{3}}{77987} : : 13624\frac{2}{3} : 1$ an
186 jours. Ainsi le prolongement du refroidissement de ce satellite, par
la chaleur du soleil, au lieu d'avoir été de 1 an 204 jours, n'a réellement été que de 1 an 186 jours pendant la première période.

Dans la seconde période, la compensation étant au commencement
$\frac{\frac{4}{361}}{61\frac{37}{50}}$, sera à la fin de cette même période $\frac{\frac{100}{361}}{60\frac{1}{3}}$, parce que la chaleur
envoyée par Saturne pendant cette seconde période a diminué dans cette
même raison. Ajoutant ces deux termes $\frac{\frac{4}{361}}{61\frac{37}{50}}$ et $\frac{\frac{100}{361}}{60\frac{1}{3}}$, on a $\frac{6415\frac{2}{3}}{361}}{3715}$, qui multipliés par $12\frac{1}{2}$, moitié de la somme de tous les termes, donnent $\frac{\frac{80196}{361}}{3715}$
ou $\frac{222\frac{54}{361}}{3715}$ pour la compensation totale qu'a pu faire la chaleur du soleil
pendant cette seconde période. Et comme la diminution totale de la cha-
leur est à la compensation totale en même raison que le temps de la
période est au prolongement du refroidissement, on aura $25 : \frac{222\frac{54}{361}}{3715}$
: : $13624\frac{2}{3}$: 32 ans 214 jours. Ainsi le prolongement total que fera la
chaleur du soleil, sera de 32 ans 214 jours pendant cette seconde période ;
ajoutant donc ces deux temps, 1 an 186 jours et 32 ans 214 jours du prolongement du refroidissement, par la chaleur du soleil, pendant la première et la seconde période, aux 1670 ans 313 jours du prolongement,
par la chaleur de Saturne, pendant la première période, et aux 38792 ans

69 jours du prolongement, par cette même chaleur de Saturne pour la seconde période, on a pour le prolongement total 40497 ans 52 jours, qui étant joints aux 27249 ans 121 jours des deux périodes, font en tout 67746 ans 173 jours; d'où l'on voit que ç'a été dans l'année 67747 de la formation des planètes, c'est-à-dire il y a 7085 ans, que ce cinquième satellite de Saturne a été refroidi au point de $\frac{1}{25}$ de la température actuelle de la terre.

Voici donc, d'après nos hypothèses, l'ordre dans lequel la terre, les planètes et leurs satellites se sont refroidies ou se refroidiront au point de la chaleur actuelle du globe terrestre, et ensuite au point d'une chaleur vingt-cinq fois plus petite que cette chaleur actuelle de la terre.

REFROIDIES à la température actuelle.		REFROIDIES A $\frac{1}{25}$ de la température actuelle.	
La Terre	en 74832 ans.	En	468123 ans.
La Lune	en 16409 ans.	En	72514 ans.
Mercure	en 54192 ans.	En	187765 ans.
Vénus	en 91643 ans.	En	228540 ans.
Mars	en 28538 ans.	En	60326 ans.
Jupiter	en 240451 ans.	En	483121 ans.
Satellites de Jupiter. Le 1er	en 222203 ans.	En	444406 ans.
Le 2e	en 193090 ans.	En	386180 ans.
Le 3e	en 176212 ans.	En	352424 ans.
Le 4e	en 70296 ans.	En	140542 ans.
Saturne	en 130821 ans.	En	262020 ans.
Anneau de Saturne	en 126473 ans.	En	252496 ans.
Satellites de Saturne. Le 1er	en 124490 ans.	En	248980 ans.
Le 2e	en 119607 ans.	En	239214 ans.
Le 3e	en 111580 ans.	En	223160 ans.
Le 4e	en 54305 ans.	En	109010 ans.
Le 5e	en 15298 ans.	En	67747 ans.

Et à l'égard de la consolidation de la terre, des planètes et de leurs satellites, et de leur refroidissement respectif, jusqu'au moment où leur chaleur propre aurait permis de les toucher sans se brûler, c'est-à-dire sans ressentir de la douleur : nous avons trouvé qu'abstraction faite de toute compensation, et ne faisant attention qu'à la déperdition de leur chaleur propre, les rapports de leur consolidation jusqu'au centre, et de leur refroidissement au point de pouvoir les toucher sans se brûler sont dans l'ordre suivant :

CONSOLIDÉES JUSQU'AU CENTRE.				REFROIDIES à pouvoir les toucher.		
La Terre	en	2905	ans.	En	33911	ans.
La Lune	en	556	ans.	En	6492	ans.
Mercure	en	1976 $\frac{1}{10}$	ans.	En	23054	ans.
Vénus	en	3484 $\frac{21}{25}$	ans.	En	40674	ans.
Mars	en	1102 $\frac{18}{25}$	ans.	En	12873	ans.
Jupiter	en	9331	ans.	En	108922	ans.
Satellites de Jupiter. Le 1er	en	231 $\frac{43}{125}$	ans.	En	2690 $\frac{2}{3}$	ans.
Le 2e	en	282 $\frac{753}{1000}$	ans.	En	3300 $\frac{67}{100}$	ans.
Le 3e	en	435 $\frac{51}{100}$	ans.	En	5149 $\frac{11}{100}$	ans.
Le 4e	en	848 $\frac{1}{4}$	ans.	En	9902 -	ans.
Saturne	en	5078	ans.	En	59276	ans.
Anneau de Saturne	en	48 $\frac{17}{23}$	ans.	En	247 $\frac{787}{1000}$	ans.
Satellites de Saturne. Le 1er	en	145 $\frac{3}{4}$	ans.	En	1701 $\frac{79}{143}$	ans.
Le 2e	en	178 $\frac{3}{25}$	ans.	En	2079 $\frac{35}{61}$	ans.
Le 3e	en	277 $\frac{19}{20}$	ans.	En	3244 $\frac{30}{31}$	ans.
Le 4e	en	534 $\frac{3}{25}$	ans.	En	6239 $\frac{9}{16}$	ans.
Le 5e	en	534 $\frac{13}{23}$	ans.	En	6239 $\frac{9}{16}$	ans.

Ces rapports, quoique moins précis que ceux du refroidissement à la température actuelle, le sont néanmoins assez pour notre objet, et c'est par cette raison que je n'ai pas cru devoir prendre la même peine pour faire l'évaluation de toutes les compensations que la chaleur du soleil, aussi bien que celle de la lune et celle des satellites de Jupiter et de Saturne, ont pu faire à la perte de la chaleur propre de chaque planète pour le temps nécessaire à leur consolidation jusqu'au centre. Comme ces temps ont précédé celui de l'établissement de la nature vivante, et que les prolongements produits par les compensations dont nous venons de parler ne sont pas d'un très-grand nombre d'années, cela devient indifférent aux vues que je me propose, et je me contenterai d'établir, par une simple règle de proportion, les rapports de ces prolongements pour les temps nécessaires à la consolidation des planètes, et à leur refroidissement jusqu'au point de pouvoir les toucher; par exemple, on trouvera le temps de la consolidation de la terre jusqu'au centre, en disant, la période de 74047 ans du temps nécessaire pour son refroidissement à la température actuelle (abstraction faite de toute compensation) *est à la période* de 2905, temps nécessaire à la consolidation jusqu'au centre (abstraction faite aussi de toute compensation) *comme la période* 74832 de son refroidissement à la température actuelle, toute compensation évaluée, *est à* 2936 ans, temps réel de sa consolidation, toute compensation aussi comprise : et de même on dira, la période 74047 du temps nécessaire pour le refroidissement de la terre à la température actuelle (abstraction faite de toute compensation) *est à la période* de 33911 ans, temps nécessaire à son refroidissement au point de pouvoir la toucher (abstraction faite aussi de toute compensation), *comme la période* 74832 de son refroidissement à la température actuelle, toute compensation évaluée, *est à* 34270 ans $\frac{1}{2}$, temps réel de son refroidissement jusqu'au point de pouvoir la toucher, toute compensation évaluée.

On aura donc dans la table suivante l'ordre de ces rapports, que je joins à ceux indiqués ci-devant pour le refroidissement à la température actuelle, et à $\frac{1}{25}$ de cette température.

CONSOLIDÉES jusqu'au centre.	REFROIDIES à pouvoir les toucher.	REFROIDIES à la température actuelle.	REFROIDIES A $\frac{1}{25}$ de la température actuelle.
LA TERRE.			
En 2936 ans.	En 34270 $\frac{1}{2}$ ans.	En 74832 ans.	En 168123 ans.
LA LUNE.			
En 644 ans.	En 7515 ans.	En 16409 ans.	En 72514 ans.
MERCURE.			
En 2127 ans.	En 24813 ans.	En 54192 ans.	En 187705 ans.
VÉNUS.			
En 3596 ans.	En 41969 ans.	En 91643 ans.	En 228540 ans.
MARS.			
En 1130 ans.	En 13034 ans.	En 28538 ans.	En 60326 ans.
JUPITER.			
En 9433 ans.	En 110118 ans.	En 240451 ans.	En 483121 ans.
1er Satellite.			
En 8886 ans.	En 101376 ans.	En 222203 ans.	En 444406 ans.
2e Satelllite.			
En 7496 ans.	En 87500 ans.	En 193090 ans.	En 386180 ans.
3e Satellite.			
En 6821 ans.	En 80700 ans.	En 176212 ans.	En 352424 ans.
4e Satellite.			
En 2758 ans.	En 32194 ans.	En 70296 ans.	En 140542 ans.
SATURNE.			
En 5140 ans.	En 59911 ans.	En 130821 ans.	En 262020 ans.
Anneau de Saturne.			
En 6558 ans.	En 76312 ans.	En 126473 ans.	En 252946 ans.
1er Satellite.			
En 4891 ans.	En 57011 ans.	En 124490 ans.	En 248980 ans.
2e Satellite.			
En 4688 ans.	En 54774 ans.	En 119607 ans.	En 239214 ans.
3e Satellite.			
En 4533 ans.	En 51108 ans.	En 111580 ans.	En 223160 ans.
4e Satellite.			
En 2138 ans.	En 24962 ans.	En 54505 ans.	En 109040 ans.
5e Satellite.			
En 600 ans.	En 7003 ans.	En 15298 ans.	En 67747 ans.

Il ne manque à cette table, pour lui donner toute l'exactitude qu'elle peut comporter, que le rapport des densités des satellites à la densité de leur planète principale, que nous n'y avons pas fait entrer, à l'exception de la lune, où cet élément est employé. Or ne connaissant pas le rapport réel de la densité des satellites de Jupiter et des satellites de Saturne à leurs planètes principales, et ne connaissant que le rapport de la densité de la lune à la terre, nous nous fonderons sur cette analogie, et nous supposerons en conséquence que le rapport de la densité de Jupiter, ainsi que le rapport de la densité de Saturne, sont les mêmes que celui de la densité de la terre à la densité de la lune, qui est son satellite, c'est-à-dire : : 1000 : 702 ; car il est très-naturel d'imaginer, d'après cet exemple que la lune nous offre, que cette différence entre la densité de la terre et de la lune vient de ce que ce sont les parties les plus légères du globe terrestre qui s'en sont séparées dans le temps de la liquéfaction pour former la lune; la vitesse de la rotation de la terre étant de 9 mille lieues en 23 heures 56 minutes, ou de 6 $\frac{1}{4}$ lieues par minute, était suffisante pour projeter un torrent de la matière liquide la moins dense, qui s'est rassemblé par l'attraction mutuelle de ses parties à 85 mille lieues de distance, et y a formé le globe de la lune, dans un plan parallèle à celui de l'équateur de la terre. Les satellites de Jupiter et de Saturne, ainsi que son anneau, sont aussi dans un plan parallèle à leur équateur, et ont été formés de même par la force centrifuge, encore plus grande dans ces grosses planètes que dans le globe terrestre, puisque leur vitesse de rotation est beaucoup plus grande. Et de la même manière que la lune est moins dense que la terre dans la raison de 702 à 1000, on peut présumer que les satellites de Jupiter et ceux de Saturne sont moins denses que ces planètes dans cette même raison de 702 à 1000. Il faut donc corriger dans la table précédente tous les articles des satellites d'après ce rapport, et alors elle se présentera dans l'ordre suivant :

Table plus exacte des temps du refroidissement des planètes et de leurs satellites.

CONSOLIDÉES jusqu'au centre.	REFROIDIES à pouvoir les toucher.	REFROIDIES à la température actuelle.	REFROIDIES A $\frac{1}{3}$ de la température actuelle.
LA TERRE.			
En 2936 ans.	En 34270 $\frac{1}{3}$ ans.	En 74832 ans.	En 468123 ans.
LA LUNE.			
En 644 ans.	En 7515 ans.	En 16409 ans.	En 72314 ans.
MERCURE.			
En 2127 ans.	En 24813 ans.	En 54192 ans.	En 487765 ans.

CONSOLIDÉES jusqu'au centre.	REFROIDIES à pouvoir les toucher.	REFROIDIES à la température actuelle.	REFROIDIES A $\frac{1}{5\frac{1}{2}}$ de la température actuelle.
	VÉNUS.		
En 3596 ans.	En 41969 ans.	En 91643 ans.	En 228540 ans.
	MARS.		
En 1130 ans.	En 13034 ans.	En 28538 ans.	En 60326 ans.
	JUPITER.		
En 9433 ans.	En 110118 ans.	En 240451 ans.	En 483121 ans.
	SATELLITES DE JUPITER.		
1er en 6238 ans.	En 74166 ans.	En 155983 ans.	En 311973 ans.
2e en 5262 ans.	En 61425 ans.	En 135549 ans.	En 271098 ans.
3e en 4788 ans.	En 56634 $\frac{2}{3}$ ans.	En 123700 $\frac{5}{6}$ ans.	En 247401 $\frac{4}{6}$ ans.
4e en 1936 ans.	En 22600 $\frac{1}{3}$ ans.	En 49348 ans.	En 98696 ans.
	SATURNE.		
En 5140 ans.	En 59911 ans.	En 130821 ans.	En 262020 ans.
	ANNEAU DE SATURNE.		
En 4604 ans.	En 53711 ans.	En 88784 ans.	En 177568 ans.
	SATELLITES DE SATURNE.		
1er en 3433 ans.	En 40021 $\frac{9}{25}$ ans.	En 87392 ans.	En 174784 ans.
2e en 3291 ans.	En 38451 $\frac{1}{3}$ ans.	En 83964 ans.	En 167928 ans.
3e en 3182 ans.	En 35878 ans.	En 78329 ans.	En 156658 ans.
4e en 1502 ans.	En 17523 $\frac{1}{5}$ ans.	En 38262 $\frac{1}{2}$ ans.	En 76525 ans.
5e en 421 $\frac{1}{5}$ ans.	En 4916 ans.	En 10739 ans.	En 47558 ans.

En jetant un coup d'œil de comparaison sur cette table, qui contient le résultat de nos recherches et de nos hypothèses, on voit :

1° Que le cinquième satellite de Saturne a été la première terre habitable, et que la nature vivante n'y a duré que depuis l'année 4916 jusqu'à l'année 47558 de la formation des planètes : en sorte qu'il y a longtemps que cette planète secondaire est trop froide pour qu'il puisse y subsister des êtres organisés semblables à ceux que nous connaissons ;

2° Que la lune a été la seconde terre habitable, puisque son refroidissement, au point de pouvoir en toucher la surface, s'est fait en 7515 ans, et son refroidissement à la température actuelle s'étant fait en 16409 ans, il s'ensuit qu'elle a joui d'une chaleur convenable à la nature vivante, peu d'années après les 7515 ans depuis la formation des planètes, et que par conséquent la nature organisée a pu y être établie dès ce temps, et que depuis cette année 7515 jusqu'à l'année 72514, la température de la lune s'est refroidie jusqu'à $\frac{1}{25}$ de la chaleur actuelle de la terre, en sorte que les êtres organisés n'ont pu y subsister que pendant 60 mille ans tout au plus ; et enfin qu'aujourd'hui, c'est-à-dire depuis 2318 ans environ, cette planète est trop froide pour être peuplée de plantes et d'animaux ;

3° Que Mars a été la troisième terre habitable, puisque son refroidissement, au point de pouvoir en toucher la surface, s'est fait en 13034 ans, et son refroidissement à la température actuelle s'étant fait en 28538 ans, il s'ensuit qu'il a joui d'une chaleur convenable à la nature vivante peu d'années après les 13034, et que par conséquent la nature organisée a pu y être établie dès ce temps de la formation des planètes; et que depuis cette année 13034 jusqu'à l'année 60326, la température s'est trouvée convenable à la nature des êtres organisés, qui par conséquent ont pu y subsister pendant 47292 ans, mais qu'aujourd'hui cette planète est trop refroidie pour être peuplée depuis plus de 14 mille ans;

4° Que le quatrième satellite de Saturne a été la quatrième terre habitable, et que la nature vivante y a duré depuis l'année 17523, et durera tout au plus jusqu'à l'année 76526 de la formation des planètes : en sorte que cette planète secondaire étant actuellement (c'est-à-dire en 74832) beaucoup plus froide que la terre, les êtres organisés ne peuvent y subsister que dans un état de langueur, ou même n'y subsistent plus;

5° Que le quatrième satellite de Jupiter a été la cinquième terre habitable, et que la nature vivante y a duré depuis l'année 22600, et y durera jusqu'à l'année 98696 de la formation des planètes; en sorte que cette planète secondaire est actuellement plus froide que la terre, mais pas assez, néanmoins, pour que les êtres organisés ne puissent encore y subsister;

6° Que Mercure a été la sixième terre habitable, puisque son refroidissement, au point de pouvoir le toucher, s'est fait en 24 mille 813 ans, et son refroidissement à la température actuelle en 54 mille 192 ans; il s'ensuit donc qu'il a joui d'une chaleur convenable à la nature vivante peu d'années après les 24 mille 813 ans, et que par conséquent la nature organisée a pu y être établie dès ce temps, et que depuis cette année 24813 de la formation des planètes jusqu'à l'année 187765, sa température s'est trouvée et se trouvera convenable à la nature des êtres organisés, qui par conséquent ont pu et pourront encore y subsister pendant 162 mille 952 ans : en sorte qu'aujourd'hui cette planète peut être peuplée de tous les animaux et de toutes les plantes qui couvrent la surface de la terre;

7° Que le globe terrestre a été la septième terre habitable, puisque son refroidissement, au point de pouvoir le toucher, s'est fait en 34 mille 770 ans $\frac{1}{2}$, et son refroidissement à la température actuelle s'étant fait en 74 mille 832 ans, il s'ensuit qu'il a joui d'une chaleur convenable à la nature vivante peu d'années après les 34 mille 770 ans $\frac{1}{2}$, et que par conséquent la nature, telle que nous la connaissons, a pu y être établie dès ce temps, c'est-à-dire il y a 40 mille 62 ans, et pourra encore y subsister jusqu'en l'année 168123, c'est-à-dire pendant 93 mille 291 ans, à dater de ce jour;

8° Que le troisième satellite de Saturne a été la huitième terre habitable, et que la nature vivante y a duré depuis l'année 35878, et y durera jusqu'à l'année 156658 de la formation des planètes; en sorte que cette planète secondaire étant actuellement un peu plus chaude que la terre, la nature organisée y est dans sa vigueur et telle qu'elle était sur la terre il y a trois ou quatre mille ans ;

9° Que le second satellite de Saturne a été la neuvième terre habitable, et que la nature vivante y a duré depuis l'année 38451, et y durera jusqu'à l'année 167928 de la formation des planètes : en sorte que cette planète secondaire étant actuellement plus chaude que la terre, la nature organisée y est dans sa pleine vigueur et telle qu'elle était sur le globe terrestre il y a huit ou neuf mille ans ;

10° Que le premier satellite de Saturne a été la dixième terre habitable, et que la nature vivante y a duré depuis l'année 40020, et y durera jusqu'à l'année 174784 de la formation des planètes : en sorte que cette planète secondaire étant actuellement considérablement plus chaude que le globe terrestre, la nature organisée y est dans sa première vigueur, et telle qu'elle était sur la terre il y a douze à treize mille ans ;

11° Que Vénus a été la onzième terre habitable, puisque son refroidissement, au point de pouvoir la toucher, s'est fait en 41 mille 969 ans, et son refroidissement à la température actuelle s'étant fait en 91 mille 643 ans, il s'ensuit qu'elle jouit actuellement d'une chaleur plus grande que celle dont nous jouissons, et à peu près semblable à celle dont jouissaient nos ancêtres il y a six ou sept mille ans, et que depuis cette année 41969, ou quelque temps après, la nature organisée a pu y être établie, et que jusqu'à l'année 228540 elle pourra y subsister : en sorte que la durée de la nature vivante dans cette planète a été et sera de 186 mille 571 ans ;

12° Que l'anneau de Saturne a été la douzième terre habitable, et que la nature vivante y est établie depuis l'année 53711, et y durera jusqu'à l'année 177568 de la formation des planètes ; en sorte que cet anneau étant beaucoup plus chaud que le globe terrestre, la nature organisée y est dans sa première vigueur, telle qu'elle était sur la terre il y a treize à quatorze mille ans ;

13° Que le troisième satellite de Jupiter a été la treizième terre habitable, et que la nature vivante y est établie depuis l'année 56651, et y durera jusqu'en l'année 247401 de la formation des planètes ; en sorte que cette planète secondaire étant de beaucoup plus chaude que la terre, la nature organisée ne fait que commencer de s'y établir ;

14° Que Saturne a été la quatorzième terre habitable, puisque son refroidissement, au point de pouvoir le toucher, s'est fait en 59 mille 911 ans, et son refroidissement à la température actuelle devant se faire en 130 mille 821 ans, il s'ensuit que la nature vivante a pu y être établie peu de temps après cette année 59911 de la formation des planètes, et que par conséquent elle y a subsisté et pourra y subsister encore jusqu'en l'année 262020 ; en sorte que la nature vivante y est actuellement dans sa première vigueur, et pourra durer dans cette grosse planète pendant 262 mille 20 ans;

15° Que le second satellite de Jupiter a été la quinzième terre habitable, et que la nature vivante y est établie depuis l'année 61425, c'est-à-dire depuis 13 mille 407 ans, et qu'elle y durera jusqu'à l'année 271098 de la formation des planètes;

16° Que le premier satellite de Jupiter a été la seizième terre habitable, et que la nature vivante y est établie depuis l'année 71166, c'est-à-dire depuis 3 mille 666 ans, et qu'elle y durera jusqu'en l'année 311973 de la formation des planètes;

17° Enfin, que Jupiter est le dernier des globes planétaires sur lequel la nature vivante pourra s'établir. Nous devons donc conclure, d'après ce résultat général de nos recherches, que des dix-sept corps planétaires il y en a en effet trois, savoir : le cinquième satellite de Saturne, la lune et Mars où notre nature serait gelée; un seul, savoir, Jupiter où la nature vivante n'a pu s'établir jusqu'à ce jour, par la raison de la trop grande chaleur encore subsistante dans cette grosse planète; mais que dans les treize autres, savoir : le quatrième satellite de Saturne, le quatrième satellite de Jupiter, Mercure, le globe terrestre, le troisième, le second et le premier satellite de Saturne, Vénus, l'anneau de Saturne, le troisième satellite de Jupiter, Saturne, le second et le premier satellite de Jupiter, la chaleur, quoique de degrés très-différents, peut néanmoins convenir actuellement à l'existence des êtres organisés, et on peut croire que tous ces vastes corps sont, comme le globe terrestre, couverts de plantes et même peuplés d'êtres sensibles à peu près semblables aux animaux de la terre. Nous démontrerons ailleurs, par un grand nombre d'observations rapprochées, que dans tous les lieux où la température est la même on trouve non-seulement les mêmes espèces de plantes, les mêmes espèces d'insectes, les mêmes espèces de reptiles sans les y avoir portées, mais aussi les mêmes espèces de poissons, les mêmes espèces de quadrupèdes, les mêmes espèces d'oiseaux sans qu'ils y soient allés; et je remarquerai en passant qu'on s'est souvent trompé en attribuant à la migration et au long voyage des oiseaux les espèces de l'Europe qu'on trouve en Amérique ou dans l'orient de l'Asie, tandis que ces oiseaux d'Amérique et d'Asie, tout à fait semblables à ceux de l'Europe, sont nés dans leur pays, et ne viennent pas plus chez nous que les nôtres vont chez eux. La même température nourrit, produit partout les mêmes êtres, mais cette vérité générale sera démontrée plus en détail dans quelques-uns des articles suivants.

On pourra remarquer, 1° que l'anneau de Saturne a été presque aussi longtemps à se refroidir aux points de la consolidation et du refroidissement à pouvoir le toucher, que Saturne même, ce qui ne paraît pas vrai ni vraisemblable, puisque cet anneau est fort mince, et que Saturne est d'une épaisseur prodigieuse en comparaison ; mais il faut faire attention d'abord à l'immense quantité de chaleur que cette grosse planète envoyait dans les commencements à son anneau, et qui dans le temps de l'incandescence était plus grande que celle de cet anneau, quoiqu'il fût aussi lui-même dans cet état d'incandescence, et que par conséquent le temps nécessaire à sa consolidation a dû être prolongé de beaucoup par cette première cause ;

2° Que, quoique Saturne fût lui-même consolidé jusqu'au centre en 5 mille 140 ans, il n'a cessé d'être rouge et très-brûlant que plusieurs siècles après, et que par conséquent il a encore envoyé dans les siècles postérieurs à sa consolidation, une quantité prodigieuse de chaleur à son anneau, ce qui a dû prolonger son refroidissement dans la proportion que nous avons établie : seulement il faut convenir que les périodes du refroidissement de Saturne, au point de la consolidation et du refroidissement à pouvoir le toucher, sont trop courtes, parce que nous n'avons pas fait l'estimation de la chaleur que son anneau et ses satellites lui ont envoyée, et que cette quantité de chaleur, que nous n'avons pas estimée, ne laisse pas d'être considérable, car l'anneau, comme très-grand et très-voisin, envoyait à Saturne dans le commencement, non-seulement une partie de sa chaleur propre, mais encore il lui réfléchissait une grande portion de celle qu'il en recevait, en sorte que je crois qu'on pourrait, sans se tromper, augmenter d'un quart le temps de la consolidation de Saturne, c'est-à-dire assigner 6 mille 857 ans pour sa consolidation jusqu'au centre ; et de même augmenter d'un quart les 59 mille 911 ans que nous avons indiqués pour son refroidissement au point de le toucher, ce qui donne 79 mille 881 ans ; en sorte que ces deux termes peuvent être substitués dans la table générale aux deux premiers.

Il est de même très-certain que le temps du refroidissement de Saturne, au point de la température actuelle de la terre, qui est de 130 mille 821 ans, doit par les mêmes raisons être augmenté non pas d'un quart, mais peut-être d'un huitième, et que cette période au lieu d'être de 130 mille 821 ans, pourrait être de 147 mille 173 ans.

On doit aussi augmenter un peu les périodes du refroidissement de Jupiter, parce que ses satellites lui ont envoyé une portion de leur chaleur propre, et en même temps une partie de celle que Jupiter leur envoyait ; en estimant un dixième le prolongement que cette addition de chaleur a pu faire aux trois premières périodes du refroidissement de Jupiter, il ne se sera consolidé jusqu'au centre qu'en 10 mille 376 ans, et ne se refroidira au point de pouvoir le toucher qu'en 121 mille 129 ans, et au point de la température actuelle de la terre, en 264 mille 506 ans.

Je n'admets qu'un assez petit nombre d'années entre le point où l'on

peut commencer à toucher, sans se brûler, les différents globes, et celui
où la chaleur cesse d'être offensante pour les êtres sensibles ; car j'ai fait
cette estimation d'après les expériences très-souvent réitérées dans mon
second Mémoire, par lesquelles j'ai reconnu qu'entre le point auquel on
peut, pendant une demi-seconde, tenir un globe sans se brûler, et le point
où on peut le manier longtemps et où sa chaleur nous affecte d'une manière
douce et convenable à notre nature, il n'y a qu'un intervalle assez court ;
en sorte, par exemple, que s'il faut 20 minutes pour refroidir un globe au
point de pouvoir le toucher sans se brûler, il ne faut qu'une minute de
plus pour qu'on puisse le manier avec plaisir. Dès lors en augmentant d'un
vingtième les temps nécessaires au refroidissement des globes planétaires,
au point de pouvoir les toucher, on aura plus précisément les temps de
la naissance de la nature dans chacun, et ces temps seront dans l'ordre
suivant :

Date de la formation des planètes....... 74832 ans.

*Commencement, fin et durée de l'existence de la nature organisée
dans chaque planète.*

	COMMENCEMENT de la formation des planètes.	FIN de la formation des planètes.	DURÉE absolue.	DURÉE à dater de ce jour.
			ans.	ans.
Ve Satellite de Saturne	5161	47558	42389	0
La Lune	7890	72514	64624	0
Mars	13685	60326	56641	0
IVe Satellite de Saturne	18399	76525	58126	1693
IVe Satellite de Jupiter	23730	98696	74906	23864
Mercure	26053	187765	161712	112933
La Terre	35983	168123	132140	93291
IIIe Satellite de Saturne	37672	156658	118986	81826
IIe Satellite de Saturne	40373	167928	127655	93096
Ier Satellite de Saturne	42021	174784	132763	99952
Vénus	44067	228540	184473	153708
Anneau de Saturne	56396	177568	121172	102736
IIIe Satellite de Jupiter	59483	247401	187918	172569
Saturne	62906	262020	199114	187188
IIe Satellite de Jupiter	64496	271098	206602	196266
Ier Satellite de Jupiter	74724	311973	237249	237141
Jupiter	115623	483121	367498	

D'après ce dernier tableau, qui approche le plus de la vérité, on voit :
1° Que la nature organisée telle que nous la connaissons n'est point
encore née dans Jupiter, dont la chaleur est trop grande encore aujourd'hui
pour pouvoir en toucher la surface, et que ce ne sera que dans 40 mille
791 ans que les êtres vivants pourraient y subsister, mais qu'ensuite s'ils

y étaient établis ils dureraient 367 mille 498 ans dans cette grosse planète;

2° Que la nature vivante, telle que nous la connaissons, est éteinte dans le cinquième satellite de Saturne depuis 27 mille 274 ans; dans Mars, depuis 14 mille 506 ans, et dans la lune depuis 2318 ans;

3° Que la nature est prête à s'éteindre dans le quatrième satellite de Saturne, puisqu'il n'y a plus que 1693 ans pour arriver au point extrême de la plus petite chaleur nécessaire au maintien des êtres organisés;

4° Que la nature vivante est faible dans le quatrième satellite de Jupiter, quoiqu'elle puisse y subsister encore pendant 23 mille 864 ans;

5° Que sur la planète de Mercure, sur la terre, sur le troisième, sur le second et sur le premier satellite de Saturne, sur la planète de Vénus, sur l'anneau de Saturne, sur le troisième satellite de Jupiter, sur la planète de Saturne, sur le second et sur le premier satellite de Jupiter, la nature vivante est actuellement en pleine existence, et que par conséquent tous ces corps planétaires peuvent être peuplés comme le globe terrestre.

Voilà mon résultat général et le but auquel je me proposais d'atteindre. On jugera par la peine que m'ont donnée ces recherches [a], et par le grand nombre d'expériences préliminaires qu'elles exigeaient, combien je dois être persuadé [1] de la probabilité de mon hypothèse sur la formation des planètes. Et pour qu'on ne me croie pas persuadé sans raison, et même sans de très-fortes raisons, je vais exposer dans le Mémoire suivant les motifs de ma persuasion, en présentant les faits et les analogies sur lesquelles j'ai fondé mes opinions, établi l'ordre de mes raisonnements, suivi les inductions que l'on en doit déduire, et enfin tiré la conséquence générale de l'existence réelle des êtres organisés et sensibles dans tous les corps du système solaire [2], et l'existence plus que probable de ces mêmes êtres dans tous les autres corps qui composent les systèmes des autres soleils, ce qui augmente et multiplie presque à l'infini l'étendue de la nature vivante, et élève en même temps le plus grand de tous les monuments à la gloire du Créateur.

a. Les calculs que supposaient ces recherches sont plus longs que difficiles, mais assez délicats pour qu'on puisse se tromper. Je ne me suis pas piqué d'une exactitude rigoureuse, parce qu'elle n'aurait produit que de légères différences, et qu'elle m'aurait pris beaucoup de temps que je pouvais mieux employer. Il m'a suffi que la méthode que j'ai suivie fût exacte, et que mes raisonnements fussent clairs et conséquents, c'est là tout ce que j'ai prétendu. Mon hypothèse sur la liquéfaction de la terre et des planètes, m'a paru assez fondée pour prendre la peine d'en évaluer les effets, et j'ai cru devoir donner en détail ces évaluations comme je les ai trouvées, afin que s'il s'est glissé dans ce long travail quelques fautes de calcul ou d'inattention, mes lecteurs soient en état de les corriger eux-mêmes.

1. Ceci est la *persuasion* du génie. L'*hypothèse* de Buffon, du moins la principale idée de cette *hypothèse*, l'*incandescence primitive* des planètes, est aujourd'hui le grand fondement de toute notre *cosmogonie.*

2. La question de la *pluralité des mondes* reviendra toujours. On se rappelle le charmant ouvrage de Fontenelle; mais le normand Fontenelle n'a pas pris la peine des longs calculs de Buffon : il n'était pas aussi *persuadé de la probabilité de son hypothèse.*

SECOND MÉMOIRE.

FONDEMENTS DES RECHERCHES PRÉCÉDENTES SUR LA TEMPÉRATURE DES PLANÈTES.

L'homme nouveau [1] n'a pu voir, et l'homme ignorant ne voit encore aujourd'hui la nature et l'étendue de l'univers que par le simple rapport de ses yeux : la terre est pour lui un solide d'un volume sans bornes, d'une étendue sans limites, dont il ne peut qu'avec peine parcourir de petits espaces superficiels, tandis que le soleil, les planètes et l'immensité des cieux ne lui présentent que des points lumineux dont le soleil et la lune lui paraissent être les seuls objets dignes de fixer ses regards. A cette fausse idée sur l'étendue de la nature et sur les proportions de l'univers s'est bientôt joint le sentiment encore plus disproportionné de la prétention. L'homme, en se comparant aux autres êtres terrestres, s'est trouvé le premier [2] : dès lors il a cru que tous étaient faits pour lui, que la terre même n'avait été créée que pour lui servir de domicile et le ciel de spectacle ; qu'enfin l'univers entier devait se rapporter à ses besoins et même à ses plaisirs. Mais à mesure qu'il a fait usage de cette lumière divine qui seule ennoblit son être [3], à mesure que l'homme s'est instruit, il a été forcé de rabattre de plus en plus de ces prétentions ; il s'est vu rapetisser en même raison que l'univers s'agrandissait, et il lui est aujourd'hui bien évidemment démontré, que cette terre qui fait tout son domaine, et sur laquelle il ne peut malheureusement subsister sans querelle et sans trouble, est à proportion tout aussi petite pour l'univers que lui-même l'est pour le Créateur [4]. En effet, il n'est plus possible de douter que cette même terre, si grande et si vaste pour nous, ne soit une assez médiocre planète, une petite masse de matière qui circule avec les autres autour du soleil ; que cet astre de lumière et de feu ne soit plus de douze cent mille fois plus gros que le globe de la terre [5], et que sa puissance ne s'étende à tous les corps qu'il fléchit autour de lui ; en sorte que notre globe en étant éloigné de trente-trois millions de lieues au moins, la planète de Saturne se trouve à plus de trois cent treize millions des mêmes lieues ; d'où l'on ne peut s'empêcher de conclure que l'étendue de l'empire du soleil, ce roi de la nature,

---

1. *L'homme nouveau :* expression qui nous reporte aux premières impressions de l'homme *apparaissant* sur la terre.

2. Et il a eu grandement raison ; car seul il a reçu *cette lumière divine qui ennoblit son être.*

3. Voyez la note précédente.

4. *Que lui-même l'est pour le Créateur.* Non ! Entre la *terre* et l'*univers*, il n'y a d'autre différence qu'une différence de masse et de proportion, choses, de soi, fort petites ; mais entre l'*homme* et le *Créateur* il y a un abîme sans fond et une disproportion sans mesure.

5. « Le volume du soleil, celui de la terre étant pris pour unité, est de 1,415,000. La masse « du soleil, comparée à celle de la terre, est de 355,500. » (Faye : *Leç. de Cosm.*, page 333.)

ne soit une sphère dont le diamètre est de six cent vingt-sept millions de lieues, tandis que celui de la terre n'est que de deux mille huit cent soixante-cinq; et si l'on prend le cube de ces deux nombres, on se démontrera que la terre est plus petite, relativement à cet espace, qu'un grain de sable [1] ne l'est relativement au volume entier du globe.

Néanmoins la planète de Saturne, quoique la plus éloignée du soleil, n'est pas encore à beaucoup près sur les confins de son empire. Les limites en sont beaucoup plus reculées, puisque les comètes parcourent, au delà de cette distance, des espaces encore plus grands que l'on peut estimer par la période du temps de leurs révolutions. Une comète qui, comme celle de l'année 1680, circule autour du soleil en 575 ans, s'éloigne de cet astre 15 fois plus que Saturne n'en est distant; car le grand axe de son orbite est 138 fois plus grand que la distance de la terre au soleil. Dès lors on doit augmenter encore l'étendue de la puissance solaire de 15 fois la distance du soleil à Saturne, en sorte que tout l'espace dans lequel sont comprises les planètes n'est qu'une petite province du domaine de cet astre, dont les bornes doivent être posées au moins à 138 fois la distance du soleil à la terre, c'est-à-dire à 138 fois 33 ou 34 millions de lieues.

Quelle immensité d'espace! et quelle quantité de matière! car, indépendamment des planètes, il existe probablement quatre ou cinq cents comètes, peut-être plus grosses que la terre, qui parcourent en tous sens les différentes régions de cette vaste sphère, dont le globe terrestre ne fait qu'un point, une unité sur 191, 201, 612, 985, 514, 272, 000, quantité que ces nombres représentent, mais que l'imagination ne peut atteindre ni saisir. N'en voilà-t-il pas assez pour nous rendre, nous, les nôtres, et notre grand domicile, plus petits que des atomes?

Cependant cette énorme étendue, cette sphère si vaste n'est encore qu'un très-petit espace dans l'immensité des cieux : chaque étoile fixe est un soleil, un centre d'une sphère tout aussi vaste; et comme on en compte plus de deux mille qu'on aperçoit à la vue simple, et qu'avec les lunettes on en découvre un nombre d'autant plus grand que ces instruments sont plus puissants, l'étendue de l'univers entier paraît être sans bornes, et le système solaire ne fait plus qu'une province de l'empire universel du Créateur, empire infini comme lui [2].

Sirius, étoile fixe la plus brillante, et que par cette raison nous pouvons regarder comme le soleil le plus voisin du nôtre, ne donnant à nos yeux qu'une seconde de parallaxe annuelle sur le diamètre entier de l'orbe de

1. *Grain de sable!* sans doute; mais sur ce *grain de sable* l'homme *pense*, et par cela seul l'homme est supérieur à la nature entière qui ne pense point. On se rappelle le cri sublime de Pascal : « L'homme n'est qu'un roseau, mais c'est un roseau pensant! »

2. « ... Nous avons beau enfler nos conceptions, nous n'enfantons que des atomes au prix « de la réalité des choses. C'est une sphère infinie dont le centre est partout, la circonférence « nulle part. » (Pascal.)

la terre, est à 6771770 millions de lieues de distance de nous, c'est-à-dire à 6767216 millions des limites du système solaire, telles que nous les avons assignées d'après la profondeur à laquelle s'enfoncent les comètes, dont la période est la plus longue. Supposant donc qu'il ait été départi à Sirius un espace égal à celui qui appartient à notre soleil, on voit qu'il faut encore reculer les limites de notre système solaire de 742 fois plus qu'il ne l'est déjà jusqu'à l'aphélie de la comète, dont l'énorme distance au soleil n'est néanmoins qu'une unité sur 742 du demi-diamètre total de la sphère entière du système solaire [a].

Ainsi quand même il existerait des comètes dont la période de révolu-

[a]. Distance de la terre au soleil.........	33	millions de lieues.	
Distance de Saturne au soleil...........	313	—	—
Distance de l'aphélie de la comète au soleil.	4554	—	—
Distance de Sirius au soleil..........	6771770	—	—
Distance de Sirius au point de l'aphélie de la comète , en supposant qu'en remontant du soleil, la comète ait pointé directement vers Sirius (supposition qui diminue la distance autant qu'il est possible)..............	6767216	—	—
Moitié de la distance de Sirius au soleil, ou profondeur du système solaire et du système Sirien......................	3385885	—	—
Étendue au delà des limites de l'aphélie des comètes......................	3381331	—	—
Ce qui étant divisé par la distance de l'aphélie de la comète , donne.............	742 $\frac{1}{2}$ environ	—	

On peut encore d'une autre manière se former une idée de cette distance immense de Sirius à nous, en se rappelant que le disque du soleil forme à nos yeux un angle de 32 minutes, tandis que celui de Sirius n'en fait pas un d'une seconde; et Sirius étant un soleil comme le nôtre, que nous supposerons d'une égale grandeur, puisqu'il n'y a pas plus de raison de le supposer plus grand que plus petit, il nous paraîtrait aussi grand que le soleil s'il n'était qu'à la même distance. Prenant donc deux nombres proportionnels au carré de 32 minutes, et au carré d'une seconde, on aura 3686400 pour la distance de la terre à Sirius, et 1 pour sa distance au soleil; et comme cette unité vaut 33 millions de lieues, on voit à combien de milliards de lieues Sirius est loin de nous, puisqu'il faut multiplier ces 33 millions par 3686400, et si nous divisons l'espace entre ces deux soleils voisins, quoique si fort éloignés, nous verrons que les comètes pourraient s'éloigner à une distance dix-huit cent mille fois plus grande que celle de la terre au soleil, sans sortir des limites de l'univers solaire, et sans subir par conséquent d'autres lois que celle de notre soleil; et de là on peut conclure que le système solaire a pour diamètre une étendue qui, quoique prodigieuse, ne fait néanmoins qu'une très-petite portion des cieux, et l'on en doit inférer une vérité peu connue, c'est que de tous les points de l'univers planétaire, c'est-à-dire, que du soleil, de la terre et de toutes les autres planètes, le ciel doit paraître le même.

Lorsque dans une belle nuit l'on considère tous ces feux dont brille la voûte céleste, on imaginerait qu'en se transportant dans une autre planète plus éloignée du soleil que ne l'est la terre, on verrait ces astres étincelants grandir et répandre une lumière plus vive, puisqu'on les verrait de plus près. Néanmoins l'espèce de calcul que nous venons de faire, démontre que quand nous serions placés dans Saturne , c'est-à-dire, neuf ou dix fois plus loin de notre soleil, et 300 millions de lieues plus près de Sirius, il ne nous paraîtrait plus gros que d'une 194021e partie, augmentation qui serait absolument insensible; d'où l'on doit conclure que le ciel a pour toutes les planètes le même aspect que pour la terre.

tion serait double, triple et même décuple de la période de 575 ans, la plus longue qui nous soit connue, quand les comètes en conséquence pourraient s'enfoncer à une profondeur dix fois plus grande, il y aurait encore un espace 74 ou 75 fois plus profond pour arriver aux derniers confins, tant du système solaire que du système sirien; en sorte qu'en donnant à Sirius autant de grandeur et de puissance qu'en a notre soleil; et supposant dans son système autant ou plus de corps cométaires qu'il n'existe de comètes dans le système solaire, Sirius les régira comme le soleil régit les siens, et il restera de même un intervalle immense entre les confins des deux empires : intervalle qui ne paraît être qu'un désert dans l'espace, et qui doit faire soupçonner qu'il existe des corps cométaires dont les périodes sont plus longues, et qui parviennent à une beaucoup plus grande distance que nous ne pouvons le déterminer par nos connaissances actuelles. Il se pourrait aussi que Sirius fût un soleil beaucoup plus grand et plus puissant que le nôtre; et, si cela était, il faudrait reculer d'autant les bornes de son domaine en les rapprochant de nous, et rétrécir en même raison la circonférence de celui du Soleil.

On ne peut s'empêcher de présumer en effet que dans ce très-grand nombre d'étoiles fixes, qui toutes sont autant de soleils, il n'y en ait de plus grands et de plus petits que le nôtre, d'autres plus ou moins lumineux, quelques-uns plus voisins qui nous sont représentés par ces astres que les astronomes appellent *Étoiles de la première grandeur*, et beaucoup d'autres plus éloignés, qui par cette raison nous paraissent plus petits; les étoiles qu'ils appellent *nébuleuses* semblent manquer de lumière et de feu, et n'être, pour ainsi dire, allumées qu'à demi; celles qui paraissent et disparaissent alternativement sont peut-être d'une forme aplatie par la violence de la force centrifuge dans leur mouvement de rotation : on voit ces soleils lorsqu'ils montrent leur grande face, et ils disparaissent toutes les fois qu'ils se présentent de côté. Il y a dans ce grand ordre de choses, et dans la nature des astres, les mêmes variétés, les mêmes différences en nombre, grandeur, espace, mouvement, forme et durée, les mêmes rapports, les mêmes degrés, les mêmes nuances qui se trouvent dans tous les autres ordres de la création.

Chacun de ces soleils étant doué comme le nôtre, et comme toute matière l'est, d'une puissance attractive, qui s'étend à une distance indéfinie et décroît comme l'espace augmente, l'analogie nous conduit à croire qu'il existe dans la sphère de chacun de ces astres lumineux un grand nombre de corps opaques, planètes ou comètes, qui circulent autour d'eux, mais que nous n'apercevrons jamais que par l'œil de l'esprit, puisque étant obscurs et beaucoup plus petits que les soleils qui leur servent de foyer, ils sont hors de la portée de notre vue, et même de tous les arts qui peuvent l'étendre ou la perfectionner.

On pourrait donc imaginer qu'il passe quelquefois des comètes d'un système dans l'autre, et que s'il s'en trouve sur les confins des deux empires, elles seront saisies par la puissance prépondérante, et forcées d'obéir aux lois d'un nouveau maître. Mais par l'immensité de l'espace qui se trouve au delà de l'aphélie de nos comètes, il paraît que le Souverain ordonnateur a séparé chaque système par des déserts mille et mille fois. plus vastes que toute l'étendue des espaces fréquentés. Ces déserts, dont les nombres peuvent à peine sonder la profondeur, sont les barrières éternelles, invincibles, que toutes les forces de la nature créée ne peuvent franchir ni surmonter. Il faudrait pour qu'il y eût communication d'un système à l'autre, et pour que les sujets d'un empire pussent passer dans un autre, que le siége du trône ne fût pas immobile; car l'étoile fixe ou plutôt le soleil, le roi de ce système, changeant de lieu, entraînerait à sa suite tous les corps qui dépendent de lui, et pourrait dès lors s'approcher et même s'emparer du domaine d'un autre. Si sa marche se trouvait dirigée vers un astre plus faible, il commencerait par lui enlever les sujets de ses provinces les plus éloignées, ensuite ceux des provinces intérieures, il les forcerait tous à augmenter son cortége en circulant autour de lui, et son voisin dès lors dénué de ses sujets, n'ayant plus ni planètes ni comètes , perdrait en même temps sa lumière et son feu, que leur mouvement seul peut exciter et entretenir; dès lors cet astre isolé, n'étant plus maintenu dans sa place par l'équilibre des forces, serait contraint de changer de lieu en changeant de nature, et devenu corps obscur obéirait comme les autres à la puissance du conquérant, dont le feu augmenterait à proportion du nombre de ses conquêtes.

Car que peut-on dire sur la nature du soleil, sinon que c'est un corps d'un prodigieux volume, une masse énorme de matière pénétrée de feu, qui paraît subsister sans aliment comme dans un métal fondu, ou dans un corps solide en incandescence? et d'où peut venir cet état constant d'incandescence, cette production toujours renouvelée d'un feu dont la consommation ne paraît entretenue par aucun aliment, et dont la déperdition est nulle ou du moins insensible, quoique constante depuis un si grand nombre de siècles? Y a-t-il, peut-il même y avoir une autre cause de la production et du maintien de ce feu permanent, sinon le mouvement rapide de la forte pression de tous les corps qui circulent autour de ce foyer commun, qui l'échauffent et l'embrasent, comme une roue rapidement tournée embrase son essieu? La pression qu'ils exercent en vertu de leur pesanteur équivaut au frottement, et même est plus puissante, parce que cette pression est une force pénétrante, qui frotte non-seulement la surface extérieure mais toutes les parties intérieures de la masse : la rapidité de leur mouvement est si grande que le frottement acquiert une force presque infinie, et met nécessairement toute la masse de l'essieu dans un état d'incandescence, de lumière, de chaleur et de feu, qui dès lors n'a pas besoin d'aliment pour être entretenu, et qui, malgré la déperdition qui s'en fait chaque jour par l'émission de la lumière, peut durer des siècles de siècles sans atténuation sensible, les autres soleils rendant au nôtre autant de lumière qu'il leur en envoie, et le plus petit atome de feu ou d'une matière quelconque ne pouvant se perdre nulle part dans un système où tout s'attire.

Si de cette esquisse du grand tableau des cieux, que je n'ai tâché de tracer que pour me représenter la proportion des espaces et celle du mouvement des corps qui les parcourent; si de ce point de vue auquel je ne me suis élevé que pour voir plus clairement combien la nature doit être multipliée dans les différentes régions de l'univers, nous descendons à cette portion de l'espace qui nous est mieux connue, et dans laquelle le soleil exerce sa puissance, nous reconnaitrons que, quoiqu'il régisse par sa force tous les corps qui s'y trouvent, il n'a pas néanmoins la puissance de les vivifier ni même celle d'y entretenir la végétation et la vie.

Mercure, qui de tous les corps circulants autour du soleil en est le plus voisin, n'en reçoit néanmoins qu'une chaleur $\frac{50}{8}$ fois plus grande que celle que la terre en reçoit, et cette chaleur $\frac{50}{8}$ fois plus grande que la chaleur envoyée du soleil à la terre, bien loin d'être brûlante comme on l'a toujours cru, ne serait pas assez grande pour maintenir la pleine vigueur de la nature vivante, car la chaleur actuelle du soleil sur la terre n'étant que $\frac{1}{50}$ de celle de la chaleur propre du globe terrestre, celle du soleil sur Mercure est par conséquent $\frac{50}{400}$ ou $\frac{1}{8}$ de la chaleur actuelle de la terre. Or si l'on diminuait des trois quarts et demi la chaleur qui fait aujourd'hui la température de la terre, il est sûr que la nature vivante serait au moins bien engourdie, supposé qu'elle ne fût pas éteinte. Et puisque le feu du soleil ne peut pas seul maintenir la nature organisée dans la planète la plus voisine, combien à plus forte raison ne s'en faut-il pas qu'il puisse vivifier celles qui en sont plus éloignées? Il n'envoie [1] à Vénus qu'une chaleur $\frac{50}{2\frac{1}{50}}$ fois plus grande que celle qu'il envoie à la terre, et cette chaleur $\frac{50}{2\frac{1}{50}}$ fois plus grande que celle du soleil sur la terre, bien loin d'être assez forte pour maintenir la nature vivante, ne suffirait certainement pas pour entretenir la liquidité des eaux, ni peut-être même la fluidité de l'air, puisque notre température actuelle se trouverait refroidie

---

1. Les quantités de chaleur, envoyées par le soleil dans les divers globes de son système (la terre étant prise pour unité), sont :

Pour Mercure........ 6,7
Vénus.......... 1,9
Mars.......... 0,4
Jupiter........ 0,04
Saturne........ 0,01

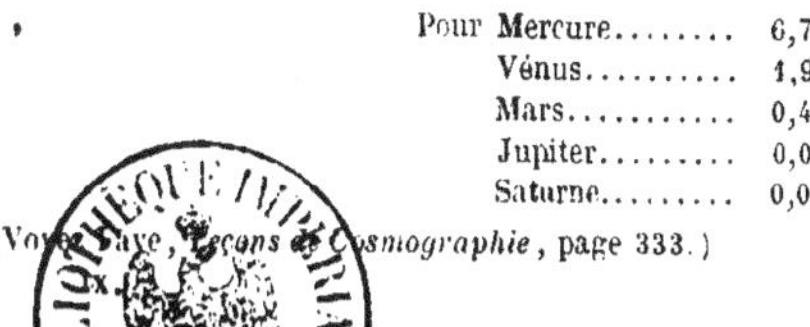

(Voyez Faye, *Leçons de Cosmographie*, page 333.)

à $\frac{2}{49}$ ou à $\frac{1}{24\frac{1}{2}}$, ce qui est tout près du terme $\frac{1}{25}$ que nous avons donné comme la limite extrême de la plus petite chaleur, relativement à la nature vivante. Et à l'égard de Mars, de Jupiter, de Saturne et de tous leurs satellites, la quantité de chaleur que le soleil leur envoie est si petite en comparaison de celle qui est nécessaire au maintien de la nature, qu'on pourrait la regarder comme de nul effet, surtout dans les deux plus grosses planètes, qui néanmoins paraissent être les objets essentiels du système solaire.

Toutes les planètes, sans même en excepter Mercure, seraient donc et auraient toujours été des volumes aussi grands qu'inutiles, d'une matière plus que brute, profondément gelée, et par conséquent des lieux inhabités de tous les temps, inhabitables à jamais si elles ne renfermaient pas au dedans d'elles-mêmes des trésors d'un feu bien supérieur à celui qu'elles reçoivent du soleil. Cette quantité de chaleur que notre globe possède en propre, et qui est 50 fois plus grande que la chaleur qui lui vient du soleil, est en effet le trésor de la nature, le vrai fonds du feu qui nous anime, ainsi que tous les êtres [1]; c'est cette chaleur intérieure de la terre qui fait tout germer, tout éclore; c'est elle qui constitue l'élément du feu, proprement dit, élément qui seul donne le mouvement aux autres éléments, et qui, s'il était réduit à $\frac{1}{50}$, ne pourrait vaincre leur résistance, et tomberait lui-même dans l'inertie; or cet élément, le seul actif, le seul qui puisse rendre l'air fluide, l'eau liquide, et la terre pénétrable, n'aurait-il été donné qu'au seul globe terrestre? L'analogie nous permet-elle de douter que les autres planètes ne contiennent de même une quantité de chaleur qui leur appartient en propre, et qui doit les rendre capables de recevoir et de maintenir la nature vivante? N'est-il pas plus grand, plus digne de l'idée que nous devons avoir du Créateur, de penser que partout il existe des êtres qui peuvent le connaître et célébrer sa gloire, que de dépeupler l'univers, à l'exception de la terre, et de le dépouiller de tous êtres sensibles, en le réduisant à une profonde solitude, où l'on ne trouverait que le désert de l'espace et les épouvantables masses d'une matière entièrement inanimée?

Il est donc nécessaire, puisque la chaleur du soleil est si petite sur la terre et sur les autres planètes, que toutes possèdent une chaleur qui leur appartient en propre, et nous devons rechercher d'où provient cette chaleur qui seule peut constituer l'élément du feu dans chacune des planètes. Or, où pourrons-nous puiser cette grande quantité de chaleur, si ce n'est dans la source même de toute chaleur, dans le soleil seul, de la matière duquel les planètes ayant été formées et projetées par une seule et même impulsion, auront toutes conservé leur mouvement dans le même sens,

1. Voyez les notes des pages 19 et 20.

et leur chaleur à proportion de leur grosseur et de leur densité [1]. Quiconque pèsera la valeur de ces analogies et sentira la force de leurs rapports, ne pourra guère douter que les planètes ne soient issues et sorties du soleil, par le choc d'une comète, parce qu'il n'y a dans le système solaire que les comètes [2] qui soient des corps assez puissants et en assez grand mouvement, pour pouvoir communiquer une pareille impulsion aux masses de matière qui composent les planètes. Si l'on réunit à tous les faits sur lesquels j'ai fondé cette hypothèse [a], le nouveau fait de la chaleur propre de la terre et de l'insuffisance de celle du soleil pour maintenir la nature, on demeurera persuadé, comme je le suis, que dans le temps de leur formation, les planètes et la terre étaient dans un état de liquéfaction, ensuite dans un état d'incandescence, et enfin dans un état successif de chaleur, toujours décroissante depuis l'incandescence jusqu'à la température actuelle.

Car y a-t-il moyen de concevoir autrement l'origine et la durée de cette chaleur propre de la terre? comment imaginer que le feu, qu'on appelle *central*, pût subsister *en effet* au fond du globe sans air, c'est-à-dire sans son premier aliment; et d'où viendrait ce feu qu'on suppose renfermé dans le centre du globe, quelle source, quelle origine pourra-t-on lui trouver? Descartes avait déjà pensé que la terre et les planètes n'étaient que de petits soleils *encroûtés*, c'est-à-dire éteints. Leibnitz n'a pas hésité à prononcer que le globe terrestre devait sa forme et la consistance de ses matières à l'élément du feu; et néanmoins ces deux grands philosophes n'avaient pas, à beaucoup près, autant de faits, autant d'observations qu'on en a rassemblé et acquis de nos jours : ces faits sont actuellement en si grand nombre et si bien constatés, qu'il me paraît plus que probable, que la terre, ainsi que les planètes, ont été projetées hors du soleil, et par conséquent composées de la même matière, qui d'abord étant en liquéfaction, a obéi à la force centrifuge en même temps qu'elle se rassemblait par celle de l'attraction; ce qui a donné à toutes les planètes la forme renflée sous l'équateur, et aplatie sous les pôles, en raison de la vitesse de leur rotation; qu'ensuite ce grand feu s'étant peu à peu dissipé, l'état d'une température bénigne et convenable à la nature organisée a succédé ou plus tôt ou plus tard dans les différentes planètes, suivant la différence de leur épaisseur et de leur densité. Et quand même il y aurait pour la terre et pour les planètes d'autres causes particulières de chaleur

a. Voyez dans le premier volume de cet ouvrage, l'article qui a pour titre : *De la formation des Planètes.*

1. Voilà le fond de la grande et constante pensée qui règne dans Buffon depuis ses premières vues sur la *formation des planètes* (Ier volume, p. 66 et suiv.), pensée grande surtout par son *unité* : toutes les planètes détachées du soleil et conservant encore une partie plus ou moins grande de la chaleur qu'elles en ont reçue.

2. Voyez les notes des pages 69 et 71 du Ier volume.

qui se combineraient avec celles dont nous avons calculé les effets, nos résultats n'en sont pas moins curieux, et n'en seront que plus utiles à l'avancement des sciences. Nous parlerons ailleurs de ces causes particulières de chaleur : tout ce que nous en pouvons dire ici, pour ne pas compliquer les objets, c'est que ces causes particulières pourront prolonger encore le temps du refroidissement du globe et la durée de la nature vivante, au delà des termes que nous avons indiqués.

Mais, me dira-t-on, votre théorie est-elle également bien fondée dans tous les points qui lui servent de base? Il est vrai, d'après vos expériences, qu'un globe, gros comme la terre et composé des mêmes matières, ne pourrait se refroidir, depuis l'incandescence à la température actuelle, qu'en 74 mille ans, et que, pour l'échauffer jusqu'à l'incandescence, il faudrait la quinzième partie de ce temps, c'est-à-dire environ cinq mille ans, et encore faudrait-il que ce globe fût environné pendant tout ce temps du feu le plus violent : dès lors il y a, comme vous le dites, de fortes présomptions que cette grande chaleur de la terre n'a pu lui être communiquée de loin, et que par conséquent la matière terrestre a fait autrefois partie de la masse du soleil ; mais il ne paraît pas également prouvé que la chaleur de cet astre sur la terre ne soit aujourd'hui que $\frac{1}{50}$ de la chaleur propre du globe. Le témoignage de nos sens semble se refuser à cette opinion que vous donnez comme une vérité constante, et quoiqu'on ne puisse pas douter que la terre n'ait une chaleur propre qui nous est démontrée par sa température toujours égale dans tous les lieux profonds où le froid de l'air ne peut communiquer, en résulte-t-il que cette chaleur qui ne nous paraît être qu'une température médiocre soit néanmoins cinquante fois plus grande que la chaleur du soleil qui semble nous brûler?

Je puis satisfaire pleinement à ces objections, mais il faut auparavant réfléchir avec moi sur la nature de nos sensations. Une différence très-légère, et souvent imperceptible dans la réalité ou dans la mesure des causes qui nous affectent, en produit une prodigieuse dans leurs effets. Y a-t-il rien de plus voisin du très-grand plaisir que la douleur, et qui peut assigner la distance entre le chatouillement vif qui nous remue délicieusement et le frottement qui nous blesse, entre le feu qui nous réchauffe et celui qui nous brûle, entre la lumière qui réjouit nos yeux et celle qui les offusque, entre la saveur qui flatte notre goût et celle qui nous déplaît, entre l'odeur dont une petite dose nous affecte agréablement d'abord et bientôt nous donne des nausées? On doit donc cesser d'être étonné qu'une petite augmentation de chaleur telle que $\frac{1}{50}$ puisse nous paraître si sensible, et que les limites du plus grand chaud de l'été au plus grand froid de l'hiver soient entre 7 et 8, comme l'a dit M. Amontons, ou même entre 31 et 32, comme M. de Mairan l'a trouvé en prenant tous les résultats des observations faites sur cela pendant cinquante-six années consécutives.

Mais il faut avouer que si l'on voulait juger de la chaleur réelle du globe d'après les rapports que ce dernier auteur nous a donnés des émanations de la chaleur terrestre aux accessions de la chaleur solaire dans ce climat, il se trouverait que leur rapport étant à peu près : : 29 : 1 en été, et : : 471 ou même : : 491 en hiver : 1, il se trouverait, dis-je, en joignant ces deux rapports, que la chaleur solaire ne serait à la chaleur terrestre que : : $\frac{1}{500}$: 2, ou : : $\frac{1}{250}$: 1. Mais cette estimation serait fautive, et l'erreur deviendrait d'autant plus grande que les climats seraient plus froids. Il n'y a donc que celui de l'équateur jusqu'aux tropiques, où la chaleur étant en toutes saisons presque égale, on puisse établir avec fondement la proportion entre la chaleur des émanations de la terre et des accessions de la chaleur solaire. Or ce rapport dans tout ce vaste climat, où les étés et les hivers sont presque égaux, est à très-peu près : : 50 : 1. C'est par cette raison que j'ai adopté cette proportion, et que j'en ai fait la base du calcul de mes recherches.

Néanmoins, je ne prétends pas assurer affirmativement que la chaleur propre de la terre soit réellement cinquante fois plus grande que celle qui lui vient du soleil : comme cette chaleur du globe appartient à toute la matière terrestre, dont nous faisons partie, nous n'avons point de mesure que nous puissions en séparer, ni par conséquent d'unité sensible et réelle à laquelle nous puissions la rapporter. Mais quand même on voudrait que la chaleur solaire fût plus grande ou plus petite que nous ne l'avons supposée, relativement à la chaleur terrestre, notre théorie ne changerait que par la proportion des résultats.

Par exemple, si nous renfermons toute l'étendue de nos sensations du plus grand chaud au plus grand froid dans les limites données par les observations de M. Amontons, c'est-à-dire entre 7 et 8 ou dans $\frac{1}{8}$, et qu'en même temps nous supposions que la chaleur du soleil peut produire seule cette différence de nos sensations, on aura dès lors la proportion de 8 à 1 de la chaleur propre du globe terrestre à celle qui lui vient du soleil, et par conséquent la compensation que fait actuellement sur la terre cette chaleur du soleil serait de $\frac{1}{8}$, et la compensation qu'elle a faite dans le temps de l'incandescence aura été $\frac{1}{200}$. Ajoutant ces deux termes, on a $\frac{26}{200}$ qui, multipliés par 12 $\frac{1}{2}$, moitié de la somme de tous les termes de la diminution de la chaleur, donnent $\frac{325}{200}$ ou 1 $\frac{5}{8}$ pour la compensation totale qu'a faite la chaleur du soleil pendant la période de 74047 ans du refroidissement de la terre à la température actuelle. Et comme la perte totale de la chaleur propre est à la compensation totale en même raison que le temps de la période est à celui du refroidissement, on aura 25 : 1 $\frac{5}{8}$: : 74047 : 4813 $\frac{1}{25}$, en sorte que le refroidissement du globe de la terre, au lieu de n'avoir été prolongé que de 770 ans, l'aurait été de 4813 $\frac{1}{25}$ ans; ce qui, joint au prolongement plus long que produirait aussi la chaleur de la lune dans cette supposition, donnerait plus de 5000 ans, dont il faudrait encore reculer la date de la formation des planètes.

Si l'on adopte les limites données par M. de Mairan, qui sont de 31 à 32, et qu'on suppose que la chaleur solaire n'est que $\frac{1}{32}$ de celle de la terre, on n'aura que le quart de ce prolongement, c'est-à-dire environ 1250 ans, au lieu de 770 que donne la supposition de $\frac{1}{50}$ que nous avons adoptée.

Mais au contraire, si l'on supposait que la chaleur du soleil n'est que $\frac{1}{250}$ de celle de la terre, comme cela paraît résulter des observations faites au climat de Paris, on aurait pour la compensation· dans le temps de l'incandescence $\frac{1}{6250}$, et $\frac{1}{250}$ pour la compensation à la fin de la période de 74047 ans du refroidissement du globe terrestre à la température actuelle, et l'on trouverait $\frac{13}{250}$ pour la compensation totale, faite par la chaleur du soleil pendant cette période, ce qui ne donnerait que 154 ans, c'est-à-dire le cinquième de 770 ans pour le temps du prolongement du refroidissement. Et de même, si au lieu de $\frac{1}{50}$, nous supposions que la chaleur solaire fût $\frac{1}{10}$ de la chaleur terrestre, nous trouverions que le temps du prolongement serait cinq fois plus long, c'est-à-dire de 3850 ans; en sorte que plus on voudra augmenter la chaleur qui nous vient du soleil, relativement à celle qui émane de la terre, et plus on étendra la durée de la nature, et l'on reculera le terme de l'antiquité du monde; car en supposant que cette chaleur du soleil sur la terre fût égale à la chaleur propre du globe, on trouverait que le temps du prolongement serait de 38504 ans, ce qui par conséquent donnerait à la terre 38 ou 39 mille ans d'ancienneté de plus.

Si l'on jette les yeux sur la table que M. de Mairan a dressée avec grande exactitude, et dans laquelle il donne la proportion de la chaleur qui nous vient du soleil à celle qui émane de la terre dans tous les climats, on y reconnaîtra d'abord un fait bien avéré, c'est que dans tous les climats où l'on a fait des observations les étés sont égaux, tandis que les hivers sont prodigieusement inégaux; ce savant physicien attribue cette égalité constante de l'intensité de la chaleur pendant l'été dans tous les climats à la compensation réciproque de la chaleur solaire et de la chaleur des émanations du feu central : « Ce n'est donc pas ici (dit-il page 253) une affaire « de choix, de système ou de convenance, que cette marche alternativement « décroissante et croissante des émanations centrales en inverse des étés « solaires, c'est le fait même, etc. » En sorte que, selon lui, les émanations de la chaleur de la terre croissent ou décroissent précisément dans la même raison que l'action de la chaleur du soleil décroît et croît dans les différents climats; et comme cette proportion d'accroissement et de décroissement entre la chaleur terrestre et la chaleur solaire lui paraît, avec raison, très-étonnante suivant sa théorie, et qu'en même temps il ne peut pas douter du fait, il tâche de l'expliquer en disant : « que le globe terrestre étant « d'abord une pâte molle de terre et d'eau, venant à tourner sur son axe,

« et continuellement exposée aux rayons du soleil, selon tous les aspects
« annuels des climats, s'y sera durcie vers la surface, et d'autant plus pro-
« fondément, que ses parties y seront plus exactement exposées. Et si un
« terrain plus dur, plus compacte, plus épais, et en général plus difficile à
« pénétrer, devient dans ces mêmes rapports un obstacle d'autant plus
« grand aux émanations du feu intérieur de la terre, *comme il est évident*
« *que cela doit arriver*, ne voilà-t-il pas dès lors ces obstacles en raison
« directe des différentes chaleurs de l'été solaire, et les émanations cen-
« trales en inverse de ces mêmes chaleurs ? Et qu'est-ce alors autre chose
« que l'inégalité universelle des étés ? Car, supposant ces obstacles ou ces
« retranchements de chaleur faits à l'émanation constante et primitive
« exprimés par les valeurs mêmes des étés solaires, c'est-à-dire dans la plus
« parfaite et la plus visible de toutes les proportionnalités, l'égalité, il est
« clair qu'on ne retranche d'un côté à la même grandeur que ce qu'on y
« ajoute de l'autre, et que par conséquent les sommes ou les étés en seront
« toujours et partout les mêmes. Voilà donc (ajoute-t-il) cette égalité sur-
« prenante des étés, dans tous les climats de la terre ramenée à un prin-
« cipe intelligible, soit que la terre, d'abord fluide, ait été durcie ensuite
« par l'action du soleil, du moins vers les dernières couches qui la com-
« posent, soit que Dieu l'ait créée tout d'un coup dans l'état où les causes
« physiques et les lois du mouvement l'auraient amenée. » Il me semble
que l'auteur aurait mieux fait de s'en tenir bonnement à cette dernière cause qui dispense de toutes recherches et de toutes spéculations
que de donner une explication qui pèche non-seulement dans le principe, mais dans presque tous les points des conséquences qu'on en pourrait
tirer.

Car y a-t-il rien de plus indépendant l'un de l'autre que la chaleur qui
appartient en propre à la terre, et celle qui lui vient du dehors ? est-il
naturel, est-il même raisonnable d'imaginer qu'il existe réellement dans la
nature une loi de calcul, par laquelle les émanations de cette chaleur
intérieure du globe suivraient exactement l'inverse des accessions de la
chaleur du soleil sur la terre ? et cela dans une proportion si précise, que
l'augmentation des unes compenserait exactement la diminution des autres.
Il ne faut qu'un peu de réflexion pour se convaincre que ce rapport purement idéal n'est nullement fondé, et que par conséquent le fait très-réel
de l'égalité des étés ou de l'égale intensité de chaleur en été dans tous
les climats ne dérive pas de cette combinaison précaire dont ce physicien fait un principe, mais d'une cause toute différente que nous allons
exposer.

Pourquoi dans tous les climats de la terre, où l'on a fait des observations suivies avec des thermomètres comparables, se trouve-t-il que les
étés (c'est-à-dire l'intensité de la chaleur en été) sont égaux, tandis que

les hivers (c'est-à-dire l'intensité de la chaleur en hiver) sont prodigieusement différents et d'autant plus inégaux qu'on s'avance plus vers les zones froides? voilà la question : le fait est vrai, mais l'explication qu'en donne l'habile physicien que je viens de citer me paraît plus que gratuite; elle nous renvoie directement aux causes finales qu'il croyait éviter, car n'est-ce pas nous dire, pour toute explication, que le soleil et la terre ont d'abord été dans un état tel que la chaleur de l'un pouvait cuire les couches extérieures de l'autre, et les durcir précisément à un tel degré que les émanations de la chaleur terrestre trouveraient toujours des obstacles à leur sortie qui seraient exactement en proportion des facilités avec lesquelles la chaleur du soleil arrive à chaque climat et que de cette admirable contexture des couches de la terre qui permettent plus ou moins l'issue des émanations du feu central il résulte sur la surface de la terre une compensation exacte de la chaleur solaire et de la chaleur terrestre, ce qui néanmoins rendrait les hivers égaux partout aussi bien que les étés; mais que dans la réalité, comme il n'y a que les étés d'égaux dans tous les climats, et que les hivers y sont au contraire prodigieusement inégaux, il faut bien que ces obstacles, mis à la liberté des émanations centrales, soient encore plus grands qu'on ne vient de les supposer, et qu'ils soient en effet et très-réellement dans la proportion qu'exige l'inégalité des hivers des différents climats? Or qui ne voit que ces petites combinaisons ne sont point entrées dans le plan du souverain Être, mais seulement dans la tête du physicien, qui, ne pouvant expliquer cette égalité des étés et cette inégalité des hivers, a eu recours à deux suppositions qui n'ont aucun fondement, et à des combinaisons qui n'ont pu même à ses yeux avoir d'autre mérite que celui de s'accommoder à sa théorie, et de ramener, comme il le dit, cette égalité *surprenante* des étés à un *principe intelligible!* Mais ce principe une fois entendu n'est qu'une combinaison de deux suppositions, qui toutes deux sont de l'ordre de celles qui rendraient possible l'impossible, et dès lors présenteraient en effet l'absurde comme intelligible.

Tous les physiciens qui se sont occupés de cet objet, conviennent avec moi que le globe terrestre possède en propre une chaleur indépendante de celle qui lui vient du soleil : dès lors n'est-il pas évident que cette chaleur propre serait égale sur tous les points de la surface du globe, abstraction faite de celle du soleil, et qu'il n'y aurait d'autre différence à cet égard que celle qui doit résulter du renflement de la terre à l'équateur, et de son aplatissement sous les pôles? différence qui, étant en même raison à peu près que les deux diamètres, n'excède pas $\frac{1}{230}$; en sorte que la chaleur propre du sphéroïde terrestre doit être de $\frac{1}{230}$ plus grande sous l'équateur que sous les pôles. La déperdition qui s'en est faite et le temps du refroidissement doit donc avoir été plus prompt dans les climats septentrionaux, où l'épaisseur du globe est moins grande que dans les climats du midi ; mais cette différence de $\frac{1}{230}$ ne peut pas produire celle de l'inégalité des émanations centrales, dont le rapport à la chaleur du soleil en hiver étant : : 50 : 1 dans les climats voisins de l'équateur, se trouve déjà double au 27° degré, triple au 35°, quadruple au 40°, décuple au 49°, et 35 fois plus grand au 60° degré de latitude. Cette cause qui se présente la première contribue au froid des climats septentrionaux, mais elle est insuffisante pour l'effet de l'inégalité des hivers, puisque cet effet serait 35 fois plus grand que sa cause au 60° degré, plus grand encore et même excessif dans les climats plus voisins du pôle, et qu'en même temps il ne serait nulle part proportionnel à cette même cause.

D'autre côté, ce serait sans aucun fondement qu'on voudrait soutenir que dans un globe qui a reçu ou qui possède un certain degré de chaleur, il pourrait y avoir des parties beaucoup moins chaudes les unes que les autres. Nous connaissons assez le progrès de la chaleur et les phénomènes de sa communication pour être assurés qu'elle se distribue toujours également, puisqu'en appliquant un corps, même froid, sur un corps chaud, celui-ci communiquera nécessairement à l'autre assez de chaleur pour que tous deux soient bientôt au même degré de température. L'on ne doit donc pas supposer qu'il y ait vers le climat des pôles des couches de matières moins chaudes, moins perméables à la chaleur que dans les autres climats, car, de quelque nature qu'on les voulût supposer, l'expérience nous démontre qu'en un très-petit temps elles seraient devenues aussi chaudes que les autres.

Les grands froids du Nord ne viennent donc pas de ces prétendus obstacles qui s'opposeraient à la sortie de la chaleur, ni de la petite différence que doit produire celle des diamètres du sphéroïde terrestre, et il m'a paru, après y avoir réfléchi, qu'on devait attribuer l'égalité des étés et la grande inégalité des hivers à une cause bien plus simple, et qui néanmoins a échappé à tous les physiciens.

Il est certain que, comme la chaleur propre de la terre est beaucoup plus grande que celle qui lui vient du soleil, les étés doivent paraître à très-peu près égaux partout, parce que cette même chaleur du soleil ne fait qu'une petite augmentation au fonds réel de la chaleur propre, et que par conséquent si cette chaleur envoyée du soleil n'est que $\frac{1}{50}$ de la chaleur propre du globe, le plus ou moins de séjour de cet astre sur l'horizon, sa plus grande ou sa moindre obliquité sur le climat, et même son absence totale ne produirait que $\frac{1}{50}$ de différence sur la température du climat, et que dès lors les étés doivent paraître, et sont en effet à très-peu près égaux dans tous les climats de la terre. Mais ce qui fait que les hivers sont si fort inégaux, c'est que les émanations de cette chaleur intérieure du globe se trouvent en très-grande partie supprimées dès que le froid et la gelée resserrent et consolident la surface de la terre et des eaux. Comme cette chaleur qui sort du globe décroît dans les airs à mesure et en même raison que l'espace augmente, elle a déjà beaucoup perdu à une demi-lieue ou une lieue de hauteur; la seule condensation de l'air par cette cause suffit pour produire des vents froids qui se rabattant sur la surface de la terre la resserrent et la gèlent [a]. Tant que dure ce resserrement de la couche extérieure de la terre, les émanations de la chaleur intérieure sont retenues, et le froid paraît et est en effet très-considérablement augmenté par cette suppression d'une partie de cette chaleur; mais dès que l'air devient plus doux, et que la couche superficielle du globe perd sa rigidité, la chaleur, retenue pendant tout le temps de la gelée, sort en plus grande abondance que dans les climats où il ne gèle pas; en sorte que la somme des émanations de la chaleur devient égale et la même partout, et c'est par cette raison que les plantes végètent plus vite, et que les récoltes se font en beaucoup moins de temps dans les pays du nord; c'est par la même raison qu'on y ressent souvent, au commencement de l'été, des chaleurs insoutenables, etc.

Si l'on voulait douter de la suppression des émanations de la chaleur intérieure par l'effet de la gelée, il ne faut, pour s'en convaincre, que se rappeler des faits connus de tout le monde. Qu'après une gelée il tombe de la neige, on la verra se fondre sur tous les puits, les aqueducs, les citernes, les ciels de carrière, les voûtes des fosses souterraines ou des galeries des mines, lors même que ces profondeurs, ces puits ou ces citernes ne contiennent point d'eau. Les émanations de la terre ayant leur libre issue par ces espèces de cheminées, le terrain qui en recouvre le sommet n'est jamais gelé au même degré que la terre pleine; il permet aux émanations leur cours ordinaire, et leur chaleur suffit pour fondre la neige sur tous ces endroits creux, tandis qu'elle subsiste et demeure sur tout le reste de la surface où la terre n'est point excavée.

Cette suppression des émanations de la chaleur propre de la terre se fait non-seulement par la gelée, mais encore par le simple resserrement de la terre, souvent occasionné par un moindre degré de froid que celui qui est nécessaire pour en geler la surface. Il y a très-peu de pays où il gèle dans les plaines au delà du 35e degré de latitude, surtout dans l'hémisphère boréal; il semble donc que depuis l'équateur jusqu'au 35e degré, les émanations de la chaleur terrestre ayant toujours leur libre issue, il ne devrait y avoir presque aucune différence de l'hiver à l'été, puisque cette différence ne pourrait provenir que de deux causes, toutes deux trop

a. On s'aperçoit de ces vents rabattus toutes les fois qu'il doit geler ou tomber de la neige; le vent, sans même être très-violent, se rabat par les cheminées, et chasse dans la chambre les cendres du foyer; cela ne manque jamais d'arriver, surtout pendant la nuit, lorsque le feu est éteint ou couvert.

petites pour produire un résultat sensible. La première de ces causes est la différence de l'action solaire ; mais comme cette action elle-même est beaucoup plus petite que celle de la chaleur terrestre, leur différence devient dès lors si peu considérable, qu'on peut la regarder comme nulle. La seconde cause est l'épaisseur du globe, qui, vers le 35ᵉ degré, est à peu près de $\frac{1}{590}$ moindre qu'à l'équateur ; mais cette différence ne peut encore produire qu'un très-petit effet, qui n'est nullement proportionnel à celui que nous indiquent les observations, puisqu'à 35 degrés le rapport des émanations de la chaleur terrestre à la chaleur solaire est en été de 33 à 1, et en hiver de 153 à 1, ce qui donnerait 186 à 2, ou 93 à 1. Ce ne peut donc être qu'au resserrement de la terre, occasionné par le froid, ou même au froid produit par les pluies durables qui tombent dans ces climats, qu'on peut attribuer cette différence de l'hiver à l'été ; le resserrement de la terre par le froid supprime une partie des émanations de la chaleur intérieure, et le froid, toujours renouvelé par la chute des pluies, diminue l'intensité de cette même chaleur ; ces deux causes produisent donc ensemble la différence de l'hiver à l'été.

D'après cet exposé, il me semble que l'on est maintenant en état d'entendre pourquoi les hivers semblent être si différents. Ce point de physique générale n'avait jamais été discuté ; personne, avant M. de Mairan, n'avait même cherché les moyens de l'expliquer, et nous avons démontré précédemment l'insuffisance de l'explication qu'il en donne[1] : la mienne, au contraire, me paraît si simple et si bien fondée, que je ne doute pas qu'elle ne soit entendue par tous les bons esprits.

Après avoir prouvé que la chaleur qui nous vient du soleil est fort inférieure à la chaleur propre de notre globe[2] ; après avoir exposé qu'en ne la supposant que de $\frac{1}{50}$, le refroidissement du globe à la température actuelle n'a pu se faire qu'en 74832 ans ; après avoir montré que le temps de ce refroidissement serait encore plus long, si la chaleur envoyée par le soleil à la terre était dans un rapport plus grand, c'est-à-dire de $\frac{1}{25}$ ou de $\frac{1}{10}$ au lieu de $\frac{1}{50}$; on ne pourra pas nous blâmer d'avoir adopté la proportion qui nous paraît la plus plausible par les raisons physiques, et en même temps la plus convenable, pour ne pas trop étendre et reculer trop loin les temps du commencement de la nature, que nous avons fixé à 37 ou 38 mille ans à dater en arrière de ce jour.

J'avoue néanmoins que ce temps, tout considérable qu'il est, ne me paraît pas encore assez grand, assez long pour certains changements, certaines

---

1. Buffon semble avoir quelque peine à pardonner à Mairan de l'avoir devancé sur ces grandes et difficiles questions.

2. Dans toute cette suite de raisonnements, Buffon part de la supposition que la chaleur qui nous vient de l'intérieur du globe est plus grande que celle qui nous vient du soleil, supposition sur laquelle le lecteur sait déjà à quoi s'en tenir. — (Voyez les notes des pages 19 et 20.)

altérations successives que l'histoire naturelle nous démontre, et qui semblent avoir exigé une suite de siècles encore plus longue; je serais donc très-porté à croire que dans le réel les temps ci-devant indiqués pour la durée de la nature doivent être augmentés peut-être du double si l'on veut se trouver à l'aise pour l'explication de tous les phénomènes. Mais, je le répète, je m'en suis tenu aux moindres termes, et j'ai restreint les limites du temps autant qu'il était possible de le faire sans contredire les faits et les expériences.

On pourra peut-être chicaner ma théorie par une autre objection qu'il est bon de prévenir. On me dira que j'ai supposé, d'après Newton, la chaleur de l'eau bouillante trois fois plus grande que celle du soleil d'été, et la chaleur du fer rouge huit fois plus grande que celle de l'eau bouillante, c'est-à-dire vingt-quatre ou vingt-cinq fois plus grande que celle de la température actuelle de la terre, et qu'il entre de l'hypothétique dans cette supposition, sur laquelle j'ai néanmoins fondé la seconde base de mes calculs, dont les résultats seraient sans doute fort différents si cette chaleur du fer rouge ou du verre en incandescence, au lieu d'être en effet vingt-cinq fois plus grande que la chaleur actuelle du globe, n'était par exemple que cinq ou six fois aussi grande.

Pour sentir la valeur de cette objection, faisons d'abord le calcul du refroidissement de la terre, dans cette supposition qu'elle n'était dans le temps de l'incandescence que cinq fois plus chaude qu'elle l'est aujourd'hui, en supposant, comme dans les autres calculs, que la chaleur solaire n'est que $\frac{1}{50}$ de la chaleur terrestre. Cette chaleur solaire, qui fait aujourd'hui compensation de $\frac{1}{50}$, n'aurait fait compensation que de $\frac{1}{250}$ dans le temps de l'incandescence. Ces deux termes ajoutés donnent $\frac{6}{250}$, qui, multipliés par $2\frac{1}{2}$, moitié de la somme de tous les termes de la diminution de la chaleur, donnent $\frac{15}{250}$ pour la compensation totale qu'a faite la chaleur du soleil pendant la période entière de la déperdition de la chaleur propre du globe, qui est de 74047 ans. Ainsi l'on aura $5 : \frac{15}{250} :: 74047 : 888\frac{14}{25}$. D'où l'on voit que le prolongement du refroidissement qui, pour une chaleur vingt-cinq fois plus grande que la température actuelle n'a été que de 770 ans, aurait été de $888\frac{14}{25}$, dans la supposition que cette première chaleur n'aurait été que cinq fois plus grande que cette même température actuelle. Cela seul nous fait voir que, quand même on voudrait supposer cette chaleur primitive fort au-dessous de vingt-cinq, il n'en résulterait qu'un prolongement plus long pour le refroidissement du globe, et cela seul me paraît suffire aussi pour satisfaire à l'objection.

Enfin, me dira-t-on, vous avez calculé la durée du refroidissement des planètes, non-seulement par la raison inverse de leurs diamètres, mais encore par la raison inverse de leur densité; cela serait fondé si l'on pouvait imaginer qu'il existe en effet des matières dont la densité serait aussi différente de celle de notre globe ; mais en existe-t-il ? Quelle sera, par exemple, la matière dont vous composerez Saturne, puisque sa densité est plus de cinq fois moindre que celle de la terre ?

A cela je réponds qu'il serait aisé de trouver dans le genre végétal des matières cinq ou six fois moins denses qu'une masse de fer, de marbre blanc, de grès, de marbre commun et de pierre calcaire dure, dont nous savons que la terre est principalement composée ; mais sans sortir du règne minéral, et considérant la densité de ces cinq matières, on a pour celle du fer 21 $\frac{10}{72}$, pour celle du marbre blanc 8 $\frac{25}{72}$, pour celle du grès 7 $\frac{24}{72}$, pour celles du marbre commun et de la pierre calcaire dure 7 $\frac{20}{72}$: prenant le terme moyen des densités de ces cinq matières, dont le globe terrestre est principalement composé, on trouve que sa densité est 10 $\frac{5}{18}$. Il s'agit donc de trouver une matière dont la densité soit 1 $\frac{891\frac{1}{2}}{1000}$, ce qui est le même rapport de 184, densité de Saturne, à 1000, densité de la terre. Or cette matière serait une espèce de pierre ponce un peu moins dense que la pierre ponce ordinaire, dont la densité relative est ici de 1 $\frac{69}{72}$; il paraît donc que Saturne est principalement composé d'une matière légère semblable à la pierre ponce.

De même, la densité de la terre étant à celle de Jupiter : : 1000 : 292, ou : : 10 $\frac{5}{18}$: 3 $\frac{1\frac{1}{2}}{1000}$, on doit croire que Jupiter est composé d'une matière plus dense que la pierre ponce, et moins dense que la craie.

La densité de la terre étant à celle de la lune : : 1000 : 702, ou : : 10 $\frac{5}{18}$: 7 $\frac{215}{1000}$, cette planète secondaire est composée d'une matière dont la densité n'est pas tout à fait si grande que celle de la pierre calcaire dure, mais plus grande que celle de la pierre calcaire tendre.

La densité de la terre étant à celle de Mars : : 1000 : 730, ou : : 10 $\frac{5}{18}$: 7 $\frac{502\frac{4}{9}}{1000}$ on doit croire que cette planète est composée d'une matière dont la densité est un peu plus grande que celle du grès, et moins grande que celle du marbre blanc.

Mais la densité de la terre étant à celle de Vénus : : 1000 : 1270, ou : : 10 $\frac{5}{18}$: 13 $\frac{52\frac{7}{9}}{1000}$, on peut croire que cette planète est principalement composée d'une matière plus dense que l'émeril, et moins dense que le zinc.

Enfin la densité de la terre étant à celle de Mercure : : 1000 : 2040, ou : : 10 $\frac{5}{18}$: 20 $\frac{986\frac{2}{3}}{1000}$, on doit croire que cette planète est composée d'une matière un peu moins dense que le fer, mais plus dense que l'étain.

Eh ! comment, dira-t-on, la nature vivante, que vous supposez établie partout, peut-elle exister sur des planètes de fer, d'émeril ou de pierre ponce ? Par les mêmes causes, répondrai-je, et par les mêmes moyens qu'elle existe sur le globe terrestre, quoique composé de pierre, de grès, de marbre, de fer et de verre. Il en est des autres planètes comme de notre

globe, leur fonds principal est une des matières que nous venons d'indiquer, mais les causes extérieures auront bientôt altéré la couche superficielle de cette matière, et selon les différents degrés de chaleur ou de
froid, de sécheresse ou d'humidité, elles auront converti en assez peu de
temps cette matière, de quelque nature qu'on la suppose, en une terre
féconde et propre à recevoir les germes de la nature organisée, qui tous
n'ont besoin que de chaleur et d'humidité pour se développer.

Après avoir satisfait aux objections qui paraissent se présenter les premières, il est nécessaire d'exposer les faits et les observations par lesquelles
on s'est assuré que la chaleur du soleil n'est qu'un accessoire[1], un petit
complément à la chaleur réelle qui émane continuellement du globe de la
terre; et il sera bon de faire voir en même temps comment les thermomètres comparables nous ont appris d'une manière certaine que le chaud de
l'été est égal dans tous les climats de la terre, à l'exception de quelques
endroits, comme le Sénégal, et de quelques autres parties de l'Afrique, où
la chaleur est plus grande qu'ailleurs, par des raisons particulières dont
nous parlerons lorsqu'il s'agira d'examiner les exceptions à cette règle
générale.

On peut démontrer, par des évaluations incontestables, que la lumière,
et par conséquent la chaleur envoyée du soleil à la terre en été est très-
grande en comparaison de la chaleur envoyée par ce même astre en hiver,
et que néanmoins, par des observations très-exactes et très-réitérées, la
différence de la chaleur réelle de l'été à celle de l'hiver est fort petite. Cela
seul serait suffisant pour prouver qu'il existe dans le globe terrestre une
très-grande chaleur, dont celle du soleil ne fait que le complément; car
en recevant les rayons du soleil sur le même thermomètre en été et en
hiver, M. Amontons a le premier observé que les plus grandes chaleurs
de l'été dans notre climat ne diffèrent du froid de l'hiver, lorsque l'eau
se congèle, que comme 7 diffère de 6, tandis qu'on peut démontrer que
l'action du soleil en été est environ 66 fois plus grande que celle du soleil
en hiver : on ne peut donc pas douter qu'il n'y ait un fonds de très-
grande chaleur dans le globe terrestre, sur lequel, comme base, s'élèvent
les degrés de la chaleur qui nous vient du soleil, et que les émanations de
ce fonds de chaleur à la surface du globe ne nous donnent une quantité
de chaleur beaucoup plus grande que celle qui nous arrive du soleil.

Si l'on demande comment on a pu s'assurer que la chaleur envoyée par
le soleil en été est 66 fois plus grande que la chaleur envoyée par ce même
astre en hiver dans notre climat, je ne puis mieux répondre qu'en renvoyant aux Mémoires donnés par feu M. de Mairan en 1719, 1722 et 1765,
et insérés dans ceux de l'Académie, où il examine avec une attention scru-

1. Voyez la note 2 de la page 443.

puleuse les causes de la vicissitude des saisons dans les différents climats.
Ces causes peuvent se réduire à quatre principales, savoir : 1° l'inclinaison
sous laquelle tombe la lumière du soleil suivant les différentes hauteurs de
cet astre sur l'horizon ; 2° l'intensité de la lumière, plus ou moins grande,
à mesure que son passage dans l'atmosphère est plus ou moins oblique ;
3° la différente distance de la terre au soleil en été et en hiver ; 4° l'inégalité de la longueur des jours dans les climats différents. Et en partant du
principe que la quantité de la chaleur est proportionnelle à l'action de la
lumière, on se démontrera aisément à soi-même que ces quatre causes
réunies, combinées et comparées, diminuent pour notre climat cette action
de la chaleur du soleil dans un rapport d'environ 66 à 1 du solstice
d'été au solstice d'hiver. Et en supposant l'affaiblissement de l'action de la
lumière par ces quatre causes, c'est-à-dire, 1° par la moindre ascension
ou élévation du soleil à midi du solstice d'hiver, en comparaison de son
ascension à midi du solstice d'été ; 2° par la diminution de l'intensité de
la lumière qui traverse plus obliquement l'atmosphère au solstice d'hiver
qu'au solstice d'été ; 3° par la plus grande proximité de la terre au soleil
en hiver qu'en été ; 4° par la diminution de la continuité de la chaleur
produite par la moindre durée du jour ou par la plus longue absence du
soleil au solstice d'hiver, qui, dans notre climat, est à peu près double de
celle du solstice d'été ; on ne pourra pas douter que la différence ne soit
en effet très-grande et environ de 66 à 1 dans notre climat, et cette vérité
de théorie peut être regardée comme aussi certaine que la seconde vérité
qui est d'expérience, et qui nous démontre, par les observations du thermomètre exposé immédiatement aux rayons du soleil en hiver et en été,
que la différence de la chaleur réelle dans ces deux temps n'est néanmoins
tout au plus que de 7 à 6 ; je dis tout au plus, car cette détermination
donnée par M. Amontons n'est pas à beaucoup près aussi exacte que celle
qui a été faite par M. de Mairan, d'après un grand nombre d'observations
ultérieures, par lesquelles il prouve que ce rapport est : : 32 : 31. Que doit
donc indiquer cette prodigieuse inégalité entre ces deux rapports de l'action de la chaleur solaire en été et en hiver, qui est de 66 à 1, et de
celui de la chaleur réelle qui n'est que de 32 à 31 de l'été à l'hiver ? N'est-il
pas évident que la chaleur propre du globe de la terre est nombre de fois
plus grande que celle qui lui vient du soleil ? il paraît en effet que dans le
climat de Paris, cette chaleur de la terre est 29 fois plus grande en été,
et 491 fois plus grande en hiver que celle du soleil, comme l'a déterminé
M. de Mairan. Mais j'ai déjà averti qu'on ne devait pas conclure de ces
deux rapports combinés le rapport réel de la chaleur du globe de la terre
à celle qui lui vient du soleil, et j'ai donné les raisons qui m'ont décidé à
supposer qu'on peut estimer cette chaleur du soleil cinquante fois moindre
que la chaleur qui émane de la terre.

Il nous reste maintenant à rendre compte des observations faites avec les thermomètres. On a recueilli, depuis l'année 1701 jusqu'en 1756 inclusivement, le degré du plus grand chaud et celui du plus grand froid qui s'est fait à Paris chaque année; on en a fait une somme, et l'on a trouvé qu'année commune tous les thermomètres, réduits à la division de Réaumur, ont donné 1026, pour la plus grande chaleur de l'été, c'est-à-dire 26 degrés au-dessus du point de la congélation de l'eau. On a trouvé de même que le degré commun du plus grand froid de l'hiver a été pendant ces cinquante-six années de 994, ou de 6 degrés au-dessous de la congélation de l'eau; d'où l'on a conclu, avec raison, que le plus grand chaud de nos étés à Paris ne diffère du plus grand froid de nos hivers que de $\frac{1}{32}$, puisque 994 : 1026 :: 31 : 32. C'est sur ce fondement que nous avons dit que le rapport du plus grand chaud au plus grand froid n'était que :: 32 : 31. Mais on peut objecter contre la précision de cette évaluation, le défaut de construction du thermomètre, division de Réaumur, auquel on réduit ici l'échelle de tous les autres, et ce défaut est de ne partir que de mille degrés au-dessous de la glace, comme si ce millième degré était en effet celui du froid absolu, tandis que le froid absolu n'existe point dans la nature, et que celui de la plus petite chaleur devrait être supposé de dix mille au lieu de mille, ce qui changerait la graduation du thermomètre. On peut encore dire qu'à la vérité il n'est pas impossible que toutes nos sensations entre le plus grand chaud et le plus grand froid soient comprises dans un aussi petit intervalle que celui d'une unité sur 32 de chaleur, mais que la voix du sentiment semble s'élever contre cette opinion, et nous dire que cette limite est trop étroite, et que c'est bien assez réduire cet intervalle que de lui donner un huitième ou un septième au lieu d'un trente-deuxième.

Mais quoi qu'il en soit de cette évaluation, qui se trouvera peut-être encore trop forte lorsqu'on aura des thermomètres mieux construits, on ne peut pas douter que la chaleur de la terre, qui sert de base à la chaleur réelle que nous éprouvons, ne soit très-considérablement plus grande que celle qui nous vient du soleil, et que cette dernière n'en soit qu'un petit complément. De même, quoique les thermomètres dont on s'est servi pèchent par le principe de leur construction et par quelques autres défauts dans leur graduation, on ne peut pas douter de la vérité des faits comparés que nous ont appris les observations faites en différents pays avec ces mêmes thermomètres, construits et gradués de la même façon, parce qu'il ne s'agit ici que de vérités relatives et de résultats comparés, et non pas de vérités absolues.

Or de la même manière qu'on a trouvé, par l'observation de cinquante-six années successives, la chaleur de l'été à Paris, de 1026 ou de 26 degrés au-dessus de la congélation, on a aussi trouvé avec les mêmes thermo-

mètres que cette chaleur de l'été était 1026 dans tous les autres climats
de la terre, depuis l'équateur jusque vers le cercle polaire[a] ; à Madagascar,
aux îles de France et de Bourbon, à l'île Rodrigue, à Siam, aux Indes
orientales, à Alger, à Malte, à Cadix, à Montpellier, à Lyon, à Amsterdam,
à Varsovie, à Upsal, à Pétersbourg et jusqu'en Laponie, près du cercle
polaire ; à Cayenne, au Pérou, à la Martinique, à Carthagène en Amérique
et à Panama ; enfin dans tous les climats des deux hémisphères et des
deux continents où l'on a pu faire des observations, on a constamment
trouvé que la liqueur du thermomètre s'élevait également à 25, 26 ou
27 degrés dans les jours les plus chauds de l'été ; et de là résulte le fait
incontestable de l'égalité de la chaleur en été dans tous les climats de la
terre. Il n'y a sur cela d'autres exceptions que celles du Sénégal et de
quelques autres endroits où le thermomètre s'élève 5 ou 6 degrés de plus,
c'est-à-dire à 31 ou 32 degrés ; mais c'est par des causes accidentelles et
locales qui n'altèrent point la vérité des observations ni la certitude de ce
fait général, lequel seul pourrait encore nous démontrer qu'il existe réellement une très-grande chaleur dans le globe terrestre, dont l'effet ou les
émanations sont à peu près égales dans tous les points de sa surface, et que
le soleil, bien loin d'être la sphère unique de la chaleur qui anime la
nature, n'en est tout au plus que le régulateur.

Ce fait important, que nous consignons à la postérité[1], lui fera reconnaître la progression réelle de la diminution de la chaleur du globe terrestre, que nous n'avons pu déterminer que d'une manière hypothétique ;
on verra dans quelques siècles que la plus grande chaleur de l'été, au lieu
d'élever la liqueur du thermomètre à 26, ne l'élèvera plus qu'à 25, à 24
ou au-dessous, et on jugera par cet effet, qui est le résultat de toutes les
causes combinées, de la valeur de chacune des causes particulières qui
produisent l'effet total de la chaleur à la surface du globe ; car indépendamment de la chaleur qui appartient en propre à la terre, et qu'elle possède dès le temps de l'incandescence, chaleur dont la quantité est très-
considérablement diminuée, et continuera de diminuer dans la succession
des temps , indépendamment de la chaleur qui nous vient du soleil, qu'on
peut regarder comme constante, et qui par conséquent fera dans la suite
une plus grande compensation qu'aujourd'hui à la perte de cette chaleur
propre du globe, il y a encore deux autres causes particulières qui peuvent
ajouter une quantité considérable de chaleur à l'effet des deux premières,
qui sont les seules dont nous ayons fait jusqu'ici l'évaluation.

L'une de ces causes particulières provient en quelque façon de la pre-

---

a. Voyez sur cela les Mémoires de feu M. de Réaumur, dans ceux de l'Académie , ann. 1735
et 1741 ; et aussi les Mémoires de feu M. de Mairan, dans ceux de l'année 1765, p. 213.

1. *A la postérité !...* — Voyez la note 2 de la page 443.

mière cause générale, et peut y ajouter quelque chose. Il est certain que dans le temps de l'incandescence et dans tous les siècles subséquents, jusqu'à celui du refroidissement de la terre au point de pouvoir la toucher, toutes les matières volatiles ne pouvaient résider à la surface ni même dans l'intérieur du globe; elles étaient élevées et répandues en forme de vapeurs, et n'ont pu se déposer que successivement à mesure qu'il se refroidissait. Ces matières ont pénétré par les fentes et les crevasses de la terre à d'assez grandes profondeurs en une infinité d'endroits; c'est là le fonds primitif des volcans[1], qui, comme l'on sait, se trouvent tous dans les hautes montagnes, où les fentes de la terre sont d'autant plus grandes que ces pointes du globe sont plus avancées, plus isolées : ce dépôt des matières volatiles du premier âge aura été prodigieusement augmenté par l'addition de toutes les matières combustibles, dont la formation est des âges subséquents. Les pyrites, les soufres, les charbons de terre, les bitumes, etc., ont pénétré dans les cavités de la terre et ont produit presque partout de grands amas de matières inflammables, et souvent des incendies qui se manifestent par des tremblements de terre[2], par l'éruption des volcans, et par les sources chaudes qui découlent des montagnes, ou sourdissent à l'intérieur dans les cavités de la terre. On peut donc présumer que ces feux souterrains, dont les uns brûlent, pour ainsi dire, sourdement et sans explosion, et dont les antres éclatent avec tant de violence, augmentent un peu l'effet de la chaleur générale du globe. Néanmoins cette addition de chaleur ne peut être que très-petite, car on a observé qu'il fait à très-peu près aussi froid au-dessus des volcans qu'au-dessus des autres montagnes à la même hauteur, à l'exception des temps où le volcan travaille et jette au dehors des vapeurs enflammées ou des matières brûlantes. Cette cause particulière de chaleur ne me paraît donc pas mériter autant de considération que lui en ont donné quelques physiciens.

Il n'en est pas de même d'une seconde cause à laquelle il semble qu'on n'a pas pensé, c'est le mouvement de la lune autour de la terre. Cette planète secondaire fait sa révolution autour de nous en 27 jours un tiers environ, et étant éloignée à 85 mille 325 lieues, elle parcourt une circonférence de 536 mille 329 lieues dans cet espace de temps, ce qui fait un mouvement de 817 lieues par heure, ou de 13 à 14 lieues par minute: quoique cette marche soit peut-être la plus lente de tous les corps célestes, elle ne laisse pas d'être assez rapide pour produire sur la terre, qui sert d'essieu ou de pivot à ce mouvement, une chaleur considérable par le frottement qui résulte de la charge et de la vitesse de cette planète. Mais il ne nous est pas possible d'évaluer cette quantité de chaleur produite par cette

---

1. Voyez les notes des pages 58, 59 et 269 du Ier volume.
2. Voyez les notes des pages 281 et 381 du Ier volume.

cause extérieure, parce que nous n'avons rien jusqu'ici qui puisse nous servir d'unité ou de terme de comparaison. Mais si l'on parvient jamais à connaître le nombre, la grandeur et la vitesse de toutes les comètes, comme nous connaissons le nombre, la grandeur et la vitesse de toutes les planètes qui circulent autour du soleil, on pourra juger alors de la quantité de chaleur que la lune peut donner à la terre par la quantité beaucoup plus grande de feu que tous ces vastes corps excitent dans le soleil. Et je serais fort porté à croire que la chaleur produite par cette cause dans le globe de la terre ne laisse pas de faire une partie assez considérable de sa chaleur propre; et qu'en conséquence il faut encore étendre les limites des temps pour la durée de la nature. Mais revenons à notre principal objet.

Nous avons vu que les étés sont à très-peu près égaux dans tous les climats de la terre, et que cette vérité est appuyée sur des faits incontestables; mais il n'en est pas de même des hivers; ils sont très-inégaux, et d'autant plus inégaux dans les différents climats qu'on s'éloigne plus de celui de l'équateur, où la chaleur en hiver et en été est à peu près la même. Je crois en avoir donné la raison dans le cours de ce Mémoire, et avoir expliqué d'une manière satisfaisante la cause de cette inégalité, par la suppression des émanations de la chaleur terrestre. Cette suppression est, comme je l'ai dit, occasionnée par les vents froids qui se rabattent du haut de l'air, resserrent les terres, glacent les eaux et renferment les émanations de la chaleur terrestre pendant tout le temps que dure la gelée, en sorte qu'il n'est pas étonnant que le froid des hivers soit en effet d'autant plus grand que l'on avance davantage vers les climats où la masse de l'air, recevant plus obliquement les rayons du soleil, est par cette raison la plus froide.

Mais il y a pour le froid comme pour le chaud quelques contrées sur la terre qui font une exception à la règle générale. Au Sénégal, en Guinée, à Angole, et probablement dans tous les pays où l'on trouve l'espèce humaine teinte de noir, comme en Nubie, à la terre des Papous, dans la Nouvelle-Guinée, etc., il est certain que la chaleur est plus grande que dans tout le reste de la terre; mais c'est par des causes locales, dont nous avons donné l'explication dans le second volume de cet ouvrage [a]. Ainsi dans ces climats particuliers où le vent d'est règne pendant toute l'année, et passe avant d'arriver sur une étendue de terre très-considérable où il prend une chaleur brûlante, il n'est pas étonnant que la chaleur se trouve plus grande de 5, 6 et même 7 degrés qu'elle ne l'est partout ailleurs. Et de même les froids excessifs de la Sibérie ne prouvent rien autre chose, sinon que cette partie de la surface du globe est beaucoup plus élevée que toutes les terres adjacentes. « Les pays asiatiques septentrionaux, dit le baron de « Strahlenberg, sont considérablement plus élevés que les Européens, ils

***

a. Voyez l'*Histoire naturelle*, t. II, art. Variétés de l'espèce humaine, p. 137 et suivantes.

« le sont comme une table l'est en comparaison du plancher sur lequel elle
« est posée ; car lorsqu'en venant de l'ouest et sortant de la Russie on passe
« à l'est par les monts Riphées et Rymniques pour entrer en Sibérie, on
« avance toujours plus en montant qu'en descendant [a]. — Il y a bien des
« plaines en Sibérie, dit M. Gmelin, qui ne sont pas moins élevées au-des-
« sus du reste de la terre, ni moins éloignées de son centre, que ne le sont
« d'assez hautes montagnes en plusieurs autres régions [b]. » Ces plaines de
Sibérie paraissent être en effet tout aussi hautes que le sommet des monts
Riphées, sur lequel la glace et la neige ne fondent pas entièrement pendant
l'été : et si ce même effet n'arrive pas dans les plaines de Sibérie, c'est
parce qu'elles sont moins isolées, car cette circonstance locale fait encore
beaucoup à la durée et à l'intensité du froid ou du chaud. Une vaste plaine
une fois échauffée conservera sa chaleur plus longtemps qu'une montagne
isolée, quoique toutes deux également élevées, et par cette même raison la
montagne une fois refroidie conservera sa neige ou sa glace plus longtemps que la plaine.

Mais si l'on compare l'excès du chaud à l'excès du froid produit par ces
causes particulières et locales, on sera peut-être surpris de voir que dans
les pays tels que le Sénégal, où la chaleur est la plus grande, elle n'excède
néanmoins que de 7 degrés la plus grande chaleur générale qui est de
26 degrés au-dessus de la congélation, et que la plus grande hauteur à
laquelle s'élève la liqueur du thermomètre n'est tout au plus que de
33 degrés au-dessus de ce même point, tandis que les grands froids de
Sibérie vont quelquefois jusqu'à 60 et 70 degrés au dessous de ce même
point de la congélation, et qu'à Pétersbourg, à Upsal, etc., sous la même
latitude de la Sibérie, les plus grands froids ne font descendre la liqueur
qu'à 25 ou 26 degrés au-dessous de la congélation ; ainsi l'excès de chaleur produit par les causes locales n'étant que de 6 ou 7 degrés au-dessus
de la plus grande chaleur du reste de la zone torride, et l'excès du froid
produit de même par les causes locales étant de plus de 40 degrés au-
dessous du plus grand froid sous la même latitude, on doit en conclure
que ces mêmes causes locales ont bien plus d'influence dans les climats
froids que dans les climats chauds, quoiqu'on ne voie pas d'abord ce qui
peut produire cette grande différence dans l'excès du froid et du chaud.
Cependant, en y réfléchissant, il me semble qu'on peut concevoir aisément
la raison de cette différence. L'augmentation de la chaleur d'un climat tel
que le Sénégal ne peut venir que de l'action de l'air, de la nature du ter-
roir et de la dépression du terrain : cette contrée presque au niveau de la
mer est en grande partie couverte de sables arides ; un vent d'est con-

a. *Description de l'empire Russien*, traduction française, t. Ier, p. 322, d'après l'allemand,
imprimée à Stockholm, en 1730.

b. *Flora Siberica*, Præf., p. 58 et 64.

stant, au lieu d'y rafraîchir l'air, le rend brûlant, parce que ce vent traverse avant que d'arriver plus de deux mille lieues de terre, sur laquelle il s'échauffe toujours de plus en plus, et néanmoins toutes ces causes réunies ne produisent qu'un excès de 6 ou 7 degrés au-dessus de 26, qui est le terme de la plus grande chaleur de tous les autres climats. Mais dans une contrée telle que la Sibérie, où les plaines sont élevées comme les sommets des montagnes le sont au-dessus du niveau du reste de la terre, cette seule différence d'élévation doit produire un effet proportionnellement beaucoup plus grand que la dépression du terrain du Sénégal, qu'on ne pas supposer plus grande que celle du niveau de la mer ; car si les plaines de Sibérie sont seulement élevées de quatre ou cinq cents toises au-dessus du niveau d'Upsal ou de Pétersbourg, on doit cesser d'être étonné que l'excès du froid y soit si grand, puisque la chaleur qui émane de la terre décroissant à chaque point comme l'espace augmente, cette seule cause de l'élévation du terrain suffit pour expliquer cette grande différence du froid sous la même latitude.

Il ne reste sur cela qu'une question assez intéressante. Les hommes, les animaux et les plantes peuvent supporter pendant quelque temps la rigueur de ce froid extrême, qui est de 60 degrés au-dessous de la congélation : pourraient-ils également supporter une chaleur qui serait de 60 degrés au-dessus ? oui, si l'on pouvait se précautionner et se mettre à l'abri contre le chaud, comme on sait le faire contre le froid ; si d'ailleurs cette chaleur excessive ne durait, comme le froid excessif, que pendant un petit temps, et si l'air pouvait pendant le reste de l'année rafraîchir la terre de la même manière que les émanations de la chaleur du globe réchauffent l'air dans les pays froids : on connaît des plantes, des insectes et des poissons qui croissent et vivent dans des eaux thermales, dont la chaleur est de 45, 50, et jusqu'à 60 degrés[1] ; il y a donc des espèces dans la nature vivante qui peuvent supporter ce degré de chaleur, et comme les Nègres sont dans le genre humain ceux que la grande chaleur incommode le moins, ne devrait-on pas en conclure avec assez de vraisemblance, que dans notre hypothèse leur race pourrait être plus ancienne que celle des hommes blancs[2] ?

1. Ce fait, tiré de Sonnerat, est tout simplement impossible. J'y reviendrai, avec Buffon, dans mes notes sur les *Époques de la nature.*

2. Même *dans l'hypothèse,* la conclusion serait encore bien peu assurée : ce n'est pas la *chaleur,* c'est la *lumière* qui *produit* la coloration des nègres. — (Voyez mon *Histoire des travaux et des idées de Buffon,* au chapitre de l'*Unité physique de l'homme.*)

NOTE GÉNÉRALE

J'ai voulu réunir, dans ce volume, toutes les grandes parties des vues doctrinales de Buffon :

1º Ses brillants *systèmes* sur la physique et sur la chimie (voyez l'*Introduction*, page 1 et suiv.);

2º Ses hardies et longues expériences (voyez la *Partie expérimentale*, page 81 et suiv.) ;

3º Ses vastes hypothèses et ses laborieux calculs (voyez la *Partie hypothétique*, p. 348 et suiv.) ;

4º Enfin le résumé profond (dans un cadre admirablement conçu : les *Époques de la nature*) de tout ce qu'une vie entière de méditations et d'études lui avait révélé de plus digne d'être transmis aux hommes touchant la grande histoire du globe.

Au moment où parut cette belle partie des œuvres de Buffon, l'un des critiques les plus fins et les plus exercés de ce temps-là, Grimm, en parlait ainsi : « Nous possédons enfin l'ouvrage « de M. de Buffon, qui nous avait été annoncé depuis si longtemps, ses *Époques de la nature*. « De tous les écrits de cet homme célèbre, c'est celui qu'il prétend avoir médité le plus, celui « qu'il semble avoir travaillé avec une prédilection toute particulière, celui qu'il regarde lui-« même comme le dernier résultat, le plus précieux monument de toutes ses études et de « toutes ses recherches. Si le système établi dans cet ouvrage ne paraît pas à tous ses lecteurs « également solide, on avouera du moins que c'est un des plus sublimes poëmes que la philo-« sophie ait jamais osé imaginer. »

Grimm ajoute avec une justesse parfaite : « Les *Époques de la nature* ne sont que le dévelop-« pement du traité de la *Formation des planètes*, appliqué spécialement à la terre, et confirmé « par le rapprochement ingénieux de tous les faits, de tous les monuments, de tous les phéno-« mènes, de toutes les observations générales et particulières que l'auteur a pu rassembler « pour éclaircir ou pour appuyer son système. « (*Corresp. litt.*, année 1779.)

Dans son *Discours de réception à l'Académie française*, Vicq-D'Azyr, l'un des hommes qui ont le mieux lu Buffon, s'exprime ainsi : « Celui qui a terminé un long ouvrage se repose en « y songeant. Ce fut en réfléchissant ainsi sur le grand édifice qui était sorti de ses mains, que « M. de Buffon projeta d'en resserrer l'étendue dans des sommaires, où ses observations rap-« prochées de ses principes, et mises en action, offriraient toute sa théorie dans un mouvant « tableau. A cette vue il en joignit une autre. L'histoire de la nature lui parut devoir com-« prendre non-seulement tous les corps, mais aussi toutes les durées et tous les espaces. Par « ce qui reste, il espéra qu'il joindrait le présent au passé, et que de ces deux points il se « porterait sûrement vers l'avenir. Il réduisit à cinq grands faits tous les phénomènes du « mouvement et de la chaleur du globe ; de toutes les substances minérales, il forma cinq « monuments principaux, et, présent à tout, marchant d'une de ces bases vers l'autre, cal-« culant leur ancienneté, mesurant leurs intervalles, il assigna aux révolutions leurs pé-« riodes, au monde ses âges, à la nature ses époques. Qu'il est grand et vaste ce projet de « montrer les traces des siècles empreintes depuis le sommet des plus hautes élévations du « globe jusqu'au fond des abîmes... »

Enfin, le juge le plus compétent de Buffon, Cuvier, nous dit : « Le cinquième volume des « *Suppléments* est un ouvrage à part, le plus célèbre de tous ceux de Buffon, ses *Époques de la* « *nature*, où il présente dans un style vraiment sublime, et avec une force de talent faite pour « subjuguer, une deuxième théorie de la terre... » (Voyez la note de la page 424 du 1ᵉʳ vo-lume.) — « On assure, ajoute Cuvier, que Buffon a été obligé de faire recopier onze fois le ma-« nuscrit de ses *Époques de la nature*. » — « Buffon avoua au Théologal de Semur, dit Hérault « de Séchelles, qu'il avait écrit cet ouvrage *dix-huit fois*. » (*Voyage à Montbard*.)

N. B. Dans l'édition in-4º de l'Imprimerie royale, l'*Introduction*, la *Partie expérimentale* et la *Partie hypothétique* forment les deux premiers volumes des *Suppléments*, volumes publiés en 1774 et 1775 ; les *Époques de la nature* ouvrent le Vᵉ, publié en 1778.

DES

ÉPOQUES DE LA NATURE

Comme dans l'histoire civile, on consulte les titres, on recherche les médailles, on déchiffre les inscriptions antiques pour déterminer les époques des révolutions humaines, et constater les dates des événements moraux; de même, dans l'histoire naturelle, il faut fouiller les archives du monde, tirer des entrailles de la terre les vieux monuments, recueillir leurs débris, et rassembler en un corps de preuves tous les indices des changements physiques qui peuvent nous faire remonter aux différents âges de la nature. C'est le seul moyen de fixer quelques points dans l'immensité de l'espace, et de placer un certain nombre de pierres numéraires sur la route éternelle du temps[1]. Le passé est comme la distance; notre vue y décroît, et s'y perdrait de même, si l'histoire et la chronologie n'eussent placé des fanaux, des flambeaux aux points les plus obscurs; mais, malgré ces lumières de la tradition écrite, si l'on remonte à quelques siècles, que d'incertitudes dans les faits! que d'erreurs sur les causes des événements! et quelle obscurité profonde n'environne pas les temps antérieurs à cette tradition! D'ailleurs elle ne nous a transmis que les gestes de quelques nations, c'est-à-dire les actes d'une très-petite partie du genre humain; tout le reste des hommes est demeuré nul pour nous, nul pour la postérité: ils ne sont sortis de leur néant que pour passer comme des ombres qui ne laissent point de traces; et plût au ciel que le nom de tous ces prétendus héros, dont on a célébré les crimes ou la gloire sanguinaire, fût également enseveli dans la nuit de l'oubli!

Ainsi l'histoire civile, bornée d'un côté par les ténèbres d'un temps assez voisin du nôtre, ne s'étend de l'autre qu'aux petites portions de terre qu'ont occupées successivement les peuples soigneux de leur mémoire;

---

1. Quel magnifique début! quel ton! de quel grand spectacle l'imagination se sent dès l'abord saisie! Et quelle éloquence! « ...... C'est le seul moyen de fixer quelques points dans « l'immensité de l'espace, *et de placer un certain nombre de pierres numéraires sur la route* « *éternelle du temps...* »

au lieu que l'histoire naturelle embrasse également tous les espaces, tous les temps, et n'a d'autres limites que celles de l'univers.

La nature étant contemporaine de la matière, de l'espace et du temps, son histoire est celle de toutes les substances, de tous les lieux, de tous les âges; et quoiqu'il paraisse à la première vue que ses grands ouvrages ne s'altèrent ni ne changent, et que dans ses productions, même les plus fragiles et les plus passagères, elle se montre toujours et constamment la même, puisqu'à chaque instant ses premiers modèles reparaissent à nos yeux sous de nouvelles représentations; cependant, en l'observant de près, on s'apercevra que son cours n'est pas absolument uniforme; on reconnaîtra qu'elle admet des variations sensibles, qu'elle reçoit des altérations successives, qu'elle se prête même à des combinaisons nouvelles, à des mutations de matière et de forme; qu'enfin, autant elle paraît fixe dans son tout, autant elle est variable dans chacune de ses parties; et si nous l'embrassons dans toute son étendue, nous ne pourrons douter qu'elle ne soit aujourd'hui très-différente de ce qu'elle était au commencement et de.ce qu'elle est devenue dans la succession des temps : ce sont ces changements divers que nous appelons ses époques[1]. La nature s'est trouvée dans différents états; la surface de la terre a pris successivement des formes différentes; les cieux même ont varié, et toutes les choses de l'univers physique sont, comme celles du monde moral, dans un mouvement continuel de variations successives. Par exemple, l'état dans lequel nous voyons aujourd'hui la nature est autant notre ouvrage que le sien; nous avons su la tempérer, la modifier, la plier à nos besoins, à nos désirs; nous avons sondé, cultivé, fécondé la terre : l'aspect sous lequel elle se présente est donc bien différent de celui des temps antérieurs à l'invention des arts. L'âge d'or de la morale, ou plutôt de la Fable, n'était que l'âge de fer de la physique et de la vérité. L'homme de ce temps encore à demi sauvage, dispersé, peu nombreux, ne sentait pas sa puissance, ne connaissait pas sa vraie richesse; le trésor de ses lumières était enfoui; il ignorait la force des volontés unies, et ne se doutait pas que, par la société et par des travaux suivis et concertés, il viendrait à bout d'imprimer ses idées sur la face entière de l'univers.

Aussi faut-il aller chercher et voir la nature dans ces régions nouvellement découvertes, dans ces contrées de tout temps inhabitées, pour se former une idée de son état ancien; et cet ancien état est encore bien moderne en comparaison de celui où nos continents terrestres étaient couverts par les eaux, où les poissons habitaient sur nos plaines, où nos montagnes formaient les écueils des mers : combien de changements et de

---

1..... *Ce sont ces changements divers que nous appelons ses époques.* « ..... Dans l'ordre des
« siècles, il faut avoir certains temps marqués par quelque grand événement auquel on rap-
« porte tout le reste. C'est ce qui s'appelle ÉPOQUE... » (Bossuet.)

différents états ont dû se succéder depuis ces temps antiques (qui cependant n'étaient pas les premiers) jusqu'aux âges de l'histoire ! Que de choses ensevelies ! combien d'événements entièrement oubliés ! que de révolutions antérieures à la mémoire des hommes ! Il a fallu une très-longue suite d'observations ; il a fallu trente siècles de culture à l'esprit humain, seulement pour reconnaître l'état présent des choses. La terre n'est pas encore entièrement découverte ; ce n'est que depuis peu qu'on a déterminé sa figure ; ce n'est que de nos jours qu'on s'est élevé à la théorie de sa forme intérieure, et qu'on a démontré l'ordre et la disposition des matières dont elle est composée : ce n'est donc que de cet instant où l'on peut commencer à comparer la nature avec elle-même, et remonter de son état actuel et connu à quelques époques d'un état plus ancien.

Mais comme il s'agit ici de percer la nuit des temps, de reconnaître par l'inspection des choses actuelles l'ancienne existence des choses anéanties, et de remonter par la seule force des faits subsistants à la vérité historique des faits ensevelis ; comme il s'agit en un mot de juger, non-seulement le passé moderne, mais le passé le plus ancien, par le seul présent, et que pour nous élever jusqu'à ce point de vue nous avons besoin de toutes nos forces réunies, nous emploierons trois grands moyens : 1° les faits qui peuvent nous rapprocher de l'origine de la nature ; 2° les monuments qu'on doit regarder comme les témoins de ses premiers âges ; 3° les traditions qui peuvent nous donner quelque idée des âges subséquents : après quoi nous tâcherons de lier le tout par des analogies, et de former une chaîne qui, du sommet de l'échelle du temps, descendra jusqu'à nous [1].

Premier fait. — La terre est élevée sur l'équateur et abaissée sous les pôles, dans la proportion qu'exigent les lois de la pesanteur et de la force centrifuge.

Second fait. — Le globe terrestre a une chaleur intérieure qui lui est propre, et qui est indépendante de celle que les rayons du soleil peuvent lui communiquer.

---

1. Trente années d'études suivies et de travaux constants, séparent les *Époques de la nature* de la *Théorie de la terre* et de la *Formation des planètes* (voyez notre Ier volume) ; mais aussi quel progrès ! quel enchaînement habile, quelle subordination judicieuse des *faits !* comme le *fil* des opérations de la nature est admirablement saisi ! — « Dans sa *Théorie de la* « *terre*, Buffon ne voyait qu'une époque, qu'une terre, que la terre *ouvrage des eaux*. Dans « son *Système sur la formation des planètes*, il voyait une autre époque, une autre terre, la « terre *ouvrage du feu.*

« Dans ses *Époques de la nature*, Buffon voit, non-seulement ces deux grandes et princi- « pales époques ; il voit toutes les époques intermédiaires et subséquentes. Ici tout s'éclaircit, « se démèle ; chaque fait, chaque événement prend sa place ; tout se lie, et Buffon, comme il « le dit lui-même, forme une chaîne qui, du sommet de l'échelle du temps, descend jusqu'à « nous. » (Voyez mon *Histoire des travaux et des idées de Buffon.*)

Troisième fait. — La chaleur que le soleil envoie à la terre est assez petite, en comparaison de la chaleur propre du globe terrestre ; et cette chaleur envoyée par le soleil, ne serait pas seule suffisante pour maintenir la nature vivante.

Quatrième fait. — Les matières qui composent le globe de la terre sont en général de la nature du verre, et peuvent être toutes réduites en verre.

Cinquième fait. — On trouve sur toute la surface de la terre, et même sur les montagnes, jusqu'à 1500 et 2000 toises de hauteur, une immense quantité de coquilles et d'autres débris des productions de la mer.

Examinons d'abord si dans ces faits que je veux employer, il n'y a rien qu'on puisse raisonnablement contester[1]. Voyons si tous sont prouvés, ou du moins peuvent l'être : après quoi nous passerons aux inductions que l'on en doit tirer.

Le premier fait du renflement de la terre à l'équateur et de son aplatissement aux pôles est mathématiquement[2] démontré et physiquement prouvé par la théorie de la gravitation et par les expériences du pendule. Le globe terrestre a précisément la figure que prendrait un globe fluide qui tournerait sur lui-même avec la vitesse que nous connaissons au globe de la terre. Ainsi la première conséquence qui sort de ce fait incontestable, c'est que la matière dont notre terre est composée était dans un état de fluidité au moment qu'elle a pris sa forme, et ce moment est celui où elle a commencé à tourner sur elle-même. Car si la terre n'eût pas été fluide, et qu'elle eût eu la même consistance que nous lui voyons aujourd'hui, il est évident que cette matière consistante et solide n'aurait pas obéi à la loi de la force centrifuge, et que par conséquent malgré la rapidité de son mouvement de rotation, la terre, au lieu d'être un sphéroïde renflé sur l'équateur et aplati sous les pôles, serait au contraire une sphère exacte, et qu'elle n'aurait jamais pu prendre d'autre figure que celle d'un globe parfait, en vertu de l'attraction mutuelle de toutes les parties de la matière dont elle est composée.

1. Il y a, dans ces cinq faits, plusieurs choses qu'on peut *raisonnablement contester*, mais ce ne sont pas les grandes, c'est-à-dire la *fluidité primitive* du globe conclue de sa *forme actuelle*, sa *chaleur intérieure* encore aujourd'hui subsistante, les *coquilles* répandues sur toute la terre et jusque sur les plus hautes montagnes, etc. Voyez, pour le détail des points contestables et même positivement inexacts, les notes suivantes.

2. *Mathématiquement.* Buffon commence par la *preuve mathématique*, qui seule suffirait en effet et pourrait dispenser de toutes les autres. « La fluidité primitive des planètes est clai-« rement indiquée par l'aplatissement de leur figure, conforme aux lois de l'attraction mutuelle « de leurs molécules : elle est de plus prouvée, pour la terre, par la diminution régulière de « la pesanteur, en allant de l'équateur aux pôles. Cet état de fluidité primitive, auquel on « est conduit par les phénomènes astronomiques, doit se manifester dans ceux que l'histoire « naturelle nous présente... » (Laplace : *Exposit. du syst. du monde*, t. II, p. 443.)

Or, quoique en général toute fluidité ait la chaleur pour cause, puisque l'eau même sans la chaleur ne formerait qu'une substance solide, nous avons deux manières différentes de concevoir la possibilité de cet état primitif de fluidité dans le globe terrestre, parce qu'il semble d'abord que la nature ait deux moyens pour l'opérer. Le premier est la dissolution ou même le délaiement des matières terrestres dans l'eau ; et le second, leur liquéfaction par le feu. Mais l'on sait que le plus grand nombre des matières solides qui composent le globe terrestre ne sont pas dissolubles dans l'eau ; et en même temps l'on voit que la quantité d'eau est si petite en comparaison de celle de la matière aride, qu'il n'est pas possible que l'une ait jamais été délayée dans l'autre. Ainsi cet état de fluidité dans lequel s'est trouvée la masse entière de la terre n'ayant pu s'opérer ni par la dissolution ni par le délaiement dans l'eau, il est nécessaire que cette fluidité ait été une liquéfaction causée par le feu [1].

Cette juste conséquence, déjà très-vraisemblable par elle-même, prend un nouveau degré de probabilité par le second fait, et devient une certitude par le troisième fait [2]. La chaleur intérieure du globe, encore actuellement subsistante, et beaucoup plus grande que celle qui nous vient du soleil, nous démontre que cet ancien feu qu'a éprouvé le globe n'est pas encore à beaucoup près entièrement dissipé : la surface de la terre est plus refroidie que son intérieur. Des expériences certaines et réitérées nous assurent que la masse entière du globe a une chaleur propre et tout à fait indépendante de celle du soleil. Cette chaleur nous est démontrée par la comparaison de nos hivers à nos étés [a][3] ; et on la reconnaît d'une manière

_a._ Voyez dans ce volume, l'article qui a pour titre : _Des éléments_, p. 1, et particulièrement les deux Mémoires sur la température des planètes, p. 348.

1. « Quelle que soit la nature de cette cause (de la cause des mouvements primitifs du système planétaire), puisqu'elle a produit ou dirigé les mouvements des planètes, il faut qu'elle « ait embrassé tous ces corps, et, vu la distance prodigieuse qui les sépare, elle ne peut avoir « été qu'un fluide d'une immense étendue. Pour leur avoir donné dans le même sens un mou- « vement presque circulaire autour du soleil, il faut que ce fluide ait environné cet astre, « comme une atmosphère. La considération des mouvements planétaires nous conduit donc à « penser qu'en vertu d'une _chaleur excessive_ l'atmosphère du soleil s'est primitivement étendue « au delà des orbes de toutes les planètes, et qu'elle s'est resserrée successivement jusqu'à ses « limites actuelles. » (Laplace : _Exposit. du syst. du monde_, t. II, p. 432.)

2. Il faut distinguer nettement entre ces deux faits. Le second fait, celui de la _chaleur intérieure_ et propre du globe, peut être regardé comme _prouvé_ : il constitue la base de toute la géologie théorique de nos jours (voyez la note 3 de la page 348) ; quant au troisième, il est _prouvé_ qu'il est faux (voyez les notes des p. 19 et 20). — « Nous connaissons avec certitude, « par la théorie et les observations, que l'effet de la chaleur centrale est devenu depuis long- « temps insensible à la superficie, quoiqu'il puisse être très-grand à une profondeur médiocre. » (Fourier : _Remarques génér. sur les tempér. du globe terrest. et des espac. planét._, _Ann. de chim. et de physiq._, 1824, p. 149.)

3. « Les alternatives des saisons sont entretenues par une quantité immense de chaleur « solaire qui oscille dans l'enveloppe terrestre, passant au-dessus de la surface durant six « mois, et retournant de la terre dans l'air pendant l'autre moitié de l'année. » (Fourier : _Loc. citat._, p. 165.)

encore plus palpable dès qu'on pénètre au dedans de la terre ; elle est constante en tous lieux pour chaque profondeur, et elle paraît augmenter à mesure que l'on descend [a][1]. Mais que sont nos travaux en comparaison de ceux qu'il faudrait faire pour reconnaître les degrés successifs de cette chaleur intérieure dans les profondeurs du globe ! Nous avons fouillé les montagnes à quelques centaines de toises pour en tirer les métaux ; nous avons fait dans les plaines des puits de quelques centaines de pieds : ce sont là nos plus grandes excavations, ou plutôt nos fouilles les plus profondes [2] ; elles effleurent à peine la première écorce du globe, et néanmoins la chaleur intérieure y est déjà plus sensible qu'à la surface : on doit donc présumer que si l'on pénétrait plus avant cette chaleur serait plus grande, et que les parties voisines du centre de la terre sont plus chaudes que celles qui en sont éloignées, comme l'on voit dans un boulet rougi au feu l'incandescence se conserver dans les parties voisines du centre longtemps après que la surface a perdu cet état d'incandescence et de rougeur. Ce feu, ou plutôt cette chaleur intérieure de la terre, est encore indiqué par les effets de l'électricité, qui convertit en éclairs lumineux cette chaleur obscure ; elle nous est démontrée par la température de l'eau de la mer, laquelle, aux mêmes profondeurs, est à peu près égale à celle de l'intérieur de la terre [b]. D'ailleurs il est aisé de prouver que la liquidité des eaux de la mer en général ne doit point être attribuée à la puissance des rayons solaires, puisqu'il est démontré par l'expérience que la lumière du soleil ne pénètre qu'à six cents pieds [c] à travers l'eau la plus limpide, et que par conséquent sa chaleur n'arrive peut-être pas au quart de cette épaisseur, c'est-à-dire à cent cinquante pieds [d] : ainsi toutes les eaux qui sont au-dessous de cette profondeur seraient glacées sans la chaleur intérieure de la terre, qui seule peut entretenir leur liquidité. Et de même, il est encore prouvé par l'expérience que la chaleur des rayons solaires ne pénètre pas à quinze ou vingt pieds dans la terre, puisque la glace se conserve à cette profondeur pendant les étés les plus chauds. Donc il est démontré qu'il y a au-dessous du bassin de la mer, comme dans les premières couches de la terre, une émanation continuelle de chaleur qui entretient la liquidité des

a. Voyez ci-après les notes justificatives des faits.
b. Voyez *ibidem*.
c. Voyez *ibidem*.
d. Voyez *ibidem*.

1. « Les observations recueillies jusqu'à ce jour paraissent indiquer que les divers points « d'une même verticale prolongée dans la terre solide sont d'autant plus échauffés que la pro- « fondeur est plus grande, et l'on a évalué cet accroissement à un degré pour 30 ou 40 mètres. « Un tel résultat suppose une température intérieure très-élevée : il ne peut provenir de l'action « des rayons solaires ; il s'explique naturellement par la chaleur propre que la terre tient de « son origine. » (Fourier : *Loc. cit.*, p. 138.)

2. Voyez les notes des pages 35 et 169 du Ier volume.

eaux et produit la température de la terre. Donc il existe dans son intérieur une chaleur qui lui appartient en propre, et qui est tout à fait indépendante de celle que le soleil peut lui communiquer.

Nous pouvons encore confirmer ce fait général par un grand nombre de faits particuliers. Tout le monde a remarqué, dans le temps des frimas, que la neige se fond dans tous les endroits où les vapeurs de l'intérieur de la terre ont une libre issue, comme sur les puits, les aqueducs recouverts, les voûtes, les citernes, etc.; tandis que sur tout le reste de l'espace, où la terre resserrée par la gelée intercepte ces vapeurs, la neige subsiste, et se gèle au lieu de fondre. Cela seul suffirait pour démontrer que ces émanations de l'intérieur de la terre ont un degré de chaleur très-réel et sensible. Mais il est inutile de vouloir accumuler ici de nouvelles preuves d'un fait constaté par l'expérience et par les observations; il nous suffit qu'on ne puisse désormais le révoquer en doute, et qu'on reconnaisse cette chaleur intérieure de la terre comme un fait réel et général duquel, comme des autres faits généraux de la nature, on doit déduire les effets particuliers.

Il en est de même du quatrième fait : on ne peut pas douter, après les preuves démonstratives que nous en avons données dans plusieurs articles de notre Théorie de la terre [a], que les matières dont le globe est composé ne soient de la nature du verre [1] : le fond des minéraux, des végétaux et des animaux n'est qu'une matière vitrescible; car tous leurs résidus, tous leurs détriments ultérieurs peuvent se réduire en verre. Les matières que les chimistes ont appelées *réfractaires*, et celles qu'ils regardent comme infusibles parce qu'elles résistent au feu de leurs fourneaux sans se réduire en verre, peuvent néanmoins s'y réduire par l'action d'un feu plus violent [2]. Ainsi toutes les matières qui composent le globe de la terre, du moins toutes celles qui nous sont connues, ont le verre pour base de leur substance [b][3], et nous pouvons, en leur faisant subir la grande action du feu, les réduire toutes ultérieurement à leur premier état.

La liquéfaction primitive de la masse entière de la terre par le feu est donc prouvée dans toute la riguenr qu'exige la plus stricte logique : d'abord, *à priori*, par le premier fait de son élévation sur l'équateur, et de son abaissement sous les pôles; 2° *ab actu*, par le second et le troisième fait de la chaleur intérieure de la terre encore subsistante; 3° *à posteriori*, par le quatrième fait, qui nous démontre le produit de cette action du feu, c'est-à-dire le verre dans toutes les substances terrestres.

----

a. Voyez ci-après les notes justificatives des faits.

b. Voyez *ibidem.*

1..... *De la nature du verre*, c'est-à-dire de nature à être fondues par le feu , de *nature fusible.* — (Voyez les notes des pages 78, 136, 137, 138, 139, etc., du Ier volume.)

2. Voyez les notes de la page 36.

3.... *Ont le verre pour base de leur substance :* traduction littérale de la phrase de Leibnitz : *hinc facilè intelligas Vitrum esse velut terræ basin...* (Voyez la note de la page 69.)

Mais quoique les matières qui composent le globe de la terre aient été primitivement de la nature du verre et qu'on puisse aussi les y réduire ultérieurement, on doit cependant les distinguer et les séparer, relativement aux différents états où elles se trouvent avant ce retour à leur première nature, c'est-à-dire avant leur réduction en verre par le moyen du feu. Cette considération est d'autant plus nécessaire ici, que seule elle peut nous indiquer en quoi diffère la formation de ces matières [1]. On doit donc les diviser d'abord en matières vitrescibles et en matières calcinables : les premières n'éprouvant aucune action de la part du feu, à moins qu'il ne soit porté à un degré de force capable de les convertir en verre; les autres, au contraire, éprouvant à un degré bien inférieur une action qui les réduit en chaux. La quantité des substances calcaires, quoique fort considérable sur la terre, est néanmoins très-petite en comparaison de la quantité des matières vitrescibles. Le cinquième fait que nous avons mis en avant prouve que leur formation est aussi d'un autre temps et d'un autre élément; et l'on voit évidemment que toutes les matières qui n'ont pas été produites immédiatement par l'action du feu primitif ont été formées par l'intermède de l'eau, parce que toutes sont composées de coquilles et d'autres débris des productions de la mer. Nous mettons dans la classe des matières vitrescibles le roc vif, les quartz, les sables, les grès et granites, les ardoises, les schistes, les argiles, les métaux et minéraux métalliques : ces matières prises ensemble forment le vrai fonds du globe, et en composent la principale et très-grande partie; toutes ont originairement été produites par le feu primitif [2]. Le sable n'est que du verre en poudre; les argiles, des sables pourris dans l'eau; les ardoises et les schistes, des argiles desséchées et durcies; le roc vif, les grès, le granite, ne sont que des masses vitreuses ou des sables vitrescibles sous une forme concrète; les cailloux, les cristaux, les métaux et la plupart des autres minéraux ne sont que les stillations, les exsudations ou les sublimations de ces premières matières, qui toutes nous décèlent leur origine primitive et leur nature commune par leur aptitude à se réduire immédiatement en verre.

Mais les sables et graviers calcaires, les craies, la pierre de taille, le moellon, les marbres, les albâtres, les spaths calcaires, opaques et transparents, toutes les matières, en un mot, qui se convertissent en chaux, ne présentent pas d'abord leur première nature : quoique originairement de

---

1. Ainsi, Buffon divise toutes les matières du globe en deux classes : les *vitrescibles*, que la chaleur fond et ne décompose pas; et les *calcinables*, que le feu décompose avant de les fondre.

2. Encore une fois, il ne s'agit pas ici de nos *verres artificiels*, de nos *verres factices*, comme les appelle Buffon (voyez les notes 138 et 139 du Ier volume), lesquels sont des *silicates doubles*, sont un *composé particulier*; il ne s'agit pas du *verre proprement dit*; il s'agit de toutes les substances qui peuvent être fondues par le feu, sans être décomposées. (Voyez la note précédente.)

verre comme toutes les autres, ces matières calcaires ont passé par des filières qui les ont dénaturées ; elles ont été formées dans l'eau ; toutes sont entièrement composées de madrépores, de coquilles et de détriments des dépouilles de ces animaux aquatiques, qui seuls savent convertir le liquide en solide et transformer l'eau de la mer en pierre[a][1]. Les marbres communs et les autres pierres calcaires sont composés de coquilles entières et de morceaux de coquilles, de madrépores, d'astroïtes, etc., dont toutes les parties sont encore évidentes ou très-reconnaissables : les graviers ne sont que les débris des marbres et des pierres calcaires, que l'action de l'air et des gelées détache des rochers, et l'on peut faire de la chaux avec ces graviers, comme l'on en fait avec le marbre ou la pierre : on peut en faire aussi avec les coquilles mêmes, et avec la craie et les tufs, lesquels ne sont encore que des débris ou plutôt des détriments de ces mêmes matières. Les albâtres, et les marbres qu'on doit leur comparer lorsqu'ils contiennent de l'albâtre, peuvent être regardés comme de grandes stalactites, qui se forment aux dépens des autres marbres et des pierres communes : les spaths calcaires se forment de même par l'exsudation ou la stillation dans les matières calcaires, comme le cristal de roche se forme dans les matières vitrescibles. Tout cela peut se prouver par l'inspection de ces matières et par l'examen attentif des monuments de la nature.

Premiers monuments. — On trouve à la surface et à l'intérieur de la terre des coquilles et autres productions de la mer ; et toutes les matières qu'on appelle *calcaires* sont composées de leurs détriments[2].

Seconds monuments. — En examinant ces coquilles et autres productions marines que l'on tire de la terre, en France, en Angleterre, en Allemagne et dans le reste de l'Europe, on reconnaît qu'une grande partie des espèces d'animaux auxquels ces dépouilles ont appartenu, ne se trouvent pas dans les mers adjacentes, et que ces espèces, ou ne subsistent plus[3], ou ne se trouvent que dans les mers méridionales. De même, on voit dans les ardoises et dans d'autres matières, à de grandes profondeurs, des impressions de poissons et de plantes, dont aucune espèce n'appartient à notre climat, et lesquelles n'existent plus, ou ne se trouvent subsistantes que dans les climats méridionaux.

a. On peut se former une idée nette de cette conversion. L'eau de la mer tient en dissolution des particules de terre[4] qui, combinées avec la matière animale, concourent à former les coquilles par le mécanisme de la digestion de ces animaux testacés ; comme la soie est le produit du parenchyme des feuilles, combiné avec la matière animale du ver à soie.

1. Voyez la note de la page 144 du Ier volume, et la note de la p. 60 du volume actuel

2. Voyez la note de la page 144 du Ier volume.

3..... *Ou ne subsistent plus :* voilà le premier germe de la plus belle de nos sciences actuelles, de la *paléontologie.*

4 (a). Voyez la note de la page 60.

Troisièmes monuments. — On trouve en Sibérie et dans les autres contrées septentrionales de l'Europe et de l'Asie, des squelettes, des défenses, des ossements d'éléphants, d'hippopotames et de rhinocéros, en assez grande quantité pour être assuré que les espèces de ces animaux, qui ne peuvent se propager aujourd'hui que dans les terres du Midi, existaient et se propageaient autrefois dans les terres du Nord[1], et l'on a observé que ces dépouilles d'éléphants et d'autres animaux terrestres se présentent à une assez petite profondeur, au lieu que les coquilles et les autres débris des productions de la mer se trouvent enfouies à de plus grandes profondeurs dans l'intérieur de la terre.

Quatrièmes monuments. — On trouve des défenses et des ossements d'éléphants, ainsi que des dents d'hippopotames, non-seulement dans les terres du nord de notre continent, mais aussi dans celles du nord de l'Amérique, quoique les espèces de l'éléphant et de l'hippopotame n'existent point dans ce continent du Nouveau-Monde.

Cinquièmes monuments. — On trouve dans le milieu des continents, dans les lieux les plus éloignés des mers, un nombre infini de coquilles, dont la plupart appartiennent aux animaux de ce genre actuellement existants dans les mers méridionales, et dont plusieurs autres n'ont aucun analogue vivant, en sorte que les espèces en paraissent perdues et détruites par des causes jusqu'à présent inconnues.

En comparant ces monuments avec les faits, on voit d'abord que le temps de la formation des matières vitrescibles est bien plus reculé que celui de la composition des substances calcaires ; et il paraît qu'on peut déjà distinguer quatre et même cinq époques dans la plus grande profondeur des temps : la première, où la matière du globe étant en fusion par le feu, la terre a pris sa forme, et s'est élevée sur l'équateur et abaissée sous les pôles par son mouvement de rotation : la seconde, où cette matière du globe s'étant consolidée a formé les grandes masses de matières vitrescibles : la troisième, où la mer couvrant la terre actuellement habitée, a nourri les animaux à coquilles dont les dépouilles ont formé les substances calcaires ; et la quatrième, où s'est faite la retraite de ces mêmes mers qui couvraient nos continents. Une cinquième époque, tout aussi clairement indiquée que les quatre premières, est celle du temps où les éléphants, les hippopotames et les autres animaux du Midi ont habité les terres du Nord.

---

1. Les *éléphants*, les *hippopotames*, les *rhinocéros*, etc , dont on trouve les squelettes dans les *terres du Nord* ne sont pas de la même espèce que les *éléphants*, les *rhinocéros* et les *hippopotames* qui vivent aujourd'hui dans les *terres du Midi*. Ce sont des espèces tout à fait distinctes de celles-ci, ce sont des *espèces perdues*. Je reviendrai sur ce point important dans mes notes sur la Ve *époque*.

Cette époque est évidemment postérieure à la quatrième, puisque les dépouilles de ces animaux terrestres se trouvent presque à la surface de la terre, au lieu que celles des animaux marins sont pour la plupart et dans les mêmes lieux enfouies à de grandes profondeurs.

Quoi ! dira-t-on, les éléphants et les autres animaux du Midi ont autrefois habité les terres du Nord ? Ce fait, quelque singulier, quelque extraordinaire qu'il puisse paraître, n'en est pas moins certain. On a trouvé et on trouve encore tous les jours en Sibérie, en Russie, et dans les autres contrées septentrionales de l'Europe et de l'Asie, de l'ivoire en grande quantité ; ces défenses d'éléphant se tirent à quelques pieds sous terre, ou se découvrent par les eaux lorsqu'elles font tomber les terres du bord des fleuves. On trouve ces ossements et défenses d'éléphants en tant de lieux différents et et en si grand nombre, qu'on ne peut plus se borner à dire que ce sont les dépouilles de quelques éléphants amenés par les hommes dans ces climats froids : on est maintenant forcé, par les preuves réitérées, de convenir que ces animaux étaient autrefois habitants naturels des contrées du Nord, comme ils le sont aujourd'hui des contrées du Midi ; et ce qui paraît encore rendre le fait plus merveilleux, c'est-à-dire plus difficile à expliquer, c'est qu'on trouve ces dépouilles des animaux du midi de notre continent, nonseulement dans les provinces de notre nord, mais aussi dans les terres du Canada et des autres parties de l'Amérique septentrionale. Nous avons au Cabinet du Roi plusieurs défenses et un grand nombre d'ossements d'éléphant trouvés en Sibérie : nous avons d'autres défenses et d'autres os d'éléphant qui ont été trouvés en France, et enfin nous avons des défenses d'éléphant et des dents d'hippopotame trouvées en Amérique dans les terres voisines de la rivière d'Ohio. Il est donc nécessaire que ces animaux, qui ne peuvent subsister et ne subsistent en effet aujourd'hui que dans les pays chauds, aient autrefois existé dans les climats du Nord, et que, par conséquent, cette zone froide fût alors aussi chaude que l'est aujourd'hui notre zone torride [1] ; car il n'est pas possible que la forme constitutive, ou si l'on veut l'habitude réelle du corps des animaux, qui est ce qu'il y a de plus fixe dans la nature, ait pu changer au point de donner le tempérament du renne à l'éléphant, ni de supposer que jamais ces animaux du Midi, qui ont besoin d'une grande chaleur pour subsister, eussent pu vivre et se multiplier dans les terres du Nord, si la température du climat eût été

---

1. Buffon raisonne sur un fait qui n'est pas tel qu'il le supposait. Il croyait que les éléphants qui, dans ces anciens temps, habitaient les climats du nord étaient de la *même espèce* que ceux qui habitent aujourd'hui nos terres du midi ; et cela n'est pas : les éléphants, qui vivaient alors, sont aujourd'hui des *espèces perdues* (voyez la note de la p. 464). Et il y a plus, c'est que ces espèces, *antiques* et *perdues*, semblent avoir été constituées pour vivre dans ces pays froids. — « Je ne pense pas qu'il y ait des preuves d'un changement de climat. Les éléphants et les rhino- « céros de Sibérie étaient couverts de poils épais, et pouvaient supporter le froid aussi bien que « les ours et les argalis. » (Cuvier : *Rech. sur les oss. foss.*, t. II, p. 245, édit. de 1834.)

aussi froide qu'elle l'est aujourd'hui. M. Gmelin, qui a parcouru la Sibérie et qui a ramassé lui-même plusieurs ossements d'éléphant dans ces terres septentrionales, cherche à rendre raison du fait en supposant que de grandes inondations survenues dans les terres méridionales ont chassé les éléphants vers les contrées du Nord, où ils auront tous péri à la fois par la rigueur du climat. Mais cette cause supposée n'est pas proportionnelle à l'effet [1]; on a peut-être déjà tiré du Nord plus d'ivoire [2] que tous les éléphants des Indes actuellement vivants n'en pourraient fournir; on en tirera bien davantage avec le temps, lorsque ces vastes déserts du Nord, qui sont à peine reconnus, seront peuplés, et que les terres en seront remuées et fouillées par les mains de l'homme. D'ailleurs il serait bien étrange que ces animaux eussent pris la route qui convenait le moins à leur nature, puisqu'en les supposant poussés par des inondations du Midi, il leur restait deux fuites naturelles vers l'Orient et vers l'Occident; et pourquoi fuir jusqu'au soixantième degré du Nord lorsqu'ils pouvaient s'arrêter en chemin ou s'écarter à côté dans des terres plus heureuses? Et comment concevoir que, par une inondation des mers méridionales, ils aient été chassés à mille lieues dans notre continent, et à plus de trois

1. Buffon a raison : *la cause supposée n'est pas proportionnelle à l'effet*. Pour expliquer cette prodigieuse abondance d'ivoire et d'ossements d'éléphants, « il est nécessaire, » comme le disait tout à l'heure Buffon, « que ces animaux aient existé, (et j'ajoute, existé longtemps) dans les « climats du nord; » enfin, et ceci est plus décisif encore contre l'opinion de Gmelin : les éléphants, dont on trouve les ossements dans les terres du nord, étaient d'une *autre espèce* que ceux qui vivent aujourd'hui dans les terres méridionales. (Voyez la note de la page précédente.)

2. Je ne puis m'empêcher de placer ici ce beau passage de Gmelin : « Nous ne révoquons « point en doute un fait constaté par une médaille, une statue, un bas-relief, un seul monu- « ment de l'antiquité : pourquoi refuserions-nous toute croyance à une aussi grande quantité « d'os d'éléphant? Ces espèces de monuments sont peut-être beaucoup plus anciens, plus « certains et plus précieux que toutes les médailles grecques et romaines. Leur dispersion « générale sur notre globe est une preuve incontestable des grands changements qu'il a éprou- « vés. » (Gmelin : *Voyage en Sibérie*, trad. franç.) — Rien n'est plus intéressant que de voir le chemin qu'a parcouru l'esprit humain pour s'élever peu à peu jusqu'à l'intelligence complète de ces grands phénomènes. Gmelin ne soupçonnait pas encore qu'il pût y avoir eu des espèces qui sont aujourd'hui perdues. « Je conjecture, dit-il, que les éléphants se sont enfuis « des lieux qui étaient jadis leur patrie, pour éviter leur destruction. Quelques-uns auront « échappé en allant très-loin, mais ceux qui se seront réfugiés dans les pays septentrionaux « seront tous morts de froid et de lassitude, ou, noyés dans une inondation, auront été « emportés au loin par les eaux. » (*Liv. cit.*) — Buffon est le premier qui ait conçu la grande idée des *espèces perdues* : « Leurs ossements (les ossements des grands animaux ter- « restres), conservés dans le sein de la terre,... ne laissent pas de nous présenter des espèces « d'animaux quadrupèdes qui ne subsistent plus; il ne faut, pour s'en convaincre, que com- « parer les énormes dents à pointes mousses;... de même les très-grosses dents carrées... sont « encore des débris de corps démesurément gigantesques, dont nous n'avons ni le modèle « exact, ni n'aurions pas même l'idée, sans ces témoins aussi authentiques qu'irréprochables; « ils nous démontrent non-seulement l'existence passée d'espèces colossales, différentes de « toutes les espèces actuellement subsistantes..... » Enfin, Cuvier nous a découvert l'art savant de reconstruire les *espèces perdues*, d'en réunir les débris épars; et, guidé par les lois certaines des *corrélations organiques*, il a fondé la *paléontologie*.

mille lieues dans l'autre? Il est impossible qu'un débordement de la mer des grandes Indes ait envoyé des éléphants en Canada ni même en Sibérie, et il est également impossible qu'ils y soient arrivés en nombre aussi grand que l'indiquent leurs dépouilles.

Étant peu satisfait de cette explication, j'ai pensé qu'on pouvait en donner une autre plus plausible et qui s'accorde parfaitement avec ma théorie de la terre [1]. Mais avant de la présenter, j'observerai, pour prévenir toutes difficultés : 1° que l'ivoire qu'on trouve en Sibérie et en Canada est certainement de l'ivoire d'éléphant, et non pas de l'ivoire de morse ou vache marine, comme quelques voyageurs l'ont prétendu ; on trouve aussi dans les terres septentrionales de l'ivoire fossile de morse, mais il est différent de celui de l'éléphant; et il est facile de les distinguer par la comparaison de leur texture intérieure. Les défenses, les dents mâchelières, les omoplates, les fémurs et les autres ossements trouvés dans les terres du Nord, sont certainement des os d'éléphant; nous les avons comparés aux différentes parties respectives du squelette entier de l'éléphant, et l'on ne peut douter de leur identité d'espèce [2]; les grosses dents carrées trouvées dans ces mêmes terres du Nord, dont la face qui broie est en forme de trèfle, ont tous les caractères des dents molaires de l'hippopotame; et ces autres énormes dents dont la face qui broie est composée de grosses pointes mousses ont appartenu à une espèce détruite aujourd'hui sur la terre [3],

1. La *théorie* de Buffon est très-simple : 1° la terre a été primitivement fluide et incandescente ; 2° elle tenait sa chaleur primitive du soleil, dont elle avait été détachée par une comète; 3° une fois détachée du soleil, elle a commencé à se refroidir ; 4° le refroidissement s'est fait sentir plus tôt au nord qu'à l'équateur, parce que le globe est moins *épais* au nord qu'à l'équateur; et 5° à mesure que le nord s'est refroidi, les animaux sont venus chercher à l'équateur la température qu'ils perdaient au nord.

2. Il n'y a pas *identité d'espèce* (voyez les notes des p. 464 et 465). La distinction précise de l'*éléphant fossile*, ou *mammouth*, et des deux *éléphants vivants* n'a été faite que par Cuvier.

Nous connaissons aujourd'hui deux *éléphants vivants*, que Buffon n'avait pas distingués : l'*éléphant* des *Indes* et celui d'*Afrique* (voyez la note de la p. 187 du IIIe volume).

L'*éléphant fossile* (le *mammouth* des Russes, l'*elephas primigenius* de Blumenbach) se rapprochait plus de notre éléphant actuel des *Indes* que de celui d'*Afrique*.

« On trouve sous terre, dans presque toutes les parties des deux continents, les os d'une « espèce d'éléphant, voisine de celle des Indes, mais dont les mâchelières avaient des rubans « plus étroits et plus droits, où les alvéoles des défenses étaient plus longs à proportion, et la « mâchoire inférieure plus obtuse. Un individu, récemment tiré des glaces, sur les côtes de « Sibérie, par M. Adams, paraît avoir été couvert d'un poil épais et de deux natures, en sorte « qu'il serait possible que cette espèce eût vécu dans des climats froids. Elle a depuis long- « temps disparu du globe. » (Cuvier.) — Voyez la note de la p. 465.

3. *L'animal aux énormes dents dont la face qui broie est composée de grosses pointes mousses* est le *mastodonte*; et Buffon dit très-bien *que cette espèce est détruite aujourd'hui sur la terre;* mais il vient de dire *que les grosses dents carrées dont la face qui broie est en forme de trèfle ont tous les caractères des dents molaires* de l'*hippopotame*, et là il se trompe. Ce sont encore des dents de *mastodonte*, mais des dents *à demi usées.* — « Quoique Daubenton ait « pensé pendant quelque temps qu'une partie de ces dents pouvaient appartenir à l'hippopo- « tame, il ne tarda pas à revenir à une opinion meilleure; et Buffon déclara bientôt que tout « porte à croire que cette ancienne espèce, qu'on doit regarder comme la première et la plus

comme les grandes volutes appelées *cornes d'Ammon* sont actuellement détruites dans la mer.

2° Les os et les défenses de ces anciens éléphants sont au moins aussi grands et aussi gros que ceux des éléphants actuels [a], auxquels nous les avons comparés; ce qui prouve que ces animaux n'habitaient pas les terres du Nord par force, mais qu'ils y existaient dans leur état de nature et de pleine liberté, puisqu'ils y avaient acquis leurs plus hautes dimensions et pris leur entier accroissement; ainsi l'on ne peut pas supposer qu'ils y aient été transportés par les hommes; le seul état de captivité, indépendamment de la rigueur du climat [b], les aurait réduits au quart ou au tiers de la grandeur que nous montrent leurs dépouilles.

3° La grande quantité que l'on en a déjà trouvée par hasard dans ces terres presque désertes, où personne ne cherche, suffit pour démontrer que ce n'est ni par un seul ou plusieurs accidents, ni dans un seul et même temps que quelques individus de cette espèce se sont trouvés dans ces contrées du Nord, mais qu'il est de nécessité absolue que l'espèce même y ait autrefois existé, subsisté et multiplié comme elle existe, subsiste et se multiplie aujourd'hui dans les contrées du Midi.

Cela posé, il me semble que la question se réduit à savoir, ou plutôt consiste à chercher s'il y a ou s'il y a eu une cause qui ait pu changer la température dans les différentes parties du globe au point que les terres du Nord, aujourd'hui très-froides, aient autrefois éprouvé le degré de chaleur des terres du Midi [1].

Quelques physiciens pourraient penser que cet effet a été produit par le changement de l'obliquité de l'écliptique [2], parce qu'à la première vue,

---

a. Voyez ci-après les notes justificatives des faits.

b. Voyez *ibidem*.

« grande de tous les animaux terrestres, n'a subsisté que dans les premiers temps, et n'est
« point parvenue jusqu'à nous. Néanmoins il n'étendit point son assertion au delà des grosses
« dents postérieures, et continua à regarder les dents moyennes et *à demi usées* comme des
« dents d'hippopotame. » (Cuvier : *Rech. sur les oss. foss.*)

Cuvier est le premier qui ait nettement distingué ce grand quadrupède, aujourd'hui perdu, de l'*éléphant* et de l'*hippopotame* : il le nomma, à cause de ses énormes dents, *mastodonte*.

C'est le *mastodonte* que W. Hunter regardait, à cause de ces mêmes grosses dents, comme une espèce d'éléphant qui avait pu se nourrir de chair, et appelait l'*éléphant carnivore*.

1. La question ne se borne plus à cela, ou plutôt elle n'est plus là, puisque les *éléphants* qui vivaient autrefois dans les *terres du nord* étaient très-différents de ceux qui vivent aujourd'hui dans les *terres du midi*.

2. « Les géomètres français (Lagrange, Laplace, etc.) ont prouvé que les lentes variations
« de l'*obliquité de l'écliptique*, etc., restent forcément comprises entre des limites assignables
« très-étroites, en sorte que l'état actuel des choses n'éprouvera lui-même, dans la suite des
« siècles, que des variations légères, incapables d'altérer profondément les conditions où nous
« nous trouvons. » (Faye : *Leç. de cosm.*, p. 204.) — « Toute hypothèse, fondée sur un dépla-
« cement considérable des pôles à la surface de la terre, doit être rejetée, dit Laplace... On
« avait imaginé ce déplacement pour expliquer l'existence des éléphants dont on trouve les
« ossements fossiles en si grande abondance dans les climats du nord où les éléphants actuels

ce changement semble indiquer que l'inclinaison de l'axe du globe n'étant pas constante, la terre a pu tourner autrefois sur un axe assez éloigné de celui sur lequel elle tourne àujourd'hui pour que la Sibérie se fût alors trouvée sous l'équateur. Les astronomes ont observé que le changement de l'obliquité de l'écliptique est d'environ 45 secondes par siècle; donc, en supposant cette augmentation successive et constante, il ne faut que soixante siècles pour produire une différence de 45 minutes, et trois mille six cents siècles pour donner celle de 45 degrés; ce qui ramènerait le 60e degré de latitude au 15e, c'est-à-dire les terres de la Sibérie, où les éléphants ont autrefois existé, aux terres de l'Inde, où ils vivent aujourd'hui. Or il ne s'agit, dira-t-on, que d'admettre dans le passé cette longue période de temps pour rendre raison du séjour des éléphants en Sibérie : il y a trois cent soixante mille ans que la terre tournait sur un axe éloigné de 45 degrés de celui sur lequel elle tourne aujourd'hui ; le 15e degré de latitude actuelle était alors le 60e, etc.

A cela je réponds que cette idée et le moyen d'explication qui en résulte ne peuvent pas se soutenir lorsqu'on vient à les examiner : le changement de l'obliquité de l'écliptique n'est pas une diminution ou une augmentation successive et constante ; ce n'est au contraire qu'une variation limitée, et qui se fait tantôt en un sens et tantôt en un autre, laquelle par conséquent n'a jamais pu produire en aucun sens ni pour aucun climat cette différence de 45 degrés d'inclinaison ; car la variation de l'obliquité de l'axe de la terre est causée par l'action des planètes qui déplacent l'écliptique sans affecter l'équateur. En prenant la plus puissante de ces attractions, qui est celle de Vénus, il faudrait douze cent soixante mille ans pour qu'elle pût faire changer de 180 degrés la situation de l'écliptique sur l'orbite de Vénus, et par conséquent produire un changement de 6 degrés 47 minutes dans l'obliquité réelle de l'axe de la terre, puisque 6 degrés 47 minutes sont le double de l'inclinaison de l'orbite de Vénus. De même l'action de Jupiter ne peut, dans un espace de neuf cent trente-six mille ans, changer l'obliquité de l'écliptique que de 2 degrés 38 minutes, et encore cet effet est-il en partie compensé par le précédent : en sorte qu'il n'est pas possible que ce changement de l'obliquité de l'axe de la terre aille jamais à 6 degrés; à moins de supposer que toutes les orbites des planètes changeront elles-

« ne pourraient pas vivre. Mais un éléphant, que l'on suppose avec vraisemblance contempo-
« rain du dernier cataclysme, et que l'on a trouvé dans une masse de glace, bien conservé avec
« ses chairs, et dont la peau était recouverte d'une grande quantité de poils, a prouvé que
« cette espèce d'éléphant était garantie, par ce moyen, du froid des climats septentrionaux
« qu'elle pouvait habiter et même rechercher. La découverte de cet animal a donc confirmé ce
« que la théorie mathématique de la terre nous apprend, savoir, que, dans les révolutions qui
« ont changé la surface de la terre et détruit plusieurs espèces d'animaux et de végétaux, la
« figure du sphéroïde terrestre et la position de son axe de rotation sur sa surface n'ont subi que
« de légères variations. » (*Exposit. du syst. du monde*, t. II, p. 138.) — Voyez la note de la page 465.

mêmes; supposition que nous ne pouvons ni ne devons admettre, puisqu'il n'y a aucune cause qui puisse produire cet effet. Et comme on ne peut juger du passé que par l'inspection du présent et par la vue de l'avenir, il n'est pas possible, quelque loin qu'on veuille reculer les limites du temps, de supposer que la variation de l'écliptique ait jamais pu produire une différence de plus de 6 degrés dans les climats de la terre : ainsi cette cause est tout à fait insuffisante, et l'explication qu'on voudrait en tirer doit être rejetée.

Mais je puis donner cette explication si difficile, et la déduire d'une cause immédiate. Nous venons de voir que le globe terrestre, lorsqu'il a pris sa forme, était dans un état de fluidité; et il est démontré que, l'eau n'ayant pu produire la dissolution des matières terrestres, cette fluidité était une liquéfaction causée par le feu. Or pour passer de ce premier état d'embrasement et de liquéfaction à celui d'une chaleur douce et tempérée, il a fallu du temps : le globe n'a pu se refroidir tout à coup au point où il l'est aujourd'hui. Ainsi dans les premiers temps après sa formation, la chaleur propre de la terre était infiniment plus grande que celle qu'elle reçoit du soleil, puisqu'elle est encore beaucoup plus grande aujourd'hui ; ensuite ce grand feu s'étant dissipé peu à peu, le climat du pôle a éprouvé, comme tous les autres climats, des degrés successifs de moindre chaleur et de refroidissement; il y a donc eu un temps, et même une longue suite de temps pendant laquelle les terres du Nord, après avoir brûlé comme toutes les autres, ont joui de la même chaleur dont jouissent aujourd'hui les terres du Midi : par conséquent ces terres septentrionales ont pu et dû être habitées par les animaux qui habitent actuellement les terres méridionales, et auxquels cette chaleur est nécessaire. Dès lors le fait, loin d'être extraordinaire, se lie parfaitement avec les autres faits, et n'en est qu'une simple conséquence. Au lieu de s'opposer à la théorie de la terre que nous avons établie, ce même fait en devient au contraire une preuve accessoire qui ne peut que la confirmer dans le point le plus obscur, c'est-à-dire lorsqu'on commence à tomber dans cette profondeur du temps où la lumière du génie semble s'éteindre, et où, faute d'observations, elle paraît ne pouvoir nous guider pour aller plus loin.

Une sixième époque, postérieure aux cinq autres, est celle de la séparation des deux continents. Il est sûr qu'ils n'étaient pas séparés dans le temps que les éléphants vivaient également dans les terres du nord de l'Amérique, de l'Europe et de l'Asie : je dis également, car on trouve de même leurs ossements en Sibérie, en Russie et au Canada. La séparation des continents ne s'est donc faite que dans des temps postérieurs à ceux du séjour de ces animaux dans les terres septentrionales ; mais comme l'on trouve aussi des défenses d'éléphant en Pologne, en Allemagne, en France, en Italie [a], on

____

a. Voyez ci-après les notes justificatives des faits.

doit en conclure qu'à mesure que les terres septentrionales se refroidissaient, ces animaux se retiraient vers les contrées des zones tempérées où la chaleur du soleil et la plus grande épaisseur du globe compensaient la perte de la chaleur intérieure de la terre; et qu'enfin ces zones s'étant aussi trop refroidies avec le temps, ils ont successivement gagné les climats de la zone torride, qui sont ceux où la chaleur intérieure s'est conservée le plus longtemps par la plus grande épaisseur du sphéroïde de la terre [1], et les seules où cette chaleur, réunie avec celle du soleil, soit encore assez forte aujourd'hui pour maintenir leur nature et soutenir leur propagation.

De même on trouve en France, et dans toutes les autres parties de l'Europe, des coquilles, des squelettes et des vertèbres d'animaux marins qui ne peuvent subsister que dans les mers les plus méridionales. Il est donc arrivé pour les climats de la mer le même changement de température que pour ceux de la terre; et ce second fait, s'expliquant, comme le premier, par la même cause, paraît confirmer le tout au point de la démonstration.

Lorsque l'on compare ces anciens monuments du premier âge de la nature vivante avec ses productions actuelles, on voit évidemment que la forme constitutive de chaque animal s'est conservée la même et sans altération dans ses principales parties : le type de chaque espèce n'a point changé [2]; le moule intérieur a conservé sa forme et n'a point varié. Quelque longue qu'on voulût imaginer la succession des temps, quelque nombre de générations qu'on admette ou qu'on suppose, les individus de chaque genre représentent aujourd'hui les formes de ceux des premiers siècles, surtout dans les espèces majeures, dont l'empreinte est plus ferme et la nature plus fixe; car les espèces inférieures [3] ont, comme nous l'avons dit, éprouvé d'une manière sensible tous les effets des différentes causes de dégénération. Seulement il est à remarquer au sujet de ces espèces majeures, telles que l'éléphant et l'hippopotame, qu'en comparant leurs dépouilles antiques avec celles de notre temps, on voit qu'en général ces animaux étaient alors plus grands qu'ils ne le sont aujourd'hui [4] : la nature

---

1. Voyez la note 1 de la page 467.

2. Voyez les notes des précédents volumes sur la *fixité des espèces*.

3. Pas plus que les *supérieures :* le type de chaque espèce est fixe; et cette *fixité de type* pour tout ce qui vit, depuis le plus petit animal jusqu'au plus grand, est une des merveilles de la nature, les plus faites pour être méditées par le philosophe. (Voyez, dans le livre que je viens de publier sur la *longévité humaine*, le chapitre intitulé : *De la fixité des formes de la vie ou des espèces.*)

4. Ils n'étaient pas plus grands : le *mammouth*, le *mastodonte*, etc., ne dépassaient pas, ou ne dépassaient que de fort peu, la taille des *éléphants actuels;* il y avait alors des *rhinocéros* aussi grands et d'autres beaucoup plus petits (*rhinoceros minutus*) que ceux d'aujourd'hui. Il y avait un *hippopotame* de la taille du sanglier (*hippopotamus minutus*), etc. Il y avait des animaux de tous les ordres, des ordres où se trouvent les espèces les plus petites : des *rongeurs*, des *insectivores*, des *didelphes :* M. Cuvier a trouvé à Montmartre un *petit*

était dans sa première vigueur ; la chaleur intérieure de la terre donnait à ses productions toute la force et toute l'étendue dont elles étaient susceptibles. Il y a eu dans ce premier âge des géants en tout genre : les nains et les pygmées sont arrivés depuis, c'est-à-dire après le refroidissement ; et si (comme d'autres monuments semblent le démontrer) il y a eu des espèces perdues [1], c'est-à-dire des animaux qui aient autrefois existé et qui n'existent plus, ce ne peuvent être que ceux dont la nature exigeait une chaleur plus grande que la chaleur actuelle de la zone torride. Ces énormes dents molaires, presque carrées et à grosses pointes mousses, ces grandes volutes pétrifiées, dont quelques-unes ont plusieurs pieds de diamètre [a] ; plusieurs autres poissons et coquillages fossiles dont on ne retrouve nulle part les analogues vivants, n'ont existé que dans ces premiers temps où la terre et la mer, encore chaudes, devaient nourrir des animaux auxquels ce degré de chaleur était nécessaire ; et qui ne subsistent plus aujourd'hui, parce que probablement ils ont péri par le refroidissement.

Voilà donc l'ordre des temps indiqué par les faits et par les monuments ; voilà six époques [2] dans la succession des premiers âges de la nature ; six espaces de durée dont les limites, quoique indéterminées, n'en sont pas moins réelles ; car ces époques ne sont pas, comme celles de l'histoire civile [3], marquées par des points fixes, ou limitées par des siècles et d'autres portions du temps que nous puissions compter et mesurer exactement ; néanmoins nous pouvons les comparer entre elles, en évaluer la durée relative, et rappeler à chacune de ces périodes de durée d'autres monuments et d'autres faits qui nous indiqueront des dates contemporaines, et peut-être aussi quelques époques intermédiaires et subséquentes.

Mais avant d'aller plus loin, hâtons-nous de prévenir une objection grave qui pourrait même dégénérer en imputation [4]. Comment accordez-vous,

a. Voyez ci-après les notes justificatives des faits. *sarigue* de la taille de la *marmose*, etc., etc. La vérité stricte est qu'il y avait alors un beaucoup plus grand nombre de grandes espèces qu'il n'y en a aujourd'hui. Une foule de ces grandes espèces ont disparu : le *dinotherium*, le *megatherium*, le *mastodonte*, etc., etc. (Voyez, dans mon livre sur la *Longévité humaine*, le chapitre intitulé : *De la quantité de vie sur le globe.*)

1. Il y en a eu, et beaucoup, je viens de le dire. Le nombre des *espèces perdues* est, sans aucune comparaison, beaucoup plus grand que celui des *espèces vivantes*. Le lecteur trouvera, dans mon livre sur la *Longévité humaine*, la preuve de ce fait très-digne de remarque, savoir, que le nombre des espèces va toujours en diminuant depuis qu'il y a des animaux sur le globe.

2. Nous allons voir se dérouler ces grandes *époques*, dont chacune est « un de ces fanaux, « un de ces flambeaux, » que Buffon nous annonçait tout à l'heure, une de ces « pierres numé- « raires placées sur la route éternelle du temps. »

3. L'idée des *époques*, portée, de l'étude des âges des *hommes*, dans l'étude des âges du *globe*, est un des emprunts les plus heureux que l'*histoire naturelle* pût faire à l'*histoire civile*. Par l'introduction seule de cette idée, un jour tout nouveau s'est répandu sur l'étude entière de la nature.

4. Allusion à la petite querelle que lui avait faite la Sorbonne, au sujet de quelques passages de la *Théorie de la terre*. — Voyez ma *Notice* sur Buffon et sur cette édition.

dira-t-on, cette haute ancienneté que vous donnez à la matière, avec les traditions sacrées, qui ne donnent au monde que six ou huit mille ans? Quelque fortes que soient vos preuves, quelque fondés que soient vos raisonnements, quelque évidents que soient vos faits, ceux qui sont rapportés dans le livre sacré ne sont-ils pas encore plus certains? Les contredire, n'est-ce pas manquer à Dieu, qui a eu la bonté de nous les révéler?

Je suis affligé toutes les fois qu'on abuse de ce grand, de ce saint nom de Dieu; je suis blessé toutes les fois que l'homme le profane, et qu'il prostitue l'idée du premier Être, en la substituant à celle du fantôme de ses opinions. Plus j'ai pénétré dans le sein de la nature, plus j'ai admiré et profondément respecté son auteur; mais un respect aveugle serait superstition : la vraie religion suppose au contraire un respect éclairé. Voyons donc; tâchons d'entendre sainement les premiers faits que l'interprète divin nous a transmis au sujet de la création; recueillons avec soin ces rayons échappés de la lumière céleste : loin d'offusquer la vérité, il ne peuvent qu'y ajouter un nouveau degré d'éclat et de splendeur.

« *Au commencement Dieu créa le ciel et la terre.* »

Cela ne veut pas dire qu'au commencement Dieu créa le ciel et la terre *tels qu'ils sont*, puisqu'il est dit immédiatement après, que *la terre était informe*, et que le soleil, la lune et les étoiles ne furent placés dans le ciel qu'au quatrième jour de la création. On rendrait donc le texte contradictoire à lui-même, si l'on voulait soutenir qu'au *commencement Dieu créa le ciel et la terre tels qu'ils sont.* Ce fut dans un temps subséquent qu'il les rendit en effet *tels qu'ils sont* [1] , en donnant la forme à la matière, et en plaçant le soleil, la lune et les étoiles dans le ciel. Ainsi pour entendre sainement ces premières paroles, il faut nécessairement suppléer un mot qui concilie le tout, et lire : *Au commencement Dieu créa* LA MATIÈRE *du ciel et de la terre.*

Et *ce commencement*, ce premier temps le plus ancien de tous, pendant lequel la matière du ciel et de la terre existait sans forme déterminée, paraît avoir eu une longue durée, car écoutons attentivement la parole de l'interprète divin.

« *La terre était informe et toute nue, les ténèbres couvraient la face de* « *l'abîme, et l'esprit de Dieu était porté sur les eaux.* »

---

1. « La science de nos jours nous a appris, et ceci est l'enseignement le plus grand qu'elle « pût nous donner, que ce monde, et, pour nous borner ici à cette partie du monde qui nous « occupe, que ce globe est un *ouvrage de main*, l'ouvrage d'une main divine, qu'il a eu son « origine, son développement, ses progrès successifs, qu'il a commencé sous une forme, qu'il « s'est continué sous une autre, qu'un moment est arrivé où la vie a pu paraître, qu'elle a « paru, et que, depuis qu'elle a paru, elle a été souvent troublée par de grands et terribles « événements... » (Voyez mon livre sur la *Longévité humaine*, au chapitre de l'*Apparition de la vie sur le globe*.)

La terre *était*, les ténèbres *couvraient*, l'esprit de Dieu *était*. Ces expressions, par l'imparfait du verbe, n'indiquent-elles pas que c'est pendant un long espace de temps que la terre a été informe et que les ténèbres ont couvert la face de l'abîme? Si cet état informe, si cette face ténébreuse de l'abîme n'eussent existé qu'un jour, si même cet état n'eût pas duré longtemps, l'écrivain sacré, ou se serait autrement exprimé, ou n'aurait fait aucune mention de ce moment de ténèbres; il eût passé de la création de la matière en général à la production de ses formes particulières, et n'aurait pas fait un repos appuyé, une pause marquée entre le premier et le second instant des ouvrages de Dieu. Je vois donc clairement que non-seulement on peut, mais que même l'on doit, pour se conformer au sens du texte de l'Écriture sainte, regarder la création de la matière en général comme plus ancienne que les productions particulières et successives de ses différentes formes; et cela se confirme encore par la transition qui suit.

« *Or Dieu dit.* »

Ce mot *or* suppose des choses faites et des choses à faire; c'est le projet d'un nouveau dessein, c'est l'indication d'un décret pour changer l'état ancien ou actuel des choses en un nouvel état.

« *Que la lumière soit faite, et la lumière fut faite.* »

Voilà la première parole de Dieu; elle est si sublime et si prompte qu'elle nous indique assez que la production de la lumière se fit en un instant; cependant la lumière ne parut pas d'abord ni tout à coup comme un éclair universel, elle demeura pendant du temps confondue avec les ténèbres, et Dieu prit lui-même du temps pour la considérer; car, est-il dit,

« *Dieu vit que la lumière était bonne, et il sépara la lumière d'avec les ténèbres.* »

L'acte de la séparation de la lumière d'avec les ténèbres est donc évidemment distinct et physiquement éloigné par un espace de temps de l'acte de sa production ; et ce temps, pendant lequel il plut à Dieu de la considérer pour voir *qu'elle était bonne*, c'est-à-dire utile à ses desseins; ce temps, dis-je, appartient encore et doit s'ajouter à celui du chaos qui ne commença à se débrouiller que quand la lumière fut séparée des ténèbres.

Voilà donc deux temps, voilà deux espaces de durée que le texte sacré nous force à reconnaître : le premier, entre la création de la matière en général et la production de la lumière ; le second, entre cette production de la lumière et sa séparation d'avec les ténèbres. Ainsi, loin de manquer à Dieu en donnant à la matière plus d'ancienneté qu'au monde *tel qu'il est*, c'est au contraire le respecter autant qu'il est en nous, en conformant notre intelligence à sa parole. En effet, la lumière qui éclaire nos âmes ne vient-elle pas de Dieu? les vérités qu'elle nous présente peuvent-elles être contradictoires avec celles qu'il nous a révélées ? Il faut se souvenir que son inspiration divine a passé par les organes de l'homme ; que sa parole nous a été transmise dans une langue pauvre, dénuée d'expressions précises pour les idées abstraites, en sorte que l'interprète de cette parole divine a été obligé d'employer souvent des mots dont les acceptions ne sont déterminées que par les circonstances; par exemple, le mot *créer* et le mot *former* ou *faire* sont employés indistinctement pour signifier la même chose ou des choses semblables, tandis que dans nos langues ces deux mots ont chacun un sens très-différent et très-déterminé : créer est tirer une substance du néant; former ou faire, c'est la tirer de quelque chose sous une forme nouvelle; et il paraît que le mot créer[a] appartient de préférence, et peut-être uniquement, au premier verset de la Genèse, dont la traduction précise en notre langue doit être : *Au commencement Dieu tira du néant la matière du ciel et de la terre;* et ce qui prouve que ce mot créer ou tirer du néant ne doit s'appliquer qu'à ces premières paroles, c'est que toute la matière du ciel et de la terre ayant été créée ou tirée du néant dès le commencement, il n'est plus possible, et par conséquent plus permis de supposer de nouvelles créations de matière, puisque alors *toute matière* n'aurait pas été créée dès le commencement. Par conséquent l'ouvrage des six jours ne peut s'entendre que comme une formation, une production de formes tirées de la matière créée précédemment, et non pas comme d'autres créations de matières nouvelles tirées immédiatement du néant; et en effet, lorsqu'il est question de la lumière, qui est la première de ces formations ou productions tirées du sein de la matière, il est dit seulement *que la lumière soit faite,* et non pas, *que la lumière soit créée.* Tout concourt donc à prouver que la matière ayant été créée *in principio,* ce ne fut que dans des temps subséquents qu'il plut au souverain Être de lui donner la forme, et qu'au lieu de tout créer et de tout former dans le même instant, comme il l'aurait pu faire s'il eût voulu déployer toute l'étendue de sa toute-puissance, il n'a voulu, au contraire, qu'agir avec le temps, produire successivement et mettre même des repos, des intervalles considérables entre chacun de ses ouvrages. Que pouvons-nous entendre par les six jours que l'écrivain sacré nous désigne si précisément en les comptant les uns après les autres, sinon six espaces de temps, six intervalles de durée[1] ? Et ces espaces de temps indiqués par le nom de *jours,* faute d'autres expressions, ne peuvent avoir aucun rapport avec nos jours actuels, puisqu'il s'est passé

---

a. Le mot ברא, *bara,* que l'on traduit ici par *créer,* se traduit, dans tous les autres passages de l'Écriture, par *former* ou *faire.*

1. Oui, sans doute; mais pourquoi toutes ces discussions de mots? Il y a eu des *époques successives :* Moïse le dit, et la terre entière le dit et le *raconte* comme Moïse. Dégageons nous ici de tout esprit de dispute et de contention, et suivons, avec respect, le grand mouvement des mutations du monde.

successivement trois de ces jours avant que le soleil ait été placé dans le ciel. Il n'est donc pas possible que ces jours fussent semblables aux nôtres; et l'interprète de Dieu semble l'indiquer assez en les comptant toujours du soir au matin, au lieu que les jours solaires doivent se compter du matin au soir. Ces six jours n'étaient donc pas des jours solaires semblables aux nôtres, ni même des jours de lumière, puisqu'ils commençaient par le soir et finissaient au matin. Ces jours n'étaient pas même égaux, car ils n'auraient pas été proportionnés à l'ouvrage. Ce ne sont donc que six espaces de temps : l'historien sacré ne détermine pas la durée de chacun, mais le sens de la narration semble la rendre assez longue pour que nous puissions l'étendre autant que l'exigent les vérités physiques que nous avons à démontrer. Pourquoi donc se récrier si fort sur cet emprunt du temps, que nous ne faisons qu'autant que nous y sommes forcés par la connaissance démonstrative des phénomènes de la nature? Pourquoi vouloir nous refuser ce temps, puisque Dieu nous le donne par sa propre parole, et qu'elle serait contradictoire ou inintelligible si nous n'admettions pas l'existence de ces premiers temps antérieurs à la formation du monde *tel qu'il est?*

A la bonne heure que l'on dise, que l'on soutienne, même rigoureusement, que depuis le dernier terme, depuis la fin des ouvrages de Dieu, c'est-à-dire depuis la création de l'homme, il ne s'est écoulé que six ou huit mille ans, parce que les différentes généalogies du genre humain depuis Adam n'en indiquent pas davantage; nous devons cette foi, cette marque de soumission et de respect à la plus ancienne, à la plus sacrée de toutes les traditions; nous lui devons même plus, c'est de ne jamais nous permettre de nous écarter de la lettre de cette sainte tradition que quand la *lettre tue*, c'est-à-dire quand elle paraît directement opposée à la saine raison et à la vérité des faits de la nature; car toute raison, toute vérité venant également de Dieu, il n'y a de différence entre les vérités qu'il nous a révélées et celles qu'il nous a permis de découvrir par nos observations et nos recherches; il n'y a, dis-je, d'autre différence que celle d'une première faveur faite gratuitement à une seconde grâce qu'il a voulu différer et nous faire mériter par nos travaux; et c'est par cette raison que son interprète n'a parlé aux premiers hommes, encore très-ignorants, que dans le sens vulgaire, et qu'il ne s'est pas élevé au-dessus de leurs connaissances qui, bien loin d'atteindre au vrai système du monde, ne s'étendaient pas même au delà des notions communes, fondées sur le simple rapport des sens; parce qu'en effet c'était au peuple qu'il fallait parler, et que la parole eût été vaine et inintelligible si elle eût été telle qu'on pourrait la prononcer aujourd'hui, puisque aujourd'hui même il n'y a qu'un petit nombre d'hommes auxquels les vérités astronomiques et physiques soient assez connues pour n'en pouvoir douter, et qui puissent en entendre le langage.

Voyons donc ce qu'était la physique dans ces premiers âges du monde, et ce qu'elle serait encore si l'homme n'eût jamais étudié la nature. On voit le ciel comme une voûte d'azur, dans lequel le soleil et la lune paraissent être les astres les plus considérables, dont le premier produit toujours la lumière du jour, et le second fait souvent celle de la nuit; on les voit paraître ou se lever d'un côté, et disparaître ou se coucher de l'autre, après avoir fourni leur course et donné leur lumière pendant un certain espace de temps. On voit que la mer est de la même couleur que la voûte azurée, et qu'elle paraît toucher au ciel lorsqu'on la regarde au loin. Toutes les idées du peuple sur le système du monde ne portent que sur ces trois ou quatre notions; et quelque fausses qu'elles soient, il fallait s'y conformer pour se faire entendre.

En conséquence de ce que la mer paraît dans le lointain se réunir au ciel, il était naturel d'imaginer qu'il existe en effet des eaux supérieures et des eaux inférieures, dont les unes remplissent le ciel et les autres la mer, et que pour soutenir les eaux supérieures il fallait un firmament, c'est-à-dire un appui, une voûte solide et transparente au travers de laquelle on aperçût l'azur des eaux supérieures; aussi est-il dit : « Que le firmament « soit fait au milieu des eaux, et qu'il sépare les eaux d'avec les eaux; et « Dieu fit le firmament, et sépara les eaux qui étaient sous le firmament de « celles qui étaient au-dessus du firmament, et Dieu donna au firmament le « nom de ciel... et à toutes les eaux rassemblées sous le firmament le nom « de mer. » C'est à ces mêmes idées que se rapportent les cataractes du ciel, c'est-à-dire les portes ou les fenêtres de ce firmament solide qui s'ouvrirent lorsqu'il fallut laisser tomber les eaux supérieures pour noyer la terre. C'est encore d'après ces mêmes idées qu'il est dit que les poissons et les oiseaux ont eu une origine commune. Les poissons auront été produits par les eaux inférieures, et les oiseaux par les eaux supérieures, parce qu'ils s'approchent par leur vol de la voûte azurée, que le vulgaire n'imagine pas être beaucoup plus élevée que les nuages. De même le peuple a toujours cru que les étoiles sont attachées comme des clous à cette voûte solide, qu'elles sont plus petites que la lune, et infiniment plus petites que le soleil; il ne distingue pas même les planètes des étoiles fixes; et c'est par cette raison qu'il n'est fait aucune mention des planètes dans tout le récit de la création ; c'est par la même raison que la lune y est regardée comme le second astre, quoique ce ne soit en effet que le plus petit de tous les corps célestes, etc., etc., etc.

Tout dans le récit de Moïse est mis à la portée de l'intelligence du peuple; tout y est représenté relativement à l'homme vulgaire, auquel il ne s'agissait pas de démontrer le vrai système du monde, mais qu'il suffisait d'instruire de ce qu'il devait au Créateur, en lui montrant les effets de sa toute-puissance comme autant de bienfaits : les vérités de la nature ne devaient paraître qu'avec le temps, et le souverain Être se les réservait comme le plus sûr moyen de rappeler l'homme à lui, lorsque sa foi, déclinant dans la suite des siècles, serait devenue chancelante; lorsque éloigné de son origine, il pourrait l'oublier; lorsque enfin trop accoutumé au spectacle de la nature, il n'en serait plus touché et viendrait à en méconnaître l'auteur. Il était donc nécessaire dé raffermir de temps en temps, et même d'agrandir l'idée de Dieu dans l'esprit et dans le cœur de l'homme. Or chaque découverte produit ce grand effet; chaque nouveau pas que nous faisons dans la nature nous rapproche du Créateur. Une vérité nouvelle est une espèce de miracle, l'effet en est le même, et elle ne diffère du vrai miracle, qu'en ce que celui-ci est un coup d'éclat que Dieu frappe immédiatement et rarement, au lieu qu'il se sert de l'homme pour découvrir et manifester les merveilles dont il a rempli le sein de la nature; et que comme ces merveilles s'opèrent à tout instant, qu'elles sont exposées de tout temps et pour tous les temps à sa contemplation, Dieu le rappelle incessamment à lui, non-seulement par le spectacle actuel, mais encore par le développement successif de ses œuvres [1].

Au reste, je ne me suis permis cette interprétation des premiers versets de la Genèse que dans la vue d'opérer un grand bien : ce serait de concilier à jamais la science de la nature avec celle de la théologie. Elles ne peuvent, selon moi, être en contradiction qu'en apparence; et mon explication semble le démontrer. Mais si cette explication, quoique simple et très-claire, paraît insuffisante et même hors de propos à quelques esprits trop strictement attachés à la lettre, je les prie de me juger par l'intention, et de considérer que mon système sur les époques de la nature étant purement hypothétique, il ne peut nuire aux vérités révélées, qui sont autant d'axiomes immuables, indépendants de toute hypothèse, et auxquels j'ai soumis et je soumets mes pensées.

PREMIÈRE ÉPOQUE.

LORSQUE LA TERRE ET LES PLANÈTES ONT PRIS LEUR FORME.

Dans ce premier temps, où la terre en fusion tournant sur elle-même, a pris sa forme et s'est élevée sur l'équateur en s'abaissant sous les pôles, les autres planètes étaient dans le même état de liquéfaction, puisqu'en tournant sur elles-mêmes, elles ont pris, comme la terre, une forme renflée

---

1. Tout ce passage est de la plus haute éloquence... « Il était nécessaire d'agrandir l'idée de « Dieu dans l'esprit et dans le cœur de l'homme... Chaque *découverte* produit ce grand effet... « Dieu le rappelle incessamment à lui par le *développement successif* de ses œuvres... »

sur leur équateur et aplatie sous leurs pôles, et que ce renflement et cette dépression sont proportionnels à la vitesse de leur rotation. Le globe de Jupiter nous en fournit la preuve : comme il tourne beaucoup plus vite que celui de la terre, il est en conséquence bien plus élevé sur son équateur et plus abaissé sous ses pôles ; car les observations nous démontrent que les deux diamètres de cette planète diffèrent de plus d'un treizième, tandis que ceux de la terre ne diffèrent que d'une deux - cent - trentième partie ; elles nous montrent aussi que dans Mars, qui tourne près d'une fois moins vite que la terre, cette différence entre les deux diamètres n'est pas assez sensible pour être mesurée par les astronomes ; et que dans la lune, dont le mouvement de rotation est encore bien plus lent, les deux diamètres paraissent égaux. La vitesse de la rotation des planètes est donc la seule cause de leur renflement sur l'équateur, et ce renflement, qui s'est fait en même temps que leur aplatissement sous les pôles, suppose une fluidité entière dans toute la masse de ces globes, c'est-à-dire un état de liquéfaction causé par le feu [a][1].

D'ailleurs toutes les planètes circulant autour du soleil dans le même sens, et presque dans le même plan, elles paraissent avoir été mises en mouvement par une impulsion commune et dans un même temps : leur mouvement de circulation et leur mouvement de rotation sont contemporains, aussi bien que leur état de fusion ou de liquéfaction par le feu, et ces mouvements ont nécessairement été précédés par l'impulsion qui les a produits.

Dans celle des planètes dont la masse a été frappée le plus obliquement, le mouvement de rotation a été le plus rapide ; et par cette rapidité de rotation, les premiers effets de la force centrifuge ont excédé ceux de la pesanteur ; en conséquence il s'est fait dans ces masses liquides une séparation et une projection de parties à leur équateur, où cette force centrifuge est la plus grande, lesquelles parties séparées et chassées par cette force, ont formé des masses concomitantes, et sont devenues des satellites, qui ont dû circuler et qui circulent en effet tous dans le plan de l'équateur de la planète dont ils ont été séparés par cette cause : les satellites des planètes se sont donc formés aux dépens de la matière de leur planète principale, comme les planètes elles-mêmes paraissent s'être formées aux dépens de la masse du soleil. Ainsi le temps de la formation des satellites est le même que celui du commencement de la rotation des planètes : c'est le moment où la matière qui les compose venait de se rassembler et ne formait encore que des globes liquides, état dans lequel cette matière en liquéfaction pouvait en être séparée et projetée fort aisément ; car dès que la surface de

<hr>

a. Voyez la *Théorie de la terre*, article de la formation des Planètes, vol. I⁰ʳ, page 66.

1. Voyez la note 2 de la page 458.

ces globes eut commencé à prendre un peu de consistance et de rigidité par le refroidissement, la matière, quoique animée de la même force centrifuge, étant retenue par celle de la cohésion, ne pouvait plus être séparée ni projetée hors de la planète par ce même mouvement de rotation.

Comme nous ne connaissons dans la nature aucune cause de chaleur, aucun feu que celui du soleil, qui ait pu fondre ou tenir en liquéfaction la matière de la terre et des planètes, il me paraît qu'en se refusant à croire que les planètes sont issues et sorties du soleil [1], on serait au moins forcé de supposer qu'elles ont été exposées de très-près aux ardeurs de cet astre de feu, pour pouvoir être liquéfiées. Mais cette supposition ne serait pas encore suffisante pour expliquer l'effet, et tomberait d'elle-même, par une circonstance nécessaire : c'est qu'il faut du temps pour que le feu, quelque violent qu'il soit, pénètre les matières solides qui lui sont exposées, et un très-long temps pour les liquéfier. On a vu, par les expériences[a], qui précèdent, que pour échauffer un corps jusqu'au degré de fusion, il faut au moins la quinzième partie du temps qu'il faut pour le refroidir, et qu'attendu les grands volumes de la terre et des autres planètes, il serait de toute nécessité qu'elles eussent été pendant plusieurs milliers d'années stationnaires auprès du soleil pour recevoir le degré de chaleur nécessaire à leur liquéfaction : or il est sans exemple dans l'univers qu'aucun corps, aucune planète, aucune comète demeure stationnaire auprès du soleil, même pour un instant; au contraire, plus les comètes en approchent, et plus leur mouvement est rapide; le temps de leur périhélie est extrêmement court, et le feu de cet astre, en brûlant la surface, n'a pas le temps de pénétrer la masse des comètes qui s'en approchent le plus.

Ainsi tout concourt à prouver qu'il n'a pas suffi que la terre et les planètes aient passé comme certaines comètes dans le voisinage du soleil pour que leur liquéfaction ait pu s'y opérer : nous devons donc présumer que cette matière des planètes a autrefois appartenu au corps même du

---

a. Voyez, ci-devant, la *partie expérimentale :* premier et second Mémoire.

1. C'est ici le lieu de donner une idée de l'*hypothèse* de Laplace. J'ai déjà dit combien cette *hypothèse* est belle et simple. (Voyez la note de la p. 352.) — Buffon suppose que toutes les planètes ont fait primitivement partie du soleil, et qu'elles en ont été détachées par une comète; Laplace commence par se débarrasser du secours inutile d'une comète; il se borne à supposer que l'atmosphère du soleil, « en vertu d'une chaleur excessive, s'est primitivement étendue « au delà des orbes de toutes les planètes, et qu'elle s'est resserrée successivement jusqu'à ses « limites actuelles. » — Primitivement, le soleil et tous les corps qu'il *fléchit* autour de lui (expression de Buffon, p. 428) ne formaient qu'une seule *nébuleuse :* « Il ressemblait, dit « Laplace, aux nébuleuses que le télescope nous montre composées d'un noyau plus ou moins « brillant, entouré d'une nébulosité qui, en se condensant à la surface du noyau, le trans- « forme en étoile. » — Enfin, et par suite d'un refroidissement progressif, des portions de la matière de la nébuleuse se sont successivement condensées, et ont formé les planètes : « On « peut donc conjecturer que les planètes ont été formées aux limites successives de l'atmos- « phère solaire par la condensation des zones de vapeurs, qu'elle a dû, en se refroidissant, « abandonner dans le plan de son équateur. » (*Exp. du syst. du monde*, t. II, p. 433 et suiv.).

soleil, et en a été séparée, comme nous l'avons dit, par une seule et même impulsion. Car les comètes qui approchent le plus du soleil ne nous présentent que le premier degré des grands effets de la chaleur ; elles paraissent précédées d'une vapeur enflammée lorsqu'elles s'approchent, et suivies d'une semblable vapeur lorsqu'elles s'éloignent de cet astre : ainsi une partie de la matière superficielle de la comète s'étend autour d'elle et se présente à nos yeux en forme de vapeurs lumineuses, qui se trouvent dans un état d'expansion et de volatilité causée par le feu du soleil; mais le noyau *a*, c'est-à-dire le corps même de la comète, ne paraît pas être profondément pénétré par le feu, puisqu'il n'est pas lumineux par lui-même comme le serait néanmoins toute masse de fer, de verre ou d'autre matière solide intimement pénétrée par cet élément; par conséquent, il paraît nécessaire que la matière de la terre et des planètes, qui a été dans un état de liquéfaction, appartînt au corps même du soleil, et qu'elle fît partie des matières en fusion qui constituent la masse de cet astre de feu.

Les planètes ont reçu leur mouvement par une seule et même impulsion puisqu'elles circulent toutes dans le même sens et presque dans le même plan : les comètes, au contraire, qui circulent comme les planètes autour du soleil, mais dans des sens et des plans différents, paraissent avoir été mises en mouvement par des impulsions différentes. On doit rapporter à une seule époque le mouvement des planètes, au lieu que celui des comètes pourrait avoir été donné en différents temps. Ainsi rien ne peut nous éclairer sur l'origine du mouvement des comètes; mais nous pouvons raisonner sur celui des planètes, parce qu'elles ont entre elles des rapports communs qui indiquent assez clairement qu'elles ont été mises en mouvement par une seule et même impulsion. Il est donc permis de chercher dans la nature la cause qui a pu produire cette grande impulsion ; au lieu que nous ne pouvons guère former de raisonnements ni même faire des recherches sur les causes du mouvement d'impulsion des comètes.

Rassemblant seulement les rapports fugitifs et les légers indices qui peuvent fournir quelques conjectures, on pourrait imaginer pour satisfaire, quoique très-imparfaitement, à la curiosité de l'esprit, que les comètes de notre système solaire ont été formées par l'explosion d'une étoile fixe ou d'un soleil voisin du nôtre [1], dont toutes les parties dispersées, n'ayant plus de centre ou de foyer commun, auront été forcées d'obéir à la force attractive de notre soleil, qui dès lors sera devenu le pivot et le

---

b. Voyez ci-après les notes justificatives des faits.

1. « Les comètes ne peuvent pas être regardées comme provenant de la *nébuleuse* (de la
« *nébuleuse* supposée par Laplace : voyez la note de la page 480) à laquelle nous venons de
« rattacher la formation du soleil, des planètes et de leurs satellites. Les inclinaisons, quel-
« quefois si grandes, des plans de leurs orbites sur le plan de l'écliptique, et le sens de leur
« mouvement, qui est direct pour les unes, rétrograde pour les autres, prouvent que ces
« astres ont une origine toute différente de celle qui peut être assignée aux planètes. Les

foyer de toutes nos comètes. Nous et nos neveux n'en dirons pas davantage jusqu'à ce que, par des observations ultérieures, on parvienne à reconnaître quelque rapport commun dans le mouvement d'impulsion des comètes ; car, comme nous ne connaissons rien que par comparaison, dès que tout rapport nous manque et qu'aucune analogie ne se présente, toute lumière fuit, et non-seulement notre raison, mais même notre imagination, se trouvent en défaut. Aussi m'étant abstenu ci-devant[a] de former des conjectures sur la cause du mouvement d'impulsion des comètes, j'ai cru devoir raisonner sur celle de l'impulsion des planètes ; et j'ai mis en avant, non pas comme un fait réel et certain, mais seulement comme une chose possible, que la matière des planètes a été projetée hors du soleil par le choc d'une comète[1]. Cette hypothèse est fondée sur ce qu'il n'y a dans la nature aucun corps en mouvement, sinon les comètes, qui puissent ou aient pu communiquer un aussi grand mouvement à d'aussi grandes masses, et en même temps sur ce que les comètes approchent quelquefois de si près du soleil, qu'il est pour ainsi dire nécessaire que quelques-unes y tombent obliquement et en sillonnent la surface en chassant devant elles les matières mises en mouvement par leur choc.

Il en est de même de la cause qui a pu produire la chaleur du soleil : il m'a paru[b] qu'on peut la déduire des effets naturels, c'est-à-dire la trouver dans la constitution du système du monde ; car le soleil ayant à supporter tout le poids, toute l'action de la force pénétrante des vastes corps qui circulent autour de lui, et ayant à souffrir en même temps l'action rapide de cette espèce de frottement intérieur dans toutes les parties de sa masse, la matière qui le compose doit être dans l'état de la plus grande division ; elle a dû devenir et demeurer fluide, lumineuse et brûlante, en raison de cette pression et de ce frottement intérieur, toujours également subsistant. Les mouvements irréguliers des taches du soleil, aussi bien que leur apparition spontanée et leur disparition, démontrent assez que cet astre est liquide[2], et qu'il s'élève de temps en temps à sa surface des espèces de scories ou d'é-

---

a. Voyez l'article de la formation des Planètes, vol. Ier, page 66.

b. Voyez l'article qui a pour titre : de la Nature, première vue, vol. III, page 294.

« comètes doivent être regardées comme étant de petites nébuleuses qui se meuvent dans « l'immensité, et qui, lorsqu'elles s'approchent de notre système planétaire, se trouvent « entraînées dans le voisinage du soleil par l'attraction qu'elles éprouvent de la part de cet astre : « après s'en être approchées, elles s'en éloignent souvent pour ne plus revenir. Lorsqu'une « comète vient ainsi à se mouvoir près du soleil et des planètes, les actions qu'elle éprouve « simultanément de la part de ces corps peuvent modifier la nature de la ligne qu'elle parcourt, « de manière à la faire mouvoir suivant une ellipse dont le grand axe ne soit pas excessive- « ment grand : alors la comète fait, pour ainsi dire, partie intégrante du système planétaire, et « elle devient une comète périodique... » (Delaunay : *Cours élément. d'ast.*, etc., page 619.)

1. Selon M. Arago, « la partie extérieure et incandescente du soleil est un gaz. » — Voyez la note de la page 73 du Ier volume.

2. Voyez les notes des pages 69 et 71 du Ier volume.

cumes, dont les unes nagent irrégulièrement sur cette matière en fusion, et dont quelques autres sont fixes pour un temps et disparaissent comme les premières lorsque l'action du feu les a de nouveau divisées. On sait que c'est par le moyen de quelques-unes de ces taches fixes qu'on a déterminé la durée de la rotation du soleil en vingt-cinq jours et demi.

Or chaque comète et chaque planète forment une roue dont les rais sont les rayons de la force attractive; le soleil est l'essieu ou le pivot commun de toutes ces différentes roues; la comète ou la planète en est la jante mobile, et chacune contribue de tout son poids et de toute sa vitesse à l'embrasement de ce foyer général, dont le feu durera par conséquent aussi longtemps que le mouvement et la pression des vastes corps qui le produisent.

De là ne doit-on pas présumer que si l'on ne voit pas des planètes autour des étoiles fixes, ce n'est qu'à cause de leur immense éloignement? Notre vue est trop bornée, nos instruments trop peu puissants pour apercevoir ces astres obscurs, puisque ceux même qui sont lumineux échappent à nos yeux, et que dans le nombre infini de ces étoiles nous ne connaîtrons jamais que celles dont nos instruments de longue vue pourront nous rapprocher; mais l'analogie nous indique qu'étant fixes et lumineuses comme le soleil, les étoiles ont dû s'échauffer, se liquéfier, et brûler par la même cause, c'est-à-dire par la pression active des corps opaques, solides et obscurs qui circulent autour d'elles. Cela seul peut expliquer pourquoi il n'y a que les astres fixes qui soient lumineux, et pourquoi dans l'univers solaire tous les astres errants sont obscurs.

Et la chaleur produite par cette cause devant être en raison du nombre, de la vitesse et de la masse des corps qui circulent autour du foyer, le feu du soleil doit être d'une ardeur ou plutôt d'une violence extrême, non-seulement parce que les corps qui circulent autour de lui sont tous vastes, solides et mus rapidement, mais encore parce qu'ils sont en grand nombre; car, indépendamment des six planètes, de leurs dix satellites et de l'anneau de Saturne, qui tous pèsent sur le soleil et forment un volume de matière deux mille fois plus grand que celui de la terre, le nombre des comètes est plus considérable qu'on ne le croit vulgairement : elles seules ont pu suffire pour allumer le feu du soleil avant la projection des planètes, et suffiraient encore pour l'entretenir aujourd'hui. L'homme ne parviendra peut-être jamais à reconnaître les planètes qui circulent autour des étoiles fixes; mais, avec le temps, il pourra savoir au juste quel est le nombre des comètes dans le système solaire [1] : je regarde cette grande connaissance comme réservée à la postérité. En attendant, voici une espèce d'évaluation

---

1. Jusqu'à présent il n'y a que quatre comètes dont la *périodicité* ait été bien constatée : la *comète d'Halley*, la *comète d'Encke* ou à *courte période*, la *comète de Biela et Gambart*, et la

qui, quoique bien éloignée d'être précise, ne laissera pas de fixer les idées
sur le nombre de ces corps circulant autour du soleil.

En consultant les recueils d'observations, on voit que, depuis l'an 1101
jusqu'en 1766, c'est-à-dire en six cent soixante-cinq années, il y a eu deux
cent vingt-huit apparitions de comètes. Mais le nombre de ces astres errants
qui ont été remarqués n'est pas aussi grand que celui des apparitions,
puisque la plupart, pour ne pas dire tous, font leur révolution en moins de
six cent soixante-cinq ans. Prenons donc les deux comètes desquelles seules
les révolutions nous sont parfaitement connues, savoir, la comète de 1680,
dont la période est d'environ cinq cent soixante-quinze ans, et celle de
1759, dont la période est de soixante-seize ans. On peut croire, en attendant mieux, qu'en prenant le terme moyen, trois cent vingt-six ans, entre
ces deux périodes de révolution, il y a autant de comètes dont la période
excède trois cent vingt-six ans qu'il y en a dont la période est moindre.
Ainsi en les réduisant toutes à trois cent vingt-six ans, chaque comète
aurait paru deux fois en six cent cinquante-deux ans, et l'on aurait par
conséquent à peu près cent quinze comètes pour deux cent vingt-huit apparitions en six cent soixante-cinq ans.

Maintenant, si l'on considère que vraisemblablement il y a plus de
comètes hors de la portée de notre vue, ou échappées à l'œil des observateurs qu'il n'y en a eu de remarquées, ce nombre croîtra peut-être de plus
du triple, en sorte qu'on peut raisonnablement penser qu'il existe dans le
système solaire quatre ou cinq cents comètes. Et s'il en est des comètes
comme des planètes, si les plus grosses sont les plus éloignées du soleil,
si les plus petites sont les seules qui en approchent d'assez près pour que
nous puissions les apercevoir, quel volume immense de matière ! quelle
charge énorme sur le corps de cet astre ! quelle pression, c'est-à-dire quel
frottement intérieur dans toutes les parties de sa masse, et par conséquent
quelle chaleur et quel feu produits par ce frottement !

Car, dans notre hypothèse, le soleil était une masse de matière en fusion,
même avant la projection des planètes ; par conséquent ce feu n'avait alors
pour cause que la pression de ce grand nombre de comètes qui circulaient
précédemment et circulent encore aujourd'hui autour de ce foyer commun.
Si la masse ancienne du soleil a été diminuée d'un six-cent-cinquantième [a]
par la projection de la matière des planètes lors de leur formation, la quantité totale de la cause de son feu, c'est-à-dire de la pression totale, a été
augmentée dans la proportion de la pression entière des planètes, réunie

<hr>

a. Voyez l'article qui a pour titre : De la formation des Planètes, t. I, pag. 66.

comète *de Faye et Goldschmidt.* On a déjà pu déterminer l'orbite elliptique de quelques
autres comètes ; mais il est nécessaire de les étudier de nouveau, avant de pouvoir les classer
définitivement parmi les *périodiques.* (Voyez Delaunay : *Cours élémentaire d'astronomie* ,
page 521.)

à la première pression de toutes les comètes, à l'exception de celle qui a produit l'effet de la projection, et dont la matière s'est mêlée à celle des planètes pour sortir du soleil, lequel par conséquent, après cette perte, n'en est devenu que plus brillant, plus actif et plus propre à éclairer, échauffer et féconder son univers.

En poussant ces inductions encore plus loin, on se persuadera aisément que les satellites qui circulent autour de leur planète principale, et qui pèsent sur elle comme les planètes pèsent sur le soleil, que ces satellites, dis-je, doivent communiquer un certain degré de chaleur à la planète autour de laquelle ils circulent : la pression et le mouvement de la lune doivent donner à la terre un degré de chaleur qui serait plus grand si la vitesse du mouvement de circulation de la lune était plus grande; Jupiter, qui a quatre satellites, et Saturne, qui en a cinq avec un grand anneau, doivent par cette seule raison être animés d'un certain degré de chaleur. Si ces planètes, très-éloignées du soleil, n'étaient pas douées comme la terre d'une chaleur intérieure, elles seraient plus que gelées; et le froid extrême que Jupiter et Saturne auraient à supporter, à cause de leur éloignement du soleil, ne pourrait être tempéré que par l'action de leurs satellites. Plus les corps circulants seront nombreux, grands et rapides, plus le corps qui leur sert d'essieu ou de pivot s'échauffera par le frottement intime qu'ils feront subir à toutes les parties de sa masse.

Ces idées se lient parfaitement avec celles qui servent de fondement à mon hypothèse sur la formation des planètes; elles en sont des conséquences simples et naturelles; mais j'ai la preuve que peu de gens ont saisi les rapports et l'ensemble de ce grand système [1] : néanmoins y a-t-il un sujet plus élevé, plus digne d'exercer la force du génie? On m'a critiqué sans m'entendre; que puis-je répondre? sinon que tout parle à des yeux attentifs, tout est indice pour ceux qui savent voir; mais que rien n'est sensible, rien n'est clair pour le vulgaire, et même pour ce vulgaire savant qu'aveugle le préjugé. Tâchons néanmoins de rendre la vérité plus palpable; augmentons le nombre des probabilités; rendons la vraisemblance plus grande; ajoutons lumières sur lumières en réunissant les faits, en accumulant les preuves, et laissons-nous juger ensuite sans inquiétude et sans appel, car j'ai toujours pensé qu'un homme qui écrit doit s'occuper uniquement de son sujet, et nullement de soi; qu'il est contre la bienséance de vouloir en

---

1..... *L'ensemble de ce grand système.* Il y a quatre choses bien distinctes dans ce *grand système :* 1° *L'incandescence primitive des planètes;* point qui paraît admis aujourd'hui; 2° *L'origine commune de toutes les planètes;* ici Buffon est soutenu par Laplace, et c'est un grand appui; Buffon les tire *directement* du soleil, et Laplace de l'*atmosphère* de cet astre; 3° *L'intervention d'une comète,* intervention dont Laplace s'est débarrassé (voyez la note de la page 480); 4° Enfin *l'embrasement du soleil* produit par le *frottement,* par la *charge* de tous les vastes corps qui circulent autour de lui, idée qui n'est évidemment qu'une *hypothèse.*

occuper les autres, et que par conséquent les critiques personnelles doivent demeurer sans réponse [1].

Je conviens que les idées de ce système peuvent paraître hypothétiques, étranges et même chimériques à tous ceux qui, ne jugeant les choses que par le rapport de leurs sens, n'ont jamais conçu comment on sait que la terre n'est qu'une petite planète, renflée sur l'équateur et abaissée sous les pôles, à ceux qui ignorent comment on s'est assuré que tous les corps célestes pèsent, agissent et réagissent les uns sur les autres, comment on a pu mesurer leur grandeur, leur distance, leurs mouvements, leur pesanteur, etc.; mais je suis persuadé que ces mêmes idées paraîtront simples, naturelles et même grandes au petit nombre de ceux qui, par des observations et des réflexions suivies, sont parvenus à connaître les lois de l'univers, et qui, jugeant des choses par leurs propres lumières, les voient sans préjugé telles qu'elles sont, ou telles qu'elles pourraient être : car ces deux points de vue sont à peu près les mêmes; et celui qui regardant une horloge pour la première fois dirait que le principe de tous ses mouvements est un ressort, quoique ce fût un poids, ne se tromperait que pour le vulgaire, et aurait aux yeux du philosophe expliqué la machine [2].

Ce n'est donc pas que j'aie affirmé ni même positivement prétendu que notre terre et les planètes aient été formées nécessairement et réellement par le choc d'une comète qui a projeté hors du soleil la six-cent-cinquantième partie de sa masse; mais ce que j'ai voulu faire entendre, et ce que je maintiens encore comme hypothèse très-probable, c'est qu'une comète qui, dans son périhélie, approcherait assez près du soleil pour en effleurer et sillonner la surface, pourrait produire de pareils effets, et qu'il n'est pas impossible qu'il se forme quelque jour de cette même manière des planètes nouvelles qui toutes circuleraient ensemble, comme les planètes actuelles, dans le même sens et presque dans un même plan, autour du soleil; des planètes qui tourneraient aussi sur elles-mêmes, et dont la matière étant, au sortir du soleil, dans un état de liquéfaction, obéirait à la force centrifuge et s'élèverait à l'équateur en s'abaissant sous les pôles; des planètes qui pourraient de même avoir des satellites en plus ou moins grand nombre, circulant autour d'elles dans le plan de leurs équateurs; et dont les mouvements seraient semblables à ceux des satellites de nos planètes : en sorte que tous les phénomènes de ces planètes possibles et idéales seraient (je ne dis pas les mêmes), mais dans le même ordre et dans des rapports sem-

---

1. Mais c'est y répondre. Aujourd'hui que Buffon est admiré de *tout le monde*, il regretterait les mots : *le vulgaire* et *le vulgaire savant*. « Tout est indice pour ceux qui savent voir, » nous disait-il tout à l'heure : le sentiment de ses forces lui devait être un sûr *indice* du jugement de la postérité.

2. Il ne se tromperait pas sur le *principe* ; il se tromperait sur le *procédé*. « Si Descartes « s'est trompé sur les lois du mouvement, il a du moins deviné le premier qu'il devait y en « avoir. » (D'Alembert.)

blables à ceux des phénomènes des planètes réelles. Et pour preuve, je demande seulement que l'on considère si le mouvement de toutes les planètes, dans le même sens et presque dans le même plan, ne suppose pas une impulsion commune? Je demande s'il y a dans l'univers quelques corps, excepté les comètes, qui aient pu communiquer ce mouvement d'impulsion? Je demande s'il n'est pas probable qu'il tombe de temps à autres des comètes dans le soleil, puisque celle de 1680 en a, pour ainsi dire, rasé la surface ; et si par conséquent une telle comète, en sillonnant cette surface du soleil, ne communiquerait pas son mouvement d'impulsion à une certaine quantité de matière qu'elle séparerait du corps du soleil en la projetant au dehors? Je demande si, dans ce torrent de matière projetée, il ne se formerait pas des globes par l'attraction mutuelle des parties, et si ces globes ne se trouveraient pas à des distances différentes, suivant la différente densité des matières, et si les plus légères ne seraient pas poussées plus loin que les plus denses par la même impulsion? Je demande si la situation de tous ces globes presque dans le même plan n'indique pas assez que le torrent projeté n'était pas d'une largeur considérable, et qu'il n'avait pour cause qu'une seule impulsion, puisque toutes les parties de la matière dont il était composé ne se sont éloignées que très-peu de la direction commune? Je demande comment et où la matière de la terre et des planètes aurait pu se liquéfier si elle n'eût pas résidé dans le corps même du soleil, et si l'on peut trouver une cause de cette chaleur et de cet embrasement du soleil autre que celle de sa charge et du frottement intérieur produit par l'action de tous ces vastes corps qui circulent autour de lui? Enfin je demande qu'on examine tous les rapports, que l'on suive toutes les vues, que l'on compare toutes les analogies sur lesquelles j'ai fondé mes raisonnements, et qu'on se contente de conclure avec moi que, si Dieu l'eût permis, il se pourrait, par les seules lois de la nature, que la terre et les planètes eussent été formées de cette même manière [1].

Suivons donc notre objet, et de ce temps qui a précédé les temps et s'est soustrait à notre vue, passons au premier âge de notre univers, où la terre et les planètes ayant reçu leur forme ont pris de la consistance, et de liquides sont devenues solides. Ce changement d'état s'est fait naturellement et par le seul effet de la diminution de la chaleur : la matière qui compose le globe terrestre et les autres globes planétaires était en fusion lorsqu'ils ont commencé à tourner sur eux-mêmes; ils ont donc obéi, comme toute autre matière fluide, aux lois de la force centrifuge; les parties voisines de l'équateur, qui subissent le plus grand mouvement dans la rotation, se sont le plus élevées; celles qui sont voisines des pôles, où ce mouvement est moindre ou nul, se sont abaissées dans la proportion juste

---

1. Buffon rappelle ici Descartes : « Mon dessein n'est pas d'expliquer les choses qui sont en « effet dans le vrai monde, mais seulement d'en feindre un à plaisir... » (*Le Monde*, ch. VI.)

et précise qu'exigent les lois de la pesanteur, combinées avec celles de la force centrifuge[a][1] ; et cette forme de la terre et des planètes s'est conservée jusqu'à ce jour, et se conservera perpétuellement, quand même l'on voudrait supposer que le mouvement de rotation viendrait à s'accélérer, parce que la matière ayant passé de l'état de fluidité à celui de solidité, la cohésion des parties suffit seule pour maintenir la forme primordiale, et qu'il faudrait pour la changer que le mouvement de rotation prît une rapidité presque infinie, c'est-à-dire assez grande pour que l'effet de la force centrifuge devînt plus grand que celui de la force de cohérence.

Or, le refroidissement de la terre et des planètes, comme celui de tous les corps chauds, a commencé par la surface; les matières en fusion s'y sont consolidées dans un temps assez court ; dès que le grand feu dont elles étaient pénétrées s'est échappé, les parties de la matière qu'il tenait divisées se sont rapprochées et réunies de plus près par leur attraction mutuelle; celles qui avaient assez de fixité pour soutenir la violence du feu ont formé des masses solides ; mais celles qui, comme l'air et l'eau, se raréfient ou se volatilisent par le feu ne pouvaient faire corps avec les autres; elles en ont été séparées dans les premiers temps du refroidissement; tous les éléments pouvant se transmuer et se convertir, l'instant de la consolidation des matières fixes fut aussi celui de la plus grande conversion des éléments et de la production des matières volatiles : elles étaient réduites en vapeurs et dispersées au loin, formant autour des planètes une espèce d'atmosphère semblable à celle du soleil ; car on sait que le corps de cet astre de feu est environné d'une sphère de vapeurs qui s'étend à des distances immenses, et peut-être jusqu'à l'orbe de la terre[b]. L'existence réelle de cette atmosphère solaire est démontrée par un phénomène qui accompagne les éclipses totales du soleil. La lune en couvre alors à nos yeux le disque tout entier; et néanmoins l'on voit encore un limbe ou grand cercle de vapeurs dont la lumière est assez vive pour nous éclairer à peu près autant que celle de la lune : sans cela, le globe terrestre serait plongé dans l'obscurité la plus profonde pendant la durée de l'éclipse totale. On a observé que cette atmosphère solaire est plus dense dans ses parties voisines du soleil, et qu'elle devient d'autant plus rare et plus transparente qu'elle s'étend et s'éloigne davantage du corps de cet astre de feu : l'on ne peut donc pas douter que le soleil ne soit environné d'une sphère de matières aqueuses, aériennes et volatiles, que sa violente chaleur tient sus-

a. Voyez ci-après les additions et les notes justificatives des faits.

b. Voyez les Mémoires de MM. Cassini, Fatio, etc., sur la *Lumière zodiacale,* et le Traité de M. de Mairan, sur l'*Aurore boréale,* p. 10 et suivantes.

1. « La fluidité primitive des planètes est clairement indiquée par l'aplatissement de leur « figure, conforme aux lois de l'attraction mutuelle de leurs molécules : elle est de plus « prouvée, pour la terre, par la diminution régulière de la pesanteur, en allant de l'équateur « aux pôles. » (Laplace.) — Voyez la note 2 de la page 458.

pendues et reléguées à des distances immenses, et que dans le moment de la projection des planètes le torrent des matières fixes sorties du corps du soleil n'ait, en traversant son atmosphère, entraîné une grande quantité de ces matières volatiles dont elle est composée : et ce sont ces mêmes matières volatiles, aqueuses et aériennes, qui ont ensuite formé les atmosphères des planètes, lesquelles étaient semblables à l'atmosphère du soleil tant que les planètes ont été, comme lui, dans un état de fusion ou de grande incandescence.

Toutes les planètes n'étaient donc alors que des masses de verre liquide, environnées d'une sphère de vapeurs. Tant qu'a duré cet état de fusion, et même longtemps après, les planètes étaient lumineuses par elles-mêmes, comme le sont tous les corps en incandescence ; mais à mesure que les planètes prenaient de la consistance, elles perdaient de leur lumière : elles ne devinrent tout à fait obscures qu'après s'être consolidées jusqu'au centre, et longtemps après la consolidation de leur surface, comme l'on voit dans une masse de métal fondu la lumière et la rougeur subsister très-long-temps après la consolidation de sa surface. Et dans ce premier temps, où les planètes brillaient de leurs propres feux, elles devaient lancer des rayons, jeter des étincelles, faire des explosions, et ensuite souffrir, en se refroidissant, différentes ébullitions à mesure que l'eau, l'air et les autres matières qui ne peuvent supporter le feu, retombaient à leur surface : la production des éléments, et ensuite leur combat, n'ont pu manquer de produire des inégalités, des aspérités, des profondeurs, des hauteurs, des cavernes à la surface et dans les premières couches de l'intérieur de ces grandes masses ; et c'est à cette époque que l'on doit rapporter la formation des plus hautes montagnes de la terre[1], de celles de la lune et de toutes les aspérités ou inégalités qu'on aperçoit sur les planètes.

Représentons-nous l'état et l'aspect de notre univers dans son premier âge : toutes les planètes nouvellement consolidées à la surface étaient encore liquides à l'intérieur, et lançaient au dehors une lumière très-vive ; c'étaient autant de petits soleils détachés du grand, qui ne lui cédaient que par le volume, et dont la lumière et la chaleur se répandaient de même : ce temps d'incandescence a duré tant que la planète n'a pas été consolidée jusqu'au centre, c'est-à-dire environ 2936 ans pour la terre, 644 ans pour la lune, 2127 ans pour Mercure, 1130 ans pour Mars, 3596 ans pour Vénus, 5140 ans pour Saturne, et 9433 ans pour Jupiter[a].

---

a. Voyez les Recherches sur la température des Planètes, premier et second Mémoires, pages 348 et 428.

1. Dans sa *Théorie de la terre*, Buffon attribuait la formation des montagnes à l'action des *mers*, à l'action des eaux. Ici il les attribue à l'action du *feu*; et, je l'ai déjà dit (voyez la note de la page 44 du 1er volume), ceci est un grand progrès : les montagnes sont les masses soulevées par le *feu intérieur*, par le *feu central* du globe.

Les satellites de ces deux grosses planètes, aussi bien que l'anneau qui environne Saturne, lesquels sont tous dans le plan de l'équateur de leur planète principale, avaient été projetés, dans le temps de la liquéfaction, par la force centrifuge de ces grosses planètes qui tournent sur elles-mêmes avec une prodigieuse rapidité : la terre, dont la vitesse de rotation est d'environ 9000 lieues pour vingt-quatre heures, c'est-à-dire de six lieues un quart par minute, a dans ce même temps projeté hors d'elle les parties les moins denses de son équateur, lesquelles se sont rassemblées par leur attraction mutuelle à 85000 lieues de distance, où elles ont formé le globe de la lune. Je n'avance rien ici qui ne soit confirmé par le fait, lorsque je dis que ce sont les parties les moins denses qui ont été projetées, et qu'elles l'ont été de la région de l'équateur ; car l'on sait que la densité de la lune est à celle de la terre comme 702 sont à 1000, c'est-à-dire de plus d'un tiers moindre ; et l'on sait aussi que la lune circule autour de la terre dans un plan qui n'est éloigné que de 23 degrés de notre équateur, et que sa distance moyenne est d'environ 85000 lieues.

Dans Jupiter, qui tourne sur lui-même en dix heures, et dont la circonférence est onze fois plus grande que celle de la terre, et la vitesse de rotation de 165 lieues par minute, cette énorme force centrifuge a projeté un grand torrent de matière de différents degrés de densité, dans lequel se sont formés les quatre satellites de cette grosse planète, dont l'un, aussi petit que la lune, n'est qu'à 89500 lieues de distance, c'est-à-dire presque aussi voisin de Jupiter que la lune l'est de la terre. Le second, dont la matière était un peu moins dense que celle du premier, et qui est environ gros comme Mercure, s'est formé à 141800 lieues ; le troisième, composé de parties encore moins denses, et qui est à peu près grand comme Mars, s'est formé à 225800 lieues ; et enfin le quatrième dont la matière, étant la plus légère de toutes, a été projetée encore plus loin et ne s'est rassemblée qu'à 397877 lieues : et tous les quatre se trouvent, à très-peu près, dans le plan de l'équateur de leur planète principale, et circulent dans le même sens autour d'elle [a]. Au reste, la matière qui compose le globe de Jupiter est elle-même beaucoup moins dense que celle de la terre. Les planètes voisines du soleil sont les plus denses ; celles qui en sont les plus éloignées sont en même temps les plus légères : la densité de la terre est à celle de Jupiter comme 1000 sont à 292 ; et il est à présumer que la matière qui compose ses satellites est encore moins dense que celle dont il est lui-même composé [b].

<hr>

[a]. M. Bailly a montré, par des raisons très-plausibles, tirées du mouvement des nœuds des satellites de Jupiter, que le premier de ces satellites circule dans le plan même de l'équateur de cette planète, et que les trois autres ne s'en écartent pas d'un degré. *Mémoires de l'Académie des Sciences*, année 1766.

[b]. J'ai par analogie donné aux satellites de Jupiter et de Saturne la même densité relative

Saturne, qui probablement tourne sur lui-même encore plus vite que Jupiter, a non-seulement produit cinq satellites, mais encore un anneau qui, d'après mon hypothèse, doit être parallèle à son équateur, et qui l'environne comme un pont suspendu et continu à 54000 lieues de distance : cet anneau, beaucoup plus large qu'épais, est composé d'une matière solide, opaque et semblable à celle des satellites ; il s'est trouvé dans le même état de fusion, et ensuite d'incandescence : chacun de ces vastes corps ont conservé cette chaleur primitive, en raison composée de leur épaisseur et de leur densité, en sorte que l'anneau de Saturne, qui paraît être le moins épais de tous les corps célestes, est celui qui aurait perdu le premier sa chaleur propre, s'il n'eût pas tiré de très-grands suppléments de chaleur de Saturne même, dont il est fort voisin : ensuite la lune et les premiers satellites de Saturne et de Jupiter, qui sont les plus petits des globes planétaires, auraient perdu leur chaleur propre, dans des temps toujours proportionnels à leur diamètre ; après quoi les plus gros satellites auraient de même perdu leur chaleur, et tous seraient aujourd'hui plus refroidis que le globe de la terre, si plusieurs d'entre eux n'avaient pas reçu de leur planète principale une chaleur immense dans les commencements ; enfin les deux grosses planètes, Saturne et Jupiter, conservent encore actuellement une très-grande chaleur en comparaison de celle de leurs satellites, et même de celle du globe de la terre.

Mars, dont la durée de rotation est de vingt-quatre heures quarante minutes, et dont la circonférence n'est que treize vingt-cinquièmes de celle de la terre, tourne une fois plus lentement que le globe terrestre, sa vitesse de rotation n'étant guère que de trois lieues par minute ; par conséquent sa force centrifuge a toujours été moindre de plus de moitié que celle du globe terrestre ; c'est par cette raison que Mars, quoique moins dense que la terre dans le rapport de 730 à 1000, n'a point de satellites.

Mercure, dont la densité est à celle de la terre comme 2040 sont à 1000, n'aurait pu produire un satellite que par une force centrifuge plus que double de celle du globe de la terre ; mais, quoique la durée de sa rotation n'ait pu être observée par les astronomes, il est plus que probable qu'au lieu d'être double de celle de la terre, elle est au contraire beaucoup moindre. Ainsi l'on peut croire avec fondement que Mercure n'a point de satellites.

Vénus pourrait en avoir un, car étant un peu moins épaisse que la terre dans la raison de 17 à 18, et tournant un peu plus vite dans le rapport de 23 heures 20 minutes à 23 heures 56 minutes, sa vitesse est de plus de six lieues trois quarts par minute, et par conséquent sa force centrifuge d'environ un treizième plus grande que celle de la terre. Cette planète

qui se trouve entre la terre et la lune, c'est-à-dire de 1000 à 702. Voyez le premier Mémoire sur la température des Planètes, page 348.

aurait donc pu produire un ou deux satellites dans le temps de sa liquéfaction, si sa densité, plus grande que celle de la terre, dans la raison de
1270 à 1000, c'est-à-dire de plus de 5 contre 4, ne se fût pas opposée à
la séparation et à la projection de ses parties même les plus liquides; et ce
pourrait être par cette raison que Vénus n'aurait point de satellites, quoiqu'il y ait des observateurs qui prétendent en avoir aperçu un autour de
cette planète.

A tous ces faits que je viens d'exposer, on doit en ajouter un, qui m'a
été communiqué par M. Bailly, savant physicien-astronome, de l'Académie
des Sciences. La surface de Jupiter est, comme l'on sait, sujette à des changements sensibles, qui semblent indiquer que cette grosse planète est
encore dans un état d'inconstance et de bouillonnement. Prenant donc,
dans mon système de l'incandescence générale et du refroidissement des
planètes, les deux extrêmes, c'est-à-dire Jupiter, comme le plus gros, et
la lune, comme le plus petit de tous les corps planétaires, il se trouve que
le premier, qui n'a pas eu encore le temps de se refroidir et de prendre
une consistance entière, nous présente à sa surface les effets du mouvement intérieur dont il est agité par le feu; tandis que la lune qui, par sa
petitesse, a dû se refroidir en peu de siècles, ne nous offre qu'un calme
parfait, c'est-à-dire une surface qui est toujours la même, et sur laquelle
l'on n'aperçoit ni mouvement ni changement. Ces deux faits, connus des
astronomes, se joignent aux autres analogies que j'ai présentées sur ce
sujet, et ajoutent un petit degré de plus à la probabilité de mon hypothèse.

Par la comparaison que nous avons faite de la chaleur des planètes à
celle de la terre, on a vu que le temps de l'incandescence pour le globe
terrestre a duré deux mille neuf cent trente-six ans; que celui de sa chaleur, au point de ne pouvoir le toucher, a été de trente-quatre mille deux
cent soixante-dix ans, ce qui fait en tout trente-sept mille deux cent six
ans; et que c'est là le premier moment de la naissance possible de la nature
vivante [1]. Jusqu'alors les éléments de l'air et de l'eau étaient encore confondus, et ne pouvaient se séparer ni s'appuyer sur la surface brûlante de la
terre, qui les dissipait en vapeurs; mais dès que cette ardeur se fut attiédie, une chaleur bénigne et féconde succéda par degrés au feu dévorant
qui s'opposait à toute production, et même à l'établissement des éléments;
celui du feu, dans ce premier temps, s'était pour ainsi dire emparé des
trois autres; aucun n'existait à part : la terre, l'air et l'eau pétris de feu
et confondus ensemble, n'offraient, au lieu de leurs formes distinctes,

---

1. La vie n'a pas toujours été sur le globe (voyez la note de la page 473.)
« ...Ce qui étonne davantage encore , dit M. Cuvier, c'est que la vie n'a pas toujours existé
« sur le globe, et qu'il est facile à l'observateur de reconnaître le point où elle a commencé
« à déposer ses produits. » (*Disc. sur les révol. de la surf. du globe.*)

qu'une masse brûlante environnée de vapeurs enflammées : ce n'est donc qu'après trente-sept mille ans que les gens de la terre doivent dater les actes de leur monde, et compter les faits de la nature organisée.

Il faut rapporter à cette première époque ce que j'ai écrit de l'état du ciel dans mes Mémoires sur la température des planètes. Toutes au commencement étaient brillantes et lumineuses; chacune formait un petit soleil [a], dont la chaleur et la lumière ont diminué peu à peu et se sont dissipées successivement dans le rapport des temps, que j'ai ci-devant indiqué, d'après mes expériences sur le refroidissement des corps en général, dont la durée est toujours à très-peu près proportionnelle à leurs diamètres et à leur densité [b].

Les planètes, ainsi que leurs satellites, se sont donc refroidies les unes plus tôt et les autres plus tard ; et, en perdant partie de leur chaleur, elles ont perdu toute leur lumière propre. Le soleil seul s'est maintenu dans sa splendeur, parce qu'il est le seul autour duquel circulent un assez grand nombre de corps pour en entretenir la lumière, la chaleur et le feu.

Mais sans insister plus longtemps sur ces objets, qui paraissent si loin de notre vue, rabaissons-la sur le seul globe de la terre. Passons à la seconde époque, c'est-à-dire au temps où la matière qui le compose, s'étant consolidée, a formé les grandes masses de matières vitrescibles.

Je dois seulement répondre à une espèce d'objection que l'on m'a déjà faite sur la très-longue durée des temps. Pourquoi nous jeter, m'a-t-on dit, dans un espace aussi vague qu'une durée de cent soixante-huit mille ans? car, à la vue de votre tableau, la terre est âgée de soixante-quinze mille ans, et la nature vivante doit subsister encore pendant quatre-vingt-treize mille ans : est-il aisé, est-il même possible de se former une idée du tout ou des parties d'une aussi longue suite de siècles? Je n'ai d'autre réponse que l'exposition des monuments et la considération des ouvrages de la nature : j'en donnerai le détail et les dates dans les époques qui vont suivre celle-ci, et l'on verra que, bien loin d'avoir augmenté sans nécessité la durée du temps, je l'ai peut-être beaucoup trop raccourcie.

Et pourquoi l'esprit humain semble-t-il se perdre dans l'espace de la durée plutôt que dans celui de l'étendue, ou dans la considération des mesures, des poids et des nombres? Pourquoi cent mille ans sont-ils plus difficiles à concevoir et à compter que cent mille livres de monnaie? Serait-ce parce que la somme du temps ne peut se palper ni se réaliser en espèces visibles, ou plutôt n'est-ce pas qu'étant accoutumés par notre trop courte

---

a. Jupiter, lorsqu'il est le plus près de la terre, nous paraît sous un angle de 59 ou 60 secondes; il formait donc un soleil dont le diamètre n'était que trente-une fois plus petit que celui de notre soleil.

b. Voyez le premier et le second Mémoires sur le progrès de la chaleur, pag. 82 et 97. Voyez aussi les Recherches sur la température des planètes, pag. 347 et 428.

existence à regarder cent ans comme une grosse somme de temps, nous avons peine à nous former une idée de mille ans, et ne pouvons plus nous représenter dix mille ans, ni même en concevoir cent mille? Le seul moyen est de diviser en plusieurs parties ces longues périodes de temps, de comparer par la vue de l'esprit la durée de chacune de ces parties avec les grands effets, et surtout avec les constructions de la nature, se faire des aperçus sur le nombre des siècles qu'il a fallu pour produire tous les animaux à coquilles dont la terre est remplie, ensuite sur le nombre encore plus grand des siècles qui se sont écoulés pour le transport et le dépôt de ces coquilles et de leurs détriments, enfin sur le nombre des autres siècles subséquents, nécessaires à la pétrification et au desséchement de ces matières; et dès lors on sentira que cette énorme durée de soixante-quinze mille ans, que j'ai comptée depuis la formation de la terre jusqu'à son état actuel, n'est pas encore assez étendue pour tous les grands ouvrages de la nature, dont la construction nous démontre qu'ils n'ont pu se faire que par une succession lente de mouvements réglés et constants.

Pour rendre cet aperçu plus sensible, donnons un exemple; cherchons combien il a fallu de temps pour la construction d'une colline d'argile de mille toises de hauteur. Les sédiments successifs des eaux ont formé toutes les couches dont la colline est composée depuis la base jusqu'à son sommet. Or nous pouvons juger du dépôt successif et journalier des eaux par les feuillets des ardoises; ils sont si minces qu'on peut en compter une douzaine dans une ligne d'épaisseur. Supposons donc que chaque marée dépose un sédiment d'un douzième de ligne d'épaisseur, c'est-à-dire d'un sixième de ligne chaque jour, le dépôt augmentera d'une ligne en six jours, de six lignes en trente-six jours, et par conséquent d'environ cinq pouces en un an, ce qui donne plus de quatorze mille ans pour le temps nécessaire à la composition d'une colline de glaise de mille toises de hauteur : ce temps paraîtra même trop court, si on le compare avec ce qui se passe sous nos yeux sur certains rivages de la mer où elle dépose des limons et des argiles, comme sur les côtes de Normandie[a]; car le dépôt n'augmente qu'insensiblement et de beaucoup moins de cinq pouces par an. Et si cette colline d'argile est couronnée de rochers calcaires, la durée du temps, que je réduis à quatorze mille ans, ne doit-elle pas être augmentée de celui qui a été nécessaire pour le transport des coquillages dont la colline est surmontée, et cette durée si longue n'a-t-elle pas encore été suivie du temps nécessaire à la pétrification et au desséchement de ces sédiments, et encore d'un temps tout aussi long pour la figuration de la colline par angles saillants et rentrants? J'ai cru devoir entrer d'avance dans ce détail, afin de démontrer qu'au lieu de reculer trop loin

---

a. Voyez ci-après les notes justificatives des faits.

les limites de la durée, je les ai rapprochées autant qu'il m'a été possible sans contredire évidemment les faits consignés dans les archives de la nature.

SECONDE ÉPOQUE.

LORSQUE LA MATIÈRE S'ÉTANT CONSOLIDÉE A FORMÉ LA ROCHE INTÉRIEURE DU GLOBE, AINSI QUE LES GRANDES MASSES VITRESCIBLES QUI SONT A SA SURFACE.

On vient de voir que, dans notre hypothèse, il a dû s'écouler deux mille neuf cent trente-six ans avant que le globe terrestre ait pu prendre toute sa consistance, et que sa masse entière se soit consolidée jusqu'au centre. Comparons[1] les effets de cette consolidation du globe de la terre en fusion à ce que nous voyons arriver à une masse de métal ou de verre fondu, lorsqu'elle commence à se refroidir : il se forme à la surface de ces masses des trous, des ondes, des aspérités; et au-dessous de la surface il se fait des vides, des cavités, des boursouflures, lesquelles peuvent nous représenter ici les premières inégalités qui se sont trouvées sur la surface de la terre et les cavités de son intérieur ; nous aurons dès lors une idée du grand nombre de montagnes, de vallées, de cavernes et d'anfractuosités qui se sont formées dès ce premier temps[2] dans les couches extérieures de la terre. Notre comparaison est d'autant plus exacte que les montagnes les plus élevées, que je suppose de trois mille ou trois mille cinq cents toises de hauteur, ne sont, par rapport au diamètre de la terre, que ce qu'un huitième de ligne est par rapport au diamètre d'un globe de deux pieds[3]. Ainsi ces chaînes de montagnes qui nous paraissent si prodigieuses, tant par le volume que par la hauteur, ces vallées de la mer, qui semblent être des abîmes de profondeur, ne sont dans la réalité que de légères inégalités proportionnées à la grosseur du globe, et qui ne pouvaient manquer de se former lorsqu'il prenait sa consistance : ce sont des effets naturels produits par une cause tout aussi naturelle et fort simple, c'est-à-dire par l'action du refroidissement sur les matières en fusion, lorsqu'elles se consolident à la surface.

C'est alors que se sont formés les éléments par le refroidissement et pendant ses progrès. Car à cette époque, et même longtemps après, tant que la chaleur excessive a duré, il s'est fait une séparation et même une pro-

---

1. Voyez la note de la page 82.

2. Les montagnes ne se sont pas toutes formées *dès ce premier temps*. Il y a des montagnes de tous les *âges*; et, comme je l'ai déjà dit (voyez la note 3 de la page 41 du Ier volume), on est parvenu, de nos jours, à calculer l'*âge relatif* de chacune.

3. Voyez la note 1 de la page 84 du Ier volume.

jection de toutes les parties volatiles, telles que l'eau, l'air et les autres substances que la grande chaleur chasse au dehors et qui ne peuvent exister
que dans une région plus tempérée que ne l'était alors la surface de la terre.
Toutes ces matières volatiles s'étendaient donc autour du globe en forme
d'atmosphère à une grande distance où la chaleur était moins forte, tandis
que les matières fixes, fondues et vitrifiées, s'étant consolidées, formèrent
la roche intérieure du globe et le noyau des grandes montagnes, dont les
sommets, les masses intérieures et les bases, sont en effet composées de
matières vitrescibles [1]. Ainsi le premier établissement local des grandes
chaînes de montagnes appartient à cette seconde époque, qui a précédé de
plusieurs siècles celle de la formation des montagnes calcaires, lesquelles
n'ont existé qu'après l'établissement des eaux, puisque leur composition
suppose la production des coquillages et des autres substances que la mer
fomente et nourrit [2]. Tant que la surface du globe n'a pas été refroidie au
point de permettre à l'eau d'y séjourner sans s'exhaler en vapeurs, toutes
nos mers étaient dans l'atmosphère : elles n'ont pu tomber et s'établir sur
la terre qu'au moment où sa surface s'est trouvée assez attiédie pour ne
plus rejeter l'eau par une trop forte ébullition ; et ce temps de l'établissement des eaux sur la surface du globe n'a précédé que de peu de siècles le
moment où l'on aurait pu toucher cette surface sans se brûler; de sorte
qu'en comptant soixante-quinze mille ans depuis la formation de la terre,
et la moitié de ce temps pour son refroidissement au point de pouvoir la
toucher, il s'est peut-être passé vingt-cinq mille des premières années avant
que l'eau, toujours rejetée dans l'atmosphère, ait pu s'établir à demeure
sur la surface du globe; car, quoiqu'il y ait une assez grande différence
entre le degré auquel l'eau chaude cesse de nous offenser et celui où elle
entre en ébullition, et qu'il y ait encore une distance considérable entre ce
premier degré d'ébullition et celui où elle se disperse subitement en
vapeurs, on peut néanmoins assurer que cette différence de temps ne peut
pas être plus grande que je l'admets ici.

Ainsi dans ces premières vingt-cinq mille années, le globe terrestre,
d'abord lumineux et chaud comme le soleil, n'a perdu que peu à peu sa
lumière et son feu : son état d'incandescence a duré pendant deux mille
neuf cent trente-six ans, puisqu'il a fallu ce temps pour qu'il ait été conso-

---

1. Voyez la note 2 de la page 462.

2. Voyez la note de la page 60. — « L'opinion de Buffon, qui fait dépendre la formation des
« marbres, des roches calcaires, des grès, etc., etc., de l'apparition des animaux marins,
« est inconciliable avec ce que nous savons aujourd'hui..... Quant à la chaux que fournissent
« les coquilles, les os, le test des œufs des oiseaux, elle n'a point été créée de toutes pièces
« par les animaux ; elle existait en quantité surabondante dans leurs aliments : leur activité
« organique l'a seulement sécrétée et disposée sous la forme que nous lui voyons. C'est un
« problème qui a été parfaitement résolu par les expériences que M. Vauquelin a faites à ma
« prière. » (Cuvier.)

lidé jusqu'au centre ; ensuite les matières fixes dont il est composé sont devenues encore plus fixes en se resserrant de plus en plus par le refroidissement ; elles ont pris peu à peu leur nature et leur consistance telle que nous la reconnaissons aujourd'hui dans la roche du globe et dans les hautes montagnes, qui ne sont en effet composées, dans leur intérieur et jusqu'à leur sommet, que de matières de la même nature[a] : ainsi leur origine date de cette même époque.

C'est aussi dans les premiers trente-sept mille ans que se sont formées par la sublimation toutes les grandes veines et les gros filons de mines où se trouvent les métaux ; les substances métalliques ont été séparées des autres matières vitrescibles par la chaleur longue et constante qui les a sublimées et poussées de l'intérieur de la masse du globe dans toutes les éminences de sa surface, où le resserrement des matières, causé par un plus prompt refroidissement, laissait des fentes et des cavités, qui ont été incrustées et quelquefois remplies par ces substances métalliques que nous y trouvons aujourd'hui[b] ; car il faut, à l'égard de l'origine des mines, faire la même distinction que nous avons indiquée pour l'origine des matières vitrescibles et des matières calcaires, dont les premières ont été produites par l'action du feu, et les autres par l'intermède de l'eau[1]. Dans les mines métalliques, les principaux filons ou, si l'on veut, les masses primordiales, ont été produites par la fusion et par la sublimation, c'est-à-dire par l'action du feu ; et les autres mines, qu'on doit regarder comme des filons secondaires et parasites, n'ont été produites que postérieurement par le moyen de l'eau. Ces filons principaux, qui semblent présenter les troncs des arbres métalliques, ayant tous été formés, soit par la fusion dans le temps du feu primitif, soit par la sublimation dans les temps subséquents, ils se sont trouvés et se trouvent encore aujourd'hui dans les fentes perpendiculaires des hautes montagnes, tandis que c'est au pied de ces mêmes montagnes que gisent les petits filons, que l'on prendrait d'abord pour les rameaux de ces arbres métalliques, mais dont l'origine est néanmoins bien différente ; car ces mines secondaires n'ont pas été formées par le feu, elles ont été produites par l'action successive de l'eau, qui, dans des temps postérieurs aux premiers, a détaché de ces anciens filons des particules minérales qu'elle a charriées et déposées sous différentes formes, et toujours au-dessous des filons primitifs[c].

Ainsi la production de ces mines secondaires étant bien plus récente que celle des mines primordiales, et supposant le concours et l'intermède de l'eau, leur formation doit, comme celle des matières calcaires, se rapporter

<hr>

a. Voyez ci-après les notes justificatives des faits.
b. Ibidem.
c. Ibidem.
1. Voyez la note à la page 45[..]

IX.

à des époques subséquentes, c'est-à-dire au temps où la chaleur brûlante s'étant attiédie, la température de la surface de la terre a permis aux eaux de s'établir, et ensuite au temps où ces mêmes eaux ayant laissé nos continents à découvert, les vapeurs ont commencé à se condenser contre les montagnes pour y produire des sources d'eau courante. Mais, avant ce second et ce troisième temps, il y a eu d'autres grands effets que nous devons indiquer.

Représentons-nous, s'il est possible, l'aspect qu'offrait la terre à cette seconde époque, c'est-à-dire immédiatement après que sa surface eut pris de la consistance, et avant que la grande chaleur permît à l'eau d'y séjourner ni même de tomber de l'atmosphère ; les plaines, les montagnes, ainsi que l'intérieur du globe, étaient également et uniquement composées de matières fondues par le feu, toutes vitrifiées, toutes de la même nature. Qu'on se figure pour un instant la surface actuelle du globe dépouillée de toutes ses mers, de toutes ses collines calcaires, ainsi que de toutes ses couches horizontales de pierre, de craie, de tuf, de terre végétale, d'argile, en un mot de toutes les matières liquides ou solides qui ont été formées ou déposées par les eaux : quelle serait cette surface après l'enlèvement de ces immenses déblais? il ne resterait que le squelette de la terre, c'est-à-dire la roche vitrescible qui en constitue la masse intérieure ; il resterait les fentes perpendiculaires produites dans le temps de la consolidation, augmentées, élargies par le refroidissement; il resterait les métaux et les minéraux fixes qui, séparés de la roche vitrescible par l'action du feu, ont rempli par fusion ou par sublimation les fentes perpendiculaires de ces prolongements de la roche intérieure du globe; et enfin il resterait les trous, les anfractuosités et toutes les cavités intérieures de cette roche qui en est la base, et qui sert de soutien à toutes les matières terrestres amenées ensuite par les eaux.

Et comme ces fentes occasionnées par le refroidissement coupent et tranchent le plan vertical des montagnes, non-seulement de haut en bas, mais de devant en arrière, ou d'un côté à l'autre, et que dans chaque montagne elles ont suivi la direction générale de sa première forme, il en a résulté que les mines, surtout celles des métaux précieux, doivent se chercher à la boussole, en suivant toujours la direction qu'indique la découverte du premier filon; car, dans chaque montagne, les fentes perpendiculaires qui la traversent sont à peu près parallèles : néanmoins il n'en faut pas conclure, comme l'ont fait quelques minéralogistes, qu'on doive toujours chercher les métaux dans la même direction, par exemple, sur la ligne de onze heures ou sur celle de midi ; car souvent une mine de midi ou de onze heures se trouve coupée par un filon de huit ou neuf heures, etc., qui étend des rameaux sous différentes directions; et d'ailleurs on voit que, suivant la forme différente de chaque montagne, les fentes perpendiculaires la traversent à la vérité parallèlement entre elles, mais que leur direction, quoique commune dans le même lieu, n'a rien de commun avec la direction des fentes perpendiculaires d'une autre montagne, à moins que cette seconde montagne ne soit parallèle à la première.

Les métaux et la plupart des minéraux métalliques[1] sont donc l'ouvrage du feu, puisqu'on ne les trouve que dans les fentes de la roche vitrescible, et que dans ces mines primordiales l'on ne voit jamais ni coquilles ni aucun autre débris de la mer mélangées avec elles : les mines secondaires, qui se trouvent au contraire, et en petite quantité, dans les pierres calcaires, dans les schistes, dans les argiles, ont été formées postérieurement aux dépens des premières, et par l'intermède de l'eau. Les paillettes d'or et d'argent, que quelques rivières charrient, viennent certainement de ces premiers filons métalliques renfermés dans les montagnes supérieures ; des particules métalliques encore plus petites et plus ténues peuvent, en se rassemblant, former de nouvelles petites mines des mêmes métaux ; mais ces mines parasites qui prennent mille formes différentes appartiennent, comme je l'ai dit, à des temps bien modernes en comparaison de celui de la formation des premiers filons qui ont été produits par l'action du feu primitif. L'or et l'argent, qui peuvent demeurer très-longtemps en fusion sans être sensiblement altérés, se présentent souvent sous leur forme native : tous les autres métaux ne se présentent communément que sous une forme minéralisée, parce qu'ils ont été formés plus tard, par la combinaison de l'air et de l'eau qui sont entrés dans leur composition. Au reste, tous les métaux sont susceptibles d'être volatilisés par le feu à différents degrés de chaleur, en sorte qu'ils se sont sublimés successivement pendant le progrès du refroidissement.

On peut penser que s'il se trouve moins de mines d'or et d'argent dans les terres septentrionales que dans les contrées du Midi, c'est que communément il n'y a dans les terres du Nord que de petites montagnes en comparaison de celles des pays méridionaux : la matière primitive, c'est-à-dire la roche vitreuse, dans laquelle seule se sont formés l'or et l'argent, est bien plus abondante, bien plus élevée, bien plus découverte dans les contrées du Midi. Ces métaux précieux paraissent être le produit immédiat du feu : les gangues et les autres matières qui les accompagnent dans leur mine sont elles-mêmes des matières vitrescibles ; et comme les veines de ces métaux se sont formées, soit par la fusion, soit par la sublimation, dans les premiers temps du refroidissement, ils se trouvent en plus grande quantité dans les hautes montagnes du Midi. Les métaux moins parfaits, tels que le fer et le cuivre, qui sont moins fixes au feu, parce qu'ils contiennent des matières que le feu peut volatiliser plus aisément, se sont for-

---

1. Voyez mes notes sur les *minéraux*.

més dans des temps postérieurs; aussi les trouve-t-on en bien plus grande quantité dans les pays du Nord que dans ceux du Midi. Il semble même que la nature ait assigné aux différents climats du globe les différents métaux, l'or et l'argent, aux régions les plus chaudes; le fer et le cuivre, aux pays les plus froids, et le plomb et l'étain, aux contrées tempérées. Il semble de même qu'elle ait établi l'or et l'argent dans les plus hautes montagnes; le fer et le cuivre, dans les montagnes médiocres, et le plomb et l'étain, dans les plus basses. Il paraît encore que, quoique ces mines primordiales des différents métaux se trouvent toutes dans la roche vitrescible, celles d'or et d'argent sont quelquefois mélangées d'autres métaux; que le fer et le cuivre sont souvent accompagnés de matières qui supposent l'intermède de l'eau, ce qui semble prouver qu'ils n'ont pas été produits en même temps; et à l'égard de l'étain, du plomb et du mercure, il y a des différences qui semblent indiquer qu'ils ont été produits dans des temps très-différents. Le plomb est le plus vitrescible de tous les métaux, et l'étain l'est le moins : le mercure est le plus volatil de tous, et cependant il ne diffère de l'or, qui est le plus fixe de tous, que par le degré de feu que leur sublimation exige; car l'or ainsi que tous les autres métaux peuvent également être volatilisés par une plus ou moins grande chaleur. Ainsi tous les métaux ont été sublimés et volatilisés successivement, pendant le progrès du refroidissement. Et comme il ne faut qu'une très-légère chaleur pour volatiliser le mercure, et qu'une chaleur médiocre suffit pour fondre l'étain et le plomb, ces deux métaux sont demeurés liquides et coulants bien plus longtemps que les quatre premiers; et le mercure l'est encore, parce que la chaleur actuelle de la terre est plus que suffisante pour le tenir en fusion : il ne deviendra solide que quand le globe sera refroidi d'un cinquième de plus qu'il ne l'est aujourd'hui, puisqu'il faut 197 degrés au-dessous de la température actuelle de la terre, pour que ce métal fluide se consolide, ce qui fait à peu près la cinquième partie des 1000 degrés au-dessous de la congélation.

Le plomb, l'étain et le mercure ont donc coulé successivement, par leur fluidité, dans les parties les plus basses de la roche du globe, et ils ont été, comme tous les autres métaux, sublimés dans les fentes des montagnes élevées. Les matières ferrugineuses qui pouvaient supporter une très-violente chaleur, sans se fondre assez pour couler, ont formé dans les pays du Nord, des amas métalliques si considérables qu'il s'y trouve des montagnes entières de fer[a], c'est-à-dire d'une pierre vitrescible ferrugineuse, qui rend souvent soixante-dix livres de fer par quintal : ce sont là les mines de fer primitives; elles occupent de très-vastes espaces dans les contrées de notre Nord; et leur substance n'étant que du fer produit par l'action du

---

a. Voyez ci-après les notes justificatives des faits.

feu, ces mines sont demeurées susceptibles de l'attraction magnétique, comme le sont toutes les matières ferrugineuses qui ont subi le feu.

L'aimant est de cette même nature; ce n'est qu'une pierre ferrugineuse, dont il se trouve de grandes masses et même des montagnes dans quelques contrées, et particulièrement dans celles de notre Nord [a] : c'est par cette raison que l'aiguille aimantée se dirige toujours vers ces contrées où toutes les mines de fer sont magnétiques. Le magnétisme est un effet constant de l'électricité constante, produite par la chaleur intérieure et par la rotation du globe; mais, s'il dépendait uniquement de cette cause générale, l'aiguille aimantée pointerait toujours et partout directement au pôle : or les différentes déclinaisons suivant les différents pays, quoique sous le même parallèle, démontrent que le magnétisme particulier des montagnes de fer et d'aimant influe considérablement sur la direction de l'aiguille, puisqu'elle s'écarte plus ou moins à droite ou à gauche du pôle, selon le lieu où elle se trouve, et selon la distance plus ou moins grande de ces montagnes de fer.

Mais revenons à notre objet principal, à la topographie du globe antérieure à la chute des eaux : nous n'avons que quelques indices encore subsistants de la première forme de sa surface; les plus hautes montagnes, composées de matières vitrescibles, sont les seuls témoins de cet ancien état; elles étaient alors encore plus élevées qu'elles ne le sont aujourd'hui; car, depuis ce temps et après l'établissement des eaux, les mouvements de la mer, et ensuite les pluies, les vents, les gelées, les courants d'eau, la chute des torrents, enfin toutes les injures des éléments de l'air et de l'eau, et les secousses des mouvements souterrains, n'ont pas cessé de les dégrader, de les trancher et même d'en renverser les parties les moins solides, et nous ne pouvons douter que les vallées qui sont au pied de ces montagnes ne fussent bien plus profondes qu'elles ne le sont aujourd'hui.

Tâchons de donner un aperçu plutôt qu'une énumération de ces éminences primitives du globe. 1° La chaîne des Cordillères ou des montagnes de l'Amérique, qui s'étend depuis la pointe de la terre de Feu jusqu'au nord du nouveau Mexique, et aboutit enfin à des régions septentrionales que l'on n'a pas encore reconnues. On peut regarder cette chaîne de montagnes comme continue dans une longueur de plus de 120 degrés, c'est-à-dire, de trois mille lieues; car le détroit de Magellan n'est qu'une coupure accidentelle et postérieure à l'établissement local de cette chaîne, dont les plus hauts sommets sont dans la contrée du Pérou, et se rabaissent à peu près également vers le Nord et vers le Midi; c'est donc sous l'équateur même que se trouvent les parties les plus élevées de cette chaîne primitive

____

a. Voyez ci-après les notes justificatives des faits.

des plus hautes montagnes du monde ; et nous observerons, comme chose remarquable, que de ce point de l'équateur elles vont en se rabaissant à peu près également vers le Nord et vers le Midi, et aussi qu'elles arrivent à peu près à la même distance, c'est-à-dire à quinze cents lieues de chaque côté de l'équateur ; en sorte qu'il ne reste à chaque extrémité de cette chaîne de montagnes, qu'environ 30 degrés, c'est-à-dire sept cent cinquante lieues de mer ou de terre inconnue vers le pôle austral, et un égal espace dont on a reconnu quelques côtes vers le pôle boréal. Cette chaîne n'est pas précisément sous le même méridien, et ne forme pas une ligne droite ; elle se courbe d'abord vers l'Est, depuis Baldivia jusqu'à Lima, et sa plus grande déviation se trouve sous le tropique du Capricorne ; ensuite elle avance vers l'Ouest, retourne à l'Est, auprès de Popayan, et de là se courbe fortement vers l'Ouest, depuis Panama jusqu'à Mexico ; après quoi elle retourne vers l'Est, depuis Mexico jusqu'à son extrémité, qui est à 30 degrés du pôle, et qui aboutit à peu près aux îles découvertes par de Fonté. En considérant la situation de cette longue suite de montagnes, on doit observer encore, comme chose très-remarquable, qu'elles sont toutes bien plus voisines des mers de l'Occident que de celles de l'Orient. 2° Les montagnes d'Afrique, dont la chaîne principale, appelée par quelques auteurs l'*Épine du monde*, est aussi fort élevée, et s'étend du sud au nord, comme celle des Cordillères en Amérique : cette chaîne, qui forme en effet l'épine du dos de l'Afrique, commence au cap de Bonne-Espérance, et court presque sous le même méridien jusqu'à la mer Méditerranée, vis-à-vis la pointe de la Morée. Nous observerons encore, comme chose très-remarquable, que le milieu de cette grande chaîne de montagnes, longue d'environ quinze cents lieues, se trouve précisément sous l'équateur, comme le point milieu des Cordillères ; en sorte qu'on ne peut guère douter que les parties les plus élevées des grandes chaînes de montagnes en Afrique et en Amérique ne se trouvent également sous l'équateur.

Dans ces deux parties du monde, dont l'équateur traverse assez exactement les continents, les principales montagnes sont donc dirigées du Sud au Nord ; mais elles jettent des branches très-considérables vers l'Orient et vers l'Occident. L'Afrique est traversée de l'Est à l'Ouest par une longue suite de montagnes, depuis le cap Gardafui jusqu'aux îles du cap Vert : le mont Atlas la coupe aussi d'Orient en Occident. En Amérique, un premier rameau des Cordillères traverse les terres Magellaniques de l'Est à l'Ouest ; un autre s'étend à peu près dans la même direction au Paraguay et dans toute la largeur du Brésil ; quelques autres branches s'étendent depuis Popayan dans la terre ferme, et jusque dans la Guiane : enfin si nous suivons toujours cette grande chaîne de montagnes, il nous paraîtra que la péninsule de Yucatan, les îles de Cuba, de la Jamaïque, de Saint-Domingue, Porto-Rico et toutes les Antilles, n'en sont qu'une branche qui s'étend du

Sud au Nord, depuis Cuba et la pointe de la Floride, jusqu'aux lacs du
Canada, èt de là court de l'Est à l'Ouest pour rejoindre l'extrémité des
Cordillères, au delà des lacs Sioux. 3° Dans le grand continent de l'Europe et de l'Asie, qui non-seulement n'est pas, comme ceux de l'Amérique
et de l'Afrique, traversé par l'équateur, mais en est même fort éloigné, les
chaînes des principales montagnes, au lieu d'être dirigées du Sud au Nord,
le sont d'Occident en Orient : la plus longue de ces chaînes commence au
fond de l'Espagne, gagne les Pyrénées, s'étend en France par l'Auvergne et
le Vivarais, passe ensuite par les Alpes, en Allemagne, en Grèce, en Crimée,
et atteint le Caucase, le Taurus, l'Imaüs, qui environnent la Perse, Cachemire et le Mogol au Nord, jusqu'au Thibet, d'où elle s'étend dans la Tartarie chinoise, et arrive vis-à-vis la terre d'Yeço. Les principales branches
que jette cette chaîne principale sont dirigées du Nord au Sud en Arabie,
jusqu'au détroit de la mer Rouge; dans l'Indostan, jusqu'au cap Comorin;
du Thibet, jusqu'à la pointe de Malaca : ces branches ne laissent pas de
former des suites de montagnes particulières dont les sommets sont fort
élevés. D'autre côté, cette chaîne principale jette du Sud au Nord quelques
rameaux, qui s'étendent depuis les Alpes du Tyrol jusqu'en Pologne; ensuite
depuis le mont Caucase jusqu'en Moscovie, et depuis Cachemire jusqu'en
Sibérie; et ces rameaux, qui sont du Sud au Nord de la chaîne principale,
ne présentent pas des montagnes aussi élevées que celles des branches de
cette même chaîne qui s'étendent du Nord au Sud.

Voilà donc à peu près la topographie de la surface de la terre, dans le
temps de notre seconde Époque, immédiatement après la consolidation de
la matière. Les hautes montagnes que nous venons de désigner sont les
éminences primitives, c'est-à-dire les aspérités produites à la surface du
globe au moment qu'il a pris sa consistance; elles doivent leur origine à
l'effet du feu, et sont aussi par cette raison composées, dans leur intérieur
et jusqu'à leurs sommets, de matières vitrescibles : toutes tiennent par leur
base à la roche intérieure du globe [1], qui est de même nature. Plusieurs
autres éminences moins élevées ont traversé dans ce même temps et presque
en tous sens la surface de la terre, et l'on peut assurer que, dans tous les
lieux où l'on trouve des montagnes de roc vif ou de toute autre matière
solide et vitrescible, leur origine et leur établissement local ne peuvent être
attribués qu'à l'action du feu et aux effets de la consolidation, qui ne se fait
jamais sans laisser des inégalités sur la superficie de toute masse de matière
fondue.

1..... *Toutes tiennent à la roche intérieure du globe.* Comme nous sommes loin de Buffon
formant les montagnes « dans le fond de la mer par le mouvement et le sédiment des eaux
« (t. I, p. 43) ; » et de Buffon nous disant que « la base des hautes montagnes est de terre
« (t. I , p. 135) ! » — Comme ses idées se sont agrandies ! comme de la terre , *ouvrage de
l'eau ,* il a su remonter à la terre , *ouvrage du feu* (voyez la note de la p. 457) ; et comme
le travail, le grand travail aide bien le génie !

En même temps que ces causes ont produit des éminences et des profondeurs à la surface de la terre, elles ont aussi formé des boursouflures et des cavités à l'intérieur, surtout dans les couches les plus extérieures : ainsi le globe, dès le temps de cette seconde époque, lorsqu'il eut pris sa consistance et avant que les eaux n'y fussent établies, présentait une surface hérissée de montagnes et sillonnée de vallées; mais toutes les causes subséquentes et postérieures à cette époque ont concouru à combler toutes les profondeurs extérieures et même les cavités intérieures; ces causes subséquentes ont aussi altéré presque partout la forme de ces inégalités primitives; celles qui ne s'élevaient qu'à une hauteur médiocre ont été pour la plupart recouvertes dans la suite par les sédiments des eaux, et toutes ont été environnées à leurs bases, jusqu'à de grandes hauteurs, de ces mêmes sédiments; c'est par cette raison que nous n'avons d'autres témoins apparents de la première forme de la surface de la terre que les montagnes composées de matière vitrescible, dont nous venons de faire l'énumération; cependant ces témoins sont sûrs et suffisants; car, comme les plus hauts sommets de ces premières montagnes n'ont peut-être jamais été surmontés par les eaux [1], ou du moins qu'ils ne l'ont été que pendant un petit temps, attendu qu'on n'y trouve aucun débris des productions marines [2], et qu'ils ne sont composés que de matières vitrescibles; on ne peut pas douter qu'ils ne doivent leur origine au feu, et que ces éminences, ainsi que la roche intérieure du globe, ne fassent ensemble un corps continu de même nature, c'est-à-dire de matière vitrescible, dont la formation a précédé celle de toutes les autres matières.

En tranchant le globe par l'équateur et comparant les deux hémisphères, on voit que celui de nos continents contient à proportion beaucoup plus de terre que l'autre, car l'Asie seule est plus grande que les parties de l'Amérique, de l'Afrique, de la Nouvelle-Hollande, et de tout ce qu'on a découvert de terre au delà. Il y avait donc moins d'éminences et d'aspérités sur l'hémisphère austral que sur le boréal, dès le temps même de la consolidation de la terre; et si l'on considère pour un instant ce gisement général des terres et des mers, on reconnaîtra que tous les continents vont en se rétrécissant du côté du Midi, et qu'au contraire toutes les mers vont en s'élargissant vers ce même côté du Midi. La pointe étroite de l'Amérique méridionale, celle de Californie, celle du Groënland, la pointe de l'Afrique,

---

1..... *Surmontées par les eaux.* La théorie de la formation des montagnes par *soulèvement* change, sur ce point, toutes les anciennes idées. Ce ne sont pas les eaux qui se sont élevées *jusqu'à surmonter les plus hautes montagnes*, comme on avait coutume de dire; c'est le *fond des mers* qui a été *soulevé.* (Voyez la note 2 de la p. 39 du Ier volume.)

2. On n'y trouve aucun *débris des productions marines*, quand ce n'est pas un *fond de mer* qui a été soulevé; et même, dans ce cas-ci, on n'en trouve sur les *hauts sommets* que lorsque les couches *aqueuses* et *sédimentaires* n'ont pas été traversées par les roches *ignées.* (Voyez la note 2 de la page 39 du Ier volume.)

celles des deux presqu'îles de l'Inde, et enfin celle de la Nouvelle-Hollande, démontrent évidemment ce rétrécissement des terres et cet élargissement des mers vers les régions australes. Cela semble indiquer que la surface du globe a eu originairement de plus profondes vallées dans l'hémisphère austral, et des éminences en plus grand nombre dans l'hémisphère boréal. Nous tirerons bientôt quelques inductions de cette disposition générale des continents et des mers.

La terre, avant d'avoir reçu les eaux, était donc irrégulièrement hérissée d'aspérités, de profondeurs et d'inégalités semblables à celles que nous voyons sur un bloc de métal ou de verre fondu; elle avait de même des boursouflures et des cavités intérieures, dont l'origine, comme celle des inégalités extérieures, ne doit être attribuée qu'aux effets de la consolidation. Les plus grandes éminences, profondeurs extérieures et cavités intérieures, se sont trouvées dès lors et se trouvent encore aujourd'hui sous l'équateur entre les deux tropiques, parce que cette zone de la surface du globe est la dernière qui s'est consolidée, et que c'est dans cette zone où le mouvement de rotation étant le plus rapide il aura produit les plus grands effets; la matière en fusion s'y étant élevée plus que partout ailleurs, et s'étant refroidie la dernière, il a dû s'y former plus d'inégalités que dans toutes les autres parties du globe où le mouvement de rotation était plus lent et le refroidissement plus prompt. Aussi trouve-t-on sous cette zone les plus hautes montagnes, les mers les plus entrecoupées, semées d'un nombre infini d'îles, à la vue desquelles on ne peut douter que dès son origine cette partie de la terre ne fût la plus irrégulière et la moins solide de toutes [a].

Et, quoique la matière en fusion ait dû arriver également des deux pôles pour renfler l'équateur, il paraît, en comparant les deux hémisphères, que notre pôle en a un peu moins fourni que l'autre, puisqu'il y a beaucoup plus de terres et moins de mers depuis le tropique du Cancer au pôle boréal, et qu'au contraire il y a beaucoup plus de mers et moins de terres depuis celui du Capricorne à l'autre pôle. Les plus profondes vallées se sont donc formées dans les zones froides et tempérées de l'hémisphère austral, et les terres les plus solides et les plus élevées se sont trouvées dans celles de l'hémisphère septentrional.

Le globe était alors, comme il l'est encore aujourd'hui, renflé sur l'équateur d'une épaisseur de près de six lieues un quart [1]; mais les couches superficielles de cette épaisseur y étaient à l'intérieur semées de cavités, et coupées à l'extérieur d'éminences et de profondeurs plus grandes que partout ailleurs : le reste du globe était sillonné et traversé en différents sens par

<hr>

a. Voyez ci-après les notes justificatives des faits.

1. Voyez la note de la page 81 du Ier volume.

des aspérités toujours moins élevées à mesure qu'elles approchaient des pôles; toutes n'étaient composées que de la même matière fondue, dont est aussi composée la roche intérieure du globe; toutes doivent leur origine à l'action du feu primitif et à la vitrification générale [1]. Ainsi la surface de la terre, avant l'arrivée des eaux, ne présentait que ces premières aspérités qui forment encore aujourd'hui les noyaux de nos plus hautes montagnes; celles qui étaient moins élevées ayant été dans la suite recouvertes par les sédiments des eaux et par les débris des productions de la mer, elles ne nous sont pas aussi évidemment connues que les premières : on trouve souvent des bancs calcaires au-dessus des rochers de granites, de roc vif et des autres masses de matières vitrescibles, mais l'on ne voit pas des masses de roc vif au-dessus des bancs calcaires. Nous pouvons donc assurer, sans crainte de nous tromper, que la roche du globe est continue avec toutes les éminences hautes et basses qui se trouvent être de la même nature, c'est-à-dire de matières vitrescibles : ces éminences font masse avec le solide du globe; elles n'en sont que de très-petits prolongements, dont les moins élevés ont ensuite été recouverts par les scories de verre, les sables, les argiles, et tous les débris des productions de la mer, amenés et déposés par les eaux dans les temps subséquents, qui font l'objet de notre troisième époque.

TROISIÈME ÉPOQUE.

LORSQUE LES EAUX ONT COUVERT NOS CONTINENTS.

A la date de trente ou trente-cinq mille ans de la formation des planètes, la terre se trouvait assez attiédie pour recevoir les eaux sans les rejeter en vapeurs. Le chaos de l'atmosphère avait commencé de se débrouiller : non-seulement les eaux, mais toutes les matières volatiles que la trop grande chaleur y tenait reléguées et suspendues tombèrent successivement; elles remplirent toutes les profondeurs, couvrirent toutes les plaines, tous les intervalles qui se trouvaient entre les éminences de la surface du globe, et même elles surmontèrent toutes celles qui n'étaient pas excessivement élevées. On a des preuves évidentes que les mers ont couvert le continent de l'Europe jusqu'à quinze cents toises au-dessus du niveau de la mer actuelle[a], puisqu'on trouve des coquilles et d'autres productions marines

---

[a]. Voyez ci-après les notes justificatives des faits.

[1]. Buffon suppose ici toutes les montagnes contemporaines les unes des autres, et toutes contemporaines de la *vitrification générale* du globe : c'est une erreur; il y a des *montagnes* de tous les *âges* (voyez la note 3 de la p. 41 du 1er volume).

dans les Alpes et dans les Pyrénées jusqu'à cette même hauteur [1]. On a les mêmes preuves pour les continents de l'Asie et de l'Afrique ; et même dans celui de l'Amérique, où les montagnes sont plus élevées qu'en Europe, on a trouvé des coquilles marines à plus de deux mille toises de hauteur au-dessus du niveau de la mer du Sud. Il est donc certain que dans ces premiers temps le diamètre du globe avait deux lieues de plus, puisqu'il était enveloppé d'eau jusqu'à deux mille toises de hauteur. La surface de la terre en général était donc beaucoup plus élevée qu'elle ne l'est aujourd'hui ; et pendant une longue suite de temps les mers l'ont recouverte en entier, à l'exception peut-être de quelques terres très-élevées et des sommets des hautes montagnes, qui seuls surmontaient cette mer universelle, dont l'élévation était au moins à cette hauteur où l'on cesse de trouver des coquilles ; d'où l'on doit inférer que les animaux auxquels ces dépouilles ont appartenu peuvent être regardés comme les premiers habitants [2] du globe, et cette population était innombrable, à en juger par l'immense quantité de leurs dépouilles et de leurs détriments, puisque c'est de ces mêmes dépouilles et de leurs détriments [3] qu'ont été formées toutes les couches des pierres calcaires, des marbres, des craies et des tufs qui composent nos collines et qui s'étendent sur de grandes contrées dans toutes les parties de la terre.

Or, dans les commencements de ce séjour des eaux sur la surface du globe, n'avaient-elles pas un degré de chaleur que nos poissons et nos coquillages actuellement existants n'auraient pu supporter ? et ne devons-nous pas présumer que les premières productions d'une mer encore bouillante [4] étaient différentes de celles qu'elle nous offre aujourd'hui ? Cette grande chaleur ne pouvait convenir qu'à d'autres natures de coquillages et de poissons ; et par conséquent c'est aux premiers temps de cette époque, c'est-à-dire depuis trente jusqu'à quarante mille ans de la formation de la terre, que l'on doit rapporter l'existence des espèces perdues [5] dont on ne trouve nulle part les analogues vivants. Ces premières espèces, maintenant anéanties, ont subsisté pendant les dix ou quinze mille ans qui ont suivi le temps auquel les eaux venaient de s'établir.

Et l'on ne doit point être étonné de ce que j'avance ici qu'il y a eu des

---

1. Voyez les notes 1 et 2 de la page 504.

2. ... *Les premiers habitants...* (Voyez, ci-après, les notes des pages 514 et 515).

3. Voyez la note 2 de la page 496.

4. *Mer bouillante.* Ni *coquillages* ni *poissons*, de *quelque nature* que Buffon les suppose, n'auraient pu vivre dans une *mer bouillante :* ils n'y auraient pas trouvé l'*air* nécessaire à toute *respiration*, car ce n'est pas l'*eau* que les *poissons* et les *coquillages* respirent ; ils ne respirent que l'*air* contenu dans l'*eau*. (Voyez mon Mémoire sur le *mécanisme de la respiration des poissons*, dans mes *Mémoires d'anatomie et de physiologie comparées.*)

5. *Espèces perdues.* Je recueille, avec soin (je l'ai déjà dit) toutes les traces, semées dans Buffon, de cette idée des *espèces perdues*, idée que son siècle n'a pas comprise, qui a fait la fortune du nôtre, et qu'avant Buffon nul homme encore n'avait eue.

poissons et d'autres animaux aquatiques capables de supporter un degré de chaleur beaucoup plus grand que celui de la température actuelle de nos mers méridionales, puisque encore aujourd'hui, nous connaissons des espèces de poissons et de plantes qui vivent et végètent dans des eaux presque bouillantes [1], ou du moins chaudes jusqu'à 50 et 60 degrés [a] du thermomètre.

Mais, pour ne pas perdre le fil des grands et nombreux phénomènes que nous avons à exposer, reprenons ces temps antérieurs, où les eaux jusqu'alors réduites en vapeurs, se sont condensées et ont commencé de tomber sur la terre brûlante, aride, desséchée, crevassée par le feu : tâchons de nous représenter les prodigieux effets qui ont accompagné et suivi cette chute précipitée des matières volatiles, toutes séparées, combinées, sublimées dans le temps de la consolidation et pendant le progrès du premier refroidissement. La séparation de l'élément de l'air et de l'élément de l'eau, le choc des vents et des flots qui tombaient en tourbillons sur une terre fumante ; la dépuration de l'atmosphère, qu'auparavant les rayons du soleil ne pouvaient pénétrer ; cette même atmosphère obscurcie de nouveau par les nuages d'une épaisse fumée ; la cohobation mille fois répétée et le bouillonnement continuel des eaux tombées et rejetées alternativement ; enfin la lessive de l'air par l'abandon des matières volatiles précédemment sublimées, qui toutes s'en séparèrent et descendirent avec plus ou moins de précipitation : quels mouvements, quelles tempêtes ont dû précéder, accompagner et suivre l'établissement local de chacun de ces éléments ! Et ne devons-nous pas rapporter à ces premiers moments de choc et d'agitation les bouleversements, les premières dégradations, les irruptions et les changements qui ont donné une seconde forme à la plus grande partie de la surface de la terre ? Il est aisé de sentir que les eaux qui la couvraient alors presque tout entière, étant continuellement agitées par la rapidité de leur chute, par l'action de la lune sur l'atmosphère et sur les eaux déjà tombées, par la violence des vents, etc., auront obéi à toutes ces impulsions, et que dans leurs mouvements elles auront commencé par sillonner plus à fond les vallées de la terre, par renverser les éminences les moins solides, rabaisser les crêtes des montagnes, percer leurs chaînes dans les points les plus faibles ; et qu'après leur établissement, ces mêmes eaux se seront ouvert des routes souterraines, qu'elles ont miné les voûtes des cavernes, les ont fait écrouler, et que par conséquent ces mêmes eaux se sont abaissées successivement pour remplir les nouvelles profondeurs qu'elles venaient de former : les cavernes étaient l'ouvrage du feu ; l'eau dès son arrivée a commencé par les attaquer ; elle

a. Voyez ci-après les notes justificatives des faits.

1. Voyez la note 4 de la page précédente.

les a détruites, et continue de les détruire encore ; nous devons donc attribuer l'abaissement des eaux à l'affaissement des cavernes[1], comme à la seule cause qui nous soit démontrée par les faits.

Voilà les premiers effets produits par la masse, par le poids et par le volume de l'eau ; mais elle en a produit d'autres par sa seule qualité : elle a saisi toutes les matières qu'elle pouvait délayer et dissoudre ; elle s'est combinée avec l'air, la terre et le feu pour former les acides, les sels, etc., elle a converti les scories et les poudres du verre primitif en argiles ; ensuite elle a, par son mouvement, transporté de place en place ces mêmes scories, et toutes les matières qui se trouvaient réduites en petits volumes. Il s'est donc fait dans cette seconde période, depuis trente-cinq jusqu'à cinquante mille ans, un si grand changement à la surface du globe que la mer universelle, d'abord très-élevée, s'est successivement abaissée pour remplir les profondeurs occasionnées par l'affaissement des cavernes, dont les voûtes naturelles, sapées ou percées par l'action et l'effet de ce nouvel élément, ne pouvaient plus soutenir le poids cumulé des terres et des eaux dont elles étaient chargées. A mesure qu'il se faisait quelque grand affaissement par la rupture d'une où de plusieurs cavernes[2], la surface de la terre se déprimant en ces endroits, l'eau arrivait de toutes parts pour remplir cette nouvelle profondeur, et par conséquent la hautenr générale des mers diminuait d'autant ; en sorte qu'étant d'abord à deux mille toises d'élévation, la mer a successivement baissé jusqu'au niveau où nous la voyons aujourd'hui.

On doit présumer que les coquilles et les autres productions marines que l'on trouve à de grandes hauteurs au-dessus du niveau actuel des mers, sont les espèces les plus anciennes de la nature ; et il serait important pour l'histoire naturelle de recueillir un assez grand nombre de ces productions de la mer qui se trouvent à cette plus grande hauteur, et de les comparer avec celles qui sont dans les terrains plus bas. Nous sommes assurés que les coquilles dont nos collines sont composées appartiennent en partie à des espèces inconnues, c'est-à-dire à des espèces dont aucune mer fréquentée ne nous offre les analogues vivants[3]. Si jamais on fait un recueil

1. Ces *cavernes*, à l'*affaissement* desquelles Buffon attribue l'*abaissement* des *eaux*, sont encore un emprunt fait à Leibnitz : « Nihil propius videtur quàm ut credamus, fracto telluris « fornice, ubi infirmioribus fulcris sustentabatur, ingentem massam nudatis cacuminibus in « subjectum anteàque inclusum mare procubuisse : ità aquas antris expressas suprà montes « exundasse, donec reperto novo in Tartara aditu, perfractisque repagulis clausturæ interioris « adhuc terræ, quidquid nunc siccum cernitur denuò deseruére. » (Leibnitz. *Protogæa*, p. 12.)

2. Voyez la note précédente.

3. Voyez les notes des pages 40 et 348 du Ier volume. — « Les *fossiles perdus* sont ceux qui « n'ont plus de représentants dans les mers actuelles, et qui ont tout à fait disparu de la surface « du globe. On peut dire que toutes les couches terrestres, depuis les plus anciennes jusqu'aux « époques tertiaires les plus rapprochées de nous, ne contiennent que des fossiles perdus. — « Les *fossiles perdus* constituent souvent des *familles* dont aucun *genre* n'a survécu ;.....

de ces pétrifications prises à la plus grande élévation dans les montagnes, on sera peut-être en état de prononcer sur l'ancienneté plus ou moins grande de ces espèces, relativement aux autres. Tout ce que nous pouvons en dire aujourd'hui, c'est que quelques-uns des monuments qui nous démontrent l'existence de certains animaux terrestres et marins, dont nous ne connaissons pas les analogues vivants, nous montrent en même temps que ces animaux étaient beaucoup plus grands qu'aucune espèce du même genre actuellement subsistante : ces grosses dents molaires à pointes mousses[1], du poids de onze ou douze livres ; ces cornes d'ammon[2], de sept à huit pieds de diamètre sur un pied d'épaisseur, dont on trouve les moules pétrifiés, sont certainement des êtres gigantesques dans le genre des animaux quadrupèdes et dans celui des coquillages. La nature était alors dans sa première force, et travaillait la matière organique et vivante avec une puissance plus active dans une température plus chaude : cette matière organique était plus divisée, moins combinée avec d'autres matières, et pouvait se réunir et se combiner avec elle-même en plus grandes masses, pour se développer en plus grandes dimensions : cette cause est suffisante pour rendre raison de toutes les productions gigantesques qui paraissent avoir été fréquentes dans ces premiers âges du monde [a][3].

En fécondant les mers, la nature répandait aussi les principes de vie sur toutes les terres que l'eau n'avait pu surmonter ou qu'elle avait promptement abandonnées ; et ces terres, comme les mers, ne pouvaient être peuplées que d'animaux et de végétaux capables de supporter une chaleur plus grande que celle qui convient aujourd'hui à la nature vivante. Nous avons des monuments tirés du sein de la terre, et particulièrement du fond des minières de charbon et d'ardoise, qui nous démontrent que quelques-uns

---

a. Voyez ci-après les notes justificatives des faits.

« d'autres fois ces *fossiles* constituent seulement des *genres* perdus dans des *familles* dont
« quelques *genres* sont encore vivants;..... lorsque les fossiles perdus ne forment pas des
« *familles,* des *genres* distincts des familles et des genres actuellements vivants, ils offrent
« seulement des *espèces* perdues appartenant à des *genres* de la faune actuelle. » — « Les
« *fossiles* ne sont pas *perdus* seulement par rapport à la nature actuelle, les *familles,* les
« *genres,* et, dans tous les cas, les *espèces* le sont encore presque toujours d'un étage géologique
« à l'autre. Les *ammonites,* qui ont cessé d'exister avec les dernières couches des terrains
« crétacés, sont *perdues* pour les terrains tertiaires qui les ont suivis; les *orthocératites* sont
« *perdues* pour les terrains jurassiques... En général, les espèces d'un étage géologique ne
« passant pas à l'étage suivant, il en résulte que chaque époque géologique contient une faune
« particulière, caractéristique, et que, presque toujours, la faune enfouie dans un terrain,
« dans un étage, est entièrement *perdue* par rapport au terrain, à l'étage qui lui succède. »
(Al. d'Orbigny : *Cours élém. de paléontologie,* p. 16.)

1. Voyez la note 3 de la page 467.

2. Voyez les notes 1 et 2 de la page 348 du Iᵉʳ volume. — Il y a, en effet, des *cornes d'Ammon* énormes. « On en voit depuis la grandeur d'une lentille jusqu'à celle d'une roue de carrosse. » (Cuvier : *Regn. anim.,* t. III, p. 20.)

3. Voyez la note 4 de la page 471.

des poissons et des végétaux que ces matières contiennent, ne sont pas des espèces actuellement existantes *a* [1]. On peut donc croire que la population de la mer en animaux, n'est pas plus ancienne que celle de la terre en végétaux : les monuments et les témoins sont plus nombreux, plus évidents pour la mer ; mais ceux qui déposent pour la terre sont aussi certains, et semblent nous démontrer que ces espèces anciennes dans les animaux marins et dans les végétaux terrestres se sont anéanties, ou plutôt ont cessé de se multiplier dès que la terre et la mer ont perdu la grande chaleur nécessaire à l'effet de leur propagation.

Les coquillages ainsi que les végétaux de ce premier temps s'étant prodigieusement multipliés pendant ce long espace de vingt mille ans, et la durée de leur vie n'étant que de peu d'années, les animaux à coquilles, les polypes des coraux, des madrépores, des astroïtes et tous les petits animaux qui convertissent l'eau de la mer en pierre, ont, à mesure qu'ils périssaient, abandonné leurs dépouilles et leurs ouvrages aux caprices des eaux : elles auront transporté, brisé et déposé ces dépouilles en mille et mille endroits ; car c'est dans ce même temps que le mouvement des marées et des vents réglés a commencé de former les couches horizontales de la surface de la terre par les sédiments et le dépôt des eaux ; ensuite les courants ont donné à toutes les collines et à toutes les montagnes de médiocre hauteur des directions correspondantes, en sorte que leurs angles saillants sont toujours opposés à des angles rentrants [2]. Nous ne répéterons pas ici ce que nous avons dit à ce sujet dans notre théorie de la terre, et nous nous contenterons d'assurer que cette disposition générale de la surface du globe par angles correspondants, ainsi que sa composition par couches horizontales, ou également et parallèlement inclinées, démontrent évidemment que la structure et la forme de la surface actuelle de la terre ont été disposées par les eaux [3] et produites par leurs sédiments. Il n'y a eu que les crêtes et les pics des plus hautes montagnes qui, peut-être, se sont trouvés hors d'atteinte aux eaux, ou n'en ont été surmontés que pendant un petit temps, et sur lesquels par conséquent la mer n'a point laissé d'empreintes [4] : mais ne pouvant les attaquer par leur sommet, elle les a prises par la base ; elle a recouvert ou miné les parties inférieures de ces montagnes primitives ; elle les a environnées de nouvelles matières, ou bien elle a percé les voûtes

---

a. Voyez ci-après les notes justificatives des faits.

1. Il faut dire des *poissons* et des *végétaux*, et de tous les corps organisés fossiles, ce qui a été dit des *coquilles* (voyez la note 3 de la page 509). A mesure que l'on pénètre plus profondément dans les couches terrestres, les *faunes perdues* changent plus complétement : ce ne sont d'abord que des *espèces* perdues, dans des *genres* encore subsistants; puis les *genres* même *disparaissent*, et puis les *familles*.

2. Voyez la note 1 de la page 243 du Ier volume.

3. Voyez note 3 de la p. 41 du Ier volume.

4. Voyez la note 2 de la p. 39 du Ier volume.

qui les soutenaient ; souvent elle les a fait pencher : enfin elle a transporté dans leurs cavités intérieures les matières combustibles provenant du détriment des végétaux, ainsi que les matières pyriteuses, bitumineuses et minérales, pures ou mêlées de terres et de sédiments de toute espèce.

La production des argiles paraît avoir précédé celle des coquillages ; car la première opération de l'eau a été de transformer les scories et les poudres de verre en argiles : aussi les lits d'argiles se sont formés quelque temps avant les bancs de pierres calcaires ; et l'on voit que ces dépôts de matières argileuses ont précédé ceux des matières calcaires, car presque partout les rochers calcaires sont posés sur des glaises qui leur servent de base. Je n'avance rien ici qui ne soit démontré par l'expérience ou confirmé par les observations : tout le monde pourra s'assurer par des procédés aisés à répéter [a], que le verre et le grès en poudre se convertissent en peu de temps en argile [1], seulement en séjournant dans l'eau ; et c'est d'après cette connaissance que j'ai dit, dans ma *Théorie de la terre*, que les argiles n'étaient que des sables vitrescibles décomposés et pourris ; j'ajoute ici que c'est probablement à cette décomposition du sable vitrescible dans l'eau qu'on doit attribuer l'origine de l'acide : car le principe acide qui se trouve dans l'argile [2] peut être regardé comme une combinaison de la terre vitrescible avec le feu, l'air et l'eau ; et c'est ce même principe acide qui est la première cause de la ductilité de l'argile et de toutes les autres matières, sans même en excepter les bitumes, les huiles et les graisses, qui ne sont ductiles et ne communiquent de la ductilité aux autres matières que parce qu'elles contiennent des acides.

Après la chute et l'établissement des eaux bouillantes sur la surface du globe, la plus grande partie des scories de verre qui la couvraient en entier ont donc été converties en assez peu de temps en argiles : tous les mouvements de la mer ont contribué à la prompte formation de ces mêmes argiles, en remuant et transportant les scories et les poudres de verre, et les forçant de se présenter à l'action de l'eau dans tous les sens. Et peu de temps après, les argiles, formées par l'intermède et l'impression de l'eau, ont successivement été transportées et déposées au-dessus de la roche primitive du globe, c'est-à-dire au-dessus de la masse solide de matières vitrescibles qui en fait le fond, et qui par sa ferme consistance et sa dureté, avait résisté à cette même action des eaux.

La décomposition des poudres et des sables vitrescibles, et la production des argiles, se sont faites en d'autant moins de temps que l'eau était plus chaude : cette décomposition a continué de se faire et se fait encore tous les

---

a. Voyez ci-après les notes justificatives des faits.

1. Voyez la note 2 de la p. 138 du Ier volume.

2. L'acide silicique. — Voyez mes notes sur les *minéraux*.

jours, mais plus lentement et en bien moindre quantité ; car quoique les argiles se présentent presque partout comme enveloppant le globe, quoique souvent ces couches d'argiles aient cent et deux cents pieds d'épaisseur, quoique les rochers de pierres calcaires et toutes les collines composées de ces pierres soient ordinairement appuyées sur des couches argileuses, on trouve quelquefois au-dessous de ces mêmes couches des sables vitrescibles qui n'ont pas été convertis, et qui conservent le caractère de leur première origine. Il y a aussi des sables vitrescibles à la superficie de la terre et sur celle du fond des mers, mais la formation de ces sables vitrescibles qui se présentent à l'extérieur est d'un temps bien postérieur à la formation des autres sables de même nature, qui se trouvent à de grandes profondeurs sous les argiles ; car ces sables, qui se présentent à la superficie de la terre, ne sont que les détriments des granites, des grès et de la roche vitreuse dont les masses forment les noyaux et les sommets des montagnes, desquelles les pluies, la gelée et les autres agents extérieurs, ont détaché et détachent encore tous les jours de petites parties, qui sont ensuite entraînées et déposées par les eaux courantes sur la surface de la terre : on doit donc regarder comme très-récente, en comparaison de l'autre, cette production des sables vitrescibles qui se présentent sur le fond de la mer ou à la superficie de la terre.

Ainsi les argiles et l'acide qu'elles contiennent[1] ont été produits très-peu de temps après l'établissement des eaux et peu de temps avant la naissance des coquillages ; car nous trouvons dans ces mêmes argiles une infinité de bélemnites, de pierres lenticulaires, de cornes d'ammon et d'autres échantillons de ces espèces perdues dont on ne retrouve nulle part les analogues vivants. J'ai trouvé moi-même dans une fouille que j'ai fait creuser à cinquante pieds de profondeur, au plus bas d'un petit vallon[a] tout composé d'argile, et dont les collines voisines étaient aussi d'argile jusqu'à quatre-vingts pieds de hauteur ; j'ai trouvé, dis-je, des bélemnites qui avaient huit pouces de long sur près d'un pouce de diamètre, et dont quelques-unes étaient attachées à une partie plate et mince comme l'est le têt des crustacés. J'y ai trouvé de même un grand nombre de cornes d'ammon pyriteuses et bronzées, et des milliers de pierres lenticulaires. Ces anciennes dépouilles étaient, comme l'on voit, enfouies dans l'argile à cent trente pieds de profondeur ; car, quoiqu'on n'eût creusé qu'à cinquante pieds dans cette argile au milieu du vallon, il est certain que l'épaisseur de cette argile était originairement de cent trente pieds, puisque les couches en sont élevées des deux côtés à quatre-vingts pieds de hauteur au-dessus : cela me fut démontré par la correspondance de ces couches et par celle des bancs de pierres

a. Ce petit vallon est tout voisin de la ville de Montbard, au midi.

1. Voyez mes notes sur les *minéraux.*

calcaires qui les surmontent de chaque côté du vallon. Ces bancs calcaires ont cinquante-quatre pieds d'épaisseur, et leurs différents lits se trouvent correspondants et posés horizontalement à la même hauteur au-dessus de la couche immense d'argile qui leur sert de base et s'étend sous les collines calcaires de toute cette contrée.

Le temps de la formation des argiles a donc immédiatement suivi celui de l'établissement des eaux : le temps de la formation des premiers coquillages [1] doit être placé quelques siècles après; et le temps du transport de leurs dépouilles a suivi presque immédiatement; il n'y a eu d'intervalle qu'autant que la nature en a mis entre la naissance et la mort de ces animaux à coquilles. Comme l'impression de l'eau convertissait chaque jour les sables vitrescibles en argiles, et que son mouvement les transportait de place en place, elle entraînait en même temps les coquilles et les autres dépouilles et débris des productions marines, et, déposant le tout comme des sédiments, elle a formé dès lors les couches d'argile où nous trouvons aujourd'hui ces monuments, les plus anciens de la nature organisée, dont les modèles ne subsistent plus [2] : ce n'est pas qu'il n'y ait aussi dans les argiles des coquilles dont l'origine est moins ancienne, et même quelques espèces que l'on peut comparer avec celles de nos mers, et mieux encore avec celles des mers méridionales; mais cela n'ajoute aucune difficulté à nos explications, car l'eau n'a pas cessé de convertir en argiles toutes les scories de verre et tous les sables vitrescibles qui se sont présentés à son action; elle a donc formé des argiles en grande quantité, dès qu'elle s'est emparée de la surface de la terre : elle a continué et continue encore de produire le même effet; car la mer transporte aujourd'hui ses vases avec les dépouilles des coquillages actuellement vivants, comme elle a autrefois transporté ces mêmes vases avec les dépouilles des coquillages alors existants.

La formation des schistes, des ardoises, des charbons de terre et des matières bitumineuses [3], date à peu près du même temps : ces matières se trouvent ordinairement dans les argiles à d'assez grandes profondeurs; elles paraissent même avoir précédé l'établissement local des dernières couches d'argile; car au-dessous de cent trente pieds d'argile dont les lits contenaient des bélemnites, des cornes d'ammon et d'autres débris des plus anciennes coquilles, j'ai trouvé des matières charbonneuses et inflammables, et l'on sait que la plupart des mines de charbon de terre sont plus ou moins surmontées par des couches de terres argileuses. Je crois même pouvoir avancer que c'est dans ces terres qu'il faut chercher les veines de

---

1..... *Le temps de la formation des premiers coquillages.* Je m'attache à faire remarquer tous les germes, déposés dans Buffon, de la grande science développée par Cuvier, de la *paléontologie.* (Voyez la note 3 de la page 463).

2..... *Ces monuments, les plus anciens de la nature organisée, dont les modèles ne subsistent plus...* Autre germe de la *paléontologie.*

3. Voyez mes notes sur les *minéraux.*

charbon desquelles la formation est un peu plus ancienne que celle des couches extérieures des terres argileuses qui les surmontent : ce qui le prouve, c'est que les veines de ces charbons de terre sont presque toujours inclinées, tandis que celles des argiles, ainsi que toutes les autres couches extérieures du globe, sont ordinairement horizontales. Ces dernières ont donc été formées par le sédiment des eaux qui s'est déposé de niveau sur une base horizontale, tandis que les autres, puisqu'elles sont inclinées, semblent avoir été amenées par un courant sur un terrain en pente. Ces veines de charbon, qui toutes sont composées de végétaux mêlés de plus ou moins de bitume, doivent leur origine aux premiers végétaux que la terre a formés [1] : toutes les parties du globe qui se trouvaient élevées au-dessus des eaux produisirent dès les premiers temps une infinité de plantes et d'arbres de toutes espèces, lesquels, bientôt tombant de vétusté, furent entraînés par les eaux et formèrent des dépôts de matières végétales en une infinité d'endroits; et comme les bitumes et les autres huiles terrestres paraissent provenir des substances végétales et animales, qu'en même temps l'acide provient de la décomposition du sable vitrescible par le feu, l'air et l'eau, et qu'enfin il entre de l'acide dans la composition des bitumes, puisque avec une huile végétale et de l'acide on peut faire du bitume, il paraît que les eaux se sont dès lors mêlées avec ces bitumes et s'en sont imprégnées pour toujours; et comme elles transportaient incessamment les arbres et les autres matières végétales descendues des hauteurs de la terre, ces matières végétales ont continué de se mêler avec les bitumes déjà formés des résidus des premiers végétaux, et la mer, par son mouvement et par ses courants, les a remuées, transportées et déposées sur les éminences d'argile qu'elle avait formées précédemment.

Les couches d'ardoises, qui contiennent aussi des végétaux et même des poissons, ont été formées de la même manière, et l'on peut en donner des exemples, qui sont pour ainsi dire sous nos yeux [a]. Ainsi les ardoisières et les mines de charbon ont ensuite été recouvertes par d'autres couches de terres argileuses que la mer a déposées dans des temps postérieurs : il y a même eu des intervalles considérables et des alternatives de mouvement entre l'établissement des différentes couches de charbon dans le même terrain; car on trouve souvent au-dessous de la première couche de charbon une veine d'argile ou d'autre terre qui suit la même inclinaison ; et ensuite on trouve assez communément une seconde couche de charbon inclinée comme la première, et souvent une troisième, également séparées l'une de l'autre par des veines de terre, et quelquefois même par des bancs

_____

a. Voyez le numéro 13 des notes justificatives des faits.

1..... *Les premiers végétaux que la terre a formés.* Encore un premier germe, encore un premier indice marqué de la *paléontologie.*

de pierres calcaires, comme dans les mines de charbon du Hainaut. L'on ne peut donc pas douter que les couches les plus basses de charbon n'aient été produites les premières par le transport des matières végétales amenées par les eaux ; et lorsque le premier dépôt d'où la mer enlevait ces matières végétales se trouvait épuisé, le mouvement des eaux continuait de transporter au même lieu les terres ou les autres matières qui environnaient ce dépôt : ce sont ces terres qui forment aujourd'hui la veine intermédiaire entre les deux couches de charbon, ce qui suppose que l'eau amenait ensuite de quelque autre dépôt des matières végétales pour former la seconde couche de charbon. J'entends ici par couches la veine entière de charbon, prise dans toute son épaisseur, et non pas les petites couches ou feuillets dont la substance même du charbon est composée, et qui souvent sont extrêmement minces : ce sont ces mêmes feuillets, toujours parallèles entre eux, qui démontrent que ces masses de charbon ont été formées et déposées par le sédiment et même par la stillation des eaux imprégnées de bitume ; et cette même forme de feuillets se trouve dans les nouveaux charbons dont les couches se forment par stillation aux dépens des couches plus anciennes. Ainsi les feuillets du charbon de terre ont pris leur forme par deux causes combinées : la première est le dépôt toujours horizontal de l'eau ; et la seconde, la disposition des matières végétales, qui tendent à faire des feuillets [a]. Au surplus, ce sont les morceaux de bois, souvent entiers, et les détriments très-reconnaissables d'autres végétaux, qui prouvent évidemment que la substance de ces charbons de terre n'est qu'un assemblage de débris de végétaux liés ensemble par des bitumes.

La seule chose qui pourrait être difficile à concevoir, c'est l'immense quantité de débris de végétaux que la composition de ces mines de charbon suppose, car elles sont très-épaisses, très-étendues, et se trouvent en une infinité d'endroits : mais si l'on fait attention à la production peut-être encore plus immense de végétaux qui s'est faite pendant vingt ou vingt-cinq mille ans, et si l'on pense en même temps que l'homme n'étant pas encore créé [1], il n'y avait aucune destruction des végétaux par le feu, on sentira qu'ils ne pouvaient manquer d'être emportés par les eaux, et de former en mille endroits différents des couches très-étendues de matière végétale ; on peut se faire une idée en petit de ce qui est alors arrivé en grand : quelle énorme quantité de gros arbres certains fleuves, comme le Mississipi, n'entraînent-ils pas dans la mer ! Le nombre de ces arbres est si prodigieux, qu'il empêche dans de certaines saisons la navigation de ce

a. Voyez l'expérience de M. de Morveau, sur une concrétion blanche qui est devenue du charbon de terre noir et feuilleté.

1..... *L'homme n'étant pas encore créé.* Expressions bien remarquables (voyez les notes des pages précédentes). M. Cuvier appellera plus tard le genre humain : « le *dernier* et le plus « parfait ouvrage du Créateur. » (*Disc. sur les révol. du globe.*)

large fleuve : il en est de même sur la rivière des Amazones et sur la plupart des grands fleuves des continents déserts ou mal peuplés. On peut donc penser, par cette comparaison, que toutes les terres élevées au-dessus des eaux étant dans le commencement couvertes d'arbres et d'autres végétaux que rien ne détruisait que leur vétusté, il s'est fait dans cette longue période de temps des transports successifs de tous ces végétaux et de leurs détriments, entraînés par les eaux courantes du haut des montagnes jusqu'aux mers. Les mêmes contrées inhabitées de l'Amérique nous en fournissent un autre exemple frappant : on voit à la Guiane des forêts de palmiers *lataniers* de plusieurs lieues d'étendue, qui croissent dans des espèces de marais qu'on appelle des *savanes noyées*, qui ne sont que des appendices de la mer : ces arbres, après avoir vécu leur âge, tombent de vétusté et sont emportés par le mouvement des eaux. Les forêts, plus éloignées de la mer et qui couvrent toutes les hauteurs de l'intérieur du pays, sont moins peuplées d'arbres sains et vigoureux que jonchées d'arbres décrépits et à demi pourris : les voyageurs qui sont obligés de passer la nuit dans ces bois ont soin d'examiner le lieu qu'ils choisissent pour gite, afin de reconnaître s'il n'est environné que d'arbres solides, et s'ils ne courent pas risque d'être écrasés pendant leur sommeil par la chute de quelque arbre pourri sur pied ; et la chute de ces arbres en grand nombre est très-fréquente : un seul coup de vent fait souvent un abatis si considérable, qu'on en entend le bruit à de grandes distances. Ces arbres roulant du haut des montagnes en renversent quantité d'autres, et ils arrivent ensemble dans les lieux les plus bas, où ils achèvent de pourrir pour former de nouvelles couches de terre végétale, ou bien ils sont entraînés par les eaux courantes dans les mers voisines, pour aller former au loin de nouvelles couches de charbon fossile.

Les détriments des substances végétales sont donc le premier fonds des mines de charbon ; ce sont des trésors que la nature semble avoir accumulés d'avance pour les besoins à venir des grandes populations[1] : plus les hommes se multiplieront, plus les forêts diminueront : le bois ne pouvant plus suffire à leur consommation, ils auront recours à ces immenses dépôts de matières combustibles, dont l'usage leur deviendra d'autant plus nécessaire que le globe se refroidira davantage ; néanmoins ils ne les épuiseront jamais, car une seule de ces mines de charbon contient peut-être plus de matière combustible que toutes les forêts d'une vaste contrée.

L'ardoise[2], qu'on doit regarder comme une argile durcie, est formée par

---

1. M. Cuvier nous dira plus tard : « Le schiste cuivreux est porté sur un grès rouge à l'âge « duquel appartiennent ces fameux amas de charbons de terre ou de houille, ressource de l'âge « présent, et reste des premières richesses végétales qui aient orné la face du globe. » (*Disc. sur les révol. de la surface du globe.*)

2. Voyez mes notes sur les *minéraux.*

couches qui contiennent de même du bitume et des végétaux, mais en bien plus petite quantité ; et en même temps elles renferment souvent des coquilles, des crustacés et des poissons qu'on ne peut rapporter à aucune espèce connue ; ainsi l'origine des charbons et des ardoises date du même temps : la seule différence qu'il y ait entre ces deux sortes de matières, c'est que les végétaux composent la majeure partie de la substance des charbons de terre, au lieu que le fonds de la substance de l'ardoise est le même que celui de l'argile, et que les végétaux ainsi que les poissons ne paraissent s'y trouver qu'accidentellement et en assez petit nombre ; mais toutes deux contiennent du bitume, et sont formées par feuillets ou par couches très-minces toujours parallèles entre elles, ce qui démontre clairement qu'elles ont également été produites par les sédiments successifs d'une eau tranquille, et dont les oscillations étaient parfaitement réglées, telles que sont celles de nos marées ordinaires ou des courants constants des eaux.

Reprenant donc pour un instant tout ce que je viens d'exposer, la masse du globe terrestre, composée de verre en fusion, ne présentait d'abord que les boursouflures et les cavités irrégulières qui se forment à la superficie de toute matière liquéfiée par le feu, et dont le refroidissement resserre les parties : pendant ce temps, et dans le progrès du refroidissement, les éléments se sont séparés, les liquations et les sublimations des substances métalliques et minérales se sont faites, elles ont occupé les cavités des terres élevées et les fentes perpendiculaires des montagnes ; car ces pointes avancées au-dessus de la surface du globe s'étant refroidies les premières, elles ont aussi présenté aux éléments extérieurs les premières fentes produites par le resserrement de la matière qui se refroidissait. Les métaux et les minéraux ont été poussés par la sublimation ou déposés par les eaux dans toutes ces fentes, et c'est par cette raison qu'on les trouve presque tous dans les hautes montagnes, et qu'on ne rencontre dans les terres plus basses que des mines de nouvelle formation : peu de temps après, les argiles se sont formées, les premiers coquillages et les premiers végétaux ont pris naissance ; et, à mesure qu'ils ont péri, leurs dépouilles et leurs détriments ont fait les pierres calcaires, et ceux des végétaux ont produit les bitumes et les charbons ; et en même temps les eaux, par leur mouvement et par leurs sédiments, ont composé l'organisation de la surface de la terre par couches horizontales ; ensuite les courants de ces mêmes eaux lui ont donné sa forme extérieure par angles saillants et rentrants ; et ce n'est pas trop étendre le temps nécessaire pour toutes ces grandes opérations et ces immenses constructions de la nature que de compter vingt mille ans depuis la naissance des premiers coquillages et des premiers végétaux : ils étaient déjà très-multipliés, très-nombreux à la date de quarante-cinq mille ans de la formation de la terre ; et comme les eaux, qui d'abord étaient si prodigieusement élevées, s'abaissèrent successivement et abandonnèrent les terres qu'elles surmontaient auparavant, ces terres présentèrent dès lors une surface toute jonchée de productions marines.

La durée du temps pendant lequel les eaux couvraient nos continents a été très-longue; l'on n'en peut pas douter en considérant l'immense quantité de productions marines qui se trouvent jusqu'à d'assez grandes profondeurs et à de très-grandes hauteurs dans toutes les parties de la terre. Et combien ne devons-nous pas encore ajouter de durée à ce temps déjà si long, pour que ces mêmes productions marines aient été brisées, réduites en poudre et transportées par le mouvement des eaux, et former ensuite les marbres, les pierres calcaires et les craies! Cette longue suite de siècles, cette durée de vingt mille ans, me paraît encore trop courte pour la succession des effets que tous ces monuments nous démontrent.

Car il faut se représenter ici la marche de la nature, et même se rappeler l'idée de ses moyens. Les molécules organiques vivantes ont existé dès que les éléments d'une chaleur douce ont pu s'incorporer avec les substances qui composent les corps organisés; elles ont produit sur les parties élevées du globe une infinité de végétaux, et dans les eaux un nombre immense de coquillages, de crustacés et de poissons, qui se sont bientôt multipliés par la voie de la génération. Cette multiplication des végétaux et des coquillages, quelque rapide qu'on puisse la supposer, n'a pu se faire que dans un grand nombre de siècles, puisqu'elle a produit des volumes aussi prodigieux que le sont ceux de leurs détriments : en effet, pour juger de ce qui s'est passé, il faut considérer ce qui se passe. Or ne faut-il pas bien des années pour que des huîtres qui s'amoncèlent dans quelques endroits de la mer s'y multiplient en assez grande quantité pour former une espèce de rocher? Et combien n'a-t-il pas fallu de siècles pour que toute la matière calcaire de la surface du globe ait été produite? Et n'est-on pas forcé d'admettre, non-seulement des siècles, mais des siècles de siècles, pour que ces productions marines aient été non-seulement réduites en poudre, mais transportées et déposées par les eaux, de manière à pouvoir former les craies, les marnes, les marbres et les pierres calcaires? Et combien de siècles encore ne faut-il pas admettre pour que ces mêmes matières calcaires, nouvellement déposées par les eaux, se soient purgées de leur humidité superflue, puis séchées et durcies au point qu'elles le sont aujourd'hui et depuis si longtemps?

Comme le globe terrestre n'est pas une sphère parfaite, qu'il est plus épais sous l'équateur que sous les pôles, et que l'action du soleil est aussi bien plus grande dans les climats méridionaux, il en résulte que les contrées polaires ont été refroidies plutôt que celles de l'équateur. Ces parties polaires de la terre ont donc reçu les premières les eaux et les matières volatiles qui sont tombées de l'atmosphère; le reste de ces eaux a dû tomber ensuite sur les climats que nous appelons tempérés, et ceux de l'équateur auront été les derniers abreuvés. Il s'est passé bien des siècles avant que les parties de l'équateur aient été assez attiédies pour admettre les eaux : l'équilibre et même l'occupation des mers a donc été longtemps à se former et à s'établir; et les premières inondations ont dû venir des deux pôles. Mais nous avons remarqué *a* que tous les continents terrestres finissent en pointe vers les régions australes : ainsi les eaux sont venues en plus grande quantité du pôle austral que du pôle boréal, d'où elles ne pouvaient que refluer et non pas arriver, du moins avec autant de force; sans quoi les continents auraient pris une forme toute différente de celle qu'ils nous présentent : ils se seraient élargis vers les plages australes au lieu de se rétrécir. En effet, les contrées du pôle austral ont dû se refroidir plus vite que celles du pôle boréal, et par conséquent recevoir plus tôt les eaux de l'atmosphère, parce que le soleil fait un peu moins de séjour sur cet hémisphère austral que sur le boréal; et cette cause me paraît suffisante pour avoir déterminé le premier mouvement des eaux et le perpétuer ensuite assez longtemps pour avoir aiguisé les pointes de tous les continents terrestres.

D'ailleurs, il est certain que les deux continents n'étaient pas encore séparés vers notre nord [1], et que même leur séparation ne s'est faite que longtemps après l'établissement de la nature vivante dans nos climats septentrionaux, puisque les éléphants ont en même temps existé en Sibérie et au Canada ; ce qui prouve invinciblement la continuité de l'Asie ou de l'Europe avec l'Amérique, tandis qu'au contraire il paraît également certain que l'Afrique était dès les premiers temps séparée de l'Amérique méridionale, puisqu'on n'a pas trouvé dans cette partie du Nouveau-Monde un seul des animaux de l'ancien continent, ni aucune dépouille qui puisse indiquer qu'ils y aient autrefois existé. Il paraît que les éléphants dont on trouve les ossements dans l'Amérique septentrionale, y sont demeurés confinés, qu'ils n'ont pu franchir les hautes montagnes qui sont au sud de l'isthme de Panama, et qu'ils n'ont jamais pénétré dans les vastes contrées de l'Amérique méridionale [2] : mais il est encore plus certain que les mers qui séparent l'Afrique et l'Amérique existaient avant la naissance des éléphants en Afrique; car si ces deux continents eussent été contigus, les animaux de Guinée se trouveraient au Brésil, et l'on eût trouvé des

a. Voyez Hist. Nat., t. I, *Théorie de la terre*, art. Géographie.

1. Voyez mes notes sur la VI*e* *époque.*

2. M. de Humboldt a trouvé des fragments d'une défense dans la province de Quito, au Pérou. — « Ce tronçon, étant moins comprimé que ne le sont d'ordinaire les défenses du mastodonte, « pourrait faire croire que les vrais éléphants à dents molaires composées de lames ont aussi « laissé de leurs dépouilles au midi de l'isthme de Panama... » (Cuvier : *Rech. sur les ossem. fossiles.*)

dépouilles de ces animaux dans l'Amérique méridionale comme l'on en trouve dans les terres de l'Amérique septentrionale.

Ainsi dès l'origine et dans le commencement de la nature vivante, les terres les plus élevées du globe et les parties de notre Nord ont été les premières peuplées par les espèces d'animaux terrestres auxquels la grande chaleur convient le mieux : les régions de l'équateur sont demeurées longtemps désertes, et même arides et sans mers. Les terres élevées de la Sibérie, de la Tartarie et de plusieurs autres endroits de l'Asie, toutes celles de l'Europe qui forment la chaîne des montagnes de Galice, des Pyrénées, de l'Auvergne, des Alpes, des Apennins, de Sicile, de la Grèce et de la Macédoine, ainsi que les monts Riphées, Rymniques, etc., ont été les premières contrées habitées, même pendant plusieurs siècles, tandis que toutes les terres moins élevées étaient encore couvertes par les eaux.

Pendant ce long espace de durée que la mer a séjourné sur nos terres, les sédiments et les dépôts des eaux ont formé les couches horizontales de la terre, les inférieures d'argiles, et les supérieures de pierres calcaires. C'est dans la mer même que s'est opérée la pétrification des marbres et des pierres : d'abord ces matières étaient molles, ayant été successivement déposées les unes sur les autres, à mesure que les eaux les amenaient et les laissaient tomber en forme de sédiments ; ensuite elles se sont peu à peu durcies par la force de l'affinité de leurs parties constituantes, et enfin elles ont formé toutes les masses des rochers calcaires, qui sont composées de couches horizontales ou également inclinées, comme le sont toutes les autres matières déposées par les eaux.

C'est dès les premiers temps de cette même période de durée que se sont déposées les argiles où se trouvent les débris des anciens coquillages; et ces animaux à coquilles n'étaient pas les seuls alors existants dans la mer ; car, indépendamment des coquilles, on trouve des débris de crustacés, des pointes d'oursins, des vertèbres d'étoiles dans ces mêmes argiles. Et dans les ardoises, qui ne sont que des argiles durcies et mêlées d'un peu de bitume, on trouve, ainsi que dans les schistes, des impressions entières et très-bien conservées de plantes, de crustacés et de poissons de différentes grandeurs ; enfin dans les minières de charbon de terre, la masse entière de charbon ne paraît composée que de débris de végétaux. Ce sont là les plus anciens monuments de la nature vivante, et les premières productions organisées, tant de la mer que de la terre.

Les régions septentrionales, et les parties les plus élevées du globe, et surtout les sommets des montagnes dont nous avons fait l'énumération, et qui pour la plupart ne présentent aujourd'hui que des faces sèches et des sommets stériles, ont donc autrefois été des terres fécondes et les premières où la nature se soit manifestée, parce que ces parties du globe ayant été bien plus tôt refroidies que les terres plus basses ou plus voisines de l'équateur, elles auront les premières reçu les eaux de l'atmosphère et toutes les autres matières qui pouvaient contribuer à la fécondation. Ainsi l'on peut présumer qu'avant l'établissement fixe des mers, toutes les parties de la terre qui se trouvaient supérieures aux eaux ont été fécondées, et qu'elles ont dû dès lors et dans ce temps produire les plantes dont nous retrouvons aujourd'hui les impressions dans les ardoises, et toutes les substances végétales qui composent les charbons de terre.

Dans ce même temps où nos terres étaient couvertes par la mer, et tandis que les bancs calcaires de nos collines se formaient des détriments de ses productions, plusieurs monuments nous indiquent qu'il se détachait du sommet des montagnes primitives et des autres parties découvertes du globe une grande quantité de substances vitrescibles, lesquelles sont venues par alluvion, c'est-à-dire par le transport des eaux, remplir les fentes et les autres intervalles que les masses calcaires laissaient entre elles. Ces fentes perpendiculaires ou légèrement inclinées dans les bancs calcaires se sont formées par le resserrement de ces matières calcaires, lorsqu'elles se sont séchées et durcies, de la même manière que s'étaient faites précédemment les premières fentes perpendiculaires dans les montagnes vitrescibles produites par le feu, lorsque ces matières se sont resserrées par leur consolidation. Les pluies, les vents et les autres agents extérieurs avaient déjà détaché de ces masses vitrescibles une grande quantité de petits fragments que les eaux transportaient en différents endroits. En cherchant des mines de fer dans des collines de pierres calcaires, j'ai trouvé plusieurs fentes et cavités remplies de mines de fer en grains, mêlées de sable vitrescible et de petits cailloux arrondis. Ces sacs ou nids de mine de fer ne s'étendent pas horizontalement, mais descendent presque perpendiculairement, et ils sont tous situés sur la crête la plus élevée des collines calcaires [a]. J'ai reconnu plus d'une centaine de ces sacs, et j'en ai trouvé huit principaux et très-considérables dans la seule étendue de terrain qui avoisine mes forges, à une ou deux lieues de distance : toutes ces mines étaient en grains assez menus, et plus ou moins mélangés de sable vitrescible et de petits cailloux. J'ai fait exploiter cinq de ces mines pour l'usage de mes fourneaux : on a fouillé les unes à cinquante ou soixante pieds, et les autres jusqu'à cent soixante-quinze pieds de profondeur; elles sont toutes également situées dans les fentes des rochers calcaires, et il n'y a dans cette contrée ni roc vitrescible, ni quartz, ni grès, ni cailloux, ni granites ; en sorte que ces mines de fer, qui sont en grains plus ou moins gros, et qui sont toutes plus ou moins mélangées

---

a. Je puis encore citer ici les mines de fer en pierre, qui se trouvent en Champagne, et qui sont *ensachées* entre les rochers calcaires, dans des directions et des inclinaisons différentes, perpendiculaires ou obliques. Voyez le *Recueil des Mémoires de Physique* et d'*Histoire naturelle*, par M. de Grignon, in-4°. Paris, 1775, p. 35 et suiv.

de sable vitrescible et de petits cailloux, n'ont pu se former dans les
matières calcaires, où elles sont renfermées de tous côtés comme entre
des murailles; et par conséquent elles y ont été amenées de loin par le
mouvement des eaux qui les y auront déposées en même temps qu'elles
déposaient ailleurs des glaises et d'autres sédiments; car ces sacs de mine
de fer en grains sont tous surmontés ou latéralement accompagnés d'une
espèce de terre limoneuse rougeâtre, plus pétrissable, plus pure et plus
fine que l'argile commune. Il paraît même que cette terre limoneuse,
plus ou moins colorée de la teinture rouge que le fer donne à la terre, est
l'ancienne matrice de ces mines de fer, et que c'est dans cette même terre
que les grains métalliques ont dû se former avant leur transport. Ces
mines, quoique situées dans des collines entièrement calcaires, ne contiennent aucun gravier de cette même nature; il se trouve seulement, à
mesure qu'on descend, quelques masses isolées de pierres calcaires autour
desquelles tournent les veines de la mine, toujours accompagnées de la
terre rouge, qui souvent traverse les veines de la mine, ou bien est appliquée contre les parois des rochers calcaires qui la renferment. Et ce qui
prouve d'une manière évidente que ces dépôts de mines se sont faits par
le mouvement des eaux, c'est qu'après avoir vidé les fentes et cavités qui
les contiennent, on voit à ne pouvoir s'y tromper, que les parois de ces
fentes ont été usées et même polies par l'eau, et que par conséquent elle
les a remplies et baignées pendant un assez long temps avant d'y avoir
déposé la mine de fer, les petits cailloux, le sable vitrescible et la terre
limoneuse, dont ces fentes sont actuellement remplies; et l'on ne peut
pas se prêter à croire que les grains de fer se soient formés dans cette
terre limoneuse depuis qu'elle a été déposée dans ces fentes de rochers;
car une chose tout aussi évidente que la première s'oppose à cette idée,
c'est que la quantité de mines de fer paraît surpasser de beaucoup celle de
la terre limoneuse. Les grains de cette substance métallique ont à la
vérité tous été formés dans cette même terre, qui n'a elle-même été produite que par le résidu des matières animales et végétales, dans lequel nous
démontrerons la production du fer en grains; mais cela s'est fait avant
leur transport et leur dépôt dans les fentes des rochers. La terre limoneuse, les grains de fer, le sable vitrescible et les petits cailloux ont été
transportés et déposés ensemble; et si depuis il s'est formé dans cette même
terre des grains de fer, ce ne peut être qu'en petite quantité. J'ai tiré de
chacune de ces mines plusieurs milliers de tonneaux, et, sans avoir mesuré
exactement la quantité de terre limoneuse qu'on a laissée dans ces mêmes
cavités, j'ai vu qu'elle était bien moins considérable que la quantité de la
mine de fer dans chacune.

Mais ce qui prouve encore que ces mines de fer en grains ont été toutes
amenées par le mouvement des eaux, c'est que dans ce même canton, à

trois lieues de distance, il y a une assez grande étendue de terrain formant une espèce de petite plaine, au-dessus des collines calcaires, et aussi élevée que celles dont je viens de parler, et qu'on trouve dans ce terrain une grande quantité de mine de fer en grain, qui est très-différemment mélangée et autrement située ; car au lieu d'occuper les fentes perpendiculaires et les cavités intérieures des rochers calcaires, au lieu de former un ou plusieurs sacs perpendiculaires, cette mine de fer est au contraire déposée *en nappe*, c'est-à-dire par couches horizontales, comme tous les autres sédiments des eaux ; au lieu de descendre profondément comme les premières, elle s'étend presque à la surface du terrain, sur une épaisseur de quelques pieds ; au lieu d'être mélangée de cailloux et de sable vitrescible, elle n'est au contraire mêlée partout que de graviers et de sables calcaires. Elle présente de plus un phénomène remarquable ; c'est un nombre prodigieux de cornes d'ammon et d'autres anciens coquillages, en sorte qu'il semble que la mine entière en soit composée, tandis que dans les huit autres mines dont j'ai parlé ci-dessus, il n'existe pas le moindre vestige de coquilles, ni même aucun fragment, aucun indice du genre calcaire, quoiqu'elles soient enfermées entre des masses de pierres entièrement calcaires. Cette autre mine, qui contient un nombre si prodigieux de débris de coquilles marines, même des plus anciennes, aura donc été transportée avec tous ces débris de coquilles, par le mouvement des eaux, et déposée en forme de sédiment par couches horizontales ; et les grains de fer qu'elle contient et qui sont encore bien plus petits que ceux des premières mines, mêlées de cailloux, auront été amenés avec les coquilles mêmes. Ainsi le transport de toutes ces matières et le dépôt de toutes ces mines de fer en grains se sont faits par alluvion à peu près dans le même temps, c'est-à-dire lorsque les mers couvraient encore nos collines calcaires.

Et le sommet de toutes ces collines, ni les collines elles-mêmes, ne nous représentent plus à beaucoup près le même aspect qu'elles avaient lorsque les eaux les-ont abandonnées. A peine leur forme primitive s'est-elle maintenue ; leurs angles saillants et rentrants sont devenus plus obtus, leurs pentes moins rapides, leurs sommets moins élevés et plus chenus, les pluies en ont détaché et entraîné les terres ; les collines se sont donc rabaissées peu à peu, et les vallons se sont en même temps remplis de ces terres entraînées par les eaux pluviales ou courantes. Qu'on se figure ce que devait être autrefois la forme du terrain à Paris et aux environs : d'une part, sur les collines de Vaugirard jusqu'à Sèvres, on voit des carrières de pierres calcaires remplies de coquilles pétrifiées ; de l'autre côté vers Montmartre, des collines de plâtre et de matières argileuses ; et ces collines, à peu près également élevées au-dessus de la Seine, ne sont aujourd'hui que d'une hauteur très-médiocre ; mais au fond des puits que l'on a faits à Bicêtre et à l'École-Militaire, on a trouvé des bois travaillés de main d'homme à soixante-quinze pieds de profondeur; ainsi l'on ne peut douter que cette vallée de la Seine ne se soit remplie de plus de soixante-quinze pieds seulement depuis que les hommes existent; et qui sait de combien les collines adjacentes ont diminué dans le même temps par l'effet des pluies, et quelle était l'épaisseur de terre dont elles étaient autrefois revêtues? Il en est de même de toutes les autres collines et de toutes les autres vallées: elles étaient peut-être du double plus élevées, et du double plus profondes dans le temps que les eaux de la mer les ont laissées à découvert. On est même assuré que les montagnes s'abaissent encore tous les jours, et que les vallées se remplissent à peu près dans la même proportion; seulement cette diminution de la hauteur des montagnes, qui ne se fait aujourd'hui que d'une manière presque insensible, s'est faite beaucoup plus vite dans les premiers temps en raison de la plus grande rapidité de leur pente, et il faudra maintenant plusieurs milliers d'années pour que les inégalités de la surface de la terre se réduisent encore autant qu'elles l'ont fait en peu de siècles dans les premiers âges.

Mais revenons à cette époque antérieure où les eaux, après être arrivées des régions polaires, ont gagné celles de l'équateur. C'est dans ces terres de la zone torride où se sont faits les plus grands bouleversements : pour en être convaincu, il ne faut que jeter les yeux sur un globe géographique, on reconnaîtra que presque tout l'espace compris entre les cercles de cette zone ne présente que les débris de continents bouleversés et d'une terre ruinée. L'immense quantité d'îles, de détroits, de hauts et de bas-fonds, de bras de mer et de terre entrecoupés, prouve les nombreux affaissements qui se sont faits dans cette vaste partie du monde. Les montagnes y sont plus élevées, les mers plus profondes que dans tout le reste de la terre; et c'est sans doute lorsque ces grands affaissements se sont faits dans les contrées de l'équateur, que les eaux qui couvraient nos continents se sont abaissées et retirées en coulant à grands flots vers ces terres du Midi dont elles ont rempli les profondeurs, en laissant à découvert d'abord les parties les plus élevées des terres et ensuite toute la surface de nos continents.

Qu'on se représente l'immense quantité des matières de toute espèce qui ont alors été transportées par les eaux : combien de sédiments de diffé- .rente nature n'ont-elles pas déposés les uns sur les autres, et combien par conséquent la première face de la terre n'a-t-elle pas changé par ces révolutions? D'une part, le flux et le reflux donnait aux eaux un mouvement constant d'orient en occident; d'autre part, les alluvions venant des pôles croisaient ce mouvement et déterminaient les efforts de la mer autant et peut-être plus vers l'équateur que vers l'occident. Combien d'irruptions particulières se sont faites alors de tous côtés? A mesure que quelque grand affaissement présentait une nouvelle profondeur, la mer s'abaissait et les eaux couraient pour la remplir; et quoiqu'il paraisse aujourd'hui que l'équilibre des mers soit à peu près établi, et que toute leur action se réduise à gagner quelque terrain vers l'occident et en laisser à découvert vers l'orient, il est néanmoins très-certain qu'en général les mers baissent tous les jours de plus en plus, et qu'elles baisseront encore à mesure qu'il se fera quelque nouvel affaissement, soit par l'effet des volcans et des tremblements de terre, soit par des causes plus constantes et plus simples; car toutes les parties caverneuses de l'intérieur du globe ne sont pas encore affaissées; les volcans et les secousses des tremblements de terre en sont une preuve démonstrative. Les eaux mineront peu à peu les voûtes et les remparts de ces cavernes souterraines[1], et lorsqu'il s'en écroulera quelques-unes, la surface de la terre se déprimant dans ces endroits, formera de nouvelles vallées dont la mer viendra s'emparer. Néanmoins comme ces événements, qui dans les commencements devaient être très-fréquents, sont actuellement assez rares, on peut croire que la terre est à peu près parvenue à un état assez tranquille pour que ses habitants n'aient plus à redouter les désastreux effets de ces grandes convulsions.

L'établissement de toutes les matières métalliques et minérales a suivi d'assez près l'établissement des eaux; celui des matières argileuses et calcaires a précédé leur retraite; la formation, la situation, la position de toutes ces dernières matières, datent du temps où la mer couvrait les continents. Mais nous devons observer que le mouvement général des mers ayant commencé de se faire alors comme il se fait encore aujourd'hui d'orient en occident, elles ont travaillé la surface de la terre dans ce sens d'orient en occident autant et peut-être plus qu'elles ne l'avaient fait précédemment dans le sens du midi au nord; l'on n'en doutera pas si l'on fait attention à un fait très-général et très-vrai[a], c'est que dans tous les continents du monde la pente des terres, à la prendre du sommet des montagnes, est toujours beaucoup plus rapide du côté de l'occident que du côté de l'orient; cela est évident dans le continent entier de l'Amérique, où les sommets de la chaîne des Cordillères sont très-voisins partout des mers de l'ouest et sont très-éloignés de la mer de l'est. La chaîne qui sépare l'Afrique dans sa longueur, et qui s'étend depuis le cap de Bonne-Espérance jusqu'aux monts de la Lune, est aussi plus voisine des mers à l'ouest qu'à l'est. Il en est de même des montagnes qui s'étendent depuis le cap Comorin dans la presqu'île de l'Inde, elles sont bien plus près de la mer à l'orient qu'à l'occident; et si nous considérons les presqu'îles, les promontoires, les îles et toutes les terres environnées de la mer, nous reconnaîtrons partout que les pentes sont courtes et rapides vers l'occident et qu'elles sont douces et longues vers l'orient; les revers de toutes les montagnes sont de même plus escar-

---

a. Voyez ci-après les notes justificatives des faits.

1. Voyez la note 1 de la page 509.

pés à l'ouest qu'à l'est, parce que le mouvement général des mers s'est toujours fait d'orient en occident, et qu'à mesure que les eaux se sont abaissées, elles ont détruit les terres et dépouillé les revers des montagnes dans le sens de leur chute, comme l'on voit dans une cataracte les rochers dépouillés et les terres creusées par la chute continuelle de l'eau. Ainsi tous les continents terrestres ont été d'abord aiguisés en pointe vers le midi par les eaux qui sont venues du pôle austral plus abondamment que du pôle boréal; et ensuite ils ont été tous escarpés en pente plus rapide à l'occident qu'à l'orient dans le temps subséquent où ces mêmes eaux ont obéi au seul mouvement général qui les porte constamment d'orient en occident.

QUATRIÈME ÉPOQUE.

LORSQUE LES EAUX SE SONT RETIRÉES, ET QUE LES VOLCANS ONT COMMENCÉ D'AGIR.

On vient de voir que les éléments de l'air et de l'eau se sont établis par le refroidissement, et que les eaux, d'abord reléguées dans l'atmosphère par la forcé expansive de la chaleur, sont ensuite tombées sur les parties du globe qui étaient assez attiédies pour ne les pas rejeter en vapeurs; et ces parties sont les régions polaires et toutes les montagnes. Il y a donc eu, à l'époque de trente-cinq mille ans, une vaste mer aux environs de chaque pôle et quelques lacs ou grandes mares sur les montagnes et les terres élevées qui, se trouvant refroidies au même degré que celles des pôles, pouvaient également recevoir et conserver les eaux; ensuite à mesure que le globe se refroidissait, les mers des pôles, toujours alimentées et fournies par la chute des eaux de l'atmosphère, se répandaient plus loin; et les lacs ou grandes mares, également fournies par cette pluie continuelle d'autant plus abondante que l'attiédissement était plus grand, s'étendaient en tous sens et formaient des bassins et de petites mers intérieures dans les parties du globe auxquelles les grandes mers des deux pôles n'avaient point encore atteint : ensuite les eaux continuant à tomber toujours avec plus d'abondance jusqu'à l'entière dépuration de l'atmosphère, elles ont gagné successivement du terrain et sont arrivées aux contrées de l'équateur, et enfin elles ont couvert toute la surface du globe à deux mille toises de hauteur au-dessus du niveau de nos mers actuelles[1]; la terre entière était alors sous l'empire de la mer, à l'exception peut-être du sommet des montagnes primitives qui n'ont été, pour ainsi dire, que lavées et baignées pendant le

---

1. Voyez la note 1 de la page 504.

premier temps de la chute des eaux, lesquelles se sont écoulées de ces lieux élevés pour occuper les terrains inférieurs dès qu'ils se sont trouvés assez refroidis pour les admettre sans les rejeter en vapeurs.

Il s'est donc formé successivement une mer universelle qui n'était interrompue et surmontée que par les sommets des montagnes d'où les premières eaux s'étaient déjà retirées en s'écoulant dans les lieux plus bas. Ces terres élevées, ayant été travaillées les premières par le séjour et le mouvement des eaux, auront aussi été fécondées les premières ; et tandis que toute la surface du globe n'était, pour ainsi dire, qu'un archipel général, la nature organisée s'établissait sur ces montagnes, elle s'y déployait même avec grande énergie ; car la chaleur et l'humidité, ces deux principes de toute fécondation, s'y trouvaient réunis et combinés à un plus haut degré qu'ils ne le sont aujourd'hui dans aucun climat de la terre.

Or dans ce même temps où les terres élevées au-dessus des eaux se couvraient de grands arbres et de végétaux de toute espèce, la mer générale se peuplait partout de poissons et de coquillages ; elle était aussi le réceptacle universel de tout ce qui se détachait des terres qui la surmontaient. Les scories du verre primitif et les matières végétales ont été entraînées des éminences de la terre dans les profondeurs de la mer, sur le fond de laquelle elles ont formé les premières couches de sable vitrescible, d'argile, de schiste et d'ardoise, ainsi que les minières de charbon, de sel et de bitumes qui dès lors ont imprégné toute la masse des mers. La quantité de végétaux produits et détruits dans ces premières terres est trop immense pour qu'on puisse se la représenter ; car quand nous réduirions la superficie de toutes les terres élevées alors au-dessus des eaux à la centième ou même à la deux-centième partie de la surface du globe, c'est-à-dire à cent trente mille lieues carrées, il est aisé de sentir combien ce vaste terrain de cent trente mille lieues superficielles a produit d'arbres et de plantes pendant quelques milliers d'années, combien leurs détriments se sont accumulés, et dans quelle énorme quantité ils ont été entraînés et déposés sous les eaux, où ils ont formé le fond du volume tout aussi grand des mines de charbon qui se trouvent en tant de lieux. Il en est de même des mines de sel, de celles de fer en grains, de pyrites, et de toutes les autres substances dans la composition desquelles il entre des acides, et dont la première formation n'a pu s'opérer qu'après la chute des eaux ; ces matières auront été entraînées et déposées dans les lieux bas et dans les fentes de la roche du globe, où trouvant déjà les substances minérales sublimées par la grande chaleur de la terre, elles auront formé le premier fond de l'aliment des volcans à venir : je dis à venir, car il n'existait aucun volcan en action avant l'établissement des eaux, et ils n'ont commencé d'agir ou plutôt ils n'ont pu prendre une action permanente qu'après leur abaissement ; car l'on doit distinguer les volcans terrestres des volcans marins ;

ceux-ci ne peuvent faire que des explosions, pour ainsi dire, momenta-
nées; parce qu'à l'instant que leur feu s'allume par l'effervescence des
matières pyriteuses et combustibles, il est immédiatement éteint par l'eau
qui les couvre et se précipite à flots jusque dans leur foyer par toutes les
routes que le feu s'ouvre pour en sortir. Les volcans de la terre ont au
contraire une action durable et proportionnée à la quantité de matières
qu'ils contiennent : ces matières ont besoin d'une certaine quantité d'eau
pour entrer en effervescence, et ce n'est ensuite que par le choc d'un grand
volume de feu contre un grand volume d'eau que peuvent se produire
leurs violentes éruptions; et de même qu'un volcan sous-marin ne peut
agir que par instants, un volcan terrestre ne peut durer qu'autant qu'il
est voisin des eaux. C'est par cette raison que tous les volcans actuellement
agissants sont dans les îles ou près des côtes de la mer, et qu'on pourrait
en compter cent fois plus d'éteints que d'agissants; car à mesure que les
eaux, en se retirant, se sont trop éloignées du pied de ces volcans, leurs
éruptions ont diminué par degrés et enfin ont entièrement cessé, et les
légères effervescences que l'eau pluviale aura pu causer dans leur ancien
foyer n'aura produit d'effet sensible que par des circonstances particulières
et très-rares.

Les observations confirment parfaitement ce que je dis ici de l'action
des volcans[1] : tous ceux qui sont maintenant en travail sont situés près des
mers[2]; tous ceux qui sont éteints, et dont le nombre est bien plus grand,
sont placés dans le milieu des terres, ou tout au moins à quelque distance
de la mer; et quoique la plupart des volcans qui subsistent paraissent
appartenir aux plus hautes montagnes, il en a existé beaucoup d'autres
dans les éminences de médiocre hauteur. La date de l'âge des volcans
n'est donc pas partout la même : d'abord il est sûr que les premiers, c'est-
à-dire les plus anciens, n'ont pu acquérir une action permanente qu'après
l'abaissement des eaux qui couvraient leur sommet; et ensuite, il paraît
qu'ils ont cessé d'agir dès que ces mêmes eaux se sont trop éloignées de
leur voisinage; car, je le répète, nulle puissance, à l'exception de celle
d'une grande masse d'eau choquée contre un grand volume de feu, ne
peut produire des mouvements aussi prodigieux que ceux de l'éruption
des volcans.

Il est vrai que nous ne voyons pas d'assez près la composition intérieure
de ces terribles bouches à feu, pour pouvoir prononcer sur leurs effets en
parfaite connaissance de cause; nous savons seulement que souvent il y a
des communications souterraines de volcan à volcan; nous savons aussi
que, quoique le foyer de leur embrasement ne soit peut-être pas à une

1. Voyez, sur les *volcans*, les notes du Ier volume, aux pages 56, 57, 58, 59, 269, 270, 274,
281, 286, 287, 380, 381 et 389.
2. Voyez la note 2 de la page 389 du Ier volume.

grande distance de leur sommet [1], il y a néanmoins des cavités qui descendent beaucoup plus bas, et que ces cavités, dont la profondeur et l'étendue nous sont inconnues, peuvent être en tout ou en partie remplies des mêmes matières que celles qui sont actuellement embrasées.

D'autre part, l'électricité me paraît jouer un très-grand rôle dans les tremblements de terre et dans les éruptions des volcans. Je me suis convaincu par des raisons très-solides, et par la comparaison que j'ai faite des expériences sur l'électricité, que *le fond de la matière électrique est la chaleur propre du globe terrestre* [2]; les émanations continuelles de cette chaleur, quoique sensibles, ne sont pas visibles, et restent sous la forme de chaleur obscure, tant qu'elles ont leur mouvemement libre et direct; mais elles produisent un feu très-vif et de fortes explosions, dès qu'elles sont détournées de leur direction, ou bien accumulées par le frottement des corps. Les cavités intérieures de la terre contenant du feu [3], de l'air et de l'eau, l'action de ce premier élément doit y produire des vents impétueux, des orages bruyants et des tonnerres souterrains dont les effets peuvent être comparés à ceux de la foudre des airs : ces effets doivent même être plus violents et plus durables, par la forte résistance que la solidité de la terre oppose de tous côtés à la force électrique de ces tonnerres souterrains. Le ressort d'un air mêlé de vapeurs denses et enflammées par l'électricité, l'effort de l'eau, réduite en vapeurs élastiques par le feu, toutes les autres impulsions de cette puissance électrique, soulèvent, entr'ouvrent la surface de la terre, ou du moins l'agitent par des tremblements, dont les secousses ne durent pas plus longtemps que le coup de la foudre intérieure qui les produit; et ces secousses se renouvellent jusqu'à ce que les vapeurs expansives se soient fait une issue par quelque ouverture à la surface de la terre ou dans le sein des mers. Aussi les éruptions des volcans et les tremblements de terre sont précédés et accompagnés d'un bruit sourd et roulant, qui ne diffère de celui du tonnerre que par le ton sépulcral et profond que le son prend nécessairement en traversant une grande épaisseur de matière solide, lorsqu'il s'y trouve renfermé.

Cette électricité souterraine, combinée comme cause générale avec les causes particulières des feux allumés par l'effervescence des matières pyriteuses et combustibles que la terre recèle en tant d'endroits, suffit à l'explication des principaux phénomènes de l'action des volcans : par exemple,

---

1. Voyez la note de la page 58 du Ier volume.

2. Buffon tire ici l'*électricité* de la *chaleur propre* du globe. De nos jours, le célèbre chimiste Berzélius a pris l'hypothèse inverse : il trouve la source de la *chaleur* dans l'union des *deux électrités* opposées (voyez sa *Théorie des proportions définies*). Il faut tenir compte de toutes ces conjectures, et n'y voir pourtant que des conjectures.

3. Buffon touche ici, et de bien près, à la véritable et première cause de tous les *effets volcaniques*, savoir, le *feu intérieur*, le *feu central* du globe. — Voyez la note de la page 58 du Ier volume. Voyez aussi toutes les autres notes de ce même Ier volume, indiquées p. 529.

leur foyer paraît être assez voisin de leur sommet, mais l'orage est au-dessous. Un volcan n'est qu'un vaste fourneau, dont les soufflets, ou plutôt les ventilateurs, sont placés dans les cavités inférieures, à côté et au-dessous du foyer : ce sont ces mêmes cavités, lorsqu'elles s'étendent jusqu'à la mer, qui servent de tuyaux d'aspiration pour porter en haut, non-seulement les vapeurs, mais les masses même de l'eau et de l'air; c'est dans ce transport que se produit la foudre souterraine, qui s'annonce par des mugissements, et n'éclate que par l'affreux vomissement des matières qu'elle a frappées, brûlées et calcinées : des tourbillons épais d'une noire fumée ou d'une flamme lugubre; des nuages massifs de cendres et de pierres; des torrents bouillonnants de lave en fusion, roulant au loin leurs flots brûlants et destructeurs, manifestent au dehors le mouvement convulsif des entrailles de la terre.

Ces tempêtes intestines sont d'autant plus violentes qu'elles sont plus voisines des montagnes à volcan et des eaux de la mer, dont le sel et les huiles grasses augmentent encore l'activité du feu ; les terres situées entre le volcan et la mer ne peuvent manquer d'éprouver des secousses fréquentes : mais pourquoi n'y a-t-il aucun endroit du monde où l'on n'ait ressenti, même de mémoire d'homme, quelques tremblements, quelque trépidation, causés par ces mouvements intérieurs de la terre? ils sont à la vérité moins violents et bien plus rares dans le milieu des continents éloignés des volcans et des mers; mais ne sont-ils pas des effets dépendants des mêmes causes? Pourquoi donc se font-ils ressentir où ces causes n'existent pas, c'est-à-dire dans les lieux où il n'y a ni mers ni volcans? La réponse est aisée[1], c'est qu'il y a eu des mers partout et des volcans presque partout; et que, quoique leurs éruptions aient cessé lorsque les mers s'en sont éloignées, leur feu subsiste et nous est démontré par les sources des huiles terrestres, par les fontaines chaudes et sulfureuses, qui se trouvent fréquemment au pied des montagnes, jusque dans le milieu des plus grands continents : ces feux des anciens volcans, devenus plus tranquilles depuis la retraite des eaux, suffisent néanmoins pour exciter de temps en temps des mouvements intérieurs et produire de légères secousses, dont les oscillations sont dirigées dans le sens des cavités de la terre, et peut-être dans la direction des eaux ou des veines des métaux, comme conducteurs de cette électricité souterraine.

On pourra me demander encore, pourquoi tous les volcans sont situés dans les montagnes? pourquoi paraissent-ils être d'autant plus ardents que les montagnes sont plus hautes? quelle est la cause qui a pu disposer ces énormes cheminées dans l'intérieur des murs les plus solides et les plus élevés du globe? Si l'on a bien compris ce que j'ai dit au sujet des inégalités

---

1. *Très-aisée* en effet, mais aussi *très-différente* de celle que fait Buffon. C'est que le *feu central* réagit sans cesse contre la surface du globe, et contre tous les points de cette surface. — Voyez la note 1 de la page 281, et la note 1 de la page 291 du Ier volume.

produites par le premier refroidissement, lorsque les matières en fusion se sont consolidées, on sentira que les chaines des hautes montagnes nous représentent les plus grandes boursouflures qui se sont faites à la surface du globe dans le temps qu'il a pris sa consistance[1] : la plupart des montagnes sont donc situées sur des cavités, auxquelles aboutissent les fentes perpendiculaires qui les tranchent du haut en bas : ces cavernes et ces fentes contiennent des matières qui s'enflamment par la seule effervescence, ou qui sont allumées par les étincelles électriques de la chaleur intérieure du globe. Dès que le feu commence à se faire sentir, l'air attiré par la raréfaction en augmente la force et produit bientôt un grand incendie, dont l'effet est de produire à son tour les mouvements et les orages intestins, les tonnerres souterrains et toutes les impulsions, les bruits et les secousses qui précèdent et accompagnent l'éruption des volcans. On doit donc cesser d'être étonné que les volcans soient tous situés dans les hautes montagnes[2], puisque ce sont les seuls anciens endroits de la terre où les cavités intérieures se soient maintenues, les seuls où ces cavités communiquent de bas en haut, par des fentes qui ne sont pas encore comblées, et enfin les seuls où l'espace vide était assez vaste pour contenir la très-grande quantité de matières qui servent d'aliment au feu des volcans permanents et encore subsistants[3]. Au reste, ils s'éteindront comme les autres dans la suite des siècles; leurs éruptions cesseront : oserai-je même dire que les hommes pourraient y contribuer[4]? En coûterait-il autant pour couper la communication d'un volcan avec la mer voisine, qu'il en a coûté pour construire les pyramides d'Egypte? Ces monuments inutiles d'une gloire fausse et vaine nous apprennent au moins qu'en employant les mêmes forces pour des monuments de sagesse, nous pourrions faire de très-grandes choses, et peut-être maîtriser la nature, au point de faire cesser, ou du moins de diriger les ravages du feu comme nous savons déjà par notre art diriger et rompre les efforts de l'eau.

Jusqu'au temps de l'action des volcans, il n'existait sur le globe que trois sortes de matières : 1° les vitrescibles, produites par le feu primitif; 2° les calcaires, formées par l'intermède de l'eau; 3° toutes les substances produites par le détriment des animaux et des végétaux ; mais le feu des volcans a donné naissance à des matières d'une quatrième sorte qui souvent participent de la nature des trois autres. La première classe renferme non-seulement les matières premières solides et vitrescibles dont la nature n'a point été altérée, et qui forment le fond du globe, ainsi que le noyau de toutes les montagnes primordiales, mais encore les sables, les schistes, les ardoises,

----

1. Voyez la note de la page 505.
2. Voyez la note 2 de la page 286 du Ier volume.
3. Voyez la note de la page 269 du Ier volume.
4. Illusion que Buffon ne se ferait plus aujourd'hui. La grande et profonde source du *feu des volcans* est le *feu central.* (Voyez les notes des pages 57, 58, etc , du Ier volume.)

les argiles et toutes les matières vitrescibles décomposées et transportées
par les eaux. La seconde classe contient toutes les matières calcaires, c'est-
à-dire toutes les substances produites par les coquillages et autres animaux
de la mer [1]; elles s'étendent sur des provinces entières et couvrent même
d'assez vastes contrées; elles se trouvent aussi à des profondeurs assez considérables, et elles environnent les bases des montagnes les plus élevées
jusqu'à une très-grande hauteur. La troisième classe comprend toutes les
substances qui doivent leur origine aux matières animales et végétales, et
ces substances sont en très-grand nombre; leur quantité paraît immense,
car elles recouvrent toute la superficie de la terre. Enfin la quatrième classe
est celle des matières soulevées et rejetées par les volcans, dont quelques-
unes paraissent être un mélange des premières, et d'autres, pures de tout
mélange, ont subi une seconde action du feu qui leur a donné un nouveau
caractère [2]. Nous rapportons à ces quatre classes toutes les substances minérales, parce qu'en les examinant, on peut toujours reconnaître à laquelle
de ces classes elles appartiennent, et par conséquent prononcer sur leur
origine : ce qui suffit pour nous indiquer à peu près le temps de leur formation ; car, comme nous venons de l'exposer, il paraît clairement que toutes
les matières vitrescibles solides, et qui n'ont pas changé de nature, ni de
situation, ont été produites par le feu primitif, et que leur formation appartient au temps de notre seconde époque, tandis que la formation des matières
calcaires, ainsi que celle des argiles, des charbons, etc., n'a eu lieu que
dans des temps subséquents et doit être rapportée à notre troisième époque.
Et comme dans les matières rejetées par les volcans, on trouve quelquefois
des substances calcaires et souvent des soufres et des bitumes, on ne peut
guère douter que la formation de ces substances rejetées par les volcans ne
soit encore postérieure à la formation de toutes ces matières et n'appartienne
à notre quatrième époque.

Quoique la quantité des matières rejetées par les volcans soit très-petite

1. Voyez la note 2 de la page 496.
2..... *Subi une seconde action du feu qui leur a donné un nouveau caractère.* — Buffon
touche ici à l'idée du *métamorphisme.* Voyez la note de la page 70. — « La roche endogène ou
« d'éruption (le granite, le porphyre et le mélaphyre) n'est point un agent exclusivement dyna-
« mique : non-seulement elle soulève ou ébranle les couches sur-jacentes, non-seulement elle
« les relève ou les repousse latéralement, mais encore elle modifie profondément les combi-
« naisons chimiques de leurs éléments et la nature de leur tissu intérieur. Il en résulte des
« roches nouvelles, le gneiss, le micaschiste et le calcaire saccharoïde (marbre de Carrare et
« de Paros). Les anciens schistes de transition de formation silurienne ou devonienne, le
« calcaire bélemnitique de la Tarentaise, le *macigno* (grès calcaire) gris et terne, contenant
« des algues marines, qu'on rencontre dans l'Apennin septentrional, prennent souvent, après
« leur transformation, une structure nouvelle et un éclat qui les rendent presque méconnais-
« sables. La théorie du *métamorphisme* a été fondée, du moment où l'on est parvenu à suivre
« pas à pas toutes les phases de la transformation, et à guider les inductions du géologue par
« les recherches directes du chimiste sur l'influence des degrés divers de fusibilité, de pression
« et de refroidissement. » (*Cosmos*, t. I, p. 293.)

en comparaison de la quantité des matières calcaires, elles ne laissent pas
d'occuper d'assez grands espaces sur la surface des terres situées aux environs de ces montagnes ardentes et de celles dont les feux sont éteints et
assoupis. Par leurs éruptions réitérées, elles ont comblé les vallées, couvert
les plaines et même produit d'autres montagnes. Ensuite, lorsque les éruptions ont cessé, la plupart des volcans ont continué de brûler, mais d'un feu
paisible et qui ne produit aucune explosion violente, parce qu'étant éloignés
des mers, il n'y a plus de choc de l'eau contre le feu; les matières en
effervescence et les substances combustibles anciennement enflammées
continuent de brûler, et c'est ce qui fait aujourd'hui la chaleur de toutes nos
eaux thermales; elles passent sur les foyers de ce feu souterrain et sortent
très-chaudes du sein de la terre : il y a aussi quelques exemples de mines
de charbon qui brûlent de temps immémorial, et qui se sont allumées par
la foudre souterraine ou par le feu tranquille d'un volcan dont les éruptions
ont cessé; ces eaux thermales et ces mines allumées se trouvent souvent
comme les volcans éteints dans les terres éloignées de la mer.

La surface de la terre nous présente en mille endroits les vestiges et les
preuves de l'existence de ces volcans éteints [1] : dans la France seule, nous
connaissons les vieux volcans de l'Auvergne, du Velay, du Vivarais, de la
Provence et du Languedoc. En Italie, presque toute la terre est formée de
débris de matières volcanisées, et il en est de même de plusieurs autres
contrées. Mais pour réunir les objets sous un point de vue général, et
concevoir nettement l'ordre des bouleversements que les volcans ont produits à la surface du globe, il faut reprendre notre troisième époque à cette
date où la mer était universelle et couvrait toute la surface du globe à l'exception des lieux élevés sur lesquels s'était fait le premier mélange des
scories vitrées de la masse terrestre avec les eaux : c'est à cette même date
que les végétaux ont pris naissance et qu'ils se sont multipliés sur les terres
que la mer venait d'abandonner; les volcans n'existaient pas encore, car
les matières qui servent d'aliment à leur feu, c'est-à-dire les bitumes, les
charbons de terre, les pyrites et même les acides [2], ne pouvaient s'être formés précédemment, puisque leur composition suppose l'intermède de l'eau
et la destruction des végétaux.

Ainsi les premiers volcans ont existé dans les terres élevées du milieu
des continents, et à mesure que les mers en s'abaissant se sont éloignées
de leur pied, leurs feux se sont assoupis et ont cessé de produire ces éruptions violentes qui ne peuvent s'opérer que par le conflit d'une grande
masse d'eau contre un grand volume de feu. Or il a fallu vingt mille ans

---

1. Voyez la note de la page 274 du Ier volume.
2. Voilà pourtant à quoi se réduisait encore l'idée que Buffon se faisait d'un volcan : un
amas de *bitumes*, de *charbons de terre*, de *pyrites* et même d'*acides!* — (Voyez la note de la
page 269 du Ier volume.)

pour cet abaissement successif des mers et pour la formation de toutes nos collines calcaires ; et comme les amas des matières combustibles et minérales qui servent d'aliment aux volcans n'ont pu se déposer que successivement, et qu'il a dû s'écouler beaucoup de temps avant qu'elles se soient mises en action, ce n'est guère que sur la fin de cette période, c'est-à-dire à cinquante mille ans de la formation du globe, que les volcans ont commencé à ravager la terre ; comme les environs de tous les lieux découverts étaient encore baignés des eaux, il y a eu des volcans presque partout, et il s'est fait de fréquentes et prodigieuses éruptions qui n'ont cessé qu'après la retraite des mers ; mais cette retraite ne pouvant se faire que par l'affaissement des boursouflures du globe, il est souvent arrivé que l'eau venant à flots remplir la profondeur de ces terres affaissées, elle a mis en action les volcans sous-marins qui, par leur explosion, ont soulevé une partie de ces terres nouvellement affaissées, et les ont quelquefois poussées au-dessus du niveau de la mer, où elles ont formé des îles nouvelles, comme nous l'avons vu dans la petite île formée auprès de celle de Santorin ; néanmoins ces effets sont rares, et l'action des volcans sous-marins n'est ni permanente ni assez puissante pour élever un grand espace de terre au-dessus de la surface des mers : les volcans terrestres, par la continuité de leurs éruptions, ont au contraire couvert de leurs déblais tous les terrains qui les environnaient ; ils ont, par le dépôt successif de leurs laves, formé de nouvelles couches ; ces laves, devenues fécondes avec le temps, sont une preuve invincible que la surface primitive de la terre, d'abord en fusion, puis consolidée, a pu de même devenir féconde : enfin les volcans ont aussi produit ces *mornes* ou tertres qui se voient dans toutes les montagnes à volcan, et ils ont élevé ces remparts de *basalte* qui servent de côtes aux mers dont ils sont voisins. Ainsi après que l'eau, par des mouvements uniformes et constants, eut achevé la construction horizontale des couches de la terre, le feu des volcans, par des explosions subites, a bouleversé, tranché et couvert plusieurs de ces couches ; et l'on ne doit pas être étonné de voir sortir du sein des volcans des matières de toute espèce, des cendres, des pierres calcinées, des terres brûlées, ni de trouver ces matières mélangées des substances calcaires et vitrescibles dont ces mêmes couches sont composées.

Les tremblements de terre ont dû se faire sentir longtemps avant l'éruption des volcans [1] : dès les premiers moments de l'affaissement des cavernes, il s'est fait de violentes secousses qui ont produit des effets tout aussi violents et bien plus étendus que ceux des volcans. Pour s'en former l'idée, supposons qu'une caverne soutenant un terrain de cent lieues carrées, ce qui ne ferait qu'une des petites boursouflures du globe, se soit tout à coup

---

1. Voyez la note 1 de la page 281 du Ier volume.

écroulée, cet écroulement n'aura-t-il pas été nécessairement suivi d'une commotion qui se sera communiquée et fait sentir très-loin par un tremblement plus ou moins violent? Quoique cent lieues carrées ne fassent que la deux-cent-soixante-millième partie de la surface de la terre, la chute de cette masse n'a pu manquer d'ébranler toutes les terres adjacentes, et de faire peut-être écrouler en même temps les cavernes voisines : il ne s'est donc fait aucun affaissement un peu considérable qui n'ait été accompagné de violentes secousses de tremblement de terre, dont le mouvement s'est communiqué par la force du ressort dont toute matière est douée, et qui a dû se propager quelquefois très-loin par les routes que peuvent offrir les vides de la terre, dans lesquels les vents souterrains, excités par ces commotions, auront peut-être allumé les feux des volcans ; en sorte que d'une seule cause, c'est-à-dire de l'affaissement d'une caverne, il a pu résulter plusieurs effets, tous grands, et la plupart terribles : d'abord, l'abaissement de la mer, forcée de courir à grands flots pour remplir cette nouvelle profondeur, et laisser par conséquent à découvert de nouveaux terrains; 2° l'ébranlement des terres voisines par la commotion de la chute des matières solides qui formaient les voûtes de la caverne; et cet ébranlement fait pencher les montagnes, les fend vers leur sommet, et en détache des masses qui roulent jusqu'à leur base ; 3° le même mouvement, produit par la commotion et propagé par les vents et les feux souterrains, soulève au loin la terre et les eaux, élève des tertres et des mornes, forme des gouffres et des crevasses, change le cours des rivières, tarit les anciennes sources, en produit de nouvelles, et ravage, en moins de temps que je ne puis le dire, tout ce qui se trouve dans sa direction. Nous devons donc cesser d'être surpris de voir en tant de lieux l'uniformité de l'ouvrage horizontal des eaux détruite et tranchée par des fentes inclinées, des éboulements irréguliers, et souvent cachée par des déblais informes, accumulés sans ordre, non plus que de trouver de si grandes contrées toutes recouvertes de matières rejetées par les volcans : ce désordre, causé par les tremblements de terre, ne fait néanmoins que masquer la nature aux yeux de ceux qui ne la voient qu'en petit, et qui d'un effet accidentel et particulier font une cause générale et constante. C'est l'eau seule qui, comme cause générale et subséquente à celle du feu primitif[1], a achevé de construire et de figurer la surface actuelle de la terre; et ce qui manque à l'uniformité de cette construction universelle n'est que l'effet particulier de la cause accidentelle des tremblements de terre et de l'action des volcans.

Or dans cette construction de la surface de la terre par le mouvement et le sédiment des eaux, il faut distinguer deux périodes de temps : la pre-

---

1. Encore une fois, voilà les deux temps bien marqués, celui du *feu*, et celui de l'*eau* : « l'*eau*..., comme cause générale et *subséquente* à celle du *feu primitif*. » — Voyez la note de la page 457.

mière a commencé après l'établissement de la mer universelle, c'est-à-dire après la dépuration parfaite de l'atmosphère, par la chute des eaux et de toutes les matières volatiles que l'ardeur du globe y tenait reléguées : cette période a duré autant qu'il était nécessaire pour multiplier les coquillages, au point de remplir de leurs dépouilles toutes nos collines calcaires, autant qu'il était nécessaire pour multiplier les végétaux et pour former de leurs débris toutes nos mines de charbon ; enfin autant qu'il était nécessaire pour convertir les scories du verre primitif en argiles, et former les acides, les sels, les pyrites, etc. Tous ces premiers et grands effets ont été produits ensemble dans les temps qui se sont écoulés depuis l'établissement des eaux jusqu'à leur abaissement. Ensuite a commencé la seconde période. Cette retraite des eaux ne s'est pas faite tout à coup, mais par une longue succession de temps, dans laquelle il faut encore saisir des points différents. Les montagnes composées de pierres calcaires ont certainement été construites dans cette mer ancienne, dont les différents courants les ont tout aussi certainement figurées par angles correspondants. Or l'inspection attentive des côtes de nos vallées nous démontre que le *travail particulier des courants a été postérieur à l'ouvrage général de la mer*. Ce fait, qu'on n'a pas même soupçonné, est trop important pour ne le pas appuyer de tout ce qui peut le rendre sensible à tous les yeux.

Prenons pour exemple la plus haute montagne calcaire de la France, celle de Langres, qui s'élève au-dessus de toutes les terres de la Champagne, s'étend en Bourgogne jusqu'à Montbard, et même jusqu'à Tonnerre, et qui, dans la direction opposée, domine de même sur les terres de la Lorraine et de la Franche-Comté. Ce cordon continu de la montagne de Langres qui, depuis les sources de la Seine jusqu'à celles de la Saône, a plus de quarante lieues en longueur, est entièrement calcaire, c'est-à-dire entièrement composé des productions de la mer ; et c'est par cette raison que je l'ai choisi pour nous servir d'exemple. Le point le plus élevé de cette chaîne de montagnes est très-voisin de la ville de Langres, et l'on voit que, d'un côté, cette même chaîne verse ses eaux dans l'Océan par la Meuse, la Marne, la Seine, etc., et que, de l'autre côté, elle les verse dans la Méditerranée par les rivières qui aboutissent à la Saône. Le point où est situé Langres se trouve à peu près au milieu de cette longueur de quarante lieues, et les collines vont en s'abaissant à peu près également vers les sources de la Seine et vers celles de la Saône : enfin ces collines, qui forment les extrémités de cette chaîne de montagnes calcaires, aboutissent également à des contrées de matières vitrescibles ; savoir, au delà de l'Armanson près de Semur, d'une part ; et au delà des sources de la Saône et de la petite rivière du Conay, de l'autre part.

En considérant les vallons voisins de ces montagnes, nous reconnaîtrons que le point de Langres étant le plus élevé, il a été découvert le premier dans le temps que les eaux se sont abaissées : auparavant, ce sommet était recouvert comme tout le reste par les eaux, puisqu'il est composé de matières calcaires ; mais au moment qu'il a été découvert, la mer ne pouvant plus le surmonter, tous ses mouvements se sont réduits à battre ce sommet des deux côtés, et par conséquent à creuser par des courants constants les vallons et les vallées que suivent aujourd'hui les ruisseaux et les rivières qui coulent des deux côtés de ces montagnes. La preuve évidente que les vallées ont toutes été creusées par des courants réguliers et constants, c'est que leurs angles saillants correspondent partout à des angles rentrants : seulement on observe que les eaux ayant suivi les pentes les plus rapides, et n'ayant entamé d'abord que les terrains les moins solides et les plus aisés à diviser, il se trouve souvent une différence remarquable entre les deux coteaux qui bordent la vallée. On voit quelquefois un escarpement considérable et des rochers à pic d'un côté, tandis que de l'autre les bancs de pierre sont couverts de terres en pente douce ; et cela est arrivé nécessairement toutes les fois que la force du courant s'est portée plus d'un côté que de l'autre, et aussi toutes les fois qu'il aura été troublé ou secondé par un autre courant.

Si l'on suit le cours d'une rivière ou d'un ruisseau voisin des montagnes d'où descendent leurs sources, on reconnaîtra aisément la figure et même la nature des terres qui forment les coteaux de la vallée. Dans les endroits où elle est étroite, la direction de la rivière et l'angle de son cours indiquent au premier coup d'œil le côté vers lequel se doivent porter ses eaux, et par conséquent le côté où le terrain doit se trouver en plaine, tandis que, de l'autre côté, il continuera d'être en montagne. Lorsque la vallée est large, ce jugement est plus difficile : cependant on peut, en observant la direction de la rivière, deviner assez juste de quel côté les terrains s'élargiront ou se rétréciront. Ce que nos rivières font en petit aujourd'hui, les courants de la mer l'ont autrefois fait en grand : ils ont creusé tous nos vallons, ils les ont tranchés des deux côtés, mais en transportant ces déblais ils ont souvent formé des escarpements d'une part et des plaines de l'autre. On doit aussi remarquer que dans le voisinage du sommet de ces montagnes calcaires, et particulièrement dans le sommet de Langres, les vallons commencent par une profondeur circulaire, et que de là ils vont toujours en s'élargissant à mesure qu'ils s'éloignent du lieu de leur naissance ; les vallons paraissent aussi plus profonds à ce point où ils commencent et semblent aller toujours en diminuant de profondeur à mesure qu'ils s'élargissent et qu'ils s'éloignent de ce point ; mais c'est une apparence plutôt qu'une réalité, car dans l'origine la portion du vallon la plus voisine du sommet a été la plus étroite et la moins profonde ; le mouvement des eaux a commencé par y former une ravine qui s'est élargie et creusée peu à peu ; les déblais ayant été transportés et entraînés par le courant des eaux dans la portion inférieure de la vallée, ils en auront comblé le fond , et c'est par cette raison que les vallons paraissent plus profonds à leur naissance que dans le reste de leur cours, et que les grandes vallées semblent être moins profondes à mesure qu'elles s'éloignent davantage du sommet auquel leurs rameaux aboutissent; car l'on peut considérer une grande vallée comme un tronc qui jette des branches par d'autres vallées , lesquelles jettent des rameaux par d'autres petits vallons qui s'étendent et remontent jusqu'au sommet auquel ils aboutissent.

En suivant cet objet dans l'exemple que nous venons de présenter, si l'on prend ensemble tous les terrains qui versent leurs eaux dans la Seine , ce vaste espace formera une vallée du premier ordre, c'est-à-dire de la plus grande étendue; ensuite, si nous ne prenons que les terrains qui portent leurs eaux à la rivière d'Yonne, cet espace sera une vallée du second ordre ; et, continuant à remonter vers le sommet de la chaîne des montagnes, les terrains qui versent leurs eaux dans l'Armanson, le Serin et la Cure formeront des vallées du troisième ordre, et ensuite la Brenne, qui tombe dans l'Armanson, sera une vallée du quatrième ordre, et enfin l'Oze et l'Ozerain, qui tombent dans la Brenne, et dont les sources sont voisines de celles de la Seine, forment des vallées du cinquième ordre. De même, si nous prenons les terrains qui portent leurs eaux à la Marne, cet espace sera une vallée du second ordre; et, continuant à remonter vers le sommet de la chaîne des montagnes de Langres, si nous ne prenons que les terrains dont les eaux s'écoulent dans la rivière de Rognon, ce sera une vallée du troisième ordre ; enfin les terrains, qui versent leurs eaux dans les ruisseaux de Bussière et d'Orguevaux , forment des vallées du quatrième ordre.

Cette disposition est générale dans tous les continents terrestres. A mesure que l'on remonte et qu'on s'approche du sommet des chaînes de montagnes, on voit évidemment que les vallées sont plus étroites; mais, quoiqu'elles paraissent aussi plus profondes, il est certain néanmoins que l'ancien fond des vallées inférieures était beaucoup plus bas autrefois que ne l'est actuellement celui des vallons supérieurs. Nous avons dit que dans la vallée de la Seine, à Paris, l'on a trouvé des bois travaillés de main d'homme à soixante-quinze pieds de profondeur; le premier fond de cette vallée était donc autrefois bien plus bas qu'il ne l'est aujourd'hui, car au-dessous de ces soixante-quinze pieds on doit encore trouver les déblais pierreux et terrestres entraînés par les courants depuis le sommet général des montagnes, tant par les vallées de la Seine que par celles de la Marne, de l'Yonne et de toutes les rivières qu'elles reçoivent. Au contraire, lorsque l'on creuse dans les petits vallons voisins du sommet général , on ne trouve aucun déblai, mais des bancs solides de pierre calcaire posée par lits horizontaux , et des argiles au-dessous à une profondeur plus ou moins grande. J'ai vu, dans une gorge assez voisine de la crête de ce long cordon de la montagne de Langres, un puits de deux cents pieds de profondeur creusé dans la pierre calcaire avant de trouver l'argile [a].

Le premier fond des grandes vallées, formées par le feu primitif ou même par les courants de la mer, a donc été recouvert et élevé successivement de tout le volume des déblais entraînés par le courant à mesure qu'il déchirait les terrains supérieurs : le fond de ceux-ci est demeuré presque nu, tandis que celui des vallées inférieures a été chargé de toute la matière que les autres ont perdue ; de sorte que, quand on ne voit que superficiellement la surface de nos continents, on tombe dans l'erreur en la divisant en bandes sablonneuses, marneuses, schisteuses, etc. ; car toutes ces bandes ne sont que des déblais superficiels qui ne prouvent rien et qui ne font, comme je l'ai dit, que masquer la nature et nous tromper sur la vraie théorie de la terre. Dans les vallons supérieurs, on ne trouve d'autres déblais que ceux qui sont descendus, longtemps après la retraite des mers, par l'effet des eaux pluviales, et ces déblais ont formé les petites couches de terre qui recouvrent actuellement le fond et les coteaux de ces vallons. Ce même effet a eu lieu dans les grandes vallées ; mais avec cette différence que dans les petits vallons, les terres, les graviers et les autres détriments amenés par les eaux pluviales et par les ruisseaux, se sont déposés immédiatement sur un fond nu et balayé par les courants de la mer, au lieu que dans les grandes vallées, ces mêmes détriments amenés par les eaux pluviales n'ont pu que se superposer sur les couches beaucoup plus épaisses des déblais entraînés et déposés précédemment par ces mêmes courants : c'est par cette raison que, dans toutes les plaines et les grandes vallées, nos observateurs croient trouver la nature en désordre, parce qu'ils y voient les matières calcaires mélangées avec les matières vitrescibles, etc. Mais n'est-ce pas vouloir juger d'un bâtiment par les gravois, ou de toute autre construction par les recoupes des matériaux ?

Ainsi, sans nous arrêter sur ces petites et fausses vues, suivons notre objet dans l'exemple que nous avons donné.

Les trois grands courants, qui se sont formés au-dessous des sommets de la montagne de Langres, nous sont aujourd'hui représentés par les vallées de la Meuse, de la Marne et de la Vingeanne. Si nous examinons ces terrains en détail, nous observerons que les sources de la Meuse sortent en partie des marécages du Bassigny, et d'autres petites vallées très-étroites et très-escarpées ; que la Mance et la Vingeanne, qui toutes deux se jettent dans la Saône, sortent aussi de vallées très-étroites de l'autre côté du sommet ; que la vallée de la Marne sous Langres a environ cent toises de profondeur ; que, dans tous ces premiers vallons, les coteaux sont voisins et escarpés ; que dans les vallées inférieures, et à mesure que les courants se

---

[a]. Au château de Rochefort près d'Anières en Champagne.

sont éloignés du sommet général et commun, ils se sont étendus en largeur, et ont par conséquent élargi les vallées, dont les côtes sont aussi moins escarpées, parce que le mouvement des eaux y était plus libre et moins rapide que dans les vallons étroits des terrains voisins du sommet.

L'on doit encore remarquer que la direction des courants a varié dans leur cours, et que la déclinaison des coteaux a changé par la même cause. Les courants dont la pente était vers le midi, et qui nous sont représentés par les vallons de la Tille, de la Venelle, de la Vingeanne, du Saulon et de la Mance, ont agi plus fortement contre les coteaux tournés vers le sommet de Langres, et à l'aspect du nord. Les courants, au contraire, dont la pente était vers le nord, et qui nous sont représentés par les vallons de l'Aujon, de la Suize, de la Marne et du Rognon, ainsi que par ceux de la Meuse, ont plus fortement agi contre les coteaux qui sont tournés vers ce même sommet de Langres, et qui se trouvent à l'aspect du midi.

Il y avait donc, lorsque les eaux ont laissé le sommet de Langres à découvert, une mer dont les mouvements et les courants étaient dirigés vers le nord, et, de l'autre côté de ce sommet, une autre mer, dont les mouvements étaient dirigés vers le midi; ces deux mers battaient les deux flancs opposés de cette chaîne de montagnes, comme l'on voit dans la mer actuelle les eaux battre les deux flancs opposés d'une longue île ou d'un promontoire avancé : il n'est donc pas étonnant que tous les coteaux escarpés de ces vallons se trouvent également des deux côtés de ce sommet général des montagnes; ce n'est que l'effet nécessaire d'une cause très-évidente.

Si l'on considère le terrain qui environne l'une des sources de la Marne près de Langres, on reconnaîtra qu'elle sort d'un demi-cercle coupé presque à plomb; et, en examinant les lits de pierre de cette espèce d'amphithéâtre, on se démontrera que ceux des deux côtés et ceux du fond de l'arc de cercle qu'il présente, étaient autrefois continus et ne faisaient qu'une seule masse, que les eaux ont détruite dans la partie qui forme aujourd'hui ce demi-cercle. On verra la même chose à l'origine des deux autres sources de la Marne; savoir, dans le vallon de Balesme et dans celui de Saint-Maurice ; tout ce terrain était continu avant l'abaissement de la mer; et cette espèce de promontoire, à l'extrémité duquel la ville de Langres est située, était dans ce même temps continu, non-seulement avec ces premiers terrains, mais avec ceux de Breuvonne, de Peigney, de Noidan le Rocheux, etc. : il est aisé de se convaincre, par ses yeux, que la continuité de ces terrains n'a été détruite que par le mouvement et l'action des eaux.

Dans cette chaîne de la montagne de Langres, on trouve plusieurs collines isolées, les unes en forme de cônes tronqués, comme celles de Montsaugeon; les autres en forme elliptique, comme celles de Montbard, de Montréal; et d'autres tout aussi remarquables autour des sources de la

Meuse, vers Clémont et Montigny-le-Roi, qui est situé sur un monticule adhérent au continent par une langue de terre très-étroite. On voit encore une de ces collines isolées à Andilly, une autre auprès d'Heuilly-Coton, etc. Nous devons observer qu'en général ces collines calcaires isolées sont moins hautes que celles qui les environnent, et desquelles ces collines sont actuellement séparées, parce que le courant, remplissant toute la largeur du vallon, passait par dessus ces collines isolées avec un mouvement direct et les détruisait par le sommet, tandis qu'il ne faisait que baigner le terrain des coteaux du vallon, et ne les attaquait que par un mouvement oblique; en sorte que les montagnes qui bordent les vallons sont demeurées plus élevées que les collines isolées qui se trouvent entre-deux. A Montbard, par exemple, la hauteur de la colline isolée au-dessus de laquelle sont situés les murs de l'ancien château n'est que de cent quarante pieds, tandis que les montagnes qui bordent le vallon des deux côtés, au nord et au midi, en ont plus de trois cent cinquante; et il en est de même des autres collines calcaires que nous venons de citer : toutes celles qui sont isolées sont en même temps moins élevées que les autres, parce qu'étant au milieu du vallon et au fil de l'eau, elles ont été minées sur leurs sommets par le courant, toujours plus violent et plus rapide dans le milieu que vers les bords de son cours.

Lorsqu'on regarde ces escarpements, souvent élevés à pic à plusieurs toises de hauteur; lorsqu'on les voit composés du haut en bas de bancs de pierres calcaires très-massives et fort dures, on est émerveillé du temps prodigieux qu'il faut supposer pour que les eaux aient ouvert et creusé ces énormes tranchées; mais deux circonstances ont concouru à l'accélération de ce grand ouvrage : l'une de ces circonstances est que, dans toutes les collines et montagnes calcaires, les lits supérieurs sont les moins compactes et les plus tendres, en sorte que les eaux ont aisément entamé la superficie du terrain et formé la première ravine qui a dirigé leur cours ; la seconde circonstance est que, quoique ces bancs de matière calcaire se soient formés et même séchés et pétrifiés sous les eaux de la mer, il est néanmoins très-certain qu'ils n'étaient d'abord que des sédiments superposés de matières molles, lesquelles n'ont acquis de la dureté que successivement par l'action de la gravité sur la masse totale, et par l'exercice de la force d'affinité de leurs parties constituantes. Nous sommes donc assurés que ces matières n'avaient pas acquis toute la solidité et la dureté que nous leur voyons aujourd'hui, et que dans ce temps de l'action des courants de la mer, elles devaient lui céder avec moins de résistance. Cette considération diminue l'énormité de la durée du temps de ce travail des eaux, et explique d'autant mieux la correspondance des angles saillants et rentrants des collines, qui ressemble parfaitement à la correspondance des bords de nos rivières dans tous les terrains aisés à diviser.

C'est pour la construction même de ces terrains calcaires, et non pour
leur division, qu'il est nécessaire d'admettre une très-longue période de
temps ; en sorte que dans les vingt mille ans, j'en prendrais au moins les
trois premiers quarts pour la multiplication des coquillages, le transport de
leurs dépouilles et la composition des masses qui les renferment, et le dernier quart pour la division et pour la configuration de ces mêmes terrains
calcaires : il a fallu vingt mille ans pour la retraite des eaux, qui d'abord
étaient élevées de deux mille toises au-dessus du niveau de nos mers
actuelles ; et ce n'est que vers la fin de cette longue marche en retraite que
nos vallons ont été creusés, nos plaines établies, et nos collines découvertes : pendant tout ce temps le globe n'était peuplé que de poissons et
d'animaux à coquilles[1] ; les sommets des montagnes et quelques terres élevées, que les eaux n'avaient pas surmontés ou qu'elles avaient abandonnés
les premiers, étaient aussi couverts de végétaux ; car leurs détriments en
volume immense ont formé les veines de charbon, dans le même temps que
les dépouilles des coquillages ont formé les lits de nos pierres calcaires. Il
est donc démontré par l'inspection attentive de ces monuments authentiques de la nature, savoir, les coquilles dans les marbres, les poissons dans
les ardoises, et les végétaux dans les mines de charbon, que tous ces êtres
organisés ont existé longtemps avant les animaux terrestres[2] ; d'autant qu'on
ne trouve aucun indice, aucun vestige de l'existence de ceux-ci dans toutes
ces couches anciennes qui se sont formées par le sédiment des eaux de la
mer. On n'a trouvé les os, les dents, les défenses des animaux terrestres
que dans les couches superficielles[3], ou bien dans ces vallées et dans ces
plaines dont nous avons parlé, qui ont été comblées de déblais entraînés des
lieux supérieurs par les eaux courantes : il y a seulement quelques exemples
d'ossements trouvés dans des cavités sous des rochers, près des bords de la
mer, et dans des terrains bas ; mais ces rochers sous lesquels gisaient ces
ossements d'animaux terrestres sont eux-mêmes de nouvelle formation,
ainsi que toutes les carrières calcaires en pays bas, qui ne sont formées que
des détriments des anciennes couches de pierre, toutes situées au-dessus de
ces nouvelles carrières ; et c'est par cette raison que je les ai désignées par

1. Cuvier nous dira plus tard : Des zoophytes, des mollusques et certains crustacés com-
« mencent à paraître dès les terrains de transition ; peut-être y a-t-il même dès lors des os et
« des squelettes de poissons : mais il s'en faut encore beaucoup que l'on découvre si tôt des
« restes d'animaux qui vivent sur la terre sèche et respirent l'air en nature. » (*Disc. sur les
révol. de la surf. du globe.*)

2. « Les grandes couches de houille et les troncs de palmiers et de fougères dont elles con-
« servent les empreintes, bien que supposant déjà des terres sèches et une végétation aérienne,
« ne montrent point encore des os de quadrupèdes, pas même de quadrupèdes ovipares. »
(Cuvier : *Ibid.*)

3. « Ce n'est que dans les couches qui ont succédé au calcaire grossier, ou tout au plus dans
« celles qui auraient pu se former en même temps..., que la classe des mammifères terrestres
« commence à se montrer... » (Cuvier : *Ibid.*)

le nom de *carrières parasites*, parce qu'elles se forment en effet aux dépens des premières.

Notre globe, pendant trente-cinq mille ans, n'a donc été qu'une masse de chaleur et de feu, dont aucun être sensible ne pouvait approcher; ensuite, pendant quinze ou vingt mille ans, sa surface n'était qu'une mer universelle : il a fallu cette longue succession de siècles pour le refroidissement de la terre et pour la retraite des eaux, et ce n'est qu'à la fin de cette seconde période que la surface de nos continents a été figurée.

Mais ces derniers effets de l'action des courants de la mer ont été précédés de quelques autres effets encore plus généraux, lesquels ont influé sur quelques traits de la face entière de la terre. Nous avons dit que les eaux , venant en plus grande quantité du pôle austral, avaient aiguisé toutes les pointes des continents; mais après la chute complète des eaux, lorsque la mer universelle eut pris son équilibre, le mouvement du midi au nord cessa, et la mer n'eut plus à obéir qu'à la puissance constante de la lune, qui, se combinant avec celle du soleil, produisit les marées et le mouvement constant d'orient en occident : les eaux, dans leur premier avénement, avaient d'abord été dirigées des pôles vers l'équateur, parce que les parties polaires, plus refroidies que le reste du globe, les avaient reçues les premières ; ensuite elles ont gagné successivement les régions de l'équateur; et lorsque ces régions ont été couvertes, comme toutes les autres, par les eaux, le mouvement d'orient en occident s'est dès lors établi pour jamais ; car non-seulement il s'est maintenu pendant cette longue période de la retraite des mers, mais il se maintient encore aujourd'hui. Or ce mouvement général de la mer d'orient en occident a produit sur la surface de la masse terrestre un effet tout aussi général ; c'est d'avoir escarpé toutes les côtes occidentales des continents terrestres et d'avoir en même temps laissé tous les terrains en pente douce du côté de l'orient.

A mesure que les mers s'abaissaient et découvraient les pointes les plus élevées des continents, ces sommets, comme autant de soupiraux qu'on viendrait de déboucher, commencèrent à laisser exhaler les nouveaux feux produits dans l'intérieur de la terre par l'effervescence des matières qui servent d'aliment aux volcans. Le domaine de la terre, sur la fin de cette seconde période de vingt mille ans, était partagé entre le feu et l'eau : également déchirée et dévorée par la fureur de ces deux éléments, il n'y avait nulle part ni sûreté ni repos; mais heureusement ces anciennes scènes, les plus épouvantables de la nature, n'ont point eu de spectateurs, et ce n'est qu'après cette seconde période entièrement révolue que l'on peut dater la naissance des animaux terrestres[1] ; les eaux étaient alors retirées, puisque les deux grands continents étaient unis vers le nord et également

---

1. Voyez la note 3 de la page précédente.

peuplés d'éléphants ; le nombre des volcans était aussi beaucoup diminué, parce que leurs éruptions ne pouvant s'opérer que par le conflit de l'eau et du feu, elles avaient cessé dès que la mer en s'abaissant s'en était éloignée. Qu'on se représente encore l'aspect qu'offrait la terre immédiatement après cette seconde période, c'est-à-dire à cinquante-cinq ou soixante mille ans de sa formation. Dans toutes les parties basses, des mares profondes, des courants rapides et des tournoiements d'eau ; des tremblements de terre presque continuels, produits par l'affaissement des cavernes et par les fréquentes explosions des volcans, tant sous mer que sur terre; des orages généraux et particuliers; des tourbillons de fumée et des tempêtes excitées par les violentes secousses de la terre et de la mer; des inondations, des débordements; des déluges occasionnés par ces mêmes commotions; des fleuves de verre fondu, de bitume et de soufre, ravageant les montagnes et venant dans les plaines empoisonner les eaux ; le soleil même presque toujours offusqué, non-seulement par des nuages aqueux, mais par des masses épaisses de cendres et de pierres poussées par les volcans, et nous remercierons le Créateur de n'avoir pas rendu l'homme [1] témoin de ces scènes effrayantes et terribles qui ont précédé, et pour ainsi dire annoncé la naissance de la nature intelligente et sensible.

CINQUIÈME ÉPOQUE.

LORSQUE LES ÉLÉPHANTS ET LES AUTRES ANIMAUX DU MIDI ONT HABITÉ LES TERRES DU NORD.

Tout ce qui existe aujourd'hui dans la nature vivante a pu exister de même dès que la température de la terre s'est trouvée la même. Or les contrées septentrionales du globe ont joui pendant longtemps du même degré de chaleur dont jouissent aujourd'hui les terres méridionales; et dans le temps où ces contrées du Nord jouissaient de cette température, les terres avancées vers le midi étaient encore brûlantes et sont demeurées désertes pendant un long espace de temps. Il semble même que la mémoire s'en soit conservée par la tradition, car les anciens étaient persuadés que les terres de la zone torride étaient inhabitées; elles étaient en effet encore inhabitables longtemps après la population des terres du Nord; car, en supposant trente-cinq mille ans pour le temps nécessaire au refroidissement de la terre sous les pôles, seulement au point d'en pouvoir toucher la surface sans se brûler, et vingt ou vingt-cinq mille ans de plus, tant pour

1. « Il est certain qu'on n'a pas encore trouvé d'os humains parmi les fossiles. » (Cuvier : *Disc. sur les révol. de la surface du globe.*)

la retraite des mers que pour l'attiédissement nécessaire à l'existence des êtres aussi sensibles que le sont les animaux terrestres, on sentira bien qu'il faut compter quelques milliers d'années de plus pour le refroidissement du globe à l'équateur, tant à cause de la plus grande épaisseur de la terre que de l'accession de la chaleur solaire qui est considérable sur l'équateur et presque nulle sous le pôle.

Et quand même ces deux causes réunies ne seraient pas suffisantes pour produire une si grande différence de temps entre ces deux populations, l'on doit considérer que l'équateur a reçu les eaux de l'atmosphère bien plus tard que les pôles, et que par conséquent cette cause secondaire du refroidissement agissant plus promptement et plus puissamment que les deux premières causes, la chaleur des terres du Nord se sera considérablement attiédie par la recette des eaux, tandis que la chaleur des terres méridionales se maintenait et ne pouvait diminuer que par sa propre déperdition. Et quand même on m'objecterait que la chute des eaux, soit sur l'équateur, soit sur les pôles, n'étant que la suite du refroidissement à un certain degré de chacune de ces deux parties du globe, elle n'a eu lieu dans l'une et dans l'autre que quand la température de la terre et celle des eaux tombantes ont été respectivement les mêmes, et que par conséquent cette chute d'eau n'a pas autant contribué que je le dis à accélérer le refroidissement sous le pôle plus que sous l'équateur, on sera forcé de convenir que les vapeurs, et par conséquent les eaux tombantes sur l'équateur, avaient plus de chaleur à cause de l'action du soleil, et que par cette raison elles ont refroidi plus lentement les terres de la zone torride, en sorte que j'admettrais au moins neuf à dix mille ans entre le temps de la naissance des éléphants dans les contrées septentrionales et le temps où ils se sont retirés jusqu'aux contrées les plus méridionales[1] ; car le froid ne venait et ne vient encore que d'en haut ; les pluies continuelles qui tombaient sur les parties polaires du globe en accéléraient incessamment le refroidissement, tandis qu'aucune cause extérieure ne contribuait à celui des parties de l'équateur. Or cette cause qui nous paraît si sensible par les neiges de nos hivers et les grêles de notre été, ce froid qui des hautes régions de l'air nous arrive par intervalles, tombait à plomb et sans interruption sur les terres septentrionales, et les a refroidies bien plus promptement que n'ont pu se refroidir les terres de l'équateur, sur lesquelles ces ministres du froid, l'eau, la neige et la grêle, ne pouvaient agir ni tomber. D'ailleurs nous devons faire entrer ici une considération très-importante sur les limites qui bornent la durée de la nature vivante : nous en avons établi le premier terme possible à trente-cinq mille ans de la formation du globe terrestre, et le dernier terme à quatre-vingt-treize

---

1. Voyez les notes de la page 465 et de la page 468.

mille ans à dater de ce jour, ce qui fait cent trente-deux mille ans pour la durée absolue de cette belle nature [a]. Voilà les limites les plus éloignées et la plus grande étendue de durée que nous ayons donnée, d'après nos hypothèses, à la vie de la nature sensible; cette vie aura pu commencer à trente-cinq ou trente-six mille ans, parce qu'alors le globe était assez refroidi à ses parties polaires pour qu'on pût le toucher sans se brûler, et elle pourra ne finir que dans quatre-vingt-treize mille ans, lorsque le globe sera plus froid que la glace. Mais entre ces deux limites si éloignées, il faut en admettre d'autres plus rapprochées : les eaux et toutes les matières qui sont tombées de l'atmosphère n'ont cessé d'être dans un état d'ébullition qu'au moment où l'on pouvait les toucher sans se brûler; ce n'est donc que longtemps après cette période de trente-six mille ans que les êtres doués d'une sensibilité pareille à celle que nous leur connaissons ont pu naître et subsister; car si la terre, l'air et l'eau prenaient tout à coup ce degré de chaleur qui ne nous permettrait de pouvoir les toucher sans en être vivement offensés, y aurait-il un seul des êtres actuels capables de résister à cette chaleur mortelle, puisqu'elle excéderait de beaucoup la chaleur vitale de leurs corps? Il a pu exister alors des végétaux, des coquillages et des poissons [1] d'une nature moins sensible à la chaleur dont les espèces ont été anéanties par le refroidissement dans les âges subséquents, et ce sont ceux dont nous trouvons les dépouilles et les détriments dans les mines de charbon, dans les ardoises, dans les schistes et dans les couches d'argile, aussi bien que dans les bancs de marbres et des autres matières calcaires; mais toutes les espèces plus sensibles et particulièrement les animaux terrestres n'ont pu naître et se multiplier que dans des temps postérieurs et plus voisins du nôtre.

Et dans quelle contrée du Nord les premiers animaux terrestres auront-ils pris naissance? N'est-il pas probable que c'est dans les terres les plus élevées, puisqu'elles ont été refroidies avant les autres? Et n'est-il pas également probable que les éléphants et les autres animaux actuellement habitant les terres du midi sont nés les premiers de tous [2], et qu'ils ont occupé ces terres du Nord pendant quelques milliers d'années et longtemps avant la naissance des rennes qui habitent aujourd'hui ces mêmes terres du nord?

Dans ce temps, qui n'est guère éloigné du nôtre que de quinze mille ans, les éléphants, les rhinocéros, les hippopotames, et probablement toutes les espèces qui ne peuvent se multiplier actuellement que sous la zone torride, vivaient donc et se multipliaient dans les terres du Nord, dont la chaleur était au même degré, et par conséquent tout aussi convenable à leur

a. Voyez le tableau, p. 426.

1. Voyez la note 4 de la page 507.

2. Voyez les notes des pages 463 et 468.

nature : ils y étaient en grand nombre; ils y ont séjourné longtemps[1]; la quantité d'ivoire et de leurs autres dépouilles que l'on a découvertes et que l'on découvre tous les jours dans ces contrées septentrionales, nous démontre évidemment qu'elles ont été leur patrie, leur pays natal et certainement la première terre qu'ils aient occupée; mais, de plus, ils ont existé en même temps dans les contrées septentrionales de l'Europe, de l'Asie et de l'Amérique; ce qui nous fait connaître que les deux continents étaient alors contigus, et qu'ils n'ont été séparés que dans des temps subséquents[2]. J'ai dit que nous avions au Cabinet du Roi des défenses d'éléphants trouvées en Russie et en Sibérie, et d'autres qui ont été trouvées au Canada, près de la rivière d'Ohio. Les grosses dents molaires de l'hippopotame et de l'énorme animal dont l'espèce est perdue[3], nous sont arrivées du Canada, et d'autres toutes semblables sont venues de Tartarie et de Sibérie. On ne peut donc pas douter que ces animaux, qui n'habitent aujourd'hui que les terres du midi de notre continent, n'existassent aussi dans les terres septentrionales de l'autre et dans le même temps, car la terre était également chaude ou refroidie au même degré dans tous deux. Et ce n'est pas seulement dans les terres du Nord qu'on a trouvé ces dépouilles d'animaux du Midi, mais elles se trouvent encore dans tous les pays tempérés, en France, en Allemagne, en Italie, en Angleterre, etc. Nous avons sur cela des monuments authentiques, c'est-à-dire des défenses d'éléphants et d'autres ossements de ces animaux trouvés dans plusieurs provinces de l'Europe.

Dans les temps précédents, ces mêmes terres septentrionales étaient recouvertes par les eaux de la mer, lesquelles, par leur mouvement, y ont produit les mêmes effets que partout ailleurs : elles en ont figuré les collines, elles les ont composées de couches horizontales, elles ont déposé les argiles et les matières calcaires en forme de sédiment; car on trouve dans ces terres du Nord, comme dans nos contrées, les coquillages et les débris des autres productions marines enfouies à d'assez grandes profondeurs dans l'intérieur de la terre, tandis que ce n'est pour ainsi dire qu'à sa superficie, c'est-à-dire à quelques pieds de profondeur, que l'on trouve les squelettes d'éléphants, de rhinocéros, et les autres dépouilles des animaux terrestres.

Il paraît même que ces premiers animaux terrestres étaient, comme les premiers animaux marins, plus grands qu'ils ne le sont aujourd'hui[4]. Nous avons parlé de ces énormes dents carrées à pointes mousses, qui ont appar-

---

1. Voyez la note 1 de la page 466.

2. Voyez mes notes sur la *VI⁰ époque.*

3.....: *L'énorme animal dont l'espèce est perdue. Le mastodonte.* Voyez la note 3 de la page 467.

4. Voyez la note 4 de la page 471.

tenu à un animal plus grand que l'éléphant, et dont l'espèce ne subsiste plus[1] ; nous avons indiqué ces coquillages en volutes[2], qui ont jusqu'à huit pieds de diamètre sur un pied d'épaisseur, et nous avons vu de même des défenses, des dents, des omoplates, des fémurs d'éléphants d'une taille supérieure à celle des éléphants actuellement existants. Nous avons reconnu, par la comparaison immédiate des dents mâchelières des hippopotames d'aujourd'hui avec les grosses dents qui nous sont venues de la Sibérie et du Canada, que les anciens hippopotames auxquels ces grosses dents ont autrefois appartenu, étaient au moins quatre fois plus volumineux que ne le sont les hippopotames actuellement existants[3]. Ces grands ossements et ces énormes dents sont des témoins subsistants de la grande force de la nature dans ces premiers âges. Mais pour ne pas perdre de vue notre objet principal, suivons nos éléphants dans leur marche progressive du nord au midi.

Nous ne pouvons douter qu'après avoir occupé les parties septentrionales de la Russie et de la Sibérie jusqu'au 60e degré[a], où l'on a trouvé leurs dépouilles en grande quantité, ils n'aient ensuite gagné les terres moins septentrionales, puisqu'on trouve encore de ces mêmes dépouilles en Moscovie, en Pologne, en Allemagne, en Angleterre, en France, en Italie ; en sorte qu'à mesure que les terres du Nord se refroidissaient, ces animaux cherchaient des terres plus chaudes ; et il est clair que tous les climats, depuis le nord jusqu'à l'équateur, ont successivement joui du degré de chaleur convenable à leur nature. Ainsi, quoique de mémoire d'homme l'espèce de l'éléphant ne paraisse avoir occupé que les climats actuellement les plus chauds dans notre continent, c'est-à-dire les terres qui s'étendent à peu près à 20 degrés des deux côtés de l'équateur, et qu'ils y paraissent confinés depuis plusieurs siècles, les monuments de leurs dépouilles trouvées dans toutes les parties tempérées de ce même continent[4], démontrent qu'ils ont aussi habité pendant autant de siècles les diffé-

---

a. On a trouvé cette année même, 1776, des défenses et des ossements d'éléphant près de Saint-Pétersbourg, qui, comme l'on sait, est à très-peu près sous cette latitude de 60 degrés.

1. Le *mastodonte*.

2. Les *cornes d'Ammon*. Voyez la note 2 de la page 510.

3. Ce n'étaient pas des *hippopotames*. C'étaient des *mastodontes* (voyez la note 3 de la page 467) ; et ils n'étaient pas *quatre fois plus volumineux* que les *hippopotames actuellement existants*.

4. On a trouvé, en effet, de ces *dépouilles presque partout* dans notre continent. Je dis *presque partout* ; car il est des lieux où l'on n'en a point trouvé, du moins jusqu'ici ; et, ce qui est remarquable, c'est que ces lieux sont précisément ceux-là même que nos *éléphants* habitent aujourd'hui. « Il est singulier qu'on ne déterre point de ces os dans les climats où les éléphants, « que nous connaissons, vivent habituellement, tandis qu'ils sont si communs à des latitudes « qu'aucun de ces animaux ne pourrait supporter. N'y en a-t-il point eu d'enfouis? ou, lorsqu'on « en a découvert, a-t-on négligé de les remarquer parce qu'on les attribuait à des animaux du « pays, et qu'on n'y voyait rien d'extraordinaire? Ne serait-ce pas aussi que les mammouths

rents climats de ce même continent; d'abord : du 60° au 50° degré, puis
du 50° au 40°, ensuite du 40° au 30°, et du 30° au 20°, enfin, du 20° à
l'équateur et au delà à la même distance. On pourrait même présumer
qu'en faisant des recherches en Laponie, dans les terres de l'Europe et de
l'Asie qui sont au delà du 60° degré, on pourrait y trouver de même des
défenses et des ossements d'éléphants, ainsi que des autres animaux du
Midi, à moins qu'on ne veuille supposer (ce qui n'est pas sans vraisemblance) que la surface de la terre étant réellement encore plus élevée en
Sibérie que dans toutes les provinces qui l'avoisinent du côté du nord, ces
mêmes terres de la Sibérie ont été les premières abandonnées par les
eaux, et par conséquent les premières où les animaux terrestres aient pu
s'établir. Quoi qu'il en soit, il est certain que les éléphants ont vécu, produit, multiplié pendant plusieurs siècles[1] dans cette même Sibérie et dans
le nord de la Russie; qu'ensuite ils ont gagné les terres du 50° au 40° degré,
et qu'ils y ont subsisté plus longtemps que dans leur terre natale, et encore
plus longtemps dans les contrées du 40° au 30° degré, etc., parce que le
refroidissement successif du globe a toujours été plus lent, à mesure que
les climats se sont trouvés plus voisins de l'équateur, tant par la plus
forte épaisseur du globe que par la plus grande chaleur du soleil[2].

Nous avons fixé, d'après nos hypothèses[3], le premier instant possible du
commencement de la nature vivante à trente-cinq ou trente-six mille ans,
à dater de la formation du globe, parce que ce n'est qu'à cet instant qu'on
aurait pu commencer à le toucher sans se brûler, en donnant vingt-cinq
mille ans de plus pour achever l'ouvrage immense de la construction de

---

« étant des animaux destinés à vivre dans le nord, à cause de la laine épaisse et des longs
« crins qui les recouvraient, il n'y en avait point à une certaine proximité des tropiques?... »
(Cuvier : *Rech. sur les oss. foss.*)

1. Voyez la note 1 de la page 466.

2..... *Tant par la plus forte épaisseur du globe que par la plus grande chaleur du soleil.*
Ces deux causes expliquent très-bien le *refroidissement plus lent* des climats voisins de l'équateur; mais elles n'expliquent que cela : les *éléphants* qui habitaient alors les terres septentrionales n'étaient pas *les mêmes*, c'est-à-dire n'étaient pas de la même espèce, que ceux qui
habitent aujourd'hui les terres du midi. (Voyez la note de la page 465. — Voyez aussi la note
2 de la page 468 et la note 4 de la page 549.)

3. Buffon n'oublie pas qu'il ne se fonde, en tout ceci, que sur des *hypothèses*. Lui-même nous
en avertira bientôt plus complètement, et en termes très-nobles. « J'ai fait ce que j'ai pu pour
« proportionner dans chacune de ces périodes la durée du temps à la grandeur des ouvrages;
« j'ai tâché, d'après mes hypothèses, de tracer le tableau successif des grandes révolutions de
« la nature, sans néanmoins avoir prétendu la saisir à son origine et encore moins l'avoir
« embrassée dans toute son étendue. Et mes hypothèses fussent-elles contestées, et mon
« tableau ne fût-il qu'une esquisse très-imparfaite de celui de la nature, je suis convaincu que
« tous ceux qui de bonne foi voudront examiner cette esquisse, et la comparer avec le modèle,
« trouveront assez de ressemblance pour pouvoir au moins satisfaire leurs yeux et fixer leurs
« idées sur les plus grands objets de la philosophie naturelle. » (Voyez la VI° *époque.*) — La
nature a eu ses *révolutions*, ses *périodes de temps*, ses *époques* : c'est ce que nous savons
tous aujourd'hui très-certainement; mais quelle gloire d'avoir été le premier à le soupçonner
et à le dire!

nos montagnes calcaires, pour leur figuration par angles saillants et rentrants, pour l'abaissement des mers, pour les ravages des volcans et pour
le desséchement de la surface de la terre, nous ne compterons qu'environ
quinze mille ans depuis le temps où la terre, après avoir essuyé, éprouvé
tant de bouleversements et de changements, s'est enfin trouvée dans un
état plus calme et assez fixe pour que les causes de destruction ne fussent
pas plus puissantes et plus générales que celles de la production. Donnant
donc quinze mille ans d'ancienneté à la nature vivante telle qu'elle nous est
parvenue, c'est-à-dire quinze mille ans d'ancienneté aux espèces d'animaux
terrestres nées dans les terres du Nord, et actuellement existantes dans
celles du Midi, nous pourrons supposer qu'il y a peut-être cinq mille ans
que les éléphants sont confinés dans la zone torride, et qu'ils ont séjourné
tout autant de temps dans les climats qui forment aujourd'hui les zones
tempérées, et peut-être autant dans les climats du Nord, où ils ont pris
naissance.

Mais cette marche régulière qu'ont suivie les plus grands, les premiers
animaux dans notre continent, paraît avoir souffert des obstacles dans
l'autre : il est très-certain qu'on a trouvé, et il est très-probable qu'on
trouvera encore des défenses et des ossements d'éléphants en Canada, dans
le pays des Illinois, au Mexique et dans quelques autres endroits de l'Amérique septentrionale [1]; mais nous n'avons aucune observation, aucun monument qui nous indiquent le même fait pour les terres de l'Amérique méridionale [2]. D'ailleurs, l'espèce même de l'éléphant qui s'est conservée dans
l'ancien continent ne subsiste plus dans l'autre : non-seulement cette espèce
ni aucune autre de toutes celles des animaux terrestres qui occupent actuellement les terres méridionales de notre continent ne se sont trouvées dans
les terres méridionales du Nouveau-Monde, mais même il paraît qu'ils
n'ont existé que dans les contrées septentrionales de ce nouveau continent;
et cela, dans le même temps qu'ils existaient dans celles de notre continent. Ce fait ne démontre-t-il pas que l'ancien et le nouveau continent
n'étaient pas alors séparés vers le nord, et que leur séparation ne s'est faite
que postérieurement au temps de l'existence des éléphants dans l'Amérique
septentrionale, où leur espèce s'est probablement éteinte par le refroidissement, et à peu près dans le temps de cette séparation des continents, parce
que ces animaux n'auront pu gagner les régions de l'équateur dans ce

1. On en a trouvé, en effet, dans le Mexique, dans la vallée du Mississipi, dans la Caroline,
dans le Kentucky, dans le Maryland, dans la Virginie, jusqu'au nord du détroit de Behring,
et par delà le cercle polaire. — « Le capitaine russe Kotzebue a découvert, sur la côte d'Amé-
« rique, au nord du détroit de Behring et par delà le cercle polaire, une entrée spacieuse qui
« pourrait bien conduire vers l'est, soit à la mer vue par Mackensie, en 1789, soit au passage
« où le capitaine Parry a pénétré en 1819. Il y a des os fossiles d'éléphants jusque dans ces
« affreuses contrées... » (Cuvier : *Rech. sur les oss. foss.*)

2. Voyez la note 2 de la page 520.

nouveau continent comme ils l'ont fait dans l'ancien, tant en Asie qu'en Afrique ? En effet, si l'on considère la surface de ce nouveau continent, on voit que les parties méridionales voisines de l'isthme de Panama[1] sont occupées par de très-hautes montagnes : les éléphants n'ont pu franchir ces barrières invincibles pour eux, à cause du trop grand froid qui se fait sentir sur ces hauteurs ; ils n'auront donc pas été au delà des terres de l'isthme, et n'auront subsisté dans l'Amérique septentrionale qu'autant qu'aura duré dans cette terre le degré de chaleur nécessaire à leur multiplication. Il en est de même de tous les autres animaux des parties méridionales de notre continent, aucun ne s'est trouvé dans les parties méridionales de l'autre. J'ai démontré cette vérité[2] par un si grand nombre d'exemples, qu'on ne peut la révoquer en doute [a].

Les animaux, au contraire, qui peuplent actuellement nos régions tempérées et froides se trouvent également dans les parties septentrionales des deux continents ; ils y sont nés postérieurement aux premiers et s'y sont conservés, parce que leur nature n'exige pas une aussi grande chaleur. Les rennes et les autres animaux qui ne peuvent subsister que dans les climats les plus froids sont venus les derniers, et qui sait si par succession de temps, lorsque la terre sera plus refroidie[3], il ne paraîtra pas de nouvelles espèces dont le tempérament différera de celui du renne autant que la nature du renne diffère à cet égard de celle de l'éléphant ? Quoi qu'il en soit, il est certain qu'aucuns des animaux propres et particuliers aux terres méridionales de notre continent ne se sont trouvés dans les terres méridionales de l'autre, et que même dans le nombre des animaux communs à notre continent et à celui de l'Amérique septentrionale, dont les espèces se sont conservées dans tous deux, à peine en peut-on citer une qui soit arrivée à l'Amérique méridionale. Cette partie du monde n'a donc pas été peuplée

a. Voyez les trois Discours sur les animaux des deux continents, vol. III, page 16 et suivantes.

1. « Buffon avait déjà avancé l'existence des ossements d'éléphants dans l'Amérique septen-
« trionale, et, à ce qu'il prétendait, dans celle-là seulement. On sait même qu'il imagina, comme
« cause de leur destruction dans ce continent, l'impossibilité où ils durent être de passer
« l'isthme de Panama, lorsque le refroidissement graduel de la terre les poussa vers le midi,
« comme si toutes les parties basses du Mexique n'étaient pas encore assez chaudes pour eux,
« et comme si les côtes de l'isthme de Panama n'avaient pas été assez larges pour leur ouvrir
« un passage. — Au reste, les faits sur lesquels Buffon appuyait son hypothèse n'étaient pas
« même entièrement exacts. Les os, qu'on avait découverts de son temps, n'étaient point de
« l'éléphant ; ils appartenaient à un autre animal, celui que nous désignerons par le nom de
« *mastodonte*, et que l'on connaissait aussi sous celui d'*animal de l'Ohio.....* » (Cuvier :
Rech. sur les ossem. foss.)

2. Voyez sur cette *grande vérité*, c'est-à-dire sur ce fait qu'aucun animal du midi de l'un des deux continents ne se trouve dans le midi de l'autre, mes notes du IIIe volume, page 7 et suiv.

3. Elle l'est complétement par rapport aux *êtres vivants*, puisque sa *chaleur intérieure* n'est plus sensible à *sa surface*. (Voyez les notes des pages 19 et 20.)

comme toutes les autres ni dans le même temps ; elle est demeurée pour ainsi dire isolée et séparée du reste de la terre par les mers et par ses hautes montagnes. Les premiers animaux terrestres, nés dans les terres du Nord, n'ont donc pu s'établir par communication dans ce continent méridional de l'Amérique, ni subsister dans son continent septentrional qu'autant qu'il a conservé le degré de chaleur nécessaire à leur propagation ; et cette terre de l'Amérique méridionale, réduite à ses propres forces, n'a enfanté que des animaux plus faibles et beaucoup plus petits que ceux qui sont venus du Nord pour peupler nos contrées du Midi.

Je dis que les animaux qui peuplent aujourd'hui les terres du midi de notre continent y sont venus du Nord, et je crois pouvoir l'affirmer avec tout fondement; car, d'une part, les monuments que nous venons d'exposer le démontrent, et d'autre côté nous ne connaissons aucune espèce grande et principale, actuellement subsistante dans ces terres du Midi, qui n'ait existé précédemment dans les terres du Nord , puisqu'on y trouve des défenses et des ossements d'éléphants, des squelettes de rhinocéros, des dents d'hippopotames et des têtes monstrueuses de bœufs[1], qui ont frappé par leur grandeur, et qu'il est plus que probable qu'on y a trouvé de même des débris de plusieurs autres espèces moins remarquables ; en sorte que si l'on veut distinguer dans les terres méridionales de notre continent les animaux qui y sont arrivés du Nord, de ceux que cette même terre a pu produire par ses propres forces, on reconnaîtra que tout ce qu'il y a de colossal et de grand dans la nature a été formé dans les terres du Nord, et que si celles de l'équateur ont produit quelques animaux, ce sont des espèces inférieures, bien plus petites que les premières.

Mais ce qui doit faire douter de cette production , c'est que ces espèces que nous supposons ici produites par les propres forces des terres méridionales de notre continent auraient dû ressembler aux animaux des terres méridionales de l'autre continent, lesquels n'ont de même été produits que par la propre force de cette terre isolée ; c'est néanmoins tout le contraire, car aucun des animaux de l'Amérique méridionale ne ressemble assez aux

---

1. Buffon raisonne toujours sur la supposition que ces *éléphants*, ces *rhinocéros*, ces *hippopotames* , ces *bœufs monstrueux* étaient de la *même espèce* que les *éléphants*, les *rhinocéros*, les *hippopotames*, les *bœufs*, etc., qui vivent aujourd'hui; mais, je l'ai déjà dit, cela n'est pas; et c'est précisément là ce qui constitue la grande découverte de Cuvier, c'est d'avoir reconnu que toutes ces grandes et antiques espèces sont des *espèces perdues*, c'est-à-dire des espèces *différentes des espèces vivantes*. — Dès son premier mémoire sur les *éléphants fossiles*, Cuvier s'exprimait ainsi : « Qu'on se demande pourquoi l'on trouve tant de dépouilles d'animaux inconnus , tandis qu'on n'en trouve aucune, ou presque aucune dont on puisse dire qu'elle appartient aux espèces que nous connaissons, et l'on verra combien il est probable qu'elles ont toutes appartenu à des êtres d'un monde antérieur au nôtre , à des êtres détruits par quelque révolution du globe, êtres dont ceux qui existent aujourd'hui ont rempli la place, pour se voir peut-être un jour également remplacés par d'autres. » Voyez mon *Histoire des travaux de Cuvier*.

animaux des terres du midi de notre continent pour qu'on puisse les regarder comme de la même espèce ; ils sont pour la plupart d'une forme si différente, que ce n'est qu'après un long examen qu'on peut les soupçonner d'être les représentants de quelques-uns de ceux de notre continent. Quelle différence de l'éléphant au tapir, qui cependant est de tous le seul qu'on puisse lui comparer, mais qui s'en éloigne déjà beaucoup par la figure, et prodigieusement par la grandeur ; car ce tapir, cet éléphant du Nouveau-Monde, n'a ni trompe ni défenses, et n'est guère plus grand qu'un âne. Aucun animal de l'Amérique méridionale ne ressemble au rhinocéros, aucun à l'hippopotame, aucun à la girafe ; et quelle différence encore entre le lama et le chameau, quoiqu'elle soit moins grande qu'entre le tapir et l'éléphant !

L'établissement de la nature vivante, surtout de celle des animaux terrestres, s'est donc fait dans l'Amérique méridionale[1], bien postérieurement à son séjour déjà fixé dans les terres du Nord, et peut-être la différence du temps est-elle de plus de quatre ou cinq mille ans : nous avons exposé une partie des faits et des raisons qui doivent faire penser que le Nouveau-Monde, surtout dans ses parties méridionales, est une terre plus récemment peuplée que celle de notre continent ; que la nature, bien loin d'y être dégénérée par vétusté, y est au contraire née tard et n'y a jamais existé avec les mêmes forces, la même puissance active que dans les contrées septentrionales ; car on ne peut douter, après ce qui vient d'être dit, que es grandes et premières formations des êtres animés[2] ne se soient faites dans les terres élevées du Nord, d'où elles ont successivement passé dans les contrées du Midi sous la même forme et sans avoir rien perdu que sur les dimensions de leur grandeur ; nos éléphants et nos hippopotames qui nous paraissent si gros, ont eu des ancêtres plus grands dans les temps qu'ils habitaient les terres septentrionales où ils ont laissé leurs dépouilles[3] ; les cétacés d'aujourd'hui sont aussi moins gros qu'ils ne l'étaient anciennement, mais c'est peut-être par une autre raison.

1. Mais l'Amérique méridionale a ses espèces fossiles, c'est-à-dire *antiques* et *perdues*, tout comme l'Amérique septentrionale, tout comme l'ancien continent. Elle a notamment le *megatherium*, animal énorme dans un ordre, celui des *édentés*, dont les plus grandes espèces d'aujourd'hui (l'*unau*, l'*aï*) sont à peine de la taille du *chien*; elle avait le *mastodonte à dents étroites*, et celui-ci en nombre prodigieux : « Ce sont ces os qui ont donné lieu à tout ce qu'on « rapporte des géants qui doivent avoir existé autrefois au Pérou... C'est probablement sur une « tradition semblable que l'un des lieux où l'on trouve le plus de ces os, près de Santa-Fé de « Bogota, est nommé le Camp-des-Géants. M. de Humboldt dit qu'il y en a un amas immense.» (Cuvier : *Rech. sur les oss. foss.*)

2... *Grandes et premières formations des êtres animés.* Ces *grandes et premières formations* se trouvent dans le Nouveau-Monde comme dans l'Ancien : on y trouve les os de l'*éléphant fossile* ou *mammouth*, ceux du *mastodonte*, cette *plus grande des espèces perdues*, comme l'appelle Buffon (voyez la note 3 de la page 467), ceux du *megatherium*, ceux du *megalonyx*, etc.

3. Voyez la note 4 de la page 471.

Les baleines, les gibbars, molars, cachalots, narwals et autres grands cétacés, appartiennent aux mers septentrionales, tandis que l'on ne trouve dans les mers tempérées et méridionales que les lamantins, les dugons, les marsouins, qui tous sont inférieurs aux premiers en grandeur. Il semble donc, au premier coup d'œil, que la nature ait opéré d'une manière contraire et par une succession inverse, puisque tous les plus grands animaux terrestres se trouvent actuellement dans les contrées du Midi, tandis que tous les plus grands animaux marins n'habitent que les régions de notre pôle. Et pourquoi ces grandes et presque monstrueuses espèces paraissent-elles confinées dans ces mers froides? Pourquoi n'ont-elles pas gagné successivement, comme les éléphants, les régions les plus chaudes? En un mot, pourquoi ne se trouvent-elles, ni dans les mers tempérées ni dans celles du Midi? car à l'exception de quelques cachalots qui viennent assez souvent autour des Açores et quelquefois échouer sur nos côtes, et dont l'espèce paraît la plus vagabonde de ces grands cétacés, toutes les autres sont demeurées et ont encore leur séjour constant dans les mers boréales des deux continents. On a bien remarqué, depuis qu'on a commencé la pêche, ou plutôt la chasse de ces grands animaux, qu'ils se sont retirés des endroits où l'homme allait les inquiéter. On a de plus observé que ces premières baleines, c'est-à-dire celles que l'on pêchait il y a cent cinquante et deux cents ans, étaient beaucoup plus grosses que celles d'aujourd'hui: elles avaient jusqu'à cent pieds de longueur, tandis que les plus grandes que l'on prend actuellement n'en ont que soixante; on pourrait même expliquer d'une manière assez satisfaisante les raisons de cette différence de grandeur. Car les baleines, ainsi que tous les autres cétacés, et même la plupart des poissons, vivent sans comparaison bien plus longtemps qu'aucun des animaux terrestres; et dès lors leur entier acroissement demande aussi un temps beaucoup plus long. Or quand on a commencé la pêche des baleines, il y a cent cinquante ou deux cents ans, on a trouvé les plus âgées et celles qui avaient pris leur entier accroissement; on les a poursuivies, chassées de préférence, enfin on les a détruites, et il ne reste aujourd'hui dans les mers fréquentées par nos pêcheurs, que celles qui n'ont pas encore atteint toutes leurs dimensions; car, comme nous l'avons dit ailleurs, une baleine peut bien vivre mille ans, puisqu'une carpe en vit plus de deux cents.

La permanence du séjour de ces grands animaux dans les mers boréales semble fournir une nouvelle preuve de la continuité des continents vers les régions de notre Nord, et nous indiquer que cet état de continuité a subsisté longtemps; car si ces animaux marins, que nous supposerons pour un moment nés en même temps que les éléphants, eussent trouvé la route ouverte, ils auraient gagné les mers du Midi, pour peu que le refroidissement des eaux leur eût été contraire; et cela serait arrivé, s'ils eussent pris naissance dans le temps que la mer était encore chaude. On doit donc présumer que leur existence est postérieure à celle des éléphants et des autres animaux qui ne peuvent subsister que dans les climats du Midi. Cependant il se pourrait aussi que la différence de température fût pour ainsi dire indifférente ou beaucoup moins sensible aux animaux aquatiques qu'aux animaux terrestres. Le froid et le chaud sur la surface de la terre et de la mer suivent à la vérité l'ordre des climats, et la chaleur de l'intérieur du globe est la même dans le sein de la mer et dans celui de la terre à la même profondeur, mais les variations de température, qui sont si grandes à la surface de la terre, sont beaucoup moindres et presque nulles à quelques toises de profondeur sous les eaux. Les injures de l'air ne s'y font pas sentir, et ces grands cétacés ne les éprouvent pas ou du moins peuvent s'en garantir : d'ailleurs, par la nature même de leur organisation, ils paraissent être plutôt munis contre le froid que contre la grande chaleur ; car, quoique leur sang soit à peu près aussi chaud que celui des animaux quadrupèdes[1], l'énorme quantité de lard et d'huile qui recouvre leur corps, en les privant du sentiment vif qu'ont les autres animaux, les défend en même temps de toutes les impressions extérieures, et il est à présumer qu'ils restent où ils sont, parce qu'ils n'ont pas même le sentiment qui pourrait les conduire vers une température plus douce, ni l'idée de se trouver mieux ailleurs, car il faut de l'instinct pour se mettre à son aise, il en faut pour se déterminer à changer de demeure, et il y a des animaux et même des hommes si brutes, qu'ils préfèrent de languir dans leur ingrate terre natale, à la peine qu'il faudrait prendre pour se gîter plus commodément ailleurs [a]; il est donc très probable que ces cachalots, que nous voyons de temps en temps arriver des mers septentrionales sur nos côtes, ne se décident pas à faire ces voyages pour jouir d'une température plus douce, mais qu'ils y sont déterminés par les colonnes de harengs, de maquereaux et d'autres petits poissons qu'ils suivent et avalent par milliers [b].

Toutes ces considérations nous font présumer que les régions de notre Nord, soit de la mer, soit de la terre, ont non-seulement été les premières fécondées, mais que c'est encore dans ces mêmes régions que la nature vivante s'est élevée à ses plus grandes dimensions. Et comment expliquer cette supériorité de force et cette priorité de formation donnée à cette

a. Voyez ci-après les notes justificatives des faits.

b. Nous n'ignorons pas qu'en général les cétacés ne se tiennent pas au delà du 78 ou 79° degré, et nous savons qu'ils descendent en hiver à quelques degrés au-dessous; mais ils ne viennent jamais en nombre dans les mers tempérées ou chaudes.

1. Leur sang a, en effet, la même température que celui des autres *mammifères*, car ce sont de vrais *mammifères* (voyez dans le III° volume, mes notes sur les *cétacés*). « Leur sang « chaud, leurs oreilles ouvertes à l'extérieur, quoique par des trous fort petits, leur généra- « tion vivipare, les mamelles au moyen desquelles ils allaitent leurs petits, et tous les détails « de leur anatomie, les distinguent suffisamment des poissons... » (Cuvier.)

région du Nord exclusivement à toutes les autres parties de la terre ? car nous voyons par l'exemple de l'Amérique méridionale, dans les terres de laquelle il ne se trouve que de petits animaux, et dans les mers le seul lamantin, qui est aussi petit en comparaison de la baleine que le tapir l'est en comparaison de l'éléphant ; nous voyons, dis-je, par cet exemple frappant, que la nature n'a jamais produit dans les terres du Midi des animaux comparables en grandeur aux animaux du Nord ; et nous voyons de même, par un second exemple tiré des monuments, que dans les terres méridionales de notre continent les plus grands animaux sont ceux qui sont venus du Nord, et que s'il s'en est produit dans ces terres de notre Midi, ce ne sont que des espèces très-inférieures aux premières en grandeur et en force. On doit même croire qu'il ne s'en est produit aucune dans les terres méridionales de l'ancien continent, quoiqu'il s'en soit formé dans celles du nouveau, et voici les motifs de cette présomption.

Toute production, toute génération, et même tout accroissement, tout développement, supposent le concours et la réunion d'une grande quantité de molécules organiques vivantes : ces molécules, qui animent tous les corps organisés, sont successivement employées à la nutrition et à la génération de tous les êtres. Si tout à coup la plus grande partie de ces êtres était supprimée on verrait paraître des espèces nouvelles, parce que ces molécules organiques, qui sont indestructibles et toujours actives, se réuniraient pour composer d'autres corps organisés; mais étant entièrement absorbées par les moules intérieurs des êtres actuellement existants, il ne peut se former d'espèces nouvelles, du moins dans les premières classes de la nature, telles que celles des grands animaux. Or ces grands animaux sont arrivés du Nord sur les terres du Midi; ils s'y sont nourris, reproduits, multipliés, et ont par conséquent absorbé les molécules vivantes; en sorte qu'ils n'en ont point laissé de superflues qui auraient pu former des espèces nouvelles, tandis qu'au contraire dans les terres de l'Amérique méridionale, où les grands animaux du Nord n'ont pu pénétrer, les molécules organiques vivantes ne se trouvant absorbées par aucun moule animal déjà subsistant, elles se seront réunies pour former des espèces qui ne ressemblent point aux autres, et qui toutes sont inférieures, tant par la force que par la grandeur, à celles des animaux venus du Nord [1].

1..... Laissons l'explication puérile des *molécules organiques*, qui, étant entièrement absorbées par les *moules intérieurs* des grands animaux de l'ancien continent, n'ont pu former d'espèces *nouvelles*, et qui, ne se trouvant *absorbées*, dans l'Amérique méridionale, par aucun moule animal déjà subsistant, se sont réunies pour *former des espèces qui ne ressemblent point aux autres*... — En fait, le nouveau continent a eu sa *faune antique* et *perdue*, tout comme l'ancien, et la même que l'ancien : des *éléphants*, des *mastodontes*, etc. D'un autre côté, les deux continents sont aussi anciens l'un que l'autre, sont de même date, c'est la même *révolution* qui les a soulevés et mis à sec. Enfin, au moment où la vie a *repris* sur le globe, les *molécules organiques* n'ont pas pu être *absorbées* par les grands animaux de l'ancien

Ces deux formations, quoique d'un temps différent, se sont faites de la même manière et par les mêmes moyens; et si les premières sont supérieures à tous égards aux dernières, c'est que la fécondité de la terre, c'est-à-dire la quantité de la matière organique vivante, était moins abondante dans ces climats méridionaux que dans celui du Nord. On peut en donner la raison, sans la chercher ailleurs que dans notre hypothèse ; car toutes les parties aqueuses, huileuses et ductiles [1], qui devaient entrer dans la composition des êtres organisés sont tombées avec les eaux sur les parties septentrionales du globe, bien plus tôt et en bien plus grande quantité que sur les parties méridionales : c'est dans ces matières aqueuses et ductiles que les molécules organiques vivantes ont commencé à exercer leur puissance pour modeler et développer les corps organisés; et comme les molécules organiques ne sont produites que par la chaleur sur les matières ductiles, elles étaient aussi plus abondantes dans les terres du Nord qu'elles n'ont pu l'être dans les terres du Midi, où ces mêmes matières étaient en moindre quantité, il n'est pas étonnant que les premières, les plus fortes et les plus grandes productions de la nature vivante se soient faites dans ces mêmes terres du Nord, tandis que dans celles de l'équateur, et particulièrement dans celles de l'Amérique méridionale, où la quantité de ces mêmes matières ductiles était bien moindre, il ne s'est formé que des espèces inférieures plus petites et plus faibles que celles des terres du Nord.

Mais revenons à l'objet principal de notre époque : dans ce même temps où les éléphants habitaient nos terres septentrionales, les arbres et les plantes qui couvrent actuellement nos contrées méridionales existaient aussi dans ces mêmes terres du Nord. Les monuments semblent le démontrer; car toutes les impressions bien avérées des plantes qu'on a trouvées dans nos ardoises et nos charbons, présentent la figure de plantes qui n'existent actuellement que dans les Grandes Indes ou dans les autres parties du Midi [2]. On pourra m'objecter, malgré la certitude du fait par l'évidence de ces preuves, que les arbres et les plantes n'ont pu voyager comme les animaux, ni par conséquent se transporter du Nord au Midi. A cela je réponds : 1° que ce transport ne s'est pas fait tout à coup, mais successivement ; les espèces de végétaux se sont semées de proche en proche dans les terres dont la température leur devenait convenable; et ensuite ces mêmes espèces, après avoir gagné jusqu'aux contrées de l'équateur, auront

continent plus que par ceux du nouveau; car toutes les *espèces antiques* avaient été *détruites,* détruites en même temps , et sont depuis lors perdues.

1..... *Toutes les parties aqueuses, huileuses et ductiles...* Quelles raisons et quelle explication ! Et comment le grand, le judicieux Buffon peut-il s'en payer !

2. Il en est des *végétaux* comme des *animaux.* Les *végétaux fossiles* sont des *végétaux perdus ;* et le progrès de l'*extinction* s'est fait de la même manière dans les deux *règnes :* il n'y a d'abord de perdu que certaines *espèces,* appartenant à des *genres* encore subsistants; puis les *genres,* des *genres* entiers, disparaissent; et puis les *familles.* (Voyez la note 3 de la page 509.)

péri dans celles du Nord, dont elles ne pouvaient plus supporter le froid ; 2° ce transport, ou plutôt ces accrues successives de bois, ne sont pas même nécessaires pour rendre raison de l'existence de ces végétaux dans les pays méridionaux ; car en général la même température, c'est-à-dire le même degré de chaleur, produit partout les mêmes plantes sans qu'elles y aient été transportées. La population des terres méridionales par les végétaux est donc encore plus simple que par les animaux.

Il reste celle de l'homme : a-t-elle été contemporaine à celle des animaux ? Des motifs majeurs et des raisons très-solides se joignent ici pour prouver qu'elle s'est faite postérieurement à toutes nos époques, et que l'homme est en effet le grand et dernier œuvre de la création [1]. On ne manquera pas de nous dire que l'analogie semble démontrer que l'espèce humaine a suivi la même marche et qu'elle date du même temps que les autres espèces ; qu'elle s'est même plus universellement répandue, et que si l'époque de sa création est postérieure à celle des animaux, rien ne prouve que l'homme n'ait pas au moins subi les mêmes lois de la nature, les mêmes altérations, les mêmes changements. Nous conviendrons que l'espèce humaine ne diffère pas essentiellement des autres espèces par ses facultés corporelles, et qu'à cet égard son sort eût été le même à peu près que celui des autres espèces ; mais pouvons-nous douter que nous ne différions prodigieusement des animaux par le rayon divin qu'il a plu au souverain Être de nous départir [2] ; ne voyons-nous pas que dans l'homme la matière est conduite par l'esprit [3] : il a donc pu modifier les effets de la nature ; il a trouvé le moyen de résister aux intempéries des climats ; il a créé de la chaleur lorsque le froid l'a détruite : la découverte et les usages de l'élément du feu, dus à sa seule intelligence, l'ont rendu plus fort et plus robuste qu'aucun des animaux, et l'ont mis en état de braver les tristes effets du refroidissement. D'autres arts, c'est-à-dire d'autres traits de son intelligence [4], lui ont fourni des vêtements, des armes, et bientôt il

1. « Tout porte à croire que l'espèce humaine n'existait point dans les pays où se découvrent « les os fossiles, à l'époque des révolutions qui ont enfoui ces os... ; mais je n'en veux pas « conclure que l'homme n'existait point du tout avant cette époque. Il pouvait habiter quelques « contrées peu étendues, d'où il a repeuplé la terre après ces événements terribles ; peut-être « aussi les lieux où il se tenait ont-ils été entièrement abîmés et ses os ensevelis au fond des « mers actuelles, à l'exception du petit nombre d'individus qui ont continué son espèce. « Quoi qu'il en soit, l'établissement de l'homme dans les pays où nous avons dit que se trou- « vent les fossiles d'animaux terrestres, c'est-à-dire dans la plus grande partie de l'Europe, « de l'Asie et de l'Amérique, est nécessairement postérieur non-seulement aux révolutions qui « ont enfoui ces os, mais encore à celles qui ont remis à découvert les couches qui les enve- « loppent, et qui sont les dernières que le globe ait subies. » (Cuvier : *Disc. sur les révol. de la surf. du globe.*)

2..... *Le rayon divin qu'il a plu au souverain Être de nous départir.* Voyez la note 2 de la page 428.

3. Dans l'homme, la *matière est conduite par l'esprit.* Quelle noble philosophie !

4. Quelle définition vive et juste des *arts* inventés par l'homme !

s'est trouvé le maître du domaine de la terre : ces mêmes arts lui ont donné les moyens d'en parcourir toute la surface et de s'habituer partout ; parce qu'avec plus ou moins de précautions tous les climats lui sont devenus pour ainsi dire égaux. Il n'est donc pas étonnant que, quoiqu'il n'existe aucun des animaux du Midi de notre continent dans l'autre, l'homme seul, c'est-à-dire son espèce, se trouve également dans cette terre isolée de l'Amérique méridionale, qui paraît n'avoir eu aucune part aux premières formations des animaux, et aussi dans toutes les parties froides ou chaudes de la surface de la terre ; car quelque part et quelque loin que l'on ait pénétré depuis la perfection de l'art de la navigation, l'homme a trouvé partout des hommes : les terres les plus disgraciées, les îles les plus isolées, les plus éloignées des continents, se sont presque toutes trouvées peuplées ; et l'on ne peut pas dire que ces hommes, tels que ceux des îles Marianes ou ceux d'Otahiti et des autres petites îles situées dans le milieu des mers à de si grandes distances de toutes terres habitées, ne soient néanmoins des hommes de notre espèce puisqu'ils peuvent produire avec nous, et que les petites différences qu'on remarque dans leur nature ne sont que de légères variétés causées par l'influence du climat et de la nourriture [1].

Néanmoins, si l'on considère que l'homme, qui peut se munir aisément contre le froid, ne peut au contraire se défendre par aucun moyen contre la chaleur trop grande ; que même il souffre beaucoup dans les climats que les animaux du Midi cherchent de préférence, on aura une raison de plus pour croire que la création de l'homme a été postérieure à celle de ces grands animaux. Le souverain Être n'a pas répandu le souffle de vie dans le même instant sur toute la surface de la terre ; il a commencé par féconder les mers et ensuite les terres les plus élevées, et il a voulu donner tout le temps nécessaire à la terre pour se consolider, se figurer, se refroidir, se découvrir, se sécher et arriver enfin à l'état de repos et de tranquillité où l'homme pouvait être le témoin intelligent [2], l'admirateur paisible du grand spectacle de la nature et des merveilles de la création. Ainsi, nous sommes persuadés, indépendamment de l'autorité des livres sacrés, que l'homme a été créé le dernier, et qu'il n'est venu prendre le sceptre de la terre que quand elle s'est trouvée digne de son empire. Il paraît néanmoins que son premier séjour a d'abord été, comme celui des animaux terrestres, dans les hautes terres de l'Asie, que c'est dans ces mêmes terres où sont nés les arts de première nécessité, et bientôt après les sciences, également nécessaires à l'exercice de la puissance de l'homme, et sans lesquelles il n'aurait pu former de société, ni compter sa vie,

---

1. Voyez, dans mon *Histoire des travaux et des idées de Buffon*, le chapitre intitulé : *De l'unité physique de l'homme.*

2. *Le témoin intelligent* : expression qui rappelle bien *le rayon divin qu'il a plu au souverain Être de nous départir.*

ni commander aux animaux, ni se servir autrement des végétaux que pour les brouter. Mais nous nous réservons d'exposer dans notre dernière époque les principaux faits qui ont rapport à l'histoire des premiers hommes.

SIXIÈME ÉPOQUE.

LORSQUE S'EST FAITE LA SÉPARATION DES CONTINENTS.

Le temps de la séparation des continents est certainement postérieur au temps où les éléphants habitaient les terres du Nord, puisque alors leur espèce était également subsistante en Amérique, en Europe et en Asie [1]. Cela nous est démontré par le monuments, qui sont les dépouilles de ces animaux trouvées dans les parties septentrionales du nouveau continent, comme dans celles de l'ancien. Mais comment est-il arrivé que cette séparation des continents paraisse s'être faite en deux endroits, par deux bandes de mer qui s'étendent depuis les contrées septentrionales, toujours en s'élargissant, jusqu'aux contrées les plus méridionales? Pourquoi ces bandes de mer ne se trouvent-elles pas, au contraire, presque parallèles à l'équateur, puisque le mouvement général des mers

1. La *séparation* des deux continents joue un grand rôle dans ce que j'appellerai la *géographie naturelle* de Buffon; et il conclut l'ancienne *jonction* de ces deux masses du globe de l'existence simultanée des *éléphants* dans les terres du nord de l'Asie, de l'Europe et de l'Amérique. Il y a là deux idées qu'il faut démêler.

1° Que les deux continents aient été anciennement réunis vers le nord, c'est ce que semble indiquer, de la manière la plus vraisemblable, l'extrème rapprochement des terres septentrionales de l'un et de l'autre. Au détroit de Behring, la continuité est à peine interrompue, et les deux continents se touchent presque.

Mais, 2° qu'il faille nécessairement rattacher le temps de la *jonction* des deux continents au temps de l'existence simultanée des *éléphants* dans le nord de l'un et de l'autre, c'est ce qui peut souffrir plus de difficulté. Aujourd'hui les deux continents sont séparés, et cependant ce sont les mêmes animaux (l'*élan*, le *renne*, etc.,) qui vivent dans le nord des deux continents. (Voyez, au IIIe volume, mes notes sur le chapitre intitulé : *animaux communs aux deux continents*, p. 38 et suiv.) — En fait de *géographie naturelle* (et j'aime beaucoup cette expression, qui est de Leibnitz : *quam geographiam naturalem appelles...*), le voisinage des terres, leur continuité, leur jonction, ou, tout au contraire, leur séparation par une mer, par un bras de mer, etc., toutes ces choses sont de peu d'importance. Les deux continents sont séparés par le détroit de Behring, et, des deux côtés du détroit, c'est pourtant le même climat, la même faune, la même race d'hommes. Au contraire, l'Europe tient à l'Asie, et cependant il est un point où le climat, la faune et les hommes changent. « C'est, dit le grand voyageur « Jean-George Gmelin, dont j'ai déjà cité un beau passage (note 2 de la page 466), c'est au delà « des monts Ourals et du fleuve Jaïk que l'aspect du pays, les plantes, les animaux, l'homme « enfin, et tout ce qui l'entoure, prennent une physionomie nouvelle. » — Ce qui fait la différence de climat, de faune, de race d'hommes, c'est la *latitude* des lieux, combinée avec leur *altitude* (voyez mon ouvrage intitulé : *De l'Ontologie* ou *Étude des êtres*, ouvrage en ce moment sous presse).

se fait d'orient en occident? N'est-ce pas une nouvelle preuve que les eaux sont primitivement venues des pôles, et qu'elles n'ont gagné les parties de l'équateur que successivement? Tant qu'a duré la chute des eaux, et jusqu'à l'entière dépuration de l'atmosphère, leur mouvement général a été dirigé des pôles à l'équateur; et comme elles venaient en plus grande quantité du pôle austral, elles ont formé de vastes mers dans cet hémisphère, lesquelles vont en se rétrécissant de plus en plus dans l'hémisphère boréal, jusque sous le cercle polaire; et c'est par ce mouvement, dirigé du sud au nord, que les eaux ont aiguisé toutes les pointes des continents; mais après leur entier établissement sur la surface de la terre, qu'elles surmontaient partout de deux mille toises, leur mouvement des pôles à l'équateur ne se sera-t-il pas combiné, avant de cesser, avec le mouvement d'orient en occident? et lorsqu'il a cessé tout à fait, les eaux, entraînées par le seul mouvement d'orient en occident, n'ont-elles pas escarpé tous les revers occidentaux des continents terrestres, quand elles se sont successivement abaissées? et enfin, n'est-ce pas après leur retraite que tous les continents ont paru et que leurs contours ont pris leur dernière forme?

Nous observerons d'abord que l'étendue des terres dans l'hémisphère boréal, en le prenant du cercle polaire à l'équateur, est si grande en comparaison de l'étendue des terres prises de même dans l'hémisphère austral, qu'on pourrait regarder le premier comme l'hémisphère terrestre et le second comme l'hémisphère maritime. D'ailleurs, il y a si peu de distance entre les deux continents vers les régions de notre pôle, qu'on ne peut guère douter qu'ils ne fussent continus dans les temps qui ont succédé à la retraite des eaux. Si l'Europe est aujourd'hui séparée du Groënland, c'est probablement parce qu'il s'est fait un affaissement considérable entre les terres du Groënland et celles de Norwége et de la pointe de l'Écosse, dont les Orcades, l'île de Shetland, celles de Feroé, de l'Islande et de Hola ne nous montrent plus que les sommets des terrains submergés; et si le continent de l'Asie n'est plus contigu à celui de l'Amérique vers le nord, c'est sans doute en conséquence d'un effet tout semblable. Ce premier affaissement que les volcans d'Islande paraissent nous indiquer, a non-seulement été postérieur aux affaissements des contrées de l'équateur et à la retraite des mers, mais postérieur encore de quelques siècles à la naissance des grands animaux terrestres dans les contrées septentrionales; et l'on ne peut douter que la séparation des continents vers le nord ne soit d'un temps assez moderne en comparaison de la division de ces mêmes continents vers les parties de l'équateur.

Nous présumons encore que non-seulement le Groënland a été joint à la Norwége et à l'Écosse, mais aussi que le Canada pouvait l'être à l'Espagne par les bancs de Terre-Neuve, les Açores et les autres îles et hauts-

fonds qui se trouvent dans cet intervalle de mers; ils semblent nous présenter aujourd'hui les sommets les plus élevés de ces terres affaissées sous
les eaux. La submersion en est peut-être encore plus moderne que celle
du continent de l'Islande, puisque la tradition paraît s'en être conservée:
l'histoire de l'île Atlantide[1], rapportée par Diodore et Platon, ne peut s'appliquer qu'à une très-grande terre qui s'étendait fort au loin à l'occident
de l'Espagne; cette terre atlantide était très-peuplée, gouvernée par des
rois puissants qui commandaient à plusieurs milliers de combattants, et
cela nous indique assez positivement le voisinage de l'Amérique avec ces
terres atlantiques situées entre les deux continents. Nous avouerons néanmoins que la seule chose qui soit ici démontrée par le fait, c'est que les
deux continents étaient réunis dans le temps de l'existence des éléphants
dans les contrées septentrionales de l'un et de l'autre[2], et il y a, selon moi,
beaucoup plus de probabilités pour cette continuité de l'Amérique avec
l'Asie qu'avec l'Europe; voici les faits et les observations sur lesquelles je
fonde cette opinion.

1° Quoiqu'il soit probable que les terres du Groënland tiennent à celles
de l'Amérique, l'on n'en est pas assuré, car cette terre du Groënland en
est séparée d'abord par le détroit de Davis, qui ne laisse pas d'être fort
large, et ensuite par la baie de Baffin qui l'est encore plus; et cette baie
s'étend jusqu'au 78ᵉ degré, en sorte que ce n'est qu'au delà de ce terme
que le Groënland et l'Amérique peuvent être contigus.

2° Le Spitzberg paraît être une continuité des terres de la côte orientale
du Groënland, et il y a un assez grand intervalle de mer entre cette côte
du Groënland et celle de la Laponie; ainsi, l'on ne peut guère imaginer
que les éléphants de Sibérie ou de Russie aient pu passer au Groënland :
il en est de même de leur passage par la bande de terre que l'on peut
supposer entre la Norwége, l'Écosse, l'Islande et le Groënland; car cet
intervalle nous présente des mers d'une largeur assez considérable, et
d'ailleurs ces terres, ainsi que celles du Groënland, sont plus septentrionales que celles où l'on trouve les ossements d'éléphants, tant au Canada
qu'en Sibérie : il n'est donc pas vraisemblable que ce soit par ce chemin,
actuellement détruit de fond en comble, que ces animaux aient communiqué d'un continent à l'autre.

3° Quoique la distance de l'Espagne au Canada soit beaucoup plus grande
que celle de l'Écosse au Groënland, cette route me paraîtrait la plus naturelle de toutes, si nous étions forcés d'admettre le passage des éléphants
d'Europe en Amérique; car ce grand intervalle de mer entre l'Espagne et
les terres voisines du Canada est prodigieusement raccourci par les bancs et

---

1. L'*Histoire* de l'*Atlantide* de Diodore et de Platon est aujourd'hui définitivement reléguée
parmi les *fables*.

2. Voyez la note de la page 561.

les îles dont il est semé, et ce qui pourrait donner quelque probabilité de plus à cette présomption, c'est la tradition de la submersion de l'Atlantide.

4° L'on voit que de ces trois chemins, les deux premiers paraissent impraticables, et le dernier si long qu'il y a peu de vraisemblance que les éléphants aient pu passer d'Europe en Amérique. En même temps il y a des raisons très-fortes qui me portent à croire que cette communication des éléphants d'un continent à l'autre, a dû se faire par les contrées septentrionales de l'Asie, voisines de l'Amérique. Nous avons observé qu'en général toutes les côtes, toutes les pentes des terres sont plus rapides vers les mers à l'occident, lesquelles par cette raison, sont ordinairement plus profondes que les mers à l'orient : nous avons vu qu'au contraire tous les continents s'étendent en longues pentes douces vers ces mers de l'orient. On peut donc présumer avec fondement, que les mers orientales au delà et au-dessus de Kamtschatka n'ont que peu de profondeur; et l'on a déjà reconnu qu'elles sont semées d'une très-grande quantité d'îles, dont quelques-unes forment des terrains d'une vaste étendue; c'est un archipel qui s'étend depuis Kamtschatka jusqu'à moitié de la distance de l'Asie à l'Amérique sous le 60° degré, et qui semble y toucher sous le cercle polaire, par les îles d'Anadir et par la pointe du continent de l'Asie [a].

D'ailleurs, les voyageurs qui ont également fréquenté les côtes occidentales du nord de l'Amérique et les terres orientales depuis Kamtschatka jusqu'au nord de cette partie de l'Asie, conviennent que les naturels de ces deux contrées d'Amérique et d'Asie se ressemblent si fort, qu'on ne peut guère douter qu'ils ne soient issus les uns des autres; non-seulement ils se ressemblent par la taille, par la forme des traits, la couleur des cheveux et la conformation du corps et des membres, mais encore par les mœurs et même par le langage : il y a donc une très-grande probabilité que c'est de ces terres de l'Asie que l'Amérique a reçu ses premiers habitants de toutes espèces, à moins qu'on ne voulût prétendre que les éléphants et tous les autres animaux, ainsi que les végétaux, ont été créés en grand nombre dans tous les climats où la température pouvait leur convenir; supposition hardie et plus que gratuite, puisqu'il suffit de deux individus ou même d'un seul, c'est-à-dire d'un ou deux moules une fois donnés et doués de la faculté de se reproduire, pour qu'en un certain nombre de siècles, la terre se soit peuplée de tous les êtres organisés dont la reproduction suppose ou non le concours des sexes.

En réfléchissant sur la tradition de la submersion de l'Atlantide, il m'a paru que les anciens Égyptiens, qui nous l'ont transmise, avaient des communications de commerce, par le Nil et la Méditerranée, jusqu'en Espagne et en Mauritanie, et que c'est par cette communication qu'ils auront été

---

a. Voyez la carte des nouvelles découvertes au delà de Kamtschatka, gravée à Pétersbourg en 1773.

informés de ce fait qui, quelque grand et quelque mémorable qu'il soit,
ne serait pas parvenu à leur connaissance s'ils n'étaient pas sortis de leur
pays, fort éloigné du lieu de l'événement : il semblerait donc que la Méditerranée, et même le détroit qui la joint à l'Océan, existaient avant la
submersion de l'Atlantide ; néanmoins l'ouverture du détroit pourrait bien
être de la même date. Les causes qui ont produit l'affaissement subit de
cette vaste terre ont dû s'étendre aux environs ; la même commotion qui l'a
détruite a pu faire écrouler la petite portion de montagnes qui fermait autrefois le détroit ; les tremblements de terre qui, même de nos jours, se font
encore sentir si violemment aux environs de Lisbonne, nous indiquent assez
qu'ils ne sont que les derniers effets d'une ancienne et plus puissante cause,
à laquelle on peut attribuer l'affaissement de cette portion de montagnes.

Mais qu'était la Méditerranée avant la rupture de cette barrière du côté
de l'Océan, et de celle qui fermait le Bosphore à son autre extrémité vers
la mer Noire?

Pour répondre à cette question d'une manière satisfaisante, il faut réunir
sous un même coup d'œil l'Asie, l'Europe et l'Afrique, ne les regarder que
comme un seul continent, et se représenter la forme en relief de la surface
de tout ce continent avec le cours de ses fleuves : il est certain que ceux
qui tombent dans le lac Aral et dans la mer Caspienne, ne fournissent
qu'autant d'eau que ces lacs en perdent par l'évaporation ; il est encore
certain que la mer Noire reçoit, en proportion de son étendue, beaucoup
plus d'eau par les fleuves que n'en reçoit la Méditerranée ; aussi la mer
Noire se décharge-t-elle par le Bosphore de ce qu'elle a de trop, tandis
qu'au contraire la Méditerranée, qui ne reçoit qu'une petite quantité d'eau
par les fleuves, en tire de l'Océan et de la mer Noire. Ainsi, malgré cette
communication avec l'Océan, la mer Méditerranée et ces autres mers intérieures ne doivent être regardées que comme des lacs dont l'étendue a
varié, et qui ne sont pas aujourd'hui tels qu'ils étaient autrefois : la mer
Caspienne devait être beaucoup plus grande et la Méditerranée plus petite,
avant l'ouverture des détroits du Bosphore et de Gibraltar ; le lac Aral et la
Caspienne ne faisaient qu'un seul grand lac, qui était le réceptacle commun
du Volga, du Jaïk, du Sirderoias, de l'Oxus et de toutes les autres eaux
qui ne pouvaient arriver à l'Océan : ces fleuves ont amené successivement
les limons et les sables qui séparent aujourd'hui la Caspienne de l'Aral ; le
volume d'eau a diminué dans ces fleuves à mesure que les montagnes dont
ils entraînent les terres ont diminué de hauteur : il est donc très-probable
que ce grand lac, qui est au centre de l'Asie, était anciennement encore plus
grand, et qu'il communiquait avec la mer Noire avant la rupture du
Bosphore ; car dans cette supposition, qui me paraît bien fondée [a], a mer

a. Voyez ci-après les notes justificatives des faits.

Noire, qui reçoit aujourd'hui plus d'eau qu'elle ne pourrait en perdre par l'évaporation, étant alors jointe avec la Caspienne, qui n'en reçoit qu'autant qu'elle en perd, la surface de ces deux mers réunies était assez étendue pour que toutes les eaux amenées par les fleuves fussent enlevées par l'évaporation.

D'ailleurs le Don et le Volga sont si voisins l'un de l'autre au nord de ces deux mers, qu'on ne peut guère douter qu'elles ne fussent réunies dans le temps où le Bosphore encore fermé ne donnait à leurs eaux aucune issue vers la Méditerranée : ainsi celles de la mer Noire et de ses dépendances étaient alors répandues sur toutes les terres basses qui avoisinent le Don, le Donjec, etc., et celles de la mer Caspienne couvraient les terres voisines du Volga, ce qui formait un lac plus long que large qui réunissait ces deux mers. Si l'on compare l'étendue actuelle du lac Aral, de la mer Caspienne et de la mer Noire, avec l'étendue que nous leur supposons dans le temps de leur continuité, c'est-à-dire avant l'ouverture du Bosphore, on sera convaincu que la surface de ces eaux étant alors plus que double de ce qu'elle est aujourd'hui, l'évaporation seule suffisait pour en maintenir l'équilibre sans débordement.

Ce bassin, qui était alors peut-être aussi grand que l'est aujourd'hui celui de la Méditerranée, recevait et contenait les eaux de tous les fleuves de l'intérieur du continent de l'Asie, lesquelles, par la position des montagnes, ne pouvaient s'écouler d'aucun côté pour se rendre dans l'Océan : ce grand bassin était le réceptacle commun des eaux du Danube, du Don, du Volga, du Jaïk, du Sirderoias et de plusieurs autres rivières très-considérables qui arrivent à ces fleuves ou qui tombent immédiatement dans ces mers intérieures. Ce bassin, situé au centre du continent, recevait les eaux des terres de l'Europe dont les pentes sont dirigées vers le cours du Danube, c'est-à-dire de la plus grande partie de l'Allemagne, de la Moldavie, de l'Ukraine et de la Turquie d'Europe ; il recevait de même les eaux d'une grande partie des terres de l'Asie au nord, par le Don, le Donjec, le Volga, le Jaïk, etc., et au midi par le Sirderoias et l'Oxus, ce qui présente une très-vaste étendue de terre dont toutes les eaux se versaient dans ce réceptacle commun, tandis que le bassin de la Méditerranée ne recevait alors que celles du Nil, du Rhône, du Pô, et de quelques autres rivières : de sorte qu'en comparant l'étendue des terres qui fournissent les eaux à ces derniers fleuves, on reconnaîtra évidemment que cette étendue est de moitié plus petite. Nous sommes donc bien fondés à présumer qu'avant la rupture du Bosphore et celle du détroit de Gibraltar, la mer Noire, réunie avec la mer Caspienne et l'Aral, formaient un bassin d'une étendue double de ce qu'il en reste, et qu'au contraire la Méditerranée était dans le même temps de moitié plus petite qu'elle ne l'est aujourd'hui.

Tant que les barrières du Bosphore et de Gibraltar ont subsisté, la Méditerranée n'était donc qu'un lac d'assez médiocre étendue, dont l'évaporation suffisait à la recette des eaux du Nil, du Rhône et des autres rivières qui lui appartiennent ; mais en supposant, comme les traditions semblent l'indiquer, que le Bosphore se soit ouvert le premier, la Méditerranée aura dès lors considérablement augmenté et en même proportion que le bassin supérieur de la mer Noire et de la Caspienne aura diminué : ce grand effet n'a rien que de très-naturel, car les eaux de la mer Noire, supérieures à celles de la Méditerranée, agissant continuellement par leur poids et par leur mouvement contre les terres qui fermaient le Bosphore, elles les auront minées par la base, elles en auront attaqué les endroits les plus faibles, ou peut-être auront-elles été amenées par quelque affaissement causé par un tremblement de terre, et s'étant une fois ouvert cette issue, elles auront inondé toutes les terres inférieures et causé le plus ancien déluge de notre continent ; car il est nécessaire que cette rupture du Bosphore ait produit tout à coup une grande inondation permanente qui a noyé dès ce premier temps toutes les plus basses terres de la Grèce et des provinces adjacentes ; et cette inondation s'est en même temps étendue sur les terres qui environnaient anciennement le bassin de la Méditerranée, laquelle s'est dès lors élevée de plusieurs pieds et aura couvert pour jamais les basses terres de son voisinage, encore plus du côté de l'Afrique que de celui de l'Europe ; car les côtes de la Mauritanie et de la Barbarie sont très-basses en comparaison de celles de l'Espagne, de la France et de l'Italie tout le long de cette mer ; ainsi, le continent a perdu en Afrique et en Europe autant de terre qu'il en gagnait pour ainsi dire en Asie par la retraite des eaux entre la mer Noire, la Caspienne et l'Aral.

Ensuite il y a eu un second déluge lorsque la porte du détroit de Gibraltar s'est ouverte : les eaux de l'Océan ont dû produire dans la Méditerranée une seconde augmentation et ont achevé d'inonder les terres qui n'étaient pas submergées. Ce n'est peut-être que dans ce second temps que s'est formé le golfe Adriatique, ainsi que la séparation de la Sicile et des autres îles. Quoi qu'il en soit, ce n'est qu'après ces deux grands événements que l'équilibre de ces deux mers intérieures a pu s'établir, et qu'elles ont pris leurs dimensions à peu près telles que nous les voyons aujourd'hui.

Au reste, l'époque de la séparation des deux grands continents, et même celle de la rupture de ces barrières de l'Océan et de la mer Noire, paraissent être bien plus anciennes que la date des déluges dont les hommes ont conservé la mémoire ; celui de Deucalion n'est que d'environ quinze cents ans avant l'ère chrétienne, et celui d'Ogygès de dix-huit cents ans[1] ; tous

---

1. Tous ces *déluges* de *Deucalion*, d'*Ogygès*, etc., ne sont, très-vraisemblement, que des

deux n'ont été que des inondations particulières dont la première ravagea la Thessalie, et la seconde les terres de l'Attique; tous deux n'ont été produits que par une cause particulière et passagère comme leurs effets; quelques secousses d'un tremblement de terre ont pu soulever les eaux des mers voisines et les faire refluer sur les terres qui auront été inondées pendant un petit temps sans être submergées à demeure. Le déluge de l'Arménie et de l'Égypte, dont la tradition s'est conservée chez les Égyptiens et les Hébreux, quoique plus ancien d'environ cinq siècles que celui d'Ogygès, est encore bien récent en comparaison des événements dont nous venons de parler, puisque l'on ne compte qu'environ quatre mille cent années depuis ce premier déluge, et qu'il est très-certain que le temps où les éléphants habitaient les terres du Nord était bien antérieur à cette date moderne : car nous sommes assurés par les livres les plus anciens que l'ivoire se tirait des pays méridionaux; par conséquent nous ne pouvons douter qu'il n'y ait plus de trois mille ans que les éléphants habitent les terres où ils se trouvent aujourd'hui. On doit donc regarder ces trois déluges, quelque mémorables qu'ils soient, comme des inondations passagères qui n'ont point changé la surface de la terre, tandis que la séparation des deux continents du côté de l'Europe n'a pu se faire qu'en submergeant à jamais les terres qui les réunissaient; il en est de même de la plus grande partie des terrains actuellement couverts par les eaux de la Méditerranée; ils ont été submergés pour toujours dès les temps où les portes se sont ouvertes aux deux extrémités de cette mer intérieure pour recevoir les eaux de la mer Noire et celles de l'Océan.

Ces événements, quoique postérieurs à l'établissement des animaux terrestres dans les contrées du Nord, ont peut-être précédé leur arrivée dans les terres du Midi; car nous avons démontré, dans l'époque précédente, qu'il s'est écoulé bien des siècles avant que les éléphants de Sibérie

souvenirs confus et partiels du grand et universel *déluge* de la *Genèse*. « Non-seulement, dit « M. Cuvier, on ne doit pas s'étonner qu'il y ait eu, dans l'antiquité même, beaucoup de « doutes et de contradictions sur les époques de Cécrops, de Deucalion, de Cadmus et de « Danaüs; non-seulement il serait puéril d'attacher la moindre importance à une opinion « quelconque sur les dates précises d'Inachus et d'Ogygès; mais si quelque chose peut sur- « prendre, c'est que ces personnages n'aient pas été placés infiniment plus haut. Il est impos- « sible qu'il n'y ait pas eu là quelque effet de l'ascendant des traditions reçues auquel les « inventeurs de fables n'ont pu se soustraire. Une des dates assignées au déluge d'Ogygès « s'accorde même tellement avec l'une de celles qui ont été attribuées au déluge de Noé, qu'il « est presque impossible qu'elle n'ait pas été prise dans quelque source où c'était de ce dernier « déluge qu'on entendait parler... Quant à Deucalion, soit que l'on regarde ce prince comme un « personnage réel ou fictif....., il est sensible que son déluge n'était qu'une tradition du grand « cataclysme, altérée et placée par les Hellènes à l'époque où ils plaçaient aussi Deucalion..... « Enfin, chaque peuplade de la Grèce, qui avait conservé des traditions isolées, les commen- « çait par son déluge particulier, parce que chacune d'elles avait conservé quelque souvenir « du déluge universel qui était commun à tous les peuples. » (Cuvier : *Disc. sur les révol. de la surf. du globe.*)

aient pu venir en Afrique ou dans les parties méridionales de l'Inde[1]. Nous avons compté dix mille ans pour cette espèce de migration qui ne s'est faite qu'à mesure du refroidissement successif et fort lent des différents climats depuis le cercle polaire à l'équateur. Ainsi la séparation des continents, la submersion des terres qui les réunissaient, celle des terrains adjacents à l'ancien lac de la Méditerranée, et enfin la séparation de la mer Noire, de la Caspienne et de l'Aral, quoique toutes postérieures à l'établissement de ces animaux dans les contrées du Nord, pourraient bien être antérieures à la population des terres du Midi, dont la chaleur trop grande alors ne permettait pas aux êtres sensibles de s'y habituer, ni même d'en approcher. Le Soleil était encore l'ennemi de la nature dans ces régions brûlantes de leur propre chaleur, et il n'en est devenu le père[2] que quand cette chaleur intérieure de la terre s'est assez attiédie pour ne pas offenser la sensibilité des êtres qui nous ressemblent. Il n'y a peut-être pas cinq mille ans que les terres de la zone torride sont habitées, tandis qu'on en doit compter au moins quinze mille depuis l'établissement des animaux terrestres dans les contrées du Nord.

Les hautes montagnes, quoique situées dans les climats les plus chauds, se sont refroidies peut-être aussi promptement que celles des pays tempérés, parce qu'étant plus élevées que ces dernières, elles forment des pointes plus éloignées de la masse du globe ; l'on doit donc considérer qu'indépendamment du refroidissement général et successif de la terre depuis les pôles à l'équateur, il y a eu des refroidissements particuliers plus ou moins prompts dans toutes les montagnes et dans les terres élevées des différentes parties du globe, et que dans le temps de sa trop grande chaleur, les seuls lieux qui fussent convenables à la nature vivante, ont été les sommets des montagnes et les autres terres élevées telles que celles de la Sibérie et de la haute Tartarie.

Lorsque toutes les eaux ont été établies sur le globe, leur mouvement d'orient en occident a escarpé les revers occidentaux de tous les continents pendant tout le temps qu'a duré l'abaissement des mers : ensuite ce même mouvement d'orient en occident a dirigé les eaux contre les pentes douces des terres orientales, et l'Océan s'est emparé de leurs anciennes côtes ; et de plus, il paraît avoir tranché toutes les pointes des continents terrestres, et avoir formé les détroits de Magellan à la pointe de l'Amérique, de Ceylan à la pointe de l'Inde, de Forbisher à celle du Groënland, etc.

C'est à la date d'environ dix mille ans, à compter de ce jour, en arrière,

---

1. Buffon suppose toujours que les éléphants actuels de l'*Inde* sont de la même espèce que ceux qui vivaient dans les *contrées du nord*. Toute sa théorie de l'*émigration* des animaux du nord au midi porte sur cela, et cela n'est pas (voyez les notes des pages 464 et 465) : les *éléphants actuels* de l'Inde ne viennent sûrement pas de la Sibérie, puisque, parmi les *ossements fossiles* de la Sibérie, il n'y a aucun de leurs ossements, aucune de leurs dépouilles.

2. Voyez la note 1 de la page 20.

que je placerais la séparation de l'Europe et de l'Amérique; et c'est à peu près dans ce même temps que l'Angleterre a été séparée de la France, l'Irlande de l'Angleterre, la Sicile de l'Italie, la Sardaigne de la Corse, et toutes deux du continent de l'Afrique; c'est peut-être aussi dans ce même temps que les Antilles, Saint-Domingue et Cuba ont été séparés du continent de l'Amérique : toutes ces divisions particulières sont contemporaines ou de peu postérieures à la grande séparation des deux continents; la plupart même ne paraissent être que les suites nécessaires de cette grande division, laquelle, ayant ouvert une large route aux eaux de l'Océan, leur aura permis de refluer sur toutes les terres basses, d'en attaquer par leur mouvement les parties les moins solides, de les miner peu à peu et de les trancher enfin, jusqu'à les séparer des continents voisins.

On peut attribuer la division entre l'Europe et l'Amérique à l'affaissement des terres qui formaient autrefois l'Atlantide; et la séparation entre l'Asie et l'Amérique (si elle existe réellement) supposerait un pareil affaissement dans les mers septentrionales de l'Orient, mais la tradition ne nous a conservé que la mémoire de la submersion de la Taprobane, terre située dans le voisinage de la zone torride, et par conséquent trop éloignée pour avoir influé sur cette séparation des continents vers le nord [a]. L'inspection du globe nous indique à la vérité qu'il y a eu des bouleversements plus grands et plus fréquents dans l'océan Indien que dans aucune autre partie du monde, et que non-seulement il s'est fait de grands changements dans ces contrées par l'affaissement des cavernes, les tremblements de terre et l'action des volcans, mais encore par l'effet continuel du mouvement général des mers qui, constamment dirigées d'orient en occident, ont gagné une grande étendue de terrain sur les côtes anciennes de l'Asie, et ont formé les petites mers intérieures de Kamtschatka, de la Corée, de la Chine, etc. Il paraît même qu'elles ont aussi noyé toutes les terres basses qui étaient à l'orient de ce continent; car si l'on tire une ligne depuis l'extrémité septentrionale de l'Asie, en passant par la pointe de Kamtschatka jusqu'à la Nouvelle-Guinée, c'est-à-dire depuis le cercle polaire jusqu'à l'équateur, on verra que les îles Marianes et celles des Callanos, qui se trouvent dans la direction de cette ligne sur une longueur de plus de deux cent cinquante lieues, sont les restes ou plutôt les anciennes côtes de ces vastes terres envahies par la mer : ensuite, si l'on considère les terres depuis celles du Japon à Formose, de Formose aux Philippines, des Philippines à la Nouvelle-Guinée, on sera porté à croire que le continent de l'Asie était autrefois contigu avec celui de la Nouvelle-Hollande, lequel s'aiguise et aboutit en pointe vers le midi, comme tous les autres grands continents.

Ces bouleversemets si multipliés et si évidents dans les mers méridionales,

***

a. Voyez ci-après les notes justificatives des faits.

l'envahissement tout aussi évident des anciennes terres orientales par les eaux de ce même Océan, nous indiquent assez les prodigieux changements qui sont arrivés dans cette vaste partie du monde, surtout dans les contrées voisines de l'équateur : cependant ni l'une ni l'autre de ces grandes causes n'a pu produire la séparation de l'Asie et de l'Amérique vers le nord ; il semblerait au contraire que si ces continents eussent été séparés au lieu d'être continus, les affaissements vers le Midi et l'irruption des eaux dans les terres de l'Orient, auraient dû attirer celles du Nord, et par conséquent découvrir la terre de cette région entre l'Asie et l'Amérique : cette considération confirme les raisons que j'ai données ci-devant pour la contiguïté réelle des deux continents vers le nord en Asie.

Après la séparation de l'Europe et de l'Amérique, après la rupture des détroits, les eaux ont cessé d'envahir de grands espaces, et dans la suite la terre a plus gagné sur la mer qu'elle n'a perdu, car indépendamment des terrains de l'intérieur de l'Asie nouvellement abandonnés par les eaux, tels que ceux qui environnent la Caspienne et l'Aral, indépendamment de toutes les côtes en pente douce que cette dernière retraite des eaux laissait à découvert, les grands fleuves ont presque tous formé des îles et de nouvelles contrées près de leurs embouchures. On sait que le *Delta* de l'Égypte, dont l'étendue ne laisse pas d'être considérable, n'est qu'un atterrissement produit par les dépôts du Nil[1] : il en est de même de la grande Isle à l'entrée du fleuve Amour, dans la mer orientale de la Tartarie chinoise. En Amérique, la partie méridionale de la Louisiane près du fleuve Mississipi, et la partie orientale située à l'embouchure de la rivière des Amazones, sont des terres nouvellement formées par le dépôt de ces grands fleuves. Mais nous ne pouvons choisir un exemple plus grand d'une contrée récente que celui des vastes terres de la Guiane : leur aspect nous rappellera l'idée de la nature brute, et nous présentera le tableau nuancé de la formation successive d'une terre nouvelle.

Dans une étendue de plus de cent vingt lieues, depuis l'embouchure de la rivière de Cayenne jusqu'à celle des Amazones, la mer, de niveau avec

---

1. « Hérodote dit que les prêtres d'Égypte regardaient leur pays comme un présent du Nil. « Ce n'est pour ainsi dire, ajoute-t-il, que depuis peu de temps que le *Delta* a paru..... Les « bouches canopique et pelusiaque étaient autrefois les principales, et la côte s'étendait en ligne « droite de l'une à l'autre ; elle paraît encore ainsi dans les cartes de Ptolomée ; depuis lors, « l'eau s'est jetée dans les bouches bolbitine et phatnitique ; c'est à leurs issues que se sont formés « les plus grands atterrissements qui ont donné à la côte un contour demi-circulaire. Les villes « de Rosette et de Damiette, bâties au bord de la mer sur ces bouches, il y a moins de mille « ans, en sont aujourd'hui à deux lieues .... Le delta du Rhône n'est pas moins remarquable « par ses accroissements. Astruc en donne le détail dans son *Histoire naturelle du Languedoc ;* « et, par une comparaison soignée des descriptions de Méla, de Strabon et de Pline, avec l'état « des lieux au commencement du xviiie siècle, il prouve, en s'appuyant de plusieurs écrivains « du moyen âge, que les bras du Rhône se sont allongés de trois lieues depuis dix-huit cents « ans... » (Cuvier : *Disc. sur les rév. de la surf. du globe.*)

la terre, n'a d'autre fond que de la vase, et d'autres côtes qu'une couronne de bois aquatiques, de *mangles* ou *palétuviers*, dont les racines, les tiges et les branches courbées trempent également dans l'eau salée, et ne présentent que des halliers aqueux qu'on ne peut pénétrer qu'en canot et la hache à la main. Ce fond de vase s'étend en pente douce à plusieurs lieues sous les eaux de la mer. Du côté de la terre, au delà de cette large lisière de palétuviers dont les branches, plus inclinées vers l'eau qu'élevées vers le ciel, forment un fort qui sert de repaire aux animaux immondes, s'étendent encore des *savanes* noyées, plantées de *palmiers lataniers* et jonchées de leurs débris : ces lataniers sont de grands arbres dont à la vérité le pied est encore dans l'eau, mais dont la tête et les branches élevées et garnies de fruits, invitent les oiseaux à s'y percher. Au delà des palétuviers et des lataniers l'on ne trouve encore que des bois mous, des *comons*, des *pineaux* qui ne croissent pas dans l'eau, mais dans les terrains bourbeux auxquels aboutissent les savanes noyées : ensuite commencent des forêts d'une autre essence ; les terres s'élèvent en pente douce et marquent, pour ainsi dire, leur élévation par la solidité et la dureté des bois qu'elles produisent ; enfin, après quelques lieues de chemin en ligne directe depuis la mer, on trouve des collines dont les coteaux, quoique rapides, et même les sommets, sont également garnis d'une grande épaisseur de bonne terre, plantée partout d'arbres de tous âges, si pressés, si serrés les uns contre les autres, que leurs cimes entrelacées laissent à peine passer la lumière du soleil, et sous leur ombre épaisse entretiennent une humidité si froide que le voyageur est obligé d'allumer du feu pour y passer la nuit, tandis qu'à quelque distance de ces sombres forêts, dans les lieux défrichés, la chaleur, excessive pendant le jour, est encore trop grande pendant la nuit. Cette vaste terre des côtes et de l'intérieur de la Guiane n'est donc qu'une forêt tout aussi vaste, dans laquelle des sauvages en petit nombre ont fait quelques clairières et de petits abatis pour pouvoir s'y domicilier sans perdre la jouissance de la chaleur de la terre et de la lumière du jour.

La grande épaisseur de terre végétale qui se trouve jusque sur le sommet des collines démontre la formation récente de toute la contrée ; elle l'est en effet au point qu'au-dessus de l'une de ces collines, nommée la *Gabrielle*, on voit un petit lac peuplé de crocodiles *caïmans* que la mer y a laissés, à cinq ou six lieues de distance, et à six ou sept cents pieds de hauteur au-dessus de son niveau. Nulle part on ne trouve de la pierre calcaire, car on transporte de France la chaux nécessaire pour bâtir à Cayenne : ce qu'on appelle *pierre à ravets* n'est point une pierre, mais une lave de volcan, trouée comme les scories des forges : cette lave se présente en blocs épars ou en monceaux irréguliers dans quelques montagnes où l'on voit les bouches des anciens volcans qui sont actuellement éteints, parce que la mer s'est retirée et éloignée du pied de ces montagnes. Tout concourt donc à prouver qu'il n'y a pas longtemps que les eaux ont abandonné ces collines, et encore moins de temps qu'elles ont laissé paraître les plaines et les terres basses, car celles-ci ont été presque entièrement formées par le dépôt des eaux courantes. Les fleuves, les rivières, les ruisseaux sont si voisins les uns des autres et en même temps si larges, si gonflés, si rapides dans la saison des pluies, qu'ils entraînent incessamment des limons immenses, lesquels se déposent, sur toutes les terres basses et sur le fond de la mer, en sédiments vaseux[a] : ainsi cette terre nouvelle s'accroîtra de siècles en siècles tant qu'elle ne sera pas peuplée; car on doit compter pour rien le petit nombre d'hommes qu'on y rencontre; ils sont encore, tant au moral qu'au physique, dans l'état de pure nature; ni vêtements, ni religion, ni société qu'entre quelques familles dispersées à de grandes distances, peut-être au nombre de trois ou quatre cents carbets, dans une terre dont l'étendue est quatre fois plus grande que celle de la France.

Ces hommes, ainsi que la terre qu'ils habitent, paraissent être les plus nouveaux de l'univers : ils y sont arrivés des pays plus élevés et dans des temps postérieurs à l'établissement de l'espèce humaine dans les hautes contrées du Mexique, du Pérou et du Chili; car en supposant les premiers hommes en Asie, ils auront passé par la même route que les éléphants, et se seront en arrivant répandus dans les terres de l'Amérique septentrionale et du Mexique; ils auront ensuite aisément franchi les hautes terres au delà de l'isthme, et se seront établis dans celles du Pérou, et enfin ils auront pénétré jusque dans les contrées les plus reculées de l'Amérique méridionale. Mais n'est-il pas singulier que ce soit dans quelques-unes de ces dernières contrées qu'existent encore de nos jours les géants de l'espèce humaine, tandis qu'on n'y voit que des pygmées dans le genre des animaux? car on ne peut douter qu'on n'ait rencontré dans l'Amérique méridionale des hommes en grand nombre, tous plus grands, plus carrés, plus épais et plus forts que ne le sont tous les autres hommes de la terre[1]. Les races de géants, autrefois si communes en Asie, n'y subsistent plus : pourquoi se trouvent-elles en Amérique aujourd'hui? ne pouvons-nous pas croire que quelques géants, ainsi que les éléphants, ont passé de l'Asie en Amérique, où, s'étant trouvés pour ainsi dire seuls, leur race s'est conservée dans ce continent désert, tandis qu'elle a été entièrement détruite par le nombre des autres hommes dans les contrées peuplées : une circonstance me paraît avoir concouru au maintien de cette ancienne race de géants dans le continent du Nouveau-Monde; ce sont les hautes montagnes qui le partagent dans toute sa longueur et sous tous les climats. Or on sait qu'en général les habitants des montagnes sont plus grands et plus forts que ceux des vallées ou des plaines. Supposant donc quelques couples de géants pas-

a. Voyez ci-après les notes justificatives des faits.

1. Voyez la note 2 de la page 209 du II° volume.

sés d'Asie en Amérique, où ils auront trouvé la liberté, la tranquillité, la paix, ou d'autres avantages que peut-être ils n'avaient pas chez eux, n'auront-ils pas choisi dans les terres de leur nouveau domaine celles qui leur convenaient le mieux, tant pour la chaleur que pour la salubrité de l'air et des eaux ? Ils auront fixé leur domicile à une hauteur médiocre dans les montagnes ; ils se seront arrêtés sous le climat le plus favorable à leur multiplication ; et comme ils avaient peu d'occasions de se mésallier, puisque toutes les terres voisines étaient désertes, ou du moins tout aussi nouvellement peuplées par un petit nombre d'hommes bien inférieurs en force, leur race gigantesque s'est propagée sans obstacles et presque sans mélange ; elle a duré et subsisté jusqu'à ce jour, tandis qu'il y a nombre de siècles qu'elle a été détruite dans les lieux de son origine en Asie [a], par la très-grande et plus ancienne population de cette partie du monde.

Mais autant les hommes se sont multipliés dans les terres qui sont actuellement chaudes et tempérées, autant leur nombre a diminué dans celles qui sont devenues trop froides. Le nord du Groënland, de la Laponie, du Spitzberg, de la Nouvelle-Zemble, de la terre des Samoïèdes, aussi bien qu'une partie de celles qui avoisinent la mer Glaciale jusqu'à l'extrémité de l'Asie, au nord de Kamtschatka, sont actuellement désertes ou plutôt dépeuplées depuis un temps assez moderne. On voit même, par les cartes russes, que depuis les embouchures des fleuves Olenek, Lena et Jana, sous les 73e et 74e degrés, la route, tout le long des côtes de cette mer Glaciale jusqu'à la terre des Tschutschis, était autrefois fort fréquentée, et qu'actuellement elle est impraticable, ou tout au moins si difficile qu'elle est abandonnée. Ces mêmes cartes nous montrent que des trois vaisseaux partis en 1648 de l'embouchure commune des fleuves de Kolima et Olomon, sous le 72e degré, un seul a doublé le cap de la terre des Tschutschis sous le 75e degré, et seul est arrivé, disent les mêmes cartes, aux îles d'Anadir, voisines de l'Amérique sous le cercle polaire ; mais autant je suis persuadé de la vérité de ces premiers faits, antant je doute de celle du dernier ; car cette même carte, qui présente par une *suite de points* la route de ce vaisseau russe autour de la terre des Tschutschis, porte en même temps *en toutes lettres* qu'on ne connaît pas l'étendue de cette terre ; or quand même on aurait en 1648 parcouru cette mer et fait le tour de cette pointe de l'Asie, il est sûr que depuis ce temps les Russes, quoique très-intéressés à cette navigation pour arriver au Kamtschatka, et de là au Japon et à la Chine, l'ont entièrement abandonnée ; mais peut-être aussi se sont-ils réservé pour eux seuls la connaissance de cette route autour de cette terre des Tschutschis, qui forme l'extrémité la plus septentrionale et la plus avancée du continent de l'Asie.

[a]. Voyez ci-après les notes justificatives des faits.

Quoi qu'il en soit, toutes les régions septentrionales au delà du 76° degré
depuis le nord de la Norwége jusqu'à l'extrémité de l'Asie, sont actuellement dénuées d'habitants, à l'exception de quelques malheureux que les
Danois et les Russes ont établis pour la pêche, et qui seuls entretiennent
un reste de population et de commerce dans ce climat glacé. Les terres du
Nord autrefois assez chaudes pour faire multiplier les éléphants et les
hippopotames, s'étant déjà refroidies au point de ne pouvoir nourrir que
des ours blancs et des rennes, seront dans quelques milliers d'années
entièrement dénuées et désertes par les seuls effets du refroidissement. Il
y a même de très-fortes raisons qui me portent à croire que la région
de notre pôle qui n'a pas été reconnue ne le sera jamais; car ce refroidissement glacial me paraît s'être emparé du pôle jusqu'à la distance
de sept ou huit degrés, et il est plus que probable que toute cette plage
polaire, autrefois terre ou mer, n'est aujourd'hui que glace. Et si cette
présomption est fondée, le circuit et l'étendue de ces glaces, loin de diminuer, ne pourra qu'augmenter avec le refroidissement de la terre.

Or si nous considérons ce qui se passe sur les hautes montagnes, même
dans nos climats, nous y trouverons une nouvelle preuve démonstrative
de la réalité de ce refroidissement et nous en tirerons en même tempe une
comparaison qui me paraît frappante. On trouve au-dessus des Alpes, dans
une longueur de plus de soixante lieues sur vingt, et même trente de largeur en certains endroits, depuis les montagnes de la Savoie et du canton
de Berne jusqu'à celles du Tyrol, une étendue immense et presque continue de vallées, de plaines et d'éminences de glaces, la plupart sans
mélange d'aucune autre matière et presque toutes permanentes et qui ne
fondent jamais en entier. Ces grandes plages de glace, loin de diminuer
dans leur circuit, augmentent et s'étendent de plus en plus; elles gagnent
de l'espace sur les terres voisines et plus basses; ce fait est démontré
par les cimes des grands arbres et même par une pointe de clocher,
qui sont enveloppés dans ces masses de glaces, et qui ne paraissent que
dans certains étés très-chauds, pendant lesquels ces glaces diminuent
de quelques pieds de hauteur; mais la masse intérieure, qui dans certains endroits est épaisse de cent toises, ne s'est pas fondue de mémoire
d'homme [a]. Il est donc évident que ces forêts et ce clocher enfouis dans
ces glaces épaisses et permanentes étaient ci-devant situés dans des terres
découvertes, habitées, et par conséquent moins refroidies qu'elles ne le
sont aujourd'hui; il est de même très-certain que cette augmentation successive de glaces ne peut être attribuée à l'augmentation de la quantité
de vapeurs aqueuses, puisque tous les sommets des montagnes qui surmontent ces glacières ne se sont point élevés, et se sont au contraire

a. Voyez ci-après les notes justificatives des faits.

abaissés avec le temps et par la chute d'une infinité de rochers et de masses en débris qui ont roulé, soit au fond des glacières, soit dans les vallées inférieures. Dès lors l'agrandissement de ces contrées de glace est déjà et sera dans la suite la preuve la plus palpable du refroidissement successif de la terre, duquel il est plus aisé de saisir les degrés dans ces pointes avancées du globe que partout ailleurs : si l'on continue donc d'observer les progrès de ces glacières permanentes des Alpes, on saura dans quelques siècles combien il faut d'années pour que le froid glacial s'empare d'une terre actuellement habitée, et de là on pourra conclure si j'ai compté trop ou trop peu de temps pour le refroidissement du globe.

Maintenant, si nous transportons cette idée sur la région du pôle, nous nous persuaderons aisément que non-seulement elle est entièrement glacée, mais même que le circuit et l'étendue de ces glaces augmente de siècle en siècle, et continuera d'augmenter avec le refroidissement du globe. Les terres du Spitzberg, quoique à 10 degrés du pôle, sont presque entièrement glacées, même en été ; et par les nouvelles tentatives que l'on a faites pour approcher du pôle de plus près, il paraît qu'on n'a trouvé que des glaces, que je regarde comme les appendices de la grande glacière qui couvre cette région tout entière, depuis le pôle jusqu'à 7 ou 8 degrés de distance. Les glaces immenses reconnues par le capitaine Phipps à 80 et 81 degrés, et qui partout l'ont empêché d'avancer plus loin, semblent prouver la vérité de ce fait important : car l'on ne doit pas présumer qu'il y ait sous le pôle des sources et des fleuves d'eau douce qui puissent produire et amener ces glaces, puisqu'en toutes saisons ces fleuves seraient glacés. Il paraît donc que les glaces qui ont empêché ce navigateur intrépide de pénétrer au delà du 82ᵉ degré, sur une longueur de plus de 24 degrés en longitude, il paraît, dis-je, que ces glaces continues forment une partie de la circonférence de l'immense glacière de notre pôle, produite par le refroidissement successif du globe. Et si l'on veut supputer la surface de cette zone glacée depuis le pôle jusqu'au 82ᵉ degré de latitude, on verra qu'elle est de plus de cent trente mille lieues carrées, et que par conséquent voilà déjà la deux-centième partie du globe envahie par le refroidissement, et anéantie pour la nature vivante. Et comme le froid est plus grand dans les régions du pôle austral, l'on doit présumer que l'envahissement des glaces y est aussi plus grand, puisqu'on en rencontre dans quelques-unes de ces plages australes dès le 47ᵉ degré : mais, pour ne considérer ici que notre hémisphère boréal, dont nous présumons que la glace a déjà envahi la centième partie, c'est-à-dire toute la surface de la portion de sphère qui s'étend depuis le pôle jusqu'à 8 degrés ou deux cents lieues de distance, l'on sent bien que s'il était possible de déterminer le temps où ces glaces ont commencé de s'établir sur le point du pôle, et ensuite le temps de la progression successive de leur envahissement jusqu'à deux cents lieues, on pourrait en déduire celui de leur progression à venir, et connaître d'avance quelle sera la durée de la nature vivante dans tous les climats jusqu'à celui de l'équateur. Par exemple, si nous supposons qu'il y ait mille ans que la glace permanente a commencé de s'établir sous le point même du pôle, et que dans la succession de ce millier d'années les glaces se soient étendues autour de ce point jusqu'à deux cents lieues, ce qui fait la centième partie de la surface de l'hémisphère depuis le pôle à l'équateur, on peut présumer qu'il s'écoulera encore quatre-vingt-dix-neuf mille ans avant qu'elles ne puissent l'envahir dans toute cette étendue, en supposant uniforme la progression du froid glacial, comme l'est celle du refroidissement du globe ; et ceci s'accorde assez avec la durée de quatre-vingt-treize mille ans que nous avons donnée à la nature vivante, à dater de ce jour, et que nous avons déduite de la seule loi du refroidissement. Quoi qu'il en soit, il est certain que les glaces se présentent de tous côtés à 8 degrés du pôle comme des barrières et des obstacles insurmontables ; car le capitaine Phipps a parcouru plus de la quinzième partie de cette circonférence vers le nord-est ; et, avant lui, Baffin et Smith en avaient reconnu tout autant vers le nord-ouest, et partout ils n'ont trouvé que glace : je suis donc persuadé que, si quelques autres navigateurs aussi courageux entreprennent de reconnaître le reste de cette circonférence, ils la trouveront de même bornée partout par des glaces qu'ils ne pourront pénétrer ni franchir ; et que par conséquent cette région du pôle est entièrement et à jamais perdue pour nous. La brume continuelle qui couvre ces climats, et qui n'est que de la neige glacée dans l'air, s'arrêtant, ainsi que toutes les autres vapeurs, contre les parois de ces côtes de glace, elle y forme de nouvelles couches et d'autres glaces, qui augmentent incessamment et s'étendront toujours de plus en plus, à mesure que le globe se refroidira davantage.

Au reste, la surface de l'hémisphère boréal présentant beaucoup plus de terre que celle de l'hémisphère austral, cette différence suffit, indépendamment des autres causes ci-devant indiquées, pour que ce dernier hémisphère soit plus froid que le premier : aussi trouve-t-on des glaces dès le 47e ou 50e degré dans les mers australes, au lieu qu'on n'en rencontre qu'à 20 degrés plus loin dans l'hémisphère boréal. On voit d'ailleurs que sous notre cercle polaire il y a moitié plus de terre que d'eau, tandis que tout est mer sous le cercle antarctique ; l'on voit qu'entre notre cercle polaire et le tropique du Cancer il y a plus de deux tiers de terre sur un tiers de mer, au lieu qu'entre le cercle polaire antarctique et le tropique du Capricorne, il y a peut-être quinze fois plus de mer que de terre : cet hémisphère austral a donc été de tout temps, comme il l'est encore aujourd'hui, beaucoup plus aqueux et plus froid que le nôtre, et il n'y a pas d'apparence que passé le 50e degré l'on y trouve jamais des terres heureuses et tempérées. Il est donc presque certain que les glaces ont envahi une plus grande étendue sous le pôle antarctique, et que leur circonférence s'étend peut-être beaucoup plus loin que celle des glaces du pôle arctique. Ces immenses glacières des deux pôles, produites par le refroidissement, iront comme la glacière des Alpes, toujours en augmentant. La postérité ne tardera pas à le savoir, et nous nous croyons fondés à le présumer d'après notre théorie et d'après les faits que nous venons d'exposer, auxquels nous devons ajouter celui des glaces permanentes qui se sont formées depuis quelques siècles contre la côte orientale du Groënland; on peut encore y joindre l'augmentation des glaces près de la Nouvelle-Zemble dans le détroit de Weighats, dont le passage est devenu plus difficile et presque impraticable; et enfin l'impossibilité où l'on est de parcourir la mer Glaciale au nord de l'Asie; car, malgré ce qu'en ont dit les Russes [a], il est très-douteux que les côtes de cette mer les plus avancées vers le nord aient été reconnues et qu'ils aient fait le tour de la pointe septentrionale de l'Asie.

Nous voilà, comme je me le suis proposé, descendus du sommet de l'échelle du temps jusqu'à des siècles assez voisins du nôtre [1]; nous avons passé du chaos à la lumière, de l'incandescence du globe à son premier refroidissement, et cette période de temps a été de vingt-cinq mille ans. Le second degré de refroidissement a permis la chute des eaux et a produit la dépuration de l'atmosphère depuis vingt-cinq à trente-cinq mille ans. Dans la troisième époque s'est fait l'établissement de la mer universelle, la production des premiers coquillages et des premiers végétaux, la construction de la surface de la terre par lits horizontaux, ouvrages de quinze ou vingt autres milliers d'années. Sur la fin de la troisième époque et au commencement de la quatrième s'est faite la retraite des eaux, les courants de la mer ont creusé nos vallons, et les feux souterrains ont commencé de ravager la terre par leurs explosions. Tous ces derniers mouvements ont duré dix mille ans de plus, et en somme totale ces grands événements, ces opérations et ces constructions supposent au moins une succession de soixante mille années. Après quoi, la nature, dans son premier moment de repos, a donné ses productions les plus nobles; la cinquième époque nous présente la naissance des animaux terrestres. Il est vrai que ce repos n'était pas absolu, la terre n'était pas encore tout à fait tranquille, puisque ce n'est qu'après la naissance des premiers animaux terrestres que s'est faite la séparation des continents et que sont arrivés les grands changements que je viens d'exposer dans cette sixième époque.

Au reste, j'ai fait ce que j'ai pu pour proportionner dans chacune de ces périodes la durée du temps à la grandeur des ouvrages; j'ai tâché, d'après mes hypothèses, de tracer le tableau successif des grandes révolutions de

<hr>

a. Voyez ci-après les notes justificatives des faits.

1. Voyez la note de la page 457.

la nature, sans néanmoins avoir prétendu la saisir à son origine et encore
moins l'avoir embrassée dans toute son étendue. Et mes hypothèses fussent-
elles contestées, et mon tableau ne fût-il qu'une esquisse très-imparfaite de
celui de la nature, je suis convaincu que tous ceux qui de bonne foi voudront examiner cette esquisse et la comparer avec le modèle, trouveront
assez de ressemblance pour pouvoir au moins satisfaire leurs yeux et fixer
leurs idées sur les plus grands objets de la philosophie naturelle [1].

SEPTIÈME ET DERNIÈRE ÉPOQUE.

LORSQUE LA PUISSANCE DE L'HOMME A SECONDÉ CELLE DE LA NATURE.

Les premiers hommes, témoins des mouvements convulsifs de la terre,
encore récents et très-fréquents, n'ayant que les montagnes pour asiles
contre les inondations, chassés souvent de ces mêmes asiles par le feu des
volcans, tremblants sur une terre qui tremblait sous leurs pieds, nus d'esprit et de corps, exposés aux injures de tous les éléments, victimes de la
fureur des animaux féroces, dont ils ne pouvaient éviter de devenir la proie;
tous également pénétrés du sentiment commun d'une terreur funeste, tous
également pressés par la nécessité, n'ont-ils pas très-promptement cherché
à se réunir, d'abord pour se défendre par le nombre, ensuite pour s'aider
et travailler de concert à se faire un domicile et des armes? Ils ont commencé par aiguiser en forme de haches ces cailloux durs, ces jades, ces
pierres de foudre, que l'on a cru tombées des nues et formées par le tonnerre, et qui néanmoins ne sont que les premiers monuments de l'art de
l'homme dans l'état de pure nature : il aura bientôt tiré du feu de ces mêmes
cailloux en les frappant les uns contre les autres; il aura saisi la flamme
des volcans, ou profité du feu de leurs laves brûlantes pour le communiquer,
pour se faire jour dans les forêts, les broussailles; car avec le secours de
ce puissant élément, il a nettoyé, assaini, purifié les terrains qu'il voulait
habiter; avec la hache de pierre, il a tranché, coupé les arbres, menuisé
le bois, façonné les armes et les instruments de première nécessité; et, après
s'être munis de massues et d'autres armes pesantes et défensives, ces premiers hommes n'ont-ils pas trouvé le moyen d'en faire d'offensives plus
légères pour atteindre de loin? un nerf, un tendon d'animal, des fils d'aloès
ou l'écorce souple d'une plante ligneuse leur ont servi de corde pour réunir
les deux extrémités d'une branche élastique dont ils ont fait leur arc; ils

1. Voyez la note 3 de la page 550.

ont aiguisé d'autres petits cailloux pour en armer la flèche; bientôt ils auront eu des filets, des radeaux, des canots, et s'en sont tenus là tant qu'ils n'ont formé que de petites nations composées de quelques familles, ou plutôt de parents issus d'une même famille, comme nous le voyons encore aujourd'hui chez les sauvages qui veulent demeurer sauvages, et qui le peuvent, dans les lieux où l'espace libre ne leur manque pas plus que le gibier, le poisson et les fruits. Mais dans tous ceux où l'espace s'est trouvé confiné par les eaux ou resserré par les hautes montagnes, ces petites nations devenues trop nombreuses, ont été forcées de partager leur terrain entre elles, et c'est de ce moment que la terre est devenue le domaine de l'homme; il en a pris possession par ses travaux de culture, et l'attachement à la patrie a suivi de très-près les premiers actes de sa propriété : l'intérêt particulier faisant partie de l'intérêt national, l'ordre, la police et les lois ont dû succéder, et la société prendre de la consistance et des forces [1].

Néanmoins, ces hommes profondément affectés des calamités de leur premier état, et ayant encore sous leurs yeux les ravages des inondations, les incendies des volcans, les gouffres ouverts par les secousses de la terre, ont conservé un souvenir durable et presque éternel de ces malheurs du monde : l'idée qu'il doit périr par un déluge universel ou par un embrasement général; le respect pour certaines montagnes [a] sur lesquelles ils s'étaient sauvés des inondations; l'horreur pour ces autres montagnes qui lançaient des feux plus terribles que ceux du tonnerre; la vue de ces combats de la terre contre le ciel, fondement de la fable des Titans et de leurs assauts contre les dieux; l'opinion de l'existence réelle d'un être malfaisant, la crainte et la superstition qui en sont le premier produit; tous ces sentiments, fondés sur la terreur, se sont dès lors emparés à jamais du cœur et de l'esprit de l'homme; à peine est-il encore aujourd'hui rassuré par l'expérience des temps, par le calme qui a succédé à ces siècles d'orages, enfin par la connaissance des effets et des opérations de la nature; connaissance qui n'a pu s'acquérir qu'après l'établissement de quelque grande société dans des terres paisibles.

Ce n'est point en Afrique, ni dans les terres de l'Asie les plus avancées vers le Midi, que les grandes sociétés ont pu d'abord se former; ces contrées étaient encore brûlantes et désertes : ce n'est point en Amérique, qui n'est évidemment, à l'exception de ses chaînes de montagnes, qu'une terre nouvelle; ce n'est pas même en Europe, qui n'a reçu que fort tard

a. Voyez ci-après les notes justificatives des faits.

1. Voici encore un début magnifique, et tout rempli d'idées aussi élevées que justes et solides : ces premiers hommes, « tremblants sur une terre qui tremblait sous leurs pas, *nus d'esprit* et « de corps, exposés aux injures de tous les éléments;... » qui peu à peu se sont réunis, ont formé de petites nations..... cette terre devenue leur domaine, et dont l'homme *a pris possession par ses travaux de culture;...* tout cet éloquent tableau se compose de traits admirablement saisis, et, si je puis ainsi parler, dérobés à la nature même par une observation profonde.

les lumières de l'Orient, que se sont établis les premiers hommes civilisés;
puisque avant la fondation de Rome, les contrées les plus heureuses de cette
partie du monde, telles que l'Italie, la France et l'Allemagne, n'étaient
encore peuplées que d'hommes plus qu'à demi sauvages : lisez *Tacite*, sur
les mœurs des Germains, c'est le tableau de celles des Hurons, ou plutôt
des habitudes de l'espèce humaine entière sortant de l'état de nature. C'est
donc dans les contrées septentrionales de l'Asie que s'est élevée la tige des
connaissances de l'homme ; et c'est sur ce tronc de l'arbre de la science
que s'est élevé le trône de sa puissance : plus il a su, plus il a pu ; mais
aussi, moins il a fait, moins il a su. Tout cela suppose les hommes actifs
dans un climat heureux, sous un ciel pur pour l'observer, sur une terre
féconde pour la cultiver, dans une contrée privilégiée, à l'abri des inondations, éloignée des volcans, plus élevée, et par conséquent plus anciennement tempérée que les autres. Or, toutes ces conditions, toutes ces
circonstances se sont trouvées réunies dans le centre du continent de
l'Asie, depuis le 40e degré de latitude jusqu'au 55e. Les fleuves qui portent
leurs eaux dans la mer du Nord, dans l'océan Oriental, dans les mers du
Midi et dans la Caspienne, partent également de cette région élevée qui fait
aujourd'hui partie de la Sibérie méridionale et de la Tartarie : c'est donc
dans cette terre plus élevée, plus solide que les autres, puisqu'elle leur sert
de centre et qu'elle est éloignée de près de cinq cents lieues de tous les
océans; c'est dans cette contrée privilégiée que s'est formé le premier
peuple digne de porter ce nom, digne de tous nos respects, comme créateur
des sciences, des arts et de toutes les institutions utiles : cette vérité nous
est également démontrée par les monuments de l'histoire naturelle et par
les progrès presque inconcevables de l'ancienne astronomie ; comment
des hommes si nouveaux ont-ils pu trouver la période *lunisolaire* de six
cents ans [a][1]? Je me borne à ce seul fait, quoiqu'on puisse en citer beaucoup
d'autres tout aussi merveilleux et tout aussi constants. Ils savaient donc
autant d'astronomie qu'en savait de nos jours Dominique Cassini, qui le
premier a démontré la réalité et l'exactitude de cette période de six cents
ans; connaissance à laquelle ni les Chaldéens, ni les Égyptiens, ni les Grecs
ne sont pas arrivés; connaissance qui suppose celle des mouvements précis
de la lune et de la terre, et qui exige une grande perfection dans les
instruments nécessaires aux observations; connaissance qui ne peut s'acquérir qu'après avoir tout acquis, laquelle n'étant fondée que sur une
longue suite de recherches, d'études et de travaux astronomiques, suppose

a. Voyez ci-après les notes justificatives des faits.

1. « C'est pour n'avoir pas entendu un passage de Josèphe que Cassini, et d'après lui Bailly,
« ont prétendu y trouver (dans les observations des Chaldéens) une période *luni-solaire* de
« six cents ans, qui aurait été connue des premiers patriarches. » (Cuvier : *Disc. sur les révol.*
de la surface du globe.)

au moins deux ou trois mille ans de culture à l'esprit humain pour y parvenir.

Ce premier peuple a été très-heureux, puisqu'il est devenu très-savant; il a joui pendant plusieurs siècles de la paix, du repos, du loisir nécessaires à cette culture de l'esprit de laquelle dépend le fruit de toutes les autres cultures : pour se douter de la période de six cents ans, il fallait au moins douze cents ans d'observations; pour l'assurer comme fait certain, il en a fallu plus du double; voilà donc déjà trois mille ans d'études astronomiques, et nous n'en serons pas étonnés, puisqu'il a fallu ce même temps aux astronomes en les comptant depuis les Chaldéens jusqu'à nous pour reconnaître cette période; et ces premiers trois mille ans d'observations astronomiques n'ont-ils pas été nécessairement précédés de quelques siècles où la science n'était pas née? six mille ans à compter de ce jour, sont-ils suffisants pour remonter à l'époque la plus noble de l'histoire de l'homme, et même pour le suivre dans les premiers progrès qu'il a faits dans les arts et dans les sciences?

Mais malheureusement elles ont été perdues, ces hautes et belles sciences; elles ne nous sont parvenues que par débris trop informes pour nous servir autrement qu'à reconnaître leur existence passée. L'invention de la formule d'après laquelle les *Brames* calculent les éclipses suppose autant de science que la construction de nos éphémérides, et cependant ces mêmes Brames n'ont pas la moindre idée de la composition de l'univers; ils n'en ont que de fausses sur le mouvement, la grandeur et la position des planètes, ils calculent les éclipses sans en connaître la théorie, guidés comme des machines par une gamme fondée sur des formules savantes qu'ils ne comprennent pas, et que probablement leurs ancêtres n'ont point inventées, puisqu'ils n'ont rien perfectionné et qu'ils n'ont pas transmis le moindre rayon de la science à leurs descendants : ces formules ne sont entre leurs mains que des méthodes de pratique, mais elles supposent des connaissances profondes dont ils n'ont pas les éléments, dont ils n'ont pas même conservé les moindres vestiges, et qui par conséquent ne leur ont jamais appartenu. Ces méthodes ne peuvent donc venir que de cet ancien peuple savant qui avait réduit en formules les mouvements des astres, et qui par une longue suite d'observations était parvenu non-seulement à la prédiction des éclipses, mais à la connaissance bien plus difficile de la période de six cents ans et de tous les faits astronomiques que cette connaissance exige et suppose nécessairement.

Je crois être fondé à dire que les Brames n'ont pas imaginé ces formules savantes, puisque toutes leurs idées physiques sont contraires à la théorie dont ces formules dépendent, et que s'ils eussent compris cette théorie même dans le temps qu'ils en ont reçu les résultats, ils eussent conservé la science et ne se trouveraient pas réduits aujourd'hui à la plus grande ignorance, et livrés aux préjugés les plus ridicules sur le système du monde; car ils croient que la terre est immobile et appuyée sur la cime d'une montagne d'or; ils pensent que la lune est éclipsée par des dragons aériens, que les planètes sont plus petites que la lune, etc. Il est donc évident qu'ils n'ont jamais eu les premiers éléments de la théorie astronomique, ni même la moindre connaissance des principes que supposent les méthodes dont ils se servent; mais je dois renvoyer ici à l'excellent ouvrage que M. Bailly vient de publier sur l'ancienne astronomie, dans lequel il discute à fond tout ce qui est relatif à l'origine et au progrès de cette science; on verra que ses idées s'accordent avec les miennes, et d'ailleurs il a traité ce sujet important avec une sagacité de génie et une profondeur d'érudition qui mérite des éloges de tous ceux qui s'intéressent au progrès des sciences [1].

Les Chinois, un peu plus éclairés que les Brames, calculent assez grossièrement les éclipses et les calculent toujours de même depuis deux ou trois mille ans; puisqu'ils ne perfectionnent rien, ils n'ont jamais rien inventé; la science n'est donc pas plus née à la Chine qu'aux Indes : quoique aussi voisins que les Indiens du premier peuple savant, les Chinois ne paraissent pas en avoir rien tiré; ils n'ont pas même ces formules astronomiques dont les Brames ont conservé l'usage, et qui sont néanmoins les premiers et grands monuments du savoir et du bonheur de l'homme. Il ne paraît pas non plus que les Chaldéens, les Perses, les Égyptiens et les Grecs aient rien reçu de ce premier peuple éclairé; car dans ces contrées du Levant, la nouvelle astronomie n'est due qu'à l'opiniâtre assiduité des observateurs chaldéens, et ensuite aux travaux des Grecs [a], qu'on ne doit dater que du temps de la fondation de l'école d'Alexandrie. Néanmoins cette science était encore bien imparfaite après deux mille ans de nouvelle culture et même jusqu'à nos derniers siècles. Il me paraît donc certain que ce premier peuple, qui avait inventé et cultivé si heureusement et si longtemps l'astronomie, n'en a laissé que des débris et quelques résultats qu'on pouvait retenir de mémoire, comme celui de la période de six cents ans que l'historien Josèphe nous a transmise sans la comprendre.

La perte des sciences, cette première plaie faite à l'humanité par la hache

a. Voyez ci-après les notes justificatives des faits.

1. « Les Tables indiennes, dit Laplace, supposent une astronomie assez avancée, mais tout « porte à croire qu'elles ne sont pas d'une haute antiquité. Ici (ajoute Laplace, en termes pleins « de noblesse), ici je m'éloigne, avec peine, de l'opinion d'un illustre et malheureux ami..... « Le savant célèbre dont je viens de parler, Bailly, a cherché à établir, dans son Traité de « l'astronomie indienne, que la première époque de ces Tables était fondée sur les observations. « Malgré ses preuves exposées avec la clarté qu'il a su répandre sur les matières les plus « abstraites, je regarde comme très-vraisemblable qu'elle a été imaginée pour donner, dans le « zodiaque, une commune origine aux mouvements des corps célestes... » (*Précis de l'hist. de l'astron.*)

de la barbarie, fut sans doute l'effet d'une malheureuse révolution qui aura détruit peut-être en peu d'années l'ouvrage et les travaux de plusieurs siècles ; car nous ne pouvons douter que ce premier peuple, aussi puissant d'abord que savant, ne se soit longtemps maintenu dans sa splendeur, puisqu'il a fait de si grands progrès dans les sciences, et par conséquent dans tous les arts qu'exige leur étude. Mais il y a toute apparence que, quand les terres situées au nord de cette heureuse contrée ont été-trop refroidies, les hommes qui les habitaient, encore ignorants, farouches et barbares, auront reflué vers cette même contrée riche, abondante et cultivée par les arts ; il est même assez étonnant qu'ils s'en soient emparés et qu'ils y aient détruit non-seulement les germes, mais même la mémoire de toute science ; en sorte que trente siècles d'ignorance ont peut-être suivi les trente siècles de lumière qui les avaient précédés. De tous ces beaux et premiers fruits de l'esprit humain, il n'en est resté que le marc : la métaphysique religieuse, ne pouvant être comprise, n'avait pas besoin d'étude et ne devait ni s'altérer ni se perdre que faute de mémoire, laquelle ne manque jamais dès qu'elle est frappée du merveilleux. Aussi cette métaphysique s'est-elle répandue de ce premier centre des sciences à toutes les parties du monde ; les idoles de Calicut se sont trouvées les mêmes que celles de Séléginskoi. Les pèlerinages vers le grand Lama, établis à plus de deux mille lieues de distance ; l'idée de la métempsycose portée encore plus loin, adoptée comme article de foi par les Indiens, les Éthiopiens, les Atlantes ; ces mêmes idées défigurées, reçues par les Chinois, les Perses, les Grecs, et parvenues jusqu'à nous : tout semble nous démontrer que la première souche et la tige commune des connaissances humaines appartient à cette terre de la haute Asie *a*, et que les rameaux stériles ou dégénérés des nobles branches de cette ancienne souche se sont étendus dans toutes les parties de la terre chez les peuples civilisés.

Et que pouvons-nous dire de ces siècles de barbarie, qui se sont écoulés en pure perte pour nous? ils sont ensevelis pour jamais dans une nuit profonde ; l'homme d'alors, replongé dans les ténèbres de l'ignorance, a pour ainsi dire cessé d'être homme. Car la grossièreté, suivie de l'oubli des devoirs, commence par relâcher les liens de la société, la barbarie achève de les rompre ; les lois méprisées ou proscrites, les mœurs dégénérées en habitudes farouches, l'amour de l'humanité, quoique gravé en caractères sacrés, effacé dans les cœurs ; l'homme enfin sans éducation, sans morale, réduit à mener une vie solitaire et sauvage, n'offre, au lieu de

a. Les cultures, les arts, les bourgs épars dans cette région (dit le savant naturaliste M. Pallas) sont les restes encore vivants d'un empire ou d'une société florissante, dont l'histoire même est ensevelie avec ses cités, ses temples, ses armes, ses monuments, dont on déterre à chaque pas d'énormes débris ; ces peuplades sont les membres d'une énorme nation, à laquelle il manque une tête. *Voyage de Pallas en Sibérie*, etc.

sa haute nature, que celle d'un être dégradé au-dessous de l'animal.

Néanmoins, après la perte des sciences, les arts utiles auxquels elles avaient donné naissance se sont conservés; la culture de la terre, devenue plus nécessaire à mesure que les hommes se trouvaient plus nombreux, plus serrés; toutes les pratiques qu'exige cette même culture, tous les arts que supposent la construction des édifices, la fabrication des idoles et des armes, la texture des étoffes, etc., ont survécu à la science; ils se sont répandus de proche en proche, perfectionnés de loin en loin; ils ont suivi le cours des grandes populations; l'ancien empire de la Chine s'est élevé le premier, et presque en même temps celui des Atlantes en Afrique; ceux du continent de l'Asie, celui de l'Égypte, d'Éthiopie se sont successivement établis, et enfin celui de Rome, auquel notre Europe doit son existence civile. Ce n'est donc que depuis environ trente siècles, que la puissance de l'homme s'est réunie à celle de la nature, et s'est étendue sur la plus grande partie de la terre; les trésors de sa fécondité, jusqu'alors étaient enfouis, l'homme les a mis au grand jour; ses autres richesses, encore plus profondément enterrées, n'ont pu se dérober à ses recherches, et sont devenues le prix de ses travaux : partout, lorsqu'il s'est conduit avec sagesse, il a suivi les leçons de la nature, profité de ses exemples, employé ses moyens, et choisi dans son immensité tous les objets qui pouvaient lui servir ou lui plaire. Par son intelligence, les animaux ont été apprivoisés, subjugués, domptés, réduits à lui obéir à jamais; par ses travaux, les marais ont été desséchés, les fleuves contenus, leurs cataractes effacées, les forêts éclaircies, les landes cultivées[1]; par sa réflexion, les temps ont été comptés, les espaces mesurés, les mouvements célestes reconnus, combinés, représentés, le ciel et la terre comparés, l'univers agrandi, et le Créateur dignement adoré; par son art émané de la science, les mers ont été traversées, les montagnes franchies, les peuples rapprochés, un nouveau monde découvert, mille autres terres isolées sont devenues son domaine; enfin la face entière de la terre porte aujourd'hui l'empreinte de la puissance de l'homme, laquelle, quoique subordonnée à celle de la nature, souvent a fait plus qu'elle, ou du moins l'a si merveilleusement secondée, que c'est à l'aide de nos mains qu'elle s'est développée dans toute son étendue, et qu'elle est arrivée par degrés au point de perfection et de magnificence où nous la voyons aujourd'hui.

Comparez en effet la nature brute à la nature cultivée[a]; comparez les petites nations sauvages de l'Amérique avec nos grands peuples civilisés; comparez même celles de l'Afrique, qui ne le sont qu'à demi; voyez en

a. Voyez le Discours qui a pour titre : de la Nature, première vue.

1. Voilà les effets, et, pour parler d'une manière tout à la fois plus digne et plus conforme au sens de Buffon, voilà les bienfaits de l'empire de l'*homme* sur la *nature*; et le titre de cette *septième époque* est justifié : *lorsque la puissance de l'homme a secondé celle de la nature.*

même temps l'état des terres que ces nations habitent, vous jugerez aisément du peu de valeur de ces hommes par le peu d'impression que leurs mains ont faites sur leur sol : soit stupidité, soit paresse, ces hommes à demi brutes, ces nations non policées, grandes ou petites, ne font que peser sur le globe sans soulager la terre, l'affamer sans la féconder, détruire sans édifier, tout user sans rien renouveler. Néanmoins la condition la plus méprisable de l'espèce humaine n'est pas celle du sauvage, mais celle de ces nations au quart policées, qui de tout temps ont été les vrais fléaux de la nature humaine, et que les peuples civilisés ont encore peine à contenir aujourd'hui : ils ont, comme nous l'avons dit, ravagé la première terre heureuse, ils en ont arraché les germes du bonheur et détruit les fruits de la science. Et de combien d'autres invasions cette première irruption des barbares n'a-t-elle pas été suivie! C'est de ces mêmes contrées du Nord, où se trouvaient autrefois tous les biens de l'espèce humaine, qu'ensuite sont venus tous ses maux. Combien n'a-t-on pas vu de ces débordements d'animaux à face humaine, toujours venant du Nord ravager les terres du Midi? Jetez les yeux sur les annales de tous les peuples, vous y compterez vingt siècles de désolation, pour quelques années de paix et de repos.

Il a fallu six cents siècles à la nature pour construire ses grands ouvrages, pour attiédir la terre, pour en façonner la surface et arriver à un état tranquille; combien n'en faudra-t-il pas pour que les hommes arrivent au même point et cessent de s'inquiéter, de s'agiter et de s'entre-détruire? Quand reconnaîtront-ils que la jouissance paisible des terres de leur patrie suffit à leur bonheur? Quand seront-ils assez sages pour rabattre de leurs prétentions, pour renoncer à des dominations imaginaires, à des possessions éloignées, souvent ruineuses ou du moins plus à charge qu'utiles? L'empire de l'Espagne, aussi étendu que celui de la France en Europe, et dix fois plus grand en Amérique, est-il dix fois plus puissant? l'est-il même autant que si cette fière et grande nation se fût bornée à tirer de son heureuse terre tous les biens qu'elle pouvait lui fournir? Les Anglais, ce peuple si sensé, si profondément pensant, n'ont-ils pas fait une grande faute en étendant trop loin les limites de leurs colonies? Les anciens me paraissent avoir eu des idées plus saines de ces établissements; ils ne projetaient des émigrations que quand leur population les surchargeait, et que leurs terres et leur commerce ne suffisaient plus à leurs besoins. Les invasions des barbares, qu'on regarde avec horreur, n'ont-elles pas eu des causes encore plus pressantes lorsqu'ils se sont trouvés trop serrés dans des terres ingrates, froides et dénuées, et en même temps voisines d'autres terres cultivées, fécondes et couvertes de tous les biens qui leur manquaient? Mais aussi que de sang ont coûté ces funestes conquêtes, que de malheurs, que de pertes les ont accompagnées et suivies!

Ne nous arrêtons pas plus longtemps sur le triste spectacle de ces révolutions de mort et de dévastation, toutes produites par l'ignorance; espérons que l'équilibre, quoique imparfait, qui se trouve actuellement entre les puissances des peuples civilisés, se maintiendra et pourra même devenir plus stable à mesure que les hommes sentiront mieux leurs véritables intérêts, qu'ils reconnaîtront le prix de la paix et du bonheur tranquille, qu'ils en feront le seul objet de leur ambition, que les princes dédaigneront la fausse gloire des conquérants et mépriseront la petite vanité de ceux qui, pour jouer un rôle, les excitent à de grands mouvements.

Supposons donc le monde en paix, et voyons de plus près combien la puissance de l'homme pourrait influer sur celle de la nature. Rien ne paraît plus difficile, pour ne pas dire impossible, que de s'opposer au refroidissement successif de la terre et de réchauffer la température d'un climat; cependant l'homme le peut faire et l'a fait. Paris et Québec sont à peu près sous la même latitude et à la même élévation sur le globe; Paris serait donc aussi froid que Québec, si la France et toutes les contrées qui l'avoisinent étaient aussi dépourvues d'hommes, aussi couvertes de bois, aussi baignées par les eaux que le sont les terres voisines du Canada. Assainir, défricher et peupler un pays, c'est lui rendre de la chaleur pour plusieurs milliers d'années, et ceci prévient la seule objection raisonnable que l'on puisse faire contre mon opinion, ou pour mieux dire, contre le fait réel du refroidissement de la terre.

Selon votre système, me dira-t-on, toute la terre doit être plus froide aujourd'hui qu'elle ne l'était il y a deux mille ans : or, la tradition semble nous prouver le contraire. Les Gaules et la Germanie nourrissaient des élans, des loups-cerviers, des ours et d'autres animaux qui se sont retirés depuis dans les pays septentrionaux; cette progression est bien différente de celle que vous leur supposez du Nord au Midi. D'ailleurs l'histoire nous apprend que tous les ans la rivière de Seine était ordinairement glacée pendant une partie de l'hiver : ces faits ne paraissent-ils pas être directement opposés au prétendu refroidissement successif du globe? Ils le seraient, je l'avoue, si la France et l'Allemagne d'aujourd'hui étaient semblables à la Gaule et à la Germanie; si l'on n'eût pas abattu les forêts, desséché les marais, contenu les torrents, dirigé les fleuves et défriché toutes les terres trop couvertes et surchargées des débris même de leurs productions. Mais ne doit-on pas considérer que la déperdition de la chaleur du globe se fait d'une manière insensible; qu'il a fallu soixante-seize mille ans pour l'attiédir au point de la température actuelle, et que dans soixante-seize autres mille ans il ne sera pas encore assez refroidi pour que la chaleur particulière de la nature vivante y soit anéantie[1]; ne faut-il pas comparer ensuite à ce

1. Elle le serait depuis longtemps assez pour cela, si l'influence de la *chaleur propre* de la terre était nécessaire à la *nature vivante*. Mais il n'en est rien : l'influence de la *chaleur centrale* est depuis longtemps *insensible* à la *surface* (Voyez les notes des pages 19 et 20, et la note 2

refroidissement si lent, le froid prompt et subit qui nous arrive des régions de l'air; se rappeler qu'il n'y a néanmoins qu'un trente-deuxième de différence entre le plus grand chaud de nos étés et le plus grand froid de nos hivers; et l'on sentira déjà que les causes extérieures influent beaucoup plus que la cause intérieure sur la température de chaque climat, et que dans tous ceux où le froid de la région supérieure de l'air est attiré par l'humidité ou poussé par des vents qui le rabattent vers la surface de la terre, les effets de ces causes particulières l'emportent de beaucoup sur le produit de la cause générale. Nous pouvons en donner un exemple qui ne laissera aucun doute sur ce sujet, et qui prévient en même temps toute objection de cette espèce.

Dans l'immense étendue des terres de la Guiane, qui ne sont que des forêts épaisses où le soleil peut à peine pénétrer, où les eaux répandues occupent de grands espaces, où les fleuves très-voisins les uns des autres, ne sont ni contenus ni dirigés, où il pleut continuellement pendant huit mois de l'année, l'on a commencé seulement depuis un siècle à défricher autour de Cayenne un très-petit canton de ces vastes forêts; et déjà la différence de température dans cette petite étendue de terrain défriché est si sensible qu'on y éprouve trop de chaleur, même pendant la nuit; tandis que dans toutes les autres terres couvertes de bois il fait assez froid la nuit pour qu'on soit forcé d'allumer du feu. Il en est de même de la quantité et de la continuité des pluies: elles cessent plus tôt et commencent plus tard à Cayenne que dans l'intérieur des terres; elles sont aussi moins abondantes et moins continues. Il y a quatre mois de sécheresse absolue à Cayenne, au lieu que, dans l'intérieur du pays, la saison sèche ne dure que trois mois, et encore y pleut-il tous les jours par un orage assez violent, qu'on appelle le *grain de midi*, parce que c'est vers le milieu du jour que cet orage se forme : de plus, il ne tonne presque jamais à Cayenne, tandis que les tonnerres sont violents et très-fréquents dans l'intérieur du pays, où les nuages sont noirs, épais et très-bas. Ces faits, qui sont certains, ne démontrent-ils pas qu'on ferait cesser ces pluies continuelles de huit mois, et qu'on augmenterait prodigieusement la chaleur dans toute cette contrée, si l'on détruisait les forêts qui la couvrent, si l'on y resserrait les eaux en dirigeant les fleuves, et si la culture de la terre, qui suppose le mouvement et le grand nombre des animaux et des hommes, chassait l'humidité froide et superflue, que le nombre infiniment trop grand des végétaux attire, entretient et répand?

Comme tout mouvement, toute action produit de la chaleur, et que tous les êtres doués du mouvement progressif sont eux-mêmes autant de petits foyers de chaleur, c'est de la proportion du nombre des hommes et des animaux à celui des végétaux, que dépend (toutes choses égales d'ailleurs)

de la page 459). A la surface, la *chaleur seule* du soleil agit aujourd'hui; et, tant que la terre conservera les mêmes rapports avec le soleil, la vie y sera possible.

la température locale de chaque terre en particulier; les premiers répandent de la chaleur, les seconds ne produisent que de l'humidité froide : l'usage habituel que l'homme fait du feu ajoute beaucoup à cette température artificielle dans tous les lieux où il habite en nombre. A Paris, dans les grands froids, les thermomètres, au faubourg Saint-Honoré, marquent 2 ou 3 degrés de froid de plus qu'au faubourg Saint-Marceau, parce que le vent du nord se tempère en passant sur les cheminées de cette grande ville. Une seule forêt de plus ou de moins dans un pays suffit pour en changer la température : tant que les arbres sont sur pied, ils attirent le froid, ils diminuent par leur ombrage la chaleur du soleil, ils produisent des vapeurs humides qui forment des nuages et retombent en pluie, d'autant plus froide qu'elle descend de plus haut; et si ces forêts sont abandonnées à la seule nature, ces mêmes arbres tombés de vétusté pourrissent froidement sur la terre, tandis qu'entre les mains de l'homme, ils servent d'aliment à l'élément du feu, et deviennent les causes secondaires de toute chaleur particulière. Dans les pays de prairies, avant la récolte des herbes, on a toujours dès rosées abondantes et très-souvent de petites pluies, qui cessent dès que ces herbes sont levées : ces petites pluies deviendraient donc plus abondantes et ne cesseraient pas, si nos prairies, comme les savanes de l'Amérique, étaient toujours couvertes d'une même quantité d'herbes qui, loin de diminuer, ne peut qu'augmenter, par l'engrais de toutes celles qui se dessèchent et pourrissent sur la terre.

Je donnerais aisément plusieurs autres exemples [a], qui tous concourent à démontrer que l'homme peut modifier les influences du climat qu'il habite, et en fixer, pour ainsi dire, la température au point qu'il lui convient. Et ce qu'il y a de singulier, c'est qu'il lui serait plus difficile de refroidir la terre que de la réchauffer : maître de l'élément du feu, qu'il peut augmenter et propager à son gré, il ne l'est pas de l'élément du froid, qu'il ne peut saisir ni communiquer. Le principe du froid n'est pas même une substance réelle, mais une simple privation ou plutôt une diminution de chaleur, diminution qui doit être très-grande dans les hautes régions de l'air, et qui l'est assez à une lieue de distance de la terre pour y convertir en grêle et en neige les vapeurs aqueuses. Car les émanations de la chaleur propre du globe suivent la même loi que toutes les autres quantités ou qualités physiques qui partent d'un centre commun; et leur intensité décroissant en raison inverse du carré de la distance, il paraît certain qu'il fait quatre fois plus froid à deux lieues qu'à une lieue de hauteur dans notre atmosphère, en prenant chaque point de la surface de la terre pour centre [1]. D'autre part, la chaleur intérieure du globe est constante

<hr>

a. Voyez ci-après les notes justificatives des faits.

1. Voyez la note 2 de la page 14.

dans toutes les saisons à 10 degrés au-dessus de la congélation : ainsi tout froid plus grand, ou plutôt toute chaleur moindre de 10 degrés, ne peut arriver sur la terre que par la chute des matières refroidies dans la région supérieure de l'air, où les effets de cette chaleur propre du globe diminuent d'autant plus qu'on s'élève plus haut. Or la puissance de l'homme ne s'étend pas si loin; il ne peut faire descendre le froid comme il fait monter le chaud; il n'a d'autre moyen pour se garantir de la trop grande ardeur du soleil que de créer de l'ombre; mais il est bien plus aisé d'abattre des forêts à la Guiane pour en réchauffer la terre humide, que d'en planter en Arabie pour en rafraîchir les sables arides : cependant une seule forêt dans le milieu de ces déserts brûlants suffirait pour les tempérer, pour y amener les eaux du ciel, pour rendre à la terre tous les principes de sa fécondité, et par conséquent pour y faire jouir l'homme de toutes les douceurs d'un climat tempéré.

C'est de la différence de température que dépend la plus ou moins grande énergie de la nature; l'accroissement, le développement et la production même de tous les êtres organisés ne sont que des effets particuliers de cette cause générale : ainsi l'homme, en la modifiant, peut en même temps détruire ce qui lui nuit et faire éclore tout ce qui lui convient. Heureuses les contrées où tous les éléments de la température se trouvent balancés, et assez avantageusement combinés pour n'opérer que de bons effets! Mais en est-il aucune qui dès son origine ait eu ce privilége? aucune où la puissance de l'homme n'ait pas secondé celle de la nature, soit en attirant ou détournant les eaux, soit en détruisant les herbes inutiles et les végétaux nuisibles ou superflus, soit en se conciliant les animaux utiles et les multipliant? Sur trois cents espèces d'animaux quadrupèdes et quinze cents espèces d'oiseaux qui peuplent la surface de la terre, l'homme en a choisi dix-neuf ou vingt [a]; et ces vingt espèces figurent seules plus grandement dans la nature et font plus de bien sur la terre que toutes les autres espèces réunies. Elles figurent plus grandement, parce qu'elles sont dirigées par l'homme, et qu'il les a prodigieusement multipliées; elles opèrent de concert avec lui tout le bien qu'on peut attendre d'une sage administration de forces et de puissance pour la culture de la terre, pour le transport et le commerce de ses productions, pour l'augmentation des subsistances, en un mot, pour tous les besoins, et même pour les plaisirs du seul maître qui puisse payer leurs services par ses soins.

Et dans ce petit nombre d'espèces d'animaux dont l'homme a fait choix, celles de la poule et du cochon qui sont les plus fécondes, sont aussi les plus généralement répandues, comme si l'aptitude à la plus grande multi-

---

a. L'éléphant, le chameau, le cheval, l'âne, le bœuf, la brebis, la chèvre, le cochon, le chien, le chat, le lama, la vigogne, le buffle. Les poules, les oies, les dindons, les canards, les paons, les faisans, les pigeons.

plication était accompagnée de cette vigueur de tempérament qui brave tous les inconvénients. On a trouvé la poule et le cochon dans les parties les moins fréquentées de la terre, à Otahiti et dans les autres îles de tous temps inconnues et les plus éloignées des continents; il semble que ces espèces aient suivi celle de l'homme dans toutes ses migrations. Dans le continent isolé de l'Amérique méridionale où nul de nos animaux n'a pu pénétrer, on a trouvé le pécari et la poule sauvage, qui, quoique plus petits et un peu différents du cochon et de la poule de notre continent, doivent néanmoins être regardés comme espèces très-voisines, qu'on pourrait de même réduire en domesticité; mais l'homme sauvage, n'ayant point d'idée de la société, n'a pas même cherché celle des animaux. Dans toutes les terres de l'Amérique méridionale, les sauvages n'ont point d'animaux domestiques; ils détruisent indifféremment les bonnes espèces comme les mauvaises; ils ne font choix d'aucune pour les élever et les multiplier, tandis qu'une seule espèce féconde comme celle du *hocco* [a], qu'ils ont sous la main, leur fournirait sans peine et seulement avec un peu de soin, plus de subsistances qu'ils ne peuvent s'en procurer par leurs chasses pénibles.

Aussi le premier trait de l'homme qui commence à se civiliser est l'empire qu'il sait prendre sur les animaux, et ce premier trait de son intelligence devient ensuite le plus grand caractère de sa puissance sur la nature; car ce n'est qu'après se les être soumis qu'il a, par leurs secours, changé la face de la terre, converti les déserts en guérets et les bruyères en épis. En multipliant les espèces utiles d'animaux, l'homme augmente sur la terre la quantité de mouvement et de vie; il ennoblit en même temps la suite entière des êtres[1] et s'ennoblit lui-même en transformant le végétal en animal et tous deux en sa propre substance qui se répand ensuite par une nombreuse multiplication : partout il produit l'abondance, toujours suivie de la grande population; des millions d'hommes existent dans le même espace qu'occupaient autrefois deux ou trois cents sauvages, des milliers d'animaux où il y avait à peine quelques individus; par lui et pour lui les germes précieux sont les seuls développés, les productions de la classe la plus noble les seules cultivées; sur l'arbre immense de la fécondité, les branches à fruit seules subsistantes et toutes perfectionnées.

Le grain dont l'homme fait son pain, n'est point un don de la nature, mais le grand, l'utile fruit de ses recherches et de son intelligence dans le premier des arts; nulle part sur la terre, on n'a trouvé du blé sauvage[2],

---

a. Gros oiseau très-fécond, et dont la chair est aussi bonne que celle du faisan.

1. *L'homme augmente sur la terre la quantité de mouvement et de vie, il ennoblit la suite entière des êtres.....* Tout ce tableau de la puissance de l'homme sur la nature est aussi admirablement écrit que finement et profondément pensé. Buffon semble avoir voulu peindre avec plus de délicatesse et de réflexion cette dernière *époque*, marquée par l'avénement de l'*intelligence* sur *terre*, et, si j'ose ainsi parler, par le concours de l'*auxiliaire* que Dieu s'est donné.

2. Nous ne connaissons point le *blé sauvage :* on l'a fait venir de la Tartarie, de la Perse, etc.,

et c'est évidemment une herbe perfectionnée par ses soins; il a donc fallu reconnaître et choisir entre mille et mille autres, cette herbe précieuse; il a fallu la semer, la recueillir nombre de fois pour s'apercevoir de sa multiplication, toujours proportionnée à la culture et à l'engrais des terres. Et cette propriété, pour ainsi dire unique, qu'a le froment de résister dans son premier âge aux froids de nos hivers, quoique soumis, comme toutes les plantes annuelles, à périr après avoir donné sa graine, et la qualité merveilleuse de cette graine qui convient à tous les hommes, à tous les animaux, à presque tous les climats, qui d'ailleurs se conserve longtemps sans altération, sans perdre la puissance de se reproduire, tout nous démontre que c'est la plus heureuse découverte que l'homme ait jamais faite, et que, quelque ancienne qu'on veuille la supposer, elle a néanmoins été précédée de l'art de l'agriculture fondé sur la science, et perfectionné par l'observation.

Si l'on veut des exemples plus modernes et même récents de la puissance de l'homme sur la nature des végétaux, il n'y a qu'à comparer nos légumes, nos fleurs et nos fruits avec les mêmes espèces telles qu'elles étaient il y a cent cinquante ans : cette comparaison peut se faire immédiatement et très-précisément en parcourant des yeux la grande collection de dessins coloriés, commencée dès le temps de *Gaston d'Orléans* et qui se continue encore aujourd'hui au Jardin du Roi; on y verra peut-être avec surprise que les plus belles fleurs de ce temps, renoncules, œillets, tulipes, oreilles-d'ours, etc., seraient rejetées aujourd'hui, je ne dis pas par nos fleuristes, mais par les jardiniers de village. Ces fleurs, quoique déjà cultivées alors, n'étaient pas encore bien loin de leur état de nature : un simple rang de pétales, de longs pistils et des couleurs dures ou fausses, sans velouté, sans variété, sans nuances, tous caractères agrestes de la nature sauvage. Dans les plantes potagères, une seule espèce de chicorée et deux sortes de laitues, toutes deux assez mauvaises, tandis qu'aujourd'hui nous pouvons compter plus de cinquante laitues et chicorées, toutes très-bonnes au goût. Nous pouvons de même donner la date très-moderne de nos meilleurs fruits à pepins et à noyaux, tous différents de ceux des anciens auxquels ils ne ressemblent que de nom : d'ordinaire les choses restent et les noms changent avec le temps; ici c'est le contraire, les noms sont demeurés et les choses ont changé; nos pêches, nos abricots, nos poires sont des productions nouvelles auxquelles on a conservé les vieux noms des productions antérieures. Pour n'en pas douter, il ne faut que comparer nos fleurs et nos fruits avec les descriptions ou plutôt les notices que les

mais tout cela sur des fondements peu certains. Il en est très-probablement du *froment* comme de plusieurs de nos *animaux domestiques*, du *cheval*, du *chien*, etc, dont le *type sauvage*, la *souche* n'existe plus : l'homme ne s'est pas seulement soumis quelques individus dans l'espèce; il a fait la conquête de l'espèce entière. — Voyez la note 2 de la page 479 du 11ᵉ volume.

auteurs grecs et latins nous en ont laissées; toutes leurs fleurs étaient simples et tous leurs arbres fruitiers n'étaient que des sauvageons assez mal choisis dans chaque genre, dont les petits fruits âpres ou secs, n'avaient ni la saveur ni la beauté des nôtres.

Ce n'est pas qu'il y ait aucune de ces bonnes et nouvelles espèces qui ne soit originairement issue d'un sauvageon; mais combien de fois n'a-t-il pas fallu que l'homme ait tenté la nature pour en obtenir ces espèces excellentes? combien de milliers de germes n'a-t-il pas été obligé de confier à la terre pour qu'elle les ait enfin produits? Ce n'est qu'en semant, élevant, cultivant et mettant à fruit un nombre presque infini de végétaux de la même espèce, qu'il a pu reconnaître quelques individus portant des fruits plus doux et meilleurs que les autres; et cette première découverte, qui suppose déjà tant de soins, serait encore demeurée stérile à jamais s'il n'en eût fait une seconde qui suppose autant de génie que la première exigeait de patience; c'est d'avoir trouvé le moyen de multiplier par la greffe ces individus précieux, qui malheureusement ne peuvent faire une lignée aussi noble qu'eux ni propager par eux-mêmes leurs excellentes qualités; et cela seul prouve que ce ne sont en effet que des qualités purement individuelles et non des propriétés spécifiques; car les pepins ou noyaux de ces excellents fruits ne produisent, comme les autres, que de simples sauvageons, et par conséquent ils ne forment pas des espèces qui en soient essentiellement différentes; mais, au moyen de la greffe, l'homme a pour ainsi dire créé des espèces secondaires qu'il peut propager et multiplier à son gré : le bouton ou la petite branche qu'il joint au sauvageon renferme cette qualité individuelle qui ne peut se transmettre par la graine, et qui n'a besoin que de se développer pour produire les mêmes fruits que l'individu dont on les a séparés pour les unir au sauvageon, lequel ne leur communique aucune de ses mauvaises qualités, parce qu'il n'a pas contribué à leur formation, qu'il n'est pas une mère, mais une simple nourrice qui ne sert qu'à leur développement par la nutrition.

Dans les animaux, la plupart des qualités qui paraissent individuelles ne laissent pas de se transmettre et de se propager par la même voie que les propriétés spécifiques; il était donc plus facile à l'homme d'influer sur la nature des animaux que sur celle des végétaux. Les races dans chaque espèce d'animal ne sont que des variétés constantes qui se perpétuent par la génération, au lieu que dans les espèces végétales il n'y a point de races, point de variétés assez constantes pour être perpétuées par la reproduction. Dans les seules espèces de la poule et du pigeon, l'on a fait naître très-récemment de nouvelles races en grand nombre, qui toutes peuvent se propager d'elles-mêmes; tous les jours dans les autres espèces on relève, on ennoblit les races en les croisant; de temps en temps on acclimate, on civilise quelques espèces étrangères ou sauvages. Tous ces exemples modernes et récents prouvent que l'homme n'a connu que tard l'étendue de sa puissance, et que même il ne la connaît pas encore assez; elle dépend en entier de l'exercice de son intelligence; ainsi, plus il observera, plus il cultivera la nature, plus il aura de moyens pour se la soumettre et de facilités pour tirer de son sein des richesses nouvelles, sans diminuer les trésors de son inépuisable fécondité.

Et que ne pourrait-il pas sur lui-même, je veux dire sur sa propre espèce, si la volonté était toujours dirigée par l'intelligence? Qui sait jusqu'à quel point l'homme pourrait perfectionner sa nature, soit au moral, soit au physique? Y a-t-il une seule nation qui puisse se vanter d'être arrivée au meilleur gouvernement possible, qui serait de rendre tous les hommes, non pas également heureux, mais moins inégalement malheureux, en veillant à leur conservation, à l'épargne de leurs sueurs et de leur sang par la paix, par l'abondance des subsistances, par les aisances de la vie et les facilités pour leur propagation? voilà le but moral de toute société qui chercherait à s'améliorer. Et pour le physique, la médecine et les autres arts dont l'objet est de nous conserver, sont-ils aussi avancés, aussi connus que les arts destructeurs enfantés par la guerre? Il semble que de tout temps l'homme ait fait moins de réflexions sur le bien que de recherches pour le mal : toute société est mêlée de l'un et de l'autre; et comme de tous les sentiments qui affectent la multitude, la crainte est le plus puissant, les grands talents dans l'art de faire du mal ont été les premiers qui aient frappé l'esprit de l'homme, ensuite ceux qui l'ont amusé ont occupé son cœur, et ce n'est qu'après un trop long usage de ces deux moyens de faux honneur et de plaisir stérile, qu'enfin il a reconnu que sa vraie gloire est la science, et la paix son vrai bonheur [1].

1. Les *Époques de la nature* marquent le terme où s'est arrêté le XVIII° siècle dans l'étude des grands faits qui constituent l'histoire de la *vie* et du *globe*. Au moment où parut ce nob'e fruit des plus hautes conceptions d'un grand homme, en 1778, le siècle touchait à cette révolution profonde dont l'un des plus funestes effets fut de suspendre, pour plusieurs années, la marche de l'esprit humain. Au retour des études, à cette nouvelle renaissance des lettres, si je puis l'appeler ainsi, on recommença, en partant du point où s'était arrêté Buffon; on refit, l'une après l'autre, toutes ses grandes idées; on se partagea le domaine qu'il nous avait ouvert, et l'on en vit naître toutes ces sciences nouvelles dont il y avait déposé les germes féconds : la *physique du globe*, la *géologie*, la *paléontologie*, la *cosmogonie générale*. Deux hommes surtout ont donné une face nouvelle à l'*histoire naturelle*, en s'emparant chacun d'une idée principale de Buffon : Cuvier, de l'idée des *espèces perdues*, d'où il a tiré la *paléontologie*, et Léopold de Buch, de l'idée du *feu central*, d'où il a tiré toute la *théorie géologique*, qui règne aujourd'hui sans partage.

NOTES JUSTIFICATIVES

ÉPOQUES DE LA NATURE

SUR LE PREMIER DISCOURS.

(1) Page 460, ligne 2. *La chaleur propre et intérieure de la terre paraît augmenter à mesure que l'on descend.*

« Il ne faut pas creuser bien avant pour trouver d'abord une chaleur
« constante et qui ne varie plus, quelle que soit la température de l'air à
« la surface de la terre. On sait que la liqueur du thermomètre se soutient
« toujours sensiblement pendant toute l'année à la même hauteur dans les
« caves de l'Observatoire, qui n'ont pourtant que 84 pieds ou 14 toises de
« profondeur depuis le rez-de-chaussée. C'est pourquoi l'on fixe à ce point
« la hauteur moyenne ou tempérée de notre climat. Cette chaleur se sou-
« tient encore ordinairement et à peu de chose près la même, depuis une
« semblable profondeur de 14 ou 15 toises jusqu'à 60, 80 ou 100 toises et
« au delà, plus ou moins, selon les circonstances, comme on l'éprouve dans
« les mines ; après quoi elle augmente et devient quelquefois si grande, que
« les ouvriers ne sauraient y tenir et y vivre, si on ne leur procurait pas
« quelques rafraîchissements et un nouvel air, soit par des *puits de respi-*
« *ration,* soit par des chutes d'eau... M. de Gensanne a éprouvé dans les
« mines de Giromagny, à trois lieues de Béfort, que le thermomètre, étant
« porté à 52 toises de profondeur verticale, se soutint à 10 degrés, comme
« dans les caves de l'Observatoire; qu'à 106 toises de profondeur, il était
« à 10 $\frac{1}{2}$ degrés; qu'à 158 toises, il monta à 15 $\frac{1}{5}$ degrés, et qu'à 222 toises
« de profondeur, il s'éleva à 18 $\frac{1}{6}$ degrés. » *Dissertation sur la glace,* par
M. de Mairan. Paris, 1749, in-12, page 60 et suivantes.

« Plus on descend à de grandes profondeurs dans l'intérieur de la terre,
« dit ailleurs M. de Gensanne, plus on éprouve une chaleur sensible, qui va
« toujours en augmentant à mesure qu'on descend plus bas : cela est au
« point, qu'à 1800 pieds de profondeur au-dessous du sol du Rhin, pris à
« Huningue en Alsace, j'ai trouvé que la chaleur est déjà assez forte pour
« causer à l'eau une évaporation sensible. On peut voir le détail de mes

« expériences à ce sujet dans la dernière édition de l'excellent *Traité de la*
« *glace*, de feu mon illustre ami M. Dortous de Mairan. » *Histoire naturelle
du Languedoc*, tome I, page 24.

« Tous les filons riches des mines de toute espèce, dit M. Eller, sont dans
« les fentes perpendiculaires de la terre, et l'on ne saurait déterminer la
« profondeur de ces fentes : il y en a en Allemagne où l'on descend au delà
« de 600 perches (lachters)[a] ; à mesure que les mineurs descendent, ils
« rencontrent une température d'air toujours plus chaude. » *Mémoire sur
la génération des métaux*. Académie de Berlin, année 1733.

(2) Page 460, ligne 20. *La température de l'eau de la mer est à peu près
égale à celle de l'intérieur de la terre à la même profondeur.* « Ayant plongé
« un thermomètre dans la mer en différents lieux et en différents temps, il
« s'est trouvé que la température à 10, 20, 30 et 120 brasses, était égale-
« ment de 10 degrés ou 10 $\frac{3}{4}$ degrés. » Voyez l'*Histoire physique de la mer*,
par Marsigli, page 16... M. de Mairan fait à ce sujet une remarque très-
judicieuse : « C'est que les eaux les plus chaudes, qui sont à la plus grande
« profondeur, doivent, comme plus légères, continuellement monter au-
« dessus de celles qui le sont le moins, ce qui donnera à cette grande couche
« liquide du globe terrestre une température à peu près égale, conformé-
« ment aux observations de Marsigli, excepté vers la superficie actuellement
« exposée aux impressions de l'air, et où l'eau se gèle quelquefois avant
« que d'avoir eu le temps de descendre par son poids et son refroidisse-
« ment. » *Dissertation sur la glace*, p. 69.

(3) Page 460, ligne 23. *La lumière du soleil ne pénètre tout au plus qu'à
600 pieds de profondeur dans l'eau de la mer.* Feu M. Bouguer, savant astronome, de l'Académie royale des Sciences, a observé qu'avec seize morceaux
de verre ordinaire dont on fait les vitres, appliqués les uns contre les autres,
et faisant en tout une épaisseur de 9 $\frac{1}{2}$ lignes, la lumière, passant au travers
de ces seize morceaux de verre, diminuait deux cent quarante-sept fois,
c'est-à-dire qu'elle était deux cent quarante-sept fois plus faible qu'avant
d'avoir traversé ces seize morceaux de verre ; ensuite il a placé soixante-
quatorze morceaux de ce même verre à quelque distance les uns des autres
dans un tuyau, pour diminuer la lumière du soleil, jusqu'à extinction : cet
astre était à 50 degrés de hauteur sur l'horizon lorsqu'il fit cette expérience ;
et les soixante-quatorze morceaux de verre ne l'empêchaient pas de voir
encore quelque apparence de son disque. Plusieurs personnes qui étaient
avec lui voyaient aussi une faible lueur, qu'ils ne distinguaient qu'avec
peine, et qui s'évanouissait aussitôt que leurs yeux n'étaient pas tout à fait

---

[a]. On m'assure que le *lachter* est une mesure à peu près égale à la brasse de 5 pieds de
longueur ; ce qui donne 3000 pieds de profondeur à ces mines.

dans l'obscurité : mais lorsqu'on eut ajouté trois morceaux de verre aux soixante-quatorze premiers, aucun des assistants ne vit plus la moindre lumière; en sorte qu'en supposant quatre-vingts morceaux de ce même verre, on a l'épaisseur de verre nécessaire pour qu'il n'y ait plus aucune transparence par rapport aux vues même les plus délicates; et M. Bouguer trouve, par un calcul assez facile, que la lumière du soleil est alors rendue 900 milliards de fois plus faible : aussi, toute matière transparente qui, par sa grande épaisseur, fera diminuer la lumière du soleil 900 milliards de fois, perdra dès lors toute sa transparence.

En appliquant cette règle à l'eau de la mer, qui de toutes les eaux est la plus limpide, M. Bouguer a trouvé que, pour perdre toute sa transparence, il faut 256 pieds d'épaisseur, attendu que, par une autre expérience, la lumière d'un flambeau avait diminué dans le rapport de 14 à 5, en traversant 115 pouces d'épaisseur d'eau de mer contenue dans un canal de 9 pieds 7 pouces de longueur, et que par un calcul qu'on ne peut contester, elle doit perdre toute transparence à 256 pieds. Ainsi, selon M. Bouguer, il ne doit passer aucune lumière sensible au delà de 256 pieds dans la profondeur de l'eau. *Essai d'Optique sur la gradation de la lumière.* Paris, 1729, page 85, in-12.

Cependant, il me semble que ce résultat de M. Bouguer s'éloigne encore beaucoup de la réalité : il serait à désirer qu'il eût fait ses expériences avec des masses de verre de différente épaisseur, et non pas avec des morceaux de verre mis les uns sur les autres ; je suis persuadé que la lumière du soleil aurait percé une plus grande épaisseur que celle de ces quatre-vingts morceaux, qui, tous ensemble, ne formaient que 47 $\frac{1}{2}$ lignes, c'est-à-dire à peu près 4 pouces : or, quoique ces morceaux dont il s'est servi fussent de verre commun, il est certain qu'une masse solide de 4 pouces d'épaisseur de ce même verre, n'aurait pas entièrement intercepté la lumière du soleil, d'autant que je me suis assuré, par ma propre expérience, qu'une épaisseur de 6 pouces de verre blanc la laisse passer encore assez vivement, comme on le verra dans la note suivante. Je crois donc qu'on doit plus que doubler les épaisseurs données par M. Bouguer, et que la lumière du soleil pénètre au moins à 600 pieds à travers l'eau de la mer; car il y a une seconde inattention dans les expériences de ce savant physicien, c'est de n'avoir pas fait passer la lumière du soleil à travers son tuyau rempli d'eau de mer, de 9 pieds 7 pouces de longueur; il s'est contenté d'y faire passer la lumière d'un flambeau, et il en a conclu la diminution dans le rapport de 14 à 5 : or, je suis persuadé que cette diminution n'aurait pas été si grande sur la lumière du soleil, d'autant que celle du flambeau ne pouvait passer qu'obliquement, au lieu que celle du soleil, passant directement, aurait été plus pénétrante par la seule incidence, indépendamment de sa pureté et de son intensité. Ainsi, tout bien considéré, il me paraît que, pour approcher le plus près qu'il est possible de la vérité, on doit supposer que la lumière du soleil pénètre dans le sein de la mer jusqu'à 100 toises ou 600 pieds de profondeur, et la chaleur jusqu'à 150 pieds. Ce n'est pas à dire pour cela qu'il ne passe encore au delà quelques atomes de lumière et de chaleur; mais seulement que leur effet serait absolument insensible, et ne pourrait être reconnu par aucun de nos sens.

(4) Page 460, ligne 25. *La chaleur du soleil ne pénètre peut-être pas à plus de 150 pieds de profondeur dans l'eau de la mer.* Je crois être assuré de cette vérité par une analogie tirée d'une expérience qui me paraît décisive : avec une loupe de verre massif de 27 pouces de diamètre sur 6 pouces d'épaisseur à son centre, je me suis aperçu, en couvrant la partie du milieu, que cette loupe ne brûlait, pour ainsi dire, que par les bords jusqu'à 4 pouces d'épaisseur, et que toute la partie plus épaisse ne produisait presque point de chaleur; ensuite, ayant couvert toute cette loupe,.à l'exception d'un pouce d'ouverture sur son centre, j'ai reconnu que la lumière du soleil était si fort affaiblie après avoir traversé cette épaisseur de 6 pouces de verre, qu'elle ne produisait aucun effet sur le thermomètre. Je suis donc bien fondé à présumer que cette même lumière, affaiblie par 150 pieds d'épaisseur d'eau, ne donnerait pas un degré de chaleur sensible.

La lumière que la lune réfléchit à nos yeux est certainement la lumière réfléchie du soleil; cependant cette lumière n'a point de chaleur sensible, et même lorsqu'on la concentre au foyer d'un miroir ardent, qui augmente prodigieusement la chaleur du soleil, cette lumière réfléchie par la lune n'a point encore de chaleur sensible; et celle du soleil n'aura pas plus de chaleur, dès qu'en traversant une certaine épaisseur d'eau, elle deviendra aussi faible que celle de la lune. Je suis donc persuadé qu'en laissant passer les rayons du soleil dans un large tuyau rempli d'eau, de 50 pieds de longueur seulement, ce qui n'est que le tiers de l'épaisseur que j'ai supposée, cette lumière affaiblie ne produirait sur un thermomètre aucun effet, en supposant même la liqueur du thermomètre au degré de la congélation; d'où j'ai cru pouvoir conclure que, quoique la lumière du soleil perce jusqu'à 600 pieds dans le sein de la mer, sa chaleur ne pénètre pas au quart de cette profondeur.

(5) Page 461, ligne 19. *Toutes les matières du globe sont de la nature du verre.* Cette vérité générale, que nous pouvons démontrer par l'expérience, a été soupçonnée par Leibnitz[1], philosophe dont le nom fera toujours grand honneur à l'Allemagne[2]. « Sanè plerisque creditum et a sacris etiam scrip-
« toribus insinuatum est, conditos in abdito telluris ignis thesauros...

---

1. Voyez la note 3 de la page 461.
2. Et à l'humanité.

« Adjuvant vultus ; nam omnis ex fusione *scoriæ vitri* est *genus*... Talem
« verò esse globi nostri superficiem (neque enim ultra penetrare nobis da-
« tum) reapse experimur ; omnes enim terræ et lapides igne vitrum reddunt...
« nobis satìs est admoto igne omnia terrestria in *vitro finiri*. Ipsa magna
« telluris ossa nudæque illæ rupes atque immortales silices cùm tota ferè
« in vitrum abeant, quid nisi concreta sunt ex fusis olim corporibus et
« primâ illâ magnâque vi quam in facilem adhuc materiam exercuit ignis
« naturæ... cùm igitur omniaque non avolant in auras tandem funduntur
« et speculorum imprimis urentium ope vitri naturam sumant, hinc facilè
« intelliges vitrum esse velut *terræ basin* et naturam ejus cæterorum ple-
« rumque corporum larvis latere. » G. G. Leibnitii *Protogeà*. Goettingæ,
1749, pages 4 et 5.

(6) Page 461, ligne 27. *Toutes les matières terrestres ont le verre pour
base, et peuvent être réduites en verre par le moyen du feu.* J'avoue qu'il
y a quelques matières que le feu de nos fourneaux ne peut réduire en verre,
mais, au moyen d'un bon miroir ardent, ces mêmes matières s'y rédui-
ront : ce n'est point ici le lieu de rapporter les expériences faites avec les
miroirs de mon invention, dont la chaleur est assez grande pour volatiliser
ou vitrifier[1] toutes les matières exposées à leur foyer. Mais il est vrai que
jusqu'à ce jour l'on n'a pas encore eu des miroirs assez puissants pour
réduire en verre certaines matières du genre vitrescible, telles que le cristal
de roche, le *silex* ou la pierre à fusil ; ce n'est donc pas que ces matières ne
soient par leur nature réductibles en verre comme les autres, mais seulement qu'elles exigent un feu plus violent[2].

(7) Page 468, ligne 3. *Les os et les défenses de ces anciens éléphants sont
au moins aussi grands et aussi gros que ceux des éléphants actuels.* On
peut s'en assurer par les descriptions et les dimensions qu'en a données
M. Daubenton, à l'article de l'*éléphant ;* mais depuis ce temps, on m'a
envoyé une défense entière et quelques autres morceaux d'ivoire fossile,
dont les dimensions excèdent de beaucoup la longueur et la grosseur
ordinaire des défenses de l'éléphant ; j'ai même fait chercher chez tous
les marchands de Paris qui vendent de l'ivoire : on n'a trouvé aucune
défense comparable à celle-ci, et il ne s'en est trouvé qu'une seule, sur
un très-grand nombre, égale à celles qui nous sont venues de Sibérie,
dont la circonférence est de 19 pouces à la base. Les marchands appellent
ivoire cru celui qui n'a pas été dans la terre, et que l'on prend sur les
éléphants vivants ou qu'on trouve dans les forêts avec les squelettes

1. ..... *Volatiliser* ou *vitrifier*. Voilà enfin la vraie traduction du mot *vitrifié*, donnée par
Buffon lui-même. *Vitrifié* signifie *volatilisé*. — Voyez les notes des pages 461, 462, etc.
2. Voyez les notes 1 et 2 de la page 36.

récents de ces animaux; et ils donnent le nom d'*ivoire cuit* à celui qu'on tire de la terre, et dont la qualité se dénature plus ou moins par un plus ou moins long séjour, ou par la qualité plus ou moins active des terres où il a été renfermé. La plupart des défenses qui nous sont venues du Nord sont encore d'un ivoire très-solide, dont on pourrait faire de beaux ouvrages : les plus grosses nous ont été envoyées par M. de l'Isle, astronome, de l'Académie royale des Sciences; il les a recueillies dans son voyage en Sibérie. Il n'y avait dans tous les magasins de Paris qu'une seule défense d'ivoire cru qui eût 19 pouces de circonférence; toutes les autres étaient plus menues : cette grosse défense avait 6 pieds 1 pouce de longueur, et il paraît que celles qui sont au Cabinet du Roi, et qui ont été trouvées en Sibérie, avaient plus de 6 pieds ½ lorsqu'elles étaient entières; mais comme les extrémités en sont tronquées, on ne peut en juger qu'à peu près.

Et si l'on compare les os fémurs, trouvés de même dans les terres du Nord, on s'assurera qu'ils sont au moins aussi longs et considérablement plus épais que ceux des éléphants actuels.

Au reste, nous avons, comme je l'ai dit, comparé exactement les os et les défenses qui nous sont venus de Sibérie aux os et aux défenses d'un squelette d'éléphant, et nous avons reconnu évidemment que tous ces ossements sont des dépouilles de ces animaux. Les défenses venues de Sibérie ont non-seulement la figure, mais aussi la vraie structure de l'ivoire de l'éléphant, dont M. Daubenton donne la description dans les termes suivants :

. « Lorsqu'une défense d'éléphant est coupée transversalement, on voit « au centre, ou à peu près au centre, un point noir qui est appelé le *cœur;* « mais si la défense a été coupée à l'endroit de sa cavité, il n'y a au centre « qu'un trou rond ou ovale : on aperçoit des lignes courbes qui s'étendent « en sens contraires, depuis le centre à la circonférence, et qui, se croisant, « forment de petits losanges; il y a ordinairement à la circonférence une « bande étroite et circulaire : les lignes courbes se ramifient à mesure « qu'elles s'éloignent du centre; et le nombre de ces lignes est d'autant « plus grand, qu'elles approchent plus de la circonférence; ainsi la gran- « deur des losanges est presque partout à peu près la même : leurs côtés, « ou au moins leurs angles, ont une couleur plus vive que l'aire, sans « doute parce que leur substance est plus compacte : la bande de la cir- « conférence est quelquefois composée de fibres droites et transversales, « qui aboutiraient au centre si elles étaient prolongées; c'est l'apparence « de ces lignes et de ces points que l'on regarde comme le grain de l'ivoire : « on l'aperçoit dans tous les ivoires, mais il est plus ou moins sensible « dans les différentes défenses; et, parmi les ivoires dont le grain est assez « apparent pour qu'on leur donne le nom d'*ivoire grenu*, il y en a que l'on « appelle *ivoire à gros grain*, pour le distinguer de l'ivoire dont le grain

« est fin. » Voyez l'*Histoire Naturelle*, à l'article *éléphant*[1], et les *Mémoires de l'Académie des Sciences*, année 1762.

(8) Page 468, ligne 10. *Le seul état de captivité aurait réduit ces éléphants au quart ou au tiers de leur grandeur.* Cela nous est démontré par la comparaison que nous avons faite du squelette entier d'un éléphant qui est au Cabinet du Roi, et qui avait vécu seize ans dans la ménagerie de Versailles, avec les défenses des autres éléphants dans leur pays natal : ce squelette et ces défenses, quoique considérables par la grandeur, sont certainement de moitié plus petits pour le volume, que ne le sont les défenses et les squelettes de ceux qui vivent en liberté, soit dans l'Asie, soit en Afrique, et en même temps ils sont au moins de deux tiers plus petits que les ossements de ces mêmes animaux trouvés en Sibérie.

(9) Page 470, ligne 40. *On trouve des défenses et des ossements d'éléphants, non-seulement en Sibérie, en Russie et au Canada, mais encore en Pologne, en Allemagne, en France, en Italie.* Indépendamment de tous les morceaux qui nous ont été envoyés de Russie et de Sibérie, et que nous conservons au Cabinet du Roi, il y en a plusieurs autres dans les cabinets des particuliers de Paris : il y en a un grand nombre dans le *Museum* de Pétersbourg, comme on peut le voir dans le catalogue qui en a été imprimé dès l'année 1742 ; il y en a de même dans le *Museum* de Londres, dans celui de Copenhague, et dans quelques autres collections, en Angleterre, en Allemagne et en Italie ; on a même fait plusieurs ouvrages de tour avec cet ivoire trouvé dans les terres du Nord ; ainsi l'on ne peut douter de la grande quantité de ces dépouilles d'éléphants en Sibérie et en Russie.

M. Pallas, savant naturaliste, a trouvé dans son voyage en Sibérie, ces années dernières, une grande quantité d'ossements d'éléphants, et un squelette entier de rhinocéros, qui n'était enfoui qu'à quelques pieds de profondeur.

« On vient de découvrir des os monstrueux d'éléphants à Swijatoki, à « dix-sept verstes de Pétersbourg ; on les a tirés d'un terrain inondé depuis « longtemps. On ne peut donc plus douter de la prodigieuse révolution qui « a changé le climat, les productions et les animaux de toutes les contrées « de la terre. Ces médailles naturelles prouvent que les pays dévastés « aujourd'hui par la rigueur du froid, ont eu autrefois tous les avantages « du midi[2]. » *Journal de Politique et de Littérature*, 5 janvier 1776, article de *Pétersbourg*.

La découverte des squelettes et des défenses d'éléphants dans le Canada est assez récente, et j'en ai été informé des premiers, par une lettre de

1. Édition in-4° de l'Imprimerie royale.
2. Voyez la note de la page 465.

feu M. Collinson, membre de la Société royale de Londres. Voici la traduction de cette lettre :

« M. George Croghan nous a assuré que, dans le cours de ses voyages
« en 1765 et 1766, dans les contrées voisines de la rivière d'*Ohio*, environ
« à 4 milles sud-est de cette rivière, éloignée de 640 milles du fort de
« Quesne (que nous appelons maintenant *Pitsburgh*), il a vu, aux envi-
« rons d'un grand marais salé, où les animaux sauvages s'assemblent en
« certain temps de l'année, de grands os et de grosses dents, et qu'ayant
« examiné cette place avec soin, il a découvert, sur un banc élevé du côté
« du marais, un nombre prodigieux d'os de très-grands animaux, et que,
« par la longueur et la forme de ces os et de ces défenses, on doit conclure
« que ce sont des os d'éléphants.

« Mais les grosses dents que je vous envoie, Monsieur, ont été trouvées
« avec ces défenses ; d'autres encore plus grandes que celles-ci, parais-
« sent indiquer et même démontrer qu'elles n'appartiennent pas à des
« éléphants. Comment concilier ce paradoxe ? Ne pourrait-on pas supposer
« qu'il a existé autrefois un grand animal [1] qui avait les défenses de l'élé-
« phant et les mâchelières de l'hippopotame ? car ces grosses dents mâche-
« lières sont très-différentes de celles de l'éléphant. M. Croghan pense,
« d'après la grande quantité de ces différentes sortes de dents, c'est-à-dire
« des défenses et des dents molaires qu'il a observées dans cet endroit, qu'il
« y avait au moins trente de ces animaux. Cependant les éléphants n'é-
« taient point connus en Amérique, et probablement ils n'ont pu y être
« apportés d'Asie : l'impossibilité qu'ils ont à vivre dans ces contrées, à
« cause de la rigueur des hivers, et où cependant on trouve une si grande
« quantité de leurs os, fait encore un paradoxe, que votre éminente saga-
« cité doit déterminer.

« M. Croghan a envoyé à Londres, au mois de février 1767, les os et
« les dents qu'il avait rassemblés dans les années 1765 et 1766 :

« 1° A mylord Shelburne, deux grandes défenses, dont une était bien
« entière et avait près de 7 pieds de long (6 pieds 7 pouces de France);
« l'épaisseur était comme celle d'une défense ordinaire d'un éléphant qui
« aurait cette longueur.

« 2° Une mâchoire avec deux dents mâchelières qui y tenaient, et outre
« cela plusieurs très-grosses dents mâchelières séparées.

« Au docteur Franklin, 1° trois défenses d'éléphant, dont une d'environ
« 6 pieds de long, était cassée par la moitié, gâtée ou rongée au centre, et
« semblable à de la craie; les autres étaient très-saines, le bout de l'une
« des deux était aiguisé en pointe et d'un très-bel ivoire.

« 2° Une petite défense d'environ trois pieds de long, grosse comme le

---

1. Le *mastodonte*. — Voyez la note 3 de la page 467 et la note 3 de la page 548.

« bras, avec les alvéoles qui reçoivent les muscles et les tendons, qui
« étaient d'une couleur marron luisante, lesquelles avaient l'air aussi frais
« que si on venait de la tirer de la tête de l'animal.

« 3° Quatre mâchelières, dont l'une des plus grandes avait plus de lar-
« geur et un rang de pointes de plus que celles que je vous ai envoyées.
« Vous pouvez être assuré que toutes celles qui ont été envoyées à mylord
« Shelburne et à M. Franklin étaient de la même forme et avaient le
« même émail que celles que je mets sous vos yeux.

« Le docteur Franklin a diné dernièrement avec un officier qui a rap-
« porté de cette même place, voisine de la rivière d'Ohio, une défense
« plus blanche, plus luisante, plus unie que toutes les autres, et une
« mâchelière encore plus grande que toutes celles dont je viens de faire
« mention. » *Lettre de M. Collinson à M. de Buffon*, datée de Mill-hill,
près de Londres, le 3 juillet 1767.

Extrait du Journal du voyage de M. Croghan, fait sur la rivière d'Ohio
et envoyé à M. Franklin au mois de mai 1765.

« Nous avons passé la grande rivière de Miame, et le soir nous sommes
« arrivés à l'endroit où l'on a trouvé des os d'éléphants; il peut y avoir
« 640 milles de distance du fort Pitt. Dans la matinée, j'allai voir la grande
« place marécageuse où les animaux sauvages se rendent dans de certains
« temps de l'année : nous arrivâmes à cet endroit par une route battue
« par les bœufs sauvages (*bisons*), éloigné d'environ quatre milles au
« sud-est du fleuve Ohio. Nous vîmes de nos yeux qu'il se trouve dans ces
« lieux une grande quantité d'ossements, les uns épars, les autres enterrés
« à cinq ou six pieds sous terre, que nous vîmes dans l'épaisseur du banc
« de terre qui borde cette espèce de route. Nous trouvâmes là deux
« défenses de six pieds de longueur, que nous transportâmes à notre bord,
« avec d'autres os et des dents; et, l'année suivante, nous retournâmes au
« même endroit prendre encore un plus grand nombre d'autres défenses
« et d'autres dents.

« Si M. de Buffon avait des doutes et des questions à faire sur cela, je
« le prie, dit M. Collinson, de me les envoyer; je ferais passer sa lettre à
« M. Croghan, homme très-honnête et éclairé, qui serait charmé de satis-
« faire à ses questions. » Ce petit mémoire était joint à la lettre que je
viens de citer, et à laquelle je vais ajouter l'extrait de ce que M. Collinson
m'avait écrit auparavant, au sujet de ces mêmes ossements trouvés en
Amérique.

« Il y avait, à environ un mille et demi de la rivière d'Ohio, six sque-
« lettes monstrueux enterrés debout, portant des défenses de cinq à six

« pieds de long, qui étaient de la forme et de la substance des défenses
« d'éléphants ; elles avaient 30 pouces de circonférence à la racine ; elles
« allaient en s'amincissant jusqu'à la pointe ; mais on ne peut pas bien
« connaître comment elles étaient jointes à la mâchoire, parce qu'elles
« étaient brisées en pièces : un fémur de ces mêmes animaux fut trouvé
« bien entier ; il pesait cent livres, et avait $4\frac{1}{2}$ pieds de long : ces défenses
« et ces os de la cuisse font voir que l'animal était d'une prodigieuse
« grandeur. Ces faits ont été confirmés par M. Greenwood, qui, ayant été
« sur les lieux, a vu les six squelettes dans le marais salé ; il a de plus
« trouvé dans le même lieu de grosses dents mâchelières, qui ne
« paraissent pas appartenir à l'éléphant, mais plutôt à l'hippopotame ; et
« il a rapporté quelques-unes de ces dents à Londres, deux entre autres
« qui pesaient ensemble $9\frac{1}{4}$ livres. Il dit que l'os de la mâchoire avait près
« de trois pieds de longueur, et qu'il était trop lourd pour être porté par
« deux hommes : il avait mesuré l'intervalle entre l'orbite des deux yeux,
« qui était de 18 pouces. Une Anglaise faite prisonnière par les sauvages,
« et conduite à ce marais salé pour leur apprendre à faire du sel en faisant
« évaporer l'eau, a déclaré se souvenir, par une circonstance singulière,
« d'avoir vu ces ossements énormes ; elle racontait que trois Français, qui
« cassaient des noix, étaient tous trois assis sur un seul de ces grands os
« de la cuisse. »

Quelque temps après m'avoir écrit ces lettres, M. Collinson lut à la
Société royale de Londres deux petits mémoires sur ce même sujet, et
dans lesquels j'ai trouvé quelques faits de plus que je vais rapporter, en y
joignant un mot d'explication sur les choses qui en ont besoin.

« Le marais salé où l'on a trouvé les os d'éléphants n'est qu'à quatre
« milles de distance des bords de la rivière d'Ohio, mais il est éloigné de
« plus de sept cents milles de la plus prochaine côte de la mer. Il y avait
« un chemin frayé par les bœufs sauvages (*bisons*) assez large pour deux
« chariots de front, qui menait droit à la place de ce grand marais salé où
« ces animaux se rendent, aussi bien que toutes les espèces de cerfs et de
« chevreuils, dans une certaine saison de l'année, pour lécher la terre et
« boire de l'eau salée... Les ossements d'éléphants se trouvent sous une
« espèce de levée ou plutôt sous la rive qui entoure et surmonte le marais
« à cinq ou six pieds de hauteur ; on y voit un très-grand nombre d'os et
« de dents qui ont appartenu à quelques animaux d'une grosseur prodi-
« gieuse ; il y a des défenses qui ont près de sept pieds de longueur, et qui
« sont d'un très-bel ivoire ; on ne peut donc guère douter qu'elles n'aient
« appartenu à des éléphants ; mais ce qu'il y a de singulier, c'est que
« jusqu'ici l'on n'a trouvé parmi ces défenses aucune dent molaire ou
« mâchelière d'éléphant, mais seulement un grand nombre de grosses
« dents dont chacune porte cinq ou six pointes mousses, lesquelles ne

« peuvent avoir appartenu qu'à quelque animal d'une énorme grandeur, et
« ces grosses dents carrées n'ont point de ressemblance aux mâchelières
« de l'éléphant, qui sont aplaties, et quatre ou cinq fois aussi larges
« qu'épaisses; en sorte que ces grosses dents molaires ne ressemblent aux
« dents d'aucun animal connu. » Ce que dit ici M. Collinson est très-vrai :
ces grosses dents molaires diffèrent absolument des dents mâchelières de
l'éléphant, et en les comparant à celles de l'hippopotame, auxquelles ces
grosses dents ressemblent par leur forme carrée, on verra qu'elles en
diffèrent aussi par leur grosseur, étant deux, trois et quatre fois plus
volumineuses que les plus grosses dents des anciens hippopotames trouvées
de même en Sibérie et au Canada, quoique ces dents soient elles-mêmes
trois ou quatre fois plus grosses que celles des hippopotames actuellement
existants. Toutes les dents que j'ai observées dans quatre têtes de ces
animaux, qui sont au Cabinet du Roi, ont la face qui broie creusée en forme
de trèfle, et celles qui ont été trouvées au Canada et en Sibérie, ont ce
même caractère et n'en diffèrent que par la grandeur ; mais ces énormes
dents à grosses pointes mousses diffèrent de celles de l'hippopotame creusées en trèfle, ont toujours quatre et quelquefois cinq rangs, au lieu que
les plus grosses dents des hippopotames n'en ont que trois, comme on peut
le voir en comparant les figures des *pl.* I, III et IV, avec celles de la *pl.* V.
Il paraît donc certain que ces grosses dents n'ont jamais appartenu à
l'éléphant ni à l'hippopotame ; la différence de grandeur, quoique énorme,
ne m'empêcherait pas de les regarder comme appartenant à cette dernière
espèce, si tous les caractères de la forme étaient semblables, puisque nous
connaissons, comme je viens de le dire, d'autres dents carrées, trois ou
quatre fois plus grosses que celles de nos hippopotames actuels, et qui
néanmoins ayant les mêmes caractères pour la forme, et particulièrement
les creux en trèfle sur la face qui broie, sont certainement des dents
d'hippopotames trois fois plus grands que ceux dont nous avons les têtes[1] ;
et c'est de ces grosses dents (*pl.* V), qui sont vraiment des dents d'hippopotames, dont j'ai parlé, lorsque j'ai dit qu'il s'en trouvait également dans
les deux continents aussi bien que des défenses d'éléphants; mais ce qu'il
y a de très-remarquable, c'est que non-seulement on a trouvé de vraies
défenses d'éléphants et de vraies dents de gros hippopotames en Sibérie et
au Canada, mais qu'on y a trouvé de même ces dents beaucoup plus
énormes à grosses pointes mousses et à quatre rangs; je crois donc pouvoir prononcer avec fondement que cette très-grande espèce d'animal est
perdue[2].

M. le comte de Vergennes, ministre et secrétaire d'État, a eu la bonté de
me donner, en 1770, la plus grosse de toutes ces dents, laquelle est repré-

1. Voyez la note 3 de la page 467.
2. Voyez la note 3 de la page 548.

sentée (*pl.* I et II); elle pèse onze livres quatre onces : cette énorme dent
molaire a été trouvée dans la Petite Tartarie en faisant un fossé; il y avait
d'autres os qu'on n'a pas recueillis, et entre autres un os fémur dont il ne
restait que la moitié bien entière, et la cavité de cette moitié contenait
quinze pintes de Paris. M. l'abbé Chappe, de l'Académie des Sciences, nous
a rapporté de Sibérie une autre dent toute pareille, mais moins grosse, et
qui ne pèse que 3 livres 12 onzes ½ (*pl.* III, *fig.* 1 et 2). Enfin, la plus
grosse de celles que M. Collinson m'avait envoyées, et qui est représentée
(*pl.* IV), a été trouvée avec plusieurs autres semblables en Amérique, près
de la rivière d'Ohio; et d'autres qui nous sont venues du Canada leur
ressemblent parfaitement. L'on ne peut donc pas douter qu'indépendamment
de l'éléphant et de l'hippopotame, dont on trouve également les dépouilles
dans les deux continents, il n'y eût encore un autre animal commun aux
deux continents d'une grandeur supérieure à celle même des plus grands
éléphants; car la forme carrée de ces énormes dents mâchelières prouve
qu'elles étaient en nombre dans la mâchoire de l'animal, et quand on n'y
en supposerait que six ou même quatre de chaque côté, on peut juger de
l'énormité d'une tête qui aurait au moins seize dents mâchelières pesant
chacune dix ou onze livres [1]. L'éléphant n'en a que quatre, deux de chaque
côté [2]; elles sont aplaties, elles occupent tout l'espace de la mâchoire, et ces
deux dents molaires de l'éléphant fort aplaties ne surpassent que de deux
pouces la largeur de la plus grosse dent carrée de l'animal inconnu, qui
est du double plus épaisse que celles de l'éléphant : ainsi tout nous porte à
croire que cette ancienne espèce, qu'on doit regarder comme la première
et la plus grande de tous les animaux terrestres, n'a subsisté que dans les
premiers temps et n'est pas parvenue jusqu'à nous [3]; car un animal dont

1. Ce serait là, en effet, une *tête énorme*, si toutes les dents existaient ensemble, mais il
n'en est rien : elles *se succèdent*. Ce dernier point a été bien éclairci par Cuvier, qui pourtant
n'a pas connu le véritable nombre de ces dents; il n'en comptait que seize en tout, et il y en
a vingt-quatre. « Ce qui est constant, c'est que le *grand mastodonte* avait successivement
« au moins quatre molaires de chaque côté de la mâchoire inférieure; et comme il n'y a pas
« de raison de croire qu'il ne s'en soit trouvé autant à la mâchoire supérieure, on doit penser
« qu'il en avait au moins seize en tout. Mais, comme dans l'*éléphant*, ces dents ne sont jamais
« toutes ensemble dans la bouche. Leur *succession* se fait, comme dans l'éléphant, d'avant
« en arrière. Quand celle de derrière commence à percer la gencive, celle de devant est usée
« et prête à tomber : elles se remplacent ainsi l'une après l'autre. Il ne paraît pas qu'il puisse
« y en avoir plus de deux de chaque côté en plein exercice; à la fin même, il n'y en a plus
« qu'une, comme dans l'*éléphant*. » (Cuvier : *Rech. sur les oss. foss.*)
   Le nombre des dents molaires du *mastodonte* est de vingt-quatre en tout, comme je viens
de le dire : six de chaque côté à chaque mâchoire.

2. L'*éléphant* a six dents molaires de chaque côté, à chaque mâchoire, comme le *mastodonte*. « D'après l'examen que je viens de faire du système dentaire de l'éléphant, il me semble
« indubitable que cet animal n'a jamais, pendant tout le cours de sa vie, ni plus ni moins
« de six dents molaires de chaque côté des deux mâchoires, ce qui fait vingt-quatre en tout. »
(Blainville : *Ostéographie*, etc.)

3. Voyez la note 3 de la page 548.

l'espèce serait plus grande que celle de l'éléphant, ne pourrait se cacher nulle part sur la terre au point de demeurer inconnu ; et, d'ailleurs, il est évident par la forme même de ces dents, par leur émail et par la disposition de leurs racines, qu'elles n'ont aucun rapport aux dents des cachalots ou autres cétacés, et qu'elles ont réellement appartenu à un animal terrestre dont l'espèce était plus voisine de celle de l'hippopotame que d'aucune autre [1].

Dans la suite du Mémoire que j'ai cité ci-dessus, M. Collinson dit que plusieurs personnes de la Société royale connaissent aussi bien que lui les défenses d'éléphant que l'on trouve tous les ans en Sibérie sur les bords du fleuve Obi et des autres rivières de cette contrée. Quel système établira-t-on, ajoute-t-il, avec quelque degré de probabilité, pour rendre raison de ces dépôts d'ossements d'éléphants en Sibérie et en Amérique ? Il finit par donner l'énumération, les dimensions et le poids de toutes ces dents, trouvées dans le marais salé de la rivière d'Ohio, dont la plus grosse dent carrée appartenait au capitaine Ourry, et pesait six livres et demie.

Dans le second petit Mémoire de M. Collinson, lu à la Société royale de Londres, le 10 décembre 1767, il dit que, s'étant aperçu qu'une des défenses trouvées dans le marais salé avait des stries près du gros bout, il avait eu quelque doute si ces stries étaient particulières ou non à l'espèce de l'éléphant : pour se satisfaire, il alla visiter le magasin d'un marchand qui fait commerce de dents de toutes espèces, et qu'après les avoir bien examinées il trouva qu'il y avait autant de défenses striées au gros bout que d'unies, et que par conséquent il ne faisait plus aucune difficulté de prononcer que ces défenses trouvées en Amérique ne fussent semblables à tous égards aux défenses des éléphants d'Afrique et d'Asie : mais, comme les groses dents carrées trouvées dans le même lieu n'ont aucun rapport avec les dents molaires de l'éléphant, il pense que ce sont les restes de quelque animal énorme qui avait les défenses de l'éléphant, avec des dents molaires particulières à son espèce, laquelle est d'une grandeur et d'une forme différente de celle d'aucun animal connu. Voyez les *Transactions philosophiques* de l'année 1767.

Dès l'année 1748, M. Fabri, qui avait fait de grandes courses dans le nord de la Louisiane et dans le sud du Canada, m'avait informé qu'il avait vu des têtes et des squelettes d'un animal quadrupède d'une grandeur énorme, que les sauvages appelaient le *père-aux-bœufs*, et que les os fémurs de ces animaux avaient 5 et jusqu'à 6 pieds de hauteur. Peu de temps après, et avant l'année 1767, quelques personnes à Paris avaient déjà reçu quelques-unes des grosses dents de l'animal inconnu, d'autres d'hippopotames, et aussi des ossements d'éléphants trouvés en Canada : le nombre en

1. Voyez la note 3 de la page 467.

est trop considérable pour qu'on puisse douter que ces animaux n'aient pas autrefois existé dans les terres septentrionales de l'Amérique, comme dans celles de l'Asie et de l'Europe.

Mais les éléphants ont aussi existé dans toutes les contrées tempérées de notre continent : j'ai fait mention des défenses trouvées en Languedoc, près de Simorre, et de celles trouvées à Cominges, en Gascogne ; je dois y ajouter la plus belle et la plus grande de toutes, qui nous a été donnée en dernier lieu pour le Cabinet du Roi, par M. le duc de La Rochefoucauld, dont le zèle pour le progrès des sciences est fondé sur les grandes connaissances qu'il a acquises dans tous les genres. Il a trouvé ce beau morceau en visitant, avec M. Desmarets, de l'Académie des Sciences, les campagnes aux environs de Rome : cette défense était divisée en cinq fragments, que M. le duc de La Rochefoucauld fit recueillir ; l'un de ces fragments fut soustrait par le crocheteur qui en était chargé, et il n'en est resté que quatre, lesquels ont environ 8 pouces de diamètre ; en les rapprochant, ils forment une longueur de 7 pieds ; et nous savons par M. Desmarets que le cinquième fragment, qui a été perdu, avait près de 3 pieds : ainsi l'on peut assurer que la défense entière devait avoir environ 10 pieds de longueur. En examinant les cassures, nous y avons reconnu tous les caractères de l'ivoire de l'éléphant ; seulement cet ivoire, altéré par un long séjour dans la terre, est devenu léger et friable comme les autres ivoires fossiles.

M. Tozzetti, savant naturaliste d'Italie, rapporte qu'on a trouvé, dans les vallées de l'Arno, des os d'éléphants et d'autres animaux terrestres en grande quantité, et épars çà et là dans les couches de la terre, et il dit qu'on peut conjecturer que les éléphants étaient anciennement des animaux indigènes à l'Europe, et surtout à la Toscane. — Extrait d'une lettre du docteur Tozzetti, *Journal étranger*, mois de décembre 1755.

« On trouva, dit M. Coltellini, vers la fin du mois de novembre 1759,
« dans un bien de campagne appartenant au marquis de Petrella, et situé
« à Fusigliano dans le territoire de Cortone, un morceau d'os d'éléphant
« incrusté en grande partie d'une matière pierreuse... Ce n'est pas d'au-
« jourd'hui qu'on a trouvé de pareils os fossiles dans nos environs.

« Dans le cabinet de M. Galeotto Corazzi, il y a un autre grand morceau
« de défense d'éléphant pétrifié et trouvé ces dernières années dans les
« environs de Cortone, au lieu appelé *la Selva*... Ayant comparé ces frag-
« ments d'os avec un morceau de défense d'éléphant venu depuis peu
« d'Asie, on a trouvé qu'il y avait entre eux une ressemblance parfaite.

« M. l'abbé Mearini m'apporta, au mois d'avril dernier, une mâchoire
« entière d'éléphant qu'il avait trouvée dans le district de Farneta, village
« de ce diocèse. Cette mâchoire est pétrifiée en grande partie, et surtout
« des deux côtés où l'incrustation pierreuse s'élève à la hauteur d'un pouce,
« et a toute la dureté de la pierre.

« Je dois enfin à M. Muzio Angelieri Alticozzi, gentilhomme de cette
« ville, un fémur presque entier d'éléphant, qu'il a découvert lui-même
« dans un de ses biens de campagne appelé *la Rota,* situé dans le territoire
« de Cortone. Cet os, qui est long d'une brasse de Florence, est aussi pétri-
« fié, surtout dans l'extrémité supérieure qu'on appelle la tête..... » Lettre
de M. Louis Coltellini, de Cortone. *Journal étranger,* mois de juillet 1761.

(10) Page 472, ligne 10. *Ces grandes volutes pétrifiées, dont quelques-unes
ont plusieurs pieds de diamètre.* La connaissance de toutes les pétrifications
dont on ne trouve plus les analogues vivants, supposerait une étude longue
et une comparaison réfléchie de toutes les espèces de pétrifications qu'on a
trouvées jusqu'à présent dans le sein de la terre ; et cette science n'est pas
encore fort avancée : cependant nous sommes assurés qu'il y a plusieurs de
ces espèces, telles que les cornes d'ammon, les ortocératites, les pierres
lenticulaires ou numismales, les bélemnites, les pierres judaïques, les
anthropomorphites, etc., qu'on ne peut rapporter à aucune espèce actuellement subsistante[1]. Nous avons vu des cornes d'ammon pétrifiées, de 2 et
3 pieds de diamètre, et nous avons été assurés, par des témoins dignes de
foi, qu'on en a trouvé une en Champagne plus grande qu'une meule de
moulin, puisqu'elle avait 8 pieds de diamètre sur un pied d'épaisseur[2] : on
m'a même offert dans le temps de me l'envoyer, mais l'énormité du poids
de cette masse, qui est d'environ huit milliers, et la grande distance de
Paris, m'a empêché d'accepter cette offre. On ne connaît pas plus les espèces
d'animaux auxquels ont appartenu les dépouilles dont nous venons d'indiquer les noms ; mais ces exemples, et plusieurs autres que je pourrais citer,
suffisent pour prouver qu'il existait autrefois dans la mer plusieurs espèces
de coquillages et de crustacés qui ne subsistent plus. Il en est de même de
quelques poissons à écailles[3] ; la plupart de ceux qu'on trouve dans les
ardoises et dans certains schistes, ne ressemblent pas assez aux poissons
qui nous sont connus, pour qu'on puisse dire qu'ils sont de telle ou telle
espèce. Ceux qui sont au Cabinet du Roi, parfaitement conservés dans des
masses de pierre, ne peuvent de même se rapporter précisément à nos
espèces connues : il paraît donc que dans tous les genres, la mer a autrefois nourri des animaux dont les espèces n'existent plus[4].

Mais, comme nous l'avons dit, nous n'avons jusqu'à présent qu'un seul

---

1. Voyez la note 3 de la page 509.

2. Voyez la note 3 de la page 510.

3... *De quelques poissons...* M. Agassiz a déjà décrit plus de *deux mille* espèces de *poissons
fossiles ;* et il porte à plus de *vingt-cinq mille* le nombre total de ceux qu'il suppose enfouis
dans les couches du globe.

4... *Dans tous les genres... des animaux dont les espèces ne subsistent plus.* Voyez la note 3
de la page 463, la note 2 de la page 514, etc..

exemple d'une espèce perdue dans les animaux terrestres[1], et il paraît que c'était la plus grande de toutes, sans même en excepter l'éléphant. Et puisque les exemples des espèces perdues dans les animaux terrestres sont bien plus rares que dans les animaux marins, cela ne semble-t-il pas prouver encore que la formation des premiers est postérieure à celle de ces derniers?

NOTES SUR LA PREMIÈRE ÉPOQUE.

(11) Page 481, ligne 9. *Sur la matière dont le noyau des comètes est composé.* J'ai dit dans l'article de la *Formation des planètes*, volume I, page 71, *que les comètes sont composées d'une matière très-solide et très-dense*[2]. Ceci ne doit pas être pris comme une assertion positive et générale, car il doit y avoir de grandes différences entre la densité de telle ou telle comète, comme il y en a entre la densité des différentes planètes; mais on ne pourra déterminer cette différence de densité relative entre chacune des comètes, que quand on en connaîtra les périodes de révolution aussi parfaitement que l'on connaît les périodes des planètes. Une comète dont la densité serait seulement comme la densité de la planète de Mercure, double de celle de la terre, et qui aurait à son périhélie autant de vitesse que la comète de 1680, serait peut-être suffisante pour chasser hors du soleil toute la quantité de matière qui compose les planètes, parce que la matière de la comète étant dans ce cas huit fois plus dense que la matière solaire, elle communiquerait huit fois autant de mouvement, et chasserait une $\frac{8}{100}$ partie de la masse du soleil, aussi aisément qu'un corps dont la densité serait égale à celle de la matière solaire, pourrait en chasser une centième partie.

(12) Page 488, ligne 1. *La terre est élevée sous l'équateur et abaissée sous les pôles, dans la proportion juste et précise qu'exigent les lois de la pesanteur, combinées avec celles de la force centrifuge.* J'ai supposé, dans mon *Traité de la formation des planètes*, volume I, page 66, que la différence des diamètres de la terre était dans le rapport de 174 à 175, d'après la détermination faite par nos mathématiciens envoyés en Laponie et au Pérou; mais comme ils ont supposé une courbe régulière à la terre, j'ai averti, page 165, que cette supposition était hypothétique, et par conséquent je ne me suis point arrêté à cette détermination. Je pense donc qu'on doit préférer le rapport de 229 à 230, tel qu'il a été déterminé par Newton,

---

1... *Un seul exemple d'une espèce perdue dans les animaux terrestres.* A n'entendre ici, avec Buffon, par *animaux terrestres*, que les seuls *mammifères*, nous connaissons aujourd'hui plus de *trois mille mammifères fossiles*, et l'on n'en connaît pas plus de *quinze cents* espèces *vivantes*. Dans toutes les classes, le nombre des *espèces perdues* est beaucoup plus grand que celui des *espèces vivantes*. (Voyez la note 1 de la page 472.)

2. Voyez les notes des pages 69 et 71 du 1er volume.

d'après sa théorie et les expériences du pendule, qui me paraissent être bien plus sûres que les mesures. C'est par cette raison que, dans les Mémoires de la partie hypothétique, j'ai toujours supposé que le rapport des deux diamètres du sphéroïde terrestre était de 229 à 230. M. le docteur Irving, qui a accompagné M. Phipps dans son voyage au Nord en 1773, a fait des expériences très-exactes sur l'accélération du pendule au 79e degré 50 minutes, et il a trouvé que cette accélération était de 72 à 73 secondes en 24 heures, d'où il conclut que le diamètre à l'équateur est à l'axe de la terre, comme 212 à 211. Ce savant voyageur ajoute avec raison, que son résultat approche de celui de Newton, beaucoup plus que celui de M. de Maupertuis, qui donne le rapport de 178 à 179, et plus aussi que celui de M. Bradley, qui, d'après les observations de M. Campbell, donne le rapport de 200 à 201 pour la différence des deux diamètres de la terre.

(13) Page 494, ligne 30. *La mer, sur les côtes voisines de la ville de Caen en Normandie, a construit et construit encore par son flux et reflux, une espèce de* schiste *composé de lames minces et déliées, et qui se forment journellement par le sédiment des eaux.* Chaque marée montante apporte et répand sur tout le rivage un limon impalpable qui ajoute une nouvelle feuille aux anciennes, d'où résulte par la succession des temps un *schiste tendre* et feuilleté.

NOTES SUR LA SECONDE ÉPOQUE.

(14) Page 497, ligne 4. *La roche du globe et les hautes montagnes dans leur intérieur jusqu'à leur sommet, ne sont composées que de matières vitrescibles.* J'ai dit, volume I, page 35 de la *Théorie de la Terre*, « que le « globe terrestre pourrait être vide dans son intérieur, ou rempli d'une « substance plus dense que toutes celles que nous connaissons, sans qu'il « nous fût possible de le démontrer.... et qu'à peine pouvions-nous for- « mer sur cela quelques conjectures raisonnables. » Mais lorsque j'ai écrit ce Traité de la Théorie de la Terre en 1744, je n'étais pas instruit de tous les faits par lesquels on peut reconnaître que la densité du globe terrestre, prise généralement, est moyenne entre les densités du fer, des marbres, des grès, de la pierre et du verre, telle que je l'ai déterminée dans mon premier Mémoire (*partie hypothétique*, page 348 et suiv.); je n'avais pas fait alors toutes les expériences qui m'ont conduit à ce résultat; il me manquait aussi beaucoup d'observations que j'ai recueillies dans ce long espace de temps : ces expériences toutes faites dans la même vue, et ces observations nouvelles pour la plupart, ont étendu mes premières idées et m'en ont fait naître d'autres accessoires et même plus élevées; en sorte que ces *conjectures raisonnables*, que je soupçonnais dès lors qu'on pou-

vait former, me paraissent être devenues des inductions très-plausibles, desquelles il résulte que le globe de la terre est principalement composé, depuis la surface jusqu'au centre, d'une matière vitreuse un peu plus dense que le verre pur ; la lune, d'une matière aussi dense que la pierre calcaire ; Mars, d'une matière à peu près aussi dense que celle du marbre ; Vénus, d'une matière un peu plus dense que l'émeril ; Mercure, d'une matière un peu plus dense que l'étain ; Jupiter, d'une matière moins dense que la craie ; et Saturne, d'une matière presque aussi légère que la pierre ponce ; et enfin, que les satellites de ces deux grosses planètes, sont composés d'une matière encore plus légère que leur planète principale.

Il est certain que le centre de gravité du globe, ou plutôt du sphéroïde terrestre, coïncide avec son centre de grandeur, et que l'axe sur lequel il tourne passe par ces mêmes centres, c'est-à-dire par le milieu du sphéroïde, et que par conséquent il est de même densité dans toutes ses parties correspondantes : s'il en était autrement, et que le centre de grandeur ne coïncidât pas avec le centre de gravité, l'axe de rotation se trouverait alors plus d'un côté que de l'autre ; et dans les différents hémisphères de la terre, la durée de la révolution paraîtrait inégale. Or cette révolution est parfaitement la même pour tous les climats ; ainsi, toutes les parties correspondantes du globe sont de la même densité relative.

Et comme il est démontré, par son renflement à l'équateur et par sa chaleur propre, encore actuellement existante, que dans son origine le globe terrestre était composé d'une matière liquéfiée par le feu, qui s'est rassemblée par sa force d'attraction mutuelle, la réunion de cette matière en fusion n'a pu former qu'une sphère pleine, depuis le centre à la circonférence, laquelle sphère pleine ne diffère d'un globe parfait que par ce renflement sous l'équateur et cet abaissement sous les pôles, produits par la force centrifuge dès les premiers moments que cette masse encore liquide a commencé à tourner sur elle-même.

Nous avons démontré que le résultat de toutes les matières qui éprouvent la violente action du feu est l'état de vitrification ; et comme toutes se réduisent en verre plus ou moins pesant, il est nécessaire que l'intérieur du globe soit en effet une matière vitrée, de la même nature que la roche vitreuse, qui fait partout le fond de sa surface au-dessous des argiles, des sables vitrescibles, des pierres calcaires et de toutes les autres matières qui ont été remuées, travaillées et transportées par les eaux.

Ainsi l'intérieur du globe est une masse de matière vitrescible, peut-être spécifiquement un peu plus pesante que la roche vitreuse, dans les fentes de laquelle nous cherchons les métaux ; mais elle est de même nature, et n'en diffère qu'en ce qu'elle est plus massive et plus pleine : il n'y a de vides et de cavernes que dans les couches extérieures ; l'intérieur doit être plein ; car ces cavernes n'ont pu se former qu'à la surface, dans

le temps de la consolidation et du premier refroidissement : les fentes perpendiculaires qui se trouvent dans les montagnes ont été formées presque
en même temps, c'est-à-dire lorsque les matières se sont resserrées par
le refroidissement.: toutes ces cavités ne pouvaient se faire qu'à la surface,
comme l'on voit dans une masse de verre ou de minéral fondu, les éminences et les trous se présenter à la superficie, tandis que l'intérieur du
bloc est solide et plein.

Indépendamment de cette cause générale de la formation des cavernes
et des fentes à la surface de la terre, la force centrifuge était une autre
cause qui, se combinant avec celle du refroidissement, a produit dans le
commencement de plus grandes cavernes, et de plus grandes inégalités
dans les climats où elle agissait le plus puissamment. C'est par cette raison
que les plus hautes montagnes et les plus grandes profondeurs se sont
trouvées voisines des tropiques et de l'équateur ; c'est par la même raison
qu'il s'est fait dans ces contrées méridionales plus de bouleversements que
nulle part ailleurs. Nous ne pouvons déterminer le point de profondeur
auquel les couches de la terre ont été boursouflées par le feu et soulevées
en cavernes; mais il est certain que cette profondeur doit être bien plus
grande à l'équateur que dans les autres climats, puisque le globe avant sa
consolidation s'y est élevé de six lieues un quart de plus que sous les
pôles. Cette espèce de croûte ou de calotte va toujours en diminuant d'é-
paisseur depuis l'équateur, et se termine à rien sous les pôles; la matière
qui compose cette croûte est la seule qui ait été déplacée dans le temps de
la liquéfaction, et refoulée par l'action de la force centrifuge ; le reste de
la matière qui compose l'intérieur du globe est demeuré fixe dans son
assiette, et n'a subi ni changement, ni soulèvement, ni transport. Les vides
et les cavernes n'ont donc pu se former que dans cette croûte extérieure ;
elles se sont trouvées d'autant plus grandes et plus fréquentes, que cette
croûte était plus épaisse, c'est-à-dire plus voisine de l'équateur. Aussi les
plus grands affaissements se sont faits et se feront encore dans les parties
méridionales, où se trouvent de même les plus grandes inégalités de la surface du globe, et par la même raison le plus grand nombre de cavernes,
de fentes et de mines métalliques qui ont rempli ces fentes dans le temps
de leur fusion ou de leur sublimation.

L'or et l'argent, qui ne font qu'une quantité, pour ainsi dire, infiniment
petite en comparaison de celle des autres matières du globe, ont été sublimés en vapeurs, et se sont séparés de la matière vitrescible commune, par
l'action de la chaleur, de la même manière que l'on voit sortir d'une plaque d'or ou d'argent exposée au foyer d'un miroir ardent, des particules
qui s'en séparent par la sublimation, et qui dorent ou argentent les corps
que l'on expose à cette vapeur métallique; ainsi l'on ne peut pas croire que
ces métaux, susceptibles de sublimation, même à une chaleur médiocre,

puissent être entrés en grande partie dans la composition du globe, ni qu'ils soient placés à de grandes profondeurs dans son intérieur. Il en est de même de tous les autres métaux et minéraux, qui sont encore plus susceptibles de se sublimer par l'action de la chaleur : et à l'égard des sables vitrescibles et des argiles, qui ne sont que les détriments des scories vitrées, dont la surface du globe était couverte immédiatement après le premier refroidissement, il est certain qu'elles n'ont pu se loger dans l'intérieur, et qu'elles pénètrent tout au plus aussi bas que les filons métalliques dans les fentes et dans les autres cavités de cette ancienne surface de la terre, maintenant recouverte par toutes les matières que les eaux ont déposées.

Nous sommes donc bien fondés à conclure que le globe de la terre n'est dans son intérieur qu'une masse solide de matière vistrescible, sans vides, sans cavités, et qu'il ne s'en trouve que dans les couches qui soutiennent celles de sa surface; que sous l'équateur et dans les climats méridionaux, ces cavités ont été et sont encore plus grandes que dans les climats tempérés ou septentrionaux, parce qu'il y a eu deux causes qui les ont produites sous l'équateur, savoir, la force centrifuge et le refroidissement, au lieu que sous les pôles, il n'y a eu que la seule cause du refroidissement : en sorte que dans les parties méridionales, les affaissements ont été bien plus considérables, les inégalités plus grandes, les fentes perpendiculaires plus fréquentes, et les mines des métaux précieux plus abondantes.

(15) Page 497, ligne 15. *Les fentes et les cavités des éminences du globe terrestre ont été incrustées, et quelquefois remplies par les substances métalliques que nous y trouvons aujourd'hui.*

« Les veines métalliques, dit M. Eller, se trouvent seulement dans les « endroits élevés en une longue suite de montagnes : cette chaîne de mon- « tagnes suppose toujours pour son soutien une base de *roche dure.* Tant « que ce roc conserve sa continuité, il n'y a guère apparence qu'on y « découvre quelques filons métalliques; mais quand on rencontre des cre- « vasses ou des fentes, on espère d'en découvrir. Les physiciens minéralo- « gistes ont remarqué qu'en Allemagne la situation la plus favorable est « lorsque la chaîne de montagnes s'élevant petit à petit se dirige vers le « sud-est, et qu'ayant atteint sa plus grande élévation, elle descend insen- « siblement vers le nord-ouest....

« C'est ordinairement un *roc sauvage*, dont l'étendue est quelquefois « presque sans bornes, mais qui est fendu et entr'ouvert en divers endroits, « qui contient les métaux quelquefois purs, mais presque toujours miné- « ralisés : ces fentes sont tapissées pour l'ordinaire d'une terre blanche et « luisante, que les mineurs appellent *quartz*, et qu'ils nomment *spath* lors- « que cette terre est plus pesante, mais mollasse et feuilletée à peu près

« comme le talc : elle est enveloppée en dehors, vers le roc, de l'espèce de
« limon qui paraît fournir la nourriture à ces terres quartzeuses ou spa-
« theuses ; ces deux enveloppes sont comme la gaîne ou l'étui du filon ;
« plus il est perpendiculaire, et plus on doit en espérer ; et toutes les fois
« que les mineurs voient que le filon est perpendiculaire, ils disent qu'il
« va s'ennoblir.

« Les métaux sont formés dans toutes ces fentes et cavernes par une
« évaporation continuelle et assez violente ; les vapeurs des mines démon-
« trent cette évaporation encore subsistante ; les fentes qui n'en exhalent
« point sont ordinairement stériles : la marque la plus sûre que les
« vapeurs exhalantes portent des atomes ou des molécules minérales, et
« qu'elles les appliquent partout aux parois des crevasses du roc, c'est
« cette incrustation successive qu'on remarque dans toute la circonférence
« de ces fentes ou de ces creux de rochers, jusqu'à ce que la capacité en
« soit entièrement remplie et le filon solidement formé ; ce qui est encore
« confirmé par les outils qu'on oublie dans les creux, et qu'on retrouve
« ensuite couverts et incrustés de la mine, plusieurs années après.

« Les fentes du roc qui fournissent une veine métallique abondante
« inclinent toujours ou poussent leur direction vers la perpendiculaire de
« la terre : à mesure que les mineurs descendent, ils rencontrent une tem-
« pérature d'air toujours plus chaude, et quelquefois des exhalaisons si
« abondantes et si nuisibles à la respiration, qu'ils se trouvent forcés de se
« retirer au plus vite vers les puits ou vers la galerie, pour éviter la suffo-
« cation que les parties sulfureuses et arsenicales leur causeraient à l'in-
« stant. Le soufre et l'arsenic se trouvent généralement dans toutes les
« mines des quatre métaux imparfaits et de tous les demi-métaux, et c'est
« par eux qu'ils sont minéralisés.

« Il n'y a que l'or, et quelquefois l'argent et le cuivre, qui se trouvent
« natifs en petite quantité ; mais, pour l'ordinaire, le cuivre, le fer, le
« plomb et l'étain, lorsqu'ils se tirent des filons, sont minéralisés avec le
« soufre et l'arsenic : on sait, par l'expérience, que les métaux perdent leur
« forme métallique à un certain degré de chaleur relatif à chaque espèce
« de métal : cette destruction de la forme métallique, que subissent les
« quatre métaux imparfaits, nous apprend que la base des métaux est une
« matière terrestre ; et comme ces chaux métalliques se vitrifient à un cer-
« tain degré de chaleur, ainsi que les terres calcaires, gypseuses, etc., nous
« ne pouvons pas douter que la terre métallique ne soit du nombre des
« terres vitrifiables. » *Extrait du Mémoire de M. Eller, sur l'origine et la
génération des métaux*, dans le Recueil de l'Académie de Berlin, année
1753.

(16) Page, 497, ligne 35. M. Lehman, célèbre chimiste, est le seul qui ait

soupçonné une double origine aux mines métalliques; il distingue judicieusement les montagnes à filons des montagnes à couches : « L'or et l'argent,
« dit-il, ne se trouvent en masses que dans les montagnes à filons; le fer
« ne se trouve guère que dans les montagnes à couches : tous les morceaux
« ou petites parcelles d'or et d'argent qu'on trouve dans les montagnes à
« couches n'y sont que répandus, et ont été détachés des filons qui sont
« dans les montagnes supérieures et voisines de ces couches.

« L'or n'est jamais minéralisé; il se trouve toujours natif ou vierge,
« c'est-à-dire tout formé dans sa matrice, quoique souvent il y soit
« répandu en particules si déliées, qu'on chercherait vainement à le
« reconnaître, même avec les meilleurs microscopes. On ne trouve point
« d'or dans les montagnes à couches; il est aussi assez rare qu'on y trouve
« de l'argent; ces deux métaux appartiennent de préférence aux mon-
« tagnes à filons : on a néanmoins trouvé quelquefois de l'argent en petits
« feuillets ou sous la forme de cheveux, dans de l'ardoise : il est moins
« rare de trouver du cuivre natif sur de l'ardoise, et communément ce
« cuivre natif est aussi en forme de filets ou de cheveux.

« Les mines de fer se reproduisent peu d'années après avoir été fouillées;
« elles ne se trouvent point dans les montagnes à filons, mais dans les
« montagnes à couches : on n'a point encore trouvé de fer natif dans les
« montagnes à couches, ou du moins c'est une chose très-rare.

« Quant à l'étain natif, il n'en existe point qui ait été produit par la
« nature sans le secours du feu; et la chose est aussi très-douteuse pour
« le plomb, quoiqu'on prétende que les grains de plomb de Massel en
« Silésie, sont de plomb natif.

« On trouve le mercure vierge et coulant, dans les couches de terre
« argileuses et grasses, ou dans les ardoises.

« Les mines d'argent qu'on trouve dans les ardoises ne sont pas à
« beaucoup près aussi riches que celles qui se trouvent dans les montagnes
« à filons; ce métal ne se trouve guère qu'en particules déliées, en filets
« ou en végétations, dans ces couches d'ardoise ou de schistes, mais
« jamais en grosses mines; et encore faut-il que ces couches d'ardoise
« soient voisines des montagnes à filons. Toutes les mines d'argent qui se
« trouvent dans les couches ne sont pas sous une forme solide et com-
« pacte; toutes les autres mines, qui contiennent de l'argent en abondance,
« se trouvent dans les montagnes à filons. Le cuivre se trouve abondam-
« ment dans les couches d'ardoises, et quelquefois aussi dans les charbons
« de terre.

« L'étain est le métal qui se trouve le plus rarement répandu dans les
« couches : le plomb s'y trouve plus communément; on en rencontre sous
« la forme de galène, attaché aux ardoises, mais on n'en trouve que très-
« rarement avec les charbons de terre.

« Le fer est presque universellement répandu, et se trouve dans les
« couches, sous un grand nombre de formes différentes.

« Le cinabre, le cobalt, le bismuth et la calamine, se trouvent aussi
« assez communément dans les couches. » Lehman, tome III, page 381 et
suivantes.

« Les charbons de terre, le jayet, le succin, la terre alumineuse, ont été
« produits par des végétaux, et surtout par des arbres résineux qui ont été
« ensevelis dans le sein de la terre, et qui ont souffert une décomposition
« plus ou moins grande; car on trouve, au-dessus des mines de charbon de
« terre, très-souvent du bois qui n'est point du tout décomposé, et qui
« l'est davantage à mesure qu'il est plus enfoncé en terre. L'ardoise, qui
« sert de toit ou de couverture au charbon, est souvent remplie des
« empreintes de plantes, qui accompagnent ordinairement les forêts, telles
« que les fougères, les capillaires, etc.; ce qu'il y a de remarquable, c'est
« que ces plantes, dont on trouve les empreintes, sont toutes étrangères,
« et les bois paraissent aussi des bois étrangers. Le succin, qu'on doit
« regarder comme une résine végétale, renferme souvent des insectes qui,
« considérés attentivement, n'appartiennent point au climat où on les
« rencontre présentement : enfin, la terre alumineuse est souvent feuil-
« letée, et ressemble à du bois, tantôt plus, tantôt moins décomposé. »
Idem, Ibidem.

« Le soufre, l'alun, le sel ammoniac, se trouvent dans les couches
« formées par les volcans.

« Le pétrole, le naphte, indiquent un feu actuellement allumé sous la
« terre, qui met, pour ainsi dire, le charbon de terre en distillation : on
« a des exemples de ces embrasements souterrains, qui n'agissent qu'en
« silence dans des mines de charbon de terre, en Angleterre et en Alle-
« magne, lesquelles brûlent depuis très-longtemps sans explosion, et c'est
« dans le voisinage de ces embrasements souterrains qu'on trouve les eaux
« chaudes thermales.

« Les montagnes qui contiennent des filons ne renferment point de char-
« bon de terre, ni des substances bitumineuses et combustibles; ces sub-
« stances ne se trouvent jamais que dans les montagnes à couches. » *Notes
sur Lehman*, par M. le baron d'Holbach, tome III, page 435.

(17) Page 500, ligne 36. *Il se trouve dans les pays de notre Nord des
montagnes entières de fer, c'est-à-dire d'une pierre vitrescible, ferrugineuse*, etc. Je citerai pour exemple la mine de fer près de Taberg en Smo-
land, partie de l'île de Gothland en Suède: c'est l'une des plus remarquables
de ces mines, ou plutôt de ces montagnes de fer, qui toutes ont la propriété
de céder à l'attraction de l'aimant, ce qui prouve qu'elles ont été formées
par le feu : cette montagne est dans un sol de sable extrêmement fin ; sa

hauteur est de plus de 400 pieds, et son circuit d'une lieue ; elle est en entier composée d'une matière ferrugineuse très-riche, et l'on y trouve même du fer natif ; autre preuve qu'elle a éprouvé l'action d'un feu violent ; cette mine étant brisée montre à sa fracture de petites parties brillantes, qui tantôt se croisent et tantôt sont disposées par écailles : les petits rochers les plus voisins sont de roc pur (*saxo puro*) : on travaille à cette mine depuis environ deux cents ans ; on se sert pour l'exploiter de poudre à canon, et la montagne paraît fort peu diminuée, excepté dans les puits qui sont au pied du côté du vallon.

Il paraît que cette mine n'a point de lits réguliers ; le fer n'y est point non plus partout de la même bonté. Toute la montagne a beaucoup de fentes, tantôt perpendiculaires et tantôt horizontales : elles sont toutes remplies de sable qui ne contient aucun fer ; ce sable est aussi pur et de même espèce que celui des bords de la mer ; on trouve quelquefois dans ce sable des os d'animaux et des cornes de cerf ; ce qui prouve qu'il a été amené par les eaux, et que ce n'est qu'après la formation de la montagne de fer par le feu, que les sables en ont rempli les crevasses, et les fentes perpendiculaires et horizontales.

Les masses de mine que l'on tire tombent aussitôt au pied de la montagne, au lieu que dans les autres mines il faut souvent tirer le minéral des entrailles de la terre : on doit concasser et griller cette mine avant de la mettre au fourneau, où on la fond avec la pierre calcaire et du charbon de bois.

Cette colline de fer est située dans un endroit montagneux fort élevé, éloigné de la mer de près de 80 lieues : il paraît qu'elle était autrefois entièrement couverte de sable. Extrait d'un article de l'ouvrage périodique qui a pour titre : *Nordische beytrage, etc. Contribution du Nord pour les progrès de la physique, des sciences et des arts.* A Altone, chez David Ifers, 1756.

(18) Page 501, ligne 4. *Il se trouve des montagnes d'aimant dans quelques contrées, et particulièrement dans celles de notre Nord.* On vient de voir, par l'exemple cité dans la note précédente, que la montagne de fer de Taberg s'élève de plus de 400 pieds au-dessus de la surface de la terre. M. Gmelin, dans son Voyage en Sibérie, assure que dans les contrées septentrionales de l'Asie presque toutes les mines des métaux se trouvent à la surface de la terre, tandis que dans les autres pays elles se trouvent profondément ensevelies dans son intérieur. Si ce fait était généralement vrai, ce serait une nouvelle preuve que les métaux ont été formés par le feu primitif, et que le globe de la terre ayant moins d'épaisseur dans les parties septentrionales, ils s'y sont formés plus près de la surface que dans les contrées méridionales.

Le même M. Gmelin a visité la grande montagne d'aimant qui se trouve en Sibérie, chez les *Baschkires ;* cette montagne est divisée en huit parties, séparées par des vallons : la septième de ces parties produit le meilleur aimant ; le sommet de cette portion de montagne est formé d'une pierre jaunâtre, qui paraît tenir de la nature du jaspe ; on y trouve des pierres, que l'on prendrait de loin pour du grès, qui pèsent deux mille cinq cents ou trois milliers, mais qui ont toutes la vertu de l'aimant ; quoiqu'elles soient couvertes de mousse, elles ne laissent pas d'attirer le fer et l'acier à la distance de plus d'un pouce : les côtés exposés à l'air ont la plus forte vertu magnétique ; ceux qui sont enfoncés en terre en ont beaucoup moins ; ces parties, les plus exposées aux injures de l'air, sont moins dures, et par conséquent moins propres à être armées. Un gros quartier d'aimant de la grandeur qu'on vient de dire, est composé de quantité de petits quartiers d'aimant, qui opèrent en différentes directions ; pour les bien travailler, il faudrait les séparer en les sciant, afin que tout le morceau qui renferme la vertu de chaque aimant particulier conservât son intégrité ; on obtiendrait vraisemblablement de cette façon des aimants d'une grande force. Mais on coupe des morceaux à tout hasard, et il s'en trouve plusieurs qui ne valent rien du tout, soit parce qu'on travaille un morceau de pierre qui n'a point de vertu magnétique, ou qui n'en renferme qu'une petite portion, soit que dans un seul morceau il y ait deux ou trois aimants réunis. A la vérité, ces morceaux ont une vertu magnétique, mais comme elle n'a pas sa direction vers un même point, il n'est pas étonnant que l'effet d'un pareil aimant soit sujet à bien des variations.

L'aimant de cette montagne, à la réserve de celui qui est exposé à l'air, est d'une grande dureté, taché de noir, et rempli de tubérosités qui ont de petites parties anguleuses, comme on en voit souvent à la surface de la pierre sanguine, dont il ne diffère que par la couleur ; mais souvent, au lieu de ces parties anguleuses, on ne voit qu'une espèce de terre d'ocre : en général, les aimants qui ont ces petites parties anguleuses ont moins de vertu que les autres. L'endroit de la montagne où sont les aimants, est presque entièrement composé d'une bonne mine de fer, qu'on tire par petits morceaux entre les pierres d'aimant. Toute la section de la montagne la plus élevée renferme une pareille mine ; mais plus elle s'abaisse, moins elle contient de métal. Plus bas, au-dessous de la mine d'aimant, il y a d'autres pierres ferrugineuses, mais qui rendraient fort peu de fer, si on voulait les faire fondre : les morceaux qu'on en tire ont la couleur de métal, et sont très-lourds ; ils sont inégaux en dedans, et ont presque l'air de scories : ces morceaux ressemblent assez, par l'extérieur, aux pierres d'aimant ; mais ceux qu'on tire à huit brasses au-dessous du roc, n'ont plus aucune vertu. Entre ces pierres, on trouve d'autres morceaux de roc, qui paraissent composés de très-petites particules de fer ; la pierre, par elle-même, est pesante, mais fort molle; les particules intérieures ressemblent à une matière brûlée, et elles n'ont que peu ou point de vertu magnétique. On trouve aussi de temps en temps un minerai brun de fer dans des couches épaisses d'un pouce, mais il rend peu de métal. Extrait de l'*Histoire générale des Voyages*, tome XVIII, page 141 et suivantes.

Il y a plusieurs autres mines d'aimant en Sibérie, dans les monts Poïas. A 10 lieues de la route qui mène de Catherinbourg à Solikamskaia, est la montagne Galazinski; elle a plus de 20 toises de hauteur, et c'est entièrement un rocher d'aimant, d'un brun couleur de fer dur et compacte.

A 20 lieues de Solikamskaia, on trouve un aimant cubique et verdâtre; les cubes en sont d'un brillant vif : quand on les pulvérise, ils se décomposent en paillettes brillantes couleur de feu. Au reste, on ne trouve l'aimant que dans les chaînes de montagnes dont la direction est du sud au nord. Extrait de l'*Histoire générale des Voyages*, tome XIX, page 472.

Dans les terres voisines des confins de la Laponie, sur les limites de la Bothnie, à deux lieues de Cokluanda, on voit une mine de fer, dans laquelle on tire des pierres d'aimant tout à fait bonnes. « Nous admirâmes avec bien « du plaisir, dit le relateur, les effets surprenants de cette pierre, lorsqu'elle « est encore dans le lieu natal : il fallut faire beaucoup de violence pour en « tirer des pierres aussi considérables que celles que nous voulions avoir; « et le marteau dont on se servait, qui était de la grosseur de la cuisse, « demeurait si fixe en tombant sur le ciseau qui était dans la pierre, que « celui qui frappait avait besoin de secours pour le tirer. Je voulus éprou- « ver cela moi-même, et ayant pris une grosse pince de fer pareille à celle « dont on se sert à remuer les corps les plus pesants, et que j'avais de la « peine à soutenir, je l'approchai du ciseau, qui l'attira avec une violence « extrême, et la soutenait avec une force inconcevable. Je mis une boussole « au milieu du trou où était la mine, et l'aiguille tournait continuellement « d'une vitesse incroyable. » *Œuvres de Regnard*, Paris, 1742, t. I, page 185.

(19) Page 505, ligne 21. *Les plus hautes montagnes sont dans la zone torride, les plus basses dans les zones froides; et l'on ne peut douter que, dès l'origine, les parties voisines de l'équateur ne fussent les plus irrégulières et les moins solides du globe.* J'ai dit, volume I, page 49 de la *Théorie de la terre*, « que les montagnes du Nord ne sont que des collines en comparai- « son de celles des pays méridionaux, et que le mouvement général des « mers avait produit ces plus grandes montagnes dans la direction d'orient « en occident dans l'ancien continent, et du nord au sud dans le nou- « veau. » Lorsque j'ai composé, en 1744, ce Traité de la Théorie de la terre, je n'étais pas aussi instruit que je le suis actuellement[1], et l'on n'avait

---

1. Voyez la note 2 de la p. 39 du Ier volume.

pas fait les observations par lesquelles on a reconnu que les sommets des plus hautes montagnes sont composés de granit et de rocs vitrescibles, et qu'on ne trouve point de coquilles sur plusieurs de ces sommets : cela prouve que ces montagnes n'ont pas été composées par les eaux, mais produites par le feu primitif, et qu'elles sont aussi anciennes que le temps de la consolidation du globe. Toutes les pointes et les noyaux de ces montagnes étant composées de matières vitrescibles, semblables à la roche intérieure du globe, elles sont également l'ouvrage du feu primitif, lequel a le premier établi ces masses de montagnes, et formé les grandes inégalités de la surface de la terre. L'eau n'a travaillé qu'en second [1], postérieurement au feu, et n'a pu agir qu'à la hauteur où elle s'est trouvée après la chute entière des eaux de l'atmosphère et l'établissement de la mer universelle, laquelle a déposé successivement les coquillages qu'elle nourrissait et les autres matières qu'elle délayait ; ce qui a formé les couches d'argiles et de matières calcaires qui composent nos collines, et qui enveloppent les montagnes vitrescibles jusqu'à une grande hauteur.

Au reste, lorsque j'ai dit que les montagnes du Nord ne sont que des collines en comparaison des montagnes du Midi, cela n'est vrai que pris généralement ; car il y a dans le nord de l'Asie de grandes portions de terre qui paraissent être fort élevées au-dessus du niveau de la mer ; et en Europe, les Pyrénées, les Alpes, le mont Carpate, les montagnes de Norwége, les monts Riphées et Rymniques, sont de hautes montagnes ; et toute la partie méridionale de la Sibérie, quoique composée de vastes plaines et de montagnes médiocres, paraît être encore plus élevée que le sommet des mots Riphées ; mais ce sont peut-être les seules exceptions qu'il y ait à faire ici : car, non-seulement les plus hautes montagnes se trouvent dans les climats plus voisins de l'équateur que des pôles, mais il paraît que c'est dans ces climats méridionaux où se sont faits les plus grands bouleversements intérieurs et extérieurs, tant par l'effet de la force centrifuge, dans le premier temps de la consolidation, que par l'action plus fréquente des feux souterrains et le mouvement plus violent du flux et du reflux, dans les temps subséquents. Les tremblements de terre sont si fréquents dans l'Inde méridionale que les naturels du pays ne donnent pas d'autre épithète à l'Être tout-puissant, que celui de *remueur de terre*. Tout l'archipel Indien ne semble être qu'une mer de volcans agissants ou éteints : on ne peut donc pas douter que les inégalités du globe ne soient beaucoup plus grandes vers l'équateur que vers les pôles ; on pourrait même assurer que cette surface de la zone torride a été entièrement bouleversée, depuis la côte orientale de l'Afrique jusqu'aux Philippines, et encore bien au delà dans la mer du Sud. Toute cette plage ne paraît être que les restes en débris

1. Voyez la note de la page 536.

d'un vaste continent, dont toutes les terres basses ont été submergées : l'action de tous les éléments s'est réunie pour la destruction de la plupart de ces terres équinoxiales ; car, indépendamment des marées qui y sont plus violentes que sur le reste du globe, il paraît aussi qu'il y a eu plus de volcans, puisqu'il en subsiste encore dans la plupart de ces îles, dont quelques-unes, comme les îles de France et de Bourbon, se sont trouvées ruinées par le feu, et absolument désertes lorsqu'on en a fait la découverte.

NOTES SUR LA TROISIÈME ÉPOQUE.

(20) Page 506, ligne 31. *Les eaux ont couvert toute l'Europe jusqu'à* 1500 *toises au-dessus du niveau de la mer.*

Nous avons dit, volume I, page 39 de la *Théorie de la terre*, « que la « surface entière de la terre actuellement habitée a été autrefois sous les « eaux de la mer ; que ces eaux étaient supérieures au sommet des plus « hautes montagnes, puisqu'on trouve sur ces montagnes, et jusqu'à leur « sommet, des productions marines et des coquilles [1]. »

Ceci exige une explication, et demande même quelques restrictions. Il est certain et reconnu par mille et mille observations, qu'il se trouve des coquilles et d'autres productions de la mer sur toute la surface de la terre actuellement habitée, et même sur les montagnes, à une très-grande hauteur. J'ai avancé, d'après l'autorité de Woodward, qui le premier a recueilli ces observations, qu'on trouvait aussi des coquilles jusque sur les sommets des plus hautes montagnes ; d'autant que j'étais assuré par moi-même et par d'autres observations assez récentes, qu'il y en a dans les Pyrénées et les Alpes à 900, 1000, 1200 et 1500 toises de hauteur au-dessus du niveau de la mer, qu'il s'en trouve de même dans les montagnes de l'Asie, et qu'enfin dans les Cordillères en Amérique, on en a nouvellement découvert un banc à plus de 2000 toises au-dessus du niveau de la mer [a].

a. M. le Gentil, de l'Académie des Sciences, m'a communiqué par écrit, le 4 décembre 1771, le fait suivant : « Don Antonio de Ulloa, dit-il, me chargea, en passant par Cadiz, de remettre « de sa part à l'Académie deux coquilles pétrifiées, qu'il tira l'année 1761 de la montagne où « est le vif-argent, dans le gouvernement de *Ouanca-Velica* au Pérou, dont la latitude méri- « dionale est de 13 à 14 degrés. A l'endroit où ces coquilles ont été tirées, le mercure se sou- « tient à 17 pouces $1\frac{1}{4}$ ligne, ce qui répond à **2222** toises $\frac{1}{7}$ de hauteur au-dessus du niveau de « la mer.

« Au plus haut de la montagne, qui n'est pas à beaucoup près la plus élevée de ce canton , « le mercure se soutient à 16 pouces 6 lignes, ce qui répond à **2337** toises $\frac{2}{7}$.

« A la ville de *Ouanca-Velica*, le mercure se soutient à 18 pouces $1\frac{1}{2}$ ligne, qui répondent à « 1949 toises.

« Don Antonio de Ulloa m'a dit qu'il a détaché ces coquilles d'un banc fort épais, dont il « ignore l'étendue, et qu'il travaillait actuellement à un Mémoire relatif à ces observations : ces « coquilles sont du genre des peignes ou des grandes pèlerines. »

1. Voyez la 2 note de la page 39 du Ier volume.

On ne peut donc pas douter que, dans toutes les différentes parties du monde, et jusqu'à la hauteur de 1500 ou 2000 toises au-dessus du niveau des mers actuelles, la surface du globe n'ait été couverte des eaux, et pendant un temps assez long pour y produire ces coquillages et les laisser multiplier; car leur quantité est si considérable, que leurs débris forment des bancs de plusieurs lieues d'étendue, souvent de plusieurs toises d'épaisseur sur une largeur indéfinie; en sorte qu'ils composent une partie assez considérable des couches extérieures de la surface du globe, c'est-à-dire toute la matière calcaire qui, comme l'on sait, est très-commune et très-abondante en plusieurs contrées. Mais au-dessus des plus hauts points d'élévation, c'est-à-dire au-dessus de 1500 ou 2000 toises de hauteur, et souvent plus bas, on a remarqué que les sommets de plusieurs montagnes sont composés de roc vif, de granit, et d'autres matières vitrescibles produites par le feu primitif, lesquelles ne contiennent en effet ni coquilles, ni madrépores, ni rien qui ait rapport aux matières calcaires. On peut donc en inférer que la mer n'a pas atteint, ou du moins n'a surmonté que pendant un petit temps, ces parties les plus élevées, et ces pointes les plus avancées de la surface de la terre.

Comme l'observation de Don Ulloa, que nous venons de citer au sujet des coquilles trouvées sur les Cordillères, pourrait paraître encore douteuse, ou du moins comme isolée et ne faisant qu'un seul exemple, nous devons rapporter à l'appui de son témoignage celui d'Alphonse Barba, qui dit qu'au milieu de la partie la plus montagneuse du Pérou, on trouve des coquilles de toutes grandeurs, les unes concaves et les autres convexes, et très-bien imprimées [a]. Ainsi l'Amérique, comme toutes les autres parties du monde, a également été couverte par les eaux de la mer. Et si les premiers observateurs ont cru qu'on ne trouvait point de coquilles sur les montagnes des Cordillères, c'est que ces montagnes, les plus élevées de la terre, sont pour la plupart des volcans actuellement agissants, ou des volcans éteints, lesquels par leurs éruptions ont recouvert de matières brûlées toutes les terres adjacentes; ce qui a non-seulement enfoui, mais détruit toutes les coquilles qui pouvaient s'y trouver. Il ne serait donc pas étonnant qu'on ne rencontrât point de productions marines autour de ces montagnes, qui sont aujourd'hui ou qui ont été autrefois embrasées; car le terrain qui les enveloppe ne doit être qu'un composé de cendres, de scories, de verre, de lave et d'autres matières brûlées ou vitrifiées; ainsi il n'y a d'autre fondement à l'opinion de ceux qui prétendent que la mer n'a pas couvert les montagnes, si ce n'est qu'il y a plusieurs de leurs sommets où l'on ne voit aucune coquille ni autres productions marines. Mais comme on trouve en une infinité d'endroits et jusqu'à 1500 et 2000 toises de hau-

---

a. *Métallurgie d'Alphonse Barba*, t. I, p. 64. Paris, 1751.

teur, des coquilles et d'autres productions de la mer, il est évident qu'il y a eu peu de pointes ou crêtes de montagnes qui n'aient été surmontées par les eaux , et que les endroits où on ne trouve point de coquilles, indiquent seulement que les animaux qui les ont produites ne s'y sont pas habitués , et que les mouvements de la mer n'y ont point amené les débris de ses productions, comme elle en a amené sur tout le reste de la surface du globe.

(21) Page 508, ligne 3. *Des espèces de poissons et de plantes qui vivent et végètent dans des eaux chaudes, jusqu'à 50 et 60 degrés du thermomètre.* On avait plusieurs exemples de plantes qui croissent dans les eaux thermales les plus chaudes, et M. Sonnerat a trouvé des poissons dans une eau dont la chaleur était si active, qu'il ne pouvait y plonger la main[1]. Voici l'extrait de sa relation à ce sujet : « Je trouvai, dit-il, à deux lieues « de Calamba, dans l'île de Luçon, près du village de Bally, un ruisseau « dont l'eau était chaude, au point que le thermomètre, division de « Réaumur , plongé dans ce ruisseau à une lieue de sa source, marquait « encore 69 degrés. J'imaginais, en voyant un pareil degré de chaleur, « que toutes les productions de la nature devaient être éteintes sur les « bords du ruisseau, et je fus très-surpris de voir trois arbrisseaux très- « vigoureux, dont les racines trempaient dans cette eau bouillante, et dont « les branches étaient environnées de sa vapeur; elle était si considérable « que les hirondelles qui osaient traverser ce ruisseau à la hauteur de sept « ou huit pieds y tombaient sans mouvement : l'un de ces trois arbrisseaux « était un *agnus castus*, et les deux autres, des *aspalatus*. Pendant mon « séjour dans ce village, je ne bus d'autre eau que celle de ce ruisseau, « que je faisais refroidir : son goût me parut terreux et ferrugineux ; on a « construit différents bains sur ce ruisseau, dont les degrés de chaleur « sont proportionnés à la distance de la source. Ma surprise redoubla « lorsque je vis le premier bain : des poissons nageaient dans cette eau où « je ne pouvais plonger la main; je fis tout ce qu'il me fut possible pour « me procurer quelques-uns de ces poissons, mais leur agilité et la mal- « adresse des gens du pays ne me permirent pas d'en prendre un seul. Je « les examinai nageant, mais la vapeur de l'eau ne me permit pas de les « distinguer assez bien pour les rapprocher de quelques genres : je les « reconnus cependant pour des poissons à écailles brunes; la longueur des « plus grands était de quatre pouces. J'ignore comment ces poissons sont « parvenus dans ces bains. » M. Sonnerat appuie son récit du témoignage de M. Prevost, commissaire de la marine, qui a parcouru avec lui l'intérieur de l'île de Luçon. Voici comment est conçu ce témoignage : « Vous « avez eu raison, Monsieur, de faire part à M. de Buffon des observations

1. Voyez la note 1 de la page 453 , et la note 4 de la page 507.

« que vous avez rassemblées dans le voyage que nous avons fait ensemble.
« Vous désirez que je confirme par écrit celle qui nous a si fort surpris
« dans le village de Bally, situé sur le bord de la Laguna de Manille, à
« *Los-bagnos :* je suis fâché de n'avoir point ici la note de nos observations
« faites avec le thermomètre de M. de Réaumur; mais je me rappelle très-
« bien que l'eau du petit ruisseau qui passe dans ce village pour se jeter
« dans le lac, fit monter le mercure à 66 ou 67 degrés, quoiqu'il n'eût été
« plongé qu'à une lieue de sa source : les bords de ce ruisseau sont garnis
« d'un gazon toujours vert. Vous n'aurez sûrement pas oublié cet *agnus-*
« *castus* que nous avons vu en fleurs, dont les racines étaient mouillées de
« l'eau de ce ruisseau, et la tige continuellement enveloppée de la fumée
« qui en sortait. Le Père franciscain, curé de la paroisse de ce village,
« m'a aussi assuré avoir vu des poissons dans ce même ruisseau : quant à
« moi, je ne puis le certifier ; mais j'en ai vu dans l'un des bains, dont la
« chaleur faisait monter le mercure à 48 et 50 degrés. Voilà ce que vous
« pouvez certifier avec assurance. *Signé* Prevost. » *Voyage à la Nouvelle-*
Guinée, par M. Sonnerat, correspondant de l'Académie des Sciences et du
Cabinet du Roi. Paris, 1776, page 38 et suivantes.

Je ne sache pas qu'on ait trouvé des poissons dans nos eaux thermales,
mais il est certain que, dans celles même qui sont les plus chaudes, le fond
du terrain est tapissé de plantes. M. l'abbé Mazéas dit expressément que,
dans l'eau presque bouillante de la solfatare de Viterbe, le fond du bassin
est couvert des mêmes plantes qui croissent au fond des lacs et des marais.
Mémoires des savants étrangers, tome V, page 325.

(22) Page 510, ligne 18. *Il paraît, par les monuments qui nous restent,*
qu'il y a eu des géants dans plusieurs espèces d'animaux. Les grosses dents
à pointes mousses dont nous avons parlé indiquent une espèce gigantesque
relativement aux autres espèces, et même à celle de l'éléphant; mais cette
espèce gigantesque n'existe plus. D'autres grosses dents, dont la face qui
broie est figurée en trèfle, comme celles des hippopotames, et qui néanmoins sont quatre fois plus grosses que celles des hippopotames actuellement subsistants, démontrent qu'il y a eu des individus très-gigantesques
dans l'espèce de l'hippopotame. D'énormes fémurs, plus grands et beaucoup plus épais que ceux de nos éléphants, démontrent la même chose
pour les éléphants; et nous pouvons citer encore quelques exemples qui
vont à l'appui de notre opinion sur les animaux gigantesques.

On a trouvé auprès de Rome, en 1772, une tête de bœuf pétrifiée, dont
le P. Jacquier a donné la description. « La longueur du front, comprise
« entre les deux cornes, est, dit-il, de 2 pieds 3 pouces; la distance entre
« les orbites des yeux, de 14 pouces; celle depuis la portion supérieure du
« front jusqu'à l'orbite de l'œil, de 1 pied 6 pouces; la circonférence d'une

« corne mesurée dans le bourrelet inférieur, de 1 pied 6 pouces ; la longueur
« d'une corne mesurée dans toute sa courbure, de 4 pieds ; la distance des
« sommets des cornes, de 3 pieds ; l'intérieur est d'une pétrification très-
« dure. Cette tête a été trouvée dans un fonds de pouzzolane à la profondeur
« de plus de 20 pieds [a]. »

« On voyait en 1768, dans la cathédrale de Strasbourg, une très-grosse
« corne de bœuf, suspendue par une chaîne contre un pilier près du chœur ;
« elle m'a paru excéder trois fois la grandeur ordinaire de celles des plus
« grands bœufs. Comme elle est fort élevée, je n'ai pu en prendre les dimen-
« sions ; mais je l'ai jugée d'environ 4 pieds $\frac{1}{2}$ de longueur, sur 7 à 8 pouces
« de diamètre au gros bout [b]. »

Lionel Waffer rapporte qu'il a vu au Mexique des ossements et des dents
d'une prodigieuse grandeur ; entre autres une dent de 3 pouces de large sur
4 pouces de longueur, et que les plus habiles gens du pays, ayant été con-
sultés, jugèrent que la tête ne pouvait pas avoir moins d'une aune de largeur. Waffer, *Voyage en Amérique*, page 367.

C'est peut-être la même dent dont parle le P. Acosta : « J'ai vu, dit-il,
« une dent molaire qui m'étonna beaucoup par son énorme grandeur, car
« elle était aussi grosse que le poing d'un homme. » Le P. Torquemado,
franciscain, dit aussi qu'il a eu en son pouvoir une dent molaire deux fois
aussi grosse que le poing et qui pesait plus de deux livres ; il ajoute que
dans cette même ville de Mexico, au couvent de Saint-Augustin, il avait vu
un os fémur si grand, que l'individu auquel cet os avait appartenu devait
avoir été haut de 11 à 12 coudées, c'est-à-dire 17 ou 18 pieds, et que la
tête dont la dent avait été tirée était aussi grosse qu'une de ces grandes
cruches dont on se sert en Castille pour mettre le vin.

Philippe Hernandès rapporte qu'on trouve à Tezcaco et à Tosuca plusieurs os de grandeur extraordinaire, et que parmi ces os il y a des dents
molaires larges de cinq pouces et hautes de dix ; d'où l'on doit conjecturer
que la grosseur de la tête à laquelle elles appartenaient était si énorme que
deux hommes auraient à peine pu l'embrasser. Don Lorenzo Boturini
Benaduci dit aussi que dans la Nouvelle-Espagne, surtout dans les hauteurs de Santa-Fé et dans le territoire de la Puebla et de Tlascallan, on
trouve des os énormes et des dents molaires, dont une, qu'il conservait
dans son cabinet, est cent fois plus grosse que les plus grosses dents
humaines. *Gigantologie espagnole*, par le P. Torrubia, *Journal étranger*,
novembre 1760.

L'auteur de cette *Gigantologie espagnole* attribue ces dents énormes et
ces grands os à des géants de l'espèce humaine ; mais est-il croyable qu'il
y ait jamais eu des hommes dont la tête ait eu 8 ou 10 pieds de circonfé-

a. *Gazette de France* du 25 septembre 1772, article de Rome.
b. Note communiquée à M. de Buffon, par M. Grignon, le 24 septembre 1777.

rence? N'est-il pas même assez étonnant que, dans l'espèce de l'hippopotame ou de l'éléphant, il y en ait eu de cette grandeur? Nous pensons donc que ces énormes dents sont de la même espèce que celles qui ont été trouvées nouvellement en Canada, sur la rivière d'Ohio, que nous avons dit appartenir à un animal inconnu dont l'espèce était autrefois existante en Tartarie, en Sibérie, au Canada, et s'est étendue depuis les Illinois jusqu'au Mexique [1]. Et comme ces auteurs espagnols ne disent pas que l'on ait trouvé dans la Nouvelle-Espagne des défenses d'éléphant mêlées avec ces grosses dents molaires, cela nous fait présumer qu'il y avait en effet une espèce différente de celle de l'éléphant à laquelle ces grosses dents molaires appartenaient, laquelle est parvenue jusqu'au Mexique. Au reste, les grosses dents d'hippopotame paraissent avoir été anciennement connues, car saint Augustin dit avoir vu une dent molaire si grosse, qu'en la divisant elle aurait fait cent dents molaires d'un homme ordinaire (lib. xv, *De civitate Dei*, cap. 9). Fulgose dit aussi qu'on a trouvé en Sicile, des dents dont chacune pesait trois livres (lib. i, cap. 6).

M. John Sommer rapporte avoir trouvé à Chatham, près de Cantorbery, à 17 pieds de profondeur, quelques os étrangers et monstrueux, les uns entiers, les autres rompus, et quatre dents saines et parfaites, pesant chacune un peu plus d'une demi-livre, grosses à peu près comme le poing d'un homme; toutes quatre étaient des dents molaires ressemblant assez aux dents molaires de l'homme, si ce n'est par la grosseur. Il dit que Louis Vives parle d'une dent encore plus grosse (*dens molaris pugno major*), qui lui fut montrée pour une dent de saint Christophe; il dit aussi qu'Acosta rapporte avoir vu, dans les Indes, une dent semblable qui avait été tirée de terre avec plusieurs autres os, lesquels, rassemblés et arrangés, représentaient un homme d'une stature prodigieuse ou plutôt monstrueuse (*deformed higness or greatess*). Nous aurions pu, dit judicieusement M. Sommer, juger de même des dents qu'on a tirées de la terre auprès de Cantorbery, si l'on n'eût pas trouvé avec ces mêmes dents des os qui ne pouvaient être des os d'hommes; quelques personnes qui les ont vues ont jugé que les os et les dents étaient d'un hippopotame. Deux de ces dents sont gravées dans une planche qui est à la tête du n° 272 des *Transactions philosophiques*, fig. 9.

On peut conclure de ces faits, que la plupart des grands os trouvés dans le sein de la terre, sont des os d'éléphants et d'hippopotames : mais il me paraît certain, par la comparaison immédiate des énormes dents à pointes mousses avec les dents de l'éléphant et de l'hippopotame, qu'elles ont appartenu à un animal beaucoup plus gros que l'un et l'autre, et que l'espèce de ce prodigieux animal ne subsiste plus aujourd'hui.

---

1. Voyez la note 1 de la page 554.

Dans les éléphants actuellement existants, il est extrêmement rare d'en trouver dont les défenses aient six pieds de longueur. Les plus grandes sont communément de cinq pieds à cinq pieds et demi, et par conséquent l'ancien éléphant auquel a appartenu la défense de dix pieds de longueur, dont nous avons les fragments, était un géant dans cette espèce aussi bien que celui dont nous avons un fémur d'un tiers plus gros et plus grand que les fémurs des éléphants ordinaires.

Il en est de même dans l'espèce de l'hippopotame; j'ai fait arracher les deux plus grosses dents molaires de la plus grande tête d'hippopotame que nous ayons au Cabinet du Roi : l'une de ces dents pèse 10 onces, et l'autre $9\frac{1}{2}$ onces. J'ai pesé ensuite deux dents, l'une trouvée en Sibérie et l'autre au Canada; la première pèse 2 livres 12 onces, et la seconde 2 livres 2 onces. Ces anciens hippopotames étaient, comme l'on voit, bien gigantesques en comparaison de ceux qui existent aujourd'hui.

L'exemple que nous avons cité de l'énorme tête de bœuf pétrifiée, trouvée aux environs de Rome, prouve aussi qu'il y a eu de prodigieux géants dans cette espèce, et nous pouvons le démontrer par plusieurs autres monuments. Nous avons au Cabinet du Roi : 1° Une corne d'une belle couleur verdâtre, très-lisse et bien contournée, qui est évidemment une corne de bœuf; elle porte 25 pouces de circonférence à la base, et sa longueur est de 42 pouces; sa cavité contient $11\frac{1}{4}$ pintes de Paris. 2° Un os de l'intérieur de la corne d'un bœuf, du poids de 7 livres, tandis que le plus grand os de nos bœufs, qui soutient la corne, ne pèse qu'une livre. Cet os a été donné pour le Cabinet du Roi par M. le comte de Tressan, qui joint au goût et aux talents beaucoup de connaissances en histoire naturelle. 3° Deux os de l'intérieur des cornes d'un bœuf réunis par un morceau du crâne, qui ont été trouvés à 25 pieds de profondeur, dans les couches de tourbes, entre Amiens et Abbeville, et qui m'ont été envoyés pour le Cabinet du Roi : ce morceau pèse 17 livres; ainsi chaque os de la corne, étant séparé de la portion du crâne, pèse au moins $7\frac{1}{2}$ livres. J'ai comparé les dimensions comme les poids de ces différents os : celui du plus gros bœuf qu'on a pu trouver à la boucherie de Paris, n'avait que 13 pouces de longueur sur 7 pouces de circonférence à la base; tandis que des deux autres, tirés du sein de la terre, l'un a 24 pouces de longueur sur 12 pouces de circonférence à la base, et l'autre 27 pouces de longueur sur 13 de circonférence. En voilà plus qu'il n'en faut pour démontrer que dans l'espèce du bœuf, comme dans celles de l'hippopotame et de l'éléphant, il y a eu de prodigieux géants[1].

(23) Page 511, ligne 2. *Nous avons des monuments tirés du sein de la*

---

1. Voyez, sur toutes ces opinions touchant les *géants*, mon *Histoire des travaux de Cuvier*, et son beau livre intitulé : *Recherches sur les ossements fossiles.*

terre, et particulièrement du fond des minières de charbon et d'ardoise, qui nous démontrent que quelques-uns des poissons et des végétaux que ces matières contiennent, ne sont pas des espèces actuellement existantes. Sur cela nous observerons, avec M. Lehman, qu'on ne trouve guère des empreintes de plantes dans les mines d'ardoise, à l'exception de celles qui accompagnent les mines de charbon de terre, et qu'au contraire, on ne trouve ordinairement les empreintes de poissons que dans les ardoises cuivreuses. Tome III, page 407.

On a remarqué que les bancs d'ardoise chargés de poissons pétrifiés, dans le comté de Mansfeld, sont surmontés d'un banc de pierres appelées *puantes;* c'est une espèce d'ardoise grise qui a tiré son origine d'une eau croupissante, dans laquelle les poissons avaient pourri avant de se pétrifier. Leeberoth, *Journal Économique*, juillet 1752.

M. Hoffman, en parlant des ardoises, dit que non-seulement les poissons que l'on y trouve pétrifiés ont été des créatures vivantes, mais que les couches d'ardoises n'ont été que le dépôt d'une eau fangeuse, qui, après avoir fermenté et s'être pétrifiée, s'était précipitée par couches très-minces.

« Les ardoises d'Angers, dit M. Guettard, présentent quelquefois des
« empreintes de plantes et de poissons, qui méritent d'autant plus d'atten-
« tion que les plantes auxquelles ces empreintes sont dues, étaient des
« *fucus* de mer, et que celles des poissons représentent différents crusta-
« cés ou animaux de la classe des écrevisses, dont les empreintes sont
« plus rares que celles des poissons et des coquillages. Il ajoute qu'après
« avoir consulté plusieurs auteurs qui ont écrit sur les poissons, les écre-
« visses et les crabes, il n'a rien trouvé de ressemblant aux empreintes en
« question, si ce n'est le *pou* de mer qui y a quelques rapports, mais qui en
« diffère néanmoins par le nombre de ses anneaux, qui sont au nombre
« de treize, au lieu que les anneaux ne sont qu'au nombre de sept ou huit
« dans les empreintes de l'ardoise : les empreintes de poissons se trouvent
« communément parsemées de matières pyriteuses et blanchâtres. Une sin-
« gularité, qui ne regarde pas plus les ardoisières d'Angers que celles des
« autres pays, tombe sur la fréquence des empreintes de poissons et la
« rareté de celles des coquillages dans les ardoises, tandis qu'elles sont si
« communes dans les pierres à chaux ordinaires. » *Mémoires de l'Académie des Sciences*, année 1757, page 52.

On peut donner des preuves démonstratives que tous les charbons de terre ne sont composés que de débris de végétaux, mêlés avec du bitume et du soufre, ou plutôt de l'acide vitriolique, qui se fait sentir dans la combustion : on reconnaît les végétaux souvent en grand volume dans les couches supérieures des veines de charbon de terre ; et, à mesure que l'on descend, on voit les nuances de la décomposition de ces mêmes végétaux :

il y a des espèces de charbon de terre qui ne sont que des bois fossiles ; celui qui se trouve à Sainte-Agnès, près Lons-le-Saunier, ressemble parfaitement à des bûches ou tronçons de sapin ; on y remarque très-distinctement les veines de chaque crue annuelle, ainsi que le cœur : ces tronçons ne diffèrent des sapins ordinaires qu'en ce qu'ils sont ovales sur leur longueur, et que leurs veines forment autant d'ellipses concentriques. Ces bûches n'ont guère qu'environ un pied de tour, et leur écorce est très-épaisse et fort crevassée, comme celle des vieux sapins, au lieu que les sapins ordinaires de pareille grosseur ont toujours une écorce assez lisse.

« J'ai trouvé, dit M. de Gensanne, plusieurs filons de ce même charbon « dans le diocèse de Montpellier : ici les tronçons sont très-gros, leur tissu « est très-semblable à celui des châtaigniers de trois à quatre pieds de « tour. Ces sortes de fossiles ne donnent au feu qu'une légère odeur d'as-« phalte ; ils brûlent, donnent de la flamme et de la braise comme le bois ; « c'est ce qu'on appelle communément en France de la *houille ;* elle se « trouve fort près de la surface du terrain : ces houilles annoncent pour « l'ordinaire du véritable charbon de terre à de plus grandes profondeurs. » *Histoire naturelle du Languedoc,* par M. de Gensanne, tome I, page 20.

Ces charbons ligneux doivent être regardés comme des bois déposés dans une terre bitumineuse à laquelle est due leur qualité de charbons fossiles ; on ne les trouve jamais que dans ces sortes de terres et toujours assez près de la surface du terrain : il n'est pas même rare qu'ils forment la tête des veines d'un véritable charbon ; il y en a qui, n'ayant reçu que peu de substance bitumineuse, ont conservé leurs nuances de couleur de bois. « J'en « ai trouvé de cette espèce, dit M. de Gensanne, aux Cazarets près de « Saint-Jean-de-Cucul, à quatre lieues de Montpellier ; mais pour l'ordi-« naire la fracture de ce fossile présente une surface lisse, entièrement « semblable à celle du jayet. Il y a dans le même canton, près d'Aseras, du « bois fossile qui est en partie changé en une vraie pyrite blanche ferrugi-« neuse. La matière minérale y occupe le cœur du bois, et on y remarque « très-distinctement la substance ligneuse, rongée en quelque sorte et dis-« soute par l'acide minéralisateur. » *Hist. nat. du Languedoc,* t. I, p. 54.

J'avoue que je suis surpris de voir qu'après de pareilles preuves rapportées par M. de Gensanne lui-même, qui d'ailleurs est bon minéralogiste, il attribue néanmoins l'origine du charbon de terre à l'argile plus ou moins imprégnée de bitume : non-seulement les faits que je viens de citer d'après lui démentent cette opinion, mais on verra, par ceux que je vais rapporter, qu'on ne doit attribuer qu'aux détriments des végétaux mêlés de bitumes la masse entière de toutes les espèces de charbon de terre.

Je sens bien que M. de Gensanne ne regarde pas ces bois fossiles, non plus que la tourbe et même la houille, comme de véritables charbons de terre entièrement formés, et en cela je suis de son avis : celui qu'on trouve auprès de Lons-le-Saunier a été examiné nouvellement par M. le président de Ruffey, savant académicien de Dijon. Il dit que ce bois fossile s'approche beaucoup de la nature des charbons de terre, mais qu'on le trouve à deux ou trois pieds de la surface de la terre dans une étendue de deux lieues sur trois à quatre pieds d'épaisseur, et que l'on reconnaît encore facilement les espèces de bois de chêne, charme, hêtre, tremble; qu'il y a du bois de corde et du fagotage, que l'écorce des bûches est bien conservée, qu'on y distingue les cercles des sèves et les coups de hache, et qu'à différente distance on voit des amas de copeaux ; qu'au reste ce charbon, dans lequel le bois s'est changé, est excellent pour souder le fer, que néanmoins il répand, lorsqu'on le brûle, une odeur fétide et qu'on en a extrait de l'alun. *Mémoires de l'Académie de Dijon*, tome I, page 47.

« Près du village nommé Beichlitz, à une lieue environ de la ville de « Halle, on exploite deux couches composées d'une terre bitumineuse et « de bois fossile (il y a plusieurs mines de cette espèce dans le pays de « Hesse), et celui-ci est semblable à celui que l'on trouve dans le village de « Sainte-Agnès en Franche-Comté, à deux lieues de Lons-le-Saunier. Cette « mine est dans le terrain de Saxe ; la première couche est à trois toises et « demie de profondeur perpendiculaire, et de 8 à 9 pieds d'épaisseur : pour « y parvenir, on traverse un sable blanc, ensuite une argile blanche et grise « qui sert de toit et qui a 3 pieds d'épaisseur ; on rencontre encore au- « dessous une bonne épaisseur, tant de sable que d'argile, qui recouvre la « seconde couche, épaisse seulement de $3\frac{1}{2}$ à 4 pieds; on a sondé beaucoup « plus bas sans en trouver d'autres.

« Ces couches sont horizontales, mais elles plongent ou remontent à peu « près comme les autres couches connues. Elle consistent en une terre « brune, bitumineuse, qui est friable lorsqu'elle est sèche, et ressemble à « du bois pourri. Il s'y trouve des pièces de bois de toute grosseur, qu'il « faut couper à coups de hache, lorsqu'on les retire de la mine où elles « sont encore mouillées. Ce bois étant sec se casse très-facilement. Il est « luisant dans sa cassure comme le bitume, mais on y reconnaît toute « l'organisation du bois. Il est moins abondant que la terre ; les ouvriers « le mettent à part pour leur usage.

« Un boisseau ou deux quintaux de terre bitumineuse se vend dix-huit « à vingt sous de France. Il y a des pyrites dans ces couches; la matière « en est vitriolique; elle refleurit et blanchit à l'air; mais la matière bitu- « mineuse n'est pas d'un grand débit, elle ne donne qu'une chaleur faible. » *Voyages métallurgiques de M. Jars*, page 320 et suivantes.

Tout ceci prouverait qu'en effet cette espèce de mine de bois fossile, qui se trouve si près de la surface de la terre, serait bien plus nouvelle que les mines de charbon de terre ordinaire, qui presque toutes s'enfoncent profondément; mais cela n'empêche pas que les anciennes mines de charbon n'aient été formées des débris des végétaux, puisque dans les plus profondes on y reconnaît la substance ligneuse et plusieurs autres caractères qui n'appartiennent qu'aux végétaux ; d'ailleurs on a quelques exemples de bois fossiles trouvés en grandes masses et en lits fort étendus, sous des bancs de grès et sous des rochers calcaires. Voyez ce que j'en ai dit dans le premier volume, à l'article des *Additions sur les bois souterrains.* Il n'y a donc d'autre différence entre le vrai charbon de terre et ces bois charbonnifiés, que le plus ou moins de décomposition, et aussi le plus ou moins d'imprégnation par les bitumes ; mais le fond de leur substance est le même, et tous doivent également leur origine aux détriments des végétaux.

M. Le Monnier, premier médecin ordinaire du Roi et savant botaniste, a trouvé dans le schiste ou fausse ardoise, qui traverse une masse de charbon de terre en Auvergne, les impressions de plusieurs espèces de fougères qui lui étaient presque toutes inconnues ; il croit seulement avoir remarqué l'impression des feuilles de l'osmonde royale, dont il dit n'avoir jamais vu qu'un seul pied dans toute l'Auvergne. *Observations d'histoire naturelle par M. Le Monnier.* Paris, 1739, page 193.

Il serait à désirer que nos botanistes fissent des observations exactes sur les impressions des plantes qui se trouvent dans les charbons de terre, dans les ardoises et dans les schistes ; il faudrait même dessiner et graver ces impressions de plantes aussi bien que celles des crustacés, des coquilles et des poissons que ces mines renferment, car ce ne sera qu'après ce travail qu'on pourra prononcer sur l'existence actuelle ou passée de toutes ces espèces, et même sur leur ancienneté relative. Tout ce que nous en savons aujourd'hui, c'est qu'il y en a plus d'inconnues que d'autres, et que dans celles qu'on a voulu rapporter à des espèces bien connues, l'on a toujours trouvé des différences assez grandes pour n'être pas pleinement satisfait de la comparaison.

(24) Page 512, ligne 13. *Nous pouvons démontrer, par des expériences aisées à répéter, que le verre et le grès en poudre se convertissent en peu de temps en argile par leur séjour dans l'eau.*

« J'ai mis dans un vaisseau de faïence deux livres de grès en poudre,
« dit M. Nadault ; j'ai rempli le vaisseau d'eau de fontaine distillée, de
« façon qu'elle surnageait le grès d'environ trois ou quatre doigts de hau-
« teur ; j'ai ensuite agité ce grès pendant l'espace de quelques minutes, et
« j'ai exposé le vaisseau en plein air : quelques jours après, je me suis
« aperçu qu'il s'était formé sur ce grès une couche de plus d'un quart de
« pouce d'épaisseur d'une terre jaunâtre très-fine, très-grasse et très-
« ductile ; j'ai versé alors par inclinaison l'eau qui surnageait dans un
« autre vaisseau, et cette terre, plus légère que le grès, s'en est séparée,
« sans qu'il s'y soit mêlé : la quantité que j'en ai retirée par cette première

« lotion était trop considérable pour pouvoir penser que, dans un espace
« de temps aussi court, il eût pu se faire une assez grande décomposition
« de grès pour avoir produit autant de terre : j'ai donc jugé qu'il fallait que
« cette terre fût déjà dans le grès dans le même état que je l'en avais retirée,
« et qu'il se faisait peut-être ainsi continuellement une décomposition du
« grès dans sa propre mine : j'ai rempli ensuite le vaisseau de nouvelle eau
« distillée ; j'ai agité le grès pendant quelques instants, et, trois jours après,
« j'ai encore trouvé sur ce grès une couche de terre de la même qualité
« que la première, mais plus mince de moitié : ayant mis à part ces espèces
« de sécrétions, j'ai continué, pendant le cours de plus d'une année, cette
« même opération et ces expériences que j'avais commencées dans le mois
« d'avril ; et la quantité de terre que m'a produit ce grès a diminué peu à
« peu, jusqu'à ce qu'au bout de deux mois, en transvidant l'eau du vais-
« seau qui le contenait, je ne trouvais plus sur le grès qu'une pellicule
« terreuse qui n'avait pas une ligne d'épaisseur ; mais aussi pendant tout
« le reste de l'année, et tant que le grès a été dans l'eau, cette pellicule
« n'a jamais manqué de se former dans l'espace de deux ou trois jours,
« sans augmenter ni diminuer en épaisseur, à l'exception du temps où j'ai
« été obligé, par rapport à la gelée, de mettre le vaisseau à couvert, qu'il
« m'a paru que la décomposition du grès se faisait un peu plus lentement.
« Quelque temps après avoir mis ce grès dans l'eau, j'y ai aperçu une
« grande quantité de paillettes brillantes et argentées, comme le sont celles
« du talc, qui n'y étaient pas auparavant, et j'ai jugé que c'était là son pre-
« mier état de décomposition ; que ses molécules, formées de plusieurs
« petites couches, s'exfoliaient, comme j'ai observé qu'il arrivait au verre
« dans certaines circonstances, et que ces paillettes s'atténuaient ensuite
« peu à peu dans l'eau, jusqu'à ce que, devenues si petites qu'elles n'a-
« vaient plus assez de surface pour réfléchir la lumière, elles acquéraient
« la forme et les propriétés d'une véritable terre : j'ai donc amassé et mis
« à part toutes les sécrétions terreuses que les deux livres de grès m'ont
« produites pendant le cours de plus d'une année ; et, lorsque cette terre
« a été bien sèche, elle pesait environ cinq onces : j'ai aussi pesé le grès
« après l'avoir fait sécher, et il avait diminué en pesanteur dans la même
« proportion, de sorte qu'il s'en était décomposé un peu plus de la sixième
« partie : toute cette terre était au reste de la même qualité, et les der-
« nières sécrétions étaient aussi grasses, aussi ductiles que les premières, et
« toujours d'un jaune tirant sur l'orangé ; mais, comme j'y apercevais encore
« quelques paillettes brillantes, quelques molécules de grès qui n'étaient
« pas entièrement décomposées, j'ai remis cette terre avec de l'eau dans
« un vaisseau de verre, et je l'ai laissée exposée à l'air, sans la remuer,
« pendant tout un été, ajoutant de temps en temps de nouvelle eau à
« mesure qu'elle s'évaporait : un mois après cette eau a commencé à se

« corrompre, et elle est devenue verdâtre et de mauvaise odeur : la terre
« paraissait être aussi dans un état de fermentation ou de putréfaction,
« car il s'en élevait une grande quantité de bulles d'air ; et, quoiqu'elle eût
« conservé à sa superficie sa couleur jaunâtre, celle qui était au fond du vais-
« seau était brune, et cette couleur s'étendait de jour en jour, et parais-
« sait plus foncée ; de sorte qu'à la fin de l'été, cette terre était devenue
« absolument noire : j'ai laissé évaporer l'eau sans en remettre de nouvelle
« dans le vaisseau, et en ayant tiré la terre, qui ressemblait assez à de
« l'argile grise lorsqu'elle est humectée, je l'ai fait sécher à la chaleur du
« feu, et, lorsqu'elle a été échauffée, il m'a paru qu'elle exhalait une odeur
« sulfureuse ; mais ce qui m'a surpris davantage, c'est qu'à proportion
« qu'elle s'est desséchée, la couleur noire s'est un peu effacée, et elle est
« devenue aussi blanche que l'argile la plus blanche ; d'où on peut con-
« jecturer que c'était par conséquent une matière volatile qui lui commu-
« niquait cette couleur brune : les esprits acides n'ont fait aucune impres-
« sion sur cette terre ; et, lui ayant fait éprouver un degré de chaleur assez
« violent, elle n'a point rougi comme l'argile grise, mais elle a conservé
« sa blancheur ; de sorte qu'il me paraît évident que cette matière que m'a
« produite le grès, en s'atténuant et en se décomposant dans l'eau, est
« une véritable argile blanche. » *Note communiquée* à M. de Buffon par
M. Nadault, correspondant de l'Académie des Sciences, ancien avocat
général de la chambre des comptes de Dijon.

(25) Page 526, ligne 26 et suiv. *Le mouvement des eaux d'orient en occident a travaillé la surface de la terre dans ce sens : dans tous les continents
du monde, la pente est plus rapide du côté de l'occident que du côté de
l'orient.* Cela est évident dans le continent de l'Amérique, dont les pentes
sont extrêmement rapides vers les mers de l'ouest, et dont toutes les terres
s'étendent en pente douce et aboutissent presque toutes à de grandes plaines
du côté de la mer à l'orient. En Europe, la ligne du sommet de la Grande-
Bretagne, qui s'étend du nord au sud, est bien plus proche du bord occi-
dental que de l'oriental de l'Océan ; et, par la même raison, les mers qui
sont à l'occident de l'Irlande et de l'Angleterre sont plus profondes que la
mer qui sépare l'Angleterre et la Hollande. La ligne du sommet de la
Norwége est bien plus proche de l'Océan que de la mer Baltique : les montagnes du sommet général de l'Europe sont bien plus hautes vers l'occident
que vers l'orient ; et, si l'on prend une partie de ce sommet depuis la Suisse
jusqu'en Sibérie, il est bien plus près de la mer Baltique et de la mer
Blanche qu'il ne l'est de la mer Noire et de la mer Caspienne. Les Alpes et
l'Apennin règnent bien plus près de la Méditerranée que de la mer Adriatique. La chaîne de montagnes qui sort du Tyrol, et qui s'étend en Dalmatie
et jusqu'à la pointe de la Morée, côtoie pour ainsi dire la mer Adriatique,

tandis que les côtes orientales qui leur sont opposées sont plus basses. Si l'on suit en Asie la chaîne qui s'étend depuis les Dardanelles jusqu'au détroit de Bab-el-Mandel, on trouve que les sommets du mont Taurus, du Liban et de toute l'Arabie côtoient la Méditerranée et la mer Rouge, et qu'à l'orient ce sont de vastes continents où coulent des fleuves d'un long cours, qui vont se jeter dans le golfe Persique. Le sommet des fameuses montagnes de Gattes s'approche plus des mers occidentales que des mers orientales. Le sommet qui s'étend dequis les frontières occidentales de la Chine jusqu'à la pointe de Malaca est encore plus près de la mer d'occident que de la mer d'orient. En Afrique, la chaîne du mont Atlas envoie dans la mer des Canaries des fleuves moins longs que ceux qu'elle envoie dans l'intérieur du continent, et qui vont se perdre au loin dans des lacs et de grands marais. Les hautes montagnes qui sont à l'occident vers le cap Vert et dans toute la Guinée, lesquelles, après avoir tourné autour de Congo, vont gagner les monts de la Lune et s'allongent jusqu'au cap de Bonne-Espérance, occupent assez régulièrement le milieu de l'Afrique : on reconnaîtra néanmoins, en considérant la mer à l'orient et à l'occident, que celle à l'orient est peu profonde, avec grand nombre d'îles, tandis qu'à l'occident elle a plus de profondeur et très-peu d'îles : en sorte que l'endroit le plus profond de la mer occidentale est bien plus près de cette chaîne que le plus profond des mers orientales ou des Indes.

On voit donc généralement, dans tous les grands continents, que les points de partage sont toujours beaucoup plus près des mers de l'ouest que des mers de l'est ; que les revers de ces continents sont tous allongés vers l'est et toujours raccourcis à l'ouest ; que les mers des rives occidentales sont plus profondes et bien moins semées d'îles que les orientales ; et même l'on reconnaîtra que dans toutes ces mers les côtes des îles sont toujours plus hautes et les mers qui les baignent plus profondes à l'occident qu'à l'orient.

NOTE SUR LA CINQUIÈME ÉPOQUE.

(26) Page 556, ligne 22. *Il y a des animaux et même des hommes si brutes qu'ils préfèrent de languir dans leur ingrate terre natale à la peine qu'il faudrait prendre pour se gîter plus commodément ailleurs.* Je puis en citer un exemple frappant ; les Maillés, petite nation sauvage de la Guiane, à peu de distance de l'embouchure de la rivière *Ouassa*, n'ont pas d'autre domicile que les arbres, au-dessus desquels ils se tiennent toute l'année, parce que leur terrain est toujours plus ou moins couvert d'eau : ils ne descendent de ces arbres que pour aller en canot chercher leur subsistance. Voilà un singulier exemple du stupide attachement à la terre natale ; car il ne tiendrait qu'à ces sauvages d'aller comme les autres habiter sur la terre, en s'éloignant de quelques lieues des savanes noyées, où ils ont

pris naissance et où ils veulent mourir. Ce fait, cité par quelques voyageurs [a], m'a été confirmé par plusieurs témoins qui ont vu récemment cette petite nation, composée de trois ou quatre cents sauvages : ils se tiennent en effet sur les arbres au-dessus de l'eau, ils y demeurent toute l'année : leur terrain est une grande nappe d'eau pendant les huit ou neuf mois de pluie, et pendant les quatre mois d'été la terre n'est qu'une boue fangeuse, sur laquelle il se forme une petite croûte de cinq ou six pouces d'épaisseur, composée d'herbes plutôt que de terre, et sous lesquelles on trouve une grande épaisseur d'eau croupissante et fort infecte.

NOTES SUR LA SIXIÈME ÉPOQUE.

(27) Page 565, ligne 41. *La mer Caspienne était anciennement bien plus grande qu'elle ne l'est aujourd'hui : cette supposition est bien fondée.* « En « parcourant, dit M. Pallas, les immenses déserts qui s'étendent entre le « Volga, le Jaïk, la mer Caspienne et le Don, j'ai remarqué que ces *steppes* « ou déserts sablonneux sont de toutes parts environnés d'une côte élevée « qui embrasse une grande partie du lit du Jaïk, du Volga et du Don, et « que ces rivières très-profondes, avant que d'avoir pénétré dans cette « enceinte, sont remplies d'îles et de bas-fonds, dès qu'elles commencent à « tomber dans les steppes, où la grande rivière de Kuman va se perdre « elle-même dans les sables. De ces observations réunies, je conclus que la « *mer Caspienne a couvert autrefois tous ces déserts ;* qu'elle n'a eu ancien-« nement d'autres bords que ces mêmes côtes élevées qui les environnent de « toutes parts, et qu'elle a communiqué au moyen du Don avec la mer « Noire, supposé même que cette mer, ainsi que celle d'Azoff, n'en ait pas « fait partie [b]. »

M. Pallas est sans contredit l'un de nos plus savants naturalistes, et c'est avec la plus grande satisfaction que je le vois ici entièrement de mon avis sur l'ancienne étendue de la mer Caspienne et sur la probabilité bien fondée qu'elle communiquait autrefois avec la mer Noire.

(28) Page 570, ligne 19. *La tradition ne nous a conservé que la mémoire de la submersion de la Taprobane... Il y a eu des bouleversements plus grands et plus fréquents dans l'océan Indien que dans aucune autre partie du monde.* La plus ancienne tradition qui reste de ces affaissements dans les terres du Midi est celle de la perte de la Taprobane, dont on croit que les

---

a. Les Maillés, l'une des nations sauvages de la Guiane, habitent le long de la côte, et comme leur pays est souvent noyé, ils ont construit leurs cabanes sur les arbres, au pied desquels ils tiennent leurs canots, avec lesquels ils vont chercher ce qui leur est nécessaire pour vivre. *Voyage de Desmarchais*, t. IV, p. 352.

b. *Journal historique et politique*, mois de novembre 1773, article Pétersbourg.

Maldives et les Laquedives ont fait autrefois partie. Ces îles, ainsi que les écueils et les bancs qui règnent depuis Madagascar jusqu'à la pointe de l'Inde, semblent indiquer les sommets des terres qui réunissaient l'Afrique avec l'Asie, car ces îles ont presque toutes, du côté du nord, des terres et des bancs qui se prolongent très-loin sous les eaux.

Il paraît aussi que les îles de Madagascar et de Ceylan étaient autrefois unies aux continents qui les avoisinent. Ces séparations et ces grands bouleversements dans les mers du Midi ont la plupart été produits par l'affaissement des cavernes, par les tremblements de terre et par l'explosion des feux souterrains; mais il y a eu aussi beaucoup de terres envahies par le mouvement lent et successif de la mer d'orient en occident : les endroits du monde où cet effet est le plus sensible sont les régions du Japon, de la Chine et de toutes les parties orientales de l'Asie. Ces mers, situées à l'occident de la Chine et du Japon, ne sont pour ainsi dire qu'accidentelles et peut-être encore plus récentes que notre Méditerranée.

Les îles de la Sonde, les Moluques et les Philippines ne présentent que des terres bouleversées, et sont encore pleines de volcans; il y en a beaucoup aussi dans les îles du Japon, et l'on prétend que c'est l'endroit de l'univers le plus sujet aux tremblements de terre; on y trouve quantité de fontaines d'eau chaude. La plupart des autres îles de l'océan Indien ne nous offrent aussi que des pics ou des sommets de montagnes isolées qui vomissent le feu. L'île de France et l'île de Bourbon paraissent deux de ces sommets, presque entièrement couverts de matières rejetées par les volcans; ces deux îles étaient inhabitées lorsqu'on en a fait la découverte.

(29) Page 573, ligne 8. *A la Guiane, les fleuves sont si voisins les uns des autres, et en même temps si gonflés, si rapides dans les saisons des pluies, qu'ils entraînent des limons immenses qui se déposent sur toutes les terres basses et sur le fond de la mer en sédiments vaseux.* Les côtes de la Guiane française sont si basses que ce sont plutôt des grèves toutes couvertes de vase en pente très-douce, qui commence dans les terres et s'étend sur le fond de la mer à une très-grande distance. Les gros navires ne peuvent approcher de la rivière de Cayenne sans toucher, et les vaisseaux de guerre sont obligés de rester deux ou trois lieues en mer. Ces vases en pente douce s'étendent tout le long des rivages, depuis Cayenne jusqu'à la rivière des Amazones : l'on ne trouve dans cette grande étendue que de la vase et point de sable, et tous les bords de la mer sont couverts de palétuviers; mais à sept ou huit lieues au-dessus de Cayenne, du côté du nord-ouest jusqu'au fleuve Marony, on trouve quelques anses dont le fond est de sable et de rochers qui forment des brisants : la vase cependant les recouvre pour la plupart, aussi bien que les couches de sable, et cette vase a d'autant plus d'épaisseur qu'elle s'éloigne davantage du bord de la mer : les petits

rochers n'empêchent pas que ce terrain ne soit en pente très-douce à plusieurs lieues d'étendue dans les terres. Cette partie de la Guiane, qui est au nord-ouest de Cayenne, est une contrée plus élevée que celles qui sont au sud-est : on en a une preuve démonstrative, car tout le long des bords de la mer on trouve de grandes savanes noyées qui bordent la côte, et dont la plupart sont desséchées dans la partie du nord-ouest, tandis qu'elles sont toutes couvertes des eaux de la mer dans les parties du sud-est. Outre ces terrains noyés actuellement par la mer, il y en a d'autres plus éloignés, et qui de même étaient noyés autrefois : on trouve aussi en quelques endroits des savanes d'eau douce, mais celles-ci ne produisent point de palétuviers, et seulement beaucoup de palmiers lataniers : on ne trouve pas une seule pierre sur toutes ces côtes basses ; la marée ne laisse pas d'y monter de sept ou huit pieds de hauteur, quoique les courants lui soient opposés, car ils sont tous dirigés vers les îles Antilles. La marée est fort sensible lorsque les eaux des fleuves sont basses, et on s'en aperçoit alors jusqu'à quarante et même cinquante lieues dans ces fleuves ; mais en hiver, c'est-à-dire dans la saison des pluies, lorsque les fleuves sont gonflés, la marée y est à peine sensible à une ou deux lieues, tant le courant de ces fleuves est rapide, et il devient de la plus grande impétuosité à l'heure du reflux.

Les grosses tortues de mer viennent déposer leurs œufs sur le fond de ces anses de sable, et on ne les voit jamais fréquenter les terrains vaseux ; en sorte que, depuis Cayenne jusqu'à la rivière des Amazones, il n'y a point de tortues, et on va les pêcher depuis la rivière *Courou* jusqu'au fleuve Marony. Il semble que la vase gagne tous les jours du terrain sur les sables, et qu'avec le temps cette côte nord-ouest de Cayenne en sera recouverte comme la côte sud-est ; car les tortues qui ne veulent que du sable pour y déposer leurs œufs, s'éloignent peu à peu de la rivière Courou, et depuis quelques années on est obligé de les aller chercher plus loin du côté du fleuve Marony, dont les sables ne sont pas encore couverts.

Au delà des savanes, dont les unes sont sèches et les autres noyées, s'étend un cordon de collines qui sont toutes couvertes d'une grande épaisseur de terre, plantées partout de vieilles forêts : communément ces collines ont 350 ou 400 pieds d'élévation ; mais en s'éloignant davantage on en trouve de plus élevées, et peut-être de plus du double, en s'avançant dans les terres jusqu'à dix ou douze lieues : la plupart de ces montagnes sont évidemment d'anciens volcans éteints. Il y en a pourtant une appelée *la Gabrielle*, au sommet de laquelle on trouve une grande mare ou petit lac, qui nourrit des caïmans en assez grand nombre, dont apparemment l'espèce s'y est conservée depuis le temps où la mer couvrait cette colline.

Au delà de cette montagne Gabrielle, on ne trouve que de petits vallons, des tertres, des mornes et des matières volcanisées qui ne sont point en grandes masses, mais qui sont brisées par petits blocs : la pierre la plus commune, et dont les eaux ont entraîné des blocs jusqu'à Cayenne, est celle que l'on appelle la *pierre à ravets*, qui, comme nous l'avons dit, n'est point une pierre, mais une lave de volcan : on l'a nommée pierre à ravets parce qu'elle est trouée, et que les insectes appelés *ravets* se logent dans les trous de cette lave.

(30) Page 574, ligne 12. *La race des géants dans l'espèce humaine a été détruite depuis nombre de siècles dans les lieux de son origine en Asie.* On ne peut pas douter qu'il n'y ait eu des individus géants dans tous les climats de la terre, puisque de nos jours, on en voit encore naître en tout pays, et que récemment on en a vu un qui était né sur les confins de la Laponie, du côté de la Finlande. Mais on n'est pas également sûr qu'il y ait eu des races constantes, et moins encore des peuples entiers de géants : cependant le témoignage de plusieurs auteurs anciens, et ceux de l'Écriture sainte, qui est encore plus ancienne, me paraissent indiquer assez clairement qu'il y a eu des races de géants en Asie; et nous croyons devoir présenter ici les passages les plus positifs à ce sujet : Il est dit, Nombres xiii, verset 34 : *Nous avons vu les géants de la race d'Hanak, aux yeux desquels nous ne devions paraître pas plus grands que des cigales.* Et par une autre version, il est dit : *Nous avons vu des monstres de la race d'Énac, auprès desquels nous n'étions pas plus grands que des sauterelles.* Quoique ceci ait l'air d'une exagération, assez ordinaire dans le style oriental, cela prouve néanmoins que ces géants étaient très-grands.

Dans le Deutéronome, chapitre xxi, verset 20, il est parlé d'un homme très-grand *de la race d'Arapha, qui avait six doigts aux pieds et aux mains.* Et l'on voit, par le verset 18, que cette race d'Arapha était *de genere gigantum.*

On trouve encore dans le Deutéronome plusieurs passages qui prouvent l'existence des géants et leur destruction : *Un peuple nombreux,* est-il dit, *et d'une grande hauteur, comme ceux d'Énacim, que le Seigneur a détruit;* chapitre ii, verset 21. Et il est dit, versets 19 et 20 : *Le pays d'Ammon est réputé pour un pays de géants, dans lequel ont autrefois habité les géants que les Ammonites appellent* Zomzommim.

Dans Josué, chapitre ii, verset 22, il est dit : *Les seuls géants de la race d'Énacim, qui soient restés parmi les enfants d'Israël, étaient dans les villes de Gaza, de Geth et d'Azot ; tous les autres géants de cette race ont été détruits.*

Philon, saint Cyrille et plusieurs autres auteurs, semblent croire que le mot de géants n'indique que des hommes superbes et impies, et non pas des hommes d'une grandeur de corps extraordinaire; mais ce sentiment ne peut pas se soutenir, puisque souvent il est question de la hauteur et de la force de corps de ces mêmes hommes.

Dans le prophète Amos, il est dit que le peuple d'Amores était si haut, qu'on les a comparés aux cèdres, sans donner d'autres mesures à leur grande hauteur.

Og, roi de Bazan, avait la hauteur de neuf coudées, et *Goliath*, de dix coudées et une palme. Le lit d'*Og* avait neuf coudées de longueur, c'est-à-dire treize pieds et demi, et de' largeur quatre coudées, qui font six pieds.

Le corselet de Goliath pesait 208 livres 4 onces, et le fer de sa lance pesait 25 livres.

Ces témoignages me paraissent suffisants pour qu'on puisse croire avec quelque fondement qu'il a autrefois existé dans le continent de l'Asie, non-seulement des individus, mais des races de géants qui ont été détruites, et dont les derniers subsistaient encore du temps de David ; et quelquefois la nature, qui ne perd jamais ses droits, semble remonter à ce même point de force de production et de développement ; car, dans presque tous les climats de la terre, il paraît de temps en temps des hommes d'une grandeur extraordinaire, c'est-à-dire de sept pieds et demi, huit et même neuf pieds ; car indépendamment des géants bien avérés, et dont nous avons fait mention, tome II, p. 232, nous pourrions citer un nombre infini d'autres exemples, rapportés par les auteurs anciens et modernes, de géants de dix, douze, quinze, dix-huit pieds de hauteur, et même encore au delà ; mais je suis bien persuadé qu'il faut beaucoup rabattre de ces dernières mesures : on a souvent pris des os d'éléphants pour des os humains ; et d'ailleurs la nature, telle qu'elle nous est connue, ne nous offre dans aucune espèce des disproportions aussi grandes, excepté peut-être dans l'espèce de l'hippopotame, dont les dents trouvées dans le sein de la terre sont au moins quatre fois plus grosses que les dents des hippopotames actuels [1].

Les os du prétendu roi *Teutobochus* [2], trouvés en Dauphiné, ont fait le sujet d'une dispute, entre *Habicot*, chirurgien de Paris, et *Riolan*, docteur en médecine, célèbre anatomiste. Habicot a écrit dans un petit ouvrage qui a pour titre : *Gigantostéologie* [a], que ces os étaient dans un sépulcre de brique à 18 pieds en terre, entouré de sablon : il ne donne ni la description exacte, ni les dimensions, ni le nombre de ces os ; il prétend que ces os étaient vraiment des os humains, d'autant, dit-il, qu'aucun animal n'en possède de tels. Il ajoute que ce sont des maçons qui, travaillant chez le seigneur de Langon, gentilhomme du Dauphiné, trouvèrent, le 11 janvier 1613, ce tombeau, proche les masures du château de Chaumont ; que ce tombeau était de brique, qu'il avait 30 pieds de lon-

---

[a]. Paris, 1613, in-12.

[1]. Voyez la note 3 de la page 549.

[2]. Les os du prétendu roi *Teutobochus* sont aujourd'hui dans nos Galeries : ce sont des os de *mastodonte*.

gueur, 12 de largeur et 8 de profondeur, en comptant le chapiteau , au milieu duquel était une pierre grise sur laquelle était gravé *Theutobochus Rex;* que ce tombeau ayant été ouvert, on vit un squelette humain de 25 pieds ½ de longueur, 10 de largeur à l'endroit des épaules, et 5 d'épaisseur; qu'avant de toucher ces os, on mesura la tête, qui avait 5 pieds de longueur et 10 en rondeur. (Je dois observer que la proportion de la longueur de la tête humaine avec celle du corps n'est pas d'un cinquième, mais d'un septième et demi; en sorte que cette tête de 5 pieds supposerait un corps humain de 37 ¼ pieds de hauteur.) Enfin, il dit que la mâchoire inférieure avait 6 pieds de tour, les orbites des yeux 7 pouces de tour, chaque clavicule 4 pieds de long, et que la plupart de ces ossements se mirent en poudre après avoir été frappés de l'air.

Le docteur Riolan publia, la même année 1613, un écrit sous le nom de *Gigantomachie,* dans lequel il dit que le chirurgien Habicot a donné, dans sa *Gigantostéologie,* des mesures fausses de la grandeur du corps et des os du prétendu géant Teutobochus; que lui, Riolan, a mesuré l'os de la cuisse, celui de la jambe, avec l'astragale joint au calcanéum, et qu'il ne leur a trouvé que 6 ½ pieds, y compris l'os pubis, ce qui ne ferait que 13 pieds au lieu de 25 pour la hauteur du géant.

Il donne ensuite les raisons qui lui font douter que ces os soient des os humains; et il conclut en disant que ces os présentés par Habicot ne sont pas des os humains, mais des os d'éléphant [1].

Un an ou deux après la publication de la *Gigantostéologie* d'Habicot, et de la *Gigantomachie* de Riolan, il parut une brochure sous le titre de l'*Imposture découverte des os humains supposés, et faussement attribués au roi Teutobochus;* dans laquelle on ne trouve autre chose, sinon que ces os ne sont pas des os humains, mais des os fossiles engendrés par la vertu de la terre. Et encore un autre livret, sans nom d'auteur, dans lequel il est dit, qu'à la vérité il y a parmi ces os des os humains, mais qu'il y en avait d'autres qui n'étaient pas humains.

Ensuite, en 1618, Riolan publia un écrit, sous le nom de *Gigantologie,* où il prétend, non-seulement que les os en question ne sont pas des os humains, mais encore que les hommes en général n'ont jamais été plus grands qu'ils le sont aujourd'hui.

Habicot répondit à Riolan dans la même année 1618; et il dit qu'il a offert au roi Louis XIII sa *Gigantostéologie,* et qu'en 1613, sur la fin de juillet, on exposa aux yeux du public les os énoncés dans cet ouvrage, et que ce sont vraiment des os humains : il cite un grand nombre d'exemples, tirés des auteurs anciens et modernes, pour prouver qu'il y a eu des hommes d'une grandeur excessive. Il persiste à dire que les os calcanéum,

---

1. Voyez la note précédente.

tibia et fémur du géant Teutobochus étant joints les uns avec les autres, portaient plus de 11 pieds de hauteur.

Il donne ensuite les lettres qui lui ont été écrites dans le temps de la découverte de ces os, et qui semblent confirmer la réalité du fait du tombeau et des os du géant Teutobochus. Il paraît par la lettre du seigneur de Langon, datée de Saint-Marcellin en Dauphiné, et par une autre du sieur Masurier, chirurgien à Beaurepaire, qu'on avait trouvé des monnaies d'argent avec les os. La première lettre est conçue dans les termes suivants : « Comme Sa Majesté désire d'avoir le reste des os du roi Teutobo-« chus, avec la monnaie d'argent qui s'y est trouvée, je puis vous dire « d'avance que vos parties adverses sont très-mal fondées, et que s'ils « savaient leur métier, ils ne douteraient pas que ces os ne soient véri-« tablement des os humains. Les docteurs en médecine de Montpellier se « sont transportés ici, et auraient bien voulu avoir ces os pour de l'argent. « M. le maréchal de Lesdiguières les a fait porter à Grenoble pour les voir, « et les médecins et chirurgiens de Grenoble les ont reconnus pour os « humains ; de sorte qu'il n'y a que les ignorants qui puissent nier cette « vérité, etc. » *Signé* Langon.

Au reste, dans cette dispute, Riolan et Habicot, l'un médecin et l'autre chirurgien, se sont dit plus d'injures qu'ils n'ont écrit de faits et de raisons. Ni l'un ni l'autre n'ont eu assez de sens pour décrire exactement les os dont il est question ; mais tous deux, emportés par l'esprit de corps et de parti, ont écrit de manière à ôter toute confiance. Il est donc très-difficile de prononcer affirmativement sur l'espèce de ces os ; mais s'ils ont été en effet trouvés dans un tombeau de brique, avec un couvercle de pierre, sur lequel était l'inscription *Theutobochus Rex*; s'il s'est trouvé des monnaies dans ce tombeau ; s'il ne contenait qu'un seul cadavre de 24 ou 25 pieds de longueur ; si la lettre du seigneur de Langon contient vérité, on ne pourrait guère douter du fait essentiel, c'est-à-dire de l'existence d'un géant de 24 pieds de hauteur, à moins de supposer un concours fort extraordinaire de circonstances mensongères ; mais aussi le fait n'est pas prouvé d'une manière assez positive, pour qu'on ne doive pas en douter beaucoup. Il est vrai que plusieurs auteurs, d'ailleurs dignes de foi, ont parlé de géants aussi grands et encore plus grands. Pline [a] rapporte que par un tremblement de terre en Crète, une montagne s'étant entr'ouverte, on y trouva un corps de 16 coudées, que les uns ont dit être le corps d'*Otus*, et d'autres celui d'*Orion*. Les 16 coudées donnent 24 pieds de longueur ; c'est-à-dire la même que celle du roi Teutobochus.

On trouve dans un Mémoire de M. Le Cat, académicien de Rouen, une énumération de plusieurs géants d'une grandeur excessive, savoir, deux

---

a. Livre VII, chap. XVI.

géants dont les squelettes furent trouvés par les Athéniens près de leur ville, l'un de 36 et l'autre de 34 pieds de hauteur; un autre de 30 pieds trouvé en Sicile près de Palerme, en 1548; un autre de 33 pieds, trouvé de même en Sicile en 1550; encore un autre trouvé, de même en Sicile près de Mazarino, qui avait 30 pieds de hauteur.

Malgré tous ces témoignages, je crois qu'on aura bien de la peine à se persuader qu'il ait jamais existé des hommes de 30 ou 36 pieds de hauteur; ce serait déjà bien trop que de ne pas se refuser à croire qu'il y en a eu de 24 : cependant les témoignages se multiplient, deviennent plus positifs, et vont pour ainsi dire par nuances d'accroissement à mesure que l'on descend. M. Le Cat rapporte qu'on trouva en 1705, près des bords de la rivière Morderi, au pied de la montagne de Crussol, le squelette d'un géant de 22 ½ pieds de hauteur; et que les Dominicains de Valence ont une partie de sa jambe avec l'articulation du genou.

Platerus, médecin célèbre, atteste qu'il a vu à Lucerne le squelette d'un homme de 19 pieds au moins de hauteur.

Le géant Ferragus, tué par Rolland, neveu de Charlemagne, avait 18 pieds de hauteur.

Dans les cavernes sépulcrales de l'île de Ténériffe, on a trouvé le squelette d'un guanche qui avait 15 pieds de hauteur, et dont la tête avait quatre-vingts dents. Ces trois faits sont rapportés, comme les précédents, dans le Mémoire de M. le Cat sur les géants. Il cite encore un squelette trouvé dans un fossé près du couvent des Dominicains de Rouen, dont le crâne tenait un boisseau de blé, et dont l'os de la jambe avait environ 4 pieds de longueur, ce qui donne pour la hauteur du corps entier 17 à 18 pieds. Sur la tombe de ce géant était une inscription gravée où on lisait: *Ci gît noble et puissant seigneur le chevalier Ricon de Valmont et ses os.*

On trouve, dans le Journal littéraire de l'abbé Nazari, que dans la haute Calabre, au mois de juin 1665, on déterra dans les jardins du seigneur de Tiviolo, un squelette de 18 pieds romains de longueur; que la tête avait 2 ½ pieds; que chaque dent molaire pesait environ une once et un tiers, et les autres dents trois quarts d'once, et que ce squelette était couché sur une masse de bitume.

Hector Boëtius, dans son *Histoire de l'Écosse*, livre VII, rapporte que l'on conserve encore quelques os d'un homme, nommé par contre-vérité le *Petit-Jean*, qu'on croit avoir eu 14 pieds de hauteur (c'est-à-dire 13 pieds 2 pouces 6 lignes de France).

On trouve dans le *Journal des Savants*, année 1692, une lettre du P. Gentil, prêtre de l'Oratoire, professeur de philosophie à Angers, où il dit qu'ayant eu avis de la découverte qui s'était faite d'un cadavre gigantesque dans le bourg de Lassé, à neuf lieues de cette ville, il fut lui-même sur les lieux pour s'informer du fait. Il apprit que le curé du lieu ayant fait creuser dans son jardin, on avait trouvé un sépulcre qui renfermait un corps de 17 pieds 2 pouces de long qui n'avait plus de peau. Ce cadavre avait d'autres corps entre ses bras et ses jambes, qui pouvaient être ses enfants. On trouva dans le même lieu quatorze ou quinze autres sépulcres, les uns de 10 pieds, les autres de 12 et d'autres même de 14 pieds, qui renfermaient des corps de même longueur. Le sépulcre de ce géant resta exposé à l'air pendant plus d'un an ; mais comme cela attirait trop de visites au curé, il l'a fait recouvrir de terre et planter trois arbres sur la place. Ces sépulcres sont d'une pierre semblable à la craie.

Thomas Molineux a vu, aux écoles de médecine de Leyde, un os frontal humain prodigieux ; sa hauteur, prise depuis sa jonction aux os du nez jusqu'à la suture sagittale, était de $9 \frac{1}{12}$ pouces, sa largeur de $12 \frac{2}{10}$ pouces, son épaisseur d'un demi-pouce, c'est-à-dire que chacune de ces dimensions était double de la dimension correspondante à l'os frontal, tel qu'il est dans les hommes de taille ordinaire ; en sorte que l'homme à qui cet os gigantesque a appartenu était probablement une fois plus grand que les hommes ordinaires, c'est-à-dire qu'il avait 11 pieds de haut. Cet os était très-certainement un os frontal humain ; et il ne paraît pas qu'il eût acquis ce volume par un vice morbifique ; car son épaisseur était proportionnée à ses autres dimensions, ce qui n'a pas lieu dans les os viciés [a].

Dans le cabinet de M. Witreu à Amsterdam, M. Klein dit avoir vu un os frontal, d'après lequel il lui parut que l'homme auquel il avait appartenu avait 13 pieds 4 pouces de hauteur, c'est-à-dire environ $12 \frac{1}{2}$ pieds de France [b].

D'après tous les faits que je viens d'exposer, et ceux que j'ai discutés ci-devant au sujet des Patagons, je laisse à mes lecteurs le même embarras où je suis pour pouvoir prononcer sur l'existence réelle de ces géants de 24 pieds : je ne puis me persuader qu'en aucun temps et par aucun moyen, aucune circonstance, le corps humain ait pu s'élever à des dimensions aussi démesurées ; mais je crois en même temps qu'on ne peut guère douter qu'il n'y ait eu des géants de 10, 12 et peut-être de 15 pieds de hauteur ; et qu'il est presque certain que dans les premiers âges de la nature vivante, il a existé non-seulement des individus gigantesques en grand nombre, mais même quelques races constantes et successives de géants [1], dont celle des Patagons est la seule qui se soit conservée.

(31) Page 575, ligne 20. *On trouve au-dessus des Alpes une étendue immense et presque continue de vallées, de plaines et de montagnes de*

<hr>

a. *Transactions philosophiques*, n° 168, art. 2.

b. *Idem*, n° 456, art. 3.

1. Buffon accorde encore beaucoup trop : il n'y a point eu de *races de géants*. Les prétendus os de *géants* étaient des os d'*éléphant* ou de *mastodonte*, etc.

glace, etc. Voici ce que M. Grouner et quelques autres bons observateurs et témoins oculaires, rapportent à ce sujet.

Dans les plus hautes régions des Alpes, les eaux provenant annuellement de la fonte des neiges se gèlent dans tous les aspects et à tous les points de ces montagnes, depuis leurs bases jusqu'à leurs sommets, surtout dans les vallons et sur le penchant de celles qui sont groupées; en sorte que les eaux ont dans ces vallées formé des montagnes qui ont des roches pour noyau, et d'autres montagnes qui sont entièrement de glace, lesquelles ont six, sept à huit lieues d'étendue en longueur, sur une lieue de largeur, et souvent mille à douze cents toises de hauteur : elles rejoignent les autres montagnes par leur sommet. Ces énormes amas de glace gagnent de l'étendue en se prolongeant dans les vallées; en sorte qu'il est démontré que toutes les glacières s'accroissent successivement, quoique, dans les années chaudes et pluvieuses, non-seulement leur progression soit arrêtée, mais même leur masse immense diminuée.....

La hauteur de la congélation, fixée à 2440 toises sous l'équateur pour les hautes montagnes isolées, n'est point une règle pour les groupes de montagnes gelées depuis leur base jusqu'à leur sommet ; elles ne dégèlent jamais. Dans les Alpes, la hauteur du degré de congélation pour les montagnes isolées est fixée à 1500 toises d'élévation, et toute la partie au-dessous de cette hauteur se dégèle entièrement; tandis que celles qui sont entassées gèlent à une moindre hauteur, et ne dégèlent jamais dans aucun point de leur élévation depuis leur base, tant le degré de froid est augmenté par les masses de matières congelées réunies dans un même espace....

Toutes les montagnes glaciales de la Suisse réunies occupent une étendue de 66 lieues du levant au couchant, mesurées en ligne droite, depuis les bornes occidentales du canton de Vallis, vers la Savoie, jusqu'aux bornes orientales du canton de Bendner, vers le Tyrol ; ce qui forme une chaîne interrompue, dont plusieurs bras s'étendent du midi au nord sur une longueur d'environ 36 lieues. Le grand Gothard, le Fourk et le Grimsel, sont les montagnes les plus élevées de cette partie; elles occupent le centre de ces chaînes qui divisent la Suisse en deux parties : elles sont toujours couvertes de neige et de glace, ce qui leur a fait donner le nom générique de *Glacières*.

L'on divise les glacières en montagnes glacées, vallons de glace, champs de glace ou mers glaciales, et en gletchers ou amas de glaçons.

Les montagnes glacées sont ces grosses masses de rochers qui s'élèvent jusqu'aux nues, et qui sont toujours couvertes de neige et de glace.

Les vallons de glace sont des enfoncements qui sont beaucoup plus élevés entre les montagnes que les vallons inférieurs; ils sont toujours remplis de neige, qui s'y accumule et forme des monceaux de glace qui ont plusieurs lieues d'étendue, et qui rejoignent les hautes montagnes.

Les champs de glace ou mers glaciales sont des terrains en pente douce, qui sont dans le circuit des montagnes ; ils ne peuvent être appelés vallons, parce qu'ils n'ont pas assez de profondeur : ils sont couverts d'une neige épaisse. Ces champs reçoivent l'eau de la fonte des neiges qui descendent des montagnes et qui regèlent : la surface de ces glaces fond et gèle alternativement, et tous ces endroits sont couverts de couches épaisses de neige et de glace.

Les gletchers sont des amas de glaçons formés par les glaces et les neiges qui sont précipitées des montagnes : ces neiges se regèlent et s'entassent en différentes manières ; ce qui fait qu'on divise les gletchers en monts, en revêtements et en murs de glace.

Les monts de glace s'élèvent entre les sommets des hautes montagnes : ils ont eux-mêmes la forme de montagnes ; mais il n'entre point de rochers dans leur structure : ils sont composés entièrement de pure glace, qui a quelquefois plusieurs lieues en longueur, une lieue de largeur et une demi-lieue d'épaisseur.

Les revêtements de glaçons sont formés dans les vallées supérieures et sur les côtés des montagnes qui sont recouvertes comme des draperies de glaces taillées en pointes ; elles versent leurs eaux superflues dans les vallées inférieures.

Les murs de glace sont des revêtements escarpés qui terminent les vallées de glace qui ont une forme aplatie, et qui paraissent de loin comme des mers agitées dont les flots ont été saisis et glacés dans le moment de leur agitation. Ces murs ne sont point hérissés de pointes de glace ; souvent ils forment des colonnes, des pyramides et des tours énormes par leur hauteur et leur grosseur, taillées à plusieurs faces, quelquefois hexagones et de couleur bleue ou vert céladon.

Il se forme aussi sur les côtés et au pied des montagnes des amas de neige, qui sont ensuite arrosés par l'eau des neiges fondues et recouvertes de nouvelles neiges. L'on voit aussi des glaçons qui s'accumulent en tas, qui ne tiennent ni aux vallons, ni aux monts de glace : leur position est ou horizontale ou inclinée ; tous ces amas détachés se nomment *lits* ou *couches de glaces...*

La chaleur intérieure de la terre mine plusieurs de ces montagnes de glaces par dessous, et y entretient des courants d'eau qui fondent leurs surfaces inférieures ; alors les masses s'affaissent insensiblement par leur propre poids, et leur hauteur est réparée par les eaux, les neiges et les glaces qui viennent successivement les recouvrir ; ces affaissements occasionnent souvent des craquements horribles ; les crevasses qui s'ouvrent dans l'épaisseur des glaces forment des précipices aussi fâcheux qu'ils sont multipliés. Ces abimes sont d'autant plus perfides et funestes qu'ils sont ordinairement recouverts de neige. Les voyageurs, les curieux et les chas-

seurs qui courent les daims, les chamois, les bouquetins, ou qui font la
recherche des mines de cristal, sont souvent engloutis dans les gouffres et
rejetés sur la surface par les flots qui s'élèvent du fond de ces abîmes.

Les pluies douces fondent promptement les neiges; mais toutes les eaux
qui en proviennent ne se précipitent pas dans les abîmes inférieurs par les
crevasses; une grande partie se regèle, et, tombant sur la surface des glaces,
en augmente le volume.

Les vents chauds du Midi, qui règnent ordinairement dans le mois de
mai, sont les agents les plus puissants qui détruisent les neiges et les glaces;
alors leur fonte, annoncée par le bruissement des lacs glacés et par le fracas
épouvantable du choc des pierres et des glaces qui se précipitent confusé-
ment du haut des montagnes, porte de toutes parts dans les vallées inférieures les eaux des torrents, qui tombent du haut des rochers de plus de
1,200 pieds de hauteur.

Le soleil n'a que peu de prise sur les neiges et sur les glaces pour en
opérer la fonte. L'expérience a prouvé que ces glaces formées pendant un
laps de temps très-long, sous des fardeaux énormes, dans un degré de froid
si multiplié et d'eau si pure, que ces glaces, dis-je, étaient d'une matière
si dense et si purgée d'air, que de petits glaçons exposés au soleil le plus
ardent dans la plaine, pendant un jour entier, s'y fondaient à peine.

Quoique la masse de ces glacières fonde en partie tous les ans dans les
trois mois de l'été, que les pluies, les vents et la chaleur, plus actifs dans
certaines années, détruisent les progrès que les glaces ont faits pendant plusieurs autres années, cependant il est prouvé que ces *glacières prennent un
accroissement constant et qu'elles s'étendent;* les annales du pays le prouvent; des actes authentiques le démontrent, et la tradition est invariable
sur ce sujet. Indépendamment de ces autorités et des observations journa-
lières, cette progression des glacières est prouvée par des *foréts de mélèze
qui ont été absorbées par les glaces, et dont la cime de quelques-uns de ces
arbres surpasse encore la surface des glacières;* ce sont des témoins irréprochables qui attestent le progrès des glacières, ainsi que le *haut des clo-
chers d'un village* qui a été englouti sous les neiges, et que l'on aperçoit
lorsqu'il se fait des fontes extraordinaires. Cette progression des glacières
ne peut avoir d'autre cause que l'augmentation de l'intensité du froid, qui
s'accroît dans les montagnes glacées, en raison des masses de glaces; et il
est prouvé que dans les glacières de Suisse le froid est aujourd'hui plus vif,
mais moins long que dans l'Islande, dont les glacières, ainsi que celles de
Norwége, ont beaucoup de rapport avec celles de la Suisse.

Le massif des montagnes glacées de la Suisse est composé comme celui
de toutes les hautes montagnes : le noyau est une roche vitreuse qui s'étend
jusqu'à leur sommet; la partie au-dessous, à commencer du point où elles
ont été couvertes des eaux de la mer, est composée en revêtement de

pierre calcaire, ainsi que tout le massif des montagnes d'un ordre inférieur, qui sont groupées sur la base des montagnes primitives de ces glacières ; enfin ces masses calcaires ont pour base des schistes produits par le dépôt du limon des eaux.

Les masses vitreuses sont des rocs vifs, des granits, des quartz ; leurs fentes sont remplies de métaux, de demi-métaux, de substances minérales et de cristaux.

Les masses calcinables sont des pierres à chaux, des marbres de toutes les espèces en couleurs et variétés, des craies, des gypses, des spaths et des albâtres, etc.

Les masses schisteuses sont des ardoises de différentes qualités et couleur, qui contiennent des plantes et des poissons, et qui sont souvent posées à des hauteurs assez considérables : leur lit n'est pas toujours horizontal ; il est souvent incliné, même sinueux et perpendiculaire en quelques endroits.

L'on ne peut révoquer en doute l'ancien séjour des eaux de la mer sur les montagnes qui forment aujourd'hui ces glacières ; l'immense quantité de coquilles qu'on y trouve l'atteste, ainsi que les ardoises et les autres pierres de ce genre. Les coquilles y sont ou distribuées par familles, ou bien elles sont mêlées les unes avec les autres, et l'on y en trouve à de très-grandes hauteurs.

Il y a lieu de penser que ces montagnes n'ont pas formé des glacières continues dans la haute antiquité, pas même depuis que les eaux de la mer les ont abandonnées, quoiqu'il paraisse par leur très-grand éloignement des mers, qui est de près de cent lieues, et par leur excessive hauteur, qu'elles ont été les premières qui sont sorties des eaux sur le continent de l'Europe. Elles ont eu anciennement leurs volcans ; il paraît que le dernier qui s'est éteint était celui de la montagne de Myssenberg, dans le canton de Schwitz : ces deux principaux sommets, qui sont très-hauts et isolés, sont terminés coniquement, comme toutes les bouches de volcan ; et l'on voit encore le cratère de l'un de ces cônes, qui est creusé à une très-grande profondeur.

M. Bourrit, qui eut le courage de faire un grand nombre de courses dans les glacières de Savoie, dit « qu'on ne peut douter de l'accroissement de « toutes les glacières des Alpes ; que la quantité de neige qui y est tombée « pendant les hivers l'a emporté sur la quantité fondue pendant les étés ; « que non-seulement la même cause subsiste, mais que ces amas de glaces « déjà formés doivent l'augmenter toujours plus, puisqu'il en résulte et « plus de neige et une moindre fonte..... Ainsi il n'y a pas de doute que « les glacières n'aillent en augmentant, et même dans une progression « croissante [a]. »

a. *Description des glacières de Savoie*, par M. Bourrit. Genève, 1773, p. 111 et 112.

Cet observateur infatigable a fait un grand nombre de courses dans les glacières ; et en parlant de celle du *Glatchers* ou glacières des *Bossons*, il dit « qu'il paraît s'augmenter tous les jours ; que le sol qu'il occupe présen-« tement était, il y a quelques années, un champ cultivé, et que les glaces « augmentent encore tous les jours *a*. Il rapporte que l'accroissement des « glaces paraît démontré non-seulement dans cet endroit, mais dans plu-« sieurs autres ; que l'on a encore le souvenir d'une communication qu'il « y avait autrefois de Chamouni à la Val-d'Aost, et que les glaces l'ont « absolument fermée ; que les glaces en général doivent s'être accrues en « s'étendant d'abord de sommités en sommités, et ensuite de vallées en « vallées, et que c'est ainsi que s'est faite la communication des glaces du « mont Blanc avec celles des autres montagnes et glacières du Valais et de « la Suisse *b*. Il paraît, dit-il ailleurs, que tous ces pays de montagne « n'étaient pas anciennement aussi remplis de neiges et de glaces qu'ils le « sont aujourd'hui.... L'on ne date que depuis quelques siècles les désas-« tres arrivés par l'accroissement des neiges et des glaces, par leur accu-« mulation dans plusieurs vallées, par la chute des montagnes elles-mêmes « et des rochers : ce sont ces accidents presque continuels et cette aug-« mentation annuelle des glaces qui peuvent seuls rendre raison de ce « que l'on sait de l'histoire de ce pays touchant le peuple qui l'habitait « anciennement *c*. »

(32) Page 578, ligne 12. *Car, malgré ce qu'en ont dit les Russes, il est très-douteux qu'ils aient doublé la pointe septentrionale de l'Asie.* M. Engel, qui regarde comme impossible le passage au nord-ouest par les baies de Hudson et de Baffin, paraît au contraire persuadé qu'on trouvera un passage plus court et plus sûr par le nord-est ; et il ajoute aux raisons assez faibles qu'il en donne un passage de M. Gmelin qui, parlant des tentatives faites par les Russes pour trouver ce passage au nord-est, dit *que la manière dont on a procédé à ces découvertes sera en son temps le sujet du plus grand étonnement de tout le monde, lorsqu'on en aura la relation authentique ; ce qui dépend uniquement, ajoute-t-il, de la haute volonté de l'Impératrice.* « Quel sera donc, dit M. Engel, ce sujet d'étonnement, si « ce n'est d'apprendre que le passage regardé jusqu'à présent comme « impossible est très-praticable? Voilà le seul fait, ajoute-t-il, qui puisse « surprendre ceux qu'on a tâché d'effrayer par des relations publiées à « dessein de rebuter les navigateurs, etc. *d* »

Je remarque d'abord qu'il faudrait être bien assuré des choses avant de

a. Description des aspects du Mont-Blanc, par M. Bourrit. Lausanne, 1776, p. 8.
b. Ibid, p. 13 et 14.
c. Ibid, pages 62 et 63.
d. Histoire générale des Voyages, t. XIX, p. 415 et suiv.

faire à la nation russe cette imputation : en second lieu, elle me paraît mal fondée, et les paroles de M. Gmelin pourraient bien signifier tout le contraire de l'interprétation que leur donne M. Engel, c'est-à-dire qu'on sera fort étonné, lorsque l'on saura qu'il n'existe point de passage praticable au nord-est; et ce qui me confirme dans cette opinion, indépendamment des raisons générales que j'en ai données, c'est que les Russes eux-mêmes n'ont nouvellement tenté des découvertes qu'en remontant de Kamtschatka, et point du tout en descendant de la pointe de l'Asie. Les capitaines Behring et Tschirikow ont, en 1741, reconnu des parties de côte de l'Amérique jusqu'au 59e degré; et ni l'un ni l'autre ne sont venus par la mer du Nord le long des côtes de l'Asie. Cela prouve assez que le passage n'est pas aussi praticable que le suppose M. Engel ; ou, pour mieux dire, cela prouve que les Russes savent qu'il n'est pas praticable; sans quoi ils eussent préféré d'envoyer leurs navigateurs par cette route, plutôt que de les faire partir de Kamtschatka, pour faire la découverte de l'Amérique occidentale.

M. Muller, envoyé avec M. Gmelin par l'impératrice en Sibérie, est d'un avis bien différent de M. Engel. Après avoir comparé toutes les relations, M. Muller conclut par dire qu'il n'y a qu'une très-petite séparation entre l'Asie et l'Amérique, et que ce détroit offre une ou plusieurs îles, qui servent de route ou de stations communes aux habitants des deux continents. Je crois cette opinion bien fondée, et M. Muller rassemble un grand nombre de faits pour l'appuyer. Dans les demeures souterraines des habitants de l'île Karaga, on voit des poutres faites de grands arbres de sapin, que cette île ne produit point, non plus que les terres du Kamtschatka, dont elle est très-voisine : les habitants disent que ce bois leur vient par un vent d'est qui l'amène sur leurs côtes. Celles du Kamtschatka reçoivent, du même côté, des glaces que la mer orientale y pousse en hiver, deux à trois jours de suite. On y voit en certains temps des vols d'oiseaux, qui, après un séjour de quelques mois, retournent à l'est, d'où ils étaient arrivés. Le continent opposé à celui de l'Asie vers le nord descend donc jusqu'à la latitude du Kamtschatka : ce continent doit être celui de l'Amérique occidentale. M. Muller [a], après avoir donné le précis de cinq ou six voyages tentés par la mer du Nord pour doubler la pointe septentrionale de l'Asie, finit par dire que tout annonce l'impossibilité de cette navigation, et il le prouve par les raisons suivantes. Cette navigation devrait se faire dans un été; or, l'intervalle depuis Archangel à l'Oby, et de ce fleuve au Jenisey, demande une belle saison tout entière : le passage du Waigat a coûté des peines infinies aux Anglais et aux Hollandais; au sortir de ce détroit glacial, on rencontre des îles qui ferment le chemin ; ensuite le continent, qui forme un cap entre les fleuves Piasida et Chatanga, s'avançant au delà du

---

[a]. *Histoire générale des Voyages*, t. XVIII, p. 484.

76° degré de latitude, est de même bordé d'une chaîne d'îles, qui laissent difficilement un passage à la navigation. Si l'on veut s'éloigner des côtes et gagner la haute mer vers le pôle, les montagnes de glaces presque immobiles qu'on trouve au Groënland et au Spitzberg, n'annoncent-elles pas une continuité de glaces jusqu'au pôle? Si l'on veut longer les côtes, *cette navigation est moins aisée qu'elle ne l'était il y a cent ans* : l'eau de l'Océan y a diminué sensiblement. On voit encore, loin des bords que baigne la mer Glaciale, les bois qu'elle a jetés sur des terres qui jadis lui servaient de rivage : ces bords y sont si peu profonds, qu'on ne pourrait y employer que des bateaux très-plats, qui, trop faibles pour résister aux glaces, ne sauraient fournir une longue navigation, ni se charger des provisions qu'elle exige. Quoique les Russes aient des ressources et des moyens que n'ont pas la plupart des autres nations européennes pour fréquenter ces mers froides, on voit que les voyages tentés sur la mer Glaciale n'ont pas encore ouvert une route de l'Europe et de l'Asie à l'Amérique; et ce n'est qu'en partant de Kamtschatka ou d'un autre point de l'Asie la plus orientale qu'on a découvert quelques côtes de l'Amérique occidentale.

Le capitaine Behring partit du port d'Awatscha en Kamtschatka le 4 juin 1741. Après avoir couru au sud-est et remonté au nord-est, il aperçut le 18 du mois suivant le continent de l'Amérique à 58° 28′ de latitude : deux jours après, il mouilla près d'une île enfoncée dans une baie. De là voyant deux caps, il appela l'un, à l'orient, Saint-Élie, et l'autre, au couchant, Saint-Hermogène. Ensuite il dépêcha Chitrou, l'un de ses officiers, pour reconnaître et visiter le golfe où il venait d'entrer. On le trouva coupé ou parsemé d'îles : une, entre autres, offrit des cabanes désertes; elles étaient de planches bien unies, et même échancrées. On conjectura que cette île pouvait avoir été habitée par quelques peuples du continent de l'Amérique. M. Steller, envoyé pour faire des observations sur ces terres nouvellement découvertes, trouva une cave où l'on avait mis une provision de saumon fumé, et laissé des cordes, des meubles et des ustensiles; plus loin, il vit fuir des Américains à son aspect. Bientôt on aperçut du feu sur une colline assez éloignée : les sauvages sans doute s'y étaient retirés ; un rocher escarpé y couvrait leur retraite[a].

D'après l'exposé de ces faits, il est aisé de juger que ce ne sera jamais qu'en partant de Kamtschatka que les Russes pourront faire le commerce de la Chine et du Japon, et qu'il leur est aussi difficile, pour ne pas dire impossible, qu'aux autres nations de l'Europe, de passer par les mers du nord-est, dont la plus grande partie est entièrement glacée : je ne crains donc pas de répéter que le seul passage possible est par le nord-ouest, au

---

a. Histoire générale des Voyages, t. XIX, p. 371 et suiv.

fond de la baie d'Hudson, et que c'est l'endroit auquel les navigateurs doivent s'attacher pour trouver ce passage si désiré et si évidemment utile.

Comme j'avais déjà livré à l'impression toutes les feuilles précédentes de ce volume, j'ai reçu de la part de M. le comte Schouvaloff, ce grand homme d'État que toute l'Europe estime et respecte, j'ai reçu, dis-je, en date du 27 octobre 1777, un excellent Mémoire composé par M. de Domascheneff, président de la Société impériale de Pétersbourg, et auquel l'impératrice a confié à juste titre le département de tout ce qui a rapport aux sciences et aux arts. Cet illustre savant m'a en même temps envoyé une copie faite à la main de la carte du pilote Otcheredin, dans laquelle sont représentées les routes et les découvertes qu'il a faites, en 1770 et 1773, entre le Kamtschatka et le continent de l'Amérique; M. de Domascheneff observe dans son Mémoire que cette carte du pilote Otcheredin est la plus exacte de toutes, et que celle qui a été donnée en 1773 par l'Académie de Pétersbourg doit être réformée en plusieurs points, et notamment sur la position des îles et le prétendu archipel, qu'on y a représenté entre les îles Aleutes ou Aleoutes et celles d'Anadir, autrement appelées îles d'Andrien. La carte du pilote Otcheredin semble démontrer en effet que ces deux groupes des îles Aleutes et des îles Andrien sont séparées par une mer libre de plus de cent lieues d'étendue. M. de Domascheneff assure que la grande carte générale de l'empire de Russie, qu'on vient de publier cette année 1777, représente exactement les côtes de toute l'extrémité septentrionale de l'Asie habitée par les Tschutschis : il dit que cette carte a été dressée d'après les connaissances les plus récentes, acquises par la dernière expédition du major Pawluzki contre ce peuple. « Cette côte, dit M. de Domas-« cheneff, termine la grande chaîne de montagnes, laquelle sépare toute « la Sibérie de l'Asie méridionale, et finit en se partageant entre la chaîne « qui parcourt le Kamtschatka et celles qui remplissent toutes les terres « entre les fleuves qui coulent à l'est du Léna. Les îles reconnues entre les « côtes du Kamtschatka et celles de l'Amérique sont montagneuses, ainsi « que les côtes de Kamtschatka et celles du continent de l'Amérique : il y a « donc une continuation bien marquée entre les chaînes de montagnes de « ces deux continents, dont les interruptions, jadis peut-être moins con-« sidérables, peuvent avoir été élargies par le dépérissement de la roche, « par les courants continuels qui entrent de la mer Glaciale vers la grande « mer du Sud, et par les catastrophes du globe. »

Mais cette chaîne sous-marine qui joint les terres du Kamtschatka avec celles de l'Amérique est plus méridionale de sept ou huit degrés que celle des îles Anadir ou Andrien, qui, de temps immémorial, ont servi de passage aux Tschutschis pour aller en Amérique.

M. de Domascheneff dit qu'il est certain que cette traversée de la pointe de l'Asie au continent de l'Amérique se fait à la rame, et que ces peuples y vont trafiquer des ferrailles russes avec des Américains ; que les îles qui sont sur ce passage sont si fréquentes, qu'on peut coucher toutes les nuits à terre, et que le continent de l'Amérique où les Tschutschis commercent est montagneux et couvert de forêts peuplées de renards, de martres et de zibelines, dont ils rapportent des fourrures de qualités et de couleurs toutes différentes de celles de Sibérie. Ces îles septentrionales situées entre les deux continents ne sont guère connues que des Tschutschis ; elles forment une chaîne entre la pointe la plus orientale de l'Asie et le continent de l'Amérique, sous le 64ᵉ degré ; et cette chaîne est séparée, par une mer ouverte, de la seconde chaîne plus méridionale, dont nous venons de parler, située sous le 56ᵉ degré, entre le Kamtschatka et l'Amérique : ce sont les îles de cette seconde chaîne que les Russes et les habitants de Kamtschatka fréquentent pour la chasse des loutres marines et des renards noirs, dont les fourrures sont très-précieuses. On avait connaissance de ces îles, même des plus orientales dans cette dernière chaîne, avant l'année 1750 : l'une de ces îles porte le nom du commandeur Behring, une autre assez voisine s'appelle l'île Medenoi ; ensuite on trouve les quatre îles Aleutes ou Aleoutes, les deux premières situées un peu au-dessus et les dernières un peu au-dessous du 55ᵉ degré ; ensuite on trouve environ au 56ᵉ degré les îles Atkhou et Amlaïgh, qui sont les premières de la chaîne des îles aux Renards, laquelle s'étend vers le nord-est jusqu'au 61ᵉ degré de latitude : le nom de ces îles est venu du nombre prodigieux de renards qu'on y a trouvés. Les deux îles du commandeur Behring et de Medenoi étaient inhabitées lorsqu'on en fit la découverte ; mais on a trouvé dans les îles Aleutes, quoique plus avancées vers l'orient, plus d'une soixantaine de familles, dont la langue ne se rapporte ni à celle de Kamtschatka, ni à aucune de celles de l'Asie orientale, et n'est qu'un dialecte de la langue que l'on parle dans les autres îles voisines de l'Amérique ; ce qui semblerait indiquer qu'elles ont été peuplées par les Américains, et non par les Asiatiques.

Les îles nommées par l'équipage de Behring l'île Saint-Julien, Sainte-Théodore, Saint-Abraham, sont les mêmes que celles qu'on appelle aujourd'hui les îles Aleutes ; et de même l'île de Chommaghin, et celle de Saint-Dolmat, indiquées par ce navigateur, font partie de celles qu'on appelle îles aux Renards.

« La grande distance, dit M. de Domascheneff, et la mer ouverte et pro-
« fonde qui se trouve entre les îles Aleutes et les îles aux Renards, joint au
« gisement différent de ces dernières, peuvent faire présumer que ces îles
« ne forment pas une chaîne marine continue ; mais que les premières, avec
« celles de Medenoi et de Behring, font une chaîne marine qui vient du
« Kamtschatka, et que les îles aux Renards en représentent une autre issue
« de l'Amérique ; que l'une et l'autre de ces chaînes vont généralement se
« perdre dans la profondeur de la grande mer, et sont des promontoires

« des deux continents. La suite des îles aux Renards, dont quelques-unes
« sont d'une grande étendue, est entremêlée d'écueils et de brisants, et se
« continue sans interruption jusqu'au continent de l'Amérique ; mais celles
« qui sont les plus voisines de ce continent sont très-peu fréquentées par
« les barques des chasseurs russes, parce qu'elles sont fort peuplées, et
« qu'il serait dangereux d'y séjourner : il y a plusieurs de ces îles voisines
« de la terre ferme de l'Amérique qui ne sont pas encore bien reconnues.
« Quelques navires ont cependant pénétré jusqu'à l'île de Kadjak, qui est
« très-voisine du continent de l'Amérique ; l'on en est assuré tant sur le
« rapport des insulaires que par d'autres raisons : une de ces raisons est
« qu'au lieu que toutes les îles plus occidentales ne produisent que des
« abrisseaux rabougris et rampants que les vents de pleine mer empêchent
« de s'élever, l'île de Kadjak, au contraire, et les petites îles voisines pro-
« duisent des bosquets d'aunes qui semblent indiquer qu'elles se trouvent
« moins à découvert, et qu'elles sont garanties au nord et à l'est par un
« continent voisin. De plus, on y a trouvé des loutres d'eau douce qui ne
« se voient point aux autres îles, de même qu'une petite espèce de mar-
« motte, qui paraît être la marmotte du Canada ; enfin l'on y a remarqué
« des traces d'ours et de loups, et les habitants se vêtissent de peaux de
« rennes, qni leur viennent du continent de l'Amérique, dont ils sont très-
« voisins.

« On voit par la relation d'un voyage poussé jusqu'à l'île de Kadjak, sous
« la conduite d'un certain Geottof, que les insulaires nomment *Atakthan*
« le continent de l'Amérique : ils disent que cette grande terre est monta-
« gneuse et toute couverte de forêts ; ils placent cette grande terre au nord
« de leur île, et nomment l'embouchure d'un grand fleuve *Alaghschak*, qui
« s'y trouve... D'autre part, l'on ne saurait douter que Behring, aussi bien
« que Tschirikow, n'aient effectivement touché à ce grand continent, puis-
« qu'au cap Élie, où sa frégate mouilla, l'on vit des bords de la mer le
« terrain s'élever en montagne continue et toute revêtue d'épaisses forêts :
« le terrain y était d'une nature toute différente de celui du Kamtschatka ;
« nombre de plantes américaines y furent recueillies par Steller. »

M. de Domascheneff observe de plus que toutes les îles aux Renards,
ainsi que les îles Aleutes et celles de Behring, sont montagneuses, que leurs
côtes sont pour la plupart hérissées de rochers, coupées par des précipices
et environnées d'écueils jusqu'à une assez grande distance ; que le terrain
s'élève depuis les côtes jusqu'au milieu de ces îles en montagnes fort raides,
qui forment de petites chaînes dans le sens de la longueur de chaque île :
au reste, il y a eu et il y a encore des volcans dans plusieurs de ces îles, et
celles où ces volcans sont éteints ont des sources d'eau chaude. On ne
trouve point de métaux dans ces îles à volcans ; mais seulement des calcé-
doines et quelques autres pierres colorées de peu de valeur. On n'a d'autre

bois dans ces îles que les tiges ou branches d'arbres flottées par la mer, et
qui n'y arrivent pas en grande quantité ; il s'en trouve plus sur l'île Behring
et sur les Aleutes : il paraît que ces bois flottés viennent pour la plupart des
plages méridionales, car on y a observé le bois de camphre du Japon.

Les habitants de ces îles sont assez nombreux, mais comme ils mènent
une vie errante, se transportant d'une île à l'autre, il n'est pas possible de
fixer leur nombre. On a généralement observé que plus les îles sont
grandes, plus elles sont voisines de l'Amérique, et plus elles sont peuplées.
Il paraît aussi que tous les insulaires des îles aux Renards sont d'une
même nation, à laquelle les habitants des Aleutes et des îles d'Andrien
peuvent aussi se rapporter, quoiqu'ils en diffèrent par quelques coutumes.
Tout ce peuple a une très-grande ressemblance, par les mœurs, la façon
de vivre et de se nourrir, avec les Esquimaux et les Groënlandais. Le nom
de *Kanaghist*, dont ces insulaires s'appellent dans leur langue, peut-être
corrompu par les marins, est encore très-ressemblant à celui de *Karalit*,
dont les Esquimaux et leurs frères les Groënlandais se nomment. On n'a
trouvé aux habitants de toutes ces îles, entre l'Asie et l'Amérique, d'autres
outils que des haches de pierre, des cailloux taillés en scalpel et des omoplates d'animaux aiguisés pour couper l'herbe : ils ont aussi des dards
qu'ils lancent de la main à l'aide d'une palette, et desquels la pointe est
armée d'un caillou pointu et artistement taillé ; aujourd'hui ils ont beaucoup de ferrailles volées ou enlevées aux Russes. Ils font des canots et des
espèces de pirogues comme les Esquimaux : il y en a d'assez grandes pour
contenir vingt personnes ; la charpente en est de bois léger, recouvert partout de peaux de phoques et d'autres animaux marins.

Il paraît, par tous ces faits, que de temps immémorial les Tschutschis qui
habitent la pointe la plus orientale de l'Asie, entre le 55e et le 70e degré,
ont eu commerce avec les Américains, et que ce commerce était d'autant
plus facile pour ces peuples accoutumés à la rigueur du froid, que l'on
peut faire le voyage, qui n'est peut-être pas de cent lieues, en se reposant
tous les jours d'îles en îles, et dans de simples canots conduits à la rame
en été, et peut-être sur la glace en hiver. L'Amérique a donc pu être peuplée par l'Asie sous ce parallèle ; et tout semble indiquer que, quoiqu'il
y ait aujourd'hui des interruptions de mer entre les terres de ces îles, elles
ne faisaient autrefois qu'un même continent, par lequel l'Amérique était
jointe à l'Asie : cela semble indiquer aussi qu'au delà de ces îles Anadir ou
Andrien, c'est-à-dire entre le 70e et le 75e degré, les deux continents sont
absolument réunis par un terrain où il ne se trouve plus de mer, mais qui
est peut-être entièrement couvert de glace. La reconnaissance de ces plages
au delà du 70e degré est une entreprise digne de l'attention de la grande
souveraine des Russies, et il faudrait la confier à un navigateur aussi courageux que M. Phipps. Je suis bien persuadé qu'on trouverait les deux con-

tinents réunis; et s'il en est autrement, et qu'il y ait une mer ouverte au delà des îles Andrien, il me paraît certain qu'on trouverait les appendices de la grande glacière du pôle à 81 ou 82 degrés, comme M. Phipps les a trouvés à la même hauteur, entre le Spitzberg et le Groënland.

NOTES SUR LA SEPTIÈME ÉPOQUE.

(33) Page 580, ligne 20. *Le respect pour certaines montagnes sur lesquelles les hommes s'étaient sauvés des inondations; l'horreur pour ces autres montagnes qui lançaient des feux terribles*, etc. Les montagnes en vénération dans l'Orient sont le mont *Carmel*, et quelques endroits du Caucase; le mont *Pirpangel* au nord de l'Indoustan; la montagne *Pora* dans la province d'Aracan; celle de *Chaq-pechan* à la source du fleuve Sangari, chez les Tartares Mandchoux, d'où les Chinois croient qu'est venu *Fo-hi;* le mont *Altay* à l'orient des sources du Selinga en Tartarie; le mont *Pecha* au nord-ouest de la Chine, etc. Celles qui étaient en horreur étaient les montagnes à volcan, parmi lesquelles on peut citer le mont *Ararath*, dont le nom même signifie montagne de malheur, parce qu'en effet cette montagne était un des plus grands volcans de l'Asie, comme cela se reconnaît encore aujourd'hui par sa forme et par les matières qui environnent son sommet, où l'on voit les cratères et les autres signes de ses anciennes éruptions.

(34) Page 581, ligne 26. *Comment des hommes aussi nouveaux ont-ils pu trouver la période lunisolaire de six cents ans !* La période de six cents ans, dont Josèphe dit que se servaient les anciens patriarches avant le déluge, est une des plus belles et des plus exactes que l'on ait jamais inventées. Il est de fait que prenant le mois lunaire de 29 jours 12 heures 44 minutes 3 secondes, on trouve que 219 mille 146 jours $\frac{1}{2}$ font 7 mille 421 mois lunaires; et ce même nombre de 219 mille 146 jours $\frac{1}{2}$ donne 600 années solaires, chacune de 365 jours 5 heures 51 minutes 36 secondes; d'où résulte le mois lunaire à une seconde près, tel que les astronomes modernes l'ont déterminé, et l'année solaire plus juste qu'*Hipparque* et *Ptolémée* ne l'ont donnée plus de deux mille après le déluge. Josèphe a cité comme ses garants *Manéthon*, *Bérose* et plusieurs autres anciens auteurs dont les écrits sont perdus il y a longtemps.... Quel que soit le fondement sur lequel Josèphe a parlé de cette période, il faut qu'il y ait eu réellement et de temps immémorial une telle période ou grande année qu'on avait oubliée depuis plusieurs siècles; puisque les astronomes qui sont venus après cet historien s'en seraient servis préférablement à d'autres hypothèses moins exactes pour la détermination de l'année solaire et

du mois lunaire, s'ils l'avaient connue, ou s'en seraient fait honneur, s'ils l'avaient imaginée [a].

« Il est constant, dit le savant astronome Dominique Cassini, que dès le « premier âge du monde, les hommes avaient déjà fait de grands progrès « dans la science du mouvement des astres : on pourrait même avancer « qu'ils en avaient beaucoup plus de connaissances que l'on n'en a eu long- « temps depuis le déluge, s'il est bien vrai que l'année dont les anciens « patriarches se servaient fût de la grandeur de celles qui composent la « grande période de six cents ans, dont il est fait mention dans les *Anti-* « *quités des Juifs* écrites par Josèphe. Nous ne trouvons dans les monu- « ments qui nous restent de toutes les autres nations aucun vestige de « cette période de six cents ans, qui est une des plus belles que l'on ait « encore inventées. »

M. Cassini s'en rapporte, comme on voit, à Josèphe, et Josèphe avait pour garants les historiographes égyptiens, babyloniens, phéniciens et grecs, Manéthon, Bérose, Mochus, Hestiëus, Jérôme l'égyptien, Hésiode, Hécatée, etc., dont les écrits pouvaient subsister et subsistaient vraisem- blablement de son temps.

Or, cela posé, et quoi qu'on puisse opposer au témoignage de ces auteurs, M. de Mairan dit avec raison que l'incompétence des juges ou des témoins ne saurait avoir lieu ici. Le fait dépose par lui-même son authenticité : il suffit qu'une semblable période ait été nommée; il suffit qu'elle ait existé, pour qu'on soit en droit d'en conclure qu'il aura donc aussi existé des siècles d'observations et en grand nombre qui l'ont précédée : que l'oubli dont elle fut suivie est aussi bien ancien; car on doit regarder comme temps d'oubli tout celui où l'on a ignoré la justesse de cette période, et où l'on a dédaigné d'en approfondir les éléments et de s'en servir pour recti- fier la théorie des mouvements célestes, et où l'on s'est avisé d'y en substi- tuer de moins exactes. Donc si Hipparque, Meton, Pythagore, Thalès et tous les anciens astronomes de la Grèce ont ignoré la période de six cents ans, on est fondé à dire qu'elle était oubliée, non-seulement chez les Grecs, mais aussi en Égypte, dans la Phénicie et dans la Chaldée, où les Grecs avaient tous été puiser leur plus grand savoir en astronomie.

(35) Page 583, ligne 25. *Les Chinois, les Brames, non plus que les Chaldéens, les Perses, les Égyptiens et les Grecs, n'ont rien reçu du pre- mier peuple qui avait si fort avancé l'astronomie, et les commencements de la nouvelle astronomie sont dus à l'opiniâtre assiduité des observateurs chaldéens, et ensuite aux travaux des Grecs.*

Les astronomes et les philosophes grecs avaient puisé en Égypte et aux

a. *Lettre de M. de Mairan au R. P. Parrenin.* Paris, 1769, in-12, p. 108 et 109.

Indes la plus grande partie de leurs connaissances. Les Grecs étaient donc des gens très-nouveaux en astronomie en comparaison des Indiens, des Chinois et des Atlantes habitants de l'Afrique occidentale ; Uranus et Atlas chez ces derniers peuples, Fo-hi à la Chine, Mercure en Égypte, Zoroastre en Perse, etc.

Les Atlantes, chez qui régnait Atlas, paraissent être les plus anciens peuples de l'Afrique, et beaucoup plus anciens que les Égyptiens. La théogonie des Atlantes, rapportée par Diodore de Sicile, s'est probablement introduite en Égypte, en Éthiopie et en Phénicie dans le temps de cette grande éruption, dont il est parlé dans le *Timée* de Platon, d'un peuple innombrable qui sortit de l'île Atlantide et se jeta sur une grande partie de l'Europe, de l'Asie et de l'Afrique.

Dans l'occident de l'Asie, dans l'Europe, dans l'Afrique, tout est fondé sur les connaissances des Atlantes, tandis que les peuples orientaux, chaldéens, indiens et chinois n'ont été instruits que plus tard, et ont toujours formé des peuples qui n'ont pas eu relation avec les Atlantes, dont l'irruption est plus ancienne que la première date d'aucun de ces derniers peuples.

Atlas, fils d'Uranus et frère de Saturne, vivait, selon Manéthon et Dicéarque, 3 mille 900 ans environ avant l'ère chrétienne.

Quoique Diogène Laërce, Hérodote, Diodore de Sicile, Pomponius Mela, etc., donnent à l'âge d'Uranus, les uns 48 mille 860 ans, les autres 23 mille ans, etc., cela n'empêche pas qu'en réduisant ces années à la vraie mesure du temps dont on se servait dans différents siècles chez ces peuples, ces mesures ne reviennent au même, c'est-à-dire à 3 mille 890 ans avant l'ère chrétienne.

Le temps du déluge, selon les Septante, a été 2 mille 256 ans après la création.

L'astronomie a été cultivée en Égypte plus de 3 mille ans avant l'ère chrétienne ; on peut le démontrer par ce que rapporte Ptolémée sur le lever héliaque de Sirius : ce lever de Sirius était très-important chez les Égyptiens, parce qu'il annonçait le débordement du Nil.

Les Chaldéens paraissent plus nouveaux dans la carrière astronomique que les Égyptiens.

Les Égyptiens connaissaient le mouvement du soleil plus de 3 mille ans avant Jésus-Christ, et les Chaldéens plus de 2 mille 473 ans.

Il y avait chez les Phrygiens un temple dédié à Hercule, qui paraît avoir été fondé 2 mille 800 ans avant l'ère chrétienne, et l'on sait qu'Hercule a été dans l'antiquité l'emblème du soleil.

On peut aussi dater les connaissances astronomiques chez les anciens Perses plus de 3 mille 200 ans avant Jésus-Christ.

L'astronomie chez les Indiens est tout aussi ancienne ; ils admettent

quatre âges, et c'est au commencement du quatrième qu'est liée leur première époque astronomique : cet âge durait, en 1762, depuis 4 mille
863 ans, ce qui remonte à l'année 3102 avant Jésus-Christ. Ce dernier âge
des Indiens est réellement composé d'années solaires, mais les trois autres,
dont le premier est de 1 million 728 mille années, le second de 1 million
296 mille, et le troisième de 864 mille années, sont évidemment composés
d'années ou plutôt de révolutions de temps beaucoup plus courtes que les
années solaires.

Il est aussi démontré par les époques astronomiques que les Chinois
avaient cultivé l'astronomie plus de 3 mille ans avant Jésus-Christ, et dès
le temps de Fo-hi.

Il y a donc une espèce de niveau entre ces peuples égyptiens, chaldéens
ou perses, indiens, chinois et tartares. Ils ne s'élèvent pas plus les uns
que les autres dans l'antiquité, et cette époque remarquable de 3 mille ans
d'ancienneté pour l'astronomie est à peu près la même partout [a].

(36) Page 589, ligne 23. *Je donnerais aisément plusieurs autres exemples, qui tous concourent à démontrer que l'homme peut modifier les
influences du climat qu'il habite.* « Ceux qui résident depuis longtemps
« dans la Pensylvanie et dans les colonies voisines, ont observé, dit
« M. Hugues Williamson, que leur climat a considérablement changé
« depuis quarante ou cinquante ans, et que les hivers ne sont point aussi
« froids...

« La température de l'air dans la Pensylvanie est différente de celle des
« contrées de l'Europe situées sous le même parallèle. Pour juger de la
« chaleur d'un pays, il faut non-seulement avoir égard à sa latitude, mais
« encore à sa situation et aux vents qui ont coutume d'y régner ; puisque
« ceux-ci ne sauraient changer sans que le climat ne change aussi. La face
« d'un pays peut être entièrement métamorphosée par la culture ; et l'on
« se convaincra, en examinant la cause des vents, que leur cours peut
« pareillement prendre de nouvelles directions...

« Depuis l'établissement de nos colonies, continue M. Williamson, nous
« sommes parvenus non-seulement à donner plus de chaleur au terrain
« des cantons habités, mais encore à changer en partie la direction des
« vents. Les marins, qui sont les plus intéressés à cette affaire, nous ont dit
« qu'il leur fallait autrefois quatre ou cinq semaines pour aborder sur nos
« côtes, tandis qu'aujourd'hui ils y abordent dans la moitié moins de
« temps. On convient encore que le froid est moins rude, la neige moins
« abondante et moins continue qu'elle ne l'a jamais été depuis que nous
« sommes établis dans cette province...

a. Histoire de l'ancienne astronomie, par M. Bailly.

« Il y a plusieurs autres causes qui peuvent augmenter et diminuer la
« chaleur de l'air ; mais on ne saurait m'alléguer cependant un seul
« exemple du changement de climat qu'on ne puisse attribuer au défri-
« chement du pays où il a lieu. On m'objectera celui qui est arrivé depuis
« 1700 ans dans l'Italie et dans quelques contrées de l'Orient, comme une
« exception à cette règle générale. On nous dit que l'Italie était mieux cul-
« tivée du temps d'Auguste qu'elle ne l'est aujourd'hui, et que cependant
« le climat y est beaucoup plus tempéré... Il est vrai que l'hiver était plus
« rude en Italie, il y a 1700 ans, qu'il ne l'est aujourd'hui ;... mais on
« peut en attribuer la cause aux vastes forêts dont l'Allemagne, qui est au
« nord de Rome, était couverte dans ce temps-là... Il s'élevait de ces
« déserts incultes des vents du nord perçants, qui se répandaient comme
« un torrent dans l'Italie et y causaient un froid excessif ;.., et l'air était
« autrefois si froid dans ces régions incultes, qu'il devait détruire la balance
« dans l'atmosphère de l'Italie, ce qui n'est plus de nos jours...

« On peut donc raisonnablement conclure que dans quelques années
« d'ici, et lorsque nos descendants auront défriché la partie intérieure de
« ce pays, ils ne seront presque plus sujets à la gelée ni à la neige, et que
« leurs hivers seront extrêmement tempérés [a]. » Ces vues de M. Williamson
sont très-justes, et je ne doute pas que notre postérité ne les voie confirmées
par l'expérience.

a. *Journal de physique*, par M. l'abbé Rozier, mois de juin 1773.

EXPLICATION

DE LA CARTE GÉOGRAPHIQUE.

Cette carte représente les deux parties polaires du globe depuis le 45ᵉ degré de latitude : on y a marqué les glaces, tant flottantes que fixes, aux points où elles ont été reconnues par les navigateurs.

Dans celle du pôle arctique, on voit les glaces flottantes trouvées par Barentz, à 70 degrés de latitude près du détroit de Waigatz, et les glaces immobiles qu'il trouva à 77 et 78 degrés de latitude à l'est de ce détroit qui est aujourd'hui entièrement obstrué par les glaces. On a aussi indiqué le grand banc de glaces immobiles reconnues par Wood, entre le Spitzberg et la Nouvelle-Zemble, et celui qui se trouve entre le Spitzberg et le Groënland, que les vaisseaux de la pêche de la baleine rencontrent constamment à la hauteur de 77 ou 78 degrés, et qu'ils nomment le *banc de l'ouest* en le voyant s'étendre sans bornes de ce côté, et vraisemblablement jusqu'aux côtes du vieux Groënland qu'on sait être aujourd'hui perdues dans les glaces. La route du capitaine Phipps est marquée sur cette carte avec la continuité des glaces qui l'ont arrêté au nord et à l'ouest du Spitzberg.

On a aussi tracé sur cette carte les glaces flottantes rencontrées par Ellis dès le 58 ou 59ᵉ degré, à l'est du cap Farewel ; celles que Frobisher trouva dans son détroit qui est actuellement obstrué, et celles qu'il vit à 62 degrés vers la côte de Labrador : celles que rencontra Baffin dans la baie de son nom, par les 72 et 73 degrés, et celles qui se trouvent dans la baie d'Hudson dès le 63ᵉ degré, selon Ellis, et dont le Welcome est quelquefois couvert ; celles de la baie de Répulse, qui en est remplie selon Middleton. On y voit aussi celles dont presque en tout temps le détroit de Davis est obstrué, et celles qui souvent assiégent celui d'Hudson, quoique plus méridional de 6 ou 7 degrés. L'île *Baëren* ou île aux Ours, qui est au-dessous du Spitzberg à 74 degrés, se voit ici au milieu des glaces flottantes. L'île de *Jean de Mayen*, située près du vieux Groënland à 70 ½ degrés, est engagée dans les glaces par ses côtes occidentales.

On a aussi désigné sur cette carte les glaces flottantes le long des côtes de la Sibérie et aux embouchures de toutes les grandes rivières qui arrivent à cette mer Glaciale, depuis l'*Irtisch* joint à l'*Oby* jusqu'au fleuve *Kolyma ;* ces glaces flottantes incommodent la navigation, et dans quelques endroits la rendent impraticable. Le banc de la glace solide du pôle descend déjà à 76 degrés sur le cap *Piasida*, et engage cette pointe de terre qui n'a pu être doublée, ni par l'ouest du côté de l'Oby, ni par l'est du côté de la *Léna* dont les bouches sont semées de glaces flottantes ; d'autres glaces immobiles au nord-est de l'embouchure de la *Jana*, ne laissent aucun passage ni à l'est ni au nord. Les glaces flottantes devant l'*Olenck* et le *Chatanga* descendent jusqu'aux 74° et 73° degrés : on les trouve à la même hauteur devant l'Indigirka et vers les embouchures du Kolyma , qui paraît être le dernier terme où aient atteint les Russes par ces navigations coupées sans cesse par les glaces. C'est d'après leurs expéditions que ces glaces ont été tracées sur notre carte : il est plus que probable que des glaces permanentes ont engagé le cap Szalaginski, et peut-être aussi la côte nord-est de la terre des Tschutschis ; car ces dernières côtes n'ont pas été découvertes par la navigation, mais par des expéditions sur terre d'après lesquelles on les a figurées ; les navigations qu'on prétend s'être faites autrefois autour de ce cap et de la terre des Tschutschis ont toujours été suspectes, et vraisemblablement sont impraticables aujourd'hui : sans cela les Russes dans leurs tentatives pour la découverte des terres de l'Amérique, seraient partis des fleuves de la Sibérie, et n'auraient pas pris la peine de faire par terre la traversée immense de ce vaste pays pour s'embarquer à Kamtschatka, où il est extrêmement difficile de construire des vaisseaux, faute de bois, de fer, et de presque tout ce qui est nécessaire pour l'équipement d'un navire.

Ces glaces qui viennent gagner les côtes du nord de l'Asie ; celles qui qui ont déjà envahi les parages de la Zemble, du Spitzberg et du vieux Groënland ; celles qui couvrent en partie les baies de Baffin, d'Hudson et leurs détroits, ne sont que comme les bords ou les appendices de la glacière de ce pôle qui en occupe toutes les régions adjacentes jusqu'au 80 ou 81° degré, comme nous l'avons représenté en jetant une ombre sur cette portion de la terre à jamais perdue pour nous.

La carte du pôle antarctique présente la reconnaissance des glaces faite par plusieurs navigateurs, et particulièrement par le célèbre capitaine Cook dans ces deux voyages, le premier en 1769 et 1770, et le second en 1773 , 1774 et 1775 ; la relation de ce second voyage n'a été publiée en français que cette année 1778, et je n'en ai eu connaissance qu'au mois de juin après l'impression de ce volume entièrement achevée : mais j'ai vu avec la plus grande satisfaction mes conjectures confirmées par les faits ; on vient de lire dans plusieurs endroits de ce même volume les raisons que j'ai données du froid plus grand dans les régions australes que dans les boréales ; j'ai dit et répété que la portion de sphère, depuis le pôle arctique jusqu'à 9 degrés de distance, n'est qu'une région glacée, une calotte de glace solide et continue, et que, selon toutes les analogies, la portion glacée de même dans les régions australes est bien plus considérable, et s'étend à 18 ou 20 degrés. Cette présomption était donc bien fondée, puisque M. Cook, le plus grand de tous les navigateurs, ayant fait le tour presque entier de cette zone australe, a trouvé partout des glaces, et n'a pu pénétrer nulle part au delà du 71ᵉ degré, et cela dans un seul point au nord-ouest de l'extrémité de l'Amérique ; les appendices de cette immense glacière du pôle antarctique s'étendent même jusqu'au 60ᵉ degré en plusieurs lieux, et les énormes glaçons qui s'en détachent voyagent jusqu'au 50ᵉ et même jusqu'au 48ᵉ degré de latitude en certains endroits. On verra que les glaces les plus avancées vers l'équateur se trouvent vis-à-vis les mers les plus étendues et les terres les plus éloignées du pôle ; on en trouve au 48, 49, 50 et 51ᵉ degré, sur une étendue de dix degrés en longitude à l'ouest, et de 35 de longitude à l'est ; et tout l'espace entre le 50ᵉ et le 60ᵉ degré de latitude est rempli de glaces brisées, dont quelques-unes forment des îles d'une grandeur considérable ; on voit que sous ces mêmes longitudes les glaces deviennent encore plus fréquentes et presque continues aux 60 et 61ᵉ degrés de latitude ; et enfin que tout passage est fermé par la continuité de la glace aux 66 et 67ᵉ degrés, où M. Cook a fait une autre pointe, et s'est trouvé forcé de retourner pour ainsi dire sur ses pas ; en sorte que la masse continue de cette glace solide et permanente, qui couvre le pôle austral et toute la zone adjacente, s'étend dans ces parages jusque au delà du 66ᵉ degré de latitude.

On trouve de même des îles et des plaines de glaces, dès le 49ᵉ degré de latitude, à 60 degrés de longitude est[a], et en plus grand nombre à 80 et 90 degrés de longitude sous la latitude de 58 degrés ; et encore en plus grand nombre sous le 60 et le 61ᵉ degré de latitude, dans tout l'espace compris depuis le 90ᵉ jusqu'au 145ᵉ degré de longitude est.

De l'autre côté, c'est-à-dire à 30 degrés environ de longitude ouest, M. Cook a fait la découverte de la terre Sandwich à 59 degrés de latitude, et de l'île Géorgie sous le 55ᵉ ; et il a reconnu des glaces au 59ᵉ degré de latitude, dans une étendue de dix ou douze degrés de longitude ouest, avant d'arriver à la terre Sandwich, qu'on peut regarder comme le Spitzberg des régions australes, c'est-à-dire comme la terre la plus avancée vers le pôle antarctique ; il a trouvé de pareilles glaces en beaucoup plus grand nombre aux 60 et 61ᵉ degrés de latitude, depuis le 29ᵉ degré de longitude ouest jusqu'au 51ᵉ, et le capitaine Furneaux en a trouvé sous le 63ᵉ degré, à 65 et 70 degrés de longitude ouest.

On a aussi marqué les glaces immobiles, que Davis a vues sous les 65 et 66ᵉ degrés de latitude, vis-à-vis du cap Horn, et celles dans lesquelles le capitaine Cook a fait une pointe jusqu'au 71ᵉ degré de latitude : ces glaces

---

a. Ces positions données par le capitaine Cook, sur le méridien de Londres, sont réduites sur la carte à celui de Paris, et doivent s'y rapporter, par le changement facile de deux degrés et demi en *moins* du côté de l'est, et en *plus* du côté de l'ouest.

s'étendent depuis le 110ᵉ degré de longitude ouest jusqu'au 120ᵉ ; ensuite on voit les glaces flottantes depuis le 130ᵉ degré de longitude ouest jusqu'au 170ᵉ, sous les latitudes de 60 à 70 degrés ; en sorte que dans toute l'étendue de la circonférence de cette grande zone polaire antarctique, il n'y a qu'environ 40 ou 45 degrés en longitude dont l'espace n'ait pas été reconnu, ce qui ne fait pas la huitième partie de cette immense calotte de glace : tout le reste de ce circuit a été vu et bien reconnu par M. Cook, dont nous ne pourrons jamais louer assez la sagesse, l'intelligence et le courage ; car le succès d'une pareille entreprise suppose toutes ces qualités réunies.

On vient d'observer que les glaces les plus avancées du côté de l'équateur, dans ces régions australes, se trouvent sur les mers les plus éloignées des terres, comme dans la mer des grandes Indes et vis-à-vis le cap de Bonne-Espérance ; et qu'au contraire les glaces les moins avancées se trouvent dans le voisinage des terres, comme à la pointe de l'Amérique et des deux côtés de cette pointe, tant dans la mer Atlantique que dans la mer Pacifique : ainsi la partie la moins froide de cette grande zone antarctique est vis-à-vis l'extrémité de l'Amérique qui s'étend jusqu'au 56ᵉ degré de latitude, tandis que la partie la plus froide de cette même zone est vis-à-vis de la pointe de l'Afrique qui ne s'avance qu'au 34ᵉ degré, et vers la mer de l'Inde où il n'y a point de terre : or s'il en est de même du côté du pôle arctique, la région la moins froide serait celle de Spitzberg et du Groënland, dont les terres s'étendent à peu près jusqu'au 80ᵉ degré ; et la région la plus froide serait celle de la partie de mer entre l'Asie et l'Amérique, en supposant que cette région soit en effet une mer.

De toutes les reconnaissances faites par M. Cook, on doit inférer que la portion du globe, envahie par les glaces depuis le pôle antarctique jusqu'à la circonférence de ces régions glacées, est en superficie au moins cinq ou six fois plus étendue que l'espace envahi par les glaces autour du pôle arctique, ce qui provient de deux causes assez évidentes : la première est le séjour du soleil plus court de sept jours trois quarts par an dans l'hémisphère austral que dans le boréal ; la seconde et plus puissante cause est la quantité de terres infiniment plus grande dans cette portion de l'hémisphère boréal que dans la portion égale et correspondante de l'hémisphère austral ; car les continents de l'Europe, de l'Asie et de l'Amérique, s'étendent jusqu'au 70ᵉ degré et au delà vers le pôle arctique, tandis que dans les régions australes il n'existe aucune terre, depuis le 50ᵉ ou même le 45ᵉ degré, que celle de la pointe de l'Amérique qui ne s'étend qu'au 56ᵉ avec les îles Falkland, la petite île Géorgie et celle de Sandwich, qui est moitié terre et moitié glace ; en sorte que cette grande zone australe étant entièrement maritime et aqueuse, et la boréale presque entièrement terrestre, il n'est pas étonnant que le froid soit beaucoup plus grand, et que les glaces occupent une bien plus vaste étendue dans ces régions australes que dans les boréales.

Et comme ces glaces ne feront qu'augmenter par le refroidissement successif de la terre, il sera dorénavant plus inutile et plus téméraire qu'il ne l'était ci-devant, de chercher à faire des découvertes au delà du 80e degré vers le pôle boréal, et au delà du 55e vers le pôle austral. La Nouvelle-Zélande, la pointe de la Nouvelle-Hollande et celles des terres Magellaniques, doivent être regardées comme les seules et dernières terres habitables dans cet hémisphère austral.

J'ai fait représenter toutes les îles et plaines de glaces reconnues par les différents navigateurs, et notamment par les capitaines Cook et Furneaux, en suivant les points de longitude et de latitude indiqués dans leurs cartes de navigation ; toutes ces reconnaissances des mers australes ont été faites dans les mois de novembre, décembre, janvier et février, c'est-à-dire dans la saison d'été de cet hémisphère austral ; car quoique ces glaces ne soient pas toutes permanentes, et qu'elles voyagent selon qu'elles sont entraînées par les courants ou poussées par les vents, il est néanmoins presque certain que, comme elles ont été vues dans cette saison d'été, elles s'y trouveraient de même et en bien plus grande quantité dans les autres saisons, et que par conséquent on doit les regarder comme permanentes, quoiqu'elles ne soient pas stationnaires aux mêmes points.

Au reste, il est indifférent qu'il y ait des terres ou non dans cette vaste région australe, puisqu'elle est entièrement couverte de glaces depuis le 60e degré de latitude jusqu'au pôle , et l'on peut concevoir aisément que toutes les vapeurs aqueuses qui forment les brumes et les neiges se convertissant en glaces, elles se gèlent et s'accumulent sur la surface de la mer comme sur celle de la terre. Rien ne peut donc s'opposer à la formation ni même à l'augmentation successive de ces glacières polaires, et, au contraire, tout s'oppose à l'idée qu'on avait ci-devant de pouvoir arriver à l'un ou à l'autre pôle par une mer ouverte ou par des terres praticables.

Toute la partie des côtes du pôle boréal a été réduite et figurée d'après les cartes les plus étendues, les plus nouvelles et les plus estimées. Le nord de l'Asie, depuis la Nouvelle-Zemble' et Archangel au cap Szalaginski, la côte des Tschutschis et du Kamtschatka, ainsi que les îles Aleutes, ont été réduites sur la grande carte de l'empire de Russie, publiée l'année dernière 1777. Les îles aux Renards [a] ont été relevées sur la carte manuscrite de

---

a. Il est aussi fait mention de ces îles aux Renards, dans un voyage fait en 1776 par les Russes, sous la conduite de M. Solowiew : il nomme *Unataschka* l'une de ces îles, et dit qu'elle est à dix-huit cents werstes de Kamtschatka, et qu'elle est longue d'environ deux cents werstes ; la seconde de ces îles s'appelle *Umnack*, elle est longue d'environ cent cinquante werstes ; une troisième, *Akuten*, a environ quatre-vingts werstes de longueur ; enfin, une quatrième, qui s'appelle *Radjack* ou *Kadjak,* est la plus voisine de l'Amérique. Ces quatre îles sont

l'expédition du pilote Otcheredin en 1774, qui m'a été envoyée par M. de Domascheneff, président de l'Académie de Saint-Pétersbourg, celles d'*Anadir*, ainsi que la *Stachta nitada*, grande terre à l'est où les Tschutschis commercent, et les pointes des côtes de l'Amérique reconnues par Tschirikow et Behring, qui ne sont pas représentées dans la grande carte de l'empire de Russie, le sont ici d'après celle que l'Académie de Pétersbourg a publiée en 1773; mais il faut avouer que la longitude de ces points est encore incertaine, et que cette côte occidentale de l'Amérique est bien peu connue au delà du cap Blanc qui gît environ sous le 43ᵉ degré de latitude. La position du Kamtschatka est aujourd'hui bien déterminée dans la carte russe de 1777; mais celle des terres de l'Amérique vis-à-vis Kamtschatka, n'est pas aussi certaine; cependant on ne peut guère douter que la grande terre désignée sous le nom de *Stachta nitada*, et les terres découvertes par Behring et Tschirikow, ne soient des portions du continent de l'Amérique : on assure que le roi d'Espagne a envoyé nouvellement quelques personnes pour reconnaître cette côte occidentale de l'Amérique depuis le cap Mandocin jusqu'au 56ᵉ degré de latitude; ce projet me paraît bien conçu, car c'est depuis le 43ᵉ au 56ᵉ degré qu'il est à présumer qu'on trouvera une communication de la mer Pacifique avec la baie d'Hudson.

La position et la figure du Spitzberg sont tracées sur notre carte d'après celle du capitaine Phipps; le Groënland, les baies de Baffin et d'Hudson et les grands lacs de l'Amérique le sont d'après les meilleures cartes des différents voyageurs qui ont découvert ou fréquenté ces parages. Par cette réunion, on aura sous les yeux les gisements relatifs de toutes les parties des continents polaires et des passages tentés pour tourner par le nord et à l'est de l'Asie; on y verra les nouvelles découvertes qui se sont faites dans cette partie de mer, entre l'Asie et l'Amérique jusqu'au cercle polaire; et l'on remarquera que la terre avancée de Szalaginski s'étendant jusqu'au 73 ou 74ᵉ degré de latitude, il n'y a nulle apparence qu'on puisse doubler ce cap, et qu'on le tenterait sans succès, soit en venant par la mer Glaciale le long des côtes septentrionales de l'Asie, soit en remontant du Kamtschatka et tournant autour de la terre des Tschutschis, de sorte qu'il est plus que probable que toute cette région au delà du 74ᵉ degré est actuellement glacée et inabordable : d'ailleurs tout nous porte à croire que les deux continents de l'Amérique et de l'Asie peuvent être contigus à cette hauteur, puisqu'ils sont voisins aux environs du cercle polaire, n'étant séparés que par des bras de mer, entre les îles qui se trouvent dans cet espace, et dont l'une paraît être d'une très-grande étendue.

accompagnées de quatre autres îles plus petites : ce voyageur dit aussi qu'elles sont toutes assez peuplées, et il décrit les habitudes naturelles de ces insulaires qui vivent sous terre la plus grande partie de l'année; on a donné le nom d'*îles aux Renards* à ces îles, parce qu'on y trouve beaucoup de renards noirs, bruns et roux.

J'observerai encore qu'on ne voit pas sur la nouvelle carte de l'empire de Russie la navigation faite en 1646 par trois vaisseaux russes, dont on prétend que l'un est arrivé au Kamtschatka par la mer Glaciale : la route de ce vaisseau est même tracée par des points dans la carte publiée par l'Académie de Pétersbourg en 1773 ; j'ai donné ci-devant les raisons qui me faisaient regarder comme très-suspecte cette navigation, et aujourd'hui ces mêmes raisons me paraissent bien confirmées, puisque dans la nouvelle carte russe faite en 1777, on a supprimé la route de ce vaisseau, quoique donnée dans la carte de 1773 ; et quand même, contre toute apparence, ce vaisseau unique aurait fait cette route en 1646, l'augmentation des glaces depuis cent trente-deux ans pourrait bien la rendre impraticable aujourd'hui, puisque dans le même espace de temps le détroit de Waigatz s'est entièrement glacé, et que la navigation de la mer du nord de l'Asie, à commencer de l'embouchure de l'Oby jusqu'à celle du Kolyma, est devenue bien plus difficile qu'elle ne l'était alors, au point que les Russes l'ont pour ainsi dire abandonnée, et que ce n'est qu'en partant de Kamtschatka qu'ils ont tenté des découvertes sur les côtes occidentales de l'Amérique. Ainsi nous présumons que, si l'on a pu passer autrefois de la mer Glaciale dans celle de Kamtschatka, ce passage doit être aujourd'hui fermé par les glaces. On assure que M. Cook a entrepris un troisième voyage, et que ce passage est l'un des objets de ses recherches : nous attendons avec impatience le résultat de ces découvertes, quoique je sois persuadé d'avance qu'il ne reviendra pas en Europe par la mer Glaciale de l'Asie ; mais ce grand homme de mer fera peut-être la découverte du passage au nord-ouest depuis la mer Pacifique à la baie d'Hudson.

Nous avons ci-devant exposé les raisons qui semblent prouver que les eaux de la baie d'Hudson communiquent avec cette mer : les grandes marées venant de l'ouest dans cette baie suffisent pour le démontrer ; il ne s'agit donc que de trouver l'ouverture de cette baie vers l'ouest ; mais on a jusqu'à ce jour vainement tenté cette découverte par les obstacles que les glaces opposent à la navigation dans le détroit d'Hudson et dans la baie même. Je suis donc persuadé que M. Cook ne la tentera pas de ce côté-là, mais qu'il se portera au-dessus de la côte de Californie, et qu'il trouvera le passage sur cette côte au delà du 43ᵉ degré : dès l'année 1592, *Juen de Fuca*, pilote espagnol, trouva une grande ouverture sur cette côte sous les 47 et 48ᵉ degrés, et y pénétra si loin, qu'il crut être arrivé dans la mer du Nord. En 1602, d'*Aguilar* trouva cette côte ouverte sous le 43ᵉ degré, mais il ne pénétra pas bien avant dans ce détroit ; enfin on voit, par une relation publiée en anglais, qu'en 1640 l'amiral *de Fonte*, Espagnol, trouva sous le 54ᵉ degré un détroit ou large rivière, et qu'en la remontant il arriva à un grand archipel, et ensuite à un lac de cent soixante lieues de longueur sur soixante de largeur, aboutissant à un détroit de deux ou trois lieues de largeur, où la marée portant à l'est était très-violente, et où il rencontra un vaisseau venant de Boston : quoique l'on ait regardé cette relation comme très-suspecte, nous ne la rejetterons pas en entier, et nous avons cru devoir présenter ici ces reconnaissances d'après la carte de M. de l'Isle, sans prétendre les garantir ; mais en réunissant la probabilité de ces découvertes de de Fonte avec celles de d'Aguilar et de Juen de Fuca, il en résulte que la côte occidentale de l'Amérique septentrionale au-dessus du cap Blanc est ouverte par plusieurs détroits ou bras de mer, depuis le 43ᵉ degré jusqu'au 54 ou 55ᵉ, et que c'est dans cet intervalle où il est presque certain que M. Cook trouvera la communication avec la baie d'Hudson, et cette découverte achèverait de le combler de gloire.

Ma présomption à ce sujet est non-seulement fondée sur les reconnaissances faites par d'Aguilar, Juen de Fuca et de Fonte, mais encore sur une analogie physique qui ne se dément dans aucune partie du globe : c'est que toutes les grandes côtes des continents sont, pour ainsi dire, hachées et entamées du midi au nord, et qu'ils finissent tous en pointe vers le midi. La côte nord-ouest de l'Amérique présente une de ces hachures, et c'est la mer Vermeille ; mais, au-dessus de la Californie, nos cartes ne nous offrent sur une étendue de quatre cents lieues qu'une terre continue, sans rivières et sans autres coupures que les trois ouvertures reconnues par d'Aguilar, Fuca et de Fonte ; or, cette continuité des côtes, sans anfractuosités ni baies ni rivières, est contraire à la nature ; et cela seul suffit pour démontrer que ces côtes n'ont été tracées qu'au hasard sur toutes nos cartes, sans avoir été reconnues, et que, quand elles le seront, on y trouvera plusieurs golfes et bras de mer par lesquels on arrivera à la baie d'Hudson, ou dans les mers intérieures qui la précèdent du côté de l'ouest.

FIN DU TOME NEUVIÈME.

TABLE DES MATIÈRES

PARIS. — IMPRIMERIE J. CLAYE, RUE SAINT-BENOÎT, 7.

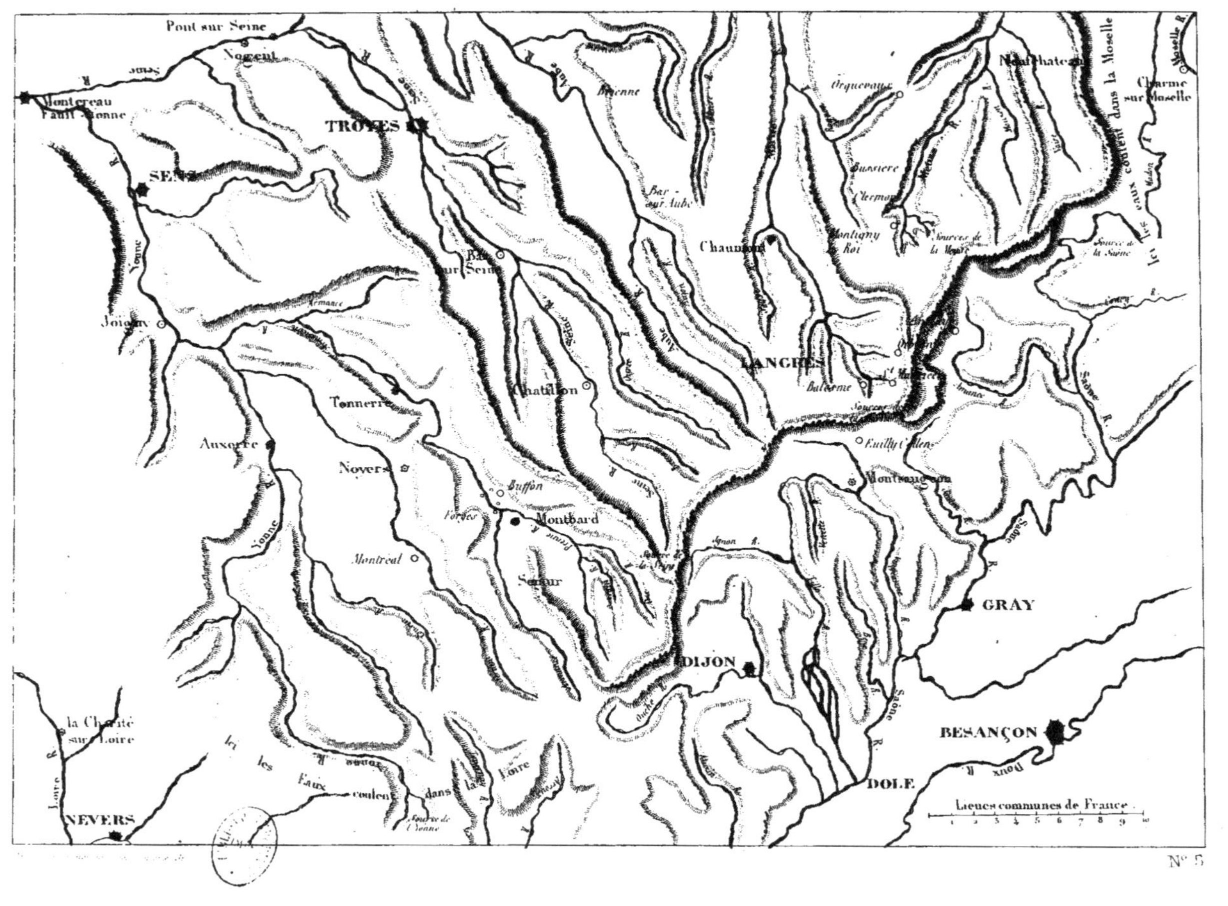

Pont sur Seine
Nogent
Montereau Fault Yonne
SENS
TROYES
Joigny
Tonnerre
Auxerre
Noyers
Montreal
Buffon
Forges
Montbard
Semur
Chatillon
Bar sur Seine
Brienne
Bar sur Aube
Chaumont
Orquevaux
Bussiere
Clermont
Montigny Roi
Sources de la Moselle
Neufchateau
Charme sur Moselle
les eaux coulent dans la Moselle
Source de la Saône
LANGRES
Balesme
Source de la Seine
Fouilly Coulens
Montsaugeon
Moselle R.
Madon
Saône R.
DIJON
Ouche R.
la Charité sur Loire
NEVERS
Loire R.
les Eaux coulent dans la Loire
Source de l'Yonne
GRAY
BESANÇON
DOLE
Doux R.
Lieues communes de France
N.º 5

Fig. 2
Fig. 1
Fig. 3
Fig. 4
Fig. 6
Fig. 5
Fig. 7
Fig. 8
Fig. 9
Fig. 12
Fig. 10
6 Pieds de Foyer
Fig. 11
8 Pieds de Foyer

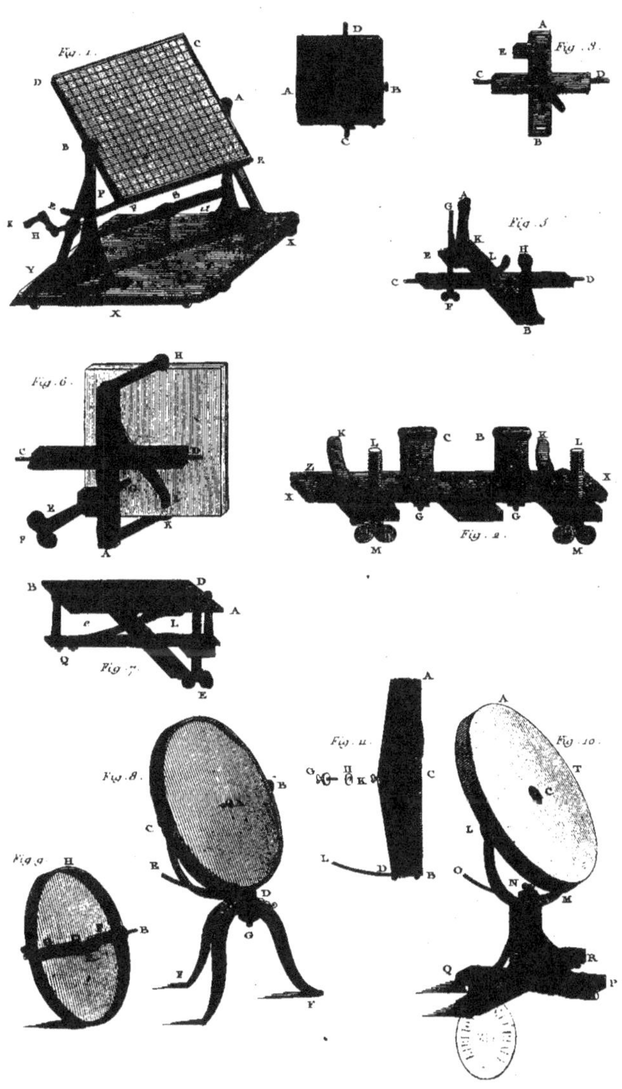

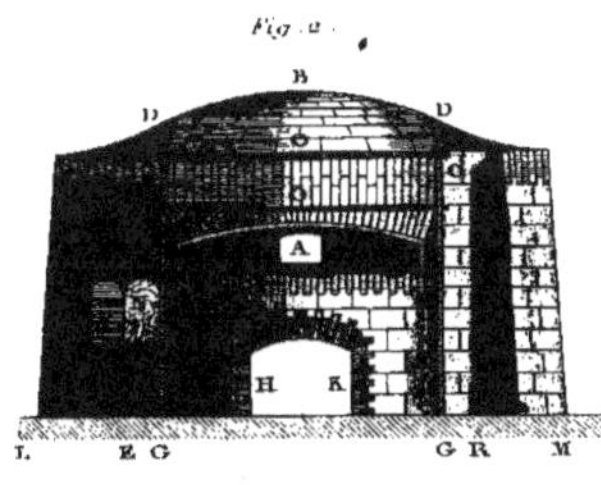
Fig. 2.

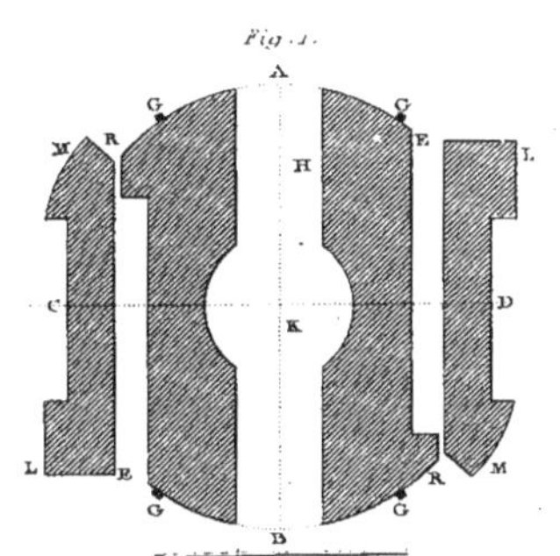
Fig. 1.

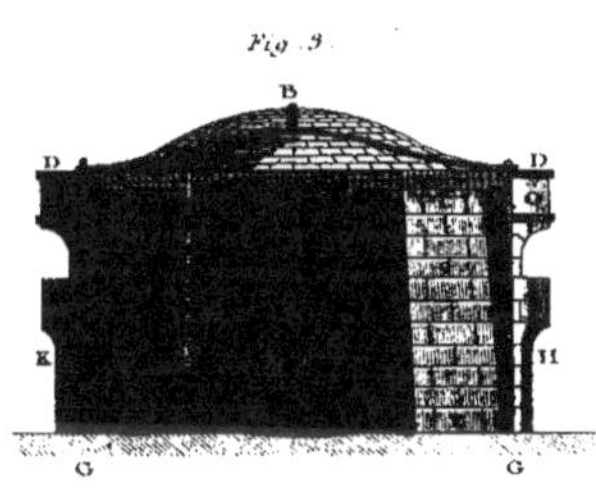
Fig. 3.

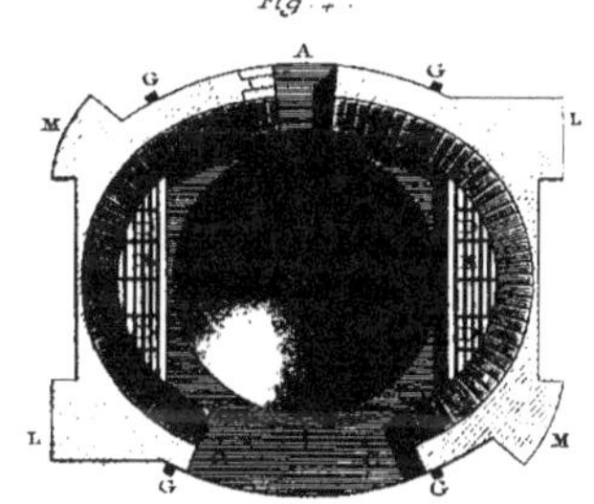
Fig. 4.

Echelle de 6 pieds.

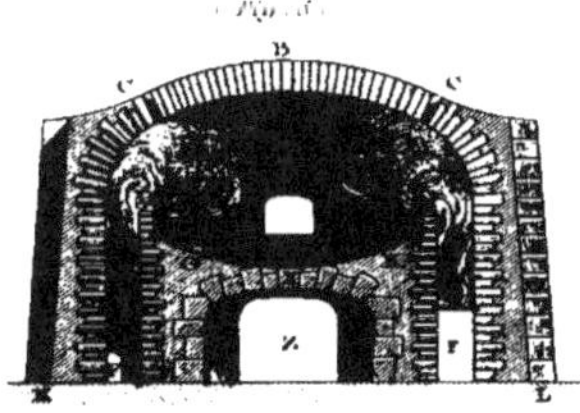
Fig. 5.

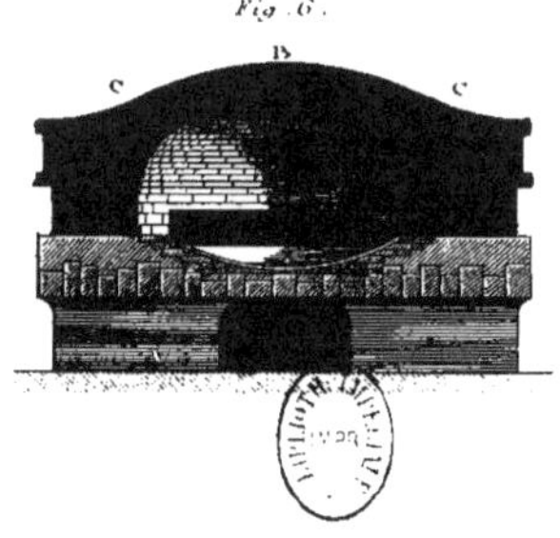
Fig. 6.

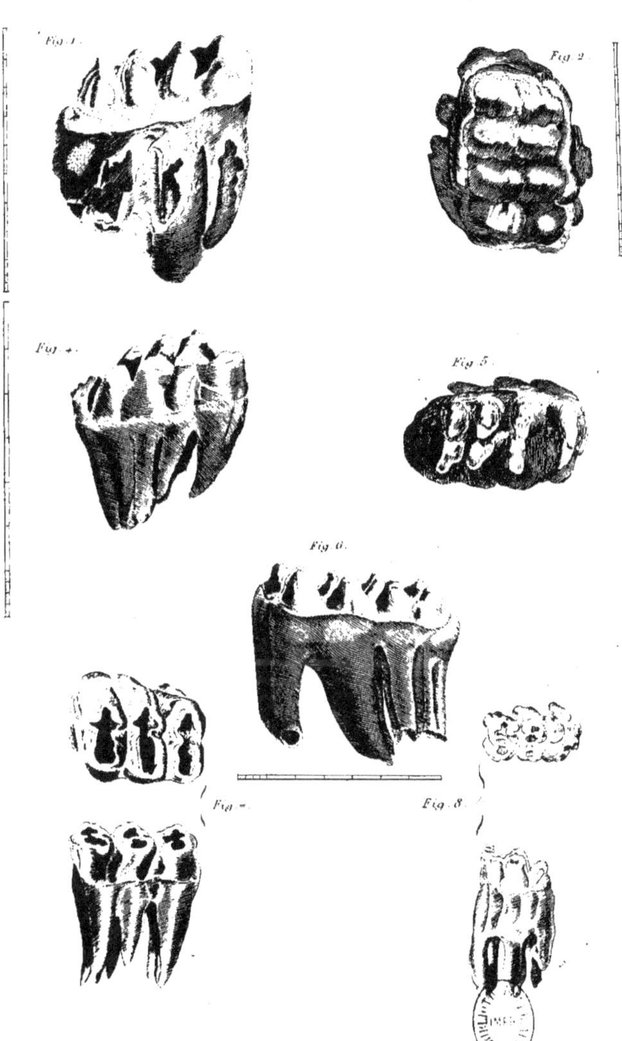

Fig. 1.
Fig. 2.
Fig. 4.
Fig. 5.
Fig. 6.
Fig. 7.
Fig. 8.

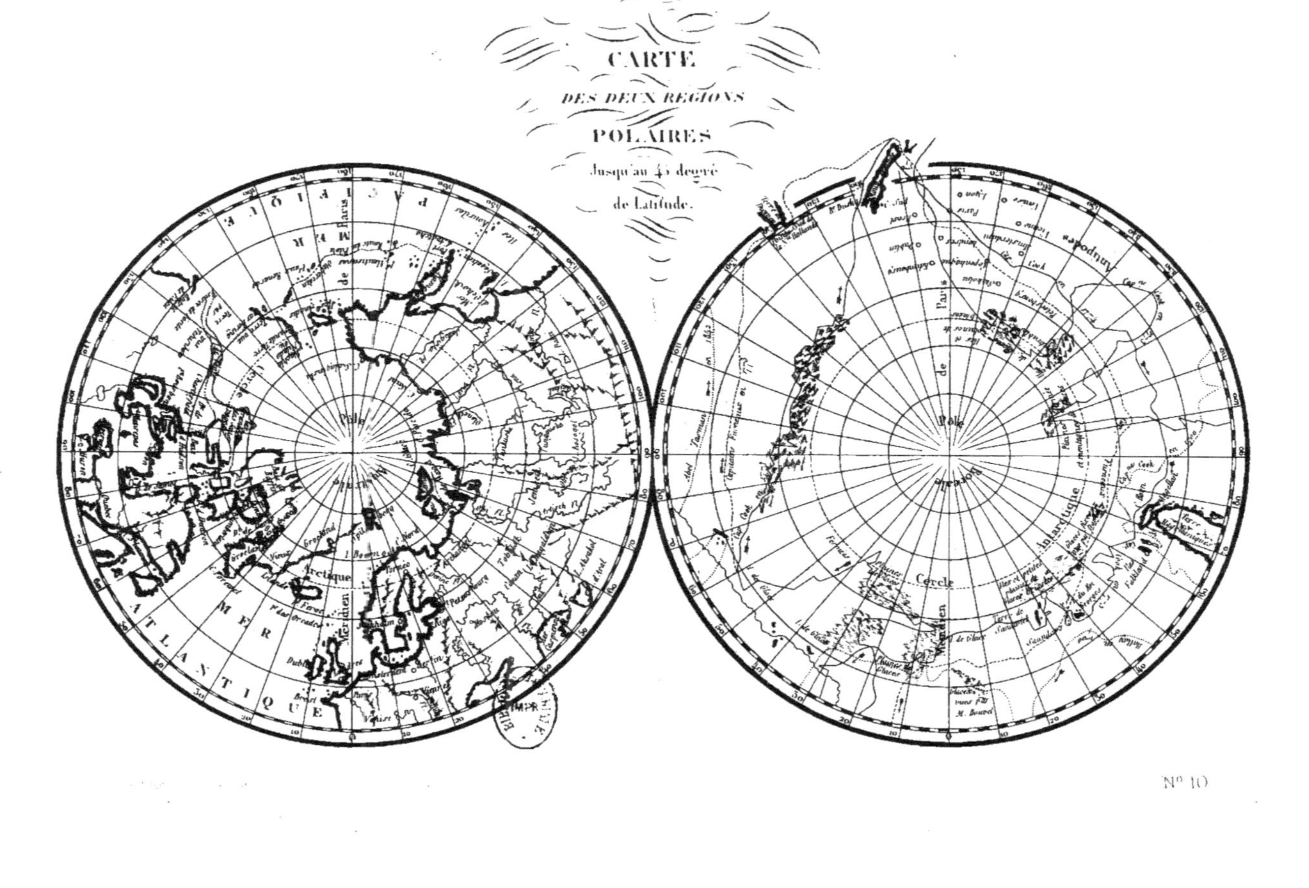
CARTE
DES DEUX RÉGIONS
POLAIRES
Jusqu'au 45 degré
de Latitude.
N.o 10
MER PACIFIQUE
MER ATLANTIQUE
Pôle
Cercle Arctique
Méridien de Paris
Pôle Boréale
Cercle Antarctique
Méridien de Paris